DELIUS KLASING

Wartung und Reparatur

Matthew Coombs

BMW

BMW R 1200 (WC)

Modelle:

R 1200 GS	1170 cm³	seit 2013
R 1200 GS Adventure	1170 cm³	seit 2013
R 1200 RT	1170 cm³	seit 2014
R 1200 RS	1170 cm³	seit 2015
R 1200 R	1170 cm³	seit 2015

Delius Klasing Verlag

Originaltitel:
»Haynes Service & Repair Manual« BMW R1200

Bibliografische Information der Deutschen Nationalbibliothek
Die Deutsche Nationalbibliothek verzeichnet diese Publikation in der Deutschen Nationalbibliografie; detaillierte bibliografische Daten sind im Internet über http://dnb.dnb.de abrufbar.

2. Auflage
ISBN 978-3-667-10859-3

Übertragen und bearbeitet von Udo Stünkel
Druck: Print Consult, München
Printed in Slovenia 2023

Vertrieb: Delius Klasing Verlag, Siekerwall 21, D-33602 Bielefeld
Tel.: 0521/559-0, Fax: 0521/559-115
E-Mail: info@delius-klasing.de
www.delius-klasing.de

Inhalt

BMW – Immer etwas anders

von Julian Ryder

Vom Flugmotor zum Motorrad

Seit sich die Bayerischen Motorenwerke mit Zweirädern beschäftigen, kann man die Firmenphilosophie damit umschreiben, dass BMW immer etwas anderes als die Konkurrenz bauen wollte. Man beachtete die Mitbewerber im wesentlichen nur, um herauszufinden, was diese nicht bauten, und stieß dann mit innovativer Technik in diese Nische. Die erste echte BMW, die R 32 von 1923, war die weltweit erste eigenständige Neukonstruktion im Motorradbau seit Ende des Ersten Weltkrieges. Ohne Rücksicht auf Traditionen und etablierte Praktiken begründete diese Maschine die deutsche Motorenbau-Schule und stand Pate für fast alle in den folgenden 85 Jahren vorgestellten BMW-Motorräder. Ihr 180°-Zweizylindermotors hieß aufgrund der sich gleichzeitig auf einander zu bewegenden Kolben »Boxer« – BMW hatte jedoch weder das Arbeitsprinzip noch den Motor erfunden. Die 1917 gegründete Firma BMW hatte im Ersten Weltkrieg die leistungsstärksten deutschen Flugmotoren gebaut, doch der Versailler Vertrag verbot den Deutschen den Weiterbau von Flugzeugen. Chefkonstrukteur Max Friz besorgte sich ein englisches Douglas-Motorrad und baute dessen quer installierten Boxer-Motor nach, den er dann an Victoria in Nürnberg verkaufte. Schließlich wurde dieser Motor auch in ein eigenes Fahrzeug namens Helios eingebaut, doch ein großer Erfolg wurde diese Maschine nicht – auch weil der hintere Zylinder unter Kühlungsproblemen litt. Der weiß/blaue Propeller war an dieser Maschine ebenfalls noch nicht zu sehen, weshalb die Erfolgsstory offiziell erst anfing, als Victoria OHV-Motoren haben wollte und den Vertrag mit BMW kündigte. Friz drehte den Seitenventiler-Motor, sodass beide Zylinder seitlich im Wind lagen und die Kraft, wie beim Auto, über die längs liegende Kurbelwelle, eine Einscheiben-Trockenkupplung und ein Dreigang-Getriebe direkt auf die Kardanwelle übertragen wurde. Diese R 32 genannte 500-cm³-Maschine wurde der Durchbruch, das geschlossen aufgebaute System und die Perfektion der gesamten Konstruktion beeindruckte das Publikum auf dem Pariser Salon 1923. Zuverlässig, gut verarbeitet und sehr bequem, nur etwas schwer und behäbig war die Maschine – all das sollte fortan bei BMW zur Tradition werden.

Der alte Zweiventil-Boxer trat in der R 80 GS zur letzten Runde an.

Der neue Vierventil-Boxer zeigte ab 1994 in der futuristischen R 1100 GS seine Stärken; später wurde daraus die R 1150 GS.

Schnell wurde das neue Konzept erweitert und verfeinert. Die 1925 vorgestellte R 37 produzierte bei gleichem Hubraum (und dem von Douglas übernommen Bohrung/Hub-Verhältnis von 68 x 68 mm), doch mit im Zylinderkopf hängende Ventilen sportliche 16 PS. Gleichzeitig wurde mit der R 39 die erste Viertelliter-Einzylindermaschine vorgestellt. 1928 erwarb BMW in Eisenach die Dixi-Werke, und baute den Austin 7 mit Linkslenkung als erstes Auto der Werksgeschichte in Lizenz nach. Die R 63 mit 735 cm³ wurde ab jetzt die Basis für schwere sportliche Maschinen und Rekordfahrzeuge.

Die dreißiger Jahre waren die Ära der Geschwindigkeitsrekorde zu Land, zu Wasser und in der Luft, und der Name Ernst Henne wurde nicht weniger als zehn mal in den Rekordbüchern verzeichnet – acht mal mit Zweirädern und zwei mal als Gespannfahrer. Die ersten Rekorde fuhr er mit einer Kompressor-R 63, aber 1936 fuhr er mit einer 500er R 5, die als Besonderheiten die erste ölgedämpfte Telegabel im Serienbau und zwei kettengetriebene Nockenwellen und dadurch kürzere Stößelstangen aufwies und damit drehzahlfester war. Geschlossen wurden die Ventile jetzt mit Haarnadel- statt Schraubenfedern. Auf Basis dieses Motors wurde auch eine reine Rennmaschine vorgestellt, deren beiden jeweils obenliegenden Nockenwellen über Königswellen angetrieben wurden. Mit einem Kompressor versehen wurde diese Maschine der Schrecken aller Rennstrecken, und »Schorsch« Meier gewann 1939 als erster Ausländer auf einer ausländischen Maschine die Senior Tourist Trophy auf der Isle of Man. Nach dem Zweiten Weltkrieg wurde diese Maschine ohne Kompressor weiterentwickelt.

Während des Krieges wurde die Produktion bei BMW auf Militärfahrzeuge umgestellt, zunächst baute man die veraltete seitengesteuerte R 12, dann die moderne überschwere R 75, hauptsächlich als Gespann für die Wehrmacht, außerdem natürlich wieder Flugzeugmotoren. Der verlorene Krieg traf den Rüstungskonzern BMW besonders hart: Das Werk in Eisenach (in das 1941 die Motorradproduktion verlegt worden war) war an die Russen verloren, und die Amerikaner demontierten die Hallen in München. Erst 1948 konnte wieder langsam die Produktion der Einzylindermaschine R 24 gestartet werden. Zwei Jahre später verließ mit der R 51/2 der erste Nachkriegs-Boxer das Fließband, allerdings als kaum veränderte Nachfolgerin der Vorkriegsversion R 51. Zwar gab es keine Seitenventil-Motoren mehr, doch war man fahrwerksmäßig etwas in Rückstand geraten. Ab 1955 führt BMW das Vollschwingen-Fahrwerk ein, also eine moderne Hinterradschwinge statt der Geradewegfederung, und eine geschobene Earles-Schwinge für das Vorderrad, zum einen wegen der Entwicklungs-Sackgasse im Telegabelbau, zum anderen für besseres Fahrverhalten im Beiwagenbetrieb. Die Maschinen hießen jetzt R 50, R 60 und R 69. Außerhalb Deutschlands verkauften sich diese teuren Maschinen nur in den USA gut. Ende der fünfziger Jahre ging der Verkauf von Motorrädern weltweit stark zurück, und die schlecht laufende Auto-Sparte hatte die Firma inzwischen soweit in die Krise getrieben, dass BMW fast an Mercedes verkauft werden musste. In letzter Minute fand sich mit Herbert Quandt ein Geldgeber und neu entwickelte Autos retteten die Firma. Die Sportmaschine R 69 S mit 42 PS musste als eines der schnellsten Serienmotorräder der Welt ab 1960 den guten Ruf verteidigen. Gegen Ende des Jahrzehnts konnten die US-Ausführungen dieses Modells mit einer neuartigen Telegabel geordert werden – und für den Wiederaufstieg des Motorrades zu Beginn der Siebziger hatte man sich etwas ganz neues vorgenommen ...

2004 erschien mit der R 1200 GS die dritte Enduro-Generation mit dem neuen Boxer.

2010 wurde dank DOHC-Zylinderköpfen die Leistung gesteigert.

Die fünfte Generation der R 1200 GS hatte 2013 einen völlig überarbeiteten Motor mit Wasserkühlung.

Das neue Werk in Spandau und der neue Boxer

Da die Autoproduktion in München immer mehr Platz brauchte, der Staat die Industrie-Ansiedlung auf der »Insel« West-Berlin förderte und sowieso eine völlig neue Baureihe geplant war, zog Ende der sechziger Jahre die Motorradsparte der BMW AG in ein ehemaliges Siemens-Werk nach Berlin-Spandau um. Hier wurde ab 1969 die »/5«-Reihe mit 500er, 600er und 750er Maschinen gebaut. Die Weiterentwicklungen hießen entsprechend /6 und /7.

Konnte der engagierte Tourenfahrer zwar schon vorher seine Maschine mit verschiedenen Verkleidungen ausrüsten, so wurde im Jahre 1976 mit der RS-Reihe das weltweit erste Motorrad mit serienmäßiger Vollverkleidung vorgestellt. Die sportliche Maschine war nicht nur schnittig, auch der Windschutz war sehr effektiv. Mit einer höheren Scheibe und Verbreiterungen kam kurz danach die ebenso erfolgreiche RT als Tourer. Beide Maschinen waren sehr bequem und konnten mit Koffersystemen ausgerüstet werden, sodass einer großen Reise nichts mehr im Wege stand.

Als nächstes überraschten die bayerischen Berliner 1980 die Welt mit der R 80 G/S, einer (damals) riesigen Enduro mit über 180 kg Leergewicht. Schon seit langem hatte das Werk mit Sport-Enduros bei den internationalen Sechstagerennen erfolgreich mitgewirkt, und 1981 gewann Hubert Auriol mit einer BMW die Rallye Paris-Dakar – eine bessere Werbung konnte es nicht geben.

Die auf der GS basierende Adventure-Version wird weltweit als Langstrecken-Reisemaschine geschätzt

Die K-Reihe

Gegen Ende der 1970er-Jahre sah der gute alte Boxer trotz inzwischen 1000 cm³ gegen die Konkurrenz aus Japan ziemlich alt aus, und die Entwicklungsabteilung musste sich etwas neues überlegen. Weil man bekanntlich immer etwas anderes bauen wollte, und es die Honda Goldwing schon gab, fiel ein Vierzylinder-Boxer ins Wasser. Im Jahre 1983 wurde die neue BMW schließlich der Öffentlichkeit vorgestellt. Man hatte etwas ganz neues konstruiert (wenn man einen Prototypen der englischen Firma Ariel aus den fünfziger Jahren einmal außer Acht lässt), und einiges Traditionelles bewahrt. Konkret hatte man einen wassergekühlten Vierzylinder-Reihenmotor längs und auf die Seite gekippt mittragend unter einen Brückenrahmen gehängt und so weiterhin liegende Zylinder und eine direkte Linie für dem Kardan-Antrieb erhalten. Wie schon bei der G/S kam eine Einarmschwinge zum Einsatz, die die Radmontage erleichterte. Die wegen ihres prägnanten Motors auch »Fliegender Ziegelstein« genannten K-Reihe kam als RS, RT und ohne Verkleidung daher. Es war klar, dass BMW die K-Reihe, von der nach kurzer Zeit auch eine 750er Dreizylinder angeboten wurde, prädestinierte und damit über geraume Zeit den Boxer ablösen wollte. Doch die Kundschaft sah das anders. Genauso wie Porsche, die ihrer Kundschaft wassergekühlte Frontmotoren schmackhaft machen wollten, mussten auch die Bayern einsehen, dass ihr Klientel luftgekühlte Boxermotoren mehr als alles andere liebte. Immer wieder totgesagt, wurde der alte Zweiventil-Boxer bis 1996 angeboten. Zwischendurch hatte man die K mit Vierventiltechnik und ABS ausgerüstet, doch als neuester Stand der Motorradtechnik wurde 1993 nichts anderes als ein luftgekühlter Zweizylinder-Boxer vorgestellt. Mit den hochliegenden Nockenwellen, Vierventiltechnik und Einspritzung war die Boxer-BMW auch nach einem dreiviertel Jahrhundert gut für die Zukunft gerüstet.

Als luxuriös ausgestattetes Reisemotorrad erschien 2014 auch die R 1200 RT mit dem neuen »Wasserboxer«.

Die neuen Vierventil-Boxer

Für die traditionelle Kundschaft des Hauses BMW war die Vorstellung des neuen Boxers ein Schock. Obwohl man seit der K-Reihe auf Überraschungen aus München gefasst war, hielten nicht wenige den Atem an, als der Boxer des 21. Jahrhunderts enthüllt wurde. Bewusst stellte BMW zunächst nur den Motor und erst später das ganze Fahrzeug der Öffentlichkeit vor. Außer zwei Zylindern und zwei Rädern erinnerte nichts mehr an die Ahnen der /5-Reihe.

Benzineinspritzung und Vierventiltechnik waren zu Beginn der neunziger Jahre eigentlich keine revolutionären Zutaten, einige Spezialisten hatten auch schon die alten Boxer damit ausgerüstet. Um den Motor nicht zu breit bauen zu lassen, hatten die Konstrukteure auf halbhoch

Die Ende 2014 präsentierte R 1200 RS war nach zwanzig Jahren Pause die erste Boxer-BMW mit Telegabel.

im Zylinderkopf liegende Nockenwellen zurückgegriffen (wie sie inzwischen auch bei Moto Guzzis V-Motoren verwendet wurden), und die vier Ventile wurden über kurze Stößel und Gabelkipphebel geöffnete. Die Nockenwellen wurden über Ketten angetrieben. Der Antrieb nach hinten erfolgte konventionell über eine Einscheiben-Trockenkupplung, ein angeflanschtes Fünfgang-Getriebe und den bereits aus den alten Enduros bekannten einarmigen Paralever-Kardanantrieb. Doch dann kam das Fahrwerk: Einen Rahmen im eigentlichen Sinne gab es nicht, vorne an den Motor war die Vorderradführung montiert, hinten wurde noch ein fragiles Rahmenheck und eine Stoßdämpferaufnahme angeschraubt. Bewusst hatte man zunächst die RS vorgestellt, denn mit ihrer Verkleidung verdeckte sie die völlig neuartige Vorderradführung, die von weitem aussah, wie eine herkömmliche Telegabel. Bei genauem Hinsehen konnte man die an den Motor gebaute Schwinge und den daran montierten und gegen den Lenkkopf abgestützten Stoßdämpfer entdecken. Mit dem System wollte BMW Lenk-, Brems- und Feder-Kräfte voneinander trennen und gleichzeitig die Federung komfortabler gestalten. Das Telegabel-typische Bremsnicken gehörte so trotz langer Federwege der Vergangenheit an. Mehr Sicherheit ins Fahrwerk brachte das aufpreispflichtige ABS, auch ein Dreiwege-Katalysator gehörte beim neuen Boxer zunächst zur Extra-, inzwischen zur Serienausstattung. Trotz des Schocks kam die neue Maschine weltweit überraschend gut an, so dass das Werk 1994 die neue Enduro R 1100 GS vorstellte, die mit ihren Nachfolgern fortan zu den meistverkauften Motorrädern der Welt gehören sollte. Die Freunde des unverkleideten Motorrades mussten sich noch ein Jahr gedulden, bis die R 850 bzw. 1100 R (Roadster) vorgestellt wurden – Allround-Motorräder der klassischen Art, mit denen man von A nach B fahren können, die aber auch viel Spaß bereiten können. 1996 kam schließlich der Langstrecken-Tourer R 1100 RT ins Programm. Mit Koffern und verstellbarer Windschutzscheibe bot die Maschine alles, was zweirädrige Wohnmobilisten sich wünschten. Damit war das Programm eigentlich komplett, doch BMW hatte einen bis dahin völlig unbeachteten Markt entdeckt: Softchopper – oder Cruiser, wie sie heute heißen. R 1200 C hieß für viele der Traum des Jahres 1998, den James Bond in »Golden Eye« etwas unsachgemäß in Szene setzte. Ein Jahr darauf erschien die nicht nur optisch schnelle R 1100 S für Freunde der sportlichen Fahrweise – und für diejenigen, die eine Maschine mit »Underseat«-Auspuff auch mal mit Koffern und Heizgriffen ausrüsten wollten. Die später auch als Boxer-Cup-Replika angebotene Maschine war die erste BMW mit einem Sechsganggetriebe und einer hydraulisch betätigten Kupplung. Durch um 2 mm vergrößerte Kolben entstand im Jahre 2000 zunächst die R 1150 GS, deren Motor später auch in die R, die RS und die RT transplantiert wurde.

Die R 1200-Modelle

Zehn Jahre nach den ersten Vierventil-Boxern wurde 2004 die dritte Generation in Form der R 1200 GS vorgestellt. Weil sich die neue Maschine trotz einer gewissen »Evolution« stark von den Vorgängern unterschied, kann sie als völlig neues Modell betrachtet werden. Allein die Gewichtsreduzierung von 30 kg gibt Hinweise darauf, was sich alles verändert haben könnte. Der Motor wurde erleichtert und beherbergte erstmals eine Ausgleichswelle. Beim neuen Fahrwerk wurde die Anlenkung des Stoßdämpfers von unten nach oben verlegt. Und neben vielen kleinen Verbesserungen war die wesentlichste Neuerung wohl die Umstellung der Elektrik auf das »Single-Wire-System« mit einem aus dem Automobilbau bekannten CAN-Bus-Stromkreis, der einen umfangreichen Kabelbau ersetzte und Gewicht einsparte. Der Wegfall von Sicherungen und Relais (außer dem Anlasserrelais) sowie ein Selbstdiagnosesystem waren weitere Vorzüge dieser erstmals im Motorradbau verwendeten Elektrik.
Die GS war die erste Maschine der neuen Generation, weil sie weltweit die mit Abstand erfolgreichste BMW war. Nicht nur in Deutschland führt sie seit Jahren und zum Teil mit großem Abstand die Zulassungsstatistiken an. Ein Jahr nach der GS erschienen 2005 die R 1200 ST und RT, um die BMW-Tradition der Sport-Tourer und Reisemaschinen fortzuführen. Trotz nahezu identischer technischer Daten stellen sie auf der Straße völlig unterschiedliche Charaktere dar.

Die unverkleidete R 1200 R ähnelte technisch der RS und wurde ebenfalls ab 2015 gebaut.

Das Modell, welches die 1150er Phase übersprang, war die 2006 vorgestellte R 1200 S. 122 PS bei 213 kg Leergewicht waren für einen Boxer beträchtliche Werte. Hiermit sollte es keinen Boxer-Cup mehr geben – man stieg gleich (und sogar ziemlich erfolgreich) in die 24-Stunden-Weltmeisterschaft ein.

Bereits 2005 wurde mit der HP2 ein »High-Performance«-Ableger der GS vorgestellt, der mit einem völlig neuen Fahrwerk samt Telegabel ein echtes serienmäßiges Wettbewerbsmodell darstellte, das es ein Jahr darauf auch als Megamoto-Straßenableger gab. 2006 wurden die noch bis 2005 weitergebaute R 1150 GS Adventure durch ein 1200er Modell ersetzt, das serienmäßig über einen 33-Liter-Tank und anderes nützliches Fernreise-Zubehör verfügte.

Ab 2010 wurden die 1200er-Boxer nach und nach auf DOHC-Steuerung umgestellt, um den Motor leistungsstärker zu machen. Durch die reine Fahrtwindkühlung war der Motor allerdings an seine Grenzen gestoßen, hinzu kamen immer strengere Anforderungen bei Abgaswerten und Geräuschentwicklung, sodass in München ein komplett neuer Antrieb entwickelt wurde.

2012 wurde auf der Intermot in Köln die neue R 1200 GS (K50) vorgestellt, die sich auf den ersten Blick durch den nach links verlegten Kardanantrieb vom Vorgängermodell unterschied. Auf den zweiten Blick fielen neue Zylinderköpfe auf, die jetzt von oben ansaugten und die Abgase nach unten in den Krümmer entließen. Auf den dritten Blick erkannte man zwei in den seitlichen Verkleidungen sitzende Wasserkühler, die beim weiterhin mit Kühlrippen versehenen Motor die Wärme aus den oberen Bereichen der Brennräume abführten. Auch das gesamte Motorgehäuse war umgestaltet worden: Die Kupplung saß vorne, die Lichtmaschine hinten und das weiterhin angeflanschte Getriebe wurde per Motoröl geschmiert.

Zeitgleich mit der GS kam die Adventure (K51). Ein Jahr später wurde die neue R 1200 RT (K52) vorgestellt und 2014 standen auf dem BMW-Messestand in Köln die beiden Varianten R 1200 R (K53) und RS (K54), mit denen BMW auch bei den Boxermodellen die Rückkehr zur (Upsidedown-) Telegabel einleitete – immerhin bestand durch den Wegfall der Telelever-Schwinge auch bei knappen Verkleidungen die Möglichkeit, vor den Motor einen Wasserkühler unterzubringen ...

Danksagung

Wir danken der Firma CW Motorcycles aus Dorchester, die uns die in diesem Buch behandelten Motorräder zur Verfügung gestellt hat. Außerdem möchten wir uns bei der Cooper-Avon Reifen Company für die Unterstützung und technische Beratung zum Thema Reifen sowie der NGK Spark Plugs (UK) Ltd. bedanken, die uns beim Thema Zündkerzen weiter geholfen hat. Dank auch an Draper Tools, die uns einige der gezeigten Werkzeuge zur Verfügung gestellt haben. Einige Fotos stammen von BMW England. Die Einleitung »BMW – Immer etwas anders« wurde von Julian Ryder geschrieben.

Über dieses Handbuch

Der Sinn dieses Buches ist es, Ihnen dabei zu helfen, mit Ihrem Motorrad viel Freude zu haben. Diese Hilfe kann auf verschiedenen Wegen geschehen: Sie können entscheiden, welche Arbeiten erledigt werden müssen und was Sie davon selbst ausführen können; Ihnen werden Informationen zur Instandhaltung und Pflege Ihrer Maschine gegeben; es werden Ihnen Diagnosen und Reparatur-Reihenfolgen angeboten, um Störungen zu beseitigen.

Wir wünschen uns, dass Sie mit diesem Handbuch viele Arbeiten selber erledigen können.

Bei vielen simplen Arbeiten kann es einfacher sein, sie selber auszuführen, als einen Werkstatt-Termin auszumachen und das Motorrad zum Händler zu bringen und wieder abzuholen. Noch wichtiger ist, dass man schon viel Geld sparen kann, wenn man auch nur einige Vorarbeiten erledigt – noch mehr, wenn man alle Reparaturen selber erledigt. Ebenfalls ein wichtiger Punkt ist das gute Gefühl, das entsteht, wenn man eine Arbeit erfolgreich zu Ende gebracht hat.

Angaben für die rechte oder linke Seite beziehen sich – soweit nicht anders angegeben – auf die Fahrtrichtung.

Wir sind stets sehr um die Richtigkeit der Informationen in allen unseren Büchern bemüht, doch es kommt immer wieder vor, dass Motorradhersteller während der Produktion technische Veränderungen vornehmen, von denen wir nichts wissen. Autor und Verlag können deshalb keine Verantwortung für fehlende oder falsche Informationen übernehmen, die dem Kunden Schaden oder Verletzungen zugefügt haben.

Ersatzteilkauf

Sobald Sie alle Identifikationsnummern gefunden haben, sollten diese zur Erleichterung beim Ersatzteilkauf notiert werden. Da der Hersteller technische Daten, Teile und Ausführungen ändert, ist das Bereithalten der Nummern die sicherste Methode, die richtigen Teile zu erhalten.

Wenn möglich, sollten immer die defekten Teile mitgebracht werden, um sie mit den Neuteilen zu vergleichen. Auf dem Weg vom Hersteller zum Teileregal des Händlers gibt es viele Möglichkeiten, Nummern zu verwechseln oder falsch zu notieren.

Die zwei Quellen neuer Ersatzteile für Ihr Motorrad – der Zubehörhandel und der Vertragshändler – unterscheiden sich in den Teilen, die sie bereithalten. Während der BMW-Vertragshändler jedes aufgelistete Einzelteil Ihrer Maschine besorgen kann, bietet der Zubehörhandel zumeist nur normale Verschleißteile wie Dichtungssätze und Zündkerzen sowie Tuningteile wie Stoßdämpfer und Auspuffanlagen an.

Oftmals ist es möglich, von darauf spezialisierten Geschäften Gebrauchtteile zu kaufen, die grob gesagt etwa die Hälfte von Neuteilen kosten. Dafür weiß man nie genau, was man erhält. Auch hier sollten zum Vergleich immer die defekten Teile mitgebracht werden. In Online-Portal www.partslink24.com können nach einer Registrierung und gegen Gebühr originale BMW-Ersatzteillisten eingesehen und Teile bestellt werden.

Unabhängig davon, ob Sie neue, gebrauchte oder überholte Teile kaufen wollen, sollten Sie sich immer an jemanden wenden, der sich auf BMW-Teile spezialisiert hat.

Identifikationsnummern

Rahmen- und Motornummern

Die Rahmennummer ist auf der rechten Seite des Lenkkopfes eingeschlagen und findet sich wieder auf dem Typenschild links vorne am Rahmen bzw. links am Lenkkopf. Die Motornummer ist unterhalb des Anlassers rechts in das Motorgehäuse eingeschlagen. Die Rahmennummer steht in den Fahrzeugpapieren. Um der Polizei das Wiederfinden einer gestohlenen Maschine zu erleichtern, sollte man sich auch die möglicherweise von der Rahmennummer abweichende Motornummer notieren.

Die in diesem Buch behandelten Modelle werden durch ihre Typenbezeichnungen (z.B. R1200GS) sowie nötigenfalls durch ihre Produktionszeiträume unterschieden. Das Herstellungsjahr muss nicht mit dem in den Papieren stehenden Erstzulassungsjahr übereinstimmen. Ein Modelljahr beginnt meistens im Herbst des Vorjahres, sodass es durchaus möglich sein kann, dass z.B. eine 2016er-Maschine bereits 2015 zugelassen wurde.

Die Rahmennummer ist bei Modellen mit Telelever rechts in den Lenkträger eingeschlagen.

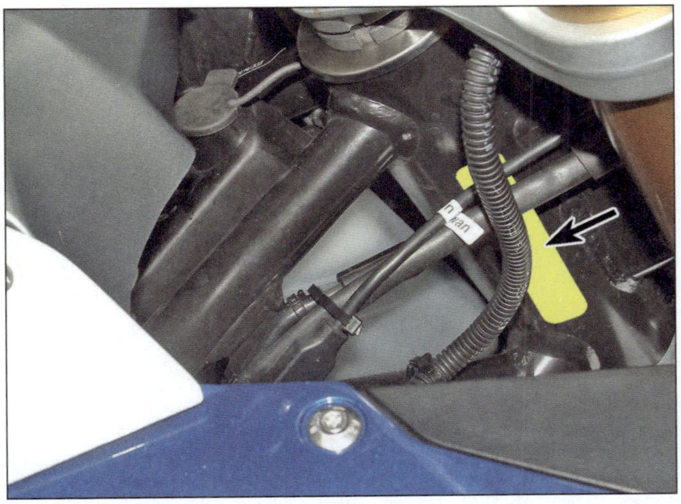

Die Rahmennummer ist bei Modellen mit Telegabel rechts in den Lenkkopf eingeschlagen.

Die Motornummer ist unterhalb des Anlassers rechts in das Motorgehäuse eingeschlagen.

Das Typenschild ist bei Modellen mit Telegabel links vorne am Lenkkopf angebracht.

Das Typenschild ist bei Modellen mit Telelever links vorne am Rahmen angebracht.

Tägliche Kontrollen

Anmerkung: *Die in der Bedienungsanleitung enthaltene Checkliste »Vor jeder Fahrt« beinhaltet Punkte, die vor jeder Inbetriebnahme des Motorrades durchgeführt werden sollten. Diese Kontrollen werden bei ausgeschalteter Zündung durchgeführt. Nach jedem Einschalten der Zündung führt das Steuergerät eine Prüfung der Instrumenten-Warnfunktionen durch.*

1 Kontrolle des Motorölpegels

Vor Beginn

Anmerkung: *Der Ölpegel ändert sich mit der Motortemperatur. BMW weist darauf hin, dass ein akkurater Pegel erst nach Erreichen der normalen Betriebstemperatur – also nach einer Fahrt – abgelesen werden kann.*

Achtung: Der Motor darf nicht in einem geschlossenen Raum laufen.

✔ Starten Sie den Motor und bringen Sie ihn möglichst durch eine etwa viertelstündige Fahrt auf Betriebstemperatur. Schalten Sie den Motor ab und warten Sie ein paar Minuten, bis sich der Ölpegel stabilisiert hat. Stützen Sie das Motorrad auf einer ebenen Fläche aufrecht stehend ab (lassen Sie es ggf. von einem Assistenten senkrecht halten).

✔ Der Ölpegel ist durch das Schauglas rechts am Motorgehäuse erkennbar; wischen Sie das Glas nötigenfalls sauber.

Vorsichtsmaßnahmen

- Ein geringer Ölverbrauch ist normal. Falls jedoch regelmäßig Öl nachgefüllt werden muss, sollten die Gründe des Ölverlustes gefunden werden. Sind keine Anzeichen von Lecks an Verbindungen und Dichtungen festzustellen, wird das Öl vom Motor verbrannt (siehe *Fehlersuche*).
- Lassen Sie den Motor niemals laufen, wenn der Ölpegel unterhalb des im Schauglases angebrachten Kreises steht. Füllen Sie den Motor niemals über diesen Kreis hinaus mit Öl auf.
- Auch wenn einige Modelle mit einem Ölpegel-Sensor ausgerüstet sind, bedeutet dies nicht, dass eine Ölpegel-Kontrolle über das Schauglas unterbleiben kann.

Das richtige Öl

- Benutzen Sie immer gutes Qualitätsöl der angegebenen Öltypen und Viskositäten, und füllen Sie den Motor nicht zu voll. **Anmerkung**: *BMW empfiehlt die Verwendung von SAE 5W/40-Motorradöl der Eigenmarke ADVANTEC Ultimate.*
- Um den Motor vom unteren Rand des Schauglas-Kreises bis zum oberen Rand aufzufüllen, werden 0,95 Liter Öl benötigt.

Achtung: Manche Leichtlauföle für Automobil enthalten Additive, die Ölbadkupplungen möglicherweise durchrutschen lassen.

Öltyp	API-Klasse SL, JASO MA2 (Motorrad-Motoröl)
Viskosität	5W/40

1 **Kontrollieren Sie den Ölstand durch das Fenster an der rechten Motorseite. Wischen Sie das Öl-Kontrollfenster sauber. Der Ölstand muss sich bei geradestehender Maschine innerhalb des Kreises im Fenster einpegeln.**

2 **Wenn der Ölstand sich unterhalb des Kreises befindet, muss der Einfülldeckel oben im Ventildeckel des rechten Zylinders mit dem Schraubendrehergriff aus dem Bordwerkzeug heraus geschraubt werden.**

3 **Füllen Sie den Motor mit dem vorgeschriebenen Öl auf, bis der Pegel im Fenster den oberen Rand des Kreises erreicht hat. Füllen Sie nicht zu viel Öl auf!**

4 **Setzen Sie anschließend den Deckel wieder auf und drehen Sie ihn fest. Wenn um den Einfüllstutzen herum Öl zu sehen ist, muss der O-Ring ersetzt werden.**

2 Kontrolle der Bremsflüssigkeit

Vor Beginn

✔ Drehen Sie für die Kontrolle des Handbremszylinder-Ausgleichsbehälters den Lenker so, dass der Behälter möglichst gerade steht.
✔ Um bei RT-Modellen den Pegel im Fußbremszylinder-Ausgleichsbehälter kontrollieren zu können, muss die rechte Stoßdämpferverkleidung entfernt werden (siehe Kapitel 7).
✔ Stellen Sie sicher, dass Sie die richtige Bremsflüssigkeit haben – DOT 4 ist vorgeschrieben. Umwickeln Sie den Ausgleichsbehälter mit Lappen, damit keine Spritzer auf Lackteile geraten.

Vorsichtsmaßnahmen

- Der Flüssigkeitsstand in beiden Bremsausgleichsbehältern nimmt mit zunehmendem Verschleiß der Bremsbeläge ab – prüfen Sie diese bei niedrigem Pegel (siehe Kapitel 1), und ersetzen Sie sie nötigenfalls (siehe Kapitel 6). Füllen Sie den Behälter nicht vor dem Einbau neuer Bremsbeläge auf, sondern prüfen Sie nach dem Einbau, ob Auffüllen weiterhin nötig ist – die Bremssattel-Kolben werden durch die dickeren Beläge weiter zurück gedrückt, sodass der Pegel im Behälter ansteigt.
- Wenn ein Ausgleichsbehälter wiederholt nachgefüllt werden muss, ist dies ein Indiz für ein Leck im Hydrauliksystem, das sofort repariert werden muss (siehe Kapitel 6).
- Achten Sie auf Beschädigungen oder Risse an den Hydraulikschläuchen und Komponenten – falls welche gefunden werden, müssen sie sofort ersetzt oder repariert werden (siehe Kapitel 6).
- Prüfen Sie die Funktion beider Bremsen, bevor Sie mit der Maschine fahren. Wenn Luftblasen im System sind (schwammiges Gefühl im Hebel oder Pedal), muss es entlüftet werden (siehe Kapitel 6).

Warnung: Bremsflüssigkeit kann zu Augenverletzungen führen und Lackoberflächen angreifen, bewahren Sie deshalb beim Umgang hiermit größte Sorgfalt. Beim Eingießen sollten gefährdete Teile mit Lappen verdeckt sein. Benutzen Sie keine Bremsflüssigkeit, die längere Zeit offen gestanden hat, da sie Feuchtigkeit aus der Luft absorbiert, was zu einem gefährlichen Verlust an Bremswirkung führen kann.

Vorderradbremse

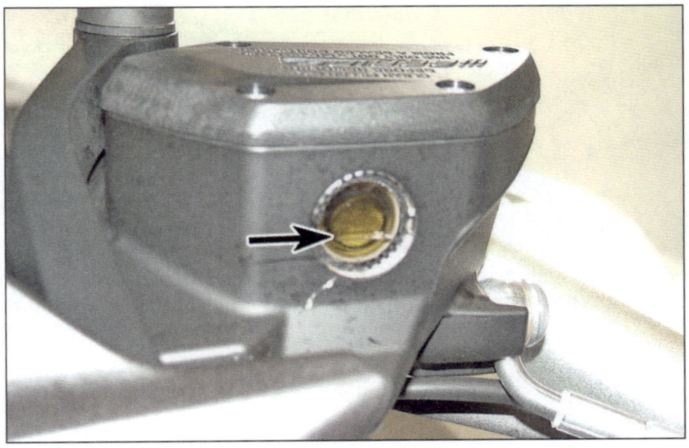

1 Der Bremsflüssigkeitspegel ist durch das Schauglas sichtbar – er muss sich oberhalb der MIN-Markierung befinden.

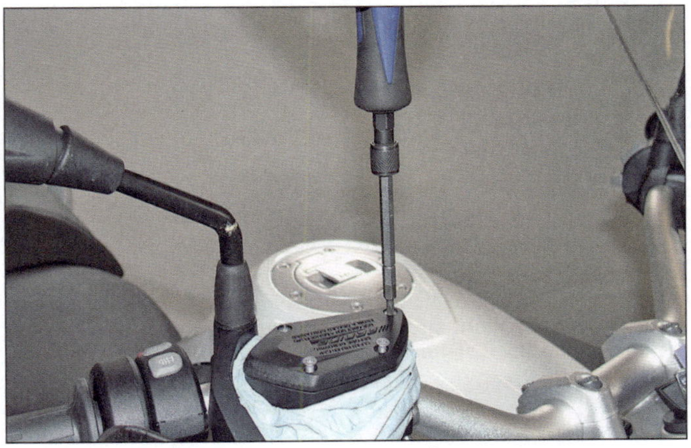

2 Falls der Pegel nahe oder unterhalb der LOWER-Linie liegt, müssen die vier Schrauben des Behälterdeckels gelöst und dieser samt Manschette abgenommen werden.

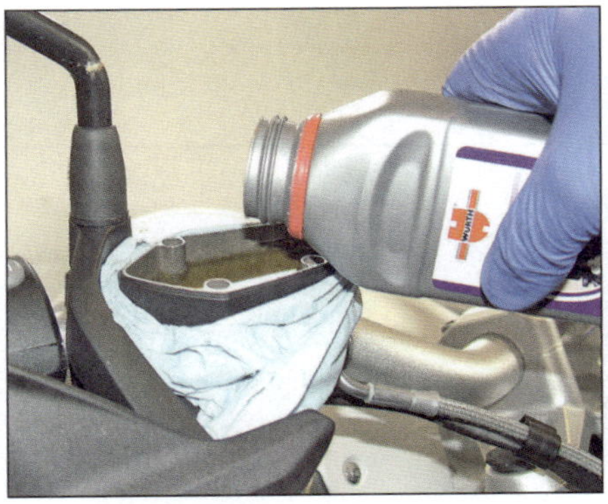

3 Füllen Sie frische DOT 4-Bremsflüssigkeit auf, bis der Pegel am oberen Rand des Schauglases steht – füllen Sie nicht zu viel auf und vermeiden Sie Spritzer.

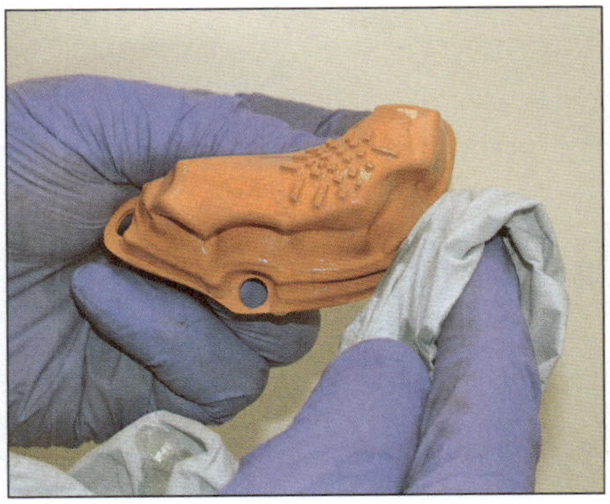

4 Wischen Sie mit einem Papiertuch Ablagerungen aus der Manschette.

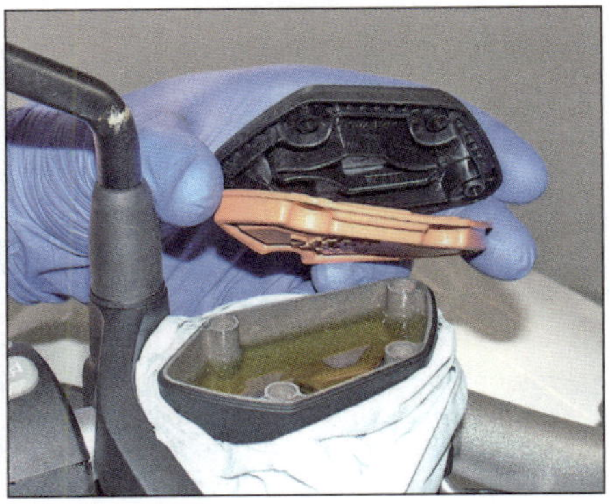

5 Achten Sie vor dem Aufsetzen des Deckels darauf, dass die Manschette korrekt sitzt. Sichern Sie den Deckel mit den Schrauben.

Hinterradbremse

1 Der Bremsflüssigkeitspegel ist durch das transparente Gehäuse des Ausgleichsbehälters sichtbar – er muss zwischen den MIN- und MAX-Linien stehen.

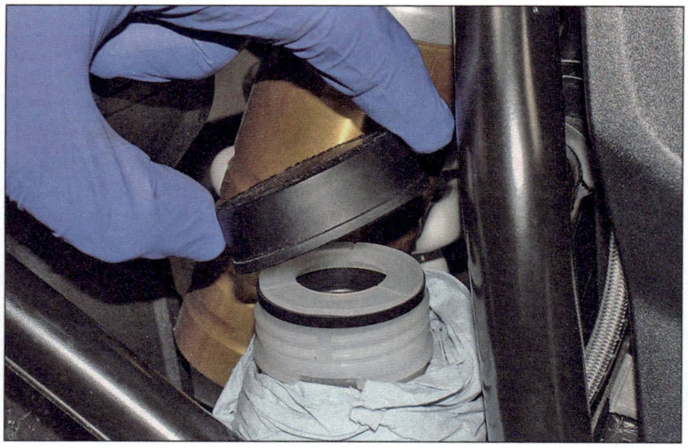

2 Falls der Pegel nahe oder unterhalb der MIN-Linie liegt, muss Deckel abgeschraubt und samt Platte und Manschette entfernt werden.

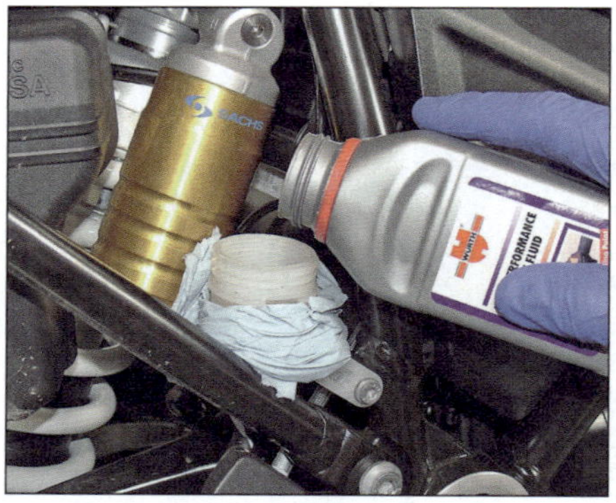

3 Füllen Sie frische DOT 4-Bremsflüssigkeit auf, bis der Pegel an der MAX-Linie steht – füllen Sie nicht zu viel auf und vermeiden Sie Spritzer (siehe Warnung auf der voherigen Seite).

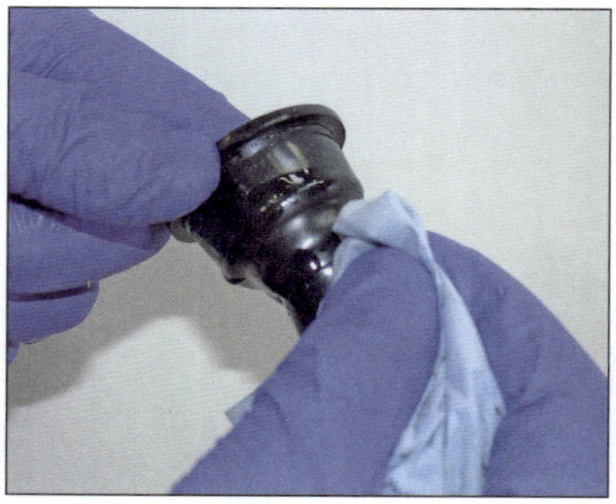

4 Wischen Sie mit einem Papiertuch Ablagerungen aus der Manschette.

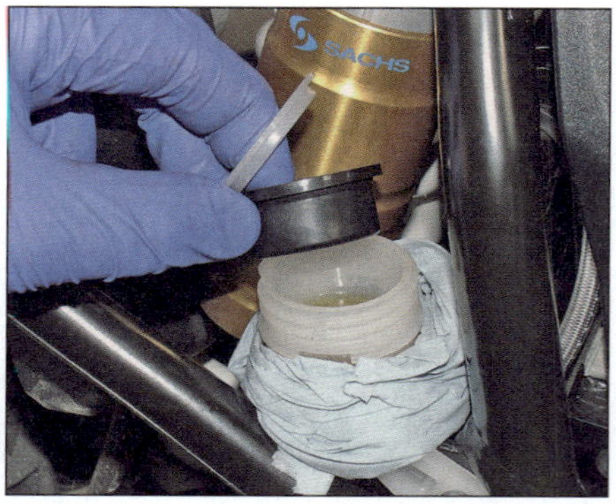

5 Achten Sie vor dem Aufsetzen der Platte und des Deckels darauf, dass die Manschette korrekt sitzt, und schrauben Sie den Deckel auf den Behälter.

3 Federung, Lenkung und Antrieb

Federung und Lenkung

- Prüfen Sie, ob die Vorderrad- und Hinterradfederung sanft und klemmfrei arbeitet (siehe Kapitel 1).
- Kontrollieren Sie ggf., ob die Federelemente entsprechend der Belastung eingestellt sind (siehe Kapitel 5).
- Überprüfen Sie, ob sich die Lenkung sanft von Anschlag zu Anschlag bewegen lässt.

Endantrieb

- Prüfen Sie, ob am Endantrieb Öl austritt – bringen Sie das Motorrad ggf. in eine BMW-Werkstatt.

4 Kontrolle des Kühlmittel-Pegels

Warnung: Entfernen Sie NICHT den Überdruckdeckel am Kühlerstutzen, um Flüssigkeit aufzufüllen. Das Nachfüllen erfolgt über den Ausgleichsbehälter. Lagern Sie Kühlflüssigkeit NICHT in offenen Behältern, da giftige Gase entweichen können.

Vor Beginn

✔ Benutzen Sie das ganze Jahr über die vorgeschriebene aus 50 % destilliertem Wasser und 50 % Ethylen-Glykol mit Korrosionsschutz für Aluminium-Motoren als Frostschutz bestehende Kühlflüssigkeit. Es gibt bereits mit Wasser verdünntes Kühlmittel, das direkt aufgefüllt werden kann – achten Sie auf den Frostschutzgehalt des gekauften Mittels.

✔ Prüfen Sie den Kühlmittel-Pegel immer nur bei kaltem Motor, da er sich bei warmem Motor ändert.

✔ Stützen Sie das Motorrad auf einer ebenen Fläche senkrecht stehend ab.

✔ Bei allen GS- und RT-Modellen sitzt der Ausgleichsbehälter rechts vorne über dem Motor – die Pegel-Markierungen sind ohne die Demontage von Verkleidungsteilen sichtbar. Falls Kühlmittel aufgefüllt werden soll, muss bei GS- und RT-Modellen das Verkleidungsseitenteil und bei Adventure-Modellen die Ausgleichsbehälter-Abdeckung entfernt werden (siehe Kapitel 7).

✔ Bei R- und RS-Modellen sitzt der Ausgleichsbehälter hinter dem Lenkkopf – die Pegel-Markierungen und der Einfülldeckel sind ohne die Demontage von Verkleidungsteilen zugänglich.

Vorsichtsmaßnahmen

- Es ist wichtig, Frostschutz das ganze Jahr über zu verwenden und nicht nur im Winter. Füllen Sie bei gesunkenem Pegel nicht nur Wasser auf, um die Flüssigkeit nicht zu verdünnen.
- Füllen Sie den Ausgleichsbehälter nicht über die MAX-Markierung hinaus auf – überschüssige Flüssigkeit würde über den Überlaufschlauch aus dem Kühlsystem gedrückt werden.
- Falls der Pegel stetig abfällt, muss das System auf Undichtigkeiten kontrolliert werden (siehe Kapitel 1). Werden keine Lecks gefunden, muss das Kühlsystem in einer BMW-Werkstatt einer Druckkontrolle unterzogen werden.

GS-, Adventure- und RT-Modelle

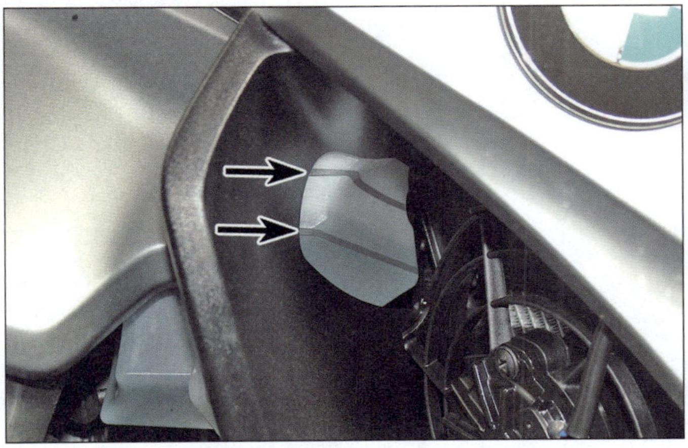

1 Der Kühlmittelpegel muss sich zwischen den am Behälter angebrachten MAX- und MIN-Linien befinden.

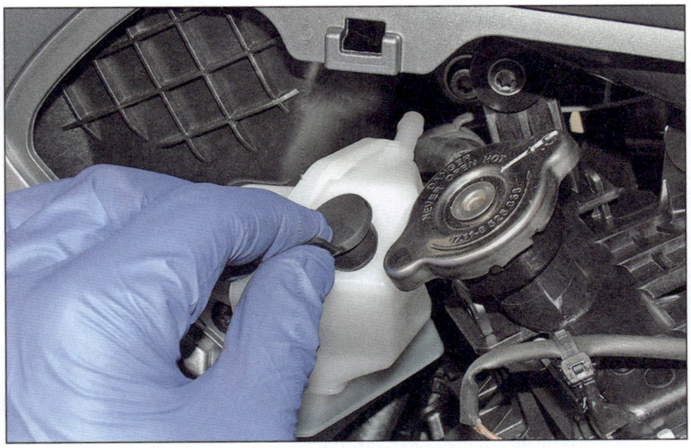

2 Falls der Pegel unter der MIN-Markierungen liegt, muss das entsprechende Verkleidungsteil entfernt (siehe oben), der Deckel geöffnet und Kühlmittel aufgefüllt werden.

R- und RS-Modelle

3 Der Kühlmittelpegel muss sich zwischen den am Behälter angebrachten MAX- und MIN-Linien befinden.

4 Falls der Pegel unter der MIN-Markierungen liegt, muss der Deckel geöffnet und Kühlmittel aufgefüllt werden.

5 Kontrolle der Reifen

Der richtige Reifendruck

- Der Luftdruck muss bei **kaltem** Reifen überprüft werden – also nicht direkt nach längerer Fahrt, denn hierbei wird der Reifen warm und der Luftdruck steigt. Extrem niedriger Reifenluftdruck kann den Reifen auf der Felge rutschen oder sogar abspringen lassen. Zu hoher Luftdruck lässt den Reifen in der Mitte stark verschleißen und sorgt für eine unsichere Fahrweise.
- Benutzen Sie ein genaues Messgerät.
- Ein richtiger Luftdruck erhöht die Lebensdauer der Reifen und sorgt für beste Fahrstabilität und Fahrkomfort.
- Bei Modellen mit integrierten Reifendruck-Sensoren werden diese ab etwa 30 km/h durch die Kreiselkräfte aktiviert. Nachdem das Motorrad zum Stehen gekommen ist, werden die gemessenen Drücke etwa eine Viertelstunde lang angezeigt. Die Messergebnisse werden ungeachtet der Reifen- und Umgebungstemperatur auf 20 °C umgerechnet. Falls der Druck eines Reifens bis kurz vor den erlaubten Minimaldruck abfällt, wird die Multifunktionsanzeige gelb erleuchtet und das Reifensymbol wird angezeigt. Falls der Druck auf einen kritischen Wert abfällt, beginnt das allgemeine Warnsymbol rot zu blinken.

Vorsichtsmaßnahmen

- Falls ein Reifen regelmäßig aufgepumpt werden muss, sollte die Ursache dafür rasch gefunden und beseitigt werden.
- Kontrollieren Sie die Reifen sorgfältig auf Risse, Schnitte, eingedrungene Nägel oder andere scharfe Dinge und erhöhte Abnutzung. Die Benutzung von Motorrädern mit stark abgefahrenen Reifen ist extrem gefährlich, auch die Straßenlage und Traktion verschlechtert sich stark.
- Achten Sie auf festsitzende Schutzkappen. Entweicht nach dem Entfernen einer Kappe Luft, kann dies an einem locker sitzenden Ventil liegen. Mithilfe eines preiswerten Werkzeugs (das es auch in die Ventilkappe integriert gibt) kann das Ventil wieder angezogen (oder ausgetauscht) werden. Kontrollieren Sie den Zustand der Reifenventile.
- Im Gummi steckende Steine, Scherben und Nägel müssen entfernt werden, damit sie nicht komplett eindringen und für einen Plattfuß sorgen.
- Wenn eine Beschädigung offensichtlich ist oder ungewöhnlich hoher Druckverlust auftritt, suchen Sie sofort Rat bei einem Reifenhändler.

Reifenprofiltiefe

- Zurzeit muss ein Reifen laut Gesetz eine Mindestprofiltiefe von 1,6 mm aufweisen. BMW empfiehlt nicht, Reifen früher zu wechseln, doch kann es vorkommen, dass das Fahrverhalten bereits früher schlechter wird.
- Viele heutige Reifen besitzen Profiltiefen-Indikatoren, auf die an den Flanken mit Dreiecken oder der Bezeichnung TWI hingewiesen wird. Diese Indikatoren müssen **nicht** den vorgeschriebenen 1,6 mm entsprechen! Ermitteln Sie die Profiltiefe an der am stärksten verschlissenen Stelle des Reifens – die Polizei wird es bei einer Kontrolle ebenso tun. Ersetzen Sie einen abgefahrenen Reifen – dies erhöht die Sicherheit und schützt vor Strafe.

Vorne	Hinten
2,5 bar	2,9 bar

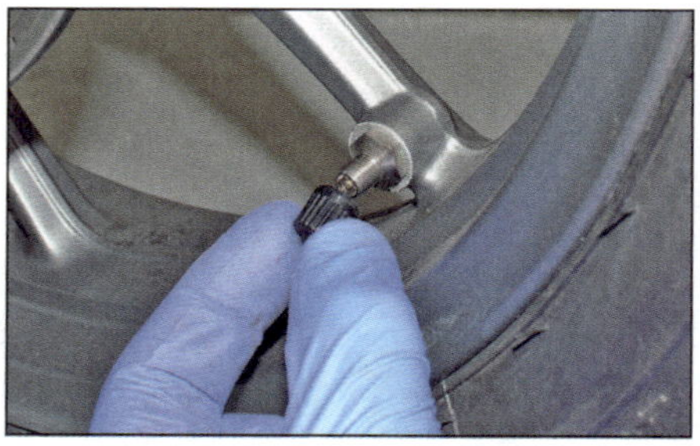

1 Schrauben Sie die Staubkappe vom Ventil – vergessen Sie nicht, sie später wieder aufzuschrauben.

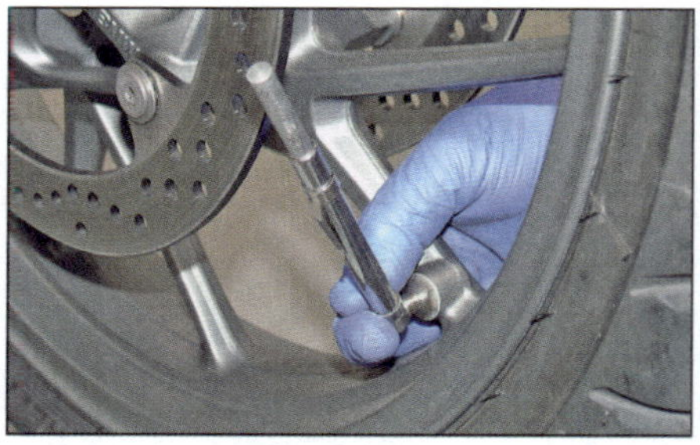

2 Kontrollieren Sie den Luftdruck nur bei kaltem Reifen, und füllen Sie nur bis zum empfohlenen Druck.

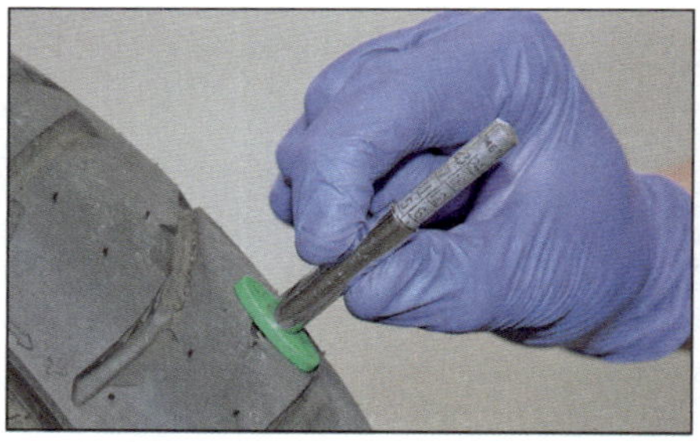

3 Die Profiltiefe wird mithilfe eines Profiltiefenmessers an der am stärksten verschlissenen Stelle des Reifens gemessen.

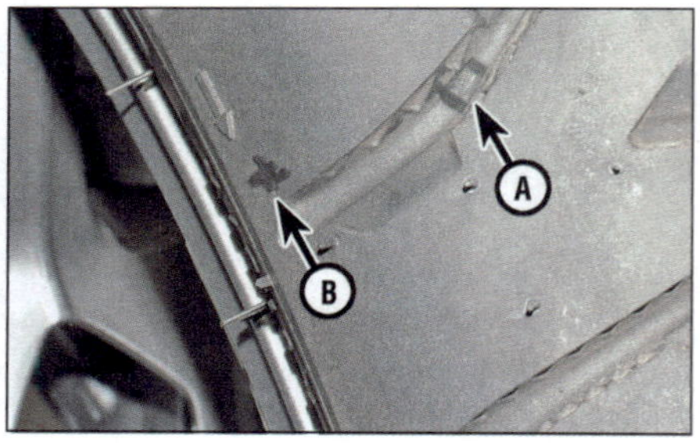

4 Der Profiltiefen-Indikator (A) und der Hinweis auf der Reifenflanke (B). Oft steht hier »TWI« (= Tread Wear Indicator), hier ist jedoch das Logo des Reifenherstellers zu sehen.

6 Ordnungsgemäßer Zustand und Sicherheit

Licht und Signale

- Kontrollieren Sie, ob Scheinwerfer, Rücklicht, Bremslicht, Instrumentenbeleuchtung sowie alle Blinker korrekt funktionieren.
- Prüfen Sie die Funktion der Hupe.
- Ein funktionierender Tachometer ist gesetzlich vorgeschrieben.

Sicherheit

- Überprüfen Sie, ob der Gasgriff leichtgängig ist und jederzeit und in allen Lenkerstellungen von alleine wieder schließt. Kontrollieren Sie das korrekte Gasgriff-Spiel (siehe Kapitel 1).
- Prüfen Sie, ob der Motor abschaltet, wenn der Killschalter betätigt wird.
- Prüfen Sie, ob die Ständerfedern den/die Ständer im eingeklappten Zustand sicher an der Maschine halten.

Kraftstoff

- Auch wenn es überflüssig klingt: Überprüfen Sie, ob Sie genug Benzin für die bevorstehende Fahrt im Tank haben. Wenn irgendwo Kraftstoff ausläuft, muss die Ursachen hierfür sofort beseitigt werden.
- Vergewissern Sie sich, dass immer Benzin der vorgeschriebenen Oktanzahl verwendet wird – BMW schreibt Otto-Kraftstoff mit mindestens 95 Oktan vor (GS- und Adv.-Modelle können nach einer Anpassung auch mit 91 Oktan betrieben werden).

Maße und Gewichte

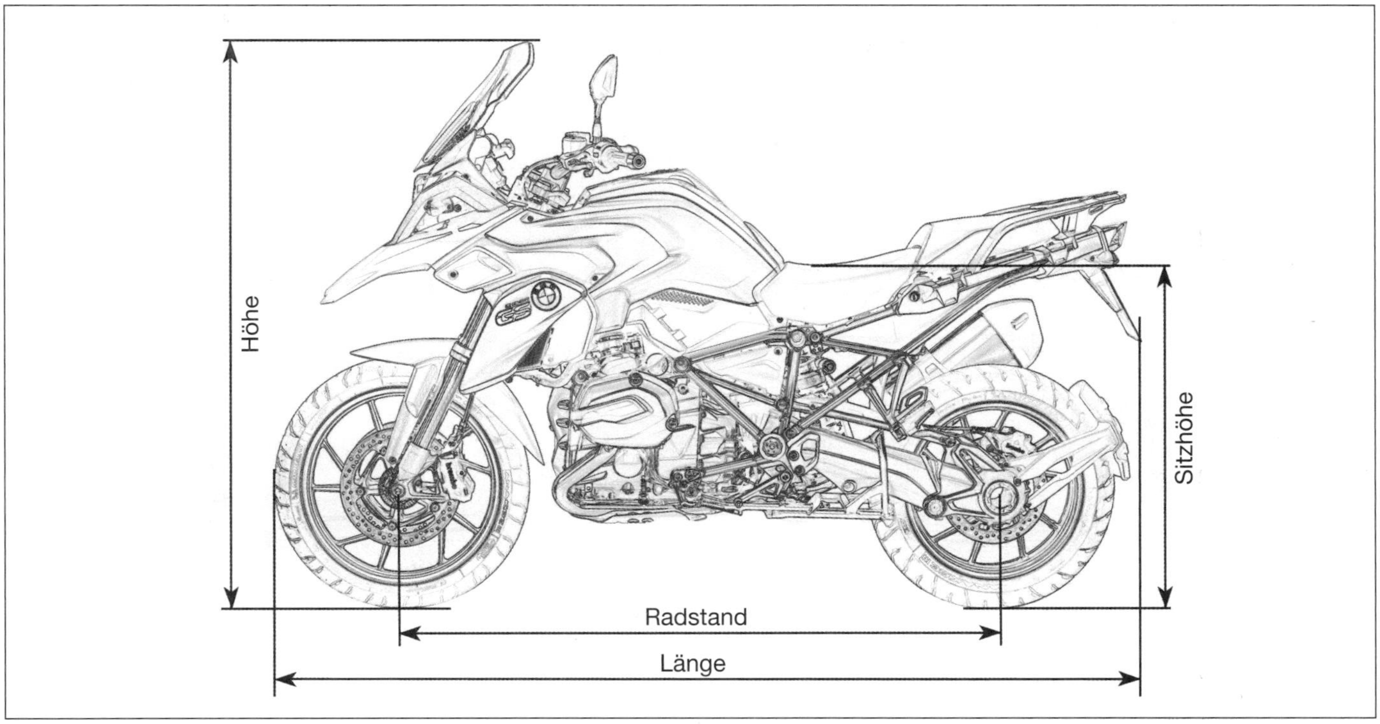

R 1200 GS

Radstand . . . . 1507 mm
Gesamtlänge . . . . 2205 mm
Gesamtbreite . . . . 955 mm
Gesamthöhe . . . . 1405 bis 1490 mm
(1405 bis 1465 bei abgesenktem Fahrwerk)
Sitzhöhe (Fahrersitz)
Standard . . . . 785 mm
Rallye-Sitz . . . . 880 mm
Niedriger Sitz . . . . 820 bis 840 mm
Abgesenktes Fahrwerk . . . . 800 bis 820 mm
Gewicht (betriebsbereit und vollgetankt) . . . . 238 kg
Maximale Zuladung . . . . 212 kg

R 1200 GS Adventure

Radstand . . . . 1510 mm
Gesamtlänge . . . . 2255 mm
Gesamtbreite . . . . 980 mm
Gesamthöhe (Windschutzscheibe in oberer Position) 1450 mm
(1410 bei abgesenktem Fahrwerk)
Sitzhöhe (Fahrersitz)
Standard . . . . 890 bis 910 mm
Rallye-Sitz . . . . 895 mm
Niedriger Sitz . . . . 840 bis 860 mm
Abgesenktes Fahrwerk . . . . 820 bis 840 mm
Gewicht (betriebsbereit und vollgetankt) . . . . 260 kg
Maximale Zuladung . . . . 220 kg

R 1200 RT

Radstand . . . . 1485 mm
Gesamtlänge . . . . 2185 mm
Gesamtbreite . . . . 980 mm
Gesamthöhe (Windschutzscheibe in unterer Position) 1405 mm
Sitzhöhe
Standard . . . . 805 bis 825 mm
Niedriger Sitz . . . . 760 bis 780 mm
Hoher Sitz . . . . 830 bis 850 mm
Gewicht (betriebsbereit und vollgetankt) . . . . 274 kg
Maximale Zuladung . . . . 221 kg

R 1200 R

Radstand . . . . 1515 mm
Gesamtlänge . . . . 2165 mm
Gesamtbreite . . . . 880 mm
Gesamthöhe . . . . 1300 mm
Sitzhöhe
Standard . . . . 790 mm
Niedriger Sitz . . . . 760 mm
Hoher Sitz . . . . 820 mm
Gewicht (betriebsbereit und vollgetankt) . . . . 231 kg
Maximale Zuladung . . . . 219 kg

R 1200 RS

Radstand . . . . 15305 mm
Gesamtlänge . . . . 2205 mm
Gesamtbreite . . . . 925 mm
Gesamthöhe . . . . 1260 mm
Sitzhöhe
Standard . . . . 820 mm
Niedriger Sitz . . . . 760 mm
Hoher Sitz . . . . 840 mm
Gewicht (betriebsbereit und vollgetankt) . . . . 236 kg
Maximale Zuladung . . . . 214 kg

Technische Daten

Motor

Typ	Luft/wassergekühlter Viertakt-Zweizylinder-Boxer
Hubraum	1170 cm^3
Bohrung x Hub	101 x 73 mm
Verdichtungsverhältnis	12,5 : 1
Ventiltrieb	je 2 kettengetriebene obenliegende Nockenwellen (DOHC), 4 Ventile
Kupplung	Mehrscheiben-Ölbadkupplung (hydraulisch betätigt)
Gemischaufbereitung	Elektronische Einspritzung BMS-X
Getriebe	6 Gänge im konstanten Eingriff
Endantrieb	Kardanwelle

Fahrwerk

Rahmen	Gitterrohrrahmen aus Stahlrohr, Motor mittragend	
Lenkkopfwinkel und Nachlauf		
R 1200 GS	64,5°, 99,6 mm	
R 1200 GS Adventure	65,5°, 92,7 mm	
R 1200 RT	63,6°, 116 mm	
R 1200 R	62,3°, 125,6 mm	
R 1200 RS	62,3°, 114,8 mm	
Vorderradaufhängung		
Typ		
GS, Adv. und RT	BMW-Telelever	
R- und RS	Upsidedown-Telegabel	
Federweg		
R 1200 GS		
Standard-Fahrwerk	190 mm	
abgesenktes Fahrwerk	160 mm	
R 1200 GS Adv.	210 mm	
R 1200 RT	120 mm	
R 1200 R und RS	140 mm	
Einstellmöglichkeiten		
Standard	keine	
mit ESA (Electronic Suspension Adjustment)		
GS, Adv., RT	Zug- und Druckdämpfung	
R und RS	keine	
Hinterradfederung		
Typ	BMW-Paralever	
Federweg		
R 1200 GS		
Standard-Fahrwerk	200 mm	
abgesenktes Fahrwerk	170 mm	
R 1200 GS Adv.	220 mm	
R 1200 RT	135 mm	
R 1200 R und RS	140 mm	
Einstellmöglichkeiten		
Standard	Federvorspannung und Zugdämpfung	
	mit ESA (Electronic Suspension Adjustment)	
GS, Adv., RT	Federvorspannung, Zug- und Druckdämpfung	
R und RS	Federvorspannung und Dämpfung	
Räder		
Typ		
R 1200 GS (optional) und Adv.	Drahtspeichenräder	
Alle anderen Modelle	Druckgussräder	
Felgengröße	**Vorne**	**Hinten**
R 1200 GS und Adv.	3.00 x 19	4.50 x 17
R 1200 RT, R und RS	3.50 x 17	5.50 x 17
Reifen		
R 1200 GS und Adv.	120/70 R 19V	170/60 R 17V
R 1200 RT, R und RS	120/70 ZR 17W	180/55 ZR 17W
Vorderradbremse	2 Bremsscheiben mit radial montierten Vierkolben-Festsätteln	
Hinterradbremse	Bremsscheibe mit Zweikolben-Schwimmsattel	

Modellentwicklung

Alle in diesem Handbuch behandelten Modelle werden vom gleichen Zweizylinder-Boxermotor mit 1170 cm³ Hubraum angetrieben. Obwohl er optisch an das Triebwerk der Vorgängermodelle erinnert, ist der Motor komplett neu entwickelt. Die Zylinderköpfe werden jetzt mit Wasser statt mit Öl gekühlt, der Kraftschluss wird mit einer Mehrscheiben-Ölbadkupplung statt einer Einscheiben-Trockenkupplung kontrolliert und sowohl die Kupplung samt Motorbremsen-Begrenzer als auch das Sechsganggetriebe sind jetzt im Motorgehäuse untergebracht. Die zum Winkeltrieb am Hinterrad verlaufende Kardanwelle liegt jetzt links und die Auspuffanlage ist entsprechend an der rechten Seite untergebracht. An den Zylinderköpfen sitzen die Ansaugstutzen jetzt oben, während die Auslasskanäle nach unten zeigen. Somit ist die obere der beiden Nockenwellen für den Einlass und die untere für den Auslass zuständig. Die Nockenwellen werden über Ketten und Zahnräder angetrieben, das Öffnen der Ventile wird über Schlepphebel erledigt. Die Zylinder sind ins Motorgehäuse integriert und eine Ausgleichswelle absorbiert Vibrationen.

Die Drosselklappengehäuse haben jetzt 52 mm Durchmesser (früher: 50 mm) und die Klappen werden elektronisch gesteuert. In die Auspuffanlage ist weiterhin eine elektronisch gesteuerte Klappe integriert.

Die gesamte Antriebseinheit wird per doppelter kettengetriebene Zahnringpumpe aus der Ölwanne angesaugtem Motoröl geschmiert.

Das Kühlmittel wird mithilfe einer Wasserpumpe durch einen (R und RS) bzw. zwei Wasserkühler (GS, Adventure und RT) geleitet.

Das digitale Motor-Management-System von Bosch (BMS-X) kontrolliert, steuert und koordiniert sowohl die Einspritzung als auch die Zündung. Ein zweites Steuergerät namens Gundmodul ist für die Überwachung und Kontrolle aller anderen elektrischen Systeme (Beleuchtung, Schalter, Verbraucher) verantwortlich. Für Funktionen wie das Starten und Abschalten des Motors sind beide Geräte miteinander verbunden.

Das Motorsteuergerät errechnet anhand der Drehzahl und der Drosselklappenposition die optimalen Betriebsbedingungen des Motors. Zusätzliche Daten (Temperatur, Ölpegel, eingelegter Gang, Abgaswerte) werden im Steuergerät mit Kennfeldern und Korrekturwerten kombiniert, um unter allen Umständen die Einspritzmenge und den Zündzeitpunkt zu optimieren. Zusätzlich verfügt das Steuergerät über eine Diagnosefunktion und speichert bei einem auftretenden Fehler alle wichtigen Daten.

Alle Modelle verfügen über Überwachungsbereich- (CAN-Bus-) und lokal gekoppelte Netzwerke (LIN-Bus), um Informationen zwischen den Kontrolleinheiten (Instrument, ABS, Motorsteuergerät, Grundmodul und andere optionale Geräte), den Sensoren und den elektrischen Verbrauchern auszutauschen. Dies erlaubt einen schnellen und zuverlässigen Datentransfer durch das gesamte Bordnetz. Es ermöglicht außerdem eine umfassende Diagnose des gesamten Systems von einem zentralen Punkt aus.

Eine weitere Neuheit ist der jetzt wieder konventionelle Gitterrohrrahmen aus Stahlrohr samt angeschraubtem Rahmenheck. Der Motor dient als mittragendes Element.

Bei GS-, Adv.- und RT-Modellen werden die Vorderradfederung und Lenkung separat vom bekannten BMW-Telelever-Systems übernommen, das eine Kombination aus einer Teleskopgabel für die Führung und Lenkung des Rades sowie einer Schwinge samt Stoßdämpfer für die Federung darstellt. Am oberen Ende des Telelever-Systems werden die Gabelrohre in einer Gabelbrücke gehalten, die am Frontrahmen gelagert ist. In der Mitte sind die Tauchrohre mit einer Brücke verbunden, die am vorderen Ende der Telelever-Schwinge in einem Kugelgelenk gelagert ist. Die Schwinge selbst dreht sich um eine vorne im Motor gelagerte Achse, während der Stoßdämpfer zwischen ihr und dem Lenkkopfträger sitzt.

Bei R- und RS-Modellen steckt das Vorderrad in einer traditionell im Lenkkopf geführten Upsidedown-Gabel.

Die Hinterradfederung wird bei allen Modellen von einer Paralever-Einarmschwinge mit zentralem Federbein übernommen. Die Kardanwelle zum Hinterrad ist innerhalb dieser Schwinge gelagert – jetzt allerdings auf der linken Seite. Durch einen zweiten Drehpunkt vor dem Endantrieb und einen Verbindungshebel werden die bei festen Antrieben entstehenden Aufstellmomente beim Lastwechsel nahezu aufgehoben.

An beiden Rädern befinden sich hydraulisch betätigte Scheibenbremsen, die serienmäßig über ein ABS betätigt sind. Die beiden jetzt radial montierten Sättel der vorderen Doppelscheibenbremse verfügen über jeweils zwei Paare gegenüberliegender Kolben, während die eine Scheibe am Hinterrad mit einem Zweikolben-Schwimmsattel verzögert wird.

R 1200 GS (K50)

Die im März 2013 eingeführte GS wurde wahlweise mit Leichtmetall-Gussrädern (für den Straßen- und moderaten Geländebetrieb) oder mit Drahtspeichenrädern (auch für schweres Gelände geeignet) ausgeliefert. Optional und in verschiedenen »Paketen« waren eine elektronische Fahrwerkseinstellung – »Electronic Suspension Adjustment« (ESA), eine Fahrdynamikregelung – »Automatic Stability Control« (ASC), eine Reifendruck-Kontrolle (RDC), ein Tempomat, eine Alarmanlage, ein tiefergelegtes Fahrwerk, ein flacherer Fahrersitz sowie ein LED-Scheinwerfer mit Tagfahrlicht, Heizgriffe, ein Navigationsgerät und zahlreiche andere Komponenten erhältlich. Hinzu kamen Sturzbügel und Gepäcksysteme.

R 1200 GS Adventure (K51)

Parallel zur »normalen« GS erschien im Oktober 2013 auch wieder eine Adventure-Version – serienmäßig mit 30-Liter-Tank, größerem Windschutz, einstellbarer Sitzhöhe, Handprotektoren und Sturzbügeln. Auch längere Federwege und grobstollige Reifen auf Drahtspeichenrädern waren für den harten Geländeeinsatz ausgelegt. Eine Fahrdynamikregelung (ASC) und zwei Fahrmodi (Regen und Straße) waren serienmäßig. Drei weitere Fahrmodi, die elektronische Fahrwerkseinstellung (ESA) und zahlreiches weiteres Zubehör war optional erhältlich.

R 1200 RT (K52)

Ebenfalls Ende 2013 wurde die neue Langstrecken-Reisemaschine R 1200 RT vorgestellt, wobei Motor und Fahrwerk weitgehend auf dem GS-Modell basierte. Eine Fahrdynamikregelung (ASC) und zwei Fahrmodi (Regen und Straße) waren serienmäßig. Drei weitere Fahrmodi, die elektronische Fahrwerkseinstellung (ESA) und zahlreiches weiteres Zubehör war optional erhältlich.

R 1200 R (K53) und RS (K54)

Die beiden »Roadster« – einmal unverkleidet (R) und einmal mit sportlicher Halbverkleidung (RS) wurden 2014 vorgestellt und gingen 2015 mit einem völlig neuen Fahrwerk in Serie. Das Vorderrad wurde in einer traditionellen Upsidedown-Telegabel geführt, was die Möglichkeit bot, einen einzelnen Wasserkühler zentral vor dem Motor zu platzieren. Eine Fahrdynamikregelung (ASC) und zwei Fahrmodi (Regen und Straße) waren serienmäßig. Drei weitere Fahrmodi, die elektronische Fahrwerkseinstellung (ESA) und zahlreiches weiteres Zubehör war optional erhältlich.

Sicherheit geht vor!

Professionelle Mechaniker haben während ihrer Ausbildung viel über Arbeitssicherheit gelernt. Doch auch der Enthusiast sollte sich bei seinen Tätigkeiten die Zeit nehmen, um sicherzustellen, dass er sich nicht unnötig in Gefahr begibt. Eine kurze Unachtsamkeit kann genauso zu einem Unfall führen wie die Nichtbeachtung simpler Vorsichtsmaßnahmen.

Es gibt unendlich viele Möglichkeiten, einen Unfall herbeizuführen – und es kann hier keine umfassende Liste aller Gefahren wiedergegeben werden; vielmehr soll auf das Risiko hingewiesen und auf eine sichere Herangehensweise an alle Arbeiten am Motorrad aufmerksam gemacht werden.

Asbest

• Verschiedene Reibmaterialien, Isolierungen und Dichtungen (z. B. Brems- und Kupplungsbeläge, Kopfdichtungen, Hitzeschilde, usw.) können Asbest enthalten. Absolute Vorsicht ist beim Einatmen des Staubs solcher Teile geboten, da dieser äußerst gesundheitsschädlich ist. Im Zweifelsfall sollte man immer davon ausgehen, dass Asbest enthalten ist.

Feuer

• Denken Sie immer daran, dass Benzin leicht entzündbar ist. Rauchen Sie niemals bei der Arbeit am Fahrzeug, und lassen Sie keine offenen Flammen in die Nähe kommen. Hiermit ist das Feuer-Risiko jedoch noch nicht gebannt, denn Funken durch einen elektrischen Kurzschluss, das Aufeinanderschlagen zweier Metallteile, der unbedachte Einsatz von Werkzeugen oder die statische Aufladung des Körpers oder der Kleidung können in geschlossenen Räumen die zu einem hochexplosiven Gemisch entwickelten Benzindämpfe entzünden. Verwenden Sie Benzin niemals als Reinigungsmittel, sondern benutzen Sie ungefährlichere Lösungsmittel.

• Trennen Sie vor jeder Arbeit am Kraftstoff- oder Zündsystem den Masse-Anschluss (–) von der Batterie. Lassen Sie niemals Benzin auf den heißen Motor oder Auspuff tropfen.

• Es wird empfohlen, in der Garage oder der Werkstatt einen für brennende Flüssigkeiten geeigneten Feuerlöscher griffbereit zu halten. Löschen Sie niemals brennendes Benzin oder unter Strom stehende Teile mit Wasser!

Dämpfe

• Manche Dämpfe sind hochgiftig und können schnell zur Bewusstlosigkeit oder gar zum Tod führen, wenn sie in einer bestimmten Konzentration eingeatmet werden. Benzindämpfe gehören genauso dazu wie Dämpfe von Lösungsmitteln wie Trichlorethylen. Sämtlicher Umgang mit solch flüchtigen Stoffen darf nur in gut belüfteten Bereichen geschehen.

• Bei der Verwendung von Reinigungs- oder Lösungsmitteln müssen stets sorgfältig die Anwendungshinweise durchgelesen werden. Benutzen Sie niemals Stoffe aus unbeschrifteten Behältern, und mischen Sie niemals verschiedene an sich harmlose Lösungsmittel – sie können giftige Dämpfe freisetzen.

• Lassen Sie niemals einen Verbrennungsmotor in geschlossenen Räumen laufen. Auspuffgase enthalten Kohlenmonoxid, das extrem giftig ist. Wenn ein Motor gestartet werden muss, hat dies möglichst im Freien zu geschehen, zumindest ist die Maschine so hinzustellen, dass der Auspuff nach draußen zeigt.

Batterie

• Setzen Sie die Batterie nie offenem Feuer oder Funken aus, da sie immer etwas Wasserstoff abgibt, der hochexplosiv ist.

• Trennen Sie vor der Arbeit am Kraftstoff- oder Zündsystem den Masse-Anschluss (–) von der Batterie – außer, die Stromzufuhr wird ausdrücklich verlangt.

• Lockern Sie beim Laden der Batterie die Einfüllstopfen. Laden Sie die Batterie nicht mit einer zu hohen Rate, da sie hierdurch beschädigt wird.

• Seien Sie beim Auffüllen, Reinigen und Tragen der Batterie vorsichtig. Die Batteriesäure ist auch im verdünnten Zustand stark ätzend. Haut- und Augen-Kontakt muss durch das Tragen von Gummihandschuhen und einer Schutzbrille mit Gesichtsschutz vermieden werden. Muss die Batteriesäure selber vorbereitet werden, darf nur die Säure langsam dem Wasser zugefügt werden – kippen Sie niemals das Wasser in die Säure!

Elektrizität

• Beim Einsatz von Elektrowerkzeugen, Lampen, usw. muss immer ein korrekter Stromanschluss und ggf. Masseanschluss sichergestellt sein. Verwenden Sie keine Elektrogeräte in feuchter Umgebung oder in der Nähe von Benzin oder Benzindämpfen. Achten Sie darauf, dass alle Geräte und das Stromnetz den Sicherheitsstandards entsprechen.

• Einen starken Stromschlag kann man beim Berühren bestimmter Teile der elektrischen Anlage bekommen, so zum Beispiel beim Anfassen der Zündkabel bei laufendem oder durchgedrehtem Motor – und besonders, wenn Bauteile feucht sind oder eine defekte Isolierung haben. Bei elektronischen Zündanlagen kann die Zündspannung lebensgefährlich sein!

Niemals ...

✘ den Motor starten, ohne geprüft zu haben, dass sich das Getriebe im Leerlauf befindet.

✘ plötzlich den Deckel eines heißen Kühlsystems entfernen, sondern ihn mit Lappen abdecken. Langsam den Druck ablassen, damit man sich nicht durch austretendes Kühlmittel verbrüht.

✘ aus einem heißen Motor Öl ablassen, sondern ihn erst etwas abkühlen lassen, um sich nicht zu verbrennen.

✘ Teile eines heißen Motors oder Auspuffs anfassen, um sich nicht zu verbrennen.

✘ Bremsflüssigkeit oder Kühlmittel auf Lack oder Kunststoffteile gelangen lassen.

✘ giftige Flüssigkeiten wie Benzin, Bremsflüssigkeit oder Frostschutzmittel mit dem Mund ansaugen oder auf die Haut gelangen lassen.

✘ Staub einatmen, der gesundheitsschädlich sein kann (siehe oben unter Asbest).

✘ Öl oder Fett auf dem Boden belassen, sondern es aufwischen, bevor man ausrutscht.

✘ verschlissene Werkzeuge benutzen, da man damit abrutschen und sich verletzen kann.

✘ schwere Dinge wie Motoren alleine heben, sondern einen Assistenten zu Hilfe holen.

✘ in Zeitnot arbeiten oder die Arbeit auf gefährlichen Wegen abkürzen.

✘ Kinder oder Tieren ermöglichen, sich in der Nähe eines unbeobachteten Fahrzeugs aufzuhalten.

✘ einen Reifen über den erlaubten Maximaldruck aufpumpen. Abgesehen von der Überlastung der Karkasse kann er in Extremfällen platzen.

Stets ...

✔ dafür sorgen, dass die Maschine sicher steht. Besonders wichtig ist dies, wenn die Maschine für den Ausbau eines Rades oder einer Radaufhängung aufgebockt wird.

✔ festsitzende Schrauben oder Muttern vorsichtig lockern. An einem Schlüssel zu ziehen ist immer besser als ihn zu drücken, damit man beim Abrutschen nicht auf die Maschine fällt.

✔ beim Einsatz von Bohrern, Schleifern und anderen Maschinen eine Schutzbrille tragen.

✔ beim Arbeiten in schmutzigen Bereichen die Hände mit Schutzcreme versehen, die nicht nur vor Infektionen schützt, sondern auch das Reinigen erleichtert. Längerer Kontakt mit Motoröl kann ein Gesundheitsrisiko sein. Passen Sie aber auf, dass die Hände durch die Creme nicht rutschig werden.

✔ Kleidungsstücke wie Ärmel, Halstücher oder lange Haare außerhalb des Arbeitsbereichs beweglicher Teile halten.

✔ Schmuck und Uhren vor der Arbeit – besonders an elektrischen Bauteilen – ablegen.

✔ den Arbeitsbereich sauber und geordnet halten, um nicht über herumliegende Teile zu fallen.

✔ beim Zusammendrücken von Federn für den Aus- oder Einbau vorsichtig sein. Spannen und Entspannen Sie Federn nur mit geeigneten Werkzeugen, die die Feder nicht plötzlich weg springen lassen.

✔ aufpassen, dass Hebevorrichtungen genügend Tragkraft für die zu verrichtende Arbeit haben.

✔ jemanden regelmäßig die Arbeit kontrollieren lassen, wenn man alleine am Fahrzeug arbeitet.

✔ die Arbeit in einer logischen Reihenfolge ausführen und anschließend prüfen, ob alles korrekt montiert und gesichert ist.

✔ daran denken, dass die Sicherheit des Fahrzeugs auch Ihre eigene Sicherheit und die anderer bedeutet. Bei jedem Zweifel muss professioneller Rat eingeholt werden.

• Da man sich trotz des Befolgens dieser Hinweise verletzen kann, muss dafür gesorgt werden, dass immer jemand (ggf. per Telefon) erreichbar ist, der einem zur Hilfe kommen kann.

Kapitel 1
Routine-Instandhaltung und Kontrolle

Inhalt (in alphabetischer Reihenfolge, die Zahlen geben die Nummerierung in den grauen Feldern wieder)

Schwierigkeitsgrade

Leicht. Für Anfänger mit wenig Erfahrung geeignet.	**Relativ leicht.** Für Anfänger mit etwas Erfahrung geeignet.	**Relativ schwierig.** Für geübte Selbstschrauber geeignet.	**Schwer.** Für Selbstschrauber mit viel Erfahrung geeignet.	**Sehr schwer.** Für Experten und Profis geeignet.

1

Technische Daten

Motor

Zündkerzen
- Typ . . . . NGK LMAR8D-J
- Elektroden-Kontaktabstand
  - Standard . . . . 0,7 bis 0,9 mm
  - Verschleißgrenze . . . . 1,0 mm

Ventilspiel (bei **kaltem** Motor)
- Einlassventile . . . . 0,10 bis 0,17 mm
- Auslassventile . . . . 0,34 bis 0,41 mm

Fahrwerk

Bremsbelag-Verschleißgrenze . . . . 1,0 mm

Bremsscheiben-Stärke (min.)
- Vorderrad . . . . 4,0 mm
- Hinterrad . . . . 4,5 mm

Reifendruck . . . . siehe *Tägliche Kontrollen*

Empfohlene Schmiermittel und Flüssigkeiten

Motoröl-Typ und Viskosität	API-Klasse SL oder höher, JASO MA2; SAE 5W/40 – empfohlen wird BMW Motorrad ADVANTEC Ultimate
Motoröl-Füllmenge	4,0 Liter (max.)
Endantrieb-Öl	
Typ	Castrol SAF-XO
Füllmenge	180 ml
Kühlflüssigkeit-Typ	50 % destilliertes Wasser und 50 % Ethylen-Glykol mit Korrosionsschutz für Aluminium-Motoren
Kühlflüssigkeit-Füllmenge	1,75 Liter (inkl. Ausgleichsbehälter)
Gabelöl-Typ	BMW-Gabelöl 10W
Gabelöl-Füllmenge	siehe Kapitel 5
Bremsflüssigkeit	DOT 4
Vorderradlager	Hitzefestes Lithium-Mehrzweckfett
Stoßdämpferlager	Hitzefestes Lithium-Mehrzweckfett
Hebel- und Ständerzapfen	Trockenfilm
Gasgriff	Trockenfilm

Anzugsdrehmomente

Endantrieb – Ölablassschraube	20 Nm
Endantrieb – Öleinfüllschraube	20 Nm
Kühlmittel-Ablassschraube – links	10 Nm
Kühlmittel-Ablassschraube – rechts	5 Nm
Lenkkopflager-Einstellring (R/RS – mit BMW-Werkzeug)	15 Nm
Lenkschaftschraube (R/RS)	130 Nm
Motoröl-Ablassschraube	42 Nm
Ölfilter	11 Nm
Standrohr-Klemmschraube (R/RS – obere Gabelbrücke)	19 Nm
Zündkerzen	12 Nm

Instandhaltungsplan

Anmerkung: *Die Instrumente aller Modelle sind mit einer Service-Anzeige ausgerüstet, die nach dem Einschalten der Zündung und der Selbstkontrolle kurze Zeit die Kilometer (in 100er-Schritten) bzw. Zeit bis zur nächsten Inspektion erscheinen lässt, sobald diese innerhalb der nächsten 1000 km oder des nächsten Monats stattfinden muss. Falls eine Wartung überfällig ist, leuchtet die allgemeine Warnlampe gelb und SERVICE wird ständig zusammen mit dem Datum oder der Kilometerangabe angezeigt, an dem die Wartung hätte durchgeführt werden müssen. Die Service-Anzeige muss von einer BMW-Werkstatt zurückgesetzt werden.*

Täglich (vor jeder Fahrt)

- ☐ Alle am Anfang dieses Buchs beschriebenen *Täglichen Kontrollen*.

Nach den ersten 1000 km

Anmerkung: *Normalerweise wird die Erstinspektion nach 1000 km durch eine BMW-Fachwerkstatt durchgeführt. Danach werden alle Inspektionen nach den im Plan vorgesehenen Intervallen vorgenommen.*

Alle 10 000 km oder jährlich

- ☐ Wechsel des Motoröls und des Ölfilters (Sektion 1)
- ☐ Kontrolle des Bremssystems sowie des Belag- und Bremsscheiben-Verschleißes (Sektion 2)
- ☐ Kontrolle der Speichenspannung – Modelle mit Drahtspeichenrädern (Sektion10)
- ☐ Kontrolle und Schmieren der Ständer- und Hebelzapfen (Sektion 3)
- ☐ Kontrolle der Lampen und Blinker
- ☐ Kontrolle der Kupplungsfunktion (Sektion 7)

Alle 20 000 km

- ☐ Kontrolle und ggf. Einstellung des Ventilspiels (Sektion 2)
- ☐ Ersetzen der Zündkerze (Sektion 4)
- ☐ Wechsel des Luftfilterelements (Sektion 5)

Alle 20 000 km oder 2 Jahre

- ☐ Wechsel des Endantrieb-Öls (Sektion 6)

Nach einem Jahr und dann alle 2 Jahre

- ☐ Wechsel der Bremsflüssigkeit (Kapitel 6)

Alle 30 000 km

- ☐ Wechsel des Gabelöls (R- und RS-Modelle) (Kapitel 5)

Ohne Intervallvorgaben

- ☐ Festigkeitsprüfung aller Muttern und Schrauben (Sektion 9)
- ☐ Kontrolle der Batterie (Kapitel 8)
- ☐ Kontrolle der Räder und Radlager (Sektion 10)
- ☐ Kontrolle der Federelemente (Sektion 11)
- ☐ Kontrolle und ggf. Einstellung der Lenkkopflager (R- und RS-Modelle) (Sektion 12)
- ☐ Kontrolle des Kühlsystems (Sektion 13)
- ☐ Wechsel des Kühlmittels (Sektion 13)

Lage der Baugruppen – GS-Modelle (RT ähnlich)

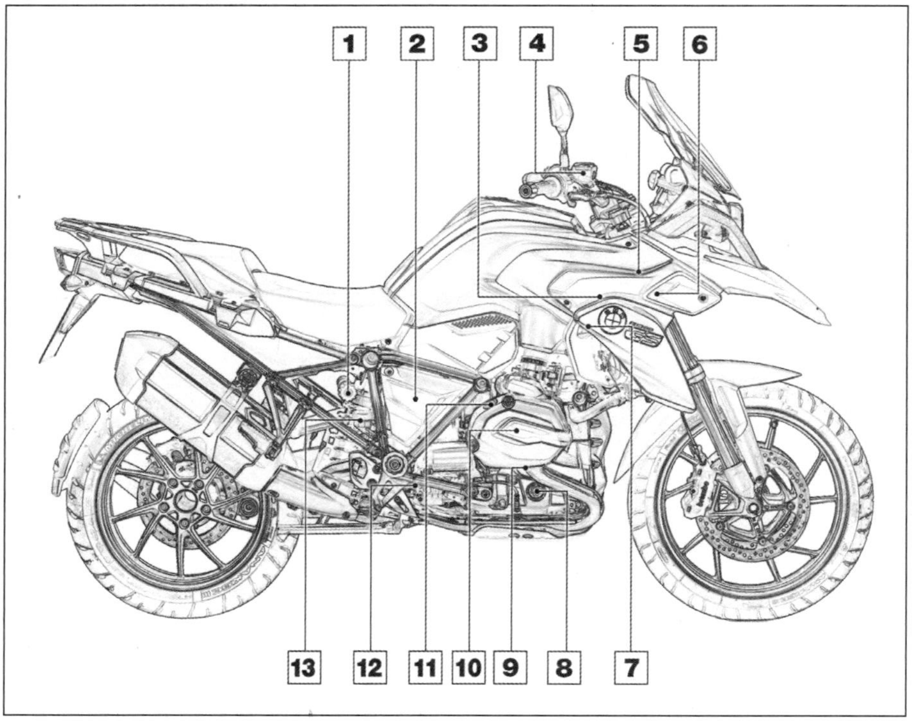

1 Federvorspannungs-Einsteller hinten
2 Batterie
3 Kühlmittel-Ausgleichsbehälter
4 Handbremsen-Ausgleichsbehälter
5 Fahrgestellnummer
6 Gabel-Dichtring
7 Wasserkühler-Druckventil
8 Motoröl-Schauglas
9 Kühlmittel-Ablassschraube
10 Zündkerze
11 Öleinfülldeckel
12 Motornummer
13 Fußbremsen-Ausgleichsbehälter

Rechte Seite

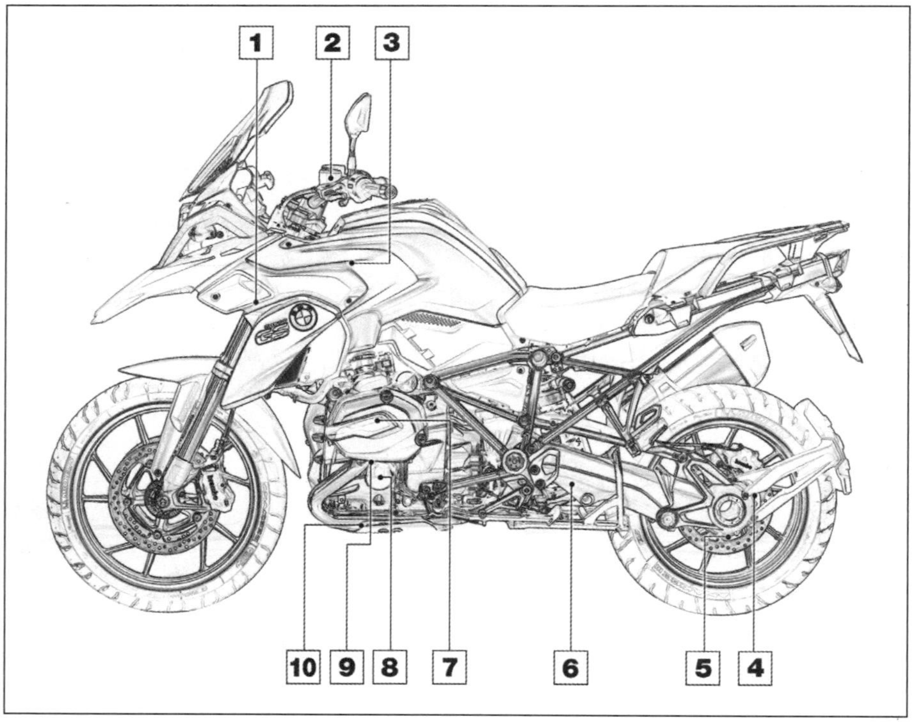

1 Gabel-Dichtring
2 Kupplungs-Ausgleichsbehälter
3 Luftfilter
4 Endantrieb-Öleinfüllschraube
5 Endantrieb-Ölablassschraube
6 Dämpfungseinsteller hinten
7 Zündkerze
8 Ölfilter
9 Kühlmittel-Ablassschraube
10 Motorölablassschraube

Linke Seite

Lage der Baugruppen – R- und RS-Modelle

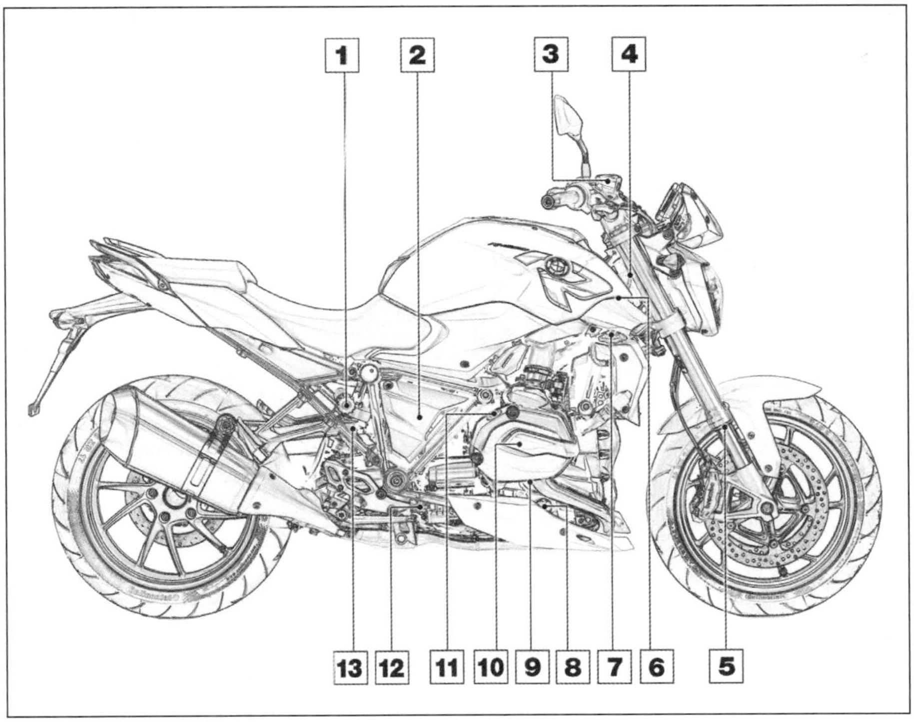

Rechte Seite

1 Federvorspannungs-Einsteller hinten
2 Batterie
3 Handbremsen-Ausgleichsbehälter
4 Fahrgestellnummer
5 Gabel-Dichtring
6 Kühlmittel-Ausgleichsbehälter
7 Wasserkühler-Druckventil
8 Motoröl-Schauglas
9 Kühlmittel-Ablassschraube
10 Zündkerze
11 Öleinfülldeckel
12 Motornummer
13 Fußbremsen-Ausgleichsbehälter

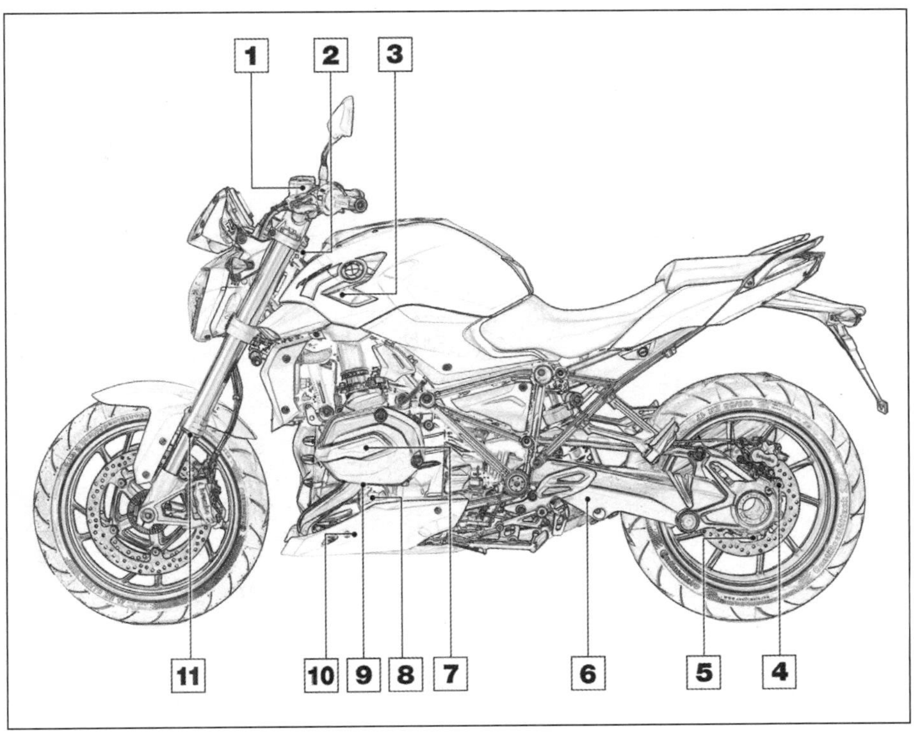

Linke Seite

1 Kupplungs-Ausgleichsbehälter
2 Lenkkopflager-Einsteller
3 Luftfilter
4 Endantrieb-Öleinfüllschraube
5 Endantrieb-Ölablassschraube
6 Dämpfungseinsteller hinten
7 Zündkerze
8 Ölfilter
9 Kühlmittel-Ablassschraube
10 Motorölablassschraube
11 Gabel-Dichtring

Einleitung

1 Dieses Kapitel soll dem Hobbyschrauber helfen, sein Motorrad in einem sicheren und technisch guten Zustand zu halten, sodass es immer voll leistungsfähig ist und eine lange Lebensdauer erreicht.

2 Die Entscheidung, wo und wann man mit den Routinekontrollen anfangen soll, hängt von verschieden Faktoren ab. Wenn die Garantieperiode der Maschine gerade abgelaufen ist, und bisherige Inspektionen von einer Werkstatt vorgenommen wurden, kann mit der nächsten Routinekontrolle bis zum nächsten vorgeschriebenen Kilometerstand oder Zeitablauf gewartet werden. Wenn Sie die Maschine schon einige Zeit haben, aber schon lange keine Inspektion haben machen lassen, sollten Sie mit dem nächsten Intervall beginnen und einige zusätzliche Kontrollen vornehmen, um sicherzugehen, dass nichts Wichtiges übersehen wurde. Wenn Sie gerade eine große Motor-Überholung erledigt haben, sollten Sie die Service-Intervalle von Anfang an beginnen. Wenn Sie eine gebrauchte Maschine erworben haben und über ihre Geschichte und Wartung nichts wissen, sollten Sie sich für eine Komplettkontrolle aller Punkte entscheiden und dann mit den normalen Intervallen weitermachen. Nach dem Verbinden des Motorrades mit einem BMW-Diagnosegeräts lässt sich ermitteln, ob alle erforderlichen Wartungsarbeiten ausgeführt wurden.

3 Vor Beginn irgendwelcher Wartungsarbeiten sollte das Motorrad sorgfältig gereinigt werden, besonders um den Ölfilter, die Ablassschrauben, die Ventildeckel, die Federelemente, Räder usw. herum. Dazu müssen ggf. entsprechende Verkleidungsteile demontiert werden (siehe Kapitel 7). Saubere Teile schützen davor, dass während der Arbeit Schmutz in den Motor eindringt, außerdem lassen sie Verschleiß und Beschädigungen besser erkennen.

4 Wichtige Wartungshinweise sind oft auf Aufklebern vermerkt, die am Motorrad angebracht sind. Wenn diese Informationen sich von denen in diesem Buch angegeben unterscheiden, richten Sie sich nach denen am Motorrad.

5 Viele Schrauben sind mit Torx-Köpfen ausgerüstet. Beschaffen Sie entsprechende Bits, die auch mit einem Knarrenkasten und einem Drehmomentschlüssel kombiniert werden können. BMW bietet entsprechende Werkzeuge an.

⚠ ***Warnung: Lesen Sie vor Beginn der Arbeit die Sektion »Sicherheit geht vor! Sorgfältig durch.***

1 Motoröl und Ölfilter

Spezialwerkzeug: *Für diese Arbeit wird ein Filterschlüssel benötigt (Abb. 1.8a). BMW bietet unter der Teilenummer 114650 einen solchen Schlüssel an, doch auch im Werkzeughandel kann man fündig werden – bringen Sie Ihren Ölfilter mit, um die richtige Größe zu kaufen.*

⚠ ***Warnung: Seien Sie beim Ablassen des Motoröls vorsichtig! Heißes Öl sowie heiße Motorteile und Auspuffrohre können zu schweren Verbrennungen führen.***

1 Ein regelmäßiger Öl- und Filterwechsel ist die wichtigste Wartungsarbeit für den Erhalt eines Motorrades. Das Öl ist nicht nur zur Schmierung von Motorinnereien da, sondern auch zur Kühlung, Reinigung, Abdichtung und zum Materialschutz. Aufgrund dieser Anforderungen trägt das Motoröl einen hohen Grad an Verantwortung für die Funktion des Motors und muss deshalb mitsamt Filter regelmäßig ersetzt werden. Der Preisunterschied zwischen einem guten und einem billigen Öl macht sich im Verhältnis zu einem Motorschaden auf keinen Fall bezahlt.

2 Wärmen Sie den Motor zunächst auf, damit das Öl besser abfließt. Stellen Sie das Motorrad auf einer ebenen Fläche auf den Hauptständer oder stützen Sie es entsprechend ab.

3 Demontieren Sie bei GS- und Adv.-Modellen den Ölwannenschutz. Entfernen Sie bei RT-Modellen beide Batterieabdeckungen. Entfernen Sie bei R- und RT-Modellen ggf. den linken Motorspoiler (siehe Kapitel 7).

4 Positionieren Sie einen möglichst sauberen Behälter unter dem Motor, der das Altöl aufzunehmen kann. Öffnen Sie mithilfe des dem Bordwerkzeug beigefügten Schraubendreher-Griffs den Öl-Einfülldeckel im rechten Ventildeckel, um das Gehäuse zu belüften – und zur Erinnerung daran, dass sich kein Öl im Motor befindet (siehe Abbildung).

5 Schrauben Sie die Ölablassschraube unten am Motor heraus und lassen Sie das Öl in den Behälter fließen (siehe Abbildung). Die Dichtscheibe muss nach jedem Ölwechsel ersetzt werden.

Praxis TiPP ***Ein Ölauffangbehälter kann leicht aus einem alten Fünfliter-Ölkanister hergestellt werden, indem man die Vorderseite herausschneidet und den Kanister auf den Rücken legt.***

6 Reinigen Sie die Ablassschraube und entfernen Sie Ablagerungen von der magnetischen Spitze (siehe Abbildung). Rüsten Sie die Schraube mit einer neuen Dichtscheibe aus (siehe Abbildung).

7 Wenn das Öl vollständig aus dem Motor gelaufen ist, wird die Ölablassschraube eingeschraubt und mit 42 Nm angezogen (siehe Abbildung) – Überdrehen kann schnell das Gewinde beschädigen!

8 Stellen Sie den Auffangbehälter jetzt unter den Ölfilter und lösen Sie diesen mithilfe eines Steck-Ölfilterschlüssels. Wenn der Filter abgeschraubt ist, kann das darin befindliche Öl in den Auffangbehälter gegossen werden (siehe Abbildungen).

9 Benetzen Sie den Gummi-Dichtring des neuen Filters mit sauberem Motoröl und füllen Sie die Filter-Patrone mit etwas frischem Öl

1.4 Öffnen Sie den Einfülldeckel mithilfe des Schraubendrehergriffs aus dem Bordwerkzeug.

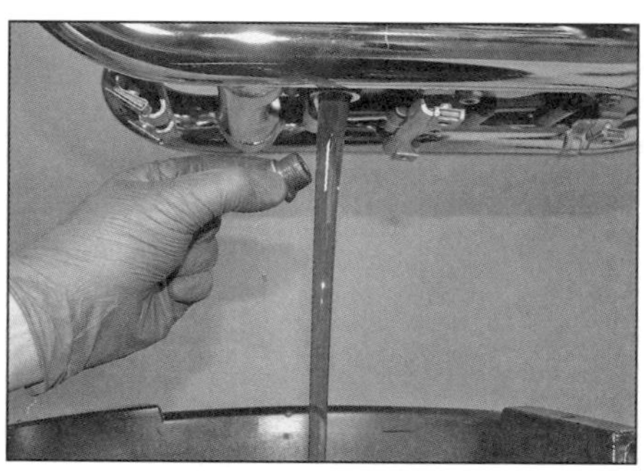

1.5 Lösen Sie die Ablassschraube und lassen Sie das Motoröl ablaufen.

1.6a Reinigen Sie die Magnetspitze der Ablassschraube ...

1.6b ... und rüsten Sie sie mit einer neuen Dichtscheibe aus.

auf. Schrauben Sie den Filter dann auf seinen Stutzen, bis er handfest sitzt (siehe Abbildungen). Ziehen Sie den Filter jetzt mithilfe des auf den Drehmomentschlüssel gesteckten Filterschlüssels mit 11 Nm an. Zu starkes Anziehen würde die Dichtung beschädigen.

Anmerkung: *Auf den Fotos ist der »Einfahr«-Ölfilter gezeigt, der sich von den später verwendeten Filtern durch seine Größe und Form unterscheidet (siehe Abbildung).*

10 Füllen Sie den Motor mit dem vorgeschriebenen Öl bis zum oberen Rand des Kreises im Schauglas auf (siehe Abbildungen). Kontrollieren Sie den O-Ring des Einfüllstopfens, bevor dieser montiert wird (siehe Abbildung).

11 Starten Sie den Motor und bringen Sie ihn durch eine Probefahrt auf Betriebstemperatur. Kontrollieren Sie erneut den Ölpegel – wahrscheinlich muss etwas Öl nachgefüllt werden.

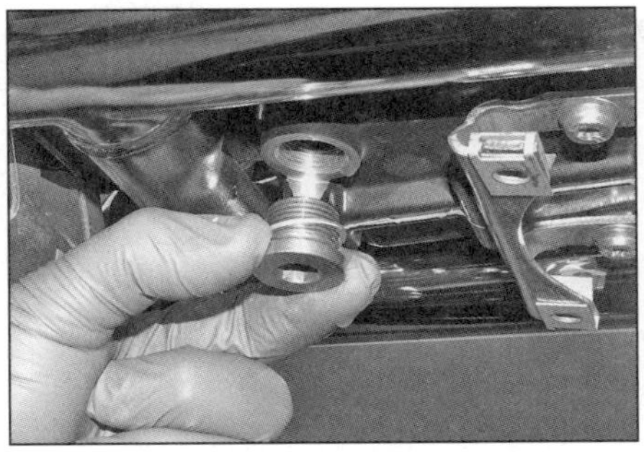

1.7 Installieren Sie die Ablassschraube und ziehen Sie sie mit 42 Nm an.

Praxis TiPP ***Kontrollieren Sie sorgfältig Ihr Altöl. Wenn es stark metallisch schimmert, können es Spuren vom Einfahren eines neuen Motors sein – oder aber Anzeichen ungenügender Schmierung. Wenn sich kleine Metallbrocken oder Splitter im Öl finden, läuft in Ihrem Motor etwas entschieden falsch, und die Maschine muss zur Inspektion und Reparatur zerlegt werden.***

12 Kontrollieren Sie die Bereiche um die Ablassschraube, den Ölfilter und den Einfüllstopfen herum auf Undichtigkeiten.

13 Das alte Motoröl kann nicht mehr verwendet werden und muss in einen auslaufsicheren Behälter gefüllt werden. Jeder Händler, der technische Öle verkauft, ist auch dazu verpflichtet, entsprechende Mengen Altöl zurückzunehmen und zur fachgerechten Entsorgung oder zum Recycling zu bringen. Lassen Sie nie Altöl in die Kanalisation gelangen oder im Boden versickern!

1.8a Lösen Sie den Ölfilter mit einem passenden Schlüssel ...

1.8b ... und lassen Sie darin befindliches Öl ablaufen.

1.9a Schmieren Sie die Dichtung des neuen Ölfilters ...

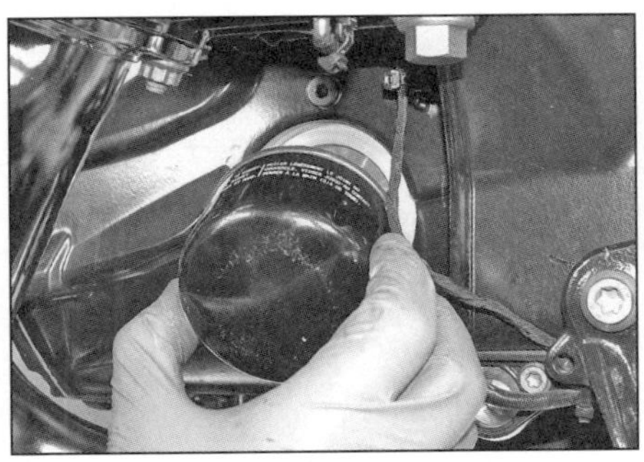

1.9b ... und drehen Sie ihn wie beschrieben auf seinen Stutzen.

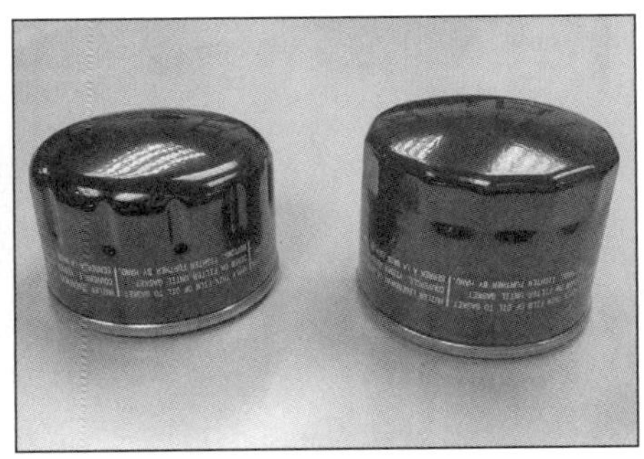

1.9c Links: der »Einfahr«-Ölfilter, rechts: der »normale« Ölfilter – beachten Sie die unterschiedlichen Formen für die Filterschlüssel.

1

1.10a Füllen Sie Motoröl auf, ...

1.10b ... bis der Pegel oben am Kreis des Schauglases steht.

1.10c Installieren Sie den Einfülldeckel.

2 Ventilspiel

Spezialwerkzeug: *Für diese Arbeit wird ein Fühlerlehren-Set benötigt.*

Kontrolle

1 Der Motor muss für die Ventilspielkontrolle völlig kalt sein – am besten lässt man ihn über Nacht abkühlen.

2 Stellen Sie das Motorrad auf den Hauptständer oder stützen Sie es entsprechend ab, sodass das Hinterrad nicht den Boden berührt.

3 Schrauben Sie die Zündkerzen heraus (siehe Sektion 4).

4 Seien Sie auf austretendes Öl vorbereitet. Demontieren Sie beide Ventildeckel (siehe Kapitel 2).

5 Arbeiten Sie immer nur an einer Seite des Motors und an einer Nockenwelle (Einlass oder Auslass). Die Einlass-Nockenwellen sitzen oben, die Auslass-Nockenwellen unten (siehe Abbildung). Zur Kontrolle des Ventilspiels muss der Motor so gedreht sein, dass die entsprechenden Ventile geschlossen sind – die Nockenspitzen also nach außen zeigen. Legen Sie dazu einen hohen Gang ein und lassen Sie einen Assistenten das Hinterrad langsam in Fahrtrichtung drehen. Wenn der entsprechende Zylinder im oberen Totpunkt (OT) des Verdichtungstaktes steht, können alle Ventile dieser Seite kontrolliert werden – die Nockenspitzen zeigen dann in die abgebildeten Positionen (siehe Abbildung) und an den Schlepphebeln muss leichtes Spiel feststellbar sein.

Achtung: Der Motor darf nur in seiner normalen Laufrichtung gedreht werden.

6 Erstellen Sie eine Tabelle oder Skizze, um jedem Ventil das gemessene Spiel zuordnen zu können.

7 Kontrollieren Sie das Spiel der Ventile, indem Sie ein Fühlerlehrenblatt der korrekten Stärke (siehe technische Daten) zwischen die Nockenwelle und den Schlepphebel schieben – es sollte sich wie durch ein dickes Buch ziehen lassen (siehe Abbildung). Verwechseln Sie nicht die unterschiedlichen Einstellwerte für die Ein- und Auslassventile! Lässt sich das Fühlerlehrenblatt nur schwer, gar nicht oder mit Spiel einführen, ist das Ventilspiel nicht korrekt, sodass es mithilfe anderer Fühlerlehrenblätter ermittelt werden muss. Notieren Sie die tatsächlichen Werte.

Einstellung

8 Nachdem die Werte aller Ventile notiert wurden, müssen bei denjenigen Ventilen, deren Spiel außerhalb der Vorgaben liegt, die zwischen den Schlepphebeln und den Ventilschäften liegenden Einstellplättchen (»Shims«) durch solche ersetzt werden, die den korrekten Wert sicherstellen.

9 Der Wechsel der Shims macht den Ausbau der entsprechenden Nockenwelle nötig. Heben Sie den Schlepphebel an und entnehmen Sie den Shim vom Ventil (siehe Abbildungen) – hierzu eignet sich ein Magnet, aber auch ein kleiner Schraubendreher oder eine passende Zange können benutzt werden.

10 Die Stärke des Shims ist auf seiner Oberfläche eingeätzt (z. B. bedeutet 2.300X, dass der Shim 2,3 mm stark ist), doch sollte sicherheitshalber nachgemessen werden (siehe Abbildung). Falls ein Shim verschlissen und dünner als angegeben ist, muss seine tatsächliche Stärke in der Berechnung berücksichtigt werden.

11 Vergleichen Sie die ermittelten Werte mit den Vorgaben, um die korrekte Shimstärke herauszufinden. Falls das gemessene Spiel z. B. zu gering ist, muss die Differenz vom vorhandenen Shim subtrahiert werden, um die Stärke des neuen Shims zu ermitteln.

12 Neue Shims sind mit 0,02 mm-Abstufungen von 1,72 bis 2,40 mm Stärke beim BMW-Händler zu bekommen.

Anmerkung: *Liegt das erforderliche Shim-Maß über 2,4 mm, sitzt wahrscheinlich das Ventil aufgrund von Kohleablagerungen nicht korrekt oder ist beschädigt – bauen Sie es für eine Kontrolle aus (siehe Kapitel 2).*

13 Installieren Sie den mit Öl geschmierten Shim in den Federteller (siehe Abbildung). Wenn der Shim korrekt sitzt, wird der Schlepphebel heruntergeschwenkt (Abb. 2.9a) und die Nockenwelle installiert (siehe Kapitel 2).

14 Drehen Sie die Kurbelwelle einige Umdrehungen, damit sich alle neuen Shims setzen können. Wiederholen Sie die Ventilspiel-Kontrolle.

2.5a Einlassnockenwelle und Ventile (A), Auslassnockenwelle und Ventile (B)

2.5b Nockenstellung im oberen Totpunkt des Verdichtungstaktes

2.7 Prüfen Sie das Ventilspiel mit einer Fühlerlehre.

2.9a Heben Sie den Schlepphebel an ...

2.9b ... und entfernen Sie den Shim – hier mit einem Magneten gezeigt.

2.10 Messen Sie die Stärke des Shims mit einer Bügelmessschraube nach.

15 Wiederholen Sie die Prozedur an den anderen Ventilen.
16 Schmieren Sie zum Schluss die Teile des Ventiltriebs, die Schlepphebel und die Nockenwellen mit frischen Motoröl und montieren Sie die Ventildeckel (siehe Kapitel 2).
17 Montieren Sie alle entfernten Bauteile in der umgekehrten Ausbaureihenfolge.

2.13 Installieren Sie den Shim in die Vertiefung über dem Ventilschaft.

3 Ständerzapfen

1 Da der/die Ständer eines Motorrades stark den Elementen ausgesetzt ist/sind, müssen entsprechende Lagerzapfen regelmäßig geschmiert werden, um eine sichere Funktion gewährleisten zu können (siehe Abbildung).
2 Um das Schmiermittel möglichst wirksam einzusetzen, sollte der Ständer demontiert werden (siehe Kapitel 5). Wird allerdings Kettenspray oder Trockenfilm verwendet, reicht es aus, dies von außen in das Lager zu sprühen, von wo aus es sich im gesamten Lagerbereich ausbreitet. Motoröl oder Fett sollte nur sparsam verwendet werden, da Schmutz daran haften bleibt und so in das Lager eindringen kann.
3 Die Ständerfedern müssen auf Beschädigungen und Ermüdung überprüft werden (siehe Abbildung). Die Federn müssen den/die Ständer während der Fahrt sicher an der Maschine halten. Eine ermüdete oder gebrochene Feder muss unverzüglich ersetzt werden, da ein während der Fahrt ausklappender Ständer lebensgefährlich ist (siehe Kapitel 5).

3.1 Die Ständerzapfen müssen sauber und gut geschmiert sein. Kontrollieren Sie die Federn.

4 Zündkerzen

Spezialwerkzeug: *Für diese Arbeit wird ein Kerzenstecker-Abzieher benötigt – BMW bietet ihn unter der Teilenummer 123621 an (Abb. 4.4a). Weiterhin wird ein geeigneter Zündkerzenschlüssel mit 14 mm Schlüsselweite benötigt – BMW bietet ihn unter der Teilenummer 121220 an*

Anmerkung: *Die Zündspulen sind in die Zündkerzenstecker integriert. Um keine Kabel zu beschädigen, muss vor dem Ausbau der Kabelstecker gelöst werden. Versuchen Sie nicht, den Kerzenstecker ohne das Spezialwerkzeug von der Zündkerze zu hebeln – dies würde die Zündspulen genauso zerstören wie harte Schläge.*

Ausbau

1 Demontieren Sie bei GS- und Adv.-Modellen ggf. die Sturzbügel (siehe Kapitel 7).
2 Lösen Sie vorne die Schraube der Zündkerzenabdeckung (siehe Abbildung) und ziehen Sie diese nach vorne ab, um die vordere Lasche aus dem Ventildeckel zu befreien (siehe Abbildung).
3 Drücken Sie vorsichtig den Zündspulenstecker zum Motor, um ihn aus der Arretierung zu befreien und abziehen zu können (siehe Abbildungen) – biegen Sie nicht die Arretierung vom Stecker weg, da sie dabei abbrechen würde.
4 Setzen Sie den BMW-Abzieher an der Zündspule an, um diese von der Zündkerze zu ziehen (siehe Abbildungen).
5 Schrauben Sie die Zündkerze mithilfe des BMW-Schlüssels oder eines anderen 14-mm-Zündkerzenschlüssels aus dem Zylinderkopf (siehe Abbildung). Merken Sie sich die Einbauposition der Zündkerze.
6 Demontieren Sie die Zündkerze des anderen Zylinders auf die gleiche Weise. Begutachten Sie die Zündkerzen und vergleichen Sie sie mit den farbigen Zündkerzenbildern auf der Innenseite des Rückumschlags dieses Buches (siehe Abbildung). Falls unnormale Zustände festgestellt werden, sollten deren Ursachen herausgefunden werden. Die Zündkerzen sollten nicht gereinigt, sondern durch Neuteile ersetzt werden.

Praxis TiPP ***Zündkerzen können für viele Symptome verantwortlich sein: Schlechtes Anspringen, ungleichmäßiges Standgas, Fehlzündungen, hoher Verbrauch, mangelnde Leistung, usw. Ein Kerzenwechsel bewirkt hier oft Wunder.***

4.2a Lösen Sie vorne die Schraube ...

4.2b ... und ziehen Sie die Abdeckung nach vorne ab, um die hintere Lasche zu befreien.

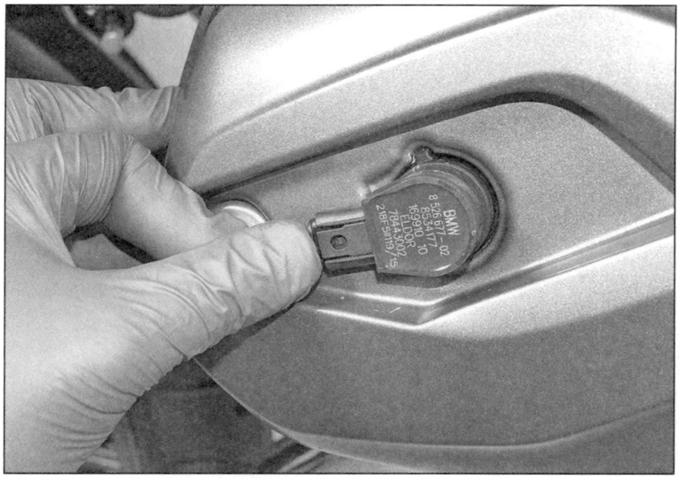

4.3a Drücken Sie den Stecker zum Motor, um ihn aus der Lasche zu befreien, ...

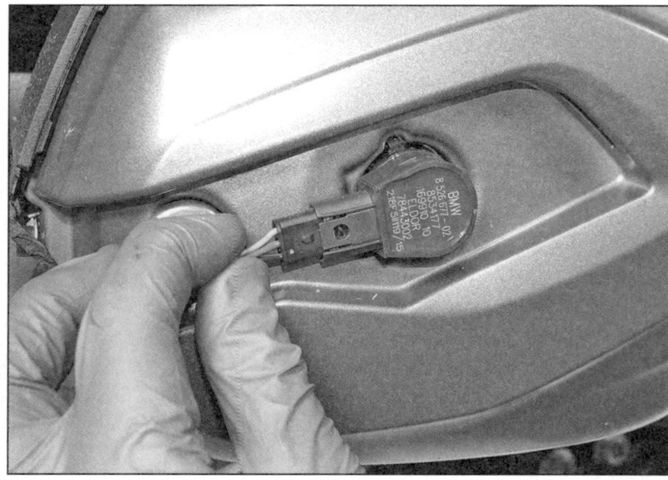

4.3b ... und ziehen Sie ihn ab.

4.4a Schieben Sie das Abziehwerkzeug auf ...

4.4b ... und ziehen Sie die Zündspule von der Zündkerze.

4.5 Schrauben Sie mit einem ausreichend langen 14er-Schlüssel die Zündkerze heraus.

Einbau

7 Vor dem Einbau der Zündkerzen muss sichergestellt sein, dass sie vom richtigen Typ sind (NGK LMAR8D-J) – der Abstand zwischen den Elektroden beträgt 0,8 mm.

8 Da der Zylinderkopf aus Aluminium besteht, muss bei diesem weichen Material sehr auf Beschädigung der Kerzengewinde geachtet werden. Drehen Sie deshalb die Kerze möglichst weit per Hand in den Motor (siehe Abbildung). Sobald die Zündkerze handfest sitzt, wird sie mit 12 Nm angezogen.

9 Drücken Sie die korrekt ausgerichtete Zündspule auf die Zündkerze (siehe Abbildung). Sichergehend, dass die Kontakte sauber sind, wird der Zündspulenstecker verbunden, bis die Arretierung einrastet (Abb. 4.3b).

10 Montieren Sie die Schraube der Zündkerzenabdeckung (Abb. 4.2b und a). und ggf. die Sturzbügel.

> **Praxis TiPP** ***Ausgerissene Kerzengewinde können mit Gewindeeinsätzen wieder repariert werden. Beachten Sie sich hierzu die* Werkzeug- und Werkstatt-Tipps *im Anhang dieses Buches.***

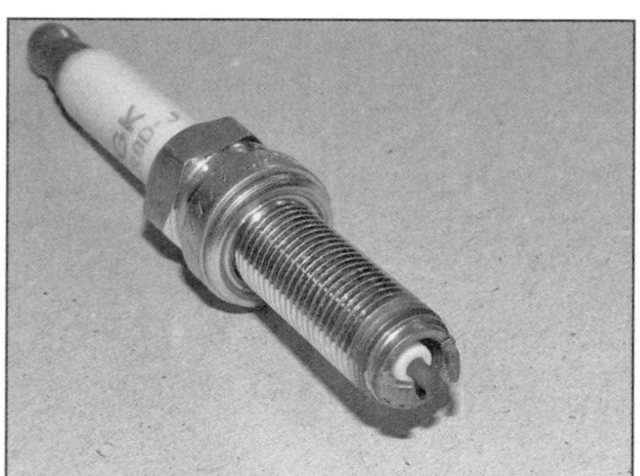

4.6 Kontrollieren Sie die Zündkerzen-Elektroden.

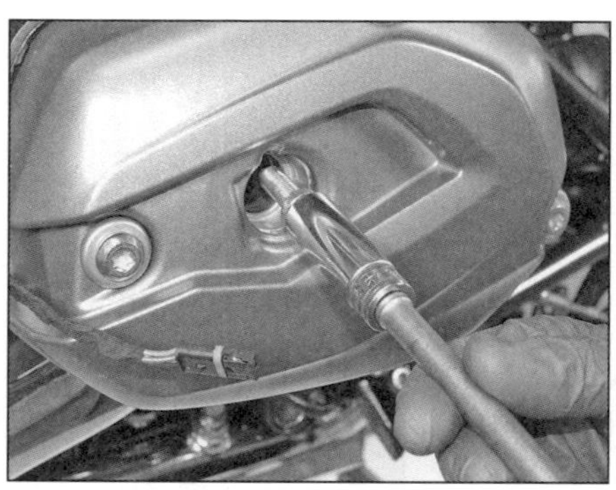

4.8 Drehen Sie die Zündkerze vorsichtig in den Zylinderkopf.

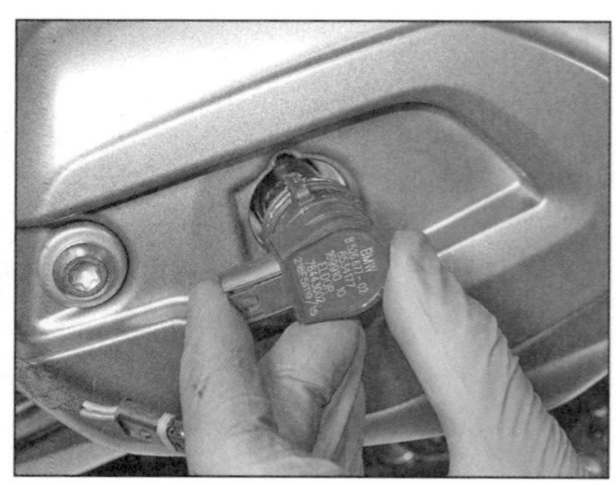

4.9 Richten Sie die Lasche der Zündspule zum Ausschnitt des Ventildeckels aus und drücken Sie sie vollständig auf die Zündkerze.

5 Luftfilter

Achtung: Wenn das Motorrad ständig in staubiger oder schmutziger Umgebung gefahren wird, muss der Filter öfter ersetzt werden.

1 Entfernen Sie die Tankabdeckungen (siehe Kapitel 7) – bei GS- und Adv.-Modellen reicht es, nur das Mittelteil zu entfernen.
2 Demontieren Sie den Luftfilterdeckel (siehe Abbildungen).
3 Heben Sie den Filtereinsatz heraus und befreien Sie das Filterelement aus dem Rahmen (siehe Abbildung).
4 Installieren Sie das neue Filterelement in den Rahmen und setzen Sie diesen in das Gehäuse.
5 Montieren Sie den Luftfilterdeckel und ziehen Sie seine Schrauben an.
6 Montieren Sie die Tankabdeckung(en) (siehe Kapitel 7).

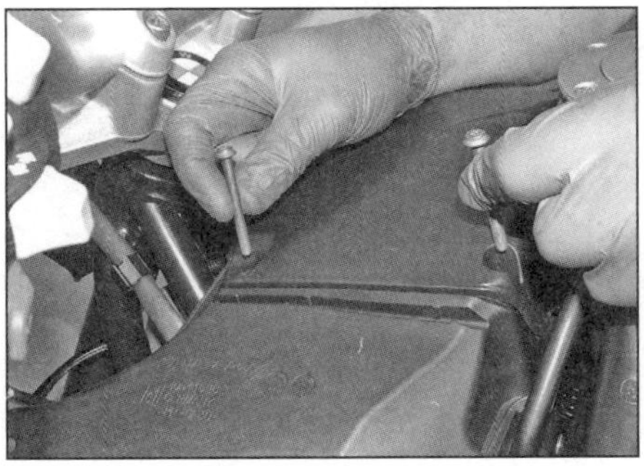

5.2a Lösen Sie an beiden Seiten die Schrauben ...

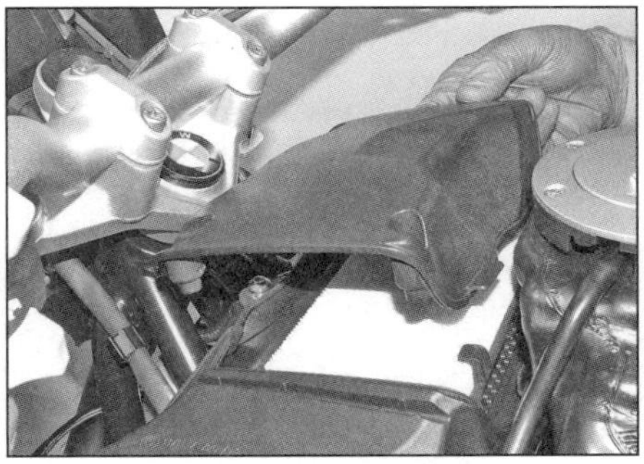

5.2b ...und entnehmen Sie den Luftfilterdeckel.

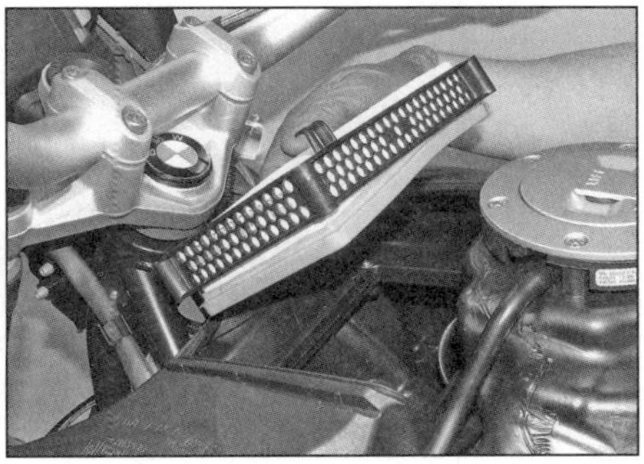

5.3 Heben Sie den Filtereinsatz heraus.

6 Endantrieb – Ölwechsel

⚠ ***Warnung: Seien Sie beim Ablassen des Öls vorsichtig – der Auspuff, das Antriebsgehäuse und das Öl selbst können sehr heiß sein!***

1 Fahren Sie mit dem Motorrad eine Runde, damit sich das Öl erwärmt und besser ablaufen kann. Stellen Sie das Motorrad dann mit dem Hauptständer auf eine ebene Fläche. Demontieren Sie bei GS- und Adv.-Modellen den Spritzschutz (siehe Kapitel 7).
2 Lösen Sie die Einfüllschraube (siehe Abbildung). Kontrollieren Sie die Dichtscheibe und ersetzen Sie sie nötigenfalls.
3 Stellen Sie einen sauberen Auffangbehälter unter das Gehäuse und decken Sie den Reifen und das Rad mit Lappen ab. Lösen Sie die Ablassschraube und lassen Sie das Öl vollständig ablaufen (siehe Abbildungen).
4 Der O-Ring der Ablassschraube muss später erneuert werden. Reinigen Sie die magnetische Spitze der Ablassschraube (siehe Abbildung).
5 Nachdem das Öl vollständig abgetropft ist, wird die mit einem neuen O-Ring versehene Ablassschraube installiert und mit 20 Nm angezogen – zu festes Anziehen würde das Gehäuse beschädigen (siehe Abbildung).
6 Füllen Sie 0,18 Liter frisches SAF-XO-Getriebeöl in das Gehäuse (siehe Abbildung) – BMW bietet für diesen Zweck ein Einfüllwerkzeug an

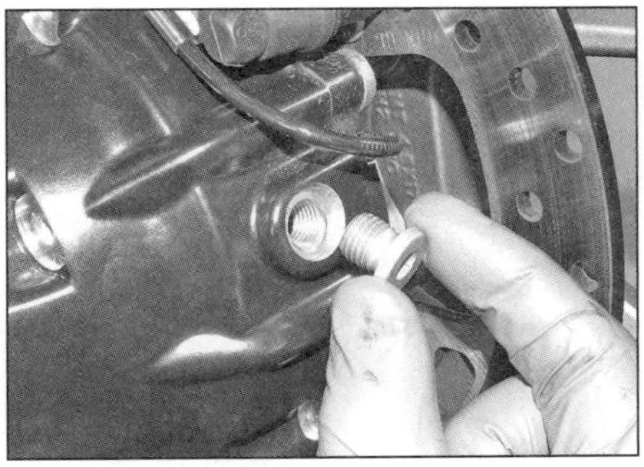

6.2 Endantrieb-Öleinfüllschraube

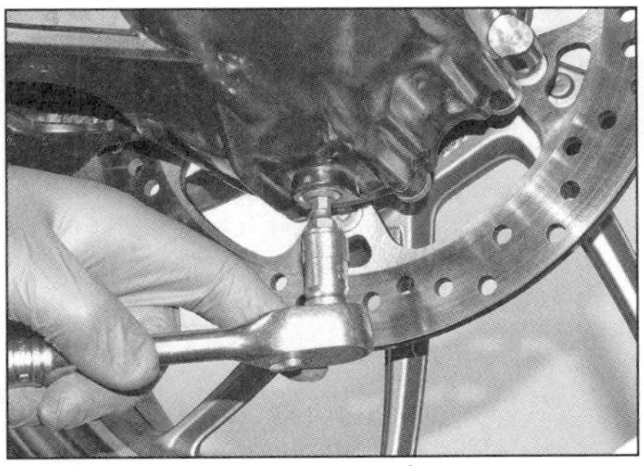

6.3a Lösen Sie die Ablassschraube ...

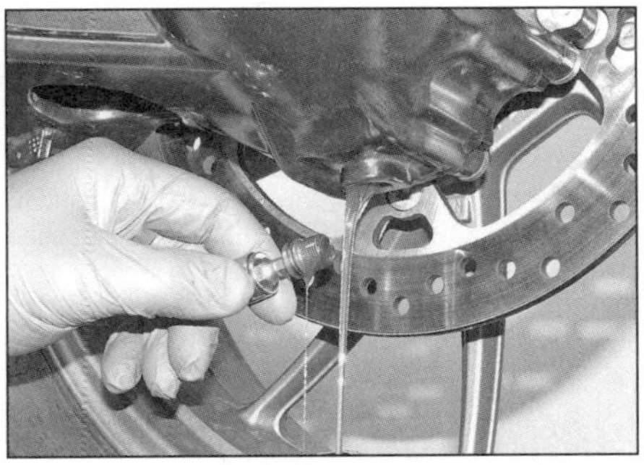

6.3b ... und lassen Sie Endantrieb-Öl ablaufen.

1

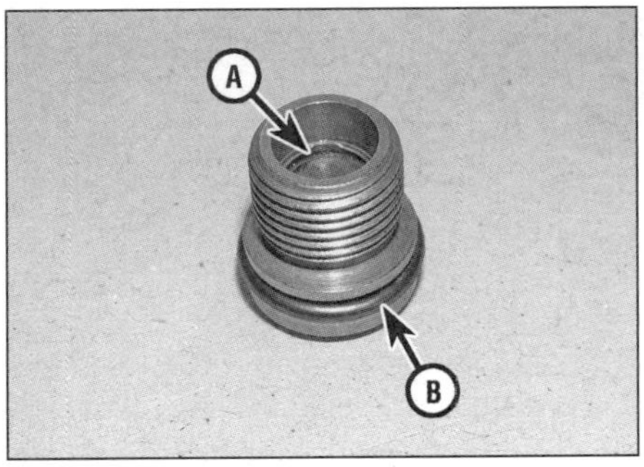

6.4 Magnetspitze (A) und Dichtring der Ablassschraube

6.5 Drehen Sie die Ablassschraube ins Endantriebgehäuse und ziehen Sie sie mit 20 Nm an.

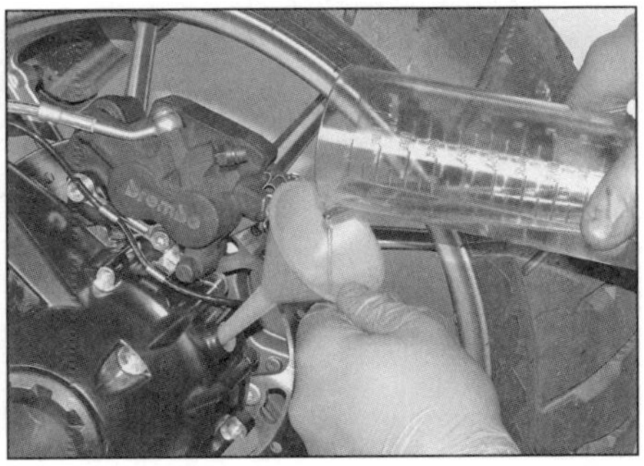

6.6 Füllen Sie exakt 180 ml Getriebeöl auf – es gibt keine Markierungen für den korrekten Pegel.

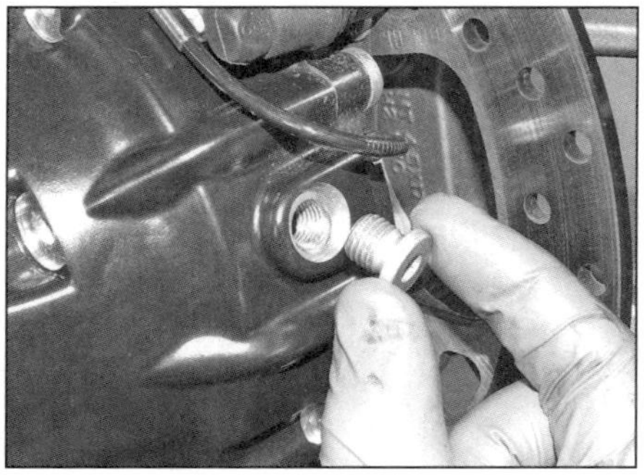

6.7 Rüsten Sie die Einfüllschraube nötigenfalls mit einer neuen Dichtscheibe aus.

(Teilenummer 342551). Verwenden Sie keine Spritze, die bereits in Kontakt mit anderen Flüssigkeiten war.

7 Installieren Sie schließlich die nötigenfalls mit einer neuen Dichtung versehene Einfüllschraube und ziehen Sie sie mit 20 Nm an (siehe Abbildung) – zu festes Anziehen würde das Gehäuse beschädigen.

8 Montieren Sie bei GS- und Adv.-Modellen den Spritzschutz (siehe Kapitel 7).

7 Kupplung

Allgemeine Kontrolle

1 Die hydraulisch betätigte Kupplung kann nicht eingestellt werden.

2 Kontrollieren Sie den Schlauch und die Schlauchanschlüsse am Geberzylinder links am Lenker sowie am Ausrückzylinder rechts hinten am Motorgehäuse auf Undichtigkeit, Porosität und Verschleiß.

3 Werden Lecks oder Schäden entdeckt, müssen sie unverzüglich repariert werden. In Kapitel 2 finden sich Details über die Bauteile der Kupplungshydraulik.

4 Kontrollieren Sie die Funktion der Kupplung. Wenn die Anlage Luft gezogen hat (bemerkbar durch ein schwammiges Gefühl und Schwierigkeiten beim Gangwechsel), muss sie entlüftet werden (siehe Kapitel 2). Wenn die Kupplung schwergängig arbeitet, müssen der Geber- und der Ausrückzylinder überprüft werden (siehe Kapitel 2).

5 Der Kupplungshebel ist mit einer Weitenverstellung ausgerüstet, um den Abstand zum Lenkergriff zu verändern (Abb. 8.7). Drücken Sie den Hebel nach vorne und verdrehen Sie den Einsteller, um den Abstand des Hebels anzupassen – Position 1 steht für den geringen Abstand, Position 4 für den größten. Die gewählte Einstellung muss zum Pfeil am Hebel ausgerichtet sein.

Flüssigkeitspegel

6 Bewegen Sie den Lenker so, dass der Ausgleichsbehälter möglichst waagerecht steht.

7 BMW schreibt die Verwendung von Vitamol V 10-Hydraulikflüssigkeit vor – benutzen Sie keine herkömmliche Bremsflüssigkeit! Legen Sie Lappen um die Behälter, um Lackschäden durch Spritzer zu vermeiden.

8 Demontieren Sie den Behälterdeckel und die Gummimanschette (siehe Abbildung).

9 Der Flüssigkeitspegel muss am Anguss innerhalb des Behälters liegen (siehe Abbildung). Der Pegel steigt durch den normalen Verschleiß der Kupplung an, sodass nötigenfalls etwas Flüssigkeit abgesaugt werden muss. Falls der Pegel zu niedrig ist, muss er bis zum Anguss aufgefüllt werden – aber nicht darüber hinaus (siehe Abbildung). Falls regelmäßig Flüssigkeit nachgefüllt werden muss, ist irgendwo im System ein Leck – lokalisieren und reparieren Sie dies.

10 Wischen Sie die Manschette vor dem Aufsetzen mit einem sauberen Tuch ab und montieren Sie den Deckel (siehe Abbildungen).

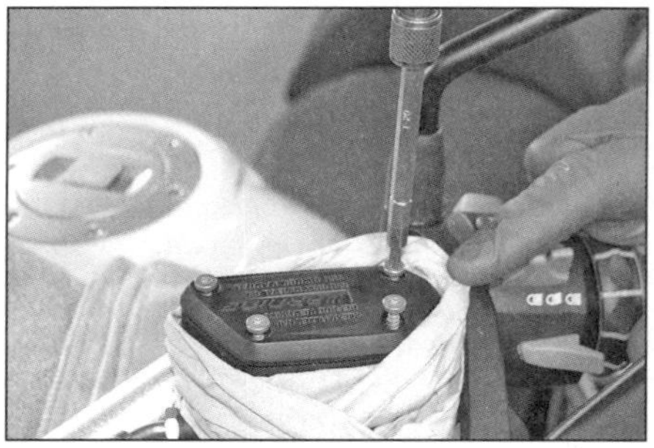

7.8 Lösen Sie die vier Schrauben des Ausgleichsbehälterdeckels und entnehmen Sie diesen samt Manschette.

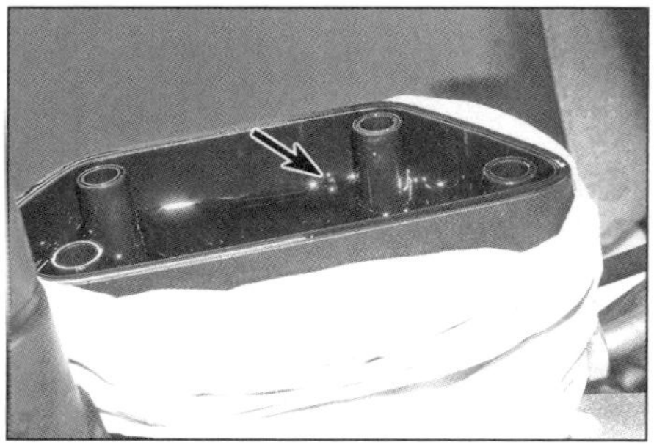

7.9a Die Hydraulikflüssigkeit muss genau bis zu diesem Anguss stehen.

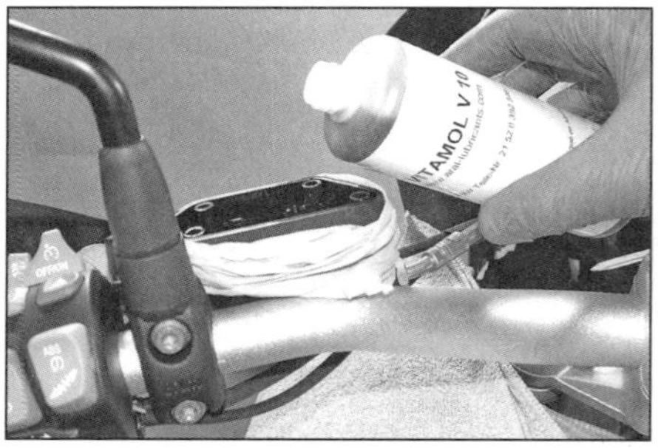

7.9b Füllen Sie ggf. mit Vitamol V10 nach – aber nicht zu voll!

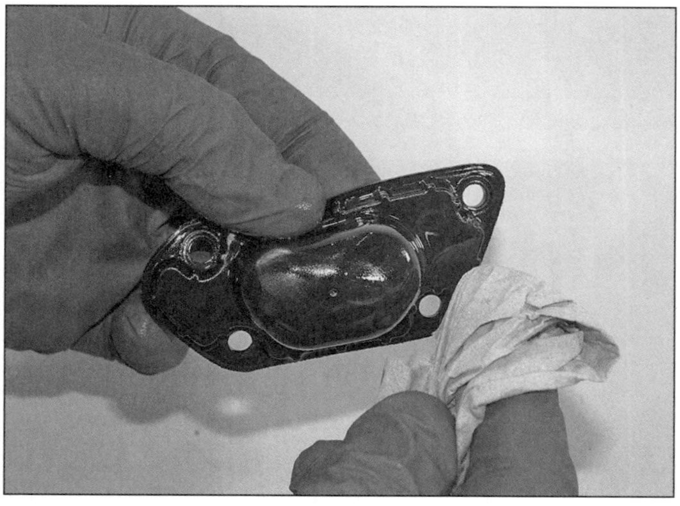

7.10a Wischen Sie die Manschette sauber.

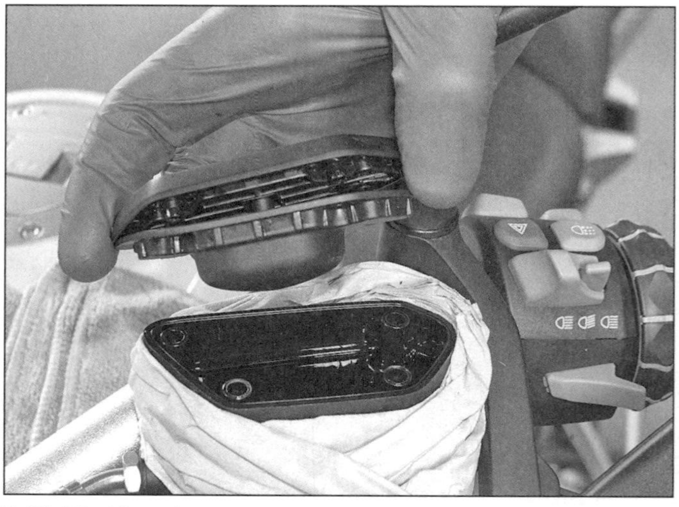

7.10b Die Manschette muss korrekt sitzen, dann wird der Deckel aufgesetzt.

8.7 Griffweitenversteller

8.11a Verschleißnuten der Vorderrad-Bremsbeläge

8 Bremssystem

Bremssystem-Kontrolle

1 Prüfen Sie, ob alle Bremsenbefestigungen fest sitzen.

2 Kontrollieren Sie die Bremsflüssigkeitspegel in beiden Ausgleichsbehältern (siehe *Tägliche Kontrollen*).

3 Prüfen Sie die Bremsbeläge und die Bremsscheiben auf Verschleiß (siehe Schritte 11 bis 17).

4 Demontieren Sie den Tank (siehe Kapitel 4) und kontrollieren Sie die Schläuche, Rohre und ihre Anschlüsse auf Undichtigkeiten und Schäden.

5 Wenn sich der Bremshebel oder das Pedal schwammig anfühlt, wird wahrscheinlich Luft in das System eingedrungen sein, sodass es entlüftet werden muss – die Prozedur ist in Kapitel 6 beschrieben.

Handbremshebel

6 Kontrollieren Sie den Bremshebel auf lockeren Sitz, raue Funktion, übermäßiges Spiel, Verbiegungen und andere Schäden. Ersetzen Sie alle schadhaften Teile (siehe Kapitel 6).

7 Der Handbremshebel ist mit einer Weitenverstellung ausgerüstet, um den Abstand zum Lenkergriff zu verändern (siehe Abbildung). Drücken Sie den Hebel nach vorne und verdrehen Sie den Einsteller, um den Abstand des Hebels anzupassen – Position 1 steht für den geringen Abstand, Position 4 für den größten. Die gewählte Einstellung muss zum Pfeil am Hebel ausgerichtet sein.

Fußbremspedal

8 Kontrollieren Sie das Pedal auf lockeren Sitz, raue Funktion, übermäßiges Spiel, Verbiegungen und andere Schäden. Ersetzen Sie alle schadhaften Teile (siehe Kapitel 5).

9 Bei Adventure-Modellen kann die Trittplatte des Bremspedals für Fahrten im Stehen heruntergeklappt werden – schieben Sie sie nach hinten, um sie zu entriegeln, und lassen Sie sie in der gewünschten Position einrasten.

Bremslicht

10 Stellen Sie sicher, dass das Bremslicht leuchtet, wenn der Bremshebel gezogen oder das Bremspedal getreten wird. Die Bremslichtschalter sind in den ABS-Modulator integriert und wartungsfrei. Wenn das nicht funktioniert, muss es kontrolliert werden (siehe Kapitel 8).

Bremsbelag-Verschleißkontrolle

Anmerkung: *Ungleichmäßiger Belagverschleiß in einem der Bremssättel ist ein Hinweis auf einen klemmenden Kolben – wechseln Sie nach Kapitel 6, um die Bremssättel zu demontieren und zu reinigen.*

11 Der Belagverschleiß kann ohne den Ausbau der Beläge festgestellt werden. An den vorderen Bremssätteln weist das Belagmaterial im unteren Bereich Verschleißnuten auf, die von vorne erkennbar sind (siehe Abbildung). Sind die Beläge bis zum Boden der Nuten verschlissen, müssen sie ersetzt werden (siehe Kapitel 6). An der Hinterradbremse ist der Verschleiß von hinten zu erkennen (siehe Abbildung) – die Beläge müssen ersetzt werden, wenn einer von ihnen nur noch 1 mm Belagstärke aufweist.

12 Nötigenfalls können die Bremsbeläge für eine genauere Inspektion ausgebaut werden (siehe Kapitel 6). Im ausgebauten Zustand kann die Stärke des Belagmaterials gemessen werden – liegt der Wert nahe bei oder gar unter 1 mm, sind die Beläge zu ersetzen.

13 Ersetzen Sie ggf. immer alle Beläge eines Rades (vorne also alle vier Stück) (siehe Kapitel 6).

Bremsscheiben

14 Kontrollieren Sie alle drei Bremsscheibe auf Verschleiß, Beschädigungen und tiefe Riefen. Leichte Kratzer sind nach Gebrauch normal und beeinflussen nicht die Bremswirkung. Tiefe Riefen und Rillen beeinträchtigen jedoch die Funktion und erhöhen den Belagverschleiß. Eine verschlissene Bremsscheibe kann ggf. von einer Fachwerkstatt geschliffen werden – ansonsten ist sie zu ersetzen (siehe Kapitel 6).

15 Messen Sie die Stärke der Bremsscheiben im Verschleißbereich und vergleichen Sie das Ergebnis mit den Angaben in den technischen Daten (siehe Abbildung). Wenn eine Scheibe

8.11b Die Hinterrad-Bremsbeläge müssen mindestens 1 mm Belagstärke aufweisen.

8.15 Messen Sie die Stärke der Bremsscheibe mit einer Bügelmessschraube.

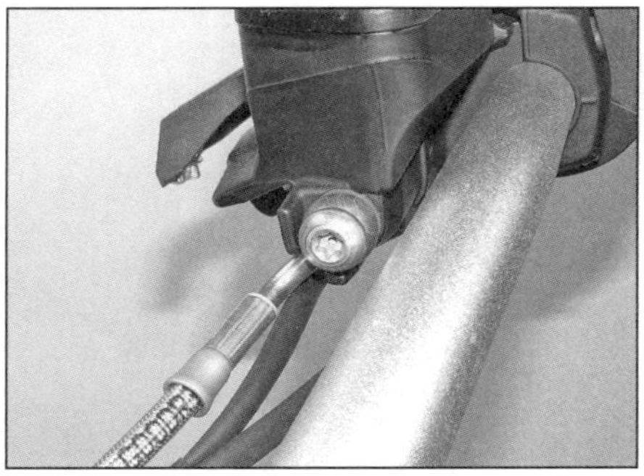

8.18 Die meisten Defekte treten an den Schlauchverbindungen auf.

unterhalb der Verschleißgrenze liegt, muss sie ersetzt werden (siehe Kapitel 6).
16 Folgen Sie der Prozedur in Kapitel 6, um Bremsscheiben auf Seitenschlag zu überprüfen.

Bremsflüssigkeits-Wechsel

17 Die Bremsflüssigkeit muss nach einem Jahr und dann alle zwei Jahre gewechselt werden – folgen Sie den Hinweisen in Kapitel 6.

Bremsleitungen

18 Die flexiblen Hydraulikschläuche sind sogenannte Stahlflex-Leitungen, die üblicherweise eine lange Haltbarkeit aufweisen. Trotzdem müssen sie regelmäßig auf Schäden und Lecks untersucht werden – besonders an den Anschlüssen und an Durchführungen, wo Scheuerstellen entstehen können (siehe Abbildungen). Schadhafte Leitungen müssen ersetzt werden (siehe Kapitel 6).
19 Wird eine Bremsleitung gelöst, tritt Luft ins Bremssystem ein, sodass es entlüftet werden muss. Folgen Sie für den Austausch der Bremsleitungen den Anweisungen in Kapitel 6. Rüsten Sie die Anschluss-Augen immer auf beiden Seiten mit neuen Dichtscheiben aus.

Dichtungen an Geberzylinder und Bremssätteln

20 Hydraulikdichtungen altern mit der Zeit – besonders, wenn das Motorrad lange steht. Sie verlieren ihre Flexibilität, führen zu klemmenden Kolben, Flüssigkeitsverlusten oder dem Eindringen von Luft oder Schmutz.
21 Falls ein Bremssattel Hinweise auf klemmende Kolben zeigt, müssen die Bremsbeläge ausgebaut werden (siehe Kapitel 6). Hebeln Sie vorsichtig die um die Kolben liegenden Staubdichtungen ab und kontrollieren Sie den Bereich dahinter auf ausgetretene Bremsflüssigkeit. Findet sich diese, ist mindestens ein Kolbendichtring schadhaft und der Bremssattel muss überholt werden. Diese Arbeit kann nur von einer BMW-Werkstatt erledigt werden.
22 Tritt aus dem vorderen oder hinteren Geberzylinder Bremsflüssigkeit aus, muss dieser ersetzt werden – Dichtsätze sind nicht erhältlich. Folgen Sie für den Austausch eines Geberzylinders den Anweisungen in Kapitel 6.

9 Muttern und Schrauben

1 Da Vibrationen am Motorrad zu lockeren Befestigungen führen können, müssen regelmäßig alle Muttern, Bolzen, Schrauben, usw. auf festen Sitz überprüft werden.
2 Geben Sie besondere Acht auf:
a) Zündkerzen
b) Einfüll- und Ablassschrauben am Motor und Getriebe
c) Schalthebel-, Bremshebel- und Pedal-Bolzen
d) Fußrasten- und Ständerbefestigungen
e) Motorhaltebolzen
f) Stoßdämpferbefestigungen und Telelever/Schwingen-Schwingenbolzen
g) Lenker-Klemmschrauben
h) Vorderradachsenmutter und Klemmschraube
i) Gabelbrückenklemmschrauben
j) Hinterradbolzen
k) Bremssattelbefestigungen
l) Bremsschlauchanschlussschrauben und Entlüftungsschrauben
m) Bremsscheibenbolzen
n) Auspuffschrauben/Muttern

3 Wenn ein Drehmomentschlüssel zur Hand ist, müssen die am Beginn dieses oder anderer Kapitel beschriebenen Anzugsmomente überprüft werden – lösen Sie dazu die Schrauben, Muttern und Bolzen zunächst und ziehen Sie sie wieder vorschriftsmäßig an.

10 Räder und Reifen

Allgemein

1 Prüfen Sie, ob die Ventilkappe fest aufgeschraubt ist (siehe Abbildung). Kontrollieren Sie das ggf. vorhandene Ventilgummi auf Schäden und Porosität und lassen Sie es nötigenfalls erneuern. Bei Modellen mit Reifendrucksensoren sitzen diese innerhalb des Ventils – hierauf wird durch einen Aufkleber an der Felge hingewiesen.

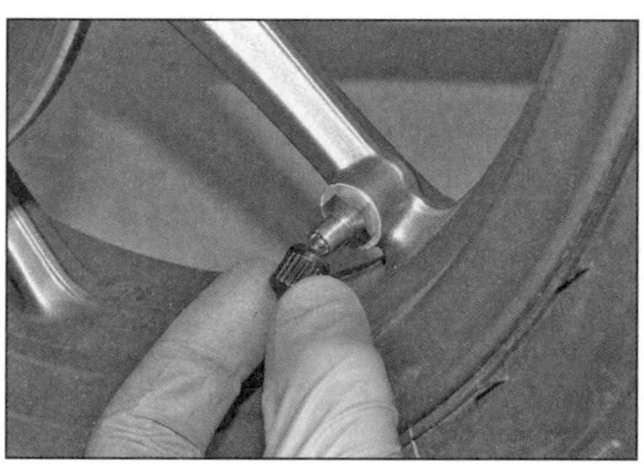

10.1 Kontrollieren Sie die Festigkeit der Ventilkappe.

2 Prüfen Sie, ob ggf. vorhandene Auswuchtgewichte fest an die Felge geklebt sind. Gibt es Anzeichen für ein verlorenes Gewicht, muss das Rad von einem Reifenspezialisten neu ausgewuchtet werden.
3 Prüfen Sie, ob die Räder rund laufen und korrekt zueinander ausgerichtet sind (siehe Kapitel 6).

Gussräder

4 Gussräder sind praktisch wartungsfrei, sollten aber regelmäßig gereinigt und auf Brüche und andere Beschädigungen untersucht werden. Schäden an Gussrädern sind nur bedingt reparierbar – fragen Sie ggf. bei einem entsprechenden Fachbetrieb nach.

Drahtspeichenräder

5 Begutachten Sie die Speichen auf Beschädigung, Brüche und Korrosion. Eine gebrochene oder verbogene Speiche muss unverzüglich erneuert werden, da die benachbarten Speichen die Last aufnehmen müssen, dadurch stark beansprucht werden und ebenfalls brechen können. Ungleichmäßig gespannte Speichen lassen die Felge verziehen. Wechseln Sie nach Kapitel 6, um Informationen über den Rundlauf von Rädern zu erhalten, und bringen Sie das Rad zu einem BMW-Händler oder in eine Radspannerei, um es richten zu lassen.

Vorderradlager

6 Die Radlager im Vorderrad verschleißen mit der Zeit und können die Fahreigenschaften der Maschine verschlechtern.
7 Stellen Sie das Motorrad auf den Hauptständer oder eine geeignete Stütze. Kontrollieren Sie bei vom Boden abgehobenem Vorderrad durch Ziehen und Drücken des Rades gegen die Achse, ob irgendein Spiel in den Lagern festzustellen ist (siehe Abbildung). Drehen Sie außerdem das Rad und prüfen Sie, ob es weich rollt.
8 Wenn Spiel festgestellt wurde oder das Rad sich nicht weich dreht (und dieses nicht auf eine schleifende Bremse zurückzuführen ist), müssen das Rad ausgebaut und die Radlager auf Verschleiß oder Beschädigung kontrolliert werden (siehe Kapitel 6).

Hinterradlager

9 Im Hinterrad selbst gibt es keine Radlager. Das Hinterrad ist mit der Bremsscheibe zusammen an den Endantrieb geschraubt, der die Lager beinhaltet. Bevor Sie das Spiel kontrollieren, muss überprüft werden, ob die Hinterradbolzen sich nicht gelockert haben. Ziehen Sie die Radbolzen gleichmäßig bis zu einem Drehmoment von 60 Nm an.
10 Stellen Sie das Motorrad auf den Hauptständer oder eine geeignete Stütze. Kontrollieren Sie bei vom Boden abgehobenem Hinterrad durch Ziehen und Drücken des Rades

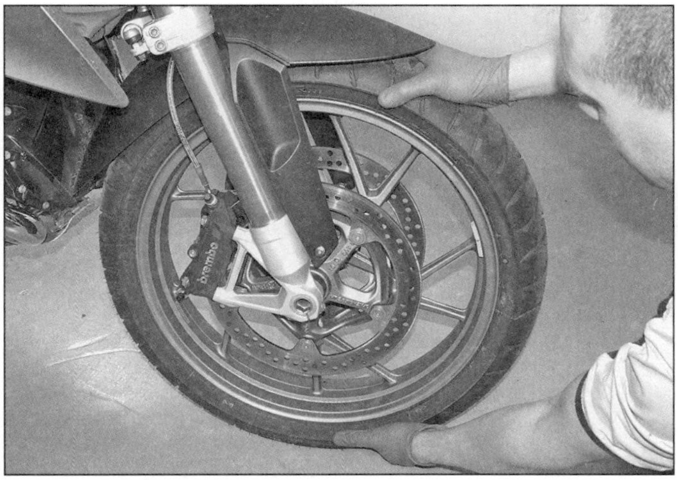

10.7 **Prüfen Sie das Spiel der Vorderradlager.**

10.10 Prüfen Sie das Spiel in der Hinterradaufnahme.

gegen den Endantrieb, ob irgendein Spiel in den Lagern festzustellen ist (siehe Abbildung). Wenn in den Endantrieb-Lagern Spiel festzustellen ist, muss bei einem BMW-Händler Rat eingeholt werden.

Anmerkung: *Im Hinterrad gefühltes Spiel kann durch verschlissene Lager zwischen der Schwinge und dem Endantrieb entstehen (siehe Sektion 11).*

11 Federung

1 Die Bauteile der Federung müssen immer in gutem Zustand sein, um die Sicherheit des Fahrers zu gewährleisten. Lockere, verschlissene oder beschädigte Radführungs-Bauteile beeinträchtigen das Fahrverhalten und die Kontrolle über die Maschine und stellen dadurch eine potentielle Gefahr dar.

Vorderradfederung

2 Halten Sie die Handbremse gezogen und kontrollieren Sie durch Druck auf den Lenker, ob die Vorderradfederung weich und klemmfrei arbeitet (siehe Abbildung) – bei Modellen mit ESA muss die Zündung eingeschaltet werden, da die Federung sonst verhärtet.

3 Begutachten Sie je nach Ausführung die Bereiche oder unterhalb oberhalb der Staubkappen auf Undichtigkeiten und hebeln Sie die Staubkappen sorgfältig mit einem kleinen Schraubendreher ab, um die Dichtigkeit der Gabel-Dichtringe zu überprüfen (siehe Abbildung). Wenn Öl austritt, müssen die Dichtringe ausgewechselt werden (siehe Kapitel 5). Kontrollieren Sie auch die Chromschicht am inneren Rohr auf Ausbrüche und Riefen, die zu Undichtigkeiten führen – ersetzen Sie schadhafte Rohre.

4 Begutachten Sie bei GS-, Adv.- und RT-Modellen den Stoßdämpfer auf Ausbrüche an der Dämpferstange und austretendes Öl (siehe Abbildung). Wenn der Stoßdämpfer undicht ist, muss er ersetzt werden (siehe Kapitel 5). Prüfen Sie, ob die obere und untere Aufnahme fest sitzt. Lassen Sie einen Assistenten das Heck herunterdrücken, um das Vorderrad vom Boden zu heben. Greifen Sie die Gabel an den Achsaufnahmen. Um sie vor und zurück zu drücken (siehe Abbildung) – bei fühlbarem Spiel muss die Festigkeit des Telelever-Schwingenbolzens geprüft werden (siehe Kapitel 5). Kontrollieren Sie ggf. auch die Telelever-Lager, die Buchsen in der oberen Gabelbrücke und das Kugelgelenk.

Hinterradfederung

5 Entfernen Sie bei RT-Modellen die Stoßdämpferabdeckung (siehe Kapitel 7). Begutachten Sie bei allen Modellen den Hinterradstoßdämpfer auf Ausbrüche und Undichtigkeit. Wenn Lecks festgestellt werden, muss der Stoßdämpfer ausgetauscht werden (siehe Kapitel 5). Prüfen Sie, ob die obere und untere Aufnahme fest sitzt.

6 Mithilfe eines Assistenten, der das Motorrad hält, wird die Hinterradfederung durch Drücken am Sozius-Haltebügel einige Male zusammen- 1

11.2 Kontrolle der Vorderradfederung

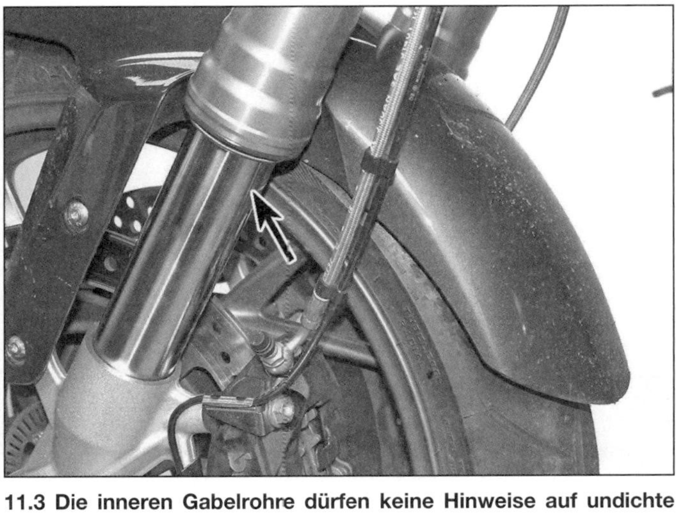

11.3 Die inneren Gabelrohre dürfen keine Hinweise auf undichte Simmerringe aufweisen.

11.4a Begutachten Sie den Stoßdämpfer auf Undichtigkeiten und Korrosion.

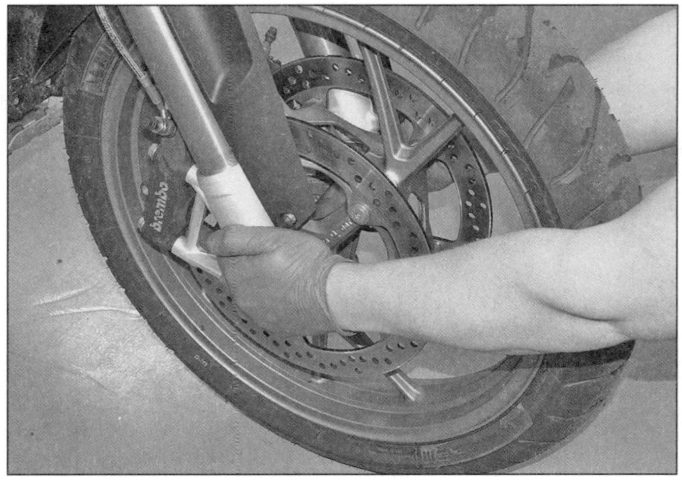

11.4b Kontrollieren Sie die Buchsen und Lager der Vorderradaufhängung.

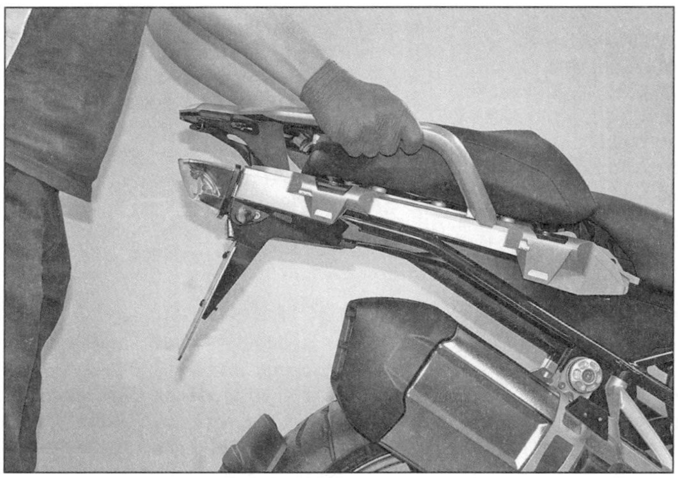

11.6 Kontrolle der Hinterradfederung

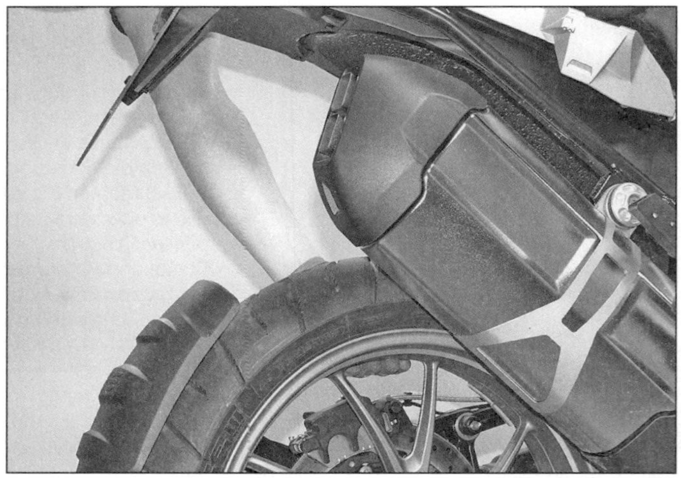

11.7 Prüfen Sie, ob die Stoßdämpferaufnahmen Spiel haben.

gedrückt (siehe Abbildung). Die Federung muss klemmfrei arbeiten – andernfalls muss das fehlerhafte Teil gefunden und ersetzt werden. Das Problem kann durch den Stoßdämpfer oder Schwingen-Komponenten hervorgerufen werden.

7 Stützen Sie das Motorrad so ab, dass das Hinterrad nicht den Boden berührt. Greifen Sie das Hinterrad und ziehen Sie es nach oben – es darf kein nennenswertes Spiel festgestellt werden, bevor der Stoßdämpfer zu arbeiten beginnt (siehe Abbildung) – andernfalls müssen die Stoßdämpferhalterungen auf Festigkeit und Verschleiß überprüft werden.

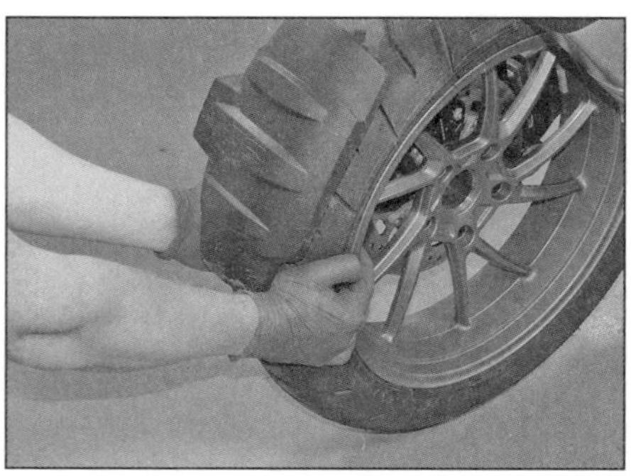

11.8 Prüfen Sie das Spiel in der Schwingenlagerung.

8 Greifen Sie bei vom Boden abgehobenem Hinterrad die Schwinge und drücken Sie sie zu beiden Seiten, um das Schwingenlagerspiel zu kontrollieren (siehe Abbildung). Spiel kann durch verschlissene Lager oder lockere Lagerzapfen hervorgerufen werden.

9 Kontrollieren Sie zuerst die Festigkeit der Lagerbolzen (siehe Kapitel 5). Demontieren Sie dann das Hinterrad (siehe Kapitel 6) und den Stoßdämpfer (siehe Kapitel 5), um einen guten Zugang zu den Schwingen-Bauteilen zu erhalten.

10 Die Schwinge muss sich weich über die Bolzen bewegen und darf nicht klemmen oder rau laufen. Es darf kein Seiten- oder Höhen-Spiel feststellbar sein. Prüfen Sie als Nächstes die Lager zwischen der Schwinge und dem Endantriebsgehäuse.

11 Wenn Lagerschäden oder Spiel festgestellt werden, muss die Schwinge ausgebaut werden, damit die Schwingen- und Endantrieb-Lager inspiziert werden können (siehe Kapitel 5).

12 Lenkkopflager

1 Die Lenkkopflager können sich auch im normalen Betrieb eindrücken und lockern oder rau laufen. In Extremfällen können verschlissene oder lockere Lenkkopflager gefährliches Lenkerflattern verursachen.

GS, Adventure und RT

2 Wechseln Sie nach Kapitel 5, Sektion 8.

R und RS

Kontrolle

3 Stützen Sie das Motorrad mithilfe des Hauptständers oder einer geeigneten Vorrich-

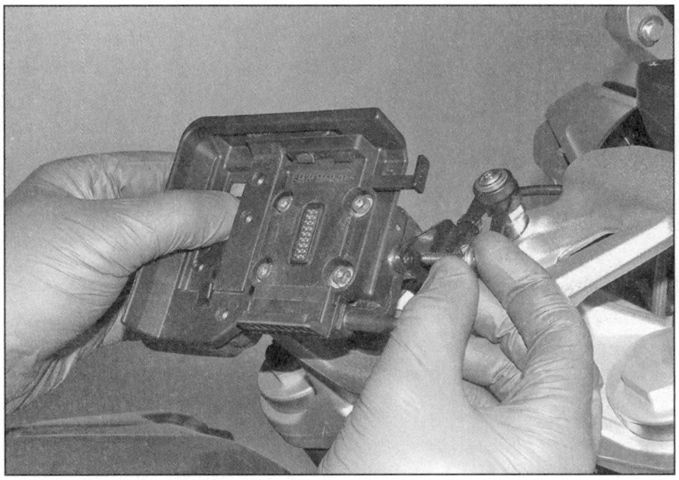

12.8a Lösen Sie an beiden Seiten die Schrauben des Navi-Halters – die Aufnahmen können am Lenker verbleiben.

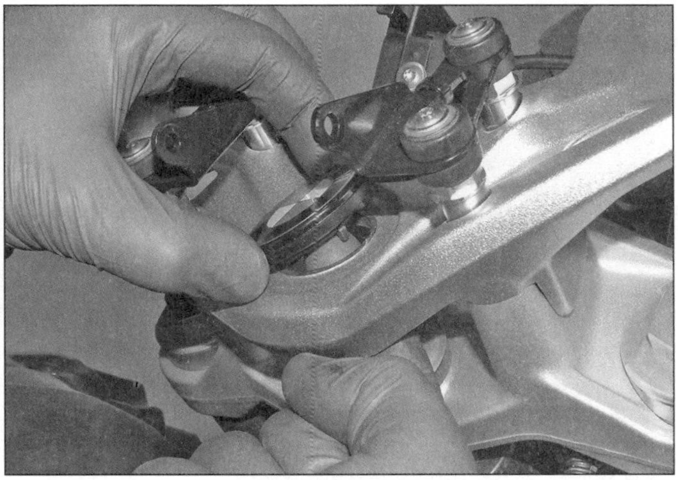

12.8b Drücken Sie das BMW-Emblem von unten aus dem Lenker.

tung so ab, dass das Vorderrad nicht den Boden berührt. Lassen Sie ggf. einen Assistenten das Heck herunterdrücken. Demontieren Sie ggf. Verkleidungsteile, um unter dem Motor eine Stütze anzusetzen. Sorgen Sie für eine sichere Abstützung.

4 Befreien Sie den Lenkungsdämpfer von der unteren Gabelbrücke (siehe Kapitel 5).

5 Stellen Sie das Vorderrad geradeaus, und bewegen Sie den Lenker ganz langsam hin und her – dies muss sanft und weich geschehen. Rastungen und rau laufende oder zu fest eingestellte Lager lassen sich hierbei in der

12.9 Lockern Sie an beiden Seiten die Klemmschrauben der oberen Gabelbrücke.

Lenkung erfühlen. Stellen Sie das Vorderrad erneut geradeaus und klopfen Sie seitlich gegen den Reifen – bei nicht zu fest eingestellten Lagern muss das Rad unter seinem Eigengewicht gegen den Anschlag »fallen« (berücksichtigen Sie den Widerstand durch Hydraulikschläuche, Bowdenzüge und Kabel). Führen Sie die gleiche Kontrolle zur anderen Seite durch. Sind die Lager zu fest angezogen, müssen sie neu eingestellt werden. Werden Rastungen erfühlt, müssen die Lager ersetzt werden. Rau laufende Lager können möglicherweise zerlegt, gereinigt und geschmiert werden (siehe Kapitel 5).

6 Greifen Sie als Nächstes unten an die Gabel, und versuchen Sie sie vorwärts und rückwärts zu bewegen (Abb. 11.4b). Jede Lockerung des Lenkkopflagers kann man durch die Bewegung der Gabel erfühlen. Wenn Lagerspiel festgestellt wird, muss der Lenkkopf wie folgt nachgestellt werden:

Einstellung

7 Demontieren Sie den Tank (siehe Kapitel 4) und bei RS-Modellen die Cockpitverkleidung (siehe Kapitel 7), um deren Oberflächen vor abrutschenden Werkzeugen zu schützen.

Praxis TiPP

Verwechseln Sie nicht irgendeine Bewegung des Motorrades auf dem Ständer mit Lagerspiel. Drücken und ziehen Sie nicht zu stark – eine leichte Bewegung reicht völlig aus. Spiel in der Gabel kann auch durch verschlissene Gleitbuchsen in den Tauchrohren entstehen. Verwechseln Sie dieses Spiel nicht mit dem Lenkkopflagerspiel.

8 Demontieren Sie bei RS-Modellen ggf. den Navi-Halter und das BMW-Emblem aus der Lenkermitte (siehe Abbildungen).

9 Lockern Sie die Gabelholm-Klemmschrauben der oberen Gabelbrücke (siehe Abbildung).

10 Lösen Sie die Lenkschaftschraube (siehe Abbildung).

11 Heben Sie die obere Gabelbrücke so weit an, bis die Laschenscheibe aus den Einstellringen befreit werden kann (siehe Abbildung).

12 Heben Sie die Laschenscheibe an, um sie mit den Laschen oben auf den Konterring zu legen (siehe Abbildungen). Lockern Sie den Konterring ggf. mithilfe eines Hakenschlüssels – er sollte nur handfest sitzen (siehe Abbildung).

1

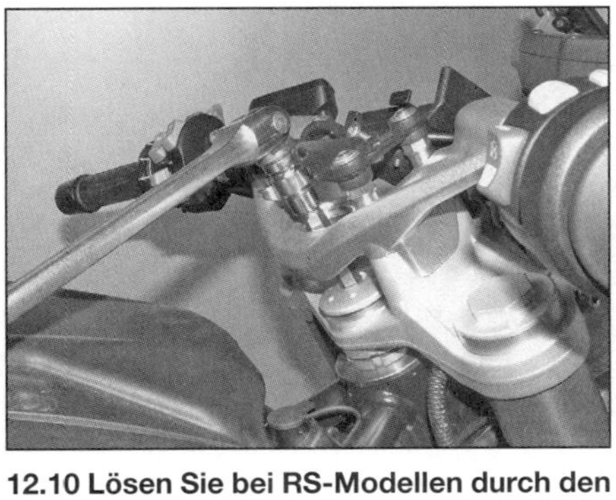

12.10 Lösen Sie bei RS-Modellen durch den Emblem-Sitz hindurch die Lenkschaftschraube.

12.11 Befreien Sie die Gabelbrücke samt Lenker von den Standrohren.

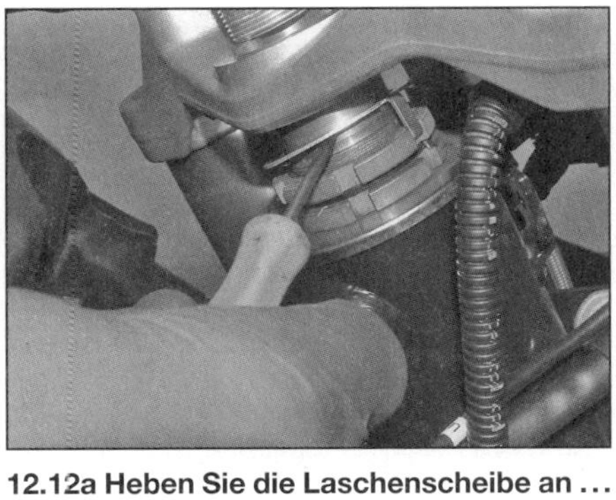

12.12a Heben Sie die Laschenscheibe an ...

12.12b ... und legen Sie sie wie gezeigt ab.

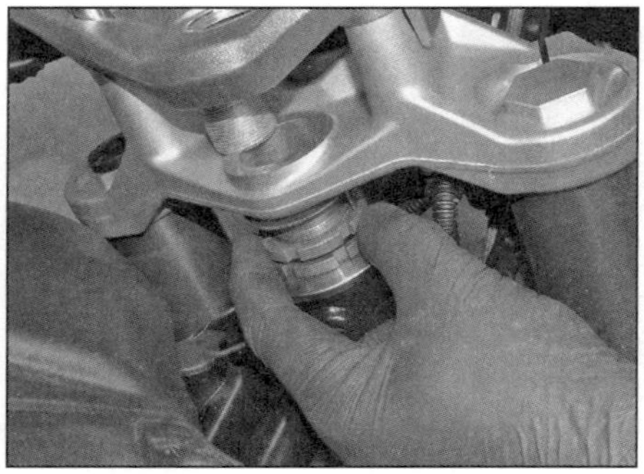

12.12c Drehen Sie den Konterring vom Einstellring.

12.13 Stellen Sie mit dem Einstellring wie beschrieben das Lenkkopflagerspiel ein.

12.14 Richten Sie die Laschen in den fluchtenden Nuten der beiden Ringe aus.

13 Lockern Sie mit dem Hakenschlüssel oder einem Treibdorn den Einstellring. Sobald er locker ist, wird er wieder angezogen, bis jegliches Spiel aufgehoben ist; ziehen Sie ihn anschließend etwas fester, damit sich die Lager setzen. Lockern Sie den Ring erneut und ziehen Sie ihn wieder an, bis kein Spiel mehr vorhanden ist, die Lenkung sich aber noch frei von Anschlag zu Anschlag bewegen lässt. Ziehen Sie hierbei den Ring jeweils nur ein kleines Stück weiter und kontrollieren Sie anschließend das Spiel (siehe Schritte 5 und 6). Ziel ist es, die Lager unter leichten Druck zu setzen, um jegliches Spiel aufzuheben. Falls d BMW-Spezialwerkzeuge 313721 und 313723 vorhanden sind, kann dies (nach dem Abnehmen des Lenkers, des Konterrings und der Gummischeibe) direkt am Einstellring angesetzt und dieser mit 15 Nm angezogen werden.

Achtung: Achten Sie sorgfältig darauf, beim Einstellen auf die Lager keinen hohen Druck auszuüben – dieses führt zu vorzeitigen Lagerschäden.

14 Sobald die Lager korrekt eingestellt sind, wird der Konterring aufgeschraubt, bis die Gummischeibe eingeklemmt ist. Drehen Sie ihn dann weiter, bis seine Nuten mit denen des Einstellrings fluchten – achten Sie darauf, dass sich der Einstellring dabei nicht mitdreht. Installieren Sie die Laschenscheibe, sodass ihre Laschen sowohl im Konterring wie auch dem Einstellring liegen (siehe Abbildung).

15 Setzen Sie die obere Gabelbrücke auf den Lenkschaft und die Standrohre. Installieren Sie die Lenkschaftschraube und ziehen Sie sie mit 130 Nm an. Ziehen Sie dann die Standrohr-Klemmschrauben mit 19 Nm an (Abb. 12.9a).

16 Kontrollieren Sie erneut die Einstellung der Lenkkopflager.

17 Montieren Sie alle entfernten Komponenten.

Schmieren

18 Mit der Zeit altert das Fett der Lenkkopflager und härtet aus, sodass Schmutz und Wasser eindringen können.

19 Die Lenkkopflager sollten von Zeit zu Zeit zerlegt, gereinigt und nachgefettet werden (siehe Kapitel 5).

13 Kühlsystem

Kontrolle

⚠ ***Warnung:*** **Der Motor muss zunächst vollständig abgekühlt sein.**

1 Kontrollieren Sie den Kühlmittelpegel im Ausgleichsbehälter (siehe *Tägliche Kontrollen*).

2 Kontrollieren Sie alle Schlauchanschlüsse am Motor auf Undichtigkeiten. Möglicherweise müssen der Schlauch oder die Schelle ersetzt werden. Falls ein Stutzen leckt, kann der O-Ring defekt sein. Details hierzu finden sich in Kapitel 3.

13.3 Kontrollieren Sie alle Schläuche auf Risse und Aushärtung.

3 Prüfen Sie jeden Gummischlauch auf der ganzen Länge. Achten Sie auf Risse, Scheuerstellen und andere Beschädigungen. Drücken Sie alle Schläuche an verschiedenen Stellen von Hand zusammen, um zu erkennen, ob sie spröde oder ausgehärtet sind (siehe Abbildung). Sie müssen sich griffig und glatt anfühlen und nach dem Lösen in ihre alte Form zurückkehren. Wenn sie spröde oder verhärtet sind, müssen sie ersetzt werden (siehe Kapitel 3).

4 Kontrollieren Sie den/die Wasserkühler auf Undichtigkeit und andere Schäden. Lecks am Kühler hinterlassen verräterische Ablagerungen verdunsteter Kühlflüssigkeit. Ein Kühler muss in diesem Fall unverzüglich repariert oder ausgetauscht werden (siehe Kapitel 3) – versuchen Sie nicht, den Kühler mit chemischen Dichtmitteln zu reparieren.

5 Kontrollieren Sie die Lamellen des Wasserkühlers auf getrockneten Matsch, Schmutz und Insekten. Hiermit setzt sich der Kühler zu und die Luft kann nicht mehr hindurchströmen. Demontieren Sie gegebenenfalls den Kühler (siehe Kapitel 3), und reinigen Sie ihn mit Wasser oder mit von der Innenseite her vorsichtig eingesetzter Druckluft. Sind Lamellen verbogen, können sie vorsichtig mit einem Schraubendreher wieder gerichtet werden (siehe Abbildung). Wenn sich an mehr als 20 Prozent der Kühlfläche beschädigte oder verbogene Lamellen finden, muss der Kühler erneuert werden.

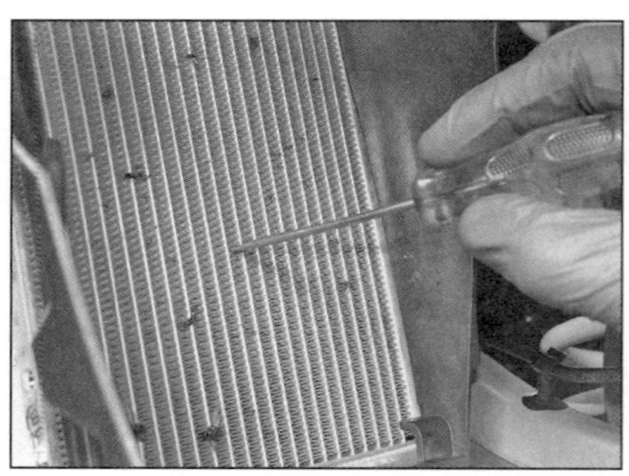

13.5 Verbogene Kühlerlamellen können mit einem kleinen Schraubendreher wieder gerichtet werden.

13.6a Klemmen Sie den Ausgleichsbehälterschlauch hier ab, damit das Kühlmittel nicht ausläuft.

13.6b Entfernen Sie wie beschrieben den Kühlerdeckel.

Warnung: Lassen Sie den Motor vor dem Entfernen des Druckventils abkühlen. Bedecken Sie den Kühlerdeckel mit mehreren Lappen, drehen Sie ihn langsam gegen den Uhrzeigersinn. Hört man ein Zischen, muss gewartet werden, bis es aufhört und der Druck abgebaut ist, dann wird der Deckel heruntergedrückt und weiter gedreht, bis er entnommen werden kann.

6 Demontieren Sie bei GS-, RT- und RS-Modellen das rechte Verkleidungsseitenteil, bei Adventure-Modellen die Ausgleichsbehälter-Abdeckung und bei R-Modellen die rechte Kühlerabdeckung (siehe Kapitel 7). Klemmen Sie bei R- und RS-Modellen den Ausgleichsbehälterschlauch am Einfüllstutzen ab (siehe Abbildung). Entfernen Sie den Deckel samt Druckventil aus dem Kühlerstutzen, indem Sie ihn nach links drehen, herunter drücken, und weiter drehen, bis er abgenommen werden kann (siehe Abbildung). Bei zischenden Geräuschen muss vor dem Herunterdrücken gewartet werden, bis der Druck abgebaut ist.

7 Kontrollieren Sie den Zustand des Kühlmittels. Wenn es rostfarben ist oder starke Ablagerungen sichtbar sind, muss es abgelassen und das System gespült und neu befüllt werden (siehe unten). Kontrollieren Sie den Frostschutzgehalt des Kühlmittels mit einem Frostschutz-Hydrometer – ein fünfzigprozentiges Frostschutz-Gemisch muss eine Dichte von 1,084 (bei 5 °C) bis 1,074 (bei 25 °C) aufweisen. Zu wenig Frostschutzmittel (Dichte unter 1,07 bzw. 1,06) führt zu unzureichendem Schutz gegen Frost- und Korrosionsschäden, zu viel verringert hingegen die Kühlwirkung der Flüssigkeit. Zeigt das Hygrometer unkorrekte Werte, muss das Kühlsystem entleert, gespült und neu aufgefüllt werden (siehe unten).

8 Ohne ein korrekt funktionierendes Überdruckventil kann das Kühlsystem nicht korrekt arbeiten. Kontrollieren Sie die Ventildichtung auf Risse und andere Schäden. Wenn das Kühlsystem stetig Flüssigkeit verliert, und/oder der Motor überhitzt, aber keine Undichtigkeiten auffindbar sind, lassen Sie das Ventil bei Zweifel über seinen Zustand von einer BMW-Werkstatt testen oder tauschen Sie es aus – ein neuer Kühlerdeckel ist nicht teuer.

9 Installieren Sie das Druckventil, indem Sie den Deckel im Uhrzeigersinn bis zum Anschlag drehen, dann herunterdrücken und fest drehen. Lösen Sie bei R- und RS-Modellen die Klemme des Ausgleichsbehälterschlauchs. Starten Sie den Motor und bringen Sie ihn auf Betriebstemperatur. Kontrollieren Sie erneut die Dichtigkeit des Kühlsystems. Wenn die Kühltemperatur stark ansteigt, muss der hinten am Kühler sitzende Ventilator automatisch einsetzen, bis die Temperatur wieder auf einen normalen Wert abgesunken ist. Bei anderen Ergebnissen müssen der Schalter, der Ventilator und der entsprechende Stromkreis kontrolliert werden (siehe Kapitel 3, Sektion 2).

10 Falls der Kühlmittel-Pegel stetig sinkt, aber keine Lecks gefunden werden, und zudem ein neuer Kühlerdeckel installiert wurde (siehe Schritt 9), muss das gesamte Kühlsystem von einer BMW-Werkstatt einer Druckprüfung unterzogen werden.

Austausch des Kühlmittels

Warnung: Der Motor muss abgekühlt sein, bevor mit dieser Kontrolle begonnen werden kann. Frostschutzmittel darf nicht mit der Haut oder Lackoberflächen in Berührung kommen. Wischen Sie Spritzer unverzüglich mit reichlich Wasser ab. Frostschutz kann giftige und explosive Gase produzieren, wenn es in offenen Behältern gelagert oder auf den Boden verschüttet wird. Kinder und Tiere können durch den süßen Geschmack irritiert werden und das Mittel trinken. Frostschutzmittel ist brennbar und darf daher nicht in der Nähe offener Flammen gelagert werden. Fragen Sie Ihren Fachhändler, wo Sie altes Frostschutzmittel entsorgen können.

Ablassen

11 Demontieren Sie bei GS-, RT- und RS-Modellen das rechte Verkleidungsseitenteil, bei Adventure-Modellen die Ausgleichsbehälter-Abdeckung und bei R-Modellen die rechte Kühlerabdeckung (siehe Kapitel 7). Klemmen Sie bei R- und RS-Modellen den Ausgleichsbehälterschlauch am Einfüllstutzen ab (Abb. 13.6a).

12 Entfernen Sie den Deckel samt Druckventil aus dem Kühlerstutzen, indem Sie ihn nach links drehen, herunter drücken, und weiter drehen, bis er abgenommen werden kann). Bei zischenden Geräuschen muss vor dem Herunterdrücken gewartet werden, bis der Druck abgebaut ist (Abb. 13.6b).

13 Stellen Sie einen geeigneten Behälter unter den linken Zylinder und lösen Sie dessen Ablassschraube, um das Kühlmittel vollständig ablaufen zu lassen (siehe Abbildungen). Wiederholen Sie dies am rechten Zylinder (siehe Abbildung). Später müssen auf jeden Fall neue Dichtscheiben verwendet werden.

1

13.13a Lösen Sie die Ablassschraube am linken Zylinder ...

13.13b ... und lassen Sie das Kühlmittel ablaufen.

13.13c Ablassschraube am rechten Zylinder

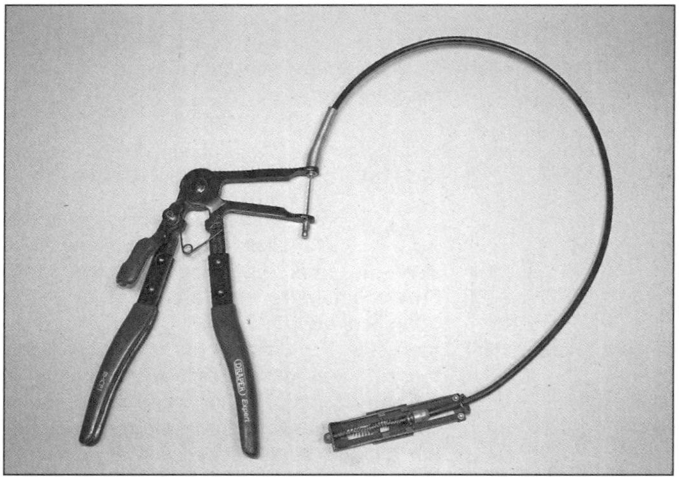

13.14a Ein spezielles Schlauchschellen-Werkzeug ...

13.14b ... wird an der Schelle angesetzt ...

13.14c ... und zusammengedrückt, um die Schelle zu lockern.

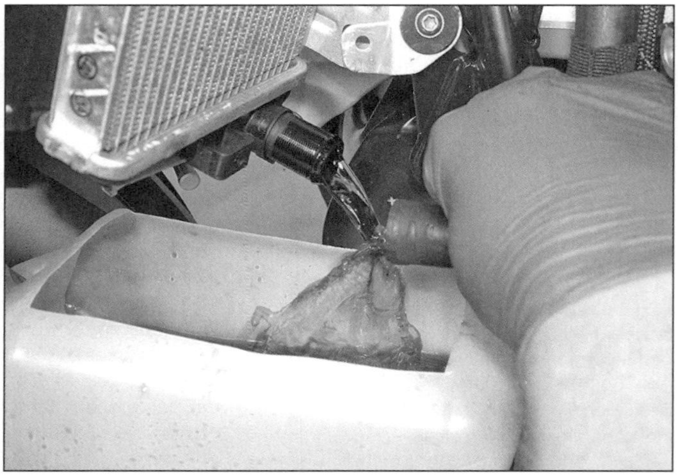

13.14d Ziehen Sie den Schlauch vom Kühler und lassen Sie das Kühlmittel ablaufen.

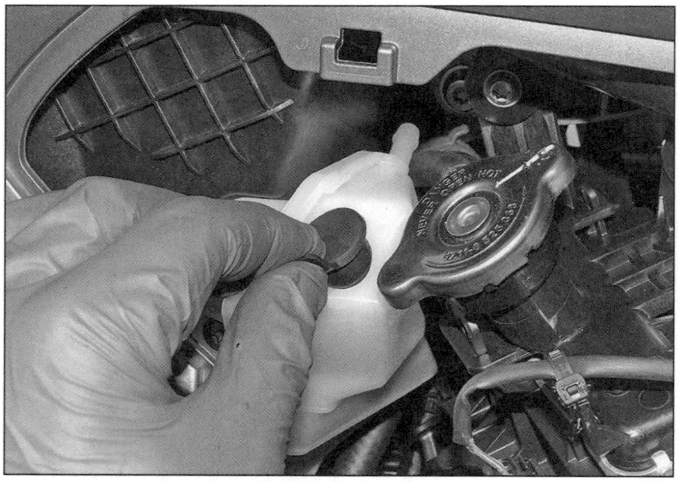

13.15 Öffnen Sie den Ausgleichsbehälterdeckel und saugen Sie das Kühlmittel ab.

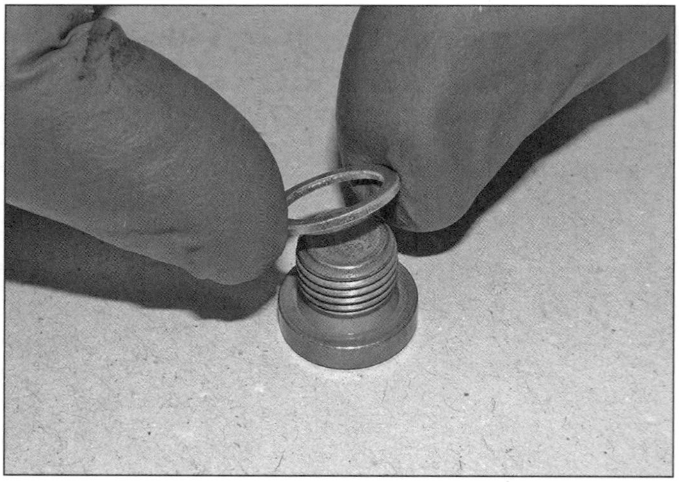

13.17 Rüsten Sie alle Ablassschrauben mit neuen Dichtscheiben aus.

14 Stellen Sie bei GS-, Adv.- und RT-Modellen einen geeigneten Behälter unter den linken Wasserkühler. Öffnen Sie die Schlauchschelle – entweder mit einer geeigneten Zange oder mit einem speziellen Schlauchschellen-Werkzeug (siehe Abbildungen). Ziehen Sie den Schlauch ab und lassen Sie das Kühlmittel ablaufen (siehe Abbildung).

15 Saugen Sie mit einer geeigneten Pumpe oder Spritze das Kühlmittel aus dem Ausgleichsbehälter (siehe Abbildung).

Spülen

16 Spülen Sie das Kühlsystem mithilfe eines in den Kühlerstutzen gesteckten Gartenschlauchs durch. Spülen Sie solange, bis an den Ablaufbohrungen klares Wasser austritt. Werden viele Rostpartikel heraus gespült, muss/müssen der/die Wasserkühler demontiert (siehe Kapitel 3) und professionell gereinigt werden. Spülen Sie auch den Ausgleichsbehälter.

Auffüllen

17 Rüsten Sie alle Kühlsystem-Ablassschrauben mit neuen Dichtscheiben aus und ziehen Sie sie mit den korrekten Anzugsdrehmomenten an – am linken Zylinder mit 10 Nm, am rechten Zylinder mit nur 5 Nm (siehe Abbildung).

18 Verbinden Sie bei GS-, Adv.- und RT-Modellen den Schlauch mit dem linken Kühler, indem Sie den Ausschnitt mit der Lasche ausrichten und ihn mit der Schelle sichern (Abb. 13.14b).

19 Stellen Sie GS-, Adv.- und RT-Modelle auf den Seitenständer, um das Kühlmittel besser zum linken Kühler fließen zu lassen.

20 Füllen Sie das Kühlsystem über den Kühlerstutzen bis zu dessen Basis mit dem in den technischen Daten angegebenen Gemisch aus destilliertem Wasser und Frostschutzmittel auf.

Anmerkung: *Füllen Sie das Kühlmittel nur langsam auf, um möglichst wenig Luft ins System eindringen zu lassen. Wenn der Kühler gefüllt ist, sollte das Motorrad mehrmals von einer Seite zu anderen geneigt werden, um Luftblasen aufsteigen zu lassen – das Kneten der Kühlerschläuche hat eine ähnliche Wirkung.*

Füllen Sie auch den Ausgleichsbehälter bis zur MAX-Markierung auf. Lösen Sie bei R- und RS-Modellen die Klemmung des Ausgleichsbehälterschlauchs.

21 Starten Sie den Motor, und lassen Sie ihn Betriebstemperatur erreichen. Schalten Sie den Motor ab und lassen Sie ihn abkühlen, bevor Sie das Druckventil öffnen (Schritt 12) und bei R- und RS-Modellen erneut den Ausgleichsbehälterschlauch abklemmen. Kontrollieren Sie, ob das Kühlmittel weiterhin an der Basis des breiteren Bereichs des Einfüllstutzens steht – füllen Sie andernfalls nach. Installieren Sie den Deckel und entfernen Sie bei R- und RS-Modellen die Klemme.

22 Kontrollieren Sie den Pegel im Ausgleichsbehälter und füllen Sie ggf. Kühlmittel nach.

23 Kontrollieren Sie das Kühlsystem auf Undichtigkeiten. Montieren Sie alle entfernten Verkleidungsteile (siehe Kapitel 7).

24 Entsorgen Sie die alte Kühlflüssigkeit im Fachhandel oder beim Sondermüll (siehe Warnung zu Beginn dieser Sektion).

Kapitel 2
Motor, Kupplung und Getriebe

Inhalt (in alphabetischer Reihenfolge, die Zahlen geben die Nummerierung in den grauen Feldern wieder)

Schwierigkeitsgrade

Leicht. Für Anfänger mit wenig Erfahrung geeignet.	**Relativ leicht.** Für Anfänger mit etwas Erfahrung geeignet.	**Relativ schwierig.** Für geübte Selbstschrauber geeignet.	**Schwer.** Für Selbstschrauber mit viel Erfahrung geeignet.	**Sehr schwer.** Für Experten und Profis geeignet.

Technische Daten

Allgemeines

Zylinder-Nummerierung	Nr. 1: links, Nr. 2: rechts
Hubraum	1170 cm³
Bohrung x Hub	101 x 73 mm
Verdichtungsverhältnis	12,5 : 1
Zylinderkompression	
Gut	14 bar
Vertretbar	12 bar
Schlecht	10 bar oder weniger
Motoröldruck (bei 80 °C)	
bei Standgas	0,7 bis 1,5 bar
bei 5000/min	4,0 bis 5,0 bar

Nockenwellen und Schlepphebel	Standard	Verschleißgrenze
Nockenwellen-Axialspiel	0,05 bis 0,25 mm	0,35 mm
Nockenwellen-Radialspiel	0,020 bis 0,071 mm	0,085 mm
Nockenwellenrad-Flankenspiel	0,003 bis 0,020 mm	
Schlepphebel-Axialspiel	0,10 bis 0,30 mm	

Ventile, Führungen und Federn	Standard	Verschleißgrenze
Ventilspiel	siehe Kapitel 1	
Ventilfedern – freie Länge	45,71 bis 46,71 mm	
Ventile – Radialspiel		
Einlassventile	0,023 bis 0,043 mm	0,055 mm
Auslassventile	0,047 bis 0,054 mm	0,07 mm
Ventilführungen – Innendurchmesser	5,50 bis 5,507 mm	

Zylinderbohrungen	**Standard**	**Verschleißgrenze**
Durchmesser	100,995 bis 101,005 mm	101,030 mm
Ovalität		
20 mm von oben	0,010 mm (max.)	
100 mm von oben	0,015 mm (max.)	

Kolben	**Standard**	**Verschleißgrenze**
Spiel zwischen Kolben und Zylinder	0,008 bis 0,052 mm	0,080 mm (max.)
Spiel zwischen Kolbenbolzen und Kolben	0,005 bis 0,015 mm	0,025 mm (max.)
Kolben-Durchmesser	100,990	100,900

Kolbenringe	**Standard**	**Verschleißgrenze**
Einbaurichtung	»TOP« nach oben	
Oberer Kompressionsring		
Stoßspiel (eingebaut)	0,20 bis 0,35 mm	0,40 mm (max.)
Spiel in Kolbennut	0,03 bis 0,07 mm	0,085 mm (max.)
Zweiter Kompressionsring		
Stoßspiel (eingebaut)	0,44 bis 0,46 mm	0,60 mm (max.)
Spiel in Kolbennut	0,01 bis 0,07 mm	0,075 mm (max.)
Ölabstreifring		
Stoßspiel (eingebaut)	0,20 bis 0,40 mm	0,45 mm (max.)
Spiel in Kolbennut	0,02 bis 0,06 mm	0,075 mm (max.)

Pleuelstangen	**Standard**	**Verschleißgrenze**
Pleuelfußlager-Identifikation – Farbmarkierungen an Lagerschalen	rot, violett oder blau	
Pleuelfuß-Axialspiel	0,13 bis 0,312 mm	0,5 mm
Gewichtsklassen-Identifikation		
2 weiße Punkte (Klasse 1)	542,0 bis 547,9 g	
2 blaue Punkte (Klasse 2)	548,0 bis 553,9 g	
3 weiße Punkte (Klasse 3)	554,0 bis 559,9 g	
3 gelbe Punkte (Klasse 4)	560,0 bis 565,9 g	
1 blauer Punkt (Klasse 5)	566,0 bis 571,9 g	

Kurbelwelle und Hauptlager	**Standard**	**Verschleißgrenze**
Kurbelwellen-Axialspiel	0,075 bis 0,258 mm	0,30 mm
Kurbelwellen-Radialspiel	0,025 bis 0,057 mm	0,080 mm
Axial-Drucklager-Radialspiel	0,025 bis 0,057 mm	
Haupt- und Pleuelfußlager-Identifikation – Farbmarkierungen an Lagerschalen	gelb, grün oder violett	

Kupplung	**Standard**	**Verschleißgrenze**
Kupplugsscheibenpaket – Stärke (neu)	38 bis 39 mm	
Belagscheibenpaket-Stärke	24 mm	
Belagscheiben-Verschleiß		0,1 mm je Scheibe
Kupplungsflüssigkeit	Vitamol V10	
Primärtrieb-Flankenspiel	0,003 bis 0,025 mm	

Getriebe-Untersetzung (Anzahl der Zähne)	
Primäruntersetzung	1 zu 1 (60/60)
Eingangsuntersetzung	1,650 zu 1 (33/20)
1. Gang	2,438 zu 1 (39/16)
2. Gang	1,714 zu 1 (36/21)
3. Gang	1,296 zu 1 (35/27)
4. Gang	1,059 zu 1 (36/34)
5. Gang	0,943 zu 1 (33/35)
6. Gang	0,848 zu 1 (28/33)
Ausgangsuntersetzung	1,061 zu 1 (35/33)

Anzugsdrehmomente

Anlasserfreilauf-Schrauben	35 Nm
Anlasserrad-Sicherungsscheibenschraube	10 Nm
Anlasserrad-Welle (Linksgewinde!)	18 Nm
Anlasser-Untersetzungsradwellen-Schraube	8 Nm
AnlasserZwischenradwellen-Schraube	8 Nm
Getriebebehäuse-Schrauben	10 Nm
Kupplungsausrückmechanismus	
Kupplungsschlauch-Muttern	7 Nm
Geberzylinder-Klemmschrauben	8 Nm
Ausrückzylinder-Schrauben	8 Nm
Kupplungsfeder-Schrauben	10 Nm
Kupplungskorb-Mutter	
Schritt 1	170 Nm
Schritt 2	um 90° lockern
Schritt 3	250 Nm
Kupplungsnabenmutter (siehe Text)	150 Nm
Kurbelwellen-Arretierbohrungsstopfen	30 Nm
Motordeckelschrauben	10 Nm
Motorhalterungen	
Obere M12-Bolzenmuttern	100 Nm
Untere M10-Bolzen	55 Nm
Motorgehäuseschrauben	
M10-Schrauben	
Schritt 1	25 Nm
Schritt 2	+ 90°
M8-Schrauben	19 Nm
M6-Schrauben	10 Nm
Nockenwellenhalter-Schrauben	10 Nm
Nockenwellenrad-Schrauben	65 Nm
Ölkanalstopfen	10 Nm
Ölpumpendeckel-Schrauben	12 Nm
Ölpumpenrad-Mutter	10 Nm
Öl-Überdruckventilstopfen	32 Nm
Pleuelfußschrauben	
Schritt 1	5 Nm
Schritt 2	20 Nm
Schritt 3	+ 150°
Steuerkettenritzel-Schrauben (Zylinderkopf)	10 Nm
Steuerkettenschinen-Lagerzapfen	19 Nm
Steuerkettenspannergehäuse	32 Nm
Ventildeckelschrauben	10 Nm
Zylinderkopfschrauben (siehe Sektion 10)	
M10-Schrauben	
Schritt 1	19 Nm
Schritt 2	50 Nm
Schritt 3	12 Nm
Schritt 4	+ 120°
M6-Schrauben	10 Nm
Zwischenwellen-Sicherungsschraube	8 Nm

1 Allgemeine Informationen

1 In den Zylinderköpfen des luft/wassergekühlten Zweizylinder-Boxermotors werden je vier Ventile pro Zylinder über zwei obenliegende Nockenwellen und Schlepphebel betätigt. Die Nockenwellen werden über kettengetriebene Zwischenwellen per Zahnrad angetrieben. Die Zwischenwelle des rechten Zylinders wird von der Ausgleichswelle, die des linken Zylinders direkt von der Kurbelwelle angetrieben. Die Zwischenwellen drehen sich mit halber Kurbelwellendrehzahl.

2 Das aus Leichtmetall bestehende Motorgehäuse ist vertikal geteilt. Der Motor wird über aus dem Ölsumpf mit einer per Zahnrad vorne von der Ausgleichswelle angetrieben Doppelzahnringpumpe geschmiert. Links außen am Motorgehäuse ist ein Ölfilter angeschraubt.

3 Der Motor ist weitgehend fahrtwindgekühlt, lediglich direkt an den Brennräumen unterstützt eine Wasserkühlung die Motorkühlung. Die vorne am Motor sitzende Wasserpumpe wird direkt von der Kurbelwelle angetrieben.

4 Die Motorleistung wird von der Kurbelwelle über eine Mehrscheiben-Ölbadkupplung auf die mit einem Ruckdämpfer versehene Getriebeeingangswelle des Sechsganggetriebes übertragen. Der Endantrieb erfolgt über eine Kardanwelle und einen Winkeltrieb am Hinterrad.

2 Motorbauteile
Zugang

Arbeiten, die bei eingebautem Motor möglich sind:

1 Die unten aufgelisteten Komponenten und Teile können demontiert werden, ohne dass der Motor aus dem Rahmen gebaut werden muss. Wenn jedoch mehrere dieser Arbeiten zugleich ausgeführt werden müssen, empfiehlt es sich, den Motor dafür auszubauen.

a) Ventildeckel
b) Steuerkettenspanner
c) Nockenwellen mit Ritzeln und Schlepphebeln
d) Zwischenwellen
e) Zylinderköpfe und Ventile
f) Kupplung
g) Vorderer Motordeckel
h) Wasserpumpe
i) Ölpumpe, Überdruckventil und Ölpegel/Temperatursensor
j) Anlasser
k) Kupplungs-Ausrückzylinder

Arbeiten, die den Ausbau des Motors erfordern:

2 Für den Zugang zu folgenden Komponenten muss der Motor aus dem Rahmen genommen werden:

a) Getriebe
b) Lichtmaschine
c) Anlasserfreilauf und Untersetzungsräder
d) Ausgleichswelle
e) Steuerketten, Spanner- und Führungsschienen
f) Kolben und Kolbenringe
g) Pleuel und Pleuelfußlager
h) Kurbelwelle und Lager
i) Ölansaugstutzen

3 Motor
Verschleißeinschätzung

Warnung: Seien Sie bei Arbeiten am heißen Motor sehr vorsichtig – die Auspuffanlage, der Motor und das Motoröl können sehr heiß sein.

Zylinderkompressionstest

1 Spezialwerkzeug: Für diese Arbeit wird ein Kompressionsprüfer mit einem Adapter für 10 mm-Zündkerzengewinde benötigt. Die meisten Prüfgeräte werden mit mehreren Adaptern ausgeliefert.

2 Schlechtes Startverhalten und mangelnde Motorleistung können unter anderem auf undichte Ventile, eine leckende Zylinderkopfdichtung sowie Verschleiß an Kolben, den Kolbenringen und Zylinderbohrungen zurückzuführen sein. Dieser Zustand kann mit einer Kompressionsprüfung überprüft werden.

3 Vor dem Durchführen des Tests muss sichergestellt werden, dass das Ventilspiel in Ordnung ist (siehe Kapitel 1).

4 Starten Sie den Motor, lassen Sie ihn Betriebstemperatur erreichen, schalten Sie ihn dann ab. Stützen Sie das Motorrad mithilfe des Hauptständers oder einer anderen Vorrichtung senkrecht ab.

5 Entfernen Sie die Zündkerzen (siehe Kapitel 1, Sektion 4).

6 Verbinden Sie wieder die Zündspulenstecker und stecken Sie die Zündkerzen wieder in ihre Stecker. Erden Sie ihre Gewinde am Rahmen gegen Masse, um eine Beschädigung des Zündsystems zu vermeiden. Am besten verbindet man die Zündkerze mithilfe eines Überbrückungskabels direkt mit dem Minuspol der Batterie.

7 Schließen Sie ggf. den Kompressionsprüfer an den Adapter an und schrauben Sie diesen Adapter in das Kerzengewinde des zu testenden Zylinders (siehe Abbildungen).

8 Schalten Sie die Zündung ein und den Killschalter auf RUN, öffnen Sie vollständig den Gasgriff, und drehen Sie den Motor mit dem Anlasser solange durch, bis sich das Messgerät nach ein paar Kurbelwellenumdrehungen auf einen Wert stabilisiert, der den maximalen Druck angibt (siehe Abbildung). Notieren Sie den gemessenen Wert und wiederholen Sie die Messungen am anderen Zylindern. Schalten Sie anschließend die Zündung wieder aus.

9 Wenn alle gemessenen Werte zwischen 12 und 14 bar liegen und nicht mehr als 1,0 bar Unterschied besteht, ist der Motor in diesen Bereichen in Ordnung. Liegt eine größere Differenz vor oder werden niedrigere Drücke ermittelt, muss der Zylinder samt Kopf an der entsprechenden Seite überprüft werden.

10 Nach Beendigung des Tests können die Zündkerzen wieder installiert werden (siehe Kapitel 1).

Anmerkung: *Drücke über 14 bar sind dank sauber verbrennender moderner Kraftstoffe unwahrscheinlich, würden allerdings auf massive Ölkohleablagerungen im Brennraum hinweisen. In diesem Fall muss der Zylinderkopf demontiert werden, um die Ablagerungen vom Kolben, aus dem Kopf und von den Ventilen entfernen zu können (siehe Sektion 10).*

2

3.7a Wählen Sie den korrekten Adapter ...

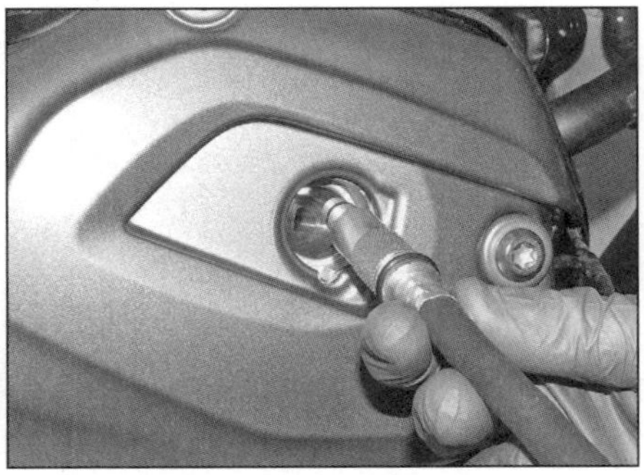

3.7b ...und drehen Sie ihn in die Zündkerzenbohrung.

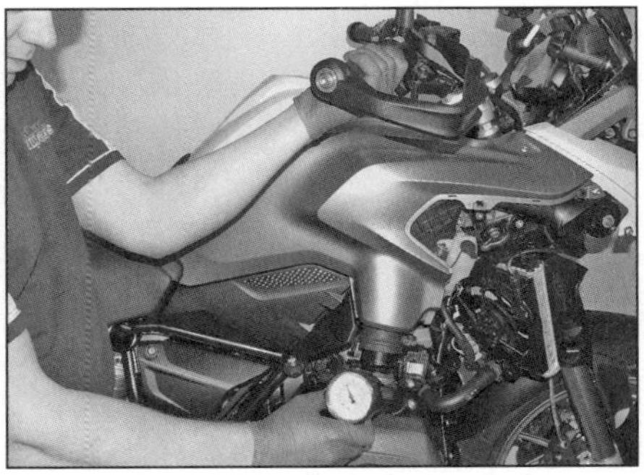

3.8 Kompressionsprüfung

Öldruck-Kontrolle

11 Spezialwerkzeug: Für diesen Test ist ein Öldruckprüfer samt passenden Adapter für den Ölkanalstopfen erforderlich (die meisten Prüfgeräte werden mit mehreren Adaptern ausgeliefert). Beim BMW-Händler sind unter den Teilenummern 114601, 114602 und 114608 entsprechende Teile erhältlich.

Anmerkung: *Auch wenn der Motor in einem guten Zustand zu sein scheint, kann eine Öldruckkontrolle nützliche Informationen über den Zustand der Motor-Innereien geben.*

12 Falls während der Fahrt die Ölpegel-Anzeige erscheint, muss unverzüglich der Motor abgeschaltet und eine Ölpegelkontrolle durchgeführt werden (siehe Tägliche Kontrollen). Beachten Sie, dass die Anzeige einen niedrigen Ölpegel anzeigt – nicht zu geringen Öldruck. Wenn der Pegel korrekt ist, muss der Ölpegel-Sensor kontrolliert werden (siehe Kapitel 8).
13 Für die Kontrolle des Öldrucks werden ein Öldruckprüfer samt passenden Adapter für den Ölkanalstopfen benötigt – beachten Sie das Beispiel in den Werkzeug- und Werkstatt-Tipps im Anhang.
14 Starten Sie den Motor, lassen Sie ihn Betriebstemperatur erreichen, schalten Sie ihn dann ab. Stützen Sie das Motorrad aufrecht stehend ab.

Achtung: Tragen Sie Handschuhe, um sich nicht die Finger mit heißem Öl zu verbrennen!

15 Schrauben Sie den über dem Ölfilter liegenden Ölkanalstopfen aus dem Motorgehäuse und drehen Sie unverzüglich den Adapter in das Gewinde (siehe Abbildung). Verbinden Sie das Messgerät mit dem Adapter. Der Stopfen muss später mit einer neuen Dichtscheibe montiert werden.
16 Starten Sie den Motor, erhöhen Sie die Drehzahl auf 5000/min und beobachten Sie dabei das Messgerät. Schalten Sie anschließend den Motor ab.
17 Rüsten Sie den Ölkanalstopfen mit einer neuen Dichtscheibe aus, drehen Sie den Adapter aus dem Motor und ersetzen Sie ihn unverzüglich durch den Stopfen. Ziehen Sie diesen mit 10 Nm an.
18 Der Öldruck muss im Standgas bei 0,7 bis 1,5 bar und bei 5000/min zwischen 4,0 und 5,0 bar liegen – bei deutlich niedrigeren Ergebnissen klemmt entweder das offene Überdruckventil, liegt eine Verstopfung an den Ansaugsieben oder im Ölfilter vor, ist die Ölpumpe beschädigt oder der Motor ist stark verschlissen.
19 Beginnen Sie die Diagnose mit der Kontrolle des Überdruckventils (siehe Sektion 19) und montieren Sie einen neuen Ölfilter (siehe Kapitel 1). Kontrollieren Sie anschließend die Ölpumpe (Sektion 19) und schließlich die Ansaugsiebe – dies erfordert den Ausbau des Motors und das Trennen des Motorgehäuses (siehe Sektion 23). Wenn bis hierher alles in Ordnung war, werden die Kurbelwellen- und/oder Pleuelfußlager verschlissen sein und der Motor muss überholt werden.
20 Ist der Öldruck zu hoch, wird entweder ein Ölkanal verstopft sein, der Druckregler im geschlossenen Zustand klemmen oder das Öl die falsche Viskosität haben.

4 Motor
Ausbau und Einbau

Anmerkung: *Das Motorrad kann ab Werk mit zahlreichen elektrischen Extras ausgerüstet sein. Achten Sie bei der Arbeit darauf, dass alle relevanten Elektrik-Komponenten beim Ausbau getrennt und beim Einbau wieder angeschlossen werden. Vor dem Trennen irgendwelcher elektrischer Verbindungen muss auf jeden Fall der Masseanschluss (–) der Batterie getrennt werden!*

Ausbau

1 Stützen Sie das Motorrad auf einer ebenen Fläche aufrecht ab. Falls es nicht über den Hauptständer gestützt wird, muss beachtet werden, dass für den Ausbau des Motors beide Räder demontiert werden müssen; bei allen GS sowie RT-Modellen sind auch die Gabel, der vordere Stoßdämpfer und die Telelever-Schwinge zu entfernen. Der Ständer darf also nur den Rahmen abstützen. Damit der Rahmen beim Ausbau des Motors nicht nach vorne fällt, muss er hinten entsprechend gesichert werden. Falls das Motorrad nicht auf einer Motorrad-Hebebühne mit Ösen für Seile steht, kann es so auf eine dicke Sperrholzplatte gestellt werden, dass diese bis unter das Hinterrad reicht. Dann wird ein Spannband unter der Platte verlegt und mit dem Rahmenheck verbunden. Bevor die Motorbolzen entfernt werden, muss der Motor mit einem Heber abgestützt werden.
2 Entfernen Sie je nach Modell die Sitze, alle seitlichen Verkleidungen, die Batterieabdeckung, Tankverkleidungen, den Ölwannenschutz samt Haltern und/oder den Motorspoiler, um Zugang zum Motor und seinen Nebenaggregaten zu finden (siehe Kapitel 7).
3 Falls der Motor – speziell an seinen Aufhängungen – verschmutzt ist, muss er zuerst gründlich gereinigt werden. Hierdurch wird nicht nur die Arbeit erleichtert, sondern auch ausgeschlossen, dass abfallender Schmutz hineingeraten kann.
4 Bauen Sie die Batterie aus (siehe Kapitel 7)
5 Lassen Sie das Motoröl ab und demontieren Sie ggf. den Ölfilter. Lassen Sie das Kühlmittel ab (siehe Kapitel 1).
6 Demontieren Sie den Tank, das Luftfiltergehäuse, die Drosselklappengehäuse, die Einspritzdüsen, die Kraftstoffleitung und die Kraftstoffdrucksensor-Baugruppe (siehe Kapitel 4).
7 Demontieren Sie den/die Kühler und den Thermostaten zusammen mit den Schläuchen (siehe Kapitel 3).
8 Demontieren Sie die Auspuffanlage (siehe Kapitel 4).
9 Entfernen Sie die kombinierten Zündspulen-Kerzenstecker (siehe Kapitel 1, Sektion 4). Befreien Sie die Massekabel der Zündspulen von den Zylinderköpfen und lösen Sie die Kabelklemmen von den Zylinder-Kühlrippen (siehe Abbildung).
10 Demontieren Sie den Anlasser (siehe Kapitel 8).
11 Entfernen Sie den Seitenständer (siehe Kapitel 5). Lösen Sie die Schraube des Federhakens (siehe Abbildung).

3.15 Ölkanalstopfen

4.9a Entfernen Sie an beiden Seiten den Führungs-Clip.

4.11 Schrauben Sie den Federhaken heraus.

4.12a Lösen Sie die Stecker des Kühltemperatursensors, ...

4.12b ... des Kurbelwellensensors ...

4.12c ... und des Nockenwellensensors.

12 Trennen Sie die Stecker des Kühltemperatur-, Kurbelwellen- und Nockenwellensensors (siehe Abbildungen). Befreien Sie die Kabel aus allen Führungen am Motor. Demontieren Sie die Kabelführung links unten am Getriebe (siehe Abbildung).

13 Ziehen Sie den Lichtmaschinenstecker von der Regler/Gleichrichter-Einheit (siehe Abbildung).

14 Befreien und trennen Sie die Stecker des Ölpegel/Temperatursensors und des Gangsensors. Befreien Sie die Kabel des Kabelbaums aus allen Befestigungen hinten am Getriebe (siehe Abbildung). Die Sensoren lassen sich besser nach dem Ausbau des Motors demontieren.

15 Entfernen Sie den Kupplungs-Ausrückzylinder von der Rückseite des Getriebes (siehe Sektion 21) – der Hydraulikschlauch kann angeschlossen bleiben.

16 Lösen Sie vorne am Schaltgestänge den Clip und ziehen Sie das Gestänge vom Kugelgelenk (siehe Abbildungen).

17 Demontieren Sie das Hinterrad (siehe Kapitel 6).

18 Demontieren Sie die Kardanwelle (siehe Kapitel 5). Verbinden Sie die Schwinge wieder mit dem Endantriebgehäuse und ziehen Sie die Schrauben handfest an.

4.12d Lösen Sie die Schraube und entnehmen Sie die Führung.

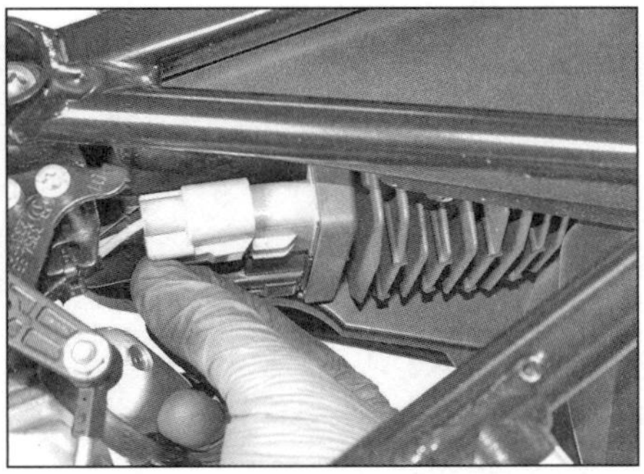

4.13 Trennen Sie den hellgrauen Stecker mit den drei gelben Kabeln.

4.14 Befreien und trennen Sie zwei Stecker.

4.16a Lösen Sie den Clip und schwenken Sie ihn herum, ...

2

4.16b ... um ihn aus der Bohrung zu befreien.

4.16c Ziehen Sie den Schaltgestängekopf vom Kugelgelenk.

4.19 Stützen Sie das Endantriebgehäuse mit Hölzern ab.

4.21 Die aus der Führung befreite Telelever-Schwinge ist mit Kabelbindern am Rahmen gesichert.

4.22 Kabelführung

4.23 Lösen Sie die zwei Muttern.

4.24a Die unteren Motorbolzen werden links ...

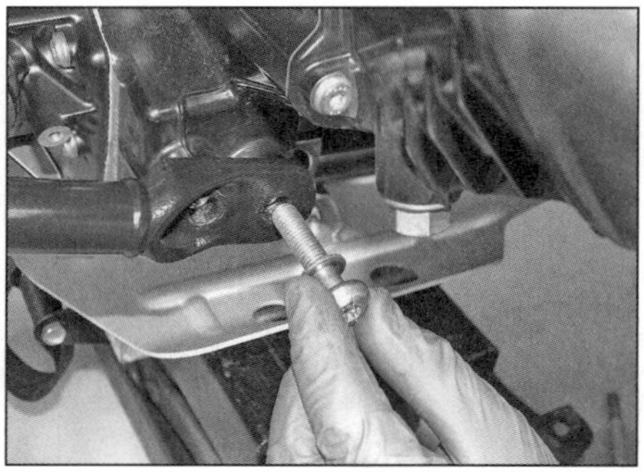

4.24b ... und rechts herausgeschraubt.

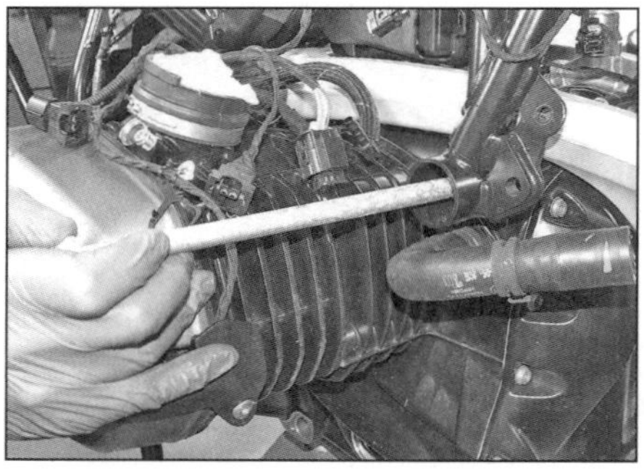

4.25a Ziehen Sie die oberen Motorbolzen heraus ...

4.25b ... und schwenken Sie den Rahmen nach hinten weg.

19 Stützen Sie das Endantriebgehäuse mit vier ca. 5 x 10 cm großen Hölzern ab (siehe Abbildung). Ziehen Sie das Rahmenheck mit den Spanngurten herunter (siehe Schritt 1).

20 Stützen Sie den Motor mit einem Rangierwagenheber ab. Bauen Sie das Vorderrad aus (siehe Kapitel 6).

21 Demontieren Sie bei allen GS sowie RT-Modellen die Gabel und den vorderen Stoßdämpfer (siehe Kapitel 5). Die Telelever-Schwinge kann entweder komplett entfernt oder demontiert und zum Lenkkopf hochgebunden werden (siehe Abbildung). Dies ist nötig, da der ABS-Modulator entfernt werden muss. Die Schwinge muss vorne nicht vom Kugelgelenk getrennt werden (nach dem Ausbau der Gabelrohre kann die untere Gabelbrücke also an der Schwinge verbleiben). Die Schwinge kann nötigenfalls am Motor verbleiben und später demontiert werden, allerdings muss dann darauf geachtet werden, dass sie nicht zwischen den vorderen Rahmenrohren verklemmt wird; legen Sie in diesem Fall nach dem Ausbau des Stoßdämpfers Lappen zwischen die Schwinge und den Motor.

22 Stellen Sie sicher, dass alle Schläuche und Kabel gelöst sind, die nicht zusammen mit dem Motor ausgebaut werden. Oben am Motor (hinten unter der Telelever-Schwinge und dem ABS-Modulator) befindet sich eine Kabelführung. Falls die Schwinge und der Modulator noch nicht demontiert sind, muss die Führung entfernt werden, sobald der Motor ein Stück weit abgesenkt wurde (siehe Abbildung). Kontrollieren Sie überall, ob irgendwelche Halter, Luftleitbleche oder Hitzeschilde entfernt werden müssen – beachten Sie ihre Einbaupositionen.

23 Lösen Sie links die Muttern der zwei oberen Motorbolzen (siehe Abbildung).

24 Lösen Sie an jeder Seite die zwei unteren Motorbolzen – beachten Sie die Scheiben (siehe Abbildungen).

25 Prüfen Sie erneut, ob der Motor komplett frei ist und gut auf dem Rangier-Wagenheber abgestützt ist. Holen Sie sich einen oder zwei Assistenten zur Hilfe. Ziehen Sie die oberen Motorbolzen heraus (siehe Abbildung). Lassen Sie einen Assistenten den Motor halten und entfernen Sie eines der unter dem Endantrieb liegenden Hölzer. Schwenken Sie jetzt den Rahmen vorne hoch (indem Sie ihn z. B. über den Hauptständer hinten herunter hebeln), bis der Motor aus den Aufnahmen befreit ist (siehe Abbildung). Senken Sie jetzt vorsichtig den Heber ab und ziehen Sie ihn nach vorne – achten Sie dabei stets darauf, dass sich Motor und Rahmen nicht verhaken. Manövrieren Sie den Motor so unter dem Rahmen nach vorne heraus.

⚠ ***Warnung: Der Motor ist sehr schwer. Der Ein- und Ausbau des Motors sollte immer mit der Hilfe mindestens eines Assistenten ausgeführt werden. Ein herunterfallender oder abrutschender Motor kann zu Verletzungen führen und Beschädigungen zur Folge haben.***

Einbau

26 Der Einbau erfolgt in umgekehrter Ausbaureihenfolge – beachten Sie dabei folgende Punkte:

- Reinigen Sie die Gewinde aller Muttern und Motorbolzen und schmieren Sie die Schäfte der oberen Bolzen mit Fett.
- Manövrieren Sie den Motor unter dem Rahmen in Position und senken Sie den Rahmen ab, bis alle Aufnahmebohrungen fluchten. Schieben Sie zuerst von rechts die oberen Motorbolzen ein – der längere kommt nach vorne (Abb. 4.25a). Versehen Sie die Muttern mit mittelfester Sicherungspaste und drehen Sie sie zunächst handfest auf (Abb. 4.23). Installieren Sie die mit den Scheiben versehenen unteren Bolzen zunächst handfest (Abb. 4.24a und b).
- Ziehen Sie zuerst die Muttern der oberen Bolzen mit 100 Nm und dann die unteren Bolzen mit 55 Nm an.
- Montieren Sie alle entfernten Komponenten – beachten Sie dazu die entsprechenden Sektionen.
- Füllen Sie Motoröl und Kühlmittel auf (siehe Kapitel 1).
- Prüfen Sie vor der ersten Fahrt die Funktion der Bremsen und aller elektrischen Systeme.

5 Motorüberholung
Allgemeine Informationen

Zerlegen

1 Vor dem Zerlegen des Motors muss dieser ordentlich gereinigt und äußerlich entfettet werden. Hiermit wird einer Verschmutzung der Motorinnereien vorgebeugt und außerdem ein leichteres und sauberes Arbeiten ermöglicht. Mit einem schwer entflammbaren Lösungsmittel (Petroleum) oder besser noch einem speziellen Maschinen-Entfettungsmittel und alten Pinseln oder Zahnbürsten werden die verschiedenen Ecken und Winkel gereinigt. Passen Sie auf, dass kein Lösungsmittel oder Wasser an elektrische Teile oder in die Ein- und Auslasskanäle gerät.

⚠ *Warnung:* **Die Verwendung von Benzin als Reinigungsmittel sollte aufgrund des hohen Entzündungsrisikos vermieden werden.**

2 Schaffen Sie für den gereinigten und getrockneten Motor ausreichend Platz auf einer sauberen Arbeitsfläche – möglichst einer stabilen Werkbank –, damit alle demontierten Baugruppen bearbeitet werden können. Halten Sie eine Ansammlung von Behältern und Plastiktüten bereit, damit zusammengehörige Einzelteile in übersichtlichen Gruppen gelagert werden können. Papier und Stift sollten für Notizen und Markierungen ebenso vorhanden sein wie ein Vorrat an sauberen und saugfähigen Lappen. Lassen Sie sich von einem Assistenten helfen, den ausgebauten Motor auf die Werkbank zu heben.
3 Lesen Sie vor Arbeitsbeginn die entsprechende Sektion vollständig durch, um einen Überblick zu erhalten. Beachten Sie, dass bei der Zerlegung der verschiedenen Motorkomponenten nur selten große Kraftanstrengung nötig ist – außer dies ist extra erwähnt. Das Überprüfen des vorgeschriebenen Anzugdrehmoments einer bestimmten Schraube zeigt an, wie fest sie sitzt und wie viel Kraft zum Lösen gebraucht wird. In vielen Fällen, in denen sich Teile hartnäckig weigern, auseinanderzugehen, liegt ein unkorrekter Versuch der Demontage vor. Bei jedem Zweifel sollte im Text nachgelesen werden. Sprühen Sie korrodierte Verbindungen mit Kriechöl ein, und lassen Sie es einige Stunden einwirken.
4 Beim Zerlegen des Motors müssen im Motor zusammenarbeitende »Paare« zusammengehalten werden (Kolben mit Ringen und Pleuel, Zahnräder, Ventile mit ihren Komponenten usw.). Diese Paare dürfen nur als Einheit erneuert oder wiederverwendet werden. Es ist hilfreich, eine große Pappe entsprechend des Aufbaus des Motors zu markieren, sodass die Teile darauf entsprechend ihrer Positionen im Motor verteilt werden können.
5 Die Zerlegung der Motor/Getriebe-Einheit sollte nach der folgenden generellen Reihenfolge und unter Berücksichtigung der entsprechenden Sektionen vorgenommen werden:

a) Demontieren Sie die Ventildeckel.
b) Demontieren Sie die Steuerkettenspanner.
c) Demontieren Sie die Nockenwellen und Zwischenwellen.
d) Demontieren Sie die Zylinderköpfe.
e) Demontieren Sie die Kupplung.
f) Demontieren Sie die Ölpumpe.
g) Demontieren Sie die Wasserpumpe (siehe Kapitel 3).
h) Demontieren Sie das Getriebe.
i) Demontieren Sie die Lichtmaschine (siehe Kapitel 8).
j) Entfernen Sie die Steuerketten und Schienen.
k) Demontieren Sie die Ausgleichswelle.
l) Trennen Sie die Motorgehäusehälften.
m) Demontieren Sie die Kurbelwelle samt Pleuel und Kolben.
n) Entfernen Sie die Ansaugstutzen und das Motorentlüftungsventil.

Zusammenbau

6 Der Zusammenbau des Motors erfolgt in der umgekehrten Demontage-Reihenfolge.

6 Ventildeckel

Ausbau

1 Stellen Sie das Motorrad auf den Hauptständer oder eine geeignete Stütze.
2 Entfernen Sie die Einspritzdüsen-Abdeckung (siehe Abbildung). Entfernen Sie die kombinierten Zündspulen-Kerzenstecker (siehe Kapitel 1, Sektion 4). Lösen Sie die Schraube des Zündspulen-Massekabels.
3 Positionieren Sie einen Behälter unter dem Ventildeckel, um austretendes Öl aufzufangen. Lösen Sie die Ventildeckelschrauben und ziehen Sie den Deckel vom Zylinderkopf (siehe Abbildung) – falls er klemmt, muss er rundherum mit einem weichen Hammer oder Holz abgeklopft werden – versuchen Sie nicht, ihn abzuhebeln, da dies die Dichtflächen zerstören würde.
4 Beachten Sie die innere und äußere Ventildeckeldichtung sowie die Passhülsen und stellen Sie sie nötigenfalls sicher (siehe Abbildungen). Die Dichtungen können nach dem Reinigen wiederverwendet werden, solange sie nicht undicht, spröde oder anderweitig beschädigt sind.

2

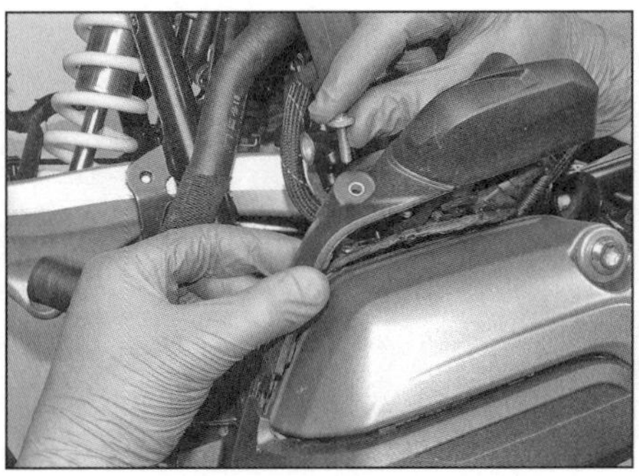

6.2 Lösen Sie die Schraube und entfernen Sie die Abdeckung.

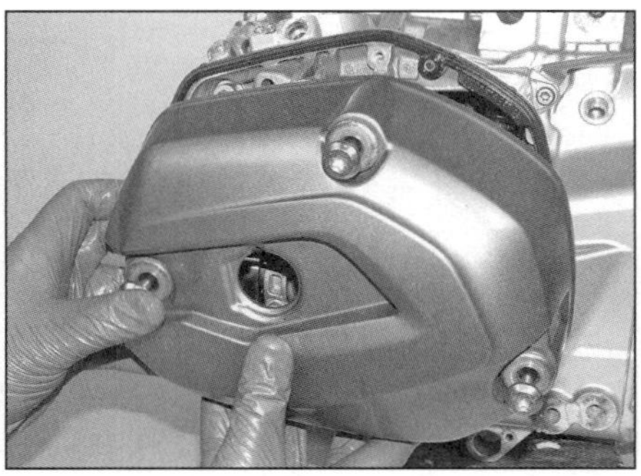

6.3 Lösen Sie die drei Schrauben und nehmen Sie den Ventildeckel ab.

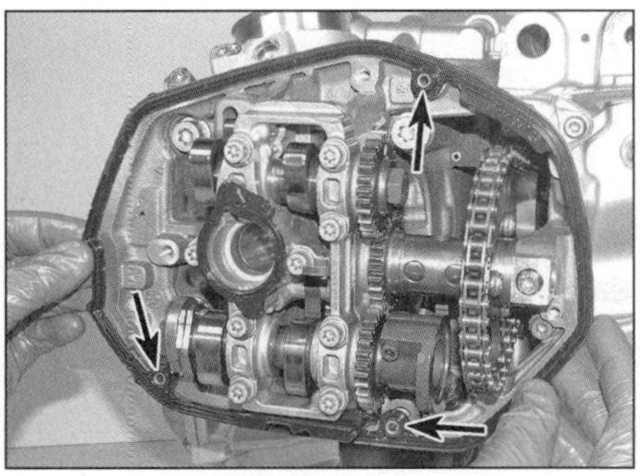

6.4a Entfernen Sie die äußere Dichtung – beachten Sie ihre Lage über den drei Passstiften.

6.4b Befreien Sie die innere Dichtung vom Zündkerzentunnel.

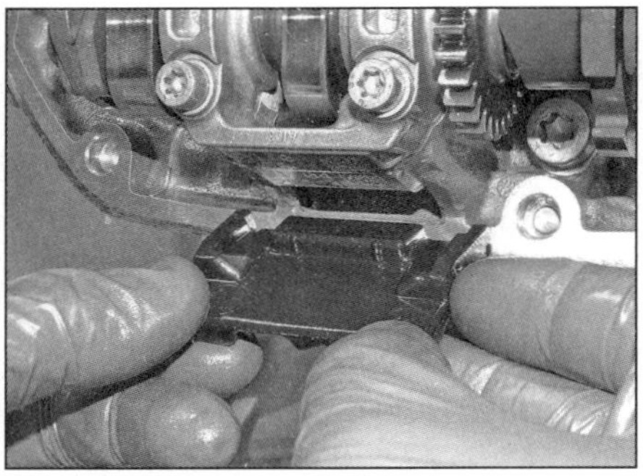

6.6 Entnehmen Sie den Kunststoffblock.

6.9a Richten Sie den Ausschnitt der Dichtung zur Vertiefung des Tunnels aus.

5 Kontrollieren Sie die Schrauben-Dichtungen. Wenn sie beschädigt oder spröde sind oder nicht mehr richtig abdichten, müssen neue Schrauben beschafft werden – die Dichtungen lassen sich nicht separat ersetzen.

6 Entfernen Sie nötigenfalls den Kunststoffblock (siehe Abbildung) – beachten Sie seine Einbaulage.

Einbau

7 Reinigen Sie die Dichtflächen des Zylinderkopfes und des Ventildeckels mit Lösungsmittel.

8 Setzen Sie nötigenfalls den Kunststoffblock wieder an (Abb. 6.6).

9 Legen Sie die innere Dichtung korrekt ausgerichtet um den Zündkerzenkanal (siehe Abbildung) – rechts muss der Ausschnitt unten zur Vertiefung des Kanals ausgerichtet werden; links liegt die Vertiefung oben (Abb. 6.4b). Installieren Sie ggf. die Passhülsen und legen Sie die äußere Dichtung darüber (Abb. 6.4a).

10 Setzen Sie den Ventildeckel so an den Zylinderkopf, dass die Dichtungen in Position bleiben, ziehen Sie alle Schrauben dann zunächst handfest und anschließend mit 10 Nm an (Abb. 6.3).

11 Verbinden Sie das Massekabel und installieren Sie die Zündspule (siehe Kapitel 1, Sektion 4). Montieren Sie die Einspritzdüsen-Abdeckung (Abb. 6.2).

12 Kontrollieren Sie den Motorölpegel und füllen Sie ggf. Öl nach (siehe *Tägliche Kontrollen*).

7 Steuerkettenspanner

Anmerkung: *Die Steuerkettenspanner können bei eingebautem Motor demontiert werden. Um Zugang zu den Spanner- und Führungsschienen zu erhalten, muss der Motor ausgebaut und das Getriebe getrennt werden.*

Spezialwerkzeug: *Für diese Prozedur wird ein Arretierstift benötigt (siehe Schritt 7). Dieses Werkzeug wird auch für mehrere andere Arbeiten am Motor benötigt (nicht nur zum Sicherstellen der korrekten Steuerzeiten, sondern auch zum Blockieren der Kurbelwelle beim Lösen diverser Muttern). BMW bietet unter der Teilenummer 110822 ein Werkzeug an, das an einem Ende einen federbelasteten 8 mm-Stift aufweist, der automatisch in den drehende Lichtmaschine einrastet, um die Kurbelwelle zu blockieren; zudem hat es am anderen Ende einen 6 mm starken Stift, der die Kurbelwelle im unteren Totpunkt (UT) blockiert, falls das Getriebe demontiert werden soll. Obwohl dieses Werkzeug gut funktioniert und schön gemacht ist, ist es nicht zwingend notwendig, da die Kurbelwelle auch mit einem einfachen selbstgebauten Werkzeug im oberen Totpunkt (OT) blockiert werden kann (obwohl die Kurbelwelle zum Ausbau des Getriebes im UT stehen muss, ist hier kein Blockieren nötig). Um ein Werkzeug herzustellen, muss beim BMW-Händler ein neuer Stopfen für die Arretierstift-Bohrung bestellt (siehe Schritt 6) und mit einem 7,5-mm-Bohrer aufgebohrt werden, um ein M8-Gewinde hineinschneiden zu können. Beschaffen Sie eine dazu passende hochfeste M8-Schraube (sie muss kräftig genug sein, die Kurbelwelle beim Lösen festsitzender Muttern zu halten) mit etwa 60 mm Länge und drehen Sie eine Flanschmutter auf. Drehen Sie diese Schraube teilweise in den umgebauten Stopfen und blockieren Sie damit die Kurbelwelle (siehe unten).*

Ausbau

1 Die Steuerkettenspanner sitzen jeweils an der Unterseite der Zylinder.

2 Stellen Sie das Motorrad auf den Hauptständer oder eine geeignete Stütze, sodass das Hinterrad nicht den Boden berührt. Entfernen Sie je nach Modell ggf. den Sturzbügel oder Verkleidungsseitenteile, die den Zugang zum Steuerkettenspanner behindern (siehe Kapitel 7).

3 Entfernen Sie die Zündkerzen (siehe Kapitel 1).

4 Schrauben Sie links am Gehäuse den Stopfen aus der Arretierstift-Bohrung (siehe Abbildung) – später muss er mit einer neuen Dichtscheibe installiert werden.

5 Entfernen Sie den entsprechenden Ventildeckel (siehe Sektion 6).

6 Bevor der Kettenspanner entfernt werden kann, muss der Kolben des entsprechenden Zylinders in den oberen Totpunkt (OT) des Ver-

Ein selbstgebautes Kurbelwellen-Arretierwerkzeug

7.4 Drehen Sie den Stopfen aus der Arretierungsbohrung.

7.6a Stellung der Nockenwellen im rechten Zylinderkopf bei Kolben im Verdichtungs-OT

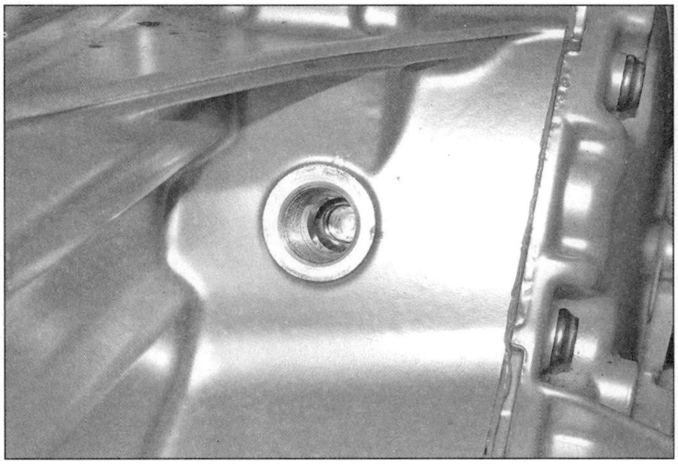

7.6b Die 8 mm große Bohrung muss mittig in der Gehäusebohrung stehen.

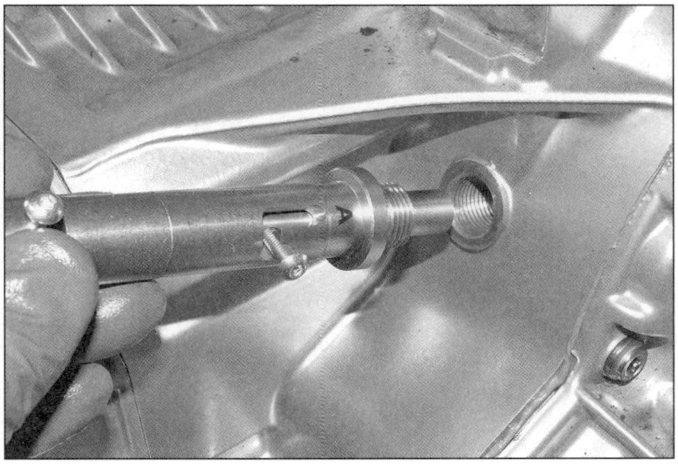

7.6c Drehen Sie das BMW-Werkzeug mit der mit einem A markierten Seite in das Gehäuse ...

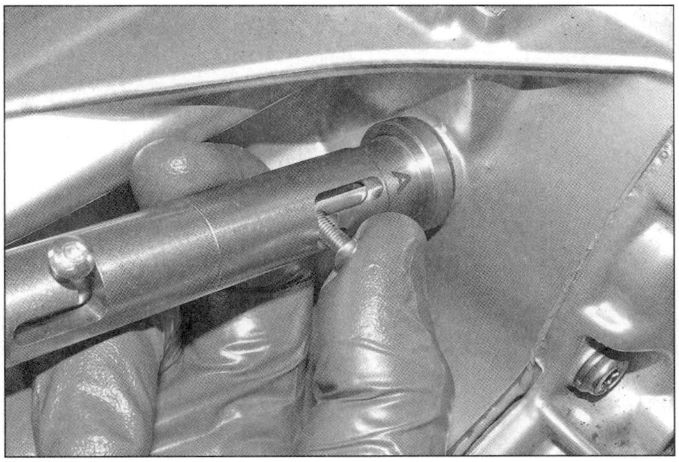

7.6d ... entsperren Sie den Riegel, um dem Stift auszufahren, ...

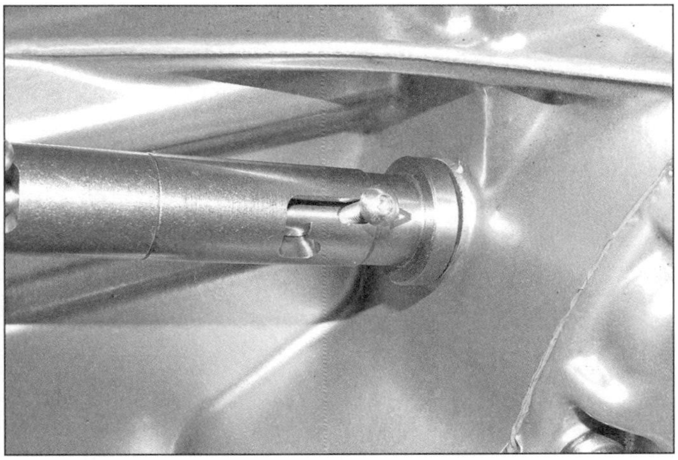

7.6e ... sodass er die Kurbelwelle arretiert.

dichtungstaktes gebracht werden. Lassen Sie hierzu einen Assistenten das Hinterrad bei eingelegtem hohen Gang vorwärts drehen, während Sie die Positionen der Nockenwellen beobachten und durch die Arretierstift-Bohrung auf das Erscheinen der 8 mm großen OT-Bohrung in der Kurbelwelle warten (verwechseln Sie diese nicht mit der 6 mm großen Bohrung für die Arretierung im UT). Der Kolben steht im Verdichtungs-OT, wenn die Nockenspitzen wie gezeigt stehen und die Abflachungen an den Enden der Nockenwellen senkrecht und parallel zueinander stehen; außerdem muss die 8 mm-Bohrung der Kurbelwelle mittig in der Gehäusebohrung zu sehen sein (siehe Abbildungen). Falls das BMW-Werkzeug verwendet wird, wird das mit »A« markierten Ende mit zurückgesetztem Federstift ins Gehäuse geschraubt. Dann wird der Stift gelöst, sodass er in die Kurbelwellenbohrung greift – drehen Sie diese leicht, um die Arretierung sicherzustellen (siehe Abbildungen). Falls das selbstgebaute Werkzeug verwendet wird, muss die 8 mm große Kurbelwellenbohrung exakt zur Gehäusebohrung zentriert und hier der mit dem Gewinde versehene Stopfen samt Scheibe eingedreht werden. Drehen Sie nun die Schraube ein, bis sie am Boden der Kurbelwellenbohrung aufsetzt und diese blockiert – prüfen Sie dies durch Drehen der Kurbelwelle nach. Drehen Sie jetzt die Kontermutter gegen den Stopfen, um die Schraube zu sichern (siehe Abbildungen).

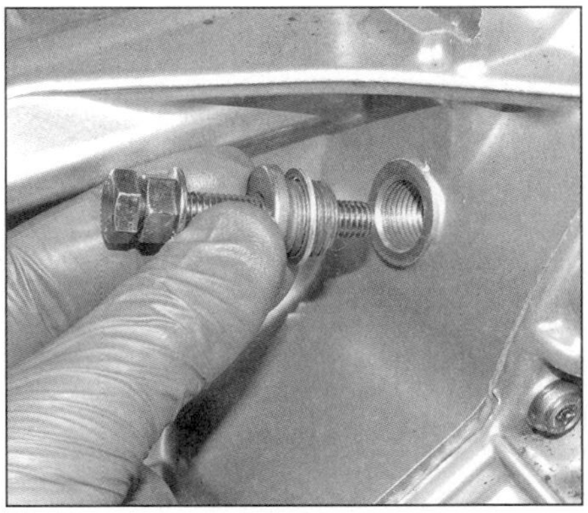

7.6f Drehen Sie den Stopfen des selbstgebauten Werkzeugs in das Gehäuse ...

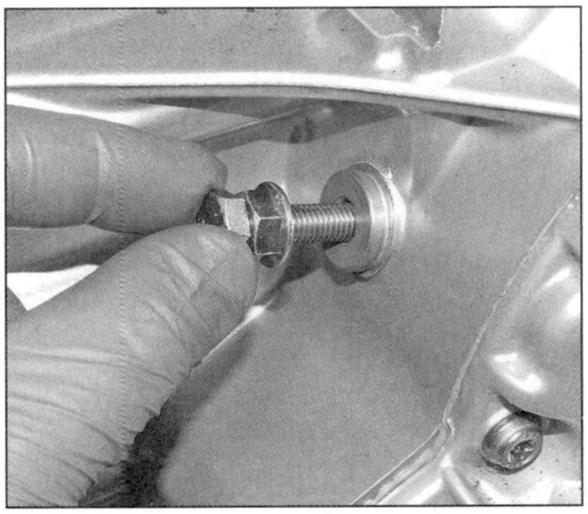

7.6g ... und die Schraube in den Stopfen, um die Kurbelwelle zu arretieren.

***Achtung:** Drehen Sie den Motor immer nur in die normale Drehrichtung! Falls der Motor ausgebaut ist, kann die Kurbelwelle mithilfe der hinten sitzenden Entlüftungsrotor-Schraube gedreht werden, nachdem die Entlüftungs-Abdeckung entfernt ist. Drehen Sie die Schraube nur im Uhrzeigersinn (Abb. 26.6a).*

2

7.6h Sichern Sie die Schraube, indem Sie die Mutter gegen den Stopfen drehen.

7.7 Sichern Sie die Steuerkette mit einem Kabelbinder am Ritzel.

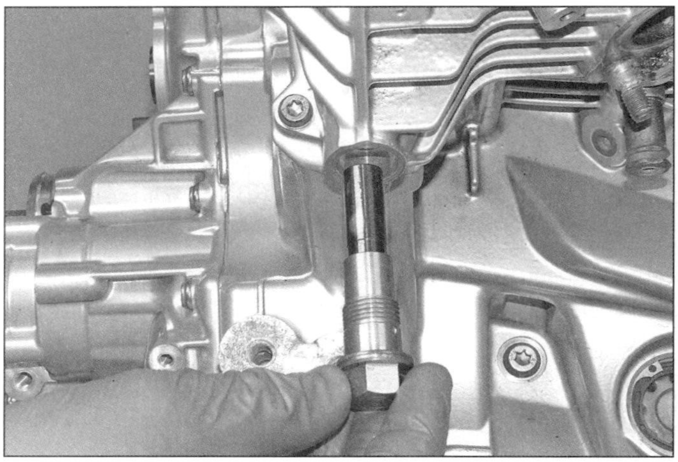

7.8 Lösen und entfernen Sie den Steuerkettenspanner.

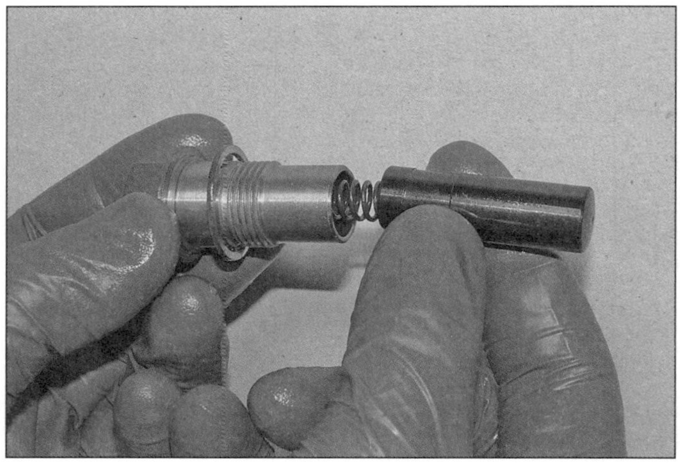

7.9 Befreien Sie den Kolben und die Feder und kontrollieren Sie alles auf Verschleiß und Schäden.

7 Um sicherzugehen, dass die Steuerkette bei demontiertem Spanner nicht auf dem Zwischenwellenritzel überspringt, sollte ein Kabelbinder durch eine der Ritzelbohrungen und um die Kette gezogen werden (siehe Abbildung).

8 Lösen Sie den Spanner und entfernen Sie die Feder sowie den Kolben (siehe Abbildung) – die Dichtscheibe muss später durch ein Neuteil ersetzt werden.

Kontrolle

9 Reinigen Sie alle Kettenspanner-Komponenten und begutachten Sie sie auf Verschleiß oder Beschädigungen (siehe Abbildung).

10 Prüfen Sie, ob sich der Kolben sanft im Gehäuse bewegen lässt und die Feder nicht ermüdet ist.

11 Falls irgendein Teil des Steuerkettenspanners schadhaft oder verschlissen ist, muss der gesamte Spanner ersetzt werden – Einzelteile sind nicht erhältlich.

Einbau

12 Der Kolben des zu bearbeitenden Zylinders muss im Verdichtungs-OT stehen – die Kurbelwelle muss mit dem Arretierstift blockiert sein und die Nockenwellen wie in Schritt 6 beschrieben stehen.

13 Rüsten Sie das Kettenspannergehäuse mit einer neuen Dichtscheibe aus, stecken Sie die Feder ins Gehäuse und den Kolben in die Feder (Abb. 7.9). Installieren Sie den Spanner und ziehen Sie ihn mit 32 Nm an (Abb. 7.8).

14 Entfernen Sie den Kabelbinder vom Zwischenwellenritzel.

15 Entfernen Sie das Arretierwerkzeug. Rüsten Sie den Gehäusestopfen mit einer neuen Dichtscheibe aus und ziehen Sie ihn mit 30 Nm an. Drehen Sie die Kurbelwelle mithilfe des Hinterrades zwei Umdrehungen durch und prüfen Sie erneut die Steuerzeiten.

16 Installieren Sie alle entfernten Bauteile in der umgekehrten Ausbaureihenfolge. Kontrollieren Sie den Ölpegel und füllen Sie nötigenfalls nach (siehe *Tägliche Kontrollen*).

8 Nockenwellen, Antriebsräder und Schlepphebel

Achtung: Der Motor muss vollständig abgekühlt sein, bevor mit der Arbeit begonnen werden kann.

Anmerkung 1: *Falls aus einem Zylinderkopf heulende (zu wenig Flankenspiel) oder klappernde Geräusche (zu viel Flankenspiel) hörbar sind, muss das Flankenspiel zwischen dem Zwischenwellenrad und den Nockenwellenräder kontrolliert werden (Schritte 32 bis 39), bevor die Zahnräder und/oder Nockenwellen ausgebaut werden. Das Flankenspiel kann durch verschieden große Nockenwellen-Zahnräder eingestellt werden. Das Spiel vergrößert sich durch Verschleiß an den Zahnrad-Zähnen, sodass auch das Zwischenwellenrad ersetzt werden muss – dieses ist nur in einer Größe erhältlich. Das Flankenspiel muss bei jedem Austausch relevanter Komponenten überprüft werden. Für eine exakte Messung des Flanken-*

8.2a Bringen Sie wie beschrieben Markierungen ...

8.2b ... zwischen den gezeigten Bauteilen an.

spiels nach BMW-Vorgaben muss die von BMW angebotene Messuhr (Teilenummer 110861) samt Halter (Teilenummer 110862) verwendet werden, damit der korrekte Winkel zwischen dem Messstift und dem Zahnrad eingehalten wird (bei anderen Messgeräten können falsche Ergebnisse ermittelt werden). Da die Messwerkzeuge sehr teuer sind, sollte das Flankenspiel von einer BMW-Werkstatt überprüft werden.

Anmerkung 2: *Die Nockenwellen, ihre Antriebsräder und die Schlepphebel können bei eingebautem Motor demontiert werden.*

***Anmerkung 3 (Spezialwerkzeug)**: Für diese Arbeit wird das Kurbelwellen-Arretierwerkzeug benötigt (siehe Sektion 7). Falls die Zahnräder von den Nockenwellen entfernt werden sollen, wird zudem ein Nockenwellen-Halte/Ausrichtwerkzeug benötigt (siehe Schritt 5). Das von BMW angebotene Werkzeug (Teilenummer 110827) ist sehr empfehlenswert, da es eine akkurate Positionierung der Nockenwellen zueinander und zur Zwischenwelle sicherstellt. Wir haben allerdings darauf verzichtet und Ausrichtmarkierungen zwischen den Bauteilen angebracht (siehe Schritt 2) und die Nockenwellen mit einem Schlüssel gehalten, während die Zahnrad-Schraube gelöst wurde – dies hat ebenfalls gut funktioniert.*

***Anmerkung 4:** Die Nockenwellen können mit montierten Zahnrädern ausgebaut oder die Zahnräder können von den eingebauten Nockenwellen getrennt werden. Es ist besser, die Nockenwellen samt Zahnräder zu demontieren. Demontieren Sie die Zahnräder nur von den Nockenwellen, wenn entweder das Zahnrad oder die Nockenwelle ersetzt werden soll. Weil die Zahnräder nicht mit einem Keil oder Ähnlichem in einer festgelegten Position auf den Nockenwellen montiert werden, wird das Nockenwellen-Halte/Ausrichtwerkzeug benötigt, um die Steuerzeiten wieder korrekt einzustellen. Ansonsten sollten die Zahnräder immer an den Nockenwellen verbleiben und akkurate Ausrichtmarkierungen zwischen den Komponenten angebracht werden, um die Steuerzeiten ohne Spezialwerkzeuge einstellen zu können.*

Ausbau

1 Demontieren Sie den Ventildeckel (siehe Sektion 6).

2 Bringen Sie mit gut erkennbarer Farbe Markierungen zwischen den drei Zahnrädern, zwischen der Steuerkette und dem Ritzel und zwischen dem vorderen Ende der Nockenwelle und dem Halter an (siehe Abbildungen). Falls die Zahnräder von den Nockenwellen getrennt werden sollen, müssen auch Markierungen zwischen der Innenseite des jeweiligen Zahnrades und dem Flansch der Welle angebracht werden. Markieren Sie zudem jedes Zahnrad entsprechend seiner Nockenwelle (Einlass der Auslass). All diese Markierungen helfen beim korrekten Einbau der verschiedenen Bauteile und sorgen für korrekte Steuerzeiten.

3 Demontieren Sie den Steuerkettenspanner (siehe Sektion 7) – sichern Sie zuvor die Kette mit einem Kabelbinder am Ritzel.

4 Falls das Zahnrad der Auslassnockenwelle des linken Zylinders demontiert werden soll, muss die Schraube des Nockenwellensensor-Auslösers gelöst und der Auslöser entfernt werden – beachten Sie, wie die Markierungslinie zur Spitze des Sensors fluchtet (siehe Abbildung).

5 Falls die Nockenwellen-Zahnräder demontiert werden sollen, müssen zum Lösen der Schrauben die Nockenwellen vorne blockiert werden – entweder mit dem BMW-Werkzeug (Teilenummer 110827) oder einem an den Abflachungen angesetzten Maulschlüssel (siehe Abbildungen). Lösen Sie die Schraube und entfernen Sie das Zahnrad samt seiner Scheibe (siehe Abbildungen).

8.4 Lockern Sie die Schraube, um den Auslöser des Nockenwellensensors entfernen zu können.

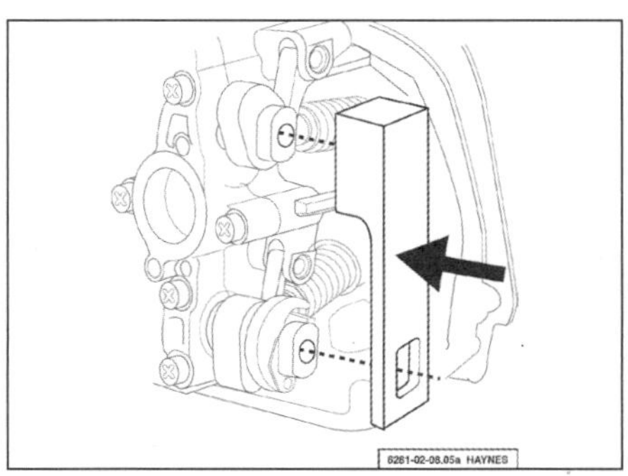

8.5a Das BMW-Werkzeug 110827 passt präzise über die Abflachungen an den Nockenwellen.

8.5b Die Nockenwelle kann auch mit einem Maulschlüssel gekontert werden.

8.5c Lösen Sie die Schraube und entnehmen Sie das Zahnrad ...

8.5d ... – beachten Sie die darin liegende Scheibe.

8.6a Schrauben des Nockenwellenhalters

8.6b Beachten Sie die Kontaktfeder unter dem Schraubenkopf.

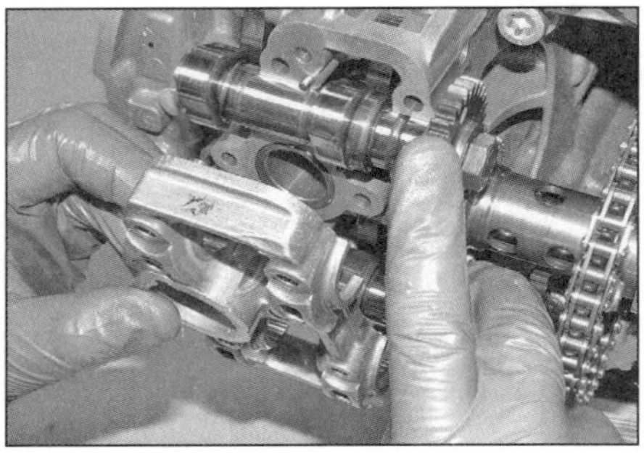

8.6c Heben Sie den Halter ab ...

6 Falls die Nockenwellen demontiert werden sollen, muss ggf. das Halte/Ausrichtwerkzeug entnommen werden. Lösen Sie die Schrauben des Nockenwellenhalters, indem Sie sie zunächst schrittweise und über Kreuz von außen nach innen lockern (siehe Abbildung). Beachten Sie die Kontaktfeder unter dem Kopf der hinteren inneren Schraube (siehe Abbildung). Heben Sie den Nockenwellenhalter vom Zylinderkopf – halten Sie die Wellen fest, damit sie nicht herunterfallen, und entnehmen Sie sie dann (siehe Abbildungen). Entfernen Sie den O-Ring aus dem Zündkerzenkanal (siehe Abbildung) – falls er beschädigt oder spröde ist, muss er später erneuert werden.

7 Schwenken Sie nötigenfalls die Schlepphebel hoch und stellen Sie die Ventil-Shims sicher – lagern Sie sie so, dass sie später wieder auf ihr ursprüngliches Ventil gesteckt werden können (siehe Abbildungen).

Anmerkung: *Sowohl die Shims als auch die Schlepphebel müssen unbedingt an ihre ursprünglichen Einbaupositionen gelangen, da ansonsten das Ventilspiel nicht mehr korrekt ist.*

8 Ziehen Sie nötigenfalls den Sicherungsstift der Schlepphebelwelle heraus, ziehen Sie dann die Welle aus dem Zylinderkopf und entnehmen Sie die Schlepphebel – lagern Sie den Hebel zusammen mit dem Shim und die Schlepphebelwelle zusammen mit ihrer Nockenwelle (siehe Abbildungen).

8.6d ... und entnehmen Sie die Nockenwellen.

8.6e Entfernen Sie den O-Ring.

8.7a Schwenken Sie die Schlepphebel hoch ...

8.7b ... und entfernen Sie die Shims – z. B. mit einem Magneten.

8.8a Ziehen Sie den Stift heraus, ...

8.8b ... um die Schlepphebelwelle befreien und die Hebel entnehmen zu können.

8.10a Begutachten Sie die Gleitflächen im Nockenwellenhalter und dem Zylinderkopf

Kontrolle

9 Begutachten Sie die Gleitflächen der Schlepphebel auf Verschleiß, Riefen, Abplatzungen und Risse. Kontrollieren Sie die Schlepphebelwelle auf Verschleiß. Die Hebel müssen sanft und spielfrei auf den Wellen gleiten – verschlissene Komponenten müssen ersetzt werden.

10 Inspizieren Sie die Nockenwellen-Gleitflächen im Nockenwellenhalter und dem Zylinderkopf sowie die Lagerzapfen der Wellen selbst (siehe Abbildungen).

11 Kontrollieren Sie die Nocken auf Anlassfarben durch Überhitzung (blaue Erscheinung), Kerben, Absplitterungen, Ausbrüche und Risse. Bei Beschädigungen oder starkem Verschleiß muss die Nockenwelle ersetzt werden.

12 Kontrollieren Sie die Nockenwellen-Zahnräder auf Verschleiß, ausgebrochene Zähne und andere Schäden. Wird hier Verschleiß festgestellt, wird auch das Zahnrad der Zwischenwelle verschlissen sein und es muss kontrolliert werden (siehe Sektion 9). Falls neue Nockenwellenräder montiert werden müssen, müssen die Neuteile die gleiche Nummern tragen, wie sie bei den Originalteilen innen zu finden sind – es gibt vier verschiedene Zahlen, die für unterschiedlich tief eingeschnittene Zähne stehen und das Flankenspiel festlegen, Falls alle drei Zahnräder eines Zylinderkopfes ersetzt werden sollen, müssen die Nockenwellenräder durch die gleiche Größe ersetzt und nach dem Einbau das Flankenspiel kontrolliert werden (siehe unten), um sicherzugehen, dass die Auswahl korrekt ist. Sollen nur die Nockenwellenräder durch Neuteile ersetzt werden, ist es wahrscheinlich am besten, die gleiche Größe zu beschaffen und das Flankenspiel zu kontrollieren; es kann aber auch sein, dass durch den Verschleiß am Zwischenwellenrad die Nockenwellenräder eine Nummer größer ausfallen können, um kein übermäßiges Flankenspiel entstehen zu lassen. Weil hierzu die Zahnräder zunächst beschafft und eingebaut werden müssen, sollte beim BMW-Händler nachgefragt werden, ob sie möglicherweise Zahnräder der falschen Größe umtauschen. Auch aufgrund der hohen Kosten für die Spezialwerkzeuge zum Messen des Flankenspiels kann es klug sein, die gesamte Prozedur von einer BMW-Werkstatt durchführen zu lassen.

13 Blasen Sie alle Ölbohrungen möglichst mit Druckluft aus.

8.10b ... sowie die Lagerzapfen und die Nocken der Wellen.

Einbau

Anmerkung: *Falls aus beiden Zylinderköpfen die Nockenwellen-Paare ausgebaut wurden, muss der Kolben des entsprechenden Zylinders in den Verdichtungs-OT gebracht werden (siehe Sektion 7).*

14 Solange keine Neuteile verwendet werden, müssen die Bauteile des richtigen Zylinderkopfes so ausgelegt werden, dass die Shims und Schlepphebel zu ihren ursprünglichen Ventilen und die Schlepphebelwellen zur richtigen Nockenwelle installiert werden.

2

8.17 Stecken Sie jeden Shim in die Vertiefung über seinem Ventil.

8.20a Richten Sie die Einlassnockenwelle ...

8.20b ...und die Auslassnockenwelle zum Zwischenwellenrad aus.

8.22 Richten Sie die Markierungen zwischen der Nockenwelle und dem Halter aus.

8.23a Richten Sie das Nockenwellenrad aus ...

8.23b ... und sichern Sie es mit der Schraube.

15 Der Kolben des entsprechenden Zylinders muss im Verdichtungs-OT stehen und das Kurbelwellen-Arretierwerkzeug installiert sein (siehe Sektion 7). Falls beide Zylinderköpfe zerlegt wurden, ist es egal, mit welchem begonnen wird. Falls nur die Bauteile eines Zylinderkopfes ausgebaut wurden, muss sichergestellt sein, dass der andere Zylinder im OT zwischen Ein- und Auslasstakt steht – die Einlass-Nocken also nach unten in den Kopf zeigen und die Auslass-Nocken senkrecht nach oben. Falls der Zylinder im Verdichtungs-OT steht (Einlass-Nocken schräg nach oben weg vom Kopf, Auslass-Nocken senkrecht nach unten wie in Abb. 7.6a) oder falls der erste Kopf zusammengesetzt wurde in somit im Verdichtungs-OT steht, und nun der zweite Kopf bearbeitet werden soll, muss die Kurbelwelle eine volle Umdrehung im Uhrzeigersinn gedreht werden, bis die Kolben erneut im OT stehen und die eingebauten Nockenwellen eine halbe Umdrehung gedreht haben.

16 Schmieren Sie die Schlepphebelwellen mit frischem Motoröl. Positionieren Sie die Schlepphebel nacheinander über ihren Ventilen und schieben Sie die Welle ein (Abb. 8.8b); wenn die Nut der Welle unter der Arretierstift-Bohrung liegt, wird der Stift eingeschoben (Abb. 8.8a).

17 Schmieren Sie die Ventil-Shims und stecken Sie sie in die Vertiefungen über den Ventilen – jeder Shim muss auf sein ursprüngliches Ventil gelangen, da ansonsten das Ventilspiel nicht korrekt ist (siehe Abbildung).

18 Falls die Zahnräder von den Nockenwellen entfernt wurden, werden sie nach deren Einbau montiert.

19 Installieren Sie den O-Ring in den Zündkerzenkanal (Abb. 8.6e) – verwenden Sie nötigenfalls einen neuen.

20 Schmieren Sie die Lagerzapfen der Nockenwellen und positionieren Sie sie im Zylinderkopf. Die Wellen müssen wie gezeigt sitzen und die Abflachungen an den Enden müssen senkrecht und parallel zueinander sowie zur Zylinderkopf-Dichtfläche stehen, alle Ausrichtmarkierungen müssen fluchten und falls die Zahnräder an den Wellen sitzen, müssen auch deren Markierungen zum Zwischenwellenrad fluchten (siehe Abbildungen).

21 Installieren Sie den Nockenwellenhalter und ziehen Sie seine Schrauben handfest an – vergessen Sie nicht die Kontaktfeder der hinteren inneren Schraube (Abb. 8.6c, b und a). Ziehen Sie die Schrauben schrittweise und über Kreuz von innen nach außen bis zum Drehmoment von 10 Nm an.

22 Falls die Nockenwellenräder entfernt waren, sollte jetzt das Nockenwellen-Halte- und Ausrichtwerkzeug vorne an die Nockenwellen angesetzt werden – drehen Sie die Wellen, bis sie passen. Wenn das Werkzeug nicht vorhanden ist, muss sichergegangen werden, dass alle beim Ausbau angebrachten Ausrichtmarkierungen exakt fluchten – drehen Sie die Wellen, bis alles passt (siehe Abbildung).

23 Falls die Nockenwellenräder entfernt waren, muss sichergegangen werden, dass sie innen jeweils mit der Scheibe ausgerüstet sind (Abb. 8.5c). Setzen Sie das Zahnrad mit der Vertiefung voran an die Nockenwelle – das mit »I« markierte Rad kommt an die (obere) Einlass-Nockenwelle, das mit »E« markierte Rad an die (untere) Auslass-Nockenwelle. Alle Markierungen zwischen den Zahnrädern selbst sowie zwischen den Rädern und den Wellen müssen exakt fluchten (siehe Abbildung). Drehen Sie die Zahnrad-Schrauben zunächst handfest ein – vergessen Sie bei der Auslass-

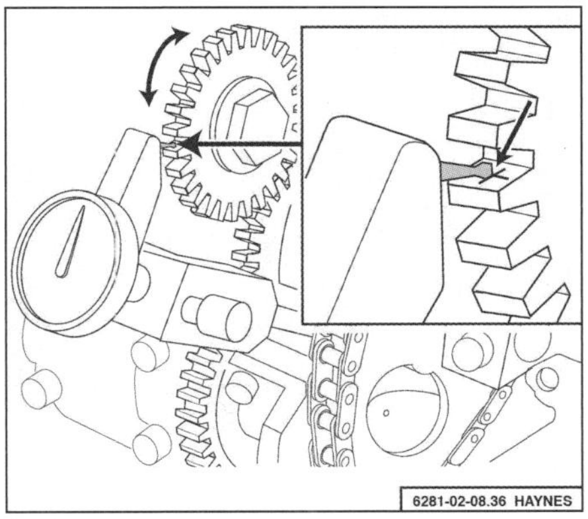

8.36 Die von BMW angebotene Messuhr samt Halter zur Kontrolle des Flankenspiels

Nockenwelle des linken Zylinders nicht die die Scheibe des Sensor-Auslösers und beachten Sie, dass diese Schraube länger ist als diejenigen der anderen Nockenwellen (siehe Abbildung).

24 Während die korrekt ausgerichteten Nockenwellen mit dem Spezialwerkzeug oder einem Maulschlüssel gehalten werden, müssen die Zahnradschrauben mit 65 Nm angezogen werden (Abb. 8.5a).

25 Schieben Sie bei der Auslass-Nockenwelle des linken Zylinders den Auslöser vollständig auf, richten Sie dessen Markierung zur Nut im Sensor aus und ziehen Sie die Schraube an (Abb. 8.4).

26 Montieren Sie den Steuerkettenspanner (siehe Sektion 7). Entfernen Sie den Kabelbinder.

27 Entfernen Sie das Kurbelwellen-Arretierwerkzeug und ggf. das Nockenwellen-Halte- und Ausrichtwerkzeug.

28 Schalten Sie das Getriebe in einen hohen Gang und drehen Sie mithilfe des Hinterrades (in Fahrtrichtung) die Nockenwellen eine volle Umdrehung, bis die Markierungen zwischen den Zahnrädern wieder wie zuvor fluchten. Wenn die Steuerzeiten korrekt sind, sollte jetzt das Kurbelwellen-Arretierwerkzeug einzubauen und ggf. das Nockenwellen-Halte/Ausrichtwerkzeug anzusetzen sein. Wenn alles gut ist, werden die entsprechenden Werkzeuge wieder entfernt.

29 Kontrollieren Sie das Ventilspiel (siehe Kapitel 1).

30 Falls neue Nockenwellenräder und/oder ein neues Zwischenwellenrad installiert wurde(n), muss jetzt das Flankenspiel überprüft werden (siehe unten).

31 Installieren Sie alle entfernten Bauteile in der umgekehrten Ausbaureihenfolge. Kontrollieren Sie den Ölpegel und füllen Sie nötigenfalls nach (siehe *Tägliche Kontrollen)*.

Nockenwellenrad-Flankenspiel – Kontrolle und Einstellung

Anmerkung: *Der Motor muss vollständig abgekühlt sein.*

32 Falls aus einem Zylinderkopf heulende oder klappernde Geräusche vernehmbar sind oder ein neues Zwischenwellenrad oder neue Nockenwellenräder montiert worden sind, muss das Flankenspiel zwischen den Zahnrädern kontrolliert werden. Für eine exakte Messung des Flankenspiels nach BMW-Vorgaben muss die von BMW angebotene Messuhr (Teilenummer 110861) samt Halter (Teilenummer 110862) verwendet werden, damit der korrekte Winkel zwischen dem Messstift und dem Zahnrad eingehalten wird (bei anderen Messgeräten können falsche Ergebnisse ermittelt werden). Da die Messwerkzeuge sehr teuer sind, sollte das Flankenspiel von einer BMW-Werkstatt überprüft werden.

33 Entfernen Sie die Ventildeckel (siehe Sektion 6).

34 Bringen Sie den Kolben des zu zu vermessenden Zylinders in den Verdichtungs-OT (siehe Sektion 7).

35 Montieren Sie den Messuhr-Halter – für die Kontrolle des Flankenspiels zwischen dem Antriebsrad auf der Zwischenwelle und dem Abtriebsrad auf der Einlassnockenwelle wird er zwischen das Antriebsrad und das Abtriebsrad der Auslassnockenwelle montiert (bei der Auslassnockenwelle entsprechend anders herum). Richten Sie den Halter an den entsprechenden Zähnen aus und ziehen Sie die Rändelmutter an, um ihn zu sichern.

36 Montieren Sie die Messuhr so an den Halter, dass der Messstift mittig und leicht unter Druck an einem Zahn des zu kontrollierenden Abtriebrades anliegt (siehe Abbildung).

37 Drehen Sie das zu kontrollierenden Abtriebsrad leicht vor und zurück und notieren Sie das gemessene Flankenspiel – also das »tote Spiel« zwischen ihm und den Zähnen des Antriebsrades. Bewegen Sie das Abtriebsrad nicht zu stark, um das Antriebsrad nicht in Drehung zu versetzen und ein falsches Messergebnis zu erhalten. Falls das Spiel unter 0,003 oder über 0,020 mm liegt, muss ein neues Abtriebsrad ausgewählt werden, um ein korrektes Flankenspiel zu erhalten.

38 Um ein neues Abtriebsrad auszuwählen, muss das alte Zahnrad demontiert (siehe oben) und zusammen mit dem gemessenen Flankenspiel beim BMW-Händler durch ein neues Zahnrad ausgetauscht werden, mit dem das korrekte Flankenspiel eingehalten wird. An der Rückseite des Zahnrades ist eine Nummer eingeätzt, die für seine Größe steht. Es gibt vier Größen – beachten Sie die Tabelle

Nummer am Abtriebsrad	Teilenummer	Klasse, Größe
8 536 958 oder 8 540 783	8 546 706	0,000
8 531 060 oder 8 540 784	8 546 707	1, + 0,02 mm
8 531 061 oder 8 540 785	8 546 708	3, + 0,04 mm
8 531 062 oder 8 540 786	8 546 709	4, + 0,06 mm

39 Montieren Sie alle neuen Abtriebsräder an die Nockenwelle(n) (siehe oben) und prüfen Sie erneut das Flankenspiel. Wenn das Spiel jetzt im Toleranzbereich liegt, werden alle entfernten Komponenten installiert (siehe oben und Sektionen 7 und 6). Falls das Flankenspiel immer noch nicht korrekt ist, muss ein neues Zahnrad montiert und das Spiel erneut gemessen werden. Falls das Spiel auch mit dem größten Abtriebsrad noch zu groß ist, muss die Zwischenwelle mit einem neuen Antriebsrad ausgerüstet werden (siehe Sektion 9).

9 Zwischenwelle und Nockenwellen-Antriebsrad

Ausbau

1 Beachten Sie die Anmerkung 4 in Sektion 8 und demontieren Sie am entsprechenden Zylinder entweder die Nockenwellen samt Abtriebsräder oder lösen Sie die Zahnräder von den eingebauten Nockenwellen – die erste Methode ist allerdings einfacher.

2 Bringen Sie Markierungen an einem Kettenglied und seiner Position am Ritzel sowie an der Ritzelnabe und dem Flansch der Welle an (Abb. 8.2a).

3 Lösen Sie die Sicherungsschraube der Ritzel-Achse (siehe Abbildung). Halten Sie die Welle und ziehen Sie die Achse heraus, befreien Sie dann die Kette vom Ritzel und entnehmen Sie die Welle (siehe Abbildungen).

9.3a Lösen Sie die Schraube, ...

9.3b ... ziehen Sie die Achse heraus ...

2

9.3c ... und entnehmen Sie die Welle.

9.5 In der Welle sitzen zwei Nadellager.

9.7a Die Markierung auf der Kette muss zu derjenigen auf dem Ritzel ausgerichtet sein.

9.7b Die Schraube kommt an der rechten Achse in die innere der zwei Bohrungen ...

9.7c ... und an der linken Achse in die äußere Bohrung.

10.4 Demontieren Sie die Einspritzdüse.

Kontrolle

4 Kontrollieren Sie die Zähne des Zahnrades und des Ritzels auf Verschleiß und Beschädigungen. Das Ritzel kann demontiert und separat ersetzt werden, das Zahnrad ist jedoch Bestandteil der Welle. Falls das Ritzel verschlissen ist, werden wahrscheinlich auch die Steuerkette und das Antriebsritzel verschlissen sein – beachten Sie für deren Kontrolle und Austausch die Sektion 17 für den Antrieb der rechten Zwischenwelle, die Sektion 18 für die Steuerketten und Sektion 23 für das Antriebsritzel der linken Steuerkette.

5 Kontrollieren Sie die Nadellager innerhalb der Welle und deren Lagerfläche auf der Achse (siehe Abbildung). Schieben Sie die Achse in die Welle und prüfen Sie, ob sie sich sanft und spielfrei dreht. Ersetzen Sie die Welle und/oder die Achse nötigenfalls – die Lager sind nicht separat erhältlich.

6 Um das Ritzel von der Welle zu befreien, muss es in einen mit weichen Backen ausgerüsteten Schraubstock gespannt werden, dann werden die Schrauben gelöst. Falls ein neues Ritzel montiert werden soll, muss es mit fluchtenden Schraubenbohrungen auf das alte gelegt werden, um die Farbmarkierungen übertragen zu können. Falls eine neue Welle installiert werden soll, müssen die Markierungen am Flansch an der gleichen Stelle angebracht werden wie bei der alten Welle. Montieren Sie das Ritzel mit der abgerundeten Seiten nach außen, richten Sie die Markierungen der Nabe zu der an der Welle aus und ziehen Sie die Schrauben mit 10 Nm an.

Einbau

7 Schmieren Sie die Achse mit frischem Motoröl. Positionieren Sie die Welle im Zylinderkopf und legen Sie die korrekt ausgerichtete Steuerkette um das Ritzel (siehe Abbildung). Richten Sie die Bohrungen aus und schieben Sie die Achse mit dem Bund voran und der Schraubenbohrung nach außen zeigend ein (Abb. 9.3b). Richten Sie die Schraubenbohrungen aus und ziehen Sie die Sicherungsschraube mit 8 Nm an (siehe Abbildungen).

8 Montieren Sie die Nockenwellen oder deren Zahnräder (siehe Sektion 8).

10 Zylinderköpfe
Ausbau und Einbau

Achtung: Der Motor muss vollständig abgekühlt sein, bevor mit dieser Arbeit begonnen werden kann – andernfalls besteht die Gefahr des Zylinderkopf-Verzuges!

Anmerkung: *Die Zylinderköpfe können bei eingebautem Motor demontiert werden. Ignorieren Sie bei ausgebautem Motor entsprechende Schritte.*

Spezialwerkzeug: *Zum Anziehen der Zylinderkopfschrauben wird eine Winkelmessscheibe benötigt.*

Ausbau

1 Trennen Sie das Massekabel (–) von der Batterie (siehe Kapitel 8).

2 Lassen Sie das Kühlmittel ab (siehe Kapitel 1).

3 Entfernen Sie die Auspuffanlage (siehe Kapitel 4).

4 Entfernen Sie die Einspritzdüsen-Abdeckung (Abb. 6.2). Lösen Sie die Einspritzdüsen-Schraube und entnehmen Sie die Düse (siehe Abbildung).

5 Entfernen Sie das Drosselklappengehäuse (siehe Kapitel 4). Befreien Sie den Bypass-Luftschlauch vom Zylinderkopf.

6 Demontieren Sie die Nockenwellen samt Zahnräder sowie die Ventil-Shims und nötigenfalls die Schlepphebel (siehe Sektion 8).

7 Demontieren Sie die Zwischenwelle (siehe Sektion 9).

8 Lösen und trennen Sie am linken Zylinderkopf das Kabel des Nockenwellensensors (Abb. 4.12c).

9 Jeder Zylinderkopf ist mit zwei M6-Schrauben und vier M10-Schrauben gesichert (siehe Abbildung). Lösen Sie zuerst die M6-Schrauben.

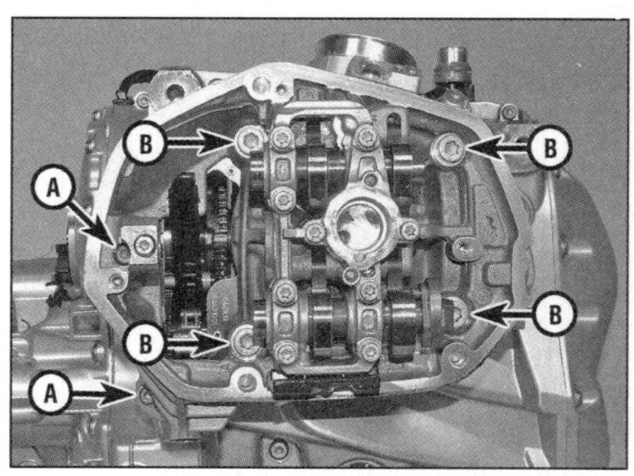

10.9 M6-Schrauben (A), M10-Schrauben (B)

10 Lockern Sie schrittweise und über Kreuz die M10-Schrauben und entfernen Sie sie anschließend.

11 Ziehen Sie den Zylinderkopf ab (siehe Abbildung). Falls er klemmt, kann er rund herum mit einem weichen Hammer abgeklopft werden. Keinesfalls darf versucht werden, ihn mit einem Schraubendreher oder Ähnlichem abzuhebeln – dies würde die Dichtfläche zerstören! Achten Sie darauf, wie die Steuerketten-Führungsschiene in der Nut sitzt und befreien Sie sie, damit sie bei der Demontage des Kopfes im Motorgehäuse verbleibt.

12 Entfernen Sie die Zylinderkopfdichtung (siehe Abbildung) – später muss eine neue verwendet werden. Stellen Sie ggf. die Passhülse und den Stift sicher, falls die Teile locker sind. Stopfen Sie Lappen in den Steuerkettenschacht.

13 Kontrollieren Sie die Zylinderkopfdichtung und die Dichtfläche des Kopfes auf Anzeichen von Undichtigkeit, die ein Indiz für Verzug sein könnte. Die alte Zylinderkopfdichtung muss auf jeden Fall ersetzt werden.

14 Entfernen Sie alle Reste alten Dichtmaterials vom Zylinder und Kopf. Wenn Sie einen Schaber benutzen, achten Sie darauf, das weiche Aluminium nicht zu zerkratzen. Passen Sie auf, dass kein Dichtmaterial in das Kurbelgehäuse oder Ölbohrungen fällt.

15 Demontieren Sie nötigenfalls den Nockenwellensensor vom linken Zylinderkopf (siehe Kapitel 4).

Einbau

16 Falls entfernt, wird der Nockenwellensensor in den linken Zylinderkopf installiert (siehe Kapitel 4).

17 Sorgen Sie dafür, dass die Dichtflächen des Zylinders und des Kopfes sauber sind und entfernen Sie den Lappen aus dem Steuerkettenschacht.

10.11 Demontieren Sie den Zylinderkopf.

10.12 Entfernen Sie die Zylinderkopfdichtung – beachten Sie die Passhülse und den Stift.

10.19 Die Lasche der Schiene muss in der Nut (Pfeil) liegen.

10.20a Installieren Sie die M10-Schrauben ...

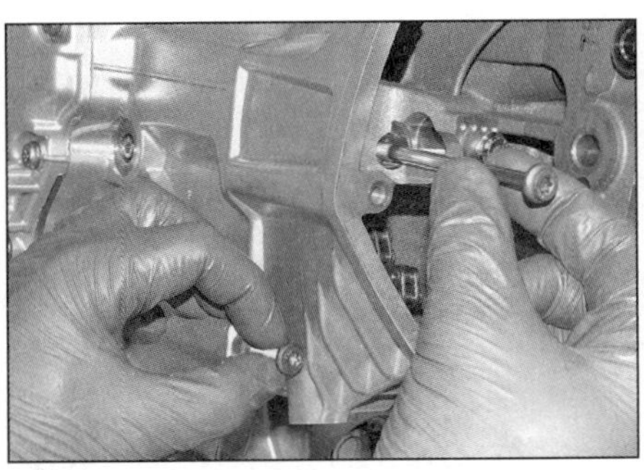

10.20b ...und die M6-Schrauben.

10.21 Ziehen Sie die M10-Schrauben zum Schluss in einem Zug um 120° weiter.

18 Installieren Sie ggf. den Passstift und die Passhülse. Legen Sie die neue Zylinderkopfdichtung auf, sodass alle Bohrungen korrekt fluchten (Abb. 10.12). Verwenden Sie auf keinen Fall die alte Dichtung wieder!

19 Setzen Sie den Zylinderkopf vorsichtig an den Zylinder und führen Sie dabei die Steuerkette durch den Schacht. Richten Sie die Spanner- oder Führungsschiene korrekt aus (Abb. 10.11) – die Lasche der Führungsschiene muss im Ausschnitt des Kopfes liegen (siehe Abbildung).

20 Installieren Sie die Zylinderkopfschrauben zunächst handfest (siehe Abbildungen).

21 Ziehen Sie zuerst die M10-Schrauben schrittweise und über Kreuz zunächst mit 5 Nm an. Ziehen Sie sie anschließend im zweiten Durchgang mit 20 Nm und dann in einem dritten Durchgang mit 40 Nm an. Zum Schluss werden sie mit einer Winkelmessscheibe in der gleichen Reihenfolge und vor allem in einem Zug um 120° weiter gedreht (siehe Abbildung) – beachten Sie für den Einsatz der Winkelmessscheibe die Hinweise in Sektion 4 der *Werkzeug- und Werkstatt-Tipps* im Anhang.

22 Ziehen Sie jetzt die M6-Schrauben mit 12 Nm an.

23 Verbinden und sichern Sie am linken Zylinderkopf das Kabel des Nockenwellensensors (Abb. 4.12c).

24 Montieren Sie die Zwischenwelle (siehe Sektion 9) sowie die Schlepphebel, Shims und Nockenwellen (siehe Sektion 8).

25 Schließen Sie den Bypass-Schlauch an und installieren Sie das Drosselklappengehäuse (siehe Kapitel 4).

26 Kontrollieren Sie den Einspritzdüsen-O-Ring und ersetzen Sie ihn nötigenfalls. Installieren Sie die Düse und sichern Sie sie mit der Schraube (Abb. 10.4). Montieren Sie die Einspritzdüsen-Abdeckung (Abb. 6.2).

27 Montieren Sie die verbliebenen Komponenten in der umgekehrten Ausbaureihenfolge – beachten Sie dabei folgende Punkte:

- Füllen Sie das Kühlsystem auf (siehe Kapitel 1).
- Kontrollieren Sie das Ventilspiel und korrigieren Sie es nötigenfalls (siehe Kapitel 1).
- Kontrollieren Sie den Motorölpegel und füllen Sie ggf. Öl nach (siehe *Tägliche Kontrollen*).

11 Zylinderkopf und Ventile – Überholen

Spezialwerkzeug: *Für diese Arbeit ist eine für Motorradmotoren geeignete Ventilfederpresse unerlässlich.*

1 Aufgrund der Komplexität dieser Arbeit und der notwendigen Werkzeuge und Ausrüstungen müssen die meisten Motorradbesitzer Arbeiten an den Ventilen, Ventilsitzen und Ventilführungen einer professionellen Werkstatt überlassen. Allerdings kann man eine Abschätzung über die Dichtigkeit der Ventile und

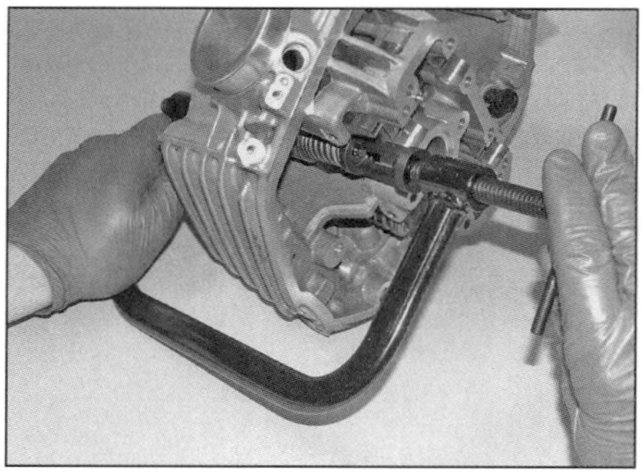

11.8a Setzen Sie die Ventilfederpresse an ...

11.8b ...– sie muss korrekt über dem Federteller sitzen ...

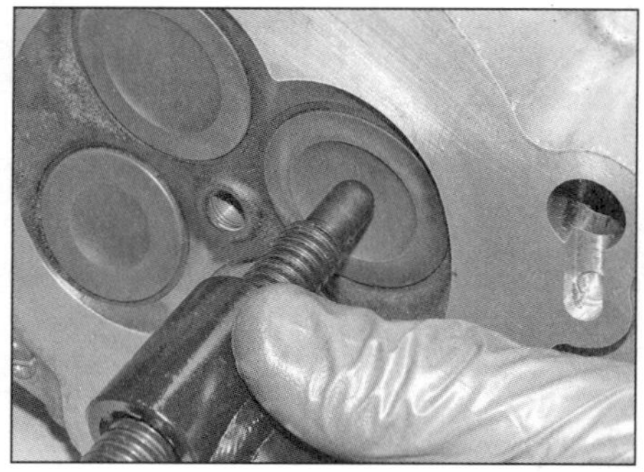

11.8c ...und gegen den Ventilteller drücken.

11.8d Drücken Sie die Ventilfeder zusammen und entnehmen Sie die Keile.

11.9 Entfernen Sie den Federteller und die Ventilfeder.

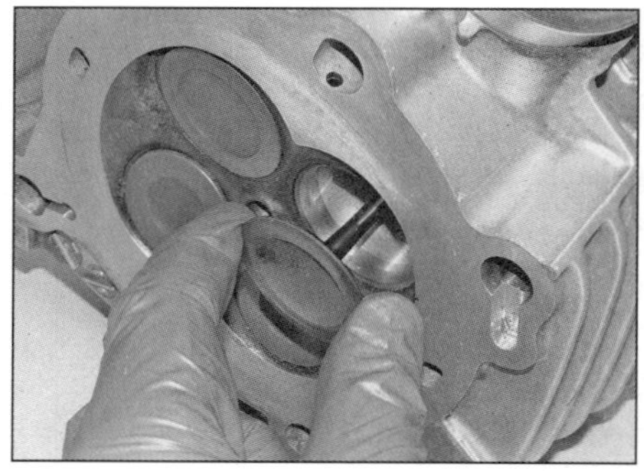

11.10a Ziehen Sie das Ventil heraus.

Sitze erhalten, indem eine kleine Menge Lösungsmittel in jeden Ventilkanal gefüllt und dabei beobachtet wird, ob diese am Ventil vorbei in den Brennraum sickert (was ein nicht korrekt sitzendes und abdichtendes Ventil anzeigt).

2 Der Heimwerker kann mithilfe einer geeigneten Ventilfederpresse die Ventile ausbauen, die Bauteile reinigen und auf Verschleiß kontrollieren. Solange die Ventilsitze nicht nachgeschnitten werden müssen, können die Ventile zudem eingeschliffen und wieder installiert werden.

3 Die Werkstatt kann zudem die Ventile und Ventilsitze überarbeiten oder austauschen und die Ventilführungen erneuern.

4 Nach erfolgter Ventilüberholung ist der Zylinderkopf in einem neuwertigen Zustand. Wenn Sie den Kopf zurückerhalten, sollten Sie ihn vor dem Einbau sorgfältig reinigen und von Metallspänen und Schleifmittelresten befreien, die von der Überholung stammen können. Wenn möglich, sollten alle Löcher und Kanäle mit Druckluft ausgeblasen werden.

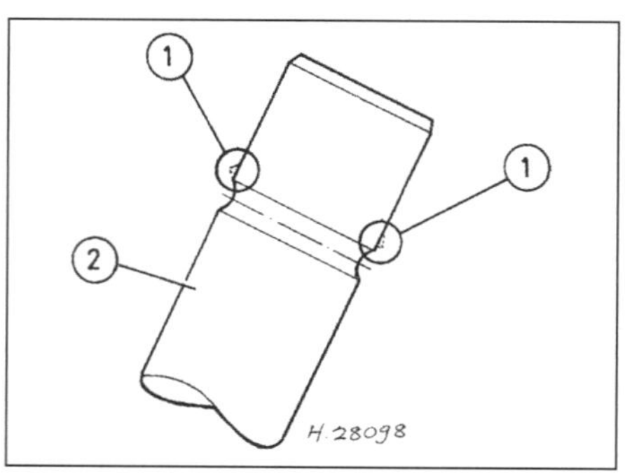

11.10b Falls das Ventil klemmt, müssen alle Grate (1) an den Keilnuten des Ventilschaftes (2) geglättet werden.

Zerlegen

5 Vor Arbeitsbeginn muss sichergestellt sein, dass die Ventile und ihre zugehörigen Bauteile so gelagert werden können, dass später jedes Teil wieder genau an seinen Platz im Zylinderkopf gebaut werden kann (siehe Abbildung). Verwenden Sie entweder den in Sektion 8 für die Schlepphebel und Shims verwendeten Behälter oder beschaffen Sie neue, um die 8 Ventile samt Kleinteile unterbringen und später wieder korrekt zuordnen zu können. Alternativ können beschriftete Plastikbeutel benutzt werden.

11.11a Ziehen Sie die Ventilschaftdichtung von der Ventilführung ...

6 Am linken Zylinderkopf muss – falls noch nicht geschehen – der Nockenwellensensor demontiert werden (siehe Kapitel 4).

7 Falls noch nicht geschehen, muss der Zylinderkopf von allen Resten alter Dichtungen befreit werden. Wenn ein Schaber benutzt wird, muss aufgepasst werden, dass das weiche Aluminium nicht zerkratzt oder abgehobelt wird.

> **Praxis TiPP** ***Wechseln Sie zu den Werkzeug- und Werkstatt-Tipps im Anhang, um mehr über das Entfernen von Dichtungen zu erfahren.***

8 Drücken Sie die Federn des ersten Ventils mit der Federpresse zusammen – achten Sie darauf, dass sie richtig sitzt (siehe Abbildungen), und pressen Sie die Federn nicht mehr als nötig. Entfernen Sie die Keile – entweder mit einer Spitzzange, einer Pinzette, einem Magneten oder einem Schraubendreher mit etwas Fett an der Spitze (siehe Abbildung).

9 Lösen sie vorsichtig die Federpresse und entfernen Sie den Federteller – beachten Sie seine Einbaulage – und die Feder (siehe Abbildung).

10 Drücken Sie das Ventil in den Kopf und ziehen Sie es nach unten heraus (siehe Abbildung) – falls es in der Führung klemmt und sich nicht hindurch ziehen lässt, muss es zurückgedrückt und der Bereich um die Keilnut mit einer sehr feinen Feile oder einem Nassschleifstein entgratet werden (siehe Abbildung).

11 Ziehen Sie mit einer Zange oder einem anderen geeigneten Werkzeug die Ventilschaftdichtung von der Ventilführung (siehe Abbildung) – sie muss später erneuert werden. Beachten Sie die Einbaulage des Federsitzes und nehmen Sie diesen mithilfe eines Magneten ab (siehe Abbildung).

12 Wiederholen Sie die Prozedur an den anderen Ventilen und achten Sie darauf, dass die Einzelteile genau wieder dem entsprechenden Kanal im Zylinderkopf zugeordnet werden.

13 Kratzen Sie vorsichtig die Kohleablagerungen aus dem Brennraum. Nach einer groben Reinigung kann eine Handdrahtbürste oder Stahlwolle eingesetzt werden – benutzen Sie niemals einen elektrisch betriebenen Drahtbürsten-Aufsatz, da das weiche Aluminium leicht abgetragen werden kann. Als Nächstes wird der Zylinderkopf mit Lösungsmittel gereinigt und sorgfältig getrocknet. Druckluft beschleunigt das Trocknen und sorgt dafür, dass alle Löcher und Ecken sauber werden.

14 Schaben Sie alle Kohleablagerungen von den Ventilen – der Ventilteller und der Schaft darf mit einem Drahtbürstenaufsatz für die Bohrmaschine gereinigt werden. Achten Sie darauf, dass die Ventile nicht durcheinandergeraten.

15 Reinigen Sie alle Ventilfedern, Keile, Federteller und -Sitze mit Lösungsmittel und trocknen Sie sie sorgfältig. Reinigen Sie immer nur die Teile eines Ventils zurzeit, um Verwechslung zu vermeiden.

Kontrolle

16 Inspizieren Sie den Zylinderkopf sorgfältig auf Risse und andere Beschädigungen. Wenn Risse festgestellt werden, muss der Zylinderkopf gegen ein Neuteil ausgetauscht werden.

17 Begutachten Sie die Ventilsitze im Brennraum (siehe Abbildung). Wenn sie Ausbrüche, Risse oder Verbrennungen zeigen, übersteigt die notwendige Arbeit die Möglichkeiten eines Hobbyschraubers. Prüfen Sie rundherum die Breite des Ventilsitzes – wenn sie ungleichmäßig ist, wird eine Ventilsitzüberholung nötig.

18 Inspizieren Sie den Ventilteller sorgfältig auf Risse, Ausbrüche und verbrannte Stellen und begutachten Sie den Ventilschaft und die Keilnuten auf Riefen und Risse (siehe Abbildung). Drehen Sie das Ventil und kontrollieren Sie dabei, ob es Anzeichen auf Verzug gibt. Begutachten Sie das Ende des Schaftes auf Ausbrüche und übermäßigen Verschleiß. Irgendeines der oben beschriebenen Anzeichen bedeutet, dass das Ventil ersetzt werden muss.

19 Falls die notwendigen Messinstrumente zur Hand sind, werden die Ventile in ihre Führungen gesteckt und das Radialspiel ermittelt. Messen Sie dann den Innendurchmesser der Führung. Vergleichen Sie die Ergebnisse mit den Vorgaben in den technischen Daten – kommt dabei heraus, dass die Führungen verschlissen sind, muss der Zylinderkopf von einer BMW-Werkstatt inspiziert werden.

Anmerkung: *Kohleablagerungen im unteren Bereich der Auslassventilführung(en) weisen auf einen Verschleiß am Schaft oder der Führung hin.*

20 Kontrollieren Sie die Enden der Ventilfedern auf Verschleiß und Ausbrüche. Messen Sie die freie Länge der Federn – falls eine Feder kürzer als 45,71 mm ist, so ist sie ermüdet und es müssen alle Ventilfedern ersetzt werden (siehe Abbildung).

21 Kontrollieren Sie die Federteller und Keile auf sichtbaren Verschleiß und Brüche. Alle fraglichen Teile sollten nicht wiederverwendet werden, da bei ihrem Ausfall im Motorbetrieb sehr große Schäden entstehen können.

22 Wenn die Inspektion erkennen lässt, dass keine Überholung notwendig ist, können die Bauteile des Ventiltriebs wieder in den Zylinderkopf installiert werden.

11.11b ... und entfernen Sie den Federsitz.

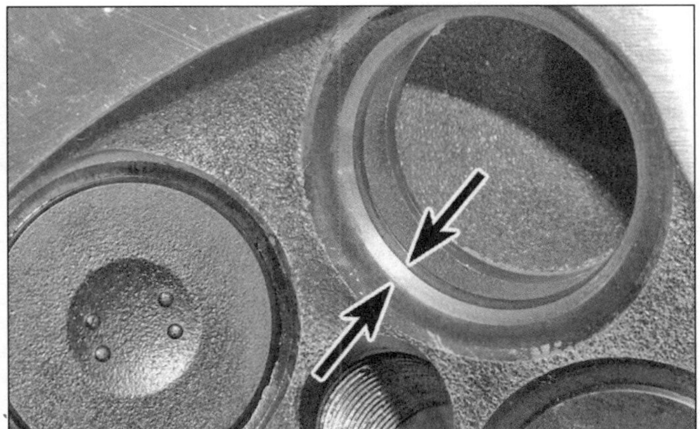

11.17 Kontrollieren Sie die Ventilsitze.

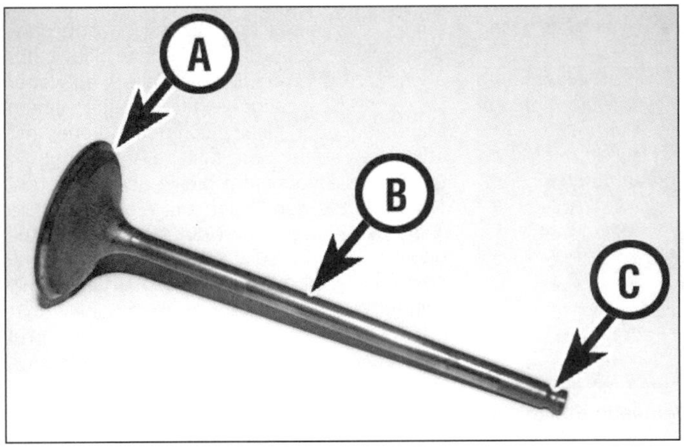

11.18 Ventilteller-Rand (A), Ventilschaft (B), Keilnut (C)

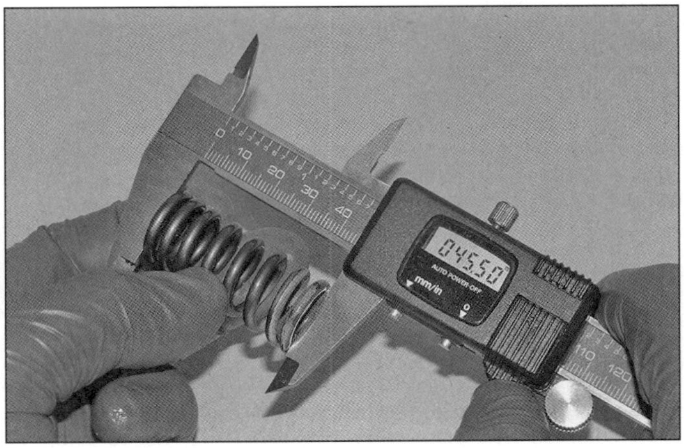

11.20 Messen Sie die freie Länge aller Ventilfedern

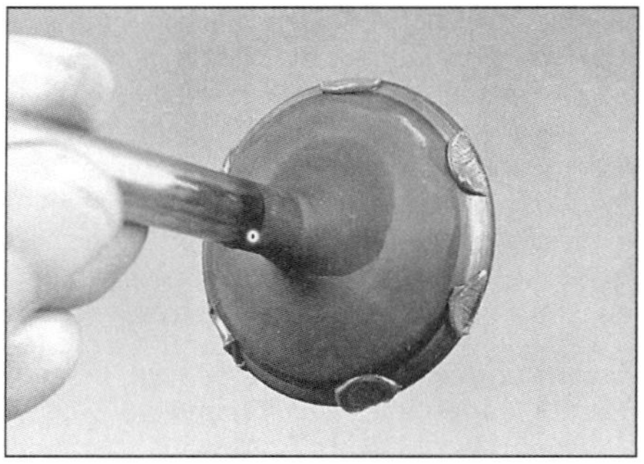

11.24 Geben Sie sparsam und gut verteilt Schleifpaste auf die Dichtflächen – nicht auf den Schaft.

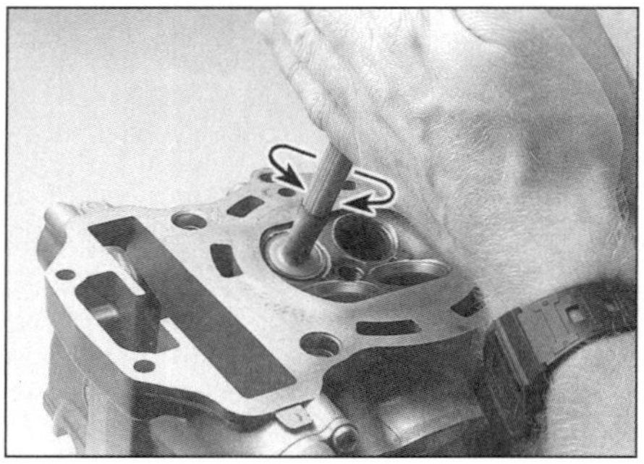

11.25 Bewegen Sie den Ventildreher zwischen den Handflächen hin und her.

11.29 Drücken Sie die Ventilschaftdichtung auf die Führung.

11.31 Installieren Sie die Feder mit der Farbmarkierung nach außen ...

11.32 ... und legen Sie den Federteller auf.

11.33 Setzen Sie die Keile mit den Rippen in die Nut des Ventileschafts.

11.34 Die Keile müssen korrekt am Ventil und im Federteller sitzen.

Zusammenbau

23 Unabhängig von einer vorangegangenen Ventilüberholung müssen die Ventile vor dem Einbau in den Kopf eingeschliffen (geläppt) werden, um die Dichtigkeit an den Ventilsitzen sicherzustellen. Für diese Arbeit benötigt man feine Ventilschleifpaste sowie einen Ventildreher. Wenn dieses Werkzeug nicht zur Hand ist, kann auch ein Stück Gummi- oder Plastikschlauch über den in der Führung steckenden Ventilschaft geschoben und das Ventil damit gedreht werden.

24 Geben Sie etwas Schleifpaste auf die Ventildichtfläche (siehe Abbildung). Schmieren Sie den Ventilschaft mit Motoröl und stecken Sie das Ventil in die Führung.

Anmerkung: *Gehen Sie sicher, dass das Ventil in der richtigen Führung steckt, und dass keine Schleifpaste an den Ventilschaft gerät.*

25 Befestigen Sie den Ventildreher (oder den Schlauch) am Ventil und drehen sie ihn zwischen den Handflächen. Hin- und herdrehen ist dem Drehen in einer Richtung vorzuziehen (siehe Abbildung). Heben Sie das Ventil regelmäßig vom Sitz und verteilen Sie die Paste ordentlich. Setzen Sie das Schleifen solange fort, bis die Dichtflächen am Ventil und am Sitz eine gleichmäßige Breite und am ganzen Umfang keine Unterbrechungen haben Abb. 11.17).

26 Ziehen Sie vorsichtig das Ventil aus der Führung und wischen Sie alle Schleifpasten-Reste ab. Reinigen Sie das Ventil mit Lösungsmittel und wischen Sie den Ventilsitz sorgfältig mit einem Tuch ab.

27 Wiederholen Sie die Prozedur mit den anderen Ventilen.

28 Arbeiten Sie immer nur an einem Ventil. Installieren Sie den Federsitz mit dem Bund nach oben (Abb. 11.11b).

29 Drücken Sie die neue Ventilschaftdichtung senkrecht auf die Führung, bis sie einrastet (siehe Abbildung).

30 Schmieren Sie den Ventilschaft mit Motoröl und führen Sie ihn von unten durch die Führung (Abb. 11.10a).

31 Positionieren Sie die Ventilfeder mit der Farbmarkierung nach außen zeigend über die Führung (siehe Abbildung).

32 Installieren Sie den Federteller mit dem Bund nach unten in die Feder (siehe Abbildung).

33 Versehen Sie die Keilnuten mit etwas Fett, um die Keile bei der Montage in Position zu halten. Drücken Sie die Ventilfeder mit der Federpresse zusammen und installieren Sie die Keile (siehe Abbildung). Komprimieren Sie die Feder nicht mehr als nötig. Achten Sie darauf, dass die Keile sicher in ihrer Nut sitzen, und lösen Sie die Presse.

34 Stützen Sie den Zylinderkopf so auf Hölzern, dass die Ventile nicht den Boden berühren können, und schlagen Sie sehr sanft auf den Ventilschaft, damit die Keile sich in der Nut setzen können (siehe Abbildung).

35 Wiederholen Sie die Prozedur mit den anderen Ventilen.

12 Kolben

Anmerkung: *Um die Kolben demontieren zu können, muss der Motor ausgebaut und das Gehäuse getrennt werden.*

Spezialwerkzeug: *Für diese Arbeit empfiehlt sich eine Kolbenringzange.*

Ausbau

1 Bauen Sie den Motor aus (siehe Sektion 4) und trennen Sie die Gehäusehälften (siehe Sektion 23). Demontieren Sie die Kurbelwelle (siehe Sektion 25) – das Pleuel des linken Zylinders kann daran verbleiben, wenn es nicht aus anderen Gründen entfernt werden soll.

2 Beide Kolben sind gleich; sie tragen am Rand des Kolbenbodens ein Dreieck und eine dazu passende Markierung an der Innenseite – beim rechten Kolben sitzt das innere Drei-

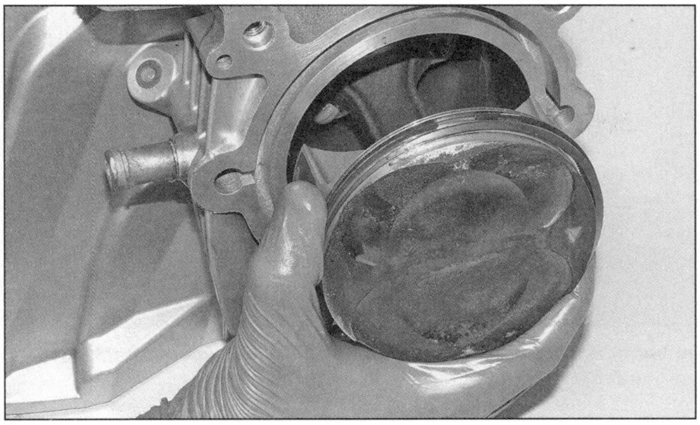

12.4a Befreien Sie den Kolben nach außen aus der Zylinderbohrung.

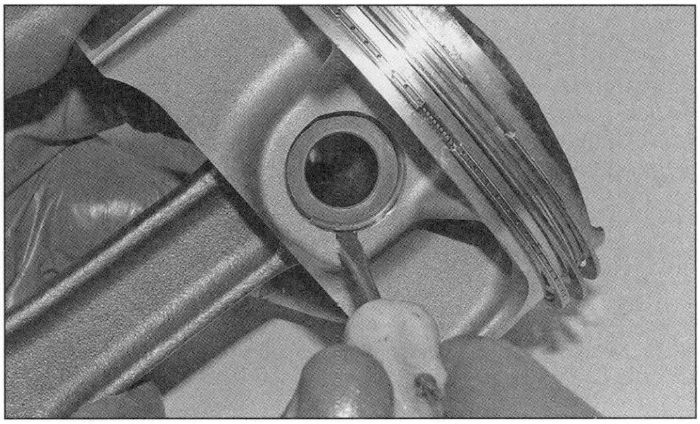

12.4b Hebeln Sie den Sicherungsring heraus, ...

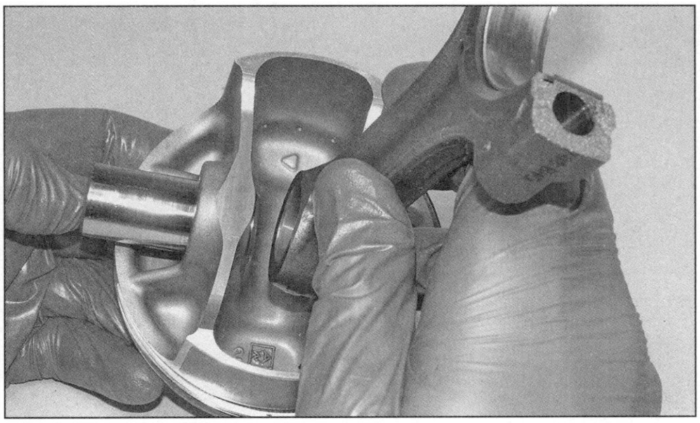

12.4c ...drücken Sie den Kolbenbolzen heraus und befreien Sie das Pleuel vom Kolben.

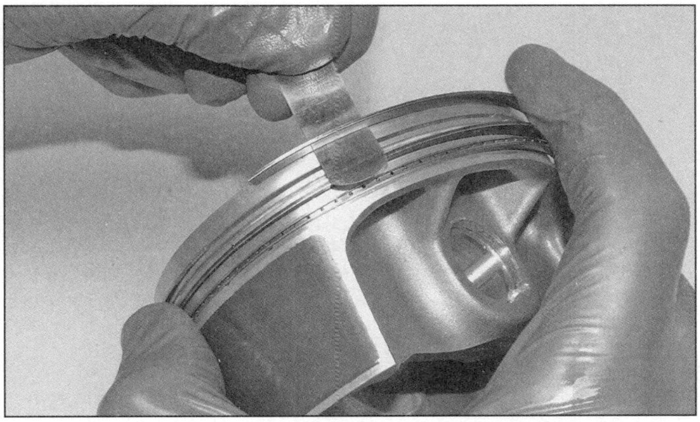

12.6 Die Kolbenringe können vorsichtig von Hand oder mithilfe von Fühlerleerenblättern entfernt werden.

eck oben und zeigt nach vorne, beim linken Kolben sitzt das Dreieck unten und zeigt nach vorne. Das Dreieck auf dem Kolbenboden ist möglicherweise erst nach dem Reinigen des Kolbens sichtbar. Falls die Kolben wiederverwendet werden sollen, müssen Markierungen (z. B. L und R) angebracht werden, um sie später wieder ihren ursprünglichen Zylindern zuordnen zu können.

3 Drücken Sie den linken Kolben nach oben aus dem Zylinder (Abb. 12.4a); falls er wiederverwendet werden soll, muss an der Rückseite des Kolbens vorsichtig der Kolbenbolzen-Sicherungsring mit einem kleinen Schraubendreher herausgehebelt werden (Abb. 12.4b) – später müssen auf jeden Fall neue Sicherungsringe verwendet werden.

4 Drücken Sie den rechten Kolben samt Pleuelstange nach oben aus dem Zylinder (siehe Abbildung). Hebeln Sie einen der Kolbenbolzen-Sicherungsringe heraus, drücken Sie den Kolbenbolzen heraus und befreien Sie den Kolben vom Pleuel (siehe Abbildungen). Falls der Kolben wiederverwendet werden soll, muss auch der andere Sicherungsring herausgehebelt werden, da beim Einbau auf jeden Fall neue Ringe verwendet werden müssen.

5 Neue Kolben werden paarweise mit Kolbenringen, Kolbenbolzen und Sicherungsringen geliefert. Falls die alten Kolben wiederverwendet werden soll installiert werden sollen, ist es ratsam, sie mit neuen Kolbenringen auszurüsten, die genauso wie die Kolbenbolzen und Sicherungsringe auch separat erhältlich sind – zumindest bei BMW allerdings nur paarweise für beide Kolben.

6 Befreien Sie die Ringe mit den Daumen oder dünnen Blechstreifen (z. B. alten Fühlerlehrenblättern) vom Kolben (siehe Abbildung) – sie dürfen hierbei nicht geknickt oder verkantet werden. Beachten Sie die Einbaurichtung und die Einbauposition der einzelnen Ringe, wenn Sie sie wiederverwenden wollen.

7 Schaben Sie die Ölkohle vom Kolbenboden. Eine weiche Drahtbürste oder feiner Schmirgelleinen kann zur Nacharbeit verwendet werden. Benutzen Sie keinesfalls einen Drahtbürstenaufsatz auf einer Bohrmaschine – das Kolbenmaterial ist sehr weich und würde abgetragen werden.

8 Die Kolbenring-Nuten können mit einem Spezialwerkzeug, aber auch mit einem abgebrochenen Stück eines alten Kolbenrings von Kohleresten befreit werden. Seien Sie vorsichtig, dass kein Kolben-Metall entfernt wird und die Seiten der Nut nicht gequetscht oder eingekerbt werden.

9 Wenn die Kohleablagerungen entfernt sind, wird jeder Kolben mit Lösungsmittel gereinigt und anschließend getrocknet. Gehen Sie sicher, dass die Ölrücklaufbohrungen unter dem Ölabstreifring sauber sind. Wenn die Identifikationsmarkierung beim Reinigen entfernt wurde, muss sie erneut angebracht werden.

Kontrolle

10 Begutachten Sie den Kolben auf Brüche am Hemd, an den Bolzenaugen-Wulsten und den Kolbenringstegen. Normaler Kolbenverschleiß zeigt sich in vertikalen Spuren auf der Lauffläche. Falls das Hemd Klemm- oder Fressspuren zeigt, werden Kolben und Zylinder wahrscheinlich verschlissen sein. Der Motor kann aber auch wegen mangelnder Schmierung an Überhitzung gelitten haben und/oder eine abnormale Verbrennung sorgte für extrem hohe Temperaturen. Die Ölpumpe muss gründlich kontrolliert werden (siehe Sektion 19), nötigenfalls sollte die Motorsteuerung von einer BMW-Werkstatt untersucht werden.

11 Ein Loch im Kolbenboden ist ein Zeichen für abnormale Verbrennung (durch Frühzündung). Verbrannte Stellen am Rand des Bodens weisen auf Klingeln oder Klopfen hin. Das Steuergerät soll unter allen Betriebsbedingungen eine korrekte Verbrennung sicherstellen, doch wenn ein Sensor ausfällt oder falls montiert ist, ist diese Sicherheit nicht gegeben. Wenn eines dieser Probleme existiert, müssen die Gründe beseitigt werden, damit die Schäden sich nicht fortsetzen.

12.12 Messen Sie den Durchmesser des Kolbens.

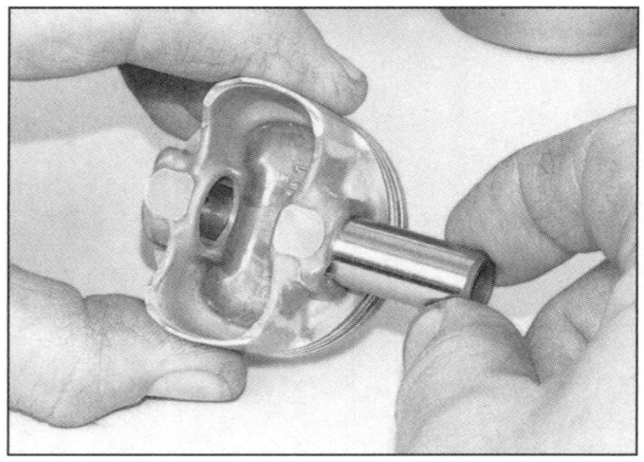

12.13 Prüfen Sie, ob zwischen Kolben und Bolzen Spiel besteht.

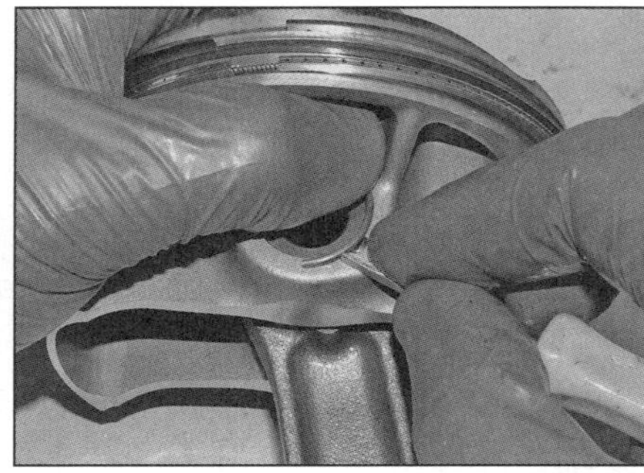

12.15 Drücken Sie den Sicherungsring vorsichtig in seine Nut.

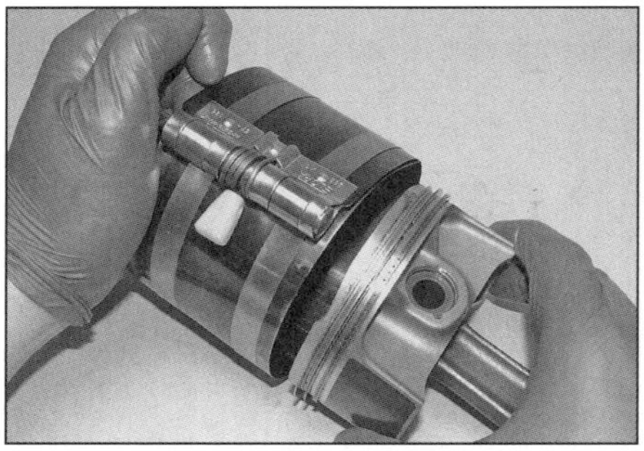

12.17a Schieben Sie die Kolbenringzange über den Kolben ...

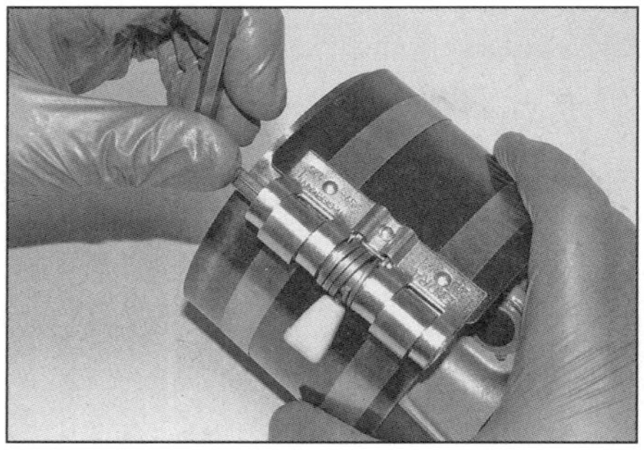

12.17b ... und ziehen Sie sie an, um die Ringe einzudrücken.

12.18 Setzen Sie den Kolben von oben in die Bohrung ...

12.19 ... und klopfen Sie ihn vorsichtig ein.

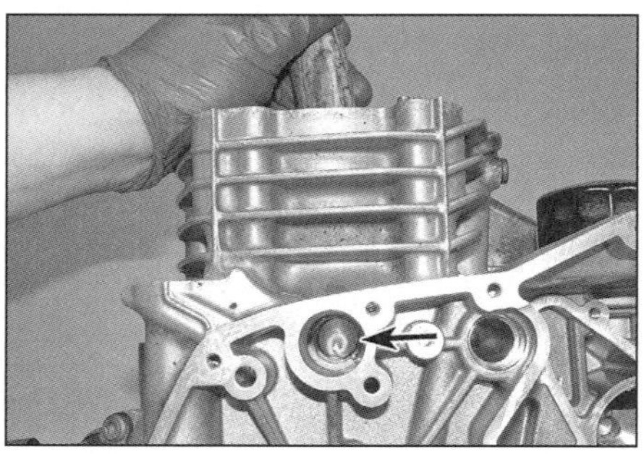

12.21 Richten Sie die Kolbenbolzenbohrung des Kolbens zur Gehäusebohrung aus.

12 Messen Sie den Kolbendurchmesser 6 mm oberhalb des unteren Hemd-Randes und 90° zum Kolbenbolzen (siehe Abbildung). Vermessen Sie die Zylinderbohrung (siehe Sektion 14) und errechnen Sie das Kolbenspiel.

13 Schieben Sie den mit Öl geschmierten Kolbenbolzen ein Stück weit in den Kolben und fühlen Sie, ob Spiel vorhanden ist – es darf keines fühlbar sein (siehe Abbildung). Falls der Bolzen wackelt, wird wahrscheinlich der (weichere) Kolben verschlissen sein – dies sollte auch sichtbar sein. Die beste Lösung liegt darin, neue Kolben zu beschaffen, denen neue Bolzen beigefügt sind.

Einbau

14 Installieren Sie die Kolbenringe und richten Sie deren Öffnungen korrekt aus (siehe Sektion 13).

15 Installieren Sie einen neuen Sicherungsring in eines der Kolbenbolzen-Augen des rechten Kolbens – seine Öffnung darf nicht in der Ausbaunut liegen. Schmieren Sie den Kolbenbolzen mit Motoröl. Richten Sie den Kolben zum oberen Pleuelauge so aus, dass der Pfeil an der Innenseite des Kolbens oben steht und beim Blick darauf nach links zeigt; die Markierung über den Pleuelfuß zeigt dabei nach unten. Schieben Sie den Kolbenbolzen ein und sichern Sie ihn mit dem anderen Sicherungsring (siehe Abbildung).

16 Installieren Sie am linken Kolben den hinteren Sicherungsring.

17 Schmieren Sie den Kolben, die Ringe und die Innenseite der Kolbenringzange mit frischem Motoröl. Prüfen Sie, ob die Öffnung des zweiten Kompressionsrings um den Arretierstift herum liegt (Abb. 13.7). Schieben Sie die Kolbenringzange über die Ringe und ziehen Sie sie so weit an, dass diese in ihren Nuten sitzen, aber nicht gegen den Kolben verklemmt sind (siehe Abbildungen) – wenn der Kolben in die Zylinderbohrung geschoben wird, muss er aus der Zange gleiten. Drehen Sie die Zange nicht, um die Ausrichtung der Kolbenringe nicht zu verändern.

18 Legen Sie die entsprechende Motorgehäusehälfte über Lappen auf die Dichtfläche, sodass der Zylinder nach oben steht. Schmieren Sie die Zylinderwandung mit Motoröl. Senken Sie den Kolben von oben in den Zylinder ab – beim rechten Kolben darf das Pleuel nicht die Bohrung beschädigen (siehe Abbildung). Falls die alten Kolben wiederverwendet werden, muss sichergegangen sein, dass sie in ihre ursprünglichen Bohrungen gelangen. Achten Sie auf die korrekte Einbaurichtung: beim rechten Kolben muss das Dreieck oben zu sehen sein und nach vorne zeigen, beim linken Kolben muss es unten stehen und nach vorne zeigen.

19 Klopfen Sie den Kolben mit einem Hammerstiel vorsichtig in den Zylinder (siehe Abbildung). Falls die Kolbenringe am Rand der Bohrung verhaken, muss die Zange angezogen werden, um sie tiefer in ihre Nuten zu drücken.

Achtung: Versuche, den Kolben mit Gewalt in den Zylinder zu klopfen, können die Ringe zerstören!

20 Sobald der Kolben im Zylinder steckt, ist die Kolbenringzange frei und kann abgenommen werden.

21 Positionieren Sie den linken Kolben so im Zylinder, dass die Kolbenbolzen-Bohrung exakt zur Bohrung des Motorgehäuses fluchtet (siehe Abbildung).

22 Montieren Sie die Kurbelwelle (siehe Sektion 25) und verbinden Sie die Motorgehäusehälften (siehe Sektion 23).

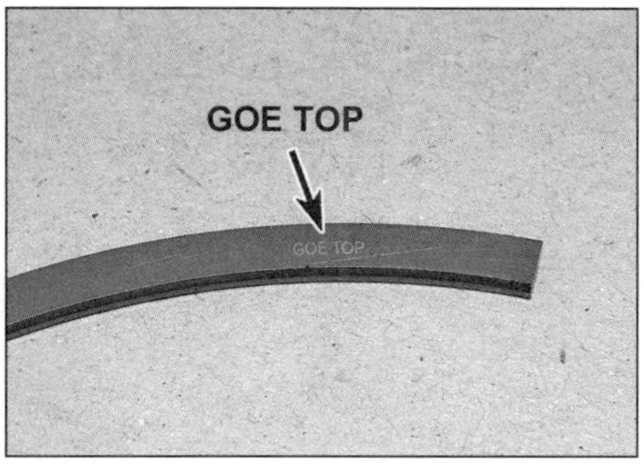

13.3a Oberseiten-Markierung des oberen Kompressionsrings

13 Kolbenringe

1 Bei einer Motorüberholung ist es immer sinnvoll, die Kolbenringe zu erneuern. Vor dem Einbau neuer Ringe muss ihr Stoßspiel im eingebauten Zustand überprüft werden.
2 Prüfen Sie zuerst, ob die Zylinderbohrung noch im Toleranzbereich liegt (siehe Sektion 14).
3 Sortieren Sie die Kolben und die neuen Ringe dem Zylinder zu, in dem auch die Messung stattgefunden hat. Die Oberseite aller Ringe ist mit »GOE TOP« markiert (siehe Abbildungen).

13.6a Installieren Sie den Expander in die untere Nut ...

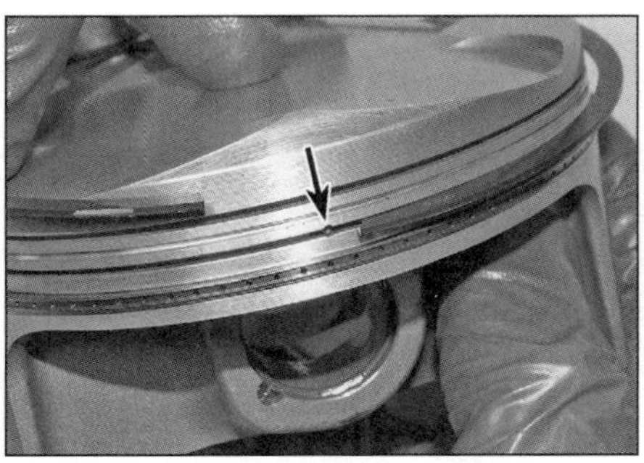

13.7 Richten Sie die Enden des zweiten Kompressionsrings über dem Stift in der Nut aus.

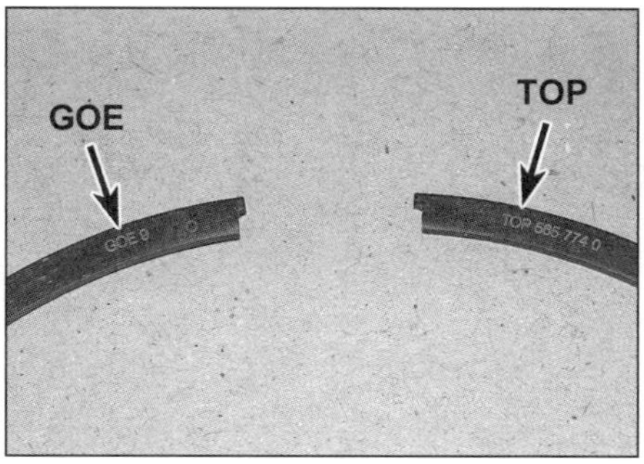

13.3b Oberseiten-Markierung des zweiten Kompressionsrings – beachten Sie die Formen der Ende.

4 Zur Messung des Stoßspiels jedes eingebauten Kolbenrings muss dieser von oben in den Zylinder eingeführt und mithilfe des hineingedrückten Kolbens in rechtwinkelige Lage gebracht werden. Er muss etwa 20 mm unterhalb des oberen Zylinderrandes liegen. Mit einer Fühlerlehre wird das Stoßspiel der Ringöffnung gemessen und der Wert mit den technischen Daten verglichen.
5 Falls das Spiel größer oder kleiner ist als angegeben, die Bohrung aber in Ordnung ist, müssen die Ringe ersetzt werden.
6 Der Ölabstreifring muss als unterer zuerst aufgesetzt werden. Er besteht aus zwei Teilen – dem Expander und dem Führungsring. Ziehen Sie den Expander weit genug auseinander, um ihn von oben über den Kolben in seine Nut zu schieben, drücken Sie dann die Enden wieder zusammen (siehe Abbildung). Stellen Sie sicher, dass der gerade Draht nicht aus einem Ende der Wicklung gezogen wird. Installieren Sie jetzt den Führungsring über den Expander – die Markierung kommt nach oben und die Öffnung beim rechten Kolben gegenüber dem Dreieck liegen – beim linken Kolben muss sie zum Dreieck fluchten, sodass sie bei eingebauten Kolben jeweils unten liegt (siehe Abbildung). Spannen Sie den Ring beim Einbau nicht weiter als nötig.

13.6b ...und den Ölabstreifring darüber – dies ist der linke Kolben, sodass die Öffnung zur Dreieck auf der Kolben-Oberseite ausgerichtet wird.

13.8 Einbau des oberen Kompressionsrings – hier am linken Kolben, sodass die Öffnung gegenüber des Dreiecks auf der Kolben-Oberseite liegt.

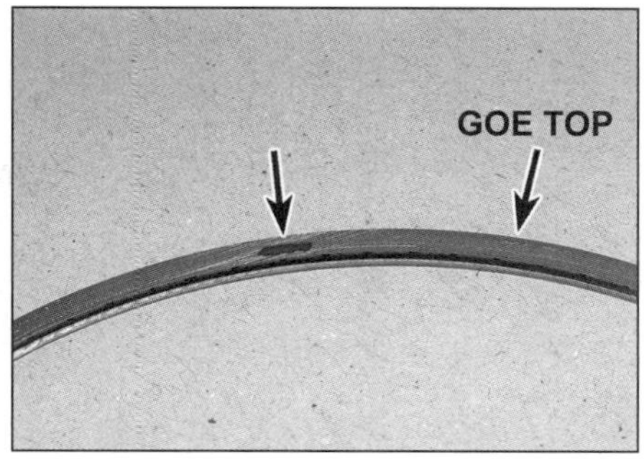

13.3c Oberseiten-Markierung des Ölabstreifrings

7 Als Nächstes wird der zweite Kompressionsring mit der »GOE TOP«-Markierung nach oben in die mittlere Ringnut installiert, die Öffnung muss über dem Arretierstift in der Ringnut liegen (siehe Abbildung).
8 Installieren Sie schließlich den oberen Kompressionsring mit der »GOE TOP«-Markierung nach oben in die obere Ringnut. Die Öffnung muss beim rechten Kolben zum Dreieck fluchten und beim linken Kolben gegenüber vom Dreieck liegen, sodass sie bei eingebauten Kolben jeweils oben liegt (siehe Abbildung).
9 Prüfen Sie nach, ob alle Kolbenringe korrekt in ihren Nuten sitzen und ihre Öffnungen wie oben beschrieben ausgerichtet sind.

14 Zylinder

Anmerkung: *Die Zylinder sind in die Motorgehäusehälften integriert und können nicht von ihnen getrennt werden.*

1 Die Zylinderbohrungen sind mit einer Beschichtung versehen, die extrem verschleißarm ist und nur durch gebrochene Kolbenringe oder einen durch Schmierungsprobleme festgehenden Kolben beschädigt werden kann.
2 Arbeiten Sie zurzeit an einem Zylinder und inspizieren Sie die Zylinderwandungen sorgfältig auf Kratzer und Riefen. Falls Schäden festgestellt werden, der Bohrungs-Durchmesser aber noch im Toleranzbereich liegt, muss bei einer BMW-Werkstatt oder einem Motorenspezialisten Rat gesucht werden, ob der Motor damit weiterbetrieben werden kann. Die Zylinder können nicht aufgebohrt werden.

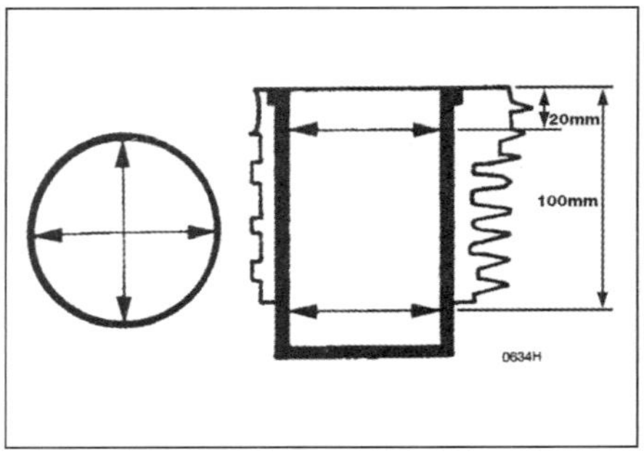

14.3 Vermessen Sie den Zylinder in den angegebenen Höhen und Richtungen.

3 Mit Präzisionsmessgeräten können der Verschleiß und die Ovalförmigkeit der Zylinderbohrungen überprüft werden. Messen Sie dazu jeweils in 20 und 100 mm Tiefe – je einmal parallel zum Kolbenbolzen und einmal im rechten Winkel dazu, sodass vier Ergebnisse vorliegen (siehe Abbildung).

4 Vergleichen Sie die Ergebnisse mit den Angaben in den technischen Daten und errechnen Sie die Differenz zwischen ihnen, um Ovalität zu ermitteln. Errechnen Sie auch mithilfe des Kolbendurchmessers (siehe Sektion 12) das Spiel des Kolbens im Zylinder.

5 Falls ein Zylinder über seine Verschleißgrenze hinaus verschlissen oder oval ist, muss Rat bei einer BMW-Werkstatt gesucht werden, ob neue Gehäusehälften oder ein komplett neuer Motor die bessere Lösung ist.

15 Pleuelstangen

Anmerkung 1: *Die Pleuel können nicht bei eingebautem Motor demontiert werden. Der Motor muss ausgebaut und das Gehäuse getrennt werden.*

Anmerkung 2: *Die Pleuelschrauben werden beim Anziehen gedehnt und müssen beim Zusammenbau durch Neuteile ersetzt werden.*

Spezialwerkzeug: *Zum korrekten Anziehen der Pleuelschrauben wird eine Winkelmessscheibe benötigt.*

15.2 Messung des Pleuelfuß-Axialspiels

15.4a Entfernen Sie die Pleuelfußschrauben, ...

15.4b ...entnehmen Sie die untere Pleuelfußhälfte ...

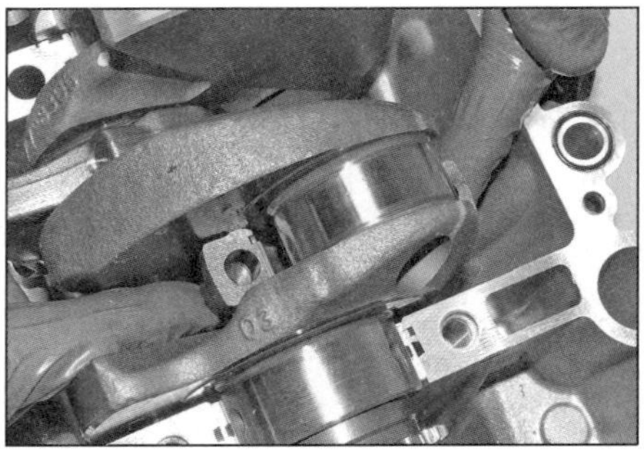

15.4c ...und schieben Sie das Pleuel nach außen.

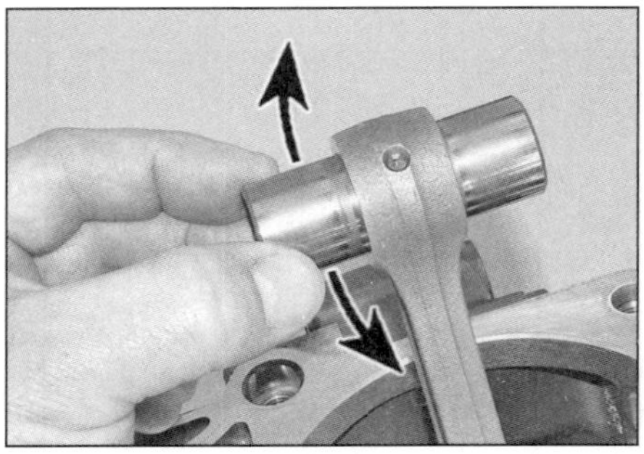

15.9 Prüfen Sie, ob der Kolbenbolzen im oberen Pleuelauge Spiel hat.

Ausbau

1 Trennen Sie die Motorgehäusehälften (siehe Sektion 23).

2 Bevor die Pleuel von der Kurbelwelle getrennt werden, sollte das Pleuel zu einer Seite geschoben und mit einer Fühlerlehre das Axialspiel zwischen ihm und der Kurbelwelle gemessen werden (siehe Abbildung) – falls mehr als 0,30 mm ermittelt werden, müssen beide Pleuel ausgetauscht werden (sie sind nicht separat erhältlich).

3 Bringen Sie mit Farbe oder einem Filzstift an der Vorderseite des Pleuels eine Markierung (z. B. L oder R) an, um das Pleuel wieder seinem ursprünglichen Zylinder zuzuordnen. Die Herstellermarkierungen an den Pleuelfuß-Verbindungen zeigen nach unten.

4 Lösen Sie die Pleuelfußschrauben, entnehmen Sie die unteren Pleuelfußhälften und befreien Sie die Pleuelstangen von den Hubzapfen (siehe Abbildungen) – entfernen Sie das linke Pleuel und drücken Sie das rechte Pleuel samt Kolben ein Stück weit in den Zylinder, um den Hubzapfen zu befreien. Halten Sie die Pleuel-Bauteile samt ihrer Lagerschalen zusammen, um sie wieder an ihren ursprünglichen Hubzapfen montieren zu können.

5 Bauen Sie die Kurbelwelle aus (siehe Sektion 25). Entfernen Sie die rechte Kolben/Pleuel-Baugruppe aus dem Zylinder und trennen Sie den Kolben vom Pleuel (siehe Sektion 12).

Kontrolle

6 Die Pleuel sind nur paarweise in zueinanderpassenden Gewichtsklassen erhältlich. Das Gewicht ist durch Farbmarkierungen an der Seite des Pleuels (weiß, blau oder gelb) erkennbar – beachten Sie dazu die Hinweise in den technischen Daten.

7 Das Pleuel ist aus einem Stück geschmiedet und der Pleuelfuß wurde gebrochen, sodass die Verbindung nur in der originalen Position zusammengesetzt werden kann. Die Verbindungsflächen dürfen nicht beschädigt werden – wenn sie nicht perfekt zusammenpassen, kann das Pleuel nicht korrekt verbunden werden, sodass beide Pleuel durch Neuteile ersetzt werden müssen.

8 Kontrollieren Sie die Pleuel auf Risse und andere sichtbare Beschädigungen.

9 Schieben Sie den mit Öl geschmierten Kolbenbolzen in das obere Pleuelauge und fühlen Sie, ob Spiel vorhanden ist – es darf keines fühlbar sein (siehe Abbildung). Falls der Bolzen wackelt, wird wahrscheinlich das Pleuel verschlissen sein – dies sollte auch sichtbar sein.

10 Begutachten Sie die Pleuelfuß-Lagerschalen. Falls Riefen oder Ausbrüche sichtbar sind, kann auch der Hubzapfen beschädigt sein, sodass eventuell eine neue Kurbelwelle beschafft werden muss. Holen Sie sich Rat bei einer BMW-Werkstatt, ob es andere Reparaturmöglichkeiten gibt.

11 Falls die Lagerschalen normale Verschleißspuren zeigen, sollten sie durch Neuteile ersetzt werden – immer als Set für beide Pleuelfüße. Hebeln Sie die Schalen mit einem kleinen Schraubendreher aus den Pleuelfußhälften. Die Schalen sind an den Rändern mit Farbe (rot, violett oder blau) markiert, die zur Farbmarkierung an der Kurbelwange neben dem Hubzapfen passen muss (siehe Abbildungen).

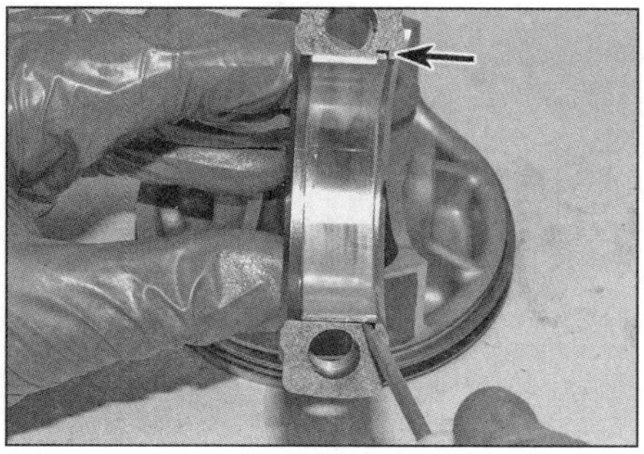

15.11a Hebeln Sie vorsichtig die Lagerschalen heraus – beachten Sie die Arretierlasche (Pfeil).

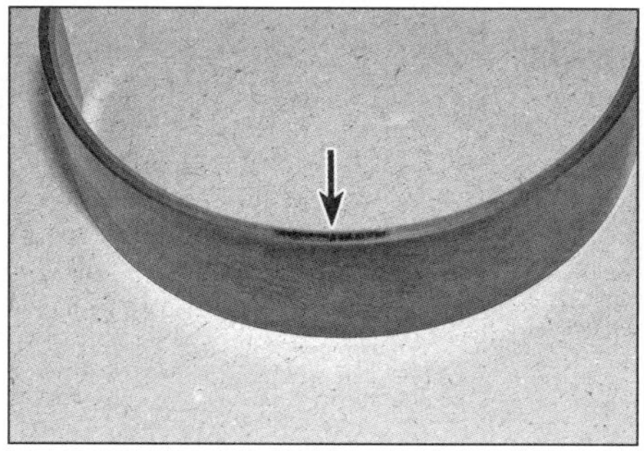

15.11b Farbmarkierung an einer Lagerschale

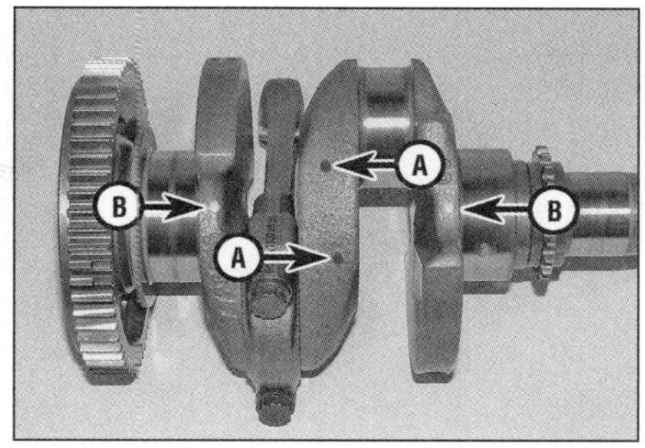

15.11c Farbmarkierungen für Pleuelfußlager (A) und Hauptlager (B)

15.13 Richten Sie beim Einbau der Lagerschale die Lasche zur Nut aus.

15.18 Ziehen Sie die Pleuelfußschrauben zum Schluss um 150° weiter.

12 Falls Zweifel über einen möglichen Verzug des Pleuels bestehen, müssen sie von einer BMW-Werkstatt vermessen werden.

Einbau

13 Drücken Sie die Lagerschalen in die Pleuelfußhälften, sodass ihre Laschen in die Nuten greifen und die Schalen bündig zu den Verbindungsflächen liegen (siehe Abbildung).
14 Verbinden Sie den rechten Kolben mit dem Pleuel und schieben Sie die Baugruppe in den Zylinder (siehe Sektion 12).
15 Bauen Sie die Kurbelwelle ein (siehe Sektion 25).
16 Schmieren Sie die neuen Pleuelfußschrauben an den Gewinden und unter den Köpfen mit frischem Motoröl.
17 Bringen Sie die Pleuelstange und die untere Pleuelfußhälfte korrekt ausgerichtet am Hubzapfen in Position (siehe Schritt 3) (Abb. 15.4c und b). Stellen Sie sicher, dass die Bruchstellen korrekt zusammengesetzt sind und drehen Sie die Pleuelfußschrauben handfest ein (Abb. 15.4a).
18 ziehen Sie die Schrauben zunächst gleichmäßig bis zum Drehmoment von 5 Nm an. Ziehen Sie sie dann schrittweise bis zum Wert von 20 Nm an. Zum Schluss werden sie mit einer Winkelmessscheibe in einem Zug um 150° weiter gedreht (siehe Abbildung) – beachten Sie für den Einsatz der Winkelmessscheibe die Hinweise in Sektion 4 der *Werkzeug- und Werkstatt-Tipps* im Anhang. Lockern Sie die Schrauben wieder und ziehen Sie sie auf die gleiche Weise noch einmal an.
19 Prüfen Sie, ob sich die Pleuelstange frei und sanft auf dem Hubzapfen drehen lässt. Falls sich das Pleuel schwergängig anfühlt, können leichte Schläge mit einem Kunststoffhammer auf die Unterseite helfen; hilft dies nicht, muss das Pleuel demontiert und erneut kontrolliert werden.

Anmerkung: *Für den erneuten Zusammenbau werden neue Pleuelfußschrauben benötigt.*

20 Verbinden Sie die Motorgehäusehälften (siehe Sektion 23).

16 Vorderer Motordeckel

Anmerkung: *Der vordere Motordeckel kann bei eingebautem Motor demontiert werden. Ignorieren Sie bei ausgebauten Motor nicht zutreffende Schritte.*

Ausbau

1 Lassen Sie das Motoröl ab (siehe Kapitel 1).
2 Demontieren Sie bei R- und RS-Modellen den Wasserkühler (siehe Kapitel 3).
3 Lösen Sie die Schrauben des Motordeckels und nehmen Sie ihn ab (siehe Abbildung). Die Dichtung zwischen dem Deckel und dem Motorgehäuse kann es nötig machen, dass der Deckel rundherum mit einem weichen Hammer gelöst werden muss, um abgenommen werden zu können. Versuche, den Deckel mit einem Schraubendreher oder Ähnlichem abzuhebeln, würden zur Beschädigung der Dichtfläche führen!

2

16.3 Der vordere Motordeckel ist auch bei eingebautem Motor zugänglich.

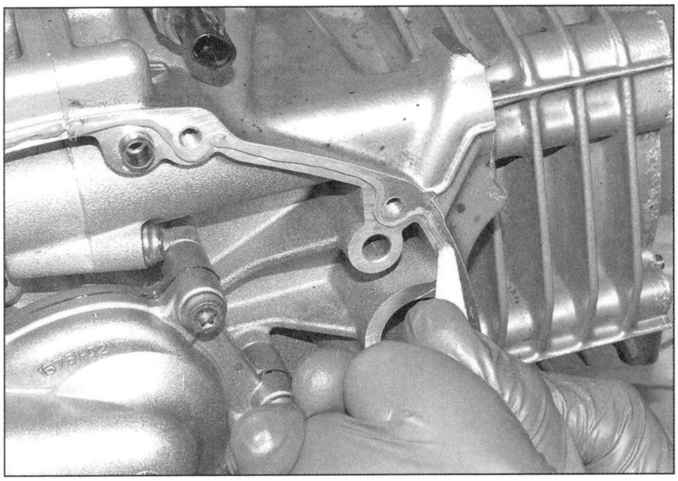

16.7a Tragen Sie gleichmäßig Dichtmasse ...

16.7b ... am Außenrand und um die Kolbenbolzen-Ausbaubohrung (A) herum auf. Passhülsen (B)

16.8a Das schwarze Kunststoffrohr muss in die Bohrung unterhalb des Ölpumpenrades greifen.

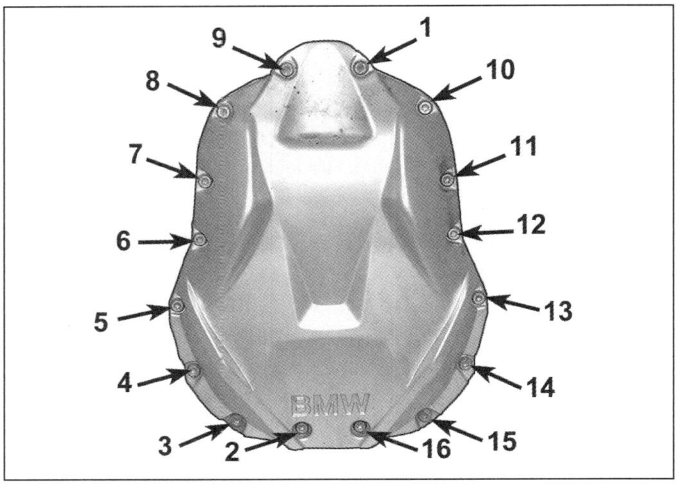

16.8b Anzugsreihenfolge am vorderen Motordeckel

4 Beachten Sie die Passhülsen (sie können im Deckel oder im Gehäuse stecken) und stellen Sie sie nötigenfalls sicher (Abb. 16.7b).
5 Befreien Sie den Deckel und das Motorgehäuse von Dichtungsresten. Achten Sie bei der Verwendung eines Schabers darauf, nicht das relativ weiche Aluminium abzutragen. Lassen Sie keine Dichtungsreste ins Motorgehäuse fallen.

Einbau

6 Falls entfernt, werden die Passhülsen in den Deckel oder das Motorgehäuse gesteckt (Abb. 16.7b).
7 Tragen Sie an den äußeren Dichtflächen des Motorgehäuses, um die Schraubenbohrungen und die Bohrung für den Ausbau des linken Kolbenbolzens herum gleichmäßig Dichtmasse auf (siehe Abbildungen) – BMW bietet unter der Teilenummer 07580397777 entsprechendes Dichtmittel an.
8 Setzen Sie den Deckel über die Passhülsen und installieren Sie die Schrauben zunächst handfest (siehe Abbildung). Ziehen Sie die Schrauben anschließend in der gezeigten Reihenfolge – und von vorne betrachtet – mit 10 Nm an (siehe Abbildung).
9 Montieren Sie bei R- und RS-Modellen den Wasserkühler und füllen Sie das Kühlsystem auf (siehe Kapitel 3).
10 Füllen Sie Motoröl auf (siehe Kapitel 1).

17 Ausgleichswelle

Anmerkung: *Die Ausgleichswelle kann nicht bei eingebautem Motor demontiert werden. Der Motor muss ausgebaut und das Getriebe getrennt werden.*

Ausbau

1 Bauen Sie den Motor aus (siehe Sektion 4).
2 Demontieren Sie die Kupplung (siehe Sektion 20).
3 Demontieren Sie das Getriebe (siehe Sektion 26).
4 Entfernen Sie die Zwischenwelle des rechten Zylinderkopfes (siehe Sektion 9).
5 Bringen Sie Markierungen an der Steuerkette und ihrem Antriebsritzel auf der Ausgleichswelle an. Lösen Sie den Lagerzapfen der rechten Steuerketten-Spannerschiene und entfernen Sie diese (Abb. 18.7). Heben Sie die Kette vom Ritzel der Ausgleichswelle (Abb. 18.8).
6 Während der rechte Kolben im Verdichtungs-OT steht, muss die Bohrung im Ausgleichswellen-Gewicht zur Bohrung im Motorgehäuse fluchten. Das Gewicht sitzt über einem Keil auf der Welle (siehe Abbildung). Falls weder das Gewicht noch das Ölpumpen-Antriebsrad entfernt werden müssen, kann ein 6 mm starker Stift durch die Bohrung des Gewichts in das Motorgehäuse gesteckt werden, sodass das Gewicht und das Antriebsrad vom Stift und dem Ölpumpenrad gehalten werden und alles ausgerichtet bleibt, während die Welle herausgezogen wird. Andernfalls kann das Gewicht von der herausgezogenen Welle

17.6a Richten Sie die Bohrung im Gewicht (A) zu derjenigen im Gehäuse aus. Sicherungskeil (B)

17.6b Ziehen Sie nötigenfalls das Gewicht von der Welle.

17.7 Ziehen Sie die Ausgleichswelle nach hinten aus dem Motorgehäuse.

gezogen und nötigenfalls der Keil sichergestellt werden (siehe Abbildung).

7 Ziehen Sie die Ausgleichswelle nach hinten aus dem Motorgehäuse (siehe Abbildung).

8 Vor der Ausgleichswelle befindet sich innen am vorderen Lagersitz eine Anlaufscheibe, die nur entfernt werden kann, wenn das Motorgehäuse getrennt wurde.

Kontrolle

9 Begutachten Sie die Zähne des Ölpumpen-Antriebsrades am vorderen Gewicht und des Steuerkettenritzels hinten an der Welle auf Verschleiß und Beschädigungen und ersetzen Sie schadhafte Teile. Kontrollieren Sie ggf. auch das Ölpumpenrad, die Steuerkette und das Ritzel der Zwischenwelle.

10 Inspizieren Sie die Lagerflächen der Ausgleichswelle und die Lager im Motorgehäuse. Kontrollieren Sie die Gleitfläche der Getriebeeingangswelle – sie läuft in zwei Nadellagern innerhalb der Ausgleichswelle. Die Lager sind nicht separat vom Motorgehäuse bzw. der Ausgleichswelle erhältlich.

Einbau

11 Die Kurbelwelle muss so stehen, dass der rechte Kolben im Verdichtungs-OT steht.

12 Die Anlaufscheibe muss korrekt im Motorgehäuse positioniert sein.

13 Falls entfernt, muss der Keil für das vordere Gewicht in die Nut der Welle gesteckt werden. Schieben Sie die Welle mit dem hinteren Gewicht nach links zeigend in das Motorgehäuse (Abb. 17.7). Falls das vordere Gewicht nicht entfernt wurde, muss es gehalten werden, während die korrekt ausgerichtete Welle eingeschoben wird (Abb. 17.6a).

14 Falls das vordere Gewicht entfernt wurde, muss es jetzt zum Keil ausgerichtet vorne auf die Welle geschoben werden (Abb. 17.6b und a). Richten Sie die Bohrungen des Gewichts und des Motorgehäuses aus und schieben Sie den Arretierstift ein.

15 Legen Sie die rechte Steuerkette so um das Ausgleichswellen-Ritzel, dass die Markierungen fluchten (Abb. 18.8). Schmieren Sie den Lagerzapfen der rechten Spannerschiene mit Öl, installieren Sie die Schiene und ziehen Sie den Zapfen mit 19 Nm an (Abb. 18.7). Montieren Sie die Zwischenwelle in den rechten Zylinderkopf (siehe Sektion 9). Prüfen Sie, ob alle Steuerzeiten korrekt sind und entfernen Sie den Arretierstift aus dem Gewicht.

16 Montieren Sie das Getriebe und die Kupplung.

18 Steuerketten und Schienen

Anmerkung: *Die Steuerketten und ihre Schienen können nicht bei eingebautem Motor demontiert werden. Der Motor muss ausgebaut und das Getriebe getrennt werden.*

Ausbau

1 Bauen Sie den Motor aus (siehe Sektion 4).

2 Demontieren Sie die Zylinderköpfe (siehe Sektion 10).

3 Entfernen Sie die Führungsschiene des rechten Zylinders – beachten Sie ihre Einbaulage (siehe Abbildung).

4 Demontieren Sie das Getriebe (siehe Sektion 26).

5 Demontieren Sie den Lichtmaschinenstator und den Rotor (siehe Kapitel 8).

6 Entfernen Sie die Anlasser-Zwischen- und Untersetzungs-Zahnräder sowie das Freilaufrad (siehe Sektion 22).

7 Bringen Sie Markierungen an der rechten Steuerkette und ihrem Antriebsritzel auf der Ausgleichswelle an. Lösen Sie den Lagerzapfen der rechten Steuerketten-Spannerschiene und entfernen Sie diese (siehe Abbildung).

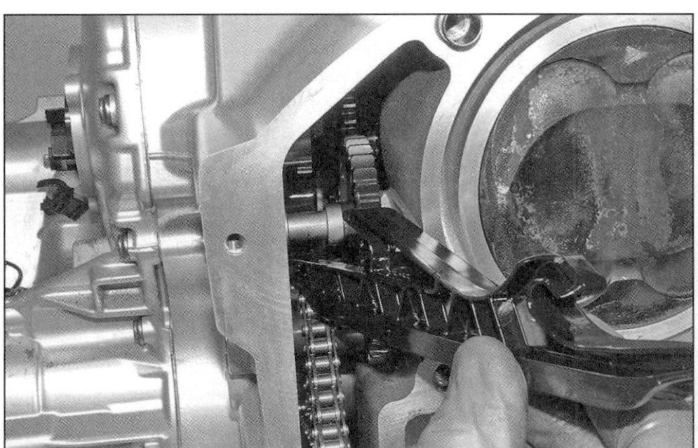

18.3 Die rechte Führungsschiene liegt über der Anlasserzwischenrad-Welle.

18.7 Lösen Sie den Lagerzapfen und entfernen Sie die Schiene.

18.8 Entnehmen Sie die Steuerkette.

18.9b ... die Spannerschiene ...

8 Heben Sie die Kette vom Ritzel der Ausgleichswelle und entfernen Sie sie (siehe Abbildung).
9 Bringen Sie Markierungen an der linken Steuerkette und ihrem Antriebsritzel auf der Kurbelwelle an. Lösen Sie die Lagerzapfen der linken Steuerketten-Führungs- und Spannerschiene und entfernen Sie diese (siehe Abbildungen).
10 Entfernen Sie Sie die linke Steuerkette aus dem Motorgehäuse (siehe Abbildung).

Kontrolle

11 Die Steuerketten verschleißen üblicherweise kaum. Falls sich eine Kette gelängt hat, zeigt sich dies durch Spiel zwischen den Gliedern, und sie muss durch ein Neuteil ersetzt werden. Wenn eine Kette verschlissen ist, werden wahrscheinlich auch ihre Ritzel auf der Kurbelwelle oder der Ausgleichswelle sowie der Zwischenwelle verschlissen sein.
12 Kontrollieren Sie die Führungs- und Spannerschienen sowie ihre Lagerzapfen auf Verschleiß und Beschädigungen. Alle vier Schienen und drei Lagerzapfen werden von BMW nur als Set angeboten, sodass nötigenfalls auch alle Teile ersetzt werden sollten.

Einbau

13 Der Einbau erfolgt in umgekehrter Ausbaureihenfolge. Schmieren Sie die Lagerzapfen mit frischem Motoröl und ziehen Sie sie mit 19 Nm an. Prüfen Sie, ob sich die Schienen frei auf den Zapfen drehen können.

18.9a Entfernen Sie die linke Führungsschiene, ...

18.10 ... und die Steuerkette.

19 Ölpumpe, Überdruckventil und Pegel/Temperatursensor

Anmerkung: *Alle Komponenten können bei eingebautem Motor demontiert werden.*

Ölpumpe

Ausbau

1 Demontieren Sie die Kupplung (siehe Sektion 20).
2 Während der rechte Kolben im Verdichtungs-OT steht, muss die Bohrung im Ausgleichswellen-Gewicht zur Bohrung im Motorgehäuse fluchten (Abb. 17.6a). Stecken Sie einen 6 mm starken Stift durch die Bohrung des Gewichts in das Motorgehäuse.
3 Lösen Sie die Mutter des Ölpumpenrades, entfernen Sie die viereckige Scheibe und ziehen Sie das Zahnrad von der Ölpumpe (siehe Abbildungen) – falls das vordere Ausgleichswellengewicht entfernt wurde, muss das Zahnrad mit einem am Viereck angesetzten Schlüssel gekontert werden. Die Mutter ist später durch ein Neuteil zu ersetzen.
4 Lösen Sie die Schrauben des Ölpumpendeckels und entfernen Sie diesen (siehe Abbildung). Stellen Sie ggf. die Passstifte sicher.
5 Greifen Sie die Ölpumpenwelle und ziehen Sie sie zusammen mit den Rotoren heraus (siehe Abbildung).
6 Entfernen Sie den vorderen Außen- und Innenrotor und ziehen Sie den Mitnehmerstift aus der Welle (Abb. 19.11d, c und b). Ziehen Sie das Distanzstück von der Welle (Abb. 19.11a). Entfernen Sie den hinteren Außenrotor aus dem Pumpengehäuse, falls er nicht mit der Welle herausgekommen ist (Abb. 19.10). Der hintere Innenrotor ist in die Welle integriert.

Kontrolle

7 Reinigen Sie alle Bauteile mit Lösungsmittel.
8 Inspizieren Sie den Pumpendeckel, das Gehäuse und die Rotoren auf Riefen und Verschleiß. Falls Schäden oder Verschleiß festgestellt werden, muss die Ölpumpe ersetzt werden – Einzelteile sind nicht erhältlich. Falls das Motorgehäuse verschlissen ist, muss Rat bei einer BMW-Werkstatt gesucht werden, ob neue Gehäusehälften oder ein komplett neuer Motor die bessere Lösung ist.

Einbau

9 Schmieren Sie die Rotoren mit frischem Motoröl. Alle Markierungen an den Rotoren müssen nach außen – also zum vorderen Motordeckel – zeigen.
10 Installieren Sie den (schmaleren) hinteren Außenrotor mit der Körnermarkierung nach außen in das Pumpengehäuse (siehe Abbildung).
11 Schieben Sie das Distanzstück mit der Vertiefung zum hinteren Innenrotor zeigend vorne auf die Welle (siehe Abbildung). Stecken Sie den Mitnehmerstift in die Welle und richten Sie die Ausschnitte an der Innenseite des vorderen Innenrotors darüber (siehe Abbildungen). Schieben Sie den vorderen Außenrotor mit der Körnermarkierung nach außen zeigend über den Innenrotor (siehe Abbildung).

19.3a Lösen Sie die Mutter ...

19.3b ... und entnehmen Sie die eckige Scheibe sowie das Zahnrad.

19.4 Demontieren Sie den Deckel.

19.5 Ziehen Sie die Welle samt Rotoren heraus.

19.10 Installieren Sie den hinteren Außenrotor.

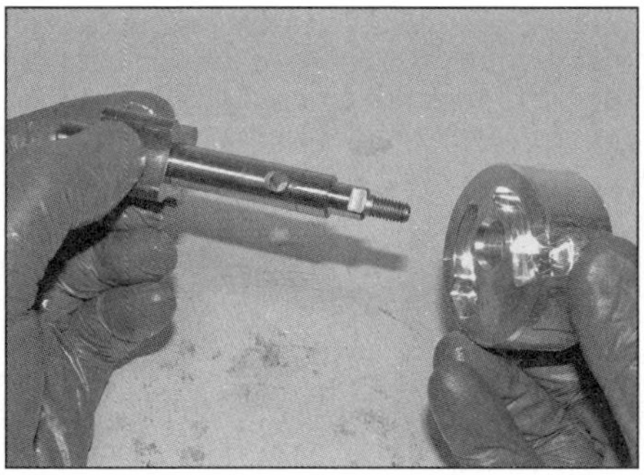

19.11a Montieren Sie das Distanzstück, ...

19.11b ... den Mitnehmerstift, ...

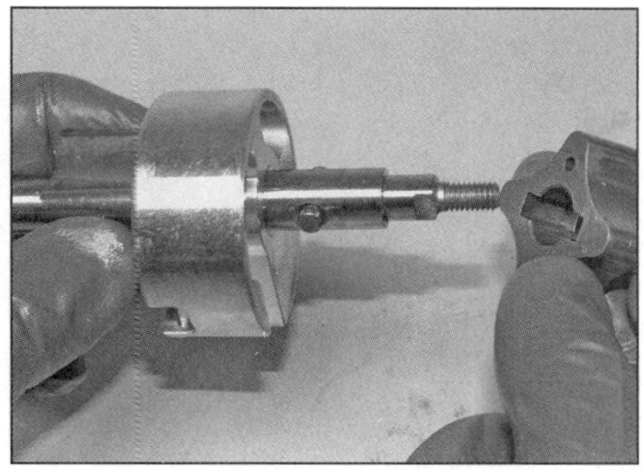

19.11c ... den vorderen Innenrotor ...

19.11d ... und den vorderen Außenrotor darüber an die Pumpenwelle.

19.12 Richten Sie den Ausschnitt (A) über dem Stift (B) aus.

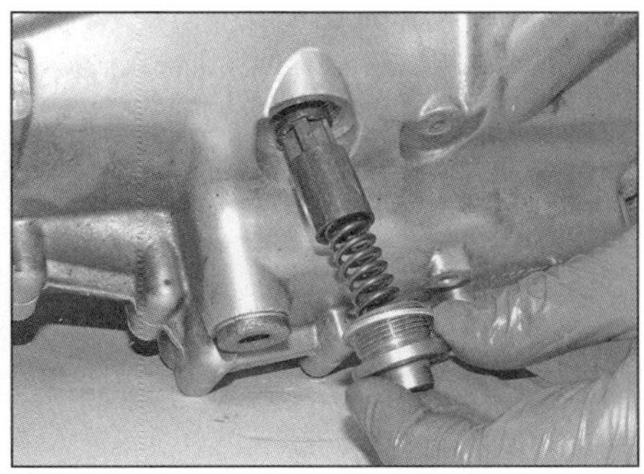

19.18 Entfernen Sie den Stopfen und ziehen Sie die Feder und das Überdruckventil heraus.

12 Schieben Sie die Baugruppe in das Motorgehäuse – der hintere Innenrotor muss dabei in den Außenrotor greifen und die Vertiefung des Distanzstücks über dem Stift im Gehäuse liegen (siehe Abbildung). Die Außenseiten der vorderen Rotoren müssen bündig zum Gehäuse liegen. Drehen Sie die Welle, um zu prüfen, ob sich alles sanft und frei bewegt.

13 Installieren Sie ggf. die Passstifte und setzen Sie den Deckel auf (Abb. 19.4). Ziehen Sie die Deckelschrauben mit 12 Nm an.

14 Installieren Sie das Ölpumpenrad mit der Vertiefung nach außen auf die Welle und lassen Sie es ggf. in die Zähne des Antriebsrades auf der Ausgleichswelle greifen (Abb. 19.3b). Installieren Sie die viereckige Scheibe über die Abflachung der Welle und in den Ausschnitt des Pumpenrades. Drehen Sie eine neue Mutter auf und ziehen Sie sie mit 10 Nm an (Abb. 19.3a). Entfernen Sie ggf. den Arretierstift aus dem Ausgleichswellengewicht.

15 Montieren Sie die Kupplung (siehe Sektion 20).

Überdruckventil

16 Demontieren Sie die Auspuffanlage (siehe Kapitel 4).

17 Das Überdruckventil sitzt hinter einem Stopfen, der von unten ins Motorgehäuse geschraubt ist (Abb. 19.18). Wenn das Motoröl noch nicht abgelassen wurde, muss ein Behälter unter den Stopfen gestellt werden, um das beim Lösen austretende Öl aufzunehmen.

18 Lösen Sie den Stopfen und entfernen Sie die Dichtscheibe, die Feder und das Ventil (siehe Abbildung).

19 Waschen Sie alle Bauteile in Lösungsmittel und begutachten Sie sie auf Verschleiß, Riefen und andere Schäden.

20 Für die Prüfung des Ventils liegen keine Daten vor. Falls Bauteile verschlissen oder beschädigt sind oder eine Öldruck-Kontrolle (siehe Sektion 3) auf ein nicht korrekt arbeitendes Ventil hingewiesen hat, muss das Überdruckventil ersetzt werden – es ist nur als komplette Baugruppe erhältlich.

21 Der Einbau erfolgt in umgekehrter Ausbaureihenfolge. Rüsten Sie den Stopfen mit einer neuen Dichtscheibe aus und ziehen Sie ihn mit 42 Nm an.

22 Kontrollieren Sie den Ölpegel und füllen Sie ggf. Öl nach (siehe Tägliche Kontrollen).

Ölpegel/Temperatursensor

23 Der Sensor sitzt rechts hinten am Motor. Demontieren Sie den Anlasser (siehe Kapitel 8). Entfernen Sie bei RT-Modellen dazu beide Motorabdeckungen.

19.24 Kabelstecker des Ölpegel/Temperatursensors

19.25a Lösen Sie die Schrauben ...

19.25b ... und ziehen Sie den Sensor heraus.

19.26 Kontrollieren Sie den O-Ring des Sensors.

24 Verfolgen Sie das Sensorkabel und trennen Sie seinen Stecker (siehe Abbildung). Führen Sie das Kabel zum Sensor zurück und befreien Sie es dabei aus allen Befestigungen und Führungen; merken Sie sich seine Verlegung.

25 Legen Sie Lappen unter den Sensor, um austretendes Öl aufzunehmen. Lösen Sie die Schrauben, befreien Sie den Sensor und ziehen Sie das Rohr heraus (siehe Abbildungen).

26 Kontrollieren Sie den O-Ring und ersetzen Sie ihn nötigenfalls durch ein Neuteil (siehe Abbildung).

27 Der Einbau erfolgt in umgekehrter Ausbaureihenfolge. Reinigen Sie die Gewinde der Schrauben und tragen Sie Sicherungspaste auf, bevor Sie sie sorgfältig anziehen.

20 Kupplung

Anmerkung 1: *Die Kupplung kann bei eingebautem Motor demontiert werden. Falls nur die Kupplungsbeläge durch Neuteile ersetzt werden sollen, kann der Kupplungskorb montiert bleiben.*

Anmerkung 2: *Falls aus dem Primärtrieb (vorne im Motor) heulende (zu wenig Flankenspiel) oder klappernde Geräusche (zu viel Flankenspiel) hörbar sind, muss das Flankenspiel zwischen den Zahnrädern kontrolliert werden (Schritte 15 bis 25). Das Flankenspiel kann durch verschieden große Abtriebsräder (am Kupplungskorb) eingestellt werden. Das Spiel vergrößert sich durch Verschleiß an den Zahnrad-Zähnen, sodass auch das Antriebsrad ersetzt werden muss – dieses ist in die Kurbelwelle integriert und nur in einer Größe erhältlich. Das Flankenspiel muss bei jedem Austausch relevanter Komponenten überprüft werden. Für eine exakte Messung des Flankenspiels nach BMW-Vorgaben muss die von BMW angebotene Messuhr (Teilenummer 110861) samt Halter (Teilenummer 110862) verwendet werden, damit der korrekte Winkel zwischen dem Messstift und dem Zahnrad eingehalten wird (bei anderen Messgeräten können falsche Ergebnisse ermittelt werden). Da die Messwerkzeuge sehr teuer sind, sollte das Flankenspiel von einer BMW-Werkstatt überprüft werden.*

20.3a Lösen Sie die Schrauben und entnehmen Sie die Federplatte, ...

20.3b ... die Federn, ...

Anmerkung 3: *Bei GS-Modellen bis Motornummer 122EN36130280 konnte eine schlecht trennende Kupplung zu schwierigen und rauen Schaltvorgängen führen, sodass Komponenten im Zuge einer Rückrufaktion gewechselt wurden. Fragen Sie im Zweifelsfall beim BMW-Händler nach. Ähnliche Symptome können bei allen Modellen auf zu viel Motoröl, falsches Motoröl oder unzulässige Additive zurückzuführen sein.*

Spezialwerkzeug: *Die Kupplung muss zum Lösen der Kupplungsmutter auf irgendeine Art blockiert werden (siehe Schritt 6).*

Ausbau

1 Entfernen Sie den vorderen Motordeckel (siehe Sektion 16).

2 Falls nicht nur die Kupplungsscheiben, sondern die gesamte Kupplung oder die Kupplungsnabe demontiert werden soll, muss der rechte Zylinder in den Verdichtungs-OT gebracht und die Kurbelwelle in dieser Position blockiert werden (siehe Sektion 7). Falls vorhanden, sollte auch das Nockenwellen-Haltewerkzeug am rechten Zylinderkopf angesetzt werden (siehe Sektion 8).

3 Wenn die Kurbelwelle und die Nockenwellen nicht auf die in Schritt 2 beschriebene Weise blockiert sind, muss die Kupplung zum Lösen der – nicht allzu fest sitzenden – Kupplungsfeder-Schrauben blockiert werden. Dies kann durch reines Festhalten geschehen. Lockern Sie schrittweise die drei Schrauben, bis alle Federn entspannt sind. Entfernen Sie dann die Schrauben, die Federplatte, die Federn und

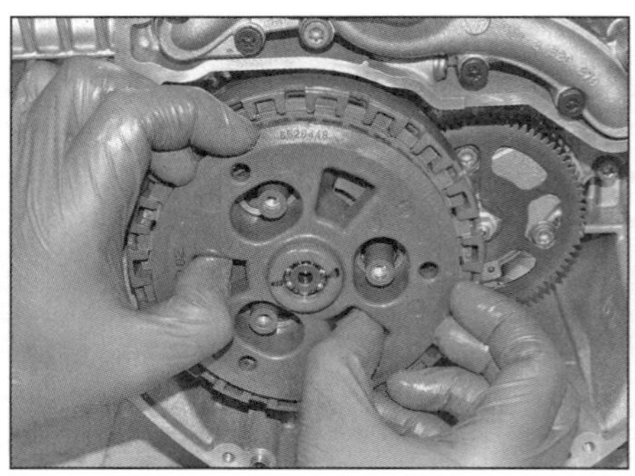

20.3c ... die Druckplatte ...

20.3d ... und die kurze Druckstange.

20.4 Ziehen Sie die Kupplungsscheiben als Paket heraus und halten Sie sie so zusammen – die äußeren Scheiben können an der Druckplatte sitzen.

20.5 Ziehen Sie die Dämmfeder und ihren Sitz mit einem Haken oder einem Magneten von der Kupplungsnabe.

20.6 Kontern Sie die Kupplungsnabe und lockern Sie die Kupplungsnabenmutter möglichst mit einem Druckluftschrauber.

20.7a Entfernen Sie die Kupplungsnabe ...

20.7b ... und die Anlaufscheibe.

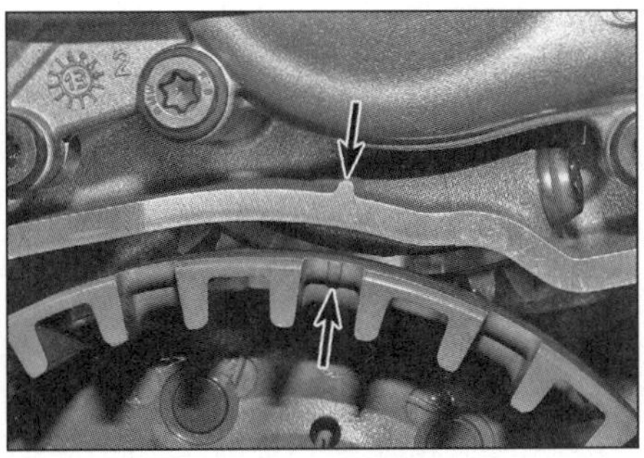

20.8a Ausrichtmarkierungen des Kupplungskorbes und des Gehäuses

20.8b Der ausgebaute Motor muss beim Lösen der Kupplungskorbmutter gut festgehalten werden.

die Druckplatte (an der die äußeren Kupplungsscheiben haften können) – diese muss leicht gegen den Uhrzeigersinn gedreht werden. Ziehen Sie anschließend die kurze Druckstange aus der Eingangswelle (siehe Abbildungen).

4 Entnehmen Sie die Kupplungsscheiben – beachten Sie ihre Einbaulagen und halten Sie sie in der richtigen Reihenfolge zusammen (siehe Abbildung). Die äußeren drei Scheiben (zwei Belagscheiben und eine mit Vertiefungen versehene Stahlscheibe) sowie die innere Belagscheibe haben einen größeren Innendurchmesser – die innere Scheibe liegt um eine Dämpferfeder samt Federsitz herum. Die innere Stahlscheibe ist glatt, während alle anderen Stahlscheiben Vertiefungen aufweisen.

5 Entfernen Sie die Dämpferfeder und den Federsitz – beachten Sie ihre Einbaupositionen (siehe Abbildung).

6 Um die Kupplungsnabenmutter lösen zu können, muss die Eingangswelle blockiert und die Kupplungsnabe gehalten werden. Bei eingebautem Motor wird der 6. Gang eingelegt und von einem Assistenten kräftig die Fußbremse betätigt, während das Hinterrad fest auf dem Boden steht. Alternativ – und bei ausgebautem Motor – muss die Kupplungsnabe mithilfe des BMW-Werkzeugs 110828 blockiert werden. Die Mutter sitzt sehr fest!

Anmerkung: *Wir waren mit einem Druckluftschrauber und einem im Werkzeughandel erhältlichen Haltewerkzeug erfolgreich, doch besteht hier die Gefahr des Abrutschens und der Beschädigung der Kupplungsnaben-Nuten. Das BMW-Werkzeug wird zudem beim Anziehen der Kupplungsnabenmutter benötigt.*

Während die Kupplungsnabe gehalten wird, kann die Mutter gelöst werden (siehe Abbildung). Eine einmal gelöste Kupplungsnabenmutter muss später durch ein Neuteil ersetzt werden.

7 Ziehen Sie die Kupplungsnabe gefolgt von der Anlaufscheibe von der Welle (siehe Abbildungen) – die Scheibe muss später erneuert werden.

8 Zum Entfernen des Kupplungskorbes müssen die Kurbelwelle und die Nockenwellen blockiert werden, während der rechte Kolben im Verdichtungs-OT steht – so wird sichergestellt, dass die Kurbelwelle und die Ausgleichswelle bei demontiertem Kupplungskorb nicht aus der Flucht geraten. In dieser Position fluchtet eine Körnermarkierung am Primärtriebrad der Kurbelwelle (erst erkennbar nach dem Ausbau des Kupplungskorbes – siehe Abb. 20.14) mit den Angüssen am Kupplungskorb und am Motorgehäuse (siehe Abbildung). Die Kupplungskorbmutter ist mit einer Sicherungspaste versehen, die mit einem Heiluftgebläse auf 150 °C erwärmt werden muss, um sie lösen zu können. Entfernen Sie anschließend die Scheibe mit einem Magneten oder einem hitzefesten Handschuh. Der ausgebaute Motor kann mit einer in die Motorbolzenaufnahmen gesteckten Stange gehalten werden (siehe Abbildung). Ziehen Sie den Kupplungskorb von der Welle – beachten Sie seine Position über dem Keil. Die Mutter und die Scheibe müssen später erneuert werden, doch die alten Teile können noch zur Kontrolle des Flankenspiels zwischen den Primärtrieb-Rädern verwendet werden.

Kontrolle

9 Nach einer großen Laufleistung ist es normal, dass die Kupplungsscheiben verschleißen und zu rutschen beginnen. Wischen Sie die Scheiben ab und messen Sie die Belagscheiben als Paket. BMW gibt die Stärke eines neuen Pakets mit 24 mm an und erlaubt je Scheibe einen Verschleiß von 0,1 mm. Somit darf das Paket nicht niedriger als 23,2 mm sein und keine Belagscheibe darf dünner als 2,9 mm sein (siehe Abbildung). Bei niedrigeren Gesamt- oder Einzelwerten müssen alle Belagscheiben als Satz ausgewechselt werden. Dies gilt ebenfalls, wenn Scheiben verbrannt oder verglast sind. BMW liefert als Ersatz entweder ein Kupplungsscheiben-Set (Belag- und Stahlscheiben) oder ein komplettes Kupplungs-Set, das auch die Kupplungsnabe, die Druckplatte, die Federn und die Federplatte enthält. Bei Unsicherheit bezüglich der Messungen gilt der Grundsatz: Falls die Kupplung durchrutscht und dies nicht auf Öladditive zurückzuführen ist, sollten sowohl neue Scheiben als auch neue Federn installiert werden.

10 Die Stahlscheiben dürfen keine Anzeichen starker Erwärmung (Blaufärbung) aufweisen. Kontrollieren sie mithilfe einer Fühlerlehre den Verzug der Scheiben, indem Sie sie auf eine ebene Oberfläche legen (siehe Abbildung). Wenn eine der Scheiben verzogen oder angelaufen ist, muss ein neues Kupplungsscheiben-Set installiert werden.

11 Für die freie Länge der Kupplungsfedern gibt es keine Verschleißgrenze, doch wie schon oben erwähnt, sollten sie bei einer rutschenden Kupplung generell ausgetauscht werden. Stellen Sie die Federn auf eine ebene Fläche und prüfen Sie, ob alle gleich hoch sind. Kontrollieren Sie ebenfalls, ob keine der Federn verzogen ist. Falls eine der Federn ermüdet oder verzogen ist, müssen alle als Set ausgetauscht werden – sie werden zusammen mit ihren Schrauben und der Federplatte ausgeliefert.

12 Kontrollieren Sie die Belagscheiben-Laschen und deren Führungen am Kupplungskorb auf Riefen und Abdrücke (siehe Abbildung). Überprüfen Sie ebenso den Verschleiß an den Zungen der Stahlscheiben und den Nuten der Kupplungsnabe (siehe Abbildung). Ein solcher Verschleiß äußert sich in Kupplungsrutschen und langsamem Einrücken beim Schalten, da die Scheiben haken, wenn die Druckplatte ausgerückt wird. Minimaler Verschleiß kann mit einer feinen Feile geschlichtet werden – ist er zu groß, müssen die entsprechenden Bauteile ausgetauscht werden.

13 Kontrollieren Sie die für die Slipper-Funktion zuständigen Rampen der Druckplatte und der Kupplungsnabe sowie die kurze Druckstange auf Verschleiß und Beschädigungen (siehe Abbildung). Innerhalb der Getriebewelle befinden sich zwei weitere (lange) Druckstangen, die erst nach der Demontage des Ausrückzylinders entfernt werden können (siehe Sektion 21).

14 Inspizieren Sie die Zähne der beiden Primärtriebräder hinten am Kupplungskorb und an der Kurbelwelle (siehe Abbildung). Beide Zahnräder sind in die jeweiligen Bauteile integriert, sodass diese nötigenfalls ersetzt werden müssen. Ermitteln Sie dazu Flankenspiel und wählen Sie das richtige Kupplungskorb-Rad aus.

Primärtrieb-Flankenspiel – Kontrolle und Einstellung

Anmerkung: *Der Motor muss vollständig abgekühlt sein.*

15 Falls vorne aus dem Motor heulende oder klappernde Geräusche vernehmbar sind oder ein neuer Kupplungskorb oder eine neue Kurbelwelle montiert worden sind, muss das Flankenspiel zwischen den Zahnrädern kontrolliert werden. Für eine exakte Messung des Flankenspiels nach BMW-Vorgaben muss die von BMW angebotene Messuhr (Teilenummer 110861) samt Halter (Teilenummer 110862) verwendet werden, damit der korrekte Winkel

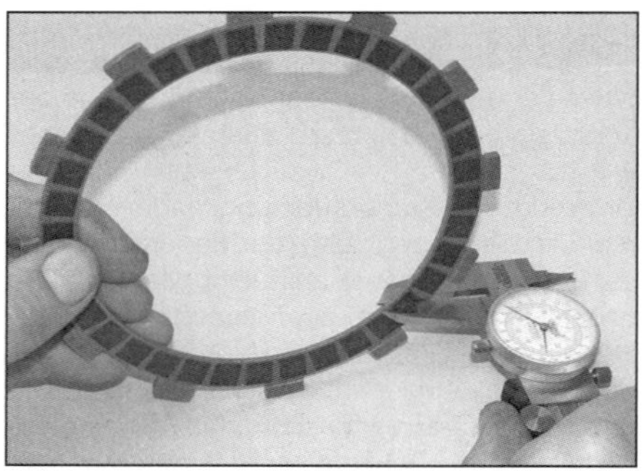

20.9 Messen Sie die Stärke der einzelnen Belagscheiben.

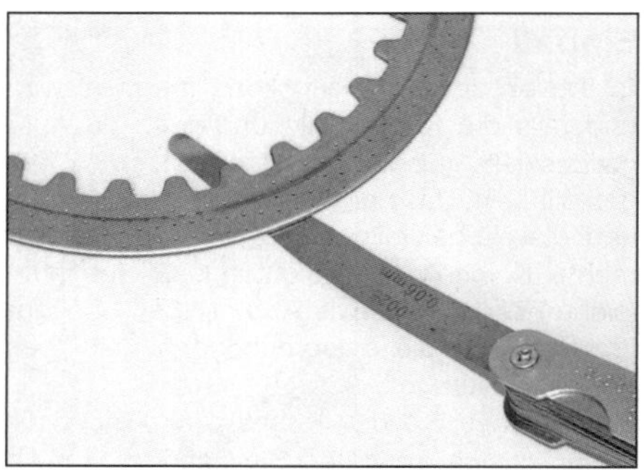

20.10 Kontrollieren Sie die Stahlscheiben auf Verzug.

20.12a Kontrollieren Sie die Belagscheiben-Laschen und ihre Nuten im Kupplungskorb ...

20.12b ... sowie die Stahlscheiben-Laschen und ihre Nuten in der Kupplungsnabe.

20.13 Kontrollieren Sie die Rampen der Druckplatte und der Kupplungsnabe.

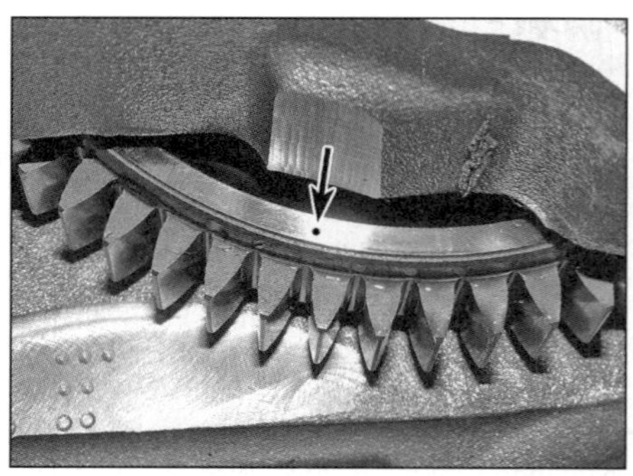

20.14 Kontrollieren Sie das Antriebsrad (gezeigt) und das Abtriebsrad des Primärtriebs. Beachten Sie die Ausrichtmarkierung (Pfeil).

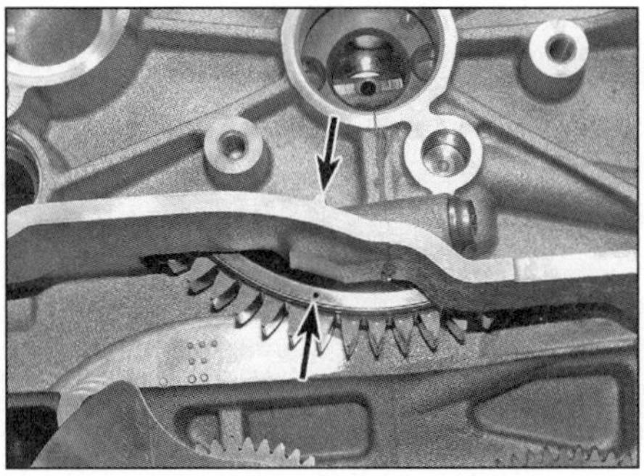

20.26 Im oberen Totpunkt muss die Markierung am Primärrad zum Anguss des Gehäuses ausgerichtet sein.

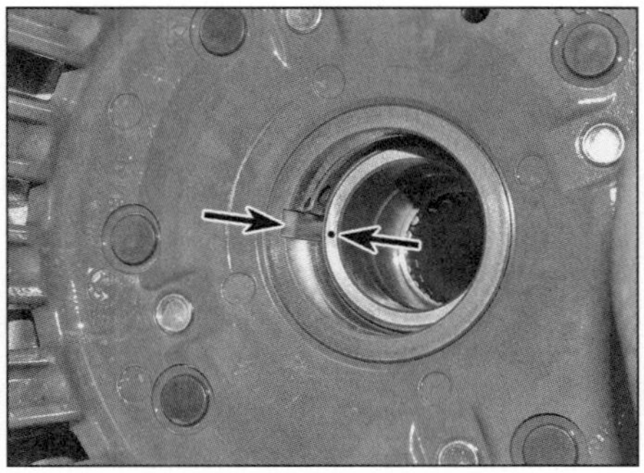

20.27a Die Nut und die Körnermarkierung müssen ebenso fluchten ...

20.27b ...wie die Angüsse des Kupplungskorbes und des Gehäuses.

zwischen dem Messstift und dem Zahnrad eingehalten wird (bei anderen Messgeräten können falsche Ergebnisse ermittelt werden). Da die Messwerkzeuge sehr teuer sind, sollte das Flankenspiel von einer BMW-Werkstatt überprüft werden.

16 Falls noch nicht erledigt, muss die Kupplung ausgebaut werden (siehe oben).

17 Befreien Sie das Motorgehäuse im unteren Bereich der Dichtfläche zum vorderen Deckel von sämtlichen Dichtungsresten.

18 Schieben Sie den Kupplungskorb wieder auf seine Welle – richten Sie dabei die Nut zum Keil aus und lassen Sie die Zähne der Primärtriebräder ineinandergreifen. Legen Sie neue neue Scheibe auf und drehen Sie die alte Kupplungskorbmutter handfest auf.

19 Demontieren Sie den rechten Steuerkettenspanner (siehe Sektion 7).

20 Montieren Sie den Messuhr-Halter an die beiden mittleren unteren Gewindebohrungen für den Motordeckel und sichern Sie ihn mit den Schrauben und Scheiben.

21 Montieren Sie die Messuhr so an den Halter, dass der Messstift mittig und leicht unter Druck an einem Zahn des Abtriebrades (am Kupplungskorb) anliegt.

22 Drehen Sie das Abtriebsrad leicht vor und zurück und notieren Sie das gemessene Flankenspiel – also das »tote Spiel« zwischen ihm und den Zähnen des Antriebsrades. Bewegen Sie das Abtriebsrad nicht zu stark, um die Kurbelwelle nicht in Drehung zu versetzen und ein falsches Messergebnis zu erhalten. Falls das Spiel unter 0,003 oder über 0,025 mm liegt, muss ein neues Abtriebsrad ausgewählt werden, um ein korrektes Flankenspiel zu erhalten.

23 Um ein neues Abtriebsrad auszuwählen, muss der Kupplungskorb demontiert (siehe oben) und zusammen mit dem gemessenen Flankenspiel zum BMW-Händler gebracht werden, damit dieser ihn durch ein Teil ersetzt, mit dem das korrekte Flankenspiel eingehalten wird. An jedem Zahn des Zahnrades sind eine, zwei oder drei Kerben in den Rand eingeschnitten, die für die Größe des gesamten Rades stehen (alle Zähne haben die gleiche Anzahl Kerben) – eine Kerbe steht für die die kleinste Größe, die das größte Flankenspiel erzeugt, zwei Kerben stehen für den Mittelwert und drei Kerben bedeuten, dass dieses Zahnrad das geringste Flankenspiel bietet.

24 Montieren Sie den neuen Kupplungskorb (siehe oben) und kontrollieren Sie das Flankenspiel erneut – ist es immer noch nicht korrekt, muss das Zahnrad erneut ausgetauscht werden. Falls das Spiel auch mit dem größten Zahnrad zu groß ist, muss die Kurbelwelle erneuert werden (siehe Sektion 25). Wenn das Flankenspiel korrekt ist, wird die Messuhr samt Halter demontiert. Drehen Sie die alte Kupplungskorbmutter ab und setzen Sie die Kupplung unter Verwendung einer neuen Mutter zusammen (siehe unten).

25 Montieren Sie den rechten Steuerkettenspanner (siehe Sektion 7).

Einbau

26 Bevor der Kupplungskorb montiert wird und falls die Kurbelwelle und/oder die Ausgleichswelle ausgebaut waren, muss sichergestellt sein, dass alles korrekt positioniert ist und die Kurbelwelle so steht, dass sich der rechte Kolben im Verdichtungs-OT befindet (siehe Abbildung sowie Abb. 17.6a) – beachten Sie dazu die entsprechenden Sektionen dieses Kapitels.

27 Schieben Sie den Kupplungskorb auf die Ausgleichswelle, richten Sie dabei die innere Nut zur Körnermarkierung der Welle und die Erhebungen am Korb zum Anguss des Motorgehäuses aus (falls dies nicht möglich ist, müssen die Positionen der Kurbelwelle und Ausgleichswelle überprüft werden), gleichzeitig müssen die Zähne der beiden Primärtriebräder ineinandergreifen (siehe Abbildungen).

28 Das Gewinde auf der Ausgleichswelle muss absolut öl- und fettfrei sein – reinigen Sie es ggf. mit Lösungsmittel. Bereiten Sie einen bis 250 Nm einsetzbaren Drehmomentschlüssel mit der passenden Nuss vor – sobald die neue Kupplungskorbmutter auf die Welle gedreht wird, dauert es etwa eine Minute, bis das auf ihrem Gewinde aufgebrachte Sicherungsmittel ausgehärtet ist. Installieren Sie die neue Scheibe, drehen Sie die neue Mutter auf und ziehen Sie sie zunächst mit 170 Nm an; lockern Sie sie dann um 90° (eine Viertelumdrehung) und ziehen Sie sie jetzt mit 250 Nm an (siehe Abbildungen).

29 Falls ein neues Kupplungsscheiben-Paket auf die alte Kupplungsnabe installiert wird, muss vor der Montage der Nabe die Höhe des kompletten Kupplungspaketes gemessen werden. Legen Sie alle Scheiben und die Druckplatte über die Kupplungsnabe, installieren Sie die Federn und die Federplatte und ziehen Sie die Feder-Schrauben wie unten beschrieben mit 10 Nm an. Messen Sie jetzt die Höhe des gesamten Pakets von der Oberseite der oberen Belagscheiben-Laschen zur Unterseite der unteren Laschen an drei Stellen rundherum. Wenn hierbei nicht 38 bis 39 mm festgestellt werden, müssen neue Scheiben beschafft und erneut gemessen werden. Wenn alles korrekt ist, wird alles wieder zerlegt und die Kupplung wie folgt weiter eingebaut.

20.28a Installieren Sie die neue Scheibe und die Kupplungskorbmutter ...

20.28b ...und ziehen Sie diese wie beschrieben an.

20.32 Drehen Sie die neue Kupplungsnabenmutter auf und ziehen Sie sie wie beschrieben an.

20.33 Installieren Sie den Federsitz und die Feder mit angehobenem Außenrand.

20.34a Installieren Sie zuerst eine Belagscheibe mit größerem Innendurchmesser, ...

20.34b ... dann die glatte Stahlscheibe.

20.34c Es folgen abwechselnd Standard-Belagscheiben ...

20.34d ... und Stahlscheiben mit Vertiefungen.

20.34e Legen Sie schließlich eine Belagscheibe mit größerem Innendurchmesser auf.

20.34f Legen Sie jeweils eine Belagscheibe ...

20.34g ... und die Stahlscheibe mit größerem Innendurchmesser auf die Druckplatte.

20.36 Setzen Sie die Druckplatte auf, richten Sie die Rampen aus und lassen Sie die Belagscheiben-Laschen in die flachen Nuten greifen.

30 Falls ein neues Kupplungsscheiben-Paket inklusive Kupplungsnabe, Druckplatte usw. installiert wird, kann davon ausgegangen werden, dass die Höhe des Pakets in Ordnung ist. Alle Teile werden montiert geliefert, sodass sie erst zerlegt werden müssen, bevor sie in den Motor gebaut werden können – achten Sie beim Zerlegen darauf, dass alle Scheiben in ihrer ursprünglichen Reihenfolge verbleiben.

31 Installieren Sie die neue Anlaufscheibe und schieben Sie die Kupplungsnabe auf (Abb. 20.7b und a).

32 Schmieren Sie das Gewinde und die Kontaktfläche der neuen Kupplungsnabenmutter mit frischem Motoröl und drehen Sie die Mutter auf (siehe Abbildung). Blockieren Sie die Eingangwelle wie beim Ausbau oder halten Sie die Kupplungsnabe (siehe Schritt 6) und ziehen Sie die Mutter mit 150 Nm an. Lockern Sie die Mutter wieder und ziehen Sie sie erneut mit 150 Nm an.

33 Installieren Sie den Dämpferfeder-Sitz über die Kupplungsnabe und legen Sie die Dämpferfeder so auf, dass ihr Außenrand vom Sitz abgehoben ist und nach außen zeigt (siehe Abbildung und Abb. 20.5).

34 Benetzen Sie alle Kupplungsscheiben vor dem Einbau mit Motoröl und bauen Sie dann wie folgt das Paket auf: Zuerst kommt eine Belagscheibe mit großem Innendurchmesser über die Dämpferfeder samt Sitz (siehe Abbildung), es folgt die glatte Stahlscheibe (siehe Abbildung). Installieren Sie anschließend abwechselnd fünf Standard-Belagscheiben und Standard-Stahlscheiben mit Vertiefungen, es folgt eine Belagscheibe mit größerem Innendurchmesser (siehe Abbildungen). Legen Sie die letzte Belagscheibe mit größerem Innendurchmesser gefolgt von der Stahlscheibe mit größerem Innendurchmesser auf die Druckplatte (siehe Abbildungen).

35 Stecken Sie die kurze Druckstange mit dem dünneren Ende nach außen zeigend in die Eingangswelle (Abb. 20.3d).

36 Setzen Sie die Druckplatte auf, lassen Sie die Slipper-Rampen ineinandergreifen und drehen Sie die Platte leicht im Uhrzeigersinn, sodass die Laschen der äußeren Belagscheiben in die flachen Nuten des Kupplungskorbes greifen (siehe Abbildung).

37 Schmieren Sie die Gewinde der Feder-Schrauben mit Öl. Installieren Sie die Kupplungsfedern und die Federplatte und ziehen Sie die Schrauben schrittweise bis zum Drehmoment von 10 Nm an (Abb. 20.3b und a).

38 Falls entfernt, werden die langen Druckstangen und der Ausrückmechanismus installiert (siehe Sektion 21). Ziehen Sie die Kupplung und prüfen Sie die Funktion des Ausrückmechanismus.

39 Montieren Sie den vorderen Motordeckel (siehe Sektion 16) und alle anderen entfernten Bauteile.

40 Füllen Sie Motoröl und ggf. Kühlmittel auf (siehe Kapitel 1).

41 Starten Sie den Motor und prüfen Sie die Funktion der Kupplung.

21 Kupplungs-Ausrückmechanismus

1 Die hydraulisch betätigte Kupplung schließt den am Lenker sitzenden Geberzylinder, den Druckschlauch und den hinten am Getriebe sitzenden Ausrückzylinder ein. Das System erfordert normalerweise außer den regelmäßigen Inspektionen und der Kontrolle des Flüssigkeitspegels im Ausgleichsbehälter (siehe Kapitel 1) keine Wartung.

2 Wenn ein schwammiges Gefühl im Kupplungshebel eingedrungene Luft signalisiert, muss das System entlüftet werden (siehe Schritte 27 bis 38).

3 Wenn irgendwo Kupplungsflüssigkeit austritt, muss zunächst die Festigkeit der Schlauchanschlüsse überprüft werden. Prüfen Sie die Festigkeit der Mutter. Trennen Sie nötigenfalls den Anschluss und ersetzen Sie den O-Ring der Mutter (anschließend muss die Hydraulik entlüftet werden). Leckt der Geber- oder der Ausrückzylinder, hilft nur der Austausch des entsprechenden Teils, da keine Reparaturmöglichkeiten bestehen.

Kupplungshebel

4 Lässt sich der Kupplungshebel nur schwer bewegen, muss seine Aufnahme im Halter überprüft werden. Liegen keine Schäden vor, muss der Hebel demontiert und wie folgt geschmiert werden:

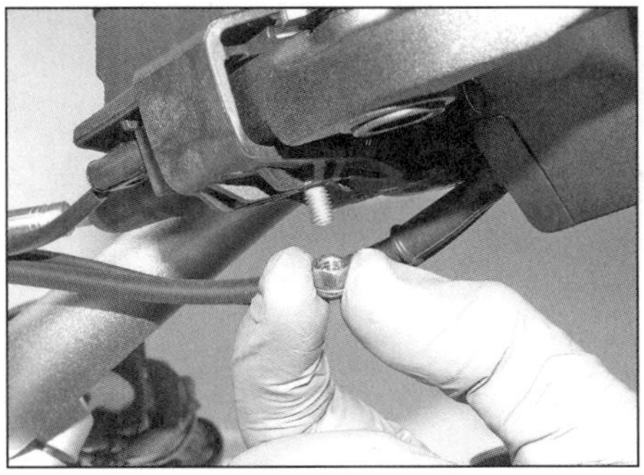

21.5a Lösen Sie die Kontermutter, ...

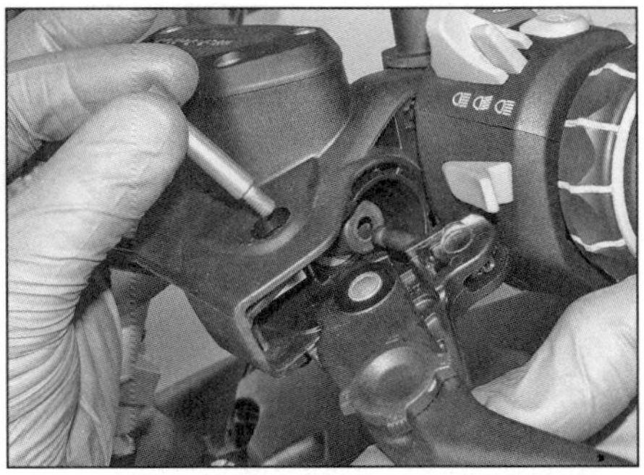

21.5b ... ziehen Sie den Lagerbolzen heraus und entnehmen Sie den Kupplungshebel.

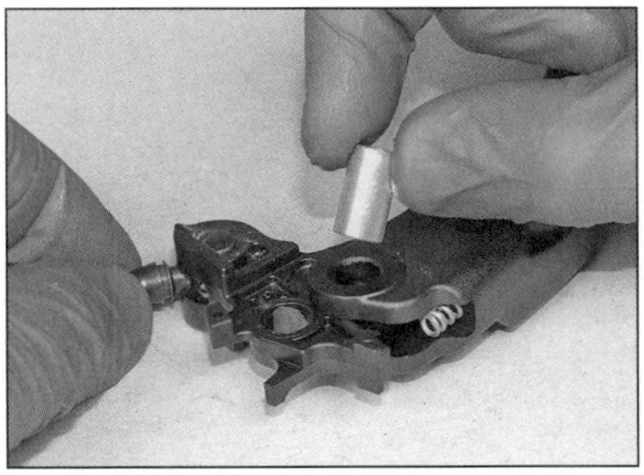

21.5c Ziehen Sie die Hülse heraus, um das Druckstangenstück freizulegen.

5 Bei allen GS-Modellen müssen ggf. zunächst der Handprotektor entfernt werden (siehe Kapitel 7). Halten Sie den Lagerzapfen und lösen Sie die Kontermutter an seiner Unterseite (siehe Abbildung). Ziehen Sie den Zapfen heraus, um den Hebel zu entfernen – beachten Sie, wie die Druckstange im der Gummimanschette sitzt (siehe Abbildungen). Die Druckstange ist Bestandteil des Geberzylinders. BMW schreibt die Verwendung einer neuen Kontermutter vor.

6 Kontrollieren Sie die Gummimanschette im Geberzylinder. Falls sie spröde oder anderweitig beschädigt ist, muss sie ersetzt werden – sie ist separat erhältlich.

7 Reinigen Sie die Kontaktflächen des Hebels, des Druckstücks, seines Halters sowie des Lagerzapfens und dessen Hülse. Kontrollieren Sie alle Teile auf Verschleiß und Schäden.

8 Schmieren Sie alle Teile vor dem Zusammenbau mit Trockenfilm (»Teflonspray«). Sichergehend, dass die Feder korrekt sitzt, wird das Druckstangen-Stück in den Hebel gesteckt und die Hülse eingeschoben (Abb. 21.5c). Installieren Sie ggf. eine neue Gummimanschette in den Geberzylinder – drücken Sie mit einem stumpfen Werkzeug vorsichtig die Innenlippe in Position. Setzen Sie den Hebel in den Halter, sodass die Druckstange in die Manschette und gegen den Geberzylinder-Kolben drückt und die Außenlippe der Manschette korrekt um den Sockel der Stange sitzt. Installieren Sie den Lagerzapfen (Abb. 21.5b) und sichern Sie ihn mit der neuen Kontermutter (Abb. 21.5a).

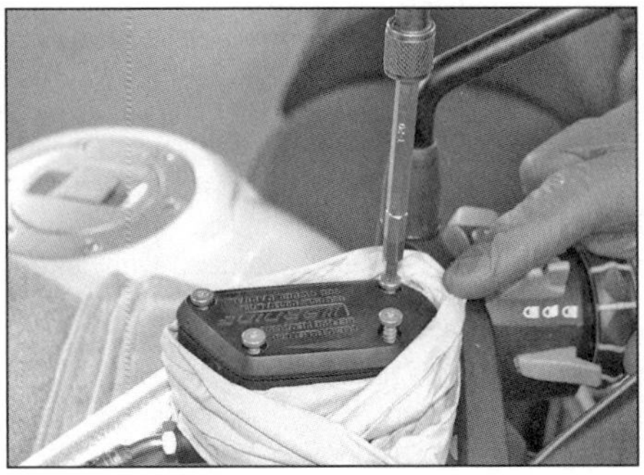

21.14a Lösen Sie die vier Schrauben ...

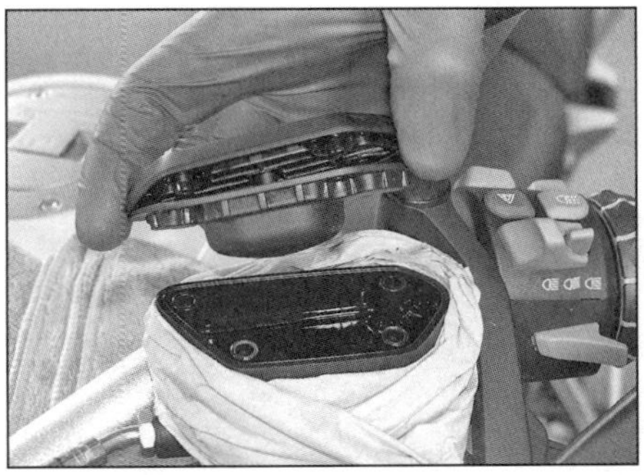

21.14b ... und entfernen Sie den Deckel samt Manschette.

9 Falls nach dem Reinigen und Schmieren der Hebel-Baugruppe die Kupplung immer noch schwergängig ist, muss der Geberzylinder wie folgt demontiert und kontrolliert werden.

Geberzylinder

Ausbau

10 Vor Arbeitsbeginn müssen Vitamol V 10-Kupplungsflüssigkeit, einige saubere Lappen und ein Behälter zur Aufnahme der alten Flüssigkeit beschafft werden.

11 Bei allen GS- sowie R-Modellen muss der linke Rückspiegel entfernt werden (siehe Kapitel 7).

12 Entfernen Sie den Kupplungshebel (siehe oben).

13 Entfernen Sie den Kupplungsschalter (siehe Kapitel 8).

14 Lösen Sie die Schrauben des Ausgleichsbehälterdeckels und entnehmen Sie diesen

2

samt Manschette (siehe Abbildungen). Saugen Sie mit einer Spritze die Hydraulikflüssigkeit ab und wischen Sie den Behälter mit einem Haushaltstuch aus.

15 Lösen Sie die Anschlussmutter des Kupplungsschlauchs und trennen Sie die Leitung unter Beachtung ihrer Ausrichtung vom Geberzylinder (siehe Abbildung). Seien Sie auf austretende Hydraulikflüssigkeit vorbereitet. Umwickeln Sie den Schlauch mit einem Plastikbeutel, damit kein Schmutz eindringen kann, und sichern Sie ihn aufrecht, um keine weitere Flüssigkeit austreten zu lassen.

16 Beachten Sie die Ausrichtung der Markierungen am Geberzylinder-Klemmstück und am Lenker (siehe Abbildung). Lösen Sie die Schrauben und nehmen Sie den Geberzylinder ab.

17 Falls es ein Problem mit der Kupplungsbetätigung gab und der Hebel in Ordnung ist, muss für die Kontrolle der Funktion des Geberzylinders übergangsweise der Ausgleichsbehälterdeckel montiert werden. Umwickeln Sie den Hydraulikschlauch-Anschluss mit sauberen Lappen und drücken Sie mit einem geeigneten Werkzeug den Kolben gegen die Feder in den Zylinder – falls dies rau oder schwergängig ist, liegt am Geberzylinder-Kolben ein Defekt vor. Da keine Reparaturkits erhältlich sind, muss der gesamte Geberzylinder ersetzt werden. Wenn der Kolben sich sanft eindrücken lässt und unter dem Druck der Feder rasch wieder zurückkehrt, wird das Problem wahrscheinlich im Ausrückzylinder liegen.

Achtung: Benutzen Sie zum Reinigen von Hydraulikteilen auf keinen Fall Lösungsmittel auf Petroleumbasis!

18 Der Einbau erfolgt in umgekehrter Ausbaureihenfolge – beachten Sie dabei folgende Punkte:

- Richten Sie den Geberzylinder wie beim Ausbau notiert zum Lenker aus (Abb. 21.16) und ziehen Sie die Klemmschrauben mit 8 Nm an – zuerst die obere, dann die untere.
- Kontrollieren Sie den O-Ring an der Hydraulikschlauch-Mutter und ersetzen Sie ihn nötigenfalls durch ein Neuteil – sicherheitshalber sollte er generell ausgetauscht werden.
- Ziehen Sie die Anschlussmutter möglichst mithilfe eines geeigneten Drehmomentschlüssels mit 7 Nm an.

Anmerkung: *Falls kein solches Werkzeug zur Hand ist, sollten 7 Nm mit einem normalen Drehmomentschlüssel an einer Standardschraube geübt werden, um ein Gefühl dafür zu bekommen und die Anschlussmutter »nach Gefühl« nicht zu fest zu ziehen.*

- Füllen Sie den Ausgleichsbehälter mit frischer Vitamol V 10-Kupplungsflüssigkeit auf (siehe unten).

Anmerkung: *Es ist hilfreich, den oberen Bereich durch Pumpen mit dem Kupplungshebel zu entlüften, bevor mit dem unten beschriebenen Prozess fortgefahren wird, der den Ausbau des Anlassers erfordert.*

- Prüfen Sie vor der ersten Fahrt die Funktion der Kupplung.

Ausrückzylinder

19 Der Kupplungs-Ausrückzylinder sitzt hinten am Getriebe.

20 Wenn die Kupplung trotz eines funktionierenden Geberzylinders schwergängig ist, wird wahrscheinlich im Ausrückzylinder ein Defekt vorliegen. Da es keine Reparaturmöglichkeit gibt, muss ein nicht korrekt funktionierender Ausrückzylinder ersetzt werden.

Ausbau

21 Vor Arbeitsbeginn müssen Vitamol V 10-Kupplungsflüssigkeit, einige saubere Lappen und ein Behälter zur Aufnahme der alten Flüssigkeit beschafft werden.

22 Entfernen Sie bei RT-Modellen rechts die Batterieabdeckung und die Stoßdämpferabdeckung (siehe Kapitel 7).

23 Demontieren Sie die Batterie und den Anlasser (siehe Kapitel 8) sowie die Auspuffanlage (siehe Kapitel 4).

24 Lockern Sie die Kupplungsschlauch-Anschlussmutter und ziehen Sie sie wieder leicht an (siehe Abbildung). Lösen Sie schrittweise die Ausrückzylinder-Befestigungsschrauben und befreien Sie ihn vom Getriebe – hindern Sie nötigenfalls die Druckstange mit einer Zange daran, mit herausgezogen zu werden (siehe Abbildung).

25 Lösen Sie nun die Anschlussmutter und trennen Sie die Kupplungsleitung vom Ausrückzylinder – seien Sie auf austretende Hydraulikflüssigkeit vorbereitet (siehe Abbildung). Platzieren Sie das Schlauchende in einem auf dem Getriebe stehenden Behälter.

Achtung: Betätigen Sie nicht den Kupplungshebel, wenn der Schlauch entfernt ist.

Einbau

26 Der Einbau erfolgt in umgekehrter Ausbaureihenfolge – beachten Sie dabei folgende Punkte:

- Kontrollieren Sie den Ausrückzylinder-O-Ring und ersetzen Sie ihn nötigenfalls durch ein Neuteil (Abb. 21.25).
- Kontrollieren Sie den O-Ring an der Hydraulikschlauch-Mutter und ersetzen Sie ihn nötigenfalls durch ein Neuteil – sicherheitshalber sollte er generell ausgetauscht werden.

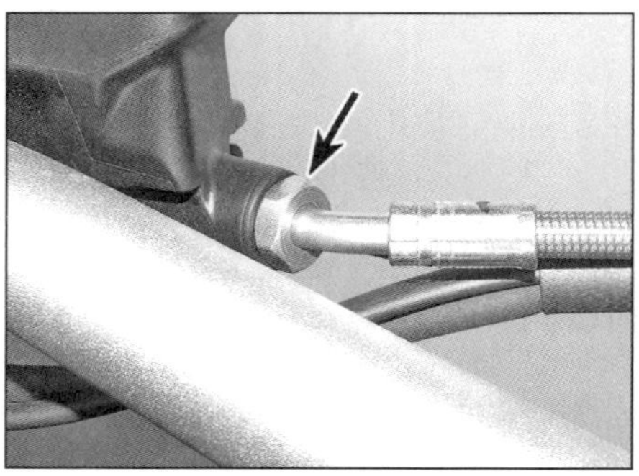

21.15 Kupplungsschlauch-Anschlussmutter

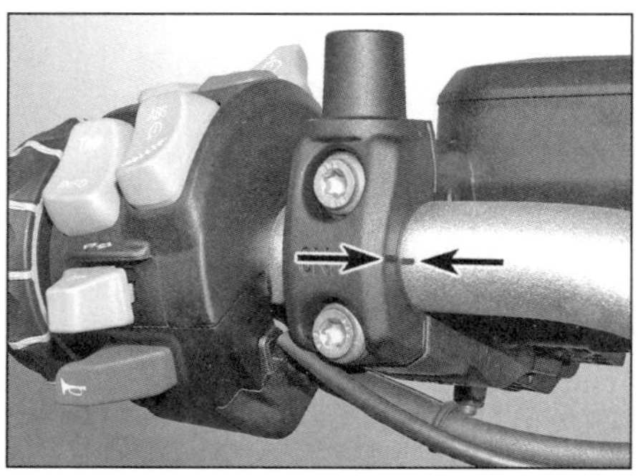

21.16 Kupplungsarmatur-Ausrichtmarkierung

21.24a Lockern Sie die Schlauchmutter und lösen Sie die Schrauben, ...

21.24b ...um den Ausrückzylinder abzunehmen.

21.25 Trennen Sie den Schlauch. Beachten Sie den Gehäuse-O-Ring.

21.32a Entfernen Sie die Kappe vom Entlüftungsventil ...

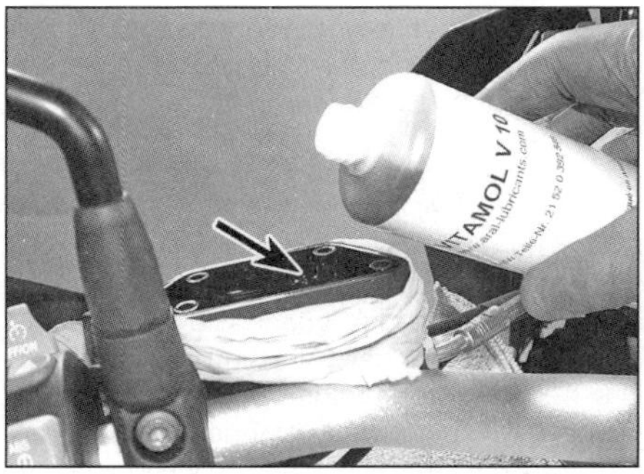

21.33 Füllen Sie den Ausgleichsbehälter bis zur Oberkante des senkrechten Angusses auf.

Verbinden Sie den Schlauch mit dem Ausrückzylinder und ziehen Sie die Anschlussmutter an.

- Ziehen Sie die Druckstange ein Stück weit aus dem Getriebe, um sie im Kolben des Ausrückzylinders auszurichten. Setzen Sie den Ausrückzylinder ans Getriebe und ziehen Sie die Schrauben schrittweise bis zum Drehmoment von 8 Nm an (Abb. 21.24b und a).
- Ziehen Sie die Anschlussmutter möglichst mithilfe eines geeigneten Drehmomentschlüssels mit 7 Nm an.

Anmerkung: *Falls kein solches Werkzeug zur Hand ist, sollten 7 Nm mit einem normalen Drehmomentschlüssel an einer Standardschraube geübt werden, um ein Gefühl dafür zu bekommen und die Anschlussmutter »nach Gefühl« nicht zu fest zu ziehen.*

- Füllen Sie den Ausgleichsbehälter mit frischer Vitamol V 10-Kupplungsflüssigkeit auf und entlüften Sie das System (siehe unten).
- Prüfen Sie vor der ersten Fahrt die Funktion der Kupplung.

Entlüften der Kupplungshydraulik

27 Das Entlüften der Kupplung besagt, dass alle Luftblasen aus dem Geberzylinder, der Leitung und dem Ausrückzylinder entfernt werden. Entlüften ist immer notwendig, wenn eine Hydraulik-Verbindung gelöst oder eine Komponente oder Leitung gewechselt wurde.

21.32b ... und stecken Sie einen Schlauch auf.

21.35 Entlüften Sie den Ausrückzylinder wie beschrieben, bis keine Blasen mehr im Schlauch aufsteigen.

Lecks im System können ebenfalls das Eindringen von Luft ermöglichen – aber sie zeigen auch durch auslaufende Flüssigkeit das Problem an und weisen auf eine dringend notwendige Reparatur hin.

28 Zum Entlüften der Kupplung werden frische Vitamol V 10-Kupplungsflüssigkeit, ein durchsichtiger Vinyl- oder Plastikschlauch, Lappen und ein Ringschlüssel für das am Ausrückzylinder sitzende Entlüftungsventil sowie nötigenfalls eine 100-ml-Spritze zum Auffüllen des Systems (BMW bietet unter der Teilenummer 342551 eine an) benötigt.

Anmerkung: *Die Spritze und der Schlauch dürfen nicht mit irgendwelchen anderen Flüssigkeiten verunreinigt sein.*

29 Demontieren Sie den Anlasser (siehe Kapitel 8).

30 Entfernen Sie am Geberzylinder den Ausgleichsbehälterdeckel und saugen Sie die Bremsflüssigkeit ab (siehe Schritt 14).

31 Drehen Sie den Lenker so, dass der offene Ausgleichsbehälter möglichst waagerecht steht.

32 Entfernen Sie am Ausrückzylinder die Kappe des Entlüftungsventils. Benutzen Sie vorzugsweise einen Ringschlüssel und setzen Sie ihn jetzt auf das Entlüftungsventil. Stecken Sie dann den Schlauch auf das Ventil (siehe Abbildungen).

33 Füllen Sie den Ausgleichsbehälter bis zur oberen Markierung mit frischer Hydraulikflüssigkeit und decken Sie ihn ab (siehe Abbildung). Achten Sie während des Entlüftens darauf, dass immer genügend Flüssigkeit im Behälter steht.

34 Betätigen Sie den Kupplungshebel langsam, um sicherzugehen, dass sich keine Luftblasen mehr im oberen Bereich befinden. Lassen Sie den Hebel wieder langsam los.

35 Öffnen Sie das Entlüftungsventil und ziehen Sie langsam die Kupplung. Schließen Sie das Ventil wieder und lösen Sie den Kupplungshebel. Wiederholen Sie dies, bis im Schlauch keine Luftblasen mehr zu sehen sind und nur noch frische Hydraulikflüssigkeit austritt (siehe Abbildung). Ziehen Sie das Entlüftungsventil an, entfernen Sie den Schlauch und stecken Sie die Kappe auf.

36 Montieren Sie den Anlasser.

37 Prüfen Sie den Flüssigkeitspegel im Ausgleichsbehälter (siehe Kapitel 1) und installieren Sie die Manschette sowie den Deckel.

38 Prüfen Sie vor der ersten Fahrt die Funktion der Kupplung.

Praxis TiPP ***Wenn es nicht möglich ist, im Hebel einen Druckpunkt zu finden, ist die Flüssigkeit aufgeschäumt. Lassen Sie die Kupplungsflüssigkeit für einige Stunden in der Anlage, damit sie sich beruhigen kann, und prüfen Sie, ob sich im oberen Bereich des Systems Luft angesammelt hat.***

22 Anlasserfreilauf und Untersetzung

Anmerkung: *Der Anlasserfreilauf kann nicht bei eingebauten Motor demontiert werden. Der Motor muss ausgebaut und das Getriebe getrennt werden.*

Prüfung

1 Die Funktion des Freilaufs kann nach der Demontage des Anlassers (siehe Kapitel 8) von außen kontrolliert werden: Das Zwischenrad lässt sich durch die Anlasseröffnung frei in eine Richtung drehen und muss in die andere Richtung blockieren. Bei anderen Ergebnissen ist der Freilauf defekt und muss für eine Kontrolle ausgebaut werden.

Ausbau

2 Bauen Sie den Motor aus (siehe Sektion 4).

3 Falls das Zwischen- und Untersetzungs-Zahnrad ausgebaut werden sollen, muss der rechte Zylinderkopf demontiert werden (siehe Sektion 10).

4 Demontieren Sie das Getriebe (siehe Sektion 26).

5 Demontieren Sie die Lichtmaschine (siehe Kapitel 8) – der Freilauf sitzt an der Rückseite des Rotors. Lockern Sie vor der Demontage des Rotors die Schrauben des Freilaufs, nachdem der Rotor mithilfe des Kurbelwellen-Arretierstifts blockiert wurde.

6 Um das Freilaufrad von der Kurbelwelle zu entfernen, wird die Sicherungsschraube gelöst und zusammen mit der Scheibe und der Distanzhülse entfernt (siehe Abbildung). Ziehen Sie dann das Zahnrad ab (siehe Abbildung).

7 Um das Zwischen- und Untersetzungs-Zahnrad entfernen zu können, muss die rechte Steuerkettenführungsschiene demontiert werden (Abb. 18.3) – merken Sie sich die Einbauposition.

8 Lösen Sie die Schraube der Zwischenradwelle – beachten Sie die Scheibe. Drehen Sie dann die Welle heraus – sie hat ein Linksgewinde! Entnehmen Sie das Zahnrad (siehe Abbildungen).

9 Lösen Sie die Schraube der Untersetzungsradwelle – beachten Sie die Scheibe (siehe Abbildung). Drehen Sie eine M10x1-Schraube in die Welle, um sie damit herausziehen zu können. Entnehmen Sie das Zahnrad (siehe Abbildung).

Kontrolle, Zerlegung und Zusammenbau

10 Während der Lichtmaschinenrotor nach unten auf der Werkbank liegt, wird das Freilaufrad in den Freilauf gesteckt (und dabei rechts herum gedreht). Prüfen Sie, ob es sich frei im Uhrzeigersinn dreht und gegen den Uhrzeigersinn blockiert (siehe Abbildung). Ist dies nicht der Fall, muss der Freilauf zerlegt werden. Befreien Sie das Zahnrad wieder im Uhrzeigersinn drehend aus dem Freilauf.

11 Kontrollieren Sie die Spreizrollen und ihre Laufflächen auf der Freilaufrad-Nabe (siehe Abbildung) – falls Beschädigungen oder Abflachungen festgestellt werden, muss der Freilauf vom Lichtmaschinenrotor getrennt werden, um die Spreizrollen-Baugruppe zu erneuern.

12 Um den Freilauf aus der Rückseite des Lichtmaschinenrotors befreien zu können, müssen die sechs Schrauben gelöst werden – falls sie noch nicht vor dem Ausbau des Rotors gelockert wurden, muss dieser jetzt z. B. mit einem Bandschlüssel gehalten werden (siehe Abbildung). Entfernen Sie das Spreizrollengehäuse und befreien Sie daraus die Spreizrollen-Baugruppe – merken Sie sich die Einbaulage.

13 Installieren Sie die neue Spreizrollen-Baugruppe mit dem breiteren Bund zum Rotor in das Gehäuse und setzen Sie dies mit der flachen Seite an den Rotor. Je nach Ausführung

22.6a Lösen Sie die Sicherungsschraube ...

22.6b ...und ziehen Sie das Freilaufrad ab.

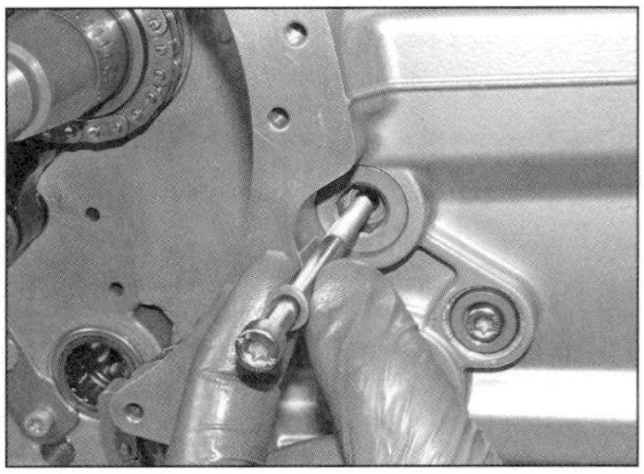

22.8a Lösen Sie die Schraube ...

22.8b ...drehen Sie die Welle heraus und entnehmen Sie das Zwischenrad.

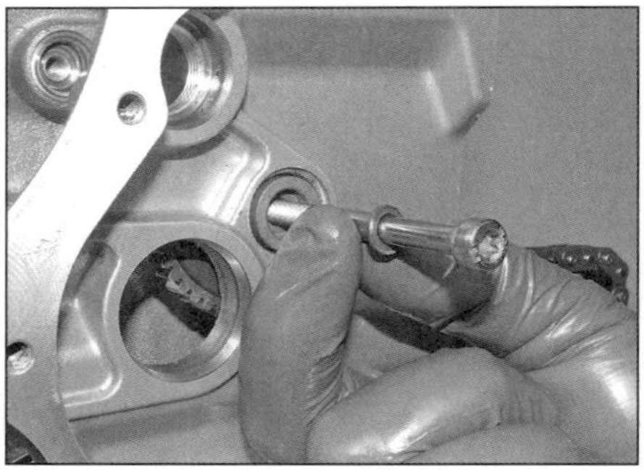

22.9a Lösen Sie die Schraube ...

22.9b ...ziehen Sie die Welle mithilfe einer Schraube heraus und entnehmen Sie das Untersetzungsrad

22.10 Installieren Sie das Zahnrad in den Freilauf, um diesen wie beschrieben zu testen.

22.11 Kontrollieren Sie die Spreizrollen und die Nabe auf Verschleiß und Schäden.

22.12 Halten Sie den Rotor und lösen Sie die Schrauben.

22.14 Kontrollieren Sie die Lagerbuchse auf Verschleiß.

22.17a Installieren Sie das Untersetzungsrad mit dem kleineren Zahnrad nach vorne.

22.17b Drücken Sie die Welle ein, bis sie bündig sitzt.

muss die Seite mit dem Gewicht gegenüber dem Schlitz für den Keil der Rotornabe liegen oder der Ausschnitt mit der Nut fluchten. Richten Sie die Schraubenbohrungen aus, installieren Sie die Schrauben und ziehen Sie sie entweder schon jetzt (bei gehaltenem Rotor) mit 35 Nm an, oder drehen Sie sie zunächst handfest ein und erledigen Sie dies nach der Montage des Rotors bei blockierter Kurbelwelle.

14 Kontrollieren Sie die Buchse im Freilaufrad auf Verschleiß (siehe Abbildung). Ersetzen Sie das Freilaufrad nötigenfalls. Inspizieren Sie ggf. auch die Gleitfläche auf der Kurbelwelle.

15 Begutachten Sie die Zähne des Zwischen- und des Untersetzungsrades sowie des Freilaufrades und der Anlasserwelle; wenn Ausbrüche oder starker Verschleiß festgestellt werden, muss das Zahnradpaar und/oder der Anlasser ersetzt werden. Falls die Gleitfläche der Wellen schadhaft oder riefig ist oder das Zahnrad darauf Spiel hat, muss sie ersetzt werden.

Einbau

16 Kontrollieren Sie die O-Ringe und Unterlegscheiben der Zwischen- und des Untersetzungsrad-Wellen und ersetzen Sie sie nötigenfalls durch Neuteile. Reinigen Sie die Gewinde der Schrauben.

17 Schmieren Sie die Untersetzungsradwelle und ihren O-Ring mit Motoröl, bringen Sie das Zahnrad in Position und schieben Sie die Welle vollständig ins Motorgehäuse (siehe Abbildungen). Versehen Sie das Schraubengewinde mit Sicherungspaste, installieren Sie die Schraube mit der Scheibe und ziehen Sie sie mit 8 Nm an (Abb. 22.9a).

18 Schmieren Sie die Zwischenradwelle und ihren O-Ring mit Motoröl, bringen Sie das Zahnrad in Position und schieben Sie die Welle hindurch, bevor Sie sie mit 18 Nm anziehen (Abb. 22.8b). Versehen Sie das Schraubengewinde mit Sicherungspaste, installieren Sie die Schraube mit der Scheibe und ziehen Sie sie mit 8 Nm an (Abb. 22.8a).

19 Schmieren Sie die Freilaufrad-Buchse mit Motoröl und schieben Sie das Rad auf die Kurbelwelle (Abb. 22.14 und 22.6b). Reinigen Sie das Gewinde der Sicherungsschraube und tragen Sie Sicherungspaste auf. Schieben Sie die Distanzhülse und die Scheibe auf und ziehen Sie die Schraube mit 10 Nm an (Abb. 22.6a).

20 Montieren Sie den Anlasserfreilauf und den Lichtmaschinenrotor (siehe Kapitel 8). Falls noch nicht erledigt, müssen vor dem Entfernen des Kurbelwellen-Arretierstifts die Freilauf-Schrauben mit 35 Nm angezogen werden.

21 Installieren Sie alle verbliebenen Bauteile.

23 Motorgehäuse

Anmerkung: *Um das Motorgehäuse trennen zu können, muss der Motor ausgebaut werden (siehe Sektion 4).*

Spezialwerkzeug: *Zum korrekten Anziehen der M10-Gehäuseschrauben wird ggf. eine Winkelmessscheibe benötigt. Für den Aus- und Einbau des linken Kolbenbolzens und seines Sicherungsrings werden entweder BMW-Spezialwerkzeuge oder ein stabiler Draht und zwei passende Rohre benötigt (siehe Schritte 6 und 39).*

Trennen

1 Um Zugang zur Kurbelwelle und ihren Lagern, den Pleuel und Kolben sowie den Öl-Ansaugstutzen zu erhalten, müssen die Motorgehäusehälften getrennt werden. Nach dem Trennen wird die linke Hälfte von der rechten gezogen, da die Kurbelwelle und das rechte Pleuel samt Kolben in der rechten Hälfte verbleiben.

2 Bevor das Motorgehäuse getrennt werden kann, müssen dir folgenden Komponenten demontiert werden:

- Vorderer Motordeckel (Sektion 16)
- Wasserpumpe (siehe Kapitel 3)
- Kupplung (Sektion 20)
- Ölpegel/Temperatursensor (Sektion 19)
- Zylinderköpfe (siehe Sektion 10)
- Getriebe (Sektion 26)
- Lichtmaschinenstator (siehe Kapitel 8)
- Ggf. Steuerketten und Schienen (Sektion 18)

3 Die folgenden Teile sollten für eine komplette Motorzerlegung und gute Zugänglichkeit beim Trennen des Motorgehäuses ebenfalls demontiert werden, können aber auch montiert bleiben, wenn beispielsweise nur die Kolben oder die Kurbelwelle samt Pleuel und Lagern kontrolliert werden sollen:

- Ölpumpe (Sektion 19)
- Lichtmaschinenrotor (siehe Kapitel 8)
- Steuerketten und Schienen (Sektion 18)
- Ausgleichswelle (Sektion 17)

4 Falls noch nicht geschehen, muss der Kurbelwellen-Arretierstift entfernt werden.

5 Bevor die Gehäusehälften getrennt werden, sollte das Axialspiel der Kurbelwelle mit einer Messuhr ermittelt werden (beachten Sie dazu die Werkzeug- und Werkstatt-Tipps im Anhang). Drücken Sie die Kurbelwelle nach hinten in das Motorgehäuse. Montieren Sie die Messuhr mit dem Messdorn gegen das vordere Wellenende. Nullen Sie die Uhr und ziehen Sie die Kurbelwelle nach vorne. Liegt der ermittelte Wert über 0,30 mm, müssen die Axial-Drucklager durch Neuteile ersetzt werden.

6 Drehen Sie die Kurbelwelle so, dass der Kolbenbolzen des linken Kolbens mittig in der Zugangsbohrung vorne im Motorgehäuse liegt (Abb. 12.21). Hebeln mithilfe eines kleinen, aber ausreichend langen Schraubendrehers den Sicherungsring heraus und entfernen Sie ihn mit einer geeigneten Spitzzange (siehe Abbildung) – der Ring darf dabei verbiegen, weil später auf jeden Fall ein Neuteil verwendet werden muss; allerdings darf weder der Kolben noch die Zugangsbohrung zerkratzt werden, da dies den Ausbau des Kolbenbolzens erschweren würde. Beschaffen Sie einen etwa

23.6a Der Ausbau des Kolbenbolzen-Sicherungsrings erfordert Sorgfalt und Geduld.

2

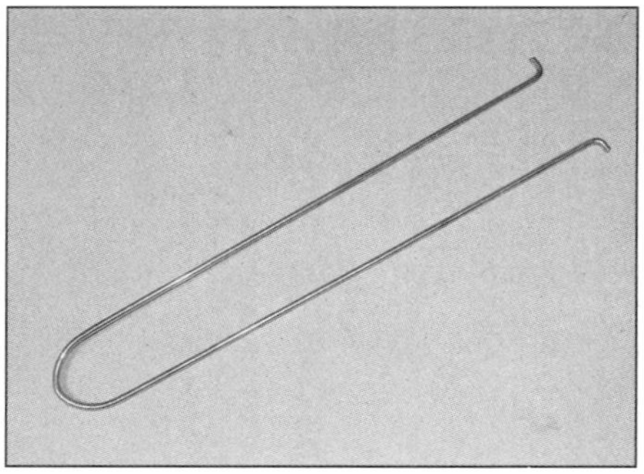

23.6b Dieses einfach herzustellende Werkzeug ...

23.6c ... wird zusammengedrückt, in die Bohrung und den Kolbenbolzen eingeführt, ...

23.6d ... und dort entspannt, um den Bolzen herauszuziehen.

56 cm langen stabilen Draht (z. B. Schweißdraht), biegen Sie ihn in der Mitte um und knicken Sie die Enden rechtwinklig nach außen, um damit den Kolbenbolzen herausziehen zu können (siehe Abbildung). Drücken Sie die Enden des Drahts zusammen und führen Sie sie durch die Bohrung in den Kolbenbolzen ein. Sobald sich die Enden auf dessen Rückseite wieder etwas entspannen, kann der Bolzen damit herausgezogen werden (siehe Abbildungen). Falls der Sicherungsring und der Kolbenbolzen nicht auf diese Art entfernt werden können, werden die BMW-Spezialwerkzeuge 110826, 110843 für den Sicherungsring und 110829 für den Kolbenbolzen benötigt, um sie folgendermaßen einzusetzen: Zunächst muss der Sicherungsring nötigenfalls in seiner Nut mit einem geeigneten Werkzeug so gedreht werden, dass die Öffnung in der Nut liegt. Installieren Sie den Adapter (110843) in den Sicherungsring-Auszieher (110826), installieren Sie die Baugruppe und drehen Sie den Abzieher, bis der Adapter in die Öffnung des Rings greift. Drehen Sie jetzt den Auszieher eine viertel bis halbe Umdrehung nach links, ziehen Sie ihn heraus und entfernen Sie den Adapter daraus. Installieren Sie den Auszieher erneut und drehen Sie ihn nach links, bis der Hebel mit einem hörbaren Klicken in den Ausschnitt einrastet. Ziehen Sie nun den Auszieher heraus – der Sicherungsring sollte mit herauskommen. Stecken Sie nun den Kolbenbolzen-Auszieher (110829) hinein und ziehen Sie den Bolzen heraus.

7 Lösen Sie zuerst die 17 M6-Schrauben, dann die zwei M8-Schrauben und schließlich die zwei M10-Schrauben (siehe Abbildungen).

8 Drehen Sie den Motor so, dass er auf dem rechten Zylinder liegt, und stützen Sie ihn mit Hölzern ab.

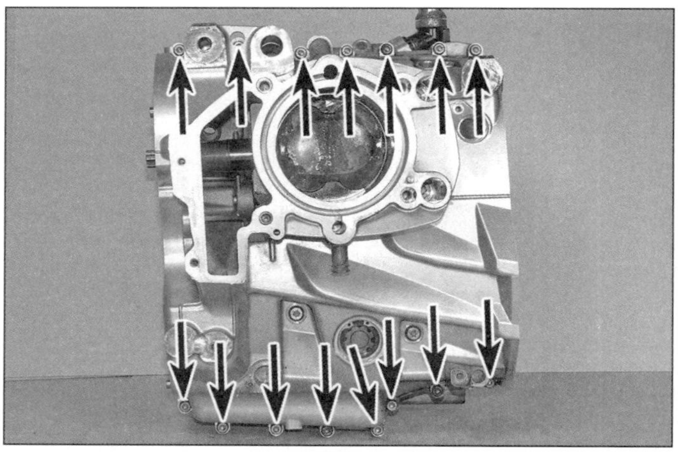

23.7a Lösen Sie oben und unten die M6-Schrauben ...

23.7b ... sowie die zwei vorderen M6-Schrauben.

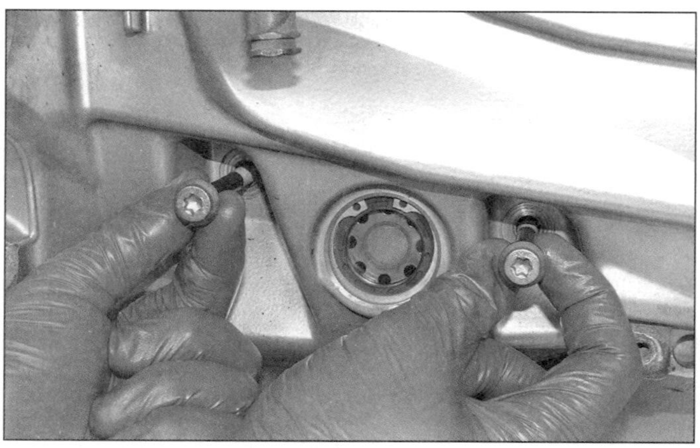

23.7c Lösen Sie die zwei M8-Schrauben am Ölschauglas ...

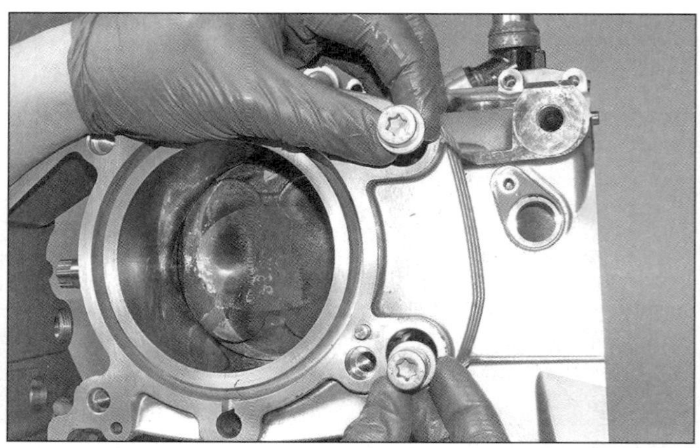

23.7d ... und die zwei M10-Schrauben vor dem rechten Zylinder.

23.9 **Lösen Sie die zwei M10-Schrauben hinter dem linken Zylinder.**

23.10a **Die Gehäusehälften dürfen nur an den zwei Schlitzen auseinandergehebelt werden.**

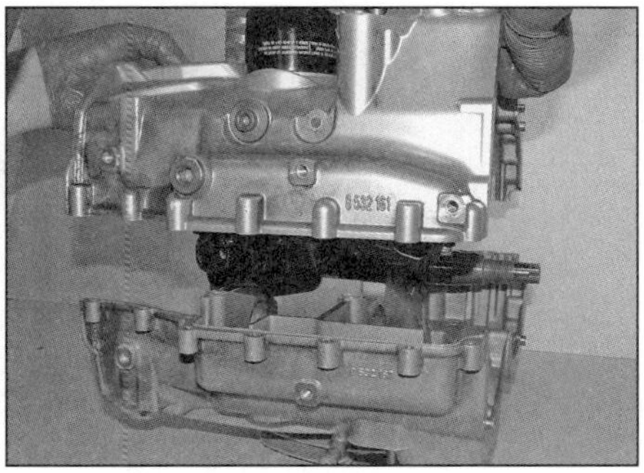

23.10b **Heben Sie die linke Gehäusehälfte von der rechten.**

9 Lösen Sie die zwei M10-Schrauben der linken Seite (siehe Abbildung).

10 Setzen Sie an den zwei dafür vorgesehenen Stellen einen Schraubendreher an, um die Dichtung zu lösen, und heben Sie die linke Gehäusehälfte vorsichtig ab (siehe Abbildungen). Falls sich die Gehäusehälften so nicht trennen lassen, muss zunächst nachgeschaut werden, ob alle Schrauben gelöst sind. Klopfen Sie anschließend das Gehäuse rundherum mit einem Kunststoffhammer ab, um die Dichtung zu lösen.

11 Beachten Sie in der linken Gehäusehälfte die Hauptlager- und Axial-Drucklagerschalen – sie dürfen nicht verloren gehen.

12 Entfernen Sie das Ausgleichswellen-Drucklager (siehe Abbildung).

13 Stellen Sie nötigenfalls die zwei Passhülsen und den O-Ring der rechten Gehäusehälfte sicher (siehe Abbildung) – der O-Ring muss später erneuert werden.

14 Demontieren Sie ggf. die Kurbelwelle samt Lagern, Pleuelstangen und Kolben – beachten Sie dazu die entsprechenden Sektionen.

Kontrolle

15 Lösen Sie die Schrauben der Öl-Ansaugstutzen und befreien Sie diese aus ihren Sitzen (siehe Abbildung) – die O-Ringe müssen später erneuert werden.

16 Lösen Sie die Schrauben der Motor-Entlüftungsventile und entfernen Sie diese – merken Sie sich die Einbaulage (siehe Abbildung).

17 Reinigen Sie das Motorgehäuse sorgfältig mit geeignetem Lösungsmittel und trocknen Sie es mit Druckluft. Blasen Sie auch alle Ölkanäle damit aus.

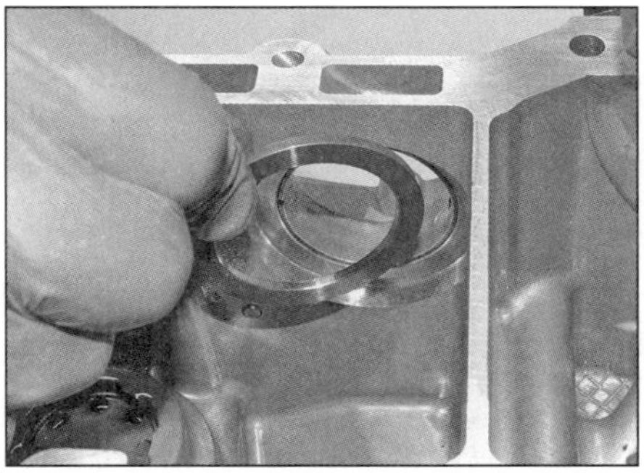

23.12 **Entfernen Sie die Anlaufscheibe der Ausgleichswelle.**

18 Entfernen Sie sämtliche Dichtungsreste von den Gehäuse-Dichtflächen. Wenn ein Schaber benutzt wird, muss aufgepasst werden, das weiche Aluminium nicht zu beschädigen, da dies zu Lecks führen kann.

19 Inspizieren Sie die Gehäusehälften auf Beschädigungen. Kleine Risse oder Löcher können provisorisch mit Epoxydharz oder Flüssigmetall repariert werden. Aluminium kann auch geschweißt werden, doch sollte diese Arbeit Profis überlassen werden, die abwägen können, ob sich der Aufwand lohnt. Bedenken Sie, dass bei einem irreparablen Schaden immer beide Gehäusehälften als Satz ausgetauscht werden müssen.

20 Beschädigte Gewinde lassen sich mit Reparatursätzen wie Helicoil kostengünstig wiederherstellen. Solche Einsätze lassen sich relativ einfach installieren.

21 Abgerissene Stehbolzen oder Schrauben können mit speziellen Werkzeugen entfernt werden – holen Sie dazu bei einer BMW-Werkstatt oder einem Motoren-Fachbetrieb Rat ein.

23.13 **O-Ring und Passhülsen der unteren Gehäusehälfte**

Praxis TiPP *Werkzeug-Tipps: Wechseln Sie zu den* **Werkzeug- und Werkstatt-Tipps** *im Anhang dieses Handbuches, um Details über Gewindeeinsätze, Stehbolzen- und Linksausdreher zu erfahren.*

Zusammenbau

22 Reinigen Sie die Gewinde aller Motorgehäuseschrauben.

23 Sorgen Sie dafür, dass die Dichtflächen absolut sauber sind (siehe Schritt 18).

24 Heben Sie vorsichtig die Zungen der Motor-Entlüftungsventile an, um sicherzugehen, dass sie nicht verklebt oder verschmutzt sind (siehe Abbildung). Waschen Sie das Ventil

23.15 **Schrauben der Ölansaugstutzen**

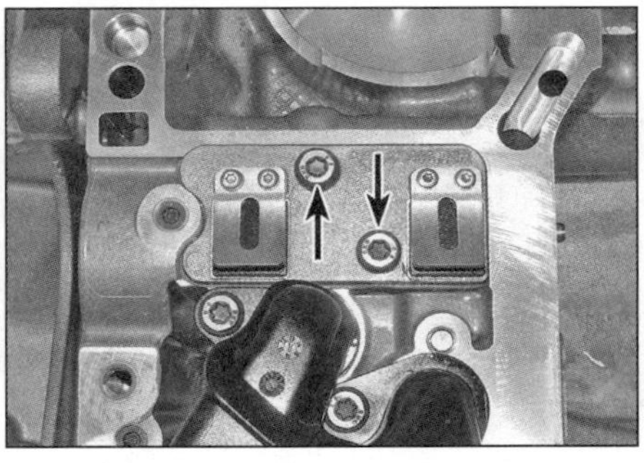

23.16 **Schrauben der Motorentlüftungsventile**

23.24a **Die Zungenventile dürfen weder verschmutzt noch verklebt sein ...**

23.24b ... und müssen gut abdichten.

nötigenfalls mit Lösungsmittel und trocknen Sie es mit Druckluft. Versuche, die Ventilzungen sauber zu kratzen, sollten unterbleiben, da sie sehr empfindlich sind. Die Zungen müssen flach gegen das Ventilgehäuse liegen (siehe Abbildung) – halten Sie das Ventil zur Kontrolle gegen das Licht. Wenn sich eine Zunge verzogen hat, muss das Ventil ersetzt werden, da ansonsten Ölnebel über das Luftfiltergehäuse in den Motor steigt und verbrannt wird. Stellen Sie sicher, dass die Schrauben der Zungen-Anschlagplatte fest sitzen, und installieren Sie das Ventil in die linke Motorgehäusehälfte (Abb. 23.16).

25 Prüfen Sie, ob die Ansaugsiebe absolut sauber sind (siehe Abbildung). Die Filtergaze können nicht aus den Ansaugstutzen entfernt werden und müssen fest darin sitzen. Waschen Sie die Siebe nötigenfalls mit Lösungsmittel und trocknen Sie sie mit Druckluft. Rüsten Sie die Ansaugstutzen mit neuen O-Ringen aus und installieren Sie sie vorsichtig, ohne die O-Ringe zu verschieben. Installieren Sie die Schrauben und ziehen Sie sie sorgfältig an (Abb. 23.15).

26 Installieren Sie die Pleuelstangen samt Kolben und die Kurbelwelle samt Lagern – beachten Sie die entsprechenden Sektionen. Die Kurbelwellenlager müssen in die linke Gehäusehälfte installiert sein (siehe Sektion 25).

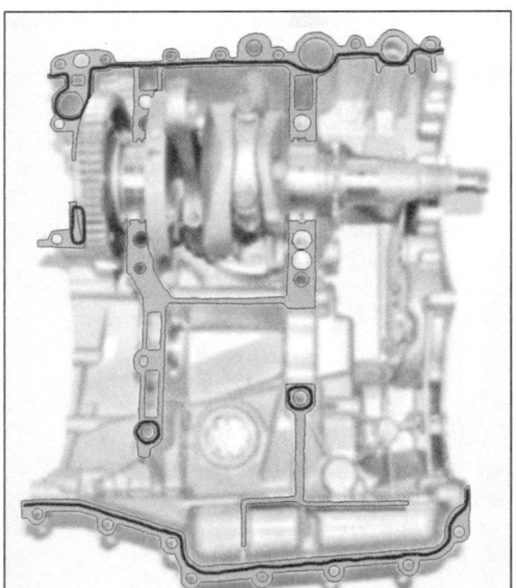

23.30b ... auf den markierten Bereichen der rechten Gehäusehälfte auf.

23.25 Prüfen und reinigen Sie die Siebe in den Ansaugstutzen.

27 Die rechte Gehäusehälfte muss gut mit Hölzern abgestützt sein. Entfernen Sie mit einem lösungsmittelgetränkten Lappen sämtliche Ölreste von den Dichtflächen beider Gehäusehälften.

28 Installieren Sie das Ausgleichswellen-Drucklager, indem Sie die Scheibe mit etwas Fett in ihren Sitz »kleben« (Abb. 23.12).

29 Legen Sie einen neuen O-Ring in die Nut oben in der rechten Gehäusehälfte. Installieren Sie ggf. die Passhülsen (Abb. 23.13).

30 Verteilen Sie geeignete Dichtmasse gleichmäßig auf der Dichtfläche der rechten Gehäusehälfte (siehe Abbildungen).

Achtung: Verwenden Sie nicht zu viel Dichtmasse, da sie sich bei der Montage nach innen heraus quetscht und Ölkanäle verstopfen kann. Geben Sie keine Dichtmasse in oder in die Nähe von Ölbohrungen, Lager-Einsätzen oder auf Lageroberflächen.

31 Senken Sie vorsichtig die linke Gehäusehälfte über der rechten ab (Abb. 23.10b) – es ist hilfreich, wenn ein Assistent dabei das linke Pleuel hält. Prüfen Sie beim Absenken, ob die in der linken Hälfte sitzenden Lagerschalen in Position bleiben. Kontrollieren Sie, ob die Gehäusehälften rund herum korrekt sitzen.

Achtung: Das Motorgehäuse soll ohne Kraftaufwand zusammengefügt werden können. Wenn es nicht richtig passt, heben Sie die linke Hälfte ab und untersuchen Sie das Problem. Versuchen Sie nicht, die Hälften mit den Gehäuseschrauben mit den Schrauben zusammenzuziehen – dies würde zu Brüchen und zur Zerstörung des Gehäuses führen.

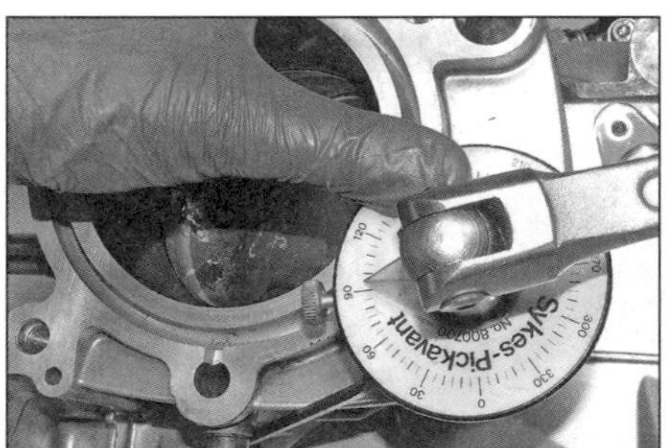

23.35 Ziehen Sie die M10-Schrauben zum Schluss in einem Zug um 90° weiter.

23.30a Tragen Sie gleichmäßig Dichtmasse ...

32 Installieren Sie die zwei M10-Schrauben und die zwei M6-Schrauben in die linke Gehäusehälfte und ziehen Sie sie nur so weit an, dass sich die Gehäusehälften nicht bewegen können, wenn das Gehäuse umgedreht wird (Abb. 23.9 und 23,7b).

33 Stellen Sie das Gehäuse aufrecht hin und stützen Sie es mit Hölzern ab.

34 Installieren Sie die zwei M10-Schrauben, die zwei M8-Schrauben und die fünfzehn M6-Schrauben zunächst handfest in die rechte Gehäusehälfte (Abb. 23.7d, c und a).

35 Ziehen Sie die M10-Schrauben gleichmäßig und in kleinen Schritten bis zum Erstanzugswert von 25 Nm an. Benutzen Sie dann nötigenfalls eine Winkelmessscheibe (einen Viertelkreis sollte man sich auch so vorstellen können) um sie in einem Zuge um 90° weiterzudrehen (siehe Abbildung) (beachten Sie hierzu die *Werkzeug- und Werkstatt-Tipps* im Anhang.

36 Ziehen Sie die M8-Schraube schrittweise und über Kreuz mit 19 Nm und dann die M6-Schrauben auf die gleiche Weise mit 10 Nm an.

37 Legen Sie den Motor unterstützt von einem Holz auf den linken Zylinder, sodass das linke Pleuel senkrecht herunter hängt und damit leichter zur Kolbenbolzenbohrung im Kolben ausgerichtet werden kann (siehe Abbildungen) – helfen Sie nötigenfalls mit einem Schraubendreher nach.

23.37a Stützen Sie das Motorgehäuse wie gezeigt ab.

23.37b Der Kolben und das Pleuel müssen exakt in der Gehäusebohrung zueinander ausgerichtet sein.

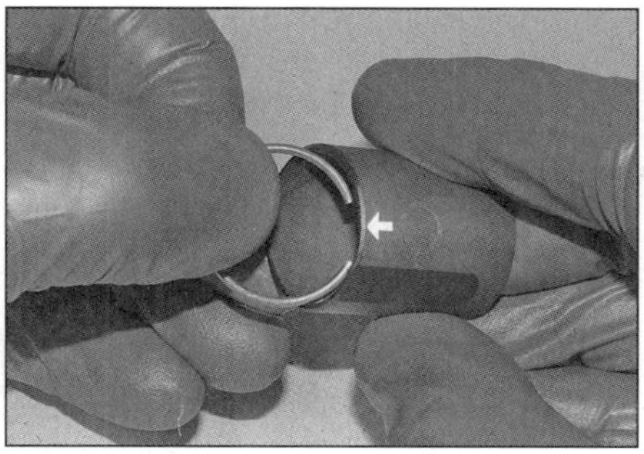

23.38a Installieren Sie den Sicherungsring in das mit dem Pfeil markierte Ende der Hülse.

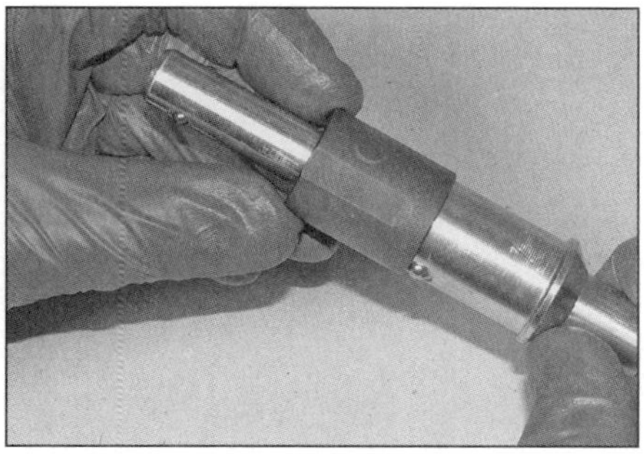

23.38b Schieben Sie die Hülse auf das Werkzeug und über die innere Arretierkugel.

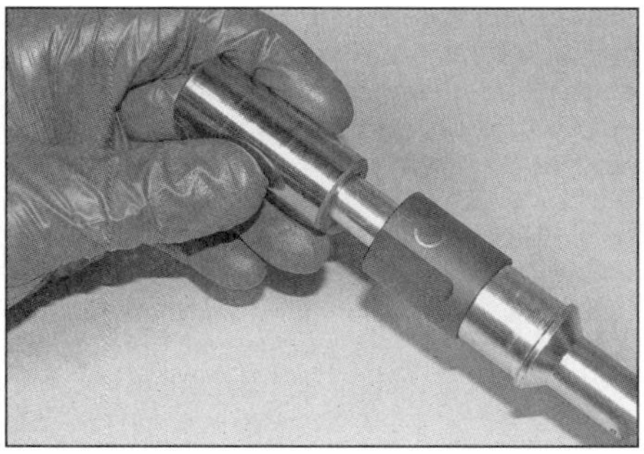

23.38c Schieben Sie den Kolbenbolzen auf, ...

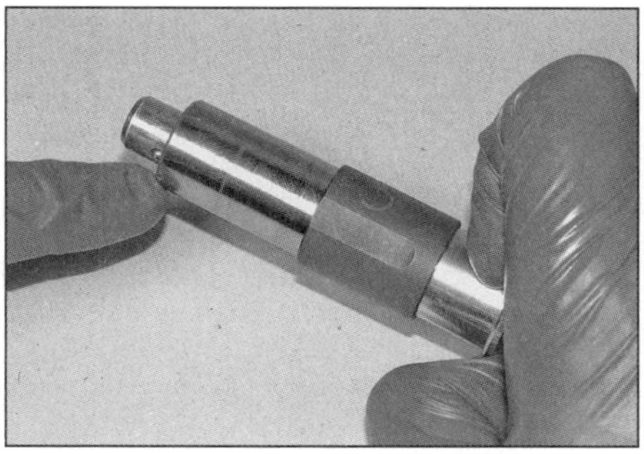

23.38d ... sodass er an der Innenseite der äußeren Arretierkugel anliegt.

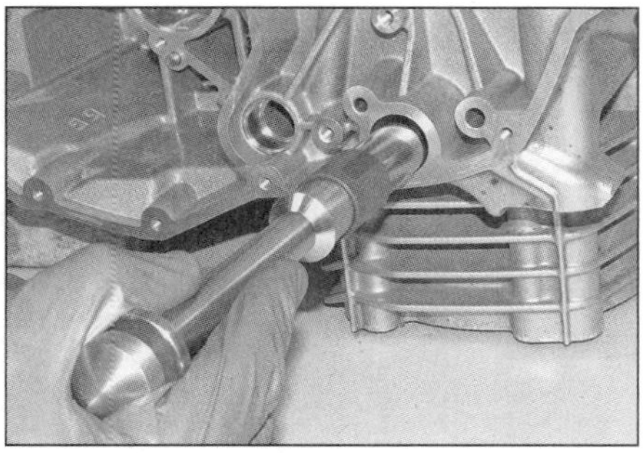

23.38e Schieben Sie das Werkzeug vollständig ein, drücken Sie den hinteren Knopf ein, um den Sicherungsring in seinen Sitz zu schieben und den Kolbenbolzen zu lösen; ziehen Sie es dann heraus.

38 Falls zum Ausbau des Kolbenbolzens die BMW-Spezialwerkzeuge verwendet wurden, können sie auch für den Einbau verwendet werden.

Anmerkung: *Wir haben es damit versucht und damit auch den Kolbenbolzen weit genug installieren können, haben es aber zweimal nicht geschafft, den Sicherungsring in seine Nut zu setzen, sodass er in den Spalt zwischen den Kolben und den Zylinder rutschte. Wir bauten dann ein sehr einfaches Werkzeug aus einem alten Rohr, das schon beim ersten Mal gut funktionierte (siehe Schritt 39).*

Installieren Sie den neuen Sicherungsring in das mit dem Pfeil versehene Ende der zum Werkzeug 110829 gehörenden Hülse und schieben Sie diese mit dem außenliegenden Sicherungsring über das Werkzeug, um es über die unter Federdruck stehende Kugel am breiteren Bereich zu drücken (siehe Abbildungen). Schieben Sie den Kolbenbolzen gegen die Hülse, sodass die federbelastete Kugel im schmaleren Bereich am äußeren Ende herausschaut (siehe Abbildungen). Installieren Sie das Werkzeug vollständig – die Öffnung des Sicherungsrings darf nicht zum Ausschnitt ausgerichtet sein. Drücken Sie den Knopf außen am Werkzeug ein, sodass der Sicherungsring (hoffentlich) in seine Nut gedrückt und der Kolbenbolzen gelöst wird (siehe Abbildung). Entfernen Sie das Werkzeug anschließend. Prüfen Sie, ob der Kolbenbolzen korrekt installiert und mit dem rundherum in seiner Nut sitzenden Sicherungsring arretiert ist.

39 Die preiswertere, einfachere und erfolgreichere Einbaumethode: Schieben Sie den Kolbenbolzen bis gegen den hinteren Sicherungsring in den Kolben und durch das Pleuel (siehe Abbildung). Jetzt werden zwei Rohre benötigt, die aus Stahl, Aluminium, Kupfer oder Kunststoff bestehen können und folgende Maße haben müssen: Das äußere Rohr muss 140 bis

23.39a Der Kolbenbolzen kann mit einem Stück Benzinschlauch eingeführt und dann mit einem Schraubendreher in den Kolben gedrückt werden.

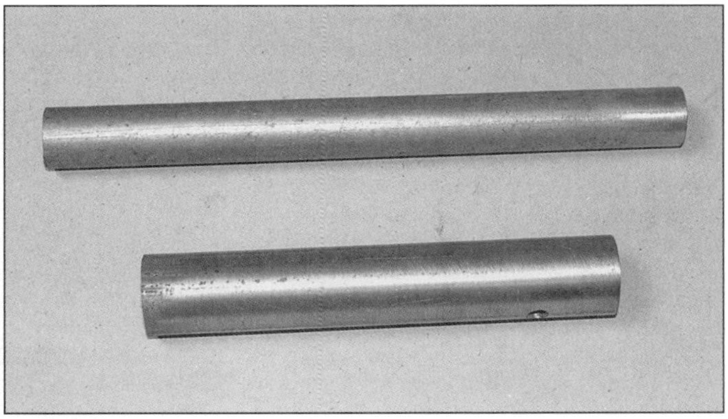

23.39b Unser Werkzeug wurde aus zwei passenden Rohr-Enden gebaut.

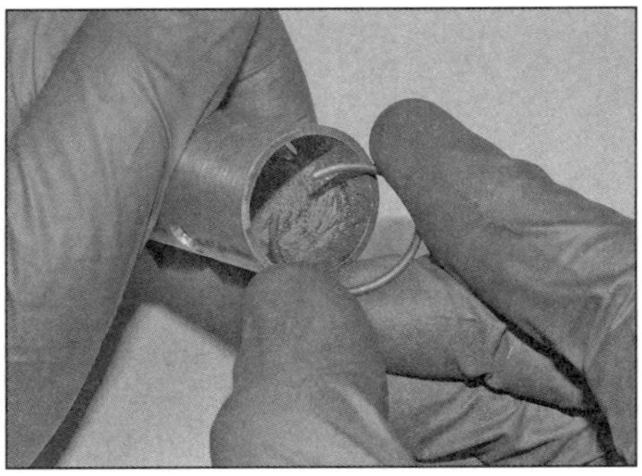

23.39c Installieren Sie den Sicherungsring in das Ende des äußeren Rohrs, ...

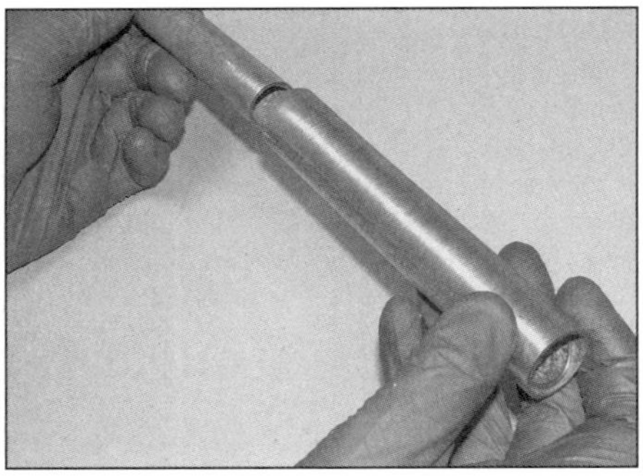

23.39d ... schieben Sie das innere Rohr ein ...

23.39e ... und bringen Sie den Sicherungsring davor in eine senkrechte Position.

23.39f Schieben Sie das äußere Rohr bis zum Kolben in die Bohrung ...

23.39g ... und drücken Sie das innere Rohr ein, um den Sicherungsring in den Kolben zu schieben.

150 mm lang sein, einen Außendurchmesser von 25 mm und einen Innendurchmesser von 21,5 mm aufweisen, was eine Wandstärke von 1,75 mm ergibt. Je nach Oberfläche muss das Rohr eventuell geschliffen werden, damit es leicht durch die Motorgehäuse-Bohrung gleitet. Das innere Rohr muss 210 bis 215 mm lang sein und einen Außendurchmesser von 20 bis 21 mm aufweisen (der Innendurchmesser ist unwichtig). Nötigenfalls muss es geschliffen werden, damit es sanft im Außenrohr gleitet (siehe Abbildung). Statt des Innenrohres kann auch ein passender Steckschlüssel mit Verlängerung benutzt werden – es muss lediglich so eng im Außenrohr gleiten, dass es gegen den Sicherungsring drückt und nicht hindurch rutscht. Installieren Sie den neuen Sicherungsring einige Millimeter tief ins Außenrohr, schieben Sie das Innenrohr ein und drücken Sie den Sicherungsring mit einem Schraubendreher senkrecht dagegen (siehe Abbildungen). Schieben Sie das Außenrohr mit dem Sicherungsring voran in die Gehäusebohrung gegen den Kolben und drücken Sie dann gegen das Innenrohr, damit es den Ring aus dem Außenrohr und in die Nut des Kolbens schiebt (siehe Abbildungen). Entfernen Sie das Werkzeug anschließend und prüfen Sie, ob der Kolbenbolzen korrekt installiert und mit dem rundherum in seiner Nut sitzenden Sicherungsring arretiert ist.

40 Kontrollieren Sie, ob sich die Kurbelwelle frei drehen lässt (berücksichtigen Sie dabei den Widerstand der Kolben in den Zylindern. Bei irgendwelchen Anzeichen von Steifigkeit, Rauheit oder anderen Problemen muss der Fehler behoben werden, bevor weiter gearbeitet wird.

41 Drehen Sie die Kurbelwelle so, dass die Kolben im OT stehen und blockieren Sie sie mit dem Arretierwerkzeug.

42 Installieren Sie alle anderen Bauteile in der umgekehrten Ausbaureihenfolge.

24 Kurbelwellenhauptlager und Pleuellager – Allgemeine Informationen

1 Obwohl die Kurbelwellen- und Pleuellager bei einer Motorüberholung generell ersetzt werden, sollten die alten Bauteile für eine genaue Begutachtung aufbewahrt werden, um aus Ihnen wertvolle Informationen über den Zustand des Motors zu ziehen.

2 Lagerschäden beruhen zumeist auf Ölmängel, Schmutz oder Fremdkörper im Motor, Motorüberlastung und/oder Korrosion. Ungeachtet des Grundes für die Lagerschäden muss dieser vor der Motormontage korrigiert werden, um eine Wiederholung auszuschließen.

3 Bei einer Begutachtung der Lager ist es hilfreich, diese den entsprechenden Zapfen der Kurbelwelle zuzuordnen, damit die Gründe für ein Problem gefunden werden. Beachten Sie, dass die Lagerschalen in ihre Sitze im Motorgehäuse oder Pleuel gepresst sind und dort nur entfernt werden dürfen, wenn sie begutachtet werden müssen. Es ist extrem wichtig, dass die Lagerschalen wieder in ihre ursprüngliche Positionen gelangen – legen Sie sie deshalb auf saubere Pappen und markieren Sie darauf ihre Positionen.

4 Schmutz und andere Fremdkörper können auf unterschiedliche Weise in den Motor gelangen. Sie können beim Zusammenbau zurückgelassen werden oder durch den Filter bzw. die Motorentlüftung eindringen. Die Partikel gelangen mit dem Öl in die Lager. Oftmals finden sich Metallsplitter als Bearbeitungsrückstände und Verschleißspuren. Ablagerungen verbleiben auch nach der Überholung in Motorkomponenten, besonders wenn die Teile nicht sorgfältig gereinigt wurden. Solche Teilchen arbeiten sich oft in das weiche Lagermaterial ein und können leicht erkannt werden. Große Partikel werden jedoch nicht in das Lager eingebettet, sondern kerben und zerkratzen die Lager und Zapfen. Der beste Schutz gegen diese Lager-Ausfälle ist sorgfältiges Reinigen und absolute Sauberkeit bei der Motormontage. Ebenso müssen natürlich regelmäßig das Öl und der Ölfilter gewechselt werden.

5 Ölmangel und eine Unterbrechung der Schmierung haben eine Reihe von zusammenhängenden Gründen: Extreme Hitze verdünnt das Öl, Überlastung drückt das Öl aus den Lagern und überhöhtes Lagerspiel oder eine verschlissene Ölpumpe sowie zu hohe Drehzahlen lassen den nötigen Druck des Schmiersystems zusammenbrechen. Blockierte Ölleitungen lassen ein Lager trocken laufen und schnell zerstören. Lagerschalen besitzen zwar sogenannte »Notlaufeigenschaften«, aber nur für die jeweils ersten Sekunden nach dem Anlassen. Wird dagegen bei hohen Drehzahlen die Schmierung für wenige Zehntelsekunden unterbrochen, können Schalen und Zapfen bereits schrottreif sein: Das Lagermaterial wird vom Bock abgetragen und die durch die Reibung entstehende starke Hitze zerstört den Wellenzapfen.

Praxis TiPP ***Beachten Sie in Sektion 5* der Werkzeug- und Werkstatt-Tipps *im Anhang die Fehlersuche bei Lagern.***

6 Auch die Fahrweise hat einen direkten Einfluss auf die Lebensdauer von Lagern. Vollgas bei niedrigen Drehzahlen und hohe Belastung beanspruchen die Lager stark, da diese dazu neigen, den Ölfilm abzuquetschen. Diese Zustände belasten die Lager stark und erzeugen feine Ermüdungsbrüche in der Oberfläche. Schließlich kann das Lagermaterial ausbrechen und selbst weitere Schäden anrichten. Kurzstreckenbetrieb führt zu Korrosion der Lager, da der Motor keine ausreichende Betriebstemperatur erreicht, um Kondenswasser und aggressive Gase vertreiben zu können. Diese Produkte sammeln sich im Motoröl und bilden Säure und Schlamm. Wenn dieses Öl in die Lager gelangt, greift die Säure die Lager an und lässt das Material korrodieren.

7 Eine nachlässige Montage der Lager während des Motorzusammenbaus kann ebenso zu Problemen führen. Fest sitzende Lager führen zu geringem Lagerspiel und einem unzureichenden Schmierfilm. Hinter einer Lagerschale verbleibender Schmutz oder Fremdteile verbiegen die Schale und sorgen für punktuellen Verschleiß.

8 Um Lagerprobleme zu vermeiden, müssen alle Teile vor dem Einbau sorgfältig gereinigt, mehrmals überprüft, genau vermessen und anschließend mit frischem Motoröl geschmiert werden.

25 Kurbelwelle

Anmerkung: *Zum Ausbau der Kurbelwelle muss der Motor aus dem Fahrwerk befreit werden (siehe Sektion 4).*

Ausbau

1 Trennen Sie die Motorgehäusehälften (siehe Sektion 23).

2 Demontieren Sie das/die Pleuel von der Kurbelwelle (siehe Sektion 15). Das linke Pleuel kann an der Kurbelwelle verbleiben, wenn es keinen Grund zum entfernen gibt.

3 Heben Sie die Kurbelwelle aus der rechten Motorgehäusehälfte – verlieren Sie dabei nicht die Lagerschalen (siehe Abbildung).

Kontrolle

4 Reinigen Sie die Kurbelwelle mit Lösungsmittel und trocknen Sie sie mit Druckluft – blasen Sie damit auch alle Ölkanäle durch, um sicherzugehen, dass sie nicht verstopft sind.

5 Begutachten Sie die in beiden Gehäusehälften sitzenden Haupt- und Axialdruck-Lagerschalen. Bei Anzeichen von verschlissenen Gleitflächen müssen sie ersetzt werden – die Hauptlagerschalen immer alle zusammen als Set. Die Lagerschalen sind je nach Einbautoleranz an den Rändern mit violetter, grüner oder gelber Farbe markiert (siehe Abbildung). An den Kurbelwangen müssen sich ebensolche Farbmarkierungen finden (Abb. 15.11c). Beschaffen und installieren Sie Lagerschalen mit der gleichen Farbmarkierung.

6 Beachten Sie die allgemeinen Informationen in Sektion 24. Sind die Lagerschalen riefig, stark abgetragen oder scheinen sie gefressen zu haben, muss der entsprechende Kurbelwellenzapfen überprüft werden. Beschädigte Zapfen erfordern den Ersatz der Kurbelwelle, da keine Untermaß-Lagerschalen erhältlich sind. Im Zweifel über den Zustand der Welle sollte sie von einer BMW-Werkstatt überprüft werden.

7 Entfernen Sie die Hauptlagerschalen aus beiden Gehäusehälften, indem Sie sie mit einem kleinen in die Nut eingeführten Schraubendreher heraushebeln. (siehe Abbildungen). Wenn keine Beschädigungen sichtbar sind, müssen die Schalen so beiseite gelegt werden, dass sie bei der vor dem Zusammenbau durchgeführten Lagerspiel-Kontrolle wieder in ihre ursprünglichen Sitze gelangen können.

8 Der hintere Kurbelwellenstumpf ist im Träger des Lichtmaschinenstators gelagert – Details dazu finden sich in Kapitel 8, Sektion 24.

Kontrolle des Lagerspiels

9 Unabhängig davon, ob neue Lagerschalen eingebaut wurden oder die alten wiederverwendet werden, muss vor dem Motorzusammenbau das Lagerspiel gemessen werden. Hierzu werden eine geeignete Bügelmessschraube (Mikrometerschraube) und ein Innenmessgerät benötigt.

10 Messen Sie zuerst mit einer Mikrometerschraube an verschiedenen Stellen den Durchmesser beider Kurbelwellen-Zapfen und notieren Sie die Ergebnisse (siehe Abbildung).

11 Reinigen Sie als Nächstes die Rückseiten der Lagerschalen und die Lagersitze in beiden Gehäusehälften mit Lösungsmittel. Drücken Sie die Lagerschalen in ihre Sitze, sodass ihre Laschen in die Nuten des Gehäuses greifen (siehe Abbildung und Abb. 25.7b). Gehen Sie sicher, dass die Schalen in ihren ursprünglichen Positionen sitzen und die Gleitflächen nicht mit den Fingern berührt werden.

25.3 Heben Sie die Kurbelwelle vorsichtig heraus – sie ist ziemlich schwer.

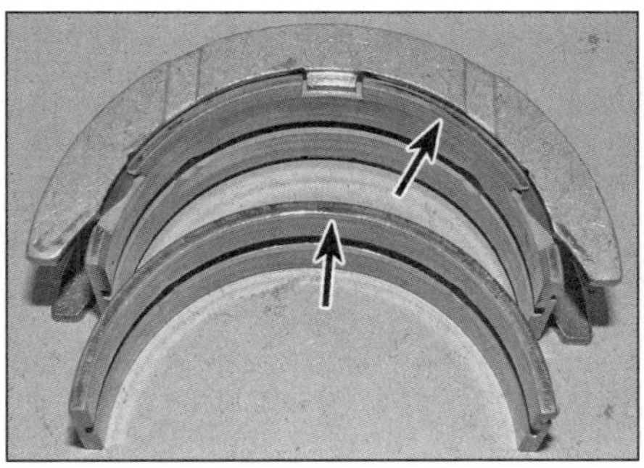

25.5 Farbmarkierungen an den Haupt- und Axial-Drucklagerschalen

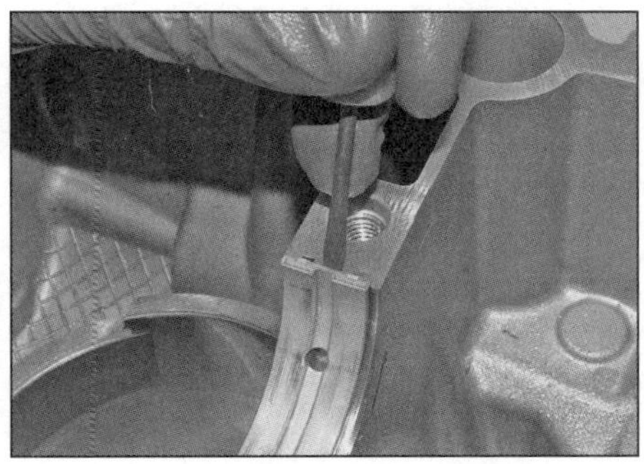

25.7a Hebeln Sie die Lagerschalen mit einem kleinen Schraubendreher ab ...

25.7b ... und heben Sie sie ab.

25.10 Messen Sie den Durchmesser der beiden Hauptlagerzapfen.

25.11 Die Lasche (Pfeil) muss in die Nut des Lagersitzes greifen.

12 Senken Sie vorsichtig die linke Gehäusehälfte über der rechten ab – stellen Sie sicher, dass die in der linken Hälfte sitzenden Lagerschalen in Position bleiben. Kontrollieren Sie, ob die Gehäusehälften rund herum korrekt sitzen.

13 Wenn die Gewinde aller Gehäuseschrauben gereinigt sind, werden sie entsprechend der Schritte 34 bis 36 in Sektion 23 angezogen.

14 Messen Sie den Innendurchmesser der Kurbelwellen-Lagerschalen und notieren Sie die Ergebnisse.

15 Subtrahieren Sie den Wert des entsprechenden Kurbelwellenzapfen-Durchmessers vom Lager-Durchmesser, um das Lagerspiel zu ermitteln – vergleichen Sie das Ergebnis mit den Angaben in den technischen Daten.

16 Wenn für die Kontrolle die originalen Lagerschalen verwendet wurden und das Spiel liegt im Toleranzbereich, können sie wiederverwendet werden (liegt es kurz vor der Verschleißgrenze, sollten dennoch neue Lager installiert werden. Ist das Spiel größer als 0,080 mm, aber der Lagerzapfen ist in Ordnung, werden neue Lagerschalen ausgewählt (siehe Schritt 5) und montiert und die Messung wiederholt. Ersetzen Sie nötigenfalls immer die Schalen aller Hauptlager gleichzeitig. Falls eine neue Kurbelwelle installiert werden muss, müssen sämtliche Lager (Haupt- und Axial-Drucklager) entsprechend der darauf angegebenen Farbmarkierungen ausgewählt und ebenfalls erneuert werden.

Einbau

17 Stellen Sie sicher, dass die Rückseiten der Lagerschalen und ihre Sitze im Gehäuse sauber sind. Bei neuen Lagerschalen muss ihr Schutzfett vollständig mit Lösungsmittel entfernt sein.

18 Drücken Sie die Lagerschalen in ihre Sitze, sodass ihre Laschen in die Nuten des Gehäuses greifen (Abb. 25.7b und 25.11). Gehen Sie sicher, dass die Schalen in den korrekten Positionen sitzen und die Gleitflächen nicht mit den Fingern berührt werden.

19 Schmieren Sie die Kurbelwellenlager und ihre Lagerschalen mit frischem Motoröl und legen Sie die Welle ins rechte Motorgehäuse (Abb. 25.3).

20 Montieren Sie das/die Pleuel an die Kurbelwelle (siehe Sektion 15).

21 Montieren Sie die Motorgehäusehälften (siehe Sektion 23).

26 Getriebe – Ausbau und Einbau

Ausbau

1 Bauen Sie den Motor aus (siehe Sektion 4).

2 Demontieren Sie den Ölpegel/Temperatursensor (siehe Sektion 19).

3 Lösen Sie die Schrauben des Motorentlüftungsdeckels und entfernen Sie diesen (siehe Abbildung).

4 Entfernen Sie die Zündkerzen (siehe Kapitel 1).

5 Schrauben Sie links am Gehäuse den Stopfen aus der Arretierstift-Bohrung (siehe Abbildung) – später muss er mit einer neuen Dichtscheibe installiert werden.

6 Bevor der Kettenspanner entfernt werden kann, muss der Kolben des entsprechenden Zylinders in den unteren Totpunkt (UT) des Verdichtungstaktes gebracht werden. Drehen Sie hierzu die Kurbelwelle mithilfe eines an der Schraube des Entlüftungsrotors angesetzten Werkzeugs ausschließlich im Uhrzeigersinn (siehe Abbildung) – achten Sie dabei auf die in der Stopfenbohrung erscheinende 6 mm großen Bohrung (verwechseln Sie diese nicht mit der 8 mm großen UT-Bohrung für die Arretierung im OT) (siehe Abbildung).

7 Demontieren Sie die Kupplungsscheiben und die Kupplungsnabe – der Kupplungskorb kann am Motor verbleiben (siehe Sektion 20).

8 Entfernen Sie nötigenfalls den Schaltmechanismus-Deckel und die Welle (siehe Sektion 28) – dies ist nicht nötig, wenn das Getriebe nur demontiert werden soll, um am Motor zu arbeiten.

9 Ziehen Sie die hintere lange Kupplungsdruckstange aus der Getriebeeingangswelle; ziehen Sie dann die vordere Stange mithilfe eines Magneten heraus (siehe Abbildungen).

10 Lösen Sie die Getriebegehäuse-Schrauben (siehe Abbildung). Die Dichtmasse sorgt für eine feste Verbindung, sodass das Getriebe an den dafür vorgesehenen Vertiefungen abgehebelt werden kann (versuchen Sie dies nicht direkt an den Kontaktflächen!). Ziehen Sie das Getriebe soweit ab, bis die Eingangs-

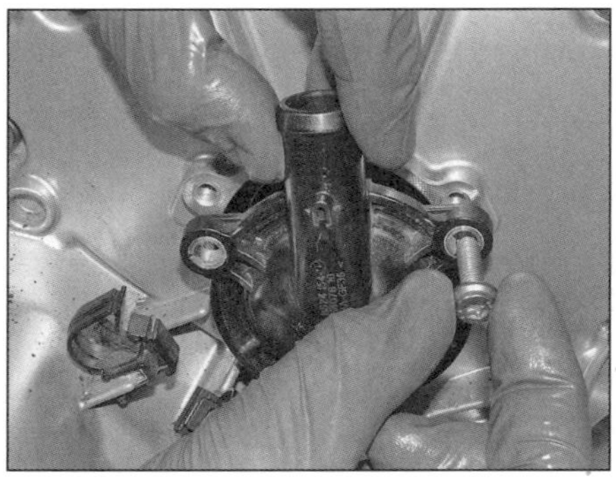

26.3 Entfernen Sie den Motorentlüftungsdeckel.

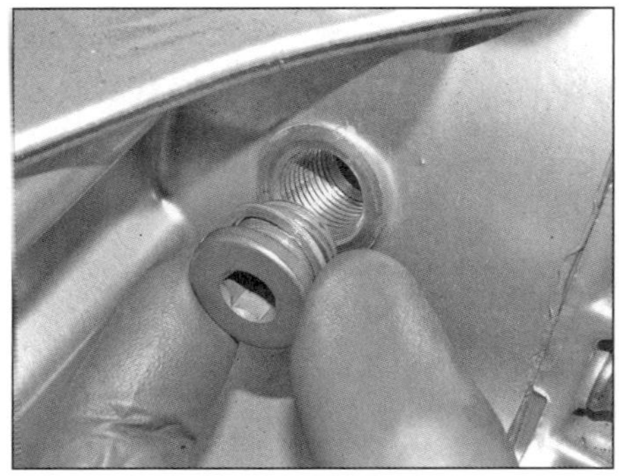

26.5 Schrauben Sie den Stopfen heraus.

26.6a Drehen Sie die Kurbelwelle im Uhrzeigersinn, ...

26.6b ... bis die 6 mm große Bohrung in der Kurbelwelle zur Gehäusebohrung ausgerichtet ist.

26.9a Ziehen Sie die hintere ...

29.9b ... und die vordere Druckstange heraus.

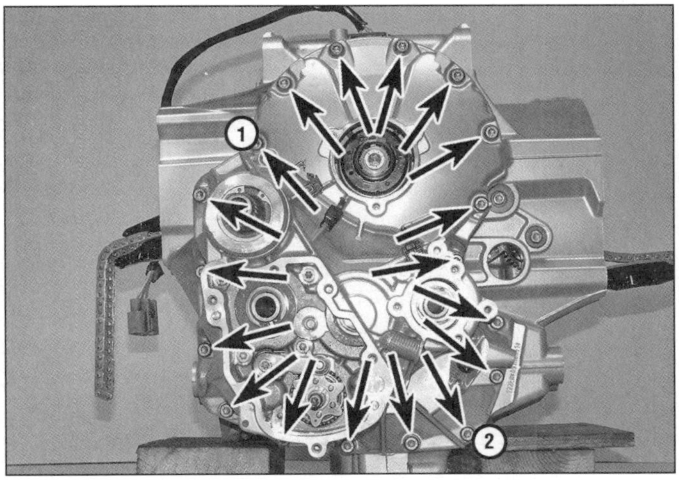

26.10a Lösen Sie die 18 Schrauben des Getriebegehäuses. Die Schrauben 1 und 2 dienen zur Fixierung des Getriebes (Schritt 18).

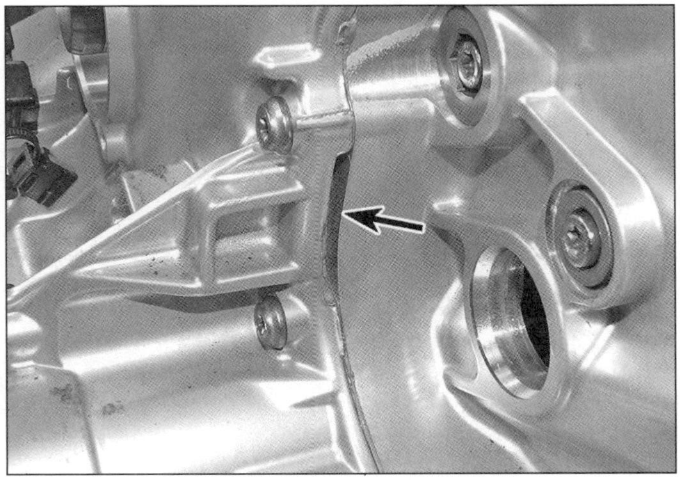

26.10b Hebeln Sie das Gehäuse nur an solchen Punkten ab ...

welle aus der Ausgleichswelle befreit ist (siehe Abbildungen). Stellen Sie ggf. die zwei Passhülsen sicher (Abb. 26.16).

Kontrolle

11 Inspizieren Sie alle Komponenten auf Verschleiß und Beschädigungen, achten Sie besonders auf ausgebrochene Zähne sowie Metallsplitter und Abrieb am Gehäuseboden. Alle Lager müssen sich sanft und geräuschlos drehen (siehe Abbildungen). Kontrollieren Sie die Schaltwalze und die Schaltgabeln auf Verschleiß und Beschädigungen, achten Sie besonders auf verbogene Gabeln und Achsen sowie verschlissene Gabel-Enden (siehe Abbildung).

12 Das Getriebe ist mit Ausnahme des Ausgangswellen-Dichtrings (siehe Sektion 27) nur als komplette Baugruppe erhältlich, sodass keine Einzelteile ausgetauscht werden können. Falls am Getriebe ein Problem auftritt, muss es durch ein Neuteil ersetzt werden (holen Sie sich aufgrund der hohen Kosten für ein neues Getriebe zuvor Rat bei einem Motoren- und Getriebe-Spezialisten ein). Beachten Sie, dass der Schaltmechanismus-Deckel, die Welle und ihr Dichtring nicht zum Getriebe gehören und daher vom alten Getriebe übernommen werden müssen (siehe Sektion 28). Der Schaltarm verbleibt im Schaltmechanismus-Deckel und muss daraus befreit werden, da dem neuen Getriebe auch ein neuer Schaltarm beiliegt, der in den Deckel installiert werden muss. Befreien Sie auch die Kabelklemmen vom alten Gehäuse und montieren Sie sie an das neue.

Einbau

13 Der Motor muss sicher auf Hölzern abgestützt sein.

14 Entfernen Sie sämtliche Dichtungsreste von den Gehäuse-Dichtflächen. Wenn ein Schaber benutzt wird, muss aufgepasst werden, das weiche Aluminium nicht zu beschädigen, da dies zu Lecks führen kann.

15 Schmieren Sie die Enden der Wellen und ihre Lager im Motorgehäuse, die Zahnräder und die Schaltwalze sowie die Schaltgabeln mit frischem Motoröl (Abb. 26.11a, b und c).

16 Entfernen Sie mit einem lösungsmittelgetränkten Lappen sämtliche Ölreste von den Dichtflächen des Motorgehäuses und des Getriebes. Installieren Sie ggf. die zwei Passhülsen (siehe Abbildung).

26.10c ... und ziehen Sie das Getriebe ab.

26.11a Kontrollieren Sie alle Zahnräder und Wellen ...

2

26.11b ... sowie die dazugehörigen Lager.

26.11c Die Schaltwalze und Schaltgabeln befinden sich unten im Getriebe.

26.16 Passstifte am Getriebeflansch

26.17 Tragen Sie Dichtmasse um die Passhülsen herum, aber nur innen um die Gewindebohrungen herum auf.

26.18 Schieben Sie die Eingangswelle durch die Ausgleichswelle.

17 Tragen Sie eine dünne und gleichmäßige Schicht Dichtmasse auf der Kontaktfläche des Motorgehäuses auf (siehe Abbildung).

18 Bringen Sie das Getriebe so in Position, dass die Eingangswelle durch die Ausgleichswelle geschoben werden kann in die anderen Wellen in ihre Lager geführt werden (siehe Abbildung). Bevor irgendeine Schraube installiert wird, muss sichergestellt sein, dass das Getriebe rundherum korrekt am Motorgehäuse anliegt. Drehen Sie dann die Schraube über der Ausgangswelle (Nr. 1) und die untere rechte Schraube (Nr. 2) handfest ein, um das Getriebe zu sichern. Drehen Sie dann alle anderen Schrauben zunächst handfest ein (Abb. 26.10a).

19 Ziehen Sie nun die Schrauben Nr. 1und 2 mit 10 Nm an. Ziehen Sie dann ab Nr. 2 die die im Uhrzeigersinn liegenden Schrauben (unten und links hinauf) bis Nr. 1 und schließlich die ab Nr. 2 gegen den Uhrzeigersinn liegenden Schrauben bis Nr. 1 (rechts hinauf und oben) mit jeweils 10 Nm an.

20 Schmieren Sie die Kupplungs-Druckstangen und schieben Sie sie in die Eingangswelle – zuerst die längere Stange mit dem Bund voran, dann die kürzere mit dem Bund nach hinten, sodass die gerändelten Enden zueinander zeigen (Abb. 26.9b und a).

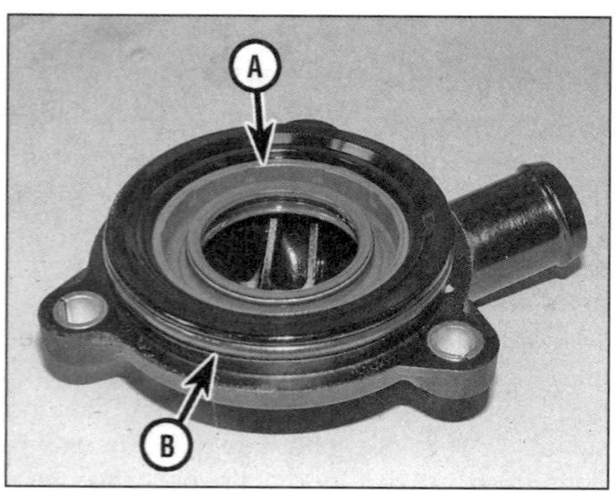

26.24 Kontrollieren Sie den Dichtring (A) und den O-Ring des Motorentlüftungsdeckels

21 Falls entfernt, werden die Schaltmechanismus-Komponenten montiert (siehe Sektion 28).

22 Installieren Sie die Kupplung (siehe Sektion 20).

23 Entfernen Sie den Kurbelwellen-Arretierstift. Rüsten Sie den Stopfen mit einer neuen Dichtscheibe aus und ziehen Sie ihn mit 30 Nm an.

24 Kontrollieren Sie den Dichtring und den O-Ring des Motorentlüftungsdeckels und ersetzen Sie schadhafte Teile (siehe Abbildung). Schmieren Sie beide Ringe mit Motoröl, setzen Sie den Deckel an und ziehen Sie seine Schrauben mit 12 Nm an.

25 Installieren Sie die verbliebenen Komponenten in der umgekehrten Ausbaureihenfolge.

27 Getriebeausgangswellen-Dichtring

1 Der Ausgangswellendichtring muss bei Anzeichen von Undichtigkeit ersetzt werden – dies ist bei eingebautem Motor möglich.

2 Demontieren Sie die aus der Schwinge und dem Endantrieb bestehende Baugruppe (siehe Kapitel 5).

3 Befreien Sie den Seegerring aus der Nut des Dichtungsgehäuses (siehe Abbildung).

4 Bohren Sie vorsichtig zwei gegenüberliegende 2–3 mm große Löcher in den alten Dichtring – aber nicht tiefer als durch den Dichtring selbst. Drehen Sie zwei selbstschneidende Schrauben soweit in die Löcher, dass ihre Köpfe noch gut gegriffen werden können. Ziehen Sie den Dichtring entweder mit einer abwechselnd an den Schrauben angesetzten Zange heraus oder schützen Sie den Sitz mit Pappe und hebeln Sie den Dichtring mit einer abgewinkelten Spitzzange heraus.

5 Umwickeln Sie die Wellenverzahnung mit einer Schicht Isolierband, um die Dichtlippe des neuen Dichtrings zu schützen. Schmieren

27.3 Entfernen Sie den Seegerring.

Sie das Isolierband und die Dichtlippe mit Öl – schmieren Sie nicht den Außenrand des neuen Dichtrings! Schieben Sie den Dichtring mit der markierten Seite nach außen auf und drücken und treiben Sie ihn mithilfe eines passenden Steckschlüssels in den Sitz, bis rundherum die Seegerringnut sichtbar ist.

6 Entfernen Sie das Isolierband. Installieren Sie einen neuen Seegerring in die Nut.

7 Montieren Sie die Schwinge samt Endantrieb (siehe Kapitel 5).

28 Schaltmechanismus

Anmerkung: *Der Schaltmechanismus kann bei eingebautem Motor demontiert werden.*

Ausbau

1 Lassen Sie das Motoröl ab (siehe Kapitel 1).

2 Beachten Sie bei Modellen mit Standard-Schalthebel die Ausrichtung des Schaltgestängehebels zur Welle und lockern Sie dann die Klemmschraube, um den Hebel abzuziehen (siehe Abbildung).

3 Bei Modellen mit Schaltassistent muss der Sicherungs-Clip vom Schaltgestänge entfernt

28.2 Lockern Sie die Schraube und ziehen Sie das Schaltgestänge ab.

28.7 Schneiden Sie den Kabelbinder der Kardanmanschette auf.

28.8a Lösen Sie die Schrauben ...

28.8b ...und ziehen Sie den Schaltmechanismus-Deckel ab.

28.9 Entfernen Sie den Schaltklauenhebel – beachten Sie, wie er in die Rückholfeder greift.

28.12 Schaltwalzen-Stern samt Stiften (A), Arretierhebel (B)

und dies abgezogen werden (Abb. 4.16a, b und c). Lösen Sie die Schraube der Schaltassistent-Einheit und entfernen Sie die Scheibe. Ziehen Sie die Einheit ab und trennen Sie den Kabelstecker. Falls die Hülse nicht mitkommt, muss sie von der Welle gezogen werden. Falls die Einheit nicht abgezogen werden kann, muss das BMW-Werkzeug 230831 oder eine Schraube, die in das äußere Gewinde der Einheit (und nicht in das innere Gewinde der Welle) greift, in die Bohrung und ziehen Sie die Einheit damit ab; sobald sie frei ist, muss der Stecker getrennt werden. Entfernen Sie die Hülse von der Welle – BMW schreibt vor, beim Einbau eine neue zu verwenden.

4 Entfernen Sie den Gangsensor (siehe Kapitel 8) – die Kabelstecker müssen nicht getrennt werden, aber der Kabelbinder beim Sensor muss geöffnet werden.

5 Demontieren Sie die Auspuffanlage (siehe Kapitel 4).

6 Lösen Sie die Kabel/Schlauchführung und befreien Sie die Schläuche daraus (Abb. 4.12d).

7 Öffnen Sie den Kabelbinder, der die Gummimanschette um das Ausgangswellengehäuse sichert, und ziehen Sie die Manschette ab (siehe Abbildung).

8 Lösen Sie die Schrauben des Schaltmechanismus-Deckels und entfernen Sie diesen (siehe Abbildungen) – nötigenfalls kann er an der Lasche unten links abgehebelt werden; hebeln Sie ihn nicht an anderen Stellen ab, da hierbei die Dichtflächen beschädigt würden. Stellen Sie ggf. die Passstifte sicher.

9 Entfernen Sie nötigenfalls den Schaltklauenhebel aus dem Deckel – beachten Sie seine Einbaulage (siehe Abbildung). Beachten Sie die Position der Arretierfeder-Enden an beiden Seiten des Hebels.

10 Um die Schaltwelle zu entfernen oder ihr Lager zu kontrollieren, muss zuerst der Dichtring entfernt werden (siehe unten).

11 Die Schaltwelle und das Kugellager sind mit einem Seegerring gesichert – entfernen Sie diesen und ziehen Sie die Welle heraus. Das innere Ende der Welle ist in einem Nadellager gelagert. Die Lager sind nicht separat erhältlich.

Kontrolle

12 Begutachten Sie die Klauen des Schaltklauenhebels sowie die Stifte im Stern der Schaltwalze (siehe Abbildung). Beachten Sie die kleine Feder am Klauenmechanismus – dieser muss sich sanft bewegen, darf aber nicht locker sein.

13 Kontrollieren Sie die Arretierhebel-Rückholfeder, den Hebel, seine Rolle und deren Lauffläche auf dem Schaltstern (Abb. 28.12).

14 Falls der Schaltklauenhebel, die Schaltwalze oder die Bauteile des Arretierhebels verschlissen oder beschädigt sind, muss ein neues Getriebe beschafft und montiert werden (siehe Sektion 26) – Einzelteile sind nicht erhältlich.

15 Kontrollieren Sie die Schaltwellenverzahnung auf Verschleiß und Beschädigungen (Abb. 28.18). Kontrollieren Sie den Zapfen der Welle und das das dazugehörige Loch im Schaltklauenhebel auf Verschleiß (Abb. 28.9).

28.18 Schaltwellen-Verzahnung und Dichtring

Kontrollieren Sie die Lager der Welle. Das Kugellager ist ein Teil der Welle – ersetzen Sie sie nötigenfalls.

Schaltwellen-Dichtring

16 Falls an der Schaltwelle Öl austritt oder die Wellenlager kontrolliert werden sollen, muss der alte Dichtring wie folgt ausgebaut werden.

17 Falls noch nicht erledigt, muss das Schaltgestänge oder die Schaltassistent-Einheit von der Welle entfernt werden (siehe oben).

18 Bohren Sie vorsichtig zwei gegenüberliegende 2–3 mm große Löcher in den alten Dichtring – aber nicht tiefer als durch den Dichtring selbst. Drehen Sie zwei selbstschneidende Schrauben soweit in die Löcher, dass ihre Köpfe noch gut gegriffen werden können. Ziehen Sie den Dichtring entweder mit einer abwechselnd an den Schrauben angesetzten

28.22 Drücken Sie den Schaltwalzen-Dichtring heraus.

28.23 Installieren Sie den neuen Dichtring wie gezeigt.

Zange heraus oder schützen Sie den Sitz mit Pappe und hebeln Sie den Dichtring mit einer abgewinkelten Spitzzange heraus.

19 Umwickeln Sie die Wellenverzahnung mit einer Schicht Isolierband, um die Dichtlippe des neuen Dichtrings zu schützen. Schmieren Sie das Isolierband und die Dichtlippe mit Öl – schmieren Sie nicht den Außenrand des neuen Dichtrings! Schieben Sie den Dichtring mit der markierten Seite nach außen auf und drücken und treiben Sie ihn mithilfe eines passenden Steckschlüssels, der nur seinen Außenrand berührt, vollständig in seinen Sitz.

20 Montieren Sie das Schaltgestänge oder die Schaltassistent-Einheit (siehe oben).

Schaltwalzen-Dichtring

21 Der Dichtring sitzt hinter dem Gangsensor an der Rückseite des Getriebes. Falls noch nicht erledigt, muss der Schaltmechanismus-Deckel demontiert werden (siehe oben).

22 Drücken Sie den Dichtring vorsichtig von außen mit einem geeigneten Werkzeug ein oder hebeln Sie von innen mit einem kleinen Schraubendreher heraus – beschädigen Sie dabei nicht das Gehäuse (siehe Abbildung). Merken Sie sich die Einbaurichtung des Dichtrings.

23 Schmieren Sie die Dichtlippe des neuen Dichtrings mit Öl und drücken Sie ihn mit den Fingern oder einem passenden Steckschlüssel, der nur seinen Außenrand berührt, ein (siehe Abbildung).

24 Montieren Sie den Deckel (siehe unten)

Einbau

25 Entfernen Sie sämtliche Dichtungsreste von den Dichtflächen des Gehäuse und des Deckels.

26 Schmieren Sie die Schaltwelle und das/die Lager. Schieben Sie die Welle ein und sichern Sie sie mit dem Seegerring. Installieren Sie einen neuen Schaltwellen-Dichtring (siehe oben).

27 Falls entfernt, wird die Rückholfeder installiert. Montieren Sie den Schaltklauenhebel (Abb. 28.9).

28 Stecken Sie ggf. die Passstifte ins Gehäuse. Reinigen Sie die Dichtflächen mit Lösungsmittel und tragen Sie Dichtmasse auf der Dichtfläche des Deckels auf. Setzen Sie den Deckel über die Passstifte und ziehen Sie die Schrauben schrittweise und über Kreuz mit 10 Nm an (Abb. 28.8b und a).

29 Schieben Sie die Gummimanschette über das Gehäuse und sichern Sie sie mit einem neuen Kabelbinder (Abb. 28.7).

30 Montieren Sie die Kabel/Schlauch-Führung und sichern Sie die Schläuche darin (Abb. 4.12d).

31 Montieren Sie die Auspuffanlage (siehe Kapitel 4).

32 Installieren Sie den Gangsensor (siehe Kapitel 8).

33 Bei Modellen mit Standard-Schalthebel muss der Schlitz in der Schaltgestänge-Klemme zur Linie der Welle ausgerichtet und der Hebel aufgeschoben werden; sichern Sie ihn dort mit der Klemmschraube (Abb. 28.2).

34 Schieben Sie bei Modellen mit Schaltassistent eine neue Hülse korrekt ausgerichtet und bündig in die Einheit (sie lässt sich nur in einer Position installieren). Reinigen Sie mit einem Gewindeschneider das Gewinde der Schraube und innerhalb der Welle. Versehen Sie die Schraube mit Sicherungspaste. Verbinden Sie das Kabel, richten Sie die Einheit zur Welle aus, installieren Sie die Schraube samt Scheibe und ziehen Sie sie an, um die Einheit aufzupressen. Montieren Sie das Schaltgestänge und sichern Sie es mit dem Clip (Abb. 4.16c, b und a).

35 Füllen Sie Motoröl auf (siehe Kapitel 1).

29 Einfahrhinweise

1 Stellen Sie sicher, dass die Motoröl- und Kühlmittel-Pegel korrekt sind (siehe *Tägliche Kontrollen*).

2 Schalten Sie die Zündung ein und den Killschalter auf RUN. Bringen Sie das Getriebe in den Leerlauf.

3 Starten Sie den Motor und lasen Sie ihn mit leicht erhöhter Leerlaufdrehzahl Betriebstemperatur erreichen.

4 Falls sich mangelnde Schmierung andeutet, muss der Motor sofort gestoppt werden und die Ursache gefunden werden. Wenn ein Motor auch nur sehr kurze Zeit ohne Öl gefahren wird, entstehen Schäden größter Ausmaße.

5 Kontrollieren Sie sorgfältig alles auf Öl- und Kühlmittel-Undichtigkeiten. Überprüfen Sie vor der ersten Probefahrt besonders die Bremsen, die Kupplung und der Antrieb, aber auch die Instrumente ordentlich funktionieren.

6 Behandeln Sie die Maschine auf den ersten Kilometern vorsichtig, um sicherzugehen, dass überall im Motor Öl angekommen ist und sich alle neuen Teile zu setzen begonnen haben.

7 Große Sorgfalt ist geboten, wenn neue Kolben, Kolbenringe oder Lagerschalen eingebaut wurden. Im Falle neuer Kolben oder Kolbenringe muss die Maschine behandelt werden, als wäre sie neu. Das bedeutet, dass öfter geschaltet werden muss, um immer im optimalen Drehzahlbereich zu fahren und das Gas auf den ersten 1000 km nur bis zur Hälfte geöffnet werden sollte.

8 Lassen Sie den Motor nach der Probefahrt abkühlen und prüfen Sie das Ventilspiel (siehe Kapitel 1). Kontrollieren Sie den Öl- und Kühlmittelpegel (siehe Tägliche Kontrollen).

9 BMW empfiehlt, den Motor auf den ersten 1000 km nicht über 5000/min zu drehen und mit unterschiedlichen Gasgriffstellungen – aber nicht mit Vollgas – zu fahren. Das Fahren mit konstanten Drehzahlen sollte vermieden werden.

Kapitel 3
Kühlsystem

Inhalt (in alphabetischer Reihenfolge, die Zahlen geben die Nummerierung in den grauen Feldern wieder)

Schwierigkeitsgrade

Leicht. Für Anfänger mit wenig Erfahrung geeignet.	**Relativ leicht.** Für Anfänger mit etwas Erfahrung geeignet.	**Relativ schwierig.** Für geübte Selbstschrauber geeignet.	**Schwer.** Für Selbstschrauber mit viel Erfahrung geeignet.	**Sehr schwer.** Für Experten und Profis geeignet.

Technische Daten

Kühlmittel

Kühlflüssigkeit-Typ . . . . 50 % destilliertes Wasser und 50 % Ethylen-Glykol mit Korrosionsschutz für Aluminium-Motoren
Kühlflüssigkeit-Füllmenge . . . . ca. 1,75 Liter (inkl. Ausgleichsbehälter)
Kühlsystem-Prüfdruck . . . . 1,5 bar über 5 Minuten
Ventilator-Einschalttemperatur . . . . 105 °C
Warnleuchten-Einschalttemperatur . . . . 118 °C

Anzugsdrehmomente

Kühlmittel-Auslassstutzen-Schrauben . . . . 12 Nm
Kühltemperatursensor . . . . 15 Nm
Wasserpumpen-Befestigungsschrauben . . . . 12 Nm

1 Allgemeine Informationen

1 Das Kühlsystem arbeitet mit einem Wasser/Frostschutz-Gemisch, welches die Aufgabe hat, die beim Verbrennungsvorgang entstehende Wärme abzuleiten und die Temperatur im Motor möglichst konstant zu halten. Dazu werden die Zylinder im oberen Bereich von Kühlmittel umspült, das heiße Kühlmittel steigt mit Unterstützung der direkt durch die Kurbelwelle angetriebenen Wasserpumpe vorne am Motorgehäuse durch den Thermostaten in den/die Kühler. Nachdem es dessen Lamellen passiert hat und abgekühlt wurde, gelangt es zur Wasserpumpe und wird wieder in den Motor gedrückt.
2 Bei kaltem Motor wird der Kühlkreislauf durch den Thermostaten verkürzt – das Kühlmittel gelangt also nicht durch den Kühler und erreicht dadurch schneller Betriebstemperatur. Der im Rücklauf aus dem Motor sitzende Kühltemperatursensor liefert Daten an das Motorsteuergerät, sodass dieses bei zu heiß werdenden Motor den Ventilator hinter dem Kühler (bei GS- und RT-Modellen hinter dem rechten Kühler) und nötigenfalls auch die Temperatur-Warnleuchte aktiviert.
3 Das gesamte Kühlsystem ist abgedichtet und arbeitet bei Betrieb unter Druck. Der durch ein federunterstütztes Überdruckventil im Kühlerdeckel regulierte höhere Druck setzt den Siedepunkt herauf, damit das Kühlmittel unter widrigen Umständen nicht überkocht. Der Überlaufschlauch des Kühlers mündet in einen Ausgleichsbehälter, beim Abkühlen des Motors fließt das Kühlmittel automatisch wieder in den Kühler zurück.

Warnung: Entfernen Sie nicht den Kühlerdeckel, wenn der Motor heiß ist. Das unter Druck stehende Kühlmittel kann bei Druckverlust plötzlich aufkochen, sodass heißer Dampf austritt und ernsthafte Verbrennungen verursacht. Wenn der Motor ausreichend abgekühlt ist, muss ein dicker Lappen oder ein Handtuch um den Deckel gelegt werden. Entfernen Sie den Kühlerdeckel durch vorsichtiges Drehen nach links bis zum Anschlag. Wenn ein zischendes Geräusch hörbar wird, muss gewartet werden, bis es aufhört. Jetzt wird der Deckel heruntergedrückt und weiter nach links gedreht, bis er abgenommen werden kann.

Achtung: Frostschutzmittel darf nicht mit der Haut oder Lackoberflächen in Berührung kommen. Wischen Sie Spritzer unverzüglich mit reichlich Wasser ab. Frostschutz kann giftige und explosive Gase produzieren, wenn es in offenen Behältern gelagert oder auf den Boden verschüttet wird. Kinder und Tiere können durch den süßen Geschmack irritiert werden und das Mittel trinken. Fragen Sie Ihren Fachhändler, wo Sie altes Frostschutzmittel entsorgen können.

Achtung: Benutzen Sie immer das vorgeschriebene Frostschutzmittel und mixen Sie im korrekten Verhältnis mit destilliertem Wasser. Der Frostschutz enthält Korrosionsschutzmittel, um das Kühlsystem zu schützen. Fehlt dieses, kann Rost entstehen und die feinen Leitungen des Kühlsystems blockieren. Durch den Einsatz von destilliertem Wasser wird die Bildung von Kalkablagerungen verhindert, welche ebenfalls die Kühlwirkung beeinträchtigen können.

Lesen Sie die Sektion »Sicherheit geht vor!« auf Seite 20, bevor Sie mit der Arbeit beginnen.

2 Ventilator

Kontrolle

1 VDer Ventilator sitzt hinten am Kühler – bei allen GS- sowie RT-Modellen am rechten Kühler. Beachten Sie die Ausbau-Prozedur des entsprechenden Modells und trennen Sie den Kabelstecker (Abb. 5.4b).
2 Verbinden Sie den Pluspol einer vollständig geladenen 12-Volt-Batterie mithilfe eines Überbrückungskabels mit dem Ventilatorstecker-Kontakt des blauen Kabels und den Minuspol mit dem Kontakt des schwarzen Kabels (die Kontakte des Steckers liegen sehr dicht beieinander – achten Sie darauf, nicht die Batterie kurzzuschließen!) – jetzt sollte der Ventilator laufen. Arbeitet er nicht (und sind die Kabel und Stecker zum Motor in Ordnung), ist der Ventilatormotor defekt und der gesamte Ventilator muss ersetzt werden – Einzelteile sind nicht separat erhältlich.

Ausbau und Einbau

Warnung: Der Motor muss vollständig abgekühlt sein, bevor diese Arbeit ausgeführt werden kann.

GS-, Adventure- und RT-Modelle

3 Demontieren Sie bei GS-Modellen das rechte Verkleidungsseitenteil, bei Adventure-Modellen die rechte Tankverkleidung und bei RT-Modellen die Verkleidung rechts unter dem Tank (siehe Kapitel 7).
4 Trennen Sie den Ventilatorstecker (Abb. 5.4b).
5 Befreien Sie unten am Ventilatorhalter den Verkleidungsstift und ziehen Sie den Ventilator herunter, um seine oberen Laschen zu befreien (siehe Abbildungen).
6 Der Einbau erfolgt in umgekehrter Ausbaureihenfolge.

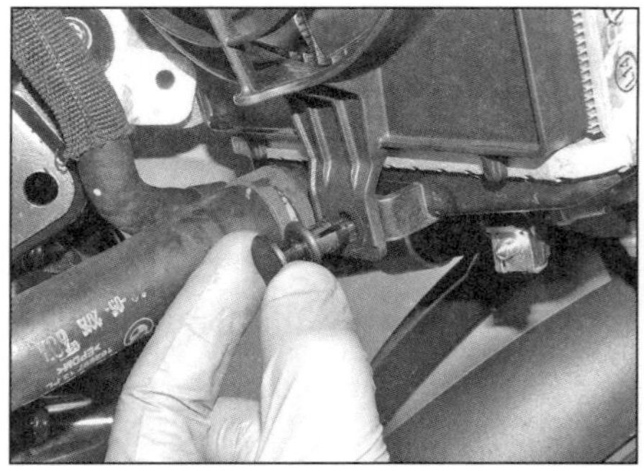

2.5a Befreien Sie den Verkleidungsstift ...

2.5b ... und entfernen Sie den Ventilator.

R- und RS-Modelle

7 Demontieren Sie den Kühler (siehe Sektion 5).
8 Lösen Sie die vorderen Schrauben und heben Sie den Ventilator oben vom Stift.
9 Der Einbau erfolgt in umgekehrter Ausbaureihenfolge.

3 Temperaturanzeige und Kühltemperatursensor

Temperaturanzeige

Achtung: Falls die Temperatur-Warnlampe im normalen Fahrbetrieb aufleuchtet, muss angehalten und gewartet werden, bis der Motor abgekühlt ist; anschließend muss der Pegel im Ausgleichsbehälter kontrolliert werden (siehe Tägliche Kontrollen).

1 Bei allen GS-Modellen besteht die Anzeige aus dem allgemeinen Warnsymbol und einem Temperatursymbol. Wenn die Motortemperatur zu hoch steigt, wechselt das allgemeine Warnsymbol auf rot und das Temperatursymbol wird sichtbar.
Bei RT-Modellen besteht die Anzeige aus Segmenten, deren Anzahl mit steigender Temperatur zunimmt, sowie dem allgemeinen Warnsymbol. Wenn die Motortemperatur zu hoch steigt, wechseln sowohl das allgemeine Warnsymbol als auch die Segmente auf rot.
Bei R- und RS-Modellen besteht die Anzeige aus dem allgemeinen Warnsymbol und einem Temperatursymbol. Wenn die Motortempera-

tur zu hoch steigt, blinkt das allgemeine Warnsymbol auf und das Temperatursymbol wird sichtbar.

Kühltemperatursensor

Funktion

2 Der Sensor ist in den Kühlmittel-Auslassstutzen geschraubt, der oben an der Front des Motors sitzt (siehe Abbildung). Temperaturänderungen sorgen für unterschiedliche Sensor-Widerstände, die vom Motorsteuergerät für die Berechnung der Einspritzung und der Zündung benötigt werden; außerdem wird damit die Temperaturanzeige im Cockpit gesteuert (siehe oben).

Ausbau und Einbau

⚠ ***Warnung: Der Motor muss vollständig abgekühlt sein, bevor diese Arbeit ausgeführt werden kann.***

Achtung: Der Kühltemperatursensor ist empfindlich und verträgt keine Schläge!

3 Entleeren Sie das Kühlsystem (siehe Kapitel 1).
4 Demontieren Sie bei allen GS- sowie RT-Modellen das linke Verkleidungsseitenteil (siehe Kapitel 7). Entfernen Sie bei R- und RS-Modellen den Kühler (siehe Sektion 5). Entfernen Sie bei allen Modellen alle Windabweiser und Hitzeschilde, die den Zugang zum Sensor behindern.
5 Öffnen Sie den Kabelbinder und trennen Sie den Sensorstecker (Abb. 3.2). Lösen Sie den Sensor und entfernen Sie ihn – beachten Sie die Dichtscheibe.
6 Rüsten Sie den Sensor mit einer neuen Dichtscheibe aus, installieren Sie ihn in den Stutzen und ziehen Sie ihn mit 15 Nm an. Verbinden Sie das Kabel und sichern Sie es mit einem neuen Kabelbinder.
7 Füllen Sie das Kühlsystem auf (siehe Kapitel 1).

3.2 Kühltemperatursensor

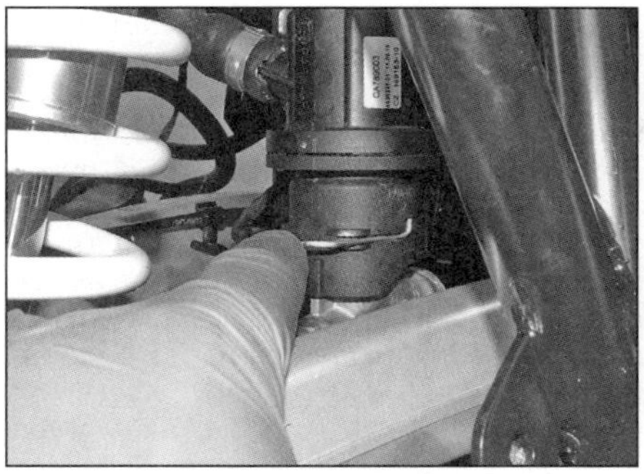

4.5a Ziehen Sie den Drahtbügel heraus ...

4.5b ... und ziehen Sie den Thermostaten vom Auslassstutzen.

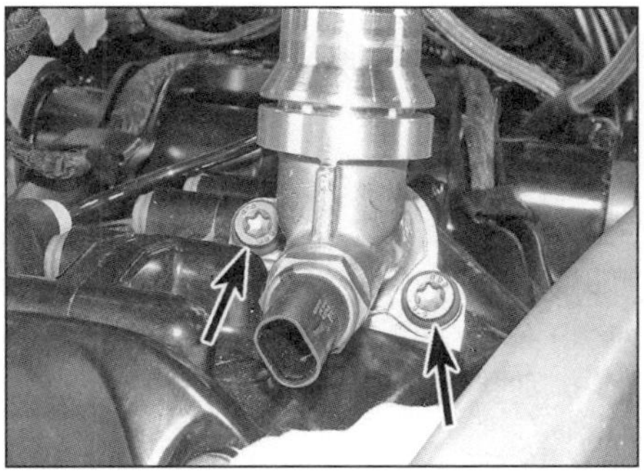

4.6a Schrauben des Kühlmittel-Auslassstutzens

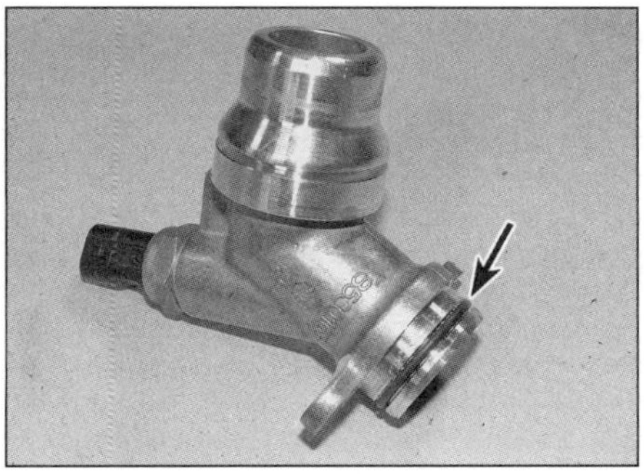

4.6b Ersetzen Sie den O-Ring durch ein Neuteil.

4 Thermostat

1 Der Thermostat sitzt oben am Kühlmittel-Auslassstutzen, der oben an der Front des Motors sitzt. Bei kaltem Kühlmittel ist er geschlossen, sodass das Kühlmittel nicht durch den/die Kühler strömt und dadurch schneller erwärmt wird. Sobald das Kühlmittel Betriebstemperatur erreicht hat, öffnet der Thermostat, damit es in den Kühlerlamellen abgekühlt werden kann. Der Thermostat arbeitet automatisch und normalerweise jahrelang zuverlässig. Im Falle eines Defektes kann das Ventil im offenen Zustand blockieren – dann dauert es wesentlich länger, bis der Motor Betriebstemperatur erreicht. Andererseits kann das Ventil auch im geschlossenen Zustand blockieren, dann kann der Motor kann überhitzen. Keiner dieser Zustände ist akzeptabel und der Defekt muss unverzüglich behoben werden.

Ausbau

⚠ ***Warnung: Der Motor muss vollständig abgekühlt sein, bevor diese Arbeit durchgeführt werden darf.***

2 Lassen Sie das Kühlmittel ab (siehe Kapitel 1).
3 Demontieren Sie bei allen GS- sowie RT-Modellen das linke Verkleidungsseitenteil (siehe Kapitel 7). Entfernen Sie bei R- und RS-Modellen den Kühler (siehe Sektion 5). Entfernen Sie bei allen Modellen alle Windabweiser und Hitzeschilde, die den Zugang zum Thermostaten behindern.
4 Verfolgen Sie die Schläuche vom Thermostaten zu den Kühlerstutzen, lösen Sie dort die Schellen und ziehen Sie sie ab – beachten Sie Abbildungen in Sektion 5.
5 Ziehen Sie den Sicherungsbügel heraus, befreien Sie den Thermostaten vom Stutzen und heben Sie ihn samt seiner Schläuche ab (siehe Abbildungen).
6 Um den Kühlmittel-Auslassstutzen entfernen zu können, muss der Stecker des Kühltemperatursensors getrennt werden (Abb. 3.2). Lösen Sie dann die Schrauben und entnehmen Sie den Stutzen (siehe Abbildung) – der O-Ring muss später ersetzt werden (siehe Abbildung).

Einbau

7 Der Einbau erfolgt in umgekehrter Ausbaureihenfolge. Falls der Kühlmittel-Auslassstutzen entfernt war, muss er mit einem neuen O-Ring ausgerüstet und seine Schrauben sind mit 12 Nm anzuziehen (Abb. 4.6b und a). Richten Sie die Ausschnitte der Kühlerschläuche zu den Rippen der Stutzen aus und sichern Sie sie nötigenfalls mit neuen Schellen (Abb. 7.7). Drücken Sie den Sicherungsbügel des Thermostaten vollständig ein (Abb. 4.5a).
8 Füllen Sie das Kühlsystem auf (siehe Kapitel 1). Montieren Sie alle entfernten Verkleidungsteile (siehe Kapitel 7).

5.3a Befreien Sie den Ausgleichsbehälter ...

5.3b ...und ziehen Sie den Schlauch vom Kühlerstutzen.

5.4a Befreien Sie den Stecker von seinem Clip, ...

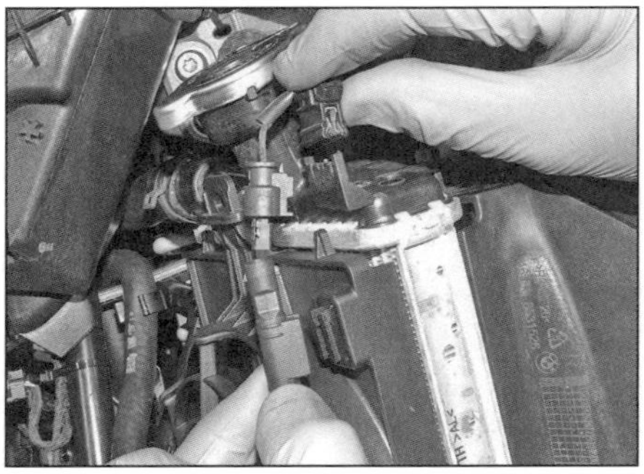

5.4b ...trennen Sie ihn und befreien Sie das Kabel.

5.5a Lösen Sie die Schellen ...

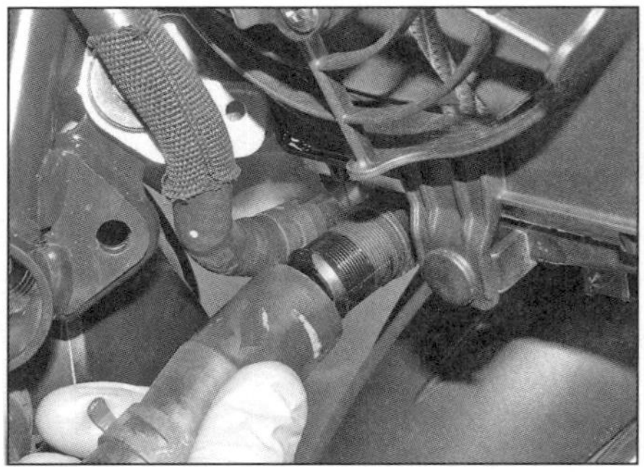

5.5b ...und ziehen Sie die Schläuche ab.

5 Kühler und Druckventil

Anmerkung: *Falls der/die Wasserkühler im Zuge des Motorausbaus demontiert werden muss/müssen, sollten die Schläuche besser vom Motor statt vom Kühler abgezogen werden, um den Kühler zusammen mit den Schläuchen zu entfernen. Notieren Sie die Verlegung der Schläuche.*

Ausbau

Warnung: Der Motor muss vollständig abgekühlt sein, bevor diese Arbeit durchgeführt werden darf.

1 Lassen Sie das Kühlmittel ab (siehe Kapitel 1).

GS-, Adventure- und RT-Modelle

Rechter Kühler

2 Demontieren Sie bei GS-Modellen das rechte Verkleidungsseitenteil, bei Adventure-Modellen die rechte Tankverkleidung und bei RT-Modellen die Verkleidung rechts unter dem Tank (siehe Kapitel 7).

3 Befreien Sie den Ausgleichsbehälter und stützen Sie ihn, um die Schelle seines Schlauchs am Kühlerstutzen zu lösen und den Schlauch abzuziehen. Entnehmen Sie den Behälter und gießen Sie ihn ggf. aus (falls das Kühlmittel darin verbleiben soll, muss der Schlauch über dessen Pegel gesichert werden) (siehe Abbildungen).

4 Trennen Sie den Ventilatorstecker und befreien Sie dessen Kabel (siehe Abbildungen).

5 Stellen Sie einen Sammelbehälter unter den Kühler, um das restliche Kühlmittel aufzunehmen. Lösen Sie unten am Kühler die Schellen, um die Schläuche abzuziehen (siehe Abbildungen).

6 Lösen Sie bei RT-Modellen die Schraube der Kühlerverkleidung (siehe Abbildung).

7 Lösen Sie die Kühler-Befestigungsschrauben und entnehmen Sie die Scheiben (siehe Abbildung). Entfernen Sie bei Adv.-Modellen den Halter.

8 Befreien Sie den Kühler, lösen Sie oben die Schelle und ziehen Sie den Schlauch ab, um den Kühler zu entnehmen (siehe Abbildungen). Beachten Sie die Positionen der Hülsen und Gummiösen an den Kühlerhalterungen (Abb. 5.13) – falls ein Gummi beschädigt, verformt oder spröde ist, muss es ersetzt werden.

5.6 Lösen Sie die Schraube der Kühlerverkleidung.

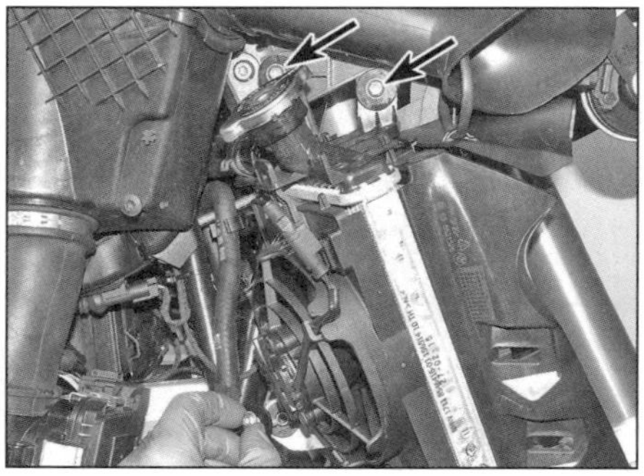

5.7 Lösen Sie die drei Kühlerschrauben.

5.8a Heben Sie bei RT-Modellen den Kühler von den Laschen.

5.8b Lösen Sie die Schelle ...

5.8c ... und ziehen Sie den Schlauch ab.

Linker Kühler

9 Demontieren Sie bei GS-Modellen das linke Verkleidungsseitenteil, bei Adventure-Modellen die rechte Tankverkleidung und bei RT-Modellen die Verkleidung links unter dem Tank (siehe Kapitel 7). Lösen Sie bei RT-Modellen die Schraube der Kühlerverkleidung (siehe Abbildung).

10 Stellen Sie einen Sammelbehälter unter den Kühler, um das restliche Kühlmittel aufzunehmen. Lösen Sie oben am Kühler die Schellen des dünnen Schlauchs, um ihn abzuziehen (siehe Abbildung).

11 Lösen Sie die Kühler-Befestigungsschrauben und entnehmen Sie die Scheiben (siehe Abbildung).

12 Befreien Sie den Kühler; falls der rechte Kühler nicht entfernt wurde, muss dazu die Schelle des Verbindungsschlauchs gelöst und dieser abgezogen werden (siehe Abbildung).

13 Beachten Sie die Positionen der Hülsen und Gummiösen an den Kühlerhalterungen (siehe Abbildung) – falls ein Gummi beschädigt, verformt oder spröde ist, muss es ersetzt werden.

R- und RS-Modelle

14 Demontieren Sie bei R-Modellen die Kühlerverkleidungen (siehe Kapitel 7). Ziehen Sie die Verkleidungsstifte oben aus dem Kühler (Abb. 5.15).

15 Entfernen Sie bei RS-Modellen die seitlichen Tankverkleidungen und die Innenverkleidung (siehe Kapitel 7). Entfernen Sie an beiden Seiten des Kühlers die Verkleidungsstifte, die den Windabweiser sichern (siehe Abbildung).

16 Befreien Sie den Ausgleichsbehälterschlauch aus der Befestigung, lösen Sie seine Schelle und ziehen Sie ihn vom Einfüllstutzen

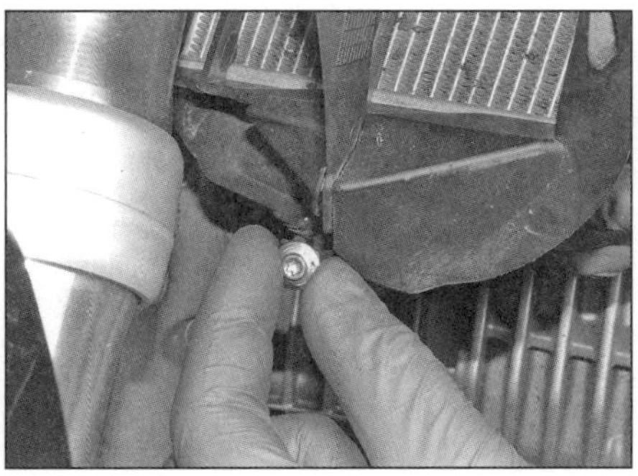

5.9 Lösen Sie die Schraube der Kühlerverkleidung.

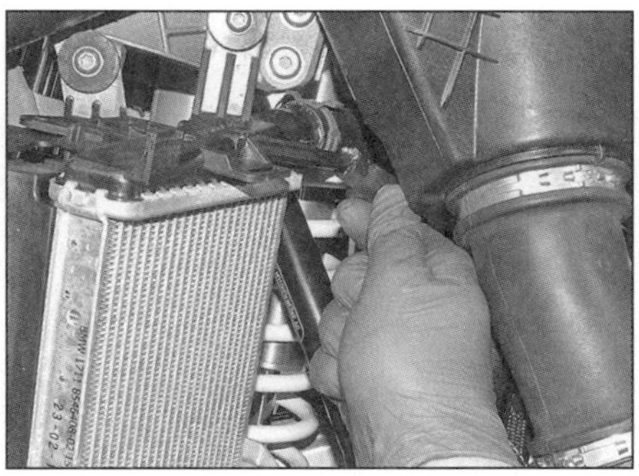

5.10 Ziehen Sie den dünnen Schlauch ab.

5.11 Lösen Sie die drei Kühlerschrauben.

5.12 Befreien Sie den Kühler, ziehen Sie ggf. den oberen inneren Schlauch ab.

5.13 Kontrollieren Sie die Gummiösen auf Risse und Verhärtungen.

5.15 Der Windabweiser ist an beiden Seiten mit Stiften gesichert, deren Köpfe hochgehebelt werden müssen, bevor sie herausgezogen werden können.

5.16 Lösen Sie die Schelle und ziehen Sie den Schlauch vom Kühlerstutzen ab.

5.17a Befreien Sie die Schläuche links ...

5.17b ...und rechts vom Kühler. Kühler-Befestigungsschrauben (Pfeile)

des Kühlers (siehe Abbildung) – falls der Ausgleichsbehälter nicht entleert wurde, muss der Schlauch abgeklemmt oder sein Ende in einen Behälter gehalten werden, damit das Kühlmittel ablaufen kann.

17 Lösen Sie die Schlauchschellen und ziehen Sie die Schläuche ab – halten Sie den Behälter bereit, um austretendes Kühlmittel aufzunehmen (siehe Abbildungen).

18 Lösen Sie die zwei Schrauben und entnehmen Sie die Scheiben. Befreien Sie den Kühler etwas nach rechts – halten Sie wieder den Sammelbehälter bereit. Trennen Sie den Ventilatorstecker, öffnen Sie den/die Kabelbinder, befreien Sie das Kabel aus der Führung und entnehmen Sie die Kühler. Beachten Sie die Positionen der Hülsen (nur rechts) und der Gummiösen an allen Kühlerhalterungen – falls ein Gummi beschädigt, verformt oder spröde ist, muss es ersetzt werden.

Alle Modelle

19 Kontrollieren Sie den/die Kühler auf Beschädigungen und entfernen Sie sämtlichen Schmutz, der die Kühlwirkung behindern kann. Falls die Lamellen verbogen sind, können sie eventuell mit einem kleinen Schraubendreher wieder gerichtet werden; wenn sie stark beschädigt oder abgebrochen sind, muss der Kühler ersetzt werden. Entfernen Sie für eine vollständige Kontrolle ggf. den Ventilator vom Kühler (siehe Sektion 2).

Einbau

20 Der Einbau erfolgt in umgekehrter Ausbaureihenfolge – beachten Sie dabei folgende Punkte:

- Die Kühlerschläuche müssen sich in einem guten Zustand befinden. Richten Sie die Ausschnitte der Kühlerschläuche zu den Rippen der Stutzen aus und sichern Sie sie nötigenfalls mit neuen Schellen (Abb. 7.7).
- Alle Gummiösen und Hülsen müssen korrekt installiert werden.
- Das Ventilatorkabel muss korrekt verlegt und verbunden werden.
- Das Kühlsystem muss aufgefüllt werden (siehe Kapitel 1).

Druckventil-Kontrolle

21 Wenn Probleme wie Überhitzung und Flüssigkeitsverlust auftreten, muss das Kühlsystem wie in Kapitel 1 beschrieben überprüft werden. Der Öffnungsdruck des Druckventils muss von einer entsprechend ausgerüsteten BMW-Werkstatt getestet werden. Ist das Ventil defekt, muss es ersetzt werden.

6 Wasserpumpe

⚠ ***Warnung: Der Motor muss vollständig abgekühlt sein, bevor diese Arbeit durchgeführt werden darf.***

Ausbau

1 Die Wasserpumpe sitzt hinter dem vorderen Motordeckel. Lassen Sie das Motoröl und das Kühlmittel ab (siehe Kapitel 1).

2 Demontieren Sie bei R- und RS-Modellen den Kühler (siehe Sektion 5).

3 Entfernen Sie den vorderen Motordeckel (siehe Kapitel 2, Sektion 16).

4 Lösen Sie die sechs Befestigungsschrauben und entnehmen Sie die Pumpe (siehe Abbildung).

5 Entfernen Sie die O-Ringe – später müssen sie durch Neuteile ersetzt werden (siehe Abbildung).

Kontrolle

6 Kontrollieren Sie das Pumpenradlager, indem Sie das Pumpenrad hin und her wackeln und daran drehen – falls es Spiel hat oder rau läuft, muss die Wasserpumpe ersetzt werden.

7 Falls Hinweise erkennbar sind, dass Kühlmittel durch die Wellendichtung ausgetreten ist, muss die Wasserpumpe ersetzt werden.

Einbau

8 Reinigen Sie die Kontaktflächen der Wasserpumpe und des Motorgehäuses.

9 Rüsten Sie die Pumpe mit neuen O-Ringen aus (Abb. 6.5).

10 Richten Sie beim Ansetzen der Pumpe den Schlitz ihrer Welle zur Lasche des Antriebs aus und achten Sie darauf, dass die O-Ringe in Position bleiben (siehe Abbildung). Ziehen Sie die Befestigungsschrauben schrittweise und über Kreuz bis zum Drehmoment von 12 Nm an.

11 Montieren Sie den vorderen Motordeckel (siehe Kapitel 2, Sektion 16) und bei R- sowie RS-Modellen den Kühler (siehe Sektion 5). Füllen Sie Motoröl und Kühlmittel ab (siehe Kapitel 1).

7 Schläuche

Ausbau

1 Lassen Sie zunächst das Kühlmittel ab (siehe Kapitel 1).

Anmerkung: *Seien Sie beim Entfernen von Kühlsystem-Komponenten auf austretende Kühlmittelreste vorbereitet.*

2 Einweg-Schellen (z. B. am Thermostaten) können mit einem Schraubendreher geöffnet und müssen dann durch Neuteile ersetzt werden. Neue Originalschellen werden mit einer Spezialzange (BMW-Teilenummer 13 1 500) gesichert. Allerdings können sie auch durch wiederverwendbare Schraubschellen der richtigen Größe ersetzt werden.

3 Die Schläuche am Kühler sind mit Federklemmen gesichert, zu deren Entspannung die Enden mit einer Zange zusammengedrückt werden müssen (Abb. 13.14a und b in Kapitel 1).

4 Schieben Sie die gelockerte Schelle vom Stutzen weg auf den Schlauch.

5 Bevor ein Schlauch abgezogen wird, sollte ein Sammelbehälter bereitgehalten werden, um Kühlmittelreste aufzunehmen.

Achtung: Die Kühler-Anschlüsse sind empfindlich. Ziehen Sie die Schläuche nicht mit zu viel Kraft ab.

6 Falls sich ein Schlauch nicht lösen lässt, muss versucht werden, ihn drehend abzuziehen. Wenn das auch nicht klappt, muss mit einem scharfen Messer ein Längsschnitt über dem Flansch gezogen werden, sodass der Schlauch abgeschält werden kann. Es ist immer besser, nur einen neuen Schlauch zu beschaffen als den ganzen Kühler zu ersetzen.

Einbau

7 Schieben Sie die Schelle über den Schlauch, und stecken Sie diesen mit dem Ausschnitt korrekt zur Rippe des Stutzens ausgerichtet auf (siehe Abbildung).

Praxis TiPP ***Wenn ein Schlauch schwer aufzuschieben ist, kann er zum Erweichen in heißes Wasser gehalten werden. Alternativ hilft die Verwendung von Seifenwasser als Schmiermittel.***

8 Schieben Sie die Schelle über den Stutzen und sichern Sie sie je nach Ausführung mit der Spezialzange oder einem Schraubendreher.

9 Füllen Sie das Kühlsystem mit frischem Kühlmittel auf (siehe Kapitel 1).

6.4 Lösen Sie die Wasserpumpen-Befestigungsschrauben – aber nicht die dunklen Gehäuseschrauben.

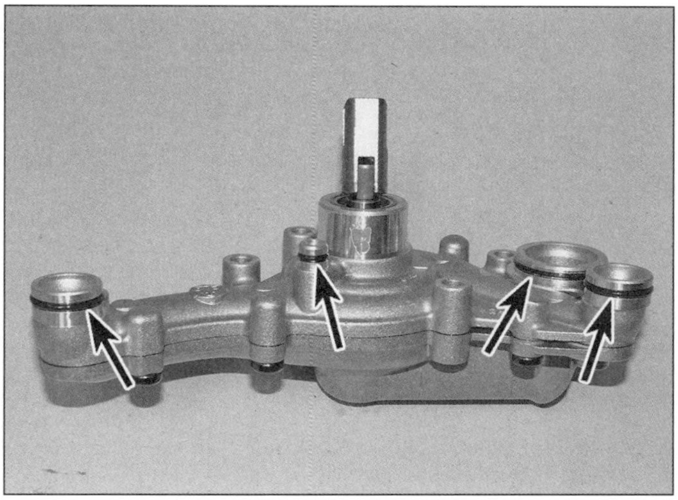

6.5 Wasserpumpen-O-Ringe

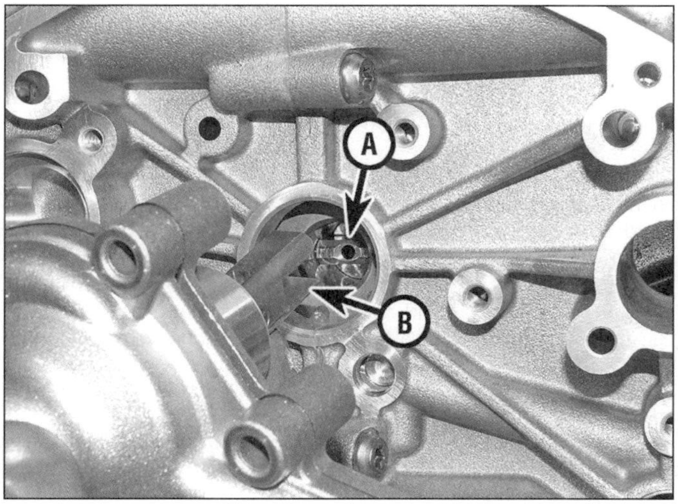

6.10 Richten Sie die Antriebslasche (A) zur Nut in der Pumpenwelle (B) aus.

7.7 Schieben Sie den Schlauch mit dem Ausschnitt (A) über die Rippe des Stutzens (B).

3

Kapitel 4
Motorsteuerung (Einspritzung und Zündung)

Inhalt (in alphabetischer Reihenfolge, die Zahlen geben die Nummerierung in den grauen Feldern wieder)

Schwierigkeitsgrade

Leicht. Für Anfänger mit wenig Erfahrung geeignet.	**Relativ leicht.** Für Anfänger mit etwas Erfahrung geeignet.	**Relativ schwierig.** Für geübte Selbstschrauber geeignet.	**Schwer.** Für Selbstschrauber mit viel Erfahrung geeignet.	**Sehr schwer.** Für Experten und Profis geeignet.

Technische Daten

Kraftstoff

Kraftstoffart
- Alle Modelle . . . . Super 95 Oktan (bleifrei)
- GS-Modelle (optional – Werkstatt-Eingriff erforderlich) . . . . Normalbenzin 91 Oktan (bleifrei)

Tankinhalt
- R 1200 GS . . . . 20 Liter
- R 1200 GS Adventure . . . . 30 Liter
- R 1200 RT . . . . 25 Liter
- R 1200 R und RS . . . . 18 Liter

Restmenge beim Aufleuchten der Reserveleuchte . . . . 4 Liter

Drosselklappengehäuse

Innendurchmesser . . . . 52 mm
Benzinpumpen-Ausgangsdruck . . . . 5 bar

Anzugsdrehmomente

Auspuffanlage
- Krümmerflanschmuttern . . . . 28 Nm
- Lambdasonden . . . . 45 Nm
- Schalldämpfer-Schellenmutter . . . . 22 Nm
- Schalldämpferschraube . . . . 19 Nm
- Servo/Sammlerhalterungs-Schrauben . . . . 19 Nm

Benzinpumpen-Haltering (nicht Adv.-Modelle . . . . 35 Nm

Sensoren
- Kurbelwellensensor-Schraube . . . . 8 Nm
- Nockenwellensensor-Schraube . . . . 8 Nm

1 Allgemeine Informationen und Warnhinweise

Allgemeine Informationen

1 Alle in diesem Buch behandelten Modelle sind mit einer digitalen Motorsteuerung ausgerüstet, die die Funktion des Kraftstoffsystems und der Zündung überwacht, kontrolliert und koordiniert.

2 Der Motor wird vom Steuergerät (hier DME = Digital Motor Electronics genannt) gesteuert. Eine zweite Einheit – die Zentralelektrik – ist für die Bewachung und Regelung aller anderen elektrischen Systeme wie die Beleuchtung, Schalter und Zubehörteile verantwortlich. Die zwei Geräte sind für Funktionen wie das Starten und die Wegfahrsperre miteinander verbunden.

3 Das Steuergerät arbeitet mit der Motordrehzahl und der Drosselklappenstellung als Basis, um eine optimale Motorfunktion sicherzustellen. Zusätzliche Informationen der Temperatur-, Öldruck- und Gangsensoren sowie der Abgasanalyse durch die Lambdasonde lassen es mithilfe von einprogrammierten Kennfeldern und Korrekturwerten die eingespritzte Kraftstoffmenge und den exakten Zündzeitpunkt für jeden gegebenen Umstand verfeinern.

4 Zusätzlich verfügt das Steuergerät über eingebaute Diagnosefunktionen, die alle Daten für Fehlermeldungen speichern. Wenn ein Fehler auftritt, beginnt die Motor-Warnlampe in den Instrumenten zu leuchten, und solange der Defekt keine ernsthaften Schäden anrichten kann, schaltet das Steuergerät auf ein Notprogramm um, mit dem man problemlos nach Hause oder in eine Werkstatt kommt – andernfalls wird der Motor abgeschaltet. BMW weist darauf hin, dass der Motor im Notlauf-Modus nicht die volle Leistung bringt und das Motorrad entsprechend gefahren werden muss. Hinweise zur Fehlersuche finden sich in Sektion 14.

5 Aufgrund ihrer Bauart können einzelne Komponenten nicht repariert werden. Nachdem ein defektes Bauteil isoliert ist, hilft nur der Ersatz durch ein Neuteil. Die meisten elektrischen Teile werden nach dem Kauf nicht wieder umgetauscht – um also unnötige Kosten zu vermeiden, muss vor dem Neukauf sichergestellt sein, dass die Komponente wirklich als Fehlerquelle identifiziert wurde.

Kraftstoffsystem

6 Das Kraftstoffsystem besteht aus dem Benzintank, dem Kraftstofffilter, der Benzinpumpe samt Ansaugsieb, Kraftstoffschläuchen, dem Druckregler, den Drosselklappengehäusen mit darin sitzenden Einspritzdüsen und dem Luftfiltergehäuse.

7 Die Benzinpumpe sitzt innerhalb des Tanks. Der Filter ist in die Pumpe integriert und an ihrer Unterseite sitzt das Ansaugsieb.

8 Die Einspritzdüse jedes Zylinders sitzt direkt im Zylinderkopf. Der Motor wird mithilfe der Informationen von Motor- und Ansaugluft-Temperatursensoren durch das Steuergerät in jedem Betriebszustand in der korrekten Drehzahl gehalten – einen manuellen »Choke« gibt es nicht.

9 Der innerhalb des Tanks sitzende Kraftstoffpegel-Sensor ist je nach Modell mit der Reserve-Warnlampe bzw. der Tankanzeige verbunden. Der Bordrechner errechnet anhand der Informationen des Sensors die noch mögliche Fahrstrecke und präsentiert diese auf der Multifunktionsanzeige.

10 Das als einer Zwei-in-Eins-Anlage ausgeführte Auspuffsystem beinhaltet einen Katalysator und zwei Lambdasonden.

⚠ ***Warnung: Benzin ist leicht entflammbar, vor allem in Form von Dampf. Daher müssen unten stehende Warnhinweise beachtet werden. Beachten Sie, dass Benzindampf schwerer ist als Luft und sich daher in schlecht belüfteten Ecken sammeln kann. Vermeiden Sie Hautkontakt und suchen Sie einen Arzt auf, wenn Benzin in die Augen gelangt ist oder verschluckt wurde. Tragen Sie immer eine Schutzbrille und halten Sie einen geeigneten Feuerlöscher bereit.***

Zündsystem

11 Die Zündung ist dank des Fehlens mechanischer Teile praktisch wartungsfrei.

12 Die Zündspulen sind in die Zündkerzenstecker integriert. Das Motor-Steuergerät errechnet anhand der von verschiedenen Sensoren gelieferten Informationen den optimalen Zündzeitpunkt.

13 Das Zündsystem beinhaltet einen Sicherheits-Stromkreis, der das Starten des Motors bei ausgeklapptem Seitenständer verhindert, solange nicht im Getriebe der Leerlauf eingelegt ist. Die Schaltung unterbricht außerdem die Zündung, wenn der Seitenständer bei laufendem Motor und eingelegtem Gang ausgeklappt, oder bei laufendem Motor und ausgeklapptem Ständer ein Gang eingelegt wird.

⚠ ***Warnung: Die Zündanlage erzeugt eine sehr hohe Spannung, die lebensgefährlich sein kann. Berühren Sie keinesfalls Bauteile oder Stecker, wenn der Motor läuft oder die Zündung angeschaltet ist. Bevor an elektrischen Komponenten gearbeitet wird, muss die Zündung abgestellt und der Masseanschluss (–) der Batterie getrennt und abseits des Batteriepols gesichert werden.***

Warnhinweise

14 Führen Sie Arbeiten am Kraftstoffsystem nur in gut belüfteten Räumen durch.

15 Stellen Sie sicher, dass sich keine offenen Flammen oder Funken (z. B. einer Zündanlage) in der Nähe befinden, wenn Sie mit Benzin hantieren.

16 Beachten Sie absolutes Rauchverbot für jedermann bei Arbeiten am Kraftstoffsystem. Denken Sie an die Gefahr, die von brennenden Zigaretten ausgeht, und entfernen Sie sich zum Rauchen weit genug vom Arbeitsplatz.

17 Kontrollieren Sie alle zum Arbeitsbereich gehörenden elektrischen Geräte (beachten Sie die »Sicherheit geht vor«-Hinweise am Anfang dieses Handbuchs). Denken Sie daran, dass elektrische Geräte wie Schalter, Bohrmaschinen, Schleifböcke usw. Funken produzieren. Vermeiden Sie daher den Betrieb solcher Geräte bei Arbeiten am Kraftstoffsystem und lüften Sie den Raum gründlich, bevor Sie damit beginnen.

18 Wischen Sie grundsätzlich verschüttetes Benzin auf und entsorgen Sie benzingetränkte Lappen und Tücher in einem feuersicheren Behälter (z. B. einem Stahlfass).

19 Vorratshaltung an Benzin darf nur in dafür geprüften und luftdicht verschlossenen und beschrifteten Behältern erfolgen. Die Menge der Vorratshaltung in Wohnhäusern ist gesetzlich begrenzt. Bewahren Sie auch demontierte Benzintanks mit geschlossenem Tankdeckel sicher auf.

20 Lesen Sie sorgfältig die Sektion *Sicherheit geht vor!* in der Einleitung dieses Buches, bevor Sie mit der Arbeit beginnen.

21 Beachten Sie, dass bauliche Veränderungen an Ansaug- und Auspuffsystem die Betriebserlaubnis des Motorrades zum Erlöschen bringen, wenn sie nicht von einem amtlich anerkannten Sachverständigen begutachtet und in die Fahrzeugpapiere eingetragen sind.

22 Praktisch bedeutet dieses, dass kein Teil der Kraftstoff-, Zünd- und Auspuffanlage von unautorisierten Personen gewartet und eingestellt werden darf. Wenn ein Bauteil dieser Systeme ersetzt werden muss, dürfen nur original BMW-Ersatzteile oder gesetzlich genehmigte Komponenten verwendet werden. Die Maschine darf nie mit modifizierten, beschädigten oder fehlenden Bauteilen betrieben werden.

2 Tank

⚠ ***Warnung: Lesen Sie zunächst die Warnhinweise in Sektion 1.***

Demontage

Anmerkung: *Um das Gewicht des Tanks zu reduzieren, sollte er möglichst erst demontiert werden, wenn er fast leer ist. Pumpen Sie einen gefüllten Tank nötigenfalls ab.*

1 Entfernen Sie sämtliche Tankverkleidungen (siehe Kapitel 7).

2 Befreien Sie bei allen GS- sowie RT-Modellen den Sicherungshalter (siehe Abbildung). Lösen Sie die Schrauben des Sitzbankhalters und der Tankaufnahme, ziehen Sie dann die Hülsen aus den Tankaufnahmen und entfernen Sie den Halter (siehe Abbildungen).

4

2.2a Drücken Sie mit einem spitzen Werkzeug die Lasche ein, um den Sicherungshalter zu befreien.

2.2b Lösen Sie die Schrauben des Tank- und des Sitzbankhalters, ...

2.2c ... ziehen Sie die Hülse heraus ...

2.2d ... und entfernen Sie den Halter.

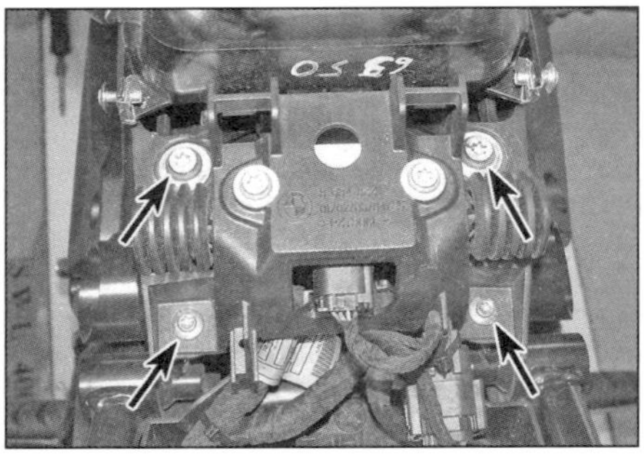

2.3 Lösen Sie die zwei Schrauben und entfernen Sie den Sitzbankhalter.

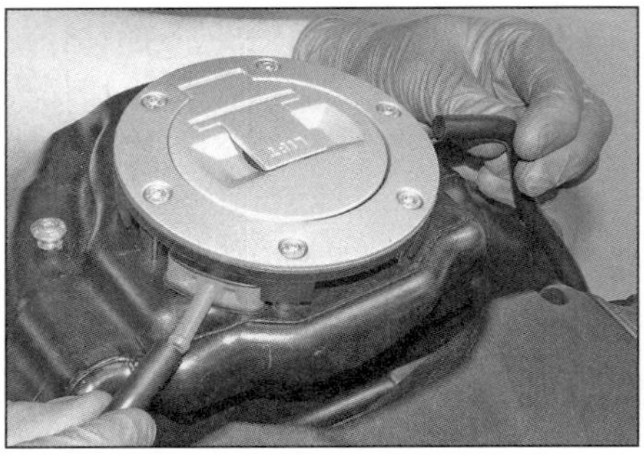

2.4 Ziehen Sie die Schläuche ab.

3 Lösen Sie bei R- und RS-Modellen die Schrauben des Sitzbankhalters und der Tankaufnahme, ziehen Sie die Buchsen heraus und befreien Sie die Seitenteile des Sitzbankhalters, um den Halter zu entnehmen (siehe Abbildung).

4 Ziehen Sie am Einfüllstutzen den Belüftungs- und den Überlaufschlauch ab (siehe Abbildung).

5 Trennen Sie bei Modellen mit »Keyless Ride«-Funkschlüssel den Tankdeckel-Stecker und befreien Sie das Kabel aus allen Kabelbindern und Führungen – merken Sie sich seine Verlegung (siehe Abbildung); bei RS-Modellen muss der linke Ansaugstutzen entfernt werden, um den Zugang zu verbessern.

6 Heben Sie den Tank hinten an und ziehen Sie ihn nach hinten von seinen vorderen Aufnahmen (siehe Abbildung).

7 Trennen Sie die Stecker der Benzinpumpe und des Tankanzeigegebers (siehe Abbildung). Kontrollieren Sie die Stecker und ihre Kontakte auf Korrosion (die die Funktion beeinflussen kann) und reinigen Sie sie nötigenfalls.

8 Drücken Sie den Benzinschlauch-Halteclip ein und trennen Sie den Schlauch (siehe Abbildungen). Beachten Sie den/die O-Ring(e) – alle GS-Modelle haben zwei; BMW empfiehlt eine sorgfältige Kontrolle, listet aber keine separaten Ringe als Ersatzteile.

9 Sichergehend, dass der Tankdeckel verschlossen ist, wird der Tank abgehoben und auf Lappen oder einer gepolsterten Oberfläche abgesetzt.

2.5 Lösen und befreien Sie den Kabelstecker samt Kabel – gezeigt am RT-Modell.

2.6 Ziehen Sie den Tank nach hinten ab – beachten Sie seine Einbauposition.

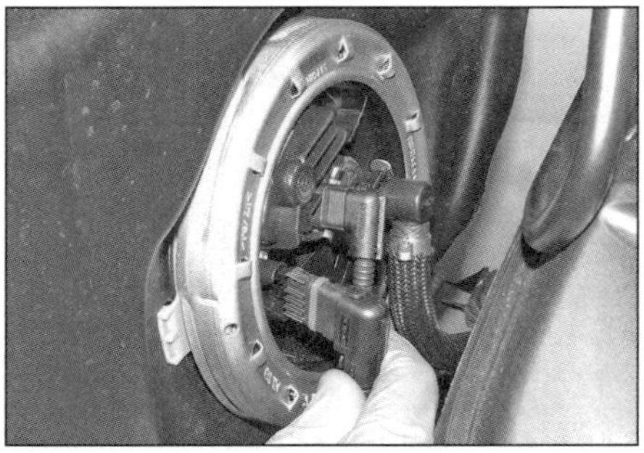

2.7 Trennen Sie die Kabelstecker.

2.8a Drücken Sie den Metall-Halter hinein ...

2.8b ... und ziehen Sie den Schlauchstecker ab.

Einbau

10 Die Montage des Tanks erfolgt in umgekehrter Ausbaureihenfolge – beachten Sie dabei folgende Punkte:

- die vorderen und hinteren Haltegummis dürfen nicht beschädigt oder spröde sein – ersetzen Sie sie nötigenfalls (Abb. 2.6 und 2.2c).
- Der Benzinschlauch muss korrekt verlegt sein. Kontrollieren Sie den/die O-Ring(e) des Anschlusses (siehe Schritt 8) und schmieren Sie ihn/sie mit Molykote 111 oder Silikonpaste.
- Drücken Sie zum Anschließen des Benzinschlauchs den Halteclip ein, schieben Sie den Schlauchstecker senkrecht auf, bis er einrastet, und lassen Sie den Clip los, um den Schlauch zu sichern.
- Die Stecker der Benzinpumpe und des Tankanzeigegebers müssen sicher verbunden sein.
- Schieben Sie den Tank korrekt auf seine vorderen Haltegummis (Abb. 2.6).
- Bei Modellen mit »Keyless Ride« muss das Kabel zum Tankdeckel korrekt verlegt und gesichert sein (Abb. 2.5).
- Prüfen Sie die Bereiche um die Benzinpumpe und den Schlauchanschluss auf Undichtigkeiten, bevor die Verkleidungsteile montiert werden.

3 Verdunstungskontrolle US-Modelle

1 Für den US-Markt vorgesehene Modelle sind mit einem zylinderförmigen Aktivkohlefilter ausgerüstet, der im Tank entstehende Benzindämpfe aufnimmt. Ein von der Motorsteuerung geregeltes Ventil sorgt dafür, dass die Dämpfe bei laufendem Motor über das linke Drosselklappengehäuse wieder ins Kraftstoffsystem gesogen werden.

2 Abgesehen von regelmäßigen Überprüfungen der Schläuche ist das System praktisch wartungsfrei. Falls Schläuche rissig oder spröde werden, müssen sie ersetzt werden – entfernen Sie für den Zugang entsprechende Verkleidungsteile, den Tank, den/die Kühler, den Ausgleichsbehälter und andere Komponenten. Verfolgen Sie den Schlauch vom Tank zum Filtergehäuse und den von dort zum Ventil – befreien Sie sie aus allen Befestigungen und Führungen und merken Sie sich ihre Verlegung.

4 Benzinpumpe, Ansaugsieb und Tankanzeige-Geber

Warnung: Lesen Sie vor Arbeitsbeginn die Warnhinweise in Sektion 1.

Anmerkung: *Die Reinigung des Ansaugsiebs ist kein Punkt des Wartungsplans. Wenn jedoch ein Problem in der Kraftstoffversorgung auftritt, sollte das Sieb inspiziert werden.*

1 Die Benzinpumpe sitzt links im Tank. Innerhalb des Pumpengehäuses befindet sich ein Filter und unten an der Pumpe sitzt ein Ansaugsieb. Lediglich das Sieb ist als separates Ersatzteil erhältlich. Die Pumpe ist mit einem außen angebrachten elektronischen Regler ausgerüstet, der durch ein Neuteil ersetzt werden kann, falls er defekt ist.

2 Bevor die Pumpe aus dem Tank gebaut wird, muss der Tank mithilfe eine Absaugpumpe entleert werden.

Benzinpumpe

Ausbau

3 Demontieren Sie den Tank (siehe Sektion 2).

4 Um bei GS Adventure-Modellen die Pumpe ausbauen zu können, müssen die Schrauben der Halteplatte gelöst und die Platte entfernt werden. Heben Sie die Pumpe vorsichtig aus dem Tank, ohne dabei den Hebel des Schwimmers zu verbiegen. Versuche, die Pumpe herauszuhebeln würde zu Schäden an ihrem Boden und der Dichtung führen.

5 Um die Benzinpumpe aller anderen Modelle auszubauen, muss der Haltering – z. B. mit einer an den Vorsprüngen angesetzten Metallstange – gelöst werden (siehe Abbildung); BMW bietet unter der Teilenummer 161021 ein entsprechendes Werkzeug an. Ziehen Sie die Pumpe vorsichtig aus den Tank, ohne dabei den Hebel des Schwimmers zu verbiegen (siehe Abbildung). Versuche, die Pumpe herauszuhebeln würde zu Schäden an ihrem Boden und der Dichtung führen.

6 Entnehmen Sie die Dichtung und kontrollieren Sie sie auf Beschädigungen – BMW empfiehlt, sie generell durch ein Neuteil zu ersetzen.

7 Kontrollieren Sie das Ansaugsieb (siehe unten).

Kontrolle

8 Die Leistungsfähigkeit der Benzinpumpe wird durch ein verstopftes Ansaugsieb stark behindert (siehe unten). Wenn das Sieb in Ordnung ist, muss die Pumpe folgendermaßen getestet werden:

9 Verbinden Sie eine vollständig geladene Batterie mithilfe von Überbrückungskabeln mit den Anschlusskontakten des Pumpenreglers – Plus an 1 und Minus an 2 (siehe Abbildung). Die Pumpe muss jetzt hörbar arbeiten.

10 Falls die Pumpe nicht läuft, muss an der Pumpenplatten-Innenseite der Stecker vom Pumpenregler getrennt und wie oben beschrieben mit der Batterie verbunden werden (siehe Abbildung) – wenn die Pumpe jetzt läuft, ist der Regler defekt und muss ersetzt werden; er wird mit einer neuen Dichtung geliefert, die mit Silikonpaste geschmiert werden muss. Läuft die Pumpe immer noch nicht bei, müssen die Batteriekabel direkt an die Kontakte ihres Motors angeschlossen werden – arbeitet er weiterhin nicht, ist die Pumpe defekt und muss ersetzt werden.

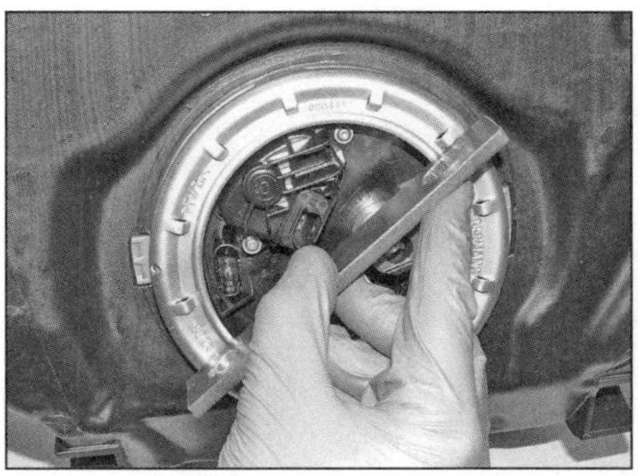

4.5a Lösen Sie den Haltering – eine Metallstange funktioniert sehr gut.

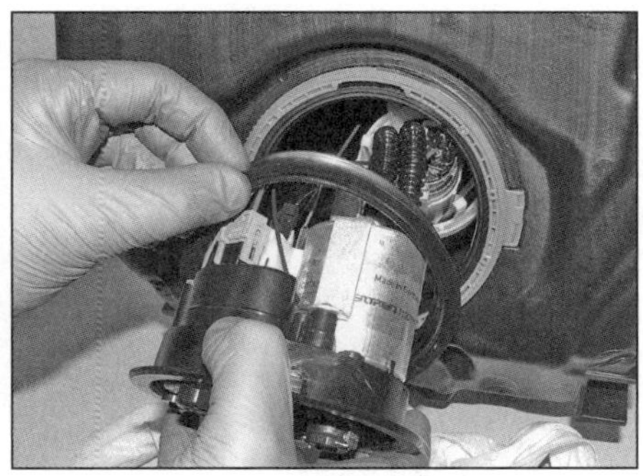

4.5b Ziehen Sie die Pumpen-Baugruppe vorsichtig heraus – die Dichtung wird sich wahrscheinlich lösen.

4.9 Benzinpumpen-Anschlüsse (A), Schrauben des Pumpen-Reglers (B)

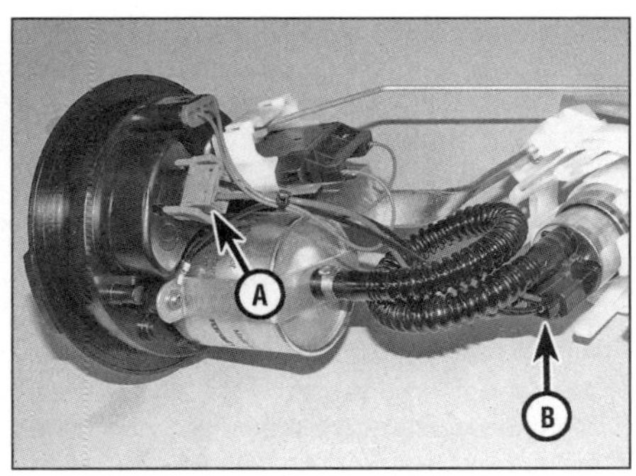

4.10 Stecker am Regler (A) und am Pumpenmotor (B)

4.14a Installieren Sie die Dichtung ...

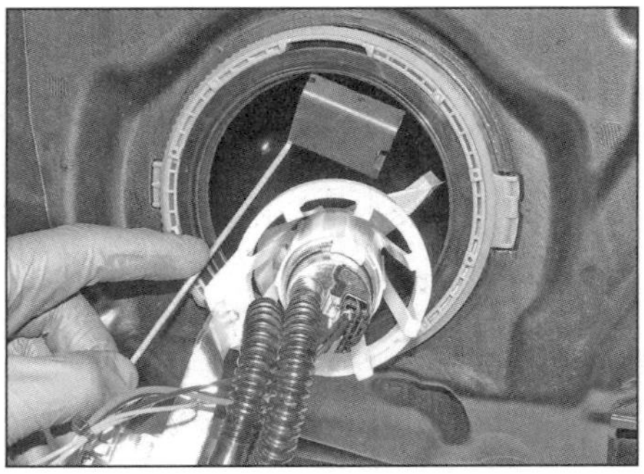

4.14b ... und manövrieren Sie vorsichtig die Pumpe in den Tank, ...

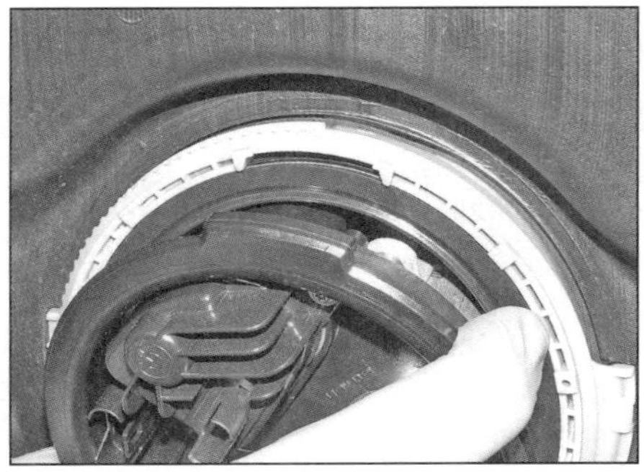

4.14c ... sodass die Lasche im Ausschnitt liegt.

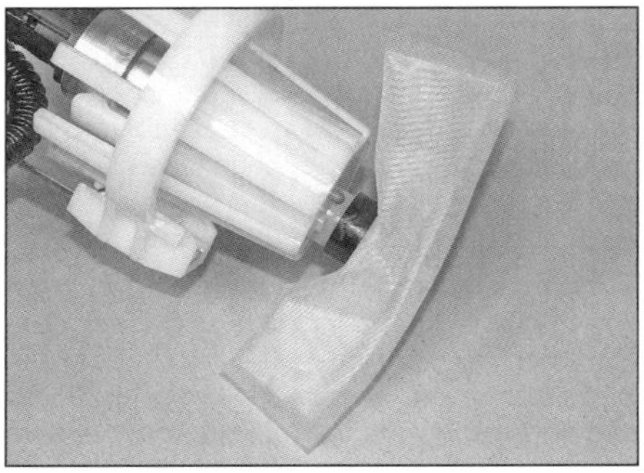

4.16 Ansaugsieb

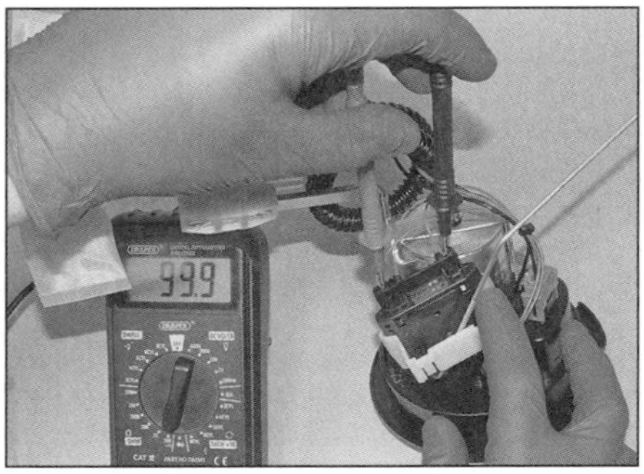

4.21a Prüfen Sie den Widerstand bei abgesenktem ...

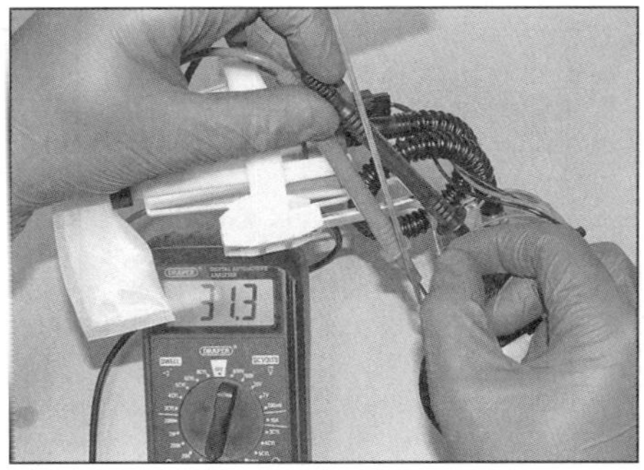

4.21b ... und bei angehobenem Schwimmer.

11 Arbeitet die Pumpe beim Test, müssen die Kontakte ihrer Verkabelung überprüft und ggf. gereinigt werden. Verbinden Sie alle Stecker und schalten Sie die Zündung ein – läuft die Pumpe jetzt nicht, müssen die Kabel und Stecker auf Beschädigungen und korrodierte oder gebrochene Kontakte überprüft werden. Schalten Sie nach Beendigung des Tests die Zündung aus.

12 Wenn die Pumpe arbeitet aber vermutlich zu wenig Benzin fördert, muss geprüft werden, ob der Tank-Belüftungsschlauch weder blockiert, geknickt oder gequetscht ist.

13 Scheint alles in Ordnung zu sein, muss die Benzinpumpe von einer BMW-Werkstatt einer Druckprüfung unterzogen werden.

Einbau

14 Der Einbau erfolgt in umgekehrter Ausbaureihenfolge – beachten Sie dabei folgende Punkte:

- Installieren Sie den Dichtring in den Tank, sodass er rundherum korrekt sitzt (siehe Abbildung). Schmieren Sie den Ring mit Silikonspray, um den Einbau zu erleichtern.
- Schieben Sie die Pumpe mit der Lasche am Boden nach oben zeigend in den Tank – die Dichtung darf darf nicht verrutschen und der Pumpenboden rundherum aufliegen (siehe Abbildungen).
- Richten Sie bei Adv.-Modellen die Schraubenbohrungen des Halterings zu denen des Tanks aus, außerdem muss die Lasche des Pumpenbodens im Ausschnitt des Rings liegen. Ziehen Sie die Schrauben schrittweise und über Kreuz sorgfältig an.
- Ziehen Sie bei allen anderen Modellen den Haltering sorgfältig an (Abb. 4.5a); falls das BMW-Werkzeug vorhanden ist, sollte der Ring mit dessen Hilfe mit 35 Nm angezogen werden.

Ansaugsieb

15 Bauen Sie die Benzinpumpe aus (siehe oben).

16 Das Ansaugsieb sitzt unten an der Pumpenbaugruppe (siehe Abbildung). Lassen Sie das Sieb trocknen und entfernen Sie Schmutz und Ablagerungen mithilfe einer weichen Bürste. Falls das Sieb stark verschmutzt ist, empfiehlt sich eine komplette Tankreinigung.

17 Begutachten Sie das Sieb auf Risse und Löcher und ersetzen Sie es gegebenenfalls.

Anmerkung: *Falls das Sieb beschädigt ist und sowohl im Tank wie auch im nicht beschädigten Teil des Siebes finden sich Ablagerungen, können diese auch in die Pumpe gelangt sein und den internen Filter blockieren. Unter diesen Umständen muss eine neue Benzinpumpe montiert werden – diese ist mit einem neuen Ansaugsieb ausgerüstet.*

18 Um das Ansaugsieb auszutauschen, muss es vom Filter abgezogen werden.

19 Der Einbau erfolgt in umgekehrter Ausbaureihenfolge.

Tankanzeige-Geber

20 Bauen Sie die Benzinpumpe aus (siehe oben).

21 Zur Kontrolle des Gebers muss ein Widerstands-Prüfer mit seinen Kontakten verbunden werden, dann wird der Schwimmer-Hebel auf und ab bewegt – hierbei muss sich der Widerstand verändern (siehe Abbildungen). BMW gibt keine Daten heraus, aber wir haben

4.22a Stecker des Tankanzeige-Gebers

4.22b Schrauben des Halters

ca. 100 Ohm bei abgesenktem Schwimmer (Tank leer) und ca. 30 Ohm bei angehobenem Schwimmer (Tank voll) gemessen; während der Bewegung des Hebels müssen konstante Änderungen festgestellt werden. Werden voller Widerstand (»1«) oder Durchgang (»0«) gemessen oder keine Veränderungen festgestellt, ist der Geber defekt.

22 Um den Geber zu demontieren, muss sein Stecker getrennt und der Kabelbinder geöffnet werden (siehe Abbildung). Lösen Sie am Halter die zwei Schrauben und befreien Sie diesen von der Benzinpumpe (siehe Abbildung). Lösen Sie die Lasche, um den Geber vom Halter zu befreien.

23 Der Einbau erfolgt in umgekehrter Ausbaureihenfolge.

5 Kraftstoffschläuche und Druckregler

Warnung: Beachten Sie die in Sektion 1 beschriebenen Warnhinweise.

1 Die zwischen dem Tank und den Einspritzdüsen sitzenden Benzinschläuche gehören zum einteiligen Verteilsystem, das auch den Druckregler einschließt (Abb. 5.5).

2 Zum Ausbau des Verteilsystems müssen der Tank und die Einspritzdüsen demontiert werden (Sektionen 2 und 7).

3 Öffnen Sie den Kabelbinder, der das Einspritzdüsen-Kabel am Benzinschlauch sichert.

4 Befreien Sie den Überlauf- und den Belüftungsschlauch des Tanks aus dem Clip und den Benzinschlauch aus den Clips – merken Sie sich die Verlegung der Schläuche (siehe Abbildung).

5 Ziehen Sie das T-Stück aus seinem Halter, trennen Sie den Stecker des Drucksensors und entfernen Sie die Schlauch-Baugruppe (siehe Abbildung).

6 Der (zur Benzinpumpe führende) Benzinschlauch-Stecker und die Schlauchschellen sind die einzigen separat erhältlichen Ersatzteile. Der Stecker kann nach dem Lösen der Schelle aus dem Schlauch gezogen werden. Installieren Sie neben einem neuen Stecker auch stets eine neue Schelle. Falls einer der Schläuche geknickt, rissig oder spröde ist, muss die komplette Schlauch-Baugruppe ersetzt werden – ein neuer Stecker wird mitgeliefert.

Einbau

7 Der Einbau erfolgt in umgekehrter Ausbaureihenfolge – beachten Sie dabei folgende Punkte:

- Alle Schläuche müssen korrekt verlegt und gesichert sein (Abb. 5.4).
- Installieren Sie die Einspritzdüsen (siehe Sektion 7) und den Tank (siehe Sektion 2).
- Bevor Verkleidungsteile montiert werden, muss die Zündung eingeschaltet und dadurch das System unter Druck gesetzt werden, um es auf Dichtigkeit zu prüfen.

5.4 Befreien Sie die Schläuche von den Clips.

5.5 Befreien Sie das T-Stück und trennen Sie den Kabelstecker.

6 Drosselklappengehäuse

Warnung: Beachten Sie die in Sektion 1 beschriebenen Warnhinweise.

Ausbau

1 Demontieren Sie den Tank (siehe Sektion 2).

2 Lösen Sie die zwei Schrauben hinten am Luftfiltergehäuse (siehe Abbildung).

3 Lösen und entfernen Sie die Drosselgehäuse-Schellen – entweder mit dem BMW-Werkzeug (Teilenummer 131512) oder einer Wasserpumpenzange (siehe Abbildung) – beschädigen Sie dabei nicht die Schellen.

4 Trennen Sie den Kabelstecker und öffnen Sie den Kabelbinder, der das Kabel am Drosselklappengehäuse sichert (siehe Abbildung).

5 Heben Sie das Luftfiltergehäuse ab und ziehen Sie das Drosselklappengehäuse aus den Stutzen (siehe Abbildung).

6 Stopfen Sie saubere Lappen in den Ansaugstutzen des Zylinderkopfes.

Kontrolle

7 Inspizieren Sie die Drosselklappengehäuse und die Ansaugstutzen auf Risse oder andere Schäden, die Nebenluft eindringen lassen könnten. Ersetzen Sie schadhafte Teile.

8 Prüfen Sie, ob das Gehäuse innen absolut sauber ist.

9 Kontrollieren Sie die Schellen und ersetzen Sie beim Ausbau beschädigte Teile.

6.2 Lösen Sie die zwei Schrauben des Luftfiltergehäuses.

6.3 Lösen Sie die Schellen mit einer Wasserpumpenzange – richten Sie diese wie gezeigt aus und drücken Sie die Schelle vorsichtig zusammen, um ihre Arretierung zu lösen.

6.4 Trennen und befreien Sie die Kabel.

6.5 Ziehen Sie den oberen Ansaugstutzen ab und heben Sie das Drosselklappengehäuse aus dem Zylinderkopf-Stutzen.

6.10a Ausrichtung des rechten Drosselklappengehäuses

6.10b Ausrichtung des linken Drosselklappengehäuses

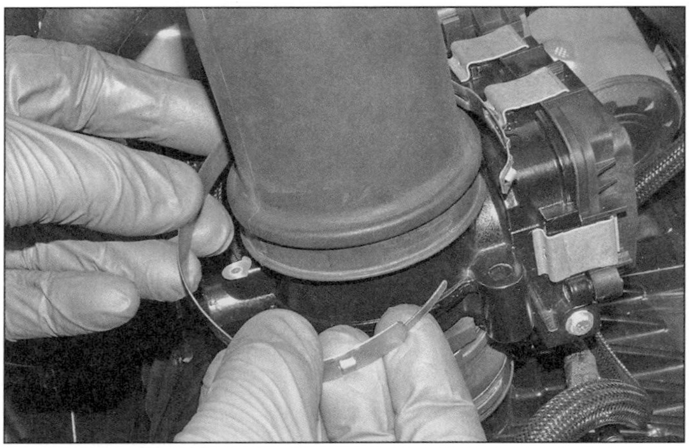

6.10c Legen Sie die Schelle um den Stutzen, ...

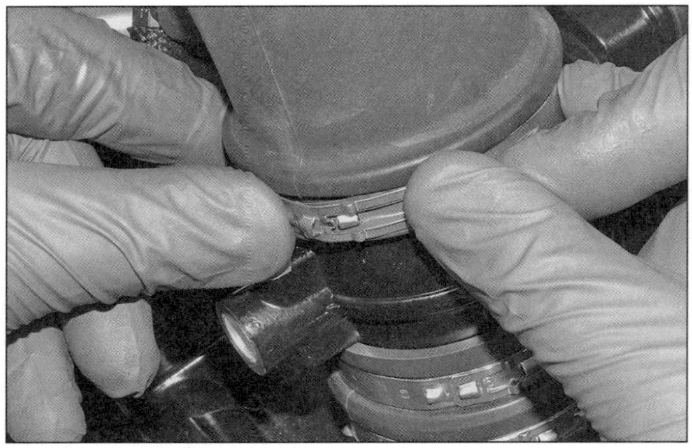

6.10d ... hängen Sie sie im ersten Haken ein ...

6.10e ... und drücken Sie sie zusammen, bis der Haupt-Riegel einrastet.

Einbau

10 Der Einbau erfolgt in umgekehrter Ausbaureihenfolge – beachten Sie dabei folgende Punkte:

- Entfernen Sie die Lappen aus dem Ansaugstutzen.
- Installieren Sie das rechte Drosselklappengehäuse mit dem Servomotor nach vorne und das linke Gehäuse mit dem Servo nach hinten; richten Sie in beiden Fällen die Vertiefung des Ansaugstutzens zur erhabenen Sektion des Gehäuses aus (Abb. 6.10a und b).
- Verwenden Sie nötigenfalls neue Schellen. Legen Sie die Schelle um den Stutzen und hängen Sie sie im ersten Haken ein, um sie zu sichern. Benutzen Sie jetzt die Zange oder das BMW-Werkzeug, um sie am Haupt-Riegel einrasten zu lassen (Abb. 6.10c bis e).

7 Einspritzdüsen

Warnung: Beachten Sie die in Sektion 1 beschriebenen Warnhinweise.

Ausbau

1 Lösen Sie die Schraube der Einspritzdüsen-Abdeckung und entfernen Sie diese (siehe Abbildung).

2 Lösen Sie den Clip des Einspritzdüsen-Steckers und trennen Sie diesen (siehe Abbildung).

3 Lösen Sie die Schraube des Benzinschlauch-Steckers und ziehen Sie die Einspritzdüse vorsichtig heraus (siehe Abbildung).

4 Lösen Sie den Clip, der den Benzinschlauch-Stecker an der Einspritzdüse sichert, und trennen Sie diesen – seien Sie auf

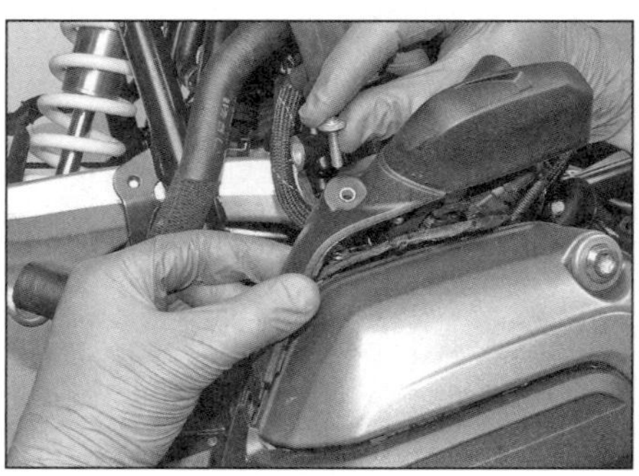

7.1 Entfernen Sie die Einspritzdüsen-Abdeckung.

7.2 Trennen Sie den Einspritzdüsen-Stecker.

7.3 Lösen Sie die Schraube und ziehen Sie die Einspritzdüse aus dem Zylinderkopf.

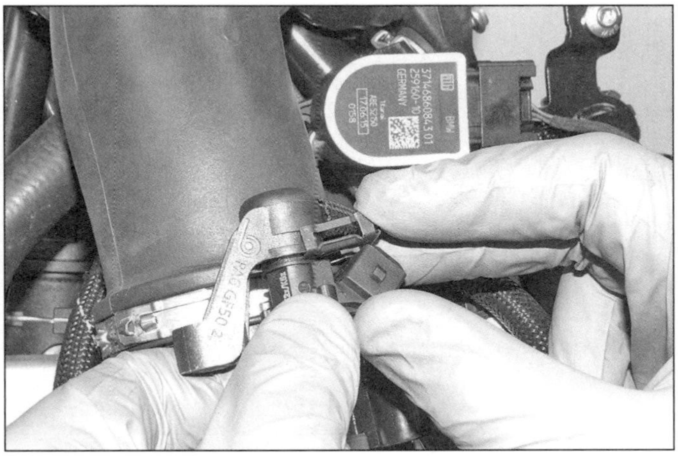

7.4a Lösen Sie die Arretierung ...

7.4b ... und trennen Sie den Benzinschlauch.

7.5 Einspritzdüsen-O-Ringe

austretende Benzinreste vorbereitet (siehe Abbildungen).

5 Entfernen Sie die O-Ringe von der Einspritzdüse – sie unterscheiden sich in Größe und Farbe (siehe Abbildung) und müssen später erneuert werden.

6 Moderne Kraftstoffe enthalten Zusätze, die Einspritzdüsen sauber und frei von Harzen oder Ablagerungen halten sollen. Wenn eine Einspritzdüse verstopft zu sein scheint, muss sie mit speziellem Einspritzdüsen-Reiniger gespült werden.

Einbau

7 Der Einbau erfolgt in umgekehrter Ausbaureihenfolge – beachten Sie dabei folgende Punkte:

- Rüsten Sie die Einspritzdüse mit neuen O-Ringen aus – der obere ist schwarz und der untere braun.
- Der Benzinschlauch-Stecker und der Kabelstecker muss sicher verbunden sein.
- Bevor Verkleidungsteile montiert werden, muss die Zündung eingeschaltet und dadurch das System unter Druck gesetzt werden, um es auf Dichtigkeit zu prüfen.

8 Luftfiltergehäuse

Ausbau

1 Demontieren Sie den Tank (siehe Sektion 2).

2 Lösen und entfernen Sie die Schellen der Ansaugstutzen oben an den Drosselklappengehäusen (Abb. 6.10c) – entweder mit dem BMW-Werkzeug (Teilenummer 131512) oder einer Wasserpumpenzange (Abb. 6.3) – beschädigen Sie dabei nicht die Schellen.

3 Ziehen Sie an den Ansaugstutzen die Bypass-Luftschläuche ab (siehe Abbildung).

4 Lösen Sie bei allen GS- sowie RT-Modellen die Schraube des Kühlmittel-Ausgleichsbehälters und sichern Sie dies abseits des Luftfiltergehäuses (siehe Abbildungen).

5 Lösen Sie bei Adv.- und RT-Modellen an beiden Seiten die Schraube des Luftfilter-An-

4

8.3 Ziehen Sie die Schlauchstutzen aus den Ansaugstutzen.

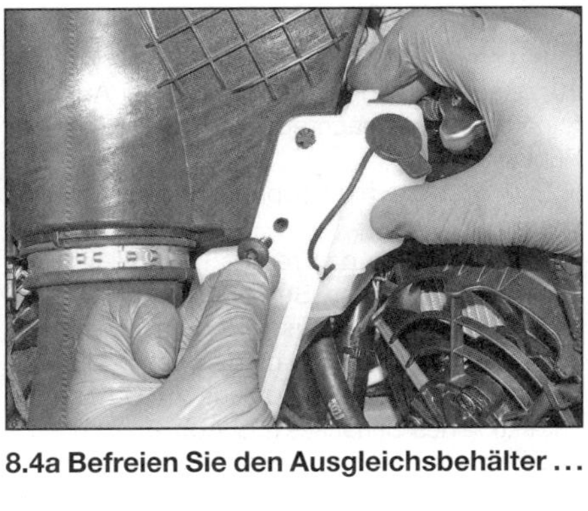

8.4a Befreien Sie den Ausgleichsbehälter ...

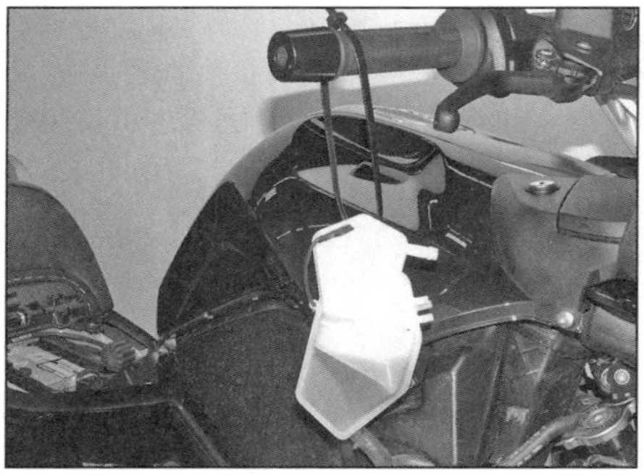

8.4b ... und sichern Sie ihn z. B. am Lenker.

8.5a Ansaugstutzen-Schraube

8.5b Lösen Sie die zwei Laschen und ziehen Sie die Stutzen ab.

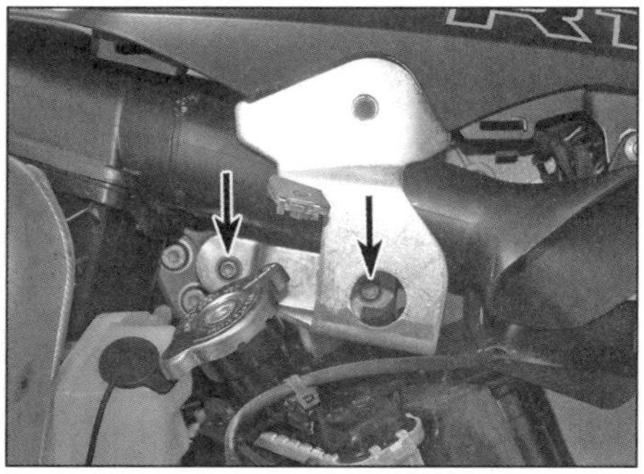

8.6 Schrauben des Kühler-Halters

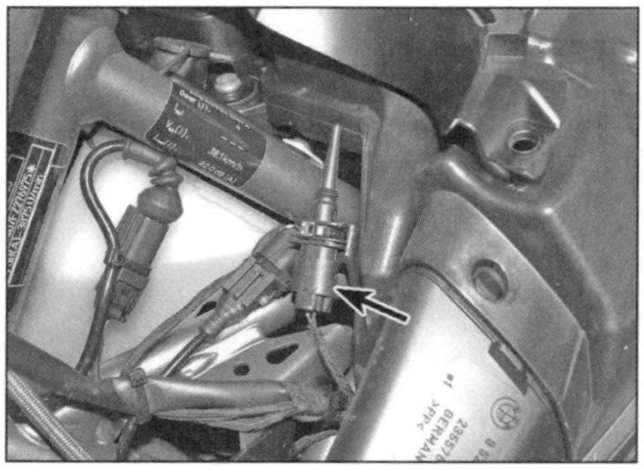

8.7 Stecker des Umgebungstemperatursensors

8.8 Befreien Sie die Schläuche.

saugstutzens (siehe Abbildung). Befreien Sie bei RT-Modellen oben und unten die Laschen der Ansaugstutzen und ziehen Sie diese aus dem Luftfiltergehäuse (siehe Abbildung).

6 Lösen Sie bei Adv.-Modellen die Schrauben des Kühler-Halters und entfernen Sie diesen von beiden Kühlern (siehe Abbildung).

7 Trennen Sie bei R-Modellen den Stecker des Umgebungstemperatursensors (siehe Abbildung).

8 Befreien Sie die hinter dem Luftfiltergehäuse verlegten Schläuche – merken Sie sich ihre Verlegung (siehe Abbildung).

9 Befreien Sie den Clip des Ansauglufttemperatursensor-Steckers und trennen Sie diesen (siehe Abbildung).

10 Lösen Sie hinten am Luftfiltergehäuse die Schelle des Motorentlüftungs-Schlauchs und ziehen Sie diesen ab (siehe Abbildung).

11 Lösen Sie die Schrauben des Luftfiltergehäuses, entnehmen Sie die Scheiben und heben Sie das Gehäuse ab (Abb. 6.2).

Einbau

12 Der Einbau erfolgt in umgekehrter Ausbaureihenfolge – beachten Sie dabei folgende Punkte:

- Alle Schläuche und Kabel müssen korrekt verlegt und gesichert sein.
- Sichern Sie die Drosselklappengehäuse-Schellen mit der Spezialzange, um Beschädigungen zu vermeiden.

9 Auspuffanlage

Warnung: Direkt nach dem Abschalten des Motors ist die Auspuffanlage sehr heiß. Lassen Sie die Maschine einige Zeit abkühlen, bevor Sie sich an die Arbeit machen.

8.9 Trennen Sie den Stecker des Ansauglufttemperatursensors.

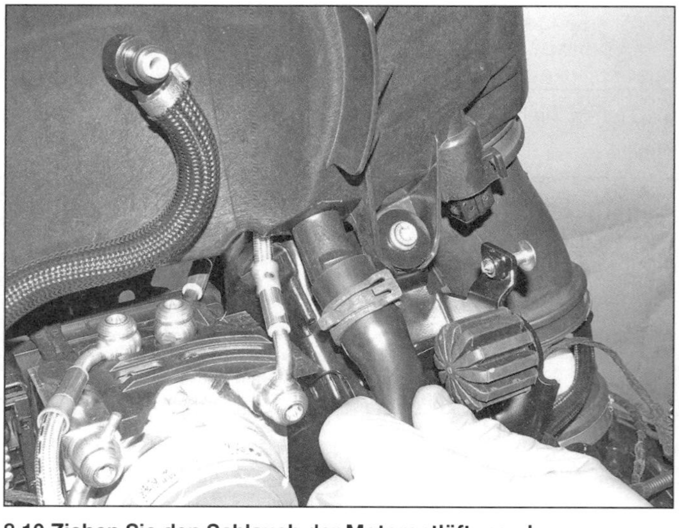

8.10 Ziehen Sie den Schlauch der Motorentlüftung ab.

9.1 Entfernen Sie die Schalldämpferflansch-Abdeckung.

9.2 Lockern Sie die Mutter der Schalldämpfer-Schelle

9.3 Lösen Sie den Schalldämpferbolzen – beachten Sie bei einigen Modellen die innere Scheibe.

Schalldämpfer

Ausbau

1 Lösen Sie die Schrauben der Schalldämpferflansch-Abdeckung – beachten Sie bei RT-Modellen die Scheibe an der vorderen Schraube – und entnehmen Sie die Abdeckung; beachten Sie bei R- und RS-Modellen, wie sie vorne im Halter sitzt (siehe Abbildung).

2 Lockern Sie die Mutter der Verbindungsschelle zum Sammler und ziehen Sie diese nach hinten (siehe Abbildung).

3 Lösen Sie den Bolzen, der den Schalldämpfer am Heckrahmen gesichert ist, und entfernen Sie ihn samt der Spezialscheibe (siehe Abbildung) – bei manchen GS-Modellen sitzt zwischen dem Halter und dem Rahmen eine weitere Scheibe.

4 Ziehen Sie den Schalldämpfer vom Sammlerrohr (siehe Abbildung).

5 Beachten Sie bei allen GS-Modellen die Gummibuchse und Distanzhülse im Klemmstück; bei RT-, R- und RS-Modellen sitzen die Teile am Halter des Heckrahmens (siehe Abbildung).

Einbau

6 Inspizieren Sie die Gummibuchse und ersetzen Sie sie, falls sie beschädigt oder spröde ist. Die Hülse muss spielfrei in der Buchse sitzen (Abb. 9.5).

7 Reinigen Sie die Verbindungsschelle und schmieren Sie sie innen mit Kupferpaste. Schieben Sie die Schelle vorne auf den Schalldämpfer.

8 Schieben Sie den Schalldämpfer auf den Sammler und sichern Sie ihn mit dem Bolzen samt Scheibe(n) am Heckrahmen (Abb. 9.3). Ziehen Sie den Bolzen mit 19 Nm an.

9 Richten Sie den Ausschnitt der Schelle zur Lasche des Sammlers aus und ziehen Sie ihre Mutter mit 22 Nm an (siehe Abbildung). Montieren Sie die Flansch-Abdeckung.

Krümmer-Baugruppe

Ausbau

10 Entfernen Sie bei allen GS-Modellen den Ölwannenschutz, bei RT-Modellen die Motor-Abdeckungen und bei R- sowie RS-Modellen ggf. den Bugspoiler (siehe Kapitel 7).

11 Demontieren Sie den Schalldämpfer (siehe oben).

12 Lösen Sie die Schrauben des Auspuffklappen-Abdeckung und entnehmen Sie diese (siehe Abbildung). Beachten Sie die unterschiedlich großen Bowdenzugnippel (der Öffnerzug hat den größeren Nippel), lockern Sie die Kontermuttern der Seilzüge und befreien Sie die Hüllen aus den Widerlagern sowie die Nippel aus der Betätigung (siehe Abbildungen).

9.4 Ziehen Sie den Schalldämpfer ab.

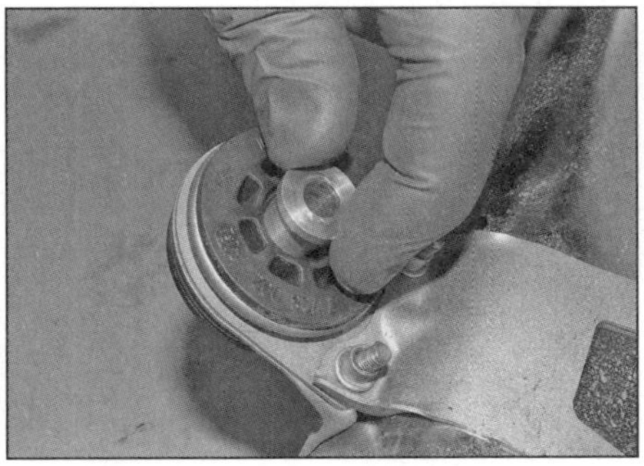

9.5 Beachten Sie die Hülse in der Gummibuchse.

9.9 Die Schelle muss korrekt ausgerichtet sein.

4

9.12a Entfernen Sie die Abdeckung der Auspuffklappen-Betätigung.

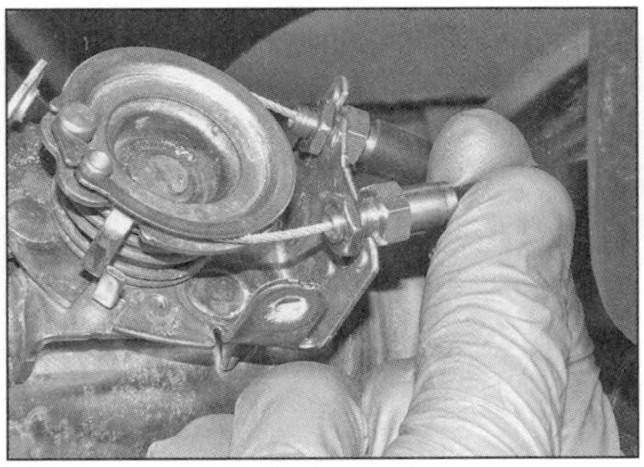

9.12b Befreien Sie die Bowdenzug-Hüllen aus den Widerlagern ...

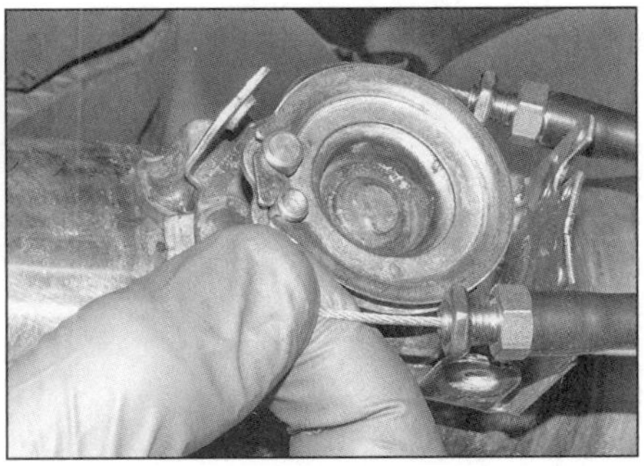

9.12c ... und die Seilzug-Nippel aus der Betätigung.

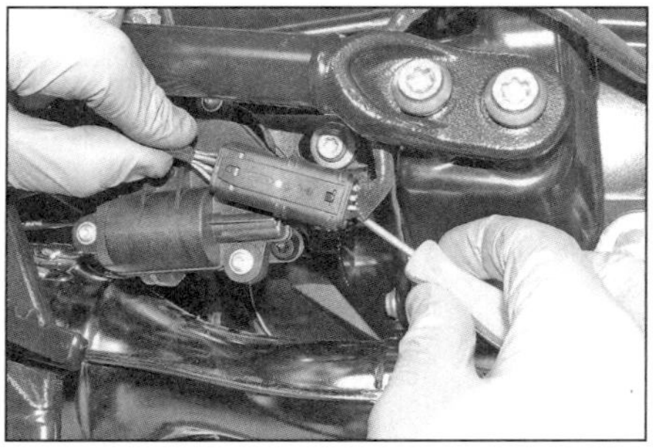

9.13a Befreien Sie den Lambdasonden-Stecker ...

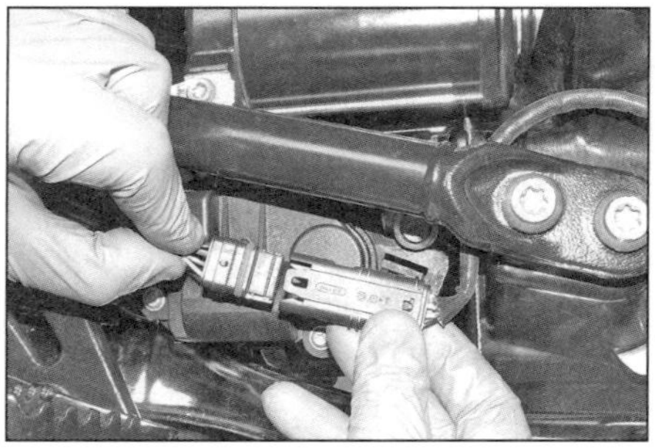

9.13b ... und trennen Sie ihn.

9.13c Trennen Sie den Stecker vom Servomotor, ...

13 Befreien Sie den Stecker des rechten Lambdasonden-Kabels und trennen Sie ihn (siehe Abbildungen). Trennen Sie den Auspuffklappenservo-Stecker und befreien Sie die Kabelführung vom Servomotor (siehe Abbildung). Lösen Sie die Halteschraube des Servos, entfernen Sie die Scheibe und ziehen Sie den Servomotor aus der Gummiöse, um ihn samt der Seilzüge zu entfernen – merken Sie sich die Verlegung des Sonden-Kabels (siehe Abbildungen).

14 Befreien Sie den Stecker des linken Lambdasonden-Kabels und trennen Sie ihn (siehe Abbildung). Führen Sie den Stecker zur Sonde zurück, befreien Sie das Kabel aus allen Kabelbindern und merken Sie sich seine Verlegung.

9.13d ... lösen Sie dessen Schraube ...

9.13e ... und befreien Sie ihn.

15 Stützen Sie das Sammlerrohr hinten ab. Lösen Sie die Schrauben des Servo/Sammlerhalterungs-Schrauben (siehe Abbildung).

16 Lösen Sie die Muttern, mit denen die Krümmerflansche an den Zylinderköpfen gesichert sind. Entnehmen Sie die Abstützung und ziehen Sie die Baugruppe von den Stehbolzen der Köpfe, um sie nach unten herauszuheben (siehe Abbildungen).

17 Entfernen Sie die alten Dichtungen aus den Auslasskanälen (siehe Abbildung) – später müssen neue verwendet werden. Befreien Sie die Stehbolzen der Zylinderköpfe mit einer Drahtbürste von Korrosion.

18 Schrauben Sie nötigenfalls die Lambdasonden aus den Krümmern (siehe Sektion 10).

Einbau

19 Kontrollieren Sie die Gummis im Servo/Sammlerhalter und ersetzen Sie sie nötigenfalls (siehe Abbildung). Schmieren Sie Öl in die Gummis und montieren Sie den Halter an den Sammler.

9.14 Kabelstecker der linken Lambdasonde

9.15 Lösen Sie die zwei Schrauben des Sammler-Halters.

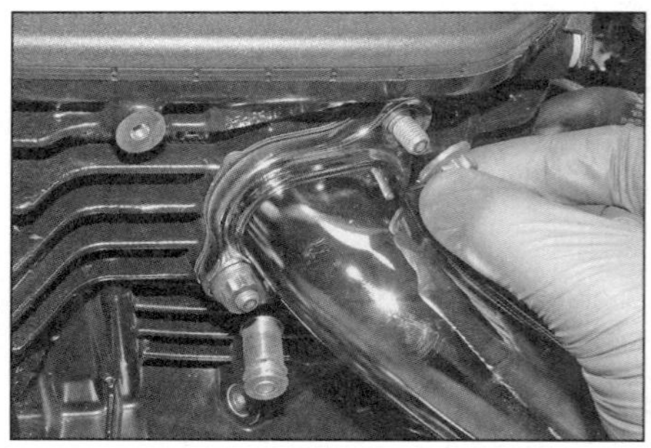

9.16a Lösen Sie die Krümmerflanschmuttern ...

9.16b ... und ziehen Sie die Flansche von den Stehbolzen.

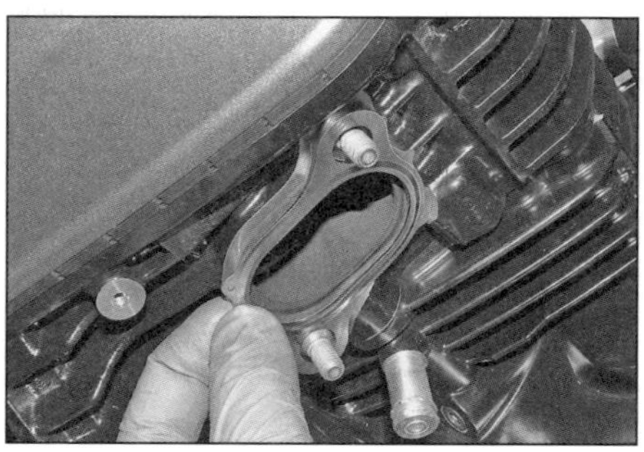

9.17 Entfernen Sie die alten Auslasskanal-Dichtungen.

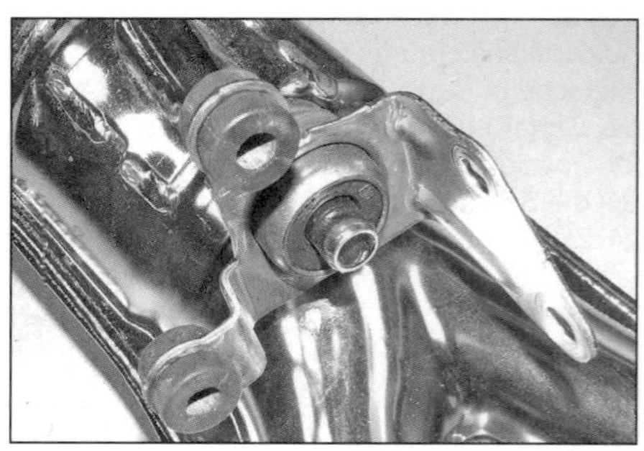

9.19 Die Gummibuchsen müssen sich in einem guten Zustand befinden.

9.21 Installieren Sie die neuen Dichtungen mit der erhabenen Sektion nach oben.

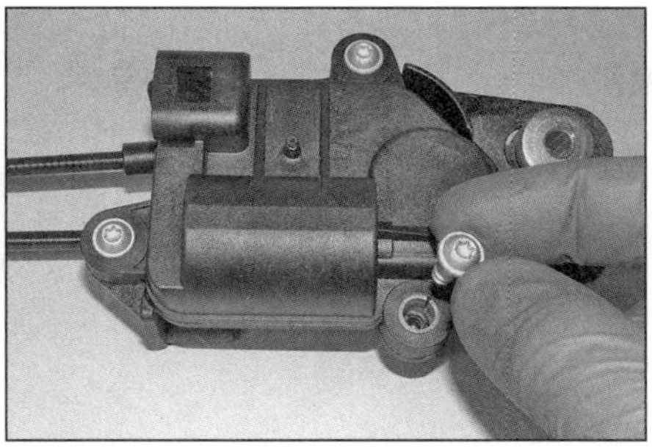

9.34a Lösen Sie die Schrauben ...

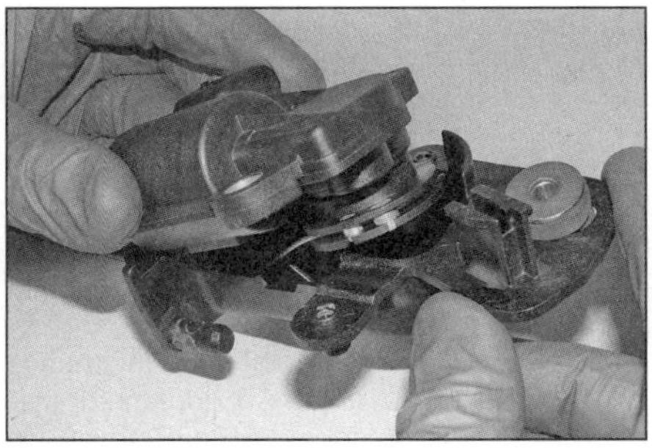

9.34b ... und entnehmen Sie die Abdeckung.

9.34c Befreien Sie die Seilzug-Nippel ...

9.34d ... und die Widerlager.

20 Installieren Sie ggf. die Lambdasonden (siehe Sektion 10).

21 Rüsten Sie die Auslasskanäle mit neuen Dichtungen aus – deren erhabenen Sektionen müssen oben liegen (siehe Abbildung); notfalls können sie für die Montage der Krümmer mit etwas Fett »eingeklebt« werden. Versehen Sie die Gewinde der Krümmerflansch-Stehbolzen mit Kupferpaste.

22 Manövrieren Sie die Krümmer-Anlage in Position – richten Sie die Krümmer zu den Auslasskanälen aus und schieben Sie die Flansche über die Stehbolzen und drehen Sie die Muttern handfest auf (Abb. 9.16b und a).

23 Positionieren Sie den Halter und drehen Sie die Schrauben handfest ein (Abb. 9.15).

24 Ziehen Sie die Krümmerflanschmuttern schrittweise bis zu einem Drehmoment von 28 Nm an.

25 Ziehen Sie die Servo/Sammlerhalterungs-Schrauben mit 19 Nm an.

26 Installieren Sie den Auspuffklappen-Servo und verbinden Sie seinen Stecker sowie die Stecker der Lambdasonden, nachdem Sie sie wie beim Ausbau (Schritt 13) notiert verlegt und gesichert haben.

27 Verbinden Sie die Bowdenzüge mit der Auspuffklappen-Betätigung – der untere Zug aus dem Servo ist zum Öffnen und kommt nach innen (Abb. 9.12c). Stecken Sie die Hüllen in die Widerlager und ziehen Sie die Muttern an (Abb. 9.12b) – in beiden Zügen muss etwas Spiel vorhanden sein, sodass die Betätigung bis zum Anschlag gedreht werden kann. Reinigen Sie die Gewinde der Deckelschrauben und versehen Sie sie mit etwas Kupferpaste, bevor Sie damit den Deckel sichern (Abb. 9.12a).

28 Montieren Sie den Schalldämpfer (siehe Schritte 6 bis 9).

29 Starten Sie den Motor und kontrollieren Sie die Auspuffanlage auf Undichtigkeiten.

30 Montieren Sie alle entfernten Komponenten in der umgekehrten Ausbaureihenfolge.

Auspuffklappe

Kontrolle

31 Demontieren Sie den Schalldämpfer (siehe oben).

32 Beachten Sie die Position der Klappe hinten im Sammlerrohr und schalten Sie die Zündung ein, um den Servomotor zu aktivieren – er muss die Klappe einmal von Anschlag zu Anschlag bewegen und sie dann wieder in ihre Startposition zurückkehren lassen. Schalten Sie die Zündung aus.

Ausbau

33 Folgen Sie den Hinweisen in den Schritten 12 und 13, um die Bowdenzüge von der Betätigung zu befreien und den Servomotor zu demontieren. Die Betätigung und die Auspuffklappe sind integrierte Bestandteile der Krümmer-Baugruppe.

34 Um die Bowdenzüge vom Servomotor zu befreien, müssen die Gehäuseschrauben gelöst und die Abdeckung entnommen werden (siehe Abbildungen). Befreien Sie die Seilzug-Nippel aus ihren Sitzen und die Widerlager aus dem Gehäuse, um die Züge zu entnehmen (siehe Abbildungen).

Einbau

35 Die Seilzug-Nippel sind unterschiedlich groß und haben verschiedene Farben: Die silberfarbenen Nippel kommen an den Servomotor, die goldfarbenen an die Auspuffklappe. Richten Sie die Züge passend zur Größe der Nippel und ihrer Sitze aus (am Servo hat der Schließerzug den größeren Nippel). Stecken Sie die Widerlager ins Gehäuse und die Nippel in ihre Sitze (Abb. 9.34d und c). Installieren Sie die Abdeckung korrekt über die Widerlager und ziehen Sie die Schrauben sorgfältig an.

36 Montieren Sie den Servomotor und verbinden Sie die Züge mit der Auspuffklappen-Betätigung (siehe Schritt 27). Prüfen Sie vor der Montage des Schalldämpfers erneut die Funktion der Klappe (siehe Schritt 32).

10 Katalysator und Lambdasonden

⚠ ***Warnung: Direkt nach dem Abschalten des Motors ist die Auspuffanlage sehr heiß. Lassen Sie die Maschine einige Zeit abkühlen, bevor Sie sich an die Arbeit machen.***

Katalysator

1 Der Dreiwege-Katalysator sitzt im Krümmer-Sammler. Der Katalysator soll die im Motor entstehenden giftigen Abgase in relativ harmlose Gase umwandeln, bevor sie aus dem Auspuff entlassen werden. Durch eine spezielle Metallbeschichtung wandelt er Stickoxide in Stickstoff und Sauerstoff sowie unverbrannte Kohlenwasserstoffe und Kohlenmonoxide in Wasser und Kohlendioxide um. Die Wirksamkeit des Katalysators wird durch Ablagerungen von Ölkohle, Öl oder Blei beeinträchtigt.

2 Der Katalysator arbeitet automatisch und erfordert praktisch keine Wartung. Trotzdem sollten folgende Hinweise beachtet werden:

- Tanken Sie immer bleifreien Kraftstoff – bereits kleine Mengen verbleiten Benzins zerstören den Katalysator.
- Benutzen Sie keine Kraftstoff- oder Öl-Zusätze (Additive).
- Halten Sie das Kraftstoff- und Zündsystem in einem guten Zustand.
- Behandeln Sie die ausgebaute Krümmerbaugruppe vorsichtig – der Katalysator verträgt keine Schläge oder Stürze.

4

10.4 Die im rechten Krümmer sitzende Lambdasonde

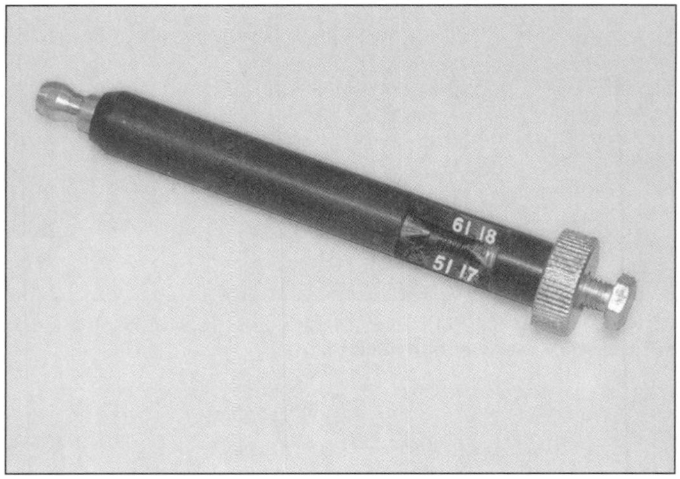

12.4 Ein im Fachhandel erhältlicher Funkstrecken-Prüfer

Lambdasonden

3 Die Lambdasonden messen den im Abgas verbliebenen Sauerstoffgehalt und leiten diese Informationen an die Motorsteuerung weiter, wo dieser Wert mit dem Sauerstoffgehalt der Umgebungsluft verglichen und die Gemischaufbereitung entsprechend nachjustiert wird.

4 Die Lambdasonden sitzen unterhalb der Zylinder in beiden Krümmerrohren (siehe Abbildung).

5 Bevor eine Sonde entfernt werden kann, muss das Sensorkabel befreit und der Stecker getrennt werden (Abb. 9.13a oder 9.14). Führen Sie das Kabel zur Sonde zurück und merken Sie sich seine Verlegung.

6 Lösen Sie die Sonde vorsichtig aus dem Krümmer, um nicht ihre Spitze zu beschädigen. Wenn sie sich schwer lösen lässt, muss ihr Gewinde mit Kriechöl behandelt werden.

7 Ablagerungen an der Sonden-Spitze weisen auf einen schlecht eingestellten Motor hin. Heller rostfarbener Belag deutet auf den Betrieb mit verbleitem Kraftstoff hin und eine schwarze oder dunkelbraune Verfärbung indiziert verbranntes Öl, das durch verschlissene Kolbenringe oder Ventilschaftdichtungen in den Brennraum gelangt ist.

8 Eine verunreinigte Sonde sendet falsche Signale an das Steuergerät, das daraufhin die Motor-Warnlampe im Cockpit aufleuchten lässt. Eine verschmutzte Sonde kann nicht gereinigt, sondern muss ersetzt werden.

9 Für die weitere Kontrolle der Lambdasonden wird ein Diagnosegerät benötigt – beachten Sie hierzu die Hinweise in Sektion 14.

10 Reinigen Sie vor dem Einbau der Lambdasonde ihr Gewinde und schmieren Sie es mit Hochtemperatur-Montagepaste. Falls ein passender Schlüssel zur Hand ist, werden die Lambdasonden mit 45 Nm angezogen.

11 Stellen Sie sicher, dass die Kontakte des Steckers sauber und die Stecker sicher verbunden sind.

11 Zündsystem-Kontrollen

Warnung: Beachten Sie die in Sektion 1 beschriebenen Warnhinweise.

1 Da es keinerlei Einstellmöglichkeiten gibt, können alle Fehler im System auf den Ausfall einer Komponente oder einen simplen Kabel-Defekt zurückzuführen sein – und von diesen beiden Möglichkeiten ist die zweite die bei Weitem wahrscheinlichere. Bei einem Defekt muss das System wie unten beschrieben in einer logischen Reihenfolge untersucht werden.

Anmerkung: *Vor irgendwelchen Tests muss überprüft werden, ob die Batterie in Ordnung und vollständig geladen ist.*

2 Zündsystem-Defekte können in zwei Kategorien unterschieden werden: in der ersten ist die Zündung vollständig ausgefallen; und in der anderen fällt sie teilweise aus. Die Gründe sind in der Reihenfolge ihrer Wahrscheinlichkeit unten aufgelistet. Arbeiten Sie sich systematisch durch die Liste – beachten Sie die entsprechenden Sektionen, um Details für die notwendigen Kontrollen und Tests zu erhalten (falls Informationen vorhanden sind).

- Lockere, korrodierte oder beschädigte Kabelanschlüsse, gebrochene Kabel oder Masseschlüsse zwischen den Komponenten der Zündanlage (siehe Kapitel 8).
- Eine defekte Zündkerze, verschmutzte oder verschlissene Kerzen-Elektroden oder ein unkorrekter Elektrodenabstand (siehe Kapitel 1).
- Ein defekter Zündspulen-Kerzenstecker (siehe Sektion 12).
- Ein schadhaftes Zündschloss oder ein defekter Kill-Schalter (siehe Kapitel 8).
- Ein defekter Zündunterbrecher-Stromkreis (siehe Sektion 13).
- Ein Defekt im Motorsteuergerät (ECU) (siehe Sektion 14).
- Ein schadhafter Nockenwellen- oder Kurbelwellensensor (siehe Sektion 16).

3 Wenn die oben beschriebenen Kontrollen das Problem nicht aufdecken, müssen die Hinweise in Sektion 14 beachtet werden.

12 Zündspulen

Warnung: Beachten Sie die in Sektion 1 beschriebenen Warnhinweise.

1 Befreien Sie die in den Kerzenstecker integrierte Zündspule von der Zündkerze (siehe Kapitel 1, Sektion 4).

2 Prüfen Sie, ob die Kontakte des Zündspulen-Steckers sauber sind und schließen Sie ihn wieder an die Spule an. Stecken Sie eine neue Zündkerze ein und legen Sie sie mit dem Gewinde auf den Motor – halten Sie nötigenfalls den Stecker mit einer isolierten Zange.

Warnung: Schrauben Sie für diesen Test keine der Zündkerzen aus dem Motor – aus den Kerzenbohrungen gepumpte Benzindämpfe können sich dabei entzünden und zu schweren Verbrennungen führen!

3 Der Killschalter muss auf RUN stehen und im Getriebe der Leerlauf eingelegt sein. Dann wird die Zündung angeschaltet und der Motor mit dem Anlasser durchgedreht. Ist das System in Ordnung, werden an den Kerzen-Elektroden leuchtend blaue Funken zu sehen sein. Sind die Funken dünn oder gelblich – oder gar nicht vorhanden –, sind weitere Untersuchungen nötig. Schalten Sie die Zündung aus und wiederholen Sie den Test mit der anderen Zündspule.

4 Die Zündung muss in der Lage sein, einen Funken zu produzieren, der eine bestimmte Strecke überspringt. BMW macht hierzu keine Angaben, doch bei einem guten System sollte die Funkenstrecke mindestens 6 mm betragen. Für die Kontrolle wird ein im Handel erhältliches Funkenstrecken-Messgerät benötigt (siehe Abbildung).
5 Verbinden Sie den Zündspulen-Kerzenstecker mit dem Steckkontakt des Messgeräts und halten Sie dies gegen Masse am Motor. Der Killschalter muss auf RUN stehen und im Getriebe der Leerlauf eingelegt sein. Dann wird die Zündung angeschaltet und der Motor mit dem Anlasser durchgedreht. Ist das System in Ordnung, werden zwischen den Spitzen des Messgeräts leuchtend blaue Funken zu sehen sein. Wiederholen Sie den Test mit der anderen Zündspule. Bei guten Testergebnissen kann die gesamte Zündanlage als gut betrachtet werden.
6 Sind die Funken dünn oder gelblich – oder gar nicht vorhanden – muss mithilfe der Zündspule des anderen Zylinders der Test wiederholt werden. Ist das Ergebnis jetzt gut, wird die originale Zündspule defekt sein; treten keine Verbesserungen auf, wird der Fehler im Zündsystem liegen.
7 Um die Zündspule oder ein anderes Teil des Zündsystems eindeutig als Fehlerquelle zu bestätigen, wird ein Diagnosetester benötigt (siehe Sektion 14).
8 Folgen Sie den Hinweisen in Kapitel 1, Sektion 4 und installieren Sie die Zündspule.

13 Anlasser-Unterbrecherstromkreis

1 Prüfen Sie die Funktion des Unterbrecherstromkreises wie folgt:

- Schalten Sie das Getriebe in den Leerlauf, klappen Sie den Seitenständer ein und starten Sie den Motor. Ziehen Sie die Kupplung und legen Sie einen Gang ein. Klappen Sie jetzt den Seitenständer aus – der Motor muss ausgehen.
- Bei ausgeklapptem Seitenständer darf sich der Motor nur starten lassen, wenn der Leerlauf eingelegt ist.
- Starten Sie bei eingelegtem Leerlauf und ausgeklapptem Seitenständer den Motor. Ziehen Sie jetzt die Kupplung und legen Sie einen Gang ein – der Motor muss ausgehen.
- Bei eingeklapptem Seitenständer und eingelegtem Gang darf sich der Motor nur starten lassen, wenn die Kupplung gezogen ist.

2 Arbeitet der Stromkreis nicht wie beschrieben, müssen der Seitenständerschalter, der Gangsensor und der Kupplungsschalter sowie die Verkabelung zwischen diesen Teilen und dem Motorsteuergerät überprüft werden (siehe Kapitel 8).

14 Motorsteuergerät (ECU) – Fehlersuche

1 Beachten Sie für eine allgemeine Beschreibung des Systems die Sektion 1.

Diagnosegerät und Fehler-Identifikation

2 Um den exakten Grund für einen Systemfehler zu diagnostizieren, wird ein für dieses System ausgelegtes Diagnosegerät benötigt, sodass es beim Auftreten eines Problems entweder heißt: »**B**ring **M**ich **W**erkstatt!« Oder man beschafft sich das von der Firma Hex-Code angebotene Gerät namens GS-911 und liest mithilfe eines Computers oder Smartphones die Daten selbst aus.
3 Das Motorsteuergerät hat eingebaute Diagnosefunktionen, die bei einem auftretenden Fehler alle Daten aufnimmt und speichert. Die aufgezeichneten Defekte können dann mithilfe des an den Diagnosestecker (neben der Batterie) angeschlossenen Diagnosegerätes überprüft und analysiert werden, um das exakte Problem zu identifizieren (siehe Abbildung).
4 Wenn ein Fehler auftritt, beginnt die Motor-Warnlampe in den Instrumenten zu leuchten, und solange der Defekt keine ernsthaften Schäden anrichten kann, schaltet das Steuergerät auf ein Notprogramm um, mit dem man problemlos nach Hause oder in eine Werkstatt kommt – andernfalls wird der Motor abgeschaltet. Je nach Defekt kann es sogar sein, dass man keinen Unterschied bemerkt. BMW weist jedoch darauf hin, dass der Motor im Notlauf-Modus nicht immer die volle Leistung bringt und die Fahrweise entsprechend angepasst werden muss.
5 Für die Diagnose und zum Abschalten der Motor-Warnlampe wird ein Diagnosegerät zwingend benötigt.
6 Mit verschiedenen Tests und Kontrollen ist es möglich, ein Problem zu identifizieren, doch es lässt sich nur schwierig herausfinden, in welchem Bereich des Systems der Fehler auftritt und wo daher die Kontrolle begonnen werden muss. Weitere Details über die Lage und die Funktion der einzelnen Sensoren finden sich in den folgenden Sektionen.

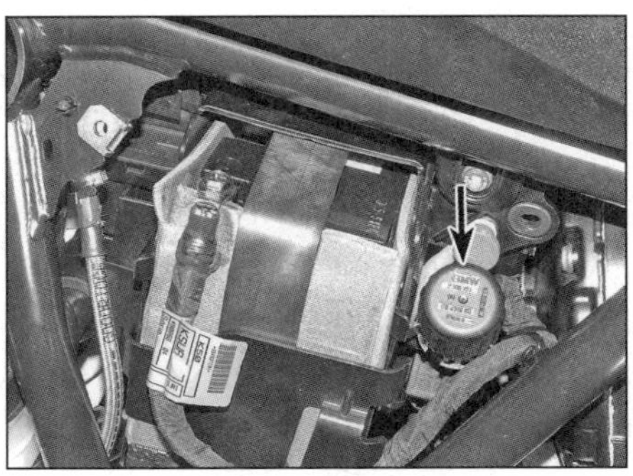

14.3 Der Diagnosegerät-Anschluss sitzt neben der Batterie.

Fehlersuche

7 Wenn ein Fehler angezeigt wird, müssen die Kabel und Stecker vom und zum Steuergerät sowie alle Sensoren und zugehörigen Komponenten überprüft werden. Es kann sein, dass ein Stecker locker, verschmutzt oder korrodiert ist und dadurch den Widerstand des entsprechenden Stromkreises beeinträchtigt, was die Informationsübertragung zum Steuergerät behindert. Um Korrosion zu verhindern, sollten die Steckerkontakte leicht mit Kontaktspray eingesprüht werden.
8 Ein Kabel kann abgequetscht oder kurzgeschlossen sein – ein Durchgangstest aller Kabel von Stecker zu Stecker kann dies Problem lokalisieren. Obgleich eine kniffelige und mühselige Aufgabe, stellt die systematische Arbeit durch die Schaltpläne am Ende von Kapitel 8 und das Prüfen jedes einzelnen Kabels und Steckers auf Durchgang die einzige Möglichkeit zur Bestimmung eines Kabel-Defektes dar. Alle Kabel sind anhand ihrer Farben identifizierbar. In den Schaltplänen sind die Anschluss-Nummern aller Kabel an das Steuergerät eingetragen – diese müssen beim Testen mit den Zahlen auf dem Steuergerät-Stecker übereinstimmen. Beachten Sie auch die Sektion 26 in Kapitel 8.

15 Steuergeräte

Warnung: Beachten Sie die in Sektion 1 beschriebenen Warnhinweise.

Achtung: Falls ein Steuergerät defekt ist, darf es nicht durch ein gebrauchtes Teil eines anderen Motorrades ersetzt werden, da sich hierdurch Probleme mit den anderen Steuergeräten ergeben. Lassen Sie stets ein neues Steuergerät von einer BMW-Werkstatt installieren, sodass die korrekte Einbauprozedur sichergestellt ist.

Ausbau

Haupt-Motorsteuergerät

Anmerkung: *Das Haupt-Motorsteuergerät wird bei BMW als Digitale Motor-Elektronik (DME) bezeichnet.*

1 Demontieren Sie den Fahrersitz (siehe Kapitel 7).
2 Trennen Sie den Masseanschluss (–) von der Batterie (siehe Kapitel 8).
3 Lösen und entfernen Sie vorne den Verkleidungsstift und befreien Sie das Steuergerät – beachten Sie, wie es hinten im Gummihalter sitzt. Trennen Sie die Kabelstecker (siehe Abbildungen). Befreien Sie an der Unterseite des Steuergeräts die Sicheurngshalter-Clips und entnehmen Sie den Halter (siehe Abbildungen).

15.3a Ziehen Sie das Mittelteil des Stifts heraus und entfernen Sie ihn.

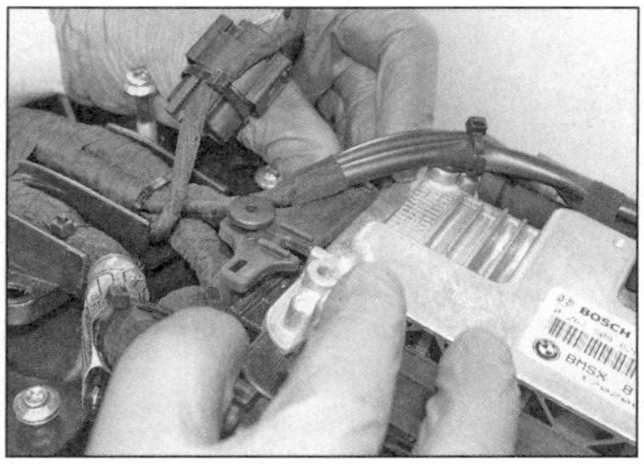

15.3b Heben Sie das Steuergerät vorne an, um den Gummihalter zu entfernen, ...

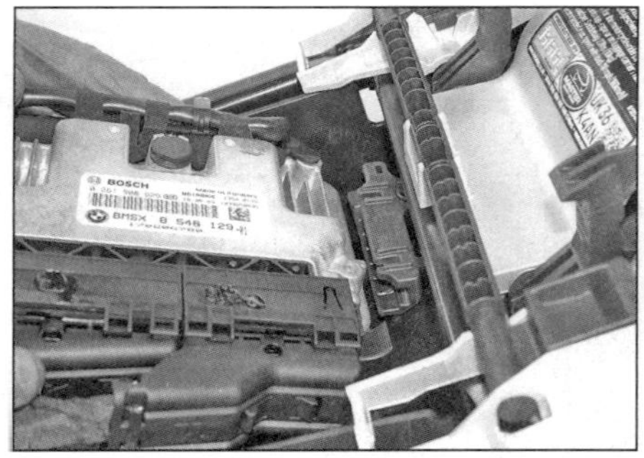

15.3c ... und ziehen Sie es aus dem Halter.

Grundmodul

4 Demontieren Sie die Batterie und das Anlasserrelais (siehe Kapitel 8). Entfernen Sie den Tank (siehe Sektion 2).

5 Befreien Sie die Laschen des Batteriegehäuse-Deckels und entfernen Sie diesen (siehe Abbildungen). Lösen Sie den Diagnosestecker aus seinem Clip, lösen Sie dann die Schraube und entfernen Sie den Clip (siehe Abbildung). Entfernen Sie die Abdeckung des Überbrückungs-Anschlusses und nehmen Sie dann den Anschluss und sein Kabel beiseite (siehe Abbildung). Schneiden Sie die Kabelbinder auf, die den Kabelbaum am Batterieträger sichern, und befreien Sie den Verkleidungsstift der Kabelführung (siehe Abbildungen).

Anmerkung: *Wir haben nur drei Kabelbinder geöffnet – wer mehr Bewegungsspielraum benötigt, muss mehrere aufschneiden.*

Öffnen Sie den Kabelbinder, der den Bremsschlauch sichert, und befreien Sie diesen vom Clip an der Innenseite, um ihn nach hinten zu drücken (siehe Abbildung). Lösen Sie die Gummibänder, mit denen das Batteriegehäuse gesichert ist (siehe Abbildung). Lösen Sie an beiden Seiten die Schraube (siehe Abbildung). Heben Sie das Gehäuse an, um die Stifte aus

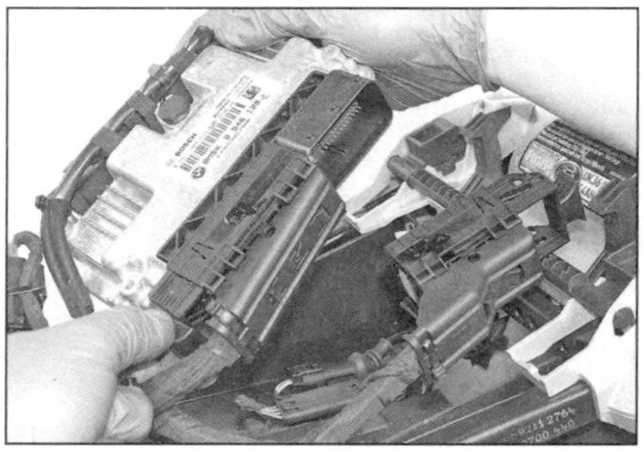

15.3d Ziehen Sie die Sicherungslaschen heraus und trennen Sie die Stecker.

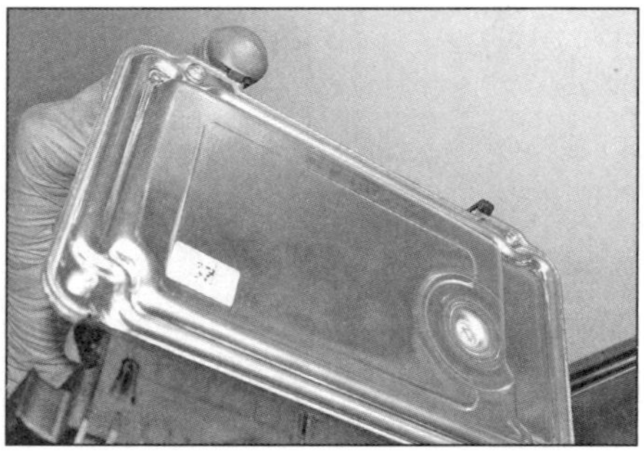

15.3e Lösen Sie die Clips des Sicherungshalters ...

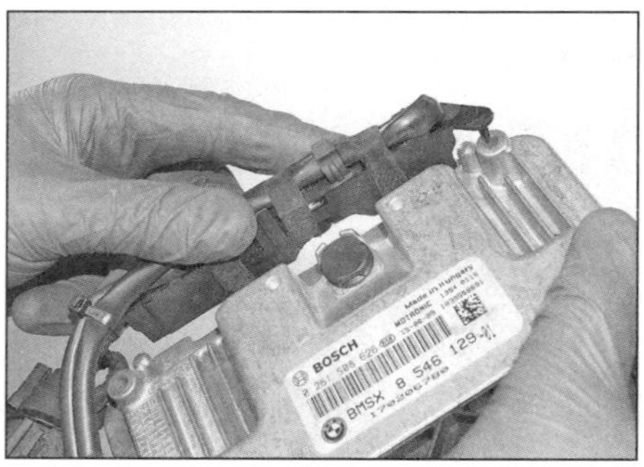

15.3f ... und heben Sie diesen ab.

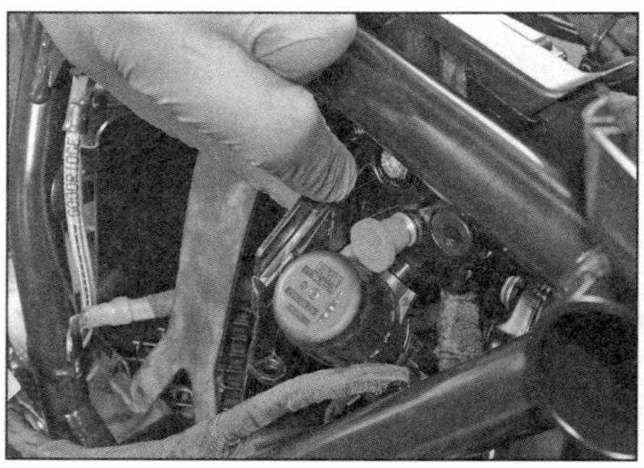

15.5a Lösen Sie die Laschen an der Vorderseite, ...

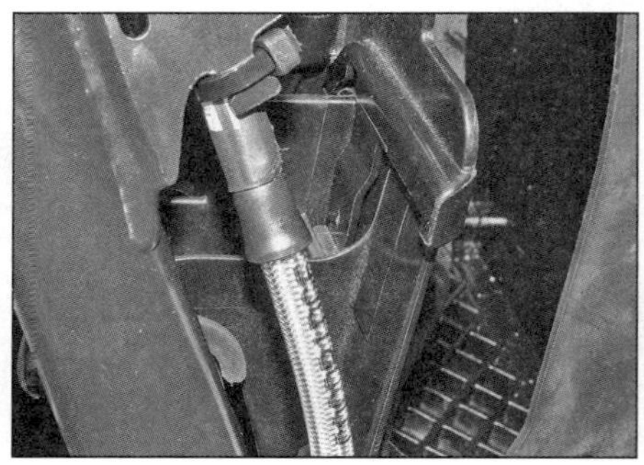

15.5b ... an der Rückseite ...

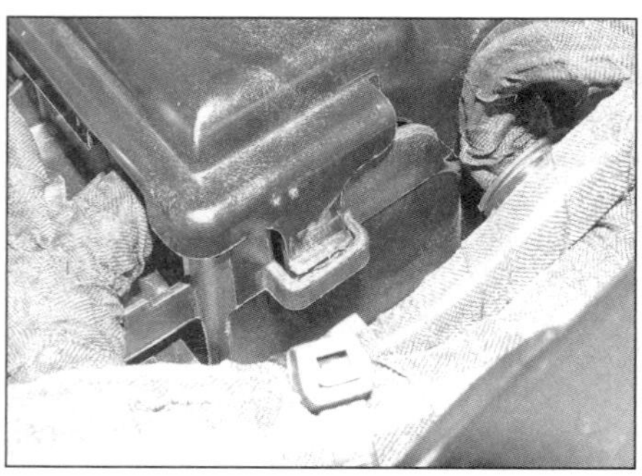

15.5c ... und an der linken Seite, ...

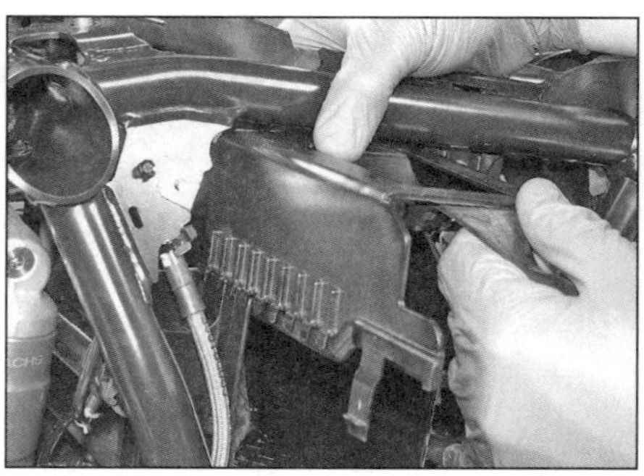

15.5d ... um die Abdeckung herauszuziehen.

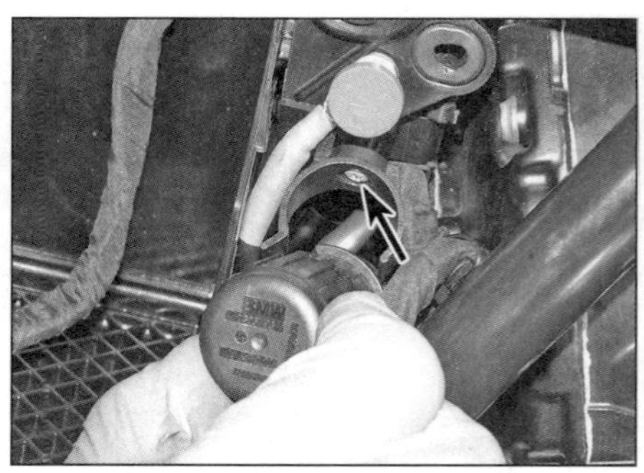

15.5e Befreien Sie den Diagnose-Anschluss, lösen Sie die Schraube (Pfeil) und entfernen Sie die Klemme.

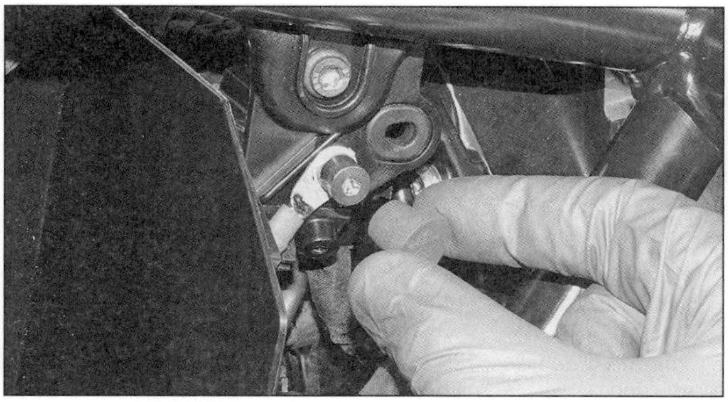

15.5f Entfernen Sie die Abdeckung des Anschlusses und schrauben Sie ihn ab.

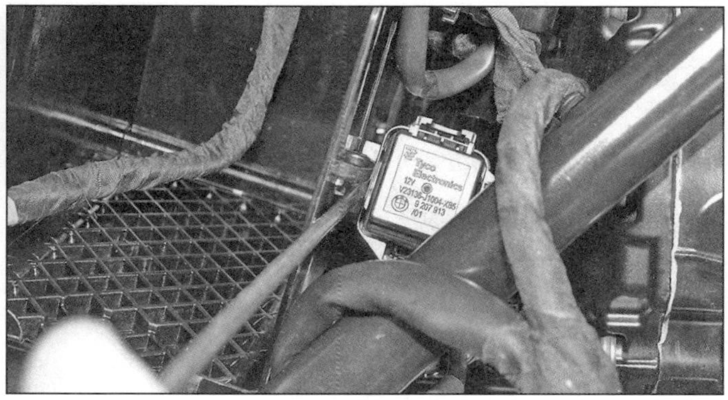

15.5g Befreien Sie den Hauptrelais-Halter.

15.5h Schneiden Sie (mindestens) die drei Kabelbinder auf ...

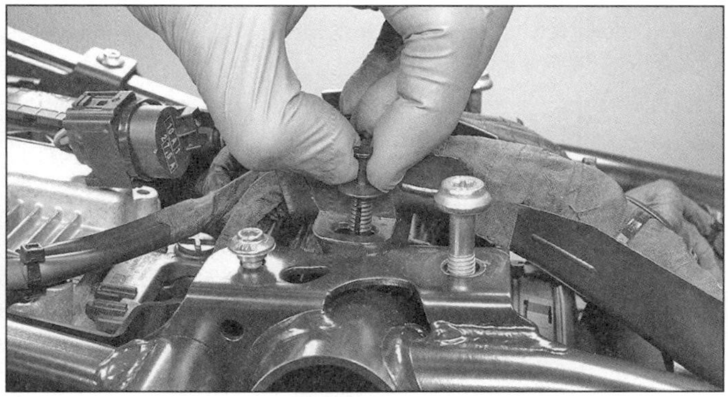

15.5i ... und befreien Sie den Verkleidungsstift.

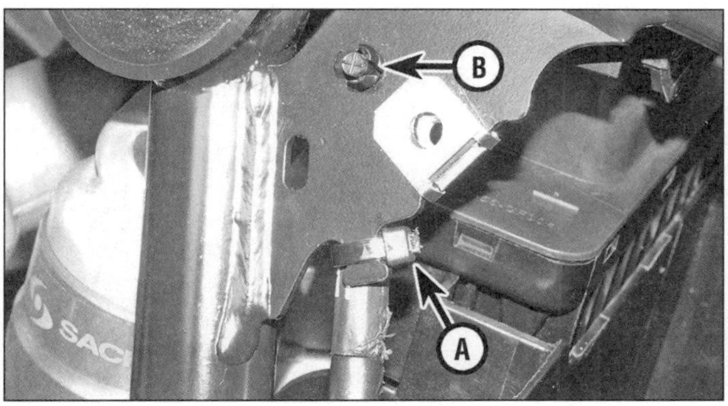

15.5j Öffnen Sie den Kabelbinder (A) und befreien Sie den Bremsleitungs-Clip (B).

15.5k Lösen Sie die Gummibänder.

15.5l Lösen Sie an beiden Seiten die Schraube.

15.5m Befreien Sie die Schläuche aus den Clips.

15.6a Das Grundmodul sitzt im hinteren Halter. Ziehen Sie die Arretierung ab und trennen Sie den Stecker, ...

15.6b ... um das Modul herauszuheben.

15.6c Je nach Ausrüstung kann links ein weiteres Modul sitzen.

15.7 Entfernen Sie nötigenfalls das Gehäuse.

den Ösen zu befreien; befreien Sie dann das Gehäuse von den Clips und ziehen Sie es weit genug heraus, um Zugang zum Grundmodul-Stecker zu erhalten (siehe Abbildung).

6 Trennen Sie den Stecker vom Grundmodul und heben Sie es aus dem Halter (siehe Abbildungen).

7 Ziehen Sie nötigenfalls das Gehäuse heraus (siehe Abbildung).

Einbau

8 Der Einbau erfolgt in umgekehrter Ausbaureihenfolge – beachten Sie dabei folgende Punkte:

- Alle Kontakte in den Mehrfachsteckern müssen sauber und unbeschädigt sein.
- Die Kontakte sollten leicht mit Kontaktspray eingesprüht werden.
- Alle Stecker müssen korrekt sitzen und ggf. mit ihren Arretierungen gesichert sein.

16 Sensoren

Warnung: Beachten Sie die in Sektion 1 beschriebenen Warnhinweise.

Achtung: Bevor irgendein Sensor-Stecker getrennt wird, muss sichergestellt sein, dass die Zündung ausgeschaltet und die Batterie vom Stromnetz getrennt ist (siehe Kapitel 8).

1 Für die Sensoren, die das Motor-Steuergerät mit Daten versorgen, sind keine technischen Daten erhältlich. Wenn ein Sensor defekt ist, wird die Motor-Warnlampe aufleuchten. Das Motorrad muss dann mit einem Diagnosegerät kontrolliert werden, das schadhafte Bauteile identifizieren kann – beachten Sie dazu die Hinweise in Sektion 14. Nachdem das defekte Bauteil ersetzt wurde, kann der Fehlercode aus dem Steuersystem des Motors gelöscht werden.

Kurbelwellensensor

Funktion

2 Der Sensor erkennt die Stellung der Kurbelwelle und ihre Drehzahl; diese Informationen werden vom Steuergerät benötigt, um den Zündzeitpunkt festzulegen. Das Steuergerät kombiniert die Motordrehzahl mit den Informationen anderer Sensoren, um die Einspritzmenge und den exakten Zündzeitpunkt zu bestimmen.

Ausbau und Einbau

3 Der Kurbelwellensensor sitzt oben am vorderen Motordeckel (siehe Abbildungen).

4 Entfernen Sie bei allen GS-Modellen die rechte Verkleidung (siehe Kapitel 7). Lösen Sie die Schraube des Kühler-Rahmens, befreien Sie dessen obere Laschen und nehmen Sie ihn ab (siehe Abbildung).

5 Entfernen Sie bei RT-Modellen das rechte Verkleidungsseitenteil (siehe Kapitel 7). Befreien Sie das Steuergerät und ggf. den Antennenstecker vom Kühler-Rahmen. Befreien Sie dann die zwei Verkleidungsstifte und lösen Sie die vier Schrauben, um den Rahmen zu entfernen (siehe Abbildung).

6 Demontieren Sie bei R- und RS-Modellen den Kühler (siehe Kapitel 3). Entfernen Sie die Windabweiser und den Hitzeschild, um Zugang zum Sensor zu erhalten.

7 Befreien Sie das Kabel aus seiner Führung, befreien und lösen Sie dann den Stecker (Abb. 16.3c).

8 Lösen Sie die Schraube, die den Sensor sichert, und ziehen Sie ihn aus dem Motor (Abb. 16.3a). Kontrollieren Sie den O-Ring und ersetzen Sie ihn nötigenfalls.

9 Der Einbau erfolgt in umgekehrter Ausbaureihenfolge – beachten Sie dabei folgende Punkte:

- Rüsten Sie den Sensor nötigenfalls mit einem neuen O-Ring aus und schmieren Sie ihn mit frischem Motoröl.
- Ziehen Sie die Sensor-Schraube mit 8 Nm an.
- Gehen Sie sicher, dass die Kontakte des Sensor-Steckers sauber sind.
- Stellen Sie sicher, dass der Stecker sicher verbunden und sein Kabel korrekt verlegt ist.

Nockenwellensensor

Funktion

10 Der Sensor erkennt die Stellung der Nockenwelle und ihre Drehzahl; diese Informationen werden vom Steuergerät benötigt, um festzulegen, welcher Zylinder im Verdichtungstakt steht und wann gezündet werden muss.

Ausbau und Einbau

11 Der Nockenwellensensor sitzt an der Unterseite des linken Zylinderkopfes (siehe Abbildung).

12 Entfernen Sie bei RT-Modellen die linke Motorabdeckung (siehe Kapitel 7).

13 Trennen Sie den Sensorstecker – öffnen Sie nötigenfalls den Kabelbinder, um das Kabel zu befreien.

14 Lösen Sie die Schraube des Sensors und ziehen Sie ihn heraus. Kontrollieren Sie den O-Ring und ersetzen Sie ihn nötigenfalls.

15 Der Einbau erfolgt in umgekehrter Ausbaureihenfolge – beachten Sie dabei die Punkte in Schritt 9.

16.3a Befestigungsschraube ...

16.3b ... und Stecker des Kurbelwellensensors

16.4 Lösen Sie die Schraube und entfernen Sie den Kühler-Rahmen.

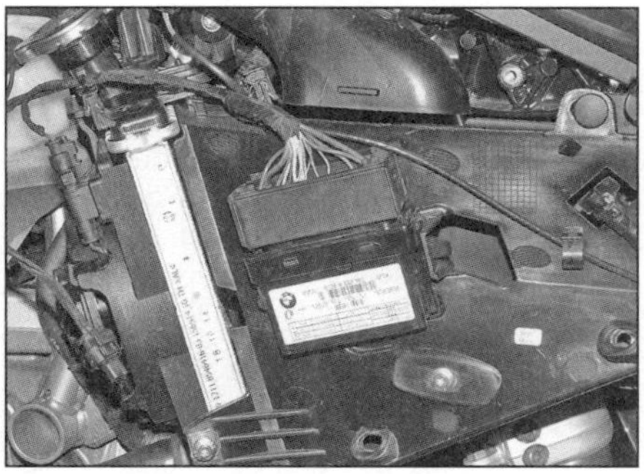

16.5 Befreien Sie das Steuergerät und ggf. den Antennenstecker, lösen Sie die Clips und die Schrauben.

16.11 Stecker und Schraube (Pfeil) des Nockenwellensensors

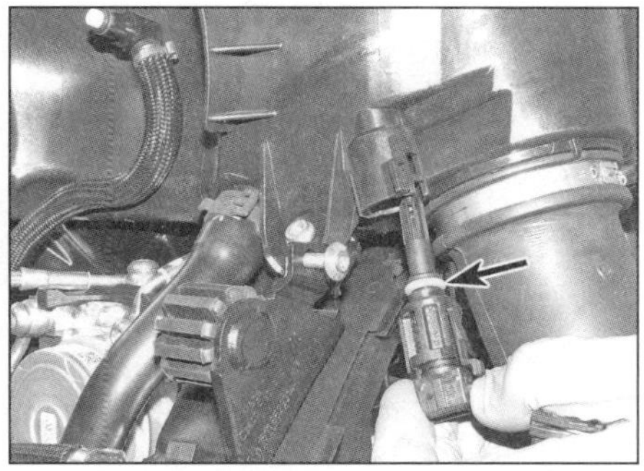

16.21 Lösen Sie die Arretierung des Ansauglufttemperatursensors – beachten Sie den O-Ring.

Ansaugluft-Temperatursensor

Funktion

16 Der Sensor registriert die Temperatur der Luft im Luftfiltergehäuse. Weil Temperaturänderungen die Luftdichte beeinflussen, benutzt das Steuergerät diese Informationen, um die Einspritzmenge zu berechnen.

Ausbau und Einbau

17 Der Ansaugluft-Temperatursensor sitzt hinter den Ansaugstutzen rechts im Luftfiltergehäuse.
18 Demontieren Sie bei allen GS- sowie RT-Modellen den Tank (siehe Sektion 2).
19 Entfernen Sie bei R-Modellen das rechte Verkleidungsteil und bei RS-Modellen die rechte Tankverkleidung (siehe Kapitel 7).
20 Lösen Sie den Bügel des Sensorsteckers und trennen Sie diesen (Abb. 8.9).
21 Lösen Sie den Clip, der den Sensor im Luftfiltergehäuse sichert, und ziehen Sie ihn heraus – beachten Sie den O-Ring (siehe Abbildung).
22 Kontrollieren Sie den O-Ring und ersetzen Sie ihn, wenn er verformt oder spröde ist.
23 Der Einbau erfolgt in umgekehrter Ausbaureihenfolge – beachten Sie dabei die Punkte in Schritt 9.

Ölpegel/Temperatursensor

Funktion

24 Der Sensor warnt, wenn der Ölpegel zu niedrig ist. Außerdem gibt er die Temperatur des Motoröls ans Steuergerät weiter.

Ausbau und Einbau

25 Details hierzu finden sich in Kapitel 2, Sektion 19.

Sauerstoff-Sensoren (Lambdasonden)

Funktion

26 Diese Sensoren messen den Sauerstoffgehalt im Abgas und das Steuergerät berechnet anhand ihrer Informationen die Einspritzmenge.

Ausbau und Einbau

27 Details hierzu finden sich in Sektion 10.

Kühltemperatursensor

Funktion

28 Der Sensor ist in den Kühlmittel-Auslassstutzen geschraubt, der vorne am Motor sitzt. Der Widerstand des Sensors ändert sich mit der Kühlmittel-Temperatur. Aus dieser Informationen errechnet das Motorsteuergerät die Einspritzdauer und den Zündzeitpunkt, außerdem steuert es die Tempearaturanzeige im Cockpit.

Ausbau und Einbau

29 Details hierzu finden sich in Kapitel 3, Sektion 3.

Gangsensor

Funktion

30 Der Sensor überwacht die Position der Schaltwalze im Getriebe und das Motorsteuergerät benutzt diese Information, um die Einspritzmenge und den Zündzeitpunkt zu berechnen.

Ausbau und Einbau

31 Details hierzu finden sich in Kapitel 8, Sektion 14.

Kapitel 5
Rahmen, Federung und Endantrieb

Inhalt (in alphabetischer Reihenfolge, die Zahlen geben die Nummerierung in den grauen Feldern wieder)

Schwierigkeitsgrade

Leicht. Für Anfänger mit wenig Erfahrung geeignet.	**Relativ leicht.** Für Anfänger mit etwas Erfahrung geeignet.	**Relativ schwierig.** Für geübte Selbstschrauber geeignet.	**Schwer.** Für Selbstschrauber mit viel Erfahrung geeignet.	**Sehr schwer.** Für Experten und Profis geeignet.

Technische Daten

Vorderradfederung

Typ	
R 1200 GS, Adventure und RT	BMW Telelever
R 1200 R und RS	Upsidedown-Telegabel
Gabelöl-Typ (alle Modelle)	BMW Gabelöl (10W)
Gabelöl-Füllmenge	
R 1200 GS und Adventure	485 ml
R 1200 RT	545 ml
R 1200 R ohne ESA	590 ml
R 1200 R mit ESA	
Rechter Gabelholm	682 ml
Linker Gabelholm	290 ml
R 1200 RS ohne ESA	590 ml
R 1200 RS mit ESA	
Rechter Gabelholm	682 ml
Linker Gabelholm	304 ml
Gabelöl-Pegel (siehe Text)	
R 1200 GS und Adventure	133 bis 137 mm
R 1200 RT	88 bis 92 mm
R 1200 R ohne ESA	110 mm
R 1200 R mit ESA	
Rechter Gabelholm	80 mm
Linker Gabelholm	75 mm
R 1200 RS ohne ESA	110 mm
R 1200 RS mit ESA	
Rechter Gabelholm	82 mm
Linker Gabelholm	65 mm
Standrohr-Verzug (max.)	0,1 mm

Hinterradfederung

Typ	BMW Paralever-Einarmschwinge

Endantrieb

Endantrieb-Öltyp	Castrol SAF-XO
Endantrieb-Öl – Füllmenge	
Erstbefüllung	200 ml
Ölwechsel	180 ml

Anzugsdrehmomente

Bremspedal-Lagerbolzen	19 Nm
Endantrieb-Lagerbolzen	100 Nm
Fußbremszylinder-Befestigungsschrauben (RT)	6 Nm
Fußrastenträger-Schraube für Schalthebel – RT-Modelle	38 Nm
Hinterradfederung	
Paraleverhebel-Befestigungsschrauben	56 Nm
Stoßdämpfer-Bolzen	100 Nm
Rechter Schwingen-Lagerzapfen	
Erstanzug	15 Nm
Endanzug	7 Nm
Kontermutter des rechten Schwingen-Lagerzapfens	145 Nm
Linker Schwingen-Lagerzapfen	100 Nm
Lenker-Befestigungen	
GS, Adventure und R-Modelle	
Lenker-Klemmschraube	19 Nm
Lenkerenden-Gewichte	38 Nm
RT-Modelle	
Standrohr-Stehbolzenmuttern	40 Nm
Lenkerenden-Gewichte	19 Nm
RS-Modelle	
Lenker-Befestigungsschrauben	19 Nm
Lenkerenden-Gewichte	19 Nm
Schalthebel-Lagerbolzen – GS, Adv., R und RS	19 Nm
Seitenständer – Lagerzapfen	40 Nm
Telelever-Vorderradfederung (GS, Adv., RT)	
Lenkkopflager-Stehbolzen	130 Nm
Standrohr-Stehbolzenmutter	40 Nm
Gabel-Entlüftungsschraube	2,5 Nm
Untere Gabelbrücke – Klemmschrauben	19 Nm
Kugelgelenkmutter (untere Gabelbrücke)	130 Nm
Stoßdämpfer-Befestigungsbolzen	56 Nm
Teleleverschwingen-Lagerbolzen	120 Nm
Lenkungsdämpfer-Mutter (Gabelbrücke)	19 Nm
Lenkungsdämpfer-Schraube (Schwinge)	24 Nm
Upsidedown-Telegabel (R und RS)	
Dämpferpatronen-Schraube (Standard-Gabel)	25 Nm
Dämpferpatronen-Schraube (Gabel mit ESA)	30 Nm
Standrohr-Klemmschrauben (oben und unten)	19 Nm
Standrohr-Verschlussschrauben	20 Nm
Lenkschaftbolzen	130 Nm
Lenkungsdämpfer-Schrauben	19 Nm
Lenkkopflager-Einstellring (mit BMW-Werkzeug)	15 Nm

1 Allgemeine Informationen

1 Alle Modelle sind mit einem Rahmen aus Stahlrohren ausgerüstet, der den Motor als tragendes Teil aufnimmt.

2 Bei GS-, Adventure und RT-Modellen werden die Vorderradfederung und die Lenkung vom BMW-Telelever-System separat gemanagt. Bei diesem System wird da Vorderrad in einer Art Telegabel geführt und gelenkt, wogegen eine Schwinge mit einem Stoßdämpfer die Federung übernimmt. Anders als herkömmliche Telegabeln enthält die Telelever-Gabel weder Federn noch Dämpfer-Elemente, das darin befindliche Öl ist einzig zum Schmieren der Gleitflächen da.

3 Am oberen Ende des Telelever-Systems werden die Standrohre in einer Gabelbrücke gehalten, die mit einem Lenkkopflager am Rahmen gelagert ist. In der Mitte sind die Tauchrohre mit einer Brücke verbunden, die am vorderen Ende der Telelever-Schwinge in einem Kugelgelenk gelagert ist. Die Schwinge selbst dreht sich um eine vorne im Motor gelagerte Achse, während der Stoßdämpfer zwischen ihr und dem Rahmen sitzt.

4 Bei R- und RS-Modellen wird das Vorderrad in einer konventionellen Upsidedown-Telegabel geführt.

5 Die Hinterradfederung wird von einer Einarmschwinge übernommen. Die Kardanwelle zum Hinterrad läuft innerhalb dieser Schwinge. Durch einen zweiten Drehpunkt vor dem Endantrieb und einen Verbindungshebel (»Paralever«) werden die bei festen Antrieben entstehenden Lastwechsel-Aufstellmomente nahezu aufgehoben. Der Hinterradstoßdämpfer stützt sich mithilfe eines Mono-Stoßdämpfers direkt gegen den Rahmen ab.

2 Rahmen
Kontrolle und Reparatur

1 Dem Rahmen braucht normalerweise keine Aufmerksamkeit beigemessen zu werden – solange er nicht bei einem Unfall beschädigt wurde. Nur wenige Spezialisten sind in der Lage, einen verzogenen Rahmen zu reparieren und wieder zu richten. Auch das Schweißen überlasteter Verbindungen ist eine äußerst heikle Angelegenheit

2 Beachten Sie, dass ein verbogener Rahmen Fahrwerksprobleme hervorruft. Wenn ein Verzug vermutet wird, muss zunächst die Ausrichtung der Räder überprüft werden (siehe Kapitel 6).

3 Nachdem eine Maschine sehr viele Kilometer zurückgelegt hat, sollte der gesamte Rahmen auf Anzeichen von Brüchen oder Rissen an den Schweißnähten begutachtet werden. Lockere Motorhaltebolzen können ihre Aufnahmen ausgeschlagen oder verbogen haben. Kleine Beschädigungen können je nach Ausmaß und Art eventuell von Spezialisten geschweißt werden. Bauen Sie vor sämtlichen Arbeiten mit einem elektrischen Schweißgerät die Batterie, sämtliche Steuergeräte und ggf. die Instrumente aus, um Beschädigungen zu vermeiden. Bereiche, wo die Beschichtung verschwunden und blankes Metall sichtbar ist, müssen gestrahlt und neu beschichtet werden.

3 Fußrasten, Bremspedal und Schalthebel

Fußrasten

GS- und Adventure-Modelle

1 Die Gummis der Fahrerfußrasten können demontiert werden, um im Gelände besseren Grip zu erhalten. Falls die Gummis der Beifahrerfußrasten verschlissen sind, können sie ersetzt werden, ohne die Fußrasten demontieren zu müssen. Die Gummis der Fahrerfußrasten sind an der Unterseite in Bohrungen der Raste gedrückt – ziehen Sie sie dort heraus (siehe Abbildung). Die Gummis der hinteren Rasten sind mit einem Zapfen versehen – ziehen Sie ihr äußeres Ende hoch, um den Zapfen zu befreien, und ziehen Sie sie dann von der Raste ab – beachten Sie die Position der inneren Platte (Abb. 3.3).

2 Um die Fahrerfußrasten demontieren zu können, muss zunächst die Sicherungsscheibe an der Unterseite des entsprechenden Lagerzapfens entfernt werden. Dann wird der Zapfen herausgezogen und die Feder sowie die Raste entnommen (siehe Abbildung). Merken Sie sich, wie die Feder in der Raste und am Träger eingehängt ist (siehe Abbildung).

3 Um eine Beifahrerfußraste demontieren zu können, muss zunächst die Sicherungsscheibe an der Unterseite des entsprechenden Lagerzapfens entfernt werden. Dann wird der Zapfen herausgezogen und die Raste entnommen (siehe Abbildung).

RT-Modelle

4 Falls die Gummis der Fußrasten (vorne und hinten) verschlissen sind, können sie ersetzt werden, ohne die Fußrasten demontieren zu müssen. Die Gummis sind so geformt, dass sie über den Außenrand der Rasten greifen; ziehen Sie das äußere Ende hoch, um es zu befreien und ziehen Sie dann das Gummi von der Raste – beachten Sie die Position der inneren Platte.

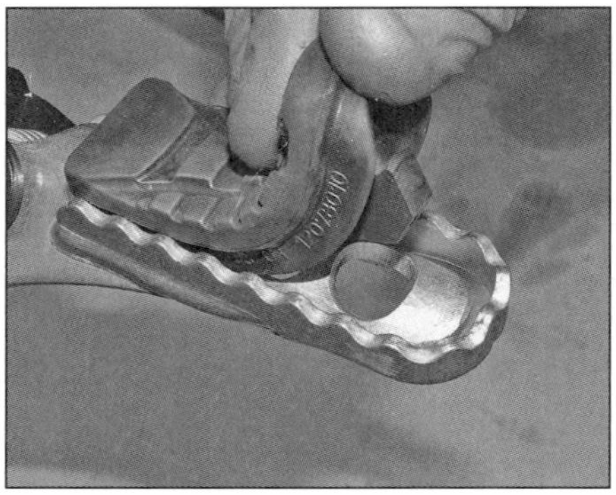

3.1 Ziehen Sie das Gummi hoch, im es aus der Fußraste zu befreien.

5 Um die Fahrerfußrasten demontieren zu können, muss zunächst die Sicherungsscheibe an der Unterseite des entsprechenden Lagerzapfens entfernt werden. Dann werden die Hülse und die Feder entfernt – merken Sie sich, wie sie eingehängt ist. Ziehen Sie den Zapfen heraus und entnehmen Sie die Fußraste.

6 Um eine Beifahrerfußraste demontieren zu können, muss zunächst die Sicherungsscheibe an der Unterseite des entsprechenden Lagerzapfens entfernt werden. Dann wird der Zapfen herausgezogen und die Raste entnommen (Abb. 3.3).

R- und RS-Modelle

7 Falls die Gummis der Fußrasten (vorne und hinten) verschlissen sind, können sie ersetzt werden, ohne die Fußrasten demontieren zu müssen. Lösen Sie dazu an der Unterseite der Raste die zwei Schrauben und entnehmen Sie das Gummi (siehe Abbildung); innerhalb des Gummis sitzt eine Gewindeplatte, auch das neue Gummi ist damit ausgerüstet. Verwenden Sie beim Einbau entweder neue Schrauben oder reinigen Sie die Gewinde der alten Schrauben und versehen Sie sie mit Sicherungspaste. Bei einigen Modellen sind die Gummis angenietet, sodass deren Köpfe ausgebohrt werden müssen. Kaufen Sie mit den neuen Gummis auch passende Schrauben; nötigenfalls müssen die Bohrungen in den Rasten aufgebohrt werden, um die Schrauben einsetzen zu können.

3.2a Entfernen Sie die Sicherungsscheibe, um den Lagerzapfen zu befreien.

3.2b Das Ende der Feder steckt in der Bohrung.

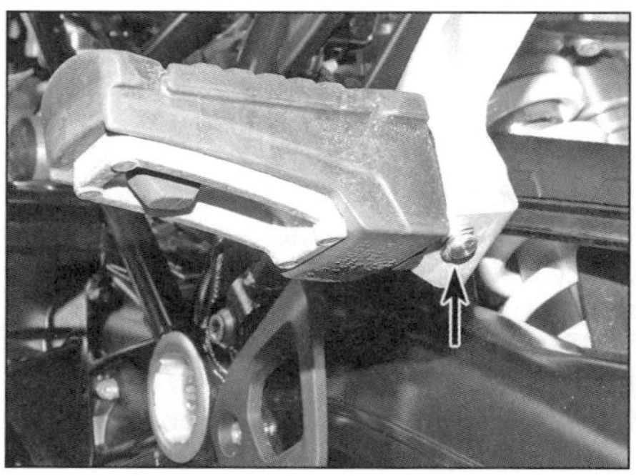

3.3 Entfernen Sie die Sicherungsscheibe, um den Lagerzapfen zu befreien.

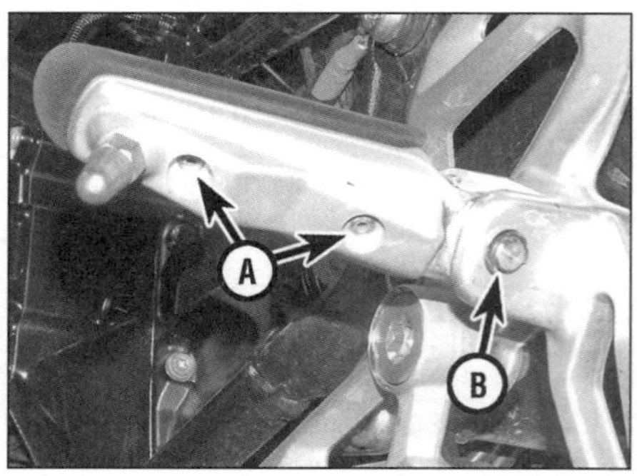

3.7 Die Fußrastengummis sind mit Schrauben oder Nieten (A) gesichert. Lagerzapfen-Sicherungsscheibe (B)

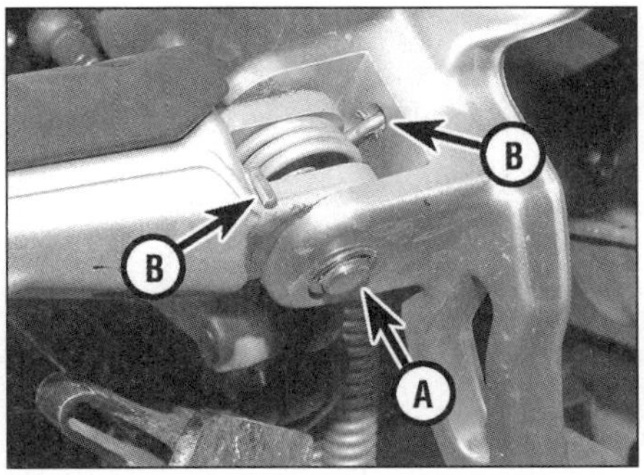

3.8 Entfernen Sie die Sicherungsscheibe (A), um den Lagerzapfen zu befreien. Beachten Sie die Feder-Enden (B).

3.12 Entfernen Sie den Splint und die Scheibe (A) und ziehen Sie das Gelenkstück (B) heraus.

3.13 Hängen Sie die Feder aus.

3.14 Der Lagerbolzen des Bremspedals ist an der Innenseite in die Lagerhülse geschraubt.

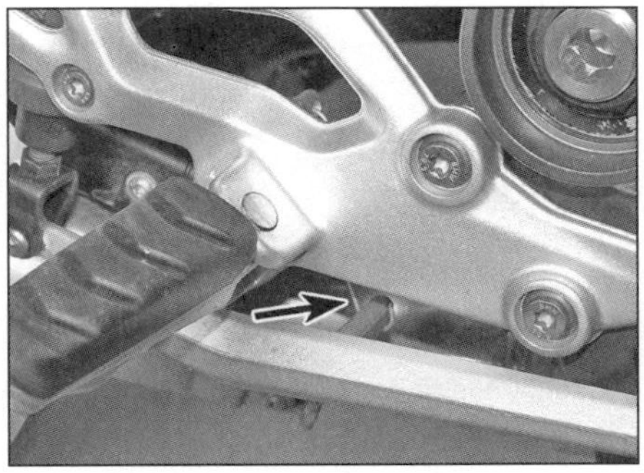

3.20 Hängen Sie die Feder aus.

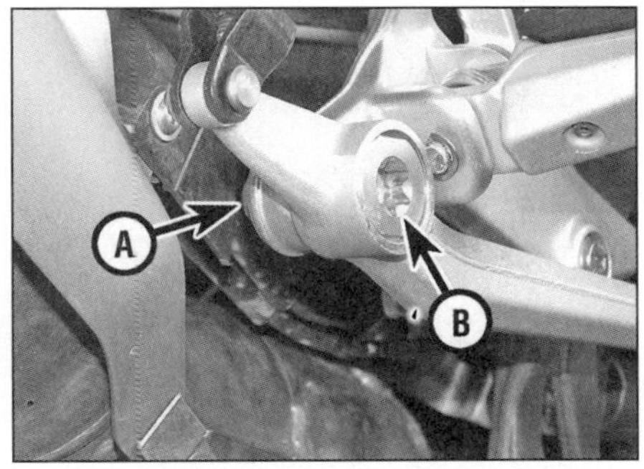

3.21 Halten Sie den Bolzen (A) und lösen Sie die Lagerbuchse (B).

8 Um die Fahrerfußrasten demontieren zu können, muss zunächst die Sicherungsscheibe an der Unterseite des entsprechenden Lagerzapfens entfernt werden. Dann wird der Zapfen herausgezogen und die Fußraste samt Feder entfernt – beachten Sie deren Einbauposition (siehe Abbildung).

9 Um eine Beifahrerfußraste demontieren zu können, muss zunächst die Sicherungsscheibe an der Unterseite des entsprechenden Lagerzapfens entfernt werden. Dann wird der Zapfen herausgezogen (Abb. 3.7). Befreien Sie die Fußraste aus dem Halter – die Arretierkugel und die Feder können dabei herausspringen, wenn man das innere Ende beim Ausbau nicht mit den Fingern schützt. Entfernen Sie nötigenfalls die Arretierplatte aus dem Halter.

Einbau

10 Der Einbau erfolgt in umgekehrter Ausbaureihenfolge. Schmieren Sie den Lagerzapfen und alle Gleitflächen. Richten Sie ggf. die Enden der Rückholfeder korrekt aus. Verwenden Sie nötigenfalls neue Sicherungsscheiben.

Bremspedal

GS- und Adventure-Modelle

11 Entfernen Sie die rechte Fußraste (siehe oben).

12 Biegen Sie die Enden des Splints gerade und entfernen Sie ihn samt der Scheibe (siehe Abbildung). Ziehen Sie das Gelenkstück heraus und trennen Sie die Druckstange vom Bremspedal.

13 Hängen Sie die Bremspedalfeder aus und entfernen Sie sie (siehe Abbildung).

14 Kontern Sie die Lagerbuchse an der Innenseite und lösen Sie die Schraube. Entfernen Sie die Scheibe und nehmen Sie das Pedal ab. Stellen Sie auch die zwischen Pedal und Fußrastenträger sitzende Scheibe sicher (siehe Abbildung).

RT-Modelle

15 Trennen Sie die Druckstange vom Bremspedal (siehe Schritt 12).

16 Hängen Sie die Bremspedalfeder aus und entfernen Sie sie (siehe Abbildung).

17 Lösen Sie den Lagerbolzen, entnehmen Sie das Pedal und stellen Sie die dahinter sitzende Scheibe sicher. Befreien Sie ggf. die Lagerbuchse aus dem Pedal.

R- und RS-Modelle

18 Entfernen Sie die Abdeckung des Schalldämpferflansches und der Auspuffklappenbetätigung (siehe Kapitel 4, Sektion 9).

19 Trennen Sie die Druckstange vom Bremspedal (siehe Schritt 12).

20 Hängen Sie die Bremspedalfeder aus und entfernen Sie sie (siehe Abbildung).

21 Kontern Sie an der Innenseite den Bolzen und lösen Sie die Lagerbuchse. Entnehmen Sie das Pedal und stellen Sie die dahinter sitzende Scheibe sicher (siehe Abbildung). Beachten Sie die Scheibe am Pedalbolzen. Innerhalb des Pedals sitzt eine Buchse, die nötigenfalls durch ein Neuteil ersetzt werden kann.

3.22a Zwischen Bremspedal und Hauptständeraufnahme muss mindestens 1 mm Spiel bestehen.

Einbau

22 Der Einbau erfolgt in umgekehrter Ausbaureihenfolge – beachten Sie dabei folgende Punkte:

- Schmieren Sie das Pedallager mit etwas Fett.
- Die Feder muss korrekt eingehängt sein.
- Ziehen Sie den Lagerbolzen mit 19 Nm an.
- Sichern Sie das Gelenkstück mit einem neuen Splint und biegen Sie dessen Enden um.

5

- Bei allen GS-Modellen muss zwischen der Oberseite des Pedalhebels und der Unterseite des Hauptständerträgers mindestens 1 mm Abstand bestehen, damit in der Pedal-Ruhestellung kein Bremsdruck aufgebaut wird (siehe Abbildung). Der Abstand ist ab Werk korrekt eingestellt – kann aber durch Verdrehen des Gelenks auf der Druckstange verändert werden; lockern Sie nötigenfalls die Kontermutter oberhalb des Gelenks und drehen Sie die Druckstange am Seckskant, um ihre effektive Länge zu verringern und dadurch das Pedal abzusenken (siehe Abbildung) Ziehen Sie die Kontermutter wieder gegen das Gelenk.

Schalthebel

Ausbau

23 Alle **GS- sowie R- und RS-Modelle:** Kontern Sie an der Innenseite den Bolzen und lösen Sie die Lagerbuchse. Entnehmen Sie den Hebel und stellen Sie die zwischen ihm und dem Halter liegende Scheibe sicher; beachten Sie auch die Scheibe des Bolzens (siehe Abbildung). Lösen und entfernen Sie den Sicherungsbügel des Schaltgestänge-Gelenks und befreien Sie den Hebel vom Gestänge (vgl. Abb. 3.25a, b und c). Innerhalb des Hebels sitzt eine Buchse, die nötigenfalls durch ein Neuteil ersetzt werden kann.

24 RT-Modelle: Lösen und entfernen Sie den Sicherungsbügel des Schaltgestänge-Gelenks und befreien Sie den Hebel vom Gestänge (vgl. Abb. 3.25a, b und c). Lösen Sie die Schraube des Fußrastenträgers und entnehmen Sie die aus der Fußraste, dem Schalthebel und dem Träger bestehende Baugruppe; stellen Sie die zwischen dem Schalthebel und dem Rahmen liegende Scheibe sicher. Befreien Sie den Hebel von seinem Lagerzapfen und entfernen Sie die dahinter liegende Scheibe.

25 Befreien Sie nötigenfalls das Schaltgestänge vom Hebel der Schaltwelle (siehe Abbildungen) oder vom Schaltassistenten, indem Sie den Bügel herausziehen und das Gelenk abziehen.

26 Bei Modellen mit Standard-Schalthebel muss die Ausrichtung des Schaltwellen-Hebels zur Schaltwelle notiert werden, bevor der Hebel abgezogen wird (siehe Abbildung).

27 Bei Modellen mit Schaltassistenten wird dessen Schraube gelöst und die Scheibe entfernt. Ziehen Sie den Schaltassistenten ab und trennen Sie den Stecker; falls die Hülse noch auf der Welle sitzt, kann sie dort abgezogen werden. Falls sich der Schaltassistent nicht abziehen lässt, muss das BMW-Werkzeug mit der Teilenummer 230831 oder eine Schraube, die zum Außengewinde des Bauteils (nicht zum Innengewinde der Welle) passt, in die Bohrung gedreht werden, um den Assistenten so von der Welle zu ziehen – trennen Sie anschließend den Kabelstecker. Entfernen Sie die Hülse von der Welle – BMW schreibt vor, beim Zusammenbau eine neue Hülse zu verwenden.

Einbau

28 Der Einbau erfolgt in umgekehrter Ausbaureihenfolge – beachten Sie dabei folgende Punkte:

- Befreien Sie die Schaltwellen-Nuten von Korrosion und versehen Sie sie mit Fett.
- Richten Sie bei Modellen mit Standard-Schalthebel die Klemmöffnung des Schaltwellenhebels zur breiten Nut der Schaltwelle aus und schieben Sie ihn auf; ziehen Sie dann die Klemmschraube sorgfältig an.
- Schieben Sie bei Modellen mit Schaltassistenten eine neue Hülse korrekt ausgerichtet in das Bauteil, bis sie bündig sitzt. Reinigen Sie das Gewinde der Schraube und das Innengewinde der Welle mit einem passenden Gewindebohrer. Tragen Sie am Schraubengewinde Sicherungspaste auf. Verbinden Sie den Stecker und richten Sie den Schaltassistenten zur Welle aus. Installieren Sie die Schraube samt Scheibe und ziehen Sie sie an, während Sie den Assistenten auf die Welle drücken.
- Befreien Sie den Lagerzapfen, beide Kugelgelenk-Köpfe und beide Enden des Schaltgestänges von alten Fettresten.
- Sorgen Sie dafür, dass die Kugelgelenk-Köpfe fest sitzen.
- Die Schutzhülsen müssen hinter den Köpfen der Kugelgelenke sitzen (Abb. 3.25c).
- Schmieren Sie die Kugelgelenk-Köpfe, ihre Sitze sowie den Lagerzapfen des Schalthebels mit Fett.

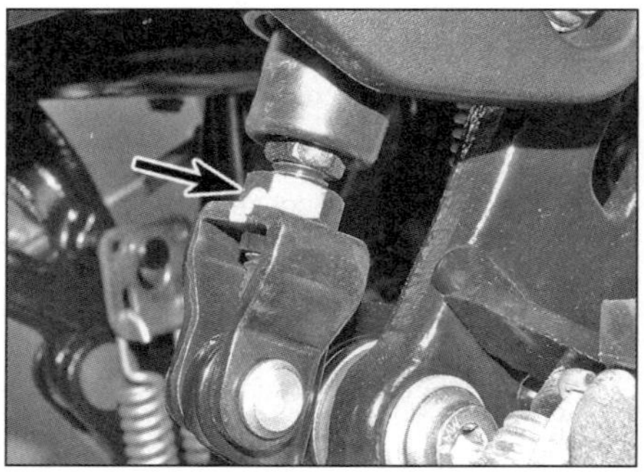

3.22b Lockern Sie ide Kontermutter (Pfeil) und drehen Sie die Druckstange.

3.23 Halten Sie die Schraube und lösen Sie die Lagerbuchse.

3.25a Befreien Sie den Clip von dem Gestänge ...

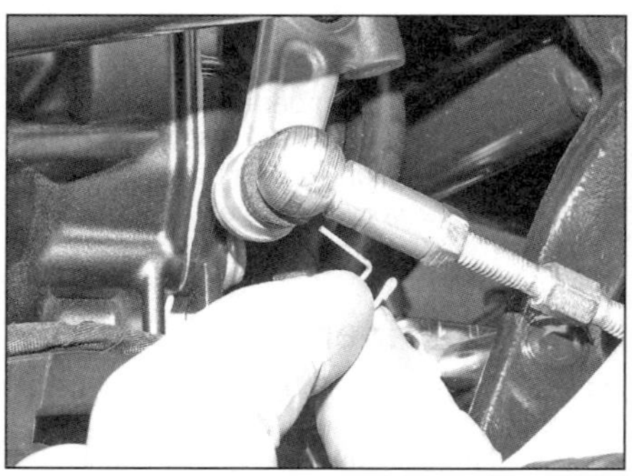

3.25b ...und ziehen Sie ihn aus dem Gelenkkopf, ...

3.25c ...um diesen vom Kugelgelenk zu ziehen. Beachten Sie die hinter dem Kugelkopf sitzende Schutzhülse.

3.26 Markieren Sie die Welle am Klemmschlitz. Welle und Hebel haben an einer Stelle breitere Kerbnuten, sodass sie nur in einer Position verbunden werden können.

3.30 Lockern Sie die Muttern des Gestänges und drehen Sie dies, um die Höhe des Schalthebels einzustellen.

4.4 Die Federn sind in der Platte eingehängt, die wiederum an den Zapfen des Rahmens und des Ständers hängen.

4.5 Die Lagerbuchsen des Hauptständers sind mit Seegerringen gesichert.

- Sichern Sie die das Schaltgestänge nötigenfalls mit neuen Bügeln.
- Ziehen Sie bei allen GS-, R- und RS-Modellen den Lagerbolzen mit 19 Nm an.
- Reinigen Sie bei RT-Modellen das Gewinde des Fußrastenträger-Bolzens und versehen Sie sie mit Sicherungspaste, bevor Sie ihn mit 38 Nm anziehen.

Schalthebel-Einstellung

29 Bei Modellen mit einstellbarer Schalthebel-Spitze wird die Schraube oben am Hebel-Ende gelöst und die Spitze in die gewünschte Position verdreht, bevor die Schraube wieder angezogen wird.

30 Der Schalthebel aller Modelle kann etwas in der Höhe verstellt werden: Kontern Sie den Sechskant des Schaltgestänges und lockern Sie die Muttern an beiden Enden – eine von ihnen hat ein Linksgewinde! Jetzt kann der Sechskant gedreht werden, um das Gestänge aus den Gelenken heraus oder in sie hinein zu schrauben – und damit die Höhe des Schalthebels zu verändern (siehe Abbildung). Um sicherzustellen, dass immer genügend Gewindegänge in den Gelenken verbleiben, schreibt BMW eine maximale Länge des Schaltgestänges vor, die zwischen den Mittelpunkten der Gelenkköpfe gemessen werden muss: bei GS-Modellen dürfen 107 mm nicht überschritten werden; bei RT-Modellen sind es 124 mm und bei R- sowie RS-Modellen dürfen die Köpfe bis zu 145 mm auseinanderliegen. Ziehen Sie die Kontermuttern nach der Einstellung gegen die Köpfe.

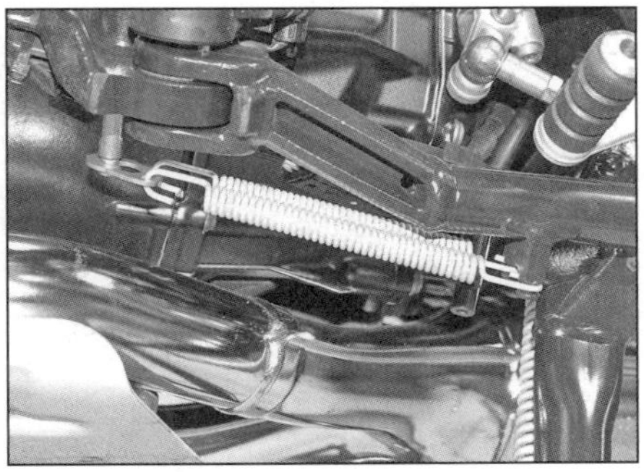

4.11 Beachten Sie, wie die Seitenständerfedern eingehängt sind.

4 Ständer

Seitenständer

1 Das Schmieren der Ständerzapfen ist Bestandteil der regelmäßigen Wartungsarbeiten (siehe Kapitel 1).

2 Die Ständerfedern (an jedem Ständer finden sich zwei Stück) müssen auf Beschädigungen und Ermüdung überprüft werden. Die Federn müssen den Ständer während der Fahrt sicher an der Maschine halten. Eine ermüdete oder gebrochene Feder muss unverzüglich ersetzt werden, da ein während der Fahrt ausklappender Ständer lebensgefährlich ist.

3 Bevor ein Ständer demontiert wird, muss sichergestellt sein, dass das Motorrad sicher abgestützt ist – entweder auf dem anderen Ständer oder einer anderen geeigneten Vorrichtung. Sichern Sie mit Gummibändern den Handbremshebel gegen den Gasgriff, damit das Vorderrad blockiert ist.

Hauptständer

4 Hängen Sie bei eingeklapptem Ständer die Federn aus und entnehmen Sie sie samt ihrer Platten – ein in eine der Bohrungen dieser Platten eingehängter Federhaken ist hierfür ein hilfreiches Werkzeug (siehe Abbildung). Falls kein geeigneter Haken zur Hand ist, kann der Ständer auch in die Position abgesenkt werden, an der die Federn am weitesten gespannt sind; dann werden Unterlegscheiben zwischen ihre Wicklungen gesteckt, sodass sie beim Einklappen des Ständers weniger Vorspannung haben und sich leichter demontieren lassen.

5 Entfernen Sie an beiden Enden Lagerbuchsen den Seegerring (siehe Abbildung). Halten Sie den Ständer und drücken Sie die Buchsen nach innen heraus.

6 Begutachten Sie den Ständer, die Lagerbohrungen und die Buchsen auf Verschleiß und ersetzen Sie nötigenfalls entsprechende Bauteile. Die Seegerringe müssen ebenfalls ersetzt werden, wenn sie beim Ausbau verbogen wurden.

7 Reinigen Sie die Buchsen und ihre Bohrungen im Rahmen. Schmieren Sie die Buchsen mit Fett.

8 Bringen Sie den Ständer in Position und schieben Sie die Buchsen jeweils von innen ein. Sichern Sie die Buchsen mit den – ggf. neuen – Seegerringen, die rundherum in ihrer Nut liegen müssen (Abb. 4.5).

9 Hängen Sie die Ständerfedern ein – die Federplatten müssen korrekt unter den Köpfen ihrer Zapfen positioniert sein (Abb. 4.4).

10 Prüfen Sie vor der ersten Fahrt, ob der Ständer vorschriftsmäßig einklappt.

Seitenständer

11 Hängen Sie bei eingeklapptem Ständer die Federn aus und entnehmen Sie sie samt ihrer Platte (siehe Abbildung) – ein Federhaken ist hierfür ein hilfreiches Werkzeug. Falls kein geeigneter Haken zur Hand ist, kann der Ständer auch in die Position abgesenkt werden, an der die Federn am weitesten gespannt sind; dann werden Unterlegscheiben zwischen ihre Wicklungen gesteckt, sodass sie beim Einklappen des Ständers weniger Vorspannung haben und sich leichter demontieren lassen. Alternativ können die Federn eingehängt bleiben und nach der – vorsichtigen – Demontage des Ständers ausgehängt werden.

12 Befreien Sie den Seitenständerschalter: Bei früheren GS-Modellen müssen die zwei Seegerringe und die Scheibe entfernt werden; bei allen anderen Modellen wird die Schraube gelöst und der Schalter vom Lagerzapfen gehoben – die Nut in seinem Gehäuse muss über der Lasche oder dem Stift des Halters liegen, zudem muss der Stift an der Rückseite in die versetzte Bohrung des Ständers greifen (siehe Abbildung). Bei früheren GS-Modellen müssen zwei neue Seegerringe verwendet werden.

4.12 Lösen Sie die Schraube und befreien Sie den Seitenständerschalter.

4.13a Lösen Sie den Lagerzapfen, ...

4.13c ... und hängen Sie die Federn aus.

13 Lösen Sie den Lagerzapfen und entfernen Sie den Ständer; hängen Sie dann ggf. die Federn aus (siehe Abbildungen).

14 Entfernen Sie Fettreste und kontrollieren Sie die Bauteile auf Verschleiß und Beschädigungen; besonders der Zapfen und die Buchse verschleißen und müssen ggf. durch Neuteile ersetzt werden.

15 Reinigen Sie das Gewinde des Lagerzapfens und tragen Sie mittelfeste Sicherungspaste auf. Schmieren Sie die Lagerbuchse und den Zapfen mit Fett, hängen Sie ggf. die Federn ein und positionieren Sie den Ständer in der eingeklappten Lage. Installieren Sie den Zapfen und ziehen Sie ihn mit 40 Nm an.

16 Falls noch nicht geschehen, müssen die Federn eingehängt werden – die Federplatte muss korrekt unter dem Kopf des Zapfens eingehängt sein (Abb. 4.11).

17 Installieren Sie den Seitenständerschalter, indem Sie den Stift an dessen Rückseite in die Bohrung des Ständers greifen lassen (siehe Abbildung) und die Nut des Gehäuses über dem Stift oder der Lasche ausrichten (Abb. 4.12). Sichern Sie den Schalter bei frühen GS-Modellen mit der Scheibe und den zwei neuen Seegerringen. Reinigen Sie bei allen anderen Modellen die Gewinde der Schalterschraube, versehen Sie sie mit Sicherungspaste und ziehen Sie sie sorgfältig an.

18 Prüfen Sie die Funktion des Unterbrecher-Stromkreises (siehe Kapitel 4, Sektion 13).

19 Prüfen Sie vor der ersten Fahrt, ob der Ständer vorschriftsmäßig einklappt.

4.13b ... ziehen Sie den Ständer vom Halter ...

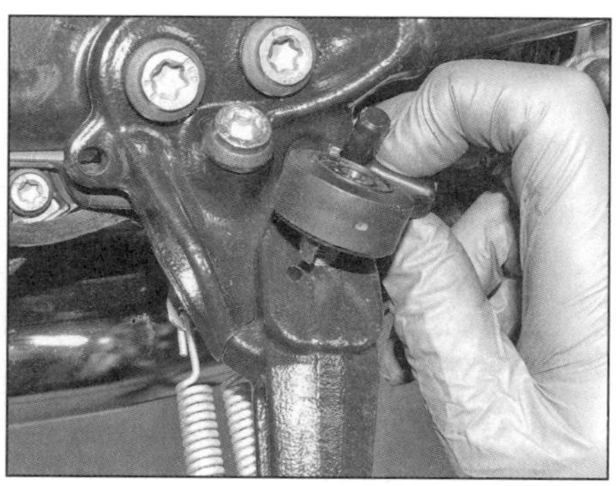

4.17 Richten Sie den Stift des Schalters zur Bohrung des Halters aus.

5 Lenker und Hebel

Lenker

Demontage

Anmerkung 1: *Der/die Lenker kann/können von der oberen Gabelbrücke demontiert werden, ohne dass irgendwelche Bauteile von ihm/ihnen getrennt werden müssen. Achten Sie darauf, dass keine Kabel oder Hydraulikleitungen unter Spannung stehen. Legen Sie den/die Lenker auf Lappen, um keine Teile zu beschädigen. Decken Sie auch den/die Geberzylinder-Ausgleichsbehälter mit Lappen ab, um möglicherweise austretende Hydraulikflüssigkeit aufzusaugen. Es empfiehlt sich, je nach Modell entsprechende lackierte Teile zu demontieren, damit sie nicht durch abrutschende Werkzeuge beschädigt werden können.*

Anmerkung 2: *Die in diesem Buch behandelten Motorräder sind ab Werk mit einer Vielzahl elektrischer Extras lieferbar. Achten Sie bei der Arbeit darauf, alle relevanten elektrischen Komponenten bei der Demontage zu trennen und beim Zusammenbau wieder anzuschließen. Trennen Sie vorsichtshalber immer den Masseanschluss (–) der Batterie, bevor Sie irgendeinen Kabelstecker trennen.*

GS-, Adventure- und R-Modelle

1 Trennen Sie das Massekabel (–) der Batterie. Demontieren Sie die Rückspiegel und ggf. die Handprotektoren (siehe Kapitel 7).

2 Lösen Sie bei Modellen ohne Handprotektoren die Schrauben der Lenkergewichte und entfernen Sie diese (Abb. 5.21).

3 Demontieren Sie ggf. den Navi-Halter und legen Sie ihn auf einer Seite auf Lappen ab (Abb. 5.20a) – schneiden Sie nötigenfalls den Kabelbinder auf, um die Bewegungsfreiheit zu vergrößern. Lösen Sie die Schrauben des Navihalter-Trägers und entnehmen/entfernen Sie diesen (Abb. 5.20b).

4 Befreien Sie den Kupplungs-Geberzylinder vom Lenker (siehe Kapitel 2, Sektion 21) – die Hydraulikleitung muss dazu nicht getrennt werden. Sichern Sie den Ausgleichsbehälter aufrecht, damit keine Hydraulikflüssigkeit austritt. Die Hydraulikleitung darf nicht unter Last gesetzt werden.

5 Trennen Sie den Stecker des Kupplungsschalters (siehe Abbildung). Befreien Sie die Lenkerschalter-Verkabelung aus allen Befestigungen (siehe Abbildung). Ziehen Sie den Innenrand des linken Lenkergriffs zurück, um die Schraube freizulegen und zu lösen (siehe Abbildung). Lösen Sie die Stecker-Abdeckung vom Schaltergehäuse (siehe Abbildung). Ziehen Sie die aus dem Griff und dem Schaltergehäuse bestehende Baugruppe vom Lenker (siehe Abbildung). Wechseln Sie nötigenfalls

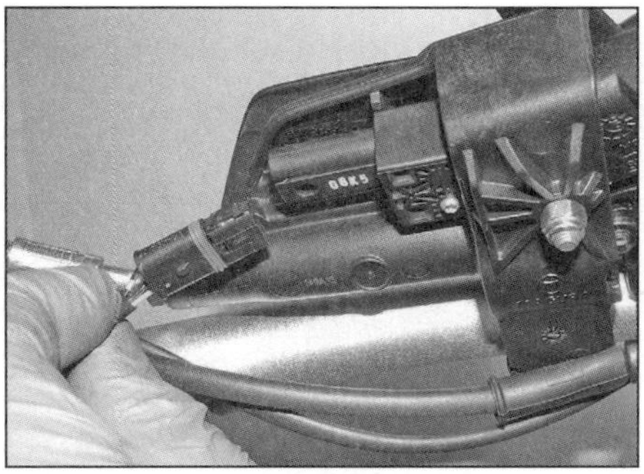

5.5a Befreien Sie den Stecker aus der Verriegelung an der Unterseite.

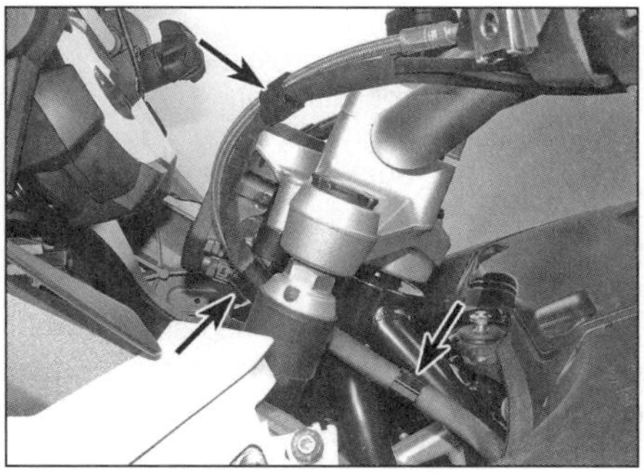

5.5b Befreien Sie das Kabel aus allen Befestigungen.

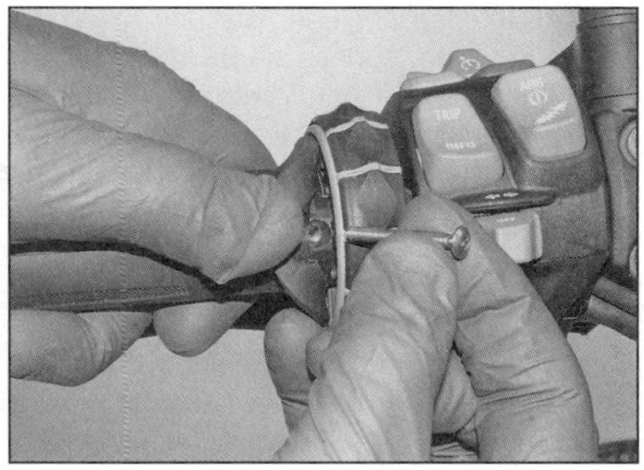

5.5c Lösen Sie die Schraube ...

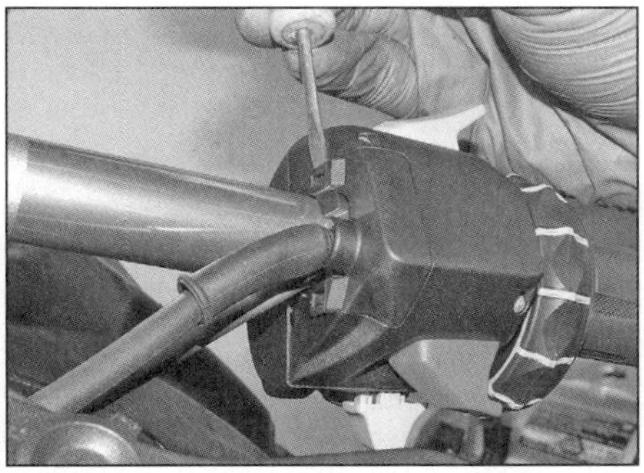

5.5d ...und die Verriegelungen und entfernen Sie die Stecker-Abdeckung, ...

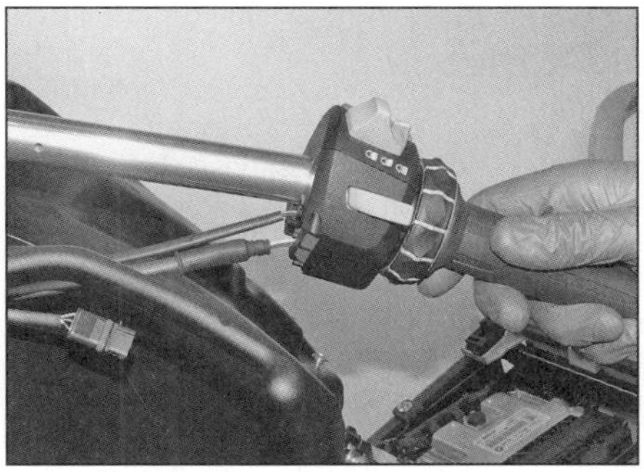

5.5e ...um die Schalter-Baugruppe vom Lenker zu ziehen.

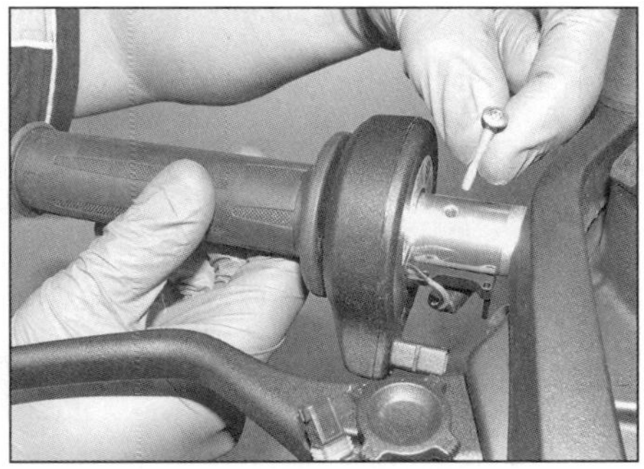

5.7 Der Gasgriff ist mit einer Schraube gesichert.

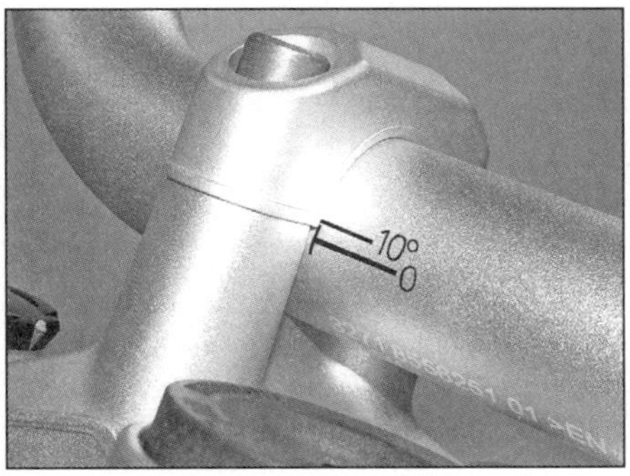

5.8a Lenker-Ausrichtmarkierungen – GS-Modelle

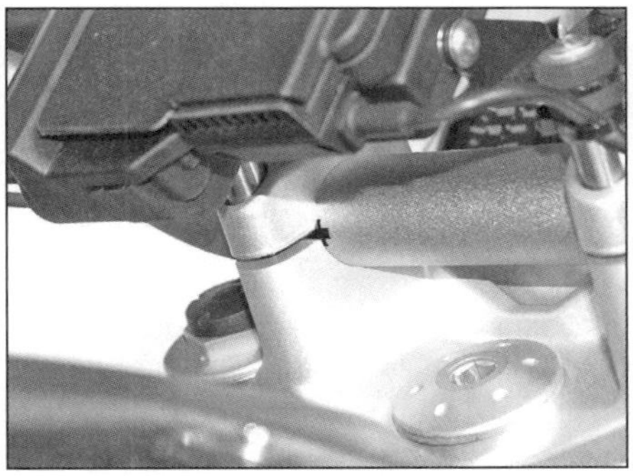

5.8b Lenker-Ausrichtmarkierungen – R-Modelle

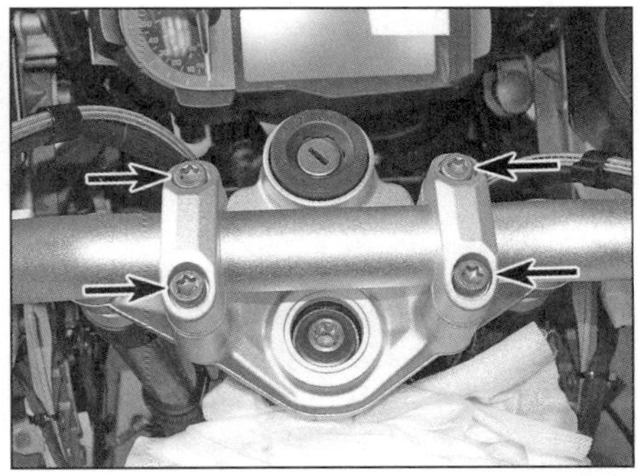

5.8c Lenker-Klemmschrauben – GS-Modelle

nach Kapitel 8, um das Schaltergehäuse vom Griff zu trennen.

6 Befreien Sie den Handbremszylinder vom Lenker (siehe Kapitel 6) – die Bremsleitung muss dazu nicht getrennt werden. Sichern Sie den Ausgleichsbehälter aufrecht, damit keine Bremsflüssigkeit austritt. Die Bremsleitung darf nicht unter Last gesetzt werden.

7 Folgen Sie den Hinweisen in Kapitel 8 und demontieren Sie das linke Schaltergehäuse. Lösen Sie die Gasgriff-Schraube und ziehen Sie den Griff vom Lenker (siehe Abbildung).

8 Beachten Sie bei GS- und Adv.-Modellen die Ausrichtung der Markierungen vorne am Lenker zur Klemmfläche des rechten Lenkerhalters (siehe Abbildung). Beachten Sie bei R-Modellen die Ausrichtung der Markierungen hinten am Lenker zu den Klemmöffnungen der Lenkerhalter (siehe Abbildung). Lockern Sie die Lenker-Klemmschrauben (siehe Abbildung). Halten Sie den Lenker, lösen Sie die Klemmschrauben und heben Sie den Lenker ab.

9 Der Einbau erfolgt in umgekehrter Ausbaureihenfolge – beachten Sie dabei folgende Punkte:

- Stellen Sie bei GS- und Adv.-Modellen mithilfe der vertikalen Linien vorne am Lenker sicher, dass er mittig in den Haltern sitzt, und stellen Sie die Neigung mithilfe der horizontalen Linien in Relation zu den Klemmflächen des Halters ein – entweder wie beim Ausbau notiert oder wie gewünscht (Abb. 5.8a). Die obere Linie (10°) ist als Standard für Stehend-Fahrten im Gelände vorgegeben, wogegen die untere Linie für normales Fahren im Sitzen empfohlen wird. Allerdings hängt die Neigung des Lenkers sowohl von der Armlänge und der Größe des Fahrers, seiner bevorzugten Sitzposition, dem Fahrstil und dem Einsatzzweck ab.
- Stellen Sie bei R-Modellen mithilfe der vertikalen Linien hinten am Lenker sicher, dass er mittig in den Haltern sitzt, und stellen Sie die korrekte Neigung mithilfe der horizontalen Linien in Relation zu den Klemmflächen des Halters ein (Abb. 5.8b).
- Ziehen Sie zuerst die vorderen und dann die hinteren Klemmschrauben mit 19 Nm an, sodass der Spalt zwischen den Klemmstücken und den Haltern hinten liegt.
- Beachten Sie für die Montage und die Ausrichtung der verschiedenen Lenkerkomponenten die entsprechenden Kapitel. Alle Kabelstecker müssen sicher verbunden sein.
- Ziehen Sie bei Modellen ohne Handprotektoren die Schrauben der Lenkergewichte mit 38 Nm an.

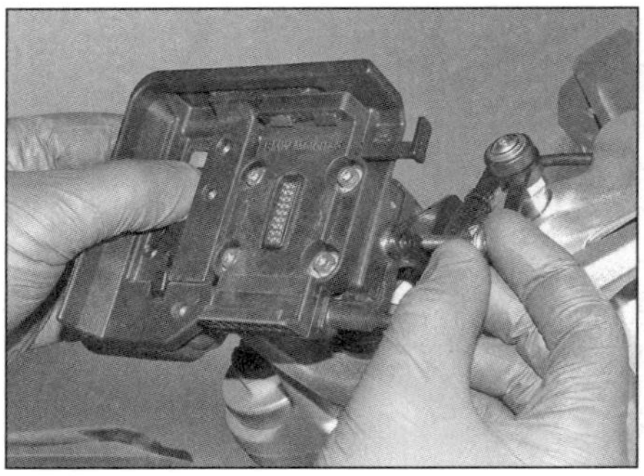

5.20a Lösen Sie an beiden Seiten die Schrauben und befreien Sie den Navi-Halter vom Träger, ...

5.20b ...um dann dessen Schrauben zu lösen.

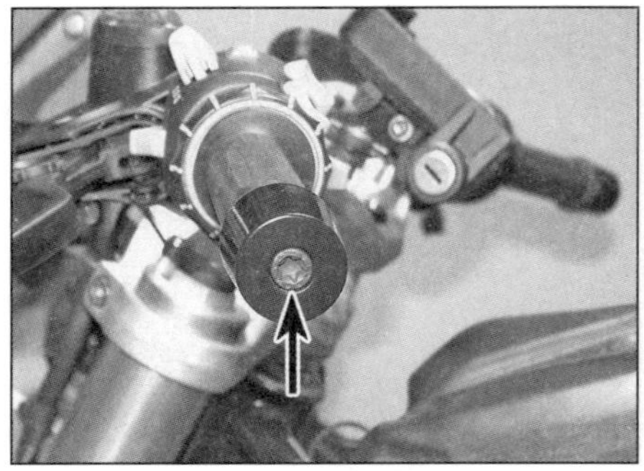

5.21 Lenkergewicht-Schraube

RT-Modelle

10 Stellen Sie das Motorrad auf den Hauptständer. Trennen Sie das Massekabel (–) von der Batterie (siehe Kapitel 8). Lösen Sie die Schrauben der Lenkergewichte und entfernen Sie diese (Abb. 5.21).

11 Demontieren Sie die am Lenker sitzenden Komponenten (Schritte 4 bis 7).

12 Der Lenker ist in die obere Gabelbrücke integriert. Hebeln Sie vorsichtig das in der Mitte sitzende BMW-Emblem heraus.

13 Entlasten Sie das Vorderrad, indem Sie z.B. den Motor mit einem Wagenheber und einem Holz abstützen oder das Heck mit Gurten oder Seilen herunterziehen.

14 Trennen Sie den/die Kabelstecker vom Zündschloss oder der Keyless Ride-Einheit. Befreien Sie die Verkabelung aus allen Führungen.

15 Hebeln Sie vorsichtig die Kappen von den Standrohr-Verschlüssen (Abb. 6.6). Kontern Sie den Verschluss am Sechskant unterhalb der Gabelbrücke und lösen Sie oben die Mutter (Abb. 6.7). Ziehen Sie die Standrohre aus ihren Lagern in der Gabelbrücke (Abb. 6.8b).

16 Lösen Sie den Lager-Stehbolzen und heben Sie die Lenker/Gabelbrücken-Baugruppe ab.

17 Demontieren Sie nötigenfalls das Zündschloss oder die Keyless Ride-Einheit (siehe Kapitel 8) und das Lenkkopflager sowie die oberen Gabelbuchsen (siehe Sektion 8).

18 Der Einbau erfolgt in umgekehrter Ausbaureihenfolge – beachten Sie dabei folgende Punkte:

- Reinigen Sie das Gewinde des Lenkkopflager-Stehbolzens und tragen Sie mittelfeste Sicherungspaste auf. Ziehen Sie den Bolzen mit 130 Nm an.
- Reinigen Sie die Gewinde der oberen Standrohr-Bolzen und tragen Sie mittelfeste Sicherungspaste auf, bevor Sie die Muttern aufdrehen und mit 40 Nm sichern.
- Montieren Sie die Lenker-Komponenten entsprechend der Hinweise in den entsprechenden Kapiteln. Alle Kabel müssen korrekt verlegt und sicher angeschlossen sein.
- Ziehen Sie die die Schrauben der Lenkergewichte mit 19 Nm an.

RS-Modelle

19 Trennen Sie das Massekabel (–) von der Batterie (siehe Kapitel 8).

20 Demontieren Sie ggf. den Navi-Halter und legen Sie ihn auf einer Seite auf Lappen ab (siehe Abbildung) – schneiden Sie nötigenfalls den Kabelbinder auf, um die Bewegungsfreiheit zu vergrößern. Lösen Sie die Schrauben des Navihalter-Trägers und entnehmen/entfernen Sie diesen (siehe Abbildung).

21 Lösen Sie die Schrauben der Lenkergewichte und entfernen Sie diese (siehe Abbildung).

22 Demontieren Sie die am Lenker sitzenden Komponenten (Schritte 4 bis 7).

23 Lösen Sie die Lenkerschrauben und heben Sie ihn ab.

24 Der Einbau erfolgt in umgekehrter Ausbaureihenfolge – beachten Sie dabei folgende Punkte:

- Ziehen Sie die Lenker-Befestigungsschrauben mit 19 Nm an.
- Montieren Sie die Lenker-Komponenten entsprechend der Hinweise in den entsprechenden Kapiteln. Alle Kabel müssen korrekt verlegt und sicher angeschlossen sein.
- Ziehen Sie die die Schrauben der Lenkergewichte mit 19 Nm an.

Hebel

25 Die Demontage des Kupplungshebels ist in Kapitel 2, Sektion 21 beschrieben.

26 Die Demontage des Bremshebels ist in Kapitel 6, Sektion 5 beschrieben.

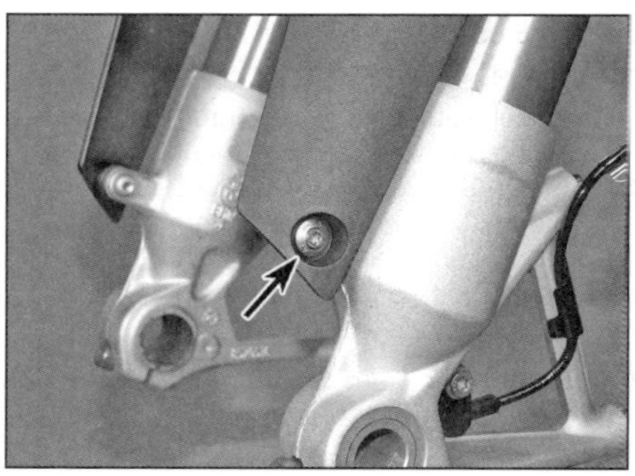

6.4 Lösen Sie an beiden Seiten die untere Schraube des Schutzblechs.

27 Die Einstellung der Weitenverstellung ist in Kapitel 1, Sektion 7 oder 8 beschrieben.

6 Vorderradfederung – GS-, Adventure- und RT-Modelle

Gabelholm

Ausbau

Anmerkung: *Anders als bei herkömmlichen Telegabeln sind die Standrohre hier nicht durch Buchsen oder Dämpferstangen in den Tauchrohren gesichert. Beim Ausbau der Gabel muss daher aufgepasst werden, das Standrohr nicht versehentlich aus dem Tauchrohr zu ziehen – andernfalls müssen neue Dichtringe installiert werden.*

1 Stellen Sie das Motorrad auf den Hauptständer oder stützen Sie es sicher ab. Die Arbeit kann erleichtert werden, wenn man das Motorrad mit einer Hebebühne oder Rampe auf eine bessere Höhe bringt. Sichern Sie das Motorrad, damit es nicht umkippen kann.

2 Entfernen Sie bei RT-Modellen die Verkleidungsseitenteile (siehe Kapitel 7), um den Zugang zur Vorderradgabel zu verbessern.

3 Bauen Sie das Vorderrad aus (siehe Kapitel 6).

4 Lösen Sie unten am Vorderradschutzblech die Schraube, die es am Gabelholm sichert (siehe Abbildung).

5 Lösen Sie am linken Holm die die Schraube der ABS-Kabelklemme (siehe Abbildung).

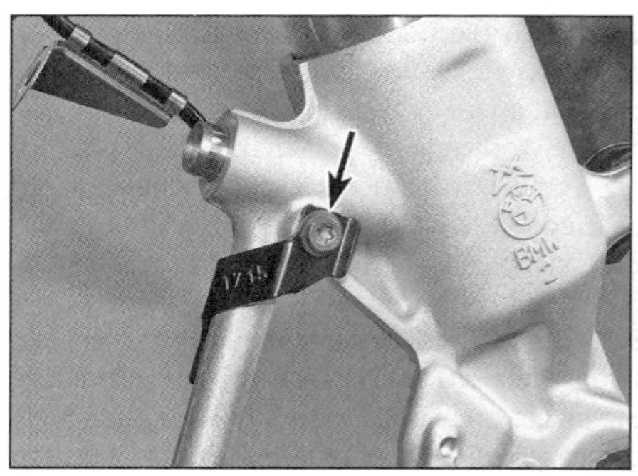

6.5 Kabelführungs-Schraube des ABS-Sensors

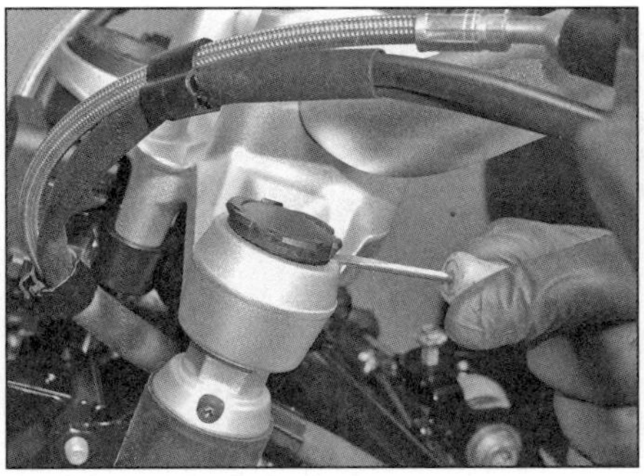

6.6 Hebeln Sie die Kappe vom Standrohr.

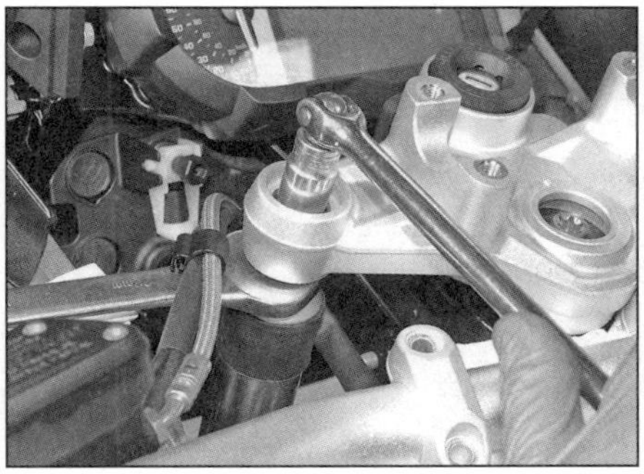

6.7 Kontern Sie den Standrohr-Verschluss und lösen Sie oben die Mutter.

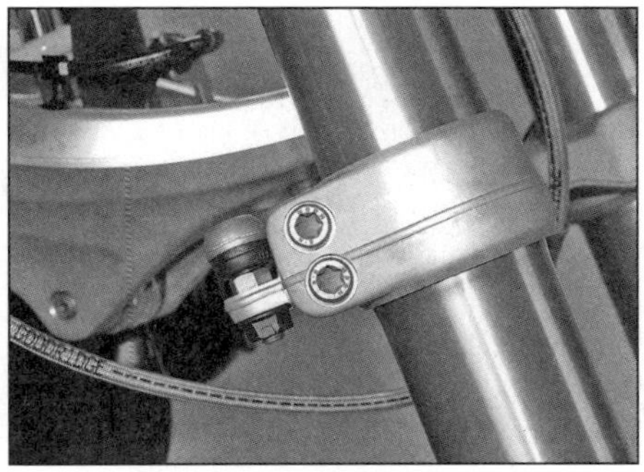

6.8a Lockern Sie die Klemmschrauben der unteren Gabelbrücke ...

6.8b ... und ziehen Sie den Gabelholm nach unten heraus.

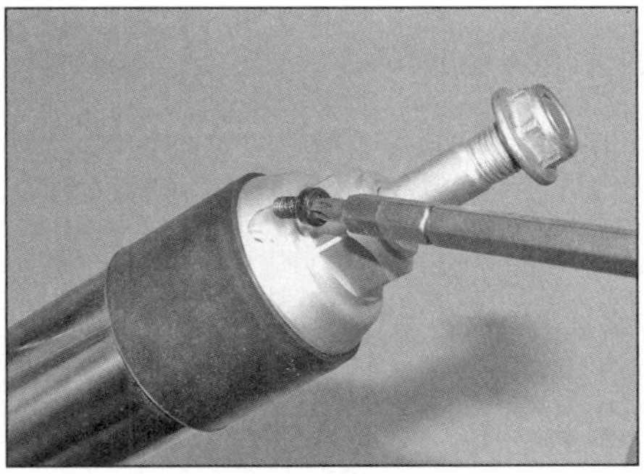

6.9 Lösen Sie die Entlüftungsschraube.

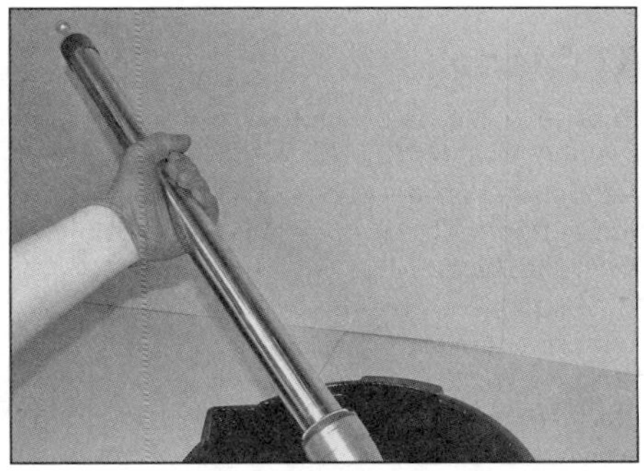

6.10a Ziehen Sie das Standrohr heraus ...

6.10b ... und gießen Sie das Öl aus dem Tauchrohr.

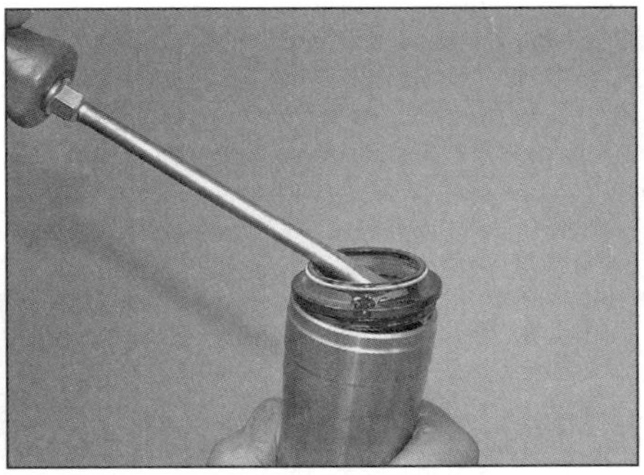

6.11 Hebeln Sie mit einem Schraubendreher die Staubdichtung ab.

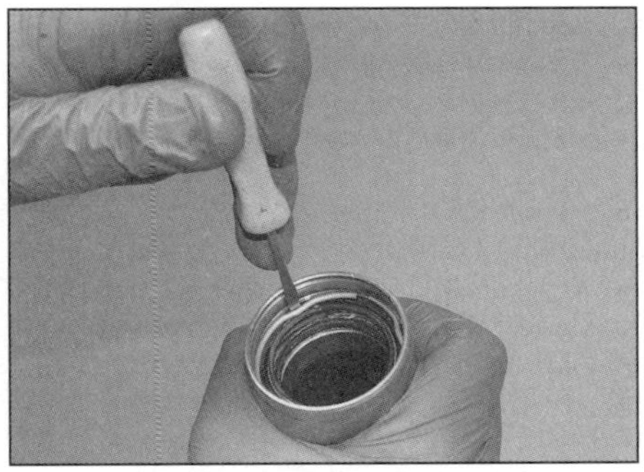

6.12 Entfernen Sie die Drahtsicherung.

Sichern Sie den Sensor abseits des Arbeitsbereichs – merken Sie sich die Verlegung des Kabels.

6 Hebeln Sie vorsichtig die Kappen von den Standrohr-Verschlüssen (siehe Abbildung).

7 Kontern Sie den Verschluss am Sechskant unterhalb der Gabelbrücke und lösen Sie oben die Mutter (siehe Abbildung) – je nach vorhandenem Werkzeug muss dazu bei GS-Modellen der Lenker demontiert werden (siehe Sektion 5). Ziehen Sie das Standrohr herunter, bis der Stehbolzen aus der Buchse befreit ist (Abb. 6.26a).

8 Lockern Sie die Klemmschrauben der unteren Gabelbrücke (siehe Abbildung). Merken Sie sich die Verlegung aller Kabel und Leitungen durch die Gabel und ziehen Sie den Gabelholm nach unten aus den Brücken (siehe Abbildung).

Überholen

Anmerkung: *Das Dichtungs-Set enthält beide Dichtringe beider Gabelholme sowie neue Scheiben und Sicherungsringe. Die Gabelbuchsen in der oberen Gabelbrücke sind in Sektion 8 beschrieben.*

9 Lösen Sie die Schraube des Entlüftungsventils (siehe Abbildung) – kontrollieren Sie ihren O-Ring und ersetzen Sie ihn nötigenfalls.

10 Stützen Sie den Holm aufrecht ab und ziehen Sie das Standrohr aus dem Tauchrohr (siehe Abbildung). Gießen Sie das Öl im Tauchrohr in einen geeigneten Sammelbehälter (siehe Abbildung).

Anmerkung: *Lockern Sie nicht die Schraube unten im Tauchrohr – dies ist keine Ablassschraube!*

11 Hebeln Sie vorsichtig die Staubdichtung aus dem Tauchrohr (siehe Abbildung).

6.13a Klemmen Sie den Innenabzieher unter den Dichtring, ...

12 Hebeln Sie vorsichtig den Sicherungsring des Gabeldichtrings aus seiner Nut (siehe Abbildung).

13 Für den Ausbau des Gabeldichtrings wird ein Innenabzieher samt Zughammer benö-

5

tigt – klemmen Sie den Abzieher der korrekten Größe hinter den Dichtring – aber spannen Sie ihn nicht so stark, dass er die Innenwände des Tauchrohrs berührt (siehe Abbildung). Ziehen Sie den Dichtring heraus und merken Sie sich seine Einbaurichtung. Entnehmen Sie die Scheibe (siehe Abbildungen).

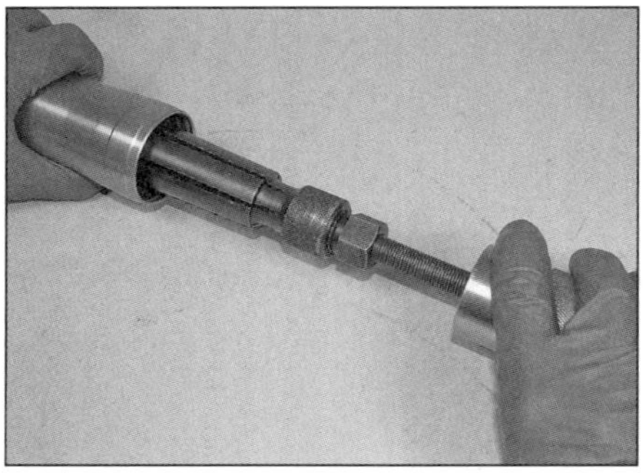

6.13b ... montieren Sie den Zughammer ...

14 Wird vermutet, dass ein Standrohr verbogen ist, muss es mit Prismenböcken und einer Messuhr kontrolliert werden (siehe Abbildung). Falls der Verzug die Toleranzgrenze von 0,1 mm übersteigt, muss das Rohr ersetzt werden.

Warnung: Wenn ein Standrohr verbogen ist, darf es nicht gerichtet werden – vielmehr müssen beide Rohre als Satz ausgetauscht werden.

15 Falls beim Wechsel des Gabelöls Metallpartikel entdeckt werden, wird an den Buchsen Verschleiß aufgetreten sein. Schieben Sie das Standrohr in das Tauchrohr und prüfen Sie, ob zwischen den beiden Teilen Spiel feststellbar ist – dies weist auf Verschleiß an den Buchsen hin. Die Buchsen sitzen innerhalb der Tauchrohre – die obere sollte sich mit den Fingern herausziehen lassen (siehe Abbildung); falls sie fest sitzt, muss sie mit einem Innenabzieher und einem Zughammer auf die gleiche Weise wie der Dichtring ausgebaut werden. Entfernen Sie die drei oberen Distanzhülsen, die untere Buchse und die die zwei unteren Distanzhülsen – die erste Hülse lässt sich von Hand ausbauen, für den Rest wird ein Haken oder umgebogener Draht benötigt (siehe Abbildungen).

16 Reinigen Sie die Buchsen und Distanzhülsen und kontrollieren Sie sie auf Verschleiß und Beschädigungen (siehe Abbildung) – falls die graue Teflonschicht innen an den Buchsen großteils abgerieben ist, müssen sie ersetzt werden.

17 Installieren Sie die zwei unteren Distanzhülsen, die neue untere Buchse und dann die drei oberen Distanzhülsen ins Tauchrohr –

6.13c ... und befreien Sie den Dichtring aus dem Tauchrohr.

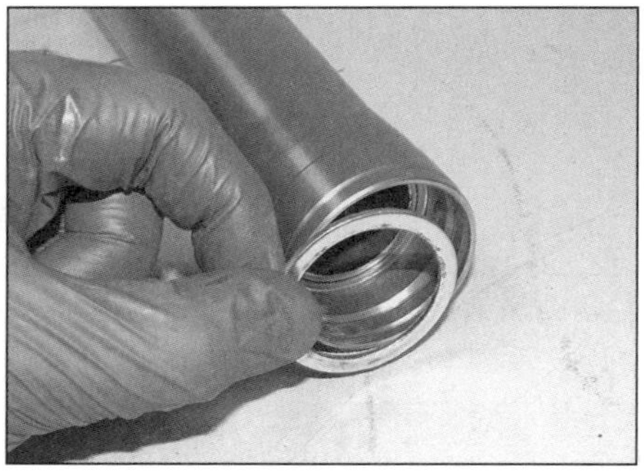

6.13d Entnehmen Sie die Dichtring-Scheibe.

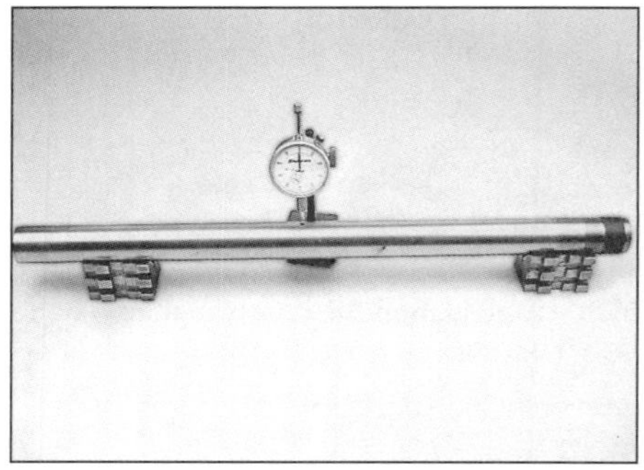

6.14 Kontrollieren Sie das Standrohr auf Verzug.

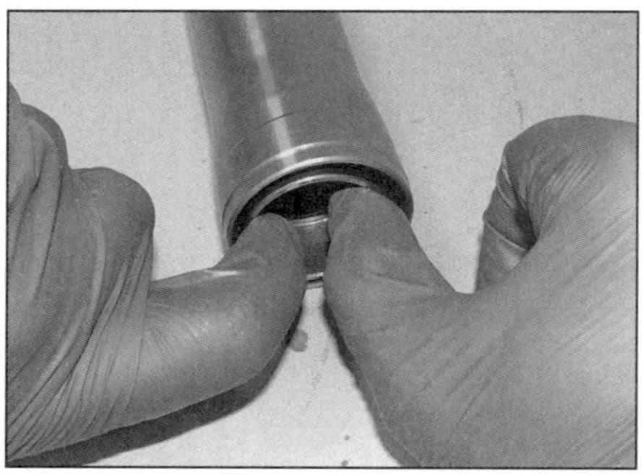

6.15a Entfernen Sie die obere Gleitbuchse und die Distanzhülse mit dem Fingern ...

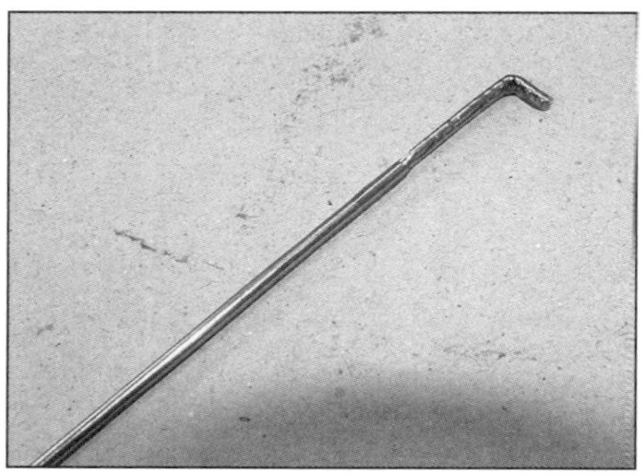

6.15b ... und bieten Sie sich aus einem Draht einen Haken, ...

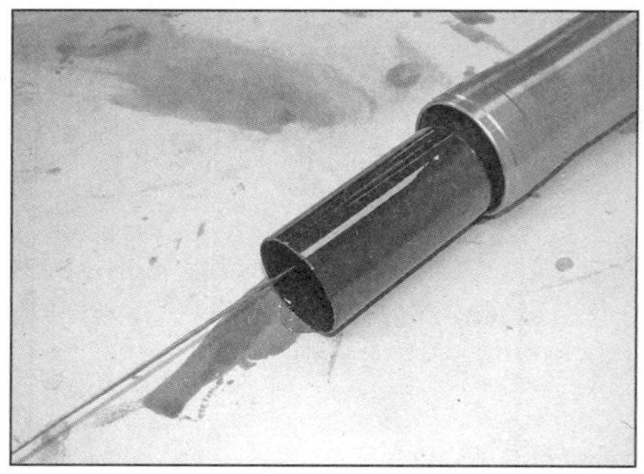

6.15c ... um damit die weiteren Distanzhülsen ...

6.15d ... die untere Gleitbuchse und die dahinter liegenden Distanzhülsen zu befreien.

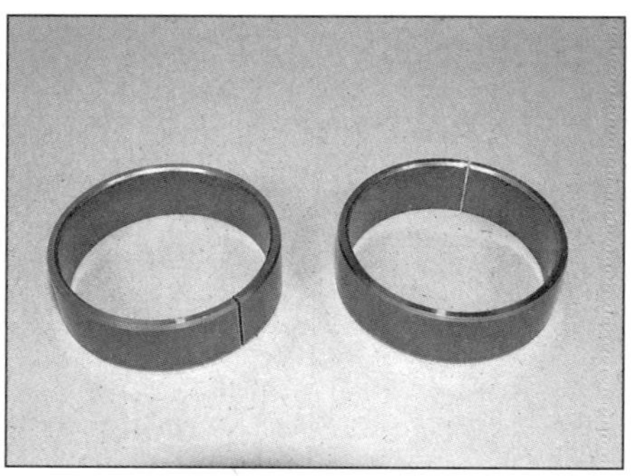

6.16 Kontrollieren Sie die Gleitflächen beider Buchsen.

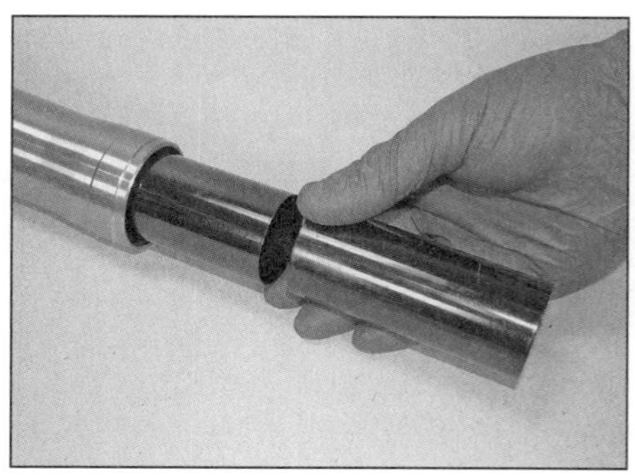

6.17a Schieben Sie die zwei unteren Distanzhülsen, ...

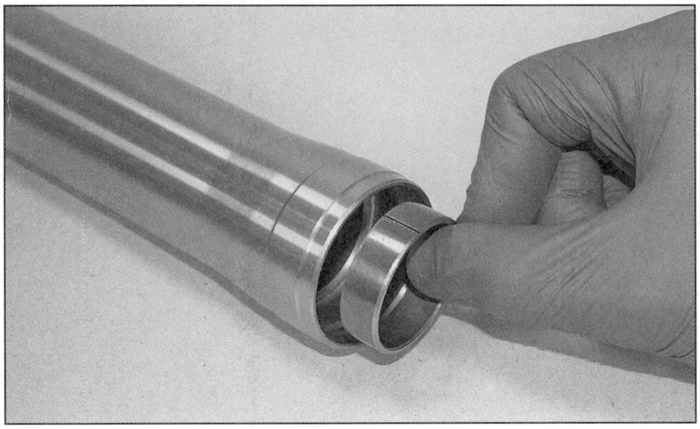

6.17b ... die untere Gleitbuchse ...

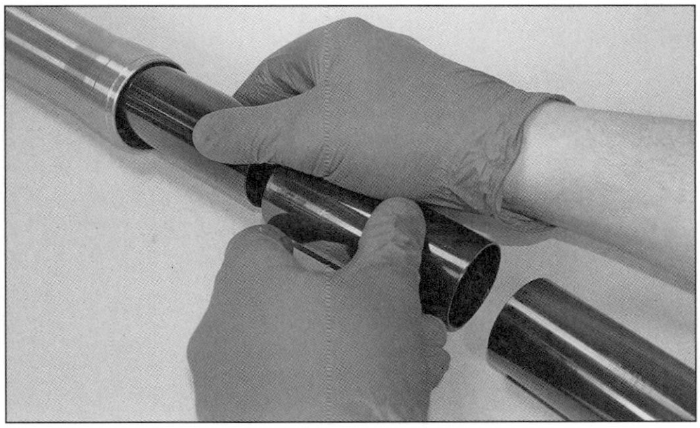

6.17c ... die drei oberen Distanzhülsen ...

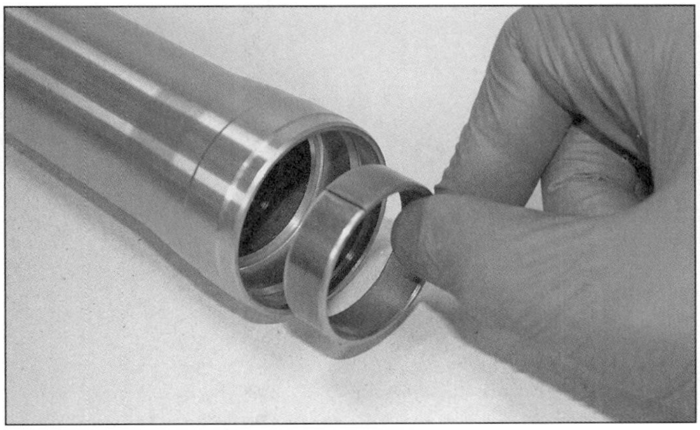

6.17d ... und die obere Gleitbuchse ein.

6.17e Legen Sie die Scheibe in den Sitz.

6.18a Installieren Sie den Dichtring richtig herum ...

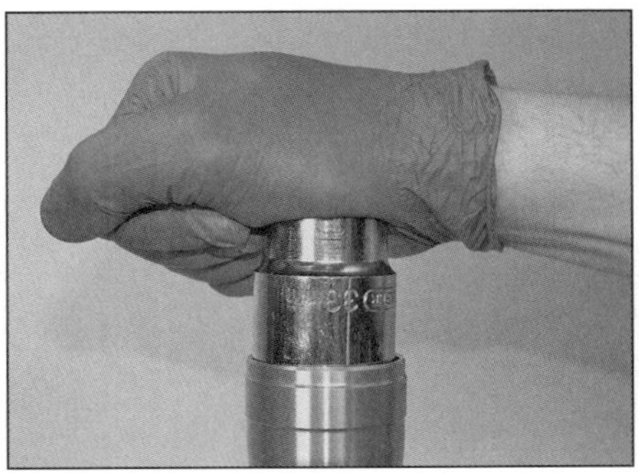

6.18b ... und pressen Sie ihn mit einem Steckschlüssel bis auf die Scheibe herunter.

6.19 Installieren Sie die Drahtsicherung in ihre Nut.

6.20 Schieben Sie die Staubdichtung richtig herum von unten auf das Standrohr.

drücken Sie die eingeschobenen Teile mit dem nächsten Teil herunter, bis alle installiert und in Position gedrückt sind (siehe Abbildungen). Schieben Sie die obere Hülse ins Tauchrohr und drücken Sie sie vollständig hinein und legen Sie dann die Scheibe auf (siehe Abbildungen) – falls sich die Buchse nicht von Hand einschieben lässt, muss sie jetzt mit einem Steckschlüssel, der nicht die Rohr-Wandung berührt, eingetrieben werden – BMW bietet hierfür nötigenfalls unter den Teilenummern 234660 und 005500 Spezialwerkzeuge an. Entfernen Sie die Scheibe und kontrollieren Sie, ob die Hülse korrekt sitzt.

18 Installieren Sie den neuen Dichtring und treiben Sie ihn mit einem geeigneten Werkzeug – z.B. einem 33er-Steckschlüssel – in seinen Sitz (siehe Abbildungen).

19 Wenn der Dichtring korrekt sitzt, ist die Nut des Sicherungsrings rundherum sichtbar. Installieren Sie den neuen Sicherungsring vollständig in seine Nut (siehe Abbildung).

20 Schieben Sie die neue Staubdichtung von unten auf das Standrohr (siehe Abbildung).

21 Füllen Sie das Tauchrohr mit der in den technischen Daten angegebenen Menge Gabelöl auf. Messen Sie den Pegel vom oberen Rand und korrigieren Sie ihn nötigenfalls (siehe Abbildungen).

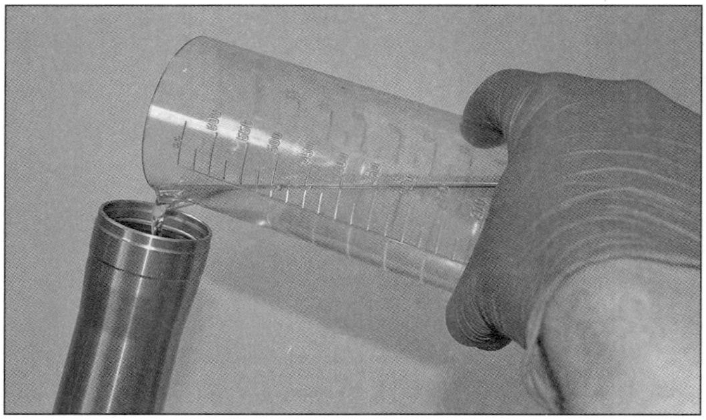

6.21a Füllen Sie das Gabelöl auf ...

6.21b ... und kontrollieren Sie den Pegel.

6.22 Achten Sie beim Einsetzen des Standrohrs darauf, dass die Dichtring-Lippe nicht umklappt.

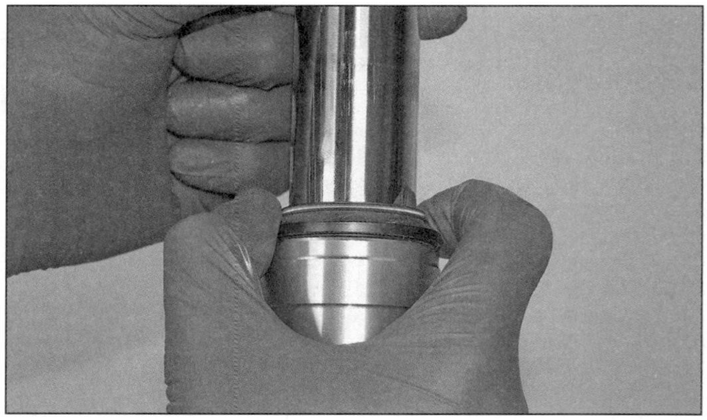

6.23 Drücken Sie die Staubdichtung in ihren Sitz im Tauchrohr.

6.26a Schieben Sie den Stehbolzen in die Buchse ...

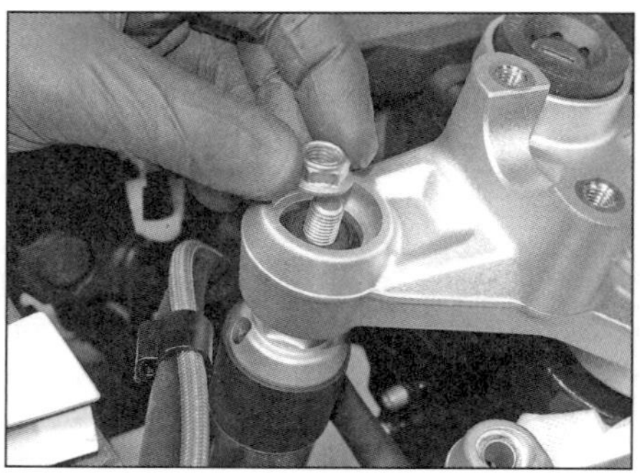

6.26b ... und installieren Sie die Mutter.

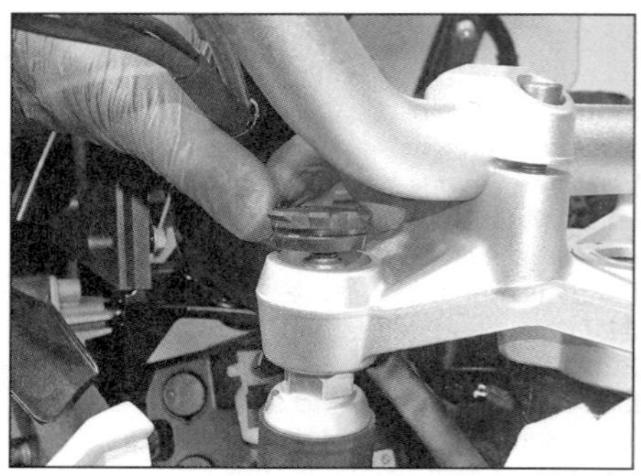

6.26c Drücken Sie die Verschluss-Kappe in die Gabelbrücke.

22 Schieben Sie das Standrohr vollständig in das Tauchrohr (siehe Abbildung).

23 Schieben Sie die Staubdichtung herunter und drücken Sie sie in ihren Sitz im Tauchrohr (siehe Abbildung).

24 Rüsten Sie die Entlüftungsschraube mit dem ggf. neuen O-Ring aus und drehen Sie sie locker ein, sodass Luft entweichen kann (Abb. 6.9).

Einbau

25 Reinigen Sie den Außenbereich des Tauchrohrs und seinen Sitz in der unteren Gabelbrücke. Reinigen Sie das Gewinde des oberen Stehbolzens. Falls die Entlüftungsschraube oben im Standrohr noch nicht gelockert wurde, muss dies jetzt geschehen; kontrollieren Sie ihren O-Ring und ersetzen Sie ihn, falls er beschädigt oder spröde ist.

26 Sichergehend, dass alle Kabel und Leitungen korrekt verlegt sind, wird Sie das Tauchrohr in die untere Gabelbrücke geschoben, bis der Bund unten anschlägt. Ziehen Sie die Klemmschrauben der Gabelbrücke leicht an (Abb. 6.8b und a). Schieben Sie das Standrohr hoch, sodass es durch die Buchse der oberen Gabelbrücke gleitet – drehen Sie das Rohr nötigenfalls, damit die Entlüftungsschraube außen liegt (siehe Abbildung). Tragen Sie am Stehbolzen Sicherungspaste auf und drehen

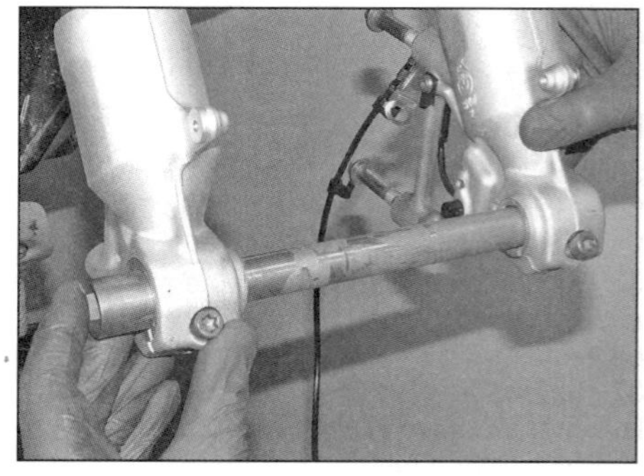

6.27 Schieben Sie die Achse ein, um die Tauchrohre auszurichten.

Sie die Mutter auf (siehe Abbildung). Kontern Sie den Verschluss und ziehen Sie die Mutter mit 40 Nm an (Abb. 6.7). Installieren Sie ggf. den anderen Gabelholm und den Lenker. Stecken Sie die Verschlusskappen auf (siehe Abbildung).

27 Lockern Sie die Klemmschrauben der unteren Gabelbrücke und schieben Sie die Radachse ein, um die Tauchrohre auszurichten (siehe Abbildung). Ziehen Sie jetzt die Klemmschrauben schrittweise bis zum Drehmoment von 19 Nm an.

28 Ziehen Sie die Entlüftungsschraube sorgfältig an.

29 Installieren Sie die Schutzblech-Schraube(n) und die ABS-Kabelführung (Abb. 6.4 und 6.5). Bauen Sie das Vorderrad ein (siehe Kapitel 6). Montieren Sie entfernte Verkleidungsteile (siehe Kapitel 7).

Stoßdämpfer

Ausbau

Anmerkung: *Bei Modellen mit elektronischer Stoßdämpfereinstellung (ESA) müssen für dessen Funktionstest beide Stoßdämpfer montiert sein (siehe Sektion 12).*

30 Stellen Sie das Motorrad auf den Hauptständer oder stützen Sie es anderweitig sicher ab.

31 Entlasten Sie das Vorderrad, indem Sie den Motor mit einem Heber und einem Holz abstützen. Unterlegen Sie das Rad, damit der Stoßdämpfer nicht belastet wird.

32 Demontieren Sie den Tank und das Luftfiltergehäuse (siehe Kapitel 4).

33 Befreien Sie bei mit elektronische Stoßdämpfereinstellung (ESA) ausgerüsteten Modellen das untere Gelenk des Sensor-Gestänges vom Kugelkopf (siehe Abbildung). Verfolgen Sie das Kabel aus dem Stoßdämpfer und trennen Sie es am Stecker. Befreien Sie das Kabel aus allen Führungen und dem Kabelbinder (siehe Abbildungen).

34 Lösen und entfernen Sie den unteren Stoßdämpferbolzen, entfernen Sie die Unterlage des Vorderrades und senken Sie die Telelever-Schwinge ab (siehe Abbildung). Lösen Sie den oberen Stoßdämpferbolzen und entnehmen Sie den Stoßdämpfer (siehe Abbildungen). Beachten Sie, dass die Bolzen mit hochfester Sicherungspaste eingesetzt wurden.

Kontrolle

35 Inspizieren Sie den Stoßdämpfer auf sichtbare Schäden. Kontrollieren Sie die Feder auf Risse oder Anzeichen von Ermüdung.

36 Begutachten Sie die Dämpferstange auf Anzeichen von Verzug, Ausbrüche und Undichtigkeit.

37 Kontrollieren Sie die obere und untere Anlenkungs-Aufnahme des Dämpfers auf Verschleiß und Schäden.

38 Abgesehen von den Stoßdämpferbolzen und dem Spritzschutz an seiner Vorderseite sind für den Vorderradstoßdämpfer keine Ersatzteile erhältlich, sodass er nötigenfalls komplett ersetzt werden muss. Vor dem Kauf eines Neuteils sollte jedoch Rat bei einem Stoßdämpfer-Spezialisten gesucht werden.

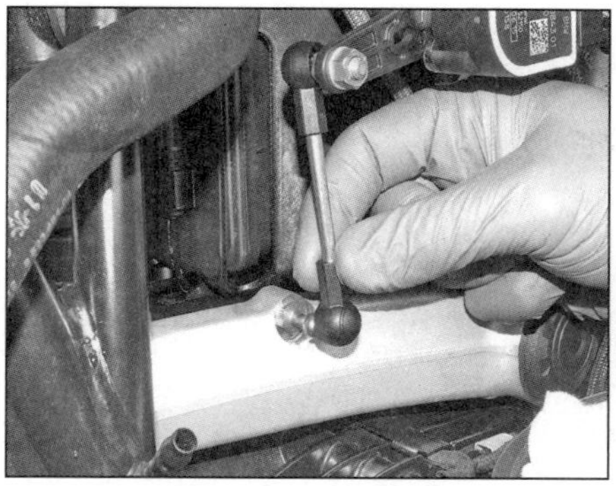

6.33a Ziehen Sie das Sensor-Gestänge vom Kugelgelenk.

6.33b Befreien Sie den Stecker aus seinem Halter ...

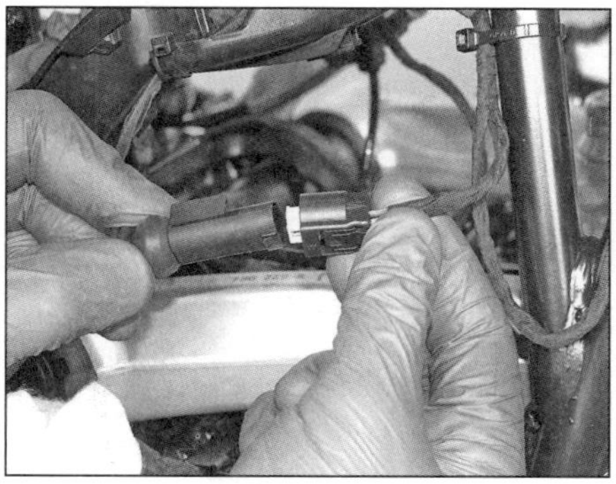

6.33c ... und trennen Sie ihn.

6.34a Lösen Sie den unteren ...

6.34b ... und den oberen Stoßdämpferbolzen, ...

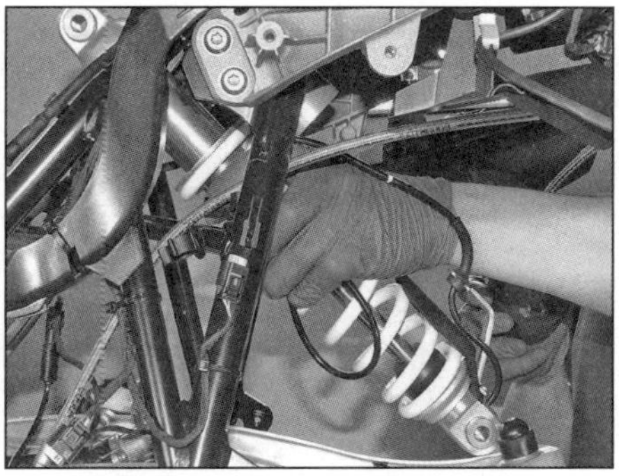

6.34c ... und befreien Sie den Dämpfer.

Einbau

39 Der Einbau erfolgt in umgekehrter Ausbaureihenfolge – beachten Sie dabei folgende Punkte:

- Reinigen Sie die Gewinde der Stoßdämpferbolzen und tragen Sie hochfeste Sicherungspaste (z.B. Loctite 270) auf.
- Manövrieren Sie den Stoßdämpfer in Position und installieren Sie locker den oberen Bolzen (mit dem runden Kopf). Senken Sie das Motorrad soweit ab, dass die unteren Bohrungen fluchten und installieren Sie auch hier den Bolzen.
- Ziehen Sie beide Stoßdämpferbolzen mit 56 Nm an.
- Verbinden Sie bei mit ESA ausgerüsteten Modellen den Kabelstecker und sichern Sie das Kabel in den Führungen und mit einem neuen Kabelbinder – erledigen Sie dies bei vollständig ausgefederter Gabel, damit im Betrieb nichts abreißt. Vergessen Sie nicht, das Kugelgelenk des Sensor-Gestänges aufzustecken. Wenn die gesamte Arbeit erledigt ist, muss das Motorrad zu einer BMW-Werkstatt gebracht werden, damit diese den Federungs-Sensor neu kalibrieren kann.
- Sichern Sie nach der Montage des Luftfiltergehäuses die Ansaugstutzen-Schellen der Drosselklappengehäuse (siehe Kapitel 4, Sektion 6).

5

6.42 Befreien Sie die Führung aus dem Tank-Halter und trennen Sie den Stecker.

6.43 Lösen Sie die Schrauben beider Tank-Halter und entfernen Sie diese.

6.46a Hebeln Sie an beiden Seiten der Telelever-Schwinge die Kappen von den Lagersitzen ...

6.46b ... und lösen Sie rechts die Schraube.

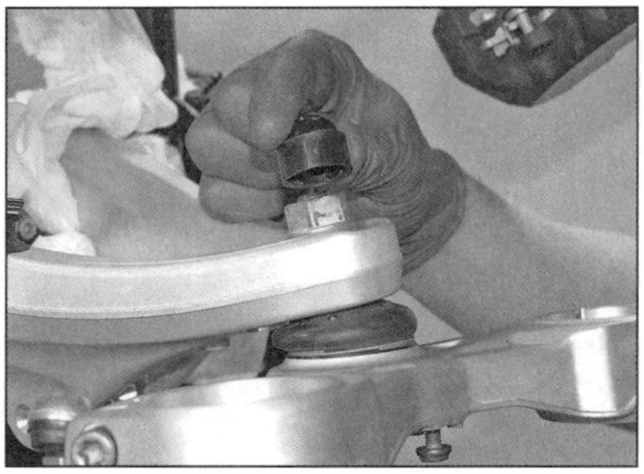

6.47a Entfernen Sie die Kappe vom Kugelgelenk, ...

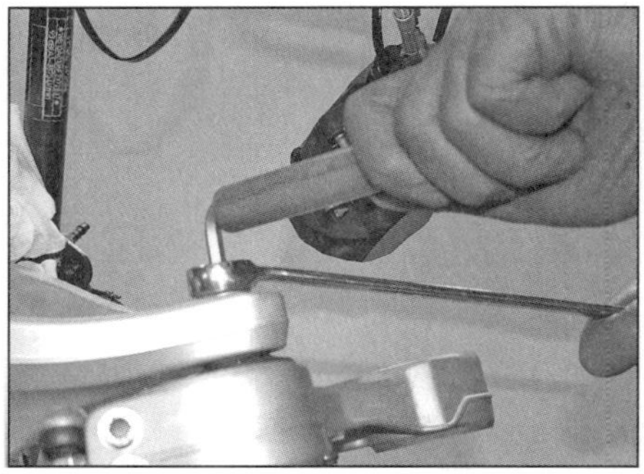

6.47b ... kontern Sie den Stehbolzen und lösen Sie die Mutter.

Telelever-Schwinge

Ausbau

Achtung: Die Telelever-Schwinge sitzt sehr beengt im Rahmen und der Ausbau erfordert etwas Sorgfalt. Kleben Sie zuvor die vorderen Rahmenrohre und die Unterseite der Schwinge ab und legen Sie Lappen über die Kühlrippen des Motors, um die Bauteile vor Kratzern zu schützen.

40 Demontieren Sie den Tank, die Benzinleitung samt Druckregler, das Luftfiltergehäuse und die Drosselklappengehäuse (siehe Kapitel 4).

41 Entleeren Sie das Kühlsystem und demontieren Sie die Kühler, den Thermostaten und den Kühlmittel-Auslassstutzen (siehe Kapitel 3). Entfernen Sie bei RT-Modellen die linke Innenverkleidung (siehe Kapitel 7).

42 Befreien Sie bei mit elektronische Stoßdämpfereinstellung (ESA) ausgerüsteten Modellen das untere Gelenk des Sensor-Gestänges vom Kugelkopf (Abb. 6.33a). Befreien Sie das Sensorkabel aus allen Führungen und dem Kabelbinder und trennen Sie seinen Stecker (siehe Abbildung).

43 Demontieren Sie die vorderen Tankhalterungen (siehe Abbildung).

44 Entfernen Sie den ABS-Druckmodulator (siehe Kapitel 6).

45 Bauen Sie den Stoßdämpfer aus (siehe oben), stützen Sie das Motorrad wie beschrieben ab und ignorieren Sie alle Hinweise auf bereits entfernte Bauteile.

46 Hebeln Sie die Kappen von den Schwingenlagersitzen, kontern Sie den Achsenkopf und lösen Sie rechts den Achsbolzen (siehe Abbildungen).

47 Entfernen Sie die Kappe vom Kugelgelenk vorne an der Schwinge (siehe Abbildung). Kontern Sie den Stehbolzen oben am Kugelgelenk mit einem Inbusschlüssel und lösen Sie die Mutter mit einem Ringschlüssel (siehe Abbildung). Falls sie sich nicht lösen lässt, muss der vordere Bereich der Schwinge mit dicken Lappen umwickelt und die Mutter mit einem Heißluftgebläse erwärmt werden, bevor ein neuer Versuch gestartet wird – tragen Sie dabei hitzefeste Handschuhe. Heben Sie die Schwinge vom Kugelgelenk.

> **Praxis TiPP** ***Durch das Erwärmen der Mutter wird die von BMW verwendete Gewinde-Sicherungspaste weich, sodass das Lösen erleichtert wird. Wurde die Mutter allerdings inzwischen mit einem anderen Mittel gesichert, kann Erwärmen ihren Ausbau sogar erschweren – lassen Sie in diesem Fall die Teile abkühlen, bevor mit einem neuen Löseversuch begonnen wird.***

48 Heben Sie die Schwinge an, lösen Sie die Lenkungsdämpfer-Schraube, befreien Sie den Lenkungsdämpfer und entfernen Sie die Scheibe sowie die Distanzhülse (Abb. 10.8).

49 Stützen Sie die Schwinge und ziehen Sie die Achse heraus (siehe Abbildung). Drücken Sie die Schwinge nach vorne und entnehmen Sie an beiden Seiten die Distanzhülsen (siehe

6.49a Ziehen Sie die Achse heraus, ...

6.49b ... drücken Sie die Schwinge nach vorne ...

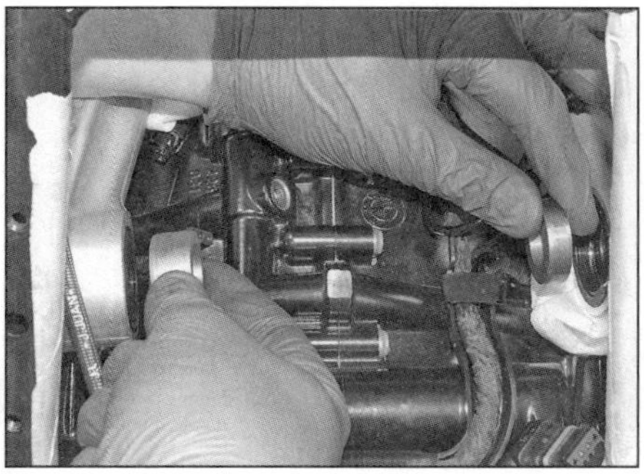

6.49c ... und entfernen Sie die Distanzhülsen.

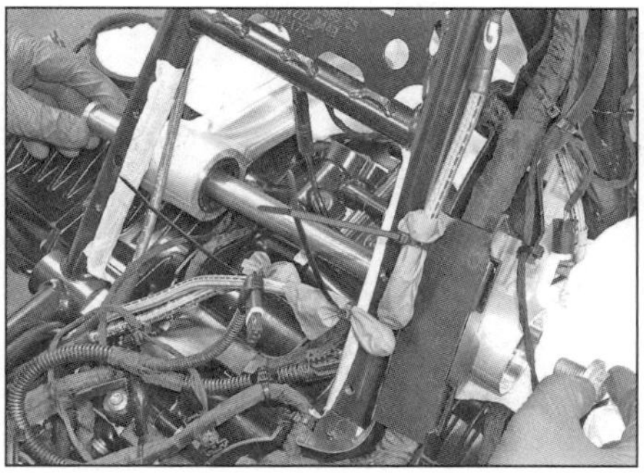

6.49d Installieren Sie die Achse und die Schraube ...

6.49e ... und ziehen Sie diese leicht an.

6.49f Manövrieren Sie die Schwinge in die gezeigte Position.

6.49g Lockern Sie die Schraube und klopfen Sie sie an, um die Achse zu lockern, ...

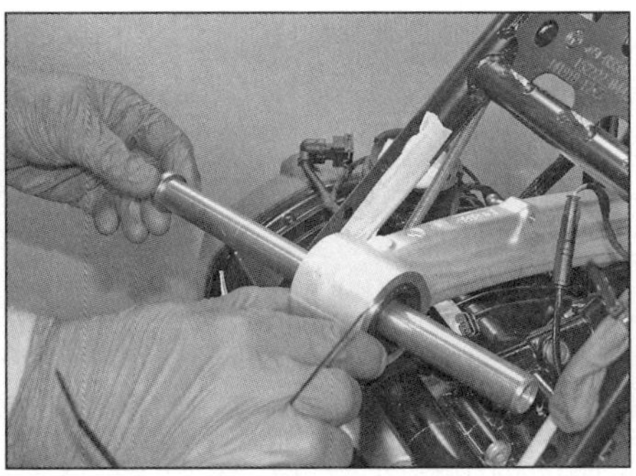

6.49h ... lösen Sie die Schraube und ziehen Sie die Achse heraus.

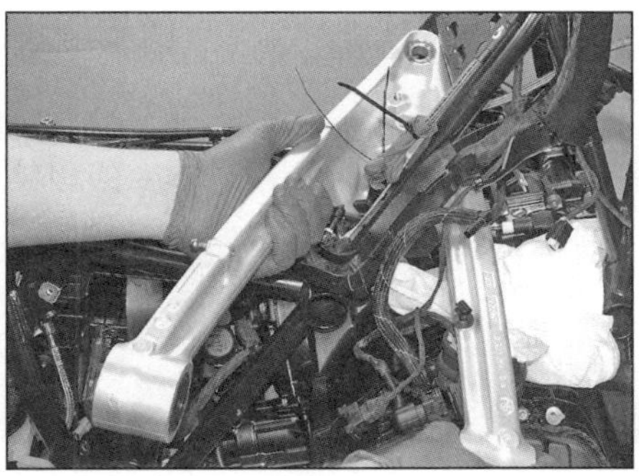

6.49i Manövrieren Sie die Schwinge in die gezeigte Position ...

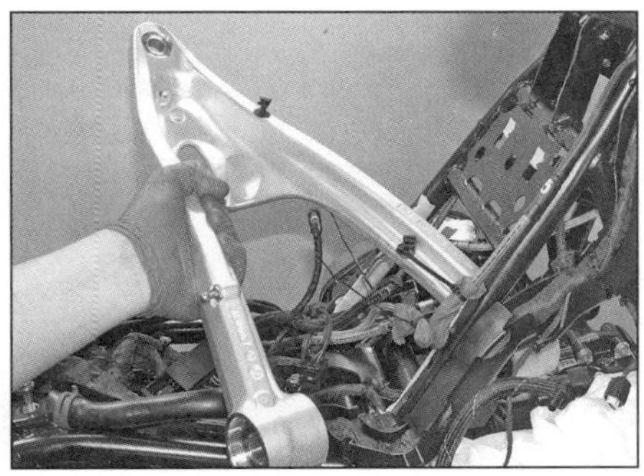

6.49j ... und befreien Sie sie aus dem Motorrad.

Abbildungen). Installieren Sie die Achse wieder und drehen Sie den Bolzen handfest ein – aber nicht weiter (siehe Abbildungen). Hierdurch werden die Enden der Schwinge leicht zusammengezogen, um genügend Spiel für ihren Ausbau zu erhalten; andernfalls passt sie zwischen den Rahmenrohren hindurch. Manövrieren Sie die Schwinge so, dass ihr linker Lagersitz über dem linken Rahmenrohr und der rechte Lagersitz unter dem rechten Rahmenrohr liegt (siehe Abbildung). Lösen Sie den Achsbolzen schrittweise und klopfen Sie leicht auf seinen Kopf, um die Achse zu befreien (die sich wahrscheinlich in den Lagern verklemmt hat, als die Enden der Schwinge leicht zusammengezogen wurden); entfernen Sie den Bolzen und ziehen Sie die Achse heraus (siehe Abbildungen). Manövrieren Sie die Schwinge so, dass die Lagersitze nach rechts herauskommen und das rechte Rahmenrohr über ihrem Vorderteil liegt, ziehen Sie dann die Schwinge nach hinten, um ihr Vorderteil um das linke Rahmenrohr herumzuführen und sie zu befreien (siehe Abbildungen).

Kontrolle

50 Reinigen Sie die Schwinge sorgfältig und entfernen Sie Schmutz, Korrosion und Fettreste. Begutachten Sie die Schwinge und ihre Lagerung auf Verschleiß oder Kratzer und Risse, die auf einen Unfallschaden hinweisen. Ersetzen Sie alle schadhaften Teile.

51 Schieben Sie die Schwingenachse durch die Lager und prüfen Sie, ob kein Widerstand durch eine verzogene Schwinge feststellbar ist – ist dies der Fall, muss zuerst die Achse selbst kontrolliert werden, indem sie auf einer ebenen Fläche (z.B. einem Spiegel) gerollt wird. Ist die Achse gerade, wird die Schwinge verbogen sein – lassen Sie in einer BMW-Werkstatt überprüfen.

52 An jeder Seite der Schwinge sitzen zwei Lager, dazwischen sitzen Distanzhülsen und

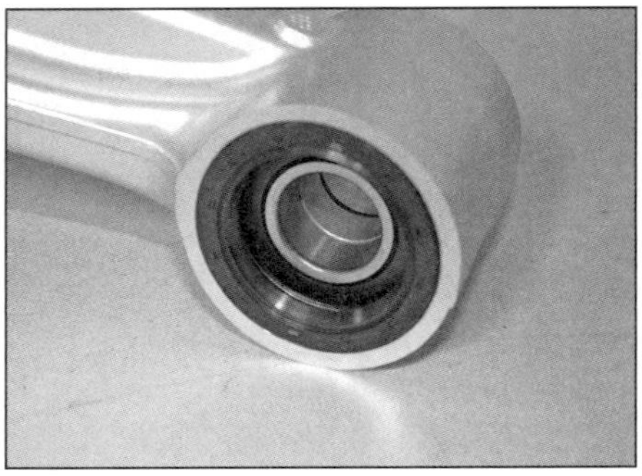

6.52a Im Schwingenlagersitz befinden sich ein Dichtring und zwei Lager mit einer Distanzhülse dazwischen.

6.52b Hebeln Sie den Dichtring heraus.

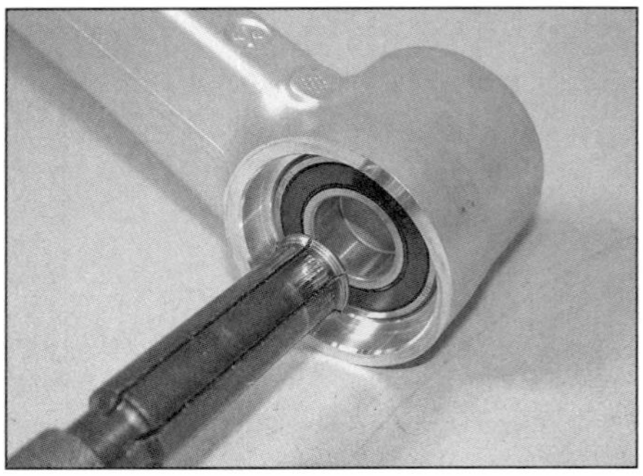

6.52c Setzen Sie einen Innenabzieher hinter dem Lager an ...

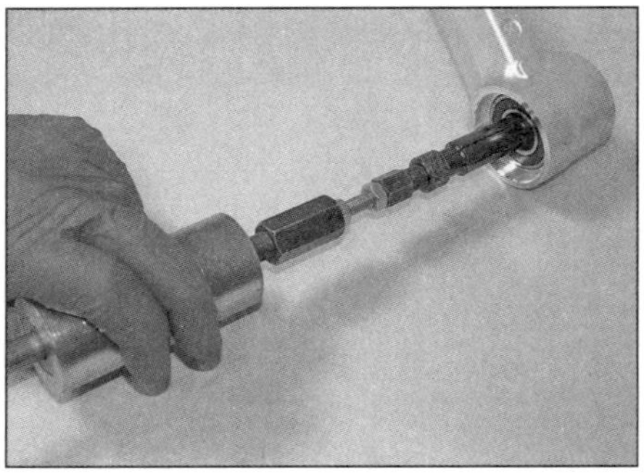

6.52d ...und treiben Sie es mit dem Zughammer aus.

6.52e Die neuen Lager können mit einem Steckschlüssel eingetrieben werden.

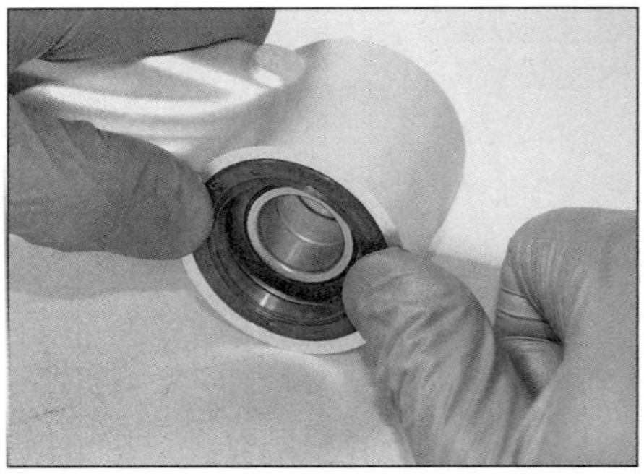

6.52f Drücken Sie den neuen Dichtring von Hand ein.

innen befindet sich jeweils ein Dichtring (siehe Abbildung). Überprüfen Sie mithilfe der *Werkzeug- und Werkstatt-Tipps* im Anhang die Lager und Buchsen auf Verschleiß und Beschädigungen. Wenn die Lager sich nicht sanft drehen lassen oder übermäßiges Spiel aufweisen, müssen sie ersetzt werden: Hebeln Sie zunächst innen den Dichtring heraus (siehe Abbildung). Um das äußere Lager ausbauen zu können, wird ein Innenabzieher samt Zughammer benötigt. Klemmen Sie den Abzieher hinter das Lager (siehe Abbildung), erwärmen Sie den Lagersitz mit einem Heißluftgebläse, lassen Sie einen Assistenten die Schwinge gut festhalten und treiben Sie das Lager mit dem Zughammer aus (siehe Abbildung). Entfernen Sie die mittige Distanzhülse. Treiben Sie das innere Lager z.B. mithilfe eines Steckschlüssels aus, indem Sie die Schwinge seitlich auf eine Abstützung direkt unter dem Lagersitz legen. Die neuen Lager sollten mit einer Einziehvorrichtung installiert werden, wie sie in den *Werkzeug- und Werkstatt-Tipps* im Anhang beschrieben ist. Kühlen Sie die neuen Lager zunächst eine Weile im Gefrierschrank ab und erwärmen Sie den Lagersitz direkt vor Arbeitsbeginn. Die Lager müssen senkrecht eingebaut werden und das Einziehwerkzeug darf nur den Außenring belasten. Vergessen Sie nach dem ersten Lager nicht die Distanzhülse zu installieren. Alternativ können die Lager mit einem Steckschlüssel, der ebenfalls nur den Außenring belastet, eingetrieben werden (siehe Abbildung). Drücken Sie den neuen Dichtring mithilfe der Daumen oder des Einziehwerkzeugs innen in den Lagersitz – die flache Seite gehört nach außen (siehe Abbildung). Beachten Sie, dass der Dichtring für den rechten Lagersitz größer ist als der linke. Versehen Sie die Dichtlippen mit Fett.

53 Inspizieren Sie das Kugelgelenk an der Gabelbrücke auf Verschleiß oder Schäden (Abb. 6.58b). Im Gelenk darf kein Spiel fühlbar sein, aber es muss sich frei, sanft und ohne Rastungen bewegen lassen. Falls das Kugelgelenk verschlissen ist, müssen die Gabelholme ausgebaut und die untere Gabelbrücke ersetzt werden – Einzelteile sind nicht erhältlich.

Einbau

54 Reinigen Sie das Gewinde des Kugelgelenk-Stehbolzens an der unteren Gabelbrücke.

55 Manövrieren Sie die Schwinge exakt entgegen der Ausbaureihenfolge in Position (siehe Schritt 49). Stecken Sie die schmalere Distanzhülse in den rechten Lagersitz und den breiteren in den linken (Abb. 6.49c). Schmieren Sie die Schwingenachse mit Fett und schieben Sie sie von links ein; drehen Sie rechts den Achsenbolzen zunächst handfest ein.

56 Reinigen Sie das Gewinde der Lenkungsdämpferschraube und tragen Sie mittelfeste Sicherungspaste auf. Installieren Sie den Lenkungsdämpfer samt seine Distanzhülse und der Scheibe und ziehen Sie die Schraube mit 24 Nm an. Senken Sie die Schwinge über dem Kugelgelenk ab.

57 Kontern Sie die Schwingenachse und ziehen Sie den Bolzen mit 120 Nm an.

58 Tragen Sie am Gewinde des Kugelgelenk-Stehbolzens hochfeste Sicherungspaste (z.B. Loctite 270) auf und drehen Sie die Mutter auf. Kontern Sie den Stehbolzen mit einem Inbusschlüssel und ziehen Sie die Mutter sorgfältig an (Abb. 6.47b) – das Kugelgelenk ist oben mit vier spitzen Stiften versehen, die sich beim Anziehen der Mutter in den Sitz unten an der Schwinge drücken; dies bedeutet, dass die Mutter anschließend mit den vorgeschriebenen 130 Nm angezogen werden kann, ohne den Stehbolzen dabei kontern zu müssen (siehe Abbildungen). Drücken Sie die Kappe auf das Kugelgelenk (Abb. 6.47a).

6.58a Beim Anziehen der Mutter beißen sich die Zähne ...

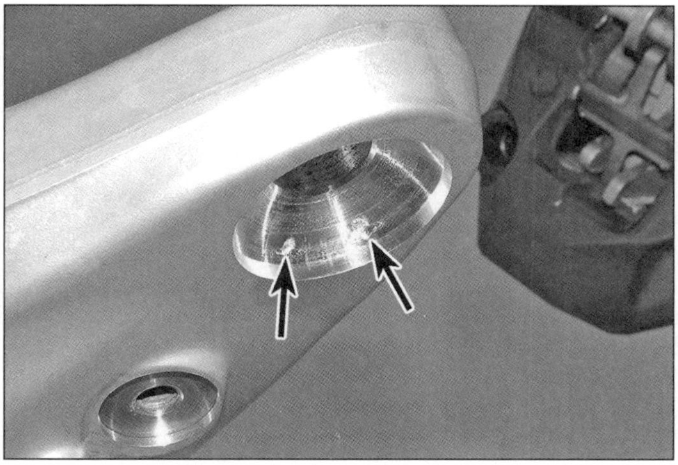

6.58b ...in ihren Sitz, ...

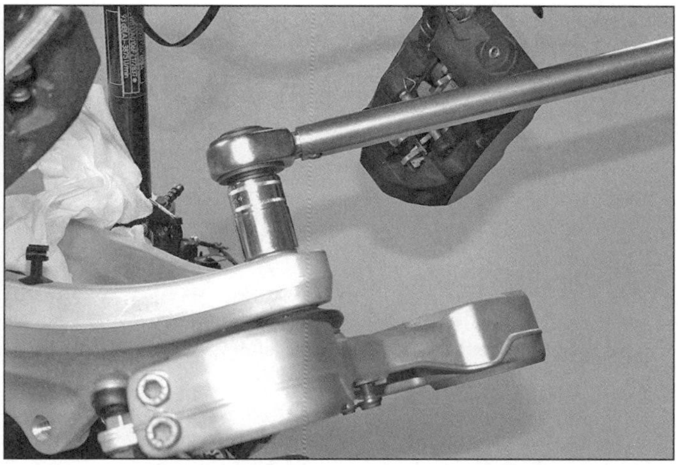

6.58c ...sodass das Kugelgelenk beim Anziehen der Mutter nicht mitdreht.

59 Installieren Sie die Kappen auf die Schwingenlagersitze (Abb .6.46a).
60 Montieren Sie den Stoßdämpfer (siehe oben).
61 Entfernen Sie sämtliches Schutz-Klebeband von der Schwinge und dem Rahmen. Montieren Sie alle entfernten Komponenten in der umgekehrten Ausbaureihenfolge – beachten Sie entsprechende Kapitel und Sektionen.

7 Vorderradfederung – R- und RS-Modelle

Gabel – Ausbau und Einbau

Ausbau

1 Arbeiten Sie immer nur an einem Gabelholm. Notieren Sie die Verlegung aller durch die Gabel führenden Bremsleitungen und Kabel. Notieren Sie, wie weit das Standrohr aus der oberen Gabelbrücke ragt.
2 Lösen Sie bei mit elektronische Stoßdämpfereinstellung (ESA) ausgerüsteten Modellen die Schraube, die den Verschluss des linken Standrohrs sichert, und entfernen Sie die Kappe (siehe Abbildung). Befreien Sie das Kabel aus allen Führungen und trennen Sie seinen Stecker (siehe Abbildung).
3 Bauen Sie das Vorderrad aus (siehe Kapitel 6).
4 Demontieren Sie das Vorderradschutzblech (siehe Kapitel 7).
5 Lösen Sie am linken Holm die die Schraube der ABS-Kabelklemme (siehe Abbildung). Sichern Sie den Sensor abseits des Arbeitsbereichs – merken Sie sich die Verlegung des Kabels.
6 Lockern Sie die Klemmschrauben der oberen Gabelbrücke (siehe Abbildung).
7 Falls das Gabelöl gewechselt oder die Gabel zerlegt werden soll, empfiehlt es sich jetzt, die Verschlussschraube zu lockern (siehe Abbildung) – zum Schutz des Sechskants sollte er mit einer Schicht Kreppband umwickelt werden.
8 Lockern Sie die Klemmschrauben der unteren Gabelbrücke und ziehen den Gabelholm nach unten aus der Brücke – drehen Sie ihn dabei nötigenfalls (siehe Abbildungen).

Praxis TiPP ***Wenn die Standrohre fest in den Gabelbrücken klemmen, müssen die Bereiche mit Kriechöl eingesprüht werden, bevor nach einer gewissen Einwirkzeit ein weiterer Demontageversuch gestartet wird.***

7.2a Entfernen Sie die Verschlusskappe, ...

7.2b ...befreien Sie das ESA-Kabel und trennen Sie seinen Stecker.

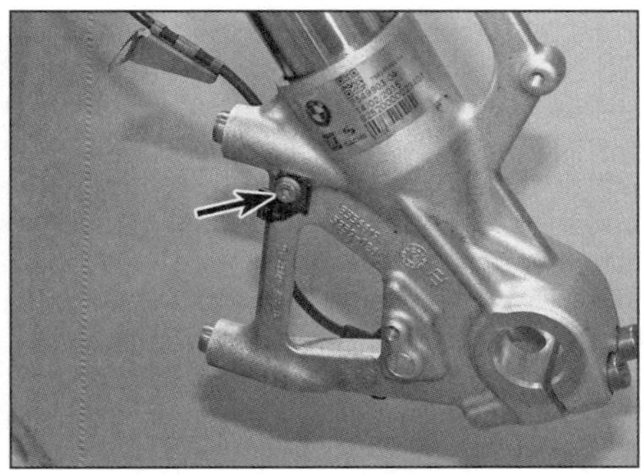

7.5 Lösen Sie die Schraube der Kabelführung.

7.6 Lockern Sie die Klemmschraube der oberen Gabelbrücke.

7.7 Lockern Sie ggf. die Verschlussschraube.

5

7.8a Lockern Sie die Klemmschrauben der unteren Gabelbrücke ...

7.8b ...und ziehen Sie den Gabelholm aus den Brücken – führen Sie bei Modellen mit ESA dessen Kabel nach.

7.10 Richten Sie die Kerbe des Standrohrs zur Oberfläche der Brücke aus.

Einbau

9 Entfernen Sie alle Rostspuren vom Standrohr und den Gabelbrücken. Achten Sie darauf, den Gabelholm mit der Aufnahme für den ABS-Sensor links zu installieren.

10 Schieben Sie den Gabelholm durch die untere Gabelbrücke in die obere Brücke – alle Kabel und Schläuche müssen wie beim Ausbau notiert verlegt sein; beim linken Holm von Modellen mit ESA muss dessen Kabel durch die Brücken hochgezogen werden (Abb. 7.8b). Richten Sie die Nut am oberen Rand des Standrohrs bündig zur Oberseite der oberen Gabelbrücke aus (siehe Abbildung). Ziehen Sie die Klemmschrauben der unteren Gabelbrücke schrittweise bis zum Drehmoment von 19 Nm an (Abb. 7.8a).

11 Falls das Gabelöl gewechselt oder die Gabelholme zerlegt wurden, wird jetzt die Verschlussschraube mit 20 Nm angezogen (Abb. 7.7).

12 Ziehen Sie die Klemmschraube der oberen Gabelbrücke mit 20 Nm an (Abb. 7.6).

13 Montieren Sie alle entfernten Bauteile – das ABS-Sensorkabel und ggf. das ESA-Kabel müssen korrekt verlegt und gesichert sein.

14 Prüfen Sie vor der ersten Fahrt die Funktion der Gabel und der Vorderradbremse.

Gabel – Ölwechsel

Standard-Gabel (ohne ESA)

15 Beschaffen Sie eine Unterlegscheibe mit 50 mm Außendurchmesser und schneiden Sie einen 14 mm breiten Schlitz zur Mitte. Bauen Sie aus einem U-förmigen Stück Stahlblech, Gewindestangen und Muttern ein Haltewerkzeug (Abb. 7.25).

16 Stützen Sie den Gabelholm aufrecht und drehen Sie den Verschluss aus dem Standrohr (Abb. 7.26) – falls sein O-Ring beschädigt oder spröde ist, muss er ersetzt werden.

17 Schieben Sie das Standrohr herunter und wischen Sie die zum Vorschein kommende Distanzhülse sauber. Setzen Sie das Haltewerkzeug an den Bohrungen der Hülse an (Abb. 7.27a). Drücken Sie die Hülse gegen die Feder herunter und schieben Sie die geschlitzte Scheibe zwischen der Distanzhülse und der Kontermutter ein (Abb. 7.27b). Halten Sie den Verschluss und lockern Sie die Kontermutter, drehen Sie dann den Verschluss ab (Abb. 7.27c).

18 Entnehmen Sie die U-Scheibe und die obere Distanzhülse. Ziehen Sie mit einem Haken die Feder heraus (Abb. 7.28c) – merken Sie sich die Einbaulage. Wischen Sie Ölreste von der Hülse und der Feder.

19 Gießen Sie das Gabelöl in einen Sammelbehälter (die untere Distanzhülse wird dabei mit heraus kommen – pumpen Sie mit dem Standrohr und der Dämpferstange einige Male und warten Sie einige Minuten, um möglichst viel Öl herauszubekommen. Falls das Öl Metallsplitter enthält, müssen der Gabelholm zerlegt und die Buchsen auf Verschleiß kontrolliert werden (siehe unten).

20 Füllen Sie langsam 590 ml Gabelöl ein und pumpen Sie einige Male mit der Dämpferstange, um es gleichmäßig zu verteilen (Abb. 7.39a und 7.30a). Stellen Sie den Holm für ca. 10 Minuten aufrecht hin, damit sämtliche Luft entweichen kann. Schieben Sie das Standrohr herunter, bis es bündig zum Tauchrohr steht, und messen Sie den Ölpegel vom oberen Rand aus (Abb. 7.30b) – korrigieren Sie den Pegel nötigenfalls, bis er bei 110 mm steht.

21 Legen Sie die untere Distanzhülse über die Stange ein und installieren Sie die Feder (Abb. 7.28c). Ziehen Sie die Dämpferstange heraus und schieben Sie ein ein Stück Schlauch auf ihr Gewinde, um sie damit hochhalten zu können (Abb. 7.31a). Schieben Sie die obere Distanzhülse mit dem schmaleren Ende über den Schlauch und die Stange auf, sodass sie in der Feder sitzt (Abb. 7.31b). Halten Sie die Stange und drücken Sie die Hülse gegen die Feder herunter, installieren Sie die geschlitzte U-Scheibe zwischen Hülse und Kontermutter (Abb. 7.31d). Entfernen Sie den Schlauch.

22 Schmieren Sie den – ggf. neuen – O-Ring des Verschlusses mit Gabelöl, drehen Sie den Verschluss vollständig auf die Dämpferstange, kontern Sie ihn und drehen Sie die Kontermutter dagegen (Abb. 7.27d und c). Drücken Sie die Distanzhülse herunter und entnehmen Sie die Scheibe; lassen Sie die Hülse dann oben gegen den Verschluss drücken.

23 Ziehen Sie das Standrohr vollständig hoch und drehen Sie den Verschluss ein (Abb. 7.26); ziehen Sie ihn nur handfest an – sobald das Standrohr in den Gabelbrücken klemmt, kann er mit 20 Nm angezogen werden.

24 Montieren Sie den Gabelholm (siehe oben).

7.25 Die erforderlichen Werkzeuge können selbst angefertigt werden.

7.26 Drehen Sie den Verschluss aus dem Standrohr – er verbleibt an der Dämpferstange.

7.27a Montieren Sie das Haltewerkzeug, ...

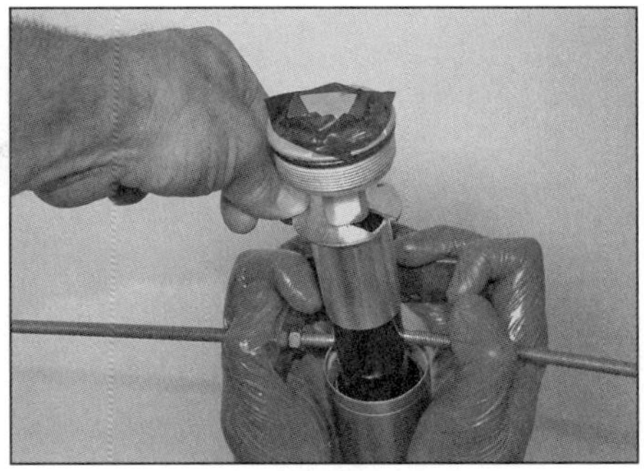

7.27b ...komprimieren Sie die Feder und schieben Sie die geschlitzte Scheibe zwischen Kontermutter und Distanzhülse.

7.27c Lockern Sie die Kontermutter ...

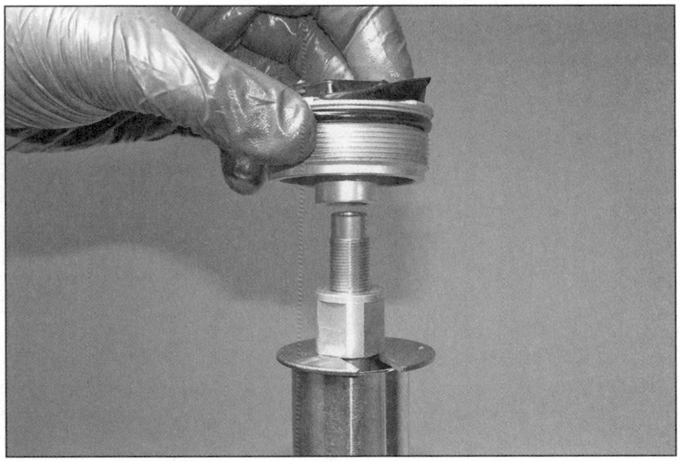

7.27d ...und drehen Sie den Verschluss ab.

Gabel mit ESA

Rechter Gabelholm

25 Beschaffen Sie eine Unterlegscheibe mit 50 mm Außendurchmesser und schneiden Sie einen 14 mm breiten Schlitz zur Mitte. Bauen Sie aus einem U-förmigen Stück Stahlblech, Gewindestangen und Muttern ein Haltewerkzeug (siehe Abbildung).

26 Stützen Sie den Gabelholm aufrecht und drehen Sie den Verschluss aus dem Standrohr (siehe Abbildung) – falls sein O-Ring beschädigt oder spröde ist, muss er ersetzt werden.

27 Schieben Sie das Standrohr herunter und wischen Sie die zum Vorschein kommende Kunststoff-Distanzhülse sauber. Setzen Sie das Haltewerkzeug an den Bohrungen der Hülse an (siehe Abbildung). Drücken Sie die Hülse gegen die Feder herunter und schieben Sie die geschlitzte Scheibe zwischen der Distanzhülse und der Kontermutter ein (siehe Abbildung). Halten Sie den Verschluss und lockern Sie die Kontermutter, drehen Sie dann den Verschluss ab (siehe Abbildungen).

28 Drehen Sie die Kontermutter ein Stück weit hoch, sodass noch einige Gewindegänge der Dämpferstange frei bleiben. Komprimieren Sie die Feder und entnehmen Sie die U-Scheibe (siehe Abbildung) – falls sich die Stange mit der Mutter mitdreht, muss sie im Bereich ohne Gewinde mit einer Zange festgehalten werden. Entfernen Sie die Metallhülse und die Kunststoffhülse, den Distanzhülsen-Sitz, die Scheibe und die Feder (siehe Abbildungen). Befreien Sie das Haltewerkzeug von der Kunststoffhülse und wischen Sie Ölreste von den Hülsen und der Feder.

29 Gießen Sie das Gabelöl in einen Sammelbehälter (die untere Scheibe und die Platte werden dabei mit heraus kommen – pumpen Sie mit dem Standrohr und der Dämpferstange

7.28a Drehen Sie die Mutter ein Stück weit auf die Dämpferstange ...

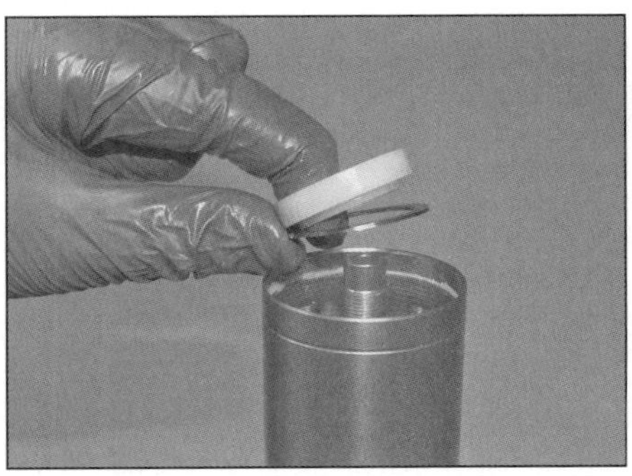

7.28b ...und entfernen Sie die geschlitzte Scheibe, die Distanzhülsen, den Distanzhülsensitz, die Scheibe ...

7.28c ...und die Feder.

5

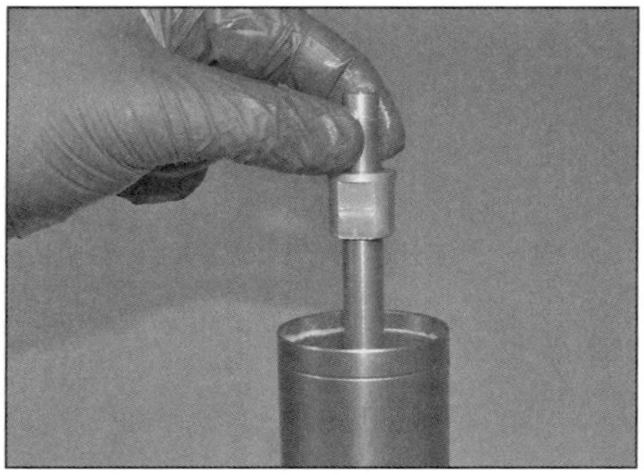

7.30a Pumpen Sie mit der Dämpferstange, um das Öl zu verteilen, ...

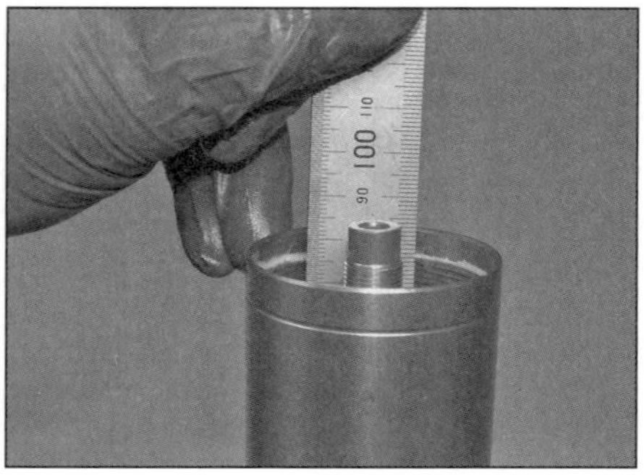

7.30b ... und messen Sie den Pegel.

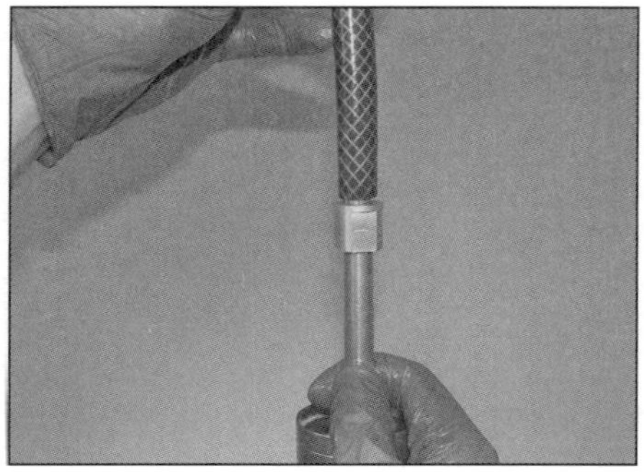

7.31a Drücken Sie ein Stück Schlauch auf die Stange.

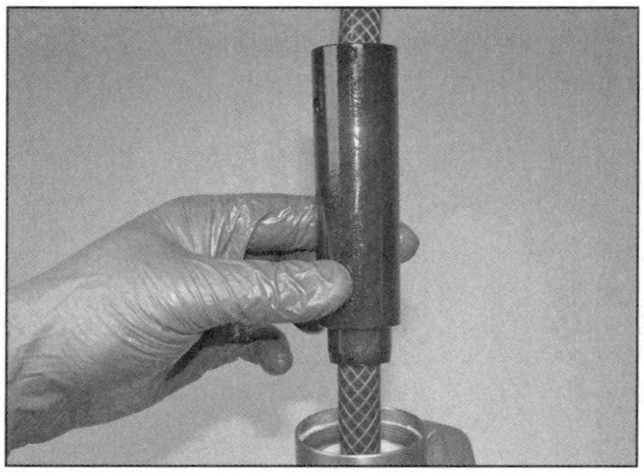

7.31b Installieren Sie die Kunststoff-Distanzhülse ...

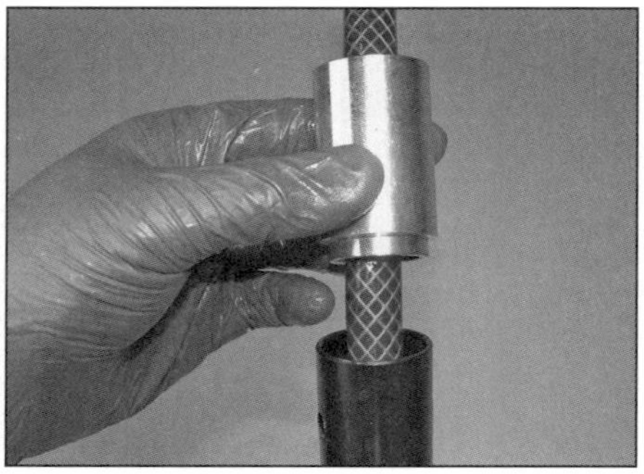

7.31c ... und die Metall-Distanzhülse, ...

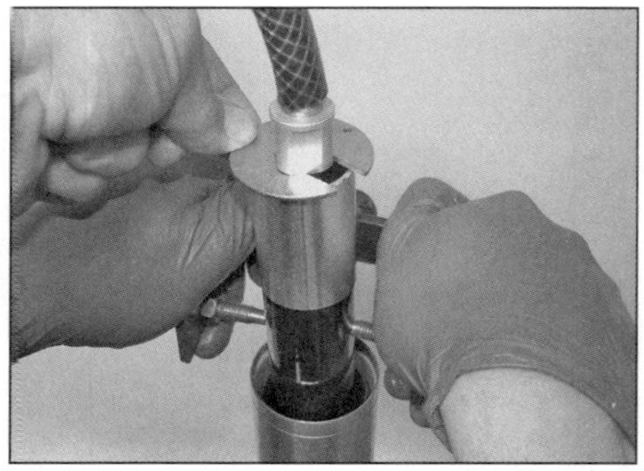

7.31d ... komprimieren Sie die Feder und schieben Sie die geschlitzte Scheibe auf.

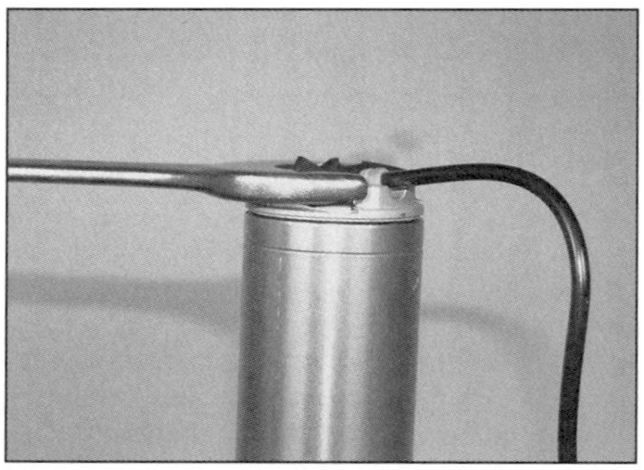

7.35 Drehen Sie den Verschluss aus dem Standrohr – er verbleibt an der Dämpferstange.

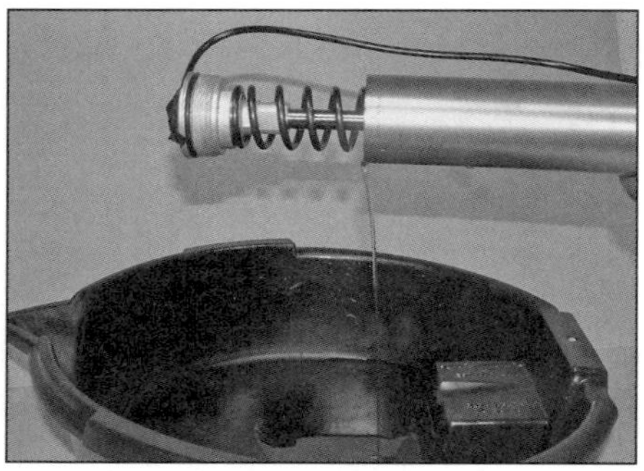

7.36 Gießen Sie das Öl in einen Sammelbehälter.

einige Male und warten Sie einige Minuten, um möglichst viel Öl herauszubekommen. Falls das Öl Metallsplitter enthält, müssen der Gabelholm zerlegt und die Buchsen auf Verschleiß kontrolliert werden (siehe unten).

30 Füllen Sie langsam 682 ml Gabelöl ein und pumpen Sie einige Male mit der Dämpferstange, um es gleichmäßig zu verteilen (siehe Abbildung und Abb. 7.39a). Stellen Sie den Holm für ca. 10 Minuten aufrecht hin, damit sämtliche Luft entweichen kann. Schieben Sie das Standrohr herunter, bis es bündig zum Tauchrohr steht, und messen Sie den Ölpegel vom oberen Rand aus (siehe Abbildung) – korrigieren Sie den Pegel nötigenfalls, bis er beim in den technischen Daten vorgeschriebenen Pegel steht.

31 Legen Sie die Platte und die Scheibe über die Stange ein und installieren Sie die Feder mit den engeren Wicklungen voran (Abb. 7.28c). Legen Sie die obere Scheibe und den Hülsensitz über die Feder (Abb. 7.28b). Ziehen Sie die Dämpferstange heraus und schieben Sie ein ein Stück Schlauch auf ihr Gewinde, um sie damit hochhalten zu können (siehe Abbildung). Schieben Sie die Kunststoffhülse mit dem schmaleren Ende über den Schlauch und die Stange auf, sodass sie im Distanzhülsensitz und oben auf der Feder steckt, schieben Sie dann das schmale Ende der Metallhülse in die Kunststoffhülse (siehe Abbildungen). Montieren Sie das Haltewerkzeug an die Kunststoffhülse (Abb. 7.27a). Halten Sie die Stange hoch und komprimieren Sie mit Hülse die Feder, um die geschlitzte U-Scheibe zwischen Hülse und Kontermutter einsetzen zu können (siehe Abbildung). Entfernen Sie den Schlauch und drehen Sie die Kontermutter bis auf Ende des Gewindes herunter (Abb. 7.28a).

32 Schmieren Sie den – ggf. neuen – O-Ring des Verschlusses mit Gabelöl, drehen Sie den Verschluss vollständig auf die Dämpferstange, kontern Sie ihn und drehen Sie die Kontermutter dagegen (Abb. 7.27d und c). Drücken Sie die Distanzhülse herunter und entnehmen Sie die Scheibe; lassen Sie die Hülse dann oben gegen den Verschluss drücken (Abb. 7.27b).

33 Ziehen Sie das Standrohr vollständig hoch und drehen Sie den Verschluss ein (Abb. 7.26); ziehen Sie ihn nur handfest an – sobald das Standrohr in den Gabelbrücken klemmt, kann er mit 20 Nm angezogen werden.

34 Montieren Sie den Gabelholm (siehe oben).

Linker Gabelholm

35 Stützen Sie den Gabelholm aufrecht und drehen Sie den Verschluss aus dem Standrohr (siehe Abbildung) – falls sein O-Ring beschädigt oder spröde ist, muss er ersetzt werden.

36 Gießen Sie das Gabelöl in einen Sammelbehälter (siehe Abbildung). Lassen Sie den Gabelholm einigen Minuten auf dem Kopf stehen, um möglichst viel Öl herauszubekommen. Falls das Öl Metallsplitter enthält, müssen der Gabelholm zerlegt und die Buchsen auf Verschleiß kontrolliert werden (siehe unten).

37 Schieben Sie das Standrohr herunter und wischen Sie die zum Vorschein kommende Feder sauber. Drücken Sie die Feder herunter und setzen Sie an den Abflachungen der unter dem Verschluss sitzenden Platte einen Maulschlüssel an, um diese zu kontern und den Verschluss zu lösen (siehe Abbildung).

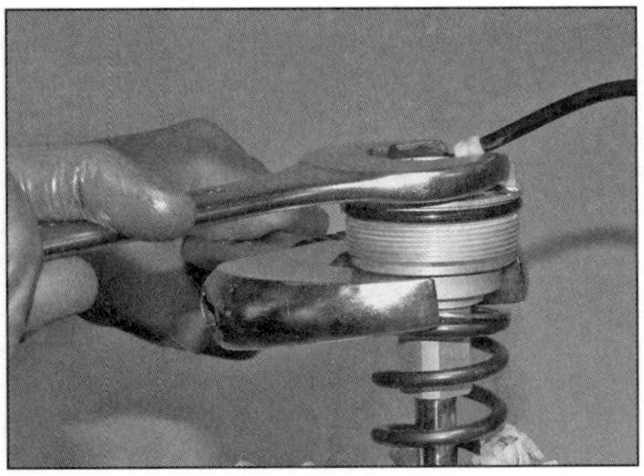

7.37a Halten Sie die Platte und lockern Sie den Verschluss, ...

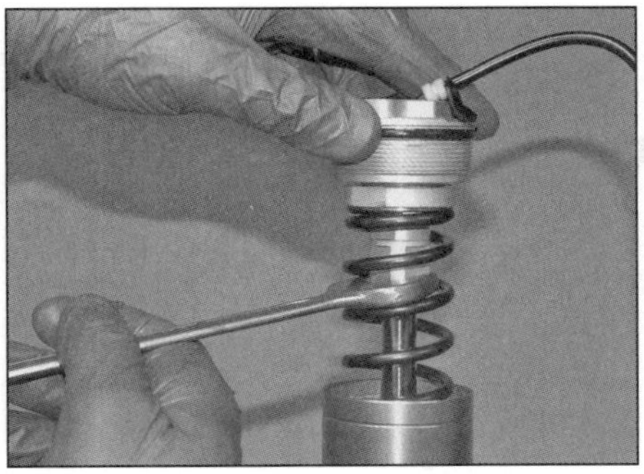

7.37b ...halten Sie dann die Kontermutter und drehen Sie den Verschluss ab.

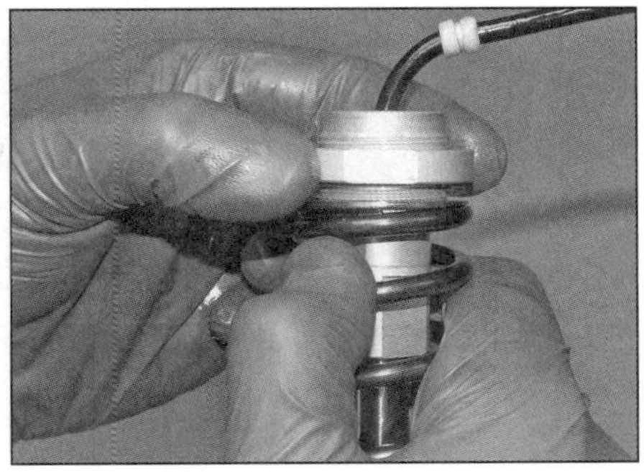

7.37c Halten Sie die Feder und drehen Sie die Platte ab, ...

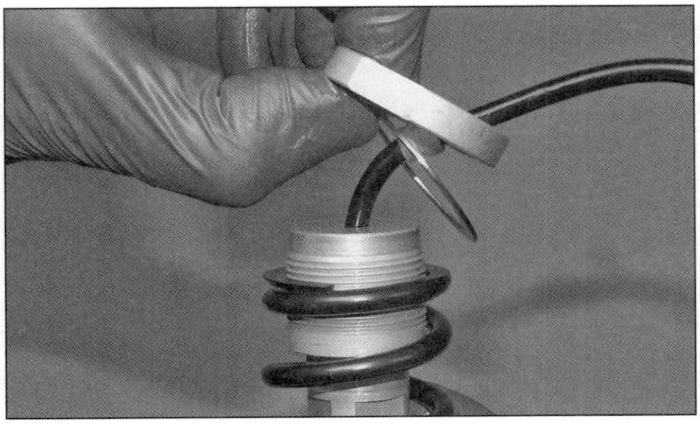

7.37d ...um sie samt der Scheibe zu entfernen.

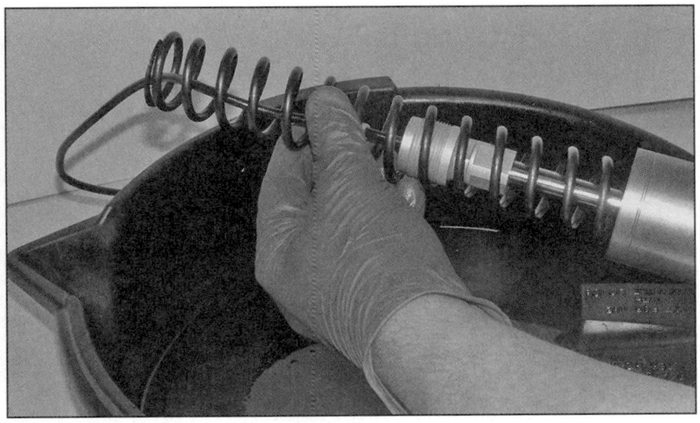

7.38 Ziehen Sie die Feder heraus.

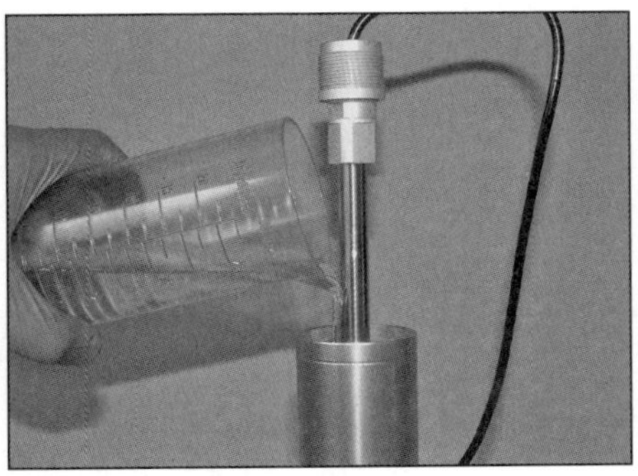

7.39a Füllen Sie das Gabelöl auf ...

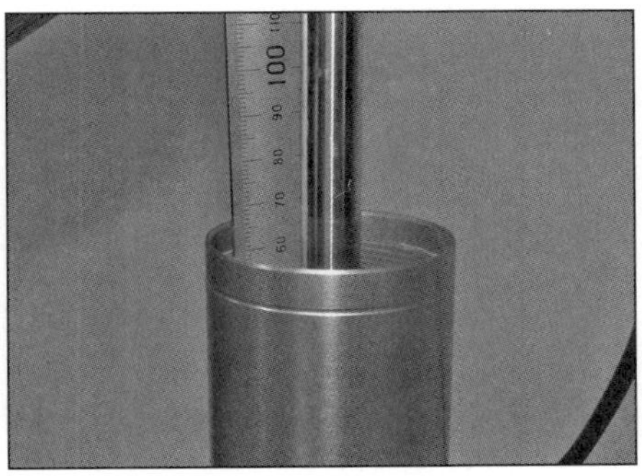

7.39b ...und kontrollieren Sie den Pegel.

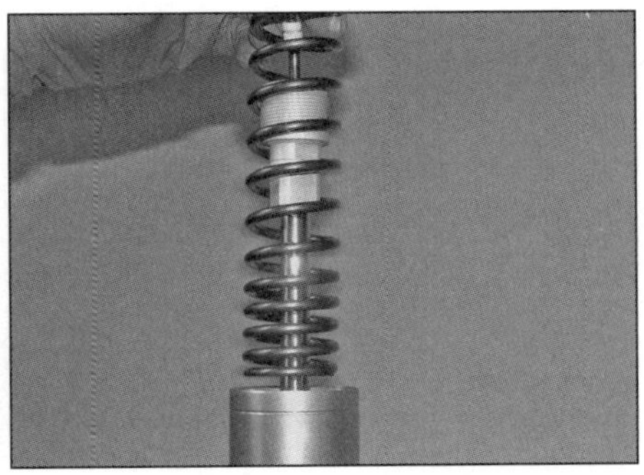

7.40a Installieren Sie die Feder mit den engeren Wicklungen nach unten.

Stecken Sie jetzt einen Maulschlüssel zwischen den Federwicklungen auf die Kontermutter und drehen Sie den Verschluss ab (siehe Abbildung). Halten Sie die Feder, schrauben Sie die Platte ab und entfernen Sie die obere Scheibe (siehe Abbildungen).

38 Entfernen Sie die Feder (siehe Abbildung) und wischen Sie restliches Öl ab.

39 Füllen Sie langsam die in den technischen Daten angegebene Menge Gabelöl ein (siehe Abbildung). Stellen Sie den Holm für ca. 10 Minuten aufrecht hin, damit sämtliche Luft entweichen kann. Schieben Sie das Standrohr vollständig herunter und messen Sie den Ölpegel vom oberen Rand aus (siehe Abbildung) – korrigieren Sie den Pegel nötigenfalls, bis er beim in den technischen Daten vorgeschriebenen Pegel steht.

40 Installieren Sie die Feder mit den engeren Wicklungen voran (siehe Abbildung). Legen Sie die Scheibe auf die Feder und drehen Sie die Platte so weit wie möglich auf (siehe Abbildungen) – ziehen Sie die Feder dabei herunter (Abb. 7.37c).

7.40b Legen Sie die Scheibe auf ...

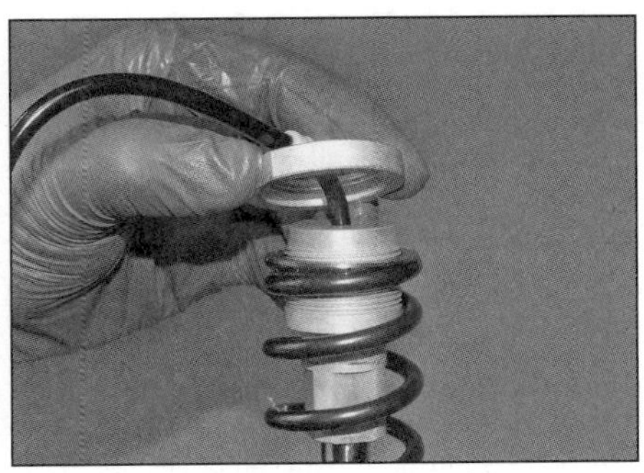

7.40c ...und drehen Sie die Platte auf.

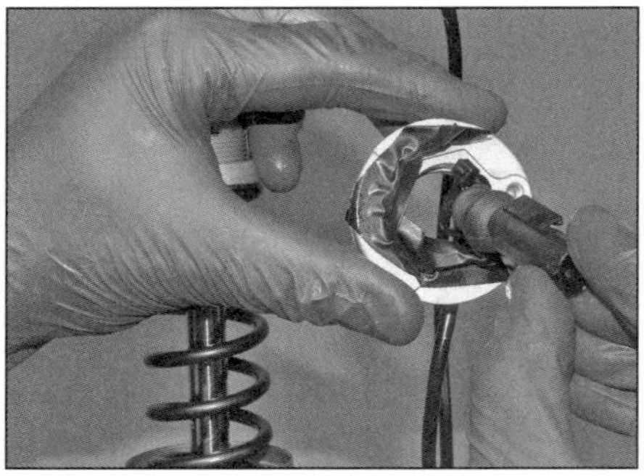

7.41a Führen Sie den Stecker von unten durch den Verschluss ...

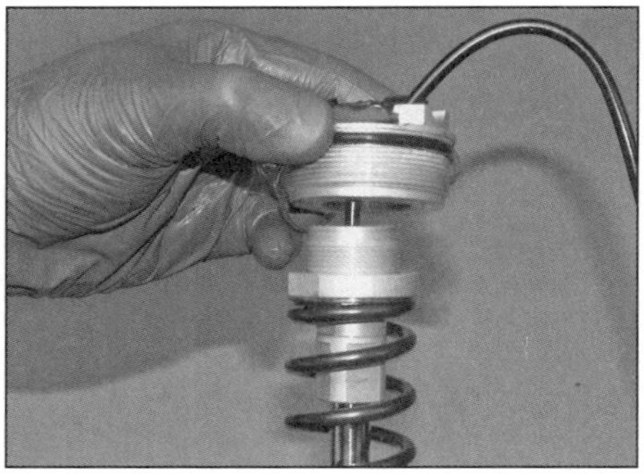

7.41b ...und drehen Sie diesen auf die Dämpferstange.

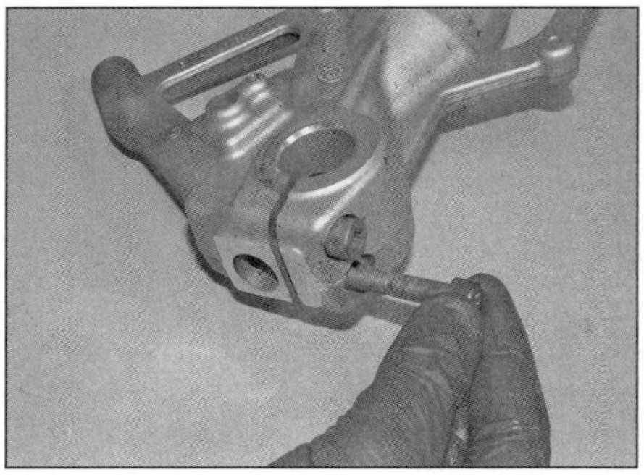

7.45 Entfernen Sie die Achsen-Klemmschraube(n).

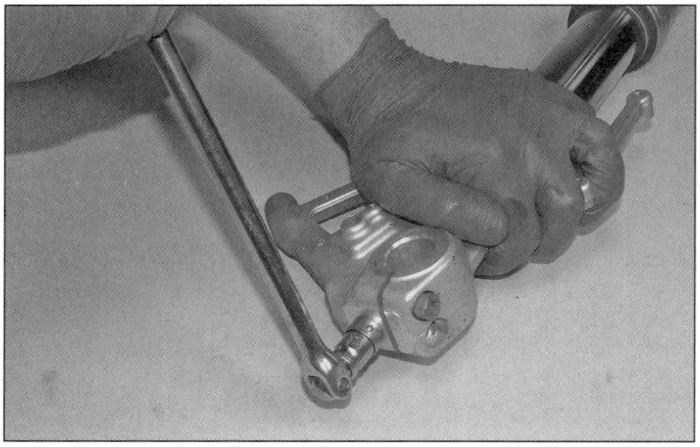

7.46 Lockern Sie die Dämpferpatronenschraube wie beschrieben.

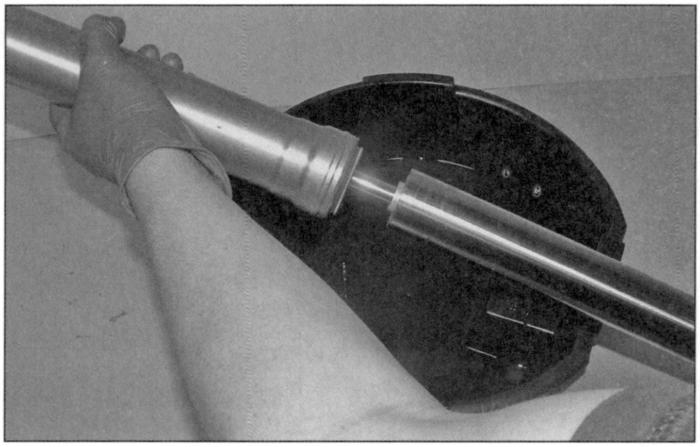

7.48 Ziehen Sie das Tauchrohr aus dem Standrohr.

41 Schmieren Sie den – ggf. neuen – O-Ring des Verschlusses mit Gabelöl. Führen Sie den Kabelstecker durch den Verschluss und drehen Sie ihn vollständig auf die Dämpferstange (siehe Abbildungen); halten Sie die Kontermutter mit einem zwischen den Federwicklungen eingeführten Maulschlüssel, falls sich die Stange mit dem Verschluss mitdreht (Abb. 7.37b). Kontern Sie jetzt den Verschluss und ziehen Sie die Platte dagegen (Abb. 7.37a).

42 Ziehen Sie das Standrohr vollständig hoch und drehen Sie den Verschluss ein (Abb. 7.35); ziehen Sie ihn nur handfest an – sobald das Standrohr in den Gabelbrücken klemmt, kann er mit 20 Nm angezogen werden.

44 Montieren Sie den Gabelholm (siehe oben).

Gabel – Überholen

Zerlegen

Anmerkung: *Zerlegen Sie die Gabelholme immer einzeln, um Verwechslungen von Teilen zu vermeiden, was nach der Montage zu einem erhöhten Verschleiß führen würde. Lagern Sie alle Komponenten in getrennten und markierten Behältern.*

44 Bauen Sie einen Gabelholm aus. Lockern Sie den Verschluss, bevor die unteren Gabelbrücken-Klemmschrauben gelöst werden (siehe oben).

45 Entfernen Sie unten am Holm diejenige Achsen-Klemmschraube, die in einer Linie zur Dämpferstangenschraube liegt (siehe Abbildung) – die andere Klemmschraube muss nicht zwingend entfernt werden.

46 Falls die Dämpferpatrone ausgebaut werden soll – sowohl die Gabel-Dichtringe als auch die Buchsen können auch ohne ihren Ausbau ersetzt werden –, muss ihre Schraube unten im Tauchrohr gelockert werden (siehe Abbildung); lösen Sie sie noch nicht, da ansonsten das Gabelöl ausläuft. Falls sich die Dämpferpatrone bei Modellen ohne ESA mitdreht, muss der auf dem Kopf stehende Holm soweit komprimiert werden, bis die Feder genügend Druck ausübt, dass die Schraube gelöst werden kann; alternativ kann ein Druckluftschrauber eingesetzt werden. Falls sich die Schraube zu diesem Zeitpunkt nicht gelockert werden kann, muss das aus den Teilenummern 313643 und 313724 bestehende BMW-Spezialwerkzeug zusammengesetzt und nach dem Ausbau der Feder innen angesetzt werden – Nr. 313724 ist ein Zapfenschlüssel, der in die Nuten oben im der Dämpferpatrone greift, um sie beim Lockern der Schraube zu kontern.

47 Beachten Sie die entsprechenden Schritte oben und gießen Sie das Gabelöl aus.

48 Ziehen Sie das Tauchrohr aus dem Standrohr (siehe Abbildung).

49 Hebeln Sie vorsichtig die Staubdichtung unten aus dem Standrohr (Abb. 6.11) – beim Zusammenbau muss eine neue Staubdichtung verwendet werden.

50 Lösen Sie vorsichtig den Sicherungsdraht des Dichtrings – zerkratzen Sie dabei nicht dessen Sitz (Abb. 6.12).

51 Hebeln Sie vorsichtig mit einem Schraubendreher oder Dichtring-Haken den Gabeldichtring heraus – schützen Sie den Bund des Standrohres mit dem BMW-Spezialwerkzeug 36640 oder einem geeigneten Gummi oder Holz. Falls der Dichtring schwierig auszubauen ist, muss er mit einem Innenabzieher samt Zughammer befreit werden (Abb. 6.13a, b und c). Entfernen Sie die Scheibe (Abb. 6.13d).

52 Ziehen Sie mithilfe eines geeigneten Hakens die Distanzhülse(n) oben aus dem Standrohr (siehe Abbildung).

7.52 Ziehen Sie die Distanzhülse(n) heraus.

53 Entfernen Sie nötigenfalls die Dämpferpatronenschraube samt Kupfer-Dichtscheibe unten aus dem Tauchrohr – kontern Sie bei Modellen ohne ESA nötigenfalls die Patrone wie oben beschrieben. Die Dichtscheibe muss beim Zusammenbau durch ein Neuteil ersetzt werden. Ziehen Sie die Dämpferpatrone aus dem Tauchrohr (siehe Abbildung). Bei Modellen mit ESA muss am linken Gabelholm die Scheibe von der Dämpferpatrone genommen werden (siehe Abbildung).

Kontrolle

54 Reinigen Sie alle Teile in Lösungsmittel und blasen Sie sie möglichst mit Druckluft aus. Begutachten Sie das Tauchrohr auf Kerben, Kratzer, Rostflecken und abblätternde Beschichtung – all dies würde zu Undichtigkeiten des Dichtrings führen. Die Tauchrohre können nötigenfalls mit einer neuen Hartchrom-Schicht versehen werden, ansonsten sind sie zu ersetzen. Begutachten Sie den Dichtring-Sitz im Tauchrohr auf Kerben, Beulen und Riefen – solche Schäden können zu Undichtigkeit führen.

55 Kontrollieren Sie das Standrohr mithilfe von Prismenböcken und einer Messuhr auf Verzug (siehe Abbildung). Wenn das Rohr mehr als 0,1 mm verbogen ist, muss es ersetzt werden (Abb. 6.14).

Warnung: Wenn ein Standrohr verbogen ist, darf es nicht wieder gerichtet, sondern muss ersetzt werden.

56 Überprüfen Sie die Gleitflächen der Buchsen auf Verschleiß (siehe Abbildung) – die Oberfläche muss komplett grau sein (weil mit Teflon beschichtet). Falls blankes Metall sichtbar ist, müssen die Buchsen ersetzt werden – treiben Sie sie mit einem passenden Werkzeug (z.B. einem Steckschlüssel samt Verlängerung oder einem Innenabzieher samt Zughammer aus; achten Sie darauf, sie nicht zu verkanten und nicht das Standrohr zu beschädigen (Abb. 6.13a und b). Drücken Sie die neuen Buchsen anfangs von Hand ein und treiben Sie sie dann mit einem Kunststoffrohr in Position.

57 Kontrollieren Sie die Feder und alle anderen Komponenten auf Risse und andere Beschädigungen.

58 Begutachten Sie die Dämpferpatrone auf Verschleiß und Beschädigungen. Alle Ölbohrungen müssen frei sein. Pumpen Sie einige Male mit der Druckstange – sie muss sich frei und sanft in der Patrone bewegen lassen.

Zusammenbau

59 Vergessen Sie bei Modellen mit ESA nicht, die Scheibe auf die Dämpferpatrone des linken Gabelholms zu legen (Abb. 7.53b). Schieben Sie die Dämpferpatrone in das Standrohr (Abb. 7.53a). Wenn bei Modellen mit ESA die Dämpferpatrone unten anliegt, muss sie so gedreht werden, dass die Abflachungen unten an der Patrone in diejenigen ihres Sitzes greifen – sie wird dort hineinrutschen und nicht mehr drehen lassen. Rüsten Sie die Dämpferpatronenschraube mit einer neuen Dichtscheibe aus und versehen Sie ihr Gewinde mit mittelfester Sicherungspaste (siehe Abbildung). Installieren Sie die Schraube von unten ins Tauchrohr und ziehen Sie sie mit 25 Nm (Standard-Gabel) bzw. 30 Nm (ESA-Gabel) in die Dämpferpatrone; falls sich die Patrone der Standard-Gabel dabei mitdreht, muss sie wie beim Ausbau blockiert werden. Falls sich die Patrone einer ESA-Gabel mitdreht, ist sie nicht richtig positioniert und muss korrekt eingesetzt werden.

60 Schmieren Sie die Kunststoff-Distanzhülse(n) mit frischem Gabelöl und schieben Sie sie von oben gegen die obere Buchse ins Standrohr (Abb. 7.53).

61 Stellen Sie das Standrohr auf den Kopf und legen Sie die Scheibe ein (Abb. 6.17e). Installieren Sie den neuen Gabel-Dichtring mit der Beschriftung nach außen und drücken oder treiben Sie ihn mit einem Werkzeug, das nur seinen Außenrand berührt, in seinen Sitz (Abb. 6.18a und b) – er sitzt richtig, wenn rundherum die Nut des Sicherungsdrahts sichtbar ist.

62 Installieren Sie den Sicherungsdrahts in seine Nut (Abb. 6.19).

63 Schmieren Sie die Dichtlippe der neuen Staubdichtung mit Gabelöl und schieben Sie sie richtig herum auf das Tauchrohr (Abb. 6.20). Schmieren Sie die Dichtlippe des Gabel-Dichtrings mit Gabelöl und schieben Sie das Tauchrohr vorsichtig ins Standrohr – drehen Sie es dabei nötigenfalls, sodass die Dichtlippen nicht umklappen. Schieben Sie das Tauchrohr vollständig ein und bewegen Sie es einige Male, um sicherzugehen, dass die Dichtring-Lippe korrekt sitzt.

64 Drücken Sie die Staubdichtung in ihren Sitz im Standrohr (siehe Abbildung).

65 Drehen Sie die Achsen-Klemmschraube(n) locker in das Tauchrohr (Abb. 7.45).

66 Füllen Sie die korrekte Menge Gabelöl auf und vervollständigen Sie den Gabelholm (siehe oben).

67 Montieren Sie den Gabelholm (siehe oben).

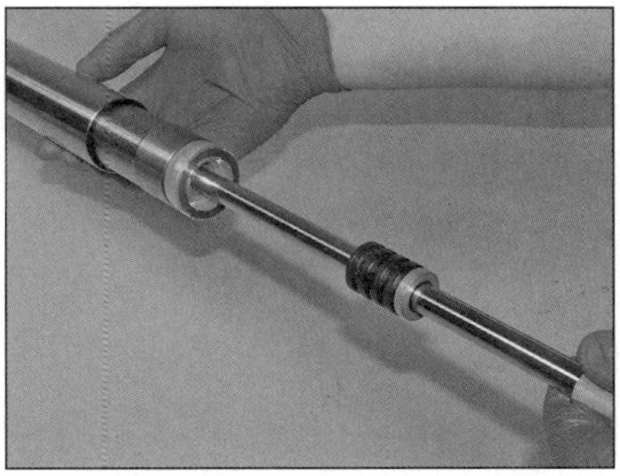

7.53a Ziehen Sie die Dämpferpatrone aus dem Standrohr.

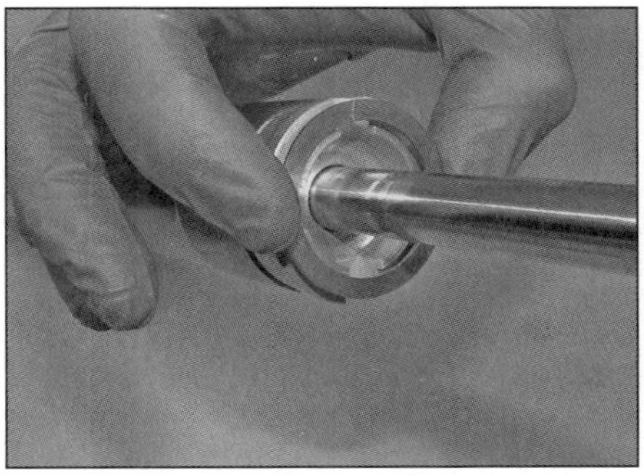

7.53b Entfernen Sie bei Modellen mit ESA die Scheibe von der Dämpferpatrone des linken Gabelholms.

7.56 Kontrollieren Sie die Gleitflächen der Buchsen auf Verschleiß.

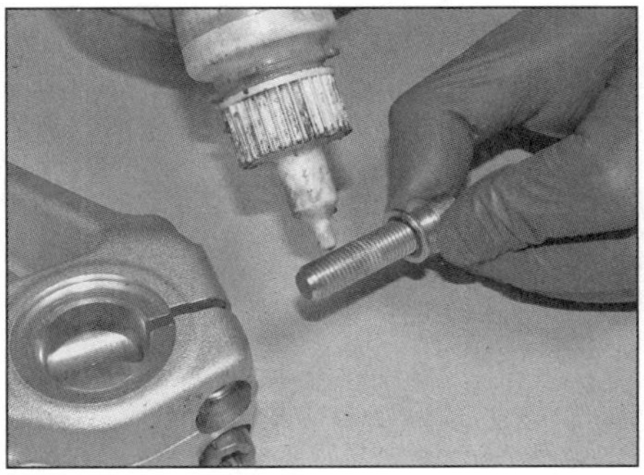

7.59 Schieben Sie die neue Dichtscheibe auf die Dämpferpatronenschraube und tragen Sie Sicherungspaste auf.

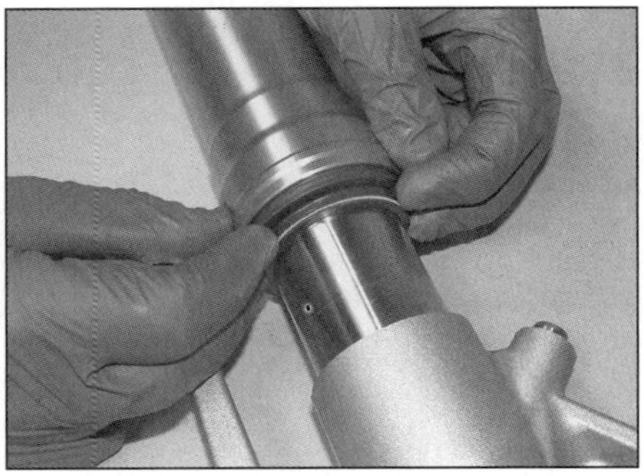

7.64 Pressen Sie die Staubdichtung von unten ins Standrohr.

5

8 Lenkkopflager – GS, Adventure und RT

1 Die Lenkung dreht sich in einem in der oberen Gabelbrücke sitzenden Kugellager sowie einem Kugelgelenk an der Verbindung zwischen der Telelever-Schwinge und der unteren Gabelbrücke. Diese Lager verschleißen auch bei normalem Gebrauch, sodass gefährliches Lenkerflattern auftreten kann.

Kontrolle

2 Stellen Sie das Motorrad auf den Hauptständer. Heben Sie das Vorderrad an – entweder mithilfe eines das Heck herunterdrückenden Assistenten oder eines unter dem Motor platzierten Wagenhebers.

3 Befreien Sie den Lenkungsdämpfer von der Telelever-Schwinge (siehe Sektion 10).

4 Stellen Sie das Vorderrad geradeaus und drehen Sie den Lenker langsam von Anschlag zu Anschlag. Ein raues Lager würde im Lenker fühlbar sein, der sich nicht sanft und frei bewegen ließe. Wird vermutet, dass ein Lager verschlissen oder beschädigt ist, müssen für weitere Untersuchungen die Lenkung und Federungs-Komponenten teilweise zerlegt werden.

5 Demontieren Sie die Gabelholme (siehe Sektion 6).

6 Die untere Gabelbrücke muss sich sanft und spielfrei am Gelenk bewegen lassen (siehe Abbildung). Kontrollieren Sie die Manschette – sie darf nicht spröde sein oder Risse aufweisen. Das Kugelgelenk ist in die Gabelbrücke integriert und nicht separat erhältlich - folgen Sie für den Austausch der unteren Gabelbrücke den Hinweisen in Sektion 6, Schritt 47.

7 Die obere Gabelbrücke muss sich sanft und spielfrei auf ihrem Lager drehen lassen. Falls das Lager rau läuft oder Spiel aufweist, muss es wie folgt ersetzt werden:

Ausbau und Einbau

8 Hebeln Sie vorsichtig das BMW-Emblem aus der oberen Gabelbrücke.

9 Befreien Sie bei allen GS-Modellen den Lenker von der oberen Gabelbrücke (siehe Sektion 5) – hierbei müssen keine Komponenten vom Lenker getrennt werden. Legen Sie den Lenker mit Lappen geschützt ab.

10 Hebeln Sie vorsichtig die Kappen von den Standrohr-Verschlüssen (Abb. 6.6). Kontern Sie die Verschlussschraube unterhalb der Brücke und schrauben Sie oben die Mutter vom Stehbolzen (Abb. 6.7). Ziehen Sie die Standrohre aus den in der Brücke sitzenden Lagern (Abb. 6.26a).

11 Lösen Sie den Lager-Stehbolzen und heben Sie die Gabelbrücke ggf. samt Lenker ab. Befreien Sie das/die Zündschloss- oder Keyless-Ride-System-Kabel aus dem Clip und trennen Sie den/die Stecker (siehe Abbildungen).

12 Entfernen Sie unterhalb des Lagers den Seegerring (siehe Abbildung).

13 Das Lager muss von oben herausgetrieben werden. Stützen Sie die Gabelbrücke auf Hölzern, sodass genügend Platz für das herauskommende Lager besteht. Decken Sie das Zündschloss oder Keyless-Ride-System mit Lappen ab. Erwärmen Sie den Lagersitz und

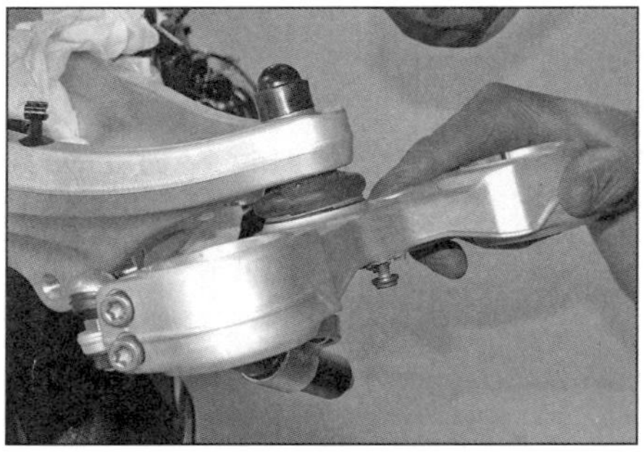

8.6 Kontrollieren Sie das Kugelgelenk der unteren Gabelbrücke.

8.11a Lösen Sie den Stehbolzen, ...

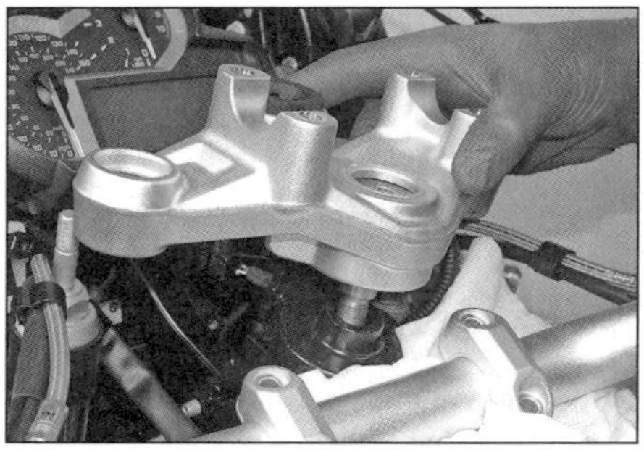

8.11b ... heben Sie die Gabelbrücke ab, ...

8.11c ... befreien Sie die Verkabelung ...

8.11d ... und trennen Sie den/die Stecker.

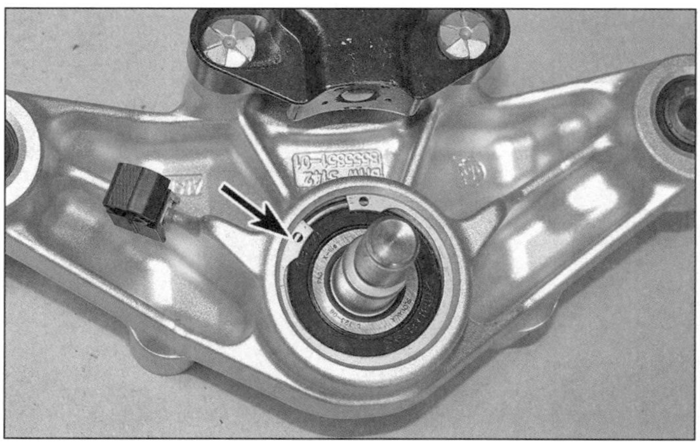

8.12 Entfernen Sie den Seegerring.

8.13 Erwärmen Sie den Lagersitz und treiben Sie das Lager aus.

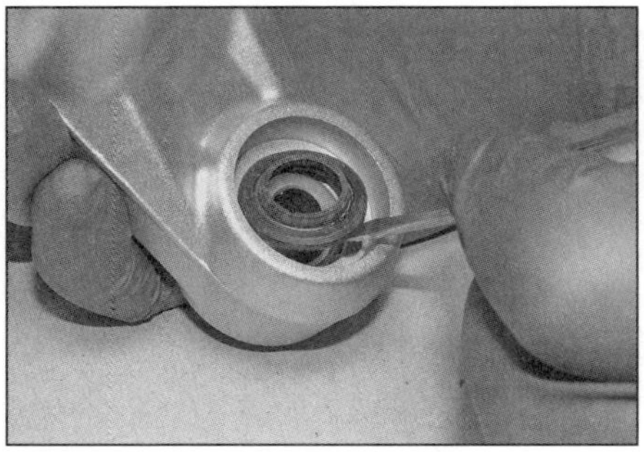

8.15a Entfernen Sie den Dichtring ...

8.15d Treiben Sie die neue Buchse mit einem Steckschlüssel ein.

treiben Sie das Lager und den Stehbolzen mit einem geeigneten Steckschlüssel aus (siehe Abbildung) – merken Sie sich die Einbaurichtung des Lagers.

14 Pressen Sie den Stehbolzen aus dem Lager, ohne sein Gewinde zu beschädigen.

15 Die Gabelholm-Stehbolzen sitzen in Buchsen der oberen Gabelbrücke. Falls ein neues Lager montiert wird, sollten auch die Buchsen ersetzt werden. Entfernen Sie oberhalb der Buchse die Dichtung und den Sicherungsring und legen Sie die Gabelbrücke über Kopf mit der Buchse auf eine 21er-Steckschlüssel-Nuss, um die Buchse mit einer dünnwandigen 17er-Nuss auszutreiben (siehe Abbildungen) – erwärmen Sie den Sitz der Buchse nötigenfalls mit einem Heißluftgebläse. Entfernen Sie bei den neuen Buchsen oben und unten die Dichtungen, schmieren Sie sie etwas und installieren Sie sie mit der größeren Schräge von oben – entweder mit einer Presse, einem geeigneten Eintreiber (17er Nuss) oder einer Einziehvorrichtung (beachten Sie die Hinweise in Sektion 5 der *Werkzeug- und Werkstatt-Tipps* im Anhang); erwärmen Sie nötigenfalls die Sitze (siehe Abbildung). Sichern Sie die Buchsen mit neuen Seegerringen und drücken Sie die Dichtungen mit einer 17er Nuss ein.

16 Pressen Sie den Stehbolzen in das neue Lenkkopflager.

17 Das neue Lager wird von unten in die Gabelbrücke gepresst. Legen Sie die Brücke dazu auf Hölzer, sodass genügend Platz für den Bolzen besteht. Erwärmen Sie den Lagersitz mit einem Heißluftgebläse und treiben Sie das Lager mit einem 33er-Steckschlüssel oder einem anderen Werkzeug, das nur seinen Außenrand berührt, hinein (siehe Abbildung).

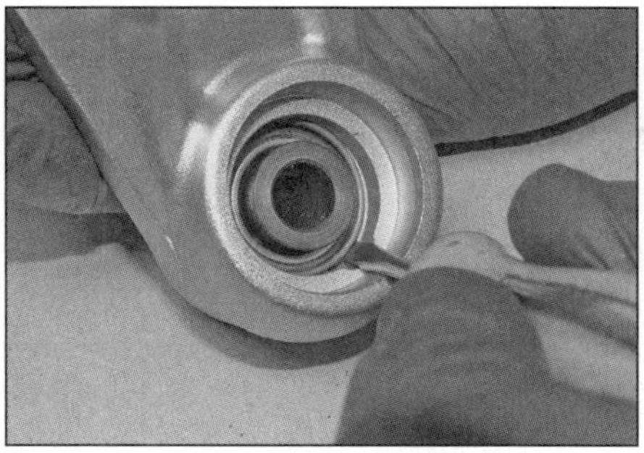

8.15b ... und den Sicherungsring ...

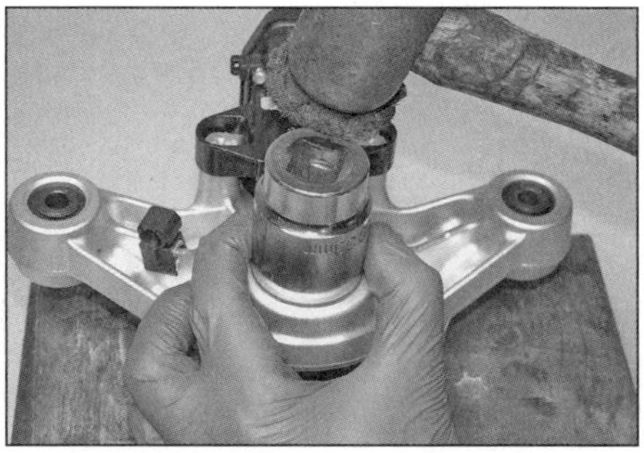

8.17 Treiben Sie das neue Lager mit einem Steckschlüssel ein.

8.15c ... und treiben Sie die Buchse heraus.

18 Sichern Sie das Lager mit einem neuen Seegerring, der korrekt in seiner Nut liegen muss (Abb. 8.12).

19 Der Einbau erfolgt in umgekehrter Ausbaureihenfolge – beachten Sie dabei folgende Punkte:

- Reinigen Sie das Gewinde des Lenkkopflagerstehbolzens und tragen Sie mittelfeste Sicherungspaste auf. Ziehen Sie den Bolzen mit 130 Nm an.
- Reinigen Sie die Gewinde der Verschlussstehbolzen und tragen Sie mittelfeste Sicherungspaste auf. Ziehen Sie die Bolzenmuttern mit 40 Nm an (Abb. 6.7).

9 Lenkschaft und Lenkkopflager – R und RS

Ausbau

1 **R-Modelle:** Entfernen Sie den Scheinwerfer und die Instrumentenbaugruppe (siehe Kapitel 8). Befreien und trennen Sie die Kabel und Stecker von der Front-Träger-Halterung und der oberen Gabelbrücke – merken Sie sich die Verlegung aller Kabel (siehe Abbildungen). Lösen Sie die Schrauben der Front-Träger-Halterung und entnehmen Sie diese samt der Blinker (siehe Abbildung). Befreien Sie nötigenfalls den Lenker von der Gabelbrücke und legen Sie ihn gut geschützt auf dem Tank ab; falls er komplett demontiert wird, kann die obere Gabelbrücke vollständig demontiert

9.1a Trennen Sie alle Stecker und befreien Sie die Kabel vorne ...

9.1b ... und aus den Clips an der Unterseite der oberen Gabelbrücke.

9.1c Lösen Sie an beiden Seiten die zwei Schrauben.

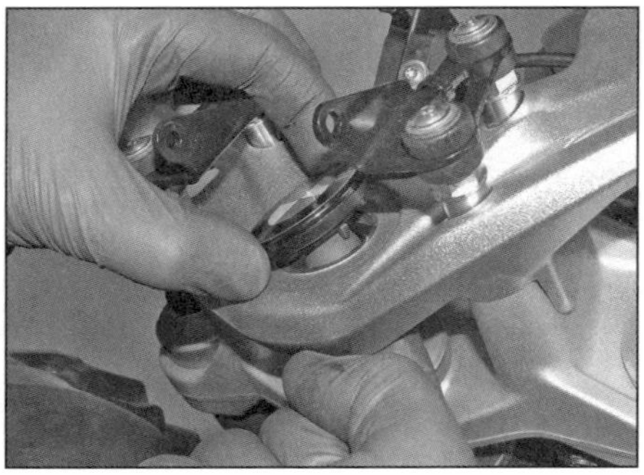

9.2 Entfernen Sie das Emblem, um Zugang zur Lenkschaftschraube zu erhalten.

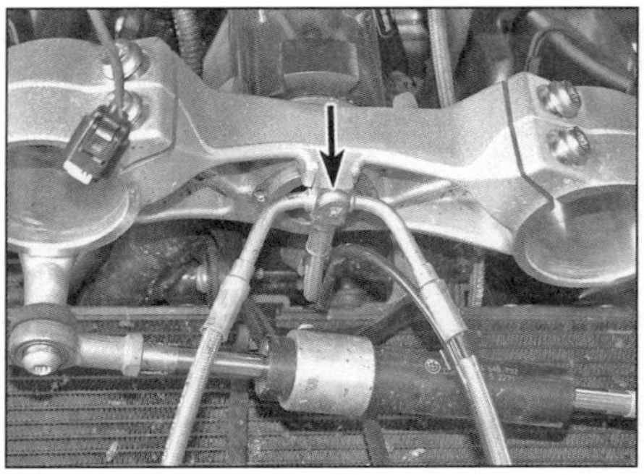

9.4 Lösen Sie die Schraube, um den Bremsschlauch-Verteiler zu befreien.

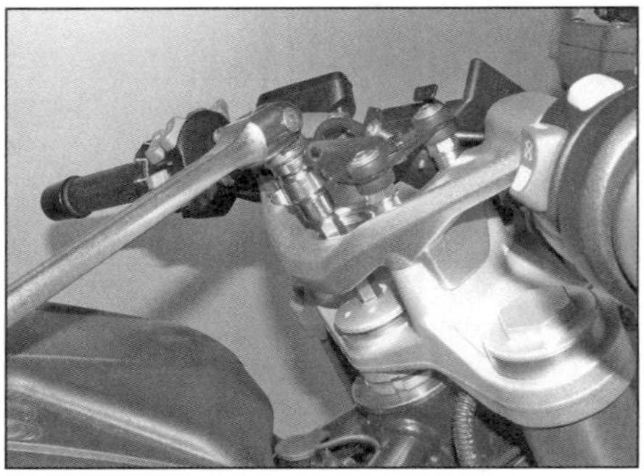

9.5a Lösen Sie die Schraube – bei RS-Modellen mit montiertem Lenker – durch das Emblem-Loch ...

9.5b ...und heben Sie sie an, um sie zur Seite zu schieben.

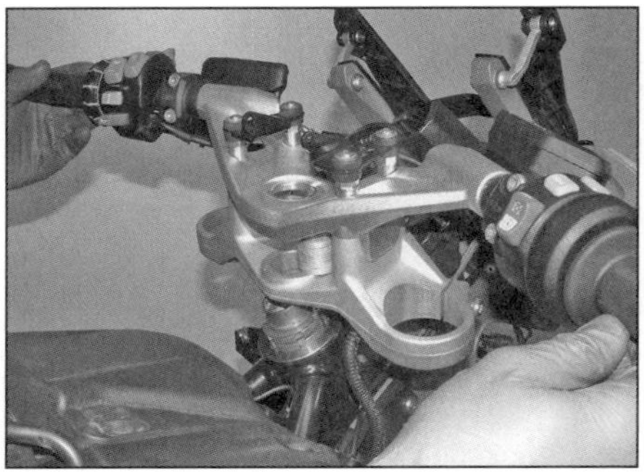

9.5c Heben Sie die aus Lenker und Gabelbrücke bestehende Baugruppe vom Lenkschaft ...

werden; falls er an der Brücke verbleibt, kann die gesamte Baugruppe auf dem Tank abgelegt werden.

2 RS-Modelle: Entfernen Sie die seitlichen und oberen Verkleidungsteile (siehe Kapitel 7). Befreien Sie die Verkabelung aus der/den Führung(en) an der Unterseite der oberen Gabelbrücke (Abb. 9.1b). Falls die obere Gabelbrücke vollständig entfernt werden soll, müssen der/die Stecker des Zündschlosses oder Keyless-Ride-Systems getrennt werden. Befreien Sie die Hydraulikleitung und Kabel aus der Führung. Befreien Sie nötigenfalls den Lenker von der Gabelbrücke und legen Sie ihn gut geschützt auf der Front ab; falls er komplett demontiert wird, kann die obere Gabelbrücke vollständig demontiert werden; falls er an der Brücke verbleibt, kann die gesamte Baugruppe auf der Front abgelegt werden (Abb. 9.5c). Falls der Lenker nicht demontiert wird, muss das BMW-Emblem herausgehebelt werden (siehe Abbildung).

3 Demontieren Sie die Gabelholme (siehe Sektion 7).

4 Befreien Sie den Bremsleitungs-Verteiler von der unteren Gabelbrücke (siehe Abbildung) und den Lenkungsdämpfer von der unteren Gabelbrücke (siehe Sektion 10).

5 Lösen Sie den Lenkschaftbolzen (siehe Abbildung) – falls bei RS-Modellen der Lenker montiert ist, kann der Bolzen nicht entnommen, aber angehoben und zur Seite geschoben werden (siehe Abbildung). Heben Sie die obere Gabelbrücke ggf. samt Lenker vom Lenkschaft und legen Sie sie ggf. ab – bei R-Modellen mit Lappen auf dem Tank, bei RS-Modellen mit Kabelbindern an der Front gesichert (siehe Abbildungen).

6 Entfernen Sie die Laschenscheibe unter Beachtung ihrer Einbaulage (siehe Abbildung). Lösen und entfernen Sie den Konterring und seine Gummischeibe – normalerweise sitzt er nicht sehr fest, andernfalls muss ein Hakenschlüssel oder Treibdorn zum Einsatz kommen (siehe Abbildung).

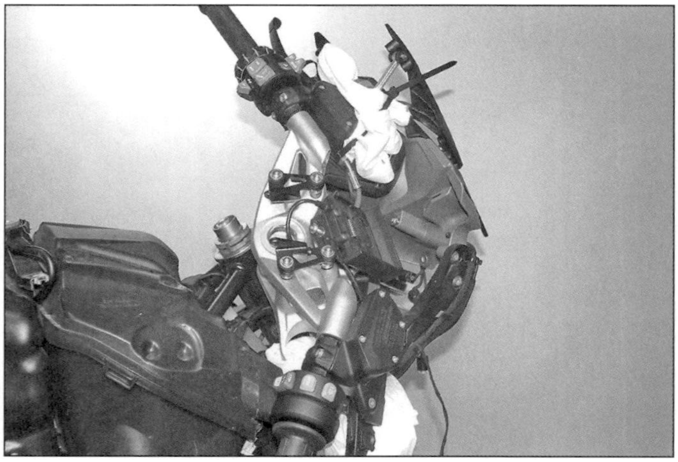

9.5d ...und sichern Sie sie bei RS-Modellen wie gezeigt.

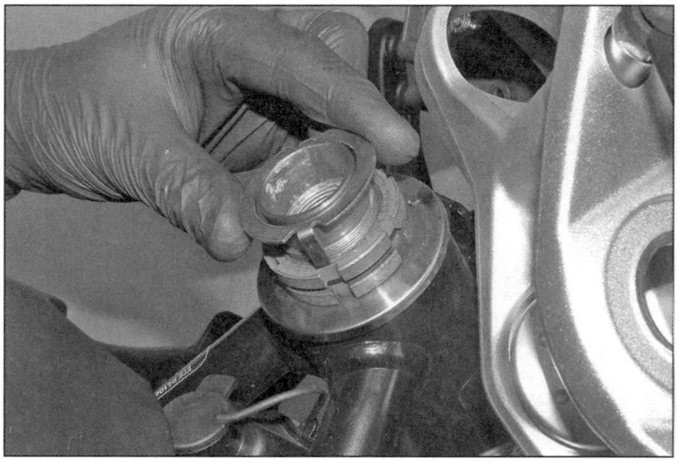

9.6a Heben Sie die Laschenscheibe ab ...

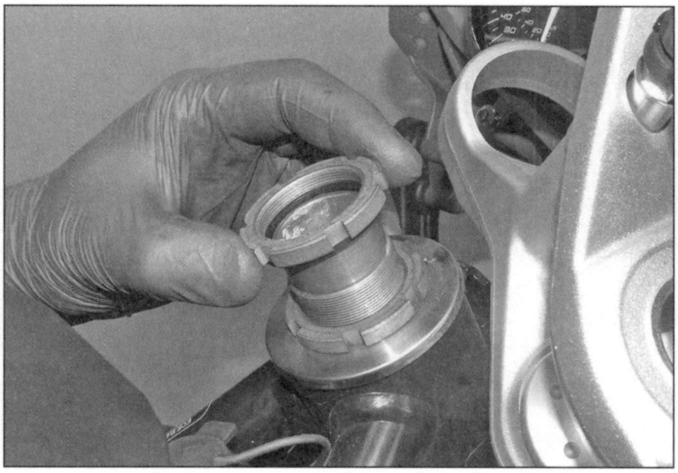

9.6b ...und lösen Sie den Konterring – die Gummischeibe wird daran haften bleiben.

9.7a Lösen Sie den Einstellring ...

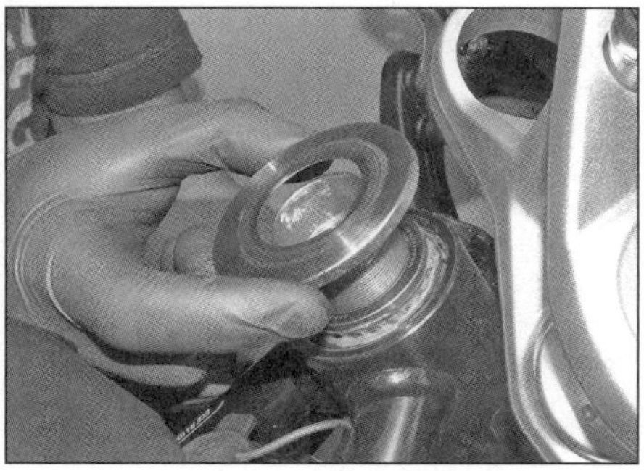

9.7b ...und entnehmen Sie die Lagerabdeckung.

9.7c Ziehen Sie die untere Gabelbrücke samt Lenkschaft aus dem Lenkkopf.

9.8a Entfernen Sie den Lagerinnenring und das obere Lager aus dem Lenkkopf.

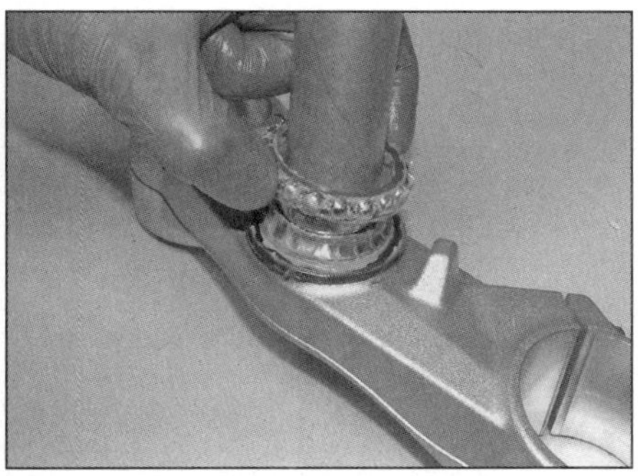

9.8b Heben Sie das untere Lager vom Lenkschaft.

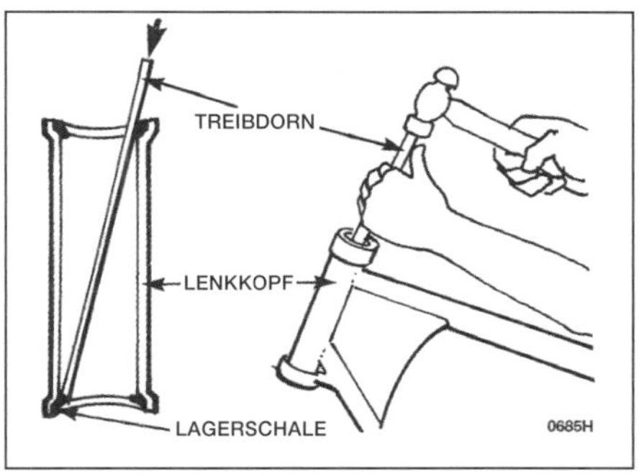

9.11a Treiben Sie die äußeren Lagerschalen von der Gegenseite mit einem Messingdorn aus, ...

9.11b ...der in den Ausschnitten angesetzt werden kann.

7 Stützen Sie die untere Gabelbrücke und lösen Sie den Einstellring mithilfe eines Hakenschlüssels (siehe Abbildung). Entfernen Sie die Lagerabdeckung und senken sie vorsichtig die untere Gabelbrücke mit dem Lenkschaft aus dem Lenkkopf ab (siehe Abbildungen).

8 Entfernen Sie das obere Lager und seine innere Lagerschale oben aus dem Lenkkopf (siehe Abbildung). Heben Sie das untere Lager von der unten am Lenkschaft sitzenden unteren inneren Lagerschale (siehe Abbildung) – deren Demontage sowie der Ausbau der beiden äußeren Lagerschalen ist unten beschrieben; diese Teile müssen anschließend durch Neuteile ersetzt werden.

Kontrolle

9 Entfernen Sie mit Petroleum oder Lösungsmittel alte Fettreste aus den Lagern und Schalen und kontrollieren Sie alles auf Verschleiß und Beschädigung.

10 Inspizieren Sie die Kugeln auf Verschleiß, Schäden und Verfärbung und überprüfen Sie ihren Käfig auf Brüche oder Risse. Die äußeren Lagerschalen oben und unten im Lenkkopf müssen glatt und ohne Eindrücke sein. Wenn irgendwelche Anzeichen von Verschleiß an einem Teil festgestellt werden, müssen beide Lenkkopflager als Satz ausgewechselt werden (siehe unten).

Ersetzen

11 Die äußeren Lagerschalen sind in den Lenkkopf eingepresst und können mit einem an den Ausschnitten angesetzten Treibdorn herausgeschlagen werden (siehe Abbildungen). Klopfen Sie kräftig und kreisförmig die Lager heraus, ohne sie dabei zu verkanten – es kann vorteilhaft sein, das Ende des Dorns zu

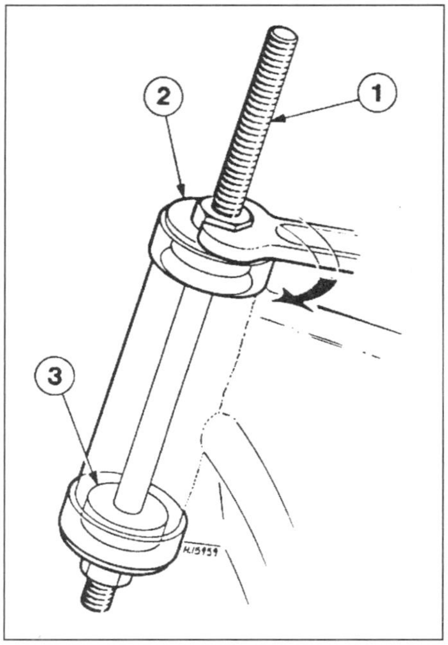

9.12 Lenkkopflager-Einziehvorrichtung

1 Lange Schraube oder Gewindestange
2 Dicke Scheibe
3 Führung für unteren Lagerring

krümmen, um die Ringe besser ausschlagen zu können.

12 Die neuen äußeren Lagerschalen können mit einer Einziehvorrichtung in den Lenkkopf gepresst (siehe Abbildung) oder mit einem entsprechend großen Rohr oder Steckschlüssel eingetrieben werden (hierzu muss das Motorrad so abgestützt werden, dass sämtliche Kräfte auf die Lagerschalen wirken können). BMW bietet eine passende Einziehvorrichtung an. Achten Sie darauf, dass die Scheibe des Einziehers oder der Rand des Treibers nur den äußeren Rand des Lagers und niemals die Lagerlauffläche berührt.

13 Der untere Lagerinnenring darf ebenfalls nur demontiert werden, wenn er ausgetauscht

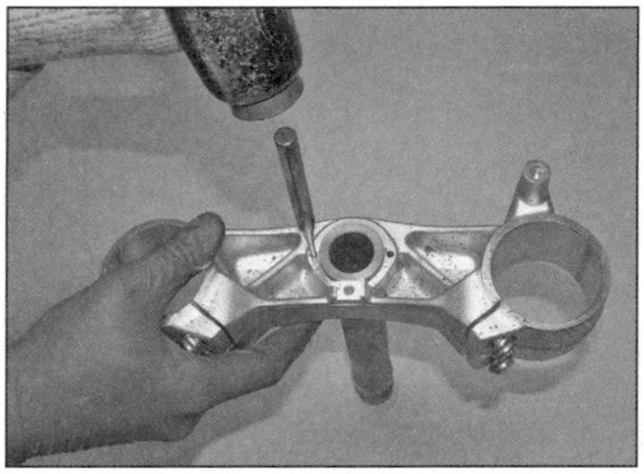

9.13 Entfernen Sie die untere Lagerschale mithilfe eines durch die Bohrungen eingesetzten Treibdorns.

Praxis TiPP ***Der Einbau neuer Lagerschalen kann vereinfacht werden, wenn man sie über Nacht in die Kühltruhe legt. Sie schrumpfen dadurch und lassen sich leichter einbauen. Alternativ kann Kältespray verwendet werden.***

werden soll. Stützen Sie dazu die untere Gabelbrücke auf Hölzern und treiben Sie den Ring mit einem in die Bohrungen passenden Dorn ab – wechseln Sie die Positionen regelmäßig, um den Ring nicht zu verkanten (siehe Abbildung). Wenn der Ring sehr fest sitzt, kann ein Heißluftgebläse verwendet werden, das möglichst nur den Ring und nicht den Schaft erwärmt. Der unter dem Ring sitzende Dichtring wird dabei ebenfalls befreit und muss auf jeden Fall ersetzt werden.

14 Schieben Sie einen neuen Dichtring über den Lenkschaft. Erwärmen Sie den Lagerinnenring und klopfen Sie ihn mit einem Rohr, das nicht die Lager-Gleitflächen berührt, in seine Position (siehe Abbildung).

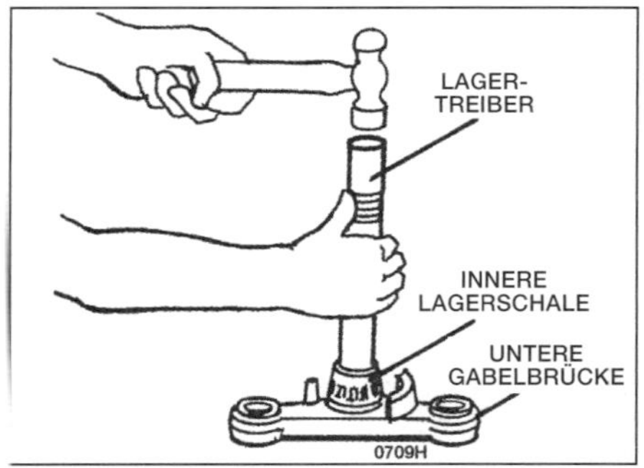

9.14 Treiben Sie das neue Lager mit einem geeigneten Treiber oder Rohr auf.

Einbau

15 Falls noch nicht geschehen, müssen mit Petroleum oder Lösungsmittel alte Fettreste aus den Lagern und Schalen entfernt werden.

16 Kontrollieren Sie, ob die untere Dichtung und der Lagerinnenring korrekt am Lenkschaft positioniert sind. Verteilen Sie eine ausreichende Menge Lithium-Mehrzweckfett auf den Lagerschalen und arbeiten Sie es gut in beide Lagerkäfige ein. Schmieren Sie auch den Dichtring an der Unterseite der oberen Lagerabdeckung. Schieben Sie das untere Lager über den Schaft (Abb. 9.8b) Installieren Sie das obere Lager samt Innenring in den Lenkkopf (Abb. 9.8a).

17 Heben Sie vorsichtig die untere Gabelbrücke mit dem Lenkschaft in den Lenkkopf und stützen Sie sie dort ab (Abb. 9.7c). Legen Sie oben die Lagerabdeckung auf (Abb. 9.7b) und drehen Sie den Einstellring so weit auf den Lenkschaft, dass er diesen spielfrei im Lenkkopf hält (siehe Abbildungen).

18 Für die Einstellung der Lenkkopflager werden die BMW-Werkzeuge mit den Teilenummern 313721 und 313723 sowie ein Drehmomentschlüssel benötigt. Ziehen Sie den Einstellring mit 15 Nm an. Prüfen Sie, ob der Lenkschaft frei von Anschlag zu Anschlag gedreht werden kann, aber kein Spiel aufweist.

9.17a Drehen Sie den Einstellring auf ...

9.17b ...und ziehen Sie ihn leicht an.

9.21 Richten Sie die Gabelbrücken mithilfe eines Holms aus und ziehen Sie die Lenkschaftschraube an.

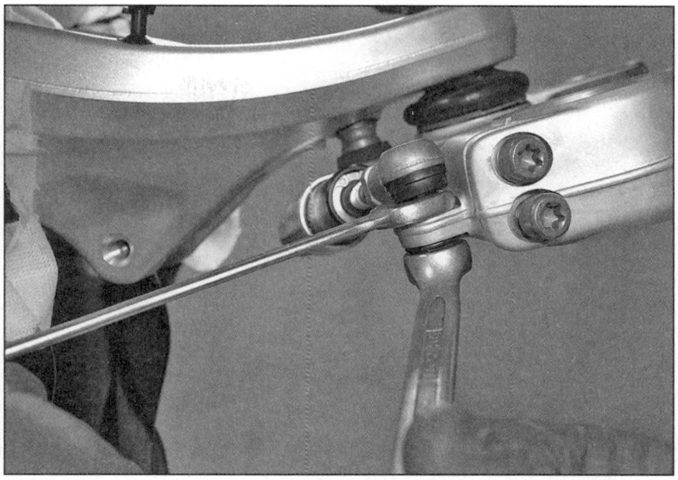

10.7 Halten Sie den Sechskant, während die Mutter gelockert wird.

19 Falls die BMW-Werkzeuge nicht vorhanden sind, muss der Einstellring mit einem Hakenschlüssel angezogen werden, bis kein Spiel mehr vorhanden ist; ziehen Sie ihn dann ein kleines Stück weiter (Abb. 9.17b). Lockern Sie jetzt den Ring wieder und ziehen Sie ihn erneut an, bis sämtliches Spiel eliminiert ist, der Lenkschaft sich aber frei von Anschlag zu Anschlag bewegen lässt.

Achtung: Üben Sie nicht zu viel Druck auf die Lager aus, da diese sich hierbei in die Lagerschalen eindrücken und unbrauchbar werden!

20 Legen Sie die Gummischeibe auf und drehen Sie den Konterring auf, bis sie leicht eingeklemmt ist (Abb. 9.6b). Ziehen Sie den Konterring ein Stück weiter, bis seine Nuten zu denen des Einstellrings ausgerichtet sind. Legen Sie jetzt die Laschenscheibe auf, sodass die Laschen den Konter- und den Einstellring sichern (Abb. 9.6a).

21 Montieren Sie die obere Gabelbrücke an den Lenkschaft (Abb. 9.5c). Installieren Sie den Lenkschaftbolzen und ziehen Sie ihn handfest an (Abb. 9.5b). Schieben Sie übergangsweise einen Gabelholm ein, um die beiden Brücken auszurichten, und sichern Sie ihn lediglich mit den Klemmschrauben der unteren Gabelbrücke (siehe Abbildung). Ziehen Sie den Lenkschaftbolzen jetzt mit 130 Nm an (Abb. 9.5a).

22 Installieren Sie die verbliebenen Komponenten in der umgekehrten Ausbaureihenfolge – beachten Sie die entsprechenden Sektionen und Kapitel sowie Drehmoment-Angaben am Anfang dieses Kapitels. Achten Sie darauf, alle Kabel und Leitungen korrekt zu verlegen.

23 Führen Sie zum Schluss eine erneute Kontrolle des Lenkkopflagerspiels durch, um die Trägheit aller montierten Bauteile zu berücksichtigen (siehe Kapitel 1). Ein Nachstellen wird wahrscheinlich nötig sein, wenn die Lager nicht mit dem korrekten Drehmoment, sondern mit der in Schritt 19 beschriebenen Methode eingestellt wurden.

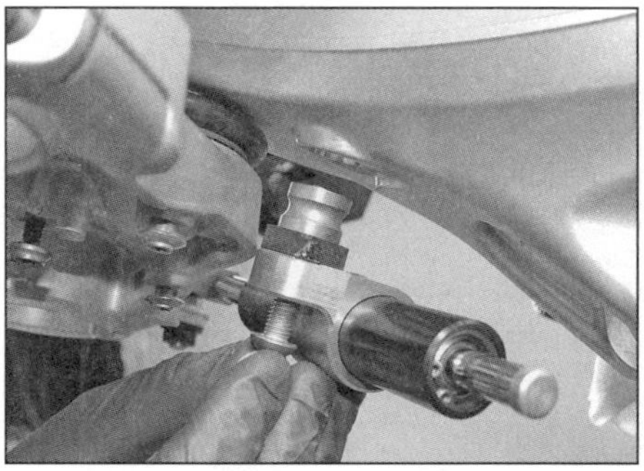

10.8 Beachten Sie die Ausrichtung der Befestigungskomponenten.

10 Lenkungsdämpfer

Kontrolle

1 Stützen Sie das Motorrad so ab, dass das Vorderrad nicht den Boden berührt, drehen Sie die Lenkung von Anschlag zu Anschlag und kontrollieren Sie, ob zwischen dem Dämpfer und seinen Befestigungen Spiel fühlbar ist.

2 Wird Spiel festgestellt, muss geprüft werden, ob die Befestigungen korrekt angezogen sind (Abb. 10.7 und 10.8 oder 10.10). Wenn die Befestigungen fest sind, können die Aufnahmen oder der Dämpfer selbst verschlissen sein; auch kann Spiel zwischen der Dämpferstange und dem Dämpfermechanismus auftreten.

3 Prüfen Sie, ob sich die Dämpferstange sanft und ohne zu haken oder zu klemmen im Dämpfergehäuse bewegen lässt.

4 Inspizieren Sie die Dämpferstange auf Ausbrüche oder Korrosion und kontrollieren Sie, ob an den Enden des Gehäuses Öl austritt.

5 Der Lenkungsdämpfer kann nicht repariert werden und muss bei oben beschriebenen Anzeichen ersetzt werden.

10.10 Lenkungsdämpfer-Schrauben

Ausbau und Einbau

GS, Adventure und RT

6 Bauen Sie das Vorderrad aus (siehe Kapitel 6) und demontieren Sie das Schutzblech (siehe Kapitel 7).

7 Kontern Sie den Sechskant unter dem Kugelgelenk und lösen Sie die Mutter an der Unterseite der unteren Gabelbrücke (siehe Abbildung). Heben Sie die Dämpferstange von der Gabelbrücke ab.

8 Lösen Sie die Dämpfer-Befestigungsschraube an der Unterseite der Telelever-Schwinge und entnehmen Sie den Dämpfer – stellen Sie die Scheibe und die Distanzhülse sicher (siehe Abbildung).

9 Der Einbau erfolgt in umgekehrter Ausbaureihenfolge. Reinigen Sie die Gewinde der Schraube und tragen Sie mittelfeste Sicherungspaste auf. Die Mutter muss entweder durch ein Neuteil ersetzt oder ebenfalls mit Sicherungspaste auf den Stehbolzen gedreht werden. Ziehen Sie die Mutter mit 19 Nm und die Schraube mit 24 Nm an.

R und RS

10 Lösen Sie die Dämpfer-Befestigungsschrauben und entnehmen Sie den Dämpfer – stellen Sie die Buchsen und Distanzhülsen sicher (siehe Abbildung).

11 Der Einbau erfolgt in umgekehrter Ausbaureihenfolge. Reinigen Sie die Gewinde der Schrauben und tragen Sie mittelfeste Sicherungspaste auf, bevor Sie sie mit 19 Nm anziehen.

11 Hinterrad-Stoßdämpfer

Ausbau

GS und Adventure

1 Stützen Sie das Motorrad mit dem Hauptständer ab.

2 Demontieren Sie das Motorsteuergerät (siehe Kapitel 4).

3 Entfernen Sie bei Modellen mit ESA die Batterieabdeckung (siehe Kapitel 8). Entfernen Sie die Abdeckung des Federungssensors (siehe Abbildung). Trennen Sie die ESA-Stecker (siehe Abbildung). Lösen Sie die Schraube, die rechts der Motorsteuerungs-Halterung am Rahmenheck sichert (siehe Abbildung). Lösen und befreien Sie den Sicherungshalter (siehe Abbildung). Befreien Sie die ESA-Verkabelung aus ihren Führungen und führen Sie die Stecker zwischen Halterung und Rahmenheck hindurch – merken Sie sich ihre Verlegung (siehe Abbildung); es ist leichter, das direkt über dem Ausgleichsbehälter des Stoßdämpfer nach dem Anheben des Rahmenhecks zu befreien (Schritt 7).

4 Entfernen Sie an beiden Seiten des Rahmens den Hackenschutz (siehe Abbildung).

5 Demontieren Sie den Schalldämpfer (siehe Kapitel 4).

6 Trennen Sie die Stecker der Regler/Gleichrichter-Einheit (siehe Abbildung).

7 Lösen Sie an beiden Seiten die unteren Schrauben des Rahmenhecks, lockern Sie dessen oberen Schrauben und schwenken Sie das Heck senkrecht nach oben – sichern Sie es dort, indem Sie die oberen Schrauben wieder anziehen (siehe Abbildungen). Befreien Sie – falls noch nicht geschehen – die Verkabelung aus der Führung oberhalb des Stoßdämpfers (siehe Abbildung).

11.3a Ziehen Sie den Stift aus der Öse und befreien Sie die Lasche.

11.3b Trennen Sie die Stecker.

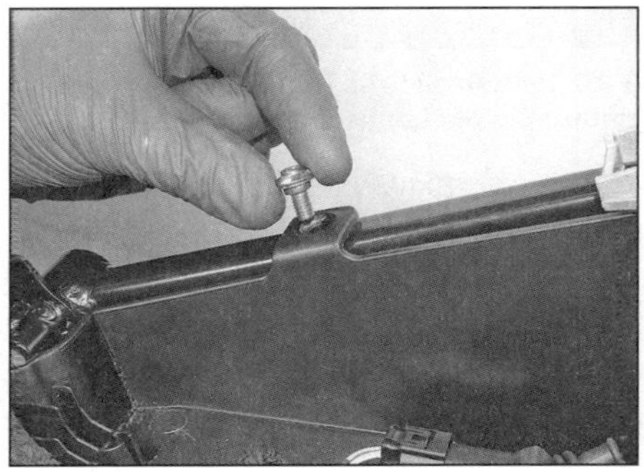

11.3c Lösen Sie die Schraube.

11.3d Lösen Sie mit einem spitzen Werkzeug die Arretierung und ziehen Sie den Halter ab.

11.3e Führen Sie den Stecker nach unten durch.

11.4 Entfernen Sie auf beiden Seiten den Hackenschutz.

11.6 Trennen Sie die Stecker.

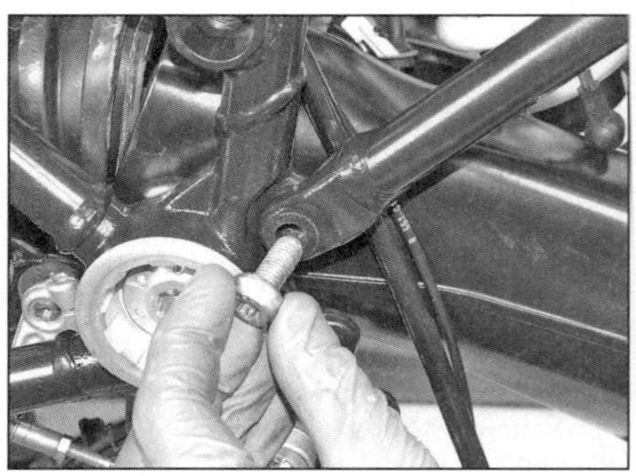

11.7a Lösen Sie am Heckrahmen die unteren Schrauben ...

11.7b ... und lockeren Sie die oberen, ...

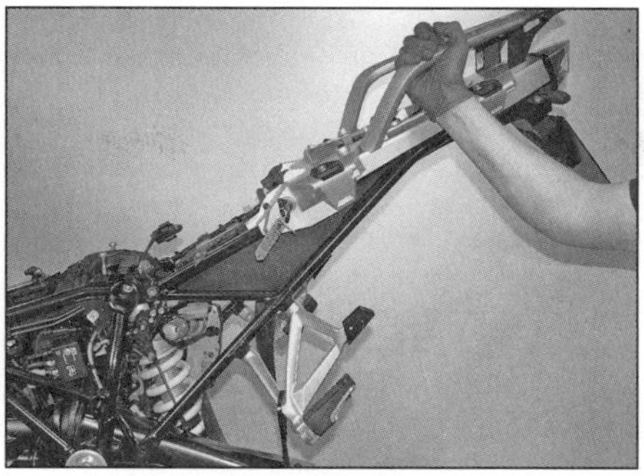

11.7c ... um das Heck hochzuschwenken.

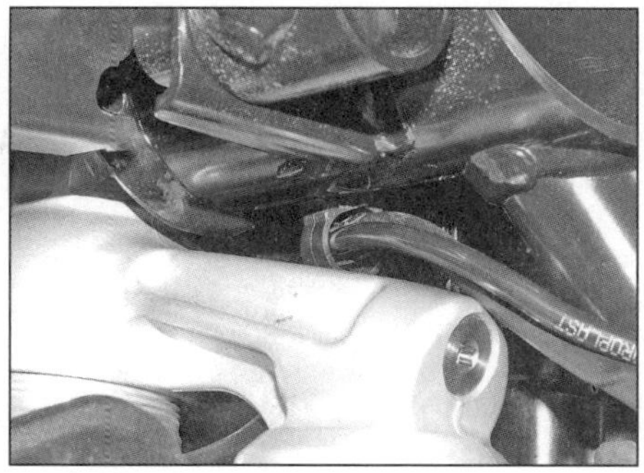

11.7d Befreien Sie bei Modellen mit ESA jetzt die Kabel.

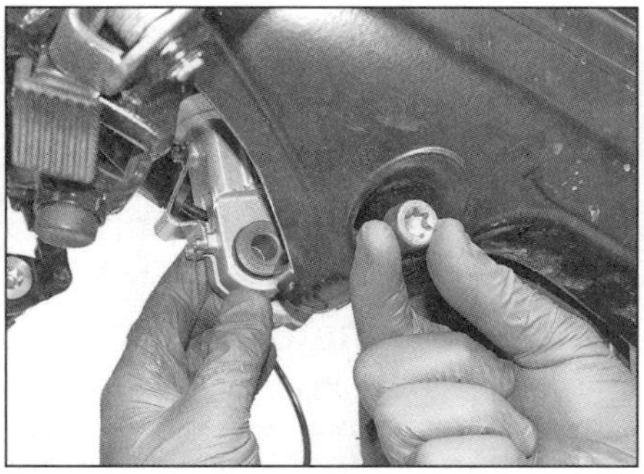

11.9a Lösen Sie den unteren ...

11.9b ... und den oberen Bolzen ...

11.9c ... und heben Sie den Stoßdämpfer aus dem Motorrad.

8 Stützen Sie das Hinterrad mit Hölzern ab, sodass es weder herunterfällt noch Druck auf den Dämpfer ausübt.

9 Lösen Sie den Bolzen, der den Stoßdämpfer unten an der Schwinge sichert (siehe Abbildung). Stützen Sie den Dämpfer, lösen Sie den oberen Bolzen und heben Sie den Dämpfer aus dem Motorrad (siehe Abbildungen).

RT-Modelle

10 Entfernen Sie die Verkleidung links unter der Sitzbank (siehe Kapitel 7) – entfernen Sie dabei sowohl die linke und die rechte Stoßdämpfer-Abdeckung.

11 Demontieren Sie den Schalldämpfer (siehe Kapitel 4).

12 Demontieren Sie das Hinterrad (siehe Kapitel 6). Positionieren Sie eine Stütze (z.B. ein Stück Holz) unter dem Endantrieb, sodass er gehalten wird, aber nicht den Stoßdämpfer komprimiert. Stellen Sie die Stütze nicht unter die Bremsscheibe!

13 Entfernen Sie den Spritzschutz.

14 Entfernen Sie bei Modellen mit ESA das Motorsteuergerät (siehe Kapitel 4). Befreien Sie das Gestänge des Federungssensors vom Kugelgelenk an der Schwinge (siehe Abbildung). Trennen Sie die ESA-Stecker (Abb. 11.3b). Lösen und befreien Sie den Sicherungshalter (Abb. 11.3d). Befreien Sie die ESA-Verkabelung aus ihren Führungen und führen Sie die Stecker herunter.

15 Lösen und entfernen Sie den oberen Stoßdämpferbolzen – heben oder senken Sie die Schwinge leicht, um keinen Druck auszuüben (Abb. 11.9b). Entfernen Sie die Stütze und senken Sie die Schwinge ab. Lösen Sie den unteren Stoßdämpferbolzen, ziehen Sie ihn heraus und befreien Sie den Stoßdämpfer (Abb. 11.9a).

R und RS

16 Stützen Sie das Motorrad mit dem Hauptständer oder einem Montageständer, der das Heck über den Rahmen – nicht über die Schwinge – abstützt.

17 Entfernen Sie bei Modellen mit ESA das Motorsteuergerät (siehe Kapitel 4). Befreien Sie das Gestänge des Federungssensors vom Kugelgelenk an der Schwinge (Abb. 11.14). Trennen Sie die ESA-Stecker (Abb. 11.3b). Öffnen Sie den Kabelbinder am Sicherungshalter und befreien Sie diesen (Abb. 11.3d). Befreien Sie die ESA-Verkabelung aus ihren Führungen und führen Sie die Stecker herunter.

18 Positionieren Sie eine Stütze (z.B. ein Stück Holz) unter dem Endantrieb, sodass er gehalten wird, aber nicht den Stoßdämpfer komprimiert. Stellen Sie die Stütze nicht unter die Bremsscheibe!

19 Lösen und entfernen Sie den oberen Stoßdämpferbolzen – heben oder senken Sie die Schwinge leicht, um keinen Druck auszuüben (Abb. 11.9b). Entfernen Sie die Stütze und senken Sie die Schwinge ab. Lösen Sie den unteren Stoßdämpferbolzen, ziehen Sie ihn heraus und befreien Sie den Stoßdämpfer (Abb. 11.9a).

11.14 Ziehen Sie das Gestänge vom Kugelgelenk.

Kontrolle

20 Inspizieren Sie den Stoßdämpfer auf sichtbare Schäden. Kontrollieren Sie die Feder auf Risse oder Anzeichen von Ermüdung. Falls vorhanden, muss die Funktion des Federvorspannungs-Einstellers überprüft werden.

21 Begutachten Sie die Dämpferstange auf Anzeichen von Verzug, Ausbrüche und Undichtigkeit.

22 Kontrollieren Sie die beiden Aufnahmebuchsen des Dämpfers auf Verschleiß und Schäden.

23 Für den Hinterradstoßdämpfer sind keine Ersatzteile erhältlich, sodass er nötigenfalls komplett ersetzt werden muss. Vor dem Kauf eines Neuteils sollte jedoch Rat bei einem Stoßdämpfer-Spezialisten gesucht werden.

Einbau

24 Der Einbau erfolgt in umgekehrter Ausbaureihenfolge – beachten Sie dabei folgende Punkte:

- Schmieren Sie die Schäfte der Stoßdämpferbolzen mit etwas Fett.
- Reinigen Sie die Gewinde der Stoßdämpferbolzen und tragen Sie hochfeste Sicherungspaste (z.B. *Loctite 270*) auf.
- Ziehen Sie die Stoßdämpferbolzen jeweils mit 100 Nm an.
- Verbinden Sie bei Modellen mit ESA die Kabelstecker und sichern Sie die Kabel in ihren Führungen. Verbinden Sie das Gestänge des Federungssensors mit dem Kugelgelenk der Schwinge. Nach Beendigung der Arbeit muss der Federungssensor von einer BMW-Werkstatt rekalibriert werden.

12 Federung – Einstellung und ESA

Federelemente mit manueller Einstellung

1 Stützen Sie das Motorrad mit dem Hauptständer oder einer geeigneten Vorrichtung aufrecht ab.

2 Die Vorderradfederung ist nicht einstellbar.

12.11a Befreien Sie den Benzinschlauch aus seinem Clip.

3 Der Hinterradstoßdämpfer ist in der Federvorspannung und der Zugdämpfung einstellbar. Die Dämpfereinstellung muss an die Federvorspannung angepasst sein: mehr Vorspannung erfordert eine härtere Dämpfung und umgekehrt.

4 Entfernen Sie bei RT-Modellen die Abdeckung des Vorspannungs-Einstellers, indem Sie ihn unten zuerst herausziehen und dann die oberen Laschen befreien. Um das Einstellrad besser drehen zu können, ist dem Bordwerkzeug ein Griff beigelegt, der in die Löcher des Rades gesteckt werden kann.

5 Die Federvorspannung wird durch Drehen des Einstellrades oben am Stoßdämpfer justiert: drehen Sie das Rad gegen den Uhrzeigersinn (LOW), um die Vorspannung zu verringern; drehen Sie ihn im Uhrzeigersinn (HIGH), um sie zu erhöhen. Für Solo-Fahrten muss bei allen Modellen das Rad zunächst vollständig nach links (LOW-Pfeil) gedreht werden; drehen Sie das Rad dann je nach zusätzlichem Gewicht und Fahrer-Präferenzen nach rechts. Für zusätzliche Beladung werden bei GS-Modellen keine Empfehlungen gegeben. Für Adventure-Modelle empfiehlt BMW als Richtlinie 15 Umdrehungen im Uhrzeigersinn bei Fahrer plus Gepäck und 30 Umdrehungen bei zwei Personen mit Gepäck. Für RT-Modelle empfiehlt BMW als Richtlinie 10 Umdrehungen im Uhrzeigersinn bei Fahrer plus Gepäck und das Drehen bis zum Anschlag bei zwei Personen mit Gepäck. Für R- und RS-Modelle empfiehlt BMW als Richtlinie 15 Umdrehungen im Uhrzeigersinn bei Fahrer plus Gepäck und das Drehen bis zum Anschlag bei zwei Personen mit Gepäck.

6 Die bevorzugten Einstellungen für bestimmte Lasten können durch Abzählen der sichtbaren Kerben an der Spindel des Einstellrades ermittelt und notiert werden.

7 Die Dämpfung wird durch Drehen des Einstellrades unten am Stoßdämpfer justiert: drehen Sie das Rad gegen den Uhrzeigersinn, um die Dämpfung zu verringern; drehen Sie ihn im Uhrzeigersinn, um sie zu erhöhen. Für Solo-Fahrten muss bei allen Modellen das Rad zunächst vollständig nach rechts gedreht werden; drehen Sie ihn dann bei GS- und Adv.-Modellen 8 Klicks und bei RT-, R- und RS-Modellen um 6 Klicks gegen den Uhrzeigersinn. Drehen Sie das Rad dann je nach zusätzlichem Gewicht, Fahrbahnzustand und Fahrer-Präferenzen nach rechts. Für zusätzliche Beladung werden bei GS-Modellen keine Empfehlungen gegeben. Für Adventure-Modelle empfiehlt BMW bei zusätzlichem Gepäck und/oder Passagier 4 Klicks vom rechten Anschlag aus nach links (oder 4 Klicks nach rechts ab der Solo-Empfehlung). Für RT-Modelle empfiehlt BMW bei zusätzlichem Gepäck 4 Klicks nach rechts ab der Solo-Empfehlung bzw. 6 Klicks nach rechts, wenn ein Beifahrer und Gepäck mitgenommen werden. Für R- und RS-Modelle empfiehlt BMW bei zusätzlichem Gepäck 4 Klicks nach rechts ab der Solo-Empfehlung bzw. vollständiges Drehen nach rechts, wenn ein Beifahrer und Gepäck mitgenommen werden.

ESA – Electronic Suspension Adjustment (Elektronische Fahrwerkseinstellung)

8 Mithilfe des Menu-Knopfes am linken Lenkerschalters lassen sich verschiedene Federvorspannungs- und Dämpfungs-Optionen einstellen – beachten Sie die Hinweise in der Betriebsanleitung Ihres Motorrades.

9 Wenn beim Ändern der Einstellung keine Veränderungen am Fahrwerk festgestellt werden, müssen zuerst die Kabel und Stecker kontrolliert werden (Sektionen 6, 7 und 11). Ist hier alles in Ordnung, muss das Motorrad dann mit einem Diagnosegerät kontrolliert werden, das schadhafte Bauteile identifizieren kann – lassen Sie dies sicherheitshalber von einer BMW-Werkstatt durchführen.

Federungssensoren

Vorne

10 Demontieren Sie den Tank (siehe Kapitel 4).

11 Befreien Sie den Sensor-Hebel von der Telelever-Schwinge (Abb. 6.33a). Befreien Sie den Benzinschlauch aus dem linken Tank-

12.11b Trennen und befreien Sie das Sensorkabel.

12.11c Schrauben des Tankhalters

12.14a Trennen Sie den Stecker des Sensorkabels ...

12.14b ... und lösen Sie die zwei Schrauben.

halter (siehe Abbildung). Trennen Sie den Stecker vom Sensor und befreien Sie die Kabelführung vom Tankhalter (siehe Abbildung). Lösen Sie die Schrauben des Tankhalters und entnehmen Sie diesen zusammen mit dem Sensor (siehe Abbildung). Lösen Sie die Schrauben des Sensors und trennen Sie diesen vom Halter. Beachten Sie für R- und RS-Modelle die Hinweise in Sektion 7.

12 Der Einbau erfolgt in umgekehrter Ausbaureihenfolge.

Hinten

13 Entfernen Sie bei RT-Modellen die linke Stoßdämpfer-Abdeckung (siehe Kapitel 7). Entfernen Sie bei allen anderen Modellen die Abdeckung des Federungssensors (Abb. 11.3a).

14 Befreien Sie den Sensorhebel von der Schwinge (Abb. 11.14). Trennen Sie den Stecker vom Sensor (siehe Abbildung). Lösen Sie die Schrauben und entnehmen Sie den Sensor (siehe Abbildung).

15 Der Einbau erfolgt in umgekehrter Ausbaureihenfolge.

13 Hinterradschwinge und Kardanwelle

1 Die Schwinge, die Kardanwelle und der Endantrieb können zusammen als Baugruppe demontiert werden, allerdings ist diese recht schwer und sperrig, sodass es empfehlenswert ist, zunächst die Endantrieb-Einheit zu entfernen. Die Kardanwelle kann nötigenfalls bei montierter Schwinge befreit werden, nachdem der Endantrieb heruntergeschwenkt wurde (siehe unten).

2 Stellen Sie das Motorrad auf den Hauptständer, oder stützen Sie es anderweitig sicher über den Rahmen ab, sodass die Last nicht auf der Schwinge liegt. Ziehen Sie den Bremshebel mit Gummibändern gegen den Lenker.

3 Demontieren Sie das Hinterrad (siehe Kapitel 6).

4 Befreien Sie den Hinterradsensor (siehe Abbildung).

5 Demontieren Sie den Hinterrad-Bremssattel (siehe Kapitel 6) und sichern Sie ihn sowie den Sensor am Rahmenheck – die Bremsleitung kann angeschlossen bleiben.

6 Demontieren Sie nötigenfalls die Endantrieb-Einheit (siehe Sektion 14).

7 Falls die Endantrieb-Einheit nicht entfernt wurde, muss sie abgestützt werden. Lösen Sie die Schraube, die den Paralever-Hebel an der Endantrieb-Einheit sichert, beachten Sie die Kabelführung. Schwenken Sie den Hebel hoch und sichern Sie ihn am Rahmenheck (siehe Abbildung); falls der Hebel entfernt werden soll, müssen die Schrauben der Bremsschlauch- und Kabel-Abdeckung gelöst und diese entfernt werden; lösen Sie dann die

13.4 Lösen Sie die Schraube und ziehen Sie den Sensor heraus.

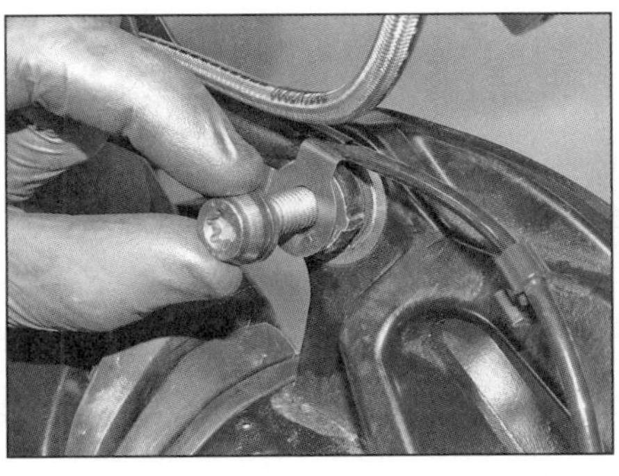

13.7a Befreien Sie den Paralever-Hebel vom Endantrieb-Gehäuse.

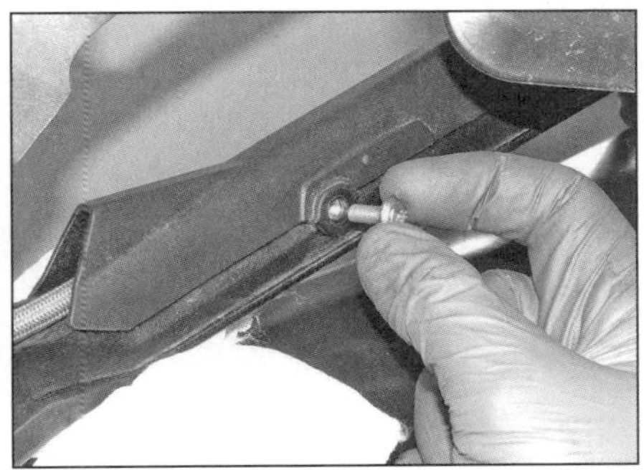

13.7b Lösen Sie die hintere ...

13.7c ... und die vordere Schraube, ...

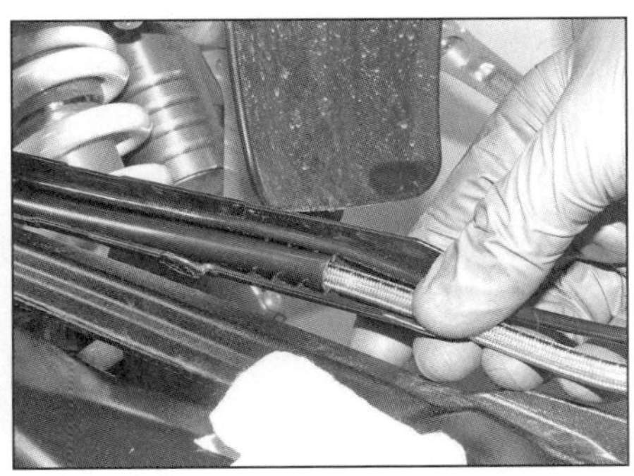

13.7d ... befreien Sie den Bremsschlauch und das Kabel und entnehmen Sie die Abdeckung.

13.7e Lösen Sie am Rahmen die Schraube, um den Paralever-Hebel zu entfernen.

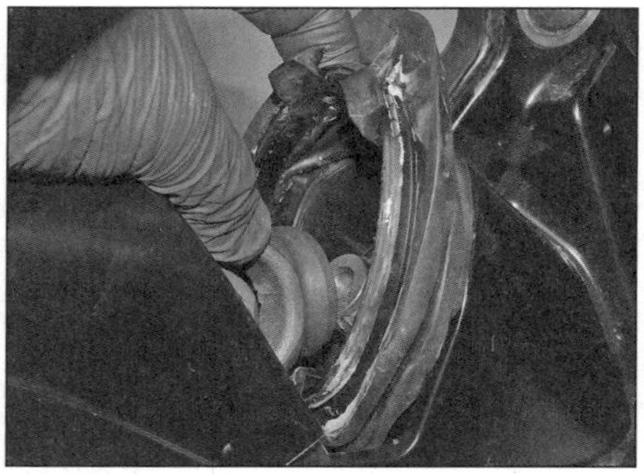

13.8a Entfernen Sie die Stütze, schwenken Sie den Endantrieb zurück ...

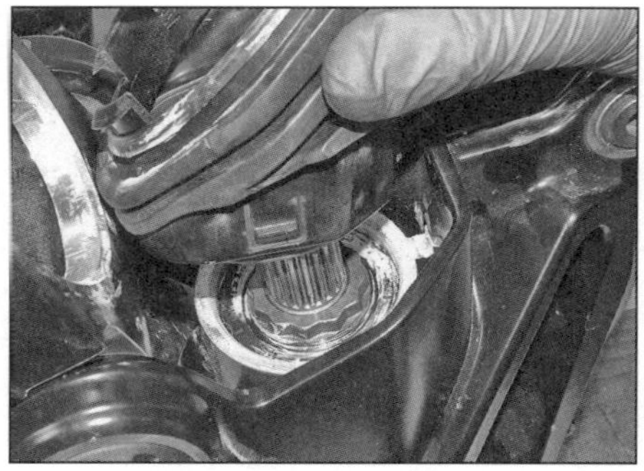

13.8b ... und entnehmen Sie die Manschette.

13.9 Ziehen Sie die Manschette von der Schwinge.

13.10a Hebeln Sie die vordere Kardanwellen-Kupplung von der Getriebe-Ausgangswelle ...

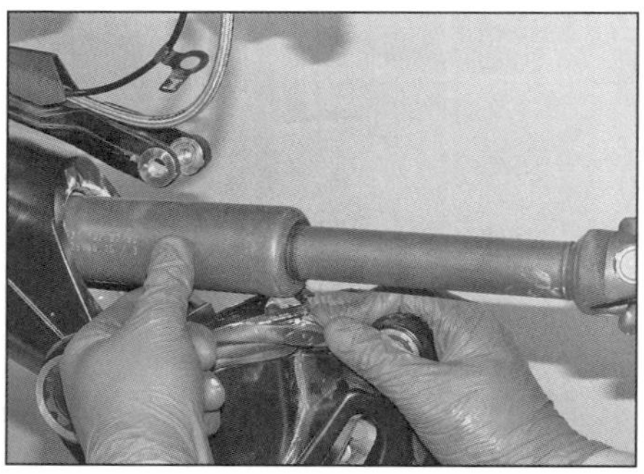

13.10b ... und ziehen Sie die Kardanwelle aus der Schwinge.

13.12a Lösen Sie die Mutter und entfernen Sie – falls vorhanden – den Stopfen.

13.12b Lösen Sie den Lagerzapfen.

Schraube, die den Hebel am Rahmen sichert, und entnehmen Sie ihn (siehe Abbildungen).

8 Falls die Endantrieb-Einheit nicht entfernt wurde und die Kardanwelle aus der Schwinge gezogen werden soll, muss die Stütze unter die Schwinge versetzt und das Endantrieb-Gehäuse vorsichtig nach hinten geschwenkt werden – befreien Sie dabei die Gummimanschette aus der Schwinge; die Kegelradwelle wird dabei aus der Kardanwellen-Kupplung rutschen (siehe Abbildung). Entfernen Sie die Manschette – beachten Sie dabei den Kunststoff-Einsatz (siehe Abbildung).

9 Befreien Sie vorne an der Schwinge die Gummimanschette (siehe Abbildung).

10 Ein innerhalb der vorderen Kardanwellen-Kupplung sitzender Ring sichert diese an der Getriebeausgangswelle, indem er in deren Nut einrastet. Schieben Sie einen geeigneten Hebel (z.B. einen stabilen Schraubendreher) zwischen die Hälften der vorderen Kupplung, sodass diese von der Getriebewelle befreit werden kann (siehe Abbildung). Ziehen Sie nötigenfalls die Kardanwelle aus der Schwinge – merken Sie sich ihre Einbaurichtung (siehe Abbildung).

11 Demontieren Sie den Stoßdämpfer (siehe Sektion 11). Stützen Sie die Schwinge oder das Endantrieb-Gehäuse gut ab.

12 Lösen Sie die Kontermutter des rechten Schwingenlager-Zapfens und entfernen Sie ggf. den Anti-Reibungs-Stopfen, schrauben Sie dann den Zapfen heraus (siehe Abbildungen).

13 Stützen Sie die Schwingen-Baugruppe. Erwärmen Sie den linken Schwingenlager-Zapfen mit einem Heißluftgebläse und schrauben Sie ihn heraus. Entfernen Sie je nach Modell den Anti-Reibungs-Stopfen oder die Scheibe (siehe Abbildungen).

13.13a Erwärmen Sie den Lagerzapfen ...

14 Ziehen Sie die Schwinge vorsichtig nach hinten ab (siehe Abbildung).

15 Befreien und entnehmen Sie nötigenfalls die vordere Manschette – beachten Sie dabei den Kunststoff-Einsatz.

Kontrolle

16 Kontrollieren Sie die Gummimanschetten. Falls sie spröde sind oder Risse aufweisen, müssen sie ersetzt werden.

17 Befreien Sie alle Komponenten sorgfältig von Schmutz, Korrosion und Fett.

18 Inspizieren Sie die Bauteile genau auf Anzeichen von Verschleiß oder Unfallschäden – schadhafte Teile müssen ersetzt werden.

19 Inspizieren Sie die Kreuzgelenke der Kardanwellen-Kupplungen auf Verschleiß – sie müssen sich frei und sanft, aber absolut spielfrei bewegen lassen (siehe Abbildung). Falls Verschleiß festgestellt wird, muss die gesamte Kardanwelle ersetzt werden, da die Gelenke nicht separat erhältlich sind.

13.13b . . . und lösen Sie ihn.

20 Begutachten Sie die Keilverzahnungen innerhalb der Kardanwellen-Kupplungen und auf der Getriebewelle sowie der Kegelradwelle auf Verschleiß. Kontrollieren Sie den Sitz der Kupplungen auf der jeweiligen Welle – sie müssen sich sanft aufschieben lassen, dürfen aber nur minimales Spiel aufweisen. Nötigenfalls müssen die Kardanwelle und/oder das Endantrieb-Gehäuse und/oder das Getriebe ersetzt werden – Einzelteile der beiden Gehäuse sind nicht erhältlich.

21 Kontrollieren Sie die Schwingenlager und die Gleitflächen der Lagerzapfen (siehe Abbildung). Beachten Sie die *Werkzeug- und Werkstatt-Tipps* im Anhang, um Details über die Kontrolle und das Ersetzen von Lagern zu erfahren. BMW schreibt vor, den linken Lagerzapfen nach dem Ausbau durch ein Neuteil zu ersetzen.

22 Inspizieren Sie die vorne im Paralever-Hebel und oben im Endantrieb-Gehäuse sitzenden Gummibuchsen (siehe Abbildung) – falls sie spröde oder verschlissen sind, müssen sie ersetzt werden (die hierfür benötigte Ausziehvorrichtung ist in den *Werkzeug- und Werkstatt-Tipps* im Anhang beschrieben).

Einbau

23 Schmieren Sie die Verzahnung der Getriebeausgangswelle mit Molybdänfett. Schieben Sie ggf. die Gummimanschette auf ihren Sitz am Getriebe und sichern Sie sie mit einem Kabelbinder – achten Sie darauf, dass der Kunststoff-Einsatz hinten in der Manschette sitzt.

24 Schmieren Sie am rechten Schwingenlagerzapfen die Lagerfläche und den inneren schmalen Bereich des Gewindes und am linken Lagerzapfen die Lagerfläche mit Molybdänfett. Tragen Sie am linken Zapfen zwischen der Mitte des Gewindes und dem Kopf hochfeste Sicherungspaste (z.B. Loctite 270) auf.

25 Manövrieren Sie vorsichtig die Schwinge in Position und drehen Sie die Lagerzapfen handfest ein. Installieren Sie je nach Modell links den Anti-Reibungs-Stopfen oder die Scheibe (Abb. 13.14, 13.13b und 13.12b). Ziehen Sie zuerst den linken Lagerzapfen mit 100 Nm an. Ziehen Sie dann den rechten Lagerzapfen zunächst mit 15 Nm an, lockern Sie ihn und ziehen Sie ihn schließlich mit dem Endwert von 7 Nm an. Bringen Sie zwischen dem rechten Lagerzapfen und dem Rahmen eine Referenzmarkierung an, die nicht vom ggf. vorhandenen Anti-Reibungs-Stopfen verdeckt wird, der anschließend zu installieren ist. Drehen Sie die Kontermutter auf und ziehen Sie sie mit 145 Nm an (Abb. 13.12a). Prüfen Sie anschließend, ob die Markierungen noch fluchten oder der Lagerzapfen mitgedreht hat; lockern Sie ggf. die Mutter und den Zapfen und sichern Sie diesen mit den BMW-Werkzeugen 33541 und 33642, während die Mutter erneut angezogen wird. Prüfen Sie, ob die Schwinge sanft und frei auf und ab bewegt werden kann, und stützen Sie sie ab.

26 Schmieren Sie die Verzahnungen der Kardanwelle mit Molybdänfett. Schieben Sie die

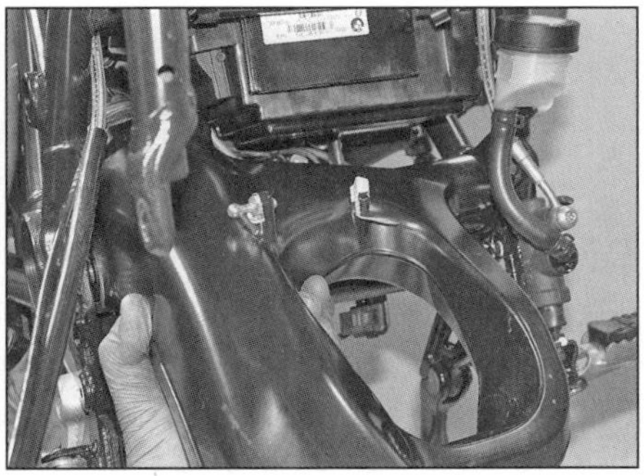

13.14 Befreien Sie die Schwinge aus dem Motorrad.

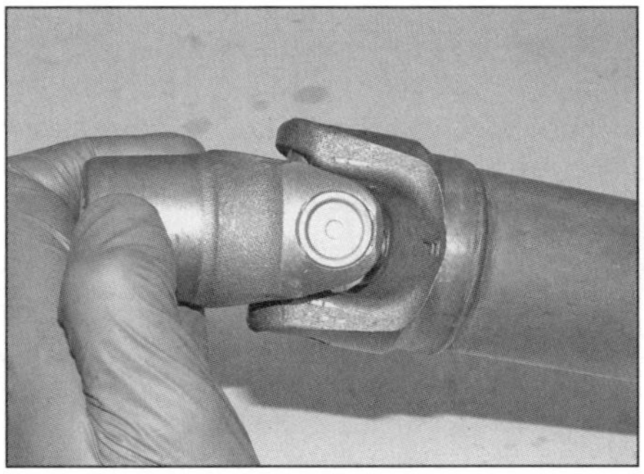

13.19 Kontrollieren Sie die Kreuzgelenke auf Verschleiß.

13.21 Kontrollieren Sie die Schwingenlager.

13.22 Kontrollieren Sie die Lagerbuchsen des Paralever-Hebels.

13.26a Führen Sie die Kardanwelle über die Ausgangswelle . . .

13.26b . . . und hebeln Sie auf, um den Sicherungsring einrasten zu lassen.

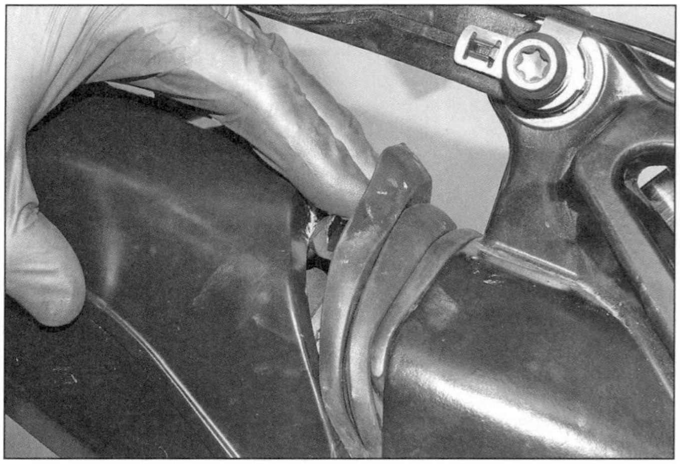

13.31 Richten Sie die Laschen der Manschette unter dem Rand der Schwinge aus.

14.7a Hebeln Sie die Kappe ab, ...

Kardanwelle mit dem dickeren Ende voran in die Schwinge (Abb. 13.10b) und führen Sie sie über die Ausgangswelle – drehen Sie sie nötigenfalls, um die Verzahnungen auszurichten (siehe Abbildung). Hebeln Sie die Welle vollständig auf, sodass der Sicherungsring in seiner Nut einrastet – prüfen Sie dies, indem Sie versuchen, sie zurück zu ziehen (siehe Abbildung).

27 Schmieren Sie den hinteren Bund der vorderen Manschette mit Silikonpaste und schieben Sie sie vorne auf die Schwinge – achten Sie darauf, dass der Kunststoff-Einsatz korrekt ausgerichtet ist und richtig sitzt (Abb. 13.9).

28 Montieren Sie den Stoßdämpfer (siehe Sektion 11).

29 Falls der Paralever-Hebel vollständig entfernt wurde, muss das Gewinde seiner vorderen Schraube gereinigt und mit hochfester Sicherungspaste versehen werden. Richten Sie den Hebel zum Rahmen aus, installieren Sie die Schraube und ziehen Sie sie mit 56 Nm an (Abb. 13.7e). Legen Sie den Bremsschlauch und das Kabel in die Abdeckung und montieren Sie diese an den Hebel (Abb. 13.7d, c und b).

30 Falls entfernt, wird jetzt die Endantrieb-Einheit montiert (siehe Sektion 14).

31 Falls die Endantrieb-Einheit nicht komplett demontiert war, muss die Kerbverzahnung der Kegelradwelle mit Molybdänfett und der hintere Bund der Manschette mit Silikonpaste geschmiert werden. Schieben Sie die Manschette auf das Endantrieb-Gehäuse, sodass sie rundherum korrekt sitzt (Abb. 13.8b). Reinigen Sie das Gewinde der hinteren Paraleverhebel-Schraube und tragen Sie hochfeste Sicherungspaste auf. Schwenken Sie den Endantrieb hoch und richten Sie die Wellenverzahnung in der Kardanwellen-Kupplung aus (Abb. 13.8a). Setzen Sie den Paralever-Hebel an, positionieren Sie die Kabelführung, installieren Sie die Schraube und ziehen Sie sie mit 56 Nm an (Abb. 13.7a). Drücken Sie die Manschette in die Schwinge (siehe Abbildung).

32 Montieren Sie die verbliebenen Teile in der umgekehrten Ausbaureihenfolge.

14 Endantrieb-Baugruppe

Anmerkung: *In dieser Sektion werden der Ausbau und der Einbau des Endantriebs beschrieben. Weiteres Zerlegen und Einstellen des Endantriebs erfordert spezielle Werkzeuge und Kenntnisse, sodass Rat bei einer BMW-Werkstatt gesucht werden muss.*

Ausbau

1 Stellen Sie das Motorrad auf den Hauptständer, oder stützen Sie es anderweitig sicher über den Rahmen ab, sodass die Last nicht auf der Schwinge oder dem Endantrieb liegt.

2 Demontieren Sie das Hinterrad (siehe Kapitel 6).

3 Befreien Sie den Hinterradsensor (Abb. 13.4).

4 Demontieren Sie den Hinterrad-Bremssattel (siehe Kapitel 6) und sichern Sie ihn sowie den Sensor am Rahmenheck – die Bremsleitung kann angeschlossen bleiben.

5 Stützen Sie das Endantrieb-Gehäuse ab. Lösen Sie die Schraube, die den Paralever-Hebel an der Endantrieb-Einheit sichert, beachten Sie die Kabelführung. Schwenken Sie den Hebel hoch und sichern Sie ihn am Rahmenheck (Abb. 13.7a).

6 Entfernen Sie die Stütze und schwenken Sie das Endantrieb-Gehäuse vorsichtig nach hinten – befreien Sie dabei die Gummimanschette aus der Schwinge; die Endantrieb-Welle wird dabei aus der Kardanwellen-Kupplung rutschen (Abb. 13.8a). Stützen Sie die Endantrieb-Einheit auf einem Holzblock. Entfernen Sie die Manschette – beachten Sie dabei den Kunststoff-Einsatz (Abb. 13.8b).

7 Hebeln Sie die Kappe vom linken Lagersitz des Antriebsgehäuses (siehe Abbildung). Kontern Sie die Lagerbolzen-Hülse und drehen Sie den Bolzen nach innen heraus (siehe Abbildungen).

8 Stützen Sie das Antriebsgehäuse und treiben Sie mit einem geeigneten Werkzeug die links sitzende Lagerhülse heraus; treiben Sie dann rechts den Lagerzapfen heraus (siehe Abbildungen). Heben Sie das Antriebsgehäuse ab und lagern Sie es aufrecht – aber nicht seitlich oder auf der Bremsscheibe. Entfernen Sie links die Distanzscheibe und kontrollieren Sie ihren O-Ring (siehe Abbildung). Kontrollieren Sie ebenso den Dichtring des Lagerzapfens (siehe Abbildung) – ersetzen Sie schadhafte Dichtungen.

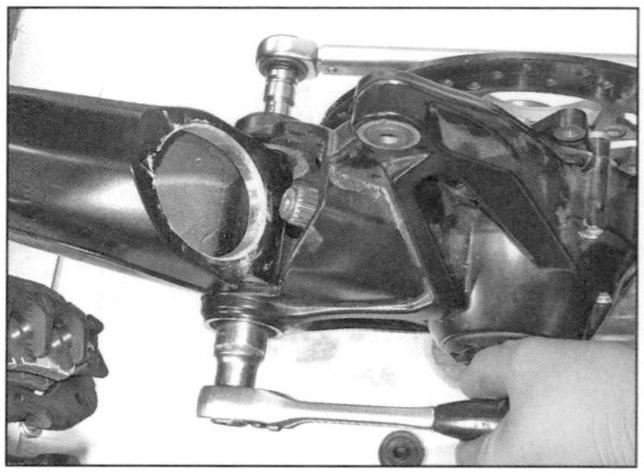

14.7b ... kontern Sie die Lagerhülse und lösen Sie den Lagerbolzen, ...

14.7c ... um ihn herauszuziehen.

14.8a Entfernen Sie die Lagerhülse ...

14.8b ... und den Lagerzapfen.

14.8c Entfernen Sie die Distanzscheibe und kontrollieren Sie ihren O-Ring ...

14.8d ... sowie den Dichtring am Lagerzapfen.

14.9a Kontrollieren Sie den Bereich um den Bremsscheiben-Flansch ...

14.9b ... und die Kegelradwelle auf Undichtigkeiten.

Kontrolle

9 Reinigen Sie das Endantrieb-Gehäuse sorgfältig und entfernen Sie Schmutz und Korrosion. Kontrollieren Sie besonders die Bereiche hinter dem Bremsscheiben-Flansch und um die Kegelradwelle auf austretendes Öl (siehe Abbildungen). Das Ersetzen der Dichtringe muss von einer BMW-Werkstatt durchgeführt werden.

10 Inspizieren Sie die Gleitflächen der Lagerhülse und des Lagerzapfens (Abb. 14.8a und b). Verschlissene, riefige oder anderweitig beschädigte Teile müssen ersetzt werden. Begutachten Sie die Lager im Gehäuse – rechts sitzt ein Nadellager und rechts ein per Seegerring gesichertes abgedichtetes Kugellager (siehe Abbildungen). Beachten Sie die *Werkzeug- und Werkstatt-Tipps* im Anhang, um Details über die Kontrolle und das Ersetzen von Lagern zu erfahren.

11 Begutachten Sie oben im Gehäuse die Buchse des Paralever-Hebels (Abb. 13.22) – wenn sie spröde ist, muss sie ersetzt werden (die hierfür benötigte Auszieh-Vorrichtung ist in den *Werkzeug- und Werkstatt-Tipps* im Anhang beschrieben). Demontieren Sie in diesem Fall auch den Paralever-Hebel, um die vordere Buchse zu kontrollieren.

12 Ziehen Sie den Entlüfterstopfen oben aus dem Antriebsgehäuse und reinigen Sie ihn. Falls er beschädigt oder gealtert ist, muss er ersetzt werden.

Einbau

13 Rüsten Sie die Distanzscheibe ggf. mit einem neuen O-Ring aus. Drücken Sie die Scheibe in den linken Lagersitz, sodass der O-Ring zum Lager zeigt (Abb. 14.8c).

14 Schmieren Sie die Verzahnung der Kegelradwelle mit Molybdänfett.

15 Falls entfernt, wird ein neuer Dichtring auf den Lagerzapfen geschoben (Abb. 14.8d). Reinigen Sie das Gewinde des Lagerbolzens.

16 Stützen Sie das Antriebsgehäuse und drücken Sie von links die Lagerhülse und von rechts den Lagerzapfen ein (Abb. 14.8a und b).

17 Versehen Sie das Gewinde des Lagerbolzens mit hochfester Sicherungspaste (z.B. Loctite 270) und schieben Sie ihn von innen ein (Abb. 14.7c). Kontern Sie die Lagerhülse und ziehen Sie den Bolzen mit 100 Nm an (Abb. 14.7b).

14.10a Kontrollieren Sie die Lager.

18 Schmieren Sie den hinteren Bund der Manschette mit Silikonpaste und schieben Sie sie auf das Endantrieb-Gehäuse, sodass sie rundherum korrekt sitzt (Abb. 13.8b). Reinigen Sie das Gewinde der hinteren Paraleverhebel-Schraube und tragen Sie hochfeste Sicherungspaste auf. Schwenken Sie den Endantrieb hoch und richten Sie die Wellenverzahnung in der Kardanwellen-Kupplung aus (Abb. 13.8a). Setzen Sie den Paralever-Hebel an, positionieren Sie die Kabelführung, installieren Sie die Schraube und ziehen Sie sie mit 56 Nm an (Abb. 13.7a). Drücken Sie die Manschette in die Schwinge (Abb. 13.31).

19 Drücken Sie die Kappe auf den linken Lagersitz des Endantriebs (Abb. 14.7a).

20 Montieren Sie die verbliebenen Teile in der umgekehrten Ausbaureihenfolge.

14.10b. Das abgedichtete Kugellager ist mit einem Seegerring gesichert.

Kapitel 6
Bremsen, Räder und Reifen

Inhalt (in alphabetischer Reihenfolge, die Zahlen geben die Nummerierung in den grauen Feldern wieder)

Schwierigkeitsgrade

Leicht. Für Anfänger mit wenig Erfahrung geeignet.	**Relativ leicht.** Für Anfänger mit etwas Erfahrung geeignet.	**Relativ schwierig.** Für geübte Selbstschrauber geeignet.	**Schwer.** Für Selbstschrauber mit viel Erfahrung geeignet.	**Sehr schwer.** Für Experten und Profis geeignet.

Technische Daten

Vorderradbremse

Bremsflüssigkeit . . . . DOT 4
Bremsbelagstärke (min.) . . . . 1,0 mm
Bremsscheibenstärke
  Standard . . . . 4,5 mm
  Verschleißgrenze (min.) . . . . 4,0 mm
Bremsscheiben-Durchmesser
  GS und Adventure . . . . 305 mm
  RT, R und RS . . . . 320 mm
Bremsscheiben-Verzug (max.) . . . . 0,15 mm

Hinterradbremse

Bremsflüssigkeit . . . . DOT 4
Bremsbelagstärke (min.) . . . . 1,0 mm
Bremsscheibenstärke
  Standard . . . . 5,0 mm
  Verschleißgrenze (min.) . . . . 4,5 mm
Bremsscheiben-Durchmesser . . . . 276 mm
Bremsscheiben-Verzug (max.) . . . . 0,35 mm

Räder

Maximaler Verzug (axial und radial	
Gussräder	1,5 mm
Drahtspeichenräder	1,7 mm

Reifen

Luftdruck und Profiltiefe	siehe *Tägliche Kontrollen*	
Reifengrößen*	**Vorderrad**	**Hinterrad**
GS und Adventure	120/70 R 19 V	170/60 R 17 V
RT, R und RS	120/70 ZR 17 W	180/55 ZR 17 W

** Beachten Sie die Eintragungen in Ihren Fahrzeugpapieren und der Bedienungsanleitung, wenden Sie sich im Zweifel an einen BMW-Händler, einen Reifenhändler, den TÜV oder die DEKRA.*

ABS

Radsensor – Abstand zum Sensorring	
Vorderrad	0,1 bis 1,4 mm
Hinterrad	0,1 bis 1,6 mm

Anzugsdrehmomente

Bremsschlauch-Anschlussschrauben	24 Nm
Drahtspeichen – Adventure-Modelle	
Nippel-Erstanzug	1 Nm
Nippel-Endanzug	4 Nm
Madenschraube	2 Nm
Fußbremszylinder-Befestigungsschrauben	8 Nm
Handbremshebel-Lagerzapfenmutter	7 Nm
Handbremszylinder-Klemmschrauben	8 Nm
Hinterradbolzen	60 Nm
Hinterradbremssattel-Entlüftungsventil	14 Nm
Hinterradbremssattel-Befestigungsschrauben	24 Nm
Hinterradbremsscheiben-Schrauben	
Erstanzug	12 Nm
Endanzug	30 Nm
Radsensor-Schraube	8 Nm
Vorderachsbolzen	
GS, Adventure und RT	30 Nm
R und RS	50 Nm
Vorderachs-Klemmschrauben	19 Nm
Vorderradbremssattel-Entlüftungsventil	10 Nm
Vorderradbremssattel-Befestigungsschrauben	38 Nm
Vorderradbremsscheiben-Schrauben	19 Nm

1 Allgemeine Informationen

Alle Modelle sind vorne und hinten mit hydraulischen Scheibenbremsen ausgerüstet. Die zwei vorderen Bremsscheiben werden mit radial montierten Vierkolben-Festsätteln verzögert; hinten findet sich eine Zweikolben-Schwimmsattelbremse. Das bei allen Modellen serienmäßig vorhandene Antiblockiersystem verhindert beim Bremsen das Blockieren der Räder. Eine allgemeine Beschreibung des Systems findet sich in Sektion 17.

Die Räder aller Modelle sind mit schlauchlosen Reifen ausgerüstet. GS-, RT-, R- und RS-Modelle rollen auf Leichtmetall-Gussrädern, Adventure-Modelle sind mit Drahtspeichenrädern bestückt, deren Speichen jedoch an den Außenrändern der Felge eingehängt sind, sodass auch hier keine Schläuche montiert werden müssen. Die Drahtspeichenräder sind für normale GS-Modelle als Sonderzubehör erhältlich.

***Achtung:** Scheibenbremsen-Bauteile erzwingen selten eine Demontage. Zerlegen Sie keine Komponenten, wenn es nicht unbedingt nötig ist. Der im Betrieb entstehenden Staub kann gesundheitsschädliche Stoffe enthalten. Blasen Sie ihn niemals mit Druckluft aus und atmen Sie ihn nicht ein. Eine geeignete Filtermaske sollte bei Arbeiten an den Bremsen immer getragen werden. Innereien der Bremsen dürfen keinesfalls mit Lösungsmitteln gereinigt werden, da hierdurch die Dichtungen quellen und zerstört werden. Verwenden Sie zum Reinigen nur speziellen Bremsenreiniger oder frische DOT-4-Bremsflüssigkeit. Passen Sie beim Arbeiten mit Bremsflüssigkeit besonders auf, sie nicht in die Augen zu bekommen. Auch Lack und Plastikteile sind gefährdet.*

2 Bremsbeläge

Warnung: Der im Betrieb der Bremse entstehenden Staub kann gesundheitsschädliche Stoffe enthalten. Blasen Sie ihn niemals mit Druckluft aus und atmen Sie ihn nicht ein. Eine geeignete Filtermaske sollte bei Arbeiten an den Bremsen immer getragen werden.

Vorderrad-Bremsbeläge

1 Ziehen Sie den Splint heraus und lösen Sie den Belagstift (siehe Abbildungen). Heben Sie die Belagfeder unter Beachtung ihrer Einbaulage heraus und ziehen Sie die Beläge aus dem Sattel (siehe Abbildung).

2.1a Ziehen Sie den Splint heraus, ...

Achtung: Betätigen Sie nicht den Bremshebel, während die Beläge ausgebaut sind!

2 Kontrollieren Sie die Oberflächen der Beläge auf Verunreinigung. Prüfen Sie, ob die Verschleißgrenze noch nicht erreicht ist (siehe Kapitel 1), bzw. das Belagmaterial unter einen Millimeter verschlissen ist.

3 Falls auch nur einer der Beläge verschlissen, mit Öl oder Fett verunreinigt, stark riefig oder beschädigt ist, müssen immer alle Beläge eines Rades als Satz ausgetauscht werden. Es ist kaum möglich, Bremsbeläge vollständig zu entfetten – wenn sie in irgendeiner Weise verunreinigt sind, müssen sie ersetzt werden.

4 Wenn die Bremsbeläge in gutem Zustand sind, reinigen Sie sie mit einer feinen Drahtbürste, die vollkommen fett- und ölfrei ist. Lösen Sie mit einem spitzen Werkzeug eingearbeitete Partikel aus dem Material und schleifen Sie verglaste Stellen mit Schmirgelleinen ab. Achten Sie darauf, dass die Bleche fest an der Rückseite sitzen.

5 Kontrollieren Sie den Zustand der Bremsscheibe (siehe Sektion 4).

6 Befreien Sie den Belagstift von Korrosionsresten. Inspizieren Sie den Stift auf Anzeichen von Beschädigungen und ersetzen Sie ihn gegebenenfalls. Ein korrodierter oder ermüdeter Splint muss ebenfalls ersetzt werden.

7 Falls neue Bremsbeläge installiert werden sollen, müssen die Schritte 8 und 9 befolgt werden. Sollen die alten Beläge wieder eingebaut werden, muss mit Schritt 10 fortgefahren werden.

8 Demontieren Sie den Bremssattel (siehe Sektion 3). Reinigen Sie die freiliegenden Bereiche der Bremskolben, damit die Dichtringe nicht durch Ablagerungen beschädigt werden. Drücken Sie die Kolben dann in den Bremssattel, um Platz für die neuen Beläge zu schaffen (siehe Abbildung) – falls Handkraft nicht ausreicht, benutzen Sie dazu ein Holzstück oder installieren Sie übergangsweise die alten Beläge und drücken Sie sie mit einem Schraubendreher auseinander. Hebeln Sie nicht an der Bremsscheibe. Drücken Sie die Kolben nicht weiter als für den Einbau der Beläge nötig in den Sattel. BMW bietet für diese Arbeit ein spezielles Werkzeug an (bestehend aus den Teilenummern 341531 und 341532); andernfalls kann ein im Fachhandel erhältliches Bremskolben-Rückstellwerkzeug verwendet werden.

9 Montieren Sie den Bremssattel (siehe Sektion 3).

10 Schmieren Sie den Schaft des Belagstifts mit Kupferpaste. Installieren Sie die Bremsbeläge mit dem Belagmaterial zur Bremsscheibe zeigend (siehe Abbildung).

11 Legen Sie die Belagfeder mit dem Pfeil nach oben (in die normale Drehrichtung des Rades) zeigend auf, drücken Sie sie herunter

2.1b ... lösen Sie den Belagstift und heben Sie die Feder heraus ...

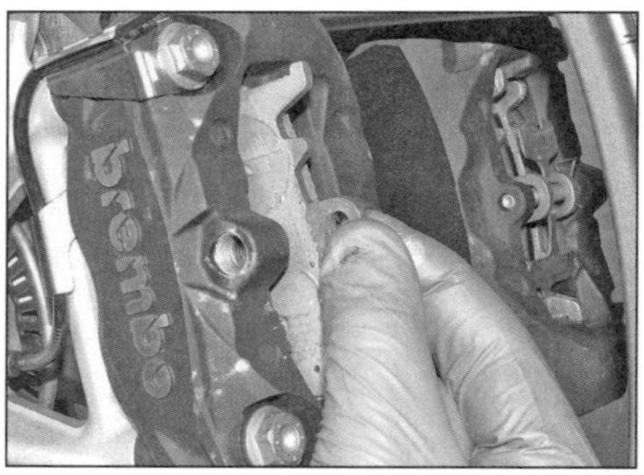

2.1c ... um die Beläge herausziehen zu können.

2.8 Die Kolben sollten sich mit den Fingern eindrücken lassen – ansonsten per Werkzeug.

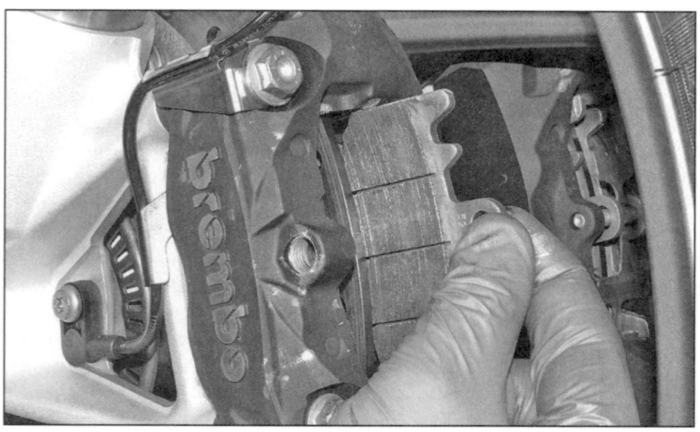

2.10 Installieren Sie die Beläge so, dass das Belagmaterial zur Scheibe zeigt.

2.11 Drücken Sie die Feder herunter, um den Belagstift einführen zu können.

2.14a Ziehen Sie die Splinte heraus ...

2.14b ... und entfernen Sie den Belagstift.

und schieben Sie den Belagstift durch beide Beläge und über der Feder ein und ziehen Sie ihn sorgfältig an (siehe Abbildung). Sichern Sie den Belagstift mit dem (ggf. neuen) Splint (Abb. 2.1a).

12 Betätigen Sie mehrmals die Bremse, um die Beläge an die Scheibe zu drücken. Kontrollieren Sie vor der ersten Fahrt die Funktion der Bremse.

Hinterrad-Bremsbeläge

13 Entfernen Sie bei allen GS-Modellen den Spritzschutz (siehe Kapitel 7).

14 Ziehen Sie die Splinte heraus und treiben Sie den Belagstift mit einem geeigneten Dorn aus (siehe Abbildungen).

15 Ziehen Sie die Bremsbeläge aus dem Sattel (siehe Abbildung).

Achtung: Betätigen Sie nicht das Bremspedal, während die Beläge ausgebaut sind!

16 Kontrollieren Sie die Oberflächen der Beläge auf Verunreinigung. Prüfen Sie, ob die Verschleißgrenze noch nicht erreicht ist (siehe Kapitel 1), bzw. das Belagmaterial unter einen Millimeter verschlissen ist.

17 Folgen Sie den Schritten 3 bis 6, um die Beläge, den Stift, die Bremsscheibe und den Splint zu kontrollieren. Falls neue Bremsbeläge installiert werden sollen, müssen die Schritte 18 bis 20 befolgt werden. Sollen die alten Beläge wieder eingebaut werden, muss mit Schritt 21 fortgefahren werden.

18 Folgen Sie den Hinweisen in Sektion 6, um den Bremssattel zu befreien und vom Halter zu trennen (siehe Abbildung). Reinigen Sie die freiliegenden Bereiche der Bremskolben, damit die Dichtringe nicht durch Ablagerungen beschädigt werden. Reinigen Sie auch die Belagfeder innerhalb des Sattels und die Führung am Halter. Befreien Sie die Gleitstifte und die Manschetten von altem Fett (siehe Abbildungen). Falls die Manschetten spröde sind oder Risse aufweisen, müssen sie ersetzt werden.

19 Drücken Sie die Kolben dann in den Bremssattel, um Platz für die neuen Beläge zu schaffen (siehe Abbildung) – falls Handkraft nicht ausreicht, benutzen Sie dazu ein Holzstück oder installieren Sie übergangsweise die alten Beläge und drücken Sie sie mit einem Schraubendreher auseinander. Hebeln Sie nicht an der Bremsscheibe. Drücken Sie die Kolben nicht weiter als für den Einbau der Beläge nötig in den Sattel. BMW bietet für diese Arbeit ein spezielles Werkzeug an (bestehend aus den Teilenummern 341531 und 341532); andernfalls kann ein im Fachhandel erhältliches Bremskolben-Rückstellwerkzeug verwendet werden.

20 Achten Sie darauf, dass die Belagfeder und die Führung korrekt positioniert sind (Abb. 2.18b und a). Schmieren Sie die Gleit-

2.15 Ziehen Sie die Bremsbeläge heraus.

2.18a Ziehen Sie den Bremssattel und den Halter auseinander.

2.18b Reinigen Sie die Feder und achten Sie darauf, dass sie ...

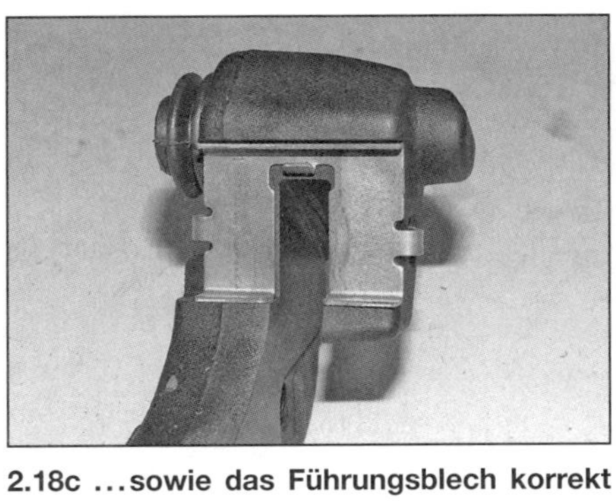

2.18c ... sowie das Führungsblech korrekt positioniert sind.

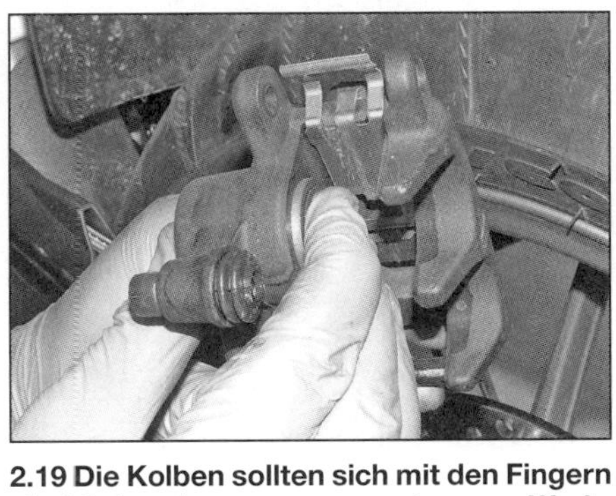

2.19 Die Kolben sollten sich mit den Fingern eindrücken lassen – ansonsten per Werkzeug.

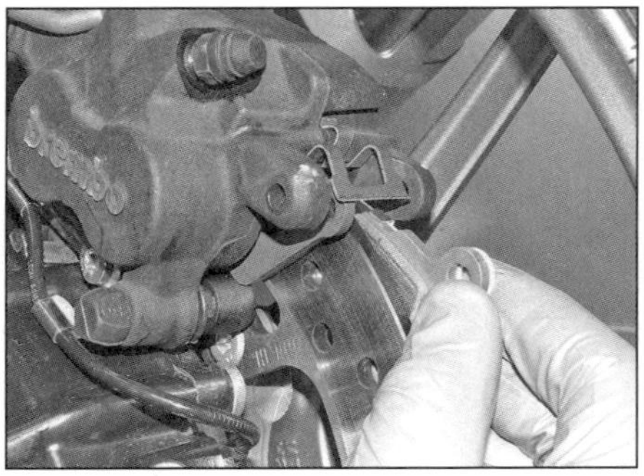

2.22a Installieren Sie die Bremsbeläge so, ...

2.22b ... dass die Vorderkante korrekt gegen die Führung drückt.

2.22c Drücken Sie die Beläge hoch, um die Bohrungen für den Stift auszurichten.

stifte und die Manschetten mit Silikonpaste, schieben Sie den Bremssattel auf den Halter (Abb. 2.18a) und montieren Sie die Baugruppe (siehe Sektion 6).

21 Schmieren Sie den Schaft des Belagstifts mit Kupferpaste.

22 Installieren Sie die Bremsbeläge mit dem Belagmaterial zur Bremsscheibe zeigend und mit der Vorderkante gegen die Führung (siehe Abbildungen). Drücken Sie die Beläge gegen die Feder, installieren Sie den Belagstift (siehe Abbildung) und sichern Sie ihn mit den Splinten (Abb. 2.14a).

23 Montieren Sie bei allen GS-Modellen den Spritzschutz (siehe Kapitel 7).

24 Betätigen Sie mehrmals die Bremse, um die Beläge an die Scheibe zu drücken. Kontrollieren Sie vor der ersten Fahrt die Funktion der Bremse.

3 Vorderradbremssättel

Warnung: Der im Betrieb der Bremse entstehenden Staub kann gesundheitsschädliche Stoffe enthalten. Blasen Sie ihn niemals mit Druckluft aus und atmen Sie ihn nicht ein. Eine geeignete Filtermaske sollte bei Arbeiten an den Bremsen immer getragen werden. Verwenden Sie zum Reinigen von Bremsenteilen auf keinen Fall Lösungsmittel auf Petroleumbasis. Benutzen Sie ausschließlich saubere DOT 4-Bremsflüssigkeit oder speziellen Bremsenreiniger. Seien Sie bei der Arbeit mit Bremsflüssigkeit äußerst vorsichtig – sie kann ihren Augen schaden und greift Lack und Kunststoff an.

Ausbau

1 Die Bremsleitung muss nur gelöst werden, wenn der Bremssattel ersetzt oder vollständig überholt werden soll. Wenn der Sattel nur für den Ausbau des Rades, das Ersetzen der Bremsbeläge oder zur Reinigung demontiert wird, kann die Leitung angeschlossen bleiben.

2 Wenn eine schlechte Bremsenfunktion auf einen klemmenden Kolben, eine schadhafte Dichtung und austretende Bremsflüssigkeit zurückzuführen ist, muss der Bremssattel überholt werden – BMW und Brembo bieten hierfür Überhol-Kits an.

3 Bauen Sie nötigenfalls die Bremsbeläge aus (siehe Sektion 2).

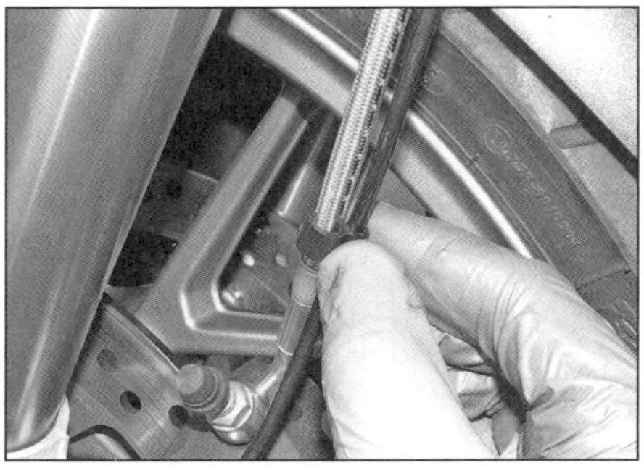

3.4a Befreien Sie das Sensorkabel von der Bremsleitung.

3.4b Lösen Sie die Schrauben ...

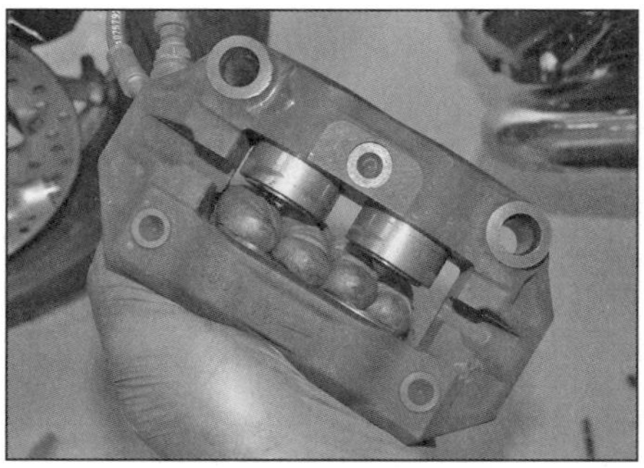

3.5 Halten Sie die Kolben einer Seite und pumpen Sie die anderen beiden heraus.

4 Befreien Sie bei der Demontage des linken Bremssattels das Radsensor-Kabel von der Bremsleitung (siehe Abbildung). Lösen Sie die Bremssattel-Befestigungsschrauben und ziehen Sie den Sattel von der Bremsscheibe (siehe Abbildungen) – beachten Sie, wie die obere Schraube des linken Sattels auch die Kabelführung sichert.

Überholen

5 Drücken Sie die Kolben einer Seite in den Bremssattel und halten Sie sie dort fest. Pumpen Sie nun die Kolben der anderen Seite mit dem Bremshebel so weit heraus, dass sie noch in den Bohrungen stecken, aber später von Hand herausgezogen werden können (siehe Abbildung).

6 Halten Sie einen Behälter bereit, um die austretende Bremsflüssigkeit aufzunehmen. Beachten Sie die Ausrichtung des Bremslei-

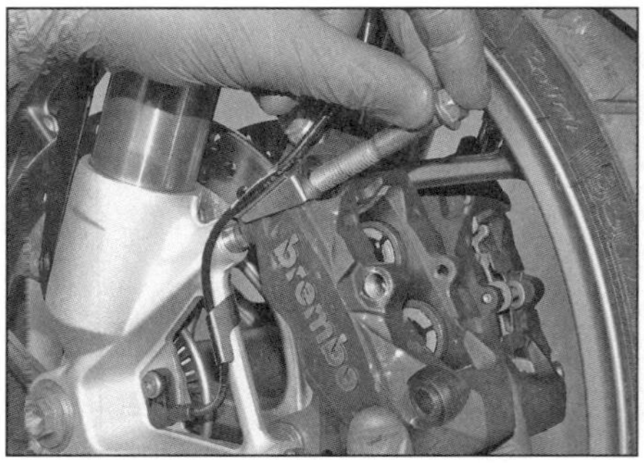

3.4c ... und ziehen Sie den Bremssattel von der Bremsscheibe.

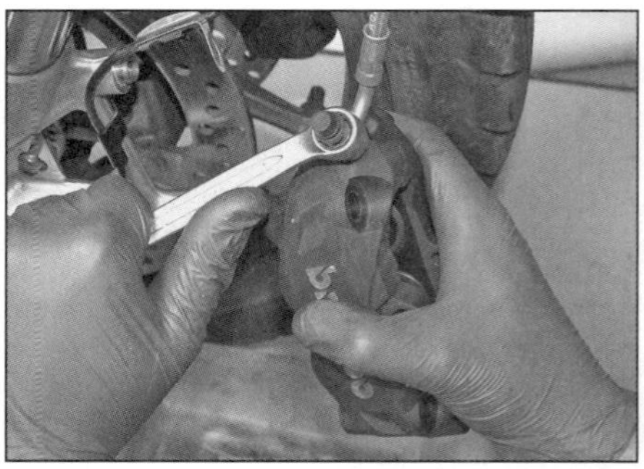

3.6 Lösen Sie die Anschlussschraube und befreien Sie die Bremsleitung.

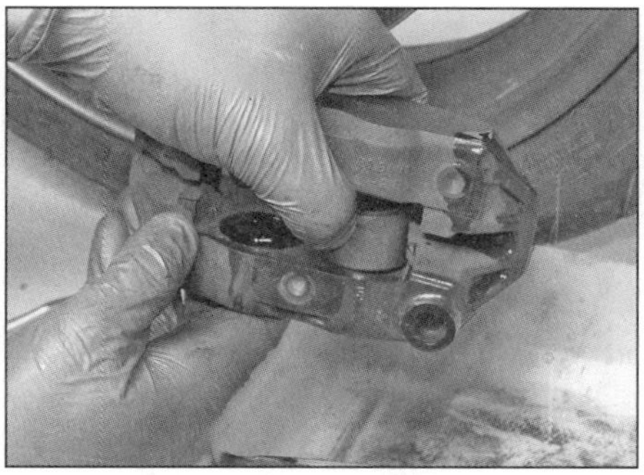

3.7a Ziehen Sie die Kolben heraus ...

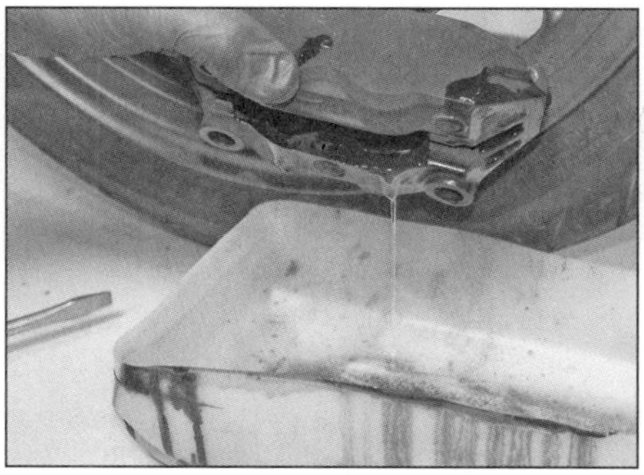

3.7b ... und gießen Sie die Bremsflüssigkeit aus.

3.8a Entfernen Sie die Staubdichtung aus der oberen Nut ...

3.8b ... und den Dichtring aus der unteren Nut.

3.9 Installieren Sie einen neuen Dichtring ...

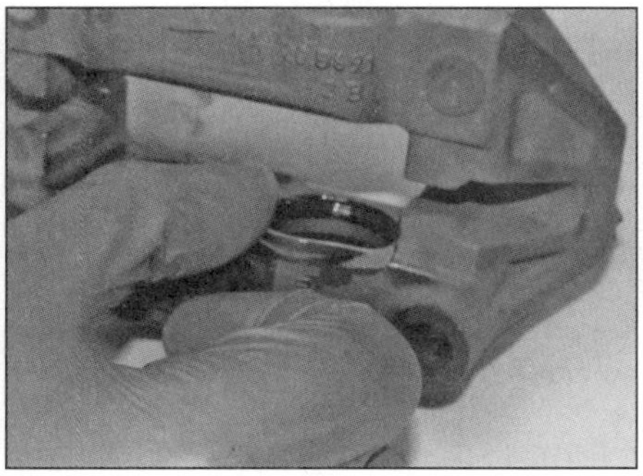

3.10 ... und eine neue Staubdichtung in die Nuten – sie müssen rundherum korrekt sitzen.

3.11a Setzen Sie die Kolben senkrecht ein ...

3.11b ... und drücken Sie sie vollständig in den Bremssattel.

tungs-Anschlusses zum Sattel, lösen Sie die Anschlussschraube und nehmen Sie die Leitung ab (siehe Abbildung) – lassen Sie die Bremsflüssigkeit in den Behälter abtropfen. Die an beiden Seiten liegenden Dichtscheiben müssen später erneuert werden.

7 Ziehen Sie jetzt die Kolben heraus und gießen Sie die Bremsflüssigkeit in den Behälter (siehe Abbildungen).

8 Hebeln Sie – möglichst mit einem nicht aus Metall bestehenden Werkzeug – die Staubdichtungen aus den oberen und die Dichtringe aus den unteren Nuten; beschädigen Sie mit Metallwerkzeugen nicht ihre Sitze (siehe Abbildungen).

9 Schmieren Sie die neuen Kolben-Dichtringe mit frischer Bremsflüssigkeit und drücken Sie sie in die unteren Nuten der Bremssattelbohrungen (siehe Abbildung).

10 Schmieren Sie die neuen Staubdichtungen mit frischer Silikonpaste – eine kleine Tube sollte dem Reparatur-Kit beigefügt sein – und drücken Sie sie in die oberen Nuten der Bremssattelbohrungen (siehe Abbildung).

11 Schmieren Sie die Außenseiten der neuen Kolben mit frischer Bremsflüssigkeit und drücken Sie sie senkrecht in die Bremssattelbohrungen (siehe Abbildungen).

12 Wiederholen Sie die Prozedur mit den Kolben und Dichtungen der anderen Seite des Bremssattels. Hierzu kann Druckluft oder ein spezielles Kolben-Ausbauwerkzeug verwendet werden; andernfalls kann die Bremsleitung wieder angeschlossen werden, um die Kolben – nach dem Entlüften des Bremssattels (Sektion 10) wie zuvor herauszupumpen.

Einbau

13 Reinigen Sie die Kolben (siehe Sektion 2) und drücken Sie sie in den Bremssattel. Falls neue Bremsbeläge installiert werden sollen, müssen die Kolben vollständig in den Sattel gedrückt werden.

14 Schieben Sie den Bremssattel auf die Bremsscheibe und installieren Sie die Befes-

3.15a Rüsten Sie die Bremsleitung mit neuen Dichtscheiben aus ...

3.15b ... und richten Sie den Winkel gegen den Anschlag aus.

tigungsschrauben – vergessen Sie am linken Sattel nicht die Kabelführung an der oberen Schraube. Ziehen Sie sie mit 38 Nm an (Abb. 3.4c und b).

15 Rüsten Sie den Bremsleitungsanschluss mit neuen Dichtscheiben aus (siehe Abbildung), richten Sie ihn aus (siehe Abbildung) und ziehen Sie die Anschlussschraube mit 24 Nm an. Klemmen Sie links das Radsensor-Kabel an die Bremsleitung (Abb. 3.4a).

16 Installieren Sie die Bremsbeläge (siehe Sektion 2).

17 Befüllen Sie den Ausgleichsbehälter mit DOT-4-Bremsflüssigkeit auf (siehe Tägliche Kontrollen) und entlüften Sie das System (siehe Sektion 10).

18 Prüfen Sie vor der ersten Fahrt sorgfältig die Funktion der Bremse und kontrollieren Sie alles auf Lecks.

4 Vorderrad-Bremsscheiben

Kontrolle

1 Begutachten Sie die Bremsscheiben-Oberfläche auf Riefen und andere Beschädigungen. Leichte Kratzer sind normal und behindern nicht die Funktion der Bremse – tiefe Riefen und große Kerben reduzieren jedoch die Bremswirkung und erhöhen den Belag-Verschleiß. Wenn eine Scheibe stark riefig ist, muss sie geschliffen oder ersetzt werden.

2 Die Scheibe darf nicht dünner als 4,0 mm geschliffen werden oder verschlissen sein. Die Stärke kann mit einer Mikrometerschraube gemessen werden (siehe Abbildung). Wenn eine Bremsscheibe zu dünn ist, muss sie ersetzt werden.

3 Um den Scheibenverzug zu kontrollieren, muss das Motorrad auf den Hauptständer gestellt und so abgestützt werden, dass das Vorderrad nicht den Boden berührt. Befestigen Sie eine Messuhr so an der Gabel, dass der Messdorn die Scheibe etwa 10 mm unter ihrem Außenrand abtasten kann (siehe Abbildung). Drehen Sie das Rad und beobachten Sie die Messuhr-Nadel. BMW gibt einen maximalen Verzugswert von 0,15 mm an. Wiederholen Sie die Messung an der anderen Bremsscheibe.

4 Falls der Verzug sehr groß ist, muss zunächst das Radlagerspiel kontrolliert werden (siehe Kapitel 1). Wenn die Lager verschlissen sind, müssen sie ersetzt (siehe Sektion 14) und diese Kontrolle wiederholt werden. Sind die Lager in Ordnung, ist entweder die Scheibe verzogen oder ihre Nieten und Hülsen der Aufnahme sind beschädigt (Abb. 4.9). In beiden Fällen muss die Bremsscheibe ersetzt werden – Einzelteile der Bremsscheiben-Lagerung sind nicht erhältlich.

Ausbau

5 Bauen Sie das Vorderrad aus (siehe Sektion 12).

Achtung: Legen Sie das Vorderrad nicht auf die Bremsscheibe, da sie sich verziehen kann. Legen Sie die Felge auf Holzblöcke, sodass die Scheibe nicht den Boden berührt und das Gewicht tragen muss.

6 Markieren Sie die Einbaulage der Scheiben am Rad, sodass sie in derselben Position auf der richtigen Seite wieder montiert werden können. Lösen Sie schrittweise und über Kreuz die Bremsscheibenschrauben, um ein Verziehen der Bremsscheibe zu vermeiden (siehe Abbildung). Anmerkung: Neue Bremsscheiben-Schrauben sind mit Sicherungsmasse überzogen und BMW empfiehlt, sie daher nach jedem Ausbau zu erneuern; es ist aber

4.2 Messen Sie die Stärke der Bremsscheibe mit einer Mikrometerschraube.

4.3 Prüfen Sie den Verzug der Bremsscheibe mit einer Messuhr.

4.6 Lockern Sie die Schrauben über Kreuz, um einen Verzug der Bremsscheibe zu vermeiden.

auch möglich, die alten Schrauben zu reinigen und mit frischer Sicherungspaste zu versehen.

Einbau

7 Stellen Sie vor der Montage der Bremsscheibe sicher, dass sich auf ihrem Sitz weder Korrosion noch Schmutz abgelagert haben, da hierdurch die Scheibe nicht flach aufliegt und beim Bremsen ein Rubbeln verursacht und/oder verzieht.

8 Legen Sie die Bremsscheibe mit der markierten Seite nach außen auf das Rad und richten Sie sie ggf. zu den zuvor angebrachten Markierungen aus.

9 Verwenden Sie entweder neue Schrauben oder reinigen Sie die alten und tragen Sie frische Sicherungspaste auf.

10 Ziehen Sie die Schrauben schrittweise und über Kreuz bis zum Drehmoment von 38 Nm an.

11 Reinigen Sie die Scheibe mit Aceton oder Bremsenreiniger. Wenn eine neue Bremsscheibe verwendet wird, muss deren Schutzüberzug entfernt werden.

12 Bauen Sie das Rad ein (siehe Sektion 12).

13 Betätigen Sie mehrmals den Bremshebel, um die Beläge an die Scheibe zu drücken. Prüfen Sie vor der ersten Fahrt die Funktion der Bremse.

5 Handbremszylinder

Bremshebel

1 Lässt sich der Bremshebel nur schwer bewegen, muss der Hebel und seine Aufnahme im Halter auf Beschädigungen überprüft werden.

2 Entfernen Sie bei GS-Modellen ggf. den Handprotektor (siehe Kapitel 7).

3 Lösen Sie für den Ausbau des Hebels die Lagerbolzen-Kontermutter an der Unterseite des Hebelhalters und ziehen Sie den Lagerbolzen heraus (siehe Abbildungen). Die Mutter ist selbstsichernd und BMW empfiehlt, sie nach jedem Ausbau zu erneuern.

4 Befreien Sie den Hebel aus dem Halter, drücken Sie die Lagerhülse nach oben heraus und befreien Sie den Hebel vom (zum Geberzylinder gehörenden) Druckstangen-Segment – beachten Sie dabei die kleine Feder (siehe Abbildung).

5 Reinigen Sie die Kontaktflächen des Hebels, seines Halters und des Lagerbolzens außerdem müssen die Hülse und das Druckstangen-Segment sauber sein. Sind die Teile in Ordnung, werden sie vor dem Zusammenbau mit Trockenfilm geschmiert.

6 Schieben Sie die Feder in den Hebel und verbinden Sie diesen mit dem Druckstangen-Segment. Richten Sie die Bohrungen aus und installieren Sie die Hülse (siehe Abbildungen). Installieren Sie den Lagerbolzen und drehen Sie die Mutter auf Abb. 5.3b und a). Kontern Sie den Bolzenkopf und ziehen Sie die Mutter mit 7 Nm an.

7 Falls nach dem Reinigen und Schmieren der Hebel-Baugruppe die Bremse immer noch schwergängig ist, muss der Hauptbremszylinder demontiert und kontrolliert werden.

Geberzylinder

8 Ein schwammiges Gefühl im Bremshebel weist auf eingedrungene Luft hin, sodass das System entlüftet werden muss (siehe Sektion 10).

9 Falls aus dem Geberzylinder (aber nicht am Bremsleitungs-Anschluss) Bremsflüssigkeit austritt, muss der komplette Zylinder ersetzt werden, da keine Dichtungssätze erhältlich sind.

Ausbau

Anmerkung 1: *Wenn der Geberzylinder nur vom Lenker genommen und nicht vollständig vom Motorrad entfernt werden soll, ist es nicht nötig, die Bremsleitung zu trennen. Sichern*

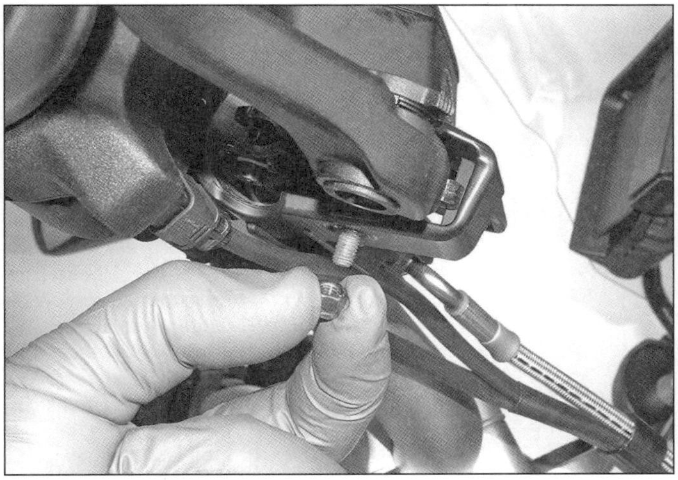

5.3a Lösen Sie die Kontermutter ...

5.3b ... und entfernen Sie den Bremshebel-Lagerbolzen.

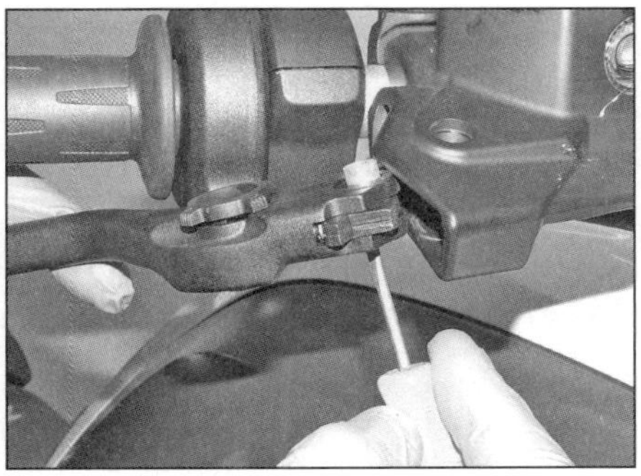

5.4 Drücken Sie die Hülse mit einem kleinen Schraubendreher heraus.

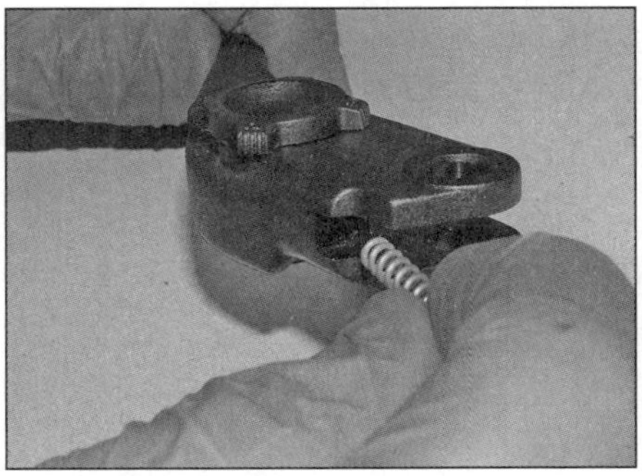

5.6a Installieren Sie die Feder.

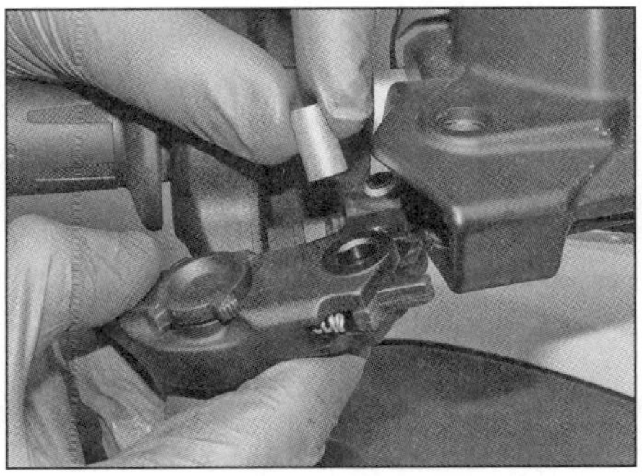

5.6b Setzen Sie den Hebel am Druckstangen-Segment an und installieren Sie die Hülse.

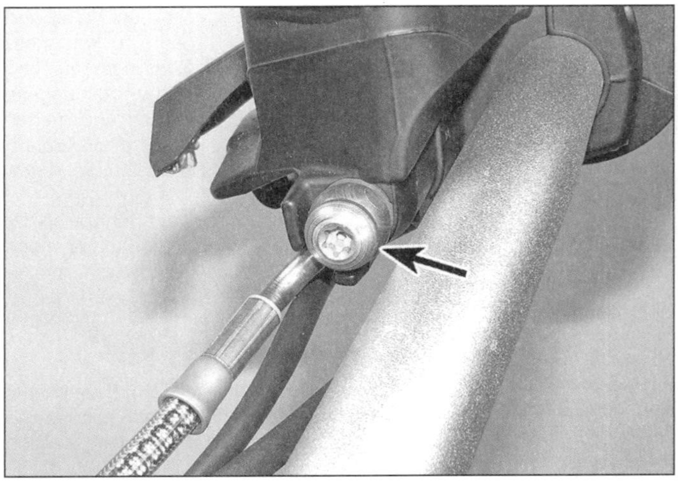

5.12 Bremsleitungs-Anschlussschraube am Geberzylinder

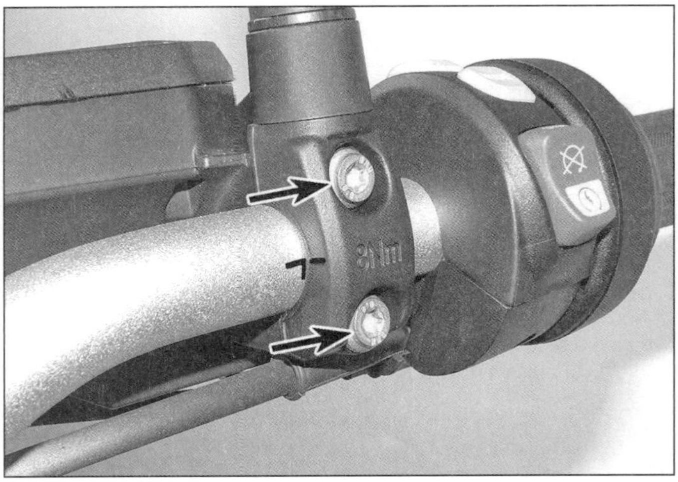

5.14 Schrauben des Geberzylinder-Klemmstücks

Sie das Bauteil mit Kabelbindern, sodass die Bremsleitung nicht unter Last steht und der Ausgleichsbehälter aufrecht steht, damit keine Bremsflüssigkeit austritt und/oder Luft in die Bremse eindringt.

Anmerkung 2: *Um keine Lackoberflächen durch Bremsflüssigkeitsspritzer beschädigen zu lassen, sollten bei Arbeiten am Geberzylinder der Tank und Verkleidungsteile mit Lappen abgedeckt werden.*

10 Entfernen Sie bei GS-Modellen ggf. den Handprotektor (siehe Kapitel 7). Demontieren Sie bei GS- und R-Modellen den rechten Rückspiegel (siehe Kapitel 7).
11 Demontieren Sie nötigenfalls den Bremshebel (Siehe oben).
12 Bedecken Sie den Bereich um den Bremsleitungs-Anschluss mit Lappen, um austretende Flüssigkeit aufzusaugen. Beachten Sie die Ausrichtung des Ringanschlusses zum Geberzylinder, lösen Sie die Anschlussschraube und befreien Sie die Bremsleitung (siehe Abbildung) – die Dichtscheiben an beiden Seiten des Anschlussrings müssen später erneuert werden.
13 Verstopfen Sie den Geberzylinder und umwickeln Sie den Anschluss mit Lappen, damit kein Schmutz eindringt. Sichern Sie den Schlauch aufrecht, um möglichst wenig Bremsflüssigkeit austreten zu lassen.

Achtung: Betätigen Sie nicht den Bremshebel, wenn die Leitung entfernt ist.

14 Halten Sie den Geberzylinder, lösen Sie die Schrauben des Klemmstücks und entnehmen Sie den Zylinder vom Lenker (siehe Abbildung).
15 Lösen Sie die Schrauben des Ausgleichsbehälter-Deckels und heben Sie diesen samt Manschette ab (siehe Tägliche Kontrollen).
16 Entleeren Sie den Ausgleichsbehälter in einen geeigneten Sammelbehälter.
17 Um die Funktion des Geberzylinder-Kolbens zu überprüfen, müssen übergangsweise der Ausgleichsbehälterdeckel und der Bremshebel montiert werden. Umwickeln Sie den offenen Anschluss für die Bremsleitung mit Lappen und betätigen Sie den Bremshebel – wenn er klemmt oder sich nur schwer bewegen lässt, liegt am Geberzylinder-Kolben ein Problem vor. Da keine Dichtsätze erhältlich sind, muss in diesem Fall ein neuer Geberzylinder beschafft werden,

Achtung: Benutzen Sie zum Reinigen von Hydraulikteilen unter keinen Umständen Lösungsmittel auf Petroleumbasis.

Einbau

18 Der Einbau erfolgt in umgekehrter Ausbaureihenfolge – beachten Sie dabei folgende Punkte:

- Richten Sie bei GS- und R-Modellen die Linie am Klemmstück mit derjenigen am Lenker aus (Abb. 5.14). Richten Sie bei RT- und RS-Modellen die obere Klemmverbindung zur Körnermarkierung am Lenker aus. Ziehen Sie zuerst die obere Klemmschraube mit 8 Nm an und dann die untere.
- Rüsten Sie das Anschlussauge an beiden Seiten mit neuen Dichtscheiben aus.
- Richten Sie die Bremsleitung wie beim Ausbau notiert zum Stutzen aus und ziehen Sie die Anschlussschraube mit 24 Nm an (Abb. 5.12).
- Füllen Sie den Ausgleichsbehälter mit frischer DOT-4-Bremsflüssigkeit auf (siehe *Tägliche Kontrollen*) und entlüften Sie das System (siehe Sektion 10).
- Prüfen Sie vor der ersten Fahrt die Funktion der Bremse.

6.2 Lösen Sie den Clip von der Bremsleitung, um mehr Spielraum zu haben.

6 Hinterradbremssattel

Warnung: Der im Betrieb der Bremse entstehenden Staub kann gesundheitsschädliche Stoffe enthalten. Blasen Sie ihn niemals mit Druckluft aus und atmen Sie ihn nicht ein. Eine geeignete Filtermaske sollte bei Arbeiten an den Bremsen immer getragen werden. Verwenden Sie zum Reinigen von Bremsenteilen auf keinen Fall Lösungsmittel auf Petroleumbasis. Benutzen Sie ausschließlich saubere DOT 4-Bremsflüssigkeit oder speziellen Bremsenreiniger. Seien Sie bei der Arbeit mit Bremsflüssigkeit äußerst vorsichtig – sie kann ihren Augen schaden und greift Lack und Kunststoff an.

Ausbau

1 Entfernen Sie bei GS-Modellen den Hinterrad-Spritzschutz (siehe Kapitel 7).
2 Befreien Sie das Sensorkabel von der Bremsleitung (siehe Abbildung).
3 Die Bremsleitung muss nur gelöst werden, wenn der Bremssattel ersetzt oder vollständig überholt werden soll. Wenn der Sattel nur für das Ersetzen der Bremsbeläge oder zur Reinigung demontiert wird, kann die Leitung angeschlossen bleiben.
4 Wenn eine schlechte Bremsenfunktion auf einen klemmenden Kolben, eine schadhafte Dichtung und austretende Bremsflüssigkeit zurückzuführen ist, muss der Bremssattel

6.6a Lösen Sie die Schrauben ...

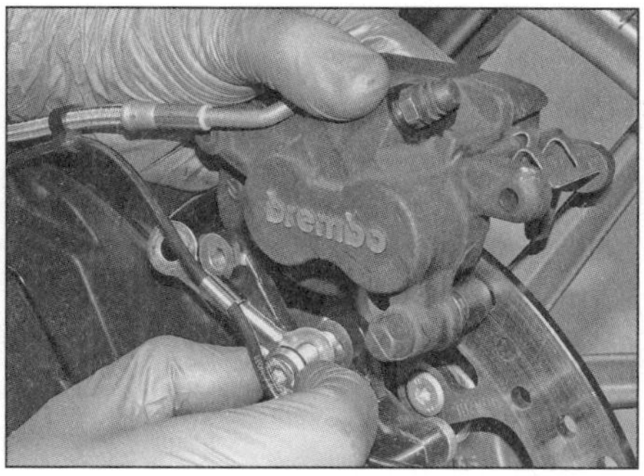

6.6b ... und ziehen Sie den Bremssattel von der Bremsscheibe.

6.10 Pumpen Sie die Kolben heraus.

6.11 Lösen Sie die Anschlussschraube und befreien Sie die Bremsleitung.

6.12 Ziehen Sie die Kolben heraus und gießen Sie die Bremsflüssigkeit aus.

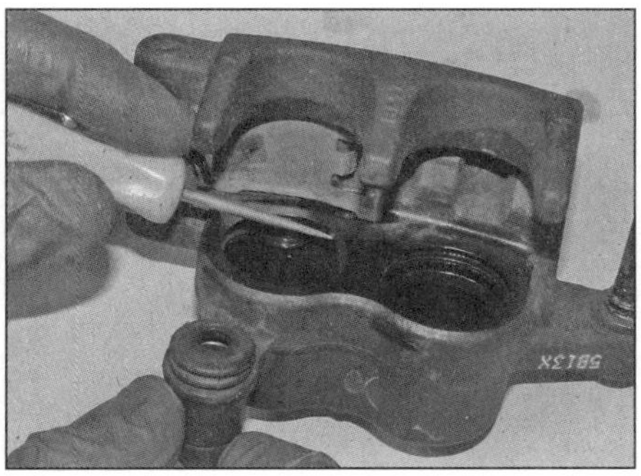

6.13a Entfernen Sie die Staubdichtung aus der oberen Nut ...

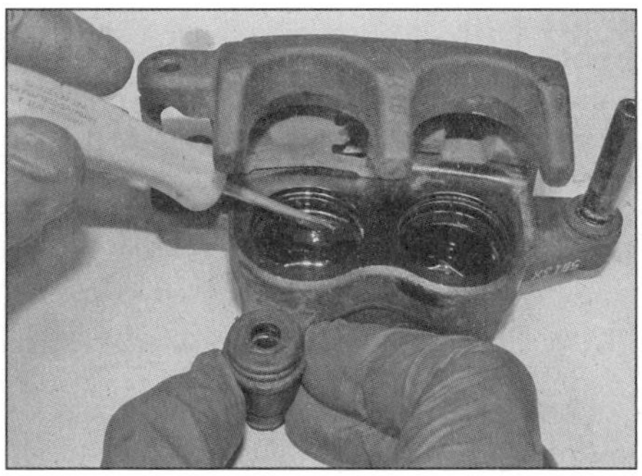

6.13b ... und den Dichtring aus der unteren Nut.

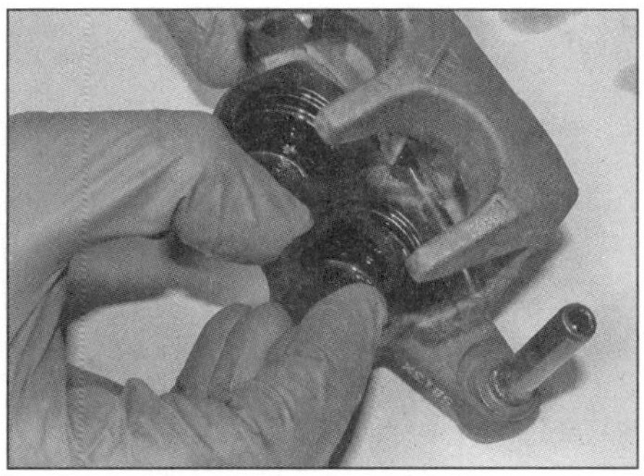

6.14 Installieren Sie einen neuen Dichtring ...

überholt werden – BMW und Brembo bieten hierfür Überhol-Kits an.

5 Bauen Sie nötigenfalls die Bremsbeläge aus (siehe Sektion 2).

6 Lösen Sie die Bremssattel-Befestigungsschrauben, beachten Sie dabei die Kabelführung, und ziehen Sie den Sattel von der Bremsscheibe (siehe Abbildungen).

7 Ziehen Sie nun den Bremssattel und seinem Halter auseinander (Abb. 2.18a).

8 Befreien Sie die Gleitstifte und die Manschetten von altem Fett. Falls die Manschetten spröde sind oder Risse aufweisen, müssen sie ersetzt werden.

9 Reinigen Sie die sichtbaren Bereiche der Kolben.

Überholen

10 Pumpen Sie mit dem Bremspedal die Kolben so weit heraus, dass sie noch in den Bohrungen stecken, aber später von Hand herausgezogen werden können (siehe Abbildung).

11 Halten Sie einen Behälter bereit, um die austretende Bremsflüssigkeit aufzunehmen. Beachten Sie die Ausrichtung des Bremsleitungs-Anschlusses zum Sattel, lösen Sie die Anschlussschraube und nehmen Sie die Leitung ab (siehe Abbildung) – lassen Sie die Bremsflüssigkeit in den Behälter abtropfen. Die an beiden Seiten liegenden Dichtscheiben müssen später erneuert werden. Umwickeln Sie das Ende des Bremsschlauchs mit Lappen und stützen Sie es möglichst hoch ab, damit keine weitere Bremsflüssigkeit austritt. Betätigen Sie nicht die Bremse, während die Leitung getrennt ist.

12 Ziehen Sie jetzt die Kolben heraus und gießen Sie die Bremsflüssigkeit in den Behälter (siehe Abbildung).

13 Hebeln Sie – möglichst mit einem nicht aus Metall bestehenden Werkzeug – die Staubdichtungen aus den oberen und die Dichtringe aus den unteren Nuten; beschädigen Sie mit Metallwerkzeugen nicht ihre Sitze (siehe Abbildungen).

14 Schmieren Sie die neuen Kolben-Dichtringe mit frischer Bremsflüssigkeit und drücken Sie sie in die unteren Nuten der Bremssattelbohrungen (siehe Abbildung).

6.15 ... und eine neue Staubdichtung in die Nuten – sie müssen rundherum korrekt sitzen.

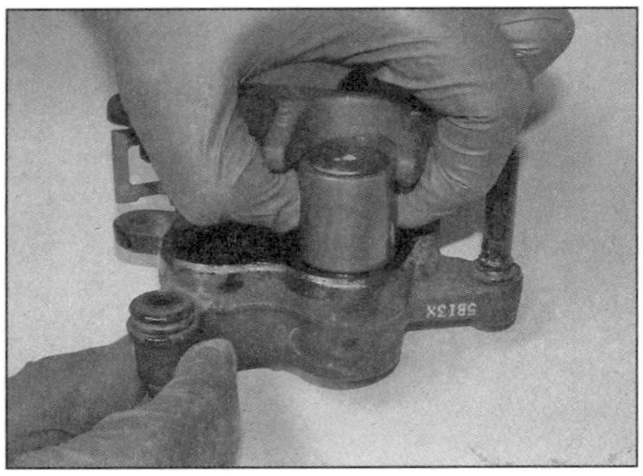

6.16a Setzen Sie die Kolben senkrecht ein ...

6.16b ... und drücken Sie sie vollständig in den Bremssattel.

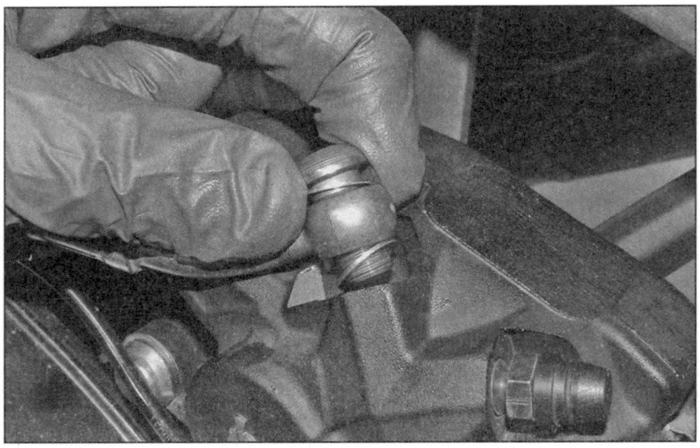

6.20a Rüsten Sie die Bremsleitung mit neuen Dichtscheiben aus ...

6.20b ... und richten Sie den Winkel gegen den Anschlag aus.

15 Schmieren Sie die neuen Staubdichtungen mit frischer Silikonpaste – eine kleine Tube sollte dem Reparatur-Kit beigefügt sein – und drücken Sie sie in die oberen Nuten der Bremssattelbohrungen (siehe Abbildung).
16 Schmieren Sie die Außenseiten der neuen Kolben mit frischer Bremsflüssigkeit und drücken Sie sie senkrecht in die Bremssattelbohrungen (siehe Abbildungen).

Einbau

17 Drücken Sie die Kolben zurück in den Sattel; falls neue Bremsbeläge installiert werden, müssen sie vollständig eingeschoben werden (Abb. 2.19).
18 Schmieren Sie die Gleitstifte und die Enden der Manschetten mit Silikonpaste. Prüfen Sie, ob die Belagfeder korrekt im Sattel liegt und die Führung korrekt am Halter sitzt (Abb. 2.18b und c). Schieben Sie den Bremssattel auf den Halter und die Manschetten auf ihre Sitze (Abb. 2.18a).
19 Schieben Sie den Bremssattel auf die Bremsscheibe und installieren Sie die Befestigungsschrauben – vergessen Sie nicht die Sensorkabel-Führung. Ziehen Sie die Schrauben mit 24 Nm an (Abb. 6.6b und a).
20 Verbinden Sie die Bremsleitung mit dem Bremssattel – verwenden Sie dabei auf beiden Seiten neue Dichtscheiben (siehe Abbildung). Richten Sie den Anschluss gegen den Sattel aus und ziehen Sie die Anschlussschraube mit 24 Nm an (siehe Abbildung).
21 Installieren Sie die Bremsbeläge (siehe Sektion 2).
22 Klemmen Sie das Sensorkabel an die Bremsleitung (Abb. 6.2).
23 Füllen Sie den Ausgleichsbehälter mit DOT-4-Bremsflüssigkeit auf (siehe Tägliche Kontrollen) und entlüften Sie das System (siehe Sektion 10).
24 Installieren Sie bei GS-Modellen den Spritzschutz (siehe Kapitel 7).
25 Prüfen Sie vor der ersten Fahrt sorgfältig die Funktion der Bremse und kontrollieren Sie alles auf Lecks.

7 Hinterrad-Bremsscheibe

Kontrolle

1 Wechseln Sie nach Sektion 4, um die hintere Bremsscheibe zu überprüfen. Montieren Sie bei der Verzug-Kontrolle die Messuhr an das Endantrieb-Gehäuse. Wenn die Uhr mehr als 0,35 mm ausschlägt, wird entweder die Scheibe verzogen sein oder die Endantrieb-Lager sind verschlissen. Wenn die Lager Aufmerksamkeit benötigen, muss das Motorrad von einer BMW-Werkstatt kontrolliert werden.

Ausbau

2 Befreien Sie den Bremssattel (siehe Sektion 6).
3 Demontieren Sie das Hinterrad (siehe Sektion 13).
4 Die Bremsscheibe sitzt innen am Hinterradflansch des Endantriebs (siehe Abbildung). Markieren Sie die Einbaulage der Scheibe am Rad, sodass sie wieder in derselben Position und Einbaurichtung montiert werden kann.

7.4 Die Bremsscheibe sitzt innen am Flansch des Endantriebs.

7.5 Der Zugang zu den Bremsscheibenschrauben ist nur an dieser Stelle möglich.

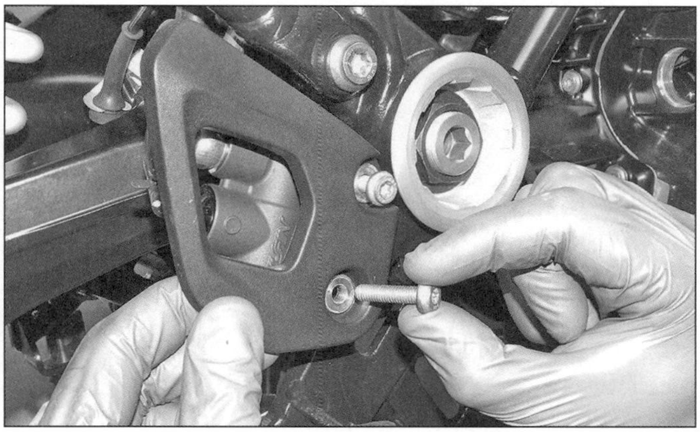

8.5 Bei GS-Modellen ist der Fußbremszylinder zusammen mit dem Hackenschutz gesichert.

8.7 Entfernen Sie den Splint und die Scheibe (A) und ziehen Sie das Gelenkstück (B) heraus.

8.8 Ausgleichsbehälter-Schlauchschelle (A), Bremsleitungs-Anschlussschraube (B)

5 Lösen Sie schrittweise und über Kreuz die Bremsscheibenschrauben, um ein Verziehen der Bremsscheibe zu vermeiden – die Scheibe muss jedes Mal etwas gedreht werden, um Zugang zur Schraube zu erhalten (siehe Abbildung).

6 Neue Bremsscheiben-Schrauben sind mit Sicherungsmasse überzogen und BMW empfiehlt, sie daher nach jedem Ausbau zu erneuern; es ist aber auch möglich, die alten Schrauben zu reinigen und mit frischer Sicherungspaste zu versehen.

7 Befreien Sie die Bremsscheibe vom vom Endantrieb-Flansch.

Einbau

8 Stellen Sie vor der Montage der Bremsscheibe sicher, dass sich auf ihrem Sitz weder Korrosion noch Schmutz abgelagert haben, da hierdurch die Scheibe nicht flach aufliegt und beim Bremsen ein Rubbeln verursacht und/oder verzieht.

9 Positionieren Sie die Bremsscheibe so innen am Flansch, dass ggf. die zuvor angebrachten Markierungen zueinander ausgerichtet sind.

10 Verwenden Sie entweder neue Schrauben oder reinigen Sie die alten und tragen Sie frische Sicherungspaste auf.

11 Ziehen Sie die Schrauben zunächst schrittweise und gleichmäßig bis zum Drehmoment von 12 Nm an – beachten Sie, dass die Scheibe dabei gedreht werden muss, damit die Schrauben erreichbar sind. Wiederholen Sie den Anzug dann auf die gleiche Weise bis zu einem Wert von 30 Nm (Abb. 7.5).

12 Reinigen Sie die Scheiben mit Aceton oder Bremsenreiniger. Wenn neue Bremsscheiben verwendet werden, muss deren Schutzüberzug entfernt werden.

13 Installieren Sie die verbliebenen Bauteile in der entgegengesetzten Ausbaureihenfolge.

14 Betätigen Sie mehrmals die Bremse, um die Beläge an die Scheiben zu drücken. Kontrollieren Sie vor der ersten Fahrt sorgfältig die Funktion der Bremse.

8 Fußbremszylinder

1 Ein schwammiges Gefühl im Bremspedal weist auf eingedrungene Luft hin, sodass das System entlüftet werden muss (siehe Sektion 10).

2 Falls aus dem Geberzylinder (aber nicht am Bremsleitungs-Anschluss) Bremsflüssigkeit austritt, muss der komplette Zylinder ersetzt werden, da keine Dichtungssätze erhältlich sind.

Ausbau

Anmerkung: *Um keine Lackoberflächen durch Bremsflüssigkeitsspritzer beschädigen zu lassen, sollten bei Arbeiten am Geberzylinder lackierte Flächen mit Lappen abgedeckt werden.*

3 Entfernen Sie bei RT-Modellen die rechte Stoßdämpferabdeckung (siehe Kapitel 7).

4 Lösen Sie den Ausgleichsbehälterdeckel samt Platte und Manschette (siehe *Tägliche Kontrollen*) und saugen Sie die alte Bremsflüssigkeit in einen geeigneten Sammelbehälter ab. Wischen Sie mit einem sauberen Lappen Reste aus dem Behälter. Montieren Sie übergangsweise die Manschette, die Platte und den Deckel.

5 Lösen Sie bei allen GS-Modellen die Schrauben des Hackenschutzes, entfernen Sie diesen und installieren Sie die Schrauben wieder, um den Geberzylinder zu sichern (siehe Abbildung).

6 Lösen Sie bei RT-Modellen innen am Rahmen die Schrauben des Fußrastenträgers und entnehmen Sie diesen.

7 Biegen Sie die Enden des Splints gerade und ziehen Sie diesen heraus. Entfernen Sie die Scheibe und ziehen Sie das Gelenkstück heraus, um die Druckstange vom Bremspedal zu trennen (siehe Abbildung).

8 Lösen Sie unten am Ausgleichsbehälterschlauch die Schelle, um den Schlauch vom Winkelstück zu ziehen – seien Sie auf austretende Bremsflüssigkeit vorbereitet (siehe Abbildung). Umwickeln Sie das Schlauchende mit Lappen.

9 Umwickeln Sie die Bremsleitung mit Lappen, um austretende Bremsflüssigkeit aufzusaugen. Beachten Sie die Ausrichtung des Anschlusses zum Geberzylinder und lösen Sie die Anschlussschraube – die Dichtscheiben an beiden Seiten des Anschlussauges müssen später erneuert werden.

10 Verstopfen Sie den Bremszylinder und umwickeln Sie die Bremsleitung mit Lappen oder einer Plastiktüte, um keinen Schmutz eindringen zu lassen. Sichern Sie die Bremsleitung möglichst aufrecht, damit keine weitere Bremsflüssigkeit austritt.

8.11 Fußbremszylinder -Schrauben – R- und RS-Modelle

11 Lösen Sie die Schrauben und entnehmen Sie den Fußbremszylinder (siehe Abbildung).

Einbau

12 Der Einbau erfolgt in umgekehrter Ausbaureihenfolge – beachten Sie dabei folgende Punkte:

- Ziehen Sie die Geberzylinder- und ggf. Hackenschutz-Schrauben mit 8 Nm an.
- Rüsten Sie das Anschlussauge an beiden Seiten mit neuen Dichtscheiben aus, richten Sie die Bremsleitung gegen den Anschlag aus und ziehen Sie die Anschlussschraube mit 24 Nm an (Abb. 8.8).
- Kontrollieren Sie den Ausgleichsbehälterschlauch – falls er spröde oder rissig ist, muss er ersetzt werden. Drücken Sie den Schlauch vollständig auf seine(n) Stutzen und sichern Sie ihn dort mit der/den Schelle(n).
- Sichern Sie das Gelenkstück mit einem neuen Splint und biegen Sie dessen Enden herum (Abb. 8.7).
- Falls bei GS-Modellen ein neuer Geberzylinder installiert wurde, muss der Abstand zwischen dem Bremspedal und der Hauptständeraufnahme kontrolliert und ggf. eingestellt werden (siehe Kapitel 5, Sektion 3, Schritte 11 bis 14).
- Füllen Sie den Ausgleichsbehälter mit DOT-4-Bremsflüssigkeit auf (siehe *Tägliche Kontrollen*) und entlüften Sie das System (siehe Sektion 10).
- Prüfen Sie vor der ersten Fahrt sorgfältig die Funktion der Bremse und kontrollieren Sie alles auf Lecks.

9 Bremsleitungen und Anschlüsse

Kontrolle

1 Der Zustand der Bremsleitungen sollte regelmäßig kontrolliert werden (siehe Kapitel 1). Demontieren Sie den Tank (siehe Kapitel 4), um alle Leitungen und Anschlüsse kontrollieren zu können.

2 Kontrollieren Sie die Verbindungen der Rohre zu den Schläuchen und alle Ringanschlüsse auf Korrosion und Undichtigkeit. Falls Lecks erkennbar sind, muss geprüft werden, ob die Anschlussschraube mit 24 Nm angezogen ist.

Ersetzen

Anmerkung: *Betätigen Sie nicht die Bremse, wenn eine Leitung getrennt ist.*

3 Demontieren Sie den Tank und das Luftfiltergehäuse (siehe Kapitel 4).

4 Bevor ein Ringanschluss gelöst wird, muss der umliegende Bereich mit reichlich Lappen abgedeckt werden, damit lackierte Teile nicht durch Bremsflüssigkeit beschädigt werden.

5 Beachten Sie die Ausrichtung der Ringanschlüsse an beiden Enden der Leitung und lösen Sie die Anschlussschrauben (Abb. 3.15b, 5.12, 6.20b, 8.8 und 17.28d). Die an beiden Seiten der Anschlüsse liegenden Dichtscheiben müssen auf jeden Fall durch Neuteile ersetzt werden (Abb. 3.15a, 6.20a und 17.29). Umwickeln Sie die Enden der Schläuche mit Lappen und verstopfen Sie die Anschlüsse des Geberzylinders/Bremssattels/Modulators, um keine Bremsflüssigkeit austreten zu lassen. Notieren Sie die exakte Verlegung der Bremsleitung und befreien Sie sie aus allen Clips, Kabelbindern und Führungen, um sie zu entfernen.

6 Positionieren Sie die neue Bremsleitung genauso wie beim Ausbau notiert und achten Sie darauf, dass sie nicht verdreht oder verspannt ist. Rüsten Sie den jeweiligen Ringanschluss auf beiden Seiten mit neuen Dichtscheiben aus und ziehen Sie die Anschlussschraube zunächst handfest an. Sichern Sie die Bremsleitung mit allen Clips, Kabelbindern und Führungen und achten Sie darauf, dass die Schläuche nicht an beweglichen Komponenten scheuern; ziehen Sie die Anschlussschrauben dann mit 24 Nm an.

7 Füllen Sie den entsprechenden Ausgleichsbehälter mit frischer DOT 4-Bremsflüssigkeit auf und entlüften Sie die Bremse (siehe Sektion 10).

8 Prüfen Sie vor der ersten Fahrt die Funktion der Bremse.

10 Bremsflüssigkeit – Wechsel und Entlüften

Spezialwerkzeug: *Zum Entlüften der Bremse (Schritt 3) wird eine relativ preiswert erhältliche Vakuumpumpe benötigt.*

Entlüftung

1 Entlüften der Bremse besagt, dass alle Luftblasen aus dem Bremsflüssigkeitsbehälter, den Leitungen und den Bremssätteln entfernt werden. Entlüften ist immer notwendig, wenn eine Hydraulik-Verbindung gelöst wurde, wenn eine Komponente oder Leitung gewechselt wurde, oder wenn ein Geberzylinder oder Sattel überholt wurde. Sind ein schwammiges Gefühl in der Bremse oder mangelhafte Bremsleistung nicht auf mechanische Defekte (z. B. klemmender Kolben im Bremssattel oder durch Korrosion klemmende Bremsbeläge) zurückzuführen, weist dies ebenfalls auf notwendiges Entlüften hin. Lecks im System können ebenfalls das Eindringen von Luft ermöglichen, aber sie zeigen auch durch auslaufende Flüssigkeit das Problem an und weisen auf eine dringend notwendige Reparatur hin.

2 Selbst erfahrene Profischrauber betrachten das Entlüften von Bremsen oft als »Schwarze Kunst«, weil sie manchmal große Probleme haben, einen festen Druckpunkt zu erreichen, wogegen mancher Anfänger überhaupt keine Schwierigkeiten damit hat. Besonders bei der Vorderradbremse besteht eines der Probleme darin, dass man gegen ein Naturgesetz arbeiten muss, wonach Luftblasen in Flüssigkeiten aufsteigen, beim Entlüften jedoch die Bremsflüssigkeit (einschließlich langsam darin aufsteigender Luftblasen) vom Geberzylinder zum Entlüftungsventil am darunterliegenden Bremssattel gepumpt werden muss. Luft kann sich auch in hohen Punkten der Leitung oder ABS-Komponenten sammeln.

3 Zum Entlüften der Bremsen werden frische DOT-4-Bremsflüssigkeit, ein durchsichtiger Vinyl- oder Plastikschlauch und ein zum Teil mit sauberer Bremsflüssigkeit gefüllter Behälter benötigt, dazu Lappen und ein Ringschlüssel für das Entlüftungsventil. Im Fachhandel sind relativ preiswerte Entlüftungskits erhältlich, die aus dem Schlauch und einem Einwegventil bestehen – und die Arbeit beträchtlich erleichtern. Der Sammelbehälter muss z. B. mit einem Holzblock abgestützt werden.

4 Decken Sie gefährdete Lackteile ab, die Bremsflüssigkeitsspritzer abbekommen könnten.

Achtung: Bremsflüssigkeit greift Lack und Kunststoff an! Decken Sie gefährdete Bereiche mit Lappen ab und waschen Sie Spritzer mit reichlich Seifenwasser ab.

Handbremse

5 Drehen Sie den Lenker so, dass der Ausgleichsbehälter möglichst gerade steht. Lösen Sie die Schrauben des Deckels und entfernen Sie diesen samt Manschette (siehe Abbildungen). Pumpen Sie langsam einige Male mit dem Hebel, bis keine aus der kleinen Bohrung

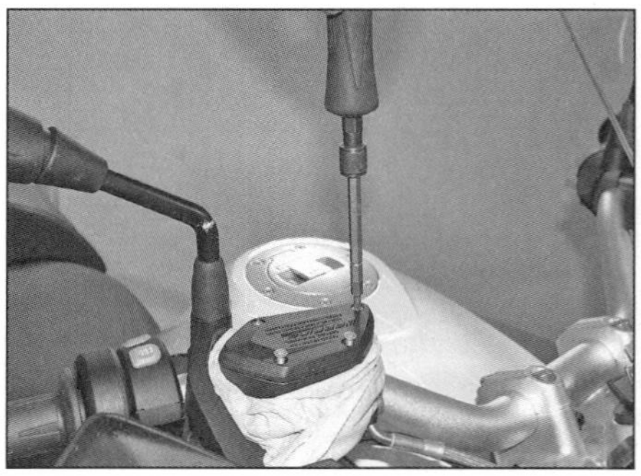

10.5a Lösen Sie die Schrauben des Ausgleichsbehälter-Deckels ...

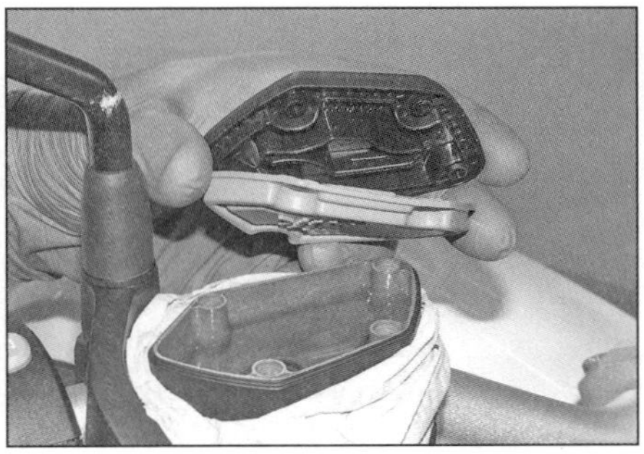

10.5b ... und nehmen Sie diesen samt der Gummimanschette ab.

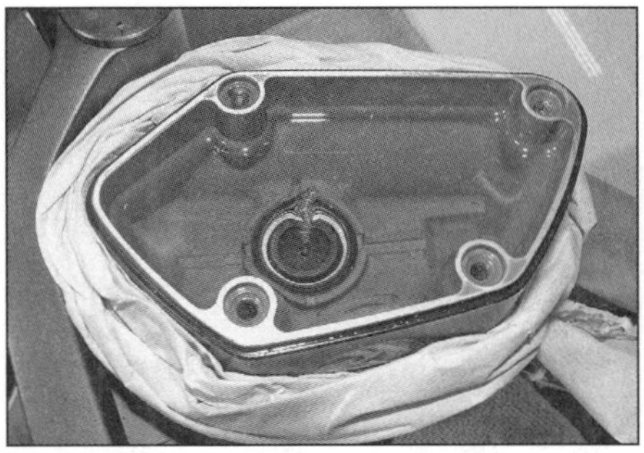

10.5c Pumpen Sie langsam und halten Sie den Bremshebel gezogen, um den Geberzylinder zu entlüften.

10.6a Entfernen Sie die Staubkappe.

10.6b Setzen Sie den Ringschlüssel am Sechskant an und stecken Sie den Schlauch auf.

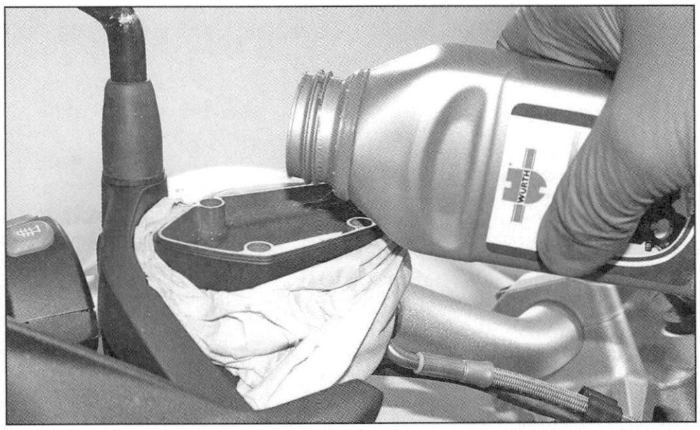

10.7 Im Ausgleichsbehälter muss stets genügend Bremsflüssigkeit stehen.

10.8a Entlüften der Handbremse

10.8b Kontrollieren Sie die austretende Bremsflüssigkeit auf Luftblasen.

am Boden des Behälters aufsteigenden Blasen mehr zu sehen sind (siehe Abbildung). Halten Sie den Bremshebel jetzt gezogen, um größere Luftblasen aus der größeren Bohrung zu drücken (siehe Abbildung) – der Hebel kann auch eine Zeit lang gegen den Lenker gebunden werden, dann wird er gelöst, einige Male damit gepumpt und wieder gegen den Lenker gebunden. Es kann eine Weile dauern, bis auf diese Weise alle Luftblasen aufgestiegen sind – besonders, wenn der Bremszylinder am Lenker sitzend überholt wurde, aber die Methode ist immer noch besser, als sämtliche Luft durch das Bremssystem zu pumpen.

6 Ziehen Sie am rechten Bremssattel die Gummikappe vom Entlüftungsventil (siehe Abbildung). Setzen Sie möglichst einen Ringschlüssel an, schieben Sie das eine Ende des durchsichtigen Schlauchs auf das Ventil und stecken Sie das andere Ende in die Bremsflüssigkeit des Sammelbehälters (siehe Abbildung).

Praxis TiPP ***Um Schäden am Entlüftungsventil zu vermeiden, sollte es vor dem Anschließen des Schlauchs mit einem Ringschlüssel gelockert und später wieder angezogen werden. Während des Entlüftens kann entweder der weiterhin am Ventil sitzende Ringschlüssel oder ein Maulschlüssel verwendet werden.***

7 Kontrollieren Sie den Pegel im Ausgleichsbehälter und lassen Sie ihn während des Prozesses nicht unter den unteren Schauglas-Rand sinken (siehe Abbildung).

8 Pumpen Sie vorsichtig drei- oder viermal mit dem Hebel und halten Sie ihn gezogen, während das Entlüftungsventil eine Vierteldrehung geöffnet wird (siehe Abbildung) und (ggf. mit Luftblasen versetzte) Bremsflüssigkeit aus dem Sattel durch den Schlauch in den Behälter fließt (siehe Abbildung) – der Bremshebel kann jetzt an den Lenker gezogen werden.

9 Ziehen Sie das Entlüftungsventil leicht an und lösen Sie langsam die Bremse. Wiederholen Sie diesen Prozess, bis in der ausfließenden Bremsflüssigkeit keine Blasen mehr zu sehen sind und am Hebel oder Pedal ein Druckpunkt zu spüren ist. Zum Schluss wird der Entlüftungsschlauch abgenommen, das Ventil mit 10 Nm angezogen und die Staubkappe aufgesetzt.

10 Entlüften Sie auf die gleiche Weise den linken Bremssattel.

11 Wenn die Bremse erfolgreich entlüftet wurde, wird am Bremshebel ein fester Druckpunkt spürbar sein, sobald die Bremse betätigt wird. Der Hebel darf sich nicht bis an das Griffgummi ziehen lassen.

12 Füllen Sie nach dem Entlüften den Ausgleichsbehälter auf und montieren Sie die Manschette und den Deckel. Wischen Sie Bremsflüssigkeits-Spritzer sorgfältig weg.

6

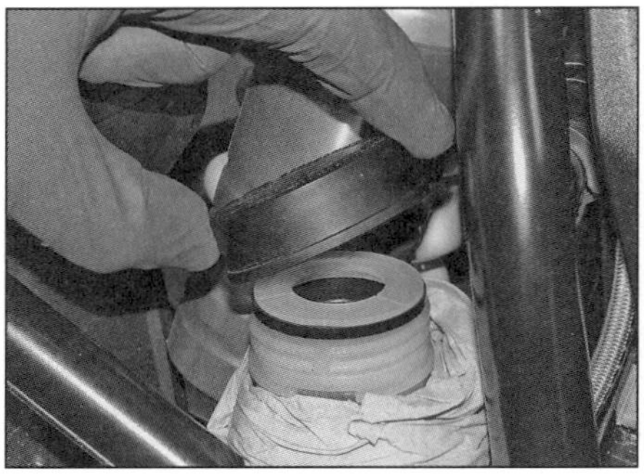

10.15a Schrauben Sie den Deckel des Ausgleichsbehälters ab ...

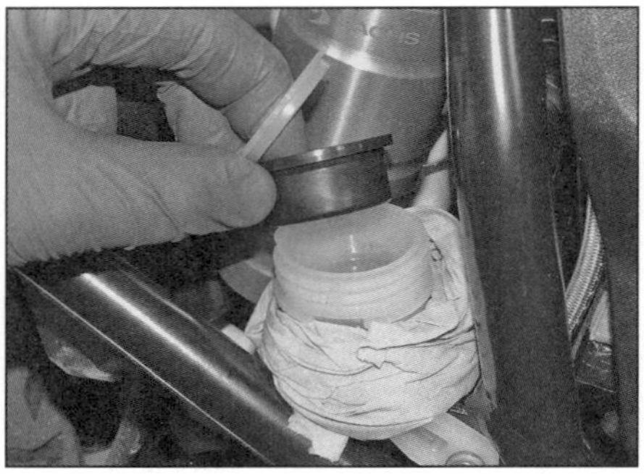

10.15b ... und entnehmen Sie die Platte und die Manschette.

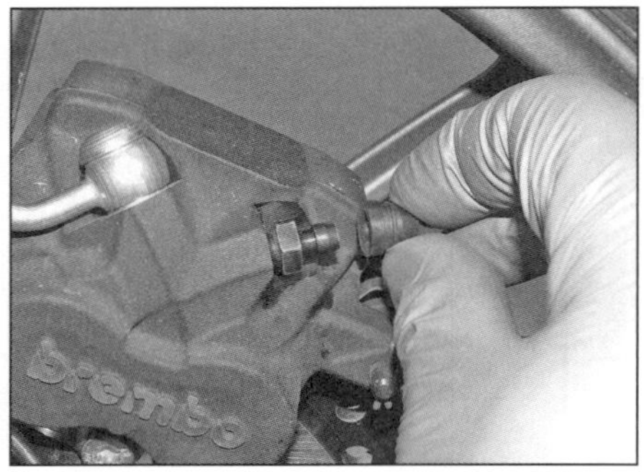

10.16a Entfernen Sie die Staubkappe.

13 Kontrollieren sie das ganze System auf Undichtigkeiten und prüfen Sie vor der ersten Fahrt die Funktion der Bremse.

Fußbremse

14 Entfernen Sie bei RT-Modellen die rechte Stoßdämpferabdeckung (siehe Kapitel 7).

15 Halten Sie den Behälter und schrauben Sie den Deckel ab. Entfernen Sie die Platte und die Manschette (siehe Abbildungen). Betätigen Sie einige Male langsam das Bremspedal, um die im Fußbremszylinder steckenden Luftblasen zu befreien.

16 Ziehen Sie am Bremssattel die Gummikappe vom Entlüftungsventil (siehe Abbildung). Setzen Sie den Ringschlüssen an (siehe Praxis-Tipp oben) (siehe Abbildung), schieben Sie das eine Ende des durchsichtigen Schlauchs auf das Ventil und stecken Sie das andere Ende in die Bremsflüssigkeit des Sammelbehälters.

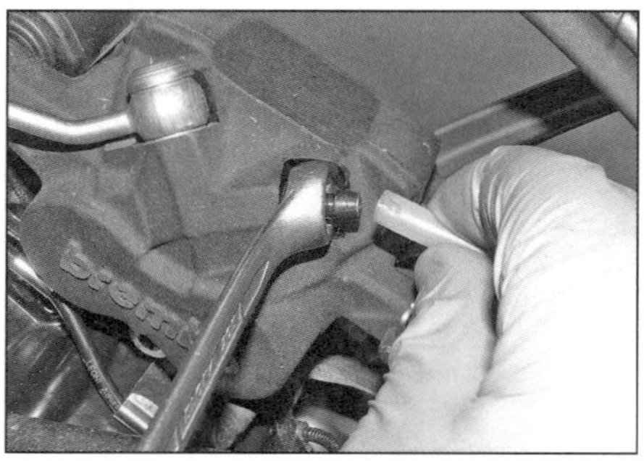

10.16b Setzen Sie den Ringschlüssel am Sechskant an und stecken Sie den Schlauch auf.

17 Kontrollieren Sie den Flüssigkeitsstand im Ausgleichsbehälter. Lassen Sie den Pegel während des Prozesses nicht unter die untere Markierung sinken (siehe Abbildung).

18 Pumpen Sie vorsichtig drei- oder viermal mit dem Pedal und halten Sie es gedrückt, während das Entlüftungsventil eine Viertelumdrehung geöffnet wird (siehe Abbildung) und (ggf. mit Luftblasen versetzte) Bremsflüssigkeit aus dem Sattel durch den Schlauch in den Behälter fließt (Abb. 10.8b).

19 Ziehen Sie das Entlüftungsventil wieder an und lösen Sie das Bremspedal. Wiederholen Sie die Prozedur, bis keine Luftblasen mehr austreten und ein Druckpunkt spürbar ist. Füllen Sie nötigenfalls den Ausgleichsbehälter auf.

20 Wenn die Bremse erfolgreich entlüftet wurde, wird am Bremspedal ein fester Druckpunkt spürbar sein, sobald die Bremse betätigt wird. Das Pedal darf sich nicht bis an den Anschlag drücken lassen.

21 Ziehen Sie zum Schluss das Entlüftungsventil mit 14 Nm an und stecken Sie die Staubkappe auf. Füllen Sie den Ausgleichsbehälter auf und montieren Sie die Manschette, die Platte und den Deckel. Wischen Sie Bremsflüssigkeits-Spritzer weg.

22 Kontrollieren sie das ganze System auf Undichtigkeiten und prüfen Sie vor der ersten Fahrt die Funktion der Bremse.

Beide Bremsen

23 Wenn es nicht möglich ist, im Hebel oder Pedal einen Druckpunkt zu finden, kann die Flüssigkeit aufgeschäumt sein. Zur Abhilfe kann die Bremse unter Druck gesetzt werden, indem der Bremshebel an den Lenker gebunden und das Pedal belastet wird.

Achtung: Zu viel Druck kann die Dichtungen der Bremszylinder und Bremssättel beschädigen.

Lassen Sie die Bremsflüssigkeit für einige Stunden in Ruhe, damit die kleinen Blasen entweder aufsteigen oder sich zu größeren Blasen verbinden, die sich beim erneuten Entlüften leichter herausspülen lassen.

24 Falls weiterhin Probleme bestehen, muss nach hohen Punkten im Bremssystem gesucht werden, in denen sich Luft sammeln kann. Befreien Sie entsprechende Leitungen und klopfen Sie sie ab, damit sich Blasen lösen können (aber verbiegen Sie dabei keine Rohre). Demontieren Sie nötigenfalls den Geberzylinder und/oder den/die Bremssättel und befreien

10.17 Im Ausgleichsbehälter muss stets genügend Bremsflüssigkeit stehen.

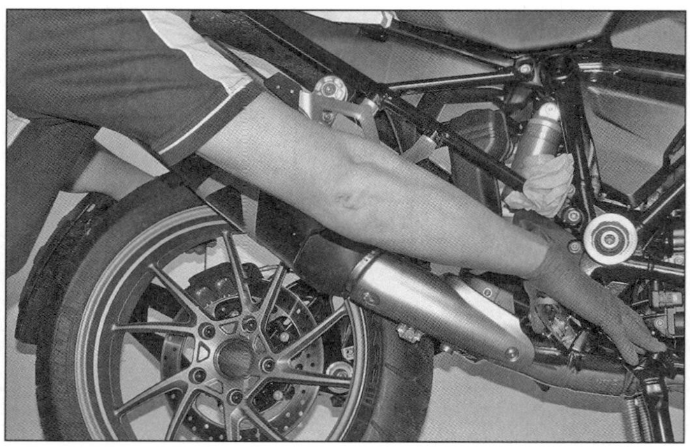

10.18 Entlüften der Handbremse

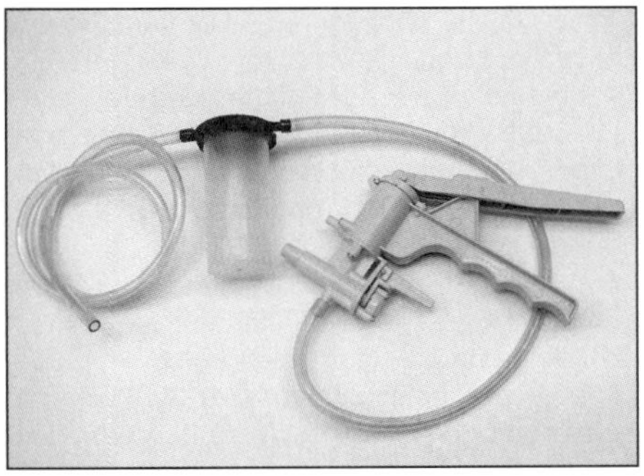

10.25 Mit einer solchen Unterdruckpumpe kann die Bremsflüssigkeit abgesaugt werden.

Sie die Leitung aus allen Führungen, um die Teile so zu bewegen, dass mögliche Luftblasen zum Entlüftungsventil aufsteigen – beachten Sie zur Demontage die entsprechenden Sektionen. Bei ABS-Modellen ist es nicht möglich, den Modulator oder das Verteilerventil zu befreien, da hierfür Bremsleitungen getrennt werden müssen, was zu noch mehr Luft im System sorgt – bringen Sie das Motorrad nötigenfalls zu einer BMW-Werkstatt.

25 Falls das Entlüften der Bremse mit herkömmlichen Werkzeugen und Methoden nicht zu befriedigenden Ergebnissen führt, kann auch ein im Fachhandel erhältliches Vakuum-Entlüftungswerkzeug (z. B. die »Mityvac«) benutzt werden – beachten Sie die beigefügte Anleitung (siehe Abbildung). Diese Pumpe saugt die Bremsflüssigkeit am Entlüftungsventil ab, und viele Anwender sind von der in der Bremsflüssigkeit auftretenden Luftmenge verwirrt. Doch oft wird diese erst durch das Gewinde des Entlüftungsventils gesogen (Luft bietet dem Vakuum weniger Widerstand als Bremsflüssigkeit) und ist ein Hinweis darauf, dass mit zu viel Unterdruck gearbeitet wird oder das Entlüftungsventil zu locker ist. Eine Möglichkeit, dies Problem zu umgehen, besteht darin, das Entlüftungsventil herauszudrehen und sein Gewinde mit PTFE-Band zu umwickeln – die hierbei austretende Bremsflüssigkeit muss mit Lappen aufgesaugt werden.

Bremsflüssigkeitswechsel

26 Der Wechsel der Bremsflüssigkeit ist ein ähnlicher Prozess wie das Entlüften der Bremse und erfordert das gleiche Material, außerdem ggf. eine Pumpe zum Entleeren der Ausgleichsbehälter. Stellen Sie sicher, dass der Sammelbehälter groß genug ist, die gesamte alte Bremsflüssigkeit aufnehmen zu können.

27 Decken Sie gefährdete Lackteile ab, die Bremsflüssigkeitsspritzer abbekommen könnten. Verbinden Sie die zur Entlüftung verwendete Ausrüstung mit dem entsprechenden Bremssattel. Entfernen Sie den Behälterdeckel, die Platte (falls vorhanden) und die Manschette (Abb. 10.5a und b oder 10.15a und b). Saugen Sie die Bremsflüssigkeit aus dem Behälter oder pumpen Sie solange, bis die alte Bremsflüssigkeit bis zum Behälterboden abgesunken ist. Dabei sollte keine Luft in das System gelangen, da es ansonsten entlüftet werden muss. Wischen Sie den Ausgleichsbehälter mit Haushaltstüchern sauber und füllen Sie frische Bremsflüssigkeit auf (Abb. 10.7 oder 10.17). Betätigen Sie die Bremse und öffnen Sie das Entlüftungsventil (Abb. 10.8a und 10.18) – Bremsflüssigkeit wird durch den Entlüftungsschlauch austreten und der Hebel oder das Pedal wird sich bis zum Griffgummi bzw. Anschlag bewegen lassen.

28 Ziehen Sie das Entlüftungsventil wieder leicht an und lösen Sie langsam wieder die Bremse. Halten Sie den Ausgleichsbehälter immer gut gefüllt, damit keine Luft eintritt und die Aufgabe deutlich in die Länge zieht. Wiederholen Sie die Prozedur, bis am Entlüftungsventil frische Bremsflüssigkeit austritt.

Praxis TiPP ***Alte Bremsflüssigkeit ist deutlich dunkler als frische, sodass leicht erkannt werden kann, wann die Bremse mit frischer Flüssigkeit gefüllt ist.***

29 Entfernen Sie zum Schluss die verwendete Ausrüstung vom Entlüftungsventil, ziehen Sie es möglichst mit dem korrekten Drehmoment an und stecken Sie die Gummikappe auf. Füllen Sie den Ausgleichsbehälter auf und installieren Sie die Manschette, die Abdeckung (falls vorhanden) und den Deckel. Wischen Sie verschüttete Bremsflüssigkeit unverzüglich mit einem nassen Lappen ab und kontrollieren sie das ganze System auf Undichtigkeiten.

30 Kontrollieren Sie die Bremse auf Undichtigkeiten und prüfen Sie vor der ersten Fahrt ihre Funktion.

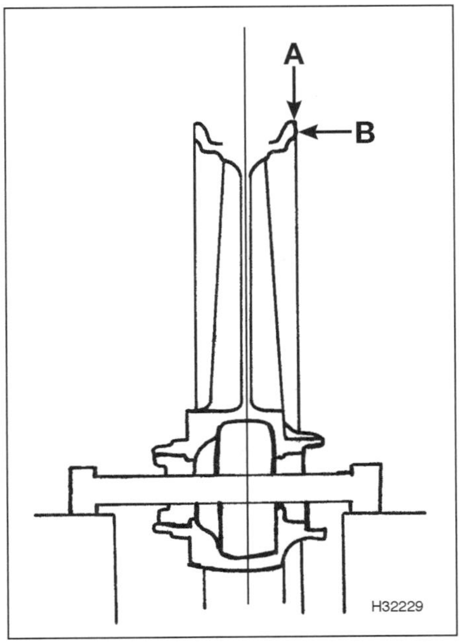

11.3 Kontrollieren Sie den Höhenschlag an Punkt A und den Seitenschlag an Punkt B.

Ablassen der Bremsflüssigkeit (für eine Überholung)

31 Das Ablassen der Bremsflüssigkeit ist ein ähnlicher Prozess wie das Entlüften der Bremse. Am schnellsten und einfachsten geht dies mit einer im Handel erhältlichen Vakuumpumpe (siehe Schritt 25) – folgen Sie den beiliegenden Herstellerangaben. Ist keine solche Pumpe zugänglich, müssen Sie der oben gegebenen Prozedur für den Wechsel der Flüssigkeit folgen, dürfen dabei aber den Ausgleichsbehälter nicht auffüllen.

32 Das Auffüllen ist wieder mit der Vakuumpumpe am einfachsten – jetzt muss darauf geachtet werden, dass immer genügend Bremsflüssigkeit im Ausgleichsbehälter steht. Ohne die Pumpe muss der Behälter anfangs aufgefüllt und dann den Hinweisen zum Entlüften gefolgt werden, bis am Entlüftungsschlauch keine Luftblasen mehr austreten.

11 Räder – Verzugs- und Spurkontrolle

Verzugs-Kontrolle

1 Um eine vernünftige Inspektion der Räder durchführen zu können, ist es notwendig, das Motorrad so aufzustellen, dass das zu kontrollierende Rad frei drehbar ist. Stellen Sie die Maschine auf den Hauptständer oder eine entsprechende Stütze.

2 Reinigen Sie die Räder sorgfältig, da Matsch und Dreck die Inspektion stören und Schäden verdecken können. Führen Sie eine allgemeine Kontrolle der Räder (siehe Kapitel 1, Sektion 13) und der Reifen (siehe *Täglichen Kontrollen*) durch.

3 Klemmen Sie eine Messuhr an die Gabel oder Schwinge und positionieren Sie den Abtaster seitlich gegen die Felge. Drehen Sie das Rad langsam, um den Seitenschlag (Axialspiel) zu ermitteln (siehe Abbildung).

4 Um eine ordentliche Kontrolle des Höhen-Verzugs (Radialspiel) durchführen zu können, muss das Rad ausgebaut und der Reifen von der Felge abgezogen werden. Legen Sie das Vorderrad mit der Achse in einen Bock und lassen Sie es drehen, während Sie mit einer Messuhr die Felge abtasten (Abb. 11.3). Da das Hinterrad nicht auf einer Achse geführt wird, muss es mit einem speziellen Adapter ausgerüstet werden; lassen Sie die Kontrolle ggf. von einer BMW-Werkstatt durchführen.

5 Eine einfachere aber auch ungenauere Methode liegt darin, einen festen Draht mit der Gabel oder der Schwinge zu verbinden und sein Ende in die Nähe der Verbindung zwischen Felge und Reifen zu bringen. Wenn das Rad gerade ist, bleibt der Abstand zwischen Felge und Draht beim Drehen unverändert.

Anmerkung: *Wird ein übermäßiger Verzug festgestellt, muss zunächst geprüft werden, ob dies nicht durch defekte Radlager (vorne) oder Endantrieb-Lager (hinten) hervorgerufen wird.*

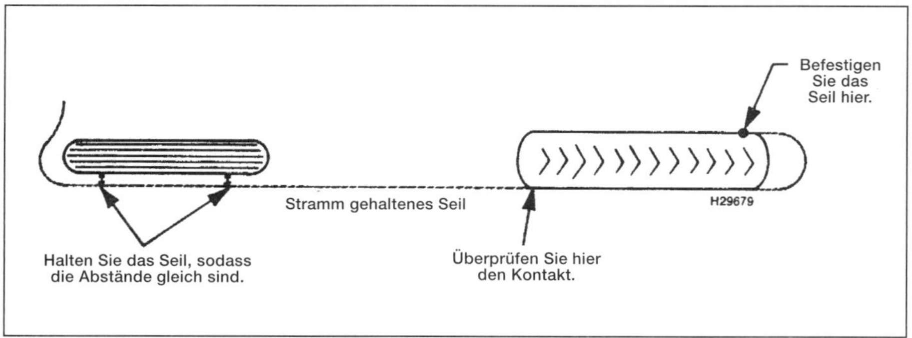

11.10 Spurkontrolle des Rades mithilfe eines Seils

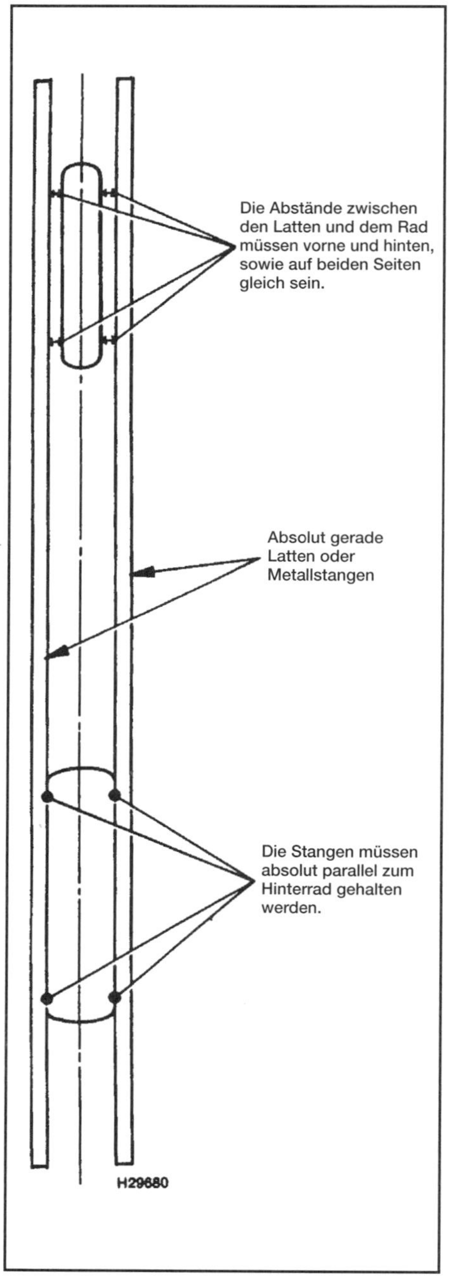

11.13 Spurkontrolle des Rades mithilfe von Holzlatten

Spurkontrolle

6 Nicht fluchtende Räder können der Grund für schlechtes und auch gefährliches Fahrverhalten der Maschine sein. Da die hauptsächlich tragende Antriebseinheit nicht verziehen kann, scheidet ein schräg montiertes Hinterrad aus. Wenn die Räder nicht in der Spur laufen, kann dieses bei R- und RS-Modellen vorne an einem verzogener Rahmen oder einer beschädigten Gabel liegen, bei GS- und RT-Modellen können nur verschlissene oder beschädigte Telelever-Bauteile die Ursache sein; hinten können Probleme durch verschlissene Schwingenlager entstehen. Wenn ein Unfallschaden vorliegt, kann nur eine BMW-Werkstatt weiterhelfen, die mit einer Rahmenricht-Lehre ausgerüstet ist und dadurch den verzogenen Bereich erkennen kann.

7 Um die Spur kontrollieren zu können, wird neben einem Assistenten ein Seil oder eine absolut gerade Holzlatte und ein Lineal benötigt.

8 Zur ordentlichen Kontrolle muss das Motorrad entweder auf dem Hauptständer oder einem anderen Hilfsmittel absolut senkrecht ausgerichtet sein. Messen Sie die Breite beider Räder an der dicksten Stelle. Ziehen Sie den Wert des Vorderrades von dem des Hinterrades ab und teilen Sie den Wert durch zwei. Das Ergebnis ist der Wert, der bei den folgenden Messungen auf beiden Seiten der Räder herauskommen muss.

9 Wenn ein Seil verwendet wird, muss der Assistent das eine Ende auf halber Höhe zwischen Boden und Hinterradachse halten, sodass es die hintere Seitenfläche des Reifens berührt.

10 Halten Sie das andere Ende des Seils am Vorderrad in die gleiche Höhe und bringen Sie es stramm gespannt in Berührung mit der vorderen Seitenfläche des Hinterrades. Drehen Sie das Vorderrad, bis es parallel zum Seil steht (siehe Abbildung). Messen Sie den Abstand der Reifenflanken zum Seil.

11 Wiederholen Sie die Prozedur auf der anderen Seite der Maschine.

12 Der Abstand zwischen Vorderrad und Seil muss auf beiden Seiten gleich sein. Wenn der Abstand zwischen Reifen und Seil auf beiden Seiten stark variiert, ist das Fahrwerk verzogen.

13 Wie erwähnt, kann man die Messung auch mit einer absolut geraden Holzlatte durchführen (siehe Abbildung). Die Ausführung bleibt die gleiche.

14 Wenn die Spur nicht stimmt und der Fehler nicht auf eine defekte Telelever-Gabel oder Schwinge zurückzuführen ist, muss das Motorrad in einer BMW-Werkstatt mit einer Lehre vermessen werden.

15 Wenn die Spur stimmt, können die Räder immer noch vertikal nicht in Flucht stehen.

16 Mit einem Lot oder einem entsprechenden Gewicht und einer Schnur wird am Hinterrad gemessen, ob es senkrecht steht. Hierfür wird die Schnur an der oberen Seitenfläche des Reifens angelegt und das Lot herabgelassen. Wenn die Schnur beide Reifenflanken gleichzeitig berührt, steht das Rad gerade. Wenn nicht, muss der Ständer unterlegt werden, bis das Rad senkrecht steht.

17 Wenn das Hinterrad senkrecht steht, wird das Vorderrad in gleicher Weise kontrolliert. Wenn beide Räder nicht vertikal gleich stehen, ist der Rahmen und/oder ein wesentlicher Teil der Federelemente verzogen.

12 Vorderrad

Ausbau

1 Stützen Sie das Motorrad mithilfe einer geeigneten Stütze so ab, dass das Vorderrad nicht den Boden berührt. Achten Sie immer auf einen sicheren Stand.

2 Demontieren Sie bei RT-Modellen das Vorderteil des Schutzblechs (siehe Kapitel 7).

3 Befreien Sie den Radsensor (siehe Sektion 17).

4 Demontieren Sie die Vorderrad-Bremssättel (siehe Sektion 3). Sichern Sie die Sättel so, dass die Bremsleitungen nicht unter Last stehen. Es ist nicht nötig, die Bremsleitungen zu trennen.

Anmerkung: *Betätigen Sie nicht die Bremse, wenn die Bremssättel demontiert sind.*

5 Lockern Sie unten am rechten Tauchrohr die Achsen-Klemmschraube(n) (siehe Abbildung).

6 Kontern Sie den Achsenkopf und lösen Sie links die Achsenschraube (siehe Abbildungen). Stützen Sie das Rad und ziehen Sie die Achse

12.5 Lockern Sie an beiden Tauchrohren die Vorderachsen-Klemmschraube(n).

12.6a Lösen Sie die Achse mit einem Innensechskant-Werkzeug ...

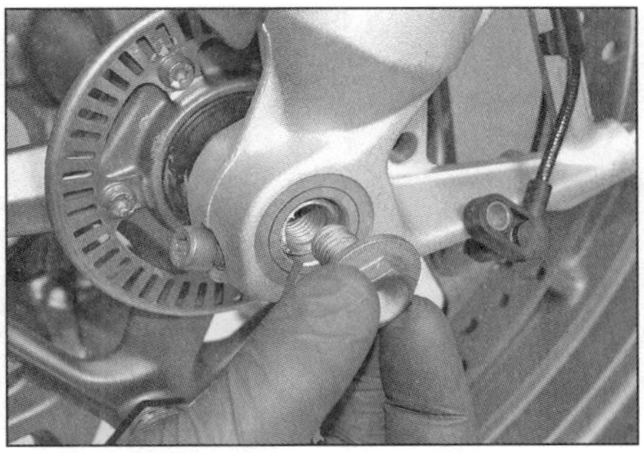

12.6b ... und lösen Sie die Schraube.

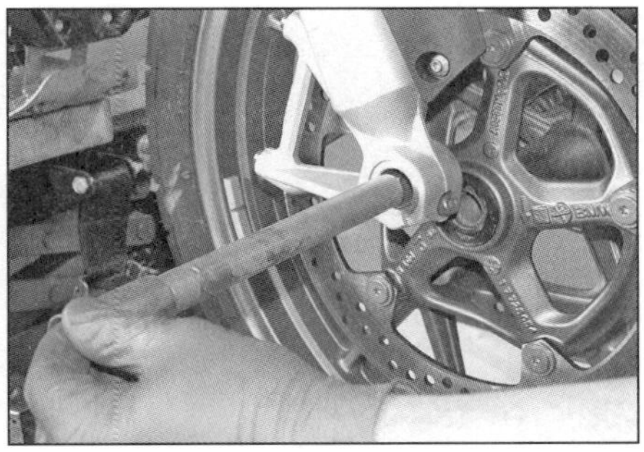

12.6c Ziehen Sie die Achse heraus und entnehmen Sie das Rad.

12.7 Beachten Sie die Distanzhülse.

12.15 Kontern Sie den Achsenkopf, während die Schraube angezogen wird.

heraus. Senken Sie das Rad vorsichtig ab und manövrieren Sie es nach vorne aus der Gabel (siehe Abbildung).

7 Entnehmen Sie links die Distanzhülse aus der Radnabe (siehe Abbildung).

Achtung: Legen Sie das Rad nicht auf eine der Bremsscheiben, da sie dadurch verziehen kann. Legen Sie das Rad auf Blöcke, sodass die Felge das Gewicht des Rades stützt.

8 Säubern Sie die Achse und befreien Sie sie ggf. mithilfe von Stahlwolle von Korrosion. Kontrollieren Sie die Achse durch Rollen auf einer ebenen Oberfläche (z. B. einer Glasscheibe) auf Verzug.

9 Kontrollieren Sie die Radlager (siehe Sektion 14).

Einbau

10 Sorgen Sie dafür, dass die Bremsscheiben und der Sensorring sauber sind.

11 Schmieren Sie die Achse und die Innenseiten der Dichtringe mit Fett. Stecken Sie die Hülse in den linken Dichtring – bei GS- und RT-Modellen mit der Nut nach innen (Abb. 12.7).

12 Bringen Sie das Rad zwischen den Gabelholmen in Position und schieben Sie die Achse von rechts ein – achten Sie auf den korrekten Sitz der Distanzhülse (Abb. 12.6c). Drehen Sie die Achse handfest ins linke Tauchrohr (Abb. 12.6b).

13 Montieren Sie die Bremssättel (siehe Sektion 3).

14 Nehmen Sie das Motorrad übergangsweise vom Ständer und belasten Sie mehrmals die Front, damit sich das Rad und die Gabel zueinander ausrichten.

15 Ziehen Sie die Achsenschraube mit 30 Nm (GS und RT) bzw. 50 Nm (R und RS) an und sichern Sie sie dann mit der mit 19 Nm angezogenen Achsen-Klemmschraube (siehe Abbildung).

16 Befestigen Sie den Radsensor (siehe Sektion 17).

17 Montieren Sie bei RT-Modellen den vorderen Teil des Vorderradkotflügels (siehe Kapitel 7).

18 Prüfen Sie vor der ersten Fahrt die Funktion der Vorderradbremse.

13 Hinterrad

Ausbau

1 Stellen Sie das Motorrad auf den Hauptständer oder eine geeignete Stütze und stützen Sie es so ab, dass das Hinterrad nicht den Boden berührt. Achten Sie darauf, dass die Maschine sicher steht und nicht umkippen kann.

2 Entfernen Sie bei RT-, R- und RS-Modellen den Schalldämpfer (siehe Kapitel 4).

3 Lockern Sie schrittweise und über Kreuz die Bolzen, die das Rad am Flansch des Endantriebs sichern, stützen Sie das Rad, entfernen Sie die Bolzen und heben Sie das Rad vom Flansch (siehe Abbildungen).

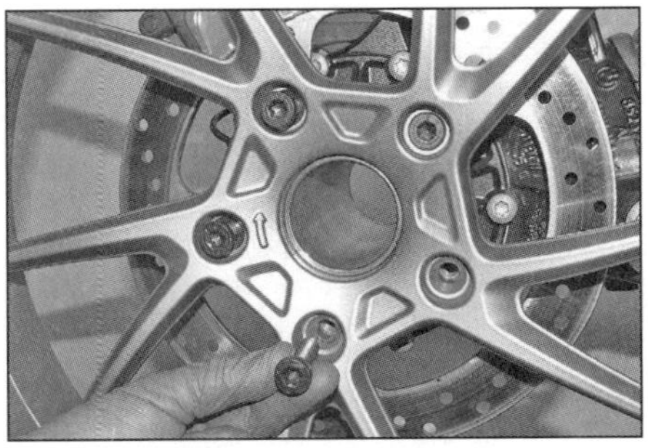

13.3a Lösen Sie die Radbolzen ...

13.3b ... und ziehen Sie das Rad vom Flansch.

6

14.4 Hebeln Sie den Dichtring heraus.

14.5a Verspannen Sie den Innenabzieher hinter dem Lager ...

14.5b ...und ziehen Sie es mit dem Zughammer heraus.

14.7 Treiben Sie das neue Lager mit einer Nuss ein, die nur den Außenring berührt.

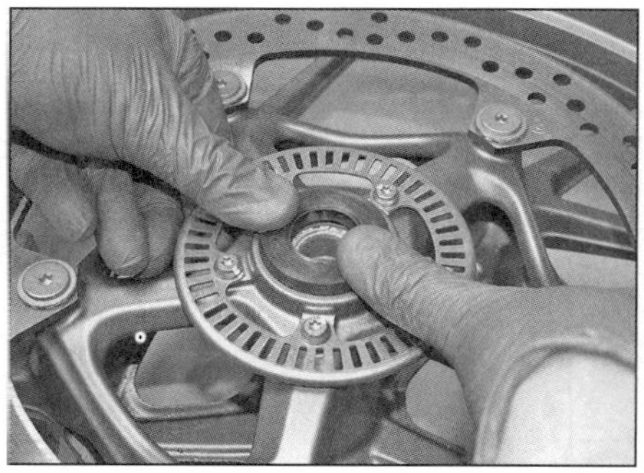

14.8 Drücken Sie den Dichtring bündig in seinen Sitz.

Einbau

4 Die Kontaktflächen der Radnabe und des Endantrieb-Flansches müssen sauber sein, damit das Rad gleichmäßig aufliegt.
5 Reinigen Sie die Gewinde der Radbolzen sowie ihre Bohrungen im Flansch.
6 Setzen Sie das Rad an den Flansch, richten Sie es korrekt aus und installieren Sie die Bolzen zunächst handfest (Abb. 13.3b).
7 Ziehen Sie die Radbolzen schrittweise und über Kreuz mit 60 Nm an (Abb. 13.3a)
8 Montieren Sie bei RT-, R- und RS-Modellen den Schalldämpfer (siehe Kapitel 4).

14 Radlager

Vorderradlager

Anmerkung: *Ersetzen Sie Radlager immer als Set – niemals einzeln. Vermeiden Sie an den Radnaben den Einsatz von Hochdruckreinigern.*

Kontrolle und Ausbau

1 Bauen Sie das Rad aus (siehe Sektion 12).
2 Stützen Sie das Rad mit der Felge auf Hölzern, um die Bremsscheiben nicht zu beschädigen.
3 Inspizieren Sie die Lager – deren Innenringe müssen sich sanft drehen lassen und der Außenring muss fest in der Nabe sitzen; beachten Sie hierzu die Sektion 5 der Werkzeug- und Werkstatt-Tipps im Anhang.

Anmerkung: *Die Radlager dürfen nur ausgebaut werden, wenn sie erneuert werden sollen.*

4 Falls neue Lager montiert werden müssen, sind zuerst die Dichtringe an beiden Seiten der Radnabe herauszuhebeln (siehe Abbildung) – schützen Sie ggf. den Rand mit einem Stück Holz. Die Dichtringe müssen später erneuert werden.
5 Um die Lager ausbauen zu können, muss ein Lagersitz mit einem Heißluftgebläse auf etwa 100 °C erwärmt werden. Klemmen Sie einen Innenabzieher hinter das Lager und ziehen Sie es mithilfe einer geeigneten Zughammer-Vorrichtung heraus (siehe Abbildungen). Heben Sie die Distanzhülse heraus, erwärmen Sie den anderen Teil der Nabe und treiben Sie das zweite Lager mithilfe eines geeigneten Dorns heraus. Merken Sie sich die Einbaurichtung der Lager.

Einbau

6 Reinigen Sie sorgfältig die Nabe und die Lagersitze. Verwenden Sie eine nur den Außenring berührende Einzugvorrichtung, um die Lager (mit den Markierungen oder Dichtungen nach außen) nacheinander einzubauen (siehe *Werkzeug- und Werkstatt-Tipps* im Anhang)
7 Alternativ wird mit einem alten Lager, einem Eintreiber oder einer passenden Steckschlüsselnuss, die nur den Außenrand des Lagers berührt, das Lager vollständig in seinen Sitz getrieben (siehe Abbildung). Drehen Sie das Rad anschließend um, installieren Sie die Distanzbuchse und treiben Sie das zweite Lager wie oben beschrieben ein.
8 Schmieren Sie die neuen Dichtringe mit etwas Fett und drücken Sie sie in ihre Sitze in der Nabe (siehe Abbildung). Da sie bündig zur Nabe liegen müssen, können Sie mit einem flachen Holz in Position gebracht werden (siehe Abbildung).
9 Befreien Sie die Bremsscheibe mit Aceton oder Bremsenreiniger von möglichen Fettresten und bauen Sie das Rad ein (siehe Sektion 12).

Hinterradlager

10 Die Hinterradlager sind in das Endantriebsgehäuse integriert und können nicht mit den Möglichkeiten eines Hobbyschraubers gewechselt werden. Lassen Sie die Lager von einer BMW-Werkstatt kontrollieren und nötigenfalls wechseln. Der Ausbau des Endantriebs ist in Kapitel 5 beschrieben.

15 Drahtspeichenräder

Achtung: Wird das Motorrad im Gelände bewegt, müssen die Speichen laut BMW täglich auf korrekte Spannung überprüft werden.

1 Stellen Sie das Motorrad auf den Hauptständer, sodass das zu kontrollierende Rad sich frei drehen kann. Prüfen Sie jede Speiche auf Festigkeit, indem Sie sie mit einem kleinen Schraubendreher oder -Schlüssel abklopfen und auf ihr Geräusch achten. Alle Speichen sollten einen möglichst gleichen Ton von sich geben.

2 Klingt eine Speiche dumpf oder klapprig, muss versucht werden, sie vor und zurück zu bewegen, um festzustellen, ob sie locker ist. Falls die lockere Speiche im Hinterrad sitzt und an der linken Seite gesichert ist, muss das Rad ausgebaut werden (siehe Sektion 13), um sie anziehen zu können.

3 Um einer lockeren Speiche anziehen zu können, muss zunächst die Madenschraube im Speichennippel mit einem 2-mm-Inbusschlüssel gelockert werden. Ziehen Sie dann den Speichennippel zunächst mithilfe eines passenden Torx-Schlüssels mit 1 Nm an und sichern Sie ihn dann mit der mit 2 Nm angezogenen Madenschraube.

4 Sind mehrere Speichen locker, wird wahrscheinlich das Rad verzogen sein. Folgen Sie der Prozedur in Sektion 11, um den Seiten- und Höhenschlag zu prüfen. Bringen Sie das Rad nötigenfalls zu einem Spezialisten, der es wieder richtet.

5 Ist eine Speiche verbogen, muss sie ersetzt werden. Prüfen Sie zunächst, ob das Rad verzogen ist (siehe Sektion 11). Wird weder ein Seiten- noch ein Höhenschlag festgestellt, kann die Speiche ersetzt werden. Ist das Rad verzogen, muss es von einem Spezialisten gerichtet werden. Zum Ersetzen einer Speiche müssen die entsprechende Madenschraube und der Nippel gelöst werden, dann wird die Speiche an der Felge herausgezogen – dies ist mit Ausnahme der links eingesetzten Hinterrad-Speichen bei allen Speichen möglich, ohne dass dazu das Rad ausgebaut werden muss. Installieren Sie die neue Speiche und ihren Nippel und ziehen Sie diesen sowie die Madenschraube wie in Schritt 3 beschrieben an.

6 Ist eine Speiche beschädigt, muss auch die Felge auf Schäden und Beulen untersucht werden.

16 Reifen – Allgemeine Informationen

1 Die Räder aller Modelle sind mit schlauchlosen Reifen ausgerüstet. GS-, RT-, R- und RS-Modelle rollen auf Leichtmetall-Gussrädern, Adventure-Modelle sind mit Drahtspeichenrädern bestückt, deren Speichen jedoch an den Außenrändern der Felge eingehängt sind, sodass auch hier keine Schläuche montiert werden müssen.

2 Wechseln Sie zu den *Täglichen Kontrollen* am Anfang dieses Handbuches, um Räder und Reifen zu warten.

Montage neuer Reifen

Anmerkung: *Bei mit einer Reifendruck-Kontrolle (RDC) ausgerüsteten Modellen (siehe Sektion 19) muss besonders aufgepasst werden, die Sensoren nicht zu beschädigen.*

3 Die Auswahl neuer Reifen wird von den Eintragungen in den Fahrzeugpapieren bestimmt. Achten Sie darauf, dass Vorder- und Hinterreifen zusammenpassen, die Größe und Geschwindigkeitsangabe stimmen. Lassen Sie sich von einem BMW- oder Reifenhändler beraten (siehe Abbildung).

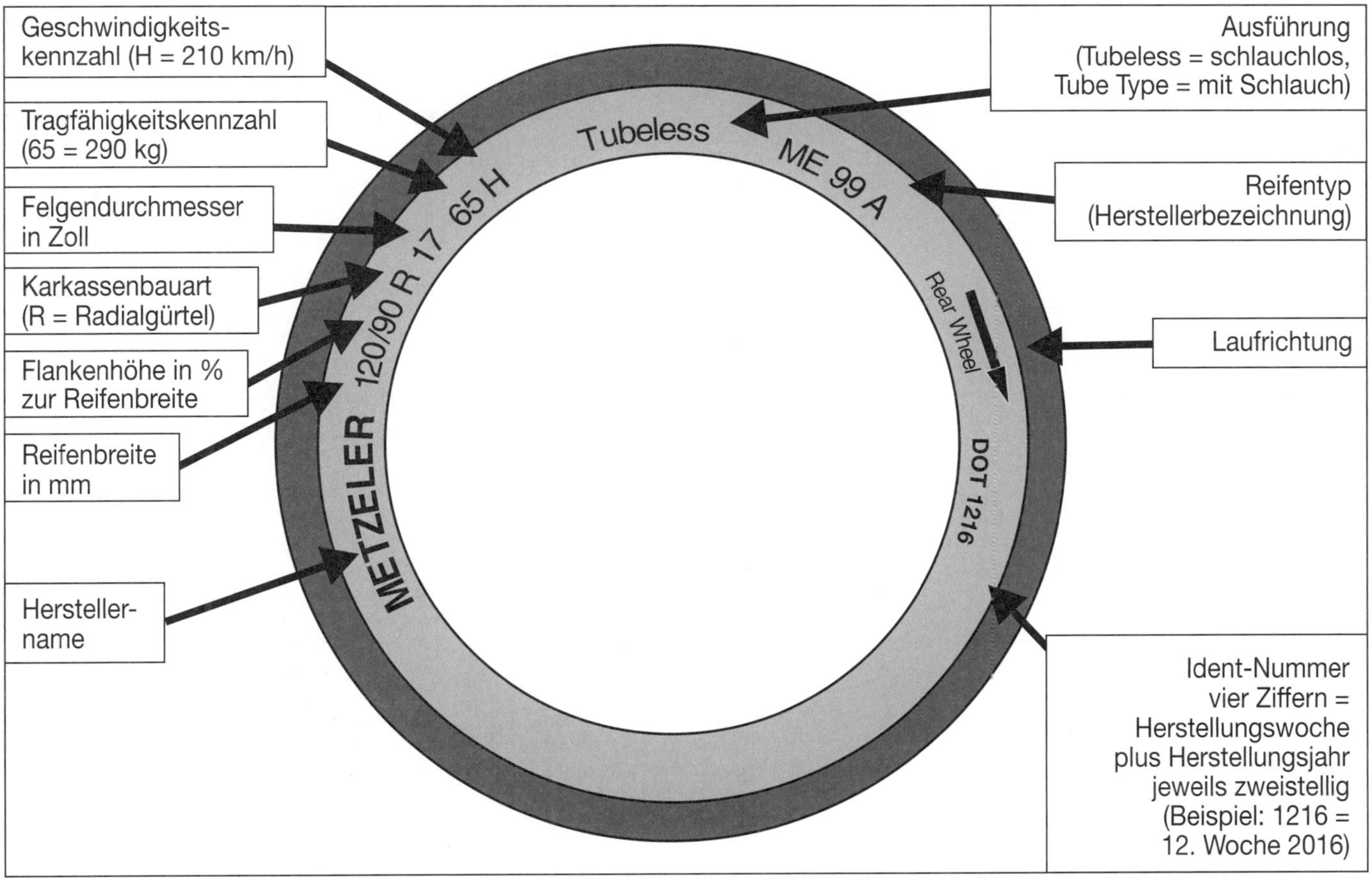

16.3 Die Bedeutung üblicher Beschriftungen an Reifenflanken

6

17.10 Das Diagnosegerät wird bei allen Modellen am Stecker neben der Batterie angeschlossen.

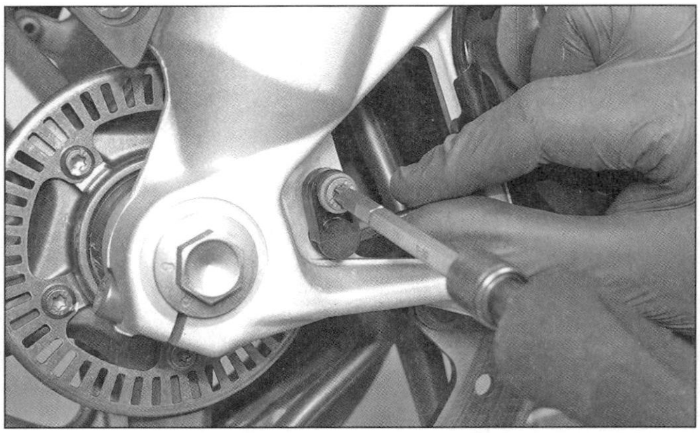

17.17a Lösen Sie die Schraube und ziehen Sie den Radsensor heraus.

4 Es empfiehlt sich, Reifen bei einem Spezialisten wechseln zu lassen. Der Heimwerker ist mit seinen Montiereisen oft überfordert und beschädigt eventuell die Dichtflächen an Reifen und Felgen. Eine Werkstatt ist zusätzlich in der Lage, neue Reifen auszuwuchten.

5 Beachten Sie, dass beschädigte Schlauchlos-Reifen in manchen Fällen repariert werden können. Von außen vorgenommene Reparaturen mit einem Pannenset sind nur eine Übergangslösung, um zum nächsten Reifenhändler zu kommen – das Fahren mit hohen Geschwindigkeiten und/oder hoher Beladung sollte unterbleiben. Von innen vorgenommene Reparaturen sollten nur von einem Fachbetrieb ausgeführt werden. Ein Rad mit einem reparierten Reifen muss vor dem Einbau ausgewuchtet werden. Berücksichtigen Sie bei reparierten Reifen Ratschläge zur Höchstgeschwindigkeit und zur Beladung.

17 Antiblockiersystem (ABS)

Typ

1 Alle Modelle verfügen über ein Integral ABS.

2 Bei diesem System werden beim Betätigen der Handbremse beide Räder verzögert, wogegen die Fußbremse nur auf das Hinterrad wirkt.

3 Das ABS besitzt einen adaptiven Bremskraftverteiler, der je nach Belastung des Rades die Bremskräfte so verteilt, dass das Motorrad stabil läuft. Das ABS berücksichtigt auch die Beladung der Maschine.

4 Das ABS verhindert das Blockieren der Räder bei Vollbremsungen oder auf rutschigen Untergründen. An beiden Rädern angebrachte Sensoren übertragen die Umdrehungsgeschwindigkeiten an das ABS-Steuergerät. Wenn die Steuerung erkennt, dass ein Rad zu blockieren droht, löst der Druckmodulator an der entsprechenden Bremse leicht den Druck, damit das Rad weiter dreht.

5 Seit 2016 sind GS- und Adv.-Modelle optional mit ABS-Pro erhältlich, bei dem die Bremswirkung durch Informationen des Schräglagen-Sensors beeinflusst wird. Viele Modelle können auch mit einem dynamischen Bremslicht ausgerüstet sein; hierbei blinken die Bremslicht-LEDs, wenn bei Geschwindigkeiten über 50 km/h gebremst wird. Zudem wird die Warnblink-Funktion eingeschaltet, sobald die Geschwindigkeit unter 14 km/h fällt, und wieder ausgeschaltet, wenn das Tempo auf über 20 km/h ansteigt.

⚠ ***Warnung: Wenn am ABS ein Fehler auftritt, muss beim Fahren extrem aufgepasst und das Motorrad unverzüglich in eine BMW-Werkstatt gebracht werden.***

Funktion

6 Das ABS kontrolliert sich ständig selbst. Die Selbstdiagnose beginnt nach dem Einschalten der Zündung und kann erst mit dem Test der Radsensoren vollendet werden, nachdem das Motorrad einige Meter bewegt wurde. Während des Tests blinkt die ABS-Leuchte und sie erlischt, nachdem die Kontrolle erfolgreich abgeschlossen wurde.

7 Blinkt die ABS-Lampe weiter einmal je Sekunde auf, war der Test nicht erfolgreich und das ABS arbeitet nicht – schalten Sie den Motor und die Zündung aus und führen Sie die Startprozedur erneut durch.

8 Liegt im ABS ein Fehler vor, wird die ABS-Lampe dauerhaft weiter leuchten – das Motorrad kann zwar weiter gefahren werden, doch das ABS steht nicht zur Verfügung.

9 Die ABS-Lampe kann durch verschiedene Situationen ausgelöst werden – beispielsweise, wenn auf dem Hauptständer das Hinterrad durch den laufenden Motor gedreht wird oder die Motorbremswirkung auf rutschiger Oberfläche das Hinterrad blockieren lässt. Nach solchen Umständen kann das ABS leicht wieder aktiviert werden, nachdem die Zündung ausgeschaltet und die Startprozedur erneut begonnen wurde.

10 Das ABS-Steuergerät kann Fehler speichern, die dann mit einem Diagnosegerät (z. B. dem GS-911 von HexCode) ausgelesen und gelöscht werden können. Das Gerät muss dazu an den Diagnosestecker neben der Batterie angeschlossen werden (siehe Abbildung). Lassen Sie die Diagnose und die Beseitigung der Fehler nötigenfalls von einer BMW-Werkstatt durchführen.

11 Bei GS- und Adv.-Modellen kann das ABS für Fahrten im Gelände abgeschaltet werden. Um das System zu deaktivieren, muss das Motorrad abgeschaltet und die Zündung erneut eingeschaltet werden. Drücken Sie dann den ASC/ABS-Knopf, bis das ABS-Symbol angezeigt wird (die Anzeige wechselt zwischen dem ASC- und dem ABS-Modell). Lassen Sie den Knopf los – das ABS-Symbol bleibt in der Anzeige, um daran zu erinnern, dass das ABS abgeschaltet ist.

12 Um das ABS wieder zu reaktivieren, wird der ASC/ABS-Knopf gedrückt, bis das ABS-Symbol erscheint, dann wird der Knopf gedrückt gehalten, bis die Lampe erlischt.

13 Falls die ABS-Lampe dauerhaft blinkt, muss die Startprozedur wiederholt werden (siehe Schritt 6).

14 Falls die ABS-Lampe dauerhaft leuchtet, hat das ABS-Steuergerät einen Fehler registriert (siehe Schritte 8 bis 10).

Radsensoren und Sensorringe

Vorderrad

15 Der vordere Radsensor sitzt links am unteren Gabelrohr und der Sensorring an der linken Radnabe. Der Abstand zwischen Sensor und Ring ist entscheidend für die korrekte Funktion des ABS und kann mit einer Fühlerlehre ermittelt werden – er muss zwischen 0,1 und 1,4 mm liegen. Prüfen Sie, ob der Sensor richtig sitzt und der Sensorring nicht beschädigt ist. Kontrollieren Sie dann, ob das Vorderrad korrekt mintiert ist und die Radlager nicht verschlissen sind (siehe Kapitel 1).

16 Der Sensor und sein Ring müssen sauber und frei von Fremdkörpern sein.

17 Um den Sensor zu befreien, muss er nach dem Lösen der Schraube herausgezogen werden (siehe Abbildung) – kontrollieren Sie sei-

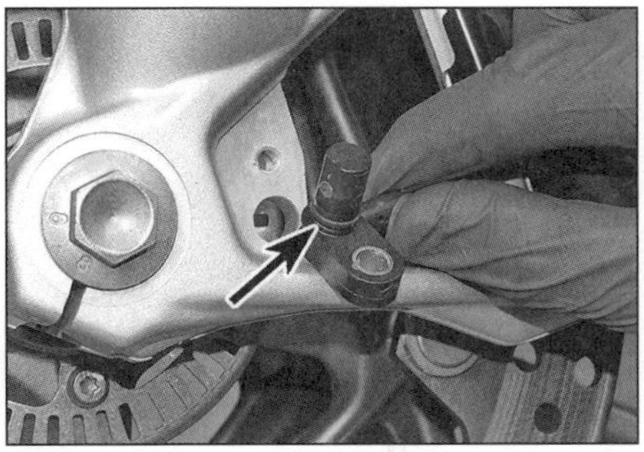

17.17b Kontrollieren Sie den O-Ring (Pfeil). Die Sensorspitze muss sauber und unbeschädigt sein.

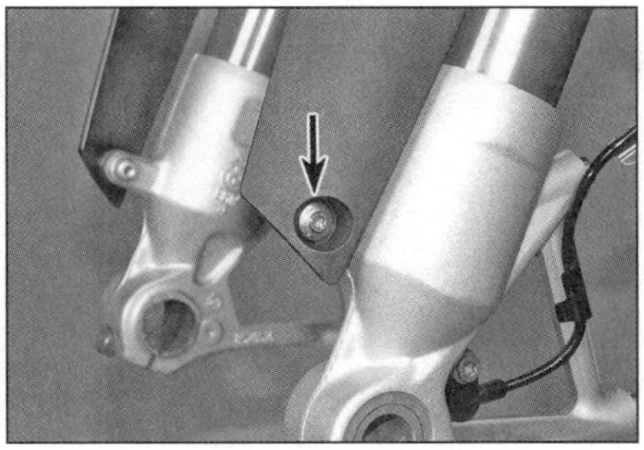

17.17c Lösen Sie bei GS- und RT-Modellen die unteren Schutzblech-Schrauben.

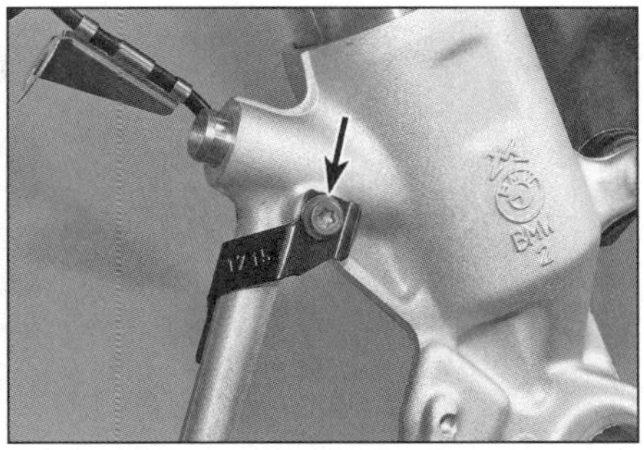

17.17d Lösen Sie bei allen Modellen die Schraube des Kabelhalters.

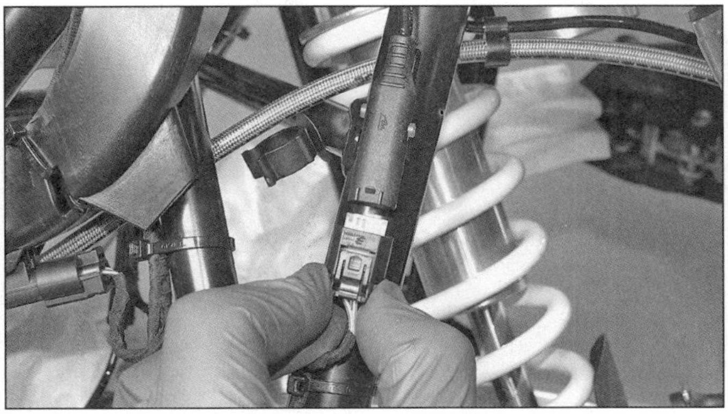

17.17e Trennen Sie den Sensorstecker vom Kabelbaum ...

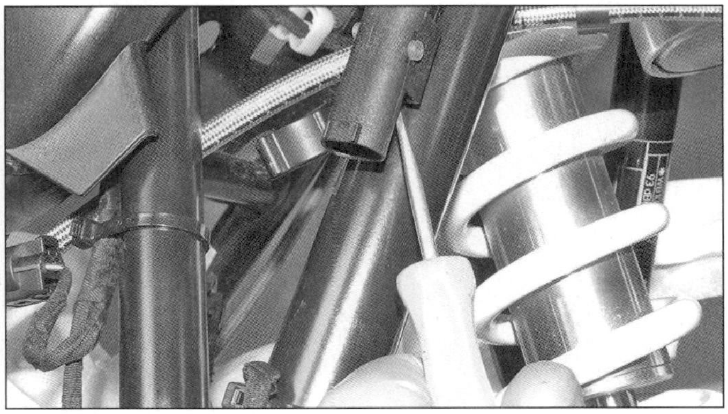

17.17f ... und befreien Sie den sensorseitigen Stecker.

nen O-Ring und ersetzen Sie ihn nötigenfalls (siehe Abbildung). Um den Sensor komplett zu entfernen, muss bei GS- und Adv.-Modellen der rechte Seitendeckel und bei RT-Modellen rechts die Knie-Abstützung entfernt werden (siehe Kapitel 7). Bauen Sie bei allen Modellen das Vorderrad aus (siehe Sektion 12). Lösen Sie bei GS-, Adv.- und RT-Modellen am linken Gabelholm die untere Schraube des Schutzblechs (siehe Abbildung). Lösen Sie bei allen Modellen innen an der Gabel die Schraube des Kabelhalters (siehe Abbildung). Trennen Sie den Stecker des Sensorkabels und führen Sie dies zum Sensor zurück – befreien Sie es dabei aus allen Führungen und merken Sie sich seine Verlegung; führen Sie das Kabel bei GS-, Adv.- und RT-Modellen zwischen der Unterseite des Schutzblechs und dem Gabelholm hindurch (siehe Abbildungen) – befreien Sie bei diesen Modellen den Stecker samt Halter (statt ihn daraus zu befreien); falls der Sensor ersetzt werden muss, ist der Halter vom alten auf den neuen Stecker zu umzusetzen.

18 Um den Sensorring demontieren zu können, muss das Rad ausgebaut werden (siehe Sektion 12). Lösen Sie dann die Schrauben und entnehmen Sie den Ring (siehe Abbildung).

19 Der Einbau erfolgt in umgekehrter Ausbaureihenfolge. Reinigen Sie bei R- und RS-Modellen das Gewinde der Kabelhalter-Schraube (innen am Tauchrohr) und tragen Sie frische

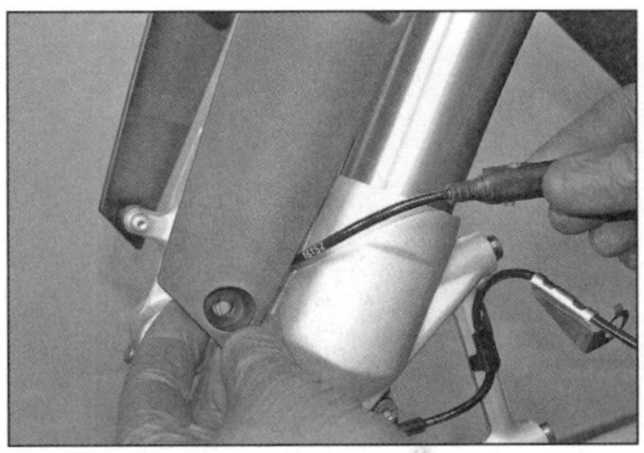

17.17g Führen Sie bei GS- und RT-Modellen das Kabel zwischen Schutzblech und Gabelholm hindurch.

Sicherungspaste auf. Rüsten Sie den Sensor ggf. mit einem neuen O-Ring aus und ziehen Sie seine Schraube mit 8 Nm an. Vergessen Sie nicht, dass alle durch einen defekten Sensor oder Ring im Steuergerät gespeicherten Fehlermeldungen mithilfe eines geeigneten Diagnosegerätes gelöscht werden müssen.

Hinterrad

20 Der hintere Radsensor sitzt hinter dem Antriebs-Flansch innen am Endantrieb-Gehäuse. Der Sensorring ist in den Winkeltrieb innerhalb des Gehäuses integriert.

21 Für das Ersetzen des Sensors muss zunächst bei RT-Modellen die linke Motorabdeckung und die Stoßdämpferverkleidung entfernt werden; bei allen anderen Modellen muss

17.18 Schrauben des Sensorrings am Vorderrad

links die Rahmenabdeckung entfernt werden (siehe Kapitel 7). Demontieren Sie bei allen Modellen das Hinterrad (siehe Sektion 13).

22 Entfernen Sie am Paralever-Hebel die Abdeckung der Bremsleitung und des Sensorkabels (siehe Abbildungen). Verfolgen Sie das Kabel, trennen Sie seinen Stecker und befreien Sie es aus allen Führungen und Befestigungen – merken Sie sich seine Verlegung.

23 Lösen Sie die Sensorschraube und ziehen Sie den Sensor aus dem Endantriebsgehäuse (siehe Abbildung) – kontrollieren Sie seinen O-Ring und ersetzen Sie ihn nötigenfalls (Abb. 17.17b).

24 Der Einbau erfolgt in umgekehrter Ausbaureihenfolge. Installieren Sie den Sensor ggf. mit einem neuen O-Ring und ziehen Sie seine Schraube mit 8 Nm an. Vergessen Sie nicht,

17.22a Lösen Sie an der Paraleverarm-Abdeckung die vordere ...

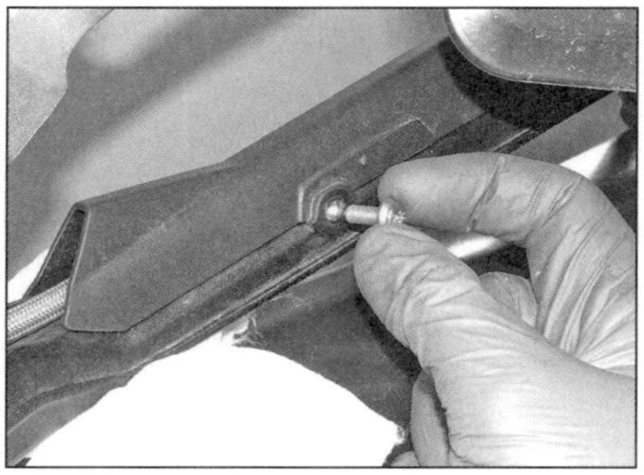

17.22b ... und die hintere Schraube, ...

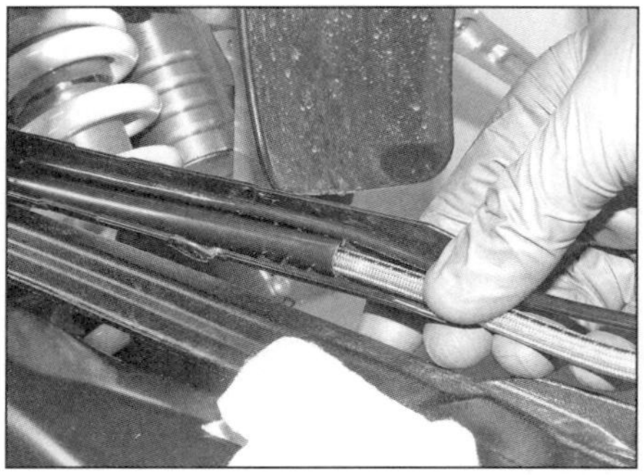

17.22c ... und befreien Sie das Sensorkabel.

17.23 Radsensor-Schraube am Endantrieb

17.28a Befreien Sie den Sensorstecker.

17.28b Befreien Sie die Benzinschlauch-Verbindung und trennen Sie den Stecker des Drucksensors.

17.28c Entfernen Sie die Tankhalter.

17.28d Lösen Sie die vier Bremsleitungs-Anschlussschrauben.

dass alle durch einen defekten Sensor oder Ring im Steuergerät gespeicherten Fehlermeldungen mithilfe eines geeigneten Diagnosegerätes gelöscht werden müssen.

ABS-Steuergerät / Druckmodulator

25 Das Steuergerät und der Modulator sitzen als Einheit unter dem Tank – entfernen Sie diesen und das Luftfiltergehäuse (siehe Kapitel 4), um Zugang zu erhalten.

26 Für die Baugruppe gibt es keine Wartungs-Möglichkeiten – lediglich der feste Sitz des Mehrfachsteckers und der Zustand seiner Kontakte kann überprüft werden (Abb. 17.28f). Bevor der Modulatorstecker getrennt wird, muss das Massekabel (–) der Batterie getrennt werden (siehe Kapitel 8).

27 Prüfen Sie auch, ob an den Rohr-Anschlüssen Bremsflüssigkeit austritt – ziehen Sie die Anschlussschrauben ggf. mit 24 Nm nach (Abb. 17.28d). Wenn die Schrauben fest sind, werden entweder neue Dichtscheiben benötigt oder ein Anschluss oder Rohr ist gerissen. Der Austausch der Dichtscheiben ist unten beschrieben, Details zum Auswechseln von Bremsleitungen finden sich in Sektion 9.

28 Um die ABS-Einheit ausbauen zu können, muss zunächst die Bremsflüssigkeit abgelassen werden (siehe Sektion 10). Befreien Sie vorne am Modulatorhalter den Stecker des Kurbelwellensensors (siehe Abbildung). Befreien Sie den Benzinschlauch-Stecker und trennen Sie den Stecker des Druckregler-Kabels (siehe Abbildung). Befreien Sie alle Schläuche und Kabel vom Tankhalter, lösen Sie dessen Schrauben und entnehmen Sie ihn (siehe Abbildung) – beachten Sie bei der Demontage des linken Tankhalters von Modellen mit ESA die Hinweise in Kapitel 5, Sektion 12 und entnehmen Sie ihn samt Federungs-Sensor (der Sensor muss danach nicht vom Halter befreit werden). Halten Sie Lappen bereit und lösen Sie die Bremsleitungs-Anschlussschrauben, um die Ringanschlüsse zu befreien und die Dichtscheiben zu entnehmen (siehe Abbildung). Verstopfen Sie die Bohrungen

17.28e und schützen Sie die Anschlüsse – z.B. mit abgeschnittenen Gummihandschuh-Fingern samt Kabelbindern ...

17.28f ... und in den Modulator gedrehten Schrauben. Heben Sie die Lasche des Steckers an, um ihn zu trennen, ...

17.28g ... und ziehen Sie die Clips heraus.

17.28h Ziehen Sie die ABS-Einheit heraus.

17.28i Befreien Sie den Halter ...

17.28j ... und lösen Sie die Schrauben.

17.29 Verwenden Sie beim Anschließen der Bremsleitungen stets neue Dichtscheiben.

17.30 Der Schräglagensensor sitzt bei R- und RS-Modellen innerhalb des Sitzbank-Halters.

des Modulators und umwickeln Sie die Anschlüsse, damit kein Schmutz hinein gerät (siehe Abbildung). Befreien und trennen Sie den Modulatorstecker und dessen Kabelklemmen (siehe Abbildungen). Drücken Sie die Bremsleitungen zur Seite und befreien Sie die aus dem Modulator und dem Halter bestehende Einheit heraus (siehe Abbildung). Lösen Sie nötigenfalls die Schrauben, um den Modulator vom Halter zu befreien (siehe Abbildungen).

29 Der Einbau erfolgt in umgekehrter Ausbaureihenfolge. Rüsten Sie die Ringanschlüsse an beiden Seiten mit neuen Dichtscheiben aus und ziehen Sie die Anschlussschrauben mit 24 Nm an (siehe Abbildung). Füllen Sie Bremsflüssigkeit auf und entlüften Sie das System (siehe Sektion 10). Falls ein neuer Modulator montiert wurde, muss dieser von einer BMW-Werkstatt an das Diagnosesystem angepasst werden.

Schräglagensensor

30 Dieser Sensor findet sich bei Modellen mit optionalem ABS-Pro. Entfernen Sie bei GS- und Adv.-Modellen den Rücksitz, um Zugang zum Sensor zu erhalten, der mit zwei Muttern und einer Halteplatte am Schutzblech sitzt. Entfernen Sie bei R- und RS-Modellen beide Sitze und den Sitzhalter – der Sensor ist mit zwei Schrauben und Muttern darin gesichert (siehe Abbildung).

18 Automatische Stabilitätskontrolle (ASC)

1 ASC ist eine Traktionskontrolle, bei der die Geschwindigkeit beider Räder verglichen und der Schlupf des Hinterrades errechnet wird. Wenn die Parameter überschritten werden, reduziert das Motorsteuergerät das Motordrehmoment. Das System funktioniert absolut automatisch, kann aber nötigenfalls vom Fahrer deaktiviert werden.

2 Ein im linken Lenkerschalter sitzender ASC-Knopf erlaubt es, das System auch während der Fahrt zu deaktivieren – drücken Sie bei eingeschalteter Zündung solange, bis die ASC-Warnlampe aufleuchtet und lassen Sie ihn dann innerhalb von zwei Sekunden los – das ASC-Warnsymbol erscheint auf der Anzeige, um darauf hinzuweisen, dass das ASC abgeschaltet ist. Um das System zu reaktivieren, wird der ASC-Knopf für weniger als zwei Sekunden gedrückt – das Symbol erlischt, um anzuzeigen das das ASC eingeschaltet ist. Auch wird das System durch das Aus- und Einschalten der Zündung reaktiviert.

3 Im Normalzustand bleibt die ASC-Warnlampe aus. Langsames Blinken zeigt an, dass die Selbstdiagnose noch nicht abgeschlossen ist. Schnelles Blinken weist darauf hin, dass ASC gerade arbeitet – d.h. ein Traktionsproblem erkannt und mit reduziertem Motordrehmoment kompensiert wird. Wenn die Warnlampe dauerhaft leuchtet, obwohl das System nicht vom

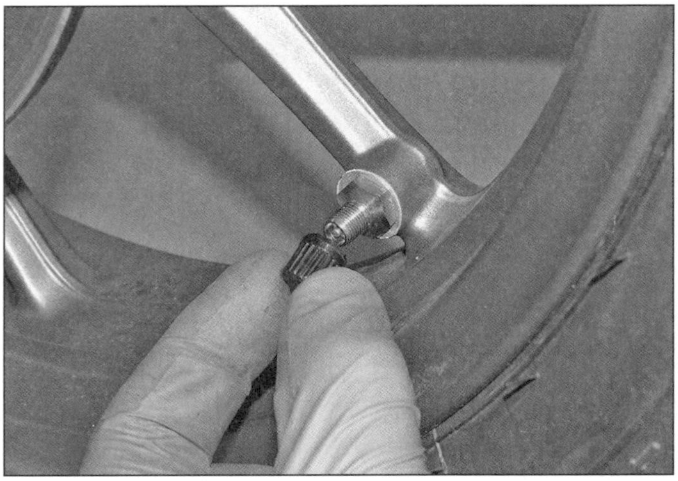

19.1 Der RDC-Sensor ist entweder in das Ventil integriert oder sitzt neben dem Ventil.

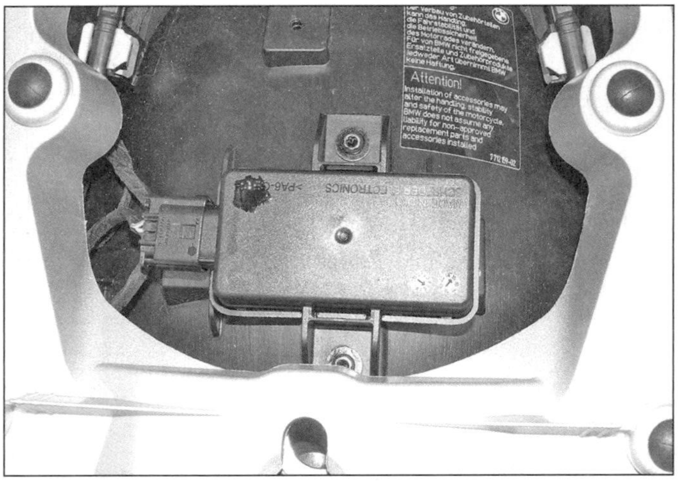

19.9a RDC-Empfänger bei GS- und Adv.-Modellen

19.9b RDC-Empfänger bei RT-Modellen

19.9c RDC-Empfänger bei R- und RS-Modellen

Fahrer deaktiviert wurde, hat das ASC einen Fehler im System erkannt und sich abgeschaltet – lassen Sie den Fehler von einer BMW-Werkstatt beheben oder schließen Sie selbst ein Diagnosegerät an (siehe Kapitel 4, Sektion 14).

19 Reifendruck-Kontrollsystem (RDC)

1 Sensoren, die entweder in das Reifenventil integriert sind oder direkt daneben sitzen, senden per Funk die gemessenen Druckwerte an das Reifendruck-Kontrollsystem (siehe Abbildung).

2 Beachten Sie die Hinweise in der Bedienungsanleitung, um Informationen über die Anzeige im Cockpit zu erhalten. Beachten Sie, dass die Informationen erst ab Geschwindigkeiten über 30 km/h übertragen werden.

3 Wenn sich der Reifendruck den Grenzen des erlaubten Bereichs nähert, erscheint im Display das Reifendruck-Symbol und die entsprechende Druckanzeige blinkt.

4 Wird der Reifendruck kritisch, beginnt das Warndreieck gelb zu leuchten.

5 Verlässt der Druck den legitimen Bereich, beginnt das Warndreieck rot zu blinken.

6 Die Sensoren im Rad übertragen neben dem Reifendruck auf die Reifentemperatur an das Steuergerät. Die Temperatur basiert auf einer Referenztemperatur von 20 °C und das Steuergerät sorgt dafür, dass der angezeigte Druck »temperaturkompensiert« ist, damit Reifentemperaturen außerhalb dieser Werte berücksichtigt werden.

7 Ein Aufkleber am Rad weist auf den Sensor hin. Weisen Sie dennoch bei einem Reifenwechsel den Händler oder Monteur auf die Sensoren hin, damit sie nicht versehentlich beschädigt werden.

8 Der Einbau eines neuen Sensors erfordert die Registrierung am Steuergerät mithilfe eines BMW-Diagnosegeräts.

9 Das RDC-Steuergerät sitzt im Heck der Maschine – entfernen Sie für den Zugang bei GS- und Adv.-Modellen den Rücksitz, bei RT-Modellen den Gepäckträger und bei R- und RS-Modellen die Heckverkleidung sowie den Rücksitzhalter (siehe Kapitel 7). Lösen Sie die Schrauben oder Muttern, die das Gerät am Schutzblech sichern, und trennen Sie seinen Stecker (siehe Abbildungen).

Kapitel 7
Anbau- und Verkleidungsteile

Inhalt (in alphabetischer Reihenfolge, die Zahlen geben die Nummerierung in den grauen Feldern wieder)

Schwierigkeitsgrade

Leicht. Für Anfänger mit wenig Erfahrung geeignet.	**Relativ leicht.** Für Anfänger mit etwas Erfahrung geeignet.	**Relativ schwierig.** Für geübte Selbstschrauber geeignet.	**Schwer.** Für Selbstschrauber mit viel Erfahrung geeignet.	**Sehr schwer.** Für Experten und Profis geeignet.

Technische Daten

Anzugsdrehmomente

Gepäckträger/Beifahrergriff-Schrauben	
GS, Adventure, R und RS	19 Nm
RT-Modelle	5 Nm
Spritzschutz-Schrauben – GS und Adventure	8 Nm
Lenkergewicht-Schrauben – GS- und Adventure-Modelle	38 Nm
Motorschutzbügel – Adventure-Modelle	
M8-Schrauben	19 Nm
M10-Schrauben	55 Nm
Rücksitzplatten-Schrauben – GS und Adventure	19 Nm
Tankschutzbügel-Schrauben - Adventure-Modelle	19 Nm

1 Allgemeine Informationen

1 In diesem Kapitel sind die nötigen Arbeitsschritte beschrieben, die zum Entfernen und Montieren der Anbau- und Verkleidungsteile am Motorrad nötig sind. Da bei vielen Wartungsarbeiten und Reparaturen Anbauteile entfernt werden müssen, sind die Arbeitsschritte hier zusammengefasst und werden in anderen Kapiteln erwähnt.

2 Im Falle einer Beschädigung der Teile ist es normalerweise üblich, diese Komponenten durch Neu- oder Gebrauchtteile zu ersetzen. Das Material, aus dem die Verkleidungsteile sind, lässt sich mit konventioneller Technik nicht reparieren. Es gibt jedoch einige Spezialisten, die Kunststoff wieder »schweißen« können. Es lohnt sich, hier Angebote einzuholen, bevor teure Neuteile verbaut werden.

3 Wenn die Demontage eines Verkleidungsteils ansteht, sollte es zunächst genau studiert und alle Befestigungen und Anschlüsse beachtet werden, um beim Einbau alles wieder korrekt an seinen Platz zu bekommen. Wenn alle sichtbaren Befestigungen entfernt worden sind, muss versucht werden, das Teil wie beschrieben abzuziehen – **aber nicht mit Gewalt.** Wenn es sich nicht entfernen lässt, muss vor einem erneuten Versuch überprüft werden, ob alle Befestigungen gelöst sind.

4 Beim Anbau von Verkleidungsteilen muss zuvor genau studiert werden, ob alle Befestigungen und angeschlossenen Teile wieder an ihren korrekten Platz gelangen. Achten Sie darauf, dass alle Befestigungen, wie auch alle Klemmen und Blindsteckmuttern in gutem Zustand sind. Alle verschlissenen oder beschädigten Teile müssen ersetzt werden, bevor die Komponente installiert wird. Prüfen Sie auch, ob alle Halterungen gerade sind und reparieren oder ersetzen Sie, bevor versucht wird, das Anbauteil zu montieren.

5 Ziehen Sie alle Befestigungen sorgfältig an, aber seien Sie vorsichtig, nichts zu überdrehen, da – nicht immer sofort – Belastungsbrüche oder Risse auftreten können.

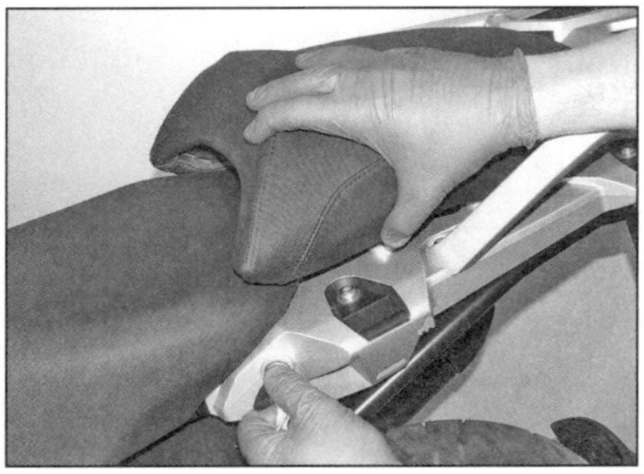

2.2a Heben Sie den Rücksitz vorne an.

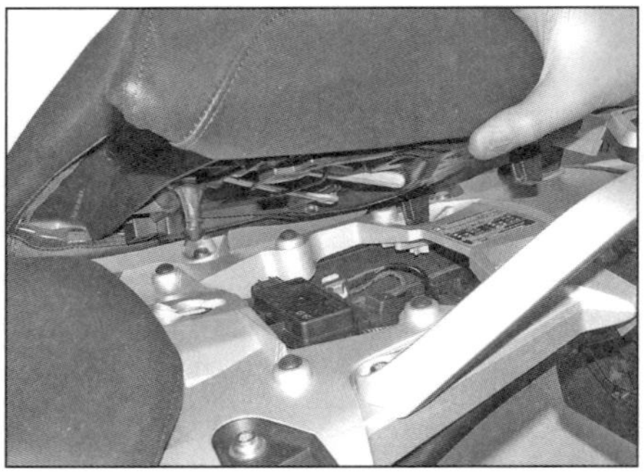

2.2b Beachten Sie die Position der Haken und des Stifts in der Arretierung.

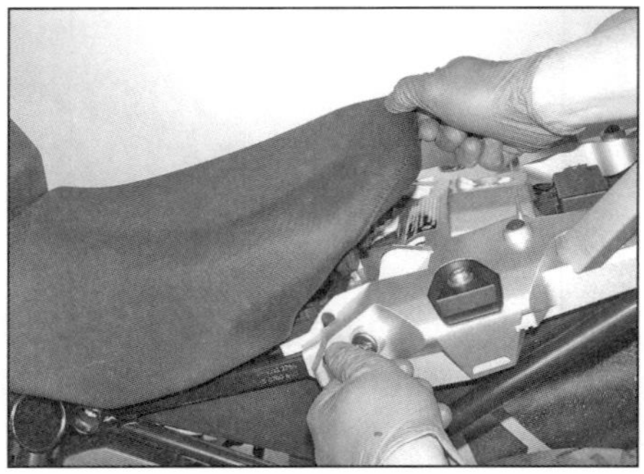

2.3a Heben Sie den Fahrersitz hinten an.

2 R 1200 GS

Sitze

Ausbau

1 Stecken Sie den Zündschlüssel in das links am Motorrad sitzende Schloss.

2 Drehen Sie den Schlüssel nach rechts und drücken Sie den Rücksitz vorne herunter, um ihn zu entriegeln. Heben Sie den Sitz dann vorne an und ziehen Sie ihn nach vorne (falls der Fahrersitz in der erhöhten Position steht) oder drücken Sie ihn nach hinten (falls der Fahrersitz in der niedrigen Position steht), um die Haken an seiner Unterseite aus den Laschen zu befreien (siehe Abbildungen).

3 Zur Demontage des Fahrersitzes muss zunächst der Rücksitz entfernt werden. Drehen Sie den Zündschlüssel nach links und drücken Sie den Sitz hinten herunter, um ihn zu entriegeln. Heben Sie den Sitz dann hinten an und ziehen Sie ihn nach hinten, um die vorderen Haken aus den Halterungen zu befreien (siehe Abbildungen).

Höhen- und Neigungs-Verstellung

4 Der Fahrersitz kann in zwei Höhen und Neigungen eingestellt werden, sodass es vier Sitzpositionen gibt: vorne und hinten hoch; vorne hoch und hinten niedrig; vorne niedrig und hinten hoch; vorne und hinten niedrig.

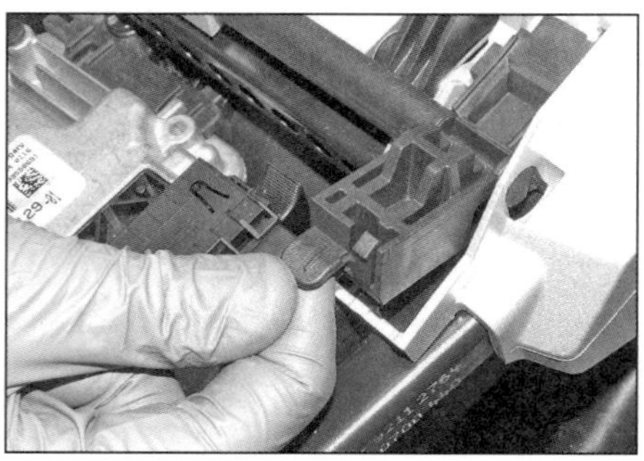

2.6 Schwenken Sie den Einsteller in die gewünschte Position – hier für niedrige Sitzbank.

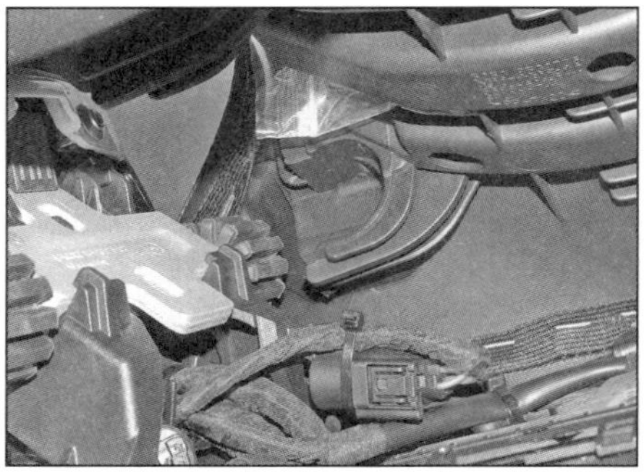

2.3b Die Haken des Fahrersitzes müssen die Haltegummis umgreifen.

5 Um die Sitzhöhe vorne zu verändern, muss der Clip befreit werden, der den Einsteller am Halter sichert, und dieser in die entsprechende Position gedreht werden, sodass der entsprechende Buchstabe – L für niedrig und H für hoch – vorne oben zu lesen ist. Richten Sie die ablaufende Kante gegen den Halter aus und drücken Sie die Vorderkante herunter, sodass der Clip einrastet (siehe Abbildung).

6 Um die Sitzhöhe hinten zu verändern, muss der hintere Höheneinsteller in die gewünschte Position geschwenkt werden, sodass der entsprechende Buchstabe – L für niedrig und H für hoch – sichtbar ist (siehe Abbildung).

Einbau

7 Richten Sie die Haken an der Unterseite des Fahrersitzes um die Auflagen an und drücken Sie den Sitz hinten herunter, bis das Schloss einrastet (Abb. 2.3b). Prüfen Sie, ob der Sitz sicher sitzt.

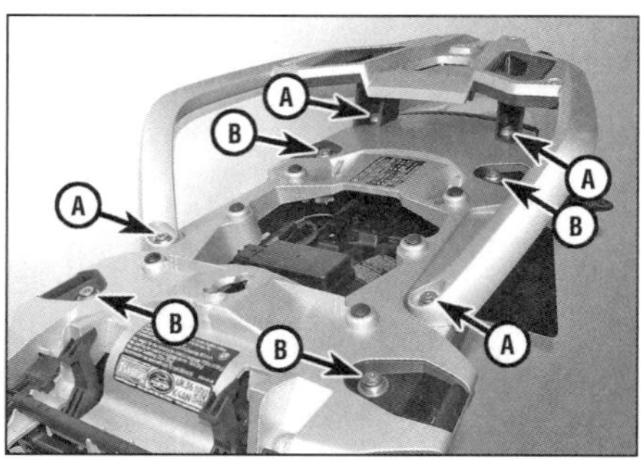

2.10 Gepäckträger-Schrauben (A), Sitzplatten-Schrauben (B)

2.5 Befreien Sie den vorderen Clip und positionieren Sie den Einsteller wie gewünscht – hier in der niedrigen Position.

8 Positionieren Sie den Rücksitz so, dass der Arretierstift zentral in das Schloss greift und die Haken an beiden Seiten zwischen die Laschen greifen. Drücken Sie den Sitz dann hinten herunter und ziehen Sie ihn nach hinten (Fahrersitz in der hohen Position) bzw. nach vorne (Fahrersitz in der niedrigen Position), sodass die Haken in die entsprechenden Laschen greifen. Drücken Sie den Sitz vorne herunter, bis das Schloss einrastet (Abb. 2.2b). Prüfen Sie, ob der Sitz sicher sitzt.

Gepäckträger und Sitzplatte

9 Entfernen Sie die Sitze (Schritte 1 bis 3).

10 Lösen Sie die Gepäckträger-Schrauben und heben Sie den Träger ab – beachten Sie die Scheiben an den vorderen Schrauben (siehe Abbildung).

11 Trennen Sie nötigenfalls den Gepäckträger von der Sitzplatte, indem Sie die vier Schrauben lösen.

12 Lösen Sie die Sitzplatten-Schrauben und entfernen Sie die langen Hülsen mit den vorderen Schrauben sowie die kurzen Hülsen mit den hinteren Schrauben. Heben Sie die Sitzplatte ab.

13 Der Einbau erfolgt in umgekehrter Ausbaureihenfolge. Vergessen Sie nicht die Hülsen und Scheiben. Reinigen Sie die Gewinde der Schrauben und tragen Sie mittelfeste Sicherungspaste auf, bevor Sie sie mit 19 Nm anziehen.

2.14 Der Spritzschutz ist mit drei Schrauben gesichert.

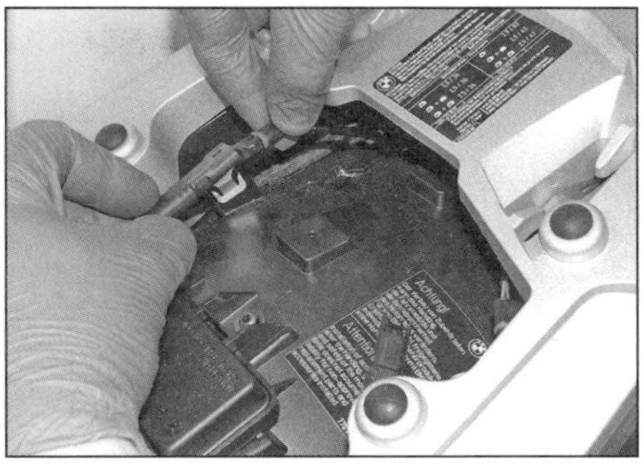

2.17 Trennen Sie die Blinkerstecker.

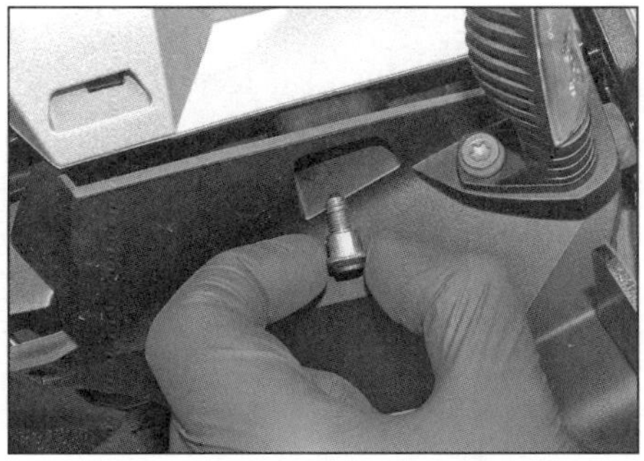

2.18a Lösen Sie an jeder Seite die Schraube, ...

2.18b ... befreien Sie den Träger und ziehen Sie die Kabelstecker heraus.

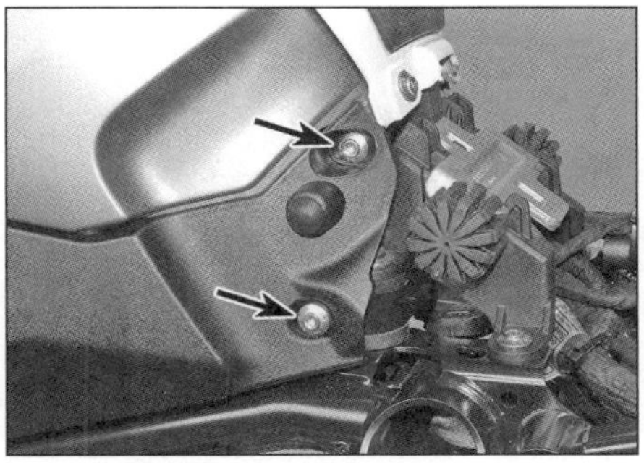

2.21a Lösen Sie die Schrauben ...

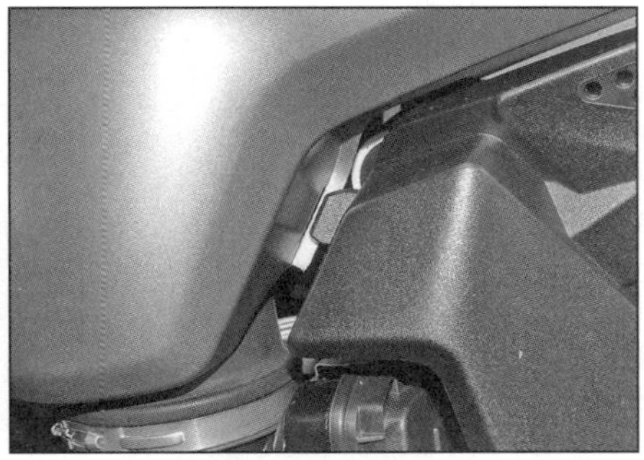

2.21b ... und befreien Sie die Lasche ...

Spritzschutz

14 Lösen Sie die Schrauben, die den Spritzschutz am Endantriebsgehäuse sichern, und heben Sie ihn ab (siehe Abbildung).

15 Der Einbau erfolgt in umgekehrter Ausbaureihenfolge. Reinigen Sie die Gewinde der Schrauben und tragen Sie mittelfeste Sicherungspaste auf, bevor Sie sie mit 8 Nm anziehen.

2.21c ... sowie den Schnappverschluss.

Blinker/Kennzeichenträger

16 Entfernen Sie den Rücksitz (Schritt 1 bis 2).

17 Befreien und trennen Sie die hinteren Blinkerstecker (siehe Abbildung).

18 Lösen Sie die Schrauben des Blinker/Kennzeichenträgers und entfernen Sie das Teil – beachten Sie, wie es vorne sitzt, und ziehen Sie die Kabel heraus (siehe Abbildungen).

19 Der Einbau erfolgt in umgekehrter Ausbaureihenfolge. Prüfen Sie vor der ersten Fahrt die Funktion der Blinker.

Seitendeckel

20 Entfernen Sie den Fahrersitz (Schritt 1 bis 3).

21 Lösen Sie die zwei Schrauben (siehe Abbildung). Befreien Sie den Deckel nach hinten, um die Lasche und die Schnappverschluss-Zapfen (siehe Abbildungen).

22 Der Einbau erfolgt in umgekehrter Ausbaureihenfolge.

Batteriedeckel

23 Lösen Sie die Schraube und ziehen Sie den Deckel oben vorsichtig heraus, um den oberen Zapfen aus der Öse zu befreien. Heben Sie den Deckel unten an, um den unteren Zapfen aus der Öse zu befreien (siehe Abbildungen).

24 Der Einbau erfolgt in umgekehrter Ausbaureihenfolge.

Rahmendeckel

25 Lösen Sie die Schraube und ziehen Sie den Deckel oben vorsichtig heraus, um den oberen Zapfen aus der Öse zu befreien. Heben Sie den Deckel unten an, um den unteren Zapfen aus der Öse zu befreien (siehe Abbildungen).

26 Der Einbau erfolgt in umgekehrter Ausbaureihenfolge.

2.23a Lösen Sie die Schraube ...

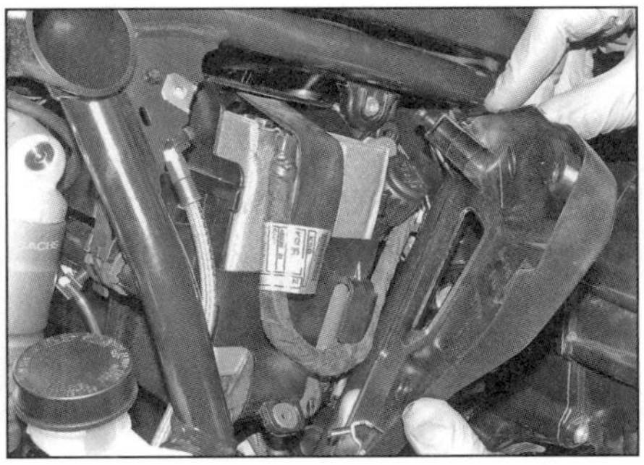

2.23b ... und befreien Sie die Zapfen aus den Gummiösen.

2.25a Lösen Sie die Schraube, ...

2.25b ... ziehen Sie den oberen Zapfen aus der Öse ...

2.25c ... und heben Sie die untere Öse vom Zapfen.

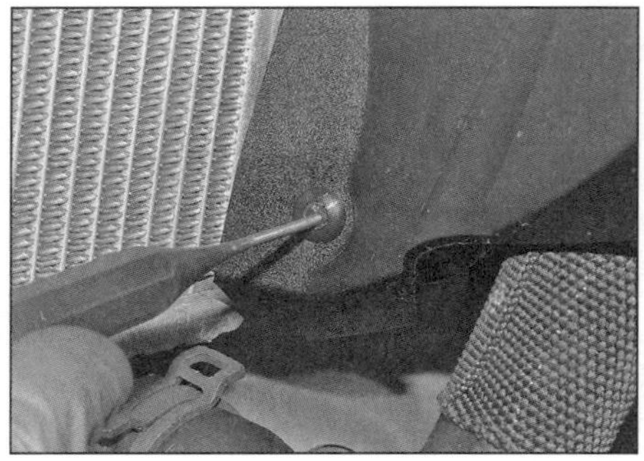

2.27a Drücken Sie den Sicherungsstift des Verkleidungsstifts ein – aber nicht durch – und ziehen Sie das Gehäuse heraus.

2.27b Lösen Sie vorne ...

2.27c ... und an der Seite jeweils die zwei Schrauben.

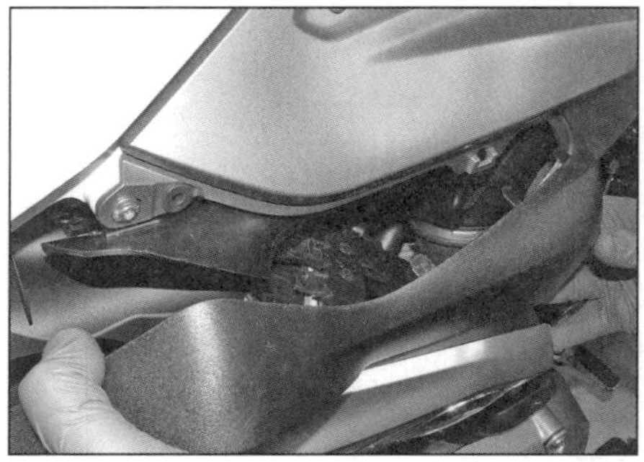

2.28 Ziehen Sie den Zapfen aus der Öse und befreien Sie die Laschen aus den Nuten.

2.30 Installieren Sie das Gehäuse und drücken Sie den Sicherungsstift bündig hinein.

Seitenverkleidungen

27 Befreien Sie den Verkleidungsstift und lösen Sie die vier Schrauben (siehe Abbildungen).
28 Ziehen Sie das Verkleidungsteil vorsichtig ab, um den Zapfen aus der Öse zu befreien, und ziehen Sie die Laschen aus den Schlitzen (siehe Abbildung).
29 Trennen Sie nötigenfalls die zwei Verkleidungs-Segmente, indem Sie die Schrauben lösen.
30 Der Einbau erfolgt in umgekehrter Ausbaureihenfolge – schieben Sie das Gehäuse des Verkleidungsstifts in das Verkleidungsteil und drücken Sie dann den Stift ins Gehäuse, um es dort zu sichern (siehe Abbildung).

Tankabdeckungen

Obere Abdeckung

31 Entfernen Sie den Fahrersitz (Schritt 1 bis 3).
32 Lösen Sie zuerst hinten und dann vorne die Schrauben (siehe Abbildungen).
33 Drücken Sie die seitlichen Abdeckungen beider Seiten ein, um ihre Laschen aus der oberen Abdeckung zu befreien, und heben Sie diese dann vorsichtig an, um die Ösen von den Zapfen zu befreien (siehe Abbildungen).
34 Der Einbau erfolgt in umgekehrter Ausbaureihenfolge.

Seitliche Abdeckungen

35 Entfernen Sie die obere Abdeckung, die Seitendeckel und die Seitenverkleidungen (siehe oben).
36 Lösen Sie an jeder Seite die fünf Schrauben und entnehmen Sie die Abdeckung (siehe Abbildung).
37 Der Einbau erfolgt in umgekehrter Ausbaureihenfolge.

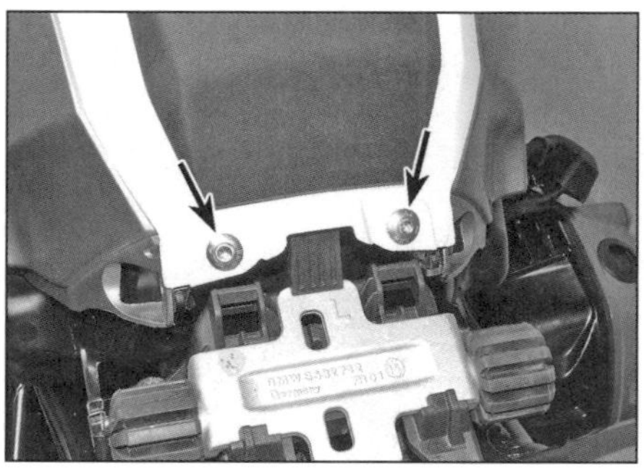

2.32a Lösen Sie hinten die zwei ...

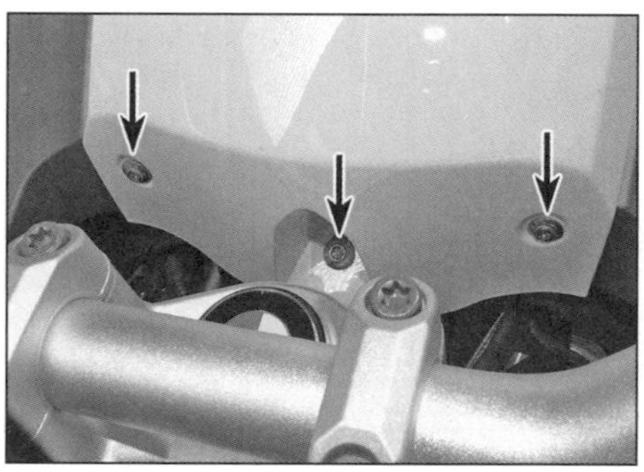

2.32b ... und vorne die drei Schrauben.

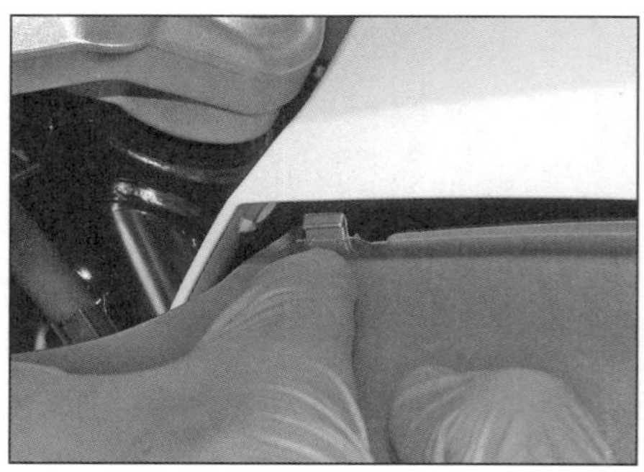

2.33a Drücken Sie die Seitenteile hinein, um die Laschen zu befreien, ...

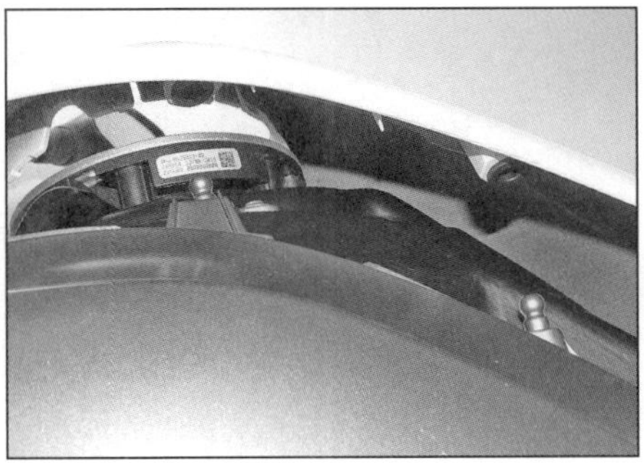

2.33b ... und heben Sie die Abdeckung an, um die Ösen von den Stiften zu befreien.

2.36 Schrauben der seitlichen Tankabdeckung

2.39 Lösen Sie an beiden Seiten die Schraube ...

Vorderradschutzbleche

Oberes Schutzblech

38 Entfernen Sie die Tankabdeckungen (Schritte 31 bis 36).

39 Lösen Sie an beiden Seiten die Schraube (siehe Abbildung).

40 Ziehen Sie das Schutzblech nach vorne von den Zapfen und entnehmen Sie es (siehe Abbildung). Falls die Gummiösen spröde oder beschädigt sind, müssen sie ersetzt werden.

41 Der Einbau erfolgt in umgekehrter Ausbaureihenfolge.

Unteres Schutzblech

42 Bauen Sie das Vorderrad aus (siehe Kapitel 6).

43 Lösen Sie die vier Schrauben und ziehen Sie das Schutzblech nach vorne aus der Gabel (siehe Abbildungen).

44 Der Einbau erfolgt in umgekehrter Ausbaureihenfolge.

Cockpit-Innenverkleidung

45 Lösen Sie die zwei Schrauben jedes Seitenteils und entnehmen Sie dies (siehe Abbildung).

46 Befreien Sie das Mittelteil hinter der Windschutzscheibe heraus (siehe Abbildung).

Windschutzscheibe

47 Drehen Sie den Einstellknopf so, dass die Windschutzscheibe in der höchsten Position steht.

48 Lösen Sie die Schrauben und heben Sie die Windschutzscheibe vom Halter.

49 Lösen Sie nötigenfalls die Schrauben des Windschutzscheibenhalters und entnehmen Sie beide Hälften von beiden Seiten der Windschutzscheibe. Entfernen Sie die Ösen und ersetzen Sie sie durch Neuteile.

50 Der Einbau erfolgt in umgekehrter Ausbaureihenfolge. Verwenden Sie neue Schrauben oder reinigen Sie die Gewinde der alten Schrauben und tragen Sie mittelfeste Sicherungspaste auf, bevor Sie sie sorgfältig anziehen – nicht zu fest, um nicht die Windschutzscheibe zu beschädigen.

Rückspiegel

51 Heben Sie die Gummikappe vom Sitz des Rückspiegels und lockern Sie den unteren Sechskant, bevor Sie den Spiegel aus dem Halter schrauben – beachten Sie die Scheibe (siehe Abbildungen).

52 Der Einbau erfolgt in umgekehrter Ausbaureihenfolge.

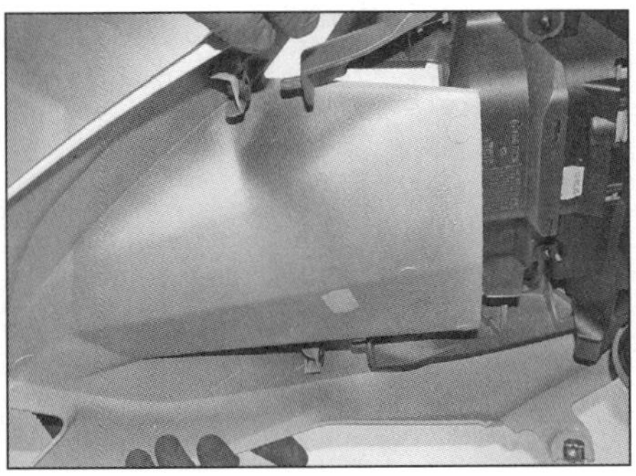

2.40 ... und ziehen Sie das Schutzblech von den Zapfen.

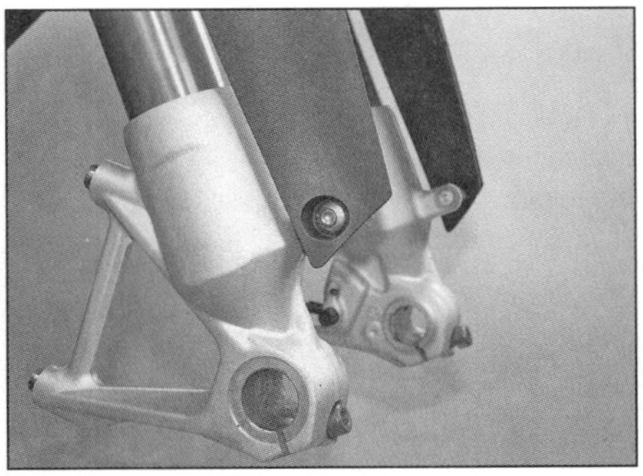

2.43a Lösen Sie an beiden Seiten die Schraube ...

2.43b ... und die zwei Schrauben an der Unterseite.

2.45 Lösen Sie die Schrauben und entnehmen Sie die seitlichen Cockpitverkleidungen.

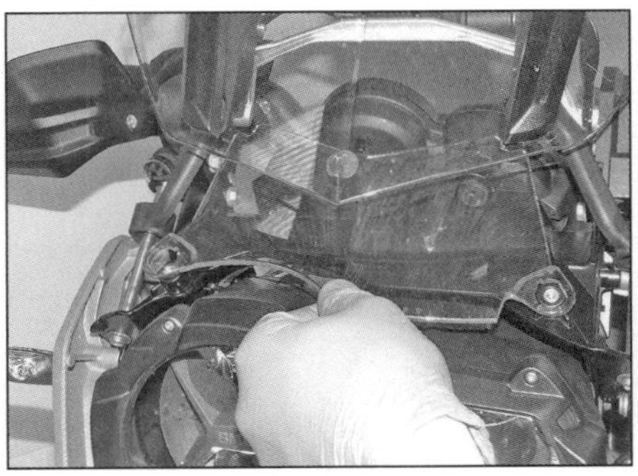

2.46 Heben Sie das Mittelteil von den Seitenteil-Halterungen und ziehen Sie es heraus.

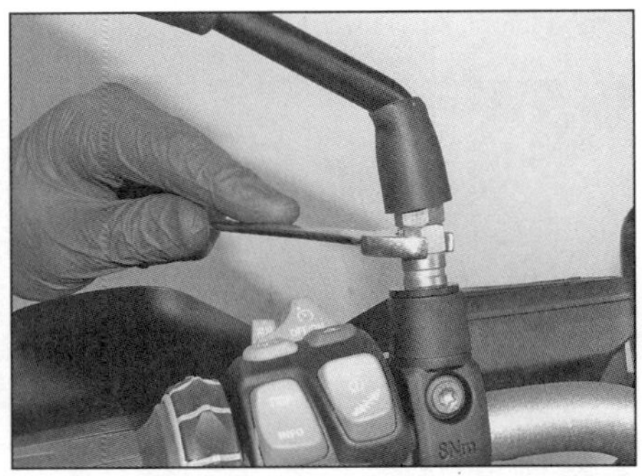

2.51a Lösen Sie den Rückspiegel mit dem unteren Sechskant ...

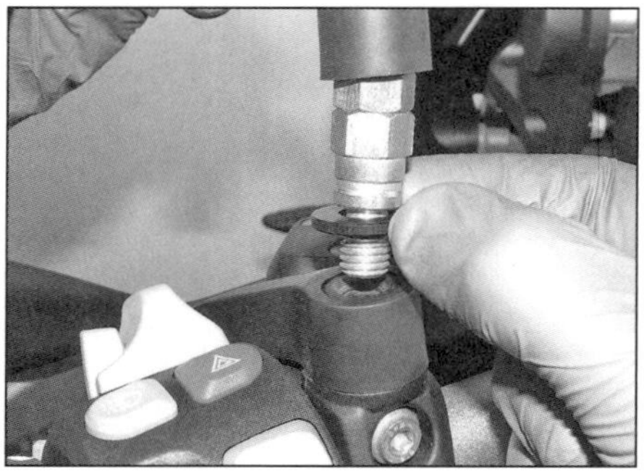

2.51b ... und stellen Sie die Scheibe sicher.

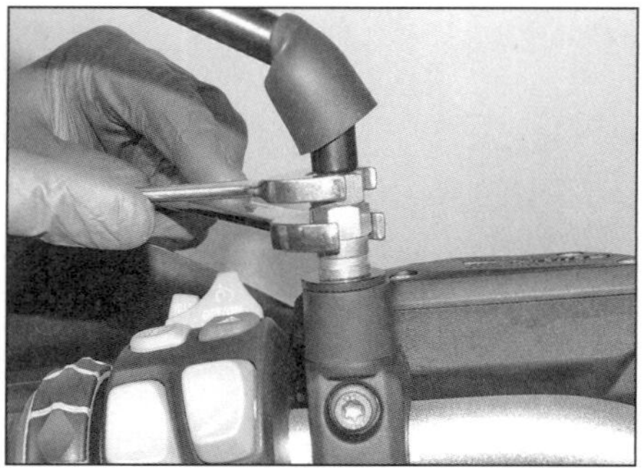

2.53 Lockern Sie die Kontermutter, um den Rückspiegel einzustellen.

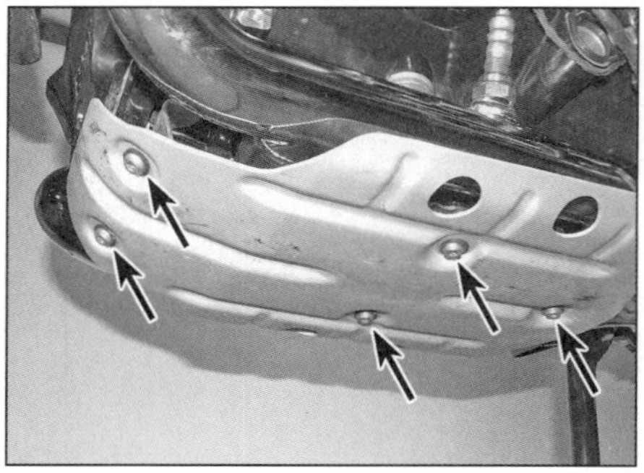

2.54 Ölwannenschutz-Schrauben

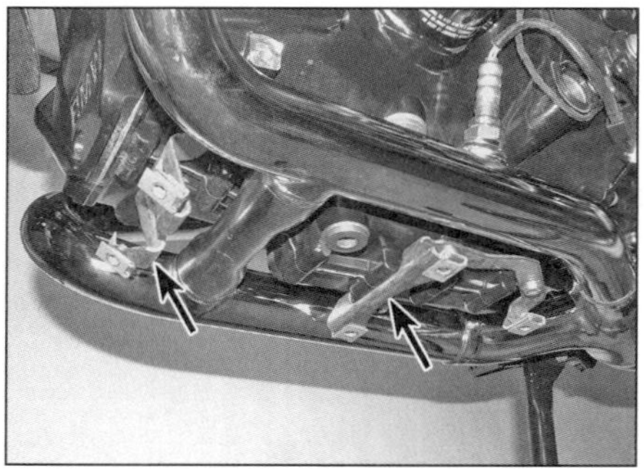

2.55 Demontieren Sie nötigenfalls die Halter des Ölwannenschutzes.

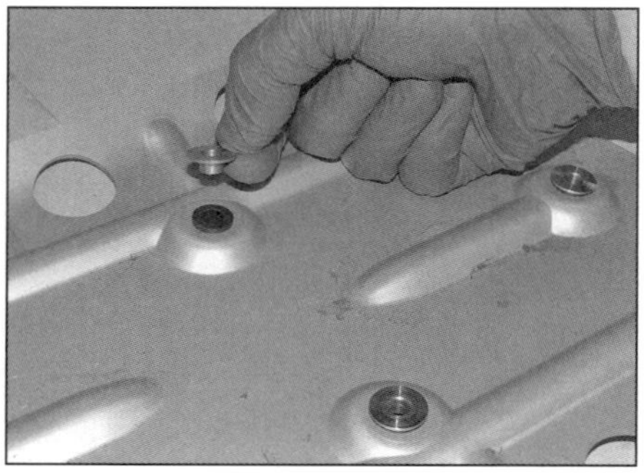

2.56 Kontrollieren Sie die Gummiösen und ihre Hülsen.

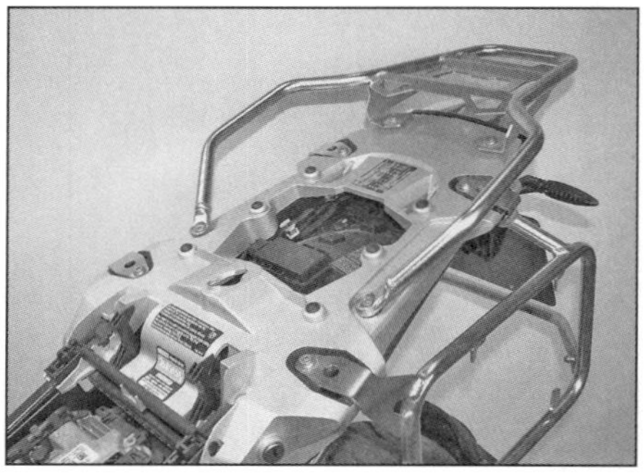

3.2 Die Schrauben der Sitzplatte sichern ggf. auch den Kofferträger, sodass dieser zuerst entfernt werden muss.

53 Um die Position des Rückspiegels zu verändern, muss die Gummikappe angehoben und der untere Sechskant gehalten werden, während die obere Kontermutter gelockert wird. Drehen Sie den Spiegel in die gewünschte Position, halten Sie ihn dort, ziehen Sie die Kontermutter an und schieben Sie die Gummikappe auf (siehe Abbildung). Feineinstellungen können am Spiegelkopf vorgenommen werden.

Ölwannenschutz

54 Lösen Sie die fünf Schrauben und entnehmen Sie den Ölwannenschutz (siehe Abbildung).
55 Lösen Sie nötigenfalls die Schrauben der zwei Ölwannenschutz-Halter, um diese zu entfernen (siehe Abbildung).

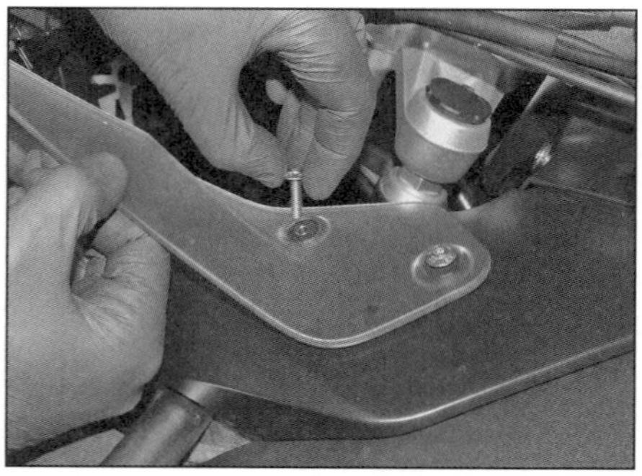

3.7 Demontage des Windabweisers

56 Der Einbau erfolgt in umgekehrter Ausbaureihenfolge – die Gummiösen dürfen nicht spröde oder beschädigt sein und die Hülsen müssen darin stecken (siehe Abbildung).

Handprotektoren

57 Beachten Sie hierzu die Schritte 30 bis 33 in Sektion 3 – die Handprotektoren der GS-Modelle sind baugleich.

3 R 1200 GS Adventure

Sitze

1 Beachten Sie hierzu die Schritte 1 bis 8 in Sektion 2 – die Prozedur ist die gleiche.

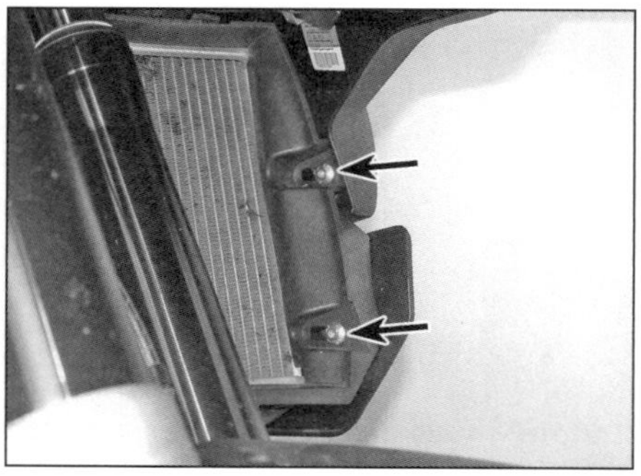

3.9a Lösen Sie vorne die zwei Schrauben ...

Gepäckträger und Sitzplatte

2 Beachten Sie hierzu die Schritte 9 bis 13 in Sektion 2 – die Prozedur kann sich je nach Gepäckträger-Typ leicht unterscheiden und die Sitzplatten-Schrauben können auch Kofferträger sichern (siehe Abbildung).

Spritzschutz

3 Beachten Sie hierzu die Schritte 14 bis 15 in Sektion 2 – die Prozedur ist die gleiche.

Blinker/Kennzeichenträger

4 Beachten Sie hierzu die Schritte 16 bis 19 in Sektion 2 – die Prozedur ist die gleiche.

Batteriedeckel

5 Beachten Sie hierzu die Schritte 23 bis 24 in Sektion 2 – die Prozedur ist die gleiche.

Rahmendeckel

6 Beachten Sie hierzu die Schritte 25 bis 26 in Sektion 2 – die Prozedur ist die gleiche.

Seitenverkleidungen

7 Lösen Sie die Schrauben des Windabweisers und entfernen Sie diesen – beachten Sie die Gummiösen und Hülsen (siehe Abbildung).
8 Demontieren Sie die obere Tankabdeckung (Schritte 12 bis 15) und den Tank-Sturzbügel (Schritte 36 und 37).
9 Lösen Sie die sechs Schrauben (siehe Abbildungen).

3.9b ... und an der Seite die vier Schrauben.

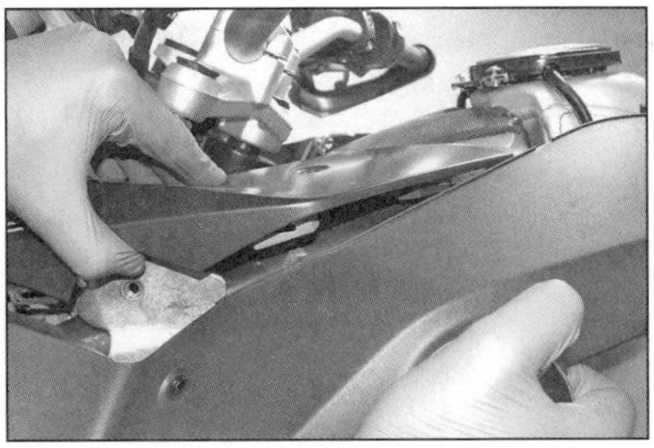

3.10a Befreien Sie die Laschen ...

3.10b ... und entnehmen Sie das Verkleidungsteil.

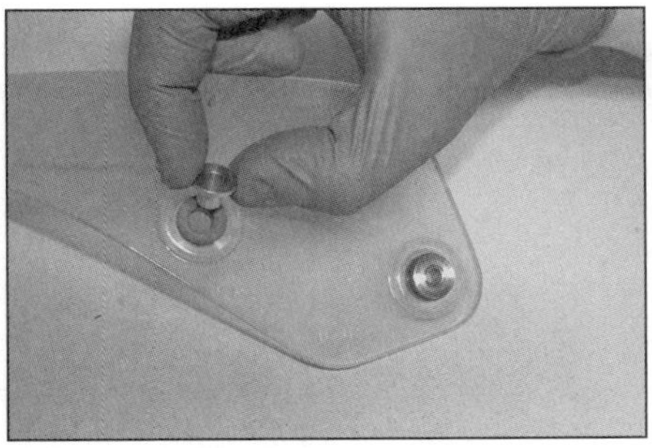

3.11 Kontrollieren Sie die Gummiösen und ihre Hülsen.

3.13a Lösen Sie die zwei hinteren Schrauben ...

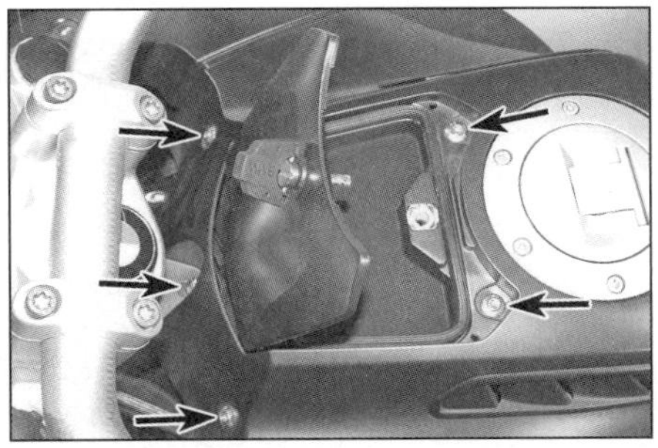

3.13b ... die zwei oberen und die drei vorderen Schrauben.

3.14 Befreien und entnehmen Sie die obere Tankabdeckung.

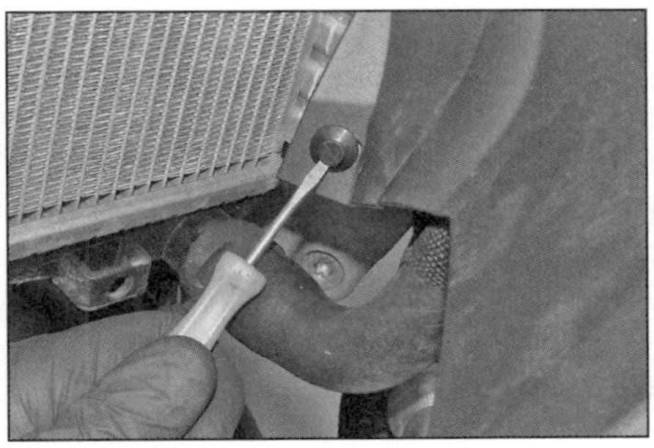

3.17a Ziehen Sie den Sicherungsstift heraus ...

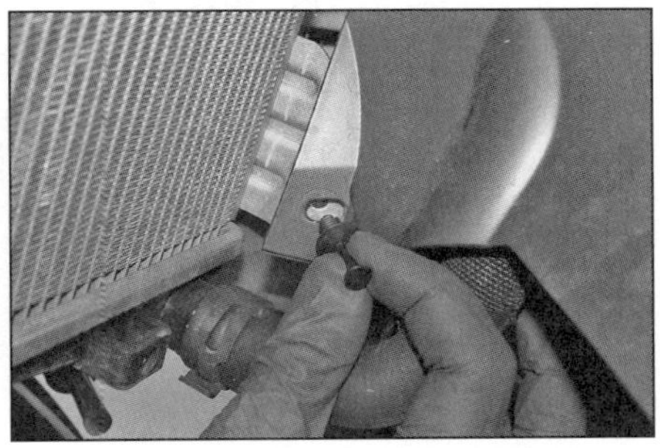

3.17b ... und befreien Sie das Gehäuse des Verkleidungsstifts.

10 Heben Sie das obere Schutzblech an und ziehen Sie das Verkleidungsteil ab, um es daraus zu befreien (siehe Abbildungen).
11 Der Einbau erfolgt in umgekehrter Ausbaureihenfolge – die Gummiösen dürfen nicht spröde oder beschädigt sein und die Hülsen müssen darin stecken (siehe Abbildung).

Tankabdeckungen

Obere Abdeckung

12 Entfernen Sie den Fahrersitz (Sektion 2, Schritt 1 bis 3).
13 Lösen Sie hinten die Schrauben (siehe Abbildungen). Öffnen Sie den Deckel des Staufachs und lösen Sie die darunter liegenden Schrauben; lösen Sie dann die vorderen Schrauben (siehe Abbildung).
14 Heben Sie die Abdeckung vorsichtig an, um die Laschen aus dem oberen Schutzblech zu befreien; entnehmen Sie sie dann (siehe Abbildung).

15 Der Einbau erfolgt in umgekehrter Ausbaureihenfolge.

Seitliche Abdeckungen

16 Entfernen Sie die obere Abdeckung und die Seitenverkleidungen (Schritte 12 bis 14 sowie 7 bis 10).

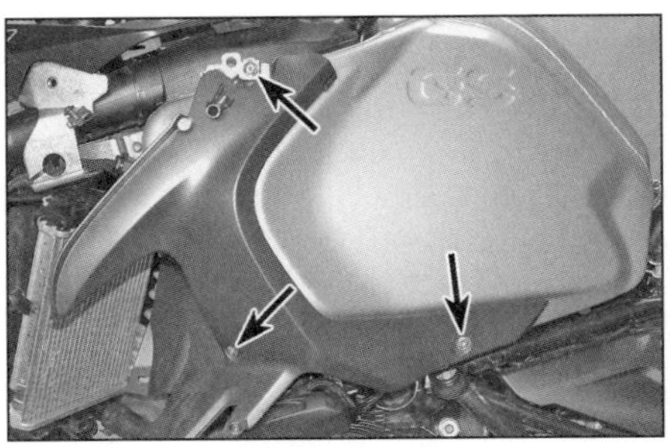

3.17c Lösen Sie die drei Schrauben ...

17 Befreien Sie den Verkleidungsstift und lösen Sie die drei Schrauben (siehe Abbildungen).
18 Ziehen Sie vorsichtig den Zapfen an der Oberseite aus der Gummiöse und ziehen Sie die Abdeckung nach hinten, um ihre Nuten von den Laschen des Tanks zu befreien (siehe Abbildungen).
19 Der Einbau erfolgt in umgekehrter Ausbaureihenfolge.

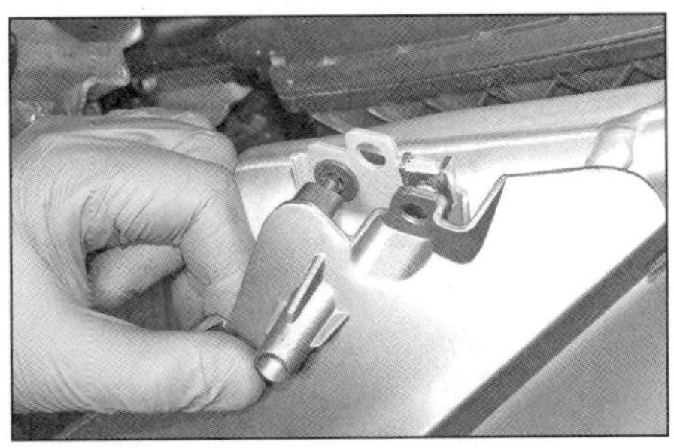

3.18a Ziehen Sie den Zapfen aus der Gummiöse ...

3.18b ...und befreien Sie die Nut von der Lasche.

3.21a Lösen Sie an jeder Seite die Schraube.

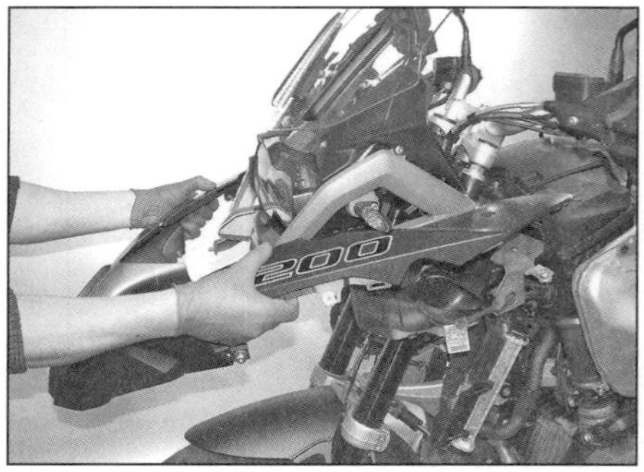

3.21b Demontieren Sie das Schutzblech wie beschrieben, ...

3.21c ...beachten Sie dabei die Positionen der Zapfen und den Gummiösen.

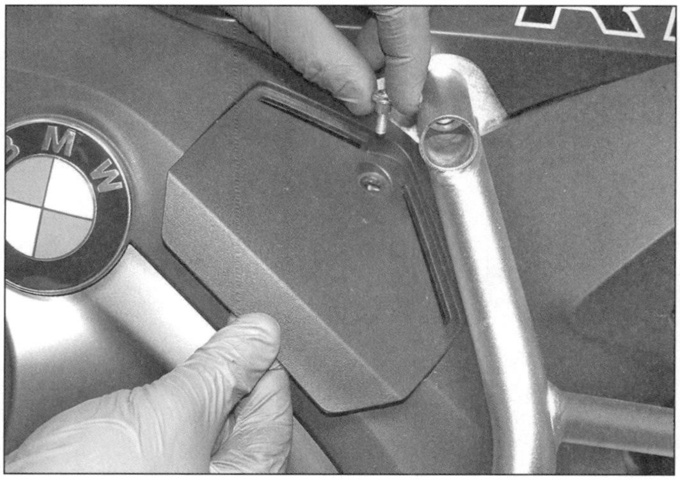

3.24 Inspektionsdeckel des Kühlmittel-Ausgleichsbehälters

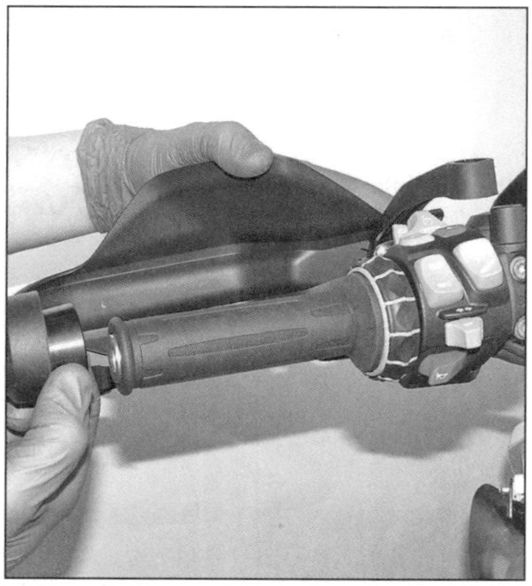

3.31 Demontage des kompletten Handprotektors

Vorderradschutzbleche

Oberes Schutzblech

20 Entfernen Sie die obere Tankabdeckung (Schritte 12 bis 14). Befreien Sie die seitlichen Abdeckungen, sodass sie am Tankschutzbügel anliegen (Schritte 16 bis 18) – der Schutzbügel muss nur demontiert werden, wenn die Seitenteile komplett entfernt werden sollen.

21 Lösen Sie die zwei oberen Schutzblech-Schrauben (siehe Abbildung). Heben Sie das Schutzblech vorsichtig an und spreizen Sie es, um es nach vorne abzuziehen – beachten Sie, wie die Zapfen in die Ösen greifen (siehe Abbildungen).

22 Der Einbau erfolgt in umgekehrter Ausbaureihenfolge.

Unteres Schutzblech

23 Beachten Sie hierzu die Schritte 42 bis 44 in Sektion 2 – die Prozedur ist die gleiche.

Kühlmittel-Ausgleichsbehälter-Inspektionsdeckel

24 Lösen Sie die Schraube und entnehmen Sie den Deckel (siehe Abbildung).

25 Der Einbau erfolgt in umgekehrter Ausbaureihenfolge.

Cockpit-Innenverkleidung

26 Beachten Sie hierzu die Schritte 45 bis 46 in Sektion 2 – die Prozedur ist die gleiche.

Windschutzscheibe

27 Beachten Sie hierzu die Schritte 47 bis 50 in Sektion 2 – die Prozedur ist die gleiche.

Rückspiegel

28 Beachten Sie hierzu die Schritte 51 bis 53 in Sektion 2 – die Prozedur ist die gleiche.

Ölwannenschutz

29 Beachten Sie hierzu die Schritte 54 bis 56 in Sektion 2 – die Prozedur ist die gleiche.

Handprotektoren

30 Der Protektor muss als komplette Einheit demontiert werden, falls der Brems- oder Kupplungs-Geberzylinder oder einer der Hebel demontiert werden soll; das vordere Hauptsegment muss entfernt werden (während der Rückspiegel und der Halter am Lenker verbleiben), falls ein Schaltergehäuse oder der Kupplungsschalter entfernt werden soll.

31 Um den kompletten Handprotektor zu entfernen, muss zunächst der Rückspiegel entfernt werden (Schritte 51 bis 53 in Sektion 2). Lösen Sie die Schraube des Lenkergewichts, beachten Sie die Hülse und entnehmen Sie den Protektor samt Gewicht, das zwischen ihm und dem Lenker sitzt (siehe Abbildung).

3.32 Demontage des vorderen Handprotektor-Segments

3.34 Schrauben des Motorschutzbügels

3.36a Befreien Sie die Kabelklemme ...

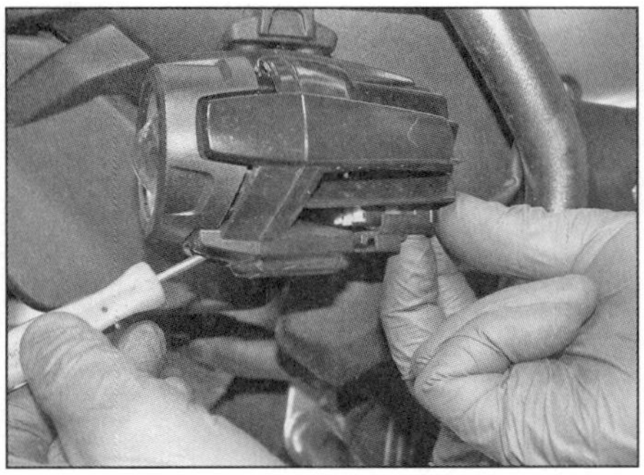

3.36b ... und trennen Sie den Stecker des Zusatzscheinwerfers.

3.36c Halten Sie innen die Mutter und lösen Sie die Schraube, um den Scheinwerfer zu entnehmen.

3.37 Schrauben des Tank-Sturzbügels

32 Um das vordere Hauptsegment zu entfernen, muss zunächst die Schraube gelöst werden, die es am Halter sichern. Lösen Sie dann die Schraube des Lenkergewichts, beachten Sie die Hülse und entnehmen Sie den Protektor samt Gewicht, das zwischen ihm und dem Lenker sitzt (siehe Abbildung).

33 Der Einbau erfolgt in umgekehrter Ausbaureihenfolge. Installieren Sie die Komponenten des Lenkergewichts und den Spiegel – falls entfernt – zunächst locker, um den Protektor korrekt auszurichten. Ziehen Sie zuerst den Spiegel oder die vordere Schraube an – halten Sie dann den Protektor und ziehen Sie die Lenkergewicht-Schraube mit 38 Nm an.

Sturzbügel

Motorsturzbügel

34 Lösen Sie die vier Schrauben, merken Sie sich ihre Positionen und entnehmen Sie den Sturzbügel (siehe Abbildung). Falls der Tank-Schutzbügel bereits entfernt ist, muss nicht die Schraube gelöst werden, die den Sturzbügel am Verbindungsstück sichert.

35 Der Einbau erfolgt in umgekehrter Ausbaureihenfolge.Reinigen Sie das Gewinde der oberen Schraube, die auch den Tank-Sturzbügel sichert, und tragen Sie mittelfeste Sicherungspaste auf. Drehen Sie alle Schrauben zunächst locker ein, um den Sturzbügel korrekt auszurichten, bevor Sie sie mit 55 Nm (M10-Schrauben) bzw. 19 Nm (M8-Schrauben) anziehen.

Tank-Sturzbügel

36 Falls Zusatzscheinwerfer montiert sind, müssen deren Kabel aus den Clips befreit und ihre Stecker getrennt werden (siehe Abbildungen). Demontieren Sie nötigenfalls den entsprechenden Scheinwerfer (siehe Abbildung).

37 Lösen Sie die zwei Schrauben – merken Sie sich ihre Positionen – und entfernen Sie den Sturzbügel (siehe Abbildung). Falls der Motorschutzbügel bereits entfernt ist, muss nicht die untere Schraube gelöst werden, die den Sturzbügel am Verbindungsstück sichert.

38 Der Einbau erfolgt in umgekehrter Ausbaureihenfolge. Reinigen Sie das Gewinde der unteren Schraube, die auch den Motorsturzbügel sichert, und tragen Sie mittelfeste Sicherungspaste auf. Drehen Sie beide Schrauben zunächst locker ein, um den Sturzbügel korrekt auszurichten, bevor Sie sie mit 19 Nm anziehen.

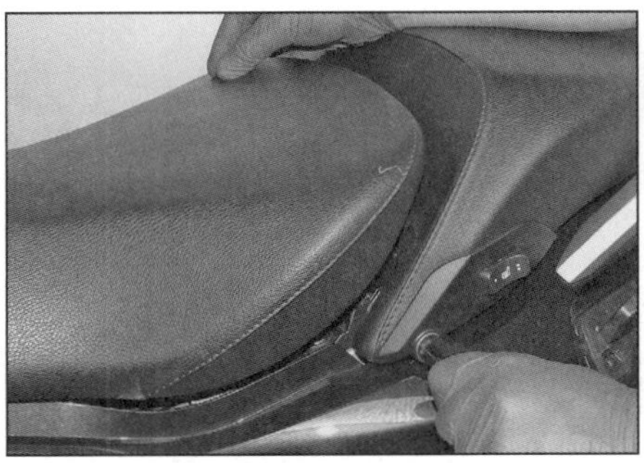

4.1a Öffnen Sie die Arretierung und heben Sie den Fahrersitz hinten an, ...

4 R 1200 RT

Anmerkung: *Diese Modelle können ab Werk mit zahlreichen elektrischen Zubehör-Komponenten ausgerüstet sein – achten Sie bei der Arbeit darauf, dass alle entsprechenden Teile bei der Demontage getrennt und beim Zusammenbau wieder verbunden werden. Trennen Sie immer zuerst den Minuspol (–) der Batterie, bevor Stromkreise unterbrochen werden.*

Sitze

Ausbau

1 Stecken Sie für die Demontage des Fahrersitzes den Zündschlüssel in das links am Motorrad sitzende Schloss und drehen Sie ihn nach rechts, heben Sie dann den Sitz hinten

4.1b ... beachten Sie, wie er die Haltegummis umgreift, ...

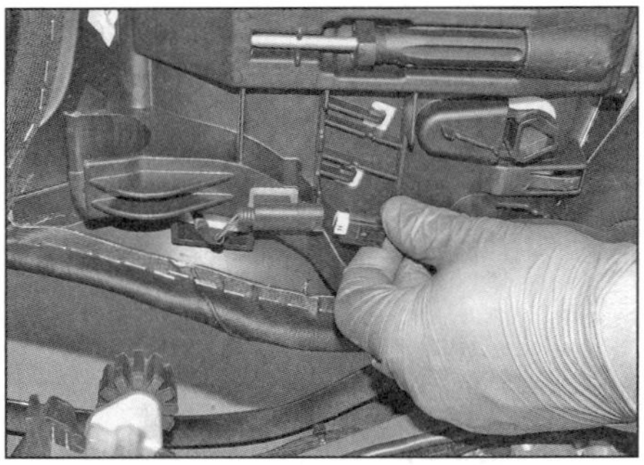

4.1c ... und trennen Sie ggf. den Stecker der Sitzheizung.

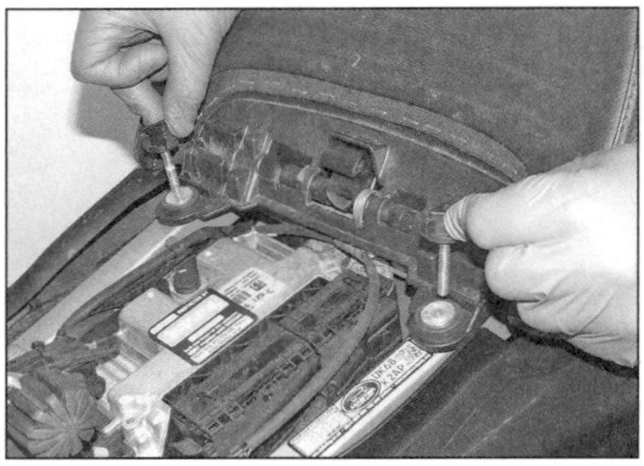

4.2a Lösen Sie die Schrauben ...

4.2b ... und ziehen Sie den Sitz nach vorne, um die Haken zu befreien, ...

an und ziehen Sie ihn nach hinten, um seine Laschen aus der Halterung zu befreien; trennen Sie bei Modellen mit Sitzheizung den Stecker (siehe Abbildungen).

2 Zur Demontage des Rücksitzes muss zunächst der Fahrersitz entfernt werden. Lösen Sie die zwei Schrauben, heben Sie den Sitz dann vorne an und ziehen Sie ihn nach vorne, um die Haken zu befreien; trennen Sie bei Modellen mit Sitzheizung den Stecker (siehe Abbildungen).

Höhenverstellung

3 Um die Sitzhöhe zu verändern, muss der Clip befreit werden, der den Einsteller am Halter sichert, und dieser in die entsprechende Position gedreht werden, sodass der entsprechende Buchstabe – L für niedrig und H für hoch – oben zu lesen ist. Richten Sie die ablaufende Kante gegen den Halter aus und drücken Sie die Vorderkante herunter, sodass der Clip einrastet (Abb. 2.5).

Einbau

4 Der Einbau erfolgt in umgekehrter Ausbaureihenfolge. Der Fahrersitz muss korrekt auf seinen Halterungen sitzen, dann wird er hinten heruntergedrückt, bis er hörbar einrastet. Prüfen Sie, ob der Sitz sicher sitzt.

Gepäckträger und Haltegriffe

5 Entfernen Sie die Sitze (Schritte 1 und 2).

6 Lösen Sie die Schrauben des Gepäckträger-Oberteils und befreien Sie die Laschen an dessen Rückseite, um es zu entfernen (siehe Abbildungen).

7 Um den Gepäckträger samt Haltegriffen als Baugruppe zu entfernen, müssen die vorderen Haltegriff-Schrauben und die vier Gepäckträger-Schrauben gelöst werden (siehe Abbildung).

8 Um die Komponenten separat entfernen zu können, müssen die Haltegriff-Schrauben gelöst und die Griffe vom Träger befreit werden. Lösen Sie dann die Gepäckträger-Schrauben (Abb. 4.7).

9 Der Einbau erfolgt in umgekehrter Ausbaureihenfolge. Reinigen Sie die Gewinde der Schrauben und tragen Sie mittelfeste Sicherungspaste auf, bevor Sie sie mit 5 Nm anziehen.

Windschutzscheibe

10 Lösen Sie die Schrauben der Windschutzscheiben-Abdeckungen und heben Sie diese ab (siehe Abbildung).

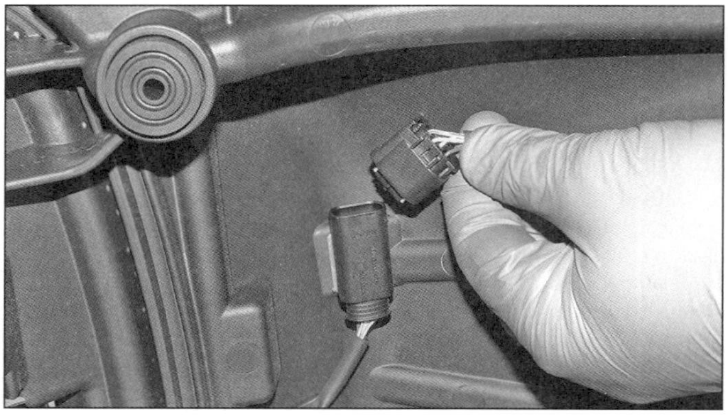

4.2c ... und trennen Sie ggf. den Stecker der Sitzheizung.

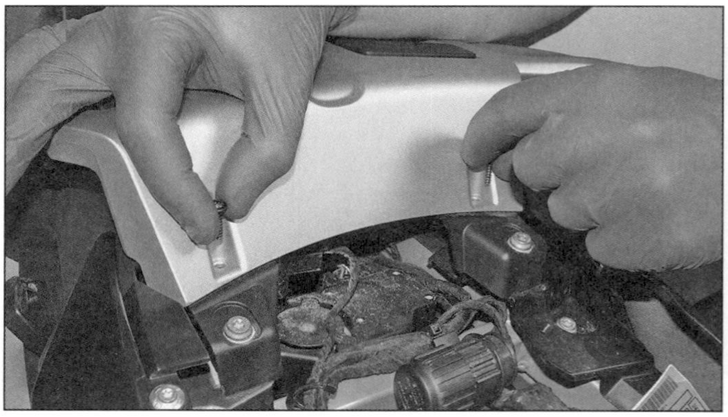

4.6a Lösen Sie die Schrauben, ...

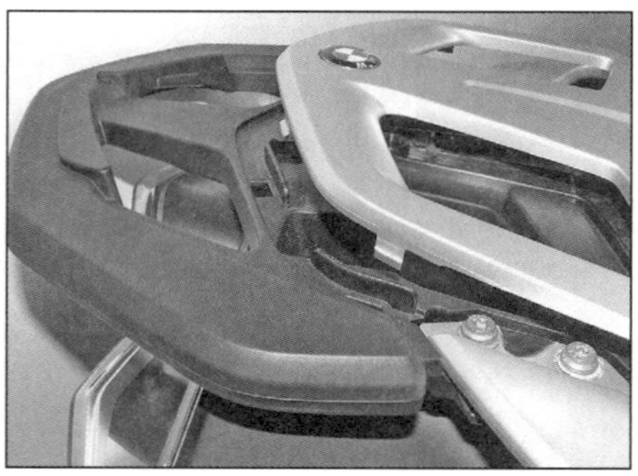

4.6b ... befreien Sie die Laschen und entnehmen Sie den Gepäckträger.

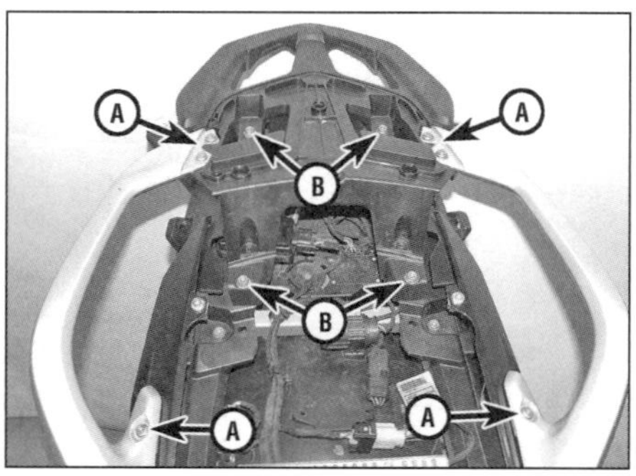

4.7 Haltegriff-Schrauben (A), Gepäckträger-Schrauben (B)

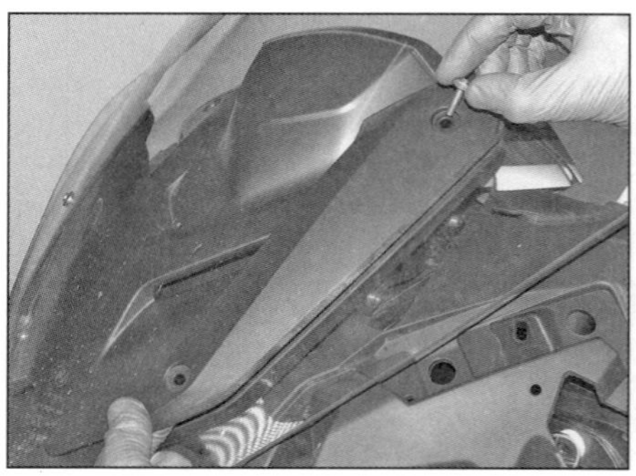

4.10 Entfernen Sie die äußeren Abdeckungen ...

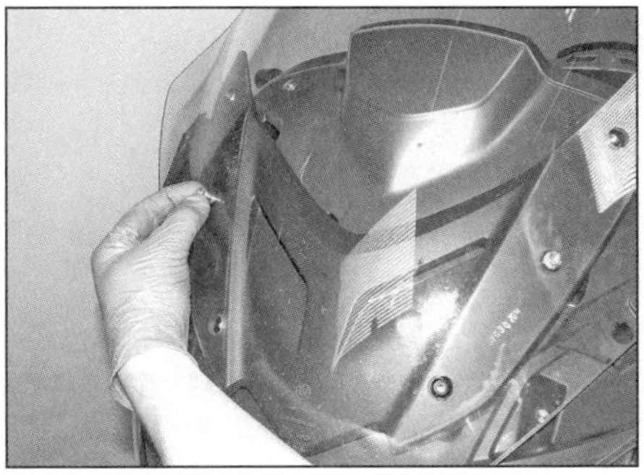

4.11a ... und die Windschutzscheibe ...

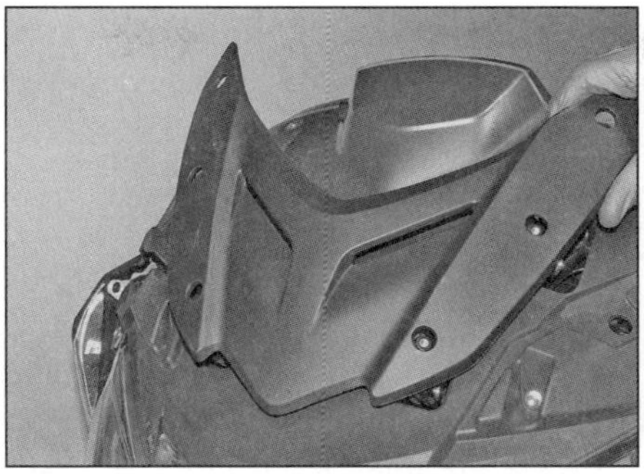

4.11b ... sowie die Abdeckung der Halterung.

4.15 Jeder Rückspiegel ist mit zwei Schrauben gesichert.

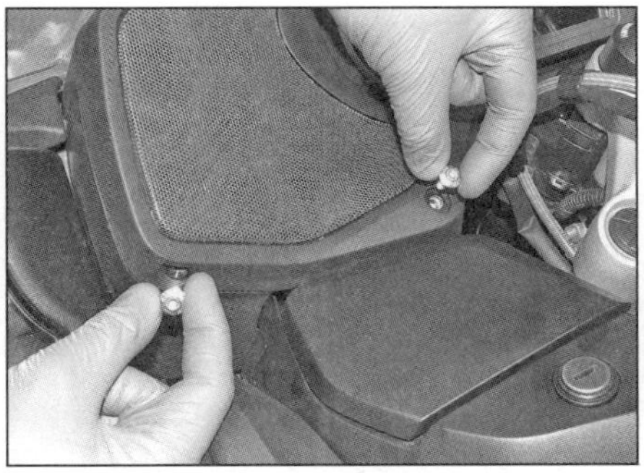

4.19a Lösen Sie die Schrauben, ...

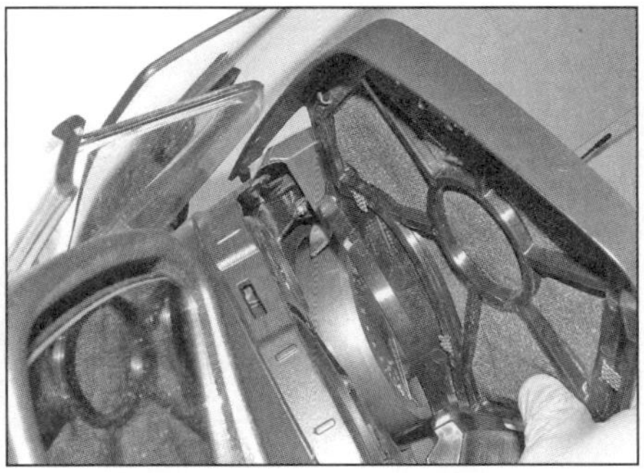

4.19b ... befreien Sie die Laschen und entnehmen Sie die Lautsprecher-Abdeckung.

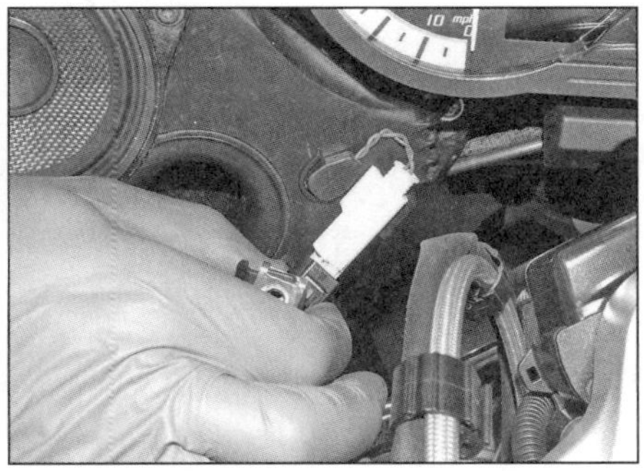

4.20a Trennen Sie den Lautsprecher-Stecker ...

4.20b ... und lösen Sie die drei Schrauben.

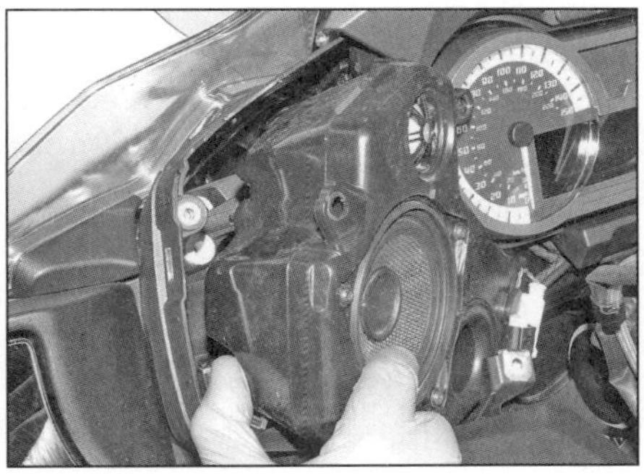

4.20c Beachten Sie die Position des Zapfens.

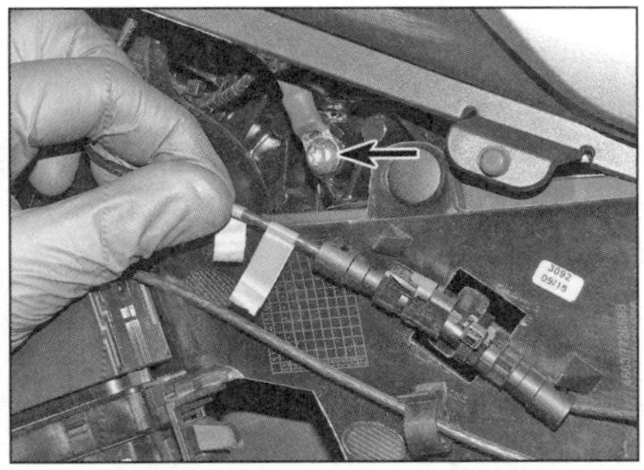

4.23 Trennen Sie den Antennenstecker und lösen Sie die Schraube.

11 Lösen Sie die Schrauben der Windschutzscheibe und heben Sie diese ab (siehe Abbildung). Heben Sie die Abdeckungen von den Halterungen (siehe Abbildung).

12 Der Aus- und Einbau des Windschutzscheiben-Verstellers ist in Kapitel 8, Sektion 12 beschrieben.

13 Der Einbau erfolgt in umgekehrter Ausbaureihenfolge. Ziehen Sie die Windschutzscheiben-Schrauben nicht zu fest. Prüfen Sie Funktion des Verstellmotors.

Rückspiegel

14 Entfernen Sie die Lautsprecher-Abdeckungen, die Lautsprecher – falls vorhanden – und die Frontverkleidung (Schritte 19 bis 25).

15 Lösen Sie die Schrauben des Rückspiegels und entnehmen Sie diesen (siehe Abbildung).

16 Befreien Sie nötigenfalls die Abdeckung vom Spiegel und durchschneiden Sie das Halteband.

17 Das Spiegelglas kann nötigenfalls ausgetauscht werden – entfernen Sie das Glas, indem Sie oben herausziehen und so die Arretierung vom Kugelkopf ziehen; beachten Sie die Positionen der Führungen. Richten Sie das neue Glas mit den Führungen und dem Kugelkopf aus und drücken Sie in der Mitte fest, bis es einrastet.

18 Der Einbau erfolgt in umgekehrter Ausbaureihenfolge.

Verkleidungs-Segmente

Lautsprecher-Abdeckungen und Lautsprecher

19 Lösen Sie die zwei Schrauben (siehe Abbildung). Befreien Sie die Laschen und entnehmen Sie die Abdeckung (siehe Abbildung).

20 Trennen Sie den Lautsprecher-Stecker, lösen Sie die Schraube und entnehmen Sie den Lautsprecher – merken Sie sich seine Einbauposition (siehe Abbildungen).

21 Der Einbau erfolgt in umgekehrter Ausbaureihenfolge.

Frontverkleidung

22 Entfernen Sie die Lautsprecher-Abdeckungen (Schritt 19) und ggf. die Lautsprecher (Schritt 20). Demontieren Sie die Verkleidungsseitenteile (Schritte 27 bis 29).

23 Trennen Sie bei Modellen mit Stereoanlage beim Ausbau des rechten Verkleidungsteils den Antennenstecker und lösen Sie die Schraube des Antennen-Massekabels (siehe Abbildung).

7

24 Lösen Sie den Verkleidungsstift und lösen Sie die drei Schrauben (siehe Abbildungen).

25 Befreien Sie die hintere Lasche und ziehen Sie die obere Front vorsichtig ab, um den Zapfen aus der Öse zu befreien und das Verkleidungsteil entnehmen zu können (siehe Abbildungen) – merken Sie sich beim rechten Teil die Verlegung des Antennenkabels (siehe Abbildung).

26 Der Einbau erfolgt in umgekehrter Ausbaureihenfolge.

Verkleidungsseitenteile

27 Lösen Sie die Schrauben innerhalb des vorderen Randes (siehe Abbildung).

28 Ziehen Sie das Verkleidungsteil unten vorsichtig ab, um den Zapfen aus der Öse zu befreien. Heben Sie es dann an, um die oberen Laschen aus der Innenverkleidung zu befreien (siehe Abbildungen).

29 Lösen Sie nötigenfalls die Schrauben der Innenverkleidung und entfernen Sie diese – trennen Sie den Stecker der Steckdose und anderer Sonderzubehör-Bauteile (siehe Abbildungen).

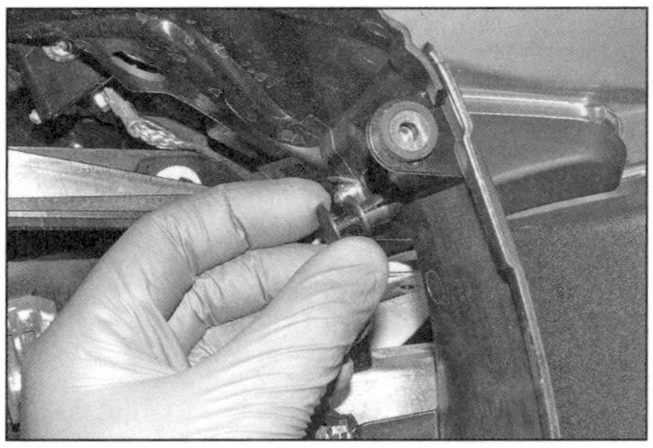

4.24a Befreien Sie den Verkleidungsstift, ...

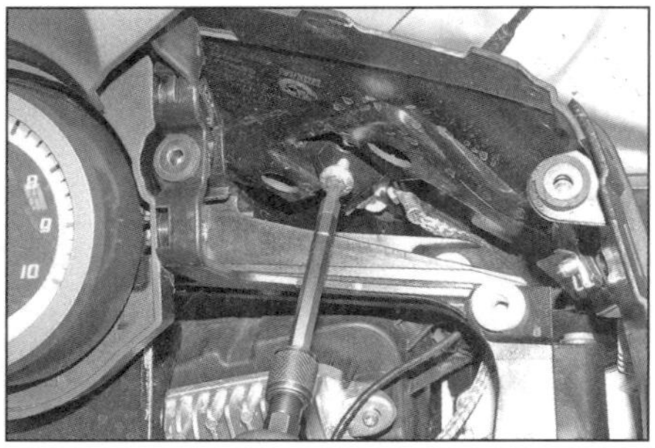

4.24b ... lösen Sie die Schraube im Cockpit, ...

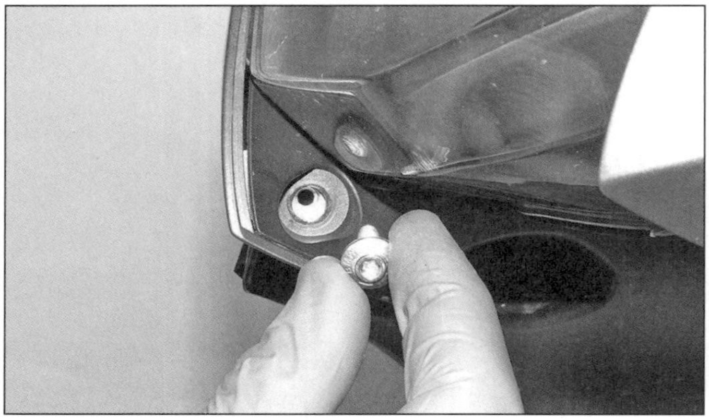

4.24c ... die vordere ...

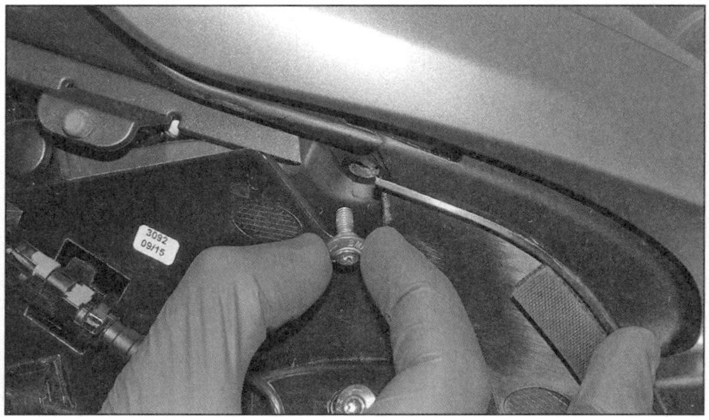

4.24d ... und die seitliche Schraube.

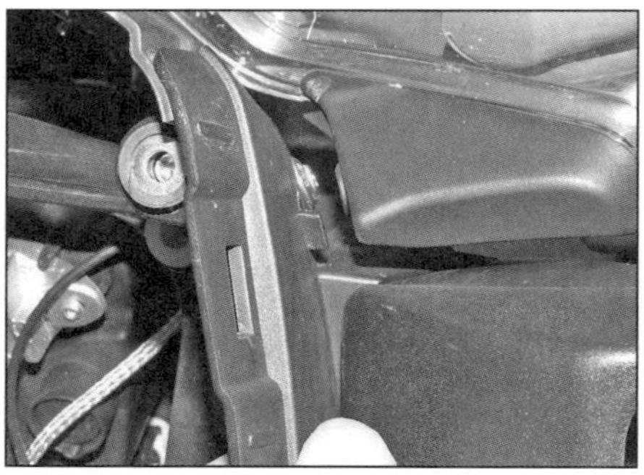

4.25a Befreien Sie die Lasche ...

4.25b ... und den Zapfen.

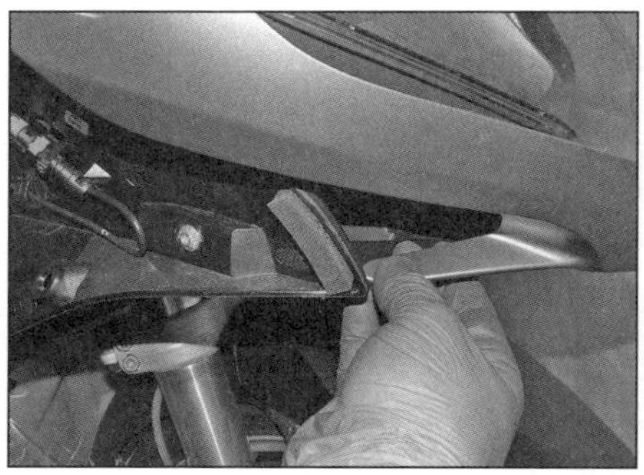

4.25c Beachten Sie die Befestigung des Verkleidungsteils ...

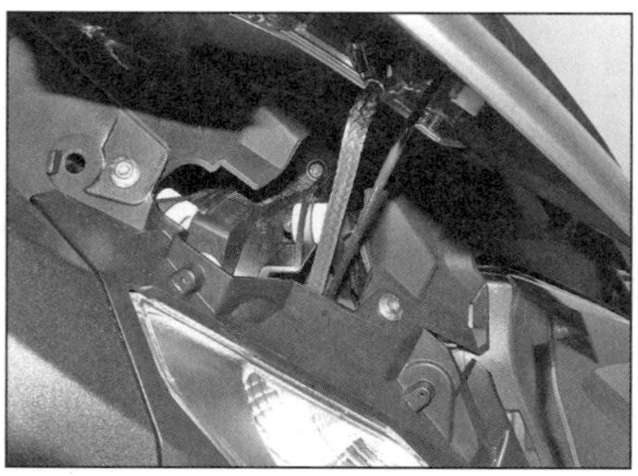

4.25d ... und die Verlegung aller Kabel.

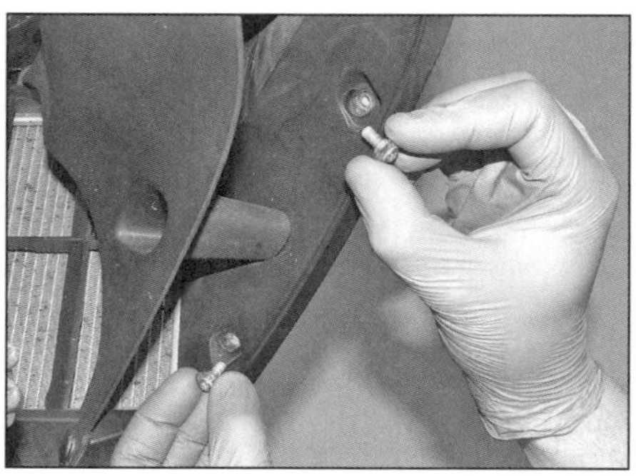

4.27 Lösen Sie die zwei Schrauben.

4.28a Ziehen Sie die Zapfen aus den Gummiösen ...

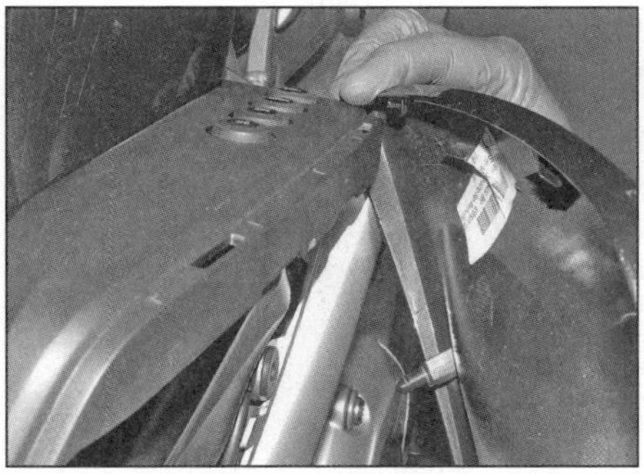
4.28b ... und befreien Sie die Laschen.

4.29a Trennen Sie den/die Steckdosen-Stecker.

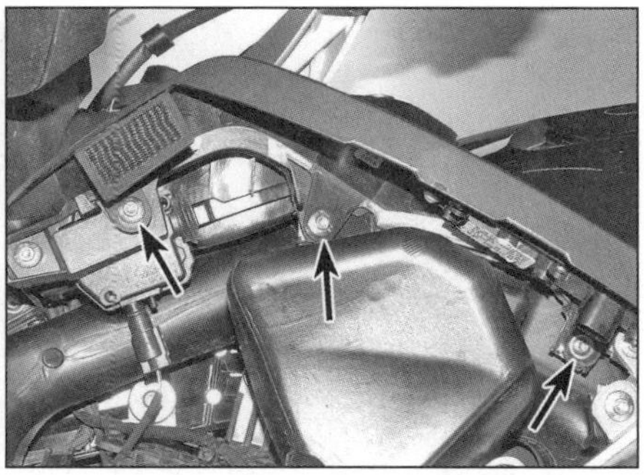
4.29b Schrauben der Innenverkleidung

4.30 Die Innenverkleidung muss korrekt sitzen.

4.31a Schrauben der rechten Batterieabdeckung

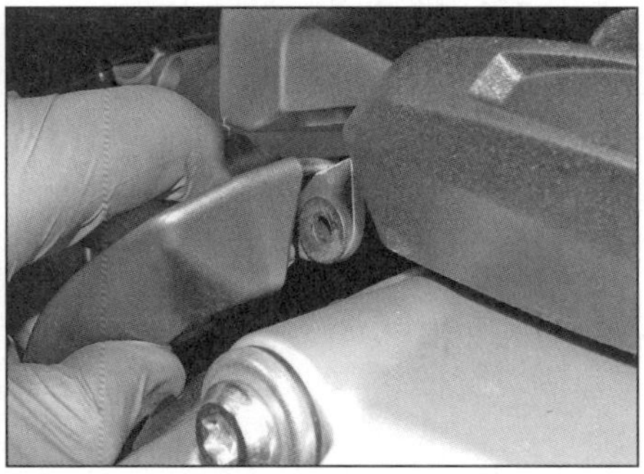
4.31b Schrauben der linken Batterieabdeckung

30 Der Einbau erfolgt in umgekehrter Ausbaureihenfolge. Falls die Innenverkleidung entfernt wurde, muss sichergestellt werden, dass sie wie gezeigt sitzt (siehe Abbildung). Richten Sie die oberen Laschen des Seitenteils in der Innenverkleidung aus und drücken Sie die Zapfen in die Gummiösen, drücken Sie dann den oberen Rand in die Innenverkleidung herunter, bis die Laschen hörbar einrasten.

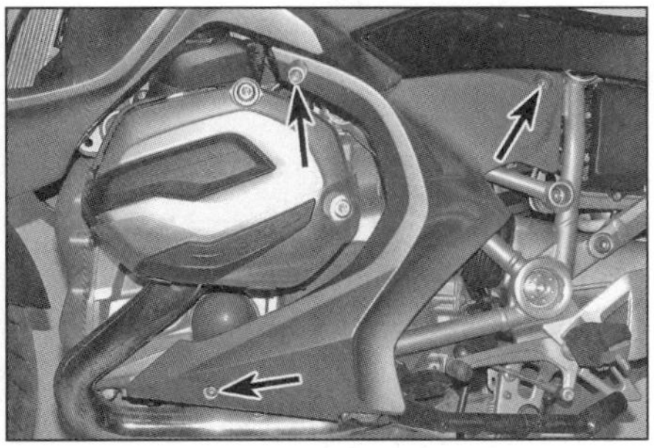
4.32 Schrauben der linken Batterieabdeckung ...

Batterieabdeckungen

31 Lösen Sie zur Demontage der rechten Abdeckung die zwei Schrauben und ziehen Sie diese vorsichtig ab, um den Zapfen aus der Gummiöse zu befreien (siehe Abbildungen).
32 Lösen Sie zur Demontage der linken Abdeckung die drei Schrauben und entnehmen Sie diese (siehe Abbildung).
33 Der Einbau erfolgt in umgekehrter Ausbaureihenfolge.

Knieabstützung

34 Entfernen Sie den Fahrersitz (Schritt 1), die Batterieabdeckung (Schritt 31 oder 32) und das Verkleidungsseitenteil (Schritte 27 bis 29).
35 Lösen Sie die vier Schrauben (siehe Abbildungen). Befreien Sie bei der Demontage des rechten Segments das Kabel aus seiner Führung. Befreien Sie die Abstützung vom Tank und entnehmen Sie sie (siehe Abbildungen).
36 Der Einbau erfolgt in umgekehrter Ausbaureihenfolge.

Tankabdeckungen

37 Entfernen Sie die Knieabstützungen (Schritte 34 und 35) und Lautsprecherabdeckungen (Schritte 19 und 20).
38 Lösen Sie die Schrauben der Innenverkleidung und entnehmen Sie diese – trennen Sie dabei die Stecker der Steckdose und anderer Sonderzubehör-Bauteile (Abb. 4.29a und b).

4.35a Lösen Sie die hinteren ...

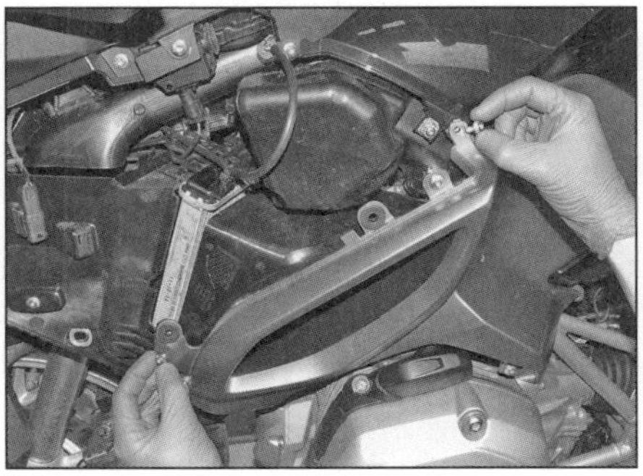
4.35b ... und die vorderen Schrauben, ...

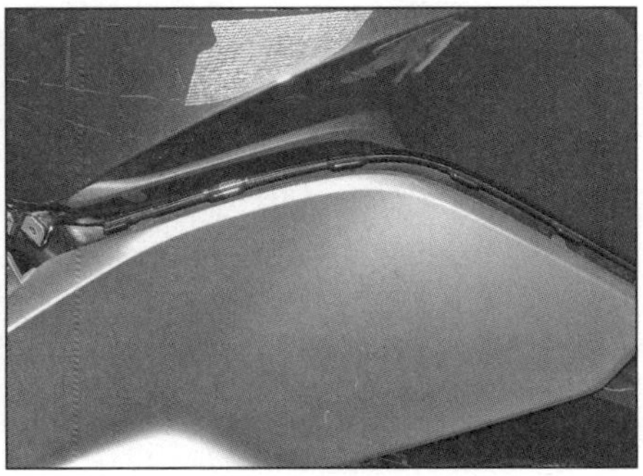
4.35c ... um die Knieabstützung zu befreien und zu entfernen.

7

4.39a Lösen Sie die Schraube, ...

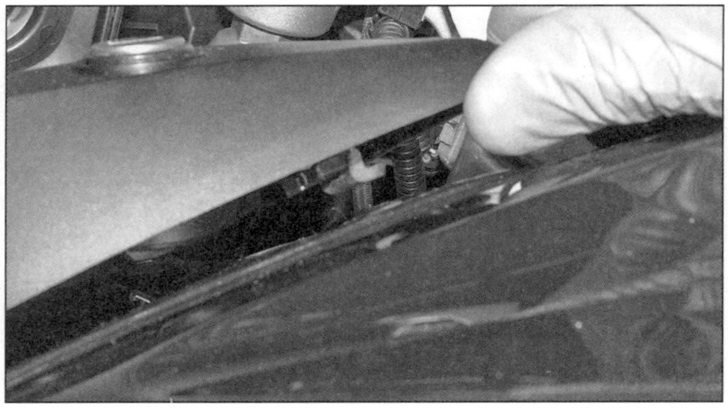

4.39b ... um das Staufach zu befreien ...

4.39c ... – beachten Sie, wie es vorne befestigt ist.

4.40a Lösen Sie die hintere Schraube der seitlichen Tankabdeckung ...

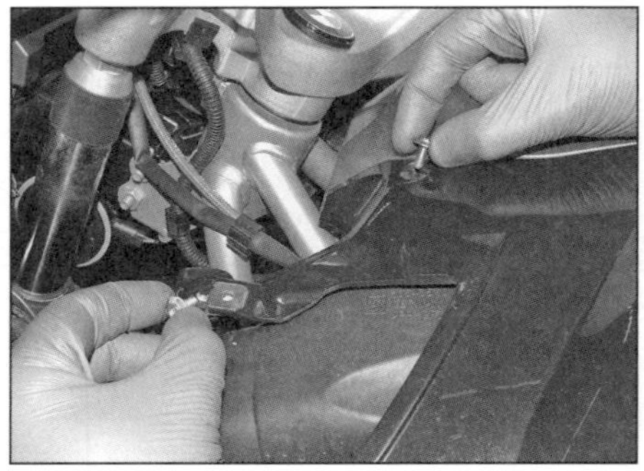

4.40b ... und die vorderen Schrauben, ...

4.40c ... um die Abdeckung zu befreien und zu entfernen.

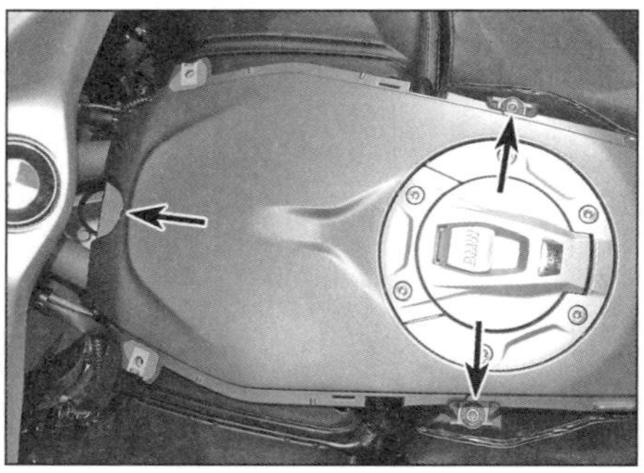

4.41 Schrauben der oberen Tankabdeckung

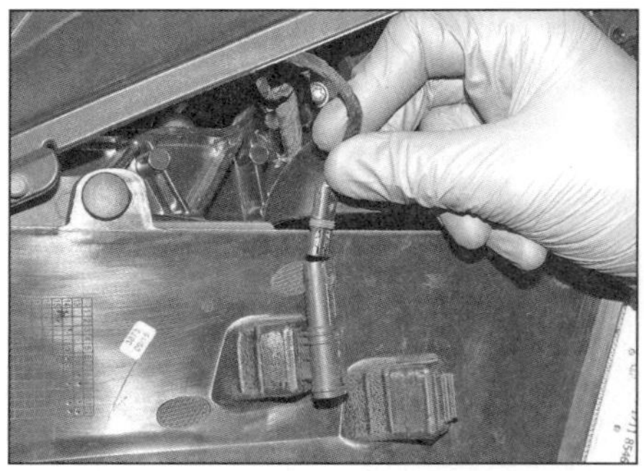

4.45a Kabelstecker an der linken Kühlerabdeckung

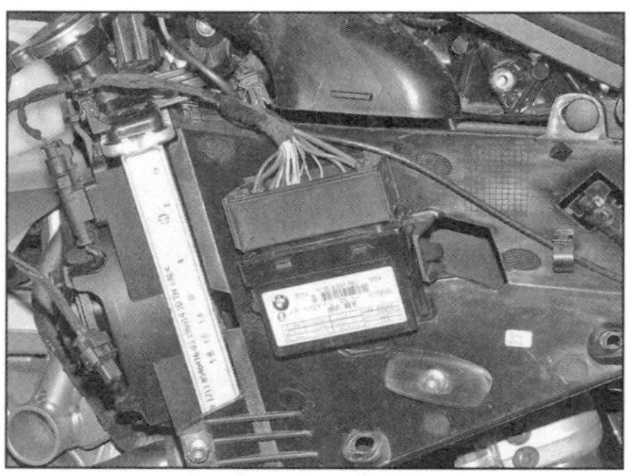

4.45b Steuergerät und Kabel an der rechten Kühlerabdeckung

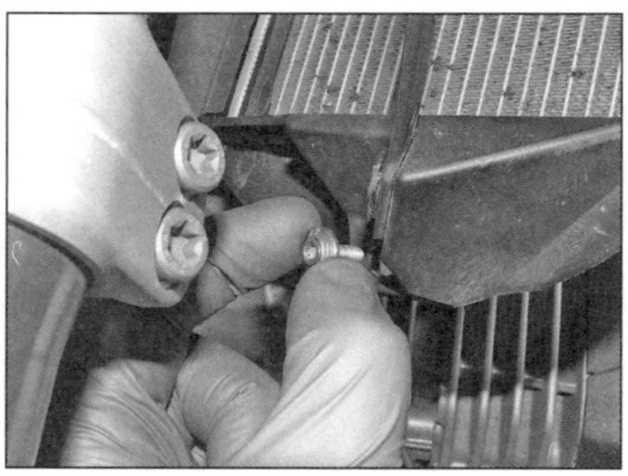

4.46a Lösen Sie die untere Schraube ...

39 Es links das Ablagefach und rechts je nach Ausführung den Deckel oder das Ablagefach (siehe Abbildungen).

40 Lösen Sie die drei Schrauben des Seitenteils und befreien Sie es vorsichtig aus dem Oberteil (siehe Abbildungen).

41 Lösen Sie die drei Schrauben des Oberteils und heben Sie es ab (siehe Abbildung).

42 Der Einbau erfolgt in umgekehrter Ausbaureihenfolge.

Kühlerabdeckungen

43 Entfernen Sie die Frontverkleidung (Schritte 22 bis 25).

44 Lösen Sie die vordere Schraube der Knieabstützung (Abb. 4.35b).

45 Trennen Sie je nach Seite und Ausstattung den/die Stecker und befreien Sie alle Kabel (siehe Abbildungen).

46 Lösen Sie die Schrauben, befreien Sie die Abdeckung und entnehmen Sie sie (siehe Abbildungen).

47 Der Einbau erfolgt in umgekehrter Ausbaureihenfolge.

Stoßdämpferabdeckungen

48 Ziehen Sie die Abdeckung vorsichtig ab, um die Zapfen aus den Gummiösen zu befreien (siehe Abbildung).

48 Der Einbau erfolgt in umgekehrter Ausbaureihenfolge – die Gummiösen dürfen nicht spröde oder beschädigt sein und müssen nötigenfalls ersetzt werden. Halten Sie beim Eindrücken der oberen Zapfen die Innenseite der Sitz-Verkleidung.

Sitzverkleidungen

50 Entfernen Sie die Sitze (Schritte 1 und 2), den Gepäckträger und die Haltegriffe (Schritte 6 bis 8) sowie die entsprechende Batterieabdeckung (Schritt 31 oder 32). Demontieren Sie entweder die entsprechende Stoßdämpferabdeckung (Schritt 48) oder ziehen Sie lediglich deren unteren Zapfen heraus und belassen Sie den oberen Zapfen in der Öse der Sitzverkleidung, um beide Teile gemeinsam zu entfernen.

51 Lösen Sie die vordere Schraube der Sitzverkleidung (siehe Abbildung).

52 Lösen Sie die hinteren Schrauben der Sitzverkleidung und heben Sie sie vom Kofferträger, um sie zu entfernen (siehe Abbildungen).

53 Lösen Sie nötigenfalls die Schrauben des Kofferträgers und entnehmen Sie diesen.

54 Der Einbau erfolgt in umgekehrter Ausbaureihenfolge. Falls die Kofferträger entfernt wurden, müssen die Gewinde ihrer Schrauben gereinigt und mit frischer Sicherungspaste bestrichen werden.

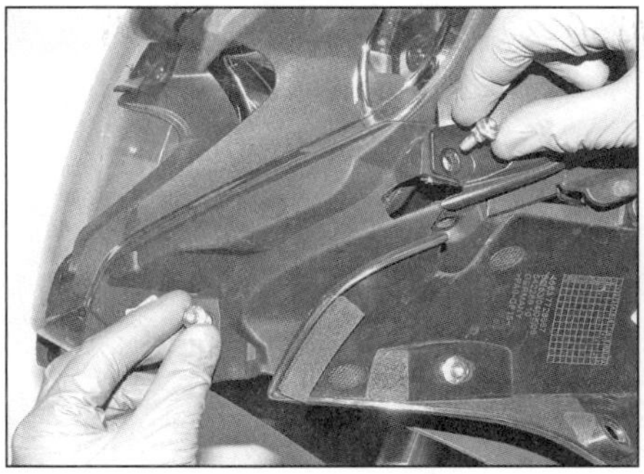

4.46b ... und die vorderen Schrauben, ...

4.46c ... um die Abdeckung vom Kühler zu befreien ...

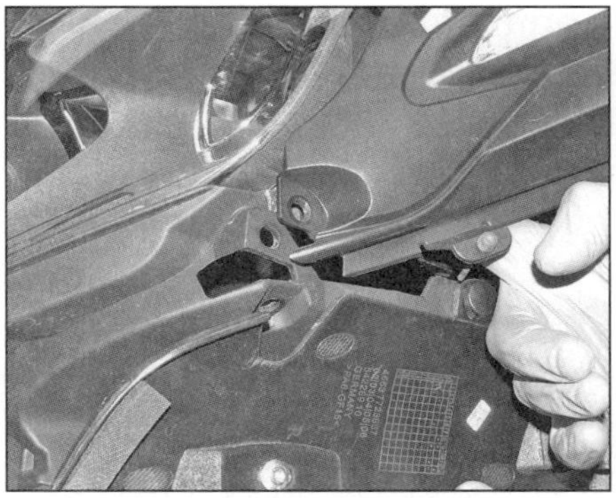

4.46d ... – beachten Sie, wie sie vorne befestigt ist.

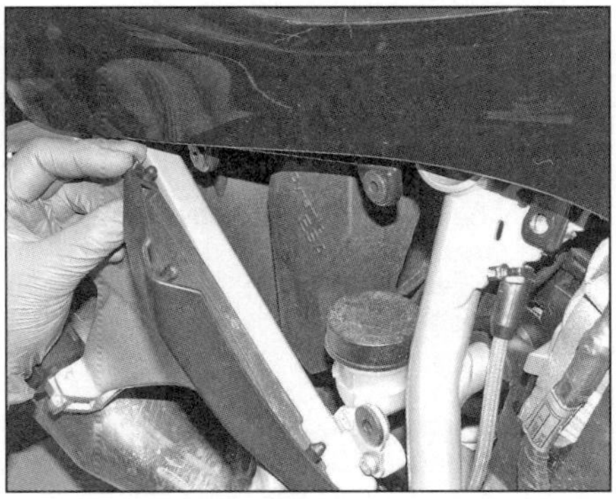

4.48 Die Stoßdämpferabdeckung ist mit drei Zapfen in Gummiösen gesichert.

Heckverkleidung und Kennzeichenträger

55 Entfernen Sie die Sitzverkleidungen (Schritte 50 bis 52).

56 Befreien Sie den Verkleidungsstift und lösen Sie die Schraube, die beide Heckverkleidungen oben miteinander verbindet (siehe Abbildung). Lösen Sie an jeder Seite die zwei Schrauben und entnehmen Sie beide Verkleidungssegmente (siehe Abbildungen).

57 Demontieren Sie das Rücklicht (siehe Kapitel 8).

58 Lösen Sie die vier Schrauben und entnehmen Sie den Kennzeichenträger.

59 Der Einbau erfolgt in umgekehrter Ausbaureihenfolge.

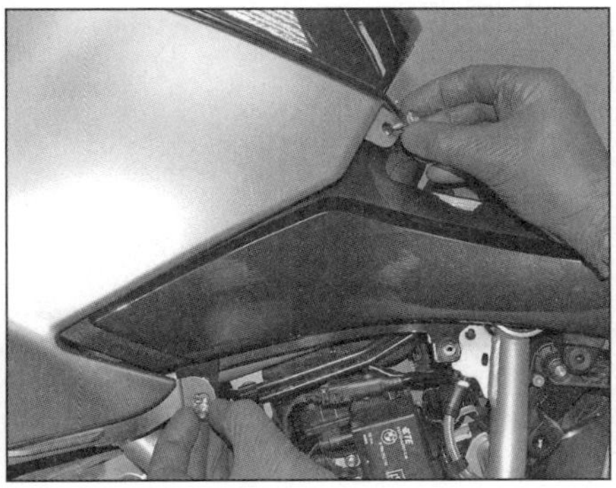

4.51 Lösen Sie die vorderen Schrauben der Sitzverkleidung

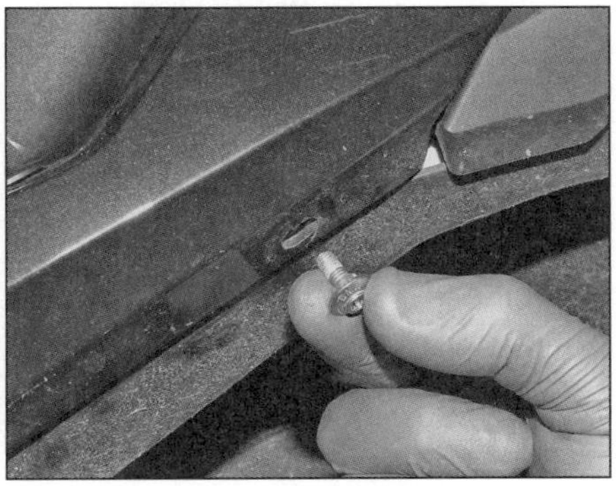

4.52a ... sowie die Schraube an deren Unterseite ...

4.52b ... und an der Oberseite, ...

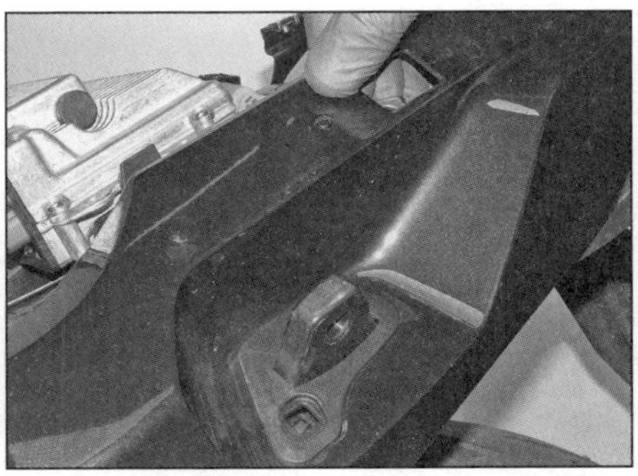

4.52c ... um die Verkleidung abzunehmen.

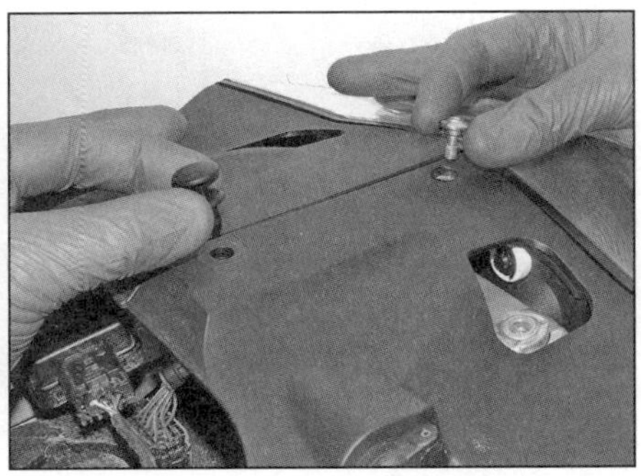

4.56a Befreien Sie den Verkleidungsstift und lösen Sie die obere Schraube ...

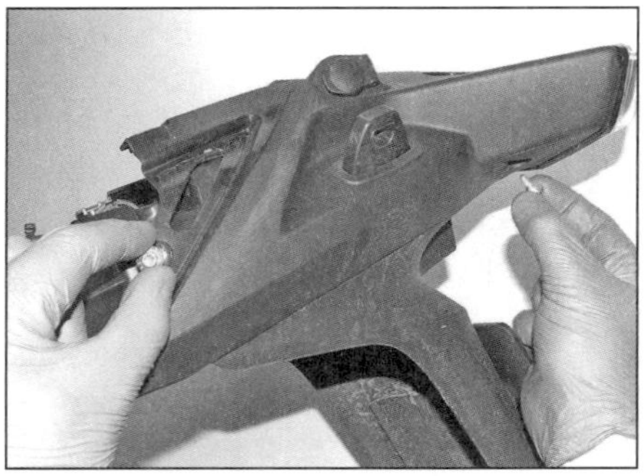

4.56b ... sowie die seitlichen Schrauben, ...

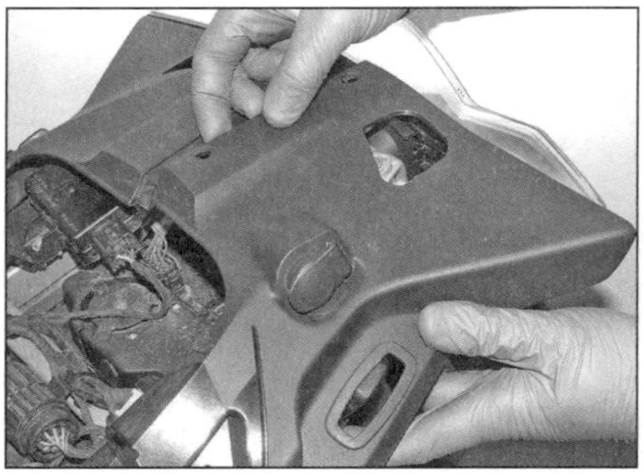

4.56c ... um die Abdeckung von den Kofferträgern zu heben.

4.60 Lösen Sie an beiden Seiten die Schraube.

Vorderradschutzblech

60 Um das vordere Segment des Schutzblechs zu entfernen, muss an jeder Seite die Schraube gelöst und das Segment nach vorne gezogen werden, während es vom Haupt-Segment befreit wird (siehe Abbildung).
61 Um das Hauptsegment demontieren zu können, muss zunächst das vordere Segment entfernt (s.o.) und das Vorderrad ausgebaut werden (siehe Kapitel 6).
62 Lösen Sie an der Unterseite des Schutzblechs die Schrauben, die es an der Gabelbrücke sichern, lösen Sie dann die Schrauben, die es an den Gabelholmen sichern und ziehen Sie es nach vorne aus der Gabel.
63 Der Einbau erfolgt in umgekehrter Ausbaureihenfolge.

5 R 1200 R

Sitze

1 Beachten Sie hierzu die Schritte 1 und 2 in Sektion 6 – die Prozedur ist die gleiche.

Gepäckträger und Haltegriffe

2 Beachten Sie hierzu die Schritte 4 bis 7 in Sektion 6 – die Prozedur ist die gleiche.

Kennzeichenhalter

3 Beachten Sie hierzu die Schritte 9 bis 14 in Sektion 6 – die Prozedur ist die gleiche.

Seitendeckel

4 Entfernen Sie die Sitze (siehe Sektion 6, Schritte 1 und 2).
5 Lösen Sie die vier Schrauben und befreien Sie den Zapfen aus der Gummiöse, ziehen Sie den Deckel dann nach hinten, um die vordere Lasche aus der Nut zu befreien und den Deckel entnehmen zu können (siehe Abbildungen).
6 Der Einbau erfolgt in umgekehrter Ausbaureihenfolge.

5.5a Seitendeckel-Schrauben

Batteriedeckel

7 Beachten Sie hierzu die Schritte 23 bis 24 in Sektion 2 – die Prozedur ist die gleiche.

Rahmendeckel

8 Beachten Sie hierzu die Schritte 25 bis 26 in Sektion 2 – die Prozedur ist die gleiche.

Tankabdeckungen

9 Entfernen Sie die Seitendeckel (Schritte 4 und 5).
10 Lösen Sie die fünf Schrauben des Seitenteils (siehe Abbildung). Befreien Sie es zuerst vorne und dann hinten aus der oberen Abdeckung (siehe Abbildung).

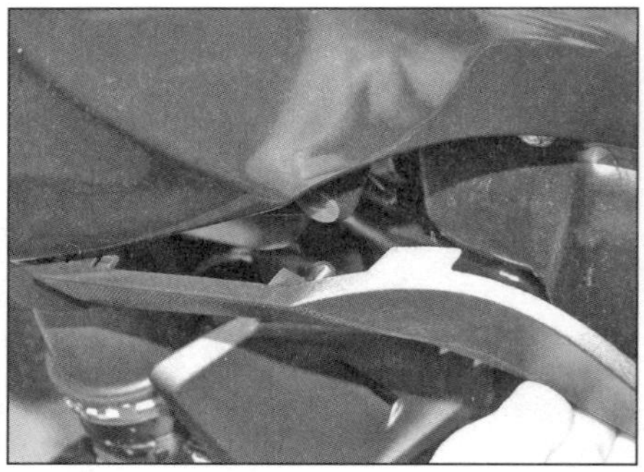

5.5b Ziehen Sie den Zapfen aus der Gummiöse ...

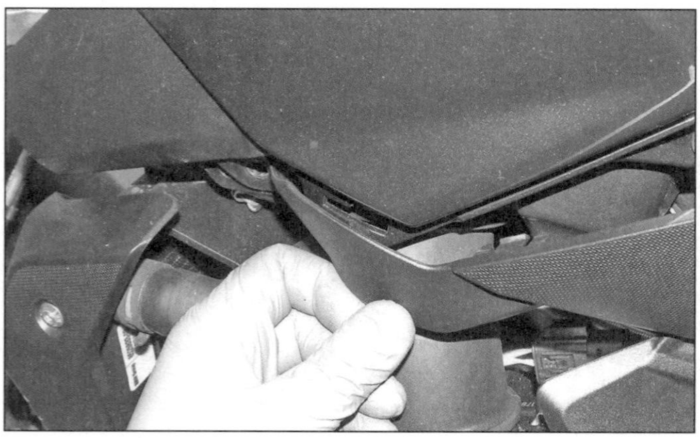

5.5c ... und ziehen Sie die Lasche aus der Nut.

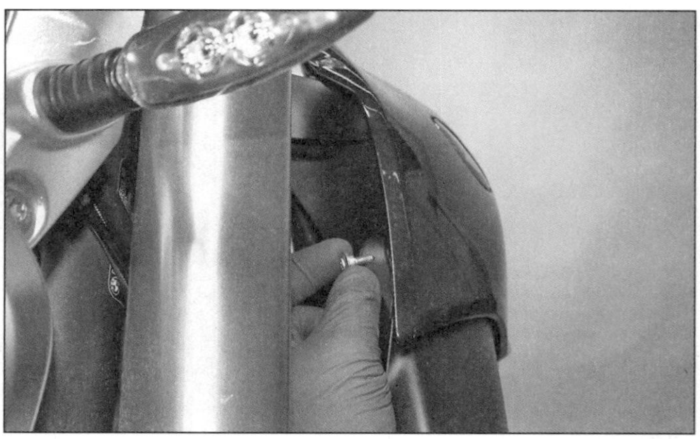

5.10a Lösen Sie die vordere Schraube ...

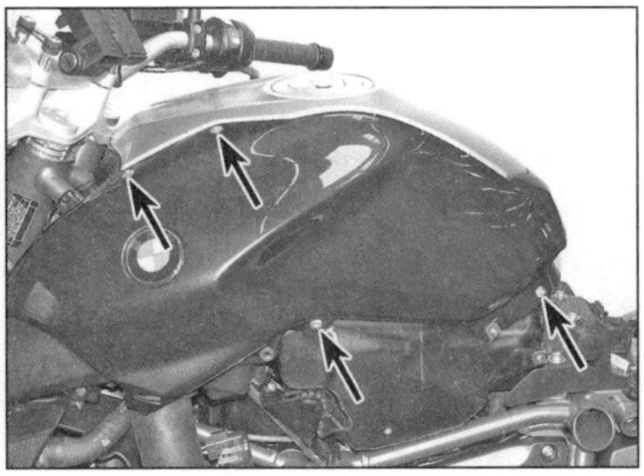

5.10b ... und die vier seitlichen Schrauben, ...

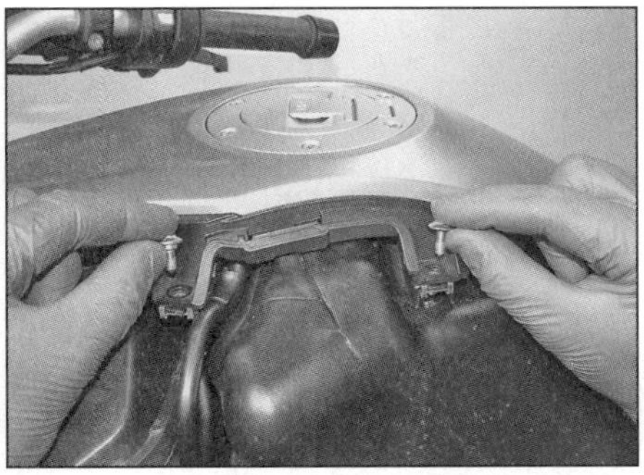

5.11b ... und lösen Sie die zwei Schrauben an beiden Seiten der oberen Abdeckung.

11 Zur Demontage der oberen Tankabdeckung müssen zunächst die Seitenteile entfernt werden. Lösen Sie die Schraube jeder

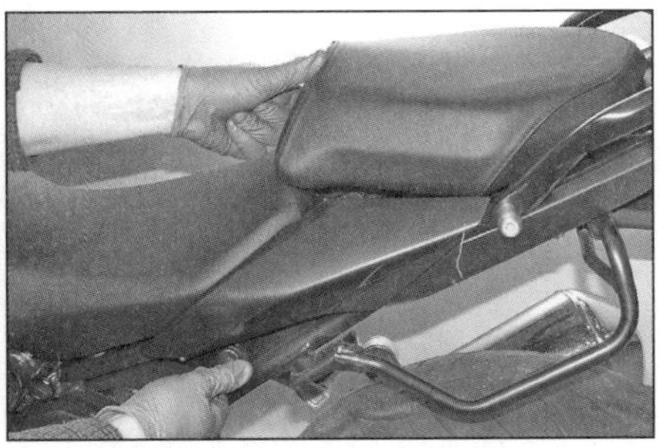

6.1a Entriegeln Sie den Rücksitz und heben Sie diesen ab.

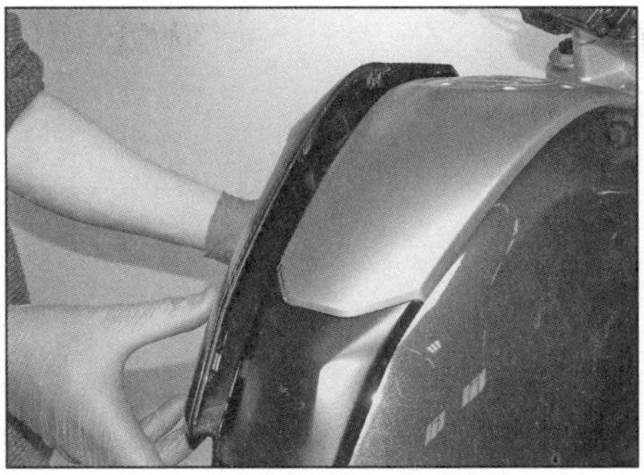

5.10c ... um die Abdeckung zu befreien und zu entfernen.

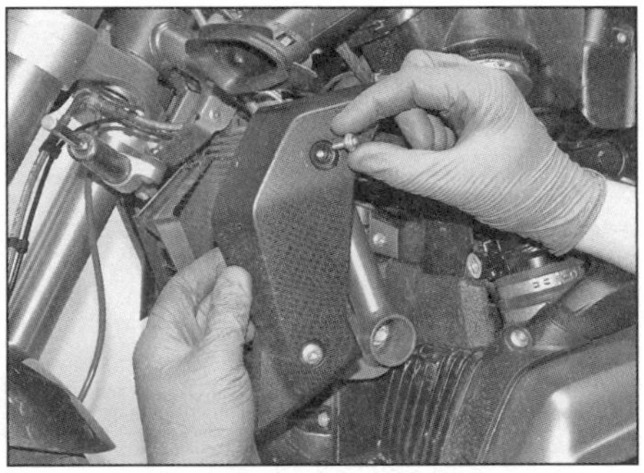

5.13 Lösen Sie die Schrauben und entnehmen Sie die Kühlerabdeckung.

Ansaugrohr-Abdeckung und entfernen Sie diese (siehe Abbildung). Lösen Sie die vier Schrauben und heben Sie das Oberteil ab (siehe Abbildung).
12 Der Einbau erfolgt in umgekehrter Ausbaureihenfolge.

Kühlerabdeckung

13 Lösen Sie die zwei Schrauben und entnehmen Sie die Abdeckung (siehe Abbildung).
14 Der Einbau erfolgt in umgekehrter Ausbaureihenfolge.

Motorspoiler

15 Lösen Sie die zwei Schrauben und befreien Sie den Spoiler vom Halter.

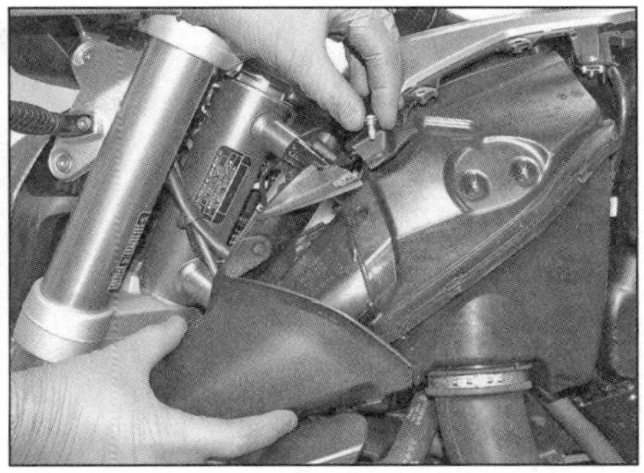

5.11a Entfernen Sie die Ansaugrohr-Abdeckungen ...

16 Demontieren Sie nötigenfalls den Halter.
17 Der Einbau erfolgt in umgekehrter Ausbaureihenfolge.

Vorderradschutzblech

18 Beachten Sie hierzu die Schritte 53 und 54 in Sektion 6 – die Prozedur ist die gleiche.

Rückspiegel

19 Beachten Sie hierzu die Schritte 51 bis 53 in Sektion 2 – die Prozedur ist die gleiche.

6 R 1200 RS

Sitze

1 Stecken Sie für die Demontage des Rücksitzes den Zündschlüssel in das links am Motorrad sitzende Schloss, drücken Sie den Sitz vorne herunter und drehen Sie den Schlüssel nach links, heben Sie dann den Sitz vorne an und ziehen Sie ihn nach vorne, um seine Laschen aus der Halterung zu befreien (siehe Abbildungen).
2 Zur Demontage des Fahrersitzes muss zunächst der Rücksitz entfernt werden. Heben Sie den Sitz hinten an und ziehen Sie ihn nach hinten, um die Haken zu befreien (siehe Abbildung).

6.1b Beachten Sie die Positionen der Haken.

6.2 Beachten Sie, wie die Halen die Haltegummis umgreifen.

3 Der Einbau erfolgt in umgekehrter Ausbaureihenfolge. Drücken Sie den Rücksitz vorne fest herunter, bis er hörbar einrastet, und prüfen Sie, ob er richtig sitzt.

Gepäckträger und Haltegriffe

4 Entfernen Sie die Sitze (Schritte 1 und 2).
5 Lösen Sie die drei Schrauben, befreien Sie hinten die Laschen und entnehmen Sie das äußere Segment der Heckverkleidung (siehe Abbildungen).
6 Lösen Sie die vier Schrauben, befreien Sie die Zapfen und entnehmen Sie das innere Segment der Heckverkleidung (siehe Abbildung).
7 Lösen Sie die Schrauben des Haltegriffs und entnehmen Sie diesen (siehe Abbildungen).
8 Der Einbau erfolgt in umgekehrter Ausbaureihenfolge. Ziehen Sie die Haltegriff-Schrauben mit 19 Nm an.

Kennzeichenhalter

9 Entfernen Sie die Heckverkleidungen (Schritte 4 bis 7).
10 Demontieren Sie das Rücklicht (siehe Kapitel 8).
11 Lösen Sie die fünf Schrauben und entnehmen Sie die Abdeckung unterhalb des Halters (siehe Abbildungen).
12 Befreien und trennen Sie die Blinkerkabel und ziehen Sie den Kennzeichenbeleuchtungs-Lampenhalter heraus (siehe Abbildungen).

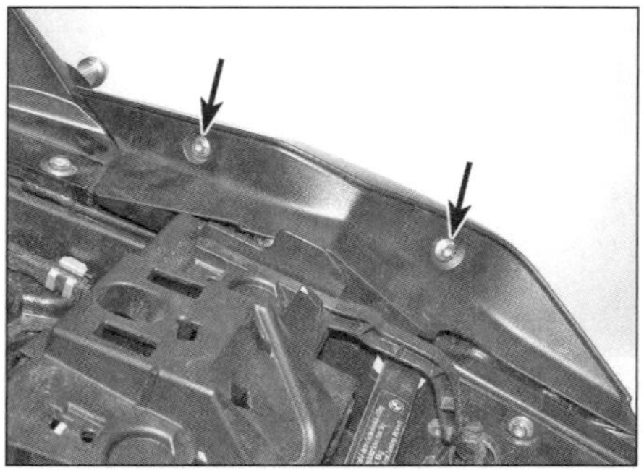

6.5a Die äußere Heckverkleidung ist oben mit zwei Schrauben ...

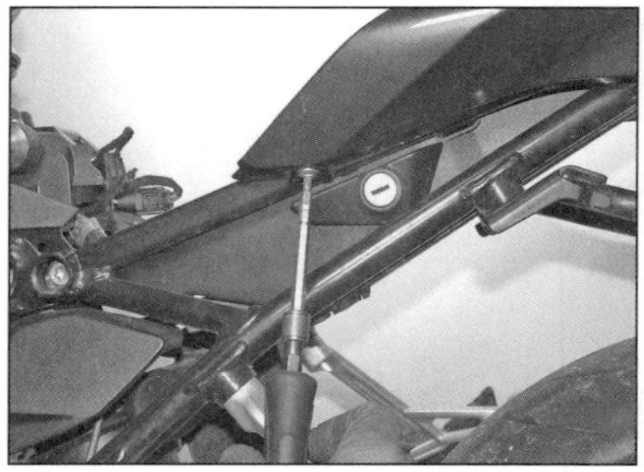

6.5b ... und unten mit einer Schraube gesichert.

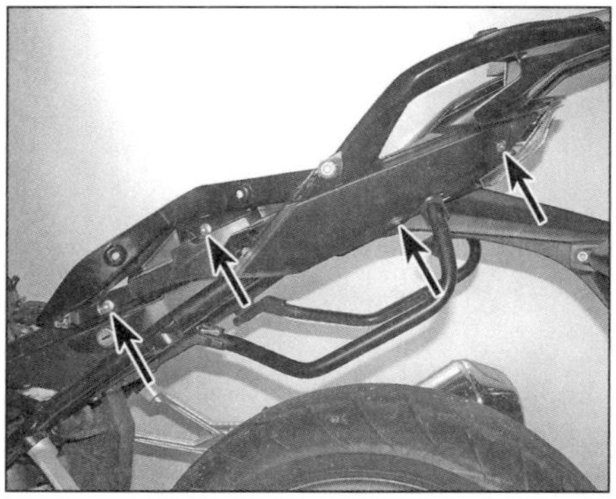

6.6 Schrauben der inneren Heckverkleidung

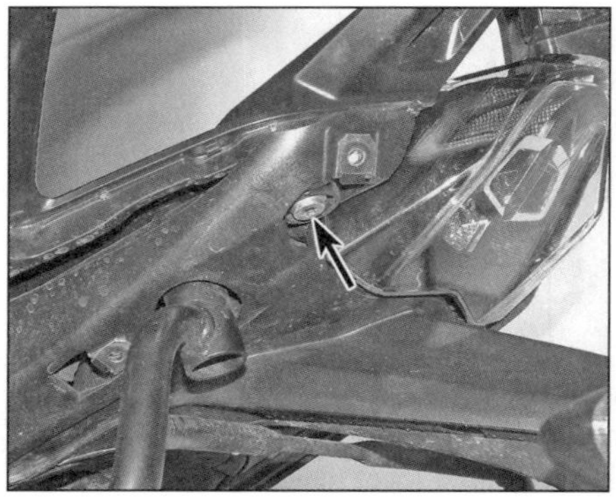

6.7a Lösen Sie die Schraube an der Unterseite ...

13 Lösen Sie an jeder Seite die Schraube sowie die drei hinteren Schrauben und entfernen Sie den Halter – beachten Sie die Verlegung der Kabel.

14 Demontieren Sie nötigenfalls die Blinker und die Kennzeichenbeleuchtung (siehe Kapitel 8).

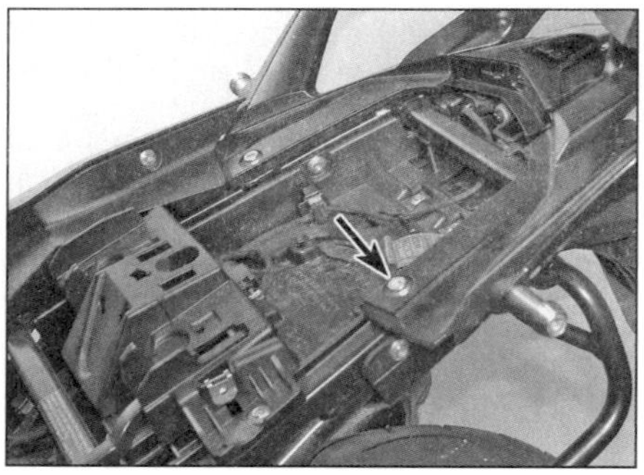

6.7b ... und die Schraube an der Oberseite.

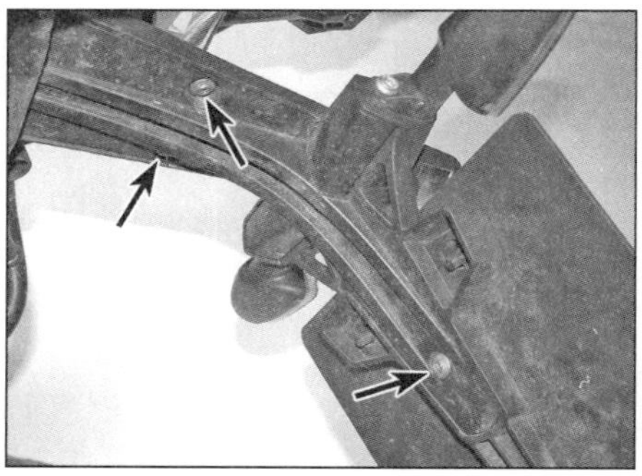

6.11a Lösen Sie die Schrauben an der Unterseite ...

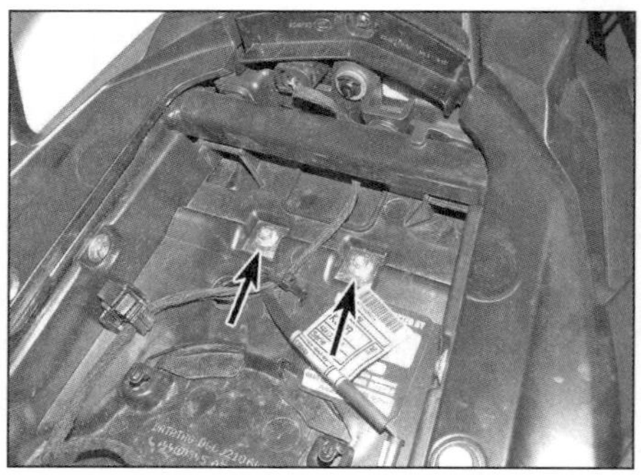

6.11b ... und die obere Schraube, um die Abdeckung zu entfernen.

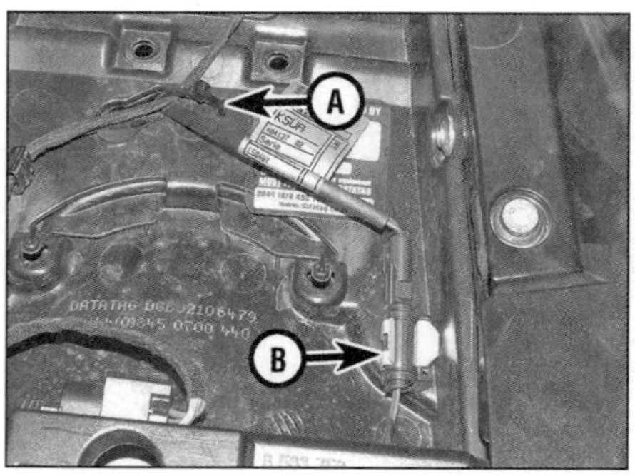

6.12a Öffnen Sie den Kabelbinder (A). Befreien und trennen Sie den Blinkerstecker (B).

6.12b Öffnen Sie den Kabelbinder (Pfeil). Befreien und trennen Sie den Kabelstecker.

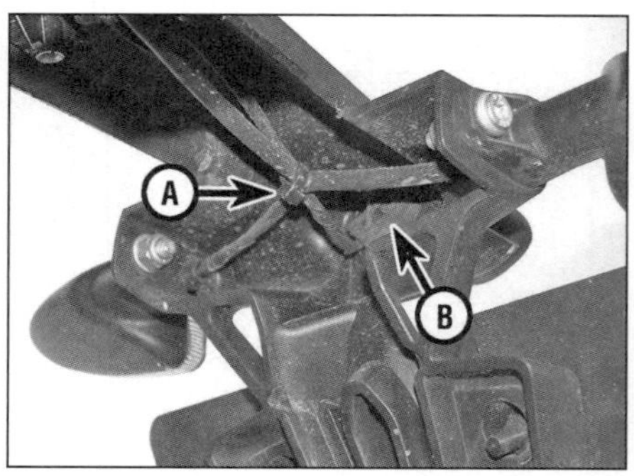

6.12c Öffnen Sie den Kabelbinder (A) und ziehen Sie den Lampenhalter (B) heraus.

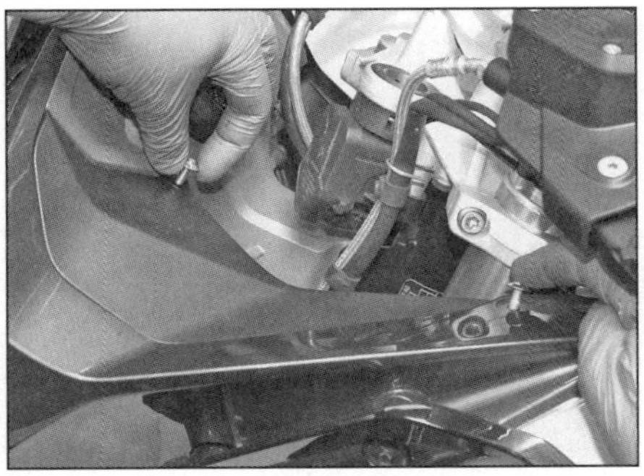

6.18a Lösen Sie die Schrauben ...

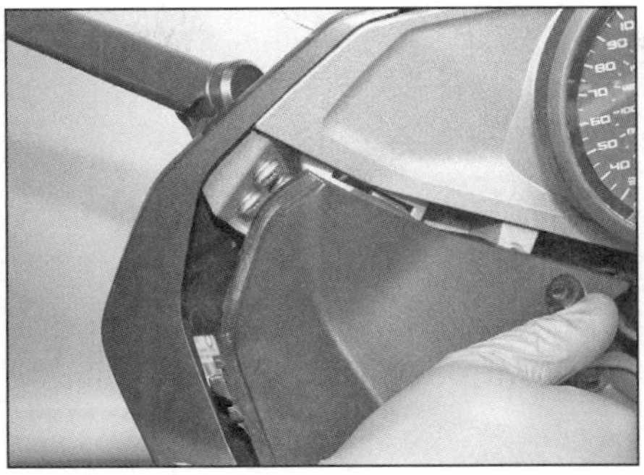

6.18b ...um die Cockpitverkleidung zu befreien und zu entfernen.

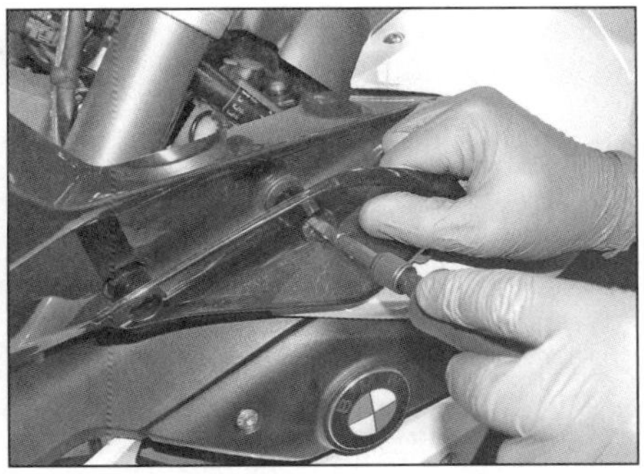

6.22 Entfernen Sie den Windabweiser.

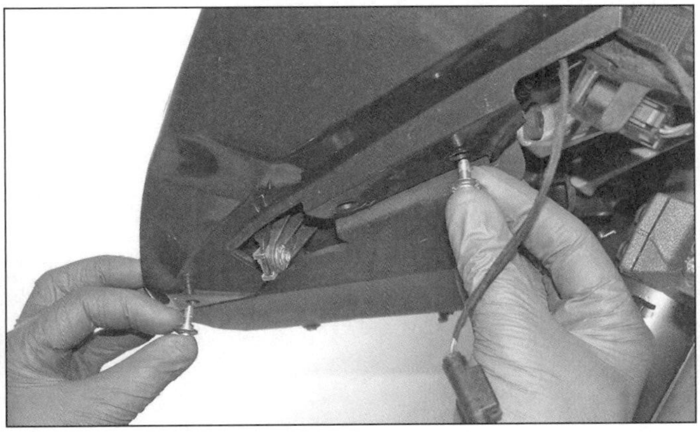

6.25a Lösen Sie an jeder Seite die zwei Schrauben an der Unterseite ...

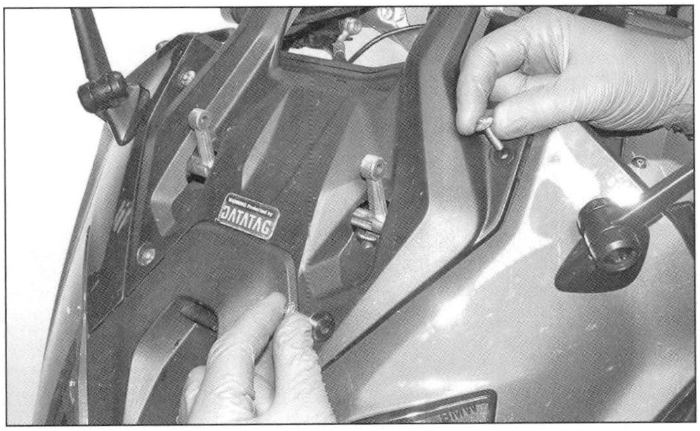

6.25b ...und an der Oberseite.

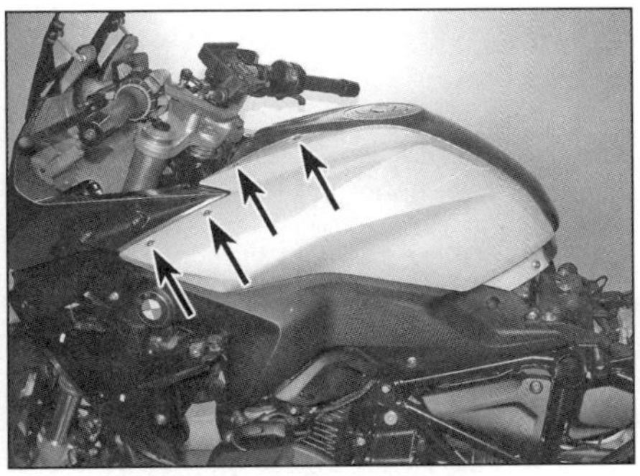

6.26 Lösen Sie die vier Schrauben.

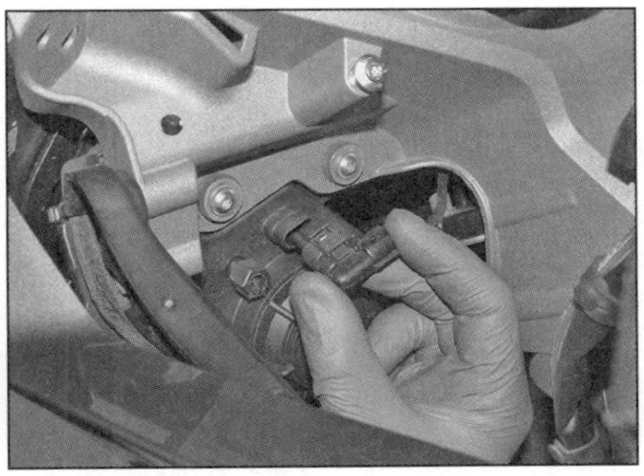

6.27a Trennen Sie den linken Scheinwerferstecker ...

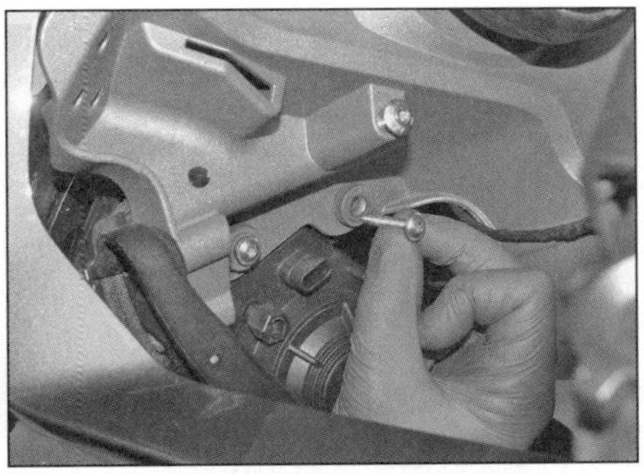

6.27b ...und lösen Sie die Schrauben.

15 Der Einbau erfolgt in umgekehrter Ausbaureihenfolge. Prüfen Sie vor der ersten Fahrt die Funktion aller Lampen.

Batteriedeckel

16 Beachten Sie hierzu die Schritte 23 bis 24 in Sektion 2 – die Prozedur ist die gleiche.

Rahmendeckel

17 Beachten Sie hierzu die Schritte 25 bis 26 in Sektion 2 – die Prozedur ist die gleiche.

Cockpitverkleidungen

18 Lösen Sie die zwei Schrauben, befreien Sie die Laschen und entnehmen Sie die Verkleidung (siehe Abbildungen).

19 Der Einbau erfolgt in umgekehrter Ausbaureihenfolge.

Verkleidung

Verkleidungs-Oberteile und Mittelteil

20 Entfernen Sie die Cockpitverkleidung (Schritt 18).

21 Entfernen Sie die Rückspiegel (Schritte 55 und 56).

22 Lösen Sie die Schrauben der Windabweiser und entfernen Sie diese (siehe Abbildung) – beachten Sie die O-Ringe um die Hülsen.

23 Entfernen Sie die Windschutzscheibe (Schritte 47 und 48).

24 Entfernen Sie die Verkleidungsseitenteile und Innenverkleidungen (Schritte 35 bis 40).

25 Lösen Sie an der Unterseite die vier Schrauben, mit denen die Oberteile mit dem Mittelteil verbunden sind – merken Sie sich ihre Positionen (siehe Abbildung). Lösen Sie an der Oberseite die vier Schrauben, die das Mittelteil an den Oberteilen sichert (siehe Abbildung).

26 Lösen Sie die vier Schrauben an der linken Tankabdeckung (siehe Abbildung).

27 Trennen Sie den Stecker des linken Scheinwerfers (siehe Abbildung). Lösen Sie die zwei Schrauben oberhalb des linken Scheinwerfers (siehe Abbildung).

6.28a Die vordere Lasche des oberen Verkleidungsteils greift in die Nut des Mittelteils ...

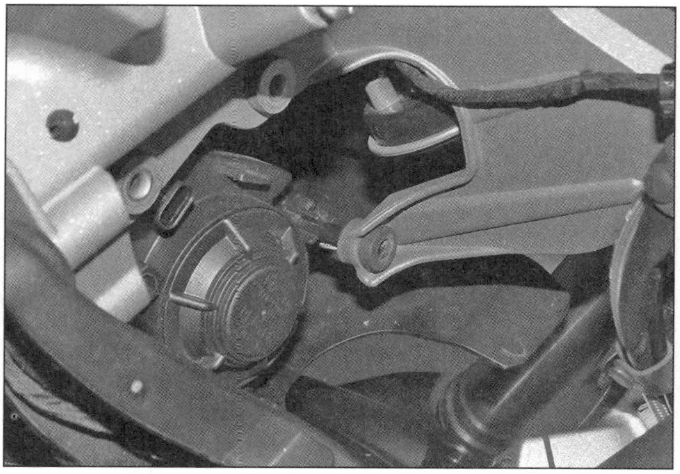

6.28b ... und der Zapfen in die Gummiöse.

6.29a Befreien Sie das Mittelteil ...

6.29b ... und trennen Sie den Stecker des Umgebungstemperatursensors.

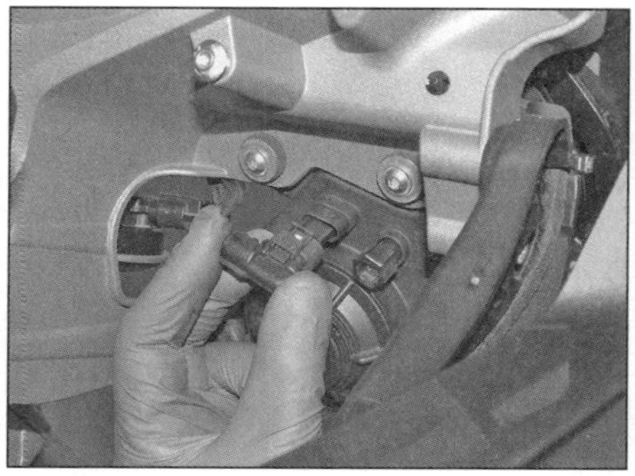

6.31a Trennen Sie den rechten Scheinwerferstecker ...

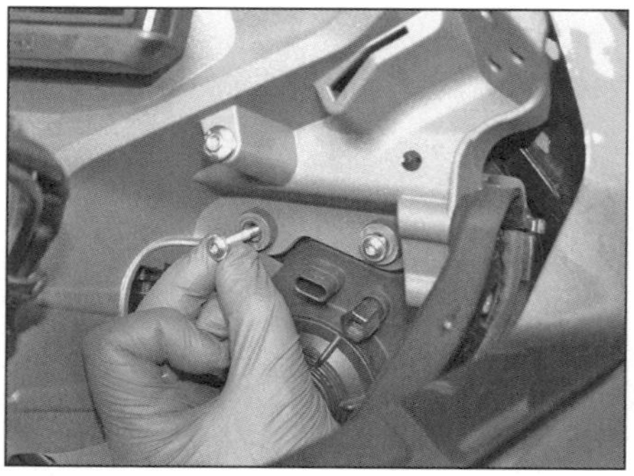

6.31b ... und lösen Sie die Schrauben.

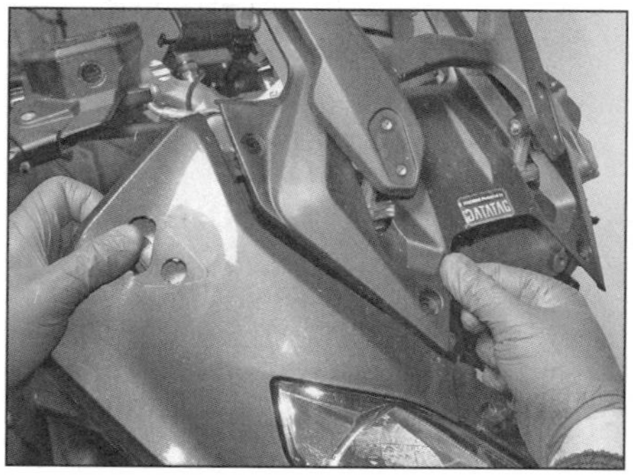

6.32a Befreien Sie das rechte Oberteil ...

6.32b ... und ziehen Sie den Zapfen aus der Gummiöse.

28 Befreien Sie das linke Oberteil vom Mittelteil und ziehen Sie es vorsichtig nach vorne, um den Scheinwerfer-Zapfen aus der Gummiöse und das Oberteil aus der Tankabdeckung zu befreien (siehe Abbildungen).

29 Befreien Sie das Mittelteil vom rechten Oberteil, trennen Sie den Stecker des Umgebungstemperatursensors und nehmen Sie das Verkleidungsteil ab (siehe Abbildungen).

30 Lösen Sie die vier Schrauben an der rechten Tankabdeckung (Abb. 6.26).

31 Trennen Sie den Stecker des rechten Scheinwerfers und lösen Sie die zwei darüber sitzenden Schrauben (siehe Abbildungen).

32 Befreien und entnehmen Sie das rechte Oberteil (siehe Abbildungen).

33 Befreien Sie nötigenfalls die Scheinwerfer aus den Oberteilen (siehe Kapitel 8).

34 Der Einbau erfolgt in umgekehrter Ausbaureihenfolge. Die Hülsen der Windabweiser müssen mit den O-Ringen in Position gehalten werden (siehe Abbildungen). Die oberen Scheinwerfer-Gummiösen (durch welche die Schrauben geführt sind) müssen mit ihren Hülsen ausgerüstet sein (Abb. 6.32b).

6.34a Die Hülsen werden von innen eingeschoben ...

6.34b ... und die O-Ringe von außen aufgeschoben.

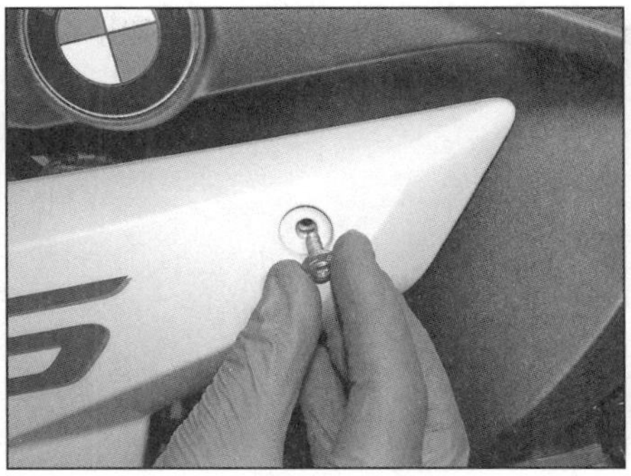

6.35a Lösen Sie die seitliche Schraube ...

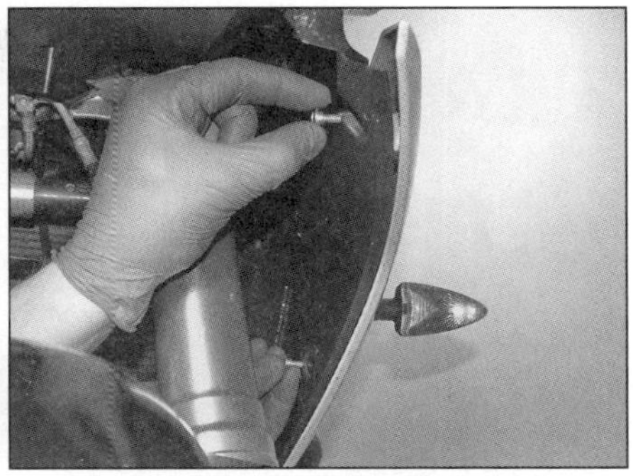

6.35b ... und die zwei vorderen Schrauben.

Verkleidungsseitenteile

35 Lösen Sie die drei Schrauben und befreien Sie das Verkleidungsteil – befreien und trennen Sie dabei den Blinkerstecker (siehe Abbildungen).

36 Demontieren Sie nötigenfalls den Blinker (siehe Kapitel 8).

37 Der Einbau erfolgt in umgekehrter Ausbaureihenfolge. Prüfen Sie vor der ersten Fahrt die Funktion der Blinker.

Innenverkleidung

38 Entfernen Sie die Verkleidungsseitenteile (Schritte 35 und 35) und den Windabweiser (Abb. 6.22).

39 Befreien Sie den Blinkerstecker (siehe Abbildung).

40 Lösen Sie die drei Schrauben und befreien Sie den Clip von der seitlichen Tankabdeckung, um das Verkleidungsteil zu entnehmen – führen Sie dabei den Blinkerstecker durch das Loch (siehe Abbildungen).

41 Der Einbau erfolgt in umgekehrter Ausbaureihenfolge.

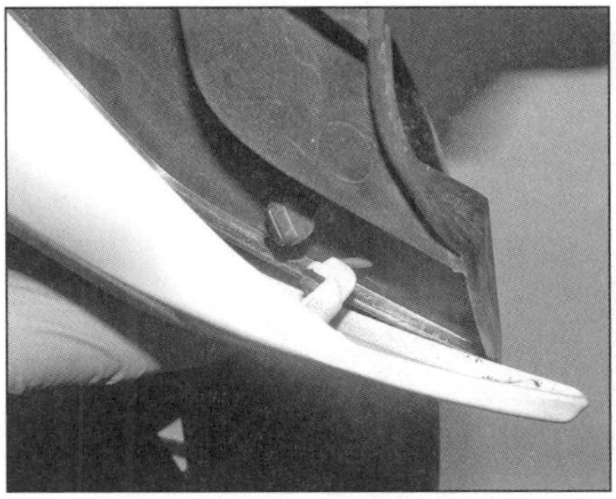

6.35c Befreien und entnehmen Sie das Verkleidungsseitenteil ...

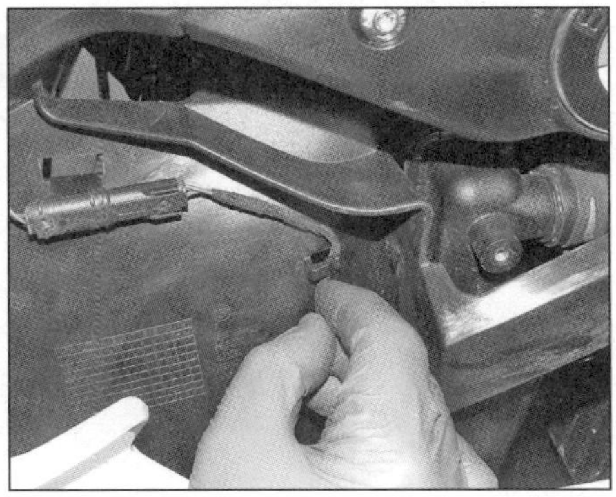

6.35d ... und befreien Sie das Blinkerkabel aus seiner Führung, ...

6.35e ... um den Stecker zu trennen.

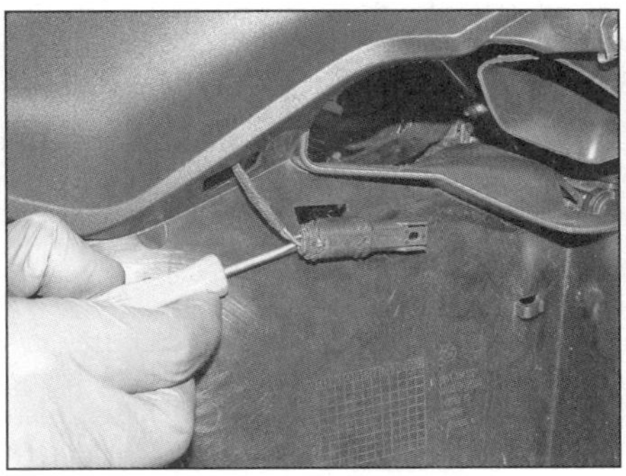

6.39 Befreien Sie den Blinkerstecker.

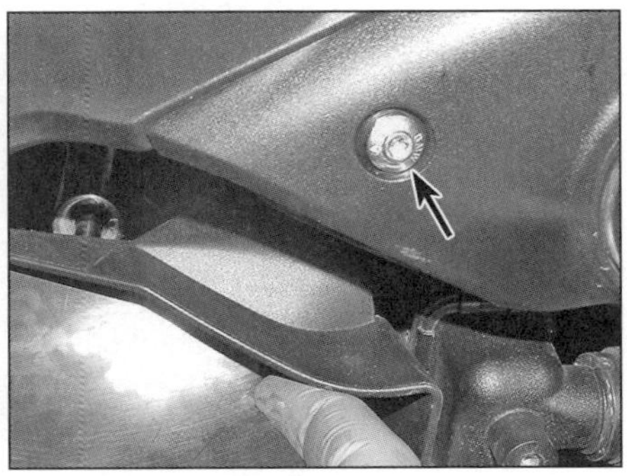

6.40a Lösen Sie die obere Schraube, ...

6.40b ... die untere Schraube ...

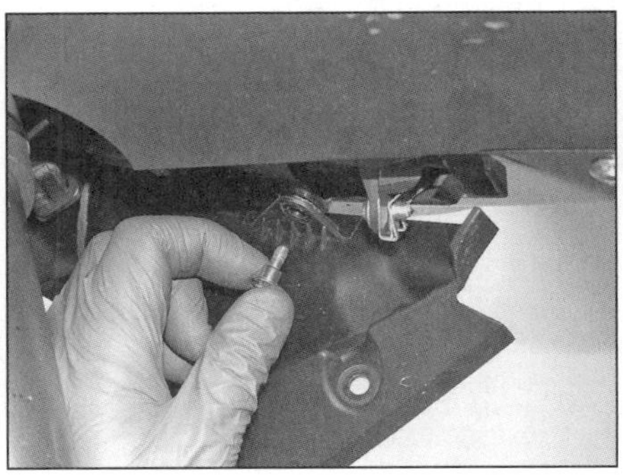

6.40c ... und die innere Schraube.

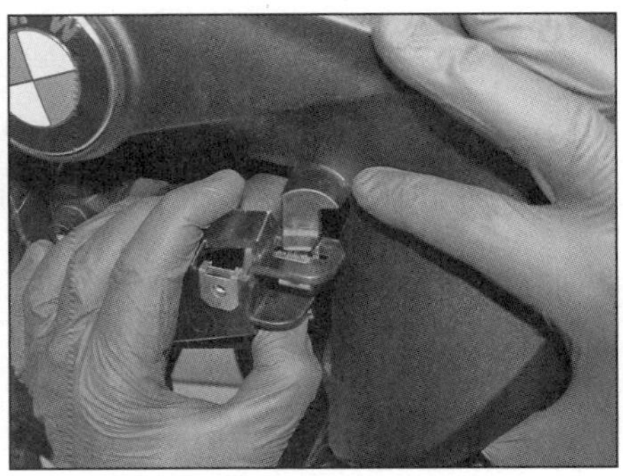

6.40d Befreien Sie den Clip von der seitlichen Tankabdeckung ...

6.40e ...und führen Sie den Blinkerstecker hindurch.

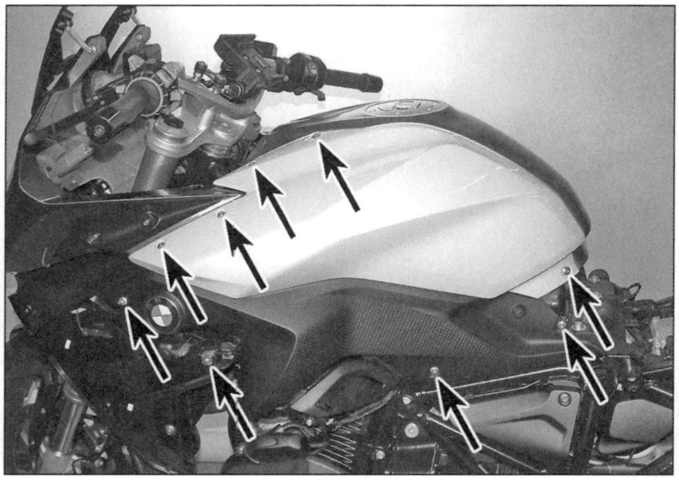

6.44a Schrauben der seitlichen Tankabdeckung – gezeigt mit entferntem Verkleidungsseitenteil, sodass die untere Schraube bereits entfernt ist.

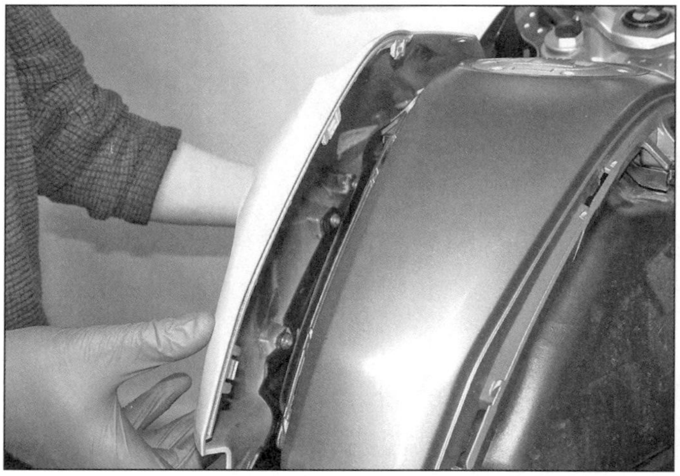

6.44b Befreien und entnehmen Sie das Seitenteil.

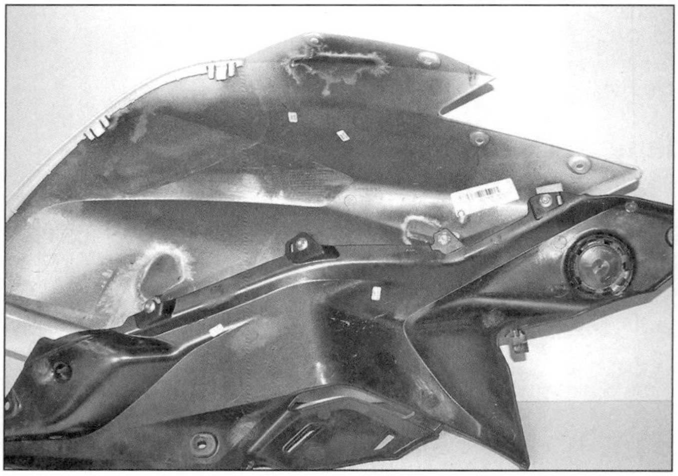

6.44c Die beiden seitlichen Verkleidungsteile sind innen mit Schrauben verbunden.

Tankabdeckungen

42 Entfernen Sie die Sitze (Schritte 1 und 2).

43 Lösen Sie die Schrauben der Windabweiser und entfernen Sie diese (Abb. 6.22).

44 Lösen Sie die neun Schrauben, mit denen das Oberteil und das Unterteil am Seitenteile gesichert sind (siehe Abbildung). Ziehen Sie das Seitenteil hinten etwas ab und befreien Sie den unteren Bereich des Seitenteils aus dem inneren Bereich der Innenverkleidung (Abb. 6.40d). Befreien Sie den oberen Bereich des Seitenteils aus der oberen Abdeckung und entnehmen Sie die Seitenteile gemeinsam (siehe Abbildung). Trennen Sie nötigenfalls die Sektionen des Seitenteils, indem Sie die Schrauben lösen (siehe Abbildung).

45 Entfernen Sie für die Demontage der oberen Tankabdeckung zunächst die Seitenteile. Lösen Sie die vier Schrauben und heben Sie das Oberteil ab (siehe Abbildung).

46 Der Einbau erfolgt in umgekehrter Ausbaureihenfolge.

Windschutzscheibe

47 Lösen Sie die Schrauben der Windschutzscheibe und heben Sie diese vom Halter (siehe Abbildung). Beachten Sie die Hülsen und Gummiösen und befreien Sie sie nötigenfalls von der Rückseite der Windschutzscheibe.

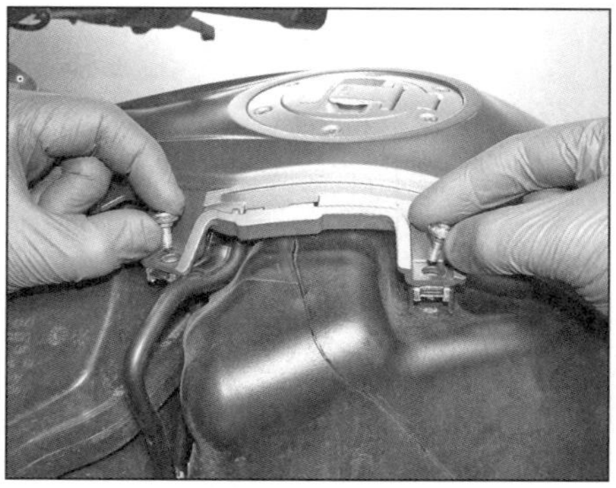

6.45 Lösen Sie an jeder Seite die zwei Schrauben.

48 Befreien Sie nötigenfalls die Clips, mit denen die Windschutzscheibenhalter-Sicherungsstifte gesichert sind. Ziehen Sie die Stifte heraus und entnehmen Sie den Halter (siehe Abbildungen) – um beispielsweise die Instrumente demontieren zu können, reicht es aus,

6.47 Die Windschutzscheibe ist mit vier Schrauben gesichert.

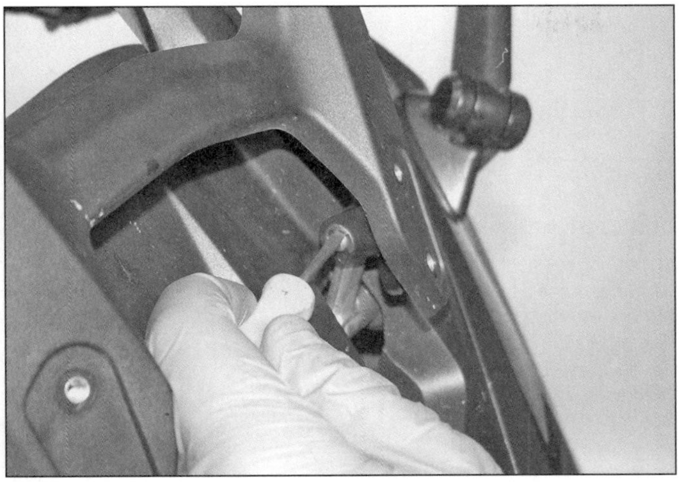

6.48a Befreien Sie die Sicherungsstifte – die der oberen Verkleidungsstifte nur nötigenfalls.

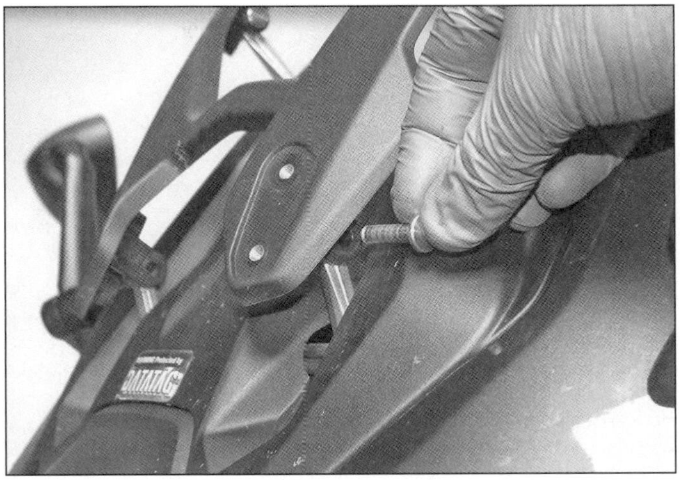

6.48b Ziehen Sie die Verkleidungsstifte heraus und entfernen oder schwenken Sie den Halter beiseite.

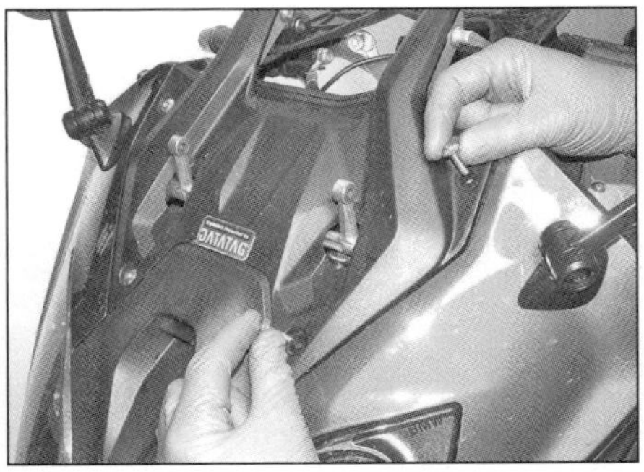

6.48c Lösen Sie an beiden Seiten die zwei Schrauben ...

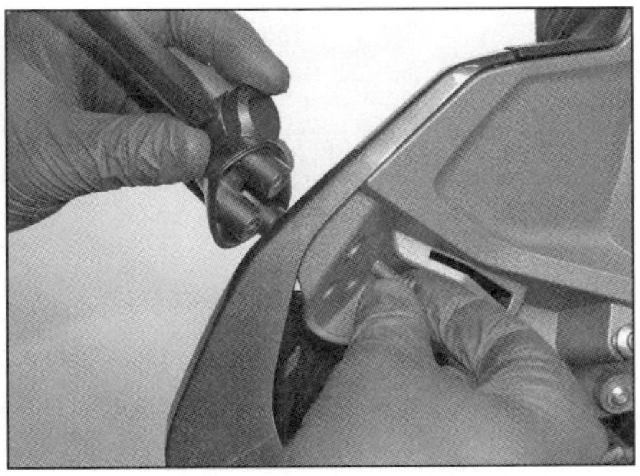

6.56 Der Rückspiegel ist mit drei Schrauben gesichert.

nur die unteren Stifte zu entfernen und den Halter hoch und nach hinten zu schwenken, sodass er nicht mehr im Weg ist. Lösen Sie die Schrauben der Windschutzscheibenversteller-

6.48d ... um die Abdeckung zu befreien und zu entfernen.

Abdecklung, schieben Sie diese hoch, um die Laschen zu befreien, und entnehmen Sie die Abdeckung (siehe Abbildungen).

49 Lösen Sie nötigenfalls die Schrauben des Einstellmechanismus und hängen Sie die Feder aus, entnehmen Sie dann den Einsteller und befreien Sie die Seilzüge.

50 Der Einbau erfolgt in umgekehrter Ausbaureihenfolge. Positionieren Sie die Windschutzscheibe ind der hohen oder niedrigen Position am Halter und ziehen Sie die Schrauben nicht zu fest.

Motorspoiler

51 Lösen Sie die zwei Schrauben und befreien Sie den Spoiler vom Halter. Demontieren Sie nötigenfalls den Halter.

52 Der Einbau erfolgt in umgekehrter Ausbaureihenfolge.

6.53 Das Schutzblech ist an jeder Seite mit zwei Schrauben gesichert.

Vorderradschutzblech

53 Lösen Sie an beiden Seiten die Schrauben, beachten Sie die Scheiben und ziehen Sie das Schutzblech nach vorne aus der Gabel (siehe Abbildung).

54 Der Einbau erfolgt in umgekehrter Ausbaureihenfolge.

Rückspiegel

55 Entfernen Sie die Cockpitverkleidung (Schritt 18).

56 Lösen Sie die drei Schrauben und entnehmen Sie den Rückspiegel (siehe Abbildung).

57 Der Einbau erfolgt in umgekehrter Ausbaureihenfolge – die Markierungen am Spiegelschaft und dem Halter müssen fluchten, damit der Rückspiegel korrekt positioniert ist.

Kapitel 8
Elektrik

Inhalt (in alphabetischer Reihenfolge, die Zahlen geben die Nummerierung in den grauen Feldern wieder)

Schwierigkeitsgrade

Leicht. Für Anfänger mit wenig Erfahrung geeignet.	**Relativ leicht.** Für Anfänger mit etwas Erfahrung geeignet.	**Relativ schwierig.** Für geübte Selbstschrauber geeignet.	**Schwer.** Für Selbstschrauber mit viel Erfahrung geeignet.	**Sehr schwer.** Für Experten und Profis geeignet.

Technische Daten

Lichtmaschine

Typ ... Drei Phasen Wechselstrom mit separatem Regler/Gleichrichter
Leistung ... 23 A bei Standgas, 35 A bei 6000/min

Batterie

GS-, Adv.-, R- und RS-Modelle ... 12 V, 12 Ah
RT-Modelle ... 12 V, 14 Ah

Lampen

Scheinwerfer
GS, Adv., R und RS ... 2 x 55 W H7 Halogen oder LED
RT-Modelle ... 2 x 55 W H1 Halogen (Fernlicht) und 55 W H7 (Abblendlicht) oder LED
Standlicht ... 5 W oder LED
Brems/Rücklicht ... LED
Blinkerlampen
GS, Adv., R und RS ... 10 W (oranges Glas) oder LED
RT-Modelle ... LED
Instrumentenbeleuchtung und Kontrolllampen ... LED
Kennzeichenbeleuchtung (R und RS) ... 5 W

Sicherungen

Stromkreis-Sicherungen	
Sicherung 1	
GS- und Adv.-Modelle	10 A – Instrumente, Alarmanlage, Wegfahrsperre, Diagnosestecker
RT-Modelle	15 A – Instrumente, Alarmanlage, Wegfahrsperre, Diagnosestecker, Topcase-Lampe
R- und RS-Modelle	10 A – Instrumente, Alarmanlage, Wegfahrsperre, Diagnosestecker, Hauptrelais
Sicherung 2	
GS- und Adv.-Modelle	7,5 A – linker Lenkerschalter, Re fendruck-Überwachung
RT-Modelle	7,5 A – linker Lenkerschalter, Reifendruck-Überwachung, Audiosystem
R- und RS-Modelle	7,5 A – linker Lenkerschalter, Reifendruck-Überwachung, Schräglagensensor
Ladesystem-Sicherung	50 A

Bordsteckdose

Stromstärke	
RT-Modelle	10 A
GS, Adv., R und RS	5 A

Anzugsdrehmomente

Anlasser-Befestigungsschrauben	12 Nm
Lichtmaschinen-Rotormutter	
Erstanzug	150 Nm
Endanzug	250 Nm
Lichtmaschinenstator-Schrauben	10 Nm
Lichtmaschinenstatorhalter-Schrauben	12 Nm
Motorentlüfterrad-Schraube	40 Nm
Zündschloss/Lenkschloss-Schrauben	20 Nm

1 Allgemeine Informationen

1 Alle Modelle sind mit einer 12-Volt-Elektrik ausgerüstet, die von einer Dreiphasen-Wechselstromlichtmaschine und eine separate Regler/Gleichrichter-Einheit versorgt wird.
2 Der Regler begrenzt den Ladestrom, um die Anlage nicht zu überlasten, der Gleichrichter wandelt den in der Lichtmaschine produzierten Wechselstrom (AC) in Gleichstrom (DC) um, den die Verbraucher und die Batterie benötigen. Der Lichtmaschinenrotor sitzt hinten auf der Kurbelwelle, der Stator befindet sich hinten im Motorgehäuse.
3 Der Anlasser sitzt rechts am Motorgehäuse. Das Startersystem besteht aus dem Anlassermotor, dem Anlasserrelais und verschiedenen Kabeln und Schaltern. Wenn der Killschalter auf RUN und das Zündschloss auf ON steht, schaltet das Anlasserrelais den Strom zum Anlasser nur frei, wenn im Getriebe der Leerlauf eingelegt ist (Neutral-Lampe leuchtet) oder die Kupplung gezogen und der Seitenständer eingeklappt ist.

CAN/LIN-Technologie

4 Die in diesem Handbuch behandelten Modelle sind mit Sammelstromnetzen (*Controlled Area Network-bus und Local Interconnected Network-bus*) ausgerüstet, um schnell und zuverlässig Informationen zwischen den verschiedenen Steuergeräten (Instrumente, ABS, Motorsteuerung, Fahrwerksregelung und anderen optionalen Komponenten, den Sensoren und den Verbrauchern übertragen zu können. Sie ermöglichen zudem eine umfangreiche Diagnose der gesamten Anlage von einem zentralen Punkt aus.
5 Um die Anzahl der Kabel im Bordnetz zu reduzieren, sind alle Komponenten so konstruiert, dass sie über ein oder zwei Kabel – den sogenannten Daten-Bus – miteinander kommunizieren. Jedes Steuergerät hat ein integriertes Sende- und Empfangsgerät, das über den Bus Datenpakete sendet und empfängt. Wenn ein solches Datenpaket verschickt wird, prüft jedes Steuergerät die Informationen und entscheidet je nach Relevanz, ob es danach handeln oder sie ignorieren soll.

Anmerkung: *Beachten Sie, dass einmal gekaufte Elektrik-Bauteile normalerweise nicht mehr vom Händler umgetauscht werden. Um unnötige Kosten zu vermeiden, sollte ganz sicher gegangen werden, das fehlerhafte Teil genau identifiziert zu haben, bevor ein Ersatzteil gekauft wird.*

2 Elektrik
Fehlersuche

⚠ ***Warnung: Um das Risiko von Kurzschlüssen zu verhindern, muss die Zündung stets ausgeschaltet und das Massekabel (–) der Batterie getrennt sein, bevor an irgendwelchen elektrischen Komponenten gearbeitet wird. Vergessen Sie nicht nach der Beendigung der Arbeit oder der Durchführung des Tests, die Anschlüsse wieder anzuschließen.***

Fehlersuche

1 Aufgrund nicht vorhandener Prüfdaten muss die traditionelle Fehlersuche mithilfe eines Multimeters unterbleiben, solange keine der im entsprechenden Text detailliert be-

8

schriebenen speziellen Ergebnisse festgestellt werden können. Das Grundmodul und das Motorsteuergerät reagieren extrem sensibel auf Störungen und bei den meisten Teilsystemen sollten Kontrollen der entsprechenden Bordnetz-Sektion nur bei ausgeschalteter Zündung in Form von Durchgangsprüfungen ausgeführt werden.

2 Soll getestet werden, ob an einer Komponente Spannung anliegt, muss das Messgerät stets **vor** dem Anschalten der Zündung sicher mit den entsprechenden Anschlüssen verbunden werden. In einigen Fällen kann jedoch ein Test mit eingeschalteter Zündung dazu führen, dass im Motorsteuergerät ein Fehler aufgezeichnet wird.

3 Das Motorrad sollte möglichst mit einem Diagnosegerät überprüft werden – aufgezeichnete Fehler können damit analysiert und beseitigt werden. Lassen Sie diese Arbeit entweder von einer BMW-Werkstatt erledigen oder beschaffen Sie sich ein eigenes Gerät (z. B. das GS-911 von HexCode) und schließen Sie es an den Diagnosestecker neben der Batterie an.

4 Nachdem eine neue Komponente installiert wurde, muss das Systemprogramm mithilfe des Diagnosegerätes wiederhergestellt werden.

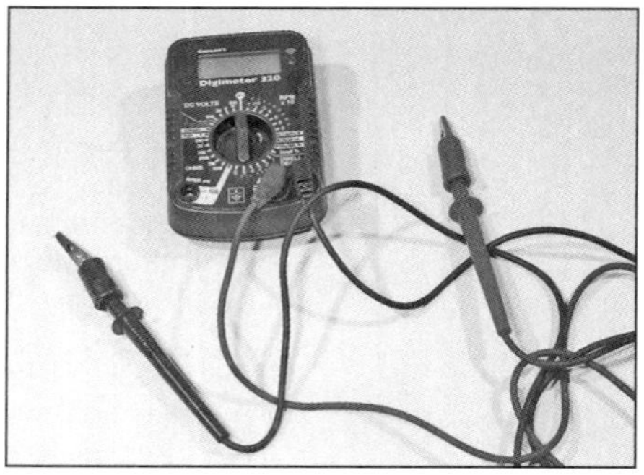

2.8a Ein digitales Multimeter eignet sich für alle elektrischen Prüfungen.

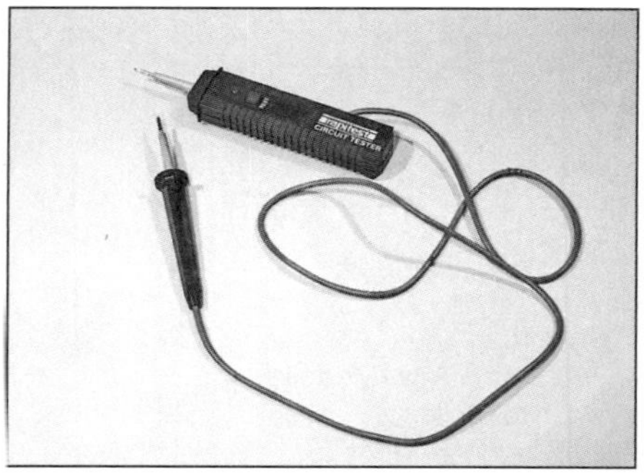

2.8b Ein batteriebetriebener Durchgangstester

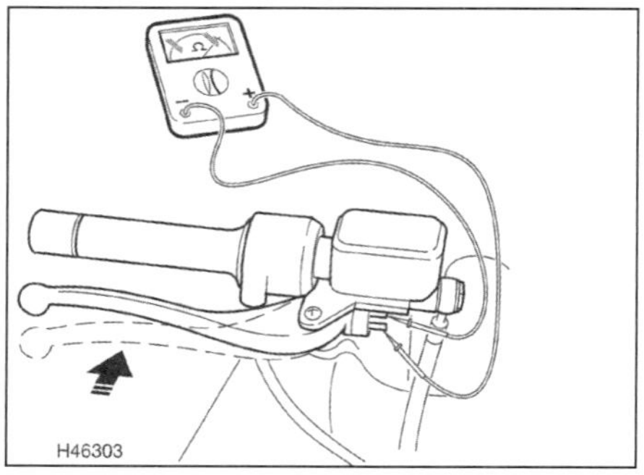

2.9a Prüfung eines Bremslichtschalters – bei betätigter Bremse muss Durchgang bestehen.

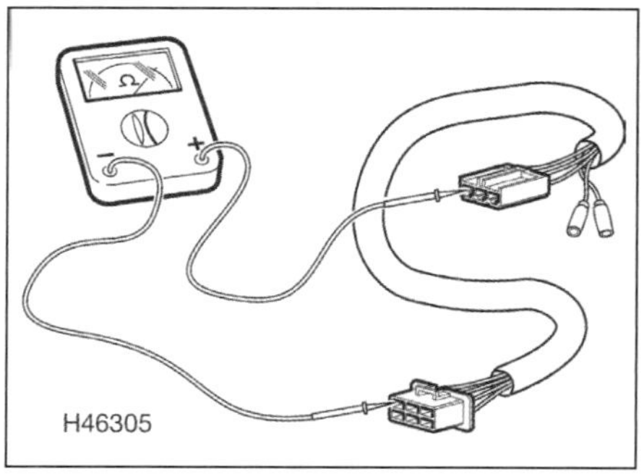

2.9b Prüfung eines Kabelbaums auf Durchgang

Einfache Kabel-Kontrollen

5 Elektrische Probleme resultieren oft aus einfachen Gründen wie lockeren oder korrodierten Verbindungen. Studieren Sie den entsprechenden Schaltplan am Ende dieses Kapitels, um ein Bild darüber zu erhalten, wie der einzelne Stromkreis aufgebaut ist.

6 Fehlerursachen lassen sich oft dadurch verfolgen, ob andere zum Stromkreis gehörenden Komponenten funktionieren oder nicht. Wenn mehrere Bauteile oder Stromkreise zur gleichen Zeit ausfallen, wird der Fehler möglicherweise ein mangelnder Masseschluss sein, da hier mehrere Stromkreise angeschlossen sind.

7 Prüfen Sie immer alle Kabel und Anschlüsse des entsprechenden Stromkreises. Gelegentliche Ausfälle (»Wackelkontakte«) können besonders frustrierend sein, da der Fehler bei einem Test eventuell nicht mehr auftritt. In einer solchen Situation ist es hilfreich, ungeachtet ihres offensichtlichen Zustandes alle Kontakte des entsprechenden Stromkreises zu reinigen. Zudem sollte an allen Anschlüssen und Kabeln gewackelt werden, um ihren festen Sitz zu prüfen.

Durchgangsprüfungen

8 Durchgangsprüfungen können mithilfe eines Multimeters durchgeführt werden (siehe Abbildungen). Diese Testgeräte besitzen eine eigene Stromversorgung, weswegen die Kontrollen bei ausgeschalteter Zündung durchgeführt werden. Zur Sicherheit sollte vor jeder Durchgangsprüfung der Masseanschluss (–) von der Batterie getrennt werden – besonders, wenn das Zündschloss überprüft werden soll.

9 Wählen Sie beim Multimeter die entsprechende Ohm-Skala und kontrollieren Sie, ob das Messgerät »1« für unendlich anzeigt. Halten Sie die Klemmen zusammen – es muss »0« anzeigen; notfalls muss es entsprechend justiert werden. Führen Sie an den entsprechenden Anschlüssen eine Kontrolle durch (siehe Abbildungen). Schalten Sie nach jedem Einsatz das Messgerät aus, um die Batterie zu schonen.

10 Schließen Sie den Masseanschluss (–) wieder an die Batterie des Motorrades an (siehe Sektion 3).

Spannungsprüfung

Anmerkung: *Beachten Sie die möglichen Ergebnisse bei Spannungsprüfungen in Schritt 2.*

11 Eine Spannungsprüfung kann bestimmen, ob eine Komponente mit Strom versorgt wird. Tests können mithilfe eines auf den Messbereich DC (Gleichstrom) gestellten Multimeters oder einer Prüflampe durchgeführt werden (siehe Abbildung).

12 Bei einem analogen Messgerät (mit Zeiger) muss darauf geachtet werden, dass die Klemmen korrekt angeschlossen werden – rot an Plus, schwarz an Minus; andernfalls kann das Gerät beschädigt werden.

13 Das auf den Messbereich 20 Volt DC gestellte Messgerät muss immer parallel zur Spannung verbunden werden und darf niemals in Reihe geschaltet werden – dies würde nicht nur das Messgerät beschädigen, sondern auch zu falschen Ergebnissen führen.

14 Spannungsprüfungen werden immer bei eingeschalteter Zündung durchgeführt. Ver-

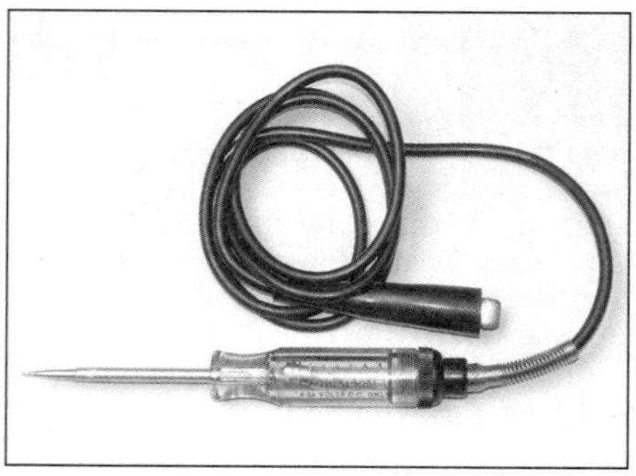

2.11 Eine einfache Prüflampe eignet sich für Spannungsprüfungen.

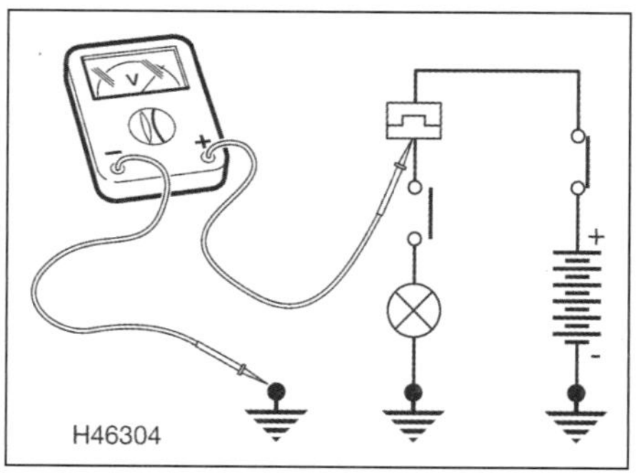

2.14 Schließen Sie bei der Spannungsprüfung das Messgerät parallel zum Stromfluss an.

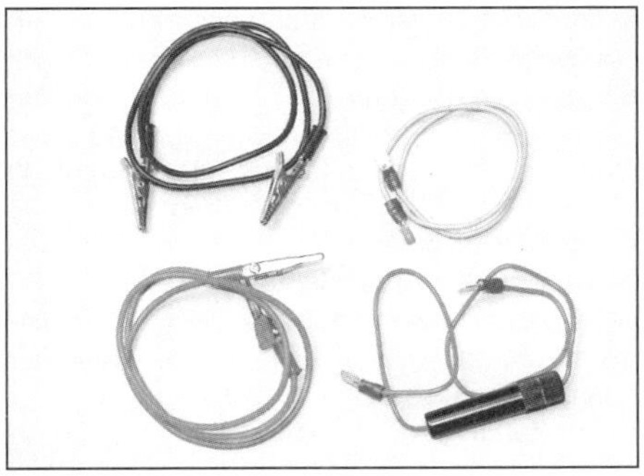

2.17 Verschiedene Überbrückungskabel (z. B. für Masse-Tests)

binden Sie die rote Klemme des Multimeters mit dem stromführenden Kabel und die schwarze Klemme mit Masse am Motor oder direkt mit dem Minuspol der Batterie (siehe Abbildung).

Masse-Prüfungen

15 Die »Masse« genannte Rückführung des Stroms zur Batterie erfolgt entweder direkt über den Motor (und dessen zentrales Massekabel) oder eines der braunen Massekabel im Kabelbaum der Maschine.

16 Oft ist Korrosion der Grund für einen schlechten Masseanschluss. Wird ein Totalausfall der Elektrik festgestellt, müssen das Haupt-Massekabel zum Minuspol der Batterie sowie die Masseanschlüsse an den Zylindern und am Motorgehäuse (siehe Kapitel 2, Sektion 4) überprüft werden. Liegt Korrosion vor, müssen die Anschlüsse getrennt und alle Oberflächen blank geputzt werden.

17 Zur Kontrolle des Masseschlusses einzelner Bauteile müssen isolierte Überbrückungskabel (siehe Abbildung) beschafft werden, um sie damit vorübergehend mit Masse zu verbinden. Schließen Sie dazu ein Ende des Kabels an den Massekontakt oder das Metallgehäuse des Bauteils und das andere an den Motor oder den Minuspol der Batterie an.

18 Sollte der Stromkreis mit den Überbrückungskabeln funktionieren, wird der originale Masseschluss defekt sein. Kontrollieren Sie das Kabel auf Brüche und schlechte Anschlüsse.

3 Batterie

Ausbau und Einbau

1 Die Zündung muss ausgeschaltet sein. Entfernen Sie rechts die Batterieabdeckung (siehe Kapitel 7). Falls vorhanden, muss die Alarmanlage ausgeschaltet werden.

2 Lösen Sie zuerst am Minuspol (-) die Schraube des Massekabels (beachten Sie bei RT-Modellen die Scheibe) und trennen Sie dies von der Batterie (siehe Abbildung). Hängen Sie das Haltegummis aus. Ziehen Sie die Halteplatte heraus, heben Sie sie an und entnehmen Sie sie – beachten Sie, wie die seitlichen und unteren Zapfen sitzen.

3 Ziehen Sie die Batterie heraus und halten Sie sie. Lösen Sie die Schraube am Pluspol (+) und entfernen Sie sie bei RT-Modellen samt Scheibe, um den Stromanschluss zu befreien (siehe Abbildung). Entnehmen Sie die Batterie und heben Sie sie nötigenfalls aus ihrer Isolierabdeckung – falls eine neue Batterie eingebaut werden soll, darf die Abdeckung beim Einbau nicht vergessen werden.

4 Der Einbau erfolgt in umgekehrter Ausbaureihenfolge – beachten Sie dabei folgende Punkte:

- Die Batteriepole und Kabel-Anschlüsse müssen sauber sein.
- Falls entfernt, muss die Batterie in die Isolierabdeckung gesetzt werden. Der Halter muss mit dem Polster ausgerüstet sein.
- Richten Sie die Batterie so aus, dass ihre Pole hinten liegen und der Pluspol zuerst in den Halter eingeführt wird.
- Richten Sie den Innenrand der Batterie zum Halter aus und verbunden Sie zuerst das Pluskabel mit der Plusklemme – vergessen Sie bei RT-Modellen nicht die Scheibe. Schieben Sie die Batterie ein, installieren Sie die Halteplatte und verbunden Sie das Massekabel mit dem Minuspol – verlegen Sie es unter der Führung an der Halteplatte.
- Hängen Sie das Haltegummi ein – es muss außen über der Halteplatte und dem Minuspol verlaufen.

Praxis TiPP ***Korrosion der Batteriepole kann auf ein Minimum reduziert werden, wenn man sie nach dem Anschließen der Kabel mit Polfett oder Vaseline versieht. Für diesen Zweck sind auch Sprays erhältlich. Verwenden Sie kein Fett auf Mineral-Basis.***

5 Installieren Sie die Batterieabdeckung.

6 Stellen Sie nötigenfalls die Uhr korrekt ein.

Kontrolle

7 Alle Modelle sind mit sogenannten *wartungsfreien* (MF-) Batterien ausgerüstet, bei denen lediglich kontrolliert werden kann, ob die Anschlüsse sauber sind und das Gehäuse nicht beschädigt oder undicht ist.

Anmerkung: *Jeder Versuch, die Batterie für eine Kontrolle des Säurepegels oder der Säuredichte zu öffnen, führt zur Beschädigung der Batterie.*

8 Prüfen Sie den Zustand der Batterie, indem Sie die Spannung zwischen ihren Polen ermitteln. Verbinden Sie dazu die Plusklemme eines Voltmeters mit dem Pluspol und die Minusklemme mit dem Minuspol der Batterie (siehe Abbildung) – eine vollständig geladene Batterie muss mindestens 12,8 Volt aufweisen. Fällt die Spannung unter 12,3 Volt, muss die Batterie nachgeladen werden.

Laden

9 Wird das Motorrad nicht regelmäßig gefahren, sollte die Batterie entweder alle vier Wochen ausgebaut und nachgeladen werden (siehe unten) oder ein spezielles BMW-Ladegerät an die Bordsteckdose angeschlossen werden, um die Batterie im eingebauten Zustand regelmäßig aufzufrischen.

Achtung: Verbinden Sie kein herkömmliches Ladegerät mit der ans Bordnetz angeschlossenen Batterie!

Erhaltungsladung

10 BMW bietet für diesen Zweck ein spezielles Ladegerät an – der Einsatz anderer Geräte

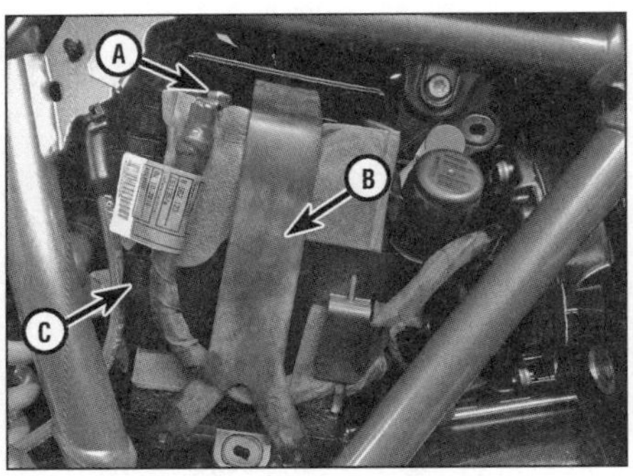

3.2 Schraube des Massekabels (-) (A), Gummiband (B) und Halteplatte (C)

3.3 Ziehen Sie die Batterie heraus und befreien Sie das Pluskabel.

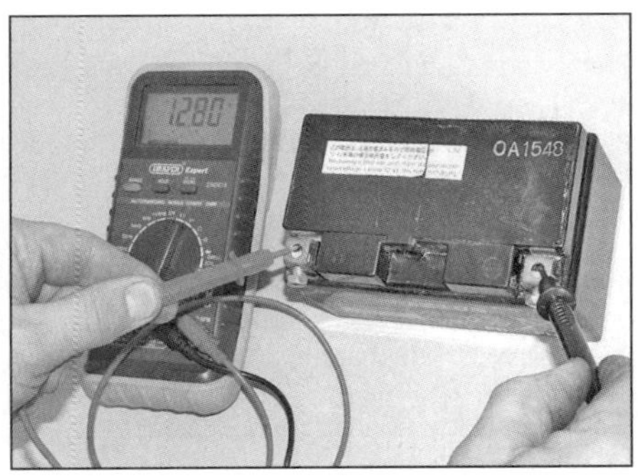

3.8 Prüfen Sie wie gezeigt die Batteriespannung.

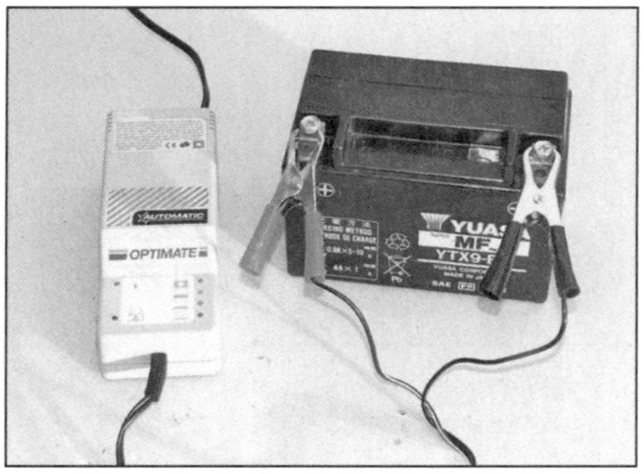

3.13 Eine mit einem Motorradladegerät geladene Batterie

kann die Bordelektrik beschädigen. Das Ladegerät schaltet sich automatisch ein und aus, sodass es ständig angeschlossen bleiben kann.

11 Falls die Batteriespannung unter 9 Volt gefallen ist, können Ladeversuche über die Bordsteckdose zu Schäden am Bordnetz führen – bauen Sie die Batterie in diesem Fall zum Laden aus.

Aufladen

12 Das Ladegerät muss unbedingt für 12-Volt-Motorradbatterien geeignet sein.

13 Bauen Sie die Batterie aus (siehe oben). Das Ladegerät darf erst nach dem Anschließen der Klemmen (Plus an Plus, Minus an Minus) eingeschaltet werden (siehe Abbildung).

14 BMW schreibt keine spezielle Laderate vor, doch auf der Batterie sollten Werte für normale Ladung und Schnellladung angegeben sein. Als Richtlinie gilt, eine entladene Batterie mit niedriger Laderate (ca. 1,2 Ampere bei GS-, Adv.-, R- und RS-Modellen; ca. 1,6 Ampere bei RT-Modellen) etwa zehn Stunden zu laden. Ein Überschreiten dieser Zeit oder Ladestärke kann dazu führen, dass die Batterie überhitzt, sich ihre Platten verbiegen und innere Kurzschlüsse entstehen, die den Akku zerstören.

15 Nicht viel teurer als ein ein konventionelles Ladegerät ist ein »intelligentes« Ladegerät, das den Ladestrom regelt und die Ladung überwacht. Solche Geräte sind besonders nützlich, wenn das Motorrad über Winter nicht benutzt wird. Auch stark entladene wartungsfreie Batterien lassen sich mir solchen Geräten wieder aktivieren. Beim Einsatz eines einfachen Gerätes muss geprüft werden, ob der Ladestrom nach einem anfänglichen hohen Wert wieder auf einen sicheren niedrigen Wert abfällt; wird die Batterie beim Laden heiß, muss das Ladegerät unverzüglich ausgeschaltet werden, da weiteres Laden zu Schäden führt.

16 Eine halbe Stunde nach Beenden der Ladung kann die Batteriespannung ermittelt werden. Verbinden Sie dazu ein auf den Messbereich 20 V DC geschaltetes Multimeter mit den Batteriepolen – Plus an Plus, Minus an Minus. Eine gute Batterie sollte mindestens 12,8 Volt Spannung aufweisen.

17 Entlädt sich eine geladene Batterie im ausgebauten Zustand schnell wieder, wird sie wahrscheinlich einen durch Beschädigungen oder Sulfatierung ausgelösten internen Kurzschluss haben und muss ersetzt werden. Eine gute Batterie darf pro Tag maximal 1 % ihrer Ladung. Entlädt sich eine Batterie, obwohl das Motorrad regelmäßig gefahren wird, wird entweder die Batterie defekt sein oder das Ladesystem hat einen Schaden. Wechseln Sie für die Kontrolle eines Ladesystem-Ausgangstests nach Sektion 23.

4 Sicherungen

1 Teile der Bordelektrik sind mit drei Sicherungen unterschiedlicher Stärken geschützt (siehe technische Daten). Diese Sicherungen befinden sich unter dem Fahrersitz. Die zwei Stromkreis-Sicherungen mit Flachsteckern befinden sich im Halter, der an die Sitzbankhalterung geklemmt ist. Die Ladesystem-Sicherung befindet sich in einem Halter am Motorsteuergerät.

2 Demontieren Sie den Fahrersitz (siehe Kapitel 7).

3 Um Zugang zu den Stromkreis-Sicherungen zu erhalten, muss der Stecker vom Sicherungshalter am Sitzhalter gelöst werden (siehe Abbildung). Die Stärke jeder Sicherung ist an ihrer Oberseite angegeben – beachten Sie zur Funktion jeder Sicherung die Hinweise in den technischen Daten.

4.3 Zugang zu den Sicherungen

4 Die Sicherungen können ausgebaut und einer Sichtkontrolle unterzogen werden. Ziehen Sie die Sicherung mit den Fingern oder einer geeigneten Zange heraus (siehe Abbildung). Eine durchgebrannte Sicherung ist leicht an der Unterbrechung in der Drahtverbindung zwischen den beiden Kontakten zu erkennen (siehe Abbildung) (siehe Sektion 2). Jede Sicherung ist deutlich mit dem Wert der maximalen Stromstärke markiert und darf nur durch eine gleich starke ersetzt werden.

5 Um Zugang zur Ladestromsicherung zu erhalten, muss das Motorsteuergerät befreit werden (siehe Kapitel 4) – es muss dazu nicht vom Stromnetz getrennt werden. Befreien Sie das Kabel von der Oberseite des Sicherungshalters und öffnen Sie die Abdeckung (siehe Abbildung). Prüfen Sie mit einem Durchgangsprüfer, ob die Sicherung Durchgang hat (siehe Abbildung) – falls ein, müssen die zwei Schrauben gelöst werden, um die Sicherung zu ersetzen.

Warnung: Setzen Sie niemals eine stärkere Sicherung ein und überbrücken Sie die Anschlüsse niemals mit Draht oder Ähnlichem, für wie kurz auch immer. Die elektrische Anlage kann stark beschädigt werden oder in Brand geraten.

6 Falls eine neue Sicherung sofort wieder durchbrennt, muss der Kabelbaum sorgfältig auf den Grund des Kurzschlusses überprüft

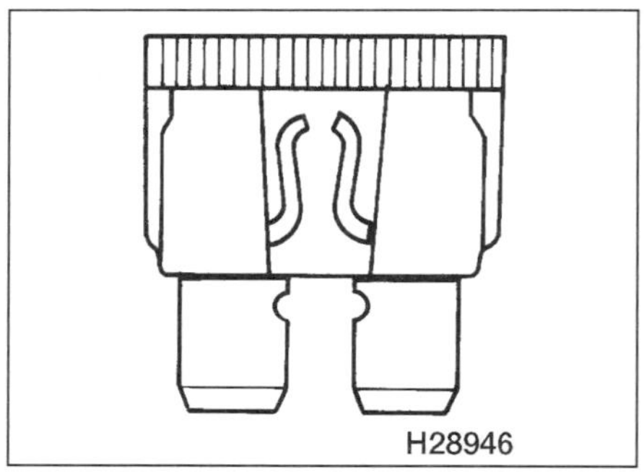

4.4 Eine durchgebrannte Sicherung kann am unterbrochenen Metallstreifen erkannt werden.

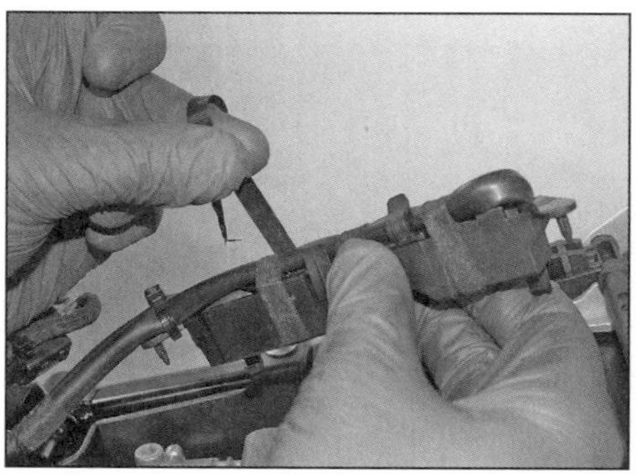

4.5a Wickeln Sie das Klebeband ab, um die Kabel zu befreien, lösen Sie dann den Deckel.

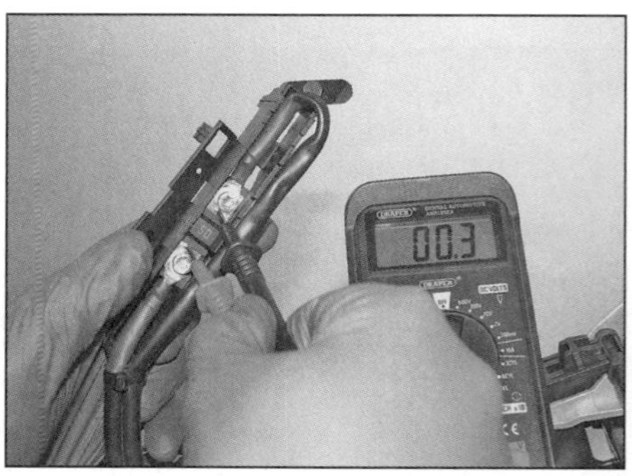

4.5b Prüfen Sie die Sicherung auf Durchgang; sie ist mit zwei Schrauben gesichert.

werden. Achten Sie auf blanke Leitungen und abgeriebene, geschmolzene oder verbrannte Isolationen.
7 Gelegentlich wird eine Sicherung ohne offensichtlichen Grund durchbrennen oder den Stromkreis unterbrechen. Der Grund hierfür liegt in korrodierten Kontakten der Sicherung oder ihrer Halterung. Entfernen Sie diese Kontaktschwächen mit einer Drahtbürste oder Schleifpapier und sprühen Sie die Anschlüsse mit Kontaktspray ein.

5 Lichtanlage – Kontrolle

Anmerkung 1: *Bei allen Modellen erscheint im Cockpit ein Warnsymbol, falls eine Lampe ausgefallen ist – Details hierzu finden sich in Schritt 15.*

Anmerkung 2: *Wenn die Zündung für eine Kontrolle eingeschaltet werden muss, darf nicht vergessen werden, sie anschließend – und vor allem vor dem Ausbau irgendwelcher Komponenten – wieder auszuschalten.*

Anmerkung 3: *Beachten Sie die Hinweise zur Fehlersuche in Sektion 2 sowie die Schaltpläne am Ende des Kapitels.*

1 Die Batterie versorgt den/die Scheinwerfer, das Standlicht, das Rück- und Bremslicht, die Blinker sowie die Instrumentenbeleuchtung mit Strom. Wenn gar keines der Lichter funktioniert, muss zunächst die Batterie selbst überprüft werden (siehe Sektion 3).
2 Bei der Kontrolle eines Lampen-Glühdrahts sollte eine Sichtkontrolle von einem Durchgangstest bestätigt werden, da die Drahtwendel nicht immer erkennen lässt, ob die Lampe durchgebrannt ist. Bei diesem Durchgangstest muss bedacht werden, dass bei vielen Lampen dessen Sockel den Massekontakt bildet.

Scheinwerfer

3 Falls der Scheinwerfer ausfällt, müssen zunächst die Lampe und ihre Anschlüsse überprüft werden (siehe Sektion 6). Trennen Sie als Nächstes den Scheinwerfer-Kabelstecker und kontrollieren Sie mit einer Prüflampe oder einem Multimeter, ob an der Versorgungsseite Bordspannung anliegt. Beachten Sie die Schaltpläne am Ende dieses Kapitels und verbinden Sie die Minusklemme des Messgeräts mit Masse sowie die Plusklemme mit dem Anschluss für Fernlicht oder Abblendlicht. Schalten Sie die Zündung ein und schalten Sie je nach Messung Fernlicht oder Abblendlicht ein.
4 Liegt keine Spannung an, muss das Kabel zwischen dem Stecker und dem Grundmodul überprüft werden. Kontrollieren Sie auch das Kabel zum Abblendschalter und zum Zündschloss, überprüfen Sie dann die Schalter selbst (siehe Sektion 19).
5 Liegt Spannung an, muss geprüft werden, ob zwischen dem Anschluss des Massekabels und Masse Durchgang besteht – ist dies nicht der Fall, muss der Masse-Stromkreis auf Unterbrechung oder schlechte Verbindungen untersucht werden.

Standlicht

6 Wenn das Standlicht nicht mehr funktioniert, müssen zunächst die Lampe und ihre Anschlüsse überprüft werden (siehe Sektion 6). Trennen Sie als Nächstes den Standlicht-Kabelstecker und kontrollieren Sie mit einer Prüflampe oder einem Multimeter, ob an der Versorgungsseite Bordspannung anliegt. Beachten Sie die Schaltpläne am Ende dieses Kapitels und verbinden Sie die Minusklemme des Messgeräts mit Masse sowie die Plusklemme mit dem Anschluss des Standlichts. Schalten Sie die Zündung ein.
7 Liegt keine Spannung an, muss das Kabel zwischen dem Stecker und dem Grundmodul überprüft werden. Kontrollieren Sie auch das Kabel zum Zündschloss, überprüfen Sie dann das Zündschloss selbst (siehe Sektion 19).
8 Liegt Spannung an, muss geprüft werden, ob zwischen dem Anschluss des Massekabels und Masse Durchgang besteht – ist dies nicht der Fall, muss der Masse-Stromkreis auf Unterbrechung oder schlechte Verbindungen untersucht werden.

Rücklicht/Bremslicht

9 Das Rücklicht besteht aus einer Vielzahl an LEDs, die in einem vergossenen Gehäuse sitzen. Eine einzelne ausgefallene LED kann nicht ersetzt werden, sie beeinträchtigt aber auch nicht die Funktion der anderen LEDs. Wenn das Rücklicht komplett ausfällt, muss am Versorgungsstecker die Batteriespannung getestet werden. Verbinden Sie dazu die Minusklemme eines Multimeters mit Masse und die Plusklemme mit dem Rücklicht- oder Bremslicht-Stecker. Wird keine Spannung ermittelt, müssen die Kabel zwischen dem Stecker und dem Grundmodul überprüft werden. Wurde Spannung festgestellt, muss der Durchgang zwischen dem Anschluss des Massekabels und Masse überprüft werden. Besteht hier kein Durchgang, muss der Masse-Stromkreis auf Unterbrechung oder schlechte Verbindungen untersucht werden. Sind mehrere LEDs ausgefallen, sodass die Sicherheit des Motorrades beeinträchtigt wird, muss das Rücklicht komplett ersetzt werden (siehe Sektion 9). Beachten Sie, dass die Bremslichtschalter in die Elektronik des ABS-Steuergerät/Modulators integriert sind – falls keine anderen Defekte festgestellt werden, muss diese Komponente von einer BMW-Werkstatt überprüft werden.

Blinker

10 Falls ein mit einer herkömmlichen Glühlampe ausgerüsteter Blinker nicht mehr funktioniert, müssen zunächst die Lampe und ihre Anschlüsse überprüft werden (siehe Sektion 10). Trennen Sie als Nächstes den Blinker-Kabelstecker und kontrollieren Sie mit einer Prüflampe oder einem Multimeter, ob an der Versorgungsseite Bordspannung anliegt. Beachten Sie die Schaltpläne am Ende dieses Kapitels und verbinden Sie die Minusklemme des Messgeräts mit Masse sowie die Plusklemme mit dem Anschluss des Blinkers. Schalten Sie die Zündung und den Blinker an der entsprechenden Seite ein.
11 Liegt keine Spannung an, muss das Kabel zwischen dem Blinker und der Grundmodul überprüft werden. Kontrollieren Sie auch den Blinkerschalter (siehe Sektion 19).
12 Liegt Spannung an, muss geprüft werden, ob zwischen dem Anschluss des Massekabels und Masse Durchgang besteht – ist dies nicht der Fall, muss der Masse-Stromkreis auf Unterbrechung oder schlechte Verbindungen untersucht werden.
13 Die bei RT-Modellen serienmäßig und bei allen anderen Modellen als Sonderausstattung erhältlichen LED-Blinker lassen sich nicht öffnen. Eine einzelne ausgefallene LED kann nicht ersetzt werden, sie beeinträchtigt aber auch nicht die Funktion der anderen LEDs. Wenn der Blinker komplett ausfällt, muss den Schritten 10 bis 12 gefolgt werden, um die Batteriespannung und die Verkabelung zu prüfen. Sind mehrere LEDs ausgefallen, sodass die Sicherheit des Motorrades beeinträchtigt wird, muss der Blinker komplett ersetzt werden (siehe Sektion 10).

Instrumentenbeleuchtung und Kontrolllampen

14 Der Instrumententräger ist eine vergossene Einheit. Fällt irgendeine darin sitzende Lampe aus, muss das Instrument von einer BMW-Werkstatt untersucht werden.

Warnung bei defekte Lampen

15 Beim Ausfall einer Lampe erscheint in der Multifunktionsanzeige im Cockpit eine Warnung (Details für die einzelnen Modelle finden sich weiter unten). Sobald die Lampe ersetzt wurde, erlischt die Warnung. Grundmodul wird jedoch ein Fehler gespeichert, der mithilfe eines BMW-Diagnosegerätes gelöscht werden muss.

GS- und Adventure-Modelle

16 Fällt ein Scheinwerfer, das Standlicht oder ein Blinker aus, leuchtet die General-Warnlampe gelb auf und im Display erscheint »LAMPF«.
17 Fällt das Rücklicht oder das Bremslicht aus, leuchtet die General-Warnlampe gelb auf und im Display erscheint »LAMPR«.
18 Bei einer Kombination aus den oben beschriebenen Defekten leuchtet die General-Warnlampe gelb auf und im Display erscheint »LAMPS«.

RT-, R- und RS-Modelle

19 Fällt ein Scheinwerfer, das Standlicht oder einer der vorderen Blinker aus, leuchtet die General-Warnlampe gelb auf und im Display

erscheinen das Defekte-Lampen-Symbol und ein nach oben zeigender Pfeil.

20 Fällt das Rücklicht, das Bremslicht oder einer der hinteren Blinker aus, leuchtet die General-Warnlampe gelb auf und im Display erscheinen das Defekte-Lampen-Symbol und ein nach unten zeigender Pfeil.

21 Bei einer Kombination aus den oben beschriebenen Defekten leuchtet die General-Warnlampe gelb auf und im Display erscheinen das Defekte-Lampen-Symbol und ein nach oben und unten zeigender Pfeil.

6 Scheinwerfer- und Standlichtlampen

Anmerkung: *Die H4-Halogenlampe des Scheinwerfers darf nicht am Glas angefasst werden, da Flecken das Leben der Lampe verkürzen. Wenn sie doch einmal berührt worden ist, muss sie (im kalten Zustand) sorgfältig mit einem in Spiritus getränkten Lappen abgewischt und vor dem Einbau getrocknet werden. Fassen Sie Lampen immer mit einem Taschentuch oder trockenem Lappen an, um ihre Lebensdauer zu verlängern.*

GS- und Adventure-Modelle

Scheinwerferlampen

1 Die Fernlichtlampe sitzt links im Scheinwerfer und die Abblendlichtlampe rechts.

2 Lösen Sie die Lampenabdeckung gegen den Uhrzeigersinn und ziehen Sie den Lampenstecker ab (Abb. 6.43 und 6.44).

3 Lösen Sie den Drahtbügel und entnehmen Sie die Lampe – beachten Sie die Ausrichtung der Lasche (Abb. 6.45a und b).

4 Installieren Sie die korrekt ausgerichtete neue Lampe – beachten Sie die Anmerkung oben – und sichern Sie sie mit dem Drahtbügel.

5 Verbinden Sie den Lampenstecker.

6 Stecken Sie die Kappe auf, richten Sie die Laschen aus und drehen Sie sie im Uhrzeigersinn (Abb. 6.43).

7 Prüfen Sie die Funktion des Scheinwerfers.

Standlichtlampe

8 Der Standlichtlampenhalter sitzt links unten im Scheinwerfer. Lösen Sie die linken Lampenabdeckung gegen den Uhrzeigersinn und entfernen Sie ihn (Abb. 6.43).

9 Ziehen Sie den Lampenhalter vorsichtig aus dem Scheinwerfer und ziehen Sie dann vorsichtig die Lampe aus dem Halter – es handelt sich um eine Ausführung ohne Sockel. (Abb. 6.51a und b).

10 Installieren Sie eine neue Lampe in den Halter und diesen in den Scheinwerfer.

11 Stecken Sie die Kappe auf, richten Sie die Laschen aus und drehen Sie sie im Uhrzeigersinn (Abb. 6.43).

12 Prüfen Sie die Funktion des Standlichts.

RT-Modelle

Scheinwerferlampen

13 Um Zugang zu den beiden rechts und links im Scheinwerfer sitzenden Fernlichtlampen zu erhalten, muss die entsprechende Lautsprecherabdeckung und ggf. der Lautsprecher entfernt werden (siehe Kapitel 7, Sektion 4). Um Zugang zur zentral im Scheinwerfer sitzenden Abblendlampe zu erhalten, kann man von unten in die Verkleidung greifen oder aber die linke Seitenverkleidung und die Frontverkleidung demontieren (siehe Kapitel 7). Befreien Sie dann den Kabelstecker von der Kühlerverkleidung, lösen Sie die Schrauben, befreien Sie den Verkleidungsstift und entnehmen Sie die Verkleidung.

14 Drehen Sie die Abblendlicht-Kappe gegen den Uhrzeigersinn, um sie zu befreien (siehe Abbildung).

15 Ziehen Sie die Fernlicht-Kappe an der Lasche ab (siehe Abbildung).

16 Ziehen Sie den Lampenstecker ab (siehe Abbildungen).

17 Lösen Sie den Drahtbügel und entnehmen Sie die Lampe – beachten Sie die Ausrichtung der Lasche (siehe Abbildungen).

18 Installieren Sie die korrekt ausgerichtete neue Lampe – beachten Sie die Anmerkung am Anfang der Sektion – und sichern Sie sie mit dem Drahtbügel (dessen Einbau knifflig sein kann).

19 Verbinden Sie den Lampenstecker.

20 Stecken Sie die Kappe auf – richten Sie beim Abblendlicht die Laschen aus und drehen Sie sie im Uhrzeigersinn (Abb. 6.14); rich-

6.14 Drehen Sie die Abblendlampen-Abdeckung gegen den Uhrzeigersinn.

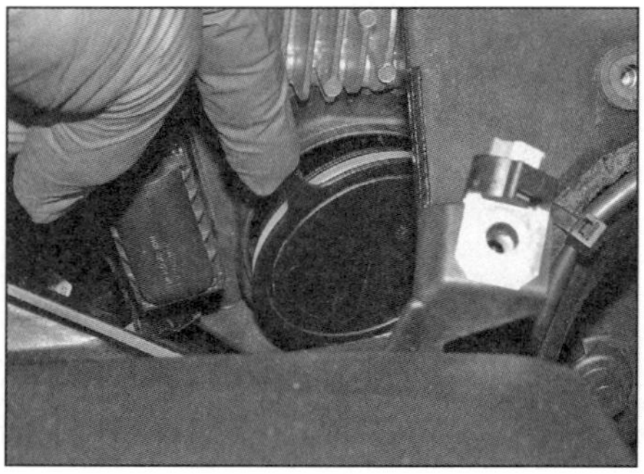

6.15 Ziehen Sie die Fernlichtlampen-Abdeckung an der Lasche ab.

6.16 Ziehen Sie den Lampenstecker ab.

6.17a Hängen Sie den Sicherungsdraht der Abblendlampe unten aus und schwenken Sie ihn hoch.

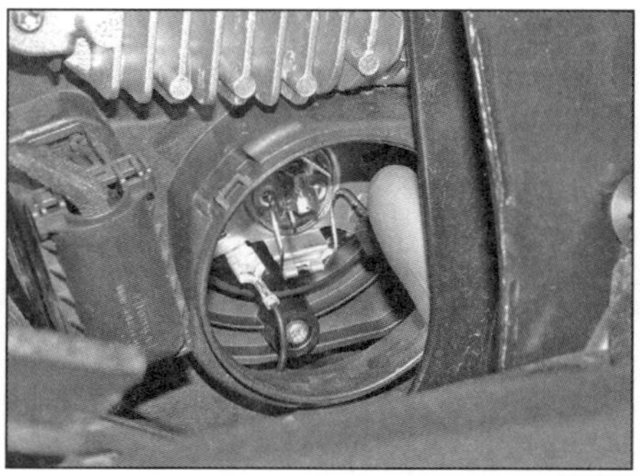

6.17b Hängen Sie den Sicherungsdraht der Fernlichtlampe oben aus und schwenken Sie ihn herunter.

6.17c Achten Sie beim Ausbau der Lampe auf ihre Ausrichtung – dies ist die Abblendlampe.

6.17d Die Fernlichtlampe kann mit einer Zange herausgezogen werden.

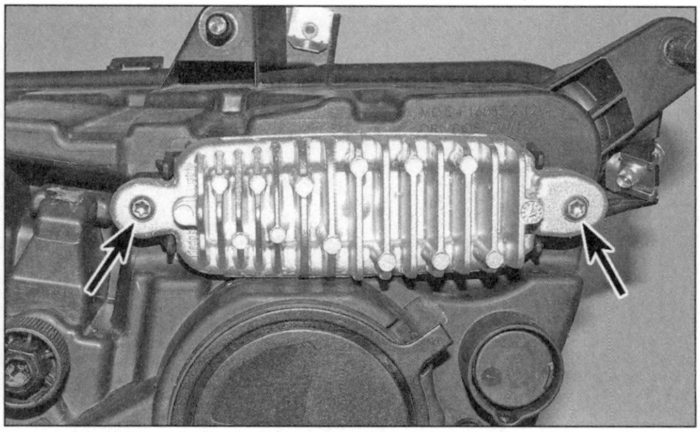

6.29 Schrauben des LED-Tagfahrlichts

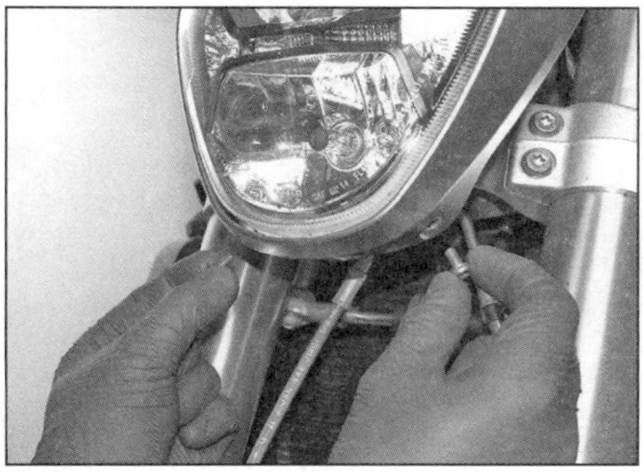

6.30a Lösen Sie die Schrauben ...

6.30b ... und entfernen Sie die Abdeckung – sie ist oben eingehängt.

6.31a Lockern Sie links die Einstellschraube ...

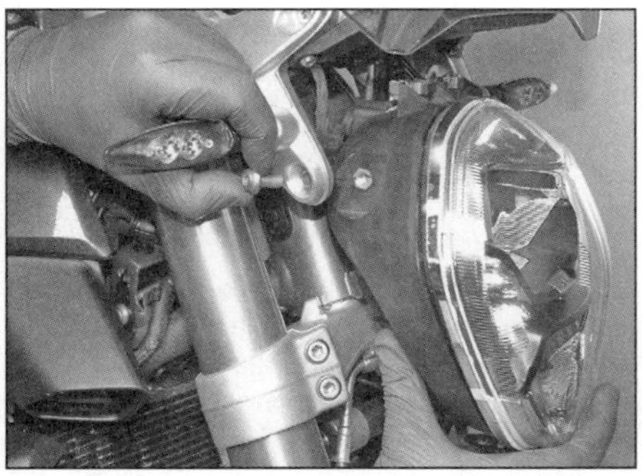

6.31b ... und lösen Sie rechts die Befestigungsschraube.

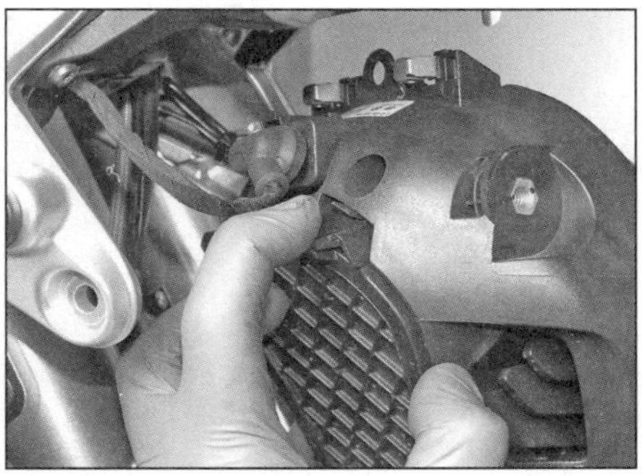

6.32a Befreien Sie die Laschen ...

ten Sie beim Fernlicht die Lasche zum Ausschnitt aus (Abb. 6.15).

21 Prüfen Sie die Funktion des Scheinwerfers. Montieren Sie ggf. den Lautsprecher und seine Abdeckung sowie entfernte Verkleidungsteile.

Standlicht

Glühlampen

22 Demontieren Sie die entsprechende Lautsprecherabdeckung und ggf. den Lautsprecher (siehe Kapitel 7, Sektion 4).

23 Drehen Sie die Standlichtlampen-Kappe gegen den Uhrzeigersinn, um sie zu befreien.

24 Ziehen Sie den Lampenhalter vorsichtig aus dem Scheinwerfer und ziehen Sie dann vorsichtig die Lampe aus dem Halter – es handelt sich um eine Ausführung ohne Sockel. (Abb. 6.51a und b).

25 Installieren Sie eine neue Lampe in den Halter und diesen in den Scheinwerfer.

26 Stecken Sie die Kappe auf, richten Sie die Laschen aus und drehen Sie sie im Uhrzeigersinn.

27 Prüfen Sie die Funktion des Standlichts.

28 Montieren Sie ggf. den Lautsprecher und seine Abdeckung.

LEDs

29 Bei Modellen mit LED-Standlicht können neue LED-Einheiten montiert werden – sie sind nur paarweise erhältlich. Demontieren Sie den Scheinwerfer (siehe Sektion 7). Lösen Sie die Schrauben und entnehmen Sie die LED-Einheiten – beachten Sie die Dichtungen (siehe Abbildung). Neue LED-Einheiten werden mit neuen Dichtungen ausgeliefert. Der Einbau erfolgt in umgekehrter Ausbaureihenfolge.

R-Modelle

Scheinwerfer und Standlichtlampe

30 Lösen Sie die einzelne Schraube unten an der Scheinwerferabdeckung und befreien Sie diesen oben aus der Lampenschale (siehe Abbildungen).

31 Lockern Sie die links sitzende Einstellschraube um zwei Umdrehungen und entfernen Sie die rechts sitzende Befestigungsschraube (siehe Abbildung). Schwenken Sie die rechte Seite des Scheinwerfers heraus.

32 Drücken Sie an der hinteren Abdeckung die Laschen herunter und entnehmen Sie diese (siehe Abbildungen).

33 Die Abblendlichtlampe sitzt oben im Reflektor, die Fernlichtlampe darunter. Die Standlichtlampen sitzen rechts und links in der Mitte – das von uns fotografierte Modell hat LED-Standlicht.

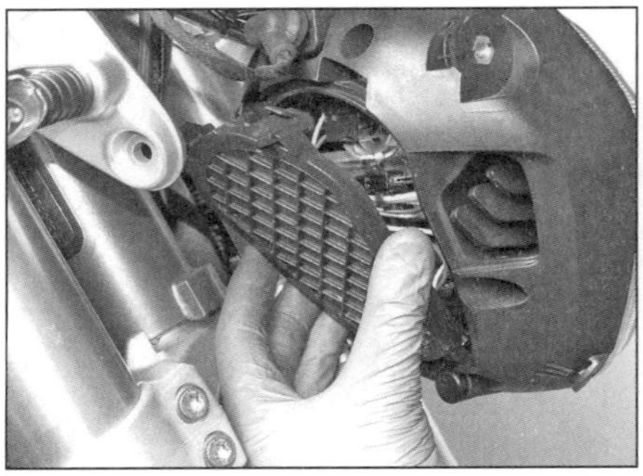

6.32b ... und entfernen Sie die Abdeckung.

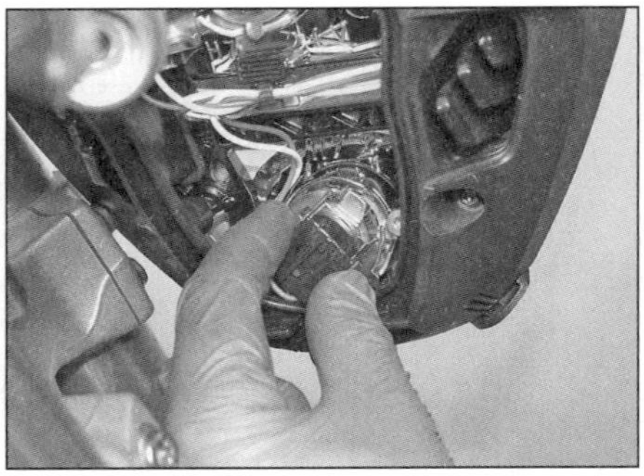

6.34a Befreien Sie den Lampenhalter, ziehen Sie ihn heraus ...

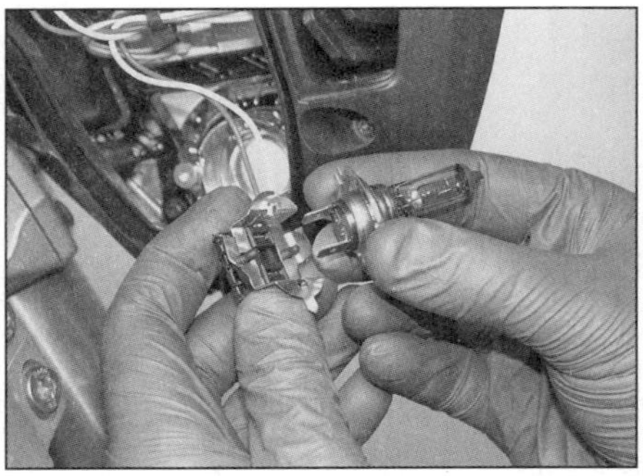

6.34b ... und ziehen Sie die Lampe heraus.

6.43 Drehen Sie die Lampen-Abdeckung gegen den Uhrzeigersinn.

6.44 Ziehen Sie den Stecker ab.

6.45a Befreien Sie den Sicherungsdraht ...

6.45b ... und entnehmen Sie die Lampe.

6.51a Ziehen Sie den Lampenhalter heraus – nötigenfalls mit einer Zange ...

34 Um die Abblend- oder Fernlichtlampe auszubauen, muss der Stecker/Lampenhalter gegen den Uhrzeigersinn gedreht und herausgezogen werden (siehe Abbildung). Greifen Sie die Lampe am Sockel und ziehen Sie sie vorsichtig heraus (siehe Abbildung).

35 Installieren Sie die korrekt ausgerichtete neue Lampe – beachten Sie die Anmerkung am Anfang der Sektion. Stecken Sie die Lampe in den Reflektor und drehen Sie sie im Uhrzeigersinn, um sie zu sichern.

36 Zum Ersetzen einer Standlichtlampe muss ihr Halter vorsichtig aus dem Scheinwerfer gezogen werden. Ziehen Sie dann vorsichtig die Lampe aus dem Halter – es handelt sich um eine Ausführung ohne Sockel. (Abb. 6.51a und b).

37 Installieren Sie eine neue Lampe in den Halter und diesen in den Scheinwerfer.

38 Die Dichtung muss korrekt in der Nut der hinteren Abdeckung liegen. Richten Sie deren Unterseite korrekt aus und drücken Sie sie oben ein, bis die Laschen einrasten (Abb. 6.32b und a).

39 Prüfen Sie die Funktion des Scheinwerfers und der Standlichtlampe.

40 Schwenken Sie den Scheinwerfer wieder in seine Position, installieren Sie die rechte Schraube und ziehen Sie beide Schrauben sorgfältig an (Abb. 6.31b und a).

41 Hängen Sie die Scheinwerferabdeckung oben ein und sichern Sie sie unten mit der Schraube (Abb. 6.30b und a).

RS-Modelle

42 Die Abblendlampe sitzt im rechten Scheinwerfer, die Fernlichtlampe im linken. Um Zugang zu den Scheinwerfer- und Standlichtlampen zu erhalten, muss die entsprechende Cockpitverkleidung entfernt werden (siehe Kapitel 7, Sektion 6).

Scheinwerferlampe

43 Lösen Sie die Lampenabdeckung gegen den Uhrzeigersinn und ziehen Sie den Lampenstecker ab (siehe Abbildung).

44 Ziehen Sie den Lampenstecker ab (siehe Abbildung).

45 Lösen Sie den Drahtbügel und entnehmen Sie die Lampe – beachten Sie die Ausrichtung der Lasche (siehe Abbildungen).

46 Installieren Sie die korrekt ausgerichtete neue Lampe – beachten Sie die Anmerkung am Anfang der Sektion – und sichern Sie sie mit dem Drahtbügel.

47 Verbinden Sie den Lampenstecker.

48 Stecken Sie die Kappe auf, richten Sie die Laschen aus und drehen Sie sie im Uhrzeigersinn (Abb. 6.43).

49 Prüfen Sie die Funktion des Scheinwerfers.

Standlichtlampe

50 Drehen Sie die entsprechende Lampenabdeckung gegen den Uhrzeigersinn und entfernen Sie ihn (Abb. 6.43).

51 Ziehen Sie den Lampenhalter vorsichtig aus dem Scheinwerfer und ziehen Sie dann vorsichtig die Lampe aus dem Halter – es handelt sich um eine Ausführung ohne Sockel. (siehe Abbildungen).

52 Installieren Sie eine neue Lampe in den Halter und diesen in den Scheinwerfer.

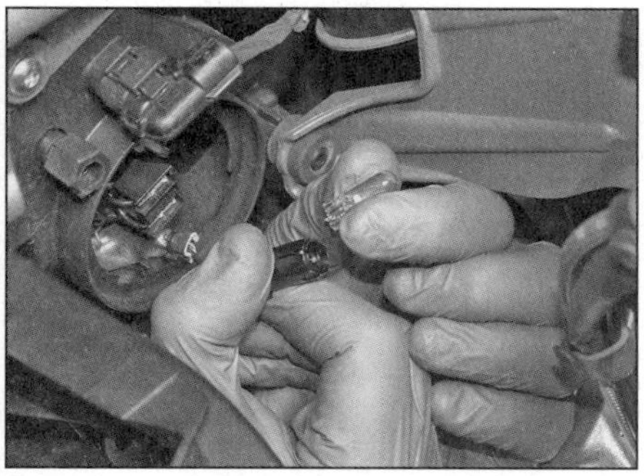

6.51b ...– und ziehen Sie vorsichtig die Lampe heraus.

53 Stecken Sie die Kappe auf, richten Sie die Laschen aus und drehen Sie sie im Uhrzeigersinn (Abb. 6.43).

54 Prüfen Sie die Funktion des Standlichts.

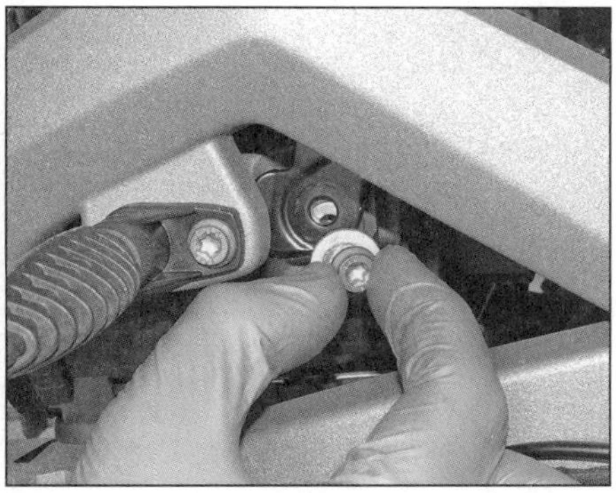

7.2 Lösen Sie an beiden Seiten die Schraube.

7 Scheinwerfer

Anmerkung 1: *Ein schlecht eingestellter Scheinwerfer blendet den Gegenverkehr und/oder leuchtet die Fahrbahn nicht korrekt aus. Bei der Hauptuntersuchung wird die Einstellung der Leuchtweite kontrolliert.*

Anmerkung 2: *Nachdem der Scheinwerfer ausgebaut ist, müssen die Lampen daraus befreit werden (siehe Sektion 6). Falls ein neuer Scheinwerfer montiert werden soll, müssen je nach Modell auch entsprechende Verkleidungsteile vom alten an den neuen Scheinwerfer gebaut werden.*

GS- und Adventure-Modelle

Ausbau

1 Demontieren Sie die Cockpitverkleidung (siehe Kapitel 7). Um besser an den linken Halteclip des Scheinwerfers zu gelangen, kann das obere Schutzblech entfernt werden (siehe Kapitel 7) – der Clip lässt sich auch bei montiertem Schutzblech entfernen, lässt sich beim Einbau des Scheinwerfers aber nur schwierig wieder installieren.

2 Lösen Sie an beiden Seiten die Schraube – beachten Sie die Scheibe (siehe Abbildung).

3 Ziehen Sie an den Zapfen der Unterseite die Clips heraus (siehe Abbildung).

4 Heben Sie den Scheinwerfer an, sodass die Zapfen aus den Ösen befreit werden, und ziehen Sie ihn heraus, um den Stecker zu trennen (siehe Abbildungen).

5 Beachten Sie die Scheiben in den seitlichen Ösen (siehe Abbildung). Kontrollieren Sie alle Ösen – falls eine spröde oder beschädigt ist, muss sie ersetzt werden.

Einbau

6 Der Einbau erfolgt in umgekehrter Ausbaureihenfolge. Die seitlichen Ösen müssen mit den Scheiben ausgerüstet sein (Abb. 7.5). Die Stecker müssen sicher verbunden sein. Die Clips müssen die Zapfen in Position halten (siehe Abbildung). Prüfen Sie vor der ersten Fahrt die Funktion des Scheinwerfers und des Standlichts.

7 Prüfen Sie wie folgt die Einstellung des Scheinwerfers:

Einstellung

8 Der Lichtstrahl des Scheinwerfers kann sowohl horizontal als auch vertikal eingestellt werden. Vor Beginn müssen der Reifendruck und die Einstellung der Federung geprüft werden. Einstellungen sollten möglichst mit halb gefülltem Tank und einem auf der Maschine sitzenden Assistenten auf einer ebenen Fläche vorgenommen werden. Wird vorzugsweise zu zweit gefahren, muss eine zweite Person auf dem Rücksitz platz nehmen. Beachten Sie die Anmerkung 1 am Anfang dieser Sektion.

9 Starten Sie den Motor.

10 Die Höhenverstellung erfolgt durch Drehen des Einstellers zwischen den beiden Lampen hinten am Scheinwerfer (siehe Abbildung). Falls

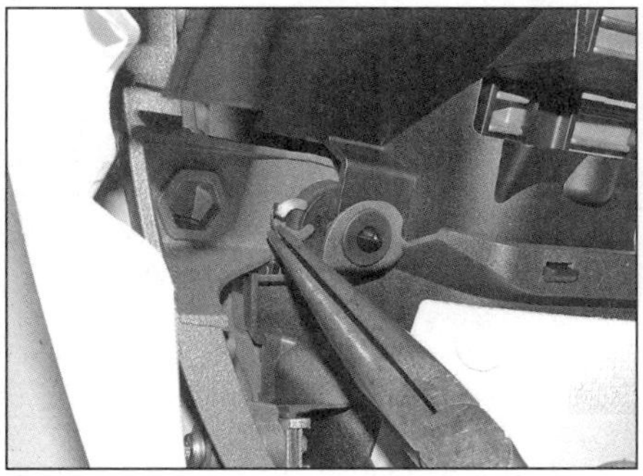

7.3 Ziehen Sie die Clips von den Zapfen.

7.4a Manövrieren Sie den Scheinwerfer heraus ...

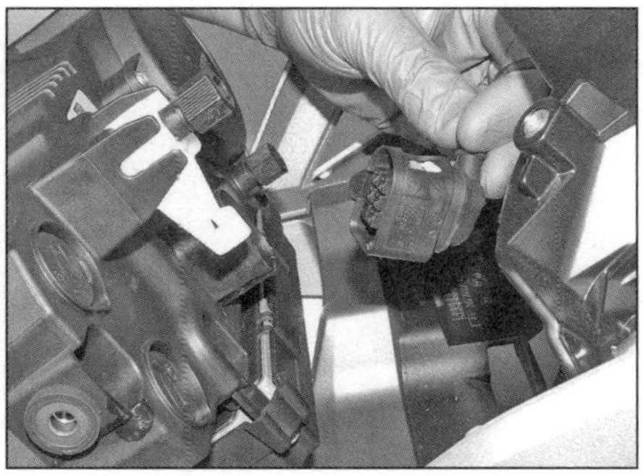

7.4b ... und trennen Sie den Stecker.

7.5 Beachten Sie an beiden Seiten die Scheibe.

7.6 Die Clips müssen unter den Scheiben und in den Nuten der Zapfen sitzen.

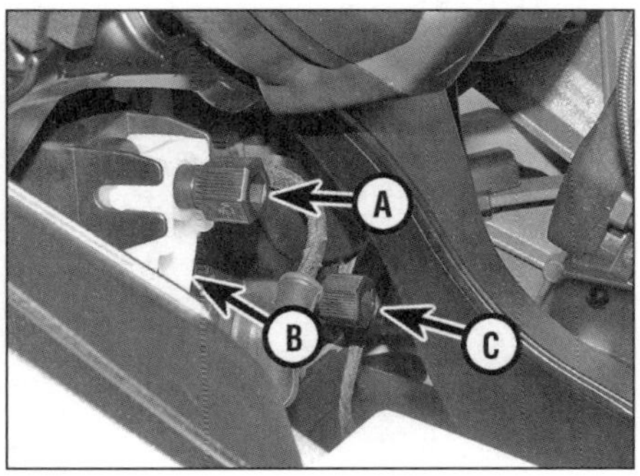

7.10 Höhenversteller (A), Beladungs-Hebel (B), Horizontalversteller (C)

8

7.14a Lösen Sie die sechs Schrauben und befreien Sie die Innenverkleidung, ...

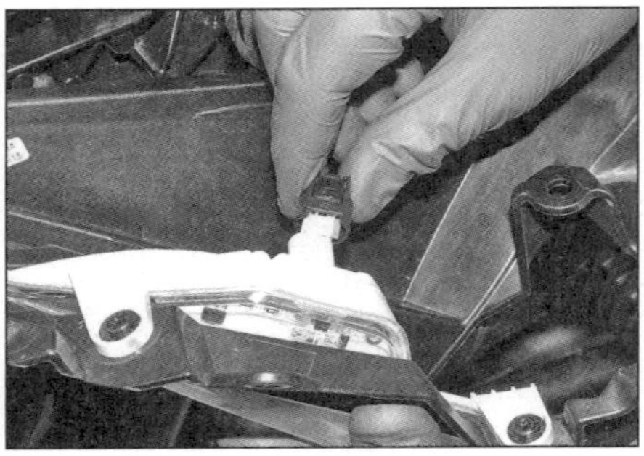

7.14b ... um den Stecker zu trennen.

7.15a Schrauben Sie das Mittelteil heraus und ziehen Sie dann den gesamten Clip heraus.

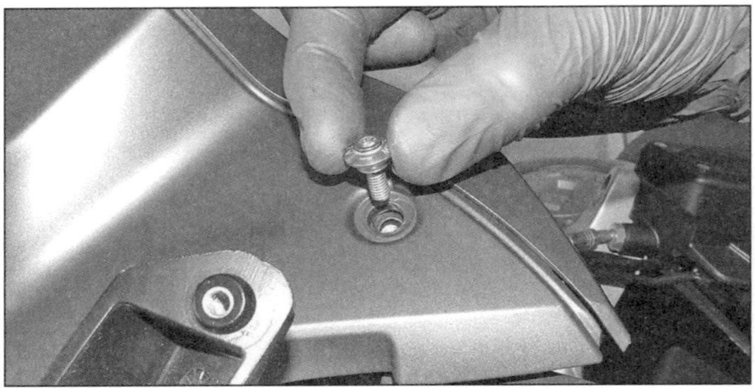

7.15b Lösen Sie die Schrauben, ...

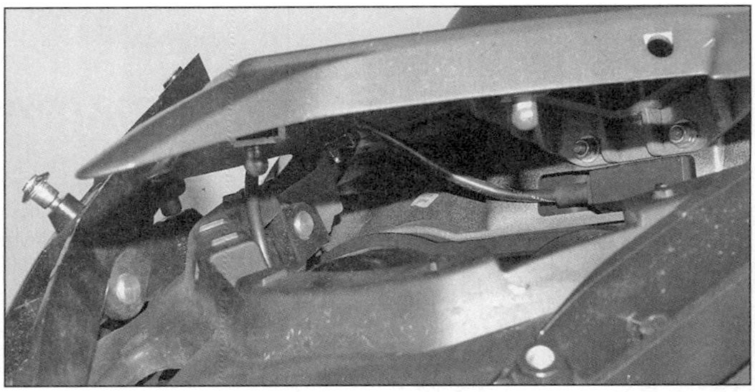

7.15c ... ziehen Sie die Zapfen aus den Ösen und entnehmen sie die Abdeckung.

7.16a Befreien Sie die Clips ...

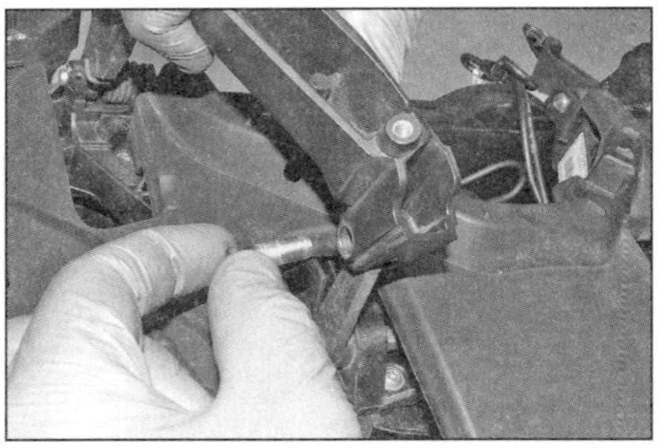

7.16b ... und ziehen Sie die Zapfen heraus.

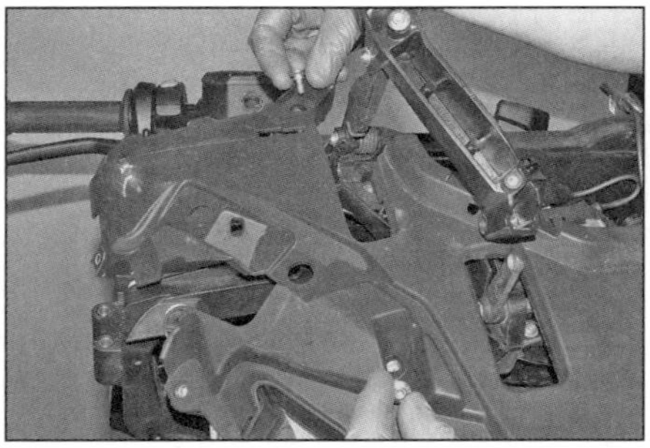

7.17a Lösen Sie an beiden Seiten die Schrauben, ...

7.17b .... befreien Sie die Abdeckung vorne ...

vorhanden, muss der Hebel für schwere Beladung dabei in der normalen Position (herunter) stehen, dann wird der Einsteller nach rechts gedreht, um den Lichtstrahl anzuheben, bzw. nach links, um ihn abzusenken.

11 Wenn schweres Gepäck transportiert wird, kann der Scheinwerfer vorübergehend abgesenkt werden, ohne die Standardeinstellung zu verändern; heben Sie dazu den Beladungshebel an – und vergessen Sie nicht, ihn bei normaler Beladung wieder zurückzustellen.

12 Eine seitliche Verstellung erfolgt durch Drehen des Einstellers oben rechts am Scheinwerfer (Abb. 7.10).

RT-Modelle

Ausbau

13 Demontieren Sie die Windschutzscheibe samt der Abdeckung ihrer Halterung, die Verkleidungsseitenteile und die Frontverkleidung sowie die Rückspiegel (siehe Kapitel 7).

14 Lösen Sie an beiden Seiten die Schrauben der seitlichen Innenverkleidung und trennen Sie den Blinkerstecker (siehe Abbildungen).

15 Befreien Sie die Verkleidungsstifte und lösen Sie die Schrauben der Windschutzscheibenversteller-Abdeckung, heben Sie dann die Abdeckung vorne vorsichtig an, um die Zapfen aus den Gummiösen zu befreien (siehe Abbildungen) – bei Modellen mit Navi-Halter in der Cockpitverkleidung wird dieser mit der Verkleidung abgenommen, doch statt die Verkabelung zu trennen, kann sie zu einer Seite abgelegt oder hochgebunden werden. Bei Modellen ohne Navi-Halter wird die Cockpitverkleidung entfernt.

16 Schalten Sie die Zündung ein und heben Sie den Windschutzscheibenversteller an, bis die unteren Gelenkstifte der Halter zugänglich sind. Befreien Sie dann die Clips und ziehen Sie die Stifte heraus – die federbelasteten Halter werden dabei hochklappen (siehe Abbildungen). Schalten Sie die Zündung aus - der

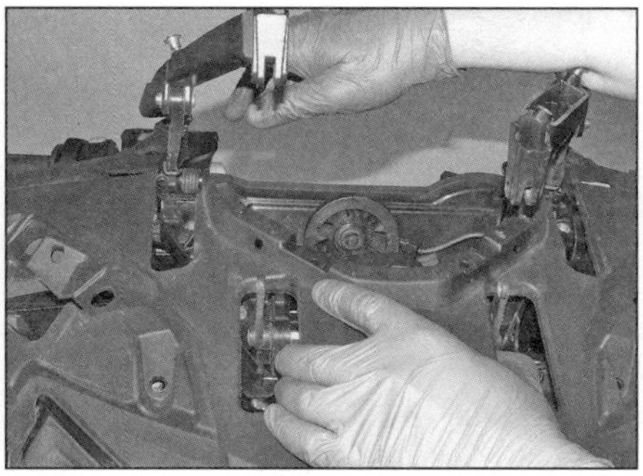

7.17c ... und entnehmen Sie sie.

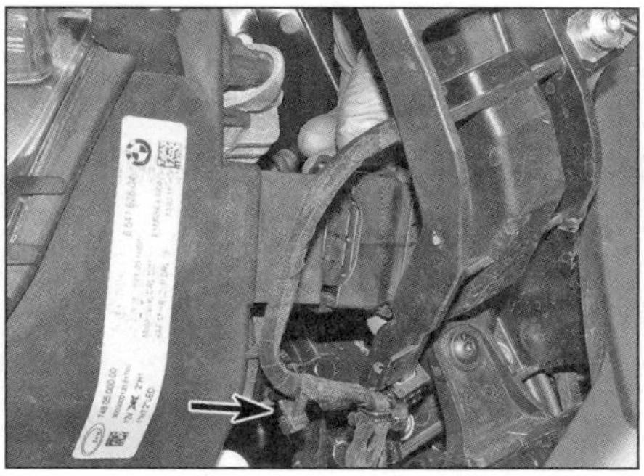

7.18 Schneiden Sie den Kabelbinder auf und trennen Sie den Stecker.

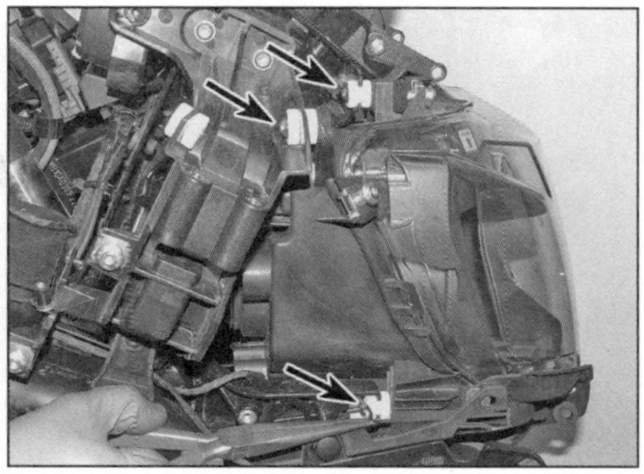

7.19a Ziehen Sie an jeder Seite die drei Clips ab, ...

Windschutzscheibenversteller wird sich wieder absenken.

17 Lösen Sie die Schrauben der oberen Innenverkleidung, ziehen Sie diese nach vorne und entnehmen Sie sie (siehe Abbildungen).

18 Schneiden Sie den Kabelbinder links am Scheinwerfer auf und trennen Sie den Scheinwerferstecker (siehe Abbildung).

19 Lösen Sie die Clips von den Zapfen sowie die Schrauben und entfernen Sie den Scheinwerfer (siehe Abbildungen).

20 Kontrollieren Sie die Gummiösen und ersetzen Sie sie nötigenfalls durch Neuteile.

Einbau

21 Der Einbau erfolgt in umgekehrter Ausbaureihenfolge. Die Clips müssen korrekt in den Nuten der Zapfen sitzen (siehe Abbildung). Der Scheinwerferstecker muss korrekt verbunden sein. Prüfen Sie vor der ersten Fahrt die Funktion des Scheinwerfers und des Standlichts.

22 Prüfen Sie wie folgt die Einstellung des Scheinwerfers:

Einstellung

Anmerkung: *Der Schwenkhebel an der Cockpitverkleidung ist für eine kurzzeitige Höhenverstellung bei Fahrten mit Beladung vorgesehen.*

23 Der Lichtstrahl des Scheinwerfers kann sowohl horizontal als auch vertikal eingestellt werden. Vor Beginn müssen der Reifendruck und die Einstellung der Federung geprüft werden. Einstellungen sollten möglichst mit halb gefülltem Tank und einem auf der Maschine sitzenden Assistenten auf einer ebenen Fläche vorgenommen werden. Wird vorzugsweise zu zweit gefahren, muss eine zweite Person auf dem Rücksitz platz nehmen. Beachten Sie die Anmerkung 1 am Anfang dieser Sektion.

24 Demontieren Sie das linke Verkleidungsseitenteil (siehe Kapitel 7, Sektion 4).

25 Drehen Sie den Schwenkheben für schwere Beladung nach links in die Ausgangsposition (siehe Abbildung). Starten Sie den Motor.

26 Die Höhenverstellung erfolgt mithilfe des Einstellers links am Scheinwerfer (siehe Abbildung). Drehen Sie den Einsteller entsprechend, um den Lichtkegel anzuheben oder abzusenken.

27 Die Horizontalverstellung erfolgt mithilfe des Einstellers rechts an der Scheinwerfer-Baugruppe (siehe Abbildung).

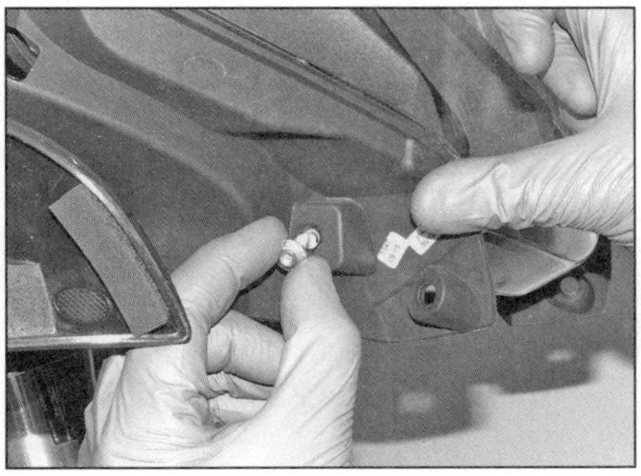

7.19b ... lösen Sie an beiden Seiten die Schraube ...

7.19c ... und ziehen Sie den Scheinwerfer nach vorne, bis die Zapfen aus den Ösen befreit sind.

7.21 Schieben Sie den Clip in die Nut des Zapfens.

7.25 Schwenkheben für schwere Beladung

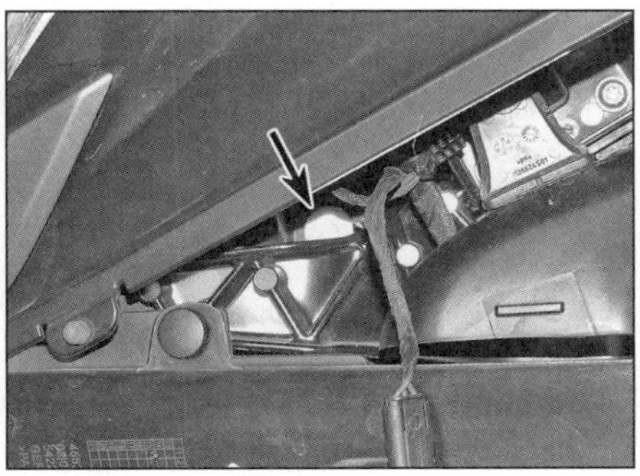

7.26 Höhenversteller

7.27 Horizontalversteller

7.28a Lösen Sie an beiden Seiten die Schraube ...

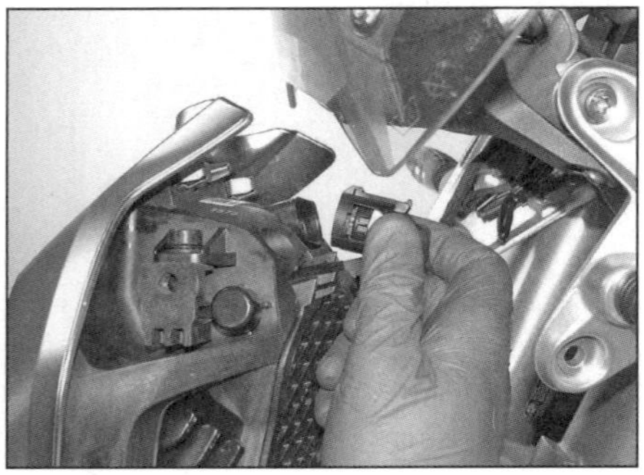

7.28b ... und trennen Sie den Scheinwerferstecker.

7.32 Lockern Sie an beiden Seiten die Schraube und schwenken Sie den Scheinwerfer hoch oder herunter.

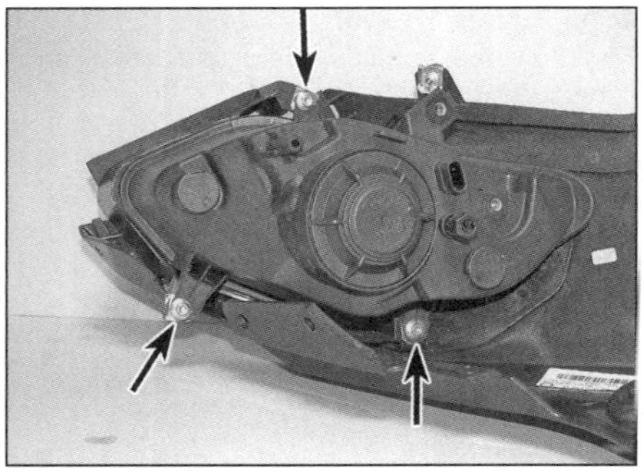

7.36 Scheinwerfer-Schrauben

7.41 Höhenversteller

R-Modelle

Ausbau

28 Lösen Sie an beiden Seiten des Scheinwerfers die Befestigungsschrauben, befreien Sie den Scheinwerfer und trennen Sie den Kabelstecker (siehe Abbildungen).

Einbau

28 Der Einbau erfolgt in umgekehrter Ausbaureihenfolge. Der Scheinwerferstecker muss korrekt verbunden sein. Prüfen Sie vor der ersten Fahrt die Funktion des Scheinwerfers und des Standlichts.
30 Prüfen Sie wie folgt die Einstellung des Scheinwerfers:

Einstellung

31 Der Lichtstrahl des Scheinwerfers kann in der Höhe eingestellt werden. Vor Beginn müssen der Reifendruck und die Einstellung der Federung geprüft werden. Einstellungen sollten möglichst mit halb gefülltem Tank und einem auf der Maschine sitzenden Assistenten auf einer ebenen Fläche vorgenommen werden. Wird vorzugsweise zu zweit gefahren, muss eine zweite Person auf dem Rücksitz platz nehmen. Beachten Sie die Anmerkung 1 am Anfang dieser Sektion.
32 Lockern Sie die Scheinwerfer-Befestigungsschrauben, sodass der Scheinwerfer auf und ab geschwenkt werden kann (siehe Abbildung). Starten Sie den Motor.
33 Schwenken Sie den Scheinwerfer, bis der Lichtkegel korrekt ausgerichtet ist.
34 Ziehen Sie die Befestigungsschrauben an, ohne dabei die Position des Scheinwerfers zu verändern.

RS-Modelle

Ausbau

35 Der Abblend-Scheinwerfer befindet sich im rechten Verkleidungs-Oberteil und der Fernlicht-Scheinwerfer im linken – demontieren Sie das entsprechende Verkleidungsteil (siehe Kapitel 7, Sektion 6).
36 Lösen Sie die Schrauben, um den Scheinwerfer aus dem Verkleidungsteil zu befreien (siehe Abbildung).

Einbau

37 Der Einbau erfolgt in umgekehrter Ausbaureihenfolge. Prüfen Sie vor der ersten Fahrt die Funktion des Scheinwerfers und des Standlichts.
38 Prüfen Sie wie folgt die Einstellung des Scheinwerfers:

Einstellung

39 Der Lichtstrahl beider Scheinwerfer kann individuell in der Höhe eingestellt werden. Vor Beginn müssen der Reifendruck und die Einstellung der Federung geprüft werden. Einstellungen sollten möglichst mit halb gefülltem Tank und einem auf der Maschine sitzenden Assistenten auf einer ebenen Fläche vorgenommen werden. Wird vorzugsweise zu zweit gefahren, muss eine zweite Person auf dem Rücksitz platz nehmen. Beachten Sie die Anmerkung 1 am Anfang dieser Sektion.
40 Demontieren Sie für einen optimalen Zugang die Cockpitverkleidung (siehe Kapitel 7, Sektion 6). Starten Sie den Motor.
41 Die Höhenverstellung jedes Scheinwerfers erfolgt mithilfe des Einstellers oberhalb der Lampendeckung neben dem Stecker (siehe Abbildung). Drehen Sie den Einsteller entsprechend, um den Lichtkegel anzuheben oder abzusenken.

8 Brems/Rücklicht-LEDs und Kennzeichenbeleuchtung

Brems/Rücklicht

1 Das Rücklicht besteht aus einer Vielzahl an LEDs, die in einem vergossenen Gehäuse sitzen. Eine einzelne ausgefallene LED kann nicht ersetzt werden, sie beeinträchtigt aber auch nicht die Funktion der anderen LEDs. Wenn das Rücklicht komplett ausfällt, muss den Hinweisen in Sektion 5 gefolgt werden, um den Stromkreis zu prüfen. Sind mehrere LEDs ausgefallen, sodass die Sicherheit des Motorrades beeinträchtigt wird, muss das Rücklicht komplett ersetzt werden (siehe Sektion 9).

Kennzeichenbeleuchtung

2 Bei GS-, Adv.- und RT-Modellen gibt es keine separate Kennzeichenbeleuchtung – das Kennzeichen wird direkt vom Rücklicht erleuchtet.
3 Bei R- und RS-Modellen müssen zum Wechseln der Lampe oder zum Ausbau der Baugruppe die Schritte 27 und 28 in Sektion 10 beachtet und die Abdeckung an der Unterseite des Heckhalters demontiert werden. Lösen Sie die Mutter und ziehen Sie die Schraube heraus, befreien Sie dann die Kennzeichenbeleuchtung und ziehen Sie den Lampenhalter heraus (siehe Abbildung). Befreien Sie nötigenfalls die Lampe aus dem Halter (siehe Abbildung).

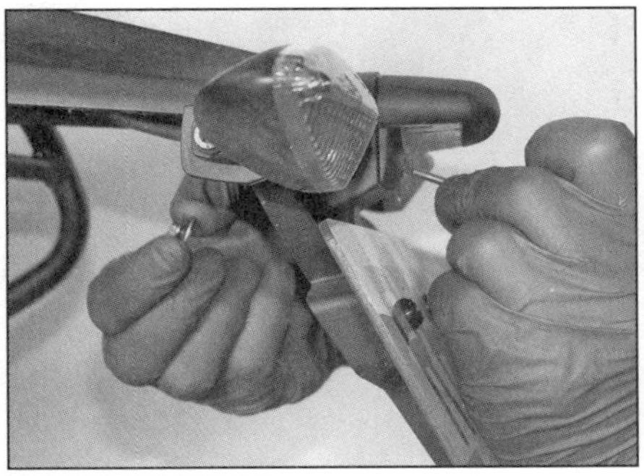

8.3a Lösen Sie die Schraube, ...

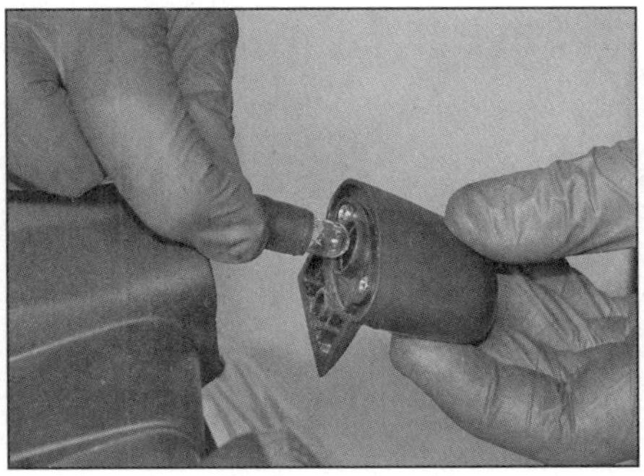

8.3b ...ziehen Sie den Lampenhalter heraus ...

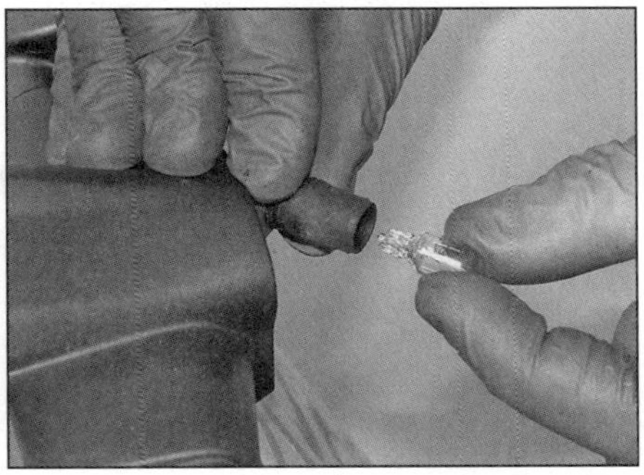

8.3c ...und befreien Sie daraus die Lampe.

9 Rücklichteinheit

GS- und Adventure-Modelle

1 Demontieren Sie den Blinker/Kennzeichen-Träger (siehe Kapitel 7).

2 Lösen Sie von unten die Schraube aus der Heck-Innenverkleidung und ziehen Sie diese hinten etwas herunter (siehe Abbildung).

3 Entfernen Sie die Sicherungsclips von den drei Rücklicht-Zapfen und entnehmen Sie die Scheiben (siehe Abbildung).

4 Ziehen Sie das Rücklicht vorsichtig nach hinten, um die Zapfen aus den Gummiösen zu befreien. Trennen Sie den Kabelstecker (siehe Abbildung).

5 Der Einbau erfolgt in umgekehrter Ausbaureihenfolge. Die Gummiösen dürfen nicht spröde sein und der Stecker muss sicher verbunden sein. Nachdem die Scheiben aufgeschoben sind, müssen die Clips korrekt installiert werden.

6 Prüfen Sie die Funktion des Rücklichts und des Bremslichts.

RT-Modelle

7 Demontieren Sie den Gepäckträger und die Beifahrergriffe, die Sitzverkleidung und die Heckverkleidung (siehe Kapitel 7).

8 Trennen Sie den Kabelstecker (siehe Abbildung).

9 Entfernen Sie die Sicherungsclips von den vier Rücklicht-Zapfen (siehe Abbildung).

10 Ziehen Sie das Rücklicht vorsichtig nach hinten, um die Zapfen aus den Gummiösen zu befreien. Trennen Sie den Kabelstecker.

11 Der Einbau erfolgt in umgekehrter Ausbaureihenfolge. Die Gummiösen dürfen nicht spröde sein, der Stecker muss sicher verbunden sein und die Clips müssen korrekt installiert werden.

12 Prüfen Sie die Funktion des Rücklichts, des Bremslichts und der Blinker.

R- und RS-Modelle

13 Demontieren Sie den Rücksitz (siehe Kapitel 7).

9.2 Lösen Sie die Schraube an der Unterseite.

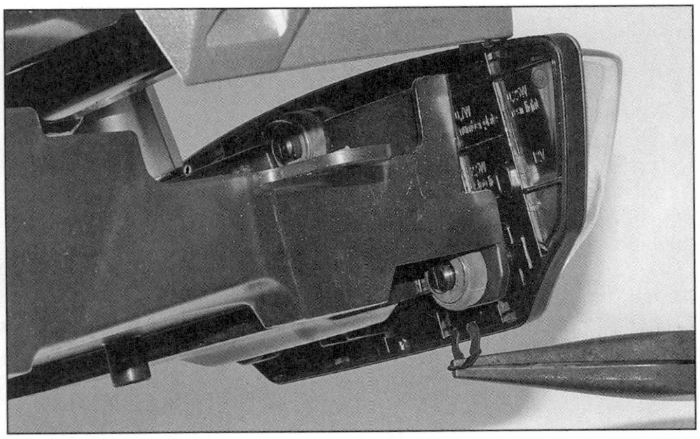

9.3 Ziehen Sie die Clips von den drei Zapfen.

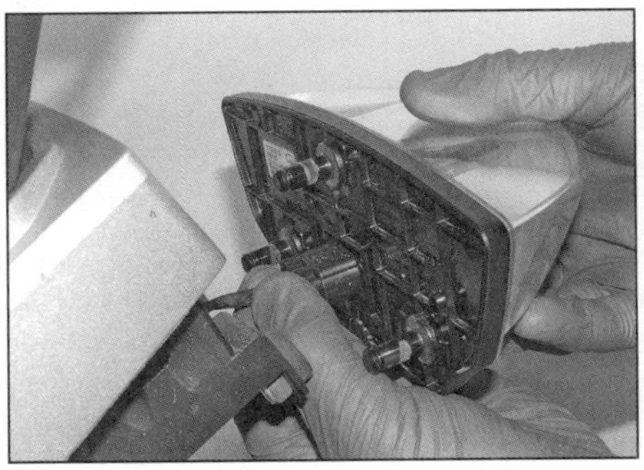

9.4 Befreien Sie das Rücklicht und trennen Sie den Stecker.

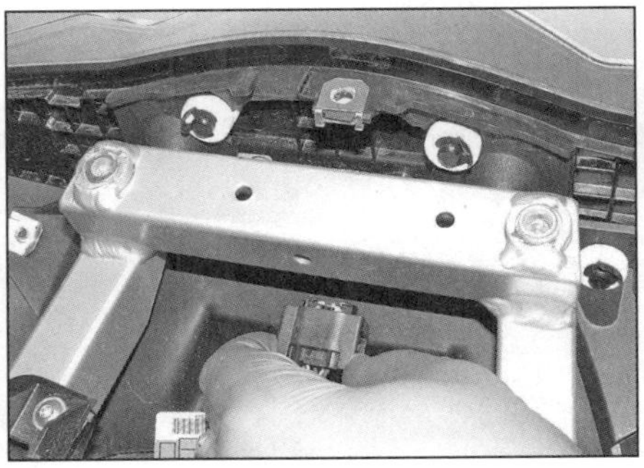

9.8 Ziehen Sie den Stecker ab.

9.9 Ziehen Sie die Clips von den Zapfen.

8

9.14 Ziehen Sie den Stecker ab.

9.15 Ziehen Sie den Clip vom Zapfen ...

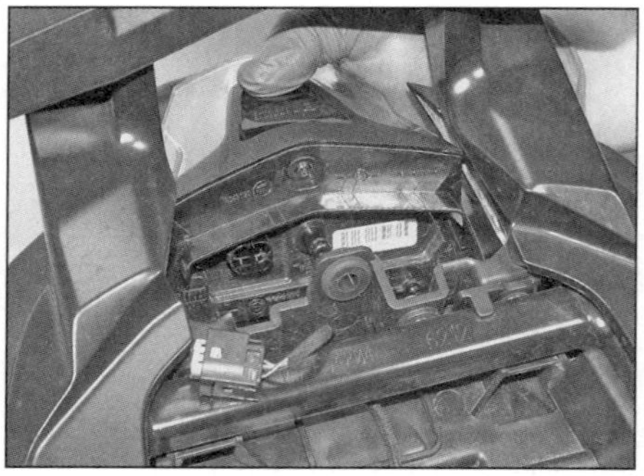

9.16 ... und entnehmen Sie das Rücklicht.

14 Trennen Sie den Kabelstecker (siehe Abbildung).

15 Entfernen Sie die Sicherungsclips vom Rücklicht-Zapfen und entnehmen Sie die Scheibe (siehe Abbildung).

16 Ziehen Sie das Rücklicht vorsichtig nach hinten, um die äußeren Laschen von den Schnappverschluss-Muttern und den mittig sitzenden Zapfen aus der Gummiöse zu befreien (siehe Abbildung).

17 Der Einbau erfolgt in umgekehrter Ausbaureihenfolge. Die Gummiöse darf nicht spröde sein und der Stecker muss sicher verbunden sein. Die Schnappverschluss-Laschen und der Clips müssen korrekt installiert werden.

18 Prüfen Sie die Funktion des Rücklichts und des Bremslichts.

10 Blinker

1 Die meisten Blinkerprobleme sind das Resultat einer durchgebrannten Lampe oder korrodierten Fassung, besonders wenn die Anlage auf einer Seite noch funktioniert und auf der anderen nicht. Kontrollieren Sie zunächst wie folgt die Lampen und ihre Fassungen:

Anmerkung: *Bei RT-Modellen werden die Blinker von LEDs beleuchtet, für alle anderen Modelle sind LED-Blinker als Sonderausstattung erhältlich. Der Austausch einzelner LEDs ist nicht möglich, sodass beim Ausfall mehrerer LEDs der gesamte Blinker ersetzt werden muss.*

2 Zum Entfernen einer Blinkerlampe muss die Schraube des Blinkerglases gelöst und das Glas vorsichtig entfernt werden – beachten Sie, wie seine Lasche in das Gehäuse greift (siehe Abbildungen).

3 Drücken Sie die Lampe vorsichtig in das Gehäuse und drehen Sie sie gegen den Uhrzeigersinn, um sie dann herauszuziehen (siehe Abbildung).

4 Kontrollieren Sie die Sockel-Kontakte und reinigen Sie sie nötigenfalls. Richten Sie die Stifte der neuen Lampe zu den Schlitzen im Sockel aus, drücken Sie die Lampe in das Gehäuse und drehen Sie sie im Uhrzeigersinn, um sie zu sichern.

5 Richten Sie die Lasche des Blinkerglases nach innen zum Gehäuse aus und ziehen Sie die Schraube an – ziehen Sie sie nicht zu fest, da das Glas leicht reißen kann.

6 Prüfen Sie die Funktion der Blinker.

Ausbau und Einbau

GS- und Adventure-Modelle

Vordere Blinker

7 Demontieren Sie die Tankverkleidungen und das obere Schutzblech (siehe Kapitel 7).

8 Befreien und trennen Sie die Blinkerstecker – merken Sie sich die Verlegung der Kabel (siehe Abbildung).

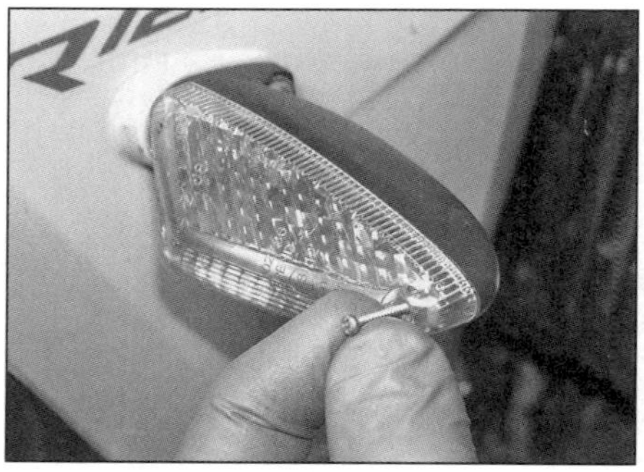

10.2a Lösen Sie die Schraube

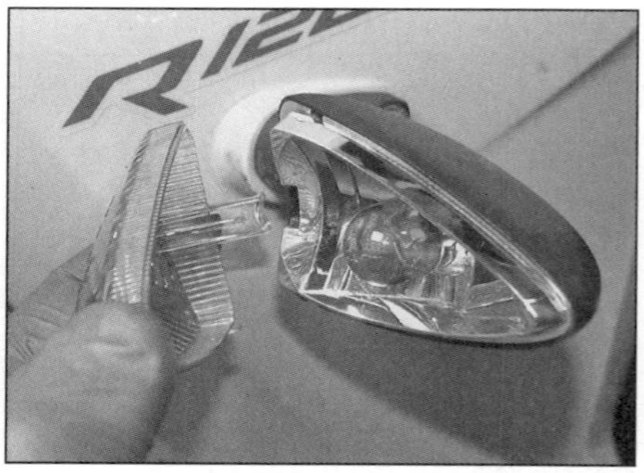

10.2b ... und entnehmen Sie das Blinkerglas – beachten Sie die Lasche.

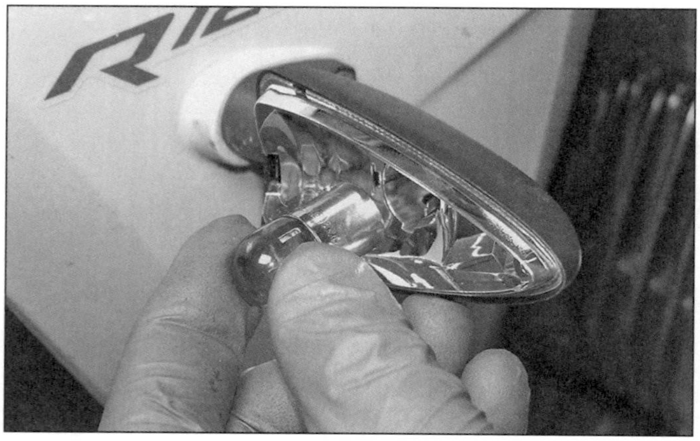

10.3 Drücken Sie die Blinkerlampe ein und drehen Sie sie nach links, um sie zu befreien.

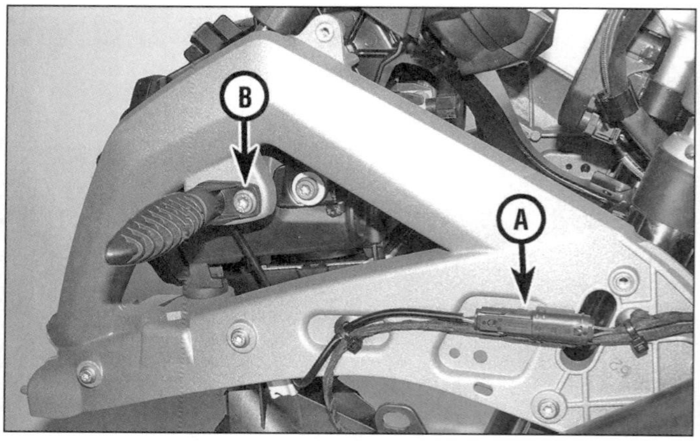

10.8 Blinkerstecker (A), Blinkerschraube (B)

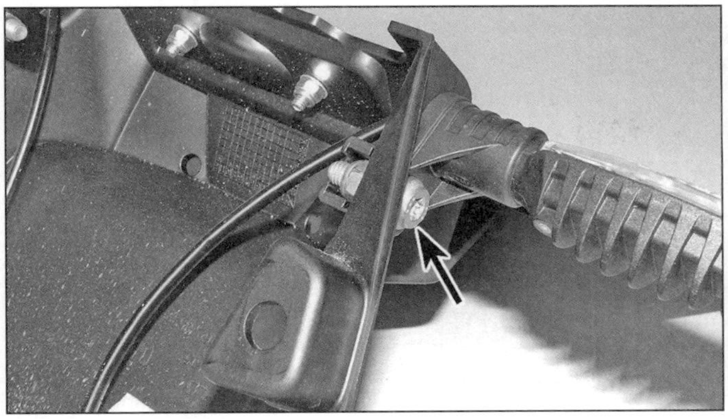

10.12 **Blinkerschraube**

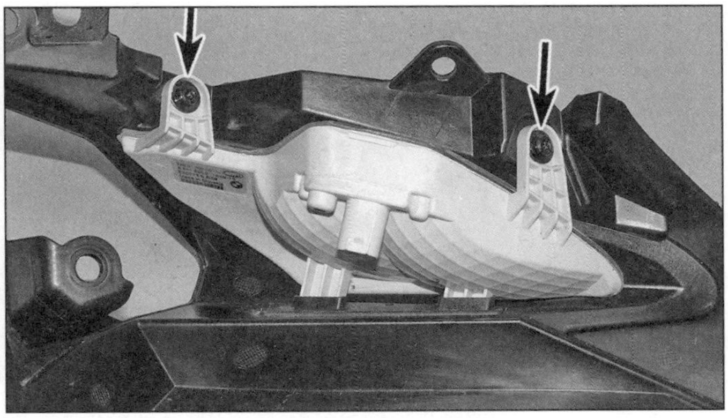

10.16 **Schrauben der Blinkereinheit.**

9 Lösen Sie die Blinkerschraube, drehen Sie den Blinker, bis das Glas nach oben zeigt, und ziehen Sie ihn samt Kabel aus dem Halter.
10 Der Einbau erfolgt in umgekehrter Ausbaureihenfolge. Prüfen Sie die Funktion der Blinker.

Hintere Blinker

11 Demontieren Sie den Blinker/Kennzeichen-Träger (siehe Kapitel 7).
12 Befreien Sie die Verkabelung aus der Führung. Lösen Sie die Blinkerschraube, drehen Sie den Blinker, bis das Glas nach oben zeigt, und ziehen Sie ihn samt Kabel aus dem Halter (siehe Abbildung).
13 Der Einbau erfolgt in umgekehrter Ausbaureihenfolge. Prüfen Sie die Funktion der Blinker.

RT-Modelle
Vordere Blinker

14 Demontieren Sie den entsprechenden Rückspiegel (siehe Kapitel 7).
15 Lösen Sie die Schrauben des seitlichen Verkleidungs-Innenteils und trennen Sie den Blinkerstecker (Abb. 7.14a und b).
16 Lösen Sie die zwei Schrauben, befreien Sie die Laschen und entnehmen Sie den Blinker (siehe Abbildung).
17 Der Einbau erfolgt in umgekehrter Ausbaureihenfolge. Prüfen Sie die Funktion der Blinker.

Hintere Blinker

18 Die Blinker sind in die Rücklicht-Einheit integriert – beachten Sie die Hinweise in Sektion 9.

10.20 Stecker ...

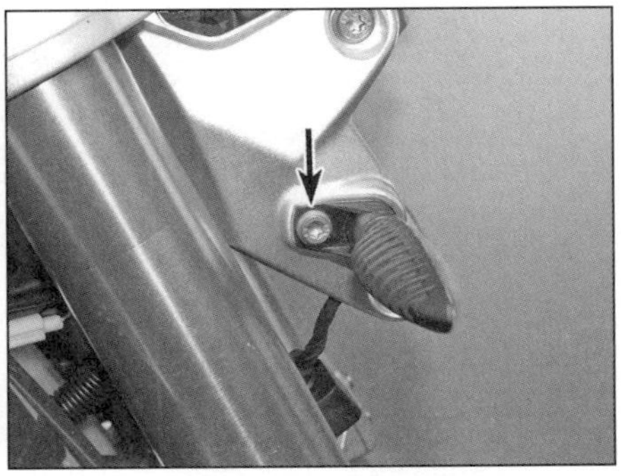

10.21 ... und Schraube des rechten Blinkers

RT-Modelle
Vordere Blinker

19 Demontieren Sie den Scheinwerfer (siehe Sektion 7).
20 Schneiden Sie den Kabelbinder auf, um den Blinkerstecker zu befreien und zu trennen (siehe Abbildung).
21 Lösen Sie die Blinkerschraube, drehen Sie den Blinker, bis das Glas nach oben zeigt, und ziehen Sie ihn samt Kabel aus dem Halter (siehe Abbildung).
22 Der Einbau erfolgt in umgekehrter Ausbaureihenfolge. Prüfen Sie die Funktion der Blinker.

Hintere Blinker

23 Beachten Sie die Hinweise für RS-Modelle – die Blinker sind baugleich.

RS-Modelle
Vordere Blinker

24 Demontieren Sie das entsprechende Verkleidungsseitenteil (siehe Kapitel 7).
25 Halten Sie die Blinkerschraube und lösen Sie die Mutter, drehen Sie dann den Blinker, bis das Glas nach oben zeigt, und ziehen Sie ihn samt Kabel aus dem Halter (siehe Abbildungen).
26 Der Einbau erfolgt in umgekehrter Ausbaureihenfolge. Prüfen Sie die Funktion der Blinker.

Hintere Blinker

27 Demontieren Sie den Rücksitz (siehe Kapitel 7).
28 Lösen Sie die fünf Schrauben, um die Abdeckung an der Unterseite des Blinker/Kenn-

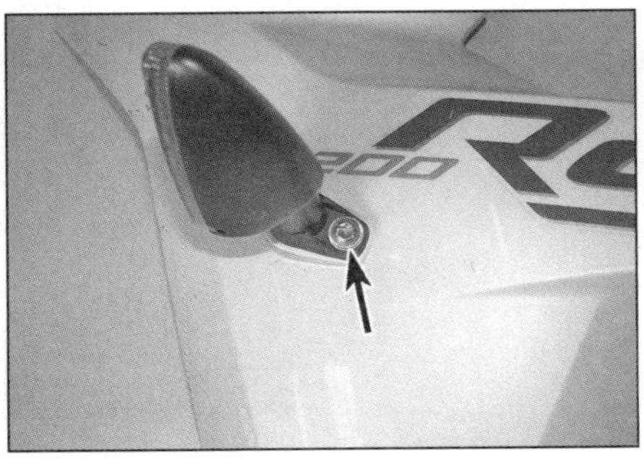

10.25a Halten Sie die Schraube, ...

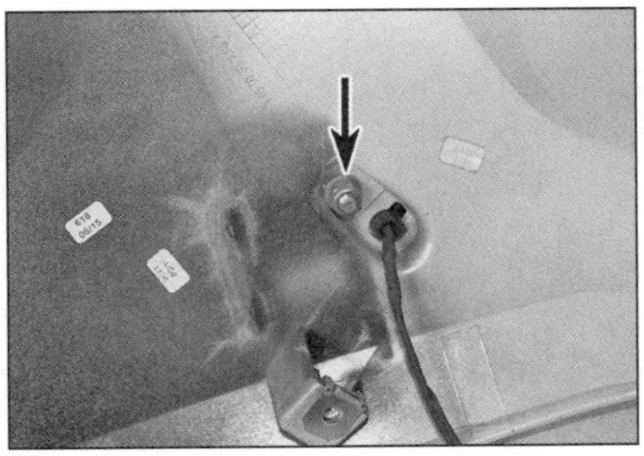

10.25b ... während die Mutter gelöst wird.

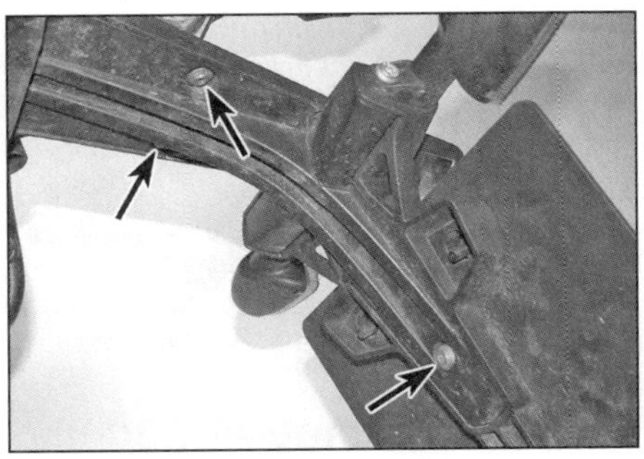

10.28a Lösen Sie die drei Schrauben an der Unterseite ...

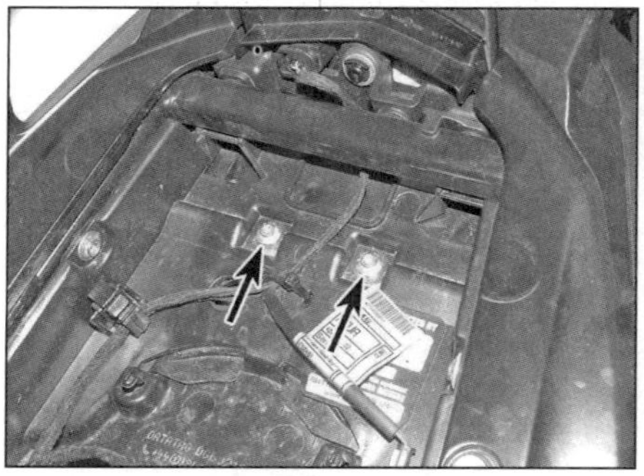

10.28b ... und die zwei Schrauben von oben.

10.29a Stecker des rechten Blinkers

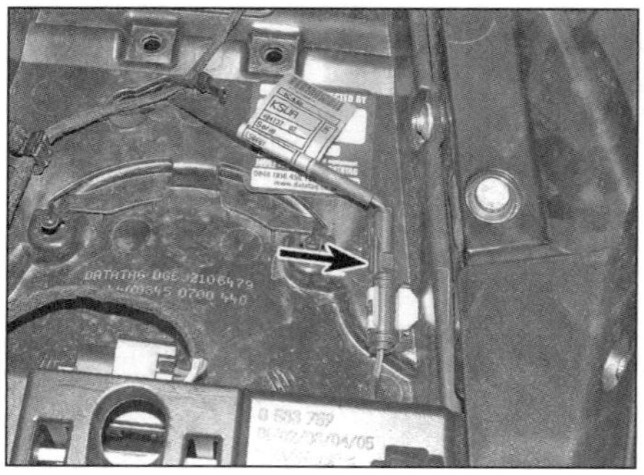

10.29b Stecker des linken Blinkers

10.30 Lösen Sie die Mutter und entfernen Sie die Schraube.

zeichenträgers zu entfernen (siehe Abbildungen).

29 Befreien Sie die Blinkerkabel und trennen Sie ihren Stecker – merken Sie sich die Verlegung (siehe Abbildungen).

30 Halten Sie die Blinkerschraube und lösen Sie die Mutter, drehen Sie dann den Blinker, bis das Glas nach oben zeigt, und ziehen Sie ihn samt Kabel aus dem Halter (siehe Abbildung).

31 Der Einbau erfolgt in umgekehrter Ausbaureihenfolge. Prüfen Sie die Funktion der Blinker.

11 Instrumente

Anmerkung 1: *Der Stecker der Instrumentenkabel darf auf keinen Fall getrennt werden, bevor die Zündung ausgeschaltet und die Batterie vom Stromnetz getrennt wurde.*

Anmerkung 2: *Die Instrumente bilden eine vergossene Einheit. Im Falle eines Instrumenten-Defekts muss die Einheit von einer BMW-Werkstatt untersucht werden.*

Anmerkung 3: *Wenn eine neue Instrumenteneinheit installiert wird, muss diese mithilfe eines BMW-Diagnosegerätes beim Grundmodul registriert werden, damit die Laufleistung und die Inspektionsdaten übertragen werden.*

GS- und Adventure-Modelle

1 Demontieren Sie die Cockpitverkleidungen (siehe Kapitel 7).

2 Ziehen Sie mit einer geeigneten Zange den Sicherungs-Clip vom Zapfen und ziehen Sie die Instrumente ab, um die Zapfen aus den Ösen zu befreien, trennen Sie dann den Instrumentenstecker (siehe Abbildungen).

3 Kontrollieren Sie die Gummiösen – falls sie spröde oder beschädigt sind, müssen sie ersetzt werden.

4 Die vordere (transparente) Instrumentenabdeckung und ihre Dichtung können nötigenfalls ersetzt werden – lösen Sie dazu die Schrauben an der Rückseite, entnehmen Sie die vordere Abdeckung und befreien Sie die Dichtung aus ihrer Nut (siehe Abbildung). Installieren Sie die neue Dichtung mit der runden Seite zum Instrumentengehäuse, sodass die vordere Abdeckung gegen die flache Seite drückt. Ziehen Sie die Schrauben nicht zu fest an, da die Gewinde leicht ausreißen können.

5 Der Einbau erfolgt in umgekehrter Ausbaureihenfolge. Der Instrumentenstecker muss korrekt verbunden sein. Prüfen Sie vor der ersten Fahrt die Funktion der Instrumente.

RT-Modelle

6 Demontieren Sie die Windschutzscheibe (siehe Kapitel 7).

7 Befreien Sie die Verkleidungsstifte und Schrauben der Windschutzscheibeneinsteller-Abdeckung und heben Sie diese vorne vorsichtig an, um die Zapfen aus den Gummiösen zu befreien (Abb. 7.15a, b und c) – bei Modellen mit Navi-Halter in der Cockpitverkleidung wird dieser mit der Verkleidung abgenommen, doch statt die Verkabelung zu trennen, kann sie zu einer Seite abgelegt oder hochgebunden werden. Bei Modellen ohne Navi-Halter wird die Cockpitverkleidung entfernt.

8 Ziehen Sie mit einer geeigneten Zange die Sicherungs-Clips von den Zapfen und ziehen

11.2a Ziehen Sie den Clip ab und befreien Sie die Instrumente, ...

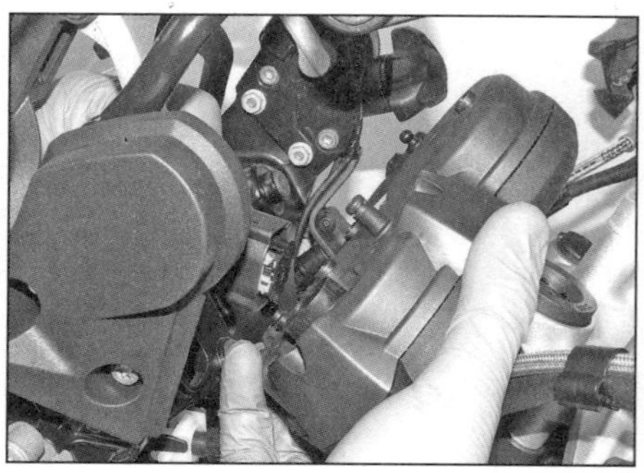

11.2b ...trennen Sie dann deren Stecker.

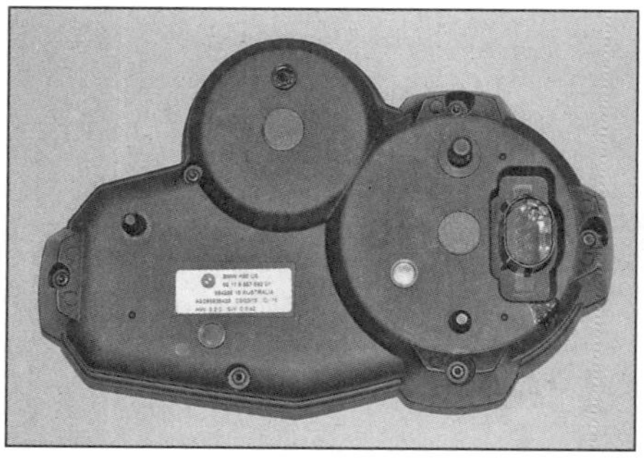

11.4 Lösen Sie an der Rückseite die Schrauben, um die vordere Abdeckung zu entnehmen.

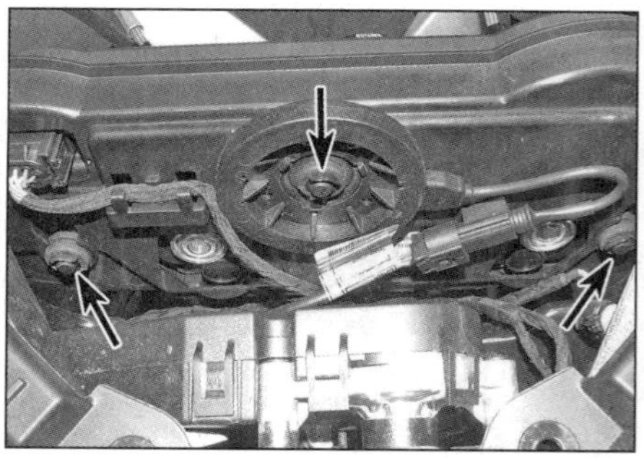

11.8a Ziehen Sie die Clips ab, ...

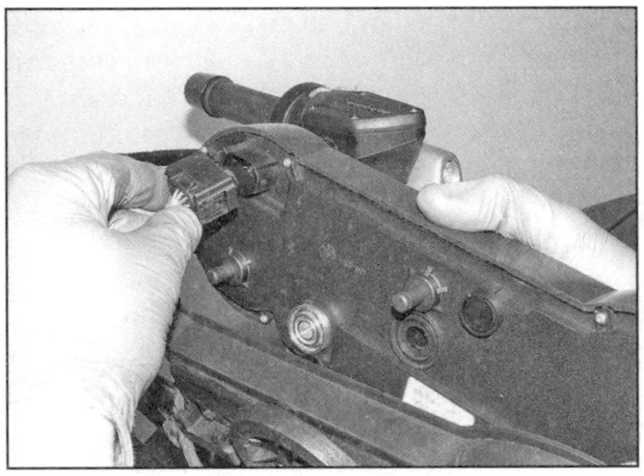

11.8b ... befreien Sie die Instrumente und trennen Sie deren Stecker.

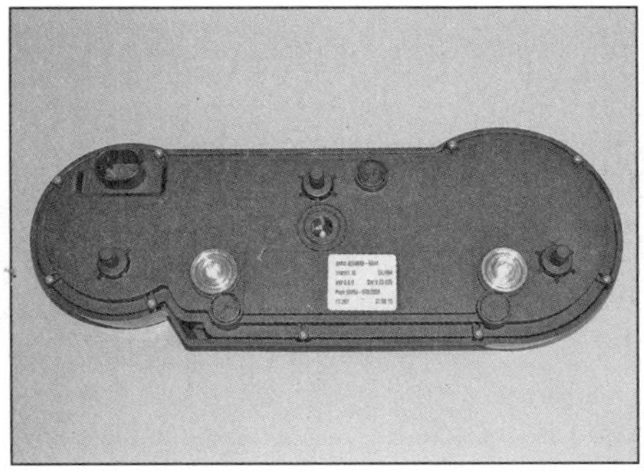

11.10 Lösen Sie an der Rückseite die Schrauben, um die vordere Abdeckung zu entnehmen.

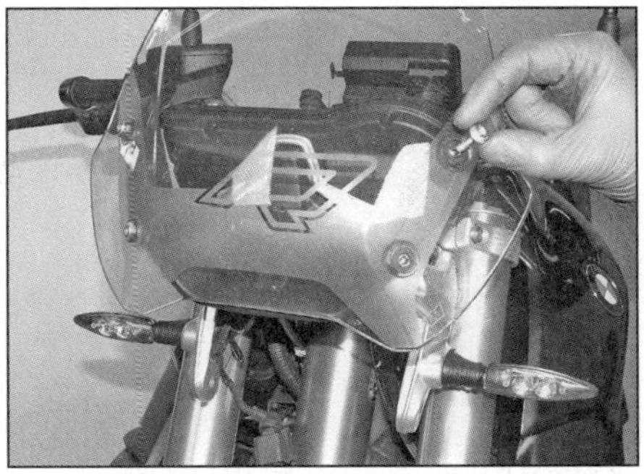

11.12a Lösen Sie die vier Schrauben, um die Windschutzscheibe zu entfernen, ...

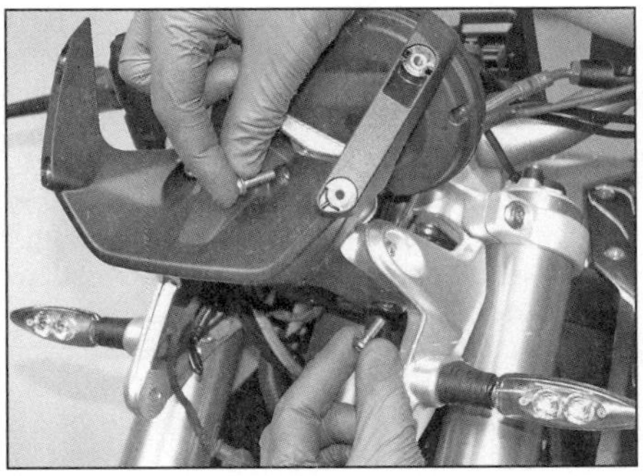

11.12b ... lösen Sie dann die vier Schrauben, um den Halter zu entfernen.

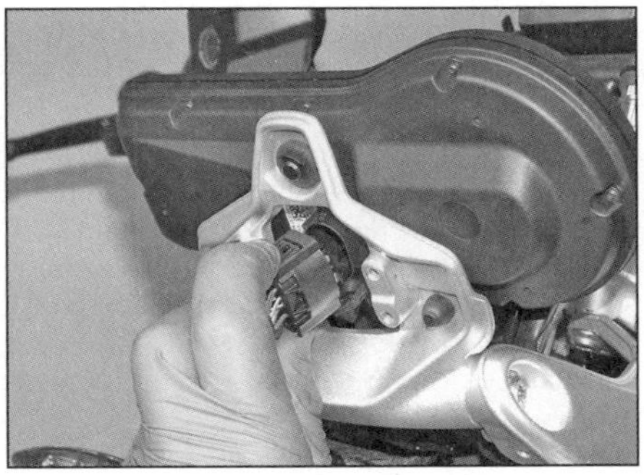

11.13a Trennen Sie den Instrumentenstecker ...

11.13b ... und ziehen Sie den Clip vom Zapfen.

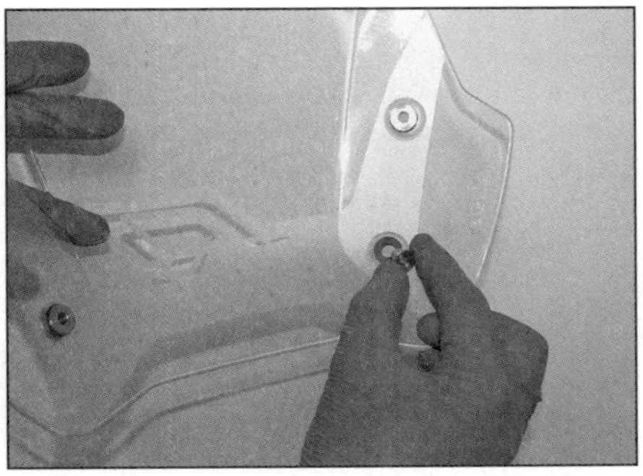

11.16 Die Hülsen müssen von hinten in den Gummiösen stecken.

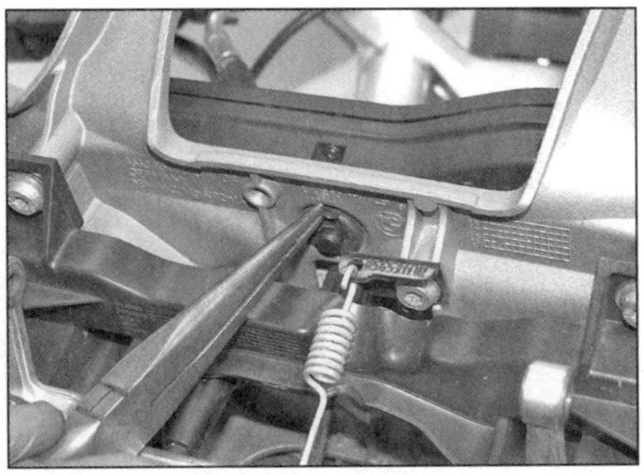

11.18a Ziehen Sie den Clip ab, ...

Sie die Instrumente ab, um die Zapfen aus den Ösen zu befreien, trennen Sie dann den Instrumentenstecker (siehe Abbildungen).

9 Kontrollieren Sie die Gummiösen – falls sie spröde oder beschädigt sind, müssen sie ersetzt werden.

10 Die vordere (transparente) Instrumentenabdeckung und ihre Dichtung können nötigenfalls ersetzt werden – lösen Sie dazu die Schrauben an der Rückseite, entnehmen Sie die vordere Abdeckung und befreien Sie die Dichtung aus ihrer Nut (siehe Abbildung). Installieren Sie die neue Dichtung mit der runden Seite zum Instrumentengehäuse, sodass die vordere Abdeckung gegen die flache Seite drückt. Ziehen Sie die Schrauben nicht zu fest an, da die Gewinde leicht ausreißen können.

11 Der Einbau erfolgt in umgekehrter Ausbaureihenfolge. Der Instrumentenstecker muss korrekt verbunden sein. Prüfen Sie vor der ersten Fahrt die Funktion der Instrumente.

R-Modelle

12 Lösen Sie die Schrauben der Abdeckung an der Instrumenten-Rückseite und entfernen Sie diese. Falls eine Windschutzscheibe montiert ist, muss diese samt Halter demontiert werden (siehe Abbildungen).

13 Ziehen Sie mit einer geeigneten Zange den Sicherungs-Clip vom Zapfen und ziehen Sie die Instrumente ab, um die Zapfen aus den Ösen zu befreien, trennen Sie dann den Instrumentenstecker (siehe Abbildungen).

14 Kontrollieren Sie die Gummiösen – falls sie spröde oder beschädigt sind, müssen sie ersetzt werden.

15 Die vordere (transparente) Instrumentenabdeckung und ihre Dichtung können nötigenfalls ersetzt werden – lösen Sie dazu die Schrauben an der Rückseite, entnehmen Sie die vordere Abdeckung und befreien Sie die Dichtung aus ihrer Nut (Abb. 11.20). Installieren Sie die neue Dichtung mit der runden Seite zum Instrumentengehäuse, sodass die vordere Abdeckung gegen die flache Seite drückt. Ziehen Sie die Schrauben nicht zu fest an, da die Gewinde leicht ausreißen können.

16 Der Einbau erfolgt in umgekehrter Ausbaureihenfolge. Der Instrumentenstecker muss korrekt verbunden sein. Bei Modellen mit Windschutzscheibe müssen die Hülsen in den Gummiösen sitzen (siehe Abbildung). Prüfen Sie vor der ersten Fahrt die Funktion der Instrumente.

RS-Modelle

17 Demontieren Sie die Windschutzscheibe, ihren Halter (entweder komplett oder schwenken Sie ihn hoch) und die Abdeckung des Windschutzscheiben-Einstellers (siehe Kapitel 7).

18 Ziehen Sie mit einer geeigneten Zange den Sicherungs-Clip vom Zapfen und ziehen Sie die Instrumente ab, um die Zapfen aus den Ösen zu befreien, trennen Sie dann den Instrumentenstecker (siehe Abbildungen).

19 Kontrollieren Sie die Gummiösen – falls sie spröde oder beschädigt sind, müssen sie ersetzt werden.

20 Die vordere (transparente) Instrumentenabdeckung und ihre Dichtung können nötigenfalls ersetzt werden – lösen Sie dazu die Schrauben an der Rückseite, entnehmen Sie

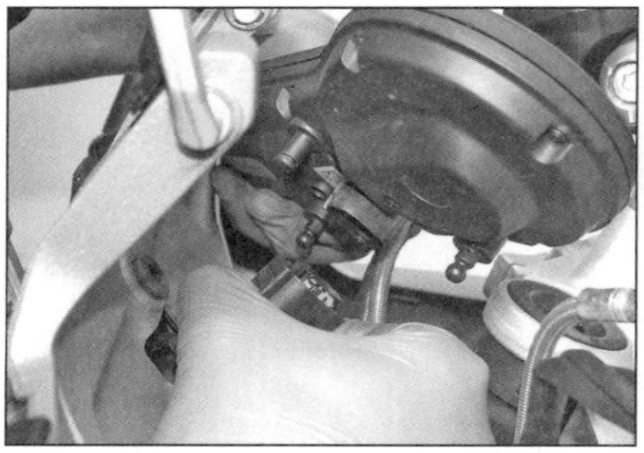

11.18b ... befreien Sie die Instrumente und trennen Sie deren Stecker.

die vordere Abdeckung und befreien Sie die Dichtung aus ihrer Nut (siehe Abbildung). Installieren Sie die neue Dichtung mit der runden Seite zum Instrumentengehäuse, sodass die vordere Abdeckung gegen die flache Seite drückt. Ziehen Sie die Schrauben nicht zu fest an, da die Gewinde leicht ausreißen können.

21 Der Einbau erfolgt in umgekehrter Ausbaureihenfolge. Der Instrumentenstecker muss korrekt verbunden sein. Prüfen Sie vor der ersten Fahrt die Funktion der Instrumente.

12 Windschutzscheiben-Verstellmotor (RT-Modelle)

1 Demontieren Sie die Windschutzscheibe und die Rückspiegel (siehe Kapitel 7).

2 Beachten Sie die Schritte 14 bis 17 in Sektion 7 und entfernen Sie die Innenverkleidungs-

12.3 Befreien und trennen Sie den Stecker des Windschutzscheibenmotors.

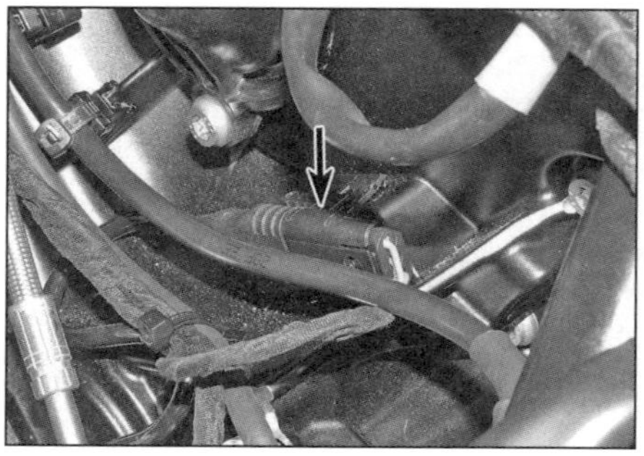

14.3 Stecker des Gangsensors

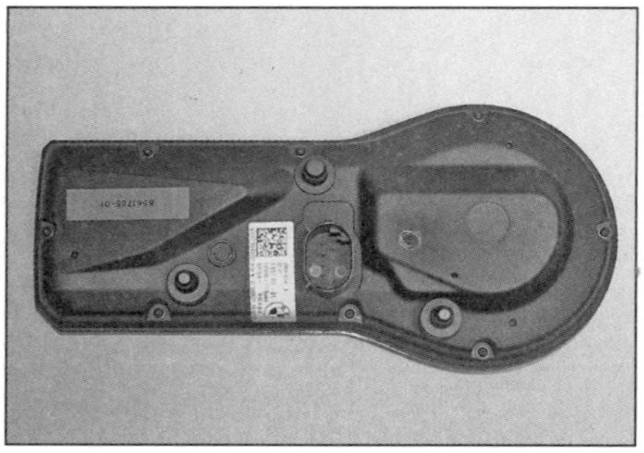

11.20 Lösen Sie an der Rückseite die Schrauben, um die vordere Abdeckung zu entnehmen.

Seitenteile, die Windschutzscheibeneinsteller-Abdeckung, die Lagerzapfen des Halters und die obere Innenverkleidung.

3 Schneiden Sie den Kabelbinder auf, der den Stecker des Verstellmotors sichert, und trennen Sie diesen (siehe Abbildung).

4 Lösen Sie die Schrauben des Verstellmotors und entfernen Sie diesen (siehe Abbildung).

5 Der Einbau erfolgt in umgekehrter Ausbaureihenfolge. Die Kabelstecker müssen korrekt verbunden und gesichert sein. Prüfen Sie die Funktion des Verstellmotors.

13 Geschwindigkeitssensor

1 Der Tachometer wird von einem hinter dem Antriebsflansch im Endantrieb-Gehäuse sitzenden Geschwindigkeitssensor gesteuert.

12.4 Schrauben des Windschutzscheibenmotors

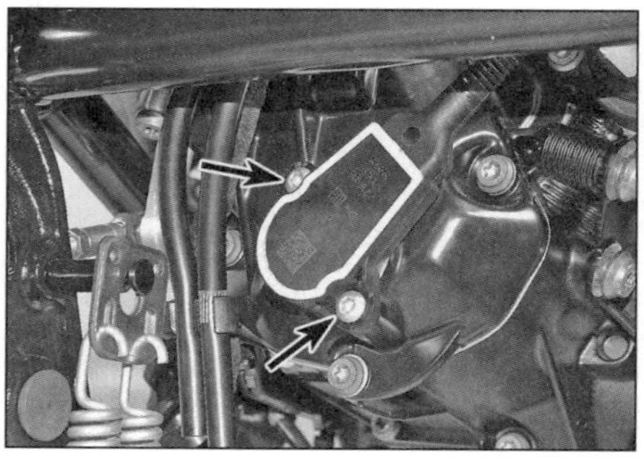

14.4 Schrauben des Gangsensors

Der Sensorring ist in das im Gehäuse sitzende Tellerrad integriert. Dieser Sensor versorgt auch die ABS-Regelung mit Informationen.

2 Um Zugang zum Sensor zu erhalten, müssen die Hinweise in Kapitel 6, Sektion 17 beachtet werden.

14 Gangsensor

1 Der Sensor versorgt das Motorsteuergerät mit Informationen über den im Getriebe eingelegten Gang, damit dies die Einspritzung und den Zündzeitpunkt anpassen kann.

2 Demontieren Sie den Anlasser (siehe Sektion 22).

3 Öffnen Sie die Kabelbinder der Sensorverkabelung, befreien und trennen Sie dann den Stecker (siehe Abbildung) – merken Sie sich die Verlegung des Kabels.

4 Lösen Sie die zwei Schrauben des Sensors und entnehmen Sie diesen (siehe Abbildung).

5 Der Einbau erfolgt in umgekehrter Ausbaureihenfolge. Kontrollieren Sie den O-Ring des Sensors und ersetzen Sie ihn nötigenfalls.

15 Umgebungs-temperatursensor

1 Der Umgebungstemperatursensor ist Bestandteil des Bordcomputer-Stromkreises. Im Stillstand kann die aufsteigende Motorwärme das Messergebnis beeinflussen, sodass unter diesen Umständen zeitweise zwei horizontale Striche (– –) in der Anzeige erscheinen.

2 Wenn die Lufttemperatur unter 3 °C fällt, erscheint im Display ein Schneeflocken-Warnsymbol, um vor Eisglätte zu warnen.

3 Der Sensor sitzt bei GS- und Adv.-Modellen links unter dem oberen Vorderradschutzblech, bei RT-Modellen in der rechten Kühlerabdeckung, bei R-Modellen hinter der linken Tankverkleidung und bei RS-Modellen unten in der Frontverkleidung (siehe Abbildungen).

4 Für einen Test des Sensors sind keine Daten zugänglich. Bevor der Fehler im Sensor vermutet wird, sollte sein Kabel sowie der Stecker untersucht werden – beachten Sie dazu die Schaltpläne am Ende des Kapitels.

15.3a Position des Umgebungstemperatursensors – RT-Modelle

15.3b Position des Umgebungstemperatursensors - R-Modelle

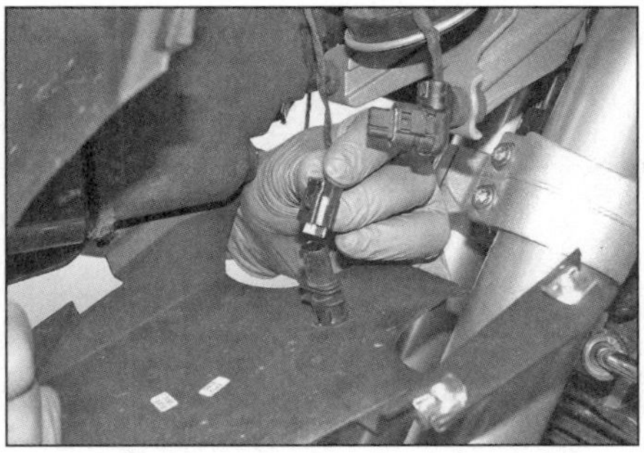

15.3c Position des Umgebungstemperatursensors – RS-Modelle

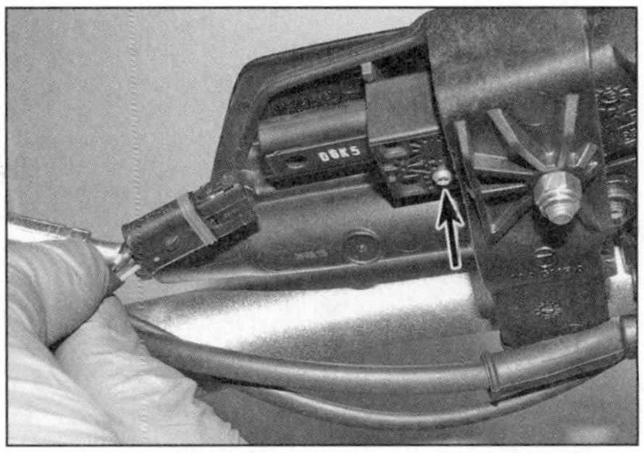

16.5 Trennen Sie den Stecker des Kupplungsschalters und lösen Sie dessen Schraube.

5 Um bei GS-, Adv.-, RT- und RS-Modellen den Sensor zu entfernen, muss der Stecker getrennt und der Sensor herausgezogen werden. Bei R-Modellen muss der Kabelbinder aufgeschnitten werden, um den Sensor zu befreien, dann wird sein Stecker getrennt.
6 Der Einbau erfolgt in umgekehrter Ausbaureihenfolge – der Sensor und sein Kabelstecker müssen korrekt gesichert sein.

16 Kupplungsschalter

Kontrolle

1 Der Kupplungsschalter sitzt unterhalb des Kupplungshebels an dessen Halter. Er ist ein Teil des Sicherheits-Stromkreises, der das Starten des Motors bei eingelegtem Gang verhindert, solange nicht die Kupplung gezogen und der Seitenständer eingeklappt ist. Folgen Sie für die Kontrolle des Sicherheits-Stromkreises den Schritten 7 bis 11.
2 Für die Kontrolle des Kupplungsschalters muss der Stecker am Schalter getrennt werden (Abb. 16.5).
3 Prüfen Sie mit einem Multimeter oder einer Prüflampe, ob an den Kontakten der Schalterseite Durchgang besteht – zuerst mit dem Kupplungshebel in Ruheposition und dann bei gezogener Kupplung. Es darf nur in einer Position Durchgang bestehen, andernfalls muss der Schalter demontiert und seine Funktion wie unten beschrieben überprüft werden.

Ausbau und Einbau

4 Entfernen Sie bei GS- und Adv.-Modellen zunächst die vordere Sektion des linken Handprotektors (siehe Kapitel 7, Sektion 3).
5 Trennen Sieden Kabelstecker vom Schalter, lösen Sie die Schraube und entnehmen Sie den Schalter (siehe Abbildung). Prüfen Sie, ob sich der Kontakt des Schalters frei bewegen lässt – wenn er klemmt oder verschmutzt ist, muss er sorgfältig mit Lösungsmittel gereinigt und der Schalter mit Kontaktreiniger behandelt werden. Ein defekter Schalter muss ersetzt werden.
6 Der Einbau erfolgt in umgekehrter Ausbaureihenfolge – installieren Sie den Schalter mit der Bohrung für die Arretierlasche des Steckers nach unten.

Kontrolle des Sicherheits-Stromkreises

7 Der Killschalter muss auf OFF stehen, der Seitenständer eingeklappt sein und das Getriebe sich im Leerlauf befinden. Schalten Sie die Zündung ein – im Cockpit muss die mit einem N beschriftete Leerlauflampe aufleuchten.
8 Legen Sie einen Gang ein – die Leerlauflampe muss erlöschen.
9 Drücken Sie den Startknopf – es darf nichts passieren.
10 Klappen Sie den Seitenständer herunter, ziehen Sie den Kupplungshebel und drücken Sie erneut den Startknopf – der Anlasser darf nicht arbeiten.
11 Klappen Sie den Seitenständer bei weiterhin gezogenem Kupplungshebel wieder ein und drücken Sie den Startknopf – der Anlasser muss arbeiten.

17 Seitenständerschalter

Kontrolle

1 Der Seitenständerschalter sitzt am Lagerzapfen des Seitenständers. Er ist ein Teil des Sicherheits-Stromkreises, der das Starten des Motors bei eingelegtem Gang verhindert, solange nicht die Kupplung gezogen und der Seitenständer eingeklappt ist.
2 Zur Kontrolle des Seitenständerschalters muss das Motorrad auf den Hauptständer gestellt oder mit einer geeigneten Stütze gesichert werden. Verfolgen Sie bei frühen GS-Modellen das Kabel des Schalters zu seinem Stecker und trennen Sie diesen. Trennen Sie bei allen anderen Modellen den Stecker direkt vom Schalter (Abb. 17.8b).
3 Prüfen Sie mit einem Multimeter oder einer Prüflampe, ob an den Kontakten der Schalterseite Durchgang besteht – zuerst mit eingeklapptem dann mit ausgeklapptem Ständer.
4 Falls nicht in einer Ständer-Position Durchgang und in der anderen kein Durchgang besteht, ist der Schalter defekt und muss ersetzt werden.
5 Ist der Schalter in Ordnung, muss das Kabel zwischen dem Stecker und dem Motorsteuergerät untersucht werden.
6 Folgen Sie nötigenfalls den Hinweisen in Sektion 16, Schritte 7 bis 11, um den Sicherheits-Stromkreis zu überprüfen.

Ausbau und Einbau

7 Verfolgen Sie bei frühen GS-Modellen das Kabel des Schalters zu seinem Stecker und trennen Sie diesen. Befreien Sie das Kabel aus allen Kabelbindern und der Führung – merken Sie sich seine Verlegung. Lösen Sie die zwei Sicherungsringe, entfernen Sie die Scheibe und heben Sie den Schalter ab – merken Sie sich die Positionen aller Teile.
8 Lösen Sie bei allen anderen Modellen die Schraube und heben Sie den Schalter ab, trennen Sie dann den Stecker (siehe Abbildungen).

17.8a Befreien Sie den Seitenständerschalter ...

17.8b ... und trennen Sie seinen Stecker.

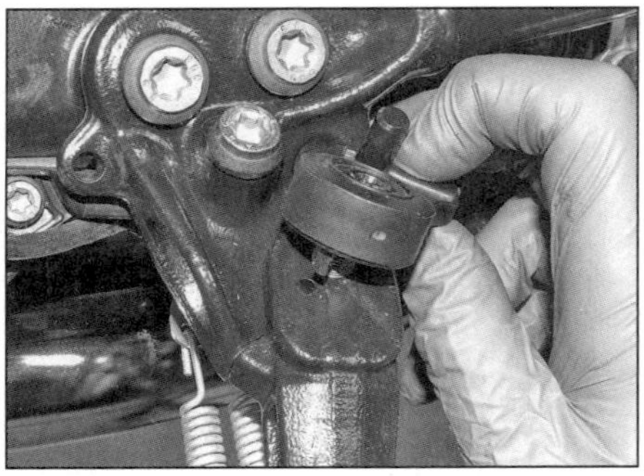

17.9 Richten Sie den Stift zur Bohrung aus.

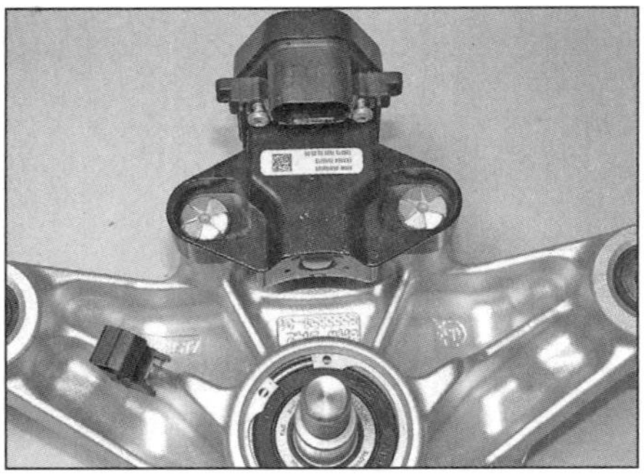

18.2 Die Köpfe der Zündschloss-Schrauben müssen ausgebohrt werden.

9 Stecken Sie bei der Montage des Schalters den Stift an dessen Rückseite in die Bohrung des Ständers und die Nut im Gehäuse über den Stift (siehe Abbildung). Sichern Sie bei frühen GS-Modellen den Schalter den Schalter mit der Scheibe und zwei neuen Sicherungsringen. Reinigen Sie bei allen anderen Modellen die Gewinde der Schalterschraube, tragen Sie frische Sicherungspaste auf und sichern Sie damit den Schalter.
10 Sichern Sie bei frühen GS-Modellen das korrekt verlegte Kabel in seiner Führung und mit neuen Kabelbindern. Verbinden Sie bei allen Modellen den Kabelstecker – der direkt am Schalter sitzende Stecker muss zweimal klicken, sodass beide Laschen eingerastet sind.

18 Zündschloss

Ausbau

1 Folgen Sie den Hinweisen in Kapitel 5 (Modelle mit Telelever: Sektion 8; Modelle mit Telegabel: Sektion 9), um die obere Gabelbrücke zu demontieren.
2 Das kombinierte Zünd/Lenkschloss ist mit speziellen Sicherheitsschrauben an der Unterseite der oberen Gabelbrücke befestigt (siehe Abbildung). Bohren Sie die Köpfe der Schrauben aus und ziehen Sie die Baugruppe ab. Die in der Brücke verbliebenen Reste der Schrauben müssen mit speziellen Ausdrehwerkzeugen (z. B. einem Linksausdreher) entfernt werden – beachten Sie dazu die *Werkzeug- und Werkstatt-Tipps* im Anhang.

Einbau

3 Installieren Sie das kombinierte Zünd/Lenkschloss mit neuen Spezialschrauben an die obere Gabelbrücke. Beachten Sie, dass diese Schrauben einen speziellen Schlüssel (BMW-Teilenummer 510531) erfordern. Ziehen Sie die Schrauben mit 20 Nm an.
4 Montieren Sie die obere Gabelbrücke (siehe Kapitel 5, Sektion 8 oder 9). Verbinden Sie die Stecker des Zündschlosses und prüfen Sie seine Funktion.

19 Lenkerschalter

1 Im Allgemeinen funktionieren die Schalter zuverlässig und problemlos. Wenn Probleme auftreten, liegt es oft an Schmutz und korrodierten Kontakten, aber auch Verschleiß und Brüche innerer Teile sind Möglichkeiten, die nicht übersehen werden dürfen. Wenn irgendeine Unterbrechung auftritt, muss der entsprechende Schalter samt angeschlossener Kabel ersetzt werden, da Einzelteile nicht erhältlich sind.
2 Die Schalter können mit einem Ohmmeter oder einer Prüflampe auf Durchgang kontrolliert werden (siehe Sektion 2).

Rechter Lenkerschalter

3 Trennen Sie den Gasgriff-Kabelstecker (siehe Abbildung).
4 Lösen Sie die Schraube an der Rückseite des Gehäuses (siehe Abbildung).
5 Senken Sie die untere Abdeckung hinten ab und drücken Sie sie nach vorne, um die vordere Lasche zu befreien (siehe Abbildung).
6 Lösen Sie die Schraube und befreien Sie das Schaltergehäuse. Trennen Sie dann die Kabelstecker (siehe Abbildungen).

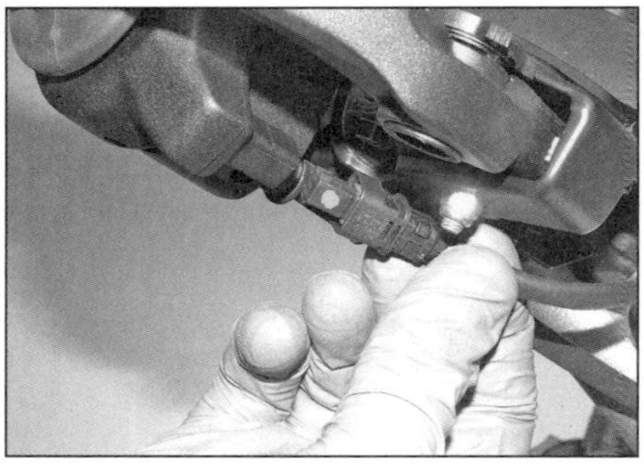

19.3 Trennen Sie den Gasgriff-Stecker.

19.4 Lösen Sie an der Rückseite die Schraube.

19.5 Befreien und entnehmen Sie die Abdeckung.

19.6a Lösen Sie die Schraube ...

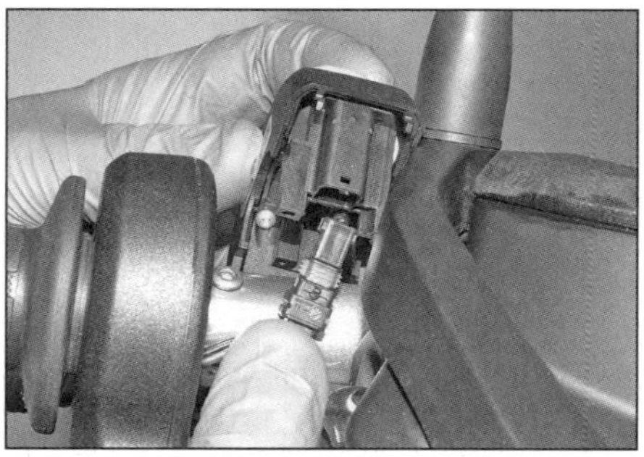

19.6b ... und trennen Sie vorne ...

19.6c ... sowie hinten die Kabelstecker.

19.7 Lenkergewicht-Schraube

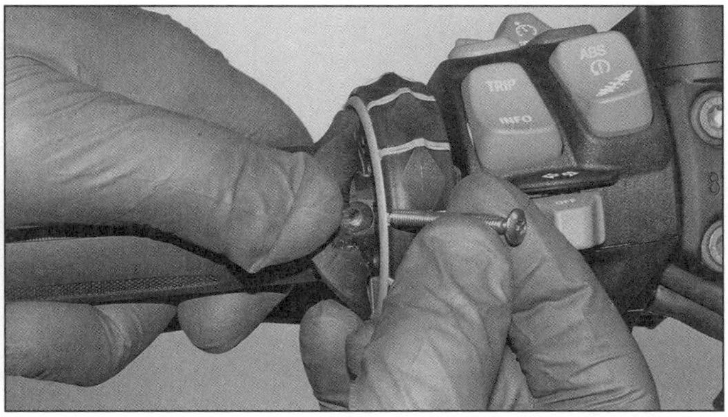

19.8 Ziehen Sie das Griffgummi zurück und lösen Sie die Schraube.

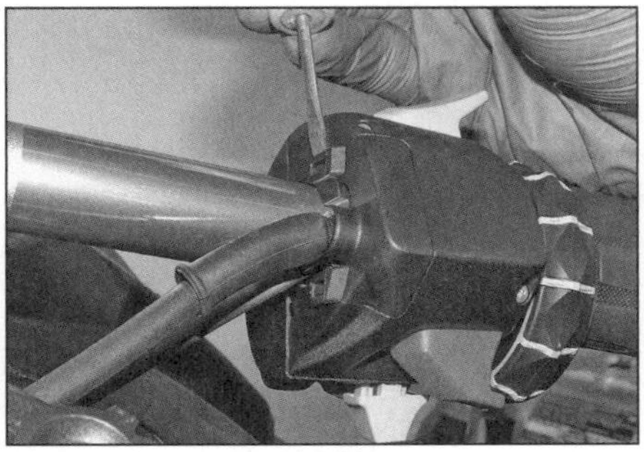

19.10a Lösen Sie den Clip ...

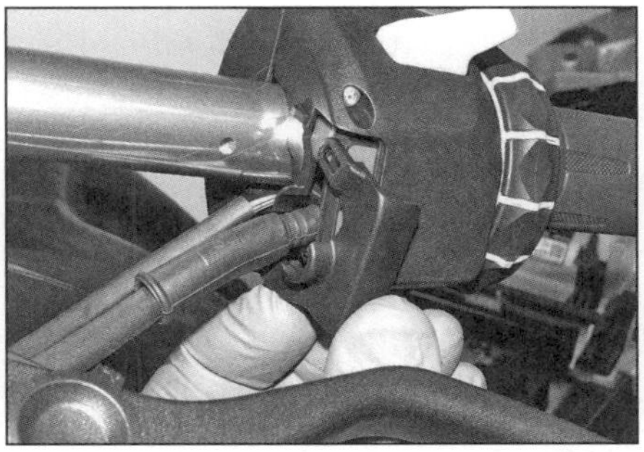

19.10b ... und entfernen Sie die Abdeckung.

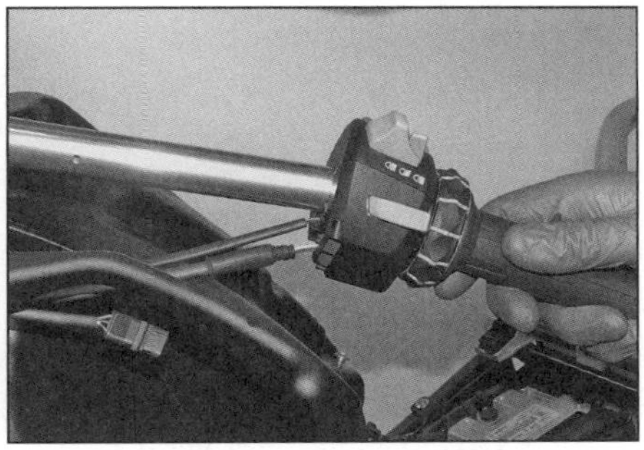

19.10c Ziehen Sie den Griff samt Schaltergehäuse ab.

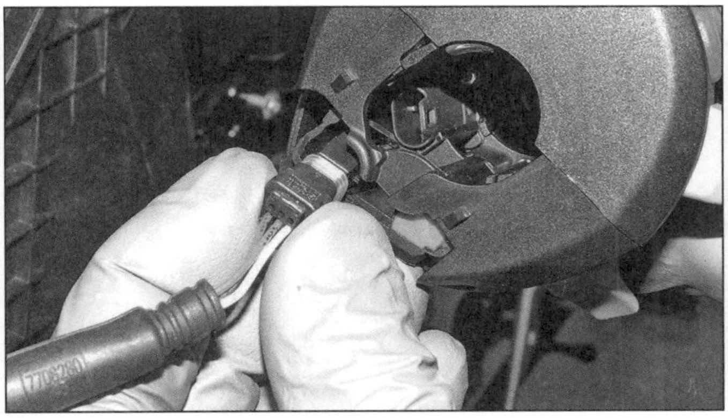

19.11 Befreien und trennen Sie den/die Stecker.

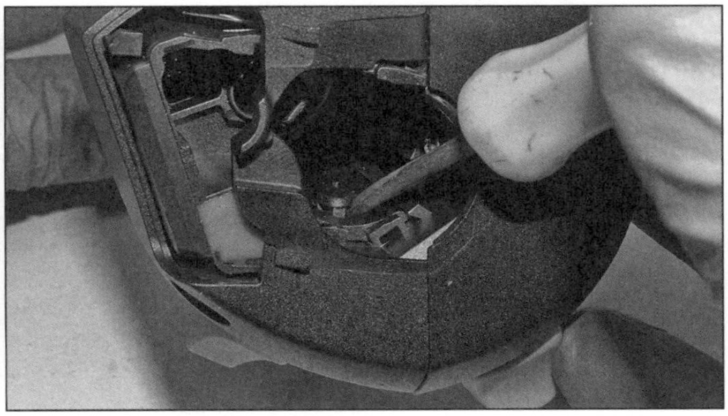

19.12a Heben Sie die Lasche an, ...

Linker Lenkerschalter

Achtung: Lösen Sie NICHT die Schrauben an der Rückseite des Schaltergehäuses!

7 Demontieren Sie bei GS- und Adv.-Modellen ggf. den Handprotektor (siehe Kapitel 7, Sektion 3). Lösen Sie bei allen anderen Modellen die Schraube des Lenkergewichts und entfernen Sie dies (siehe Abbildung).

8 Ziehen Sie den Flansch des Griffgummis zurück und lösen Sie die darunter sitzende Schraube (siehe Abbildung).

9 Trennen Sie den Stecker des Kupplungsschalters (Abb. 16.5). Befreien Sie die Lenkerschalter-Verkabelung aus allen Befestigungen.

10 Lösen Sie die Clips und entfernen Sie die Abdeckung, ziehen Sie dann das Griffgummi samt Schaltergehäuse vom Lenker (siehe Abbildungen).

11 Entfernen Sie je nach Ausstattung den Blindstecker und trennen Sie alle angeschlossenen Stecker (siehe Abbildung).

12 Heben Sie vorsichtig die Haltelasche innerhalb des Gehäuses an und ziehen Sie den Griff heraus (siehe Abbildungen).

13 Falls vorhanden – und notwendig – werden die drei Schrauben des Multifunktions-Rings gelöst und der Stecker der Heizgriffe getrennt, um den Ring zu entfernen – merken Sie sich seine Ausrichtung.

Einbau

14 Der Einbau erfolgt in umgekehrter Ausbaureihenfolge. Prüfen Sie vor der ersten Fahrt die Funktionen aller Schalter.

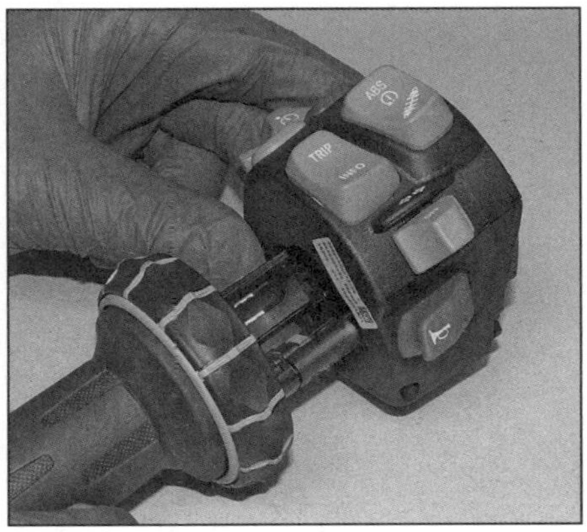

19.12b ... um den Griff vom Schaltergehäuse zu befreien.

20.1 Hupe – Adventure-Modelle

20.2 Hupe – RT-Modelle

20.4 Hupe – RS-Modelle

20 Hupe

1 Um bei GS- und Adv.-Modellen Zugang zur Hupe zu erhalten, muss die rechte Seitenverkleidung entfernt werden (siehe Kapitel 7) (siehe Abbildung).

2 Bei RT-Modellen sitzt die Hupe an der rechten Seite (siehe Abbildung).

3 Um bei R-Modellen Zugang zur Hupe zu erhalten, müssen der Tank und das Luftfiltergehäuse entfernt werden (siehe Kapitel 4).

4 Um bei RS-Modellen optimalen Zugang zur Hupe zu erhalten, kann die Frontverkleidung demontiert werden; sie ist aber auch nach der Demontage der Cockpitverkleidung zugänglich (siehe Kapitel 7) (siehe Abbildung).

5 Trennen Sie den Hupenstecker, lösen Sie die Schraube und entnehmen Sie die Hupe.

6 Verbinden Sie für einen Test der Hupe deren Kontakte direkt mit einer geladenen 12-Volt-Batterie.

7 Funktioniert die Hupe jetzt, müssen der Schalter (siehe Sektion 19) und die Kabel zwischen dem Schalter und der Hupe kontrolliert werden (beachten Sie die Schaltpläne am Ende dieses Kapitels).

8 Funktioniert die Hupe auch bei direkter Stromversorgung nicht, muss sie ersetzt werden.

9 Der Einbau erfolgt in umgekehrter Ausbaureihenfolge. Prüfen Sie die Funktionen der Hupe.

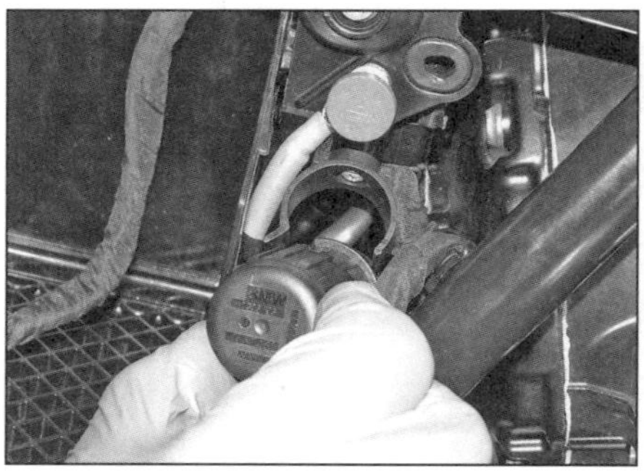

21.2 Befreien Sie den Diagnosestecker.

21.3a Befreien Sie den Halter ...

21 Relais

Hauptrelais

1 Die Zündung muss ausgeschaltet sein. Demontieren Sie rechts die Batterieabdeckung (siehe Kapitel 7).

2 Befreien Sie den Diagnosestecker aus seinem Halter (siehe Abbildung).

3 Befreien Sie den Relaishalter aus dem Batteriegehäuse, drücken Sie die Lasche ein und ziehen Sie das Relais von seinem Sockel (siehe Abbildungen). Kontrollieren Sie, ob alle Kontakte sauber und frei von Korrosion sind (siehe Abbildung).

4 Um das Relais zu testen, muss ein auf den Ohm-Bereich geschaltetes Multimeter oder ein Durchgangsprüfer mit den Anschlüssen 3 und 4 verbunden werden – es darf kein Durchgang festgestellt werden (unendlicher Widerstand). Verbinden Sie jetzt eine geladene 12-Volt-Batterie mithilfe von Überbrückungskabeln mit den Anschlüssen 1 und 2 – jetzt muss das Relais klicken und zwischen den Anschlüssen 3 und 4 Durchgang festgestellt werden (null Widerstand). Bei anderen Ergebnissen ist das Relais defekt und muss ersetzt werden.

21.3b ... und entnehmen Sie das Relais.

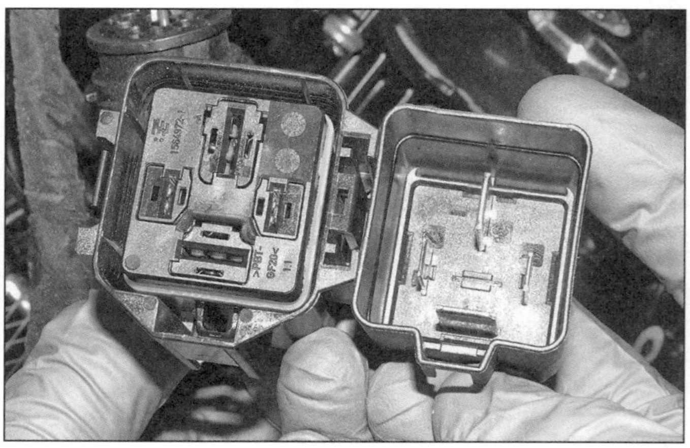

21.3c Kontrollieren Sie die Kontakte und Sockel – die Anschlüsse sind nummeriert.

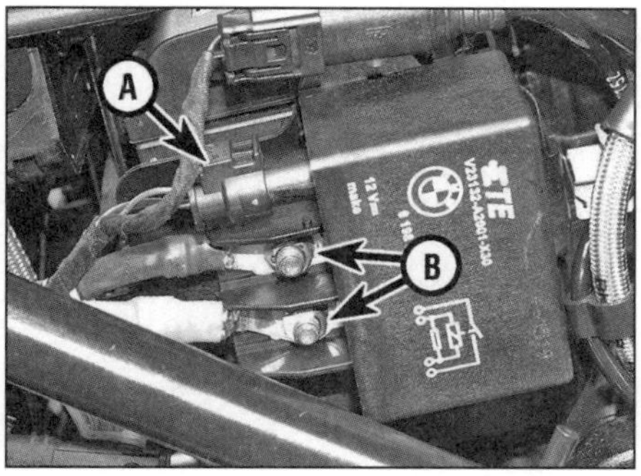

21.7 Relaisstecker (A), Batterie- und Anlasserkabel (B)

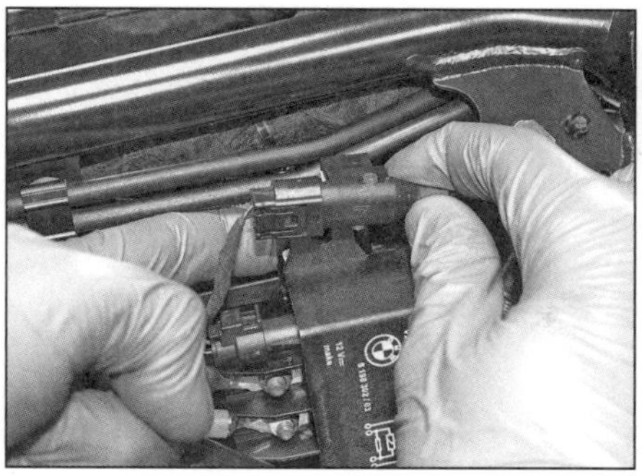

21.8a Befreien Sie den Stecker ...

21.8b ... und entfernen Sie das Relais.

Anlasserrelais

5 Prüfen Sie bei einem nicht funktionierenden Anlasser zuerst, ob die Batterie ausreichend geladen ist. Außerdem müssen der Killschalter auf RUN stehen, der Seitenständer eingeklappt sein und sich das Getriebe im Leerlauf befinden. Arbeitet der Anlasser immer noch nicht, wird die Zündung ausgeschaltet und der Masseanschluss (–) der Batterie getrennt (siehe Sektion 3).

6 Demontieren Sie rechts die Batterieabdeckung (siehe Kapitel 7).

7 Trennen Sie den Relaisstecker, lösen Sie die Muttern und befreien Sie das von der Batterie kommende sowie das zum Anlasser führende Kabel – merken Sie sich deren Positionen (siehe Abbildung).

8 Befreien Sie den Kabelstecker oben vom Relais (siehe Abbildung). Heben Sie das Relais aus seinem Halter – beachten Sie seine Einbaulage (siehe Abbildung).

9 Um das Relais zu testen, muss ein auf den Ohm-Bereich geschaltetes Multimeter oder ein Durchgangsprüfer mit den Batterie- und Anlasser-Anschlüssen verbunden werden – es darf kein Durchgang festgestellt werden (unendlicher Widerstand). Verbinden Sie jetzt eine geladene 12-Volt-Batterie mithilfe von Überbrückungskabeln mit den Stecker-Anschlüssen – jetzt muss das Relais klicken und zwischen den Batterie- und Anlasser-Anschlüssen Durchgang festgestellt werden (null Widerstand). Bei anderen Ergebnissen ist das Relais defekt und muss ersetzt werden.

10 Falls das Relais und seine Verkabelung in Ordnung sind, müssen die anderen Komponenten des Anlasser-Stromkreises (Kupplungsschalter, Seitenständerschalter, Gangsensor, Startknopf und Killschalter) entsprechend der relevanten Sektionen in diesem Kapitel untersucht werden. Wenn alle Komponenten in Ordnung sind, müssen die Kabel zwischen den verschiedenen Teilen des Anlasser-Stromkreises überprüft werden (beachten Sie die Schaltpläne am Ende dieses Kapitels).

11 Wenn alle Komponenten des Anlasser-Stromkreises in Ordnung sind, kann der Fehler in einem beschädigten Anlasser liegen (siehe Sektion 22).

22 Anlasser

Ausbau

1 Der Anlasser sitzt rechts am Motor.

2 Demontieren Sie rechts die Batterieabdeckung (siehe Kapitel 7).

3 Trennen Sie den Masseanschluss (–) der Batterie (siehe Sektion 3).

4 Befreien und trennen Sie den Stecker der rechten Lambdasonde (siehe Abbildungen).

22.4a Befreien Sie den Stecker ...

22.4b ... und trennen Sie ihn.

22.4c Trennen Sie den Servostecker, ...

22.4d ... lösen Sie die Schraube ...

22.4e ... und befreien Sie den Servo.

8

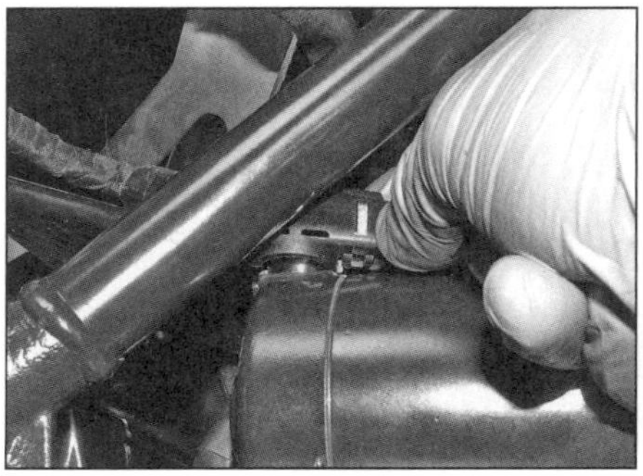

22.5a Entfernen Sie die Abdeckung, ...

22.5b ... lösen Sie die Mutter und befreien Sie das Haupt-Kabel.

22.5c Befreien Sie das Massekabel.

22.6 Anlasserschrauben

22.7a Ziehen Sie den Anlasser nach hinten ...

22.7b ... und schwenken Sie ihn heraus.

22.8 Kontrollieren Sie den O-Ring.

Trennen Sie den Stecker der Auspuffklappen-Servos (siehe Abbildung). Lösen Sie die Befestigungsschrauben des Auspuffklappen-Servos, entnehmen Sie die Scheibe und ziehen Sie den Servo aus der Gummiöse, um ihn an den Bowdenzügen hängen zu lassen (siehe Abbildungen).

5 Befreien und entfernen Sie die Abdeckung des Anlasser-Anschlusses (siehe Abbildung). Lösen Sie die Mutter und befreien Sie das vom Relais kommende Kabel (siehe Abbildung). Lösen Sie die Schraube und befreien Sie das Massekabel (siehe Abbildung).

6 Lösen Sie die Anlasser-Schrauben (siehe Abbildung).

7 Ziehen Sie den Anlasser nach hinten heraus, schwenken Sie sein vorderes Ende herum und entfernen Sie den Anlasser. Lösen Sie den Kabelbinder an der oberen Halteöse (siehe Abbildungen).

8 Kontrollieren Sie den O-Ring am Anlasser-Flansch und ersetzen Sie ihn nötigenfalls (siehe Abbildung).

9 Für den Anlasser sind keine Ersatzteile erhältlich – falls er defekt ist, muss er ersetzt werden.

Einbau

10 Der Einbau erfolgt in umgekehrter Ausbaureihenfolge. Schmieren Sie den O-Ring mit etwas Motoröl.

11 Prüfen Sie die Funktion des Anlassers.

23 Ladesystem – Kontrolle

Anmerkung: *Falls während der Fahrt die allgemeine Warnleuchte und das Batterie-Symbol aufleuchten, muss zunächst die Ladesystem-Sicherung kontrolliert werden (siehe Sektion 4) – es gab Fälle, in denen sich die Sicherungs-Schrauben gelöst und für schlechte Kontakte gesorgt haben.*

1 Eine akkurate Begutachtung der Lichtmaschinenleistung sollte einer BMW-Werkstatt überlassen werden. Ein Ladespannungs-Test kann jedoch wie folgt durchgeführt werden:

2 Befreien und demontieren Sie die Batterie; lassen Sie die Batteriekabel angeschlossen. Positionieren Sie die Batterie so, dass beide Pole zugänglich sind und stützen Sie sie gut ab (siehe Sektion 3). Prüfen Sie die Spannung der Batterie – sie muss vollständig geladen sein (siehe Sektion 3).

3 Starten Sie den Motor und lassen Sie ihn mit Standgas laufen. Verbinden Sie die Plusklemme eines auf den Messbereich 0-20 Volt DC (Gleichstrom) gestellten Multimeters mit dem Pluspol der Batterie; die Minusklemme kommt an den Minuspol. Das Messgerät sollte 13 bis 15 Volt anzeigen. Erhöhen Sie die Drehzahl leicht, um die maximale Spannung zu ermitteln.

4 Schalten Sie jetzt das Fernlicht ein – die Spannung kann kurz abfallen, muss aber bald wieder auf 13 bis 15 Volt zurückkehren.

5 Werden bei diesem Test weniger als 13 und mehr als 15 Volt gemessen oder verändert sich die Spannung nach dem Starten des Motors oder der Erhöhung der Drehzahl nicht, wird wahrscheinlich der Lichtmaschinen-Stator oder die Regler/Gleichrichter-Einheit defekt sein – lassen Sie das Ladesystem von einer BMW-Werkstatt überprüfen.

6 Der Aus- und Einbau der Lichtmaschine ist in Sektion 24 beschrieben; Details zur Regler/Gleichrichter-Einheit finden sich in Sektion 25.

24 Lichtmaschine

1 Prüfen Sie zunächst die Ladespannung (siehe Sektion 28) – wenn die Lichtmaschine defekt ist, muss sie ersetzt werden. Defekte treten üblicherweise am Stator, aber nicht am Rotor auf, doch leider sind beide Teile nur als Baugruppe erhältlich – fragen Sie nach Einzelteilen ggf. Ihrem BMW-Händler. Da der Aus-

24.3 Entfernen Sie das Entlüfterrad.

24.4a Lösen Sie die Schrauben des Statorhalters ...

bau des Rotors ein Spezialwerkzeug erfordert und relativ schwierig ist, stellt sich die Frage, ob dieser überhaupt ersetzt werden muss – nötig wird dies nur bei einer mechanischen Beschädigung oder dem Verlust an Magnetismus – beides wird nach dem Ausbau des Stators erkennbar.

2 Die Lichtmaschine sitzt innerhalb des Motors hinten auf der Kurbelwelle. Bauen Sie für den Zugang den Motor aus und demontieren Sie das Getriebe (siehe Kapitel 2).

Stator

Ausbau

3 Lösen Sie die Schraube der Motorentlüftung und entfernen Sie das Entlüfterrad (siehe Abbildung).

4 Lösen Sie die Schrauben des Statorträgers (siehe Abbildung). Befreien Sie den Kabelstopfen aus seinem Ausschnitt (siehe Abbildung).

5 Greifen Sie den Träger und ziehen Sie den Stator aus dem Rotor – er wird durch die Kräfte der Magneten angezogen (siehe Abbildung); lassen Sie nötigenfalls einen Assistenten an jeder Seite (knapp unterhalb der Schraubenbohrung in der 3-Uhr-Position und knapp oberhalb der Schraubenbohrung in der 9-Uhr-Position) einen Schlitzschraubendreher oder ein anderes Hebelwerkzeug einführen, um den Träger weit genug abzuziehen, dass er gut gegriffen werden kann. Beachten Sie die zwei Passhülsen am Sitz des Trägers.

6 Um den Stator von seinem Träger zu befreien, müssen der Kabelbinder aufgeschnitten und die Schrauben gelöst werden, dann kann er abgehoben werden (siehe Abbildung).

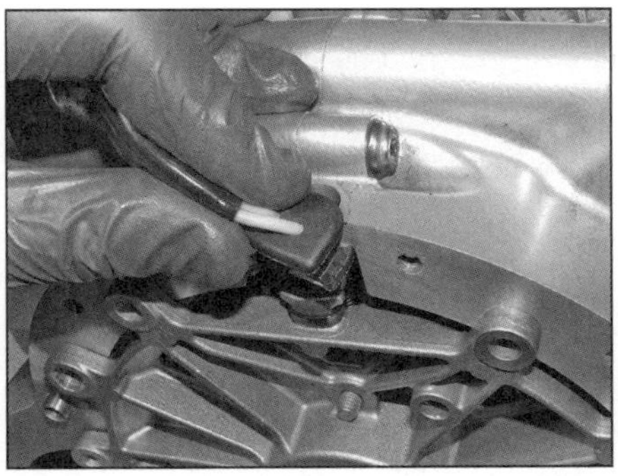

24.4b ... und befreien Sie den Kabelstopfen.

24.5 Ziehen Sie den Stator aus dem Rotor.

24.6 Der Stator ist mit drei Schrauben am Halter gesichert.

24.7 Kontrollieren Sie das Kurbelwellenlager.

7 Kontrollieren Sie das Kurbelwellenlager im Träger und ersetzen Sie es nötigenfalls (siehe Abbildung) – befreien Sie den Stator vom Träger, entfernen Sie den Seegerring und treiben Sie das Lager mithilfe eines geeigneten Steckschlüssels von der Außenseite (hinten) des Trägers aus. Installieren Sie das neue Lager mit der markierten Seite nach hinten und treiben Sie es mit einem Steckschlüssel ein, der nur seinen Außenrand berührt. Sichern Sie das Lager mit einem neuen Seegerring.

Einbau

8 Der Einbau erfolgt in umgekehrter Ausbaureihenfolge – beachten Sie dabei folgende Punkte:

- Falls entfernt, werden die Gewinde der Statorschrauben gereinigt, mit frischer Sicherungspaste versehen und mit 10 Nm angezogen. Sichern Sie das Kabel mit einem neuen Kabelbinder.
- Tragen Sie geeignete Dichtmasse im Sitz des Kabelstopfens auf.
- Die Passhülsen müssen im Sitz des Trägers sitzen. Achten Sie bei der Montage des Stators darauf, dass er vom Magnetismus des Rotors angezogen wird; richten Sie ihn korrekt über den Passhülsen aus.
- Ziehen Sie die Schrauben des Statorträgers mit 12 Nm an. Der Kabelstopfen muss korrekt in seinem Ausschnitt sitzen.
- Ziehen Sie die Schraube des Entlüfterrades mit 40 Nm an.

9 Montieren Sie das Getriebe an den Motor und bauen Sie diesen in den Rahmen (siehe Kapitel 2).

Rotor

Ausbau

Anmerkung: *Für den Ausbau des Rotors wird das BMW-Spezialwerkzeug mit der Teilenummer 120531 benötigt. Der Rotor kann auch mit einem Dreiarm-Abzieher demontiert werden, doch hierfür müssen die Motorgehäusehälften getrennt und die Kurbelwelle ausgebaut werden (siehe Kapitel 2).*

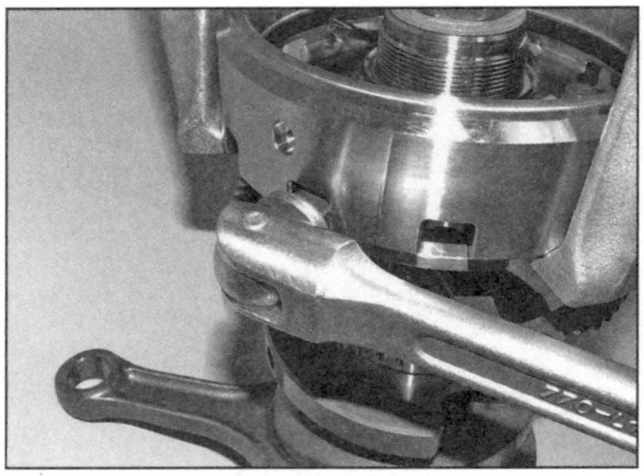

24.19a Setzen Sie den Abzieher an und kontern Sie den Rotor mit einem Halbzoll-Antrieb, ...

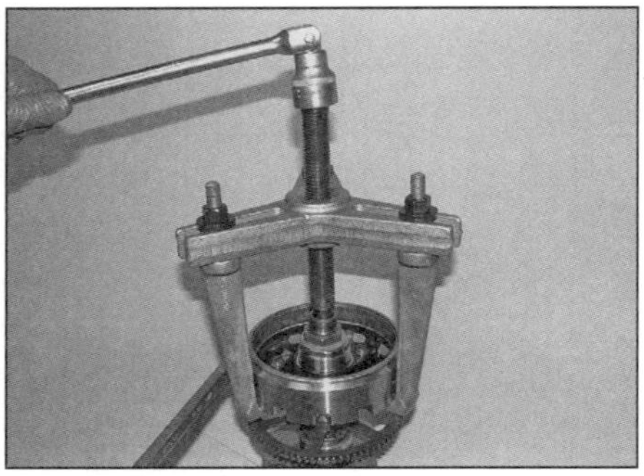

24.19b ... um den Rotor von der Kurbelwelle zu ziehen.

24.23 Der Keil muss in der Nut der Kurbelwelle stecken.

24.24 Drehen Sie beim Aufschieben des Rotors das Freilaufrad gegen den Uhrzeigersinn.

Ausbau mit dem BMW-Werkzeug

10 Demontieren Sie den Stator (siehe oben).
11 Drehen Sie den Motor in die OT-Position und installieren Sie das Kurbelwellen-Arretierwerkzeug (siehe Kapitel 2, Sektion 7).
12 Erwärmen Sie die Rotormutter und den Lagerring auf dem Ende der Kurbelwelle mit einem Heißluftgebläse auf etwa 120 °C. Lösen Sie die Mutter, bis sie vom Gewinde befreit ist und gegen den Lagerring drückt – verwenden Sie hierfür einen Druckluftschrauber oder halten Sie den Motor mit einer stabilen Stange an den hinteren Aufnahmebohrungen – ähnlich wie in Abb. 24.26b, aber auf der anderen Seite.
13 Entfernen Sie das Kurbelwellen-Arretierwerkzeug.
14 Setzen Sie am Rotor den Abzieher an und ziehen Sie dessen zentralen Bolzen an, bis sich der Rotor von der Kurbelwelle löst und den Lagerring sowie die Mutter befreit.
15 Befreien Sie nötigenfalls den Anlasserfreilauf vom Rotor (siehe Kapitel 2).

Ausbau mit einem Dreiarmabzieher

16 Demontieren Sie den Stator (siehe oben).
17 Erwärmen Sie die Rotormutter und den Lagerring auf dem Ende der Kurbelwelle mit einem Heißluftgebläse auf etwa 120 °C. Lösen Sie die Mutter, bis sie vom Gewinde befreit ist und gegen den Lagerring drückt – verwenden Sie hierfür einen Druckluftschrauber oder halten Sie den Motor mit einer stabilen Stange an den hinteren Aufnahmebohrungen – ähnlich wie in Abb. 24.26b, aber auf der anderen Seite.
18 Demontieren Sie die Kurbelwelle (siehe Kapitel 2, Sektion 25).
19 Setzen Sie den Abzieher am Rotor an – seine Arme müssen sicher darunter greifen. Stecken Sie einen Halbzoll-Steckschlüsselantrieb mit einem langen Griff in einen der Ausschnitte des Rotors, um diesen zu kontern, ziehen dann den zentralen Abzieher-Bolzen an, bis sich der Rotor von der Kurbelwelle löst und den Lagerring sowie die Mutter befreit (siehe Abbildungen).
20 Befreien Sie nötigenfalls den Anlasserfreilauf vom Rotor (siehe Kapitel 2).

Einbau

21 Falls die Kurbelwelle ausgebaut wurde, um den Rotor mit dem Dreiarmabzieher zu befreien, muss sie wieder eingebaut und die Motorgehäusehälften verbunden werden (siehe Kapitel 2, Sektionen 25 und 23).
22 Falls entfernt, muss der Anlasserfreilauf hinten an den Rotor montiert werden (siehe Kapitel 2, Sektion 22).
23 Reinigen Sie den Konus der Kurbelwelle und die Bohrung des Rotors mit Lösungsmittel. Achten Sie darauf, dass der Keil in der Nut der Kurbelwelle steckt (siehe Abbildung).
24 Richten Sie die Nut des Rotors zum Keil aus und schieben Sie ihn auf die Kurbelwelle – drehen Sie dabei das Freilaufrad gegen den Uhrzeigersinn, damit es in den Freilauf gleitet (siehe Abbildung).
25 Drehen Sie die Kurbelwelle in den OT und installieren Sie das Arretierwerkzeug.
26 Reinigen Sie die Gewinde der Kurbelwelle und der Rotormutter und tragen Sie hochfeste Sicherungspaste auf. Schieben Sie eine stabile Stange durch die hintere Motorbolzenbohrung, um den Motor beim Anziehen der Mutter zu halten. Installieren Sie die Mutter samt Scheibe und ziehen Sie sie zunächst mit

24.26a Installieren Sie die Scheibe und die Mutter ...

24.26b ... und ziehen Sie diese in zwei Durchgängen an – halten Sie den Motor wie gezeigt.

24.27a Erwärmen Sie den Lagerring, ...

24.27b ... legen Sie ihn auf die Welle ...

150 Nm an. Lockern Sie die Mutter wieder und ziehen Sie sie anschließend mit 250 Nm an (siehe Abbildungen).

27 Legen Sie den Motor auf die Vorderseite. Erwärmen Sie den Lagerring mit einem Heißluftgebläse, stecken Sie ihn auf das Ende der Kurbelwelle und treiben Sie ihn mit einem 26er-Steckschlüssel auf (siehe Abbildungen).

28 Montieren Sie den Stator (siehe oben).

24.27c ... und treiben Sie ihn mit einem Steckschlüssel auf.

25 Regler/ Gleichrichter-Einheit

1 Die Regler/Gleichrichter-Einheit sitzt an der Unterseite der Heck-Innenverkleidung. Demontieren Sie bei RT-Modellen die linke Stoßdämpferverkleidung (siehe Kapitel 7).

25.2 Trennen Sie die Stecker der Regler/ Gleichrichter-Einheit ...

2 Trennen Sie die Kabelstecker von der Regler/ Gleichrichter-Einheit (siehe Abbildung).

3 Lösen Sie die zwei Schrauben und entnehmen Sie die Einheit (siehe Abbildung).

4 Der Einbau erfolgt in umgekehrter Ausbaureihenfolge.

26 Schaltpläne

1 Die Schaltpläne aller Modelle sind in separate Stromkreise unterteilt (Motorsteuerung, Lichtanlage, usw.)

2 Um die Identifikation zu erleichtern, sind die Anschlussnummern angegeben. Das Motorsteuergerät (DME) hat zwei Stecker-Blöcke, die mit 1 und 2 nummeriert sind (siehe Abbildung), zudem sind die Kontaktstifte innerhalb der Blöcke nummeriert. In den Schaltplänen sind die Blöcke mit einer 1 oder 2 im Kreis angezeigt.

3 In den Schaltplänen sind nicht immer komplette Komponenten gezeigt, sonder oft nur die zum Stromkreis gehörenden Anschlüsse.

4 Interne Verbindungen im Kabelbaum werden im Schaltplan durch schwarze Punkte angezeigt.

5 Die den Zylindern des Motors zugeordneten Teile sind mit »Cyl. 1« für den linken und mit »Cyl. 2« für den rechten Zylinder gekennzeichnet.

25.3 ... und lösen Sie deren Schrauben.

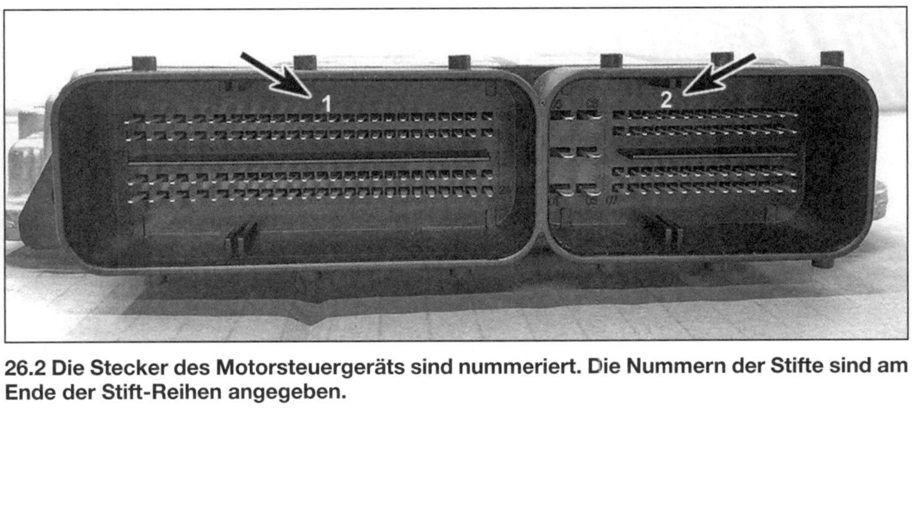

26.2 Die Stecker des Motorsteuergeräts sind nummeriert. Die Nummern der Stifte sind am Ende der Stift-Reihen angegeben.

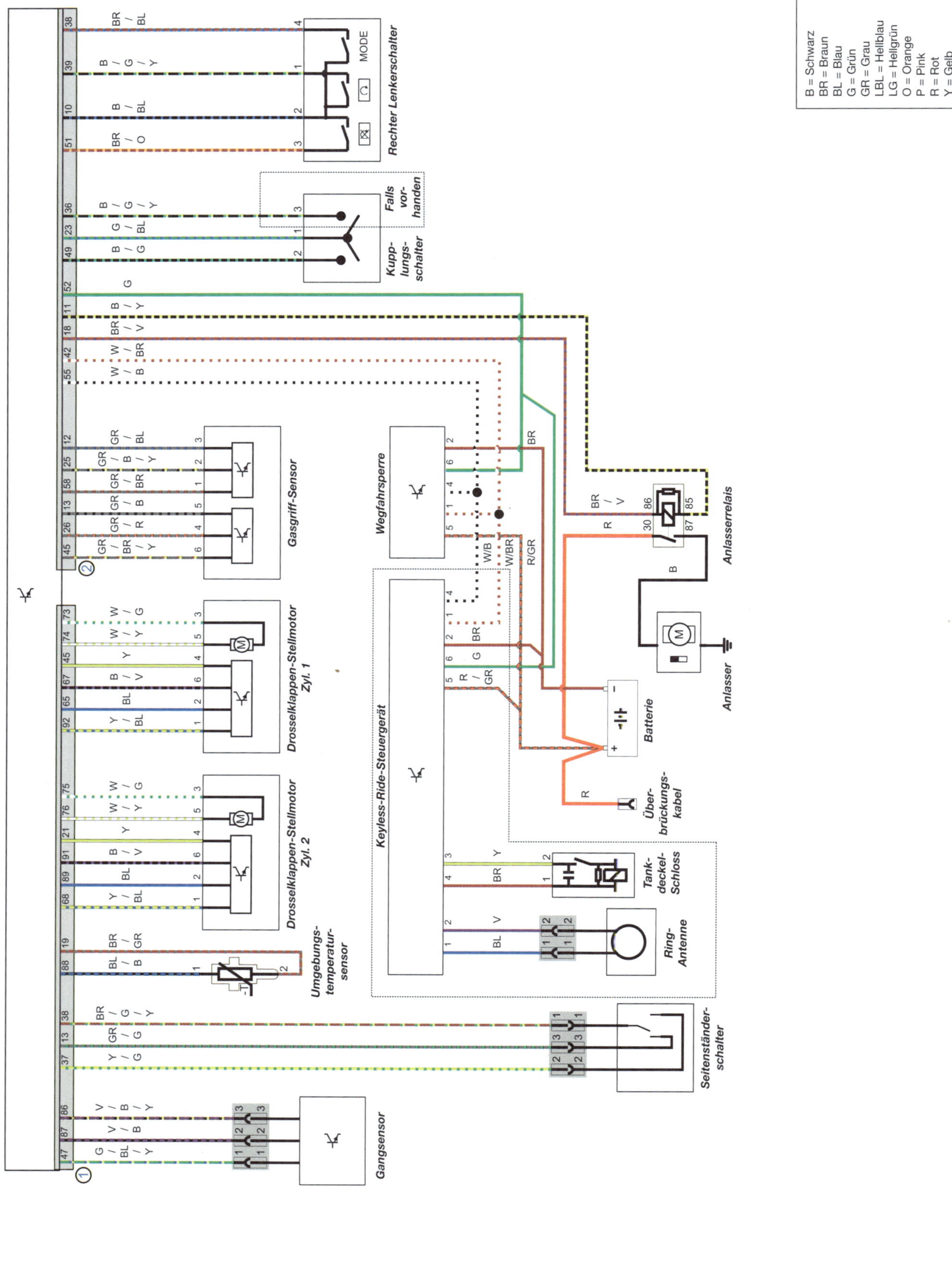

Anlasser-Stromkreis, Keyless-Ride und DME (Motorsteuergerät) – hier bei R 1200 GS

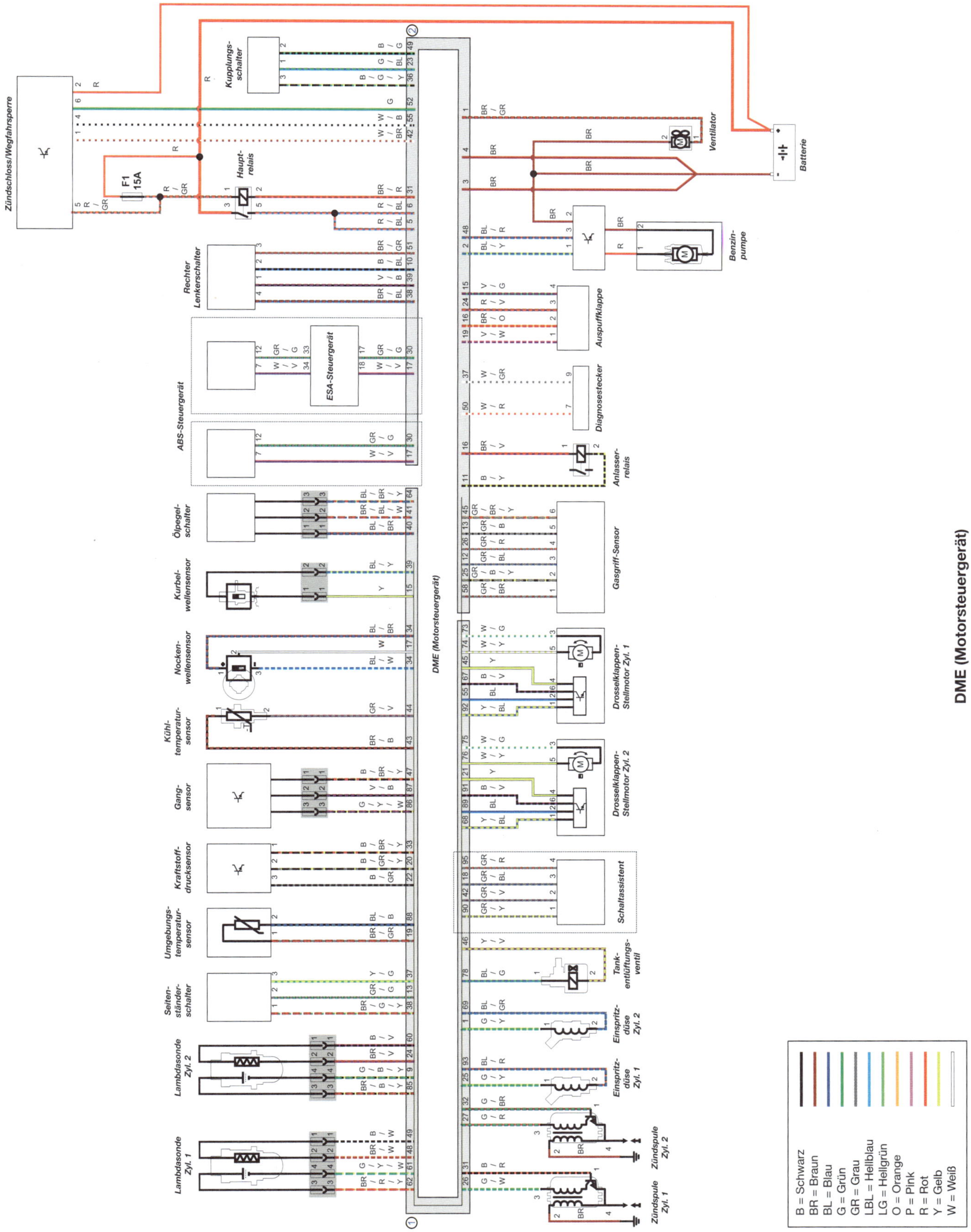

DME (Motorsteuergerät)

8

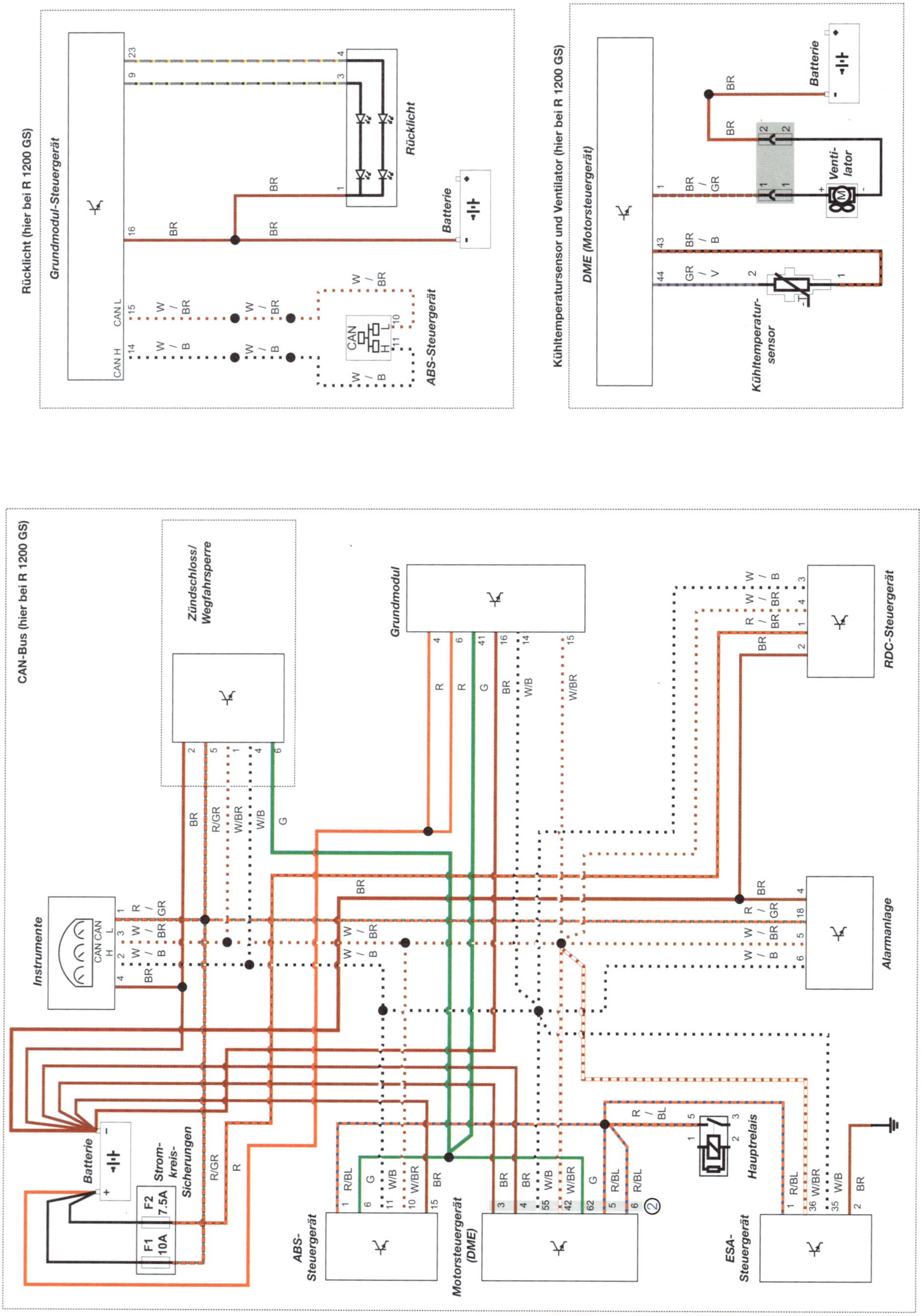

CAN-BUS-Stromkreis-Komponenten, Rücklicht, Kühltemperatursensor

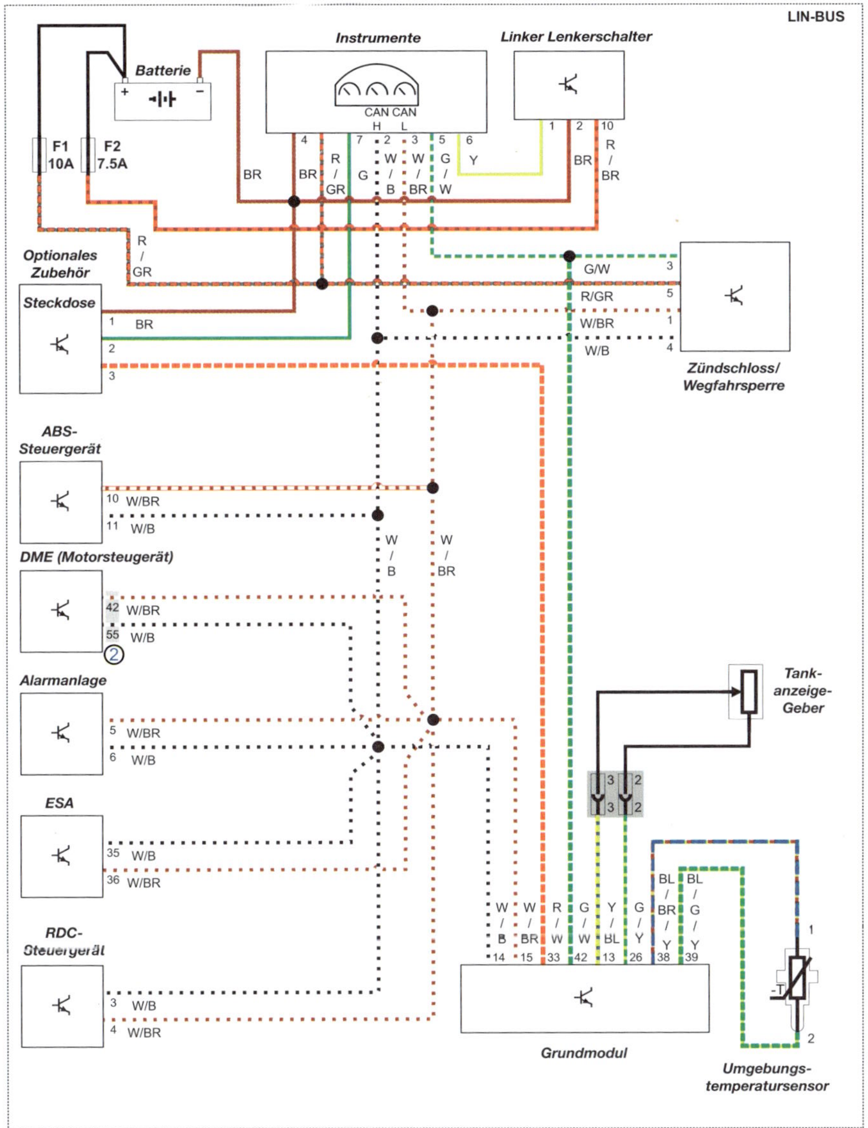

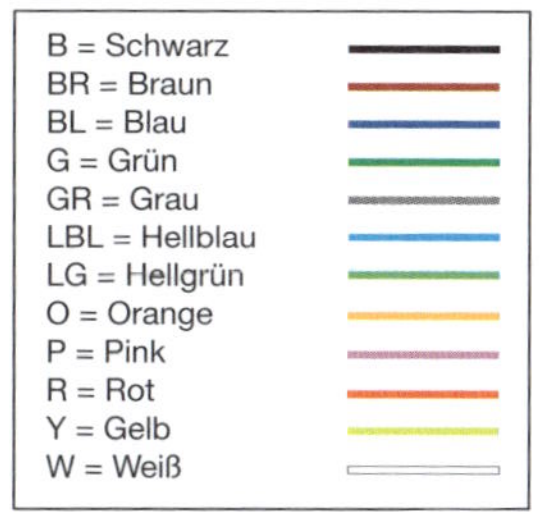

LIN-BUS-Stromkreis (hier bei R 1200 GS)

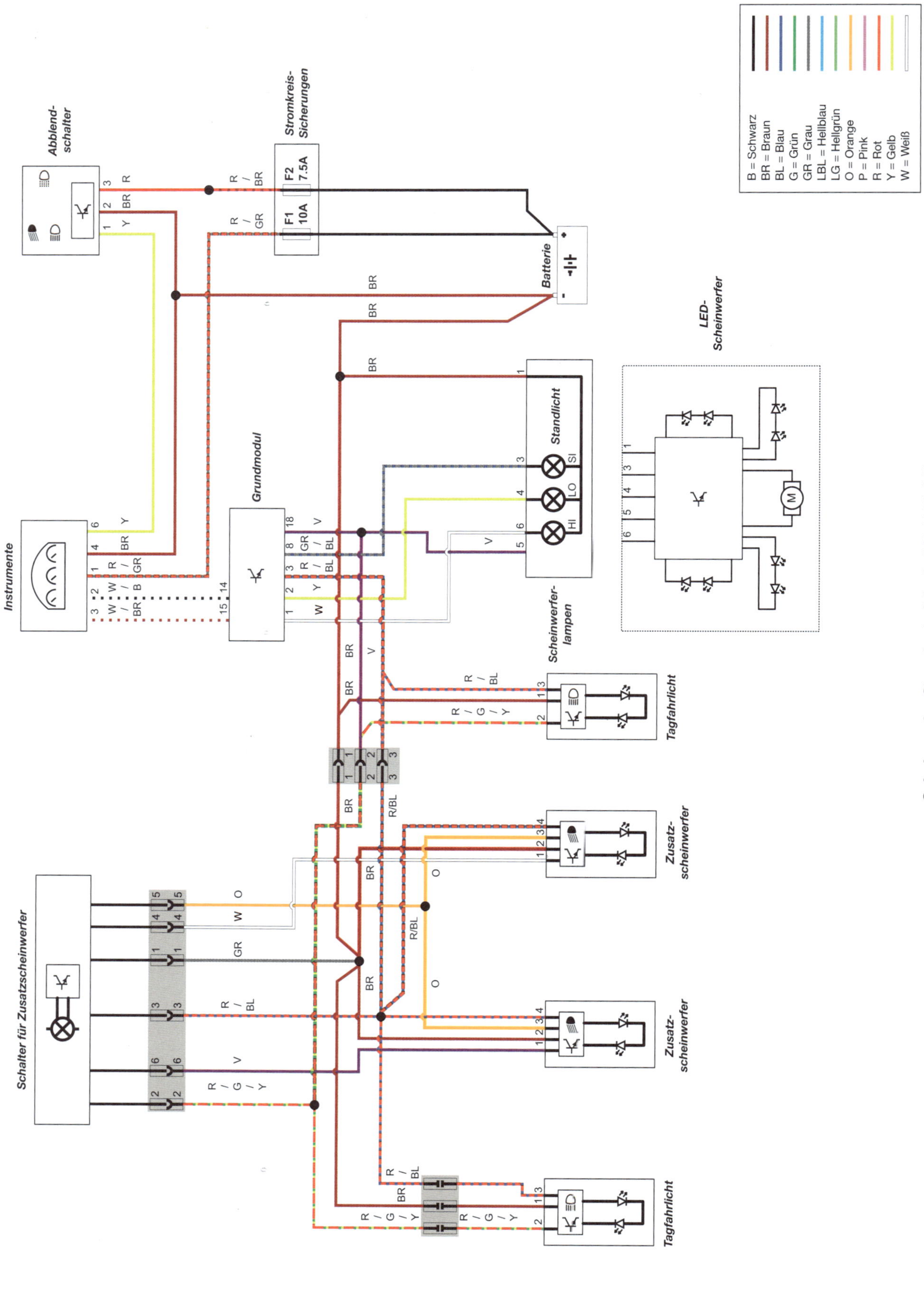

Scheinwerfer-Stromkreis (hier bei R 1200 GS)

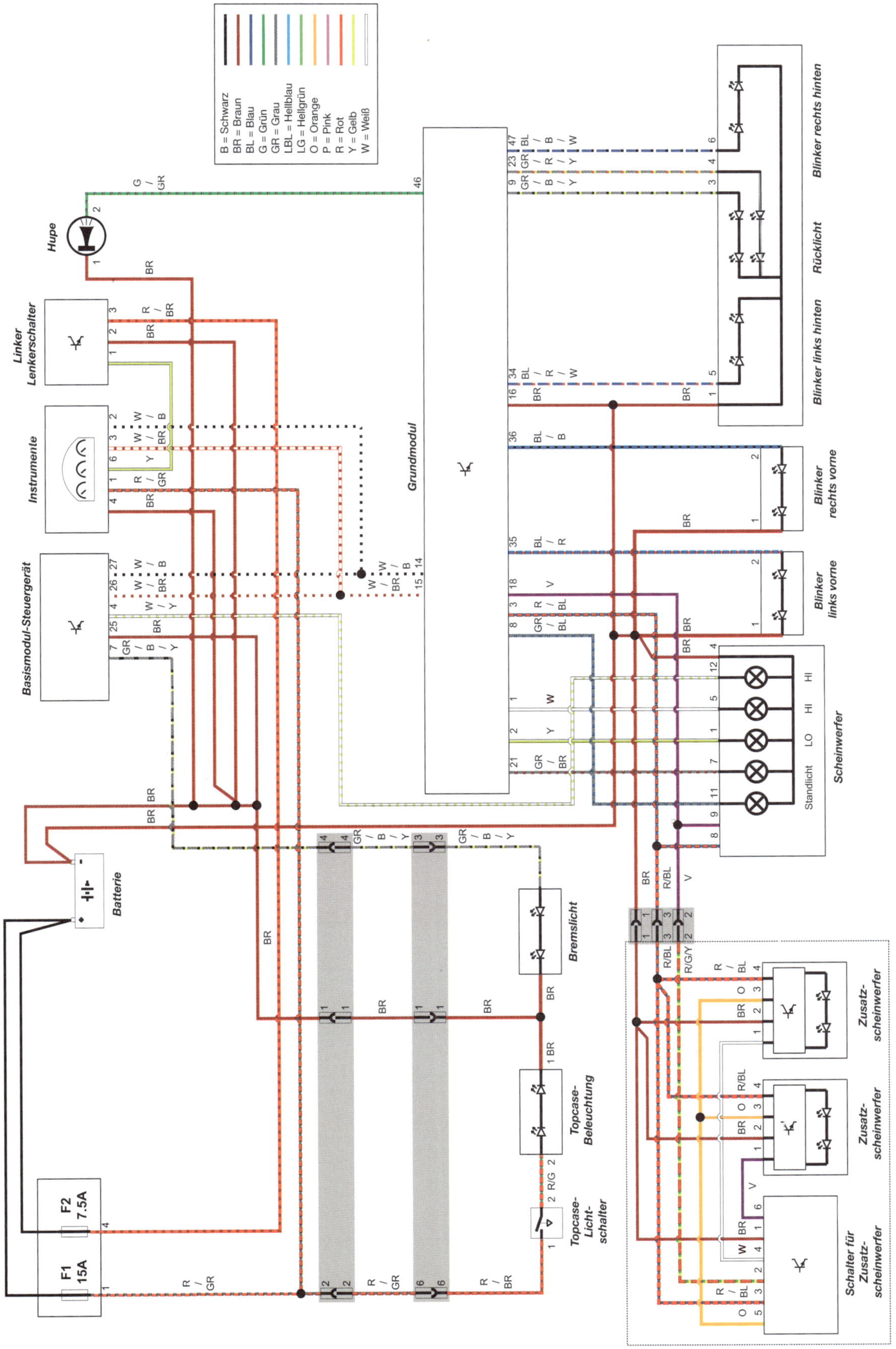

Beleuchtungs-Stromkreis, Hupe und Blinker (R 1200 RT)

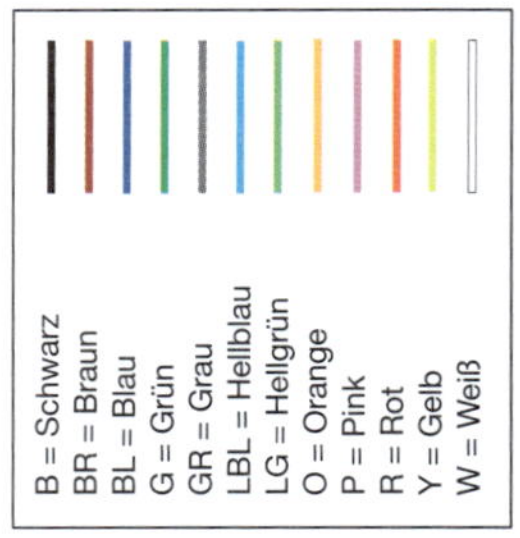

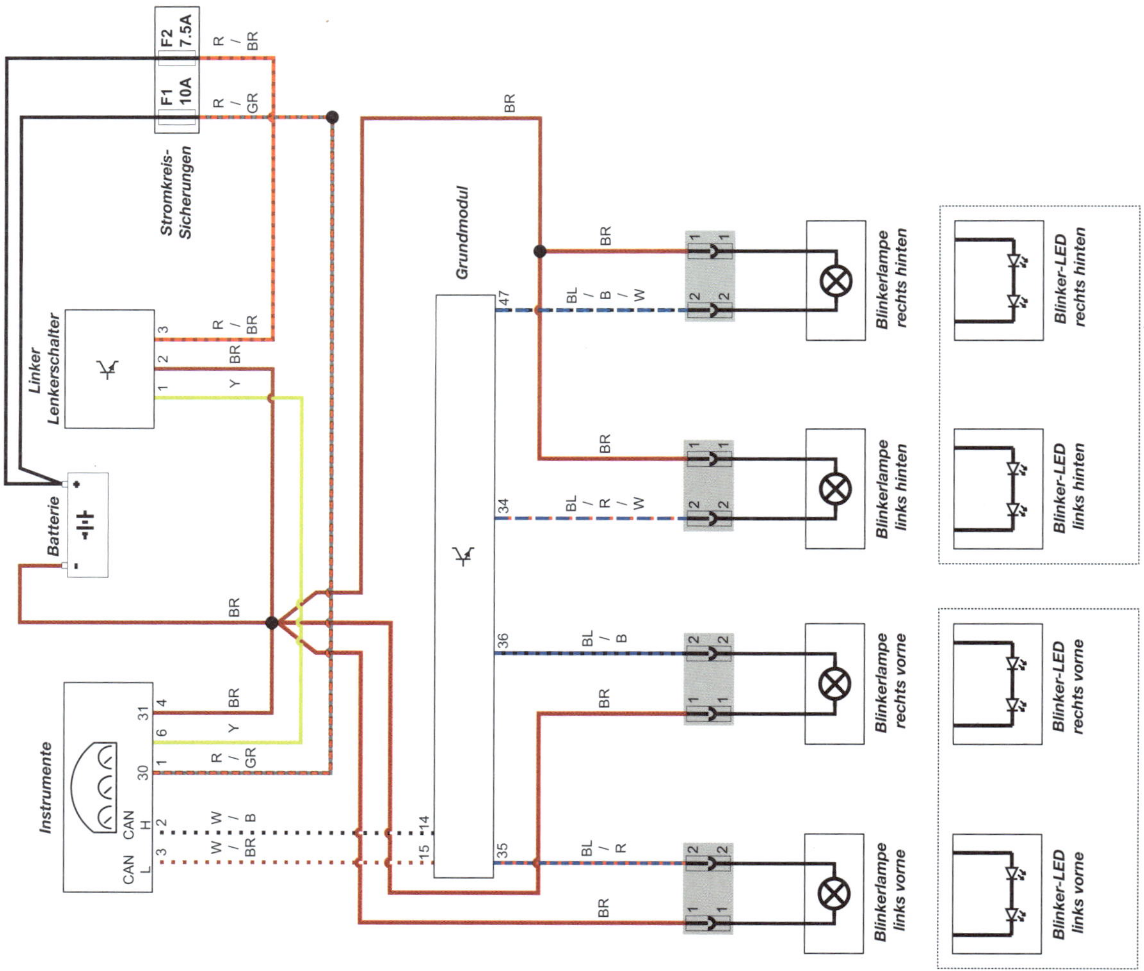

Blinker-Stromkreis (hier bei R 1200 GS)

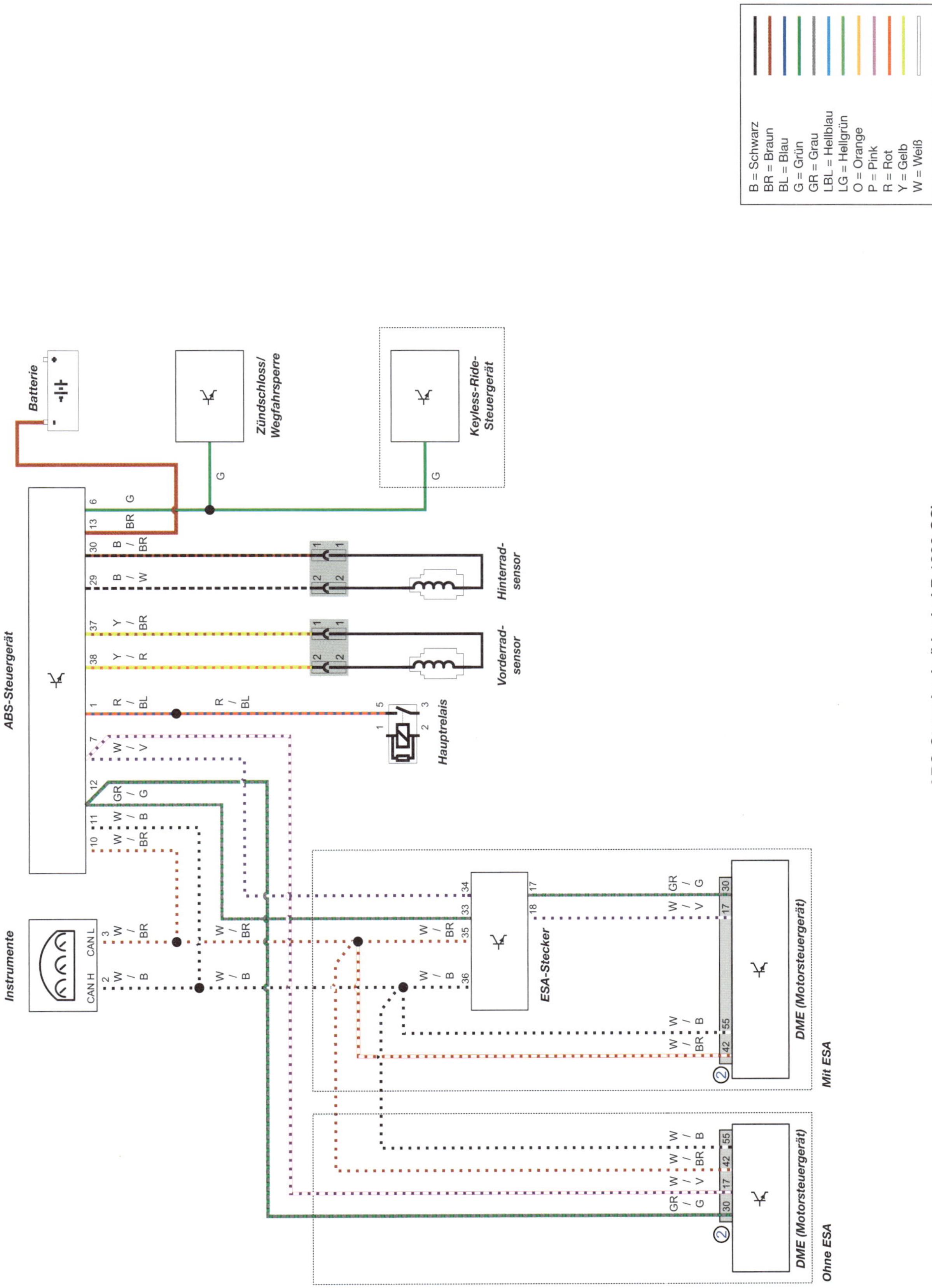

ABS-Stromkreis (hier bei R 1200 GS)

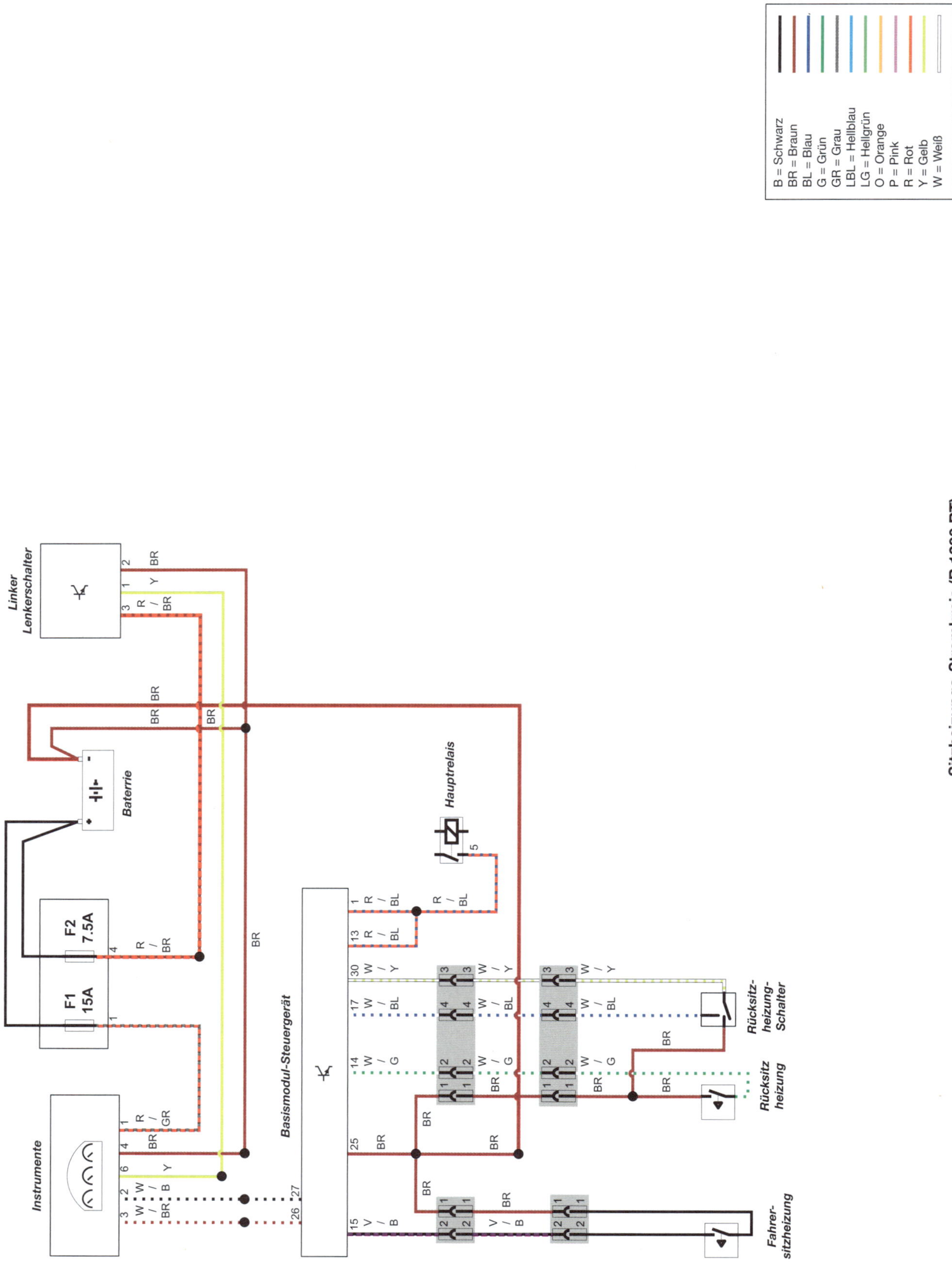

Sitzheizungs-Stromkreis (R 1200 RT)

Werkzeug- und Werkstatt-Tipps

Werkzeug-Kauf

Zur Wartung und Reparatur ist unbedingt ein Werkzeugsatz nötig. Obwohl die Anschaffung einer geeigneten Grundausrüstung zunächst etwas Geld kostet, macht sie sich schnell bezahlt, da man durch Eigenleistung Werkstattkosten spart. Bei steigender Erfahrung und Zutrauen kann zusätzliches Werkzeug beschafft werden, um große Reparaturen und Motorüberholungen durchführen zu können. Viele Spezialwerkzeuge sind teuer und werden nur selten benutzt, hierbei kann sich das Mieten lohnen bzw. der gemeinsame Kauf mit Freunden oder einem Club.

Eine Regel ist, besser gutes teures Qualitätswerkzeug zu kaufen, als billiges, welches schnell verschleißt und öfter erneuert werden muss – und dadurch die anfänglichen Ersparnisse schnell aufhebt.

Die folgende Werkzeugliste entspricht nicht den Wartungs- und Reparaturwerkzeugen des Herstellers und der Werkstätten, sondern stellt eine Empfehlung dar, welche Werkzeuge für einfache Arbeiten benötigt werden. Zusätzlich werden solche Dinge wie eine elektrische Bohrmaschine, eine Eisensäge, Feilen, Hämmer, ein Lötkolben und eine mit einem Schraubstock ausgerüstete Werkbank empfohlen. Obwohl nicht als Werkzeug klassifiziert, ist eine Sammlung von Schrauben, Muttern, Scheiben und Rohrstücken immer sehr nützlich.

> ***Warnung: Um das Risiko zu vermindern, durch das Brechen schlechten Werkzeugs verletzt zu werden oder Bauteile zu beschädigen, muss immer auf stabile Qualität und die Erfüllung von Sicherheitsnormen geachtet werden.***

Werks-Spezialwerkzeug

In unvermeidlichen Fällen ist die Benutzung von Spezialwerkzeug empfohlen. Wenn die Möglichkeit einer alternativen Verwendung besteht, ist diese beschrieben. Jedoch ist manchmal das Risiko einer Verletzung oder Beschädigung zu groß, sodass ein Spezialwerkzeug des Herstellers benutzt werden muss. Spezialwerkzeug ist normalerweise nur über den Motorradhandel zu bekommen und mit einer Werksnummer versehen. Einige der oft benutzten Werkzeuge, wie z. B. Rotorabzieher sind auch über den Zubehörhandel erhältlich.

Grundausstattung Wartungs- und Reparatur-Werkzeug

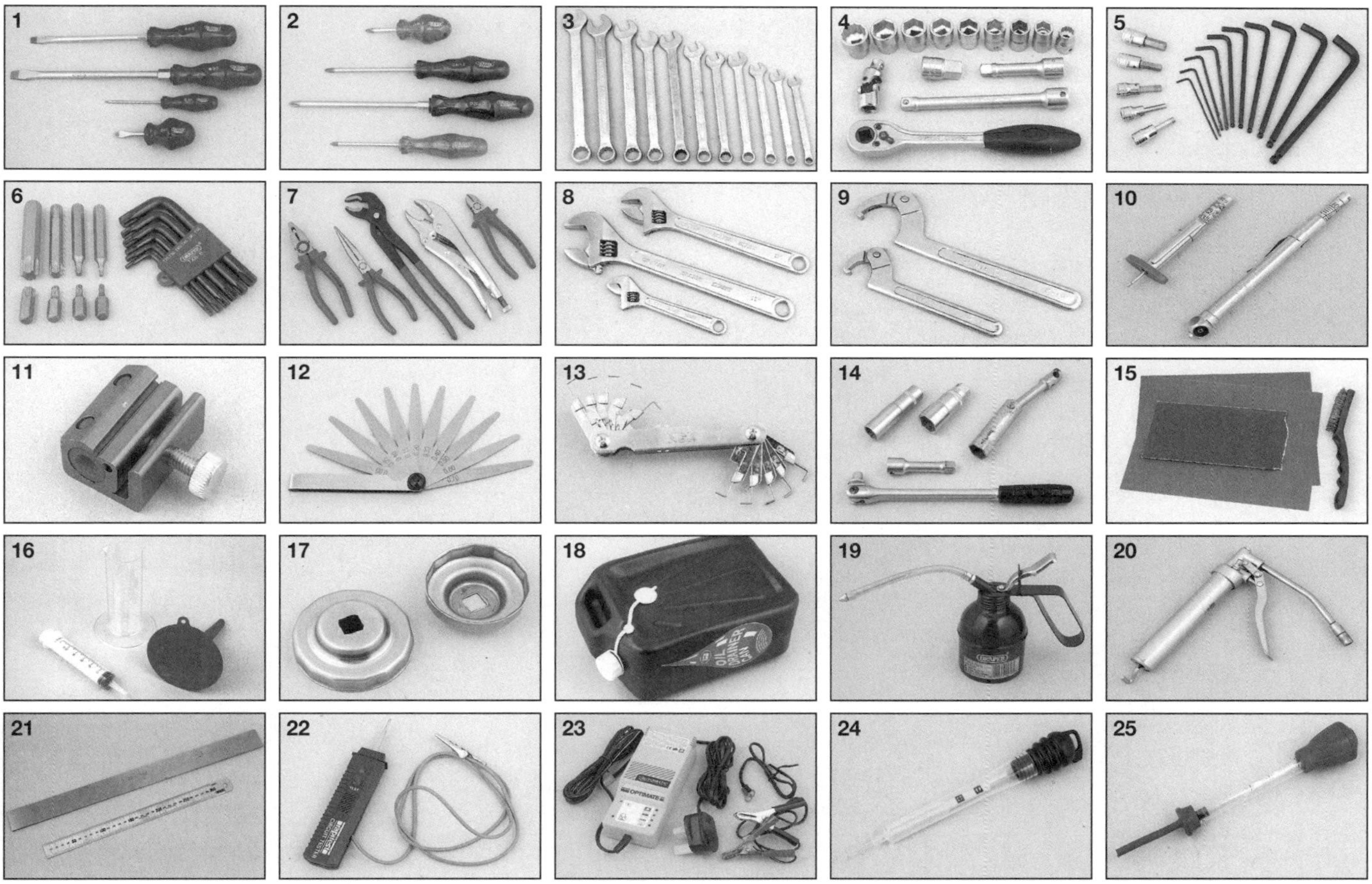

1 Schlitzschraubendrehersatz
2 Kreuzschraubendrehersatz
3 Gabel-/Ringschlüsselsatz
4 Steckschlüsselsatz mit 3/8 oder ½ Zollantrieb (Knarrenkasten)
5 Inbus-Schlüsselsatz oder Steckeinsätze
6 Torxschlüsselsatz oder -bits
7 verschiedene Zangen, Gripzangen
8 einstellbarer Rollgabelschlüssel
9 Hakenschlüssel (am besten einstellbar)
10 Profiltiefenmesser, Luftdruckprüfgerät
11 Bowdenzug-Öler
12 Fühlerlehre
13 Mess- und Einstellgerät für Zündkerzenelektroden
14 Zündkerzenschlüssel oder tiefer Knarreneinsatz
15 Drahtbürste und Schleifpapier
16 Trichter und Messbecher
17 Bandschlüssel
18 Öl-Auffangbehälter
19 Ölkanne mit Pumpe
20 Fettpresse
21 Stahllineal und Winkel
22 Durchgangsprüfer
23 Batterieladegerät
24 Hydrometer (zur Bestimmung der Batteriesäuredichte)
25 Frostschutztester (für wassergekühlte Motoren)

Werkzeug für Reparatur und Überholung

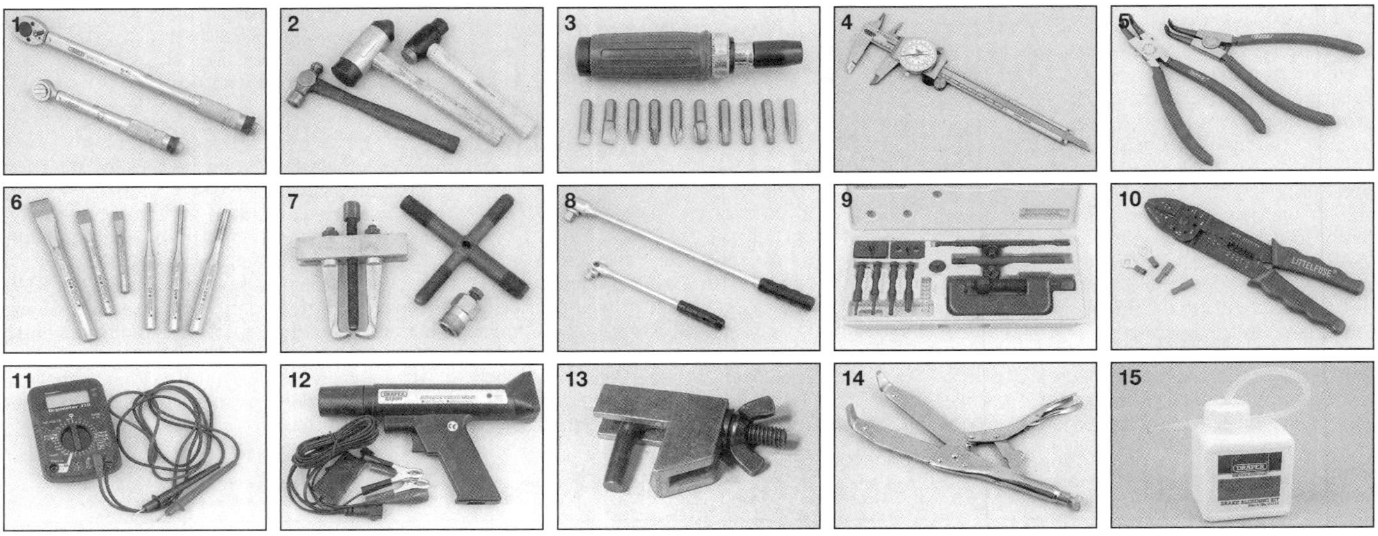

1 Drehmomentschlüssel (kleine und mittlere Ausführung)
6 Dorne und Meißel
11 Multimeter (für Volt, Ampere, Ohm)
2 Stahl-, Plastik- und Gummihammer
7 verschiedene Abzieher
12 Stroboskoplampe (für dynamische Zündungskontrolle)
3 Schlagschraubersatz
8 Gelenkgriff und Rohrverlängerung
13 Schlauchklemme
4 Schieblehre
9 Ketten-Trenn- und Montierwerkzeug
14 Kupplungs-haltewerkzeug
5 Seegerringzangen (für innen und außen)
10 Abisolierzange
15 Einpersonen-Bremsentlüftungssatz

Spezialwerkzeug

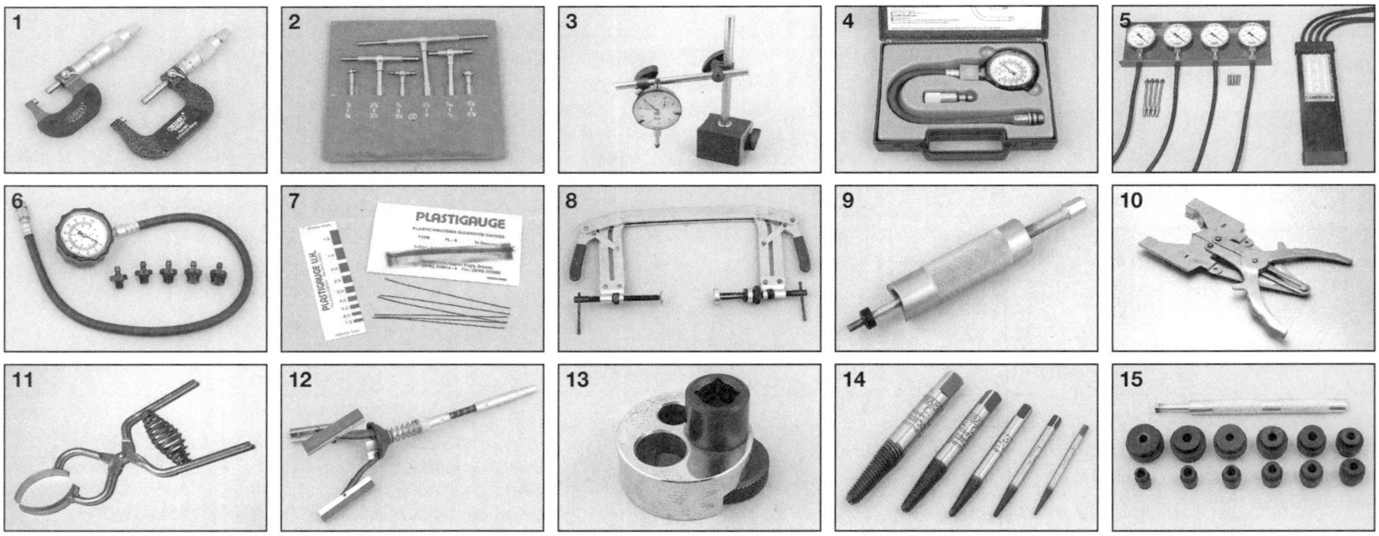

1 Mikrometerschrauben
6 Öldruck-Messgerät
11 Kolbenringklemme
2 Innenmessgeräte
7 Quetschmessstreifen für Lagerspielmessung
12 Zylinderhonsteine
3 Messuhr mit Halter
8 Ventilfederpresse
13 Bolzenausdreher
4 Zylinderkompressions-Messgerät
9 Kolbenbolzenauszieher
14 Linksausdrehersatz
5 Synchronisationsgerät
10 Kolbenringzange
15 Lagertreibersatz

1 Werkstatt
Ausrüstung und Einrichtung

Die Hebebühne

• Man kann sich die Arbeit an vielen Bauteilen des Motorrades erheblich erleichtern, wenn die Maschine mithilfe einer Hebebühne in eine günstige Arbeitshöhe gebracht wird. Die teuren hydraulischen oder pneumatischen Hebebühnen, wie man sie aus professionellen Werkstätten kennt, sind eine lohnenswerte Anschaffung, wenn man viele Reparaturen und Überholungen zu erledigen hat (siehe Abbildung 1.1).

1.1 Hydraulische Motorrad-Hebebühne

• Wenn das Motorrad angehoben wird, muss darauf geachtet werden, dass es gegen Herunterfallen gesichert wird. Die meisten Bühnen haben dazu eine einstellbare Vorderrad-Klemmung. Beim Einklemmen des Rades darf der Reifen oder die Felge nicht beschädigt werden, den besten Schutz bieten hier zwischengelegte Holzblöcke.

• Sichern Sie das Motorrad mit Spannriemen an der Bühne (siehe Abbildung 1.2). Wenn die Maschine nur einen Seitenständer besitzt und kippgefährdet ist, sollte sie auf einer passenden Stütze positioniert werden.

1.2 Mit z. B. an den Beifahrerfußrasten befestigten Spannriemen wird die Maschine vor dem Umfallen gesichert.

• Passende Stützen sind in unterschiedlichen Formen und Ausführungen im Fachhandel erhältlich. Zumeist wird die Maschine damit an der Hinterrad- oder Schwingenachse angehoben (siehe Abbildung 1.3). Um beide Räder zu entlasten, kann ein Wagenheber unter den Motor positioniert und das Vorderteil angehoben werden (siehe Abbildung 1.4).

1.3 Diese Stütze hebt das Motorrad an der Schwingenachse an.

1.4 Um Beschädigungen zu vermeiden, muss immer ein Stück Holz zwischen Wagenheber und Motor oder Rahmen liegen.

Rauch und Feuer

• Beachten Sie genau das Kapitel »Sicherheit geht vor!« am Anfang des Buches. Gehen Sie sicher, dass ein Feuerlöscher zur Hand ist, der für brennbare Flüssigkeiten geeignet ist – versuchen Sie auf gar keinen Fall, brennendes Benzin oder Öl mit Wasser zu löschen!

• Sorgen Sie dafür, dass immer ausreichende Belüftung sichergestellt ist. Wenn keine Abgas-Absauganlage vorhanden ist, darf der Motor nur außerhalb der Werkstatt gestartet werden.

• Wenn Sie mit Kraftstoff hantieren, muss durch gutes Lüften dafür gesorgt werden, dass sich keine zündfähigen Gasgemische bilden können. Das Gleiche gilt beim Aufladen von Batterien. Rauchen Sie nicht, und verbieten Sie auch anderen Personen, in der Werkstatt zu rauchen.

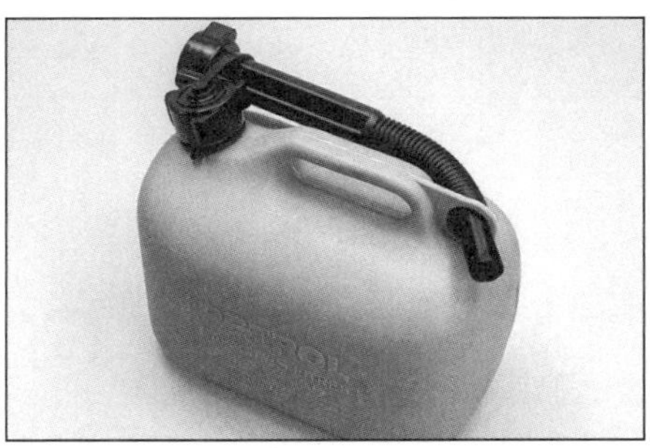

1.5 Benutzen Sie zum Lagern von Kraftstoff nur vorgeschriebene Kanister.

Flüssigkeiten

• Wenn Sie den Tank entleeren müssen, darf der Kraftstoff nur in geeigneten und verschließbaren Behältern und Kanistern gelagert werden (siehe Abbildung 1.5). Lagern Sie Benzin niemals in Gläsern oder Flaschen.

• Benutzen Sie entsprechende Motoren-Entfetter oder schwer entflammbare Lösungsmittel, wie z. B. Petroleum, um Öl, Fett und Schmutz zu entfernen – benutzen Sie niemals Benzin! Tragen Sie bei diesen Arbeiten Gummihandschuhe, und benutzen Sie diese Reinigungsmittel nur draußen oder in sehr gut belüfteten Räumen.

Staub-, Augen- und Handschutz

• Schützen Sie Atemwege und Lunge mit Staubmasken vor dem Eindringen von Staubpartikeln. Manche älteren Brems- oder Kupplungsbeläge enthalten Krebs erregendes Asbest – hantieren Sie auf jeden Fall sehr vorsichtig mit solchem Material. Schützen Sie Ihre Augen mit einer Schutzbrille vor Spritzern und Spänen (siehe Abbildung 1.6).

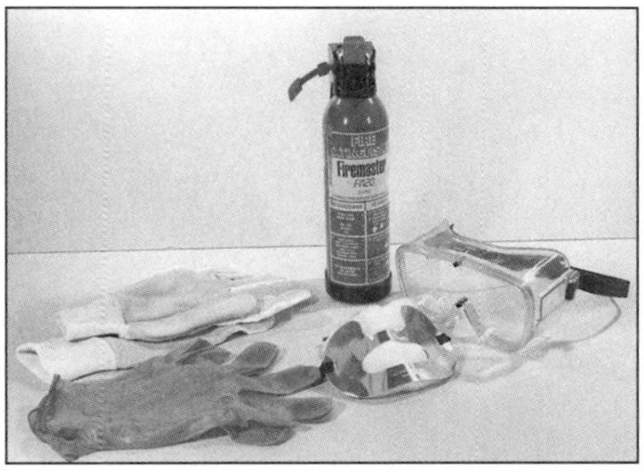

1.6 Ein Feuerlöscher, eine Schutzbrille, Staubmaske und Schutzhandschuhe sollten in der Werkstatt immer zur Hand sein.

• Schützen Sie Ihre Hände mit Gummihandschuhen vor dem Kontakt mit Lösungsmitteln, Benzin und Öl. Alternativ kann vor Arbeitsbeginn eine spezielle Schutzcreme auf die Hände aufgetragen werden. Wenn Sie mit heißen Teilen oder Flüssigkeiten hantieren, müssen hierfür geeignete Handschuhe getragen werden.

Die Entsorgung alter Flüssigkeiten

• Alte Reinigungs- und Bremsflüssigkeit, Kraftstoff und Öl dürfen nicht ins Erdreich oder in Wasserabflüsse gelangen. Füllen Sie die entsprechenden Flüssigkeiten in geeignete Behälter, und bringen Sie sie zu dem Händler, von dem Sie sie erworben haben. Unter Vorlage einer Quittung sind Händler verpflichtet, altes Öl und Bremsflüssigkeit wieder zurückzunehmen. Schütten Sie unterschiedliche Flüssigkeiten nicht zusammen in einen Behälter, da sie nur getrennt wieder aufbereitet werden können. Öliger und fettiger Schmutz kann zusammen mit dem Altöl abgegeben werden, alte Ölfilter können ebenfalls beim Händler entsorgt werden.

2 Befestigungen
Schrauben und Muttern

Typen und Anwendungen

Schrauben

- Köpfe von Maschinenschrauben gibt es in den Ausführungen Sechskant, Torx und Vielzahn – alle in Innen- und Außenversionen (siehe Abbildungen 2.1 und 2.2). Vielzahn-Schrauben werden im Motorradbau sehr selten verwendet. Schlitz- und Kreuzschlitzköpfe werden nur bei kleinen Schrauben verwendet, die keiner großen Belastung ausgesetzt sind. Längenangaben bei Schrauben werden von unterhalb des Kopfes bis zum Ende gemessen (siehe Abbildung 2.11).

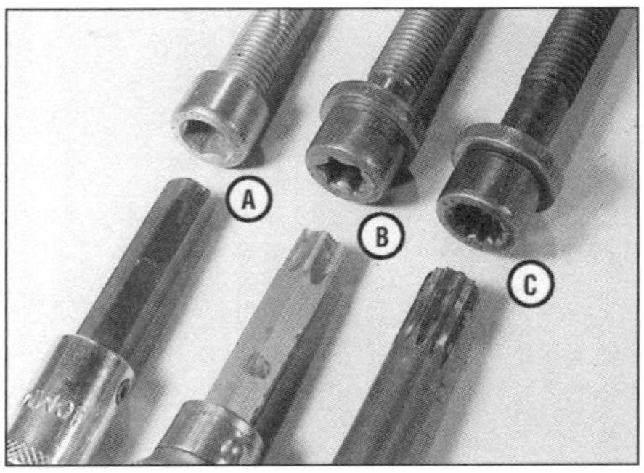

2.1 Innen-Sechskant (»Inbus«) (A), Torx (B) und Vielzahnschraubenköpfe (C) mit entsprechenden Werkzeugen

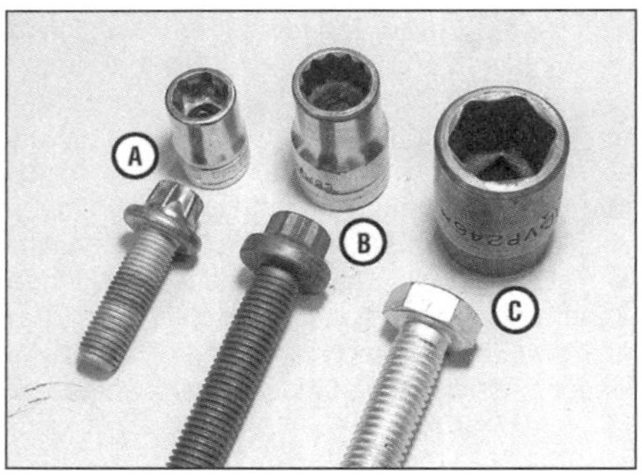

2.2 Außen-Torx (A), Zwölfkant- (B) und Sechskantschrauben (C) mit entsprechenden Steckschlüsseleinsätzen (»Nüssen«)

- Verschiedene Schrauben haben Zugfestigkeitsangaben auf ihren Köpfen. Je höher die Zahl, desto stabiler die Schraube. Hochfeste Schrauben tragen eine 10 oder höhere Zahl. Ersetzen Sie eine hochfeste Schraube niemals durch eine minderfeste.

Scheiben (siehe Abbildung 2.3)

- Unterlegscheiben werden zwischen Schraubenkopf und Bauteil gelegt, um Beschädigun-

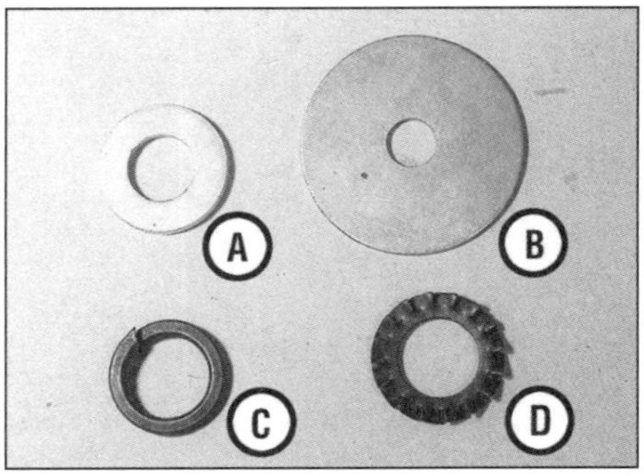

2.3 Unterlegscheibe (A), Kotflügelscheibe (B), Federring (C) und Sicherungsscheibe (D)

gen des Teils zu vermeiden und um die Last des Anzugsmoments zu verteilen. Spezielle Unterlegscheiben werden bei verschiedenen Gelegenheiten als Abstandhalter und Einstellscheibe eingesetzt. Kupfer- oder Aluminiumscheiben fungieren als Dichtungsringe, z. B. bei Ablassschrauben.

- Der offene Federring übt zwischen Schraube und Bauteil axialen Druck aus. Nach einmaligem Gebrauch muss er ersetzt werden. Wenn der Federring zusammen mit einer Unterlegscheibe verwendet wird, muss er zwischen diese und die Schraube gelegt werden.
- Sternförmige Sicherungsscheiben schneiden sich beim Linksherumdrehen in die Schraube und das Bauteil ein, um das Lösen der Schraube zu verhindern. Sie werden oft bei elektrischen Masseverbindungen am Rahmen verwendet.
- Konus- oder Fächerscheiben üben zwischen Schraube und Bauteil axialen Druck aus. Sie werden mit der flachen Seite auf das Bauteil gelegt, wenn sie abgeflacht sind, sind sie ermüdet und müssen ausgewechselt werden.
- Sicherungsbleche werden unter glatte Wellenmuttern gelegt, das Blech wird an einer oder mehreren Seiten der Mutter hochgebogen und gegen deren Sechskant gepresst, um ein Lösen zu verhindern. Ist das Blech nach mehrmaligem Gebrauch verschlissen, muss es ersetzt werden.
- Wellenscheiben werden eingesetzt, um Spiel auf Achsen aufzunehmen. Sie üben leichten Federdruck aus und verhindern das Hin- und Herschieben von Baugruppen, z. B. Kipphebeln auf ihren Wellen.

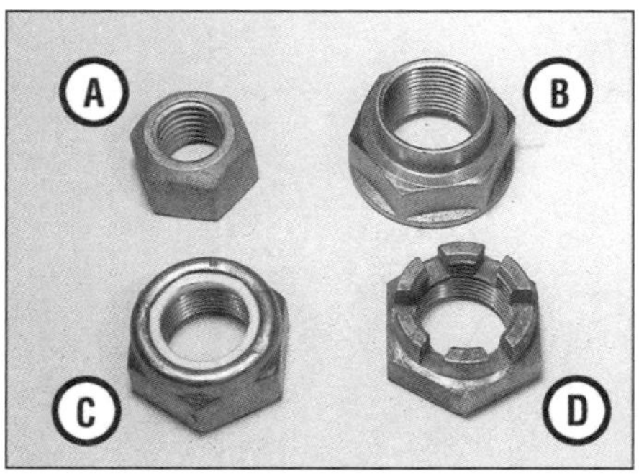

2.4 Sechskantmutter (A), Mutter mit Bund (B), selbstsichernde Mutter mit Nylon-Einsatz (C), Kronenmutter (D)

Muttern und Splinte

- Herkömmliche Muttern sind sechskantig (siehe Abbildung 2.4). Ihre Größenbezeichnungen richten sich nach dem Gewindedurchmesser und dessen Steigung. Hochfeste Muttern tragen auf einer Seite eine Zahl, die ihre Festigkeit angibt.
- Selbstsichernde Muttern haben entweder Nylon-Einsätze oder zwei Federstreifen, außerdem gibt es Muttern mit Bund, die sich mit einer Verzahnung sichern. Ihr aller Vorzug liegt darin, dass sie nicht durch Vibrationen zu lösen sind. Die Nylon- und Federausführungen können mehrmals universell eingesetzt werden und müssen erst ersetzt werden, wenn sie leichtgängig oder verschlissen sind. Die Bundausführungen müssen nach jedem Lösen ausgewechselt werden.
- Splinte werden zum Sichern von Kronenmuttern auf Achsen, aber auch gegen das Lösen normaler Sechskantmuttern eingesetzt, besonders an Radachsen und Bremsankern. Normale Splinte müssen wegen der Bruchgefahr nach jedem Gebrauch erneuert werden (siehe Abbildungen 2.5 und 2.6).

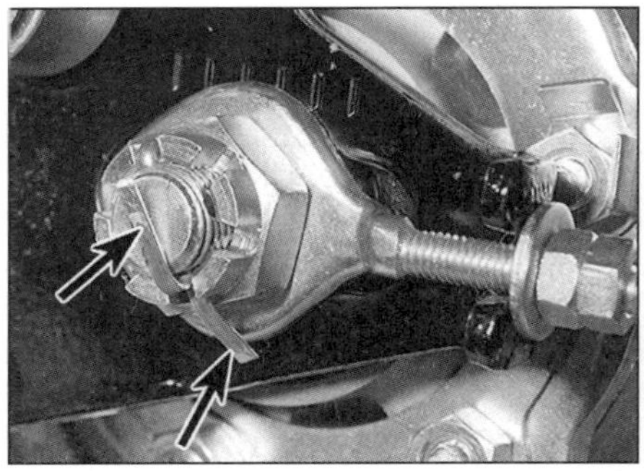

2.5 Biegen Sie Einwegsplinte bei Kronenmuttern wie gezeigt auseinander.

2.6 Biegen Sie Einwegsplinte bei normalen Muttern wie gezeigt auseinander.

Achtung: Wenn die Schlitze der Kronenmutter nach dem vorschriftsmäßigen Anziehen nicht mit der Splintbohrung in der Achse fluchten, muss sie so weit fester angezogen werden, bis der Splint durchgeführt werden kann – sie darf niemals gelockert werden.

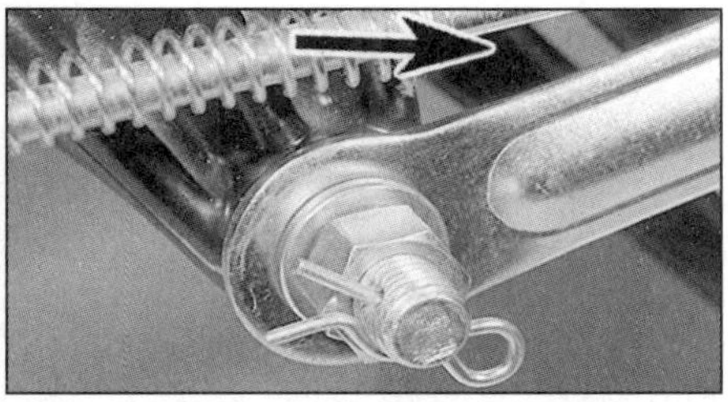

2.7 Federsplinte werden mit dem geschlossenen Ende in Fahrtrichtung (Pfeil) montiert.

• Federsplinte können öfter verwendet werden, solange sie nicht beschädigt sind. Installieren Sie Federsplinte immer mit dem geschlossenen Ende nach vorne (siehe Abbildung 2.7).

Sicherungsringe (siehe Abbildung 2.8)

• Sicherungsringe, die mit »Augen« zum besseren Aus- und Einbau versehen sind, werden auch Seegerringe genannt. Je nach Einsatzzweck auf Wellen oder in Bohrungen sitzen die Augen innen oder außen. Geschliffene Ringe können beidseitig verwendet werden, bei gestanzten Ringen (mit einer flachen und einer abgerundeten Seite) muss die flache Seite entstehenden Druck auf die Nut übertragen (siehe Abbildung 2.9).

• Benutzen Sie immer eine Seegerringzange zur Montage und Demontage, spannen Sie damit die Ringe nicht mehr als nötig. Drehen Sie die Ringe nach der Montage in ihrer Nut, um sicherzugehen, dass sie richtig sitzen. Wenn ein Sicherungsring auf eine Nutenwelle montiert wurde, muss die Öffnung mit einer Nut fluchten. So wird sichergestellt, dass die Enden gut gehalten werden (siehe Abbildung 2.10).

• Sicherungsringe können durch den Druck von Bauteilen verschleißen und dadurch locker in ihren Nuten sitzen. Da hierdurch die Gefahr des Herausspringens steigt, sollten Sie regelmäßig nach jedem Ausbau ersetzt werden.

• Drahtsicherungsringe werden normalerweise zur Sicherung des Kolbenbolzens in die Nuten des Kolbens gesetzt. Sie können mit einer Spitzzange oder einem kleinen Schraubendreher ausgebaut werden. Kolbenbolzen-Sicherungsringe dürfen auf keinen Fall mehrmals verwendet werden.

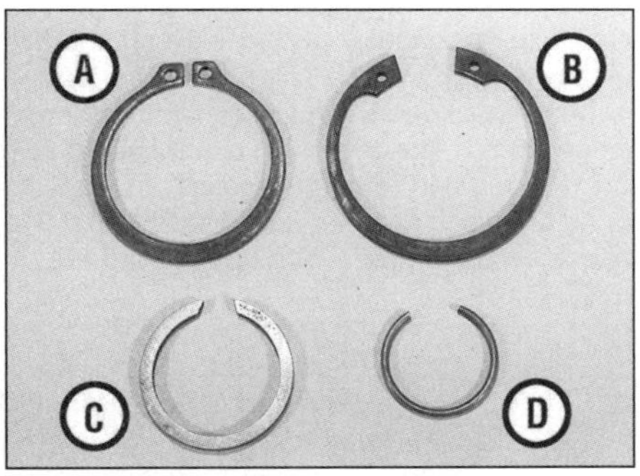

2.8 Wellen-Seegerring (A), Bohrungs-Seegerring (B), geschliffener Sicherungsring (C), Draht-Sicherungsring (D)

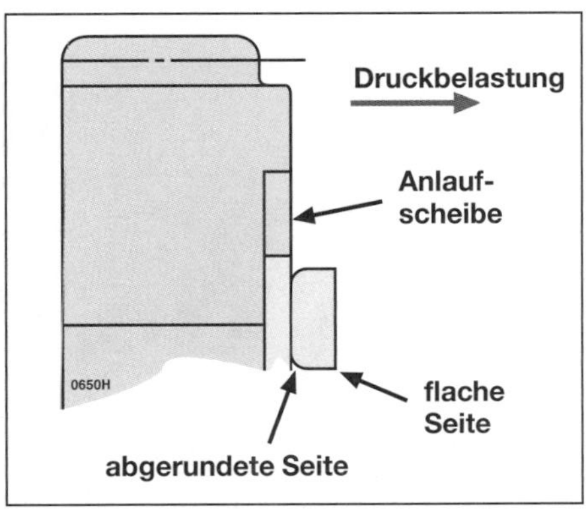

2.9 Korrekte Einbaulage eines gestanzten Sicherungsrings

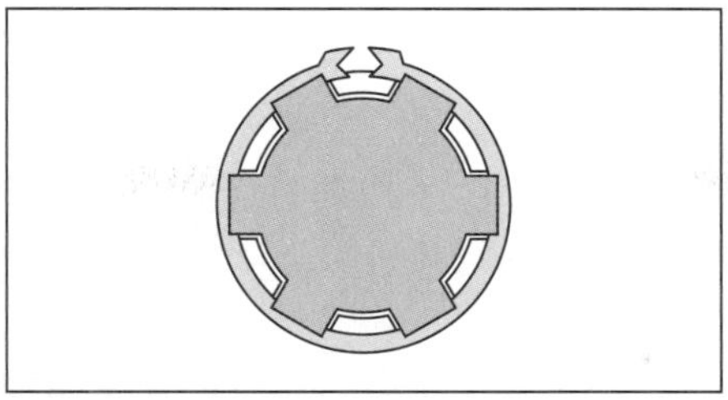

2.10 Die Öffnung des Sicherungsrings muss in einer Nut der Welle liegen.

Gewindedurchmesser und Gewindesteigung

• Der Durchmesser eines Gewindes wird außen an der Schraube oder des Bolzens gemessen. Fast alle Fahrzeughersteller benutzen heute metrische Gewinde nach ISO-Norm, eine M-6-Schraube hat einen Gewindedurchmesser von 6 mm. Diese Bezeichnung gilt auch für die entsprechende Mutter, hier muss der Durchmesser in den »Tälern« des Gewindes gemessen werden.

• Die Gewindesteigung bezeichnet den Abstand zwischen zwei Gewindegängen (siehe Abbildung 2.11). Sie wird in Millimetern angegeben, jedoch nur extra erwähnt, wenn sie von der Norm abweicht, d. h. eine M8-Schraube nicht wie üblich eine Steigung von 1,25 mm, sondern z. B. ein Feingewinde mit 1,0 mm Steigung hat – sie heißt dann M8 x 1,0. Mit zunehmendem Gewindedurchmesser wird auch die Steigung größer.

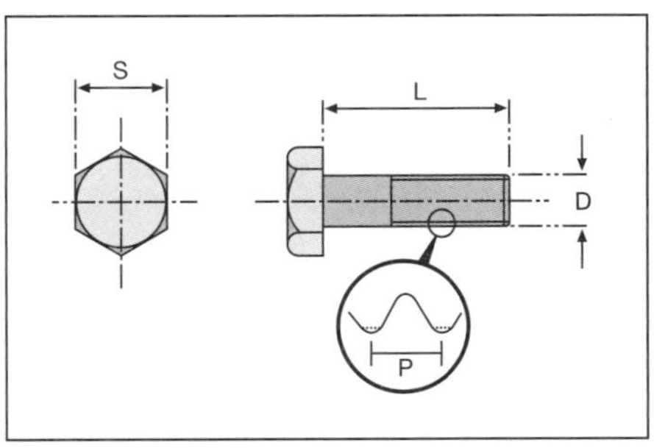

2.11 Schraubenlänge (L), Gewindedurchmesser (D), Gewindesteigung (P), Schlüsselweite (S)

2.12 Mit einer Gewindelehre kann die Steigung bestimmt werden.

• Zu bestimmten Gewindedurchmessern, -steigungen und -festigkeiten gehören entsprechende Schraubenköpfe mit Schlüsselweiten in Millimetern (siehe Abbildung 2.11). Bei Unsicherheit können Gewindesteigungen mit Gewindelehren gemessen werden (siehe Abbildung 2.12).

Schlüsselweite	∅ Gewinde x Steigung
8 mm	M 5 x 0,8 mm
8 mm	M 6 x 1,0 mm
10 mm	M 6 x 1,0 mm
12 mm	M 8 x 1,25 mm
14 mm	M10 x 1,25 mm
17 mm	M12 x 1,25 mm

• Die meisten Schrauben und Bolzen haben Rechtsgewinde, d. h. die Schraube oder Mutter wird im Uhrzeigersinn festgezogen. Linksgewinde finden sich ganz selten an Stellen, wo die Drehrichtung des Bauteils die Verbindung lösen könnte, z. B. bei einigen Ritzelmuttern.

Standard-Anzugsdrehmomente

M5 (Schraube oder Mutter)	5 Nm
M6 (Schraube oder Mutter)	10 Nm
M8 (Schraube oder Mutter)	21 Nm
M10 (Schraube oder Mutter)	35 Nm
M12 (Schraube oder Mutter)	55 Nm
M6 (Schraube oder Mutter mit Bund)	12 Nm
M8 (Schraube oder Mutter mit Bund)	27 Nm
M10 (Schraube oder Mutter mit Bund)	40 Nm

Festsitzende Gewinde

• Durch Feuchtigkeit, Salz und elektro-chemische Korrosion zwischen unterschiedlichen Metallen können freiliegende Schrauben im Laufe

2.13 Bereits ein leichter Schlag auf den Schraubenkopf reicht oft aus, ein korrodiertes Gewinde zu lösen.

2.14 Ein Schlagschrauber setzt die Wucht des Hammers in eine Drehbewegung um.

2.16 Mit einem am Rand angesetzten Meißel wird die Schraube oder Mutter gelockert.

2.19 Achtung beim Vorbohren: nicht das weichere Gehäusematerial beschädigen.

der Zeit schwer zu lösen sein. Mit normalen Methoden wird man in diesen Fällen wahrscheinlich den Schraubenkopf zerstören. Wenn man merkt, dass sich eine Schraube oder Mutter nicht wie üblich durch ein Knacken löst und dann leicht ausbauen lässt, sollte die übliche Demontage sofort gestoppt werden, bevor etwas zerstört wird.

- Bereits ein leichter Schlag auf den Schraubenkopf kann Korrosion und Spannungen im Gewinde lösen (siehe Abbildung 2.13).
- Kriechöl (z. B. *Caramba* oder *WD40*) kann als Rostlöser an die Verbindung gesprüht werden und über Nacht einsickern. Formt man mit Plastilin eine »Wanne« um die Schraube oder Mutter, kann die Verbindung sogar geflutet werden.
- Aufgrund der öligen Umgebung haben innerhalb des Motorgehäuses befindliche Schraubverbindungen kaum Korrosionsprobleme. Doch kann auch hier ein Schlagschrauber die Arbeit erleichtern, wenn festsitzende Schrauben gelöst werden sollen (siehe Abbildung 2.14).
- Korrosion zwischen Metallen (z. B. Stahl und Aluminium) kann durch Erwärmung gelockert werden. Da sich Aluminium stärker ausdehnt als Stahl, reißt die Verbindung auf und die Bohrung (im Aluminium) erweitert sich. Hitzeempfindliche Teile wie Dichtringe und Gummistopfen müssen zunächst entfernt werden, dann kann man z. B. mit einem Heißluftgebläse den Bereich um die Schraube erwärmen (siehe Abbildung 2.15). Alternativ kann man das Bauteil auf einer elektrischen Herdplatte, in einem Backofen, in kochendem Wasser oder mit einem Bügeleisen erwärmen. Benutzen Sie keine offene Flamme! Tragen Sie Handschuhe, um Hautverbrennungen zu vermeiden.

2.15 Erwärmen Sie den Bereich um die Schraubverbindung gleichmäßig.

Achtung: Beachten Sie immer, dass das Gehäuseteil, in dem die Schraube sitzt, viel empfindlicher und teurer ist als die Schraube selbst. Wenn die Schraube gelockert ist, sollte sie nicht mit Gewalt herausgedreht werden. Um das Gewinde zu schonen, muss die Schraube bei starkem Widerstand vorsichtig vor- und zurückgedreht werden, bis sie locker ist.

- Als nächste Möglichkeit kann man die Schraube mit Hammer und Meißel losklopfen (siehe Abbildung 2.16). Hierdurch wird die Schraube oder Mutter zerstört, doch wichtiger ist, dass man das Bauteil nicht beschädigt.

Abgebrochene Schrauben und Stehbolzen

- Wenn das Gewinde zugänglich ist, kann man versuchen, es mit einer selbstsichernden Gripzange zu drehen. Mit einem Stehbolzendreher, der normalerweise bei Zylinderstehbolzen verwendet wird, lassen sich meist bessere Ergebnisse erzielen (siehe Abbildung 2.17). Stehbolzen lassen sich auch mit zwei verkonterten Muttern lösen (siehe Abbildung 2.18).

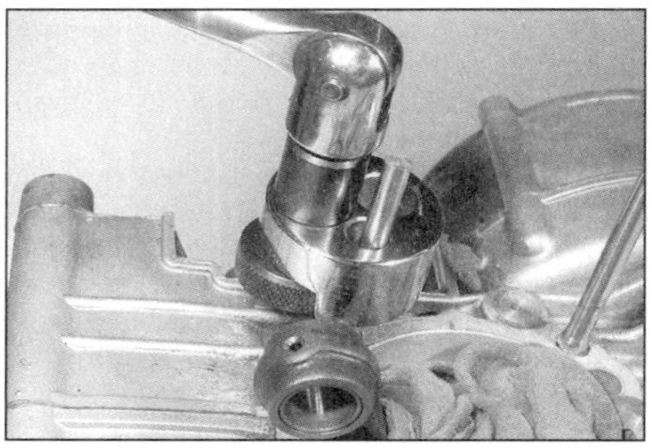

2.17 Mit einem Stehbolzendreher können auch festsitzende Schraubengewinde gelöst werden.

2.18 Nach dem Verdrehen zweier Muttern gegeneinander kann hiermit der Bolzen herausgeschraubt werden.

- Eine bündig am Gehäuse abgerissene Schraube kann, wenn sie nicht allzu fest sitzt, nur mit einem Linksausdreher entfernt werden. Zunächst wird mit dem Körner in der Mitte des Gewindes eine Markierung geschlagen, aus der ein Bohrer nicht mehr abrutschen kann (siehe Abbildung 2.19). Wählen Sie den Bohrer etwa halb bis dreiviertel so groß wie der Innendurchmesser der Schraube, und bohren Sie ein dem Linksausdreher entsprechend tiefes Loch. Wählen Sie den größtmöglichen Linksausdreher, aber achten Sie darauf, die Wandung der Schraube oben nicht auseinanderzudrücken, da dadurch das Gewinde im Gehäuse beschädigt und das Herausdrehen erschwert wird.
- Drehen Sie den Linksausdreher links herum (gegen den Uhrzeigersinn) in die abgebrochene Schraube. Wenn er sich festgefressen hat, wird er automatisch den Gewinderest aus dem Gehäuse herausdrehen (siehe Abbildung 2.20).

Warnung: Linksausdreher sind sehr hart und können bei unvorsichtigem Umgang und in extrem festsitzenden Schraubenresten abbrechen. In diesem Fall sollte eine professionelle Werkstatt konsultiert werden.

2.20 Drehen Sie den Linksausdreher links herum in das Bohrloch, bis das Gewindestück herausgeschraubt ist.

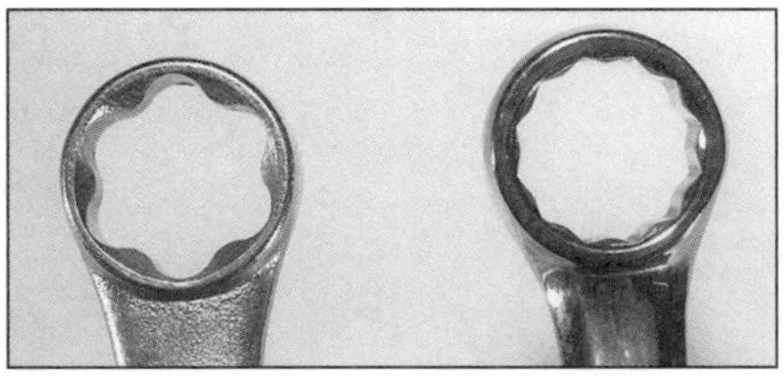

2.21 Besonders bei abgerundeten Köpfen sind Flächendruckschlüssel solchen mit Zwölfkant vorzuziehen.

- Alternativ, oder wenn das Gehäusegewinde zu stark beschädigt ist, kann die Schraube ganz herausgebohrt werden. Hierbei muss darauf geachtet werden, dass die Bohrung exakt zentriert und gerade sitzt und genau die vorgegebene Tiefe erreicht wird. Dann kann ein Übermaßgewinde eingebohrt oder ein Gewindeeinsatz (z. B. *Heli Coil*) hineingeschraubt werden. Bei Zweifel über die eigenen Fähigkeiten und in Anbetracht des Preises für ein neues Gehäuse sollte diese Arbeit gegebenenfalls einer Werkstatt überlassen werden.
- Schrauben und Muttern mit abgerundeten Sechskantköpfen sollten sehr vorsichtig mit exakten Ring- oder Steckschlüsseln gelöst werden. Diese sollten besser sechs als zwölf Kanten aufweisen. Als sehr gut haben sich auch Schlüssel erwiesen, die nicht die Kanten, sondern die Flächen der Köpfe belasten – sie werden u. a. unter dem Handelsnamen »Metrinch« vertrieben (siehe Abbildung 2.21)
- Schlitz- oder Kreuzschlitzschrauben werden häufig durch falsche Schraubendrehergrößen beschädigt, zudem können die Dreher auch verschlissen (abgerundet) sein. Inbus- und Torx-Schrauben sind dagegen kaum zu zerstören. Wenn die Schraube zugänglich ist, kann mann mit einer Eisensäge einen Schlitz in den Kopf sägen und sie mit einem passenden Schlitzschraubendreher lösen. Alternativ kann die Schraube mit Hammer und Meißel vorsichtig losgeklopft werden. Beschädigte Schrauben dürfen auf keinen Fall wieder eingesetzt und festgezogen werden.

Ein Klecks Ventileinschleifpaste auf der Schraube kann für den Schraubendreher das letzte Quäntchen Haftung bringen.

2.22 Zum Reinigen und Reparieren von Innengewinden muss ein passender (!) Gewindebohrer senkrecht (!) eingeschraubt werden.

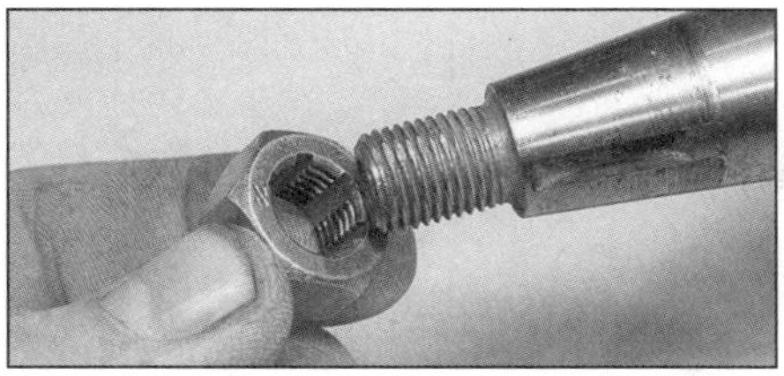

2.23 Zum Nacharbeiten von Außengewinden wird ein Schneideisen aufgedreht.

Gewindereparatur

- Besonders in Aluminium kann ein Gewinde durch viel zu festes Anziehen, eingearbeiteten Schmutz oder auch Vibrationen lockerer Schrauben schnell zerstört werden. Das Gewinde kann komplett mit der Schraube herausfallen.
- Wenn ein Gewinde nur leicht beschädigt oder mit alter Schraubensicherungspaste verschmutz ist, kann es mit einem passenden Gewindebohrer repariert/gereinigt werden (siehe Abbildungen 2.22 und 2.23). Für Zündkerzengewinde gibt es spezielle Größen. Achten Sie darauf, dass der Bohrer den korrekten Durchmesser und die richtige Steigung hat, sonst wird das Gewinde zerstört. Das Gleiche gilt für Außengewinde. Hier kann mit einer passenden Gewindefeile oder einem Schneideisen nachgearbeitet werden (siehe Abbildung 2.24).
- Wenn um das beschädigte Innengewinde genügend Material vorhanden ist und eine größere Schraube eingesetzt werden kann, ist es möglich, das Loch passend zu vergrößern und ein größeres Gewinde einzuschneiden. Manchmal, z. B. bei Zündkerzen oder Ablassschrauben und be wenig »Fleisch« um das Loch, ist dieser Schritt jedoch nicht möglich.
- Man muss dann auf Gewindeeinsätze zurückgreifen, die in das aufgebohrte defekte Gewinde eingesetzt werden und in die anschließend wieder Originalschrauben oder Zündkerzen einge-

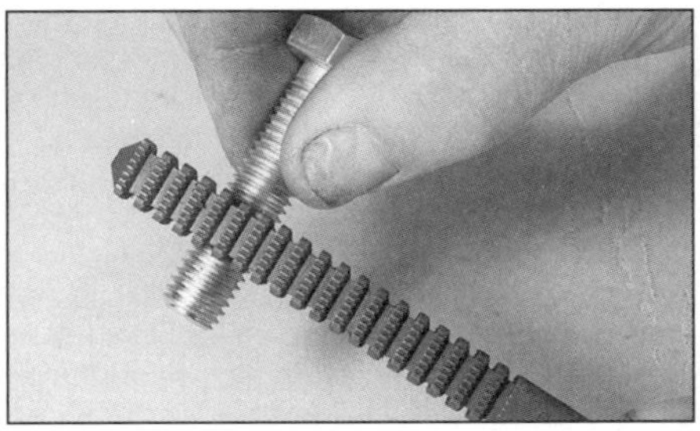

2.24 Mit einer Gewindefeile können Außengewinde nachgebessert werden.

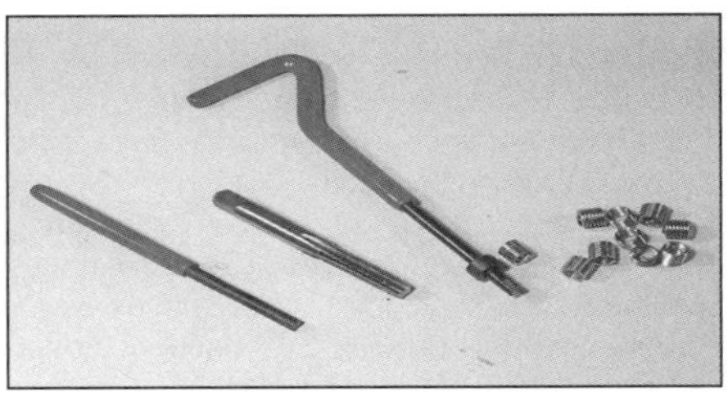

2.25 Dem Grund-Kit sind neben Gewindeeinsätzen auch die nötigen Spezialwerkzeuge beigefügt.

2.26 Bohren Sie zunächst das alte Gewinde auf (Lager und Dichtungen sollten besser abgedeckt sein).

2.27 Drehen Sie sorgfältig den Gewindeschneider hinein, . . .

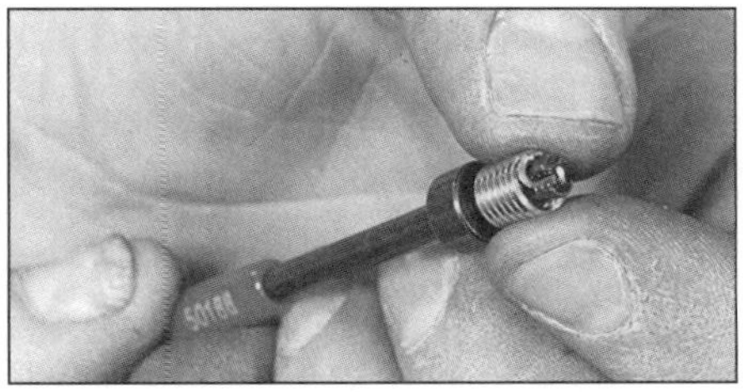

2.28 . . . setzen Sie den Einsatz in das Eindrehwerkzeug, . . .

2.29 . . . und schrauben Sie ihn in die Bohrung.

2.30 Brechen Sie zum Schluss die Lasche ab.

dreht werden können. Neben vielen anderen Einsätzen heißt das bekannteste Produkt »Heli Coil«. Eine Packung enthält einen Gewindebohrer, Einbauwerkzeuge und mehrere Einsätze (siehe Abbildung 2.25). Vergrößern Sie das Loch mit einem passenden Bohrer (siehe Abbildung 2.26), schneiden Sie vorsichtig das Gewinde ein (siehe Abbildung 2.27), und drehen Sie vorsichtig und mit leichtem Druck den Einsatz hinein (siehe Abbildungen 2.28 und 2.29). Wenn er viertel bis halbe Umdrehung vor dem Grund sitzt, wird das Werkzeug herausgezogen und mit der Stange die Eindrehlasche abgebrochen (siehe Abbildung 2.30).

- Es gibt Gewinde-Reparaturmittel auf Epoxidharzbasis. Sie sollten jedoch nur bei wenig belasteten Verbindungen eingesetzt werden.

Sicherungspaste und Dichtmasse

- Schraubensicherungspaste (bekannt unter dem Namen *Loctite*) wird an Verbindungen eingesetzt, wo durch Vibrationen Gefahr der Lockerung besteht, oder besonders sicherheitsrelevante Teile verloren gehen können. Außerdem wird sie verwendet, wo andere Schraubensicherungen, wie Bleche oder Splinte, nicht eingesetzt werden können.
- Vor dem Auftragen von Sicherungspaste müssen beide Gewinde sorgfältig von alten Resten gereinigt, entfettet und getrocknet werden. Es gibt zwei Arten von Schraubensicherungspasten: dauerfeste und lösbare (mittelfeste). Normalerweise wird mittelfeste Schraubensicherung verwendet, nur Zylinderstehbolzen werden oft mit dauerhafter Paste eingesetzt. Geben Sie einen oder zwei Tropfen auf die ersten Gewindegänge der einzusetzenden Schraube, setzen Sie sie ein, und ziehen Sie sie mit dem vorgeschriebenen Drehmoment fest. Geben Sie nicht zu viel Sicherungspaste auf das Gewinde, da sonst beim Ausbau ein Alugewinde mit herausgezogen werden kann.
- Es gibt Schrauben und Muttern, die mit einem trockenen Sicherungsmaterial überzogen sind. Diese Verbindungsteile müssen nach jeder Demontage ersetzt werden.
- Um Gewinde vor dem Korrodieren zu schützen, können sie mit Kupferpaste eingesetzt werden. Dieses empfiehlt sich besonders bei stark hitzebelasteten Teilen wie Zündkerzen, Krümmerflanschmuttern und Auspuffschrauben.

3.1 Fühlerlehren werden zum Ermitteln kleiner Spaltmaße benötigt. Ihr Maß ist auf einer Seite eingeätzt.

3 Messwerkzeuge und Messuhren

Fühlerlehren

- Fühlerlehren werden zum Ermitteln kleiner Spaltmaße und Spiele (z. B. Ventilspiel) benutzt (siehe Abbildung 3.1). Wo der Einsatz einer Messuhr unmöglich ist, kann man mit ihnen auch Seitenspiel von Wellen messen.
- Fühlerlehrensätze müssen vorsichtig behandelt und dürfen nicht verbogen oder beschädigt werden. In jedes Blatt ist auf einer Seite das entsprechende Maß eingeätzt. (Messen Sie das bei besonders billigen Fühlerlehren einmal nach!) Die Blätter sollten gegen Korrosion immer leicht eingeölt sein, damit sie nicht – im wahrsten Sinne – »aufblühen«.
- Wenn Sie irgendwo Spiel ermitteln wollen, gilt immer der Wert, bei dem das Blatt sich mit leichtem Druck durch die beiden Komponenten ziehen lässt. Es kann passieren, dass man manchmal zwei Fühlerlehren benötigt.

Bügelmessschrauben (Mikrometerschrauben)

- Mit einer Präzisionsmessschraube lassen sich Messgenauigkeiten von bis zu einem tausendstel Millimeter erzielen. Das empfindliche Gerät sollte immer in seinem Etui und nie lose im Werkzeugkasten aufbewahrt werden, da defekte Geräte falsche Messergebnisse zeigen, die eventuell teure Motorschäden nach sich ziehen können.
- Bügelmessschrauben werden zum Ermitteln von Außendurchmessern eingesetzt, es gibt sie in verschiedenen Messbereichen, normalerweise von 0 bis 25 mm, 25 bis 50 mm usw., immer in 25-mm-Schritten steigend. Zu großen Bügelmessschrauben gibt es austauschbare Zwischenstücke, um verschiedene Messungen durchführen zu können. Allgemein ist das größte benötigte Maß das des Kolbendurchmessers.
- Kleine Innendurchmesser können mit Innenmesslehren oder Dreipunkt-Innenmessschrauben ermittelt werden. Große Durchmesser, wie Zylinderbohrungen, lassen sich mit Messuhren oder Schnabelmessschrauben ermitteln. Alle diese Geräte sind sehr teuer, und es stellt sich die Frage, ob sich die Anschaffung für den Hobbyschrauber lohnt.

Bügelmessschrauben

Anmerkung: *Hier wird eine konventionelle mechanische Messschraube beschrieben. Einfacher abzulesen, aber auch erheblich teurer sind digitale Geräte.*

- Vor Beginn muss immer die Kalibrierung kontrolliert werden, d. h. das Gerät wird geschlossen (bei 0–25 mm) oder mit den entsprechenden (gereinigten!) Zwischenstücken versehen und auf Null-Maß gestellt (siehe Abbildung 3.2).

Beachten Sie hierzu die Bedienungsanleitung der Messschraube. Denken Sie immer daran,

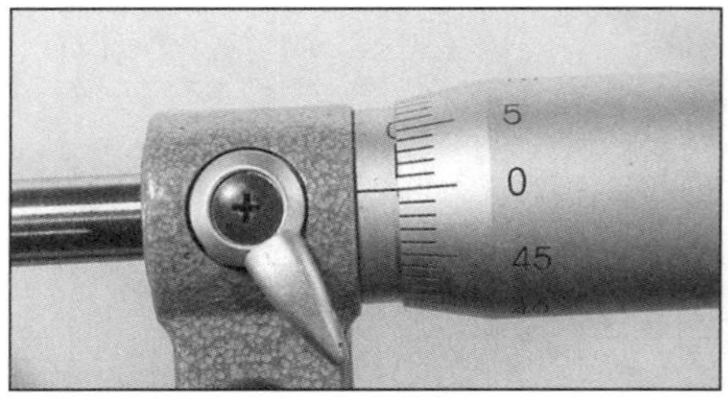

3.2 Kontrollieren Sie vor dem Gebrauch, ob die Messschraube auf Null kalibriert ist.

dass es sich hierbei um ein Präzisionsmessgerät handelt, das schonend behandelt werden muss.

- Achten Sie darauf, dass das zu messende Teil sauber ist. Drücken Sie den Amboss (1) gegen das Teil und drehen Sie die Trommel (2), bis die Spindel (3) das Teil an der gegenüberliegenden Seite leicht berührt (siehe Abbildung 3.3). Drehen Sie jetzt die Spindel mit der Ratsche (4) ein, bis sie überrutscht, schrauben Sie sie auf gar keinen Fall mit der Trommel fester – hierdurch kann das Instrument zerstört werden.
- Jetzt kann die Spindel mit dem Klemmhebel arretiert und die Bügelmessschraube vom zu messenden Teil genommen werden, dann wird das Ergebnis abgelesen. Zuerst wird die Grundmessung auf dem Schaft abgelesen, dann wird die Feinmessung auf der Trommel hinzugezählt. Anhand der Teilstriche auf dem Schaft werden in unserem Fall die ganzen und halben Millimeter abgelesen. Auf der Trommel sind die Hundertstelmillimeter-Markierungen zu sehen (je nach der Beschriftung auf dem Bügel und Genauigkeit der Messschraube können auch andere Werte abgelesen werden). Jede ganze Umdrehung bedeutet eine Veränderung um einen halben Millimeter. Der Teilstrich, der (direkt von oben betrachtet!) über der Linie liegt, zeigt einen Hundertstelmillimeter (0,01 mm) an. Zählen Sie das abgelesene Ergebnis zu der Schaftmessung hinzu.

In unserem Beispiel wird folgendes Messergebnis abgelesen (siehe Abbildung 3.4):

obere Schaft-Skala	2,00 mm
untere Schaft-Skala	0,50 mm
Trommel-Skala	0,45 mm
Messergebnis	**2,95 mm**

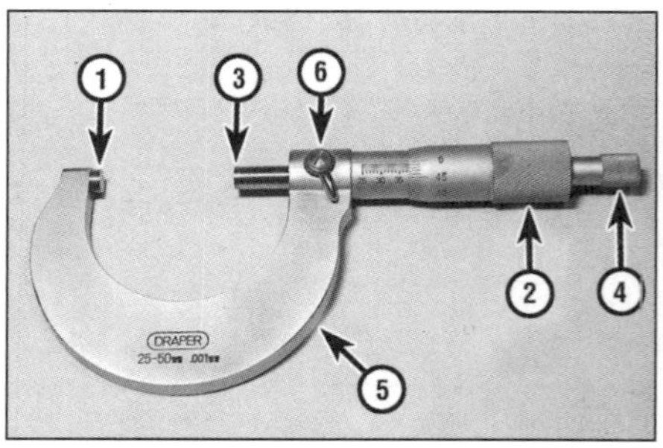

3.3 Bügelmessschrauben-Bauteile
1 Amboss, 2 Trommel, 3 Spindel, 4 Ratsche, 5 Bügel, 6 Feststellhebel

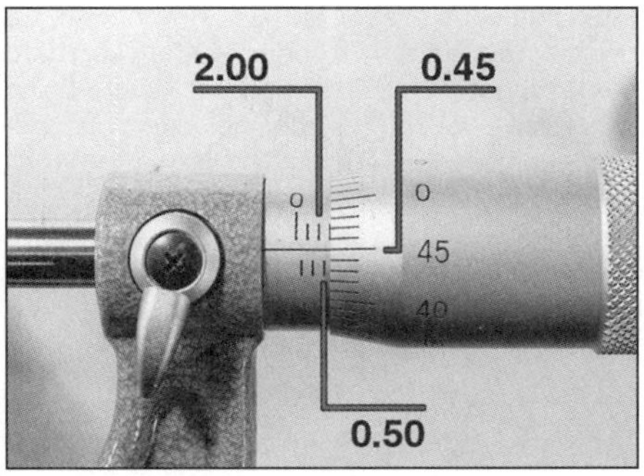

3.4 Das Messergebnis beträgt 2,95 mm.

- Einige Messgeräte haben eine Nonius-Skala auf ihrem Schaft, mit der es ermöglicht wird, auf tausendstel Millimeter genau zu messen. Zählen Sie zu dem oben abgelesenen Ergebnis den Wert hinzu, der mit einem Teilstrich auf der Trommel fluchtet. Anmerkung: Beim Ablesen des Nonius der 0,001-mm-Teilstriche muss genauestens von oben abgelesen werden. Drehen Sie die Messschraube gegebenenfalls zu sich hin. In unserem Beispiel wird folgendes Messergebnis abgelesen (siehe Abbildungen 3.5 und 3.6):

untere Schaft-Skala (große Striche)	46,000 mm
untere Schaft-Skala (kleine Striche)	0,500 mm
Trommel-Skala	0,490 mm
fluchtende Linie (Nonius)	0,004 mm
Messergebnis	**46,994 mm**

Innenmessgeräte

- Für das Ausmessen von Bohrungen benötigt man Innenmessgeräte. Da Messschrauben sehr teuer sind, kann man auf einen Satz verstellbarer Innenfühler zurückgreifen, die mit einer Bügelmessschraube vermessen werden.
- Mit Teleskop-Messlehren können z. B. Pleuelaugen und Kolbenbolzenbohrungen vermessen werden. Schieben Sie die saubere Lehre ein, spannen Sie sie auseinander, sichern Sie sie, und ziehen Sie sie aus der Bohrung (siehe Abbildung 3.7). Messen Sie das Ergebnis mit einer Bügelmessschraube (siehe Abbildung 3.8).
- Sehr kleine Bohrungen, wie Ventilführungen, können mit Bohrungsfühlern vermessen werden. Schieben Sie die saubere Lehre ein, spannen Sie sie so weit auseinander, bis sie leicht gleitet, sichern Sie sie, und ziehen Sie sie aus der Bohrung (siehe Abbildung 3.9). Messen Sie das Ergebnis mit einer Bügelmessschraube (siehe Abbildung 3.10).

Messschieber

Anmerkung: *Beschrieben werden hier konventionelle Nonius- und Uhren-Messschieber, Digital-Messschieber sind leichter abzulesen und kosten inzwischen nicht mehr viel.*

- Ein Messschieber arbeitet nicht so genau wie eine Bügelmessschraube, dafür ist er leichter

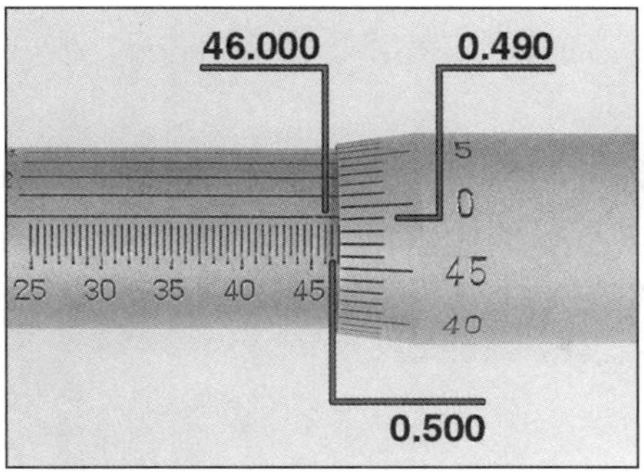

3.5 Auf dem Schaft und der Trommel werden 46,99 mm abgelesen, . . .

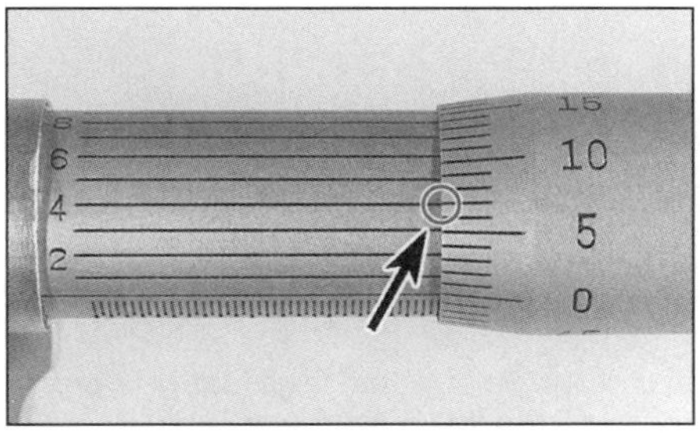

3.6 . . . dazu kommen 0,004 mm aufgrund der fluchtenden Linien.

zu bedienen und vielseitig für Außen-, Innen- und Tiefenmessungen einsetzbar. Für viele Messungen, wie z. B. Kupplungsbeläge oder Ventilfedern, reicht er völlig aus.

- Lösen Sie zunächst die Klemmschraube (1), und schieben Sie das Gerät soweit auseinander, dass die Schnäbel (2) über bzw. die Kreuzspitzen (3) in das zu messende Teil passen (siehe Abbildung 3.11). Schieben Sie das Gerät, eventuell mit der Feineinstellung (4), bis auf bei-

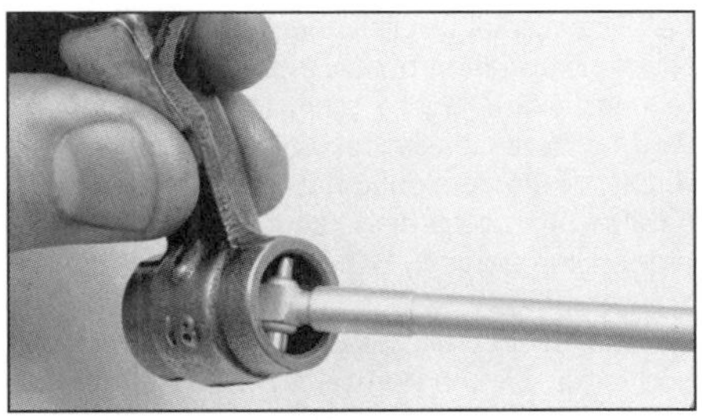

3.7 Spannen Sie die Teleskop-Messlehre in der Bohrung auseinander, arretieren Sie sie, . . .

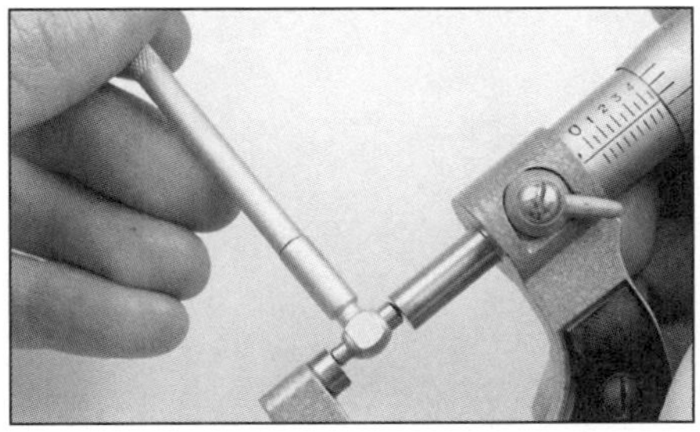

3.8 . . . und messen Sie das Ergebnis mit der Bügelmessschraube.

3.9 Spannen Sie den Bohrungsfühler in das Loch, und arretieren Sie ihn, . . .

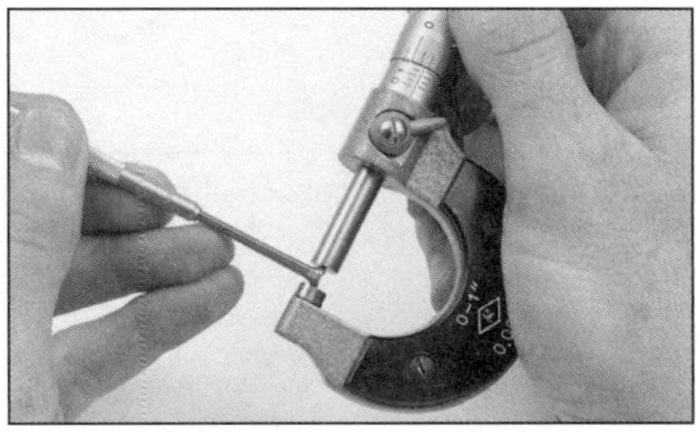

3.10 . . . messen Sie das Gerät dann mit einer Bügelmessschraube.

den Seiten leichter Kontakt entsteht, und ziehen Sie die Klemmschraube wieder an. Jetzt werden auf der festen Skala (6) als Grundmessung die ganzen Millimeter abgelesen, die links der Null auf der Schieberskala (5) liegen. Als Nächstes wird auf der Schieberskala der Strich identifiziert, der genau mit einem Strich auf der festen Skala fluchtet, jeder Strich steht normalerweise für 0,02 oder sogar 0,01 Millimeter. Addieren Sie den abgelesenen Wert zu der Grundmessung hinzu, und Sie haben das Messergebnis. In unserem Beispiel wird folgendes Messergebnis abgelesen (siehe Abbildung 3.12):

Grundmessung	55,00 mm
Feinmessung	0,92 mm
Messergebnis	**55,92 mm**

- Einige Messschieber sind zur Feinmessung mit einer Messuhr ausgerüstet. Achten Sie darauf, dass der Messschieber sauber sein muss. Schieben Sie ihn zuerst zusammen und kontrollieren Sie, ob die Messuhr auf Null steht, gegebenenfalls muss am Außenring nachgestellt werden. Lösen Sie zunächst die Klemmschraube (1), und schieben Sie das Gerät soweit auseinander, dass die Schnäbel (2) über bzw. die Kreuzspitzen (3) in das zu messende Teil passen (siehe Abbildung 3.13). Schieben Sie das Gerät, eventuell mit der Feineinstellung (4), bis auf beiden Seiten leichter Kontakt entsteht, und ziehen Sie die Klemmschraube wieder an. Jetzt werden auf der festen Skala (5) als Grundmessung die ganzen Millimeter abgelesen, die links der Schieberskala (6) erscheinen. Als Nächstes wird die Position der Nadel in der Uhr (7) ermittelt, jeder Teilstrich

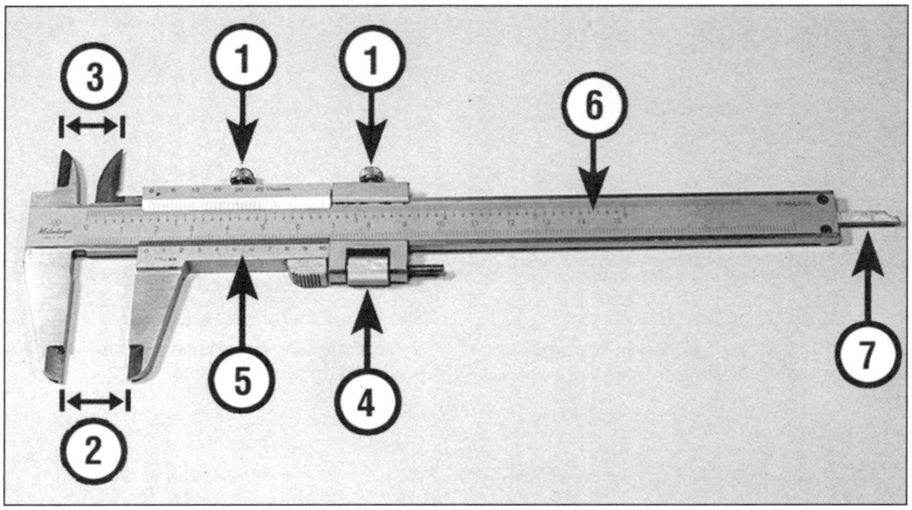

3.11 Bauteile eines Messschiebers (Nonius-Ablesung)

1 Klemmschraube
2 Außenmess-Schnäbel
3 Innenmess-Kreuzspitzen
4 Feineinstellung
5 Schieberskala
6 feste Skala
7 Tiefenmessdorn

entspricht hier 0,05 mm. Addieren Sie diesen Wert zu der Grundmessung, um das Messergebnis zu erhalten.

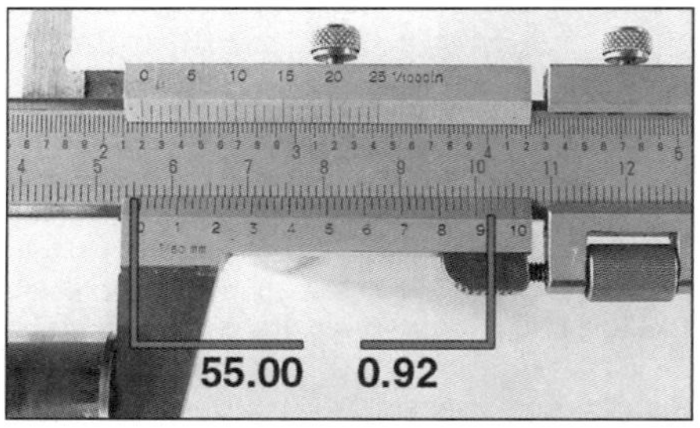

3.12 Das Messergebnis beträgt 55,92 mm.

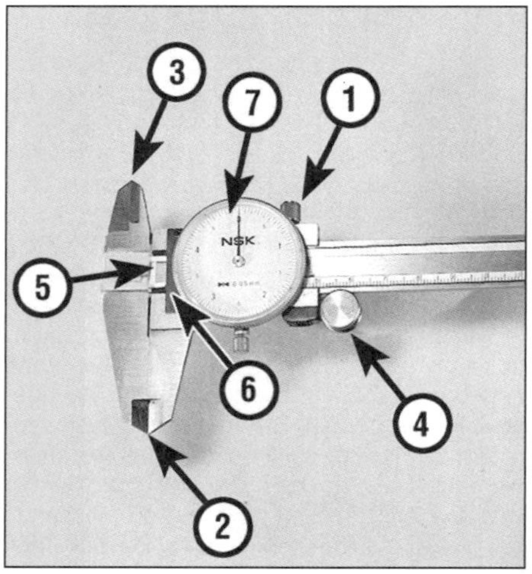

3.13 Bauteile eines Messschiebers (Uhr-Ablesung)

1 Klemmschraube
2 Außenmess-Schnäbel
3 Innenmess-Kreuzspitzen
4 Feineinstellung
5 feste Skala
6 Schieberskala
7 Messuhr

In unserem Beispiel wird folgendes Messergebnis abgelesen (siehe Abbildung 3.14):

Grundmessung	55,00 mm
Feinmessung	0,95 mm
Messergebnis	**55,95 mm**

Quetschmessstreifen

- Die unter dem Markennamen Plastigauge bekannten Kunststoffstreifen werden zwischen zwei Oberflächen gepresst. Anschließend wird anhand ihrer Quetschbreite mit einer Skala das Spiel zwischen den Oberflächen ermittelt.
- Üblicherweise wird mit Quetschmessstreifen das Radialspiel in Gleitlagern von Kurbel- und Nockenwellenlagern sowie zwischen Hubzapfen und Pleuellagern ermittelt. Im Folgenden wird Letzteres als Beispiel beschrieben.
- Gehen Sie vorsichtig mit den Quetschmessstreifen um, damit sich keine verzerrten Messergebnisse zeigen. Schneiden Sie mit einem scharfen Messer einen Streifen davon ab, der etwas kürzer ist als die Breite der Lagerschale, und legen Sie ihn parallel zur Welle in das Lager oder auf die Welle (siehe Abbildung 3.15). Montieren Sie vorsichtig beide Lagerschalen, und setzen Sie das Pleuel zusammen. Ziehen Sie, ohne das Pleuel auf der Kurbelwelle zu drehen, die Schrauben oder Muttern mit dem vorgeschriebenen Drehmoment fest. Dann wird alles vorsichtig wieder gelockert und der Quetschmessstreifen begutachtet.
- Der Streifen wird mit der an der Packung befindlichen Skala verglichen und das entsprechende Lagerspiel abgelesen (siehe Abbildung 3.16). Entfernen Sie anschließend alle Messstreifenreste mit dem Fingernagel.

3.14 Das Messergebnis beträgt 55,95 mm.

Achtung: Um ein korrektes Messergebnis zu erhalten, müssen alle vom Motorradhersteller vorgeschriebenen Anzugs-Drehmomente und -Reihenfolgen genauestens eingehalten werden.

Messuhren und Verzugsmessung

- Mithilfe einer Messuhr können kleinste Bewegungen ermittelt werden. Typische Einsatzzwecke sind Messungen von Unrundlauf, Seitenspiel oder Kolbenpositionen zur Zündeinstellung bei Zweitaktmotoren. Zu einem Messuhr-Set gehört eine Vielzahl von Tastern, Adaptern und Befestigungsmöglichkeiten.

3.15 Der Plastigauge-Streifen wird längs auf die Lageroberfläche gelegt.

- Im Ruhezustand der Uhr muss die Nadel auf Null stehen, gegebenenfalls muss am Ring nachjustiert werden.
- Prüfen Sie, ob der Messbereich der Uhr für die zu erwartende Bewegung ausreicht. Die meisten Uhren haben neben der großen Feinmessanzeige mit 0,01- oder 0,001-mm-Einteilung einen kleinen Zeiger, der ganze Millimeter misst. Zählen Sie zuerst die ganzen Millimeter und dann die Hundertstel oder Tausendstel dazu.

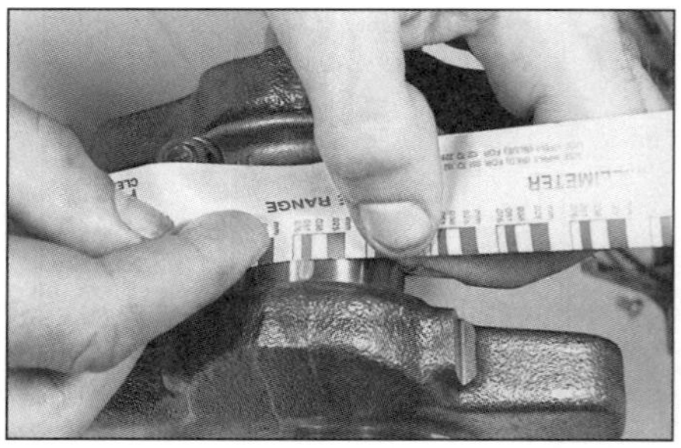

3.16 Messen Sie die Breite der gequetschten Messstreifen.

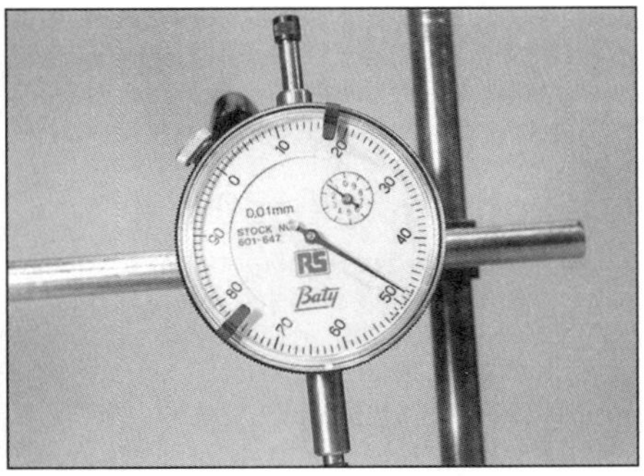

3.17 Das Messergebnis beträgt 1,48 mm.

In unserem Beispiel wird folgendes Messergebnis abgelesen (siehe Abbildung 3.17):

Grundmessung	1,00 mm
Feinmessung	0,48 mm
Messergebnis	**1,48 mm**

- Wenn der Unrundlauf von Wellen ermittelt werden soll, muss die Welle in den V-förmigen Ausschnitten von stabilen Prismenblöcken liegen und die Messuhr an einem Stativ rechtwinkelig zur Welle montiert werden. Lassen Sie den Taster in der Wellenmitte aufliegen, und drehen Sie langsam die Welle. Beobachten Sie dabei die Anzeige (siehe Abbildung 3.18). Führen Sie ggf. an verschiedenen Stellen der Welle Messungen durch, und merken Sie sich den maximalen Schlag.

Anmerkung: *Das abgelesene Ergebnis stellt den totalen Unrundlauf der Welle dar. Einige Hersteller geben in ihren* Technischen Daten *den maximalen Wert zu einer Seite an, sodass das Ergebnis halbiert werden muss.*

- Das Seitenspiel (Axialspiel) einer Welle kann nach dem sicheren Befestigen der Messuhr am Gehäuse gemessen werden, der Taster wird dabei auf das Wellenende gesetzt. Dann wird die Welle mit der Hand hin- und hergedrückt und anhand der Bewegung des Zeigers das Spiel abgelesen (siehe Abbildung 3.19).
- Zur exakten Zündzeitpunktbestimmung bei mehrzylindrigen Zweitakt-Motoren wird eine Messuhr so platziert, dass der Taster durch

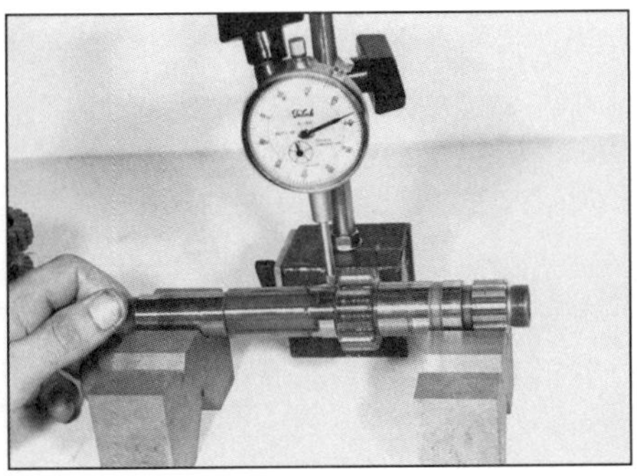

3.18 Messen Sie den Unrundlauf der Welle mit einer Messuhr.

3.19 Hier wird das Axialspiel einer Welle vermessen.

das Zündkerzengewinde auf den Kolben zum Liegen kommt. Justieren Sie die Uhr im oberen Totpunkt des Kolbens auf Null, und beachten Sie die Betriebsanleitung.

Zylinder-Kompressionsmessgerät

- Kompressionsuhren gibt es mit verschiedenen Anschlüssen: Entweder mit einem konusförmigen Gummi, das in die Kerzenbohrung gedrückt werden muss, oder mit passendem Gewinde zum Einschrauben – Letztere ist zu empfehlen. Der Messbereich der Uhr sollte bei Benzinmotoren bis 20 bar gehen.
- Nach dem Entfernen der Zündkerzen wird die Kompression bei drehendem, aber nicht laufendem Motor gemessen (siehe Abbildung 3.20). Führen Sie den Kompressionstest so durch, wie es in der Ausrüstung zur Fehlersuche beschrieben wird. Das Messgerät wird den Druck so lange halten, bis das Ventil per Hand geöffnet wird.

Öldruck-Messgerät

- Um den Öldruck des Motors zu ermitteln, wird ein Öldruck-Messgerät benötigt, die meisten von ihnen sind mit verschiedenen Adaptern ausgerüstet, sodass sie in alle Anschlussgewinde geschraubt werden können (siehe Abbildung 3.21). Wenn der vom Hersteller vorgesehene Anschluss an einer externen Öldruckleitung liegt, muss eine spezielle Ersatz-Ölleitung verwendet werden, um Ölmangel an verschiedenen Komponenten auszuschließen.

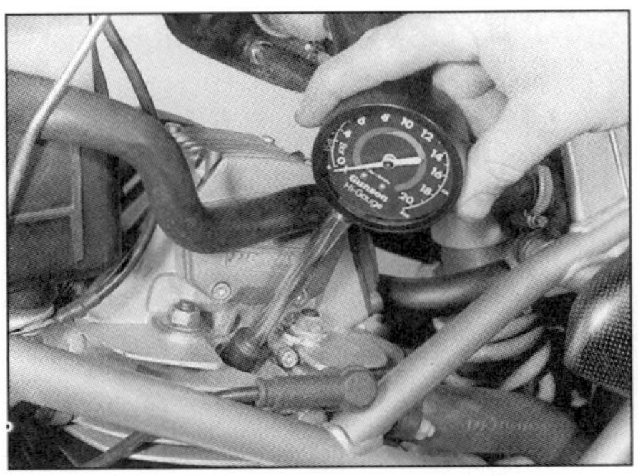

3.20 Ein Kompressionstester mit Gummi-Konus muss kräftig in die Bohrung gedrückt werden.

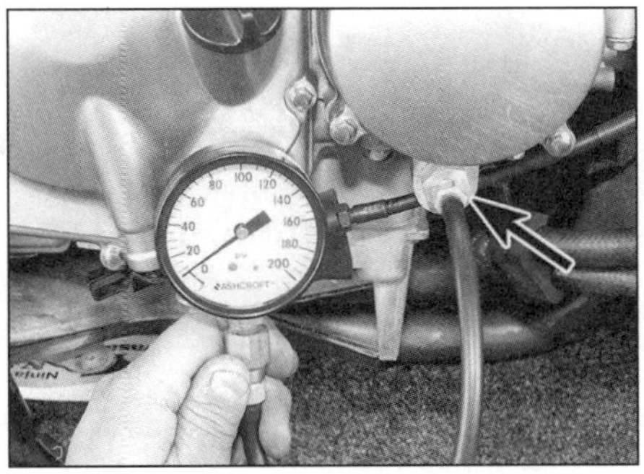

3.21 Öldruck-Messuhr und Anschluss-Adapter (Pfeil)

- Der Öldruck wird bei mit einer bestimmten Drehzah laufendem Motor gemessen. Oftmals sind die vorgeschriebenen Werte sowohl bei kaltem als auch bei warmem Motor angegeben.

Haarlineale und Verzug

- Zur Kontrolle einer ebenen Dichtfläche auf Verzug muss ein Haarlineal oder ein Präzisions-Stahllineal über die Fläche gelegt und vorhandene Spalte mit einer Fühlerlehre vermessen werden (siehe Abbildung 3.22). Messen Sie diagonal zum Bauteil und zwischen Befestigungsbohrungen (siehe Abbildung 3.23).
- Kontrollieren Sie verschiedene Bauteile, wie Kupplungsreibscheiben auf einer ebenen Fläche (z. B. einem Spiegel), auf Verzug.

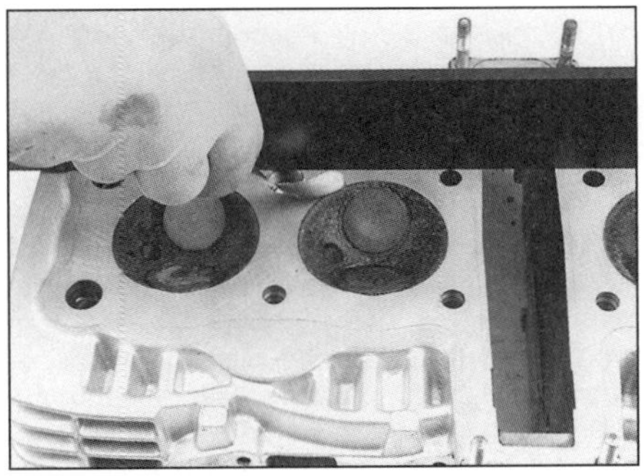

3.22 Messen Sie mit einem Präzisionslineal und einer Fühlerlehre den Verzug der Dichtfläche.

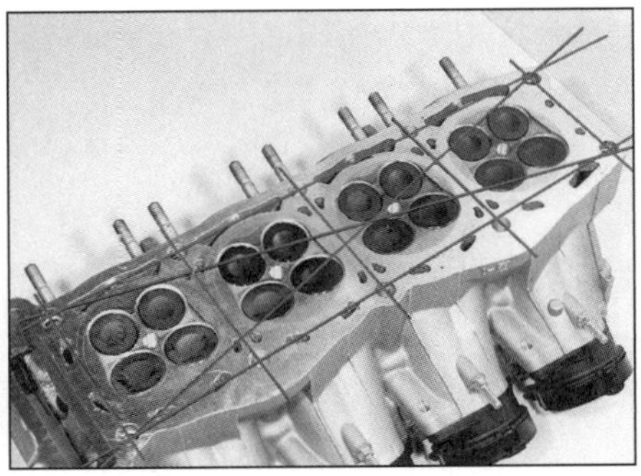

3.23 Kontrollieren Sie die Dichtflächen in diesen Richtungen auf Verzug.

4 Drehmoment und Hebel

Was ist das Drehmoment?

• Mit Drehmoment ist die Drehkraft gemeint, die auf eine Welle wirkt. Das Drehmoment wird bestimmt durch die Länge des Hebels und die auf dessen Ende wirkende Kraft. Die Maßeinheit 1 Nm (Newton pro Meter) bedeutet eine Kraft von einem Newton (ca. 100 g) auf einen ein Meter langen Hebel, ist der Hebel nur 10 cm lang, muss er schon mit 1000 g belastet werden.
• Die vom Hersteller angegebenen Drehmomente sollen sicherstellen, dass sich eine Verbindung weder lockert noch durch zu festes Anziehen Bauteile beschädigt werden. Sie beziehen sich auf die Belastung, die Zugfähigkeit und Größe des Gewindes und das Material, in dem es halten soll.
• Bei einem zu geringen Drehmoment besteht die Gefahr, dass die Verbindung sich im Betrieb löst, zu starkes Drehmoment kann die Verbindungsteile überlasten und beschädigen, sodass sie ab- oder ausreißen. Beachten Sie daher immer die Anzugsdrehmomente in den *Technischen Daten* des jeweiligen Kapitels oder die in diesen *Werkzeug- und Werkstatt-Tipps* angegebenen Standardanzugsdrehmomente.

Der automatische Drehmoment-Schlüssel

• Kontrollieren Sie die Kalibrierung und Funktionsfähigkeit des Drehmomentschlüssels (der für das verlangte Drehmoment ausgelegt sein muss). Oftmals sind auf dem Drehmomentschlüssel mehrere Maßeinheiten angegeben (Nm, kpm oder lbf/in und lbf/ft), verwechseln Sie die Maßeinheiten nicht!
• Stellen Sie den Schlüssel auf das verlangte Drehmoment ein (siehe Abbildung 4.1). Wenn Ihr Drehmomentschlüssel nicht die angegebene Maßeinheit aufweist, muss anhand von Tabellen umgerechnet werden. Wenn Hersteller eine Empfehlung aussprechen (8–10 Nm), sollte die Verbindung mit dem mittleren Wert angezogen werden. Genauso hätte man 9 Nm ± 1 Nm angeben können. Viele Drehmomentschlüssel können nach Einstellen des Wertes arretiert werden, sodass beim Anziehen der Wert nicht verändert werden kann.
• Setzen Sie die Schraube oder Mutter an, und ziehen Sie sie leicht fest. Das Gewinde muss sauber und frei von alten Sicherungskomponenten sein. Wenn nicht anders erwähnt, müssen die Gewinde trocken sein – unter bestimmten Umständen sind eingeölte oder mit Schraubensicherung versehene Gewinde nötig, dann sind entsprechende Drehmomente berücksichtigt.
• Ziehen Sie die Verbindung fest, bis der Drehmomentschlüssel mit einem Klicken automatisch auslöst und damit anzeigt, dass das gewünschte Drehmoment erreicht ist. Kontrollieren Sie ein zweites Mal die Festigkeit der Verbindung. Wird ein Bauteil mit unterschiedlichen Gewindedurchmessern befestigt, müssen immer zuerst die größeren Verbindungen mit den höheren Drehmomenten festgezogen werden.
• Nachdem die Arbeit mit dem Drehmomentschlüssel beendet ist, muss die vorhandene Arretierung gelöst und die Einstellung auf Null gestellt werden – legen Sie den Schlüssel nicht vorgespannt beiseite. Benutzen Sie keinen Drehmomentschlüssel zum Lösen von Verbindungen.

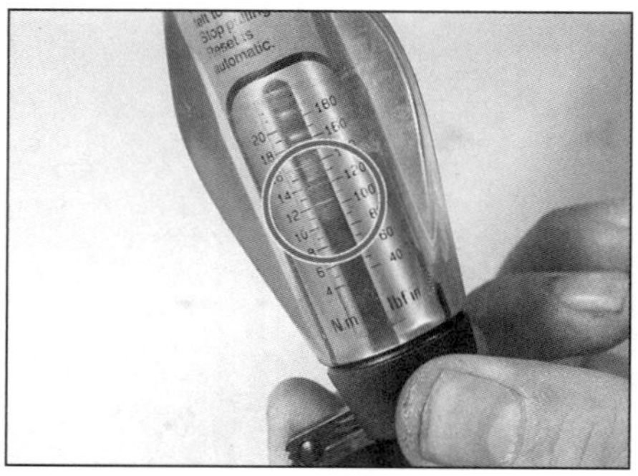

4.1 Stellen Sie den Drehmomentschlüssel auf das gewünschte Anzugsmoment ein, in diesem Fall auf 12 Nm.

Anziehen mit Winkelmessscheibe

• Manche Hersteller schreiben vor, Schraubverbindungen nach dem Anziehen mit einem vorgegebenen Drehmoment noch um einen bestimmten Winkel nachzuziehen.

4.2 Die aufsetzbare Winkelscheibe wird auf Null arretiert, bevor die Verbindung entsprechend nachgezogen wird.

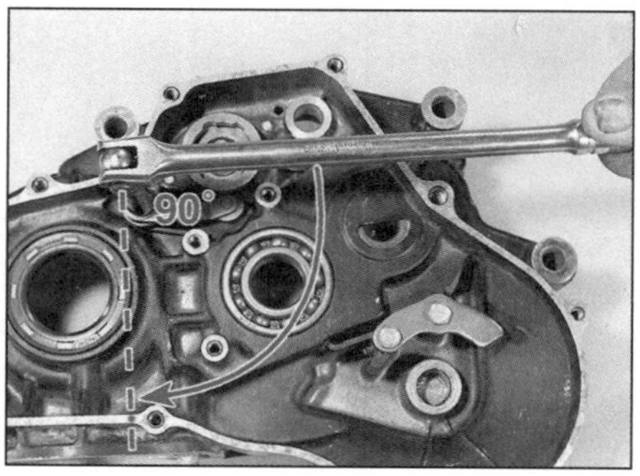

4.3 Man kann den Winkel auch per Auge oder Geodreieck bestimmen.

• Mit einer Winkelmessscheibe (siehe Abbildung 4.2) oder einem Winkelmesser kann der gewünschte Winkel bestimmt und entsprechend nachgezogen werden (siehe Abbildung 4.3).

Lockerungsreihenfolge

• Wenn mehrere Schrauben oder Muttern eine Komponente sichern, sollten sie alle gleichmäßig Schritt für Schritt gelöst werden, sodass nicht zum Schluss die gesamte Last auf einer Verbindung liegt und das Bauteil verbiegen oder verziehen kann.
• Wenn vom Hersteller eine Anzugsreihenfolge vorgegeben ist, müssen die Verbindungen entgegengesetzt gelöst werden. Ansonsten werden Verbindungen schrittweise von außen nach innen gelockert (siehe Abbildung 4.4).

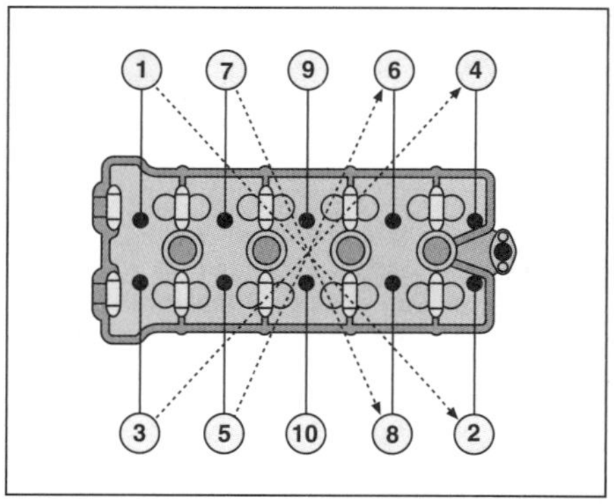

4.4 Beim Lösen von Schraubverbindungen muss Sie von außen nach innen arbeiten.

Anzugsreihenfolge

• Wenn mehrere Schrauben oder Muttern eine Komponente sichern, sollten alle gleichmäßig Schritt für Schritt angezogen werden, sodass nicht zu Anfang die gesamte Last auf einer Verbindung liegt und Dichtungen zerstört werden oder das Bauteil verbiegen oder verziehen kann. Besonders wichtig ist ein gleichmäßiges Anziehen bei großflächigen und festen Verbindungen wie Zylinderköpfen oder Motorgehäusen.
• Normalerweise wird vom Hersteller eine Anzugsreihenfolge entweder als Zeichnung oder auch direkt am Bauteil markiert, angegeben. Wenn nicht, wird in der Mitte begonnen und schritt- und kreuzweise nach außen gearbeitet

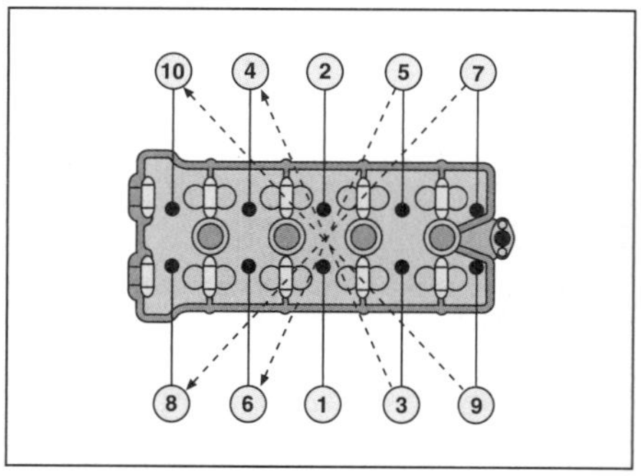

4.5 Typische Anzugsreihenfolge von Schrauben oder Muttern einer großflächigen Verbindung

(siehe Abbildung 4.5). Beginnen Sie mit handfestem Anziehen aller Verbindungen, setzen Sie dann den Drehmomentschlüssel an, und ziehen Sie alles schrittweise und über Kreuz fester, bis alle Anzugsdrehmomente stimmen. Nur so ist gewährleistet, dass die Verbindung hält und nichts beschädigt wird. Wichtige Verbindungen wie Zylinderköpfe haben oftmals zwei oder drei Anzugsschritte, bis alles endgültig festgezogen wird.

Der richtige Hebel

• Verwenden Sie Werkzeuge im richtigen Winkel. Ziehen Sie Schlüssel wenn möglich immer zu sich hin, wenn Verbindungen gelöst werden sollen. Wenn das nicht möglich ist, darf das Werkzeug nicht von der Hand umschlungen sein (siehe Abbildung 4.6) – der Schlüssel kann abrutschen oder die Verbindung sich plötzlich lösen, und Ihre Finger an scharfen Kanten gequetscht oder aufgerissen werden.

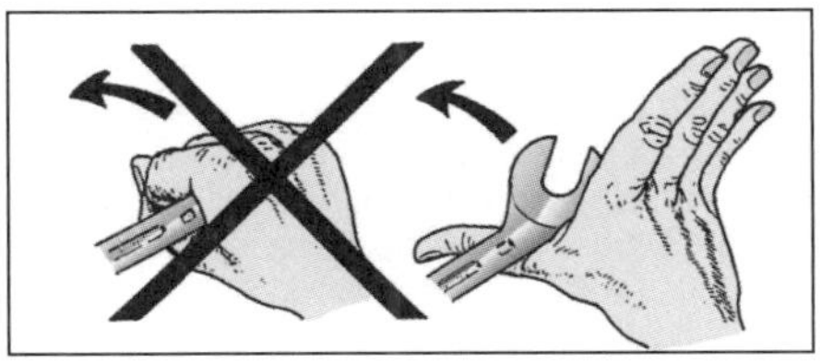

4.6 Wenn Sie den Schlüssel nicht zu sich ziehen können, drücken Sie ihn mit geöffneter Hand.

• Bei sehr festen Verbindungen kann eine Hebelverlängerung durch ein Rohr oder Stange helfen, sie zu lösen. Normalerweise sind Werkzeuge jedoch so ausgelegt, dass mit ihnen alle entsprechenden Verbindungen gelöst werden können. Wie Sie festgegangene Verbindungen lösen können, ist unter Punkt 2 beschrieben. Inbusschrauben und deren Gewinde können sehr leicht zerstört werden, wenn man einen Inbusschlüssel mit einem Rohr verlängert. Beim Anziehen sollten Verlängerungen generell nie benutzt werden, da man sich mit der eingesetzten Kraft leicht verschätzen kann.

5 Lager

Wälzlager – Aus- und Einbau

Treiber und Steckschlüsselnüsse

• Bevor man mit dem Ausbau eines Lagers beginnt, muss man sich vergewissern, in welche Richtung es demontiert wird. Einige Gehäuse haben angegossene Nuten oder Halteplatten. Überprüfen Sie Identifikations-Markierungen an den Lagern, und messen Sie ggf. ihre Einbautiefe im Gehäuse. Merken Sie sich die Einbaurichtung, wenn das Lager auf einer Seite abgedichtet ist.

5.1 Mit einem Lagertreiber, der nur den äußeren Ring berührt, wird das Lager eingetrieben.

5.2 Auch eine passende Nuss kann hierfür verwendet werden. Verkanten Sie das Lager nicht!

• Wälzlager können mit einem passenden Austreib-Werkzeug oder einer Steckschlüsselnuss, deren Durchmesser etwas kleiner als der Außendurchmesser des Lagers ist, aus dem Gehäuse geschlagen werden. Stützen Sie das Gehäuse rund um das Lager mit Holzblöcken ab, um es vor Verzug zu schützen. Nach ein paar Schlägen mit einem schweren Hammer auf den Treiber sollte das Lager aus dem Gehäuse fallen. Wenn der Zugang, z. B. bei Radlagern, erschwert ist, muss das Lager mit einem Treibdorn im Kreis herum ausgeschlagen werden, damit es nicht im Sitz verkantet.

• Mit der gleichen Ausrüstung können auch neue Lager eingetrieben werden. Stützen Sie auch hier das Gehäuse mit Holzblöcken ab. Setzen Sie das Lager senkrecht – und bei einseitiger Abdichtung richtig herum, die Beschriftung zeigt normalerweise immer nach außen – in die Bohrung, und treiben Sie es ein. Wird hierbei der Käfig, Dichtring oder innerer Lagerring berührt, ist das Lager zerstört (siehe Abbildungen 5.1 und 5.2).

• Kontrollieren Sie, ob der Innenring sich nach der Montage frei drehen lässt.

5.3 Dieser Lagerabzieher ist mit einer Trennvorrichtung versehen, die unter das Lager geklemmt wird.

Abzieher und Zughammer

• Wenn ein Lager auf eine Welle gepresst ist, kann man es meist nur mit einem Abzieher wieder herunterbekommen (siehe Abbildung 5.3). Gehen Sie sicher, dass die Abzieher-Arme sicher hinter das Lager greifen und nicht abrutschen können. Wenn kein Platz zum Abziehen ist, kann es manchmal nötig sein, das dahinter liegende Zahnrad zusammen mit dem Lager abzuziehen (siehe Abbildung 5.4).

5.4 Wenn hinter dem Lager kein Platz für die Abzieherarme ist, kann z. B. das dahinter liegende Zahnrad mit abgezogen werden.

Achtung: Gehen Sie sicher, dass sich die Spindel des Abziehers immer in der Mitte der Welle befindet und beim Anziehen nicht abrutscht. Achten Sie darauf, dass die Welle nicht beschädigt wird.

• Setzen Sie den Abzieher so an, dass die Spindel sich in der Mitte der Welle abdrückt und nicht abrutscht, wenn das Lager abgezogen wird.

• Wenn das Lager auf die Welle getrieben wird, darf der äußere Ring und der Käfig oder Dichtring nicht berührt werden. Mithilfe eines Steck-

5.5 Benutzen Sie zum Auftreiben des Lagers ein Rohr, das etwas größer ist als die Welle und nur den inneren Lagerring berührt.

A

5.6 Nach dem Einführen wird der Auszieher aufgespreizt, sodass er hinter den Innenring greift.

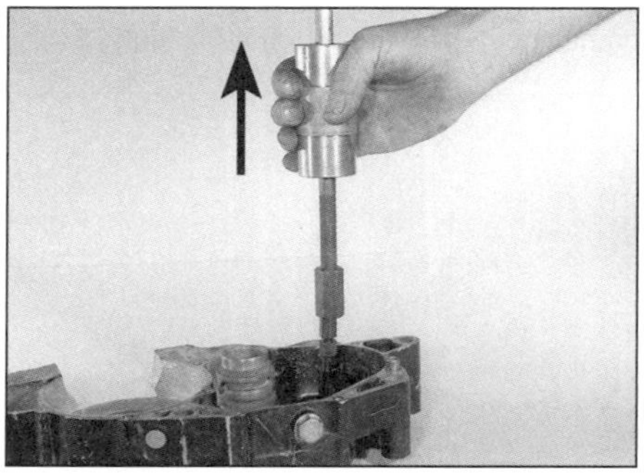

5.7 Dann kann ein Zughammer aufgeschraubt und durch dessen nach oben geschlagenes Gewicht das Lager ausgetrieben werden.

schlüssels oder passenden Rohrs, das nur den inneren Lagerring berührt, kann das Lager bis auf seinen Sitz geschlagen werden (siehe Abbildung 5.5).

- Lager, die in Sacklöchern stecken, können nicht ausgeschlagen werden. Hier wird ein Innenauszieher benötigt, der in das Lager gesteckt und dann aufgespreizt wird (siehe Abbildung 5.6). Dieser Auszieher wird zusammen mit dem Lager entweder mit einem Abzieher herausgezogen oder mit einem Zughammer herausgetrieben (siehe Abbildung 5.7).
- Es kann auch möglich sein, dass das Lager durch sein Eigengewicht aus dem Gehäuse fällt, nachdem dieses wie unten beschrieben erhitzt worden ist. Legen Sie das Gehäuse, um die Dichtfläche nicht zu beschädigen, so auf eine nicht zu harte Oberfläche, dass das Lager nach unten herausfallen kann. Tragen Sie beim Erwärmen Handschuhe, und klopfen Sie dabei das Gehäuse regelmäßig auf die Oberfläche, um das Lager leichter herausfallen zu lassen (siehe Abbildung 5.8).
- Lager können genauso in Sacklöcher montiert werden, wie es oben beschrieben ist.

5.8 Schlagen Sie das erwärmte Gehäuse mehrmals auf Holzblöcke, um das Lager herausfallen zu lassen.

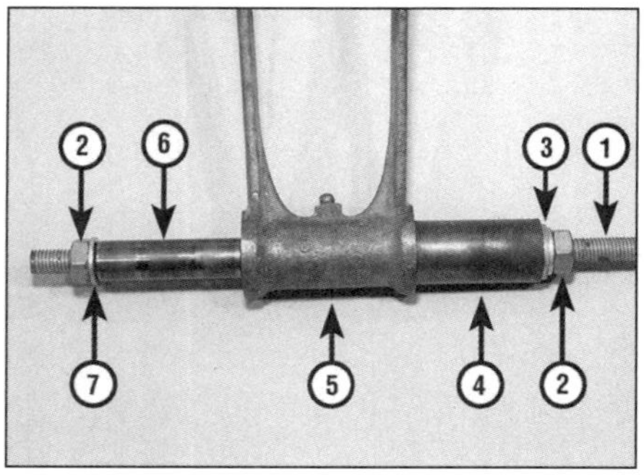

5.9 Hier soll eine Lagerbuchse gewechselt werden.

1 lange Schraube oder Gewindestange
2 Muttern
3 Scheiben mit größerem Außendurchmesser als Rohr-Innendurchmesser
4 Rohr mit zur Buchse passendem Durchmesser
5 Hebelarm mit Lagerbuchse
6 Rohr mit etwas kleinerem Durchmesser als Lagerbuchse
7 Scheibe mit etwas kleinerem Außendurchmesser als Lagerbuchse

Einziehvorrichtungen

- Lager oder Buchsen, die z. B. in obere Pleuelaugen oder andere Hebel eingepresst sind, können nicht ohne Beschädigung des Bauteils ausgeschlagen werden. Auch Gummibuchsen lassen sich schlecht durch Schläge aus- und eintreiben. Wenn man Zugang zu einer maschinellen Presse hat, kann man hiermit arbeiten, falls nicht, muss zum Aus- und Einziehen von Buchsen ein Werkzeug angefertigt werden.
- Man benötigt eine lange Schraube mit Mutter (oder eine Gewindestange mit zwei Muttern), ein Stück Rohr, das einen größeren Innendurchmesser als die Buchse hat, ein weiteres Stück Rohr mit einem kleineren Außendurchmesser als die Buchse und eine Reihe verschiedener Scheiben (siehe Abbildungen 5.9 und 5.10). Die Rohre müssen länger sein als die Buchse.
- Das gleiche Werkzeug, ohne Rohre, kann man zum Einziehen der Buchse benutzen (siehe Abbildung 5.11).

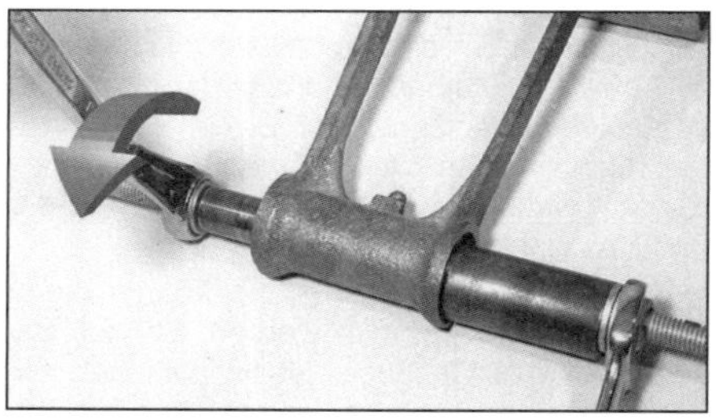

5.10 Hier wird die Lagerbuchse aus dem Hebel gezogen.

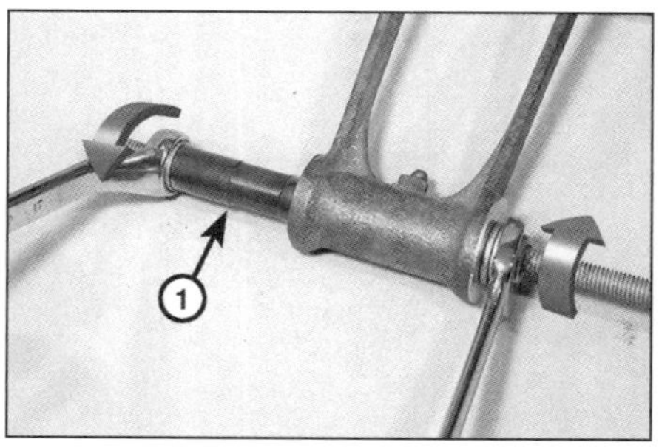

5.11 Die neue Lagerbuchse (1) wird in das Bauteil gezogen.

5.12 Passt das Teil in einen Topf, kann es in kochendem Wasser erwärmt werden. Schützen Sie danach die Stahlteile vor Rost!

Ausdehnung durch Erwärmung

- Wenn der Lageraußenring fest im Leichtmetallgehäuse steckt, kann dieses erwärmt werden, um das Lager zu lockern. Aluminium dehnt sich bei Erwärmung mehr aus als Stahl, also darf auch das Lager warm werden. Es gibt verschiedene Möglichkeiten der Erwärmung, doch sollte man auf offene Brennerflammen verzichten, da das Material sich verziehen oder sogar schmelzen kann.
- Man kann das Teil in einem auf nicht mehr als 100 °C erwärmten Backofen oder in kochendem Wasser erwärmen (siehe Abbildung 5.12). Eine gezielte Erhitzung ist mit einem Heißluftgebläse, wie es zum Abbeizen verwendet wird, oder einem Bügeleisen zu erreichen (siehe Abbildung 5.13).

5.13 Die Umgebung des Lagers kann mit einem Heißluftgebläse erwärmt werden. Schützen Sie Dichtungen vor direkter Hitze!

> ***Warnung: Bei all diesen Methoden müssen zur Vermeidung von Verbrennungen Handschuhe getragen werden.***

- Beim Erhitzen des ganzen Gehäuses muss darauf geachtet werden, dass Kunststoffteile, wie Leerlaufschalter, beschädigt werden könnten – bauen Sie sie vorher aus.
- Bauen Sie unverzüglich nach dem Erhitzen das Lager aus. Sie werden merken, dass es sehr leicht auszutreiben ist oder gar von allein herausfallen wird.
- Auch zur Erleichterung des Einbaus neuer Lager kann das Gehäuse erhitzt werden. Die Motorradhersteller haben oft die Gehäuse entsprechend konstruiert und benutzen diese Methode bei der Motormontage.
- Zur leichteren Montage kann man das Lager auch über Nacht in die Kühltruhe legen, damit sie sich zusammenziehen. Empfohlen wird diese Methode z. B. bei den Lagerschalen, die in den Lenkkopf getrieben werden.

Lagertypen und Markierungen

- An Motorrädern findet man Gleitlagerschalen und Wälzlager (Nadellager, Kegellager und Kugellager) in verschiedenen Größen (siehe Abbildungen 5.14 und 5.15). Die Rollen (Kugeln, Kegel oder Nadeln) der Wälzlager sitzen meistens in Käfigen, doch gibt es auch offene Lager.
- Gleitlager werden normalerweise bei Kurbelwellen und Pleuelfüßen verwendet, da sie hohe Druckbelastung aushalten, auch die Fertigung des Kurbeltriebs wird dadurch erheblich erleichtert. Sie benötigen konstanten Öldruck, da sie sonst schnell fressen. Sie sind zumeist aus gesinterter (selbstschmierender) Phosphor-Bronze, um beim Motorstart, wenn erst Öldruck aufgebaut wird, Notlaufeigenschaften zu besitzen.
- Wälzlager besitzen einen inneren und einen äußeren Ring, zwischen denen Rollen oder Kugeln laufen. Sie benötigen konstante Schmierung mit Öl oder Fett, aber keinen Öldruck, und halten axiale Belastungen aus. Kugellager sind nur komplett als Bauteil zu montieren, die meisten Nadellager und Kegellager bestehen aus getrennt zu montierenden Innen- und Außenringen. Letztere halten hohe axiale Belastungen aus und werden deshalb oft in Lenkköpfen eingesetzt.
- Wälzlager sind im Gegensatz zu Gleitlagern Normteile, die bei bekannter Markierung (anhand derer das Maß, die Belastbarkeit und der Typ bestimmt werden können) im Fachhandel besorgt werden können (siehe Abbildung 5.16).
- Metallbuchsen bestehen üblicherweise aus Phosphorbronze, in Stoßdämpferaugen werden Gummibuchsen verwendet, in billigen Schwingenlagerungen fristen Plastikbuchsen ein kurzes Dasein.

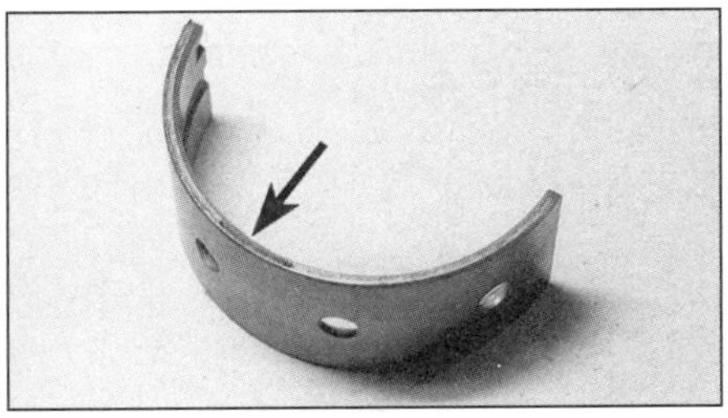

5.14 Gleitlager-Schalen gibt es glatt oder mit Nuten. Normalerweise sind sie mit Farb-Codes markiert.

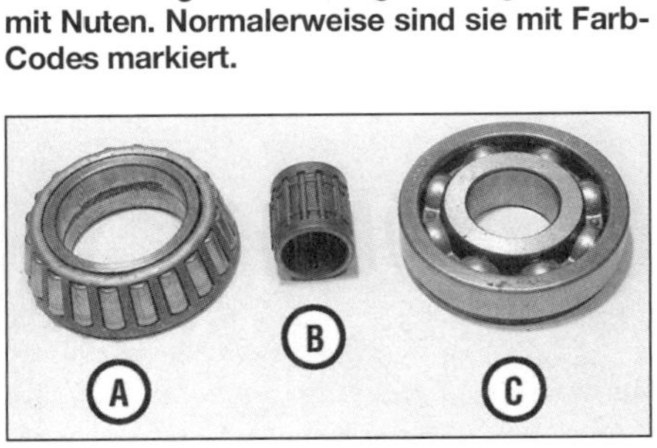

5.15 Kegelrollenlager (A), Nadellager (B) und Kugellager (C), alle mit Käfig

5.16 Typische Markierung eines Kugellagers

Fehlersuche bei Lagern

- Wenn sich ein Lageraußenring im Lagersitz gedreht hat, ist das Gehäuse beschädigt. Wenn noch nicht allzu viel Material abgetragen ist, kann man das Lager mit Spezialkleber einsetzen.

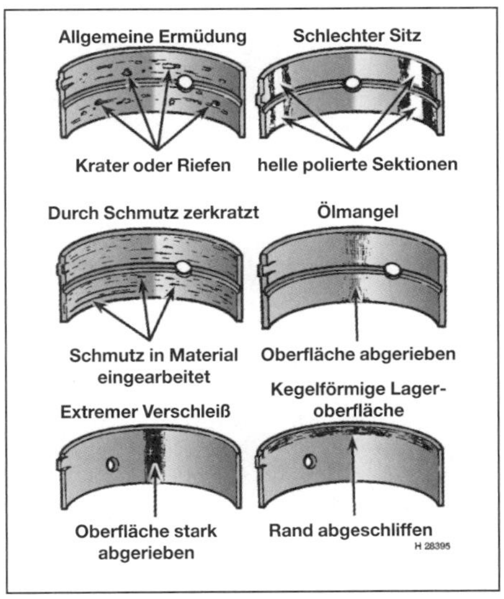

5.17 Typische Lager-Schäden

5.18 Diese Kugeln haben deutliche Abdrücke – das Lager ist defekt.

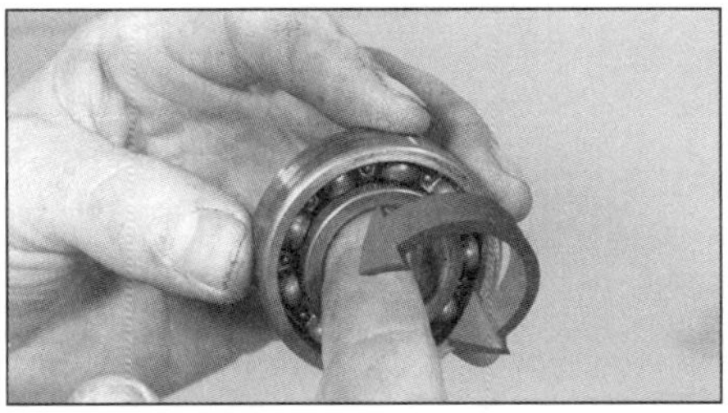

5.19 Halten Sie den äußeren Ring, und drehen Sie den inneren Ring dicht am Ohr.

- Gleitlagerschalen können durch Ölmangel, Korrosion oder Fremdteilchen im Öl beschädigt werden (siehe Abbildung 5.17). Kleine Teilchen werden in die Lageroberfläche eingearbeitet, während große Teile die Schale und die Welle zerkratzen. Wird das Motorrad viel auf Kurzstrecken eingesetzt, kann sich der Motor nur ungenügend erwärmen, und dadurch entstehendes Kondenswasser sorgt für mangelnde Schmierung und kann das Lager korrodieren lassen.
- Kugel- und Rollenlager können durch Überhitzung (bei Ölmangel) und eindringenden Schmutz zerstört werden, Kegelrollenlager drücken sich bei zu hoher Last ein. Wälzlager unterliegen auch bei vorschriftsmäßiger Benutzung einem gewissen Verschleiß. Wenn ein Wälzlager nicht auf beiden Seiten abgedichtet ist, kann es in Petroleum von alten Fettresten befreit und anschließend getrocknet werden, sodass bei einer Sichtinspektion schadhafte Kugeln, Käfige und Laufflächen entdeckt werden können (siehe Abbildung 5.18).
- Ein Kugellager kann auf Verschleiß kontrolliert werden, wenn man sich seinen Rundlauf genau anhört. Geben Sie dünnes Öl in das Lager, und drehen Sie den Innenring dicht am Ohr (siehe Abbildung 5.19). Es sollten keine Laufgeräusche festzustellen sein. Wenn es hakt oder rau läuft, ist es verschlissen.

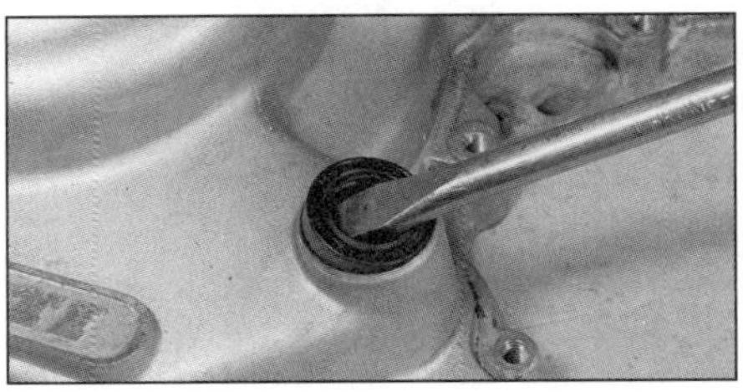

6.1 Dichtringe werden beim Aushebeln zerstört – verwenden Sie sie niemals wieder!

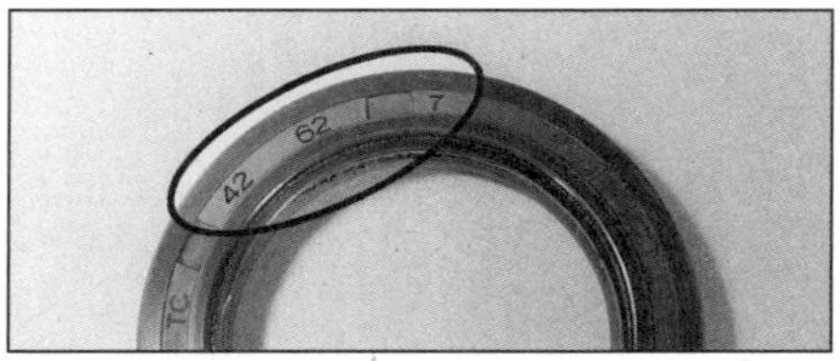

6.2 Diese Dichtring-Markierungen geben die Innengröße, die Außengröße und die Breite an.

6 Dichtringe

Aus- und Einbau

- Wellen-Dichtringe (auch »Simmerringe« genannt) sollten bei jeder Demontage der entsprechenden Baugruppe erneuert werden, da die Dichtlippen mit der Zeit verschleißen und das Material altert.
- Dichtringe können mit einem großen Schlitzschraubendreher aus ihrem Sitz gehebelt werden (siehe Abbildung 6.1). Achten Sie beim Ausbau darauf, dass der Dichtring nicht durch Seegerringe oder Draht gesichert ist.
- Neue Dichtringe werden normalerweise mit den markierten Seiten nach außen und der Federseite gegen die Flüssigkeit eingebaut. Sonderformen dichten z. B. Kurbelgehäuse von Zweitaktmotoren in beide Richtungen ab.
- Mit einem nur außen am Ring anliegenden Lagertreiber oder Steckschlüssel wird der neue Dichtring senkrecht an seinen Platz getrieben – Schläge auf die Dichtfläche zerstören den Ring.

Dichtringtypen und Markierungen

- Dichtringe sind normalerweise mit einfachen Dichtlippen ausgerüstet. Doppeldichtungen werden verwendet, wenn beidseitig Flüssigkeit oder Gas gegeneinander abgedichtet werden müssen.
- Dichtringe härten nach langer Zeit aus. Wenn das Motorrad lange gestanden hat, hilft nur ein Auswechseln aller Dichtringe.
- Dichtringe sind meistens Normteile. Doch außer den angegebenen Maßen (siehe Abbildung 6.2) sind sie aus für ihre Einsatzzwecke entsprechendem Material konstruiert.

7 Dichtungen und Dichtmasse

Dichtungs- und Dichtmassentypen

- Um das Austreten von Flüssigkeiten und Überdruck zu verhindern, werden Komponenten gegeneinander abgedichtet. Aluminium- oder Kupferdichtungen findet man häufig an Zylinderköpfen, die meisten Dichtungen sind aus Papier. Wenn die Dichtflächen der Gehäuse nicht beschädigt sind, können die Dichtungen trocken angesetzt werden, mit etwas Fett oder Dichtmasse können sie eventuell für die Montage in Position gehalten werden.
- Mit Silikondichtmasse können kleine Löcher oder Unregelmäßigkeiten ausgeglichen werden. Durch Zusammenziehen der Gehäuseteile wird Silikon zur Seite herausgepresst. Man kann zwar damit Papierdichtungen ersetzen, doch muss zuvor kontrolliert werden, ob die Dicke des Papiers nicht für bestimmte Bauteile wichtig ist. Silikon sollte nicht bei hohen Temperaturen oder Benzinberührung eingesetzt werden.
- Dauerelastische, anhärtende oder aushärtende Dichtmasse kann zusammen mit Dichtungen oder direkt zwischen Metall-Dichtflächen eingesetzt werden. Für bestimmte Zwecke werden bestimmte Dichtmassen benötigt: Dauerelastische Dichtmasse kann an fast allen Verbindungen eingesetzt werden, anhärtende Masse an rauen oder beschädigten Dichtungen, und aushärtende Dichtmasse wird an immer bestehenden Verbindungen oder bei hohen Temperaturen und hohem Druck verwendet.

Anmerkung: *Kontrollieren Sie zunächst, ob die verwendeten Papierdichtungen mit Dichtmasse imprägniert sind, bevor Sie zusätzliche Dichtmasse auftragen.*

- Überprüfen Sie, ob die ausgewählte Dichtmasse den Ansprüchen der Dichtung genügt, d. h. hohe Temperaturen oder Benzin aushalten. Einige Anbieter verkaufen Dichtmassen in verschiedenen Farben, sodass man für seinen Motor die unauffälligste aussuchen sollte.
- Geben Sie nicht zu viel Dichtmasse auf die Flächen, da sie sich nicht nur nach außen, wo sie abgewischt werden kann, sondern auch nach innen drücken kann, wo abgefallenes Material im Extremfall Ölkanäle verstopfen kann.

7.1 Wenn Hebellaschen vorhanden sind, kann hier vorsichtig mit einem Schraubendreher auseinander gehebelt werden.

7.2 Klopfen Sie mit einem weichen Hammer die Dichtungs-Umgebung ab – zerstören Sie keine Kühlrippen.

Praxis TiPP

Viele Bauteile werden mit einer oder zwei Passhülsen zwischen den Dichtflächen zusammengefügt. Wenn eine Passhülse sich nicht entfernen lässt, darf sie nicht mit Zangen gegriffen werden, da sie dabei verbogen und zerstört wird. Legen Sie zur Stabilisierung eine eng sitzende Steckschlüsselnuss oder einen passenden Kreuzschlitzschraubendreher hinein, und greifen Sie die Hülse dann mit der Zange.

Öffnen einer Dichtverbindung

- Alter, Hitze, Druck und die Verwendung aushärtender Dichtmasse können dafür sorgen, dass zwei zusammenhängende Bauteile alleine mit Fingerkraft kaum wieder auseinander zu bekommen sind. Doch dürfen keine Hebel

7.3 Dichtungsreste können mit einem Dichtungsschaber, . . .

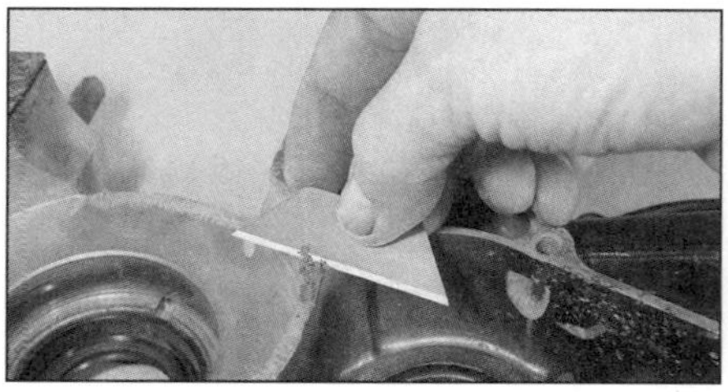

7.4 . . . einer Messerklinge . . .

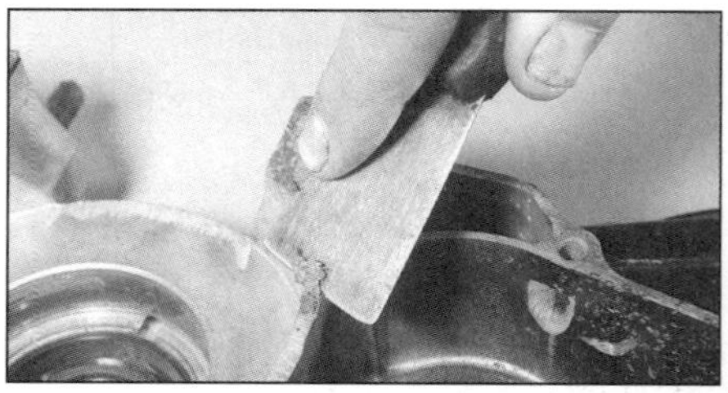

7.5 . . . oder einem Spachtel entfernt werden.

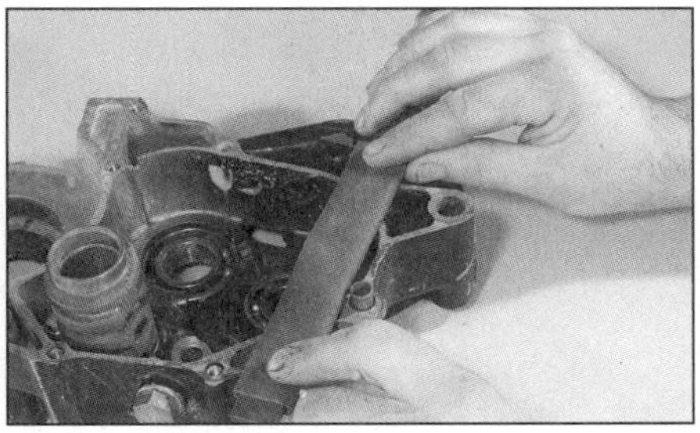

7.6 Mit um eine Flachfeile gewickeltem feinen Schleifpapier wird die Dichtfläche gereinigt.

benutzt werden, wenn hierfür keine Hebelstellen vorgesehen sind (siehe Abbildung 7.1), da sonst die Dichtflächen beschädigt werden.

- Mithilfe eines Gummi- oder Kunststoffhammers (siehe Abbildung 7.2) oder aber eines Stahlhammers mit Holzstück wird in der Nähe der Dichtflächen gegen die Bauteile geklopft. Schlagen Sie nicht gegen filigrane Gussteile wie Kühlrippen, da sie abbrechen können. Zeigt diese Methode Erfolg, können die Gehäusehälften mit einem dazwischen geschobenen Holzstück auseinandergedrückt werden.

> ***Achtung: Wenn die Verbindung sich gar nicht lösen lässt, kontrollieren Sie, ob wirklich alle Schrauben gelöst sind.***

Entfernen alter Dichtungen

- Papierdichtungen lassen sich zumeist relativ rückstandsfrei entfernen. Übrig gebliebene Reste müssen vor dem Auflegen einer neuen Dichtung gründlich entfernt werden.
- Kratzen Sie alle Dichtungsreste sorgfältig und vorsichtig ab, hobeln Sie dabei kein Aluminium ab, und kerben Sie es nicht ein (siehe Abbildungen 7.3, 7.4 und 7.5). Hartnäckige Rückstände können mit Dichtungsentferner aus der Sprühdose entfernt werden. Zum Schluss der Reinigung müssen die Dichtflächen mit sehr feinem Schleifpapier (siehe Abbildung 7.6) oder einem Topfschwamm gereinigt werden.
- Alte Dichtmasse kann je nach Typ abgekratzt oder abgepult werden. Beachten Sie, dass es chemische Dichtungsentferner gibt, die die Arbeit erleichtern, doch müssen sie für die vorhandene Dichtungsmasse ausgelegt sein.

8 Ketten

Trennen und Verbinden von Antriebsketten

- Antriebsketten für größere Motorräder sind endlos, d. h. sie haben kein Schloss zum Öffnen. Soll die Kette gewechselt werden, muss die alte mit einem Kettentrenner geöffnet, und die neue nach dem Aufziehen ordentlich vernietet werden. Federclip-Schlösser dürfen nur im Notfall verwendet werden. Zum Trennen und Vernieten gibt es neben den gezeigten Werkzeugen eine Vielzahl anderer – lesen Sie vor dem Arbeiten deren Gebrauchsanweisungen.
- Drehen Sie die Kette, und suchen Sie das Nietschloss. Im Gegensatz zu den anderen Bolzen, die am Rand abgeplattet sind, sind seine Bolzen durch zentrale Schläge aufgespreizt

8.1 Drücken Sie mit dem Kettentrenner den Bolzen durch die Kette, . . .

8.2 . . . entfernen Sie den Bolzen, nehmen Sie das Werkzeug ab, . . .

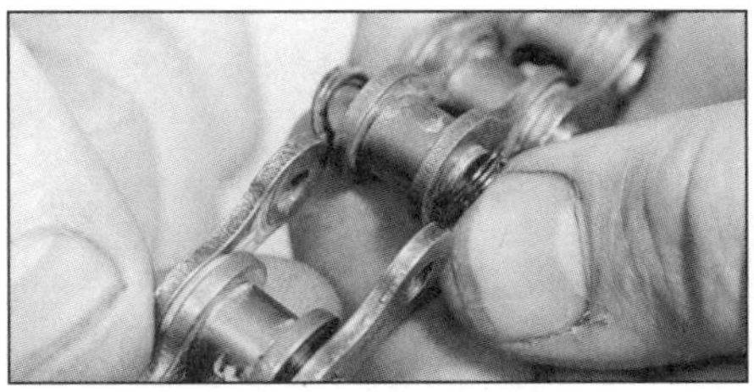

8.3 . . . und öffnen Sie die Kette.

> ***Warnung: Eine Antriebskette ist über lange Zeit und unter widrigen Umständen einer sehr hohen Belastung ausgesetzt. Nur mit einer korrekten Vernietung kann sie die gewünschte Lebensdauer erreichen. Eine abreißende Kette stellt für Mensch und Maschine eine große Gefahr dar!***

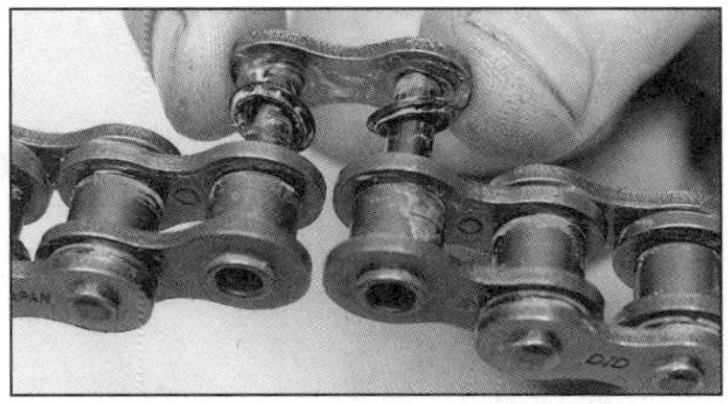

8.4 Drücken Sie das neue mit O-Ringen bestückte Schloss durch die Enden der Kette, . . .

8.5 . . . legen Sie neue O-Ringe über die Bolzenenden, . . .

8.6 . . . und legen Sie die neue Lasche auf.

> ***Achtung: Bei großen und sehr harten Ketten kann es nötig sein, die Vernietung der Bolzen abzufeilen oder abzuschleifen, bevor sie sich durch die Kette drücken lassen.***

- Überprüfen Sie, ob das neue Schloss in der Größe und Stärke der Kette entspricht – verwenden Sie niemals das alte Schloss wieder. Die Größen und Ausführungen der Ketten sind auf den Gliedern eingestanzt (siehe Abbildung 8.10).
- Legen Sie die Enden der Kette über das hintere Kettenrad. Legen Sie bei einer O-Ringkette je einen neuen O-Ring auf die Bolzen des Schlosses, und schieben Sie das Schloss (siehe Abbildung 8.9). Positionieren Sie das Schloss zwischen die Ritzel, und setzen Sie an einen Bolzen die Trennvorrichtung an (siehe Abbildung 8.1). Drücken Sie den Bolzen durch die Kette (siehe Abbildung 8.2). Achten Sie bei einer O-Ringkette auf die entsprechenden Dichtungen (siehe Abbildung 8.3). Führen Sie die Prozedur am anderen Bolzen durch.

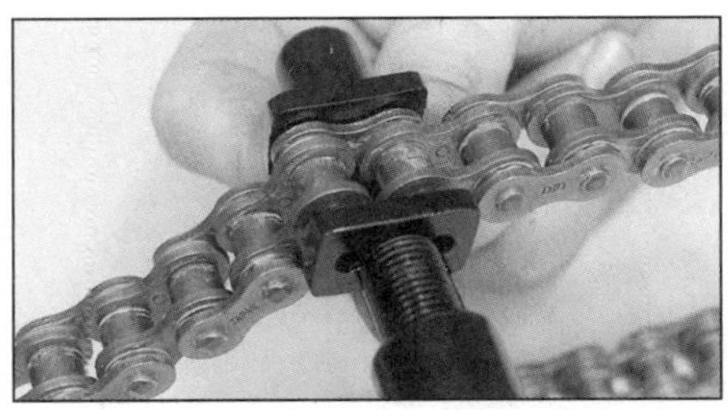

8.7 Mit einer solchen Klemme lässt sich die Lasche leicht in ihre Position schieben.

A

8.8 Mit dem Ketten-Verniet-Werkzeug wird pro Arbeitsgang ein Bolzen vollständig vernietet.

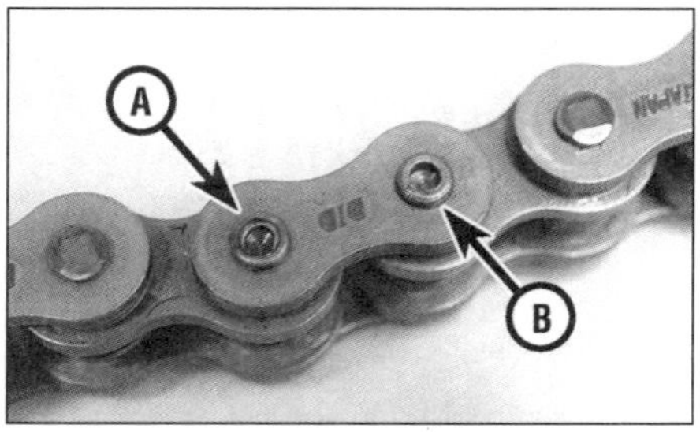

8.9 Korrekt vernieteter Bolzen (A), Bolzen noch nicht vernietet (B)

durch die beiden Kettenenden (siehe Abbildung 8.4). Legen Sie auf jedes Bolzenende einen neuen O-Ring und darüber die neue Lasche (siehe Abbildungen 8.5 und 8.6).

- Die Lasche lässt sich nicht mit der Hand aufschieben. Benutzen Sie entweder ein spezielles Werkzeug (siehe Abbildung 8.7), eine Zange oder Klemme, mit der Sie die Lasche über die Bolzen drücken können.
- Positionieren Sie das Verniet-Werkzeug der Anleitung entsprechend über dem Bolzen, und spreizen Sie ihn durch Einschrauben der Spindel auseinander (siehe Abbildungen 8.8 und 8.9). Wiederholen Sie die Prozedur am anderen Bolzen.

Warnung: Kontrollieren Sie genau die Vernietung der Bolzen, und vergewissern Sie sich, dass die Lasche sich nicht lösen kann. Wenn die Bolzenenden reißen, muss ein neues Schloss verwendet werden.

8.10 Typische Kettengröße und Typenmarkierung

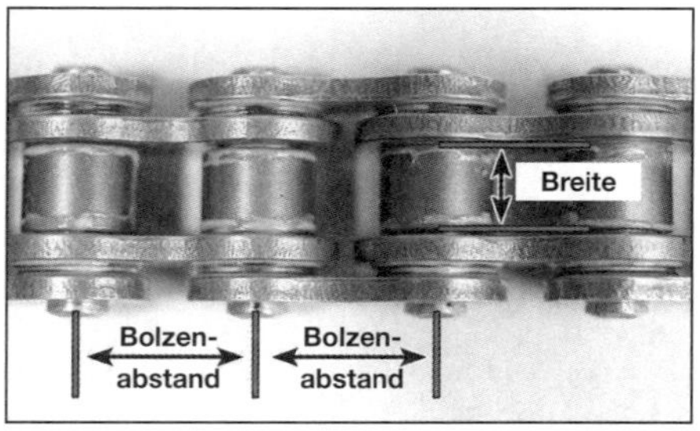

8.11 Maße zur Bestimmung der Kettengröße

Antriebsketten-Größen

- Die Kettengröße wird durch eine dreistellige Zahl angegeben, folgende Buchstaben stehen für den Kettentyp (siehe Abbildung 8.10). Die Typen sagen etwas über die Qualität und Stärke (Dicke der Laschen) aus, und ob es sich um eine O-Ring-Kette handelt.
- Die erste Ziffer gibt den Abstand der Bolzenmitten zueinander an (siehe Abbildung 8.11) – sie wird in Achtel-Zoll-Werten angeben:

Größenangabe beginnt mit 4 (z. B. 428):
Bolzenabstand = 4/8 (1/2) Zoll (12,7 mm)

Größenangabe beginnt mit 5 (z. B. 520):
Bolzenabstand = 5/8 Zoll (15,5 mm)

Größenangabe beginnt mit 6 (z.B. 630):
Bolzenabstand = 6/8 (3/4) Zoll (19,1 mm)

- Anhand der zweiten und dritten Ziffer kann die Breite der Rollen bestimmt werden, die ebenfalls in englischen Maßen angegeben ist, z. B. hat eine 525er Kette Rollen mit einer Breite von 5/16 Zoll (7,94 mm) (siehe Abbildung 8.11).

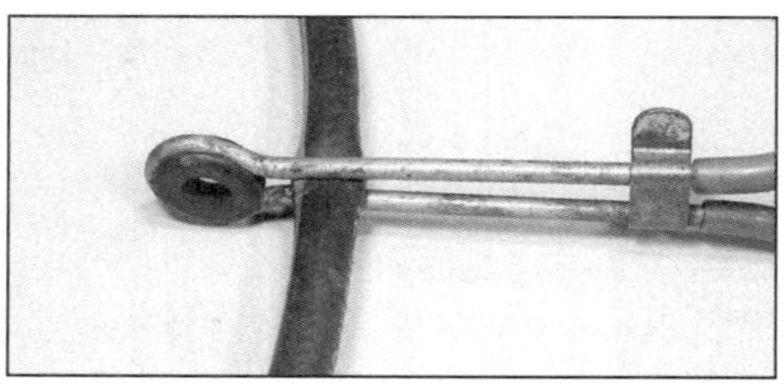

9.1 Schläuche können mit einer Bremsleitungsklemme, . . .

9.2 . . . einer Flügelmutter-Klemme, . . .

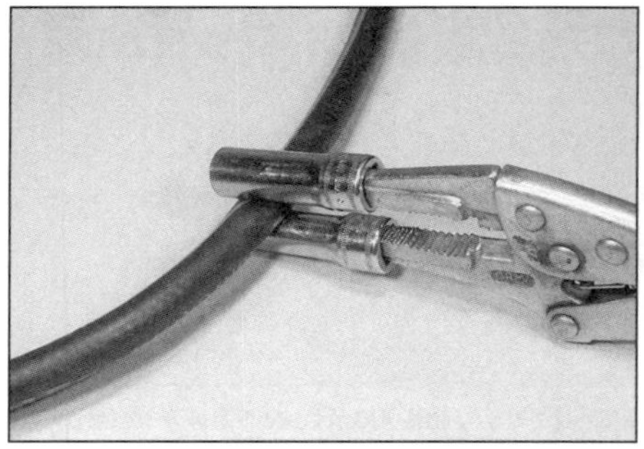

9.3 . . . auf einer Gripzange steckenden Nüssen . . .

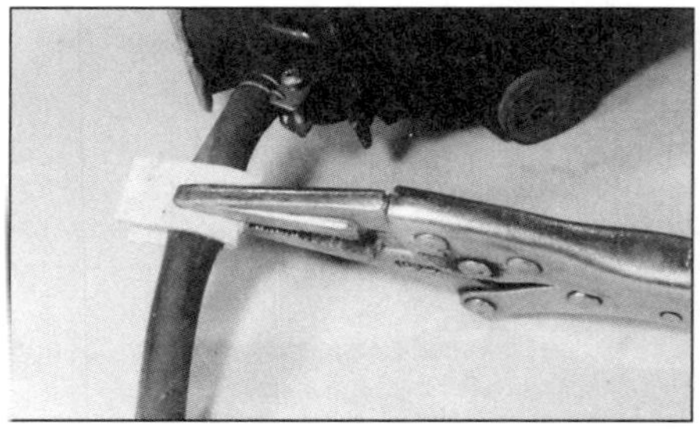

9.4 . . . oder unterlegter Pappe abgeklemmt werden.

9 Schläuche

Abklemmen zur Durchflussunterbrechung

- Dünne flexible Schläuche können abgeklemmt werden, damit man an bestimmten Bauteilen arbeiten kann. Welche Methode auch immer gewählt wird, das Schlauchmaterial darf nicht dauerhaft verbogen oder durch die Klemme beschädigt werden (vgl. Abb. 9.1–9.4).

Lösen und Aufschieben von Schläuchen

- Gehen Sie sicher, dass alle Klemmen und Schellen entfernt sind. Greifen Sie den Schlauch, und ziehen Sie ihn drehend vom Stutzen. Wenn der Schlauch im Laufe der Zeit ausgehärtet ist und sich nicht bewegt, schlitzen Sie ihn am Stutzen mit einem scharfen Messer längs auf, und ziehen Sie ihn dann ab.
- Widerstehen Sie der Versuchung, zur Erleichterung der Schlauchmontage die Anschlüsse mit Fett oder Seife einzuschmieren; es hilft zwar, doch kann dann am Stutzen auch Flüssigkeit leichter austreten. Besser ist es, das Schlauchende ggf. in heißem Wasser oder anderen Flüssigkeiten zu erwärmen und damit geschmeidig zu machen.

Diebstahlschutz

Einleitung

Ihr Fahrzeug kann eher gestohlen sein, als Sie zum Lesen diese Einleitung benötigen. Und es gibt kaum ein schlimmeres Gefühl, als zu der Stelle zurückzukehren, wo einmal Ihr Fahrzeug stand. Selbst wenn Sie ihre Maschine gegen Diebstahl versichert hatten, werden Sie nach dem ersten Schock noch die Unannehmlichkeiten bei der Polizei und der Versicherung zu spüren bekommen.

Fahrzeugdiebe unterscheiden sich in zwei Kategorien: Professionelle Auftrags- und Gelegenheitsdiebe. Profis sind auf bestimmte Marken und Modelle spezialisiert und suchen dann manchmal landesweit, um dieses Fahrzeug zu beschaffen. Gelegenheitsdiebe schauen dagegen nach leichten Zielen, die mit minimalem Aufwand und Risiko geknackt werden können. Während es unmöglich ist, die Maschine hundertprozentig gegen Profis zu sichern, kann man gegen die Gelegenheitsdiebe, die etwa die Hälfte aller Maschinen stehlen, einiges unternehmen.

Denken Sie daran, dass diese immer nach Gelegenheiten schauen – wenn also zwei ähnliche Fahrzeuge Seite an Seite parken, werden sie den Blick auf dasjenige richten, welches am wenigsten gesichert ist. Mit etwas Vorsorge kann man hier schon das Risiko eines Diebstahls deutlich reduzieren.

Ausrüstung

Es gibt für Motorräder reichlich spezielle Vorrichtungen zu kaufen, und die folgenden Texte fassen ihre Anwendungen und Plus- sowie Minuspunkte zusammen.

Wenn Sie sich für den für Ihre Zwecke optimalen Typ eines Sicherheitssystems entschieden haben, empfehlen wir Ihnen, einen oder mehrere der regelmäßig in der Motorradpresse durchgeführten Vergleichstests dieser Teile durchzulesen. In diesen Tests werden aktuelle Modelle verschiedener Hersteller in ihrer Sicherheit, ihre Bedienbarkeit und auf ihr Preis-/Leistungsverhältnis verglichen.

Die Kette und das Schloss müssen von guter Qualität und ausreichender Länge sein, um Ihr Motorrad an einen stabilen Gegenstand anschließen zu können.

Keines dieser Sicherheitssysteme kann einen vollständigen Schutz gewährleisten. Es wird empfohlen, mit zwei oder mehr der unten beschriebenen Vorrichtungen die Sicherheit Ihrer Maschine zu erhöhen (ein Schloss, eine Kette plus eine Alarmanlage sind nahezu ideal). Je mehr Sicherheitsmaßnahmen am Motorrad vorhanden sind, desto geringer ist die Wahrscheinlichkeit, dass es gestohlen wird.

Schloss und Kette

Plus: *Sehr flexibel einzusetzen; das Motorrad kann an nahezu alle immobilen Objekte angeschlossen werden. Bei manchen Ausführungen kann das Schloss einzeln als Bremsscheibenschloss eingesetzt werden (siehe unten).*

Minus: *Kann sehr schwer und unhandlich auf dem Motorrad zu transportieren sein, doch werden einige Typen mit Transportbeuteln geliefert, die man auf dem Rücksitz festschnallen kann.*

- Schwere Ketten und Schlösser sind eine ideale Sicherheitsvorrichtung (siehe Abbildung 1). Wenn das Motorrad geparkt wird, schließt man es mit der Kette an eine stabile und nicht zu entfernende Vorrichtung wie einen Laternenpfahl oder ein Geländer an. Hierdurch lässt sich die Maschine weder wegfahren noch mit einem Lieferwagen abtransportieren.
- Achten Sie beim Anlegen der Kette darauf, dass sie um den Rahmen oder die Schwinge verläuft (siehe Abbildungen 2 und 3). Legen Sie die Kette niemals nur um ein Rad; ein Dieb kann das Rad lösen und den Rest der Maschine abtransportieren. Versuchen Sie, die Kette so kurz wie möglich zu verlegen, um das Ansetzen von Werkzeugen zu erschweren, und halten Sie sie vom Boden fern, um das Auftrennen mit einem Meißel oder einem Beil zu verhindern. Positionieren Sie das Schloss so, dass der Schließzylinder nach unten zeigt, da es hierdurch für den Dieb schwierig wird, ihn zu erreichen.

Führen Sie die Kette durch den Rahmen und nicht nur durch ein Rad . . .

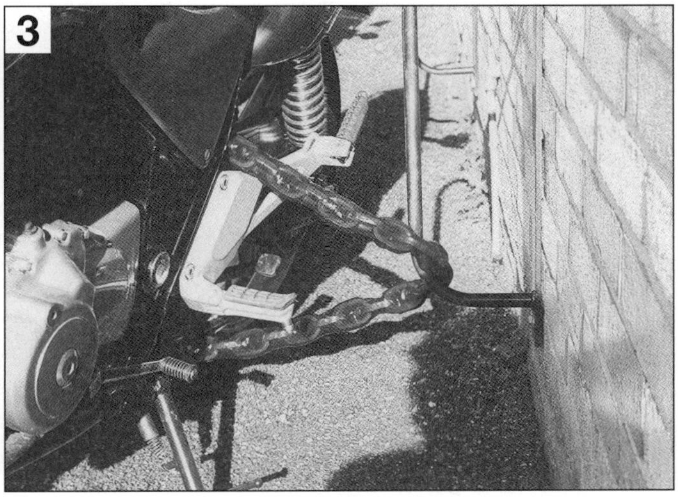

. . . und um einen stabilen Gegenstand.

A

Bügelschlösser

Plus: *Eine sehr effektive Abschreckung, mit der die Maschine an einem Mast oder Geländer gesichert werden kann. Die meisten Bügelschlösser werden mit einem Halter geliefert, der einen einfachen Transport ermöglicht.*

Minus: *Nicht so flexibel wie ein Kettenschloss.*

• Diese stabilen Schlösser werden ähnlich eingesetzt wie Kettenschlösser. Sie sind leichter als eine Kette samt Schloss, aber nicht so flexibel einzusetzen. Die Länge und die Form des Bügelschlosses beschränken das Einsatzgebiet (siehe Abbildung 4).

4

Wenn das Bügelschloss lang genug ist, kann die Maschine auch damit an einem festen Gegenstand gesichert werden.

Bremsscheibenschlösser

Plus: *Klein, leicht und sehr leicht zu transportieren. Die meisten Modelle sind im Werkzeugfach unterzubringen.*

5

Ein typisches Bremsscheibenschloss wird durch eines der Löcher in der Scheibe gesteckt.

Minus: *Schützt nicht vor dem Abtransport des Motorrades mit einem Lieferwagen. Das Vergessen des Schlosses kann beim Losfahren sehr unangenehm werden.*

• Diese Schlösser sind dazu konstruiert, in ein Loch in der Bremsscheibe gesteckt zu werden und das Rad beim Drehen zu blockieren (siehe Abbildung 5). Einige Ausführungen sind mit einer Alarmanlage ausgerüstet, die im abgeschlossenen Zustand durch Bewegung aktiviert wird. Diese wirkt nicht nur als Abschreckung gegen Diebe, sondern auch als Erinnerung an den Fahrer, das Schloss vor dem Losfahren herauszunehmen.
• Die Kombination aus einem Bremsscheibenschloss und einem Stück Drahtseil, das um einen Masten oder ein Geländer gelegt wird, bietet ein weiteres Sicherheitsplus (s. Abb. 6).

Alarmanlagen und Wegfahrsperren

Plus: *Einmal installiert, ist sie absolut mühelos zu bedienen. Manche Versicherungen bieten bei bestimmten Anlagen (und Auflagen) Rabatte.*

Minus: *Kann teuer und schwierig zu installieren sein. Kein System hindert den Dieb daran, das Motorrad mit einem Lieferwagen abzutransportieren.*

• Elektronische Alarmanlagen und Wegfahrsperren gibt es in unterschiedlichen Preisklassen. Es sind drei unterschiedliche Systeme erhältlich: reine Alarmanlagen, reine Wegfahrsperren und etwas teurere kombinierte Geräte (siehe Abb. 7).
• Eine Alarmanlage ist so konstruiert, dass sie ein Warngeräusch erzeugt, sobald am Motorrad herummanipuliert wird.
• Eine Wegfahrsperre schützt davor, dass das Motorrad ohne Schlüssel und/oder Codierung gestartet werden kann, indem sie die elektrische Anlage blockiert.
• Haben Sie sich für eine Anlage entschieden, sollten Sie die Einbaukosten beachten, wenn Sie die Montage nicht selbst erledigen können. Wenn das Motorrad nicht regelmäßig eingesetzt wird, muss auch der Stromverbrauch berücksichtigt werden, der bei allen Systemen über die Bordbatterie erfolgt. Eine von einer viel Strom verbrauchenden Anlage leer gesogene Batterie sorgt sowohl dafür, dass das Motorrad nicht gestartet werden kann, als auch dafür, dass die Alarmanlage nach einer gewissen Zeit nicht mehr funktioniert.

6

Ein mit einem Drahtseil kombiniertes Bremsscheibenschloss bietet zusätzlichen Schutz.

7

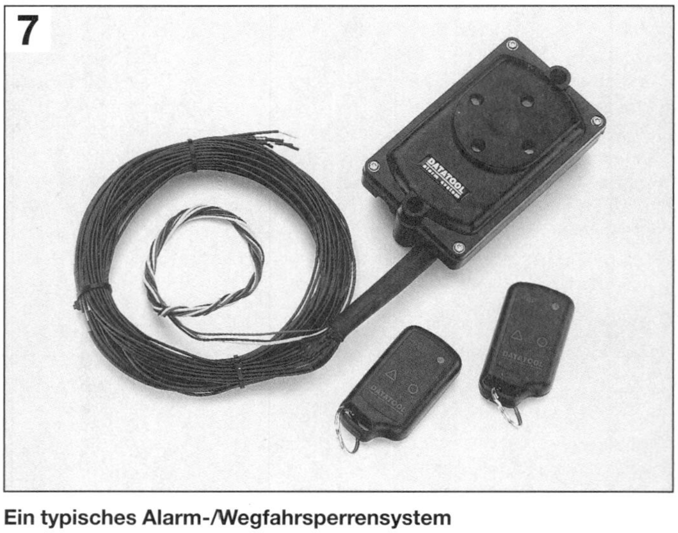

Ein typisches Alarm-/Wegfahrsperrensystem

8

Unverwechselbare Markierungen können überall angebracht werden – stets an einen gut sichtbaren Warnhinweis denken, der sehr abschreckend wirken kann.

9

Verkleidungsteile können mit eingeätzten Markierungen versehen werden . . .

10

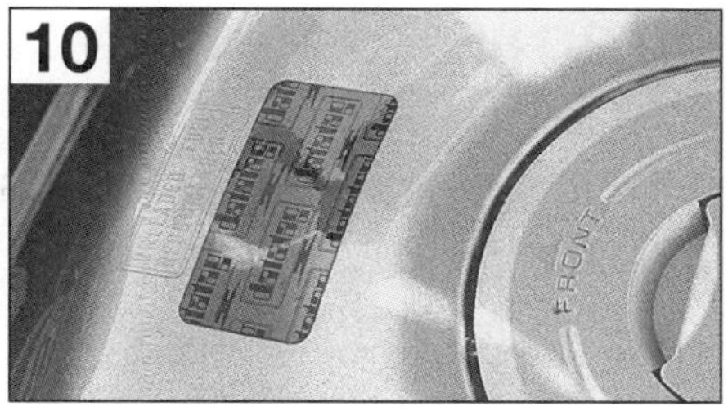

. . . auch hier stets den Warnhinweis des Herstellers des Diebstahlschutzes gut sichtbar anbringen.

Sicherungsmarkierungen

Plus: *Sehr billige und effektive Abschreckung. Manche Versicherungen bieten bei Sicherungsmarkierungen Rabatte im Teilkaskobereich.*

Minus: *Schützen nicht vor Gelegenheitsdieben, die einen Ausflug machen wollen.*

- Es gibt viele verschiedene Ausführungen an Sicherungsmarkierungen. Ideal ist es, so viele Teile am Motorrad wie möglich mit einer einzigen Nummer zu markieren (siehe Abbildungen 8, 9 und 10). Mit dem Satz wird ein Formular geliefert, auf dem Ihre persönlichen Daten und die Details des Motorrades eingetragen und in einem Register gespeichert werden. Dieses Register ermöglicht der Polizei, jeden rechtmäßigen Besitzer eines Motorrades oder Bauteils zu identifizieren, auch wenn alle anderen Formen der Identifikation entfernt sind. Bringen Sie immer einen gut sichtbaren Warnaufkleber zur Abschreckung am Motorrad an.

Bodenverankerungen, Radklemmen und Sicherungspfosten

Plus: *Eine exzellente Form der Sicherheit, die auch die entschlossensten Diebe abschrecken wird.*

Minus: *Schwierig zu installieren und evtl. teuer.*

- Während das Motorrad sich zu Hause befindet, ist es eine gute Idee, es sicher am Boden oder an der Wand zu verankern, selbst wenn es in einer gut gesicherten Garage steht. Zu diesem Zwecke werden eine Reihe verschiedener Bodenverankerungen, Radklemmen und Sicherungspfosten angeboten (siehe Abbildung 11). Diese Vorrichtungen werden entweder im Beton oder Stein verankert oder erhalten ein eigenes Fundament.

11

Zuhause bietet eine solide Bodenverankerung ein hohes Maß an Sicherheit.

Diebstahlschutz zu Hause

Ein großer Anteil der Motorräder wird beim Besitzer zu Hause gestohlen. Einige Dinge sollten beachtet werden, wenn die Maschine an ihrem Heimatstandort steht:

✓ Wenn möglich, sollte das Motorrad immer in der sicheren Garage stehen. Vertrauen Sie niemals dem serienmäßigen Garagenschloss. Bringen Sie am Tor einen zusätzlichen Schließmechanismus an, und denken Sie über eine Alarmanlage nach. Ein von einem Bewegungsmelder aktivierter Scheinwerfer ist auch für den eigenen Nutzen eine gute Investition.

✓ Sichern Sie das Motorrad immer am Boden oder an der Wand, auch wenn es in einer gut gesicherten Garage steht.

✓ Lassen Sie Ihr Motorrad nicht regelmäßig an der Straße stehen, versuchen Sie, es möglichst außer Sichtweite der Straße zu parken, wenn Sie keine Garage besitzen. Decken Sie ein frei stehendes Motorrad mit einer Plane ab, um seine Identität nicht sofort preiszugeben.

✓ Es ist nicht ungewöhnlich, dass ein Dieb einem Motorradfahrer nach Hause folgt, um herauszufinden, wo die Maschine abgestellt wird. Er wird dann später zurückkehren. Wenn Sie vermuten, dass Ihnen jemand folgt, sollten Sie zunächst zu einer Tankstelle, Eisdiele oder sonstigem fahren.

✓ Wenn Sie ein Motorrad verkaufen wollen, sollten Sie in der Anzeige nicht Ihre Adresse oder den Standplatz der Maschine angeben. Vereinbaren Sie mit Interessenten einen Treffpunkt abseits Ihrer Wohnung. Es ist bekannt, dass Diebe als potenzielle Käufer auftreten, um herauszufinden, wo die Maschine steht, und sie dann später »kostenlos« abholen.

Diebstahlschutz unterwegs

Genauso wichtig wie die Sicherheitsausrüstung an Ihrem Motorrad sind einige allgemeine Regeln, die beachtet werden sollten, wenn das Motorrad irgendwo geparkt werden soll.

✓ Parken Sie an einem belebten Platz.

✓ Benutzen Sie einen bewachten Autoparkplatz.

✓ Parken Sie nachts in einem beleuchteten Bereich, vorzugsweise direkt unterhalb einer Straßenlaterne.

✓ Lassen Sie das Lenkschloss einrasten – es bewirkt zwar nicht viel, sorgt aber dafür, dass die Versicherung zahlt.

✓ Sichern Sie das Motorrad mit einem zusätzlichen Schloss an einem stabilen unbeweglichen Gegenstand wie einer Laterne oder einem Geländer. Wenn dieses nicht möglich ist, sollten Motorräder »zusammengebunden« werden.

✓ Belassen Sie niemals Ihren Helm oder Gepäck auf dem Motorrad.

Schmiermittel und Flüssigkeiten

Speziell für den Einsatz an und in Motorrädern ist ein weiter Bereich an Schmiermitteln, Flüssigkeiten und Reinigungsmitteln entwickelt worden. Hier soll gezeigt werden, was es gibt, wofür es eingesetzt wird und welche Eigenschaften es hat.

Viertakt-Motoröl

- Motoröl ist zweifellos die wichtigste Komponente eines Viertaktmotors. Moderne Motorradmotoren stellen große Anforderungen an das Öl, weswegen dessen Auswahl sehr wichtig ist. Die Verwendung eines ungeeigneten Öls führt zu erhöhtem Motorverschleiß und kann mit einem ernsthaften Motorschaden enden. Bevor Sie Motoröl kaufen, müssen Sie beachten, welche Anforderungen der Motorradhersteller stellt. Hierbei wird sowohl eine Klassifikation als auch ein bestimmter Viskositätsbereich angegeben.
- Die Öl-Klassifikation wird durch die API-Rate (festgelegt durch das »**A**merican **P**etroleum **I**nstitute«) angegeben. Sie erscheint in Form von zwei Buchstaben, so z. B. als »SG«. Das S steht für »Spark«, d. h. fremdgezündete Motoren (die mit Benzin laufen). Der zweite Buchstabe liegt im Alphabet zwischen A und M und steht für die Leistungsfähigkeit des Öls. Je früher der Buchstabe, desto höher sind die Anforderungen an das Öl. Ein SG-Öl übersteigt also die Anforderungen eines SF-Öls.

Anmerkung: *Bei manchen Ölen ist eine zweite mit einem C beginnende Klassifikation angegeben, die für die Verwendung in Dieselmotoren (Compression Ignition = Selbstentzündung) steht und daher für den Einsatz in Motorrädern irrelevant ist.*

- Die »Viskosität« des Öls wird durch die SAE-Rate identifiziert (festgelegt durch die **S**ociety of **A**utomotive **E**ngineers). Alle modernen Motoren erfordern Mehrbereichsöle, und dort besteht die SAE-Rate aus zwei Nummern, hinter der ersten steht ein W, also z. B. 10W/40. Die erste Zahl steht für die Viskositätsrate des Öls bei niedrigen Temperaturen (W steht für Winter = getestet bei – 20 °C), die zweite Zahl steht für die Viskositätsrate des Öls bei hohen Temperaturen (getestet bei 100 °C). Je niedriger die Zahl, desto dünner das Öl. So steht ein 10W/40-Öl für einen besseren Kaltlauf als ein 15W/50-Öl.
- Neben dem Typ und der Viskosität gibt es drei unterschiedliche chemische Aufbauten des Motoröls. Man kann Öl auf mineralischer Basis, synthetisches Öl und ein Gemisch aus beiden Sorten – teilsynthetisch genannt – kaufen. Obwohl alle Öle eine ähnliche Viskosität und Klassifizierung haben, sind die Preise sehr unterschiedlich. Mineralöle sind die billigsten, Synthetiköle die teuersten Öle, teilsynthetische Öle liegen entsprechend dazwischen. Die Entscheidung liegt im Wesentlichen beim Besitzer, doch sollte bedacht werden, dass moderne Synthetiköle bessere Schmier- und Reinigungseigenschaften haben als traditionelle Mineralöle, und diese Eigenschaften auch länger behalten. Bedenken Sie, dass die Arbeitsumgebungen in einem modernen hochdrehenden Motorradmotor für ein Öl höchste Anforderungen bedeuten, und deswegen ein Synthetiköl empfehlenswert ist. Die Mehrkosten bei jedem Ölwechsel können langfristig viel Geld sparen, indem der Motorverschleiß verringert wird.
- Schließlich muss immer sichergestellt werden, dass das Öl für Ihr Motorrad geeignet ist. Motoröl ist normalerweise für Autos entwickelt worden und kann deswegen Additive oder Schmierstoffe enthalten, die in einem Motorradmotor mit Nasskupplung Kupplungsrutschen verursachen können.

Zweitakt-Motoröl

- Moderne Hochleistungszweitaktmotoren stellen hohe Anforderungen an ihr Öl. Um Klemmen oder Fressen im Motor zu vermeiden, ist es entscheidend, Qualitätsöle zu verwenden. Zweitaktöl unterscheidet sich stark von Viertaktöl. Das Öl schmiert ausschließlich die Kurbelwelle und den/die Kolben (Primärtrieb und Getriebe haben ihr eigenes Öl), dann muss es während der Verbrennung rückstandslos verschwinden.
- Die Japaner haben kürzlich ein Klassifizierungssystem für Zweitaktöle eingeführt, die JASO-Rate. Diese wird in Form von zwei Buchstaben, entweder FA, FB oder FC, angegeben. FA ist die niedrigste und FC die höchste Klassifikation. Stellen Sie sicher, dass das zu verwendende Öl den Empfehlungen des Herstellers entspricht.
- Neben dem Typ und der Viskosität gibt es drei unterschiedliche chemische Aufbauten des Zweitaktöls. Man kann Öl auf mineralischer Basis, synthetisches Öl und ein Gemisch aus beiden Sorten – teilsynthetisch genannt – kaufen. Die Preise sind sehr unterschiedlich. Mineralöle sind die billigsten, Synthetiköle die teuersten Öle, teilsynthetische Öle liegen entsprechend dazwischen. Die Entscheidung liegt im Wesentlichen beim Besitzer, doch sollte bedacht werden, dass moderne Synthetiköle bessere Schmiereigenschaften besitzen und sauberer verbrennen als traditionelle Mineralöle. Die Mehrkosten können langfristig viel Geld sparen, indem der Motorverschleiß verringert wird, die Leistung erhalten bleibt und Ablagerungen weitgehend vermieden werden.
- Wenn Sie einen Zweitaktmotor mit Getrenntschmierung besitzen, muss darauf geachtet werden, dass das Öl für den Betrieb in Pumpen geeignet ist. Viele Hochleistungszweitaktöle sind für Rennmaschinen konzipiert, bei denen sie direkt im Tank dem Benzin beigemischt werden. Diese Öle haben eine hohe Viskosität und sind nicht für Getrenntschmierungspumpen geeignet.

Getriebeöl

- Getriebeöl ist ein spezielles zähes Öl, das in Getrieben und Hinterradantrieben (bei Kardanwellen) eingesetzt wird und überall dort, wo hohe Reibkräfte und Temperaturen herrschen. Es ist in verschiedenen Viskositäten erhältlich.
- Bei allen Zweitaktmotoren werden das Getriebe und die Kupplung mit speziellem Öl geschmiert, welches entsprechend der Herstelleranweisung gewechselt werden muss.
- Obwohl bei den meisten Viertaktmaschinen der Motor, die Kupplung und das Getriebe mit der gleichen Ölversorgung geschmiert werden, gibt es auch Motorräder mit getrennt geschmierten Bauteilen und gegebenenfalls einer Trockenkupplung.
- Motorradhersteller empfehlen entweder ein Einbereichsgetriebeöl oder ein bestimmtes Motoröl, um das Getriebe zu schmieren.
- Getriebeöle sind speziell für ihren Einsatz zwischen Zahnflanken konzipiert. Die Viskosität dieser Öle ist durch eine SAE-Nummer angegeben, doch deren Messung unterscheidet sich von Motorölen. Als grober Hinweis gilt, dass ein SAE-90-Getriebeöl etwa die gleiche Viskosität wie ein SAE-50-Motoröl hat.

Kardanöl

- Bei mit einem Kardanantrieb ausgerüsteten Motorrädern hat dieser Endantrieb immer seine eigene Ölversorgung. Der Hersteller gibt hierfür eine Klassifizierung und eine Viskosität an.
- Diese Öle werden durch die Zahl hinter der API-Bezeichnung GL (für Gear Lubricant) klassifiziert, ein GL5-Öl ist besser als eines mit der Bezeichnung GL4. Stellen Sie sicher, dass Ihr Öl die vorgegebene Klassifikation zumindest einhält oder übertrifft und die korrekte Viskosität hat. Die Viskosität dieser Öle ist durch eine SAE-Nummer angegeben, doch deren Messung unterscheidet sich von Motorölen. Als grober Hinweis gilt, dass ein SAE-90-Kardanöl etwa die gleiche Viskosität wie ein SAE-50-Motoröl hat.
- Wenn die Benutzung eines druckfesten EP-Öls (Extreme Pressure) vorgeschrieben ist, muss Ihr Öl auch diesen Anforderungen entsprechen.

Gabelöl und Stoßdämpferflüssigkeit

- Konventionelle Teleskopgabeln arbeiten hydraulisch und erfordern dazu Gabelöl. Um die korrekte Funktion der Gabel sicherzustellen, muss das Gabelöl entsprechend der Herstelleranweisung ausgetauscht werden.
- Gabelöl ist in einer Vielzahl von Viskositäten erhältlich, welche durch die SAE-Rate zu identifizieren ist. Die Werte variieren von leichtem Öl (SAE 5) bis zu sehr dickem Öl (SAE 30). Wenn Sie Gabelöl kaufen, muss darauf geach-

tet werden, dass es den Herstelleranweisungen entspricht.

- Einige Schmiermittelhersteller produzieren auch eine Reihe hochwertiger Federungsflüssigkeiten, die Gabelöl ähnlich sind, aber hauptsächlich für den Einsatz im Wettbewerb bestimmt sind. Diese Flüssigkeiten können unterschiedliche Viskositätsraten haben, die nicht den SAE-Werten für normale Gabeln entsprechen. Im Zweifel müssen die Herstelleranweisungen beachtet werden.

Brems- und Kupplungsflüssigkeit

- Bremsflüssigkeit wird auch in hydraulischen Kupplungsbetätigungen eingesetzt und ist eine Hydraulikflüssigkeit, die einen sehr hohen Siede- und niedrigen Gefrierpunkt besitzt. Sie greift Gummi nicht, dafür aber Lack und Plastik stark an. Sie ist stark wasseranziehend (hygroskopisch) und altert daher durch Wasseraufnahme aus der Luft. Behälter sollten daher nicht offen stehen gelassen werden. Für den Rennsport ist Bremsflüssigkeit auf Silikonbasis erhältlich, auf die diese Eigenschaft nicht zutrifft, die aber Bremskomponenten aus anderem Material benötigt.
- Alle Scheibenbremsanlagen und einige Kupplungen werden hydraulisch betätigt. Um deren korrekte Funktion sicherzustellen, muss die Hydraulikflüssigkeit regelmäßig entsprechend der Herstelleranweisungen ausgetauscht werden.
- Brems- und Kupplungsflüssigkeit wird durch den DOT-Wert klassifiziert. Die meisten Motorradhersteller schreiben DOT-3 oder -4 vor. Diese beiden Flüssigkeiten basieren auf Glykol und können untereinander gemischt werden. DOT-4 übertrifft die Anforderungen von DOT-3. Es ist empfehlenswert, ein für DOT-3 vorgesehenes System mit DOT-4 zu befüllen – aber niemals anders herum, denn hierdurch wird die Bremswirkung beeinträchtigt.
- Einige Hersteller produzieren auch eine DOT-5-Hydraulikflüssigkeit auf Silikonbasis. Diese Bremsflüssigkeit darf nicht mit DOT-3- oder DOT-4-Flüssigkeit vermischt werden, da hierdurch die Wirkung des Hydrauliksystems stark beeinträchtigt wird.

Kühlmittel/Frostschutz

- Bei der Beschaffung von Kühlmittel oder Frostschutz muss unbedingt sichergestellt werden, dass es für einen Aluminiummotor geeignet ist und Korrosionsschutzmittel enthält, um das Verstopfen von Kühlmittelkanälen zu verhindern. Als allgemeine Regel gilt, dass die meisten Kühlmittel pur eingesetzt werden müssen und nicht verdünnt werden dürfen, und Frostschutz mit destilliertem Wasser verdünnt werden muss, um eine Lösung der gewünschten Stärke zu erhalten. Beachten Sie die Herstellerangaben auf der Flasche.
- Stellen Sie sicher, dass das Kühlmittel regelmäßig entsprechend der Herstellerangaben gewechselt wird.

Kettenschmiermittel

- Dieses wird zumeist als Spray angeboten, welches speziell für den Einsatz an Motorradketten entwickelt wurde. Es hat zum einen die Funktion, die Reibung zwischen der Kette und den Kettenrädern zu vermindern und zum anderen soll es einen Korrosionsschutz bilden. Der regelmäßige Einsatz von Kettenschmiermittel guter Qualität verlängert die Lebensdauer des Endantriebs und sorgt für einen minimalen Kraftverlust zwischen Motor und Hinterrad.
- Nach der Benutzung von Kettenspray muss einige Zeit gewartet werden, bis das Lösungsmittel verdunstet und das Schmiermittel eingezogen ist. Anderenfalls wird es durch die Fliehkraft wieder abgeschleudert und verschmutzt dabei noch die Felge. Achten Sie beim Einsatz von O-Ringketten darauf, dass das Spray dafür geeignet ist.
- Schmiermittel auf Silikonbasis pflegen und schützen Teile aus Gummi (Schläuche, Stopfen u. a.). Sie werden zur Schmierung von Schlössern und Scharnieren verwendet.

Entfetter und Reiniger

- Entfetter sind starke Lösemittel, um Fett und Ölschmiere zu entfernen. Sie sind in der Regel hochgiftig, können Lack und Kunststoffteile angreifen und sind entzündlich. Manche Lösemittel stehen außerdem in Verdacht, Krebs zu erregen. »Kaltreiniger« ist dagegen ein sanfter Entfetter auf Petroleumbasis, der wasserlöslich ist und daher abgewaschen werden kann, am besten über dem Ölabscheider einer Selbstwaschanlage.
- Es gibt viele verschiedene Reiniger und Entfetter, um Schmutz und Fett zu entfernen, wie es sich im normalen Einsatz ansammelt. Entfetter sind Lösungsmittel, die normalerweise als Spray oder als Flüssigkeit für den Einsatz in Spritzpistolen geliefert werden. Folgen Sie immer sorgfältig den Herstelleranweisungen, und tragen Sie eine Schutzbrille. Die meisten Lösungsmittel sind brennbar und dünsten giftige Gase aus – treffen Sie vor dem Einsatz entsprechende Vorkehrungen (siehe *Sicherheit geht vor!*).
- Für allgemeine Reinigungen können im Fachhandel erhältliche Reiniger und Entfetter benutzt werden. Diese Mittel müssen zumeist einige Zeit einwirken, bevor sie mit Wasser abgespült werden.

Bremsenreiniger ist ein Lösungsmittel, welches jegliche Öl-, Fett- und Schmutzreste aus Bremsenteilen entfernen kann. Es verdunstet schnell und bildet keine Rückstände.

Vergaserreiniger ist ein Spray, mit dem die hartnäckigen Rückstände und Gummiablagerungen entfernt werden können, wie man sie häufig in zu überholenden Vergasern findet. Es hinterlässt in der Regel einen leichten Ölfilm. Der Reiniger eignet sich nicht für elektrische Komponenten.

Dichtungsentferner ist zumeist ein Spray, mit dem hartnäckige Dichtungsreste beseitigt werden können, ohne dass die Gefahr besteht, die Gehäusefläche zu zerkratzen und damit die Dichtfläche zu beschädigen.

Unterbrecher-/Zündkerzen-Reiniger soll Ölfilm, Schmutz und Oxidation von Unterbrecherkontakten und Zündkerzenelektroden beseitigen. Er ist fett- und rückstandfrei. Er kann ebenfalls zur Reinigung von Vergaserdüsen verwendet werden.

Sprühöl

- Sprühöle gibt es in verschiedenen Ausführungen, und sie eignen sich auch zum Schmieren von Hebeln, Schaltern und freiliegenden Gelenken. Versuchen Sie ein Sprühmittel zu beschaffen, welches auf Trockenfilm basiert, da es eine trockene Oberfläche hinterlässt und nicht, wie Öl, Staub und Schmutz anzieht, wodurch die Verschleißrate wieder erhöht werden würde.
- Die meisten Sprühöle fungieren auch als Feuchtigkeitsverdränger und Schutzfilm in Schaltern und Kabelverbindungen oder als Rostlöser bei festen Schrauben.
- Kriechöl wird oft fälschlich als »Kontaktspray« bezeichnet, weil es auch Wasser verdrängen kann. Es ist zum schnellen Schmieren kleiner Lagerstellen und Konservieren von Maschinenteilen geeignet.
- Kontaktspray soll Oxidation von elektrischen Kontakten entfernen und sie gleichzeitig konservieren. Allerdings funktioniert das kaum, da Oxid nur mit Säure entfernt werden kann (solche Sprays gibt es), die Säure aber ihrerseits wieder das Metall angreift. Die üblichen soge-

A

nannten »Kontaktsprays« sind daher lediglich Kriechöle, von denen keine Reinigung der elektrischen Kontakte erwartet werden kann.

Fette

- Fette werden zum Schmieren von Gelenken und Lagern eingesetzt. Ein gutes Mehrbereichsfett ist für die meisten Anwendungen ausreichend, doch manche Hersteller schreiben den Einsatz spezieller Fette an Bauteilen wie Schwingen- und Anlenkhebellagerungen vor. Diese Fette können im Zubehörfachhandel erworben werden; die üblichen Spezialfette sind Molybdänfett, Lithiumfett, Graphitfett, Silikonfett und temperaturbeständige Kupferpaste.

Dichtmasse

- Dichtmassen können zusammen mit Dichtungen verwendet werden, um ihre Dichtigkeit zu verbessern. Oder sie werden direkt zum Abdichten zweier Metallflächen verwendet. Abhängig vom Typ härten sie entweder aus oder bleiben dauerelastisch.
- Bei der Beschaffung von Dichtmasse muss sichergestellt sein, dass sie zur Verwendung an einem Verbrennungsmotor geeignet ist. Universaldichtstoffe aus dem Baumarkt können ähnlich aussehen, halten jedoch eventuell weder starke Hitze noch Kontakt mit Öl oder Kraftstoff aus (siehe *Werkzeug- und Werkstatt-Tipps* für weitere Informationen).

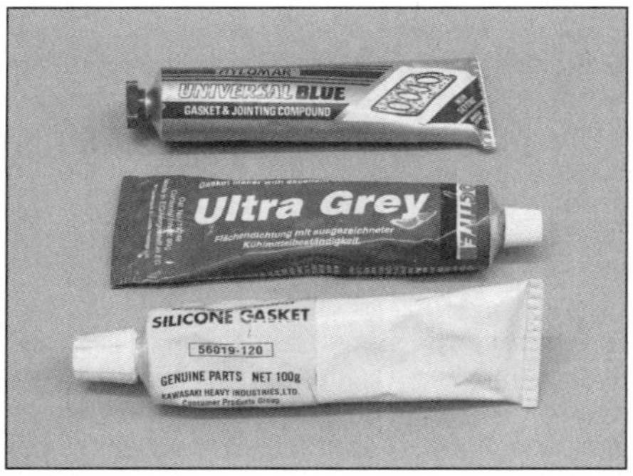

Schrauben-sicherung

- Diese Mittel werden zum Sichern von Gewinden in Positionen eingesetzt, wo sich Schrauben durch Vibrationen lösen können. Schraubensicherungsmasse kann im Fachhandel beschafft werden. Stellen Sie sicher, dass die Gewindegänge beider Komponenten vollständig sauber und trocken sind, bevor Sie das Mittel sparsam auftragen (siehe *Werkzeug- und Werkstatt-Tipps* für weitere Informationen).

Kraftstoff-Additive

- Mittel zum Schutz und zur Reinigung des Kraftstoffsystems gibt es in vielfältiger Auswahl. Diese Additive sind konzipiert, alle Ablagerungen in Vergasern und Einspritzanlagen zu entfernen und vor Verschleiß zu schützen, um das Kraftstoffsystem wirkungsvoll funktionieren zu lassen. Wenn ein Kraftstoff-Additiv verwendet wird, muss zuvor sichergestellt sein, dass es in Ihrem Motorrad eingesetzt werden kann, besonders wenn dieses mit einem Katalysator ausgerüstet ist.
- Sogenannte Oktan-Booster erhöhen die Klopffestigkeit des Treibstoffs. Sie können die Leistungsfähigkeit stark getunter Motoren verbessern, wenn diese mit einfachem Benzin betrieben werden – in Serienmotoren bringen sie nichts.

Wachse und Polituren

- Wachse und Polituren reinigen und konservieren lackierte Teile. Da es unterschiedliche Lackarten gibt, muss ausprobiert werden, ob die jeweilige Politur bzw. das Wachs dazu passt. Für Schutzflüssigkeiten, die kein Wachs, sondern Silikon oder Polymere enthalten, verspricht die Werbung einen vielfach längeren Schutz gegenüber Wachsen. In Tests konnte die längere Dauer des Schutzes jedoch nicht nachgewiesen werden.

Sicherheitscheck

Hauptuntersuchung

In Deutschland müssen Motorräder alle zwei Jahre zur Hauptuntersuchung nach § 29 der Straßenverkehrszulassungsordnung (StVZO). Diese Untersuchung wird im Volksmund als »TÜV« bezeichnet; das stammt noch aus der Zeit, als der Technische Überwachungsverein (TÜV bzw. TÜH) das Monopol auf Hauptuntersuchungen besaß. Das ist seit einigen Jahren nicht mehr der Fall. DEKRA und auch freie Sachverständige, die einer anerkannten Überwachungsorganisation wie KÜS oder GTÜ angeschlossen sind, dürfen die Hauptuntersuchung durchführen.

Gerade bei freien Sachverständigen hat dies seine Vorteile für den Fahrzeugbesitzer: Eine familiäre Atmosphäre, sehr kurze Wartezeiten und hohe Kompetenz unterscheiden diese kleinen Prüfbüros von den häufig anonymen und bürokratischen Prüfstellen der eingesessenen Organisationen.

TÜV/TÜH (alte Bundesländer) und DEKRA (neue Bundesländer) besitzen allerdings nach wie vor das Monopol für die Begutachtung von Änderungen am Fahrzeug, für die keine Gutachten vorliegen – etwa selbstgebaute Auspuffanlagen, Umbauten zum Gespann o.Ä.

Bei der Hauptuntersuchung werden Betriebs- und Verkehrssicherheit des Motorrades geprüft. Sachverstand des Prüfers vorausgesetzt – was leider nicht immer der Fall ist –, ist dies ein notwendiger Check im Interesse des Fahrzeugbesitzers. Doch unabhängig von dieser regelmäßigen Untersuchung sollte der Fahrer des Motorrades wissen, wo die sicherheitsrelevanten Baugruppen sitzen und sie selber prüfen können.

Praxis TiPP ***Wenn Sie ein gebrauchtes Motorrad kaufen möchten, so ist eine kürzlich durchgeführte Hauptuntersuchung (HU) keinesfalls eine Gewähr für den einwandfreien Zustand des Fahrzeugs. Motor, Getriebe und wesentliche Teile der Elektrik werden bei der HU nicht geprüft, und selbst wichtige Baugruppen wie Bremsen und Rahmen können von einem inkompetenten Prüfer falsch beurteilt worden sein.***

Elektrik

Beleuchtung

Prüfen Sie die Funktion aller Leuchten am Motorrad: Stand-, Abblend-, Fern-, Rück- und Bremslicht, Letzteres bei Fuß- und Handbremse. Das Gleiche gilt für die Blinker und eventuelle Zusatzleuchten wie Breit- oder Zusatzscheinwerfer, Nebelschlussleuchte oder Warnblinker. Häufig wird die Instrumentenbeleuchtung nicht beachtet (übrigens auch nicht bei der HU), doch auch bei einer Nachtfahrt möchte man doch wissen, wie schnell man fährt.

Scheinwerfereinstellung

Im Gegensatz zu Autos wird bei der HU die Scheinwerfereinstellung bei Motorrädern nicht überprüft. Tun Sie das daher selbst im eigenen Interesse; weder ist es angenehm, andere Verkehrsteilnehmer zu blenden, noch nachts lediglich das Vorderrad oder die Baumwipfel zu beleuchten.
Stellen Sie in einer Werkstatt, die ein Prüfgerät für PKW besitzt, den Scheinwerfer Ihres Motorrades ein. Achten Sie dabei darauf, dass Sie das Motorrad mit dem üblichen Fahrgewicht belasten (1).

Batterie

Auch der Zustand von Batterie, Sicherungen, Regler und Lichtmaschine ist sicherheitsrelevant. Stellen Sie sich beispielsweise vor, auf der Überholspur der Autobahn geht schlagartig der Motor aus, weil es an Zündfunken fehlt, oder nachts in der gleichen Situation bleibt plötzlich das Licht weg.

1
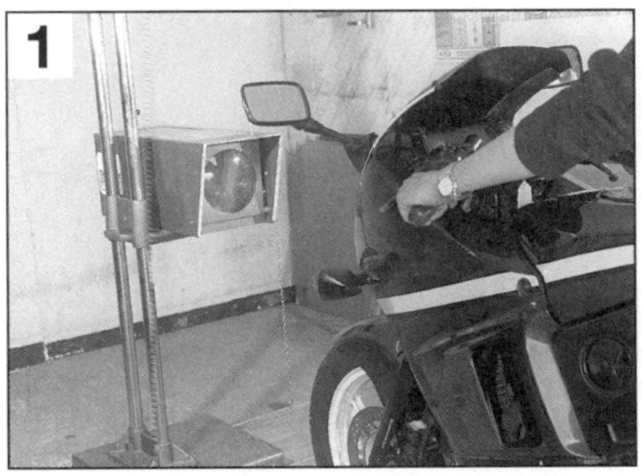

Prüfen der Scheinwerfereinstellung mit einem PKW-Prüfgerät

Auspuff und Antrieb

Auspuff

Auspuff und Schalldämpfer haben zugegebenermaßen wenig mit Sicherheit zu tun. Allerdings kann mit einer nicht genehmigten Änderung die Betriebserlaubnis des Fahrzeugs erlöschen, was bei einem Unfall – der noch nicht einmal selbst verschuldet sein muss – unangenehme Folgen haben kann: Fahren ohne Versicherungsschutz, eventuell Fahren ohne Führerschein (wenn das Motorrad serienmäßig leistungsbegrenzt und die Fahrerlaubnis darauf beschränkt war), Fahren ohne Betriebserlaubnis u. a. Stellen Sie also sicher, dass der angebaute Auspuff entweder serienmäßig oder eingetragen ist, dass die Anlage fest sitzt und keine Löcher oder Durchrostungen vorliegen.

Antrieb

Sehr viel mehr mit Sicherheit hat der Hinterradantrieb zu tun, obwohl er bei der HU nicht geprüft wird. Ist die Kette in ordentlichem Zustand und weist die richtige Spannung auf? Sind Ritzel und Kettenrad nicht übermäßig abgenutzt? Bei Kardanmaschinen: Ist der Hinterradantrieb öldicht? Ist die Mitnehmerverzahnung des Hinterrads in Ordnung? (Für diese Prüfung muss das Hinterrad ausgebaut werden.)

Steuerkopf und Federung

Steuerkopf

Entlasten Sie das Vorderrad, sodass es frei in der Luft steht. Schwenken Sie den Lenker langsam von Anschlag zu Anschlag. Ist der Lenker dabei schwergängig? Sind »Raststellen« zu spüren? Schlägt etwas am Tank an? Das alles darf nicht der Fall sein, andernfalls sind Lenkkopflager und/oder Anschläge neu zu justieren bzw. auszutauschen (2).

Fassen Sie die beiden Enden der Vorderachse mit den Fäusten und versuchen Sie, das Rad nach hinten und vorne zu drücken. Ein loses Lenkkopflager können Sie dabei an einem »Klacken« erkennen, wobei das Geräusch auch von einer ausgeschlagenen Telegabel kommen kann. Um sicher zu gehen, lassen Sie bei diesem Test eine zweite Person einen Finger an den Spalt zwischen Lenkkopf und unterer Gabelbrücke legen. Selbst ein kleines Spiel des Lagers lässt sich so feststellen (3).

Vorderradfederung

Bocken Sie das Motorrad ab und halten es mit der Vorderbremse fest. Drücken Sie nun mit dem Lenker die Telegabel zusammen. Sie darf dabei nicht stocken oder klemmen (4). Prüfen Sie die Enden der Tauchrohre auf Öldichtigkeit. Ölnebel oder gar -tropfen weisen auf undichte Simmerringe hin (5).

Prüfen Sie schließlich den Ölstand in den Telegabelrohren nach Anleitung.

Hinterradfederung

Lassen Sie das Motorrad in abgebocktem Zustand von einer zweiten Person festhalten. Drücken Sie das Heck nach unten. Die Hinterradfederung darf dabei nicht stocken oder klemmen. Das Heck darf nach dem Loslassen auch nicht nachschwingen (6).

Prüfen Sie das oder die hinteren Federbein/e auf Öldichtigkeit. Nur wenige Federbeine sind reparabel. Erkundigen Sie sich danach.

Fassen Sie das Hinterrad an, und versuchen Sie, es nach links und rechts zu drücken. Damit kann Spiel im Hinterradlager und im Schwingenlager festgestellt werden (9).

Bei Maschinen mit einem Zentralfederbein können die Lager der Anlenkhebel ausschlagen. Lassen Sie eine zweite Person das Hinterrad des Motorrads anheben, und beobachten Sie dabei mit einer Taschenlampe die Lagerstellen, um Spiel festzustellen (7, 8).

Um das Lenkkopflager zu prüfen, darf das Vorderrad nicht aufstehen, auch nicht so!

Prüfen von unzulässigem Spiel in Lenkkopflager und Telegabel

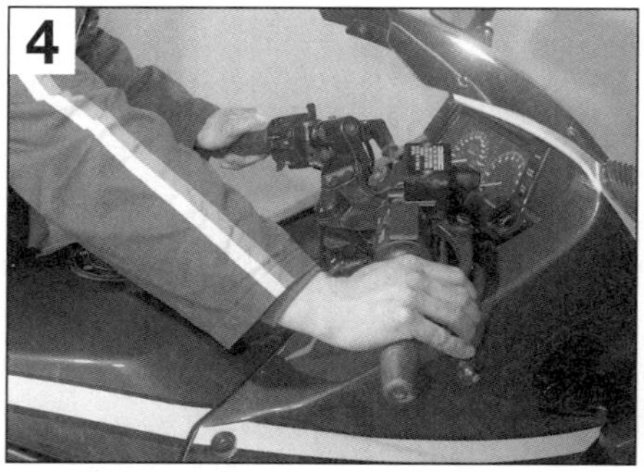

Bei gezogener Handbremse mit dem Lenker die Telegabel zusammendrücken.

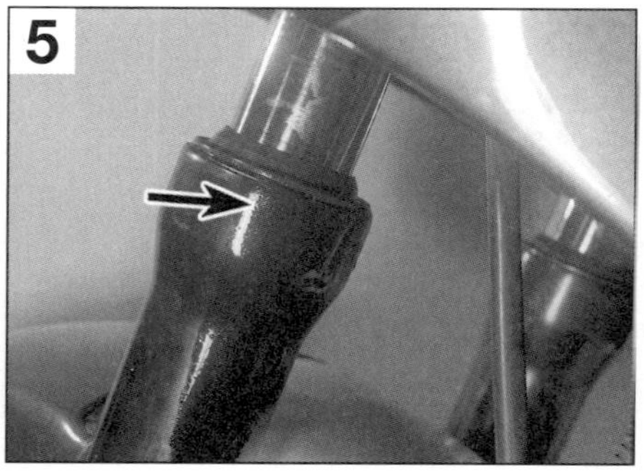

Bei undichten Simmerringen tritt Öl am oberen Ende des Tauchrohrs aus.

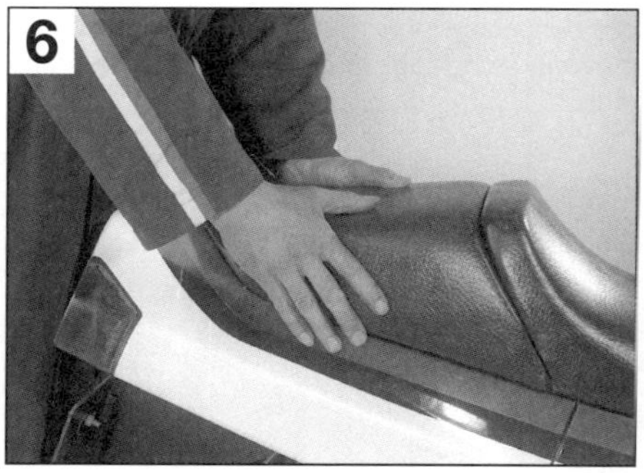

Herunterdrücken des Hecks zum Prüfen der Hinterradfederung

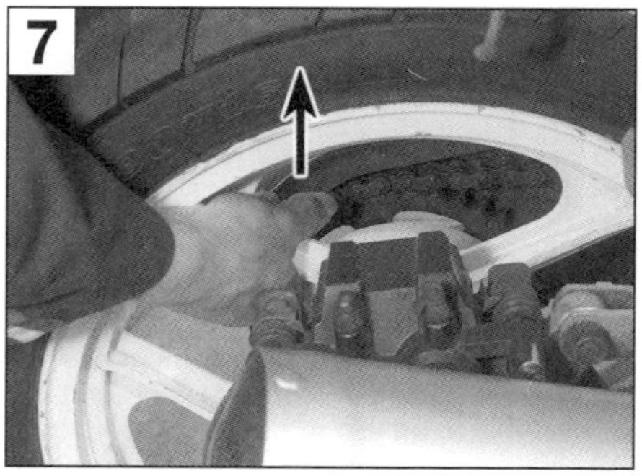

Anheben des Hinterrades, um Spiel . . .

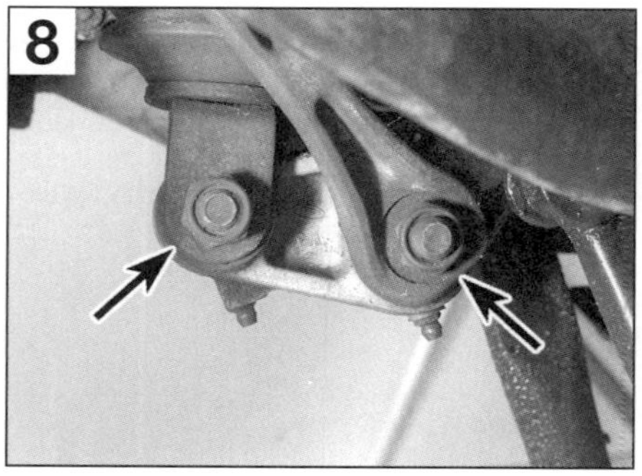

. . . in den Lagern der Federbein-Anlenkung aufzuspüren.

Hinterradschwinge nach links und rechts drücken, um unzulässiges Spiel in den Schwingenlagern festzustellen.

Bremsen, Räder und Reifen

Bremsen

Ziehen Sie bei angehobenem Rad die jeweilige Bremse, und lösen Sie sie wieder. Danach muss sich das Rad frei drehen lassen, ohne dass die Bremse klemmt. Leichte Schleifgeräusche dabei sind bei Scheibenbremsen normal.

Unterziehen Sie die Bremsscheibe einer Sichtprüfung. Sie darf im Bremsbereich keine Riefen und Absätze aufweisen, erst recht keine Risse.

Prüfen Sie die Belagstärke der Bremsbacken, wie im Handbuch beschrieben (10).

Betätigen Sie bei Trommelbremsen den Bremshebel bis zum Anschlag, und prüfen Sie den Winkel zwischen Bremsnockenhebel und Bremsstange bzw. -seilzug; er muss knapp unter 90° liegen (11).

Prüfen Sie bei hydraulischen Bremsen alle Schläuche und Leitungen bei betätigter Bremse auf Undichtigkeiten. Prüfen Sie den Pegel im Bremsflüssigkeitsvorratsbehälter.

Räder und Reifen

Prüfen Sie Gussräder auf Beschädigung und Risse, Drahtspeichenräder auf lose, verbogene und gebrochene Speichen. Lassen Sie das angehobene Rad frei drehen und prüfen es und den Reifen auf runden Lauf. Kontrollieren Sie, ob das Rad ausgewuchtet wurde und die Wuchtgewichte sich noch an ihren Plätzen befinden.

Fassen Sie das Rad, und versuchen Sie, es nach links und rechts zu drücken. Dabei darf kein Spiel der Radlager feststellbar sein (13).

Prüfen Sie den Reifen auf Risse, Beschädigungen und Profiltiefe. In Deutschland muss das Profil an allen Stellen mindestens 1,6 Millimeter tief sein (14).

Stellen Sie sicher, dass Reifen mit den vorgeschriebenen Maßen und Herstellerbindungen montiert sind (siehe Angaben im Fahrzeugschein). Beachten Sie Laufrichtungspfeile an den Reifen-Seitenwänden (15).

Prüfen Sie den Festsitz aller Achsen- und Klemmfaustmuttern und das Vorhandensein vorgesehener Splinte (16).

Die Radflucht (Spur) können Sie am besten mit einer Spurlatte feststellen (17; siehe Beschreibung vorne im Buch).

Allgemeine Checks

Prüfen Sie den Festsitz aller wesentlichen Muttern von Verkleidung, Lenker, Sitzbank, Motor, Rahmen und Schutzblechen. Fußrasten und Haltegriffe dürfen nicht verbogen oder lose sein. An keiner Stelle darf der Rahmen Durchrostungen zeigen.

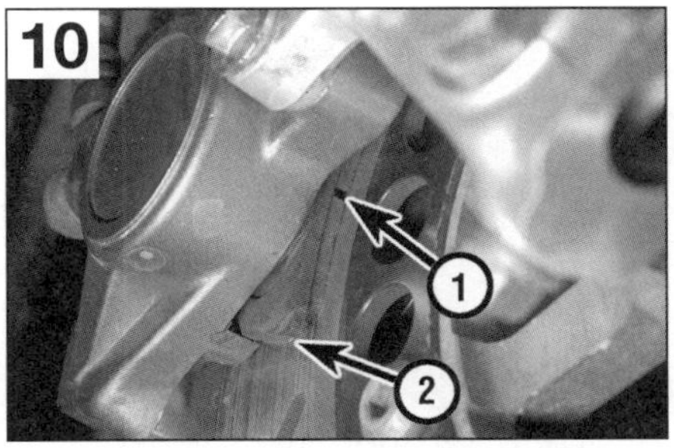

Der Verschleiß von Bremsbelägen kann meist ohne Abnahme der Bremssättel festgestellt werden. Die meisten besitzen Verschleißnuten (1) oder -markierungen (2).

Prüfen Sie an Trommelbremsen bei betätigter Bremse den Winkel zwischen Nockenhebel und Bremsstange bzw. -seilzug. Viele Bremsen besitzen einen Verschleißanzeiger.

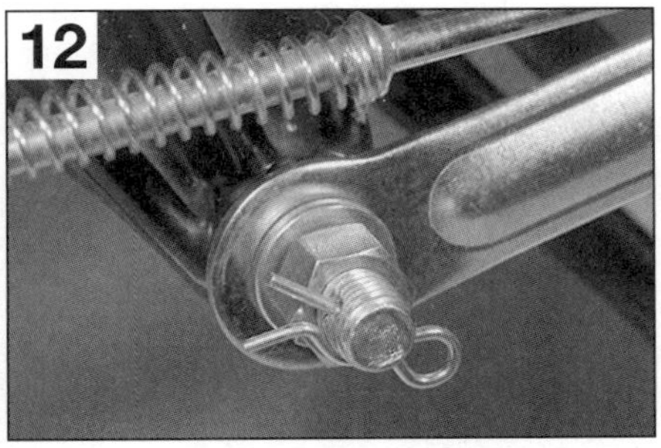

Die Verschraubung des Bremssattelhalters muss wie vorgeschrieben gesichert sein.

Prüfen Sie das Radlagerspiel, indem Sie das Rad nach links und rechts drücken.

Prüfen der Profiltiefe

Manche Reifen besitzen einen Laufrichtungspfeil an der Seitenwand.

Achsenmuttern, die als Kronenmuttern ausgeführt sind, müssen mit einem Splint gesichert werden.

Prüfen der Radflucht mit Spurstangen

A

Stilllegen

Es sind einige Dinge zu beachten, bevor man das Motorrad für längere Zeit stilllegt, etwa über den Winter. Das Fahrzeug abzustellen, ohne die beschriebenen Arbeiten auszuführen, bringt erhöhten Verschleiß und Schwierigkeiten beim »Ausmotten« mit sich.

1. Waschen und reinigen Sie das Motorrad gründlich. Führen Sie notwendige Reparaturen jetzt durch, da Sie nach dem Winter ja doch keine Lust dazu haben werden.
2. Fahren Sie das Motorrad warm. Legen Sie dazu an einem sonnigen Tag eine Tour von mindestens 20 Kilometer ein. Fahren Sie auf dem Rückweg an einer Tankstelle vorbei, tanken Sie randvoll und erhöhen Sie den Reifendruck um etwa 1 bar über den vorgeschriebenen Wert.
3. Stellen Sie das Motorrad an einem trockenen Platz ab, wo es längere Zeit stehen soll. Bocken Sie es so auf, dass kein Reifen den Boden berührt.
4. Führen Sie Motor-, Getriebe- und eventuell (bei Kardanmaschinen) Hinterradölwechsel durch. Das geht gut, weil der Motor jetzt noch warm ist. Altes Öl enthält aus Verbrennungsrückständen saure Bestandteile, die mit der Zeit Metall angreifen, daher sollte es nicht im Motorrad belassen werden.
5. Schmieren Sie die Antriebskette.
6. Verschließen Sie die Auspuffrohre mit Plastiktüten, oder stopfen Sie Lappen hinein, um Kondenswasser und damit Innenrost zu vermeiden (3).
7. Drehen Sie alle Zündkerzen heraus und füllen in jedes Loch etwa 20 ml (1 Esslöffel) frisches Motoröl. Legen Sie danach den höchsten Gang ein und drehen den Motor ein paar Mal mit dem Hinterrad durch. Das verteilt das Öl an die Zylinderwände und verhindert Rost. Schrauben Sie die Kerzen wieder ein (1).
8. Ölen Sie alle Bowdenzüge mit einer alten Spritze und Nähmaschinenöl (Beschreibung siehe vorne im Buch).
9. Schließen Sie die Benzinhähne, und entleeren Sie die Schwimmerkammern aller Vergaser, um Verharzung des Benzins zu vermeiden und um beim späteren Start gleich frisches Benzin aus dem Tank zur Verfügung zu haben (2).
10. Bauen Sie die Batterie aus (3) und stellen sie an einen kühlen, frostfreien, trockenen Ort (z. B. Keller). Laden Sie sie etwa alle vier Wochen mit einem Steckerladegerät einen Tag lang nach (Ladestrom max. 1/10 des Wertes der Batteriekapazität). Noch besser ist es, die Batterie ins Auto einzubauen (Parallelanschluss zur Autobatterie).
11. Konservieren Sie leicht rostende und Chromstellen des Motorrades mit Sprühöl oder Wachs.
12. Reinigen Sie den Luftfiltereinsatz und bauen ihn wieder ein.
13. Bedecken Sie das Motorrad mit einem alten Laken oder einem anderen Stoff. Plastikfolie ist nicht geeignet, weil sich darunter Kondenswasser bildet und das Fahrzeug rostet.

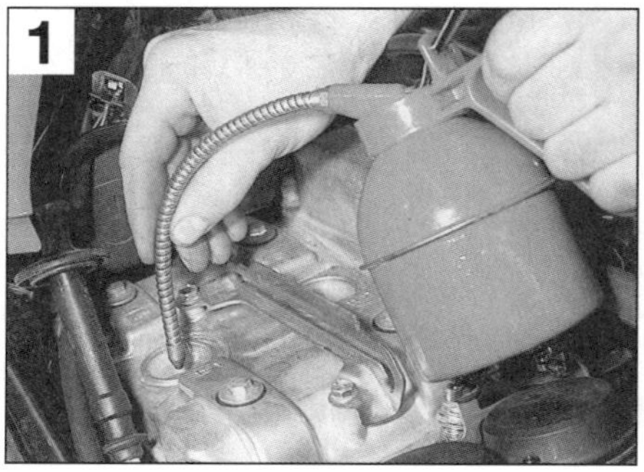

Etwas Motoröl in jedes Kerzenloch geben.

Die meisten Vergaser-Schwimmerkammern besitzen eine Schraube, mit der man das Benzin aus der Kammer ablassen kann.

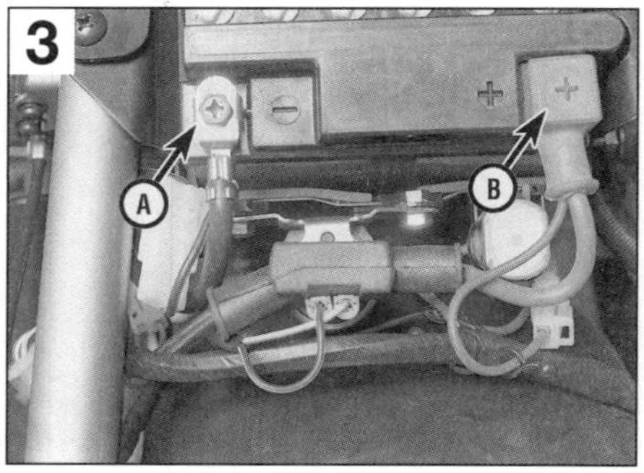

Batterie abklemmen, Minuspol (A) zuerst.

Inbetriebnahme

Haben Sie das Motorrad wie beschrieben gewissenhaft »eingemottet«, so ist der Start in die neue Saison kein Problem.

1. Bauen Sie die geladene Batterie wieder ein (Pluspol zuerst anschließen, Kupferpaste an den Polen nicht vergessen).
2. Wischen Sie überschüssiges Konservierungsöl und -wachs ab.
3. Kontrollieren Sie den Reifen-Luftdruck.
4. Entfernen Sie Plastiktüten bzw. Lappen von den Auspuffrohren.
5. Stellen Sie die Benzinhähne auf »ON« (bei normalen Hähnen) bzw. auf »PRI« (bei Unterdruck-Benzinhähnen), damit die Schwimmerkammern mit frischem Benzin gefüllt werden.
6. Ziehen Sie die Kupplung und befestigen Sie den Hebel mit einem Gummi am Handgriff. Nach längerer Standzeit können die Lamellen zusammenkleben (4).
7. Starten Sie den Motor und lassen ihn etwa eine Minute laufen. Stellen Sie dabei einen eventuellen Unterdruckbenzinhahn wieder auf »ON«.
8. Schalten Sie den Motor wieder aus und kontrollieren nach etwa einer Minute den Motorölstand. Bei Motoren mit Trockensumpf-Schmierung kann es nämlich sein, dass durch die lange Standzeit das Öl aus dem Öltank in den Motor gelaufen ist, sodass eine Kontrolle vor dem Laufenlassen ein falsches Ergebnis brächte. Lösen Sie den Kupplungshebel wieder.
9. Prüfen Sie die Funktion beider Bremsen. Vor allem müssen sie nach dem Bremsen die Räder wieder freigeben.

Das Motorrad ist jetzt bereit zur ersten Fahrt. Lassen Sie es langsam angehen, denn auch die Reflexe müssen erst wieder sitzen. Gute Fahrt!

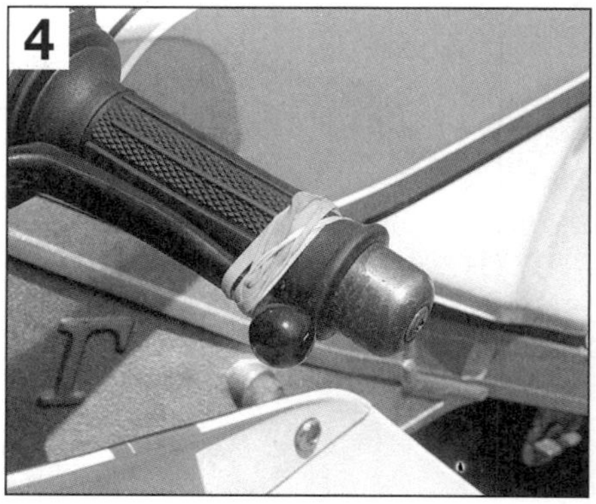

Der Kupplungshebel wird mit einem Gummi am Handgriff festgebunden.

Fehlersuche

(von Hans Hohmann)

In diesem Abschnitt sind die häufigsten Fehler am Motorrad zusammengestellt und ihre Behebung beschrieben. Dennoch kann es vorkommen, dass ausgerechnet die Ursache Ihrer Panne nicht beschrieben ist. Eine umfassende Darstellung der Technik aller Motorräder kann dieses Kapitel nicht leisten. Dazu sind eine Menge spezieller Bücher geschrieben worden.

Eine erfolgreiche Fehlersuche besteht aus etwas Grundwissen zusammen mit systematischer und logischer Vorgehensweise, nicht zu vergessen innerer Ruhe. Daher gibt es keine »mysteriösen Fehler«, sondern nur mangelnde Erfahrung oder mangelnde Systematik.

Beginnen Sie jede Fehlersuche mit der genauen Feststellung der Fehler-Symptome. Überlegen Sie, was es sein könnte; danach, was es noch sein könnte. Beginnen Sie dann mit systematischer Suche, Schritt für Schritt. Die beiden Schemata »Programmierte Fehlersuche« sollen Ihnen dabei helfen. Danach sind Baugruppe für Baugruppe mögliche Fehler erklärt.

Programmierte Fehlersuche:

Motorrad hat keine Leistung mehr

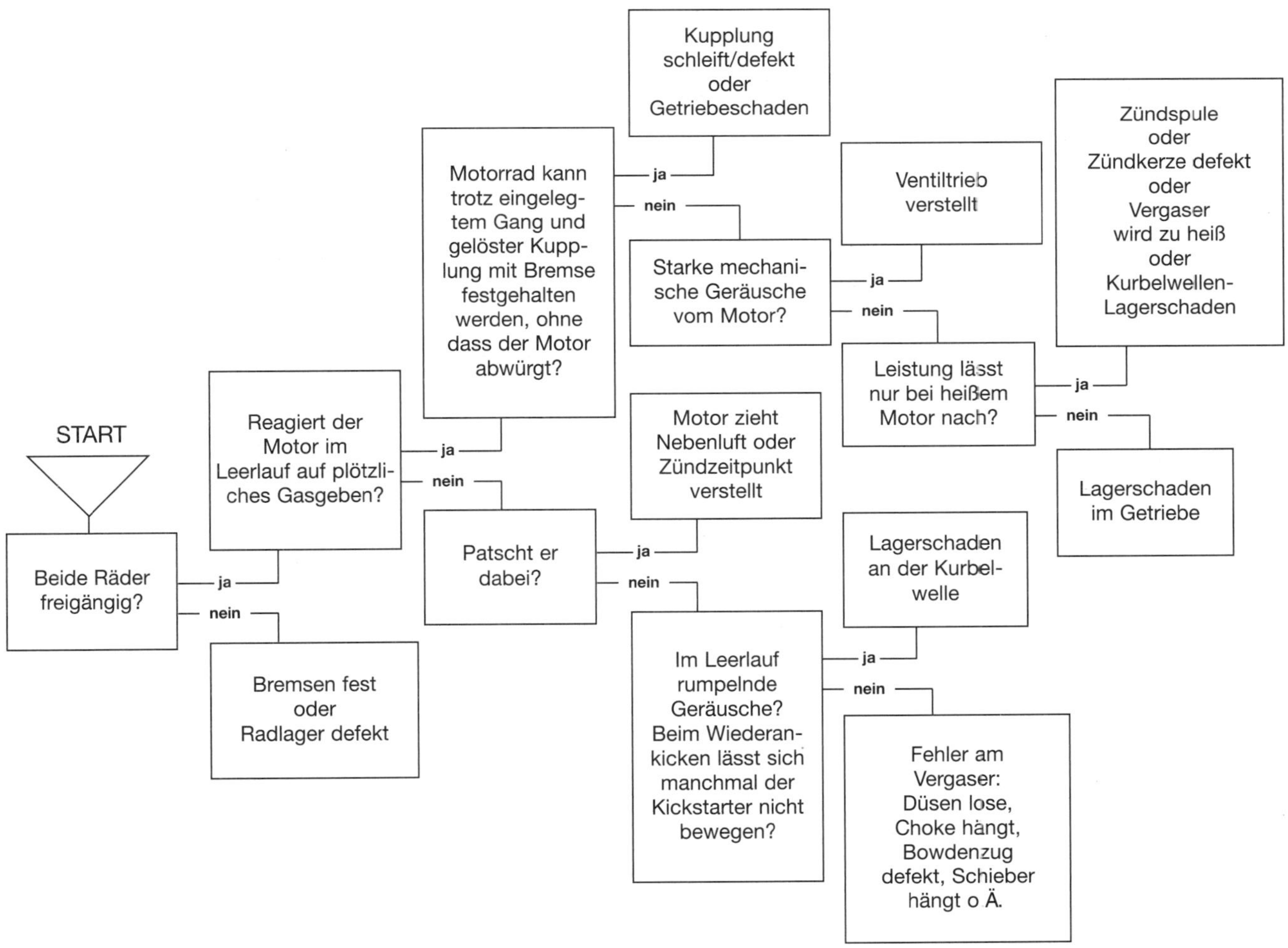

A

Programmierte Fehlersuche:

Motorrad springt nicht an

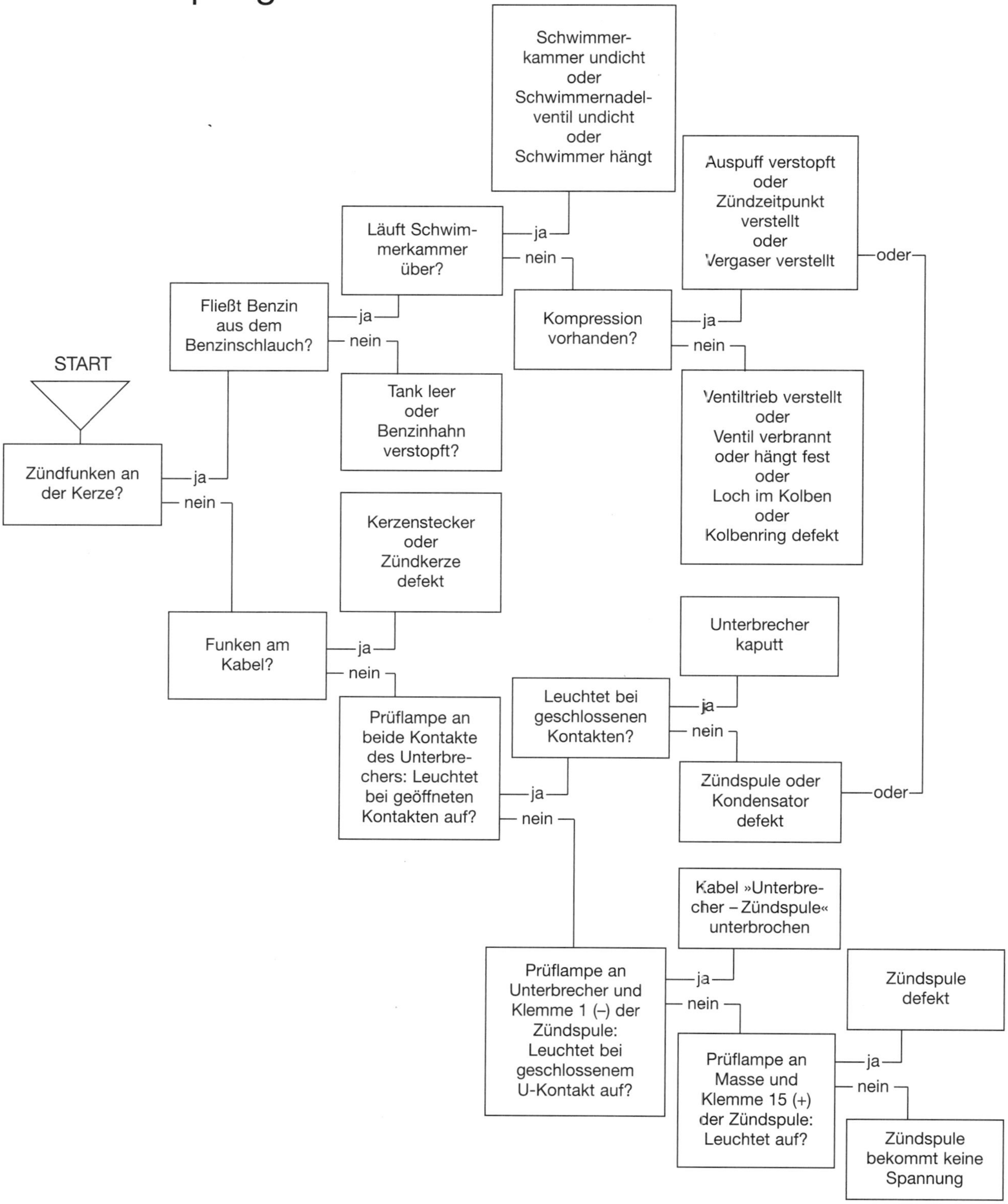

1 Anlasserprobleme

Anlasser dreht sich nicht:

- ☐ Killschalter umgelegt.
- ☐ Sicherung durchgebrannt. Prüfen Sie die Hauptsicherung am Anlasserrelais.
- ☐ Batterie leer. Prüfung: Zündung einschalten, Fernlicht an und Hupenknopf drücken. Funktioniert alles, so ist die Batterie voll. Wenn nicht, laden bzw. ersetzen.
- ☐ Leerlauf nicht eingelegt.
- ☐ Defekter Leerlauf-, Kupplungshebel- oder Seitenständerschalter. Schalter und Kabel prüfen.
- ☐ Zündschalter defekt. Mit Ohmmeter prüfen.
- ☐ Killschalter oder dessen Kabel defekt. Prüfen Sie beide auf elektrischen Durchgang in der »RUN«-Position.
- ☐ Anlasserknopf defekt. Mit Ohmmeter prüfen.
- ☐ Anlasserrelais defekt. Siehe Beschreibung vorne im Buch.
- ☐ Verkabelung gebrochen oder Kurzschluss. Prüfen Sie den Anlasserstromkreis mit einer Prüflampe durch.
- ☐ Anlasser defekt. Prüfen: Lösen Sie das Plus-Kabel vom Anlasser und schließen daran und an Masse eine Prüflampe an. Zündung einschalten und Anlasserknopf drücken. Leuchtet die Prüflampe auf, so ist der Anlasser defekt.

Anlasser dreht sich, aber Motor nicht:

- ☐ Anlasserfreilauf defekt. Ausbauen und reparieren.

Anlasser will sich drehen, Motor blockiert aber:

- ☐ Motorschaden. Hierfür kann einiges die Ursache sein: Kurbelwellenlager defekt, Kolbenklemmer, Steuerkette übergesprungen, Ventiltrieb defekt u. a.

2 Motor springt nicht an

Kein Benzinfluss zum Vergaser:

- ☐ Kein Benzin im Tank.
- ☐ Benzinhahn steht auf »OFF«.
- ☐ Bei Unterdruck-Benzinhahn: Unterdruck-Schlauch ist defekt oder nicht angeschlossen oder Membran im Hahn ist defekt. Benzinhahn als Notbehelf auf »PRI« stellen.
- ☐ Benzinfilter am Benzinhahn oder am Vergaser verstopft.
- ☐ Bei installierter Benzinpumpe: Pumpe defekt oder bekommt keine Spannung.
- ☐ Tankbelüftung verstopft. Die Belüftung befindet sich oft im Tankdeckel – freiblasen. Manchmal verschließen auch Tankrucksäcke die Belüftung.
- ☐ Benzinleitung verstopft. Das ist sehr unwahrscheinlich, weil ein Filter vorgeschaltet ist. Höchstens kann noch ein Stopfen von einer Reparatur darin stecken.

Kein Benzin im Brennraum:

- ☐ Schwimmerkammer ist leer und Schwimmer klemmt in oberer Stellung. Das kann nach langer Standzeit des Motorrads der Fall sein, wenn das Benzin aus der Schwimmerkammer verdunstet ist und harzige Rückstände zurückgeblieben sind.
- ☐ Düsen des Vergasers verstopft. Freiblasen.
- ☐ Wassertropfen vor der Hauptdüse. Das kann z. B. nach Wäschen oder langer Standzeit (Kondenswasser) vorkommen. Schwimmerkammer entleeren.
- ☐ Benzinpegel in der Schwimmerkammer zu niedrig. Schwimmer verbogen?

Motor »abgesoffen«:

- ☐ Schwimmernadelventil klemmt oder ist defekt. Freiblasen oder ersetzen.
- ☐ Schwimmer klemmt in unterer Stellung.
- ☐ Schwimmer verbogen.
- ☐ Choke-Mechanismus lässt sich nicht ausschalten. Prüfen und reparieren.
- ☐ Verstopfter Lufteinlass. Der Luftfiltereinsatz kann sehr dreckig oder nass sein, ein Lappen vor den Lufteinlass legen oder Ähnliches.

Kein Zündfunke:

- ☐ Zündschalter nicht an.
- ☐ Killschalter auf »OFF«.
- ☐ Sicherung durchgebrannt.
- ☐ Batterie leer.
- ☐ Anlasser verschlissen. Ein verschlissener Anlasser kann beim Starten so viel Strom ziehen, dass die Batteriespannung für einen genügenden Zündfunken nicht mehr ausreicht.
- ☐ Zündkerzen defekt. Dies kann sogar bei neuen Zündkerzen passieren.
- ☐ Zündkerzenkörper feucht und/oder dreckig. Der Zündfunken wandert dann draußen am Zündkerzen-Isolator gegen Masse. Kerze trocknen und säubern, auch den Stecker von innen.
- ☐ Kerzenstecker defekt. Haarrisse im Stecker lassen, vor allem bei feuchtem Wetter, den Funken im Stecker gegen Masse wandern.
- ☐ Zündkabel brüchig. Auch hier können Kriechfunkenstrecken gegen Masse entstehen.
- ☐ Zündkabel lose. Befestigen.
- ☐ Zündspule defekt. Bei einem Mehrzylindermotor ist es allerdings unwahrscheinlich, dass alle Zündspulen gleichzeitig kaputtgehen; er müsste dann zumindest auf einem oder zwei Zylindern zünden.
- ☐ Verkabelung im Zündstromkreis gebrochen oder Kurzschluss.
- ☐ Zündgeberspulen defekt. Spulen wie vorne beschrieben prüfen, evtl. ersetzen.
- ☐ Zündbox defekt. Prüfen – soweit möglich – und evtl. ersetzen.

Schwacher Zündfunke:

- ☐ Viele der vorgenannten Ursachen können auch einen zu schwachen Zündfunken hervorrufen. Beginnen Sie mit der Prüfung an den Kerzen: Elektrodenabstand korrekt?

Fehlende Kompression:

- ☐ Zündkerze(n) lose. Nachziehen bzw. defektes Gewinde im Zylinderkopf reparieren.
- ☐ Zylinderkopfdichtung defekt.
- ☐ Ventil schließt nicht. Das kann an einer falschen Ventileinstellung liegen oder an einem verbrannten oder verklemmten Ventil. Die Steuerkette kann auch übergesprungen sein.
- ☐ Verschleiß von Zylinder, Kolben und Kolbenringen.
- ☐ Kolbenringe klemmen im Kolben (Ölkohle) oder sind gebrochen.
- ☐ Loch im Kolben. Das passiert bei einer falschen Zündkerze mit zu niedrigem Wärmewert oder zu heißem Motor, etwa durch abgemagertes Gemisch.

3 Motor geht nach dem Starten wieder aus

Ursachen:

- ☐ Choke defekt oder falsch justiert. Ohne Choke springt ein kalter Motor unter Umständen an, läuft jedoch nicht weiter. Umgekehrt mag ein warmer Motor mit Choke anspringen, dann aber wegen Überfettung wieder ausgehen.
- ☐ Fehlfunktion der Zündung. Siehe »schwacher Zündfunke«.
- ☐ Vergaser falsch eingestellt. Falsche Leerlaufdrehzahl oder schlecht justierte Leerlaufgemisch- bzw. Leerlaufluftschraube kann die Ursache sein.
- ☐ Motor zieht Nebenluft. Prüfen Sie Ansaugstutzen und Zylinderkopfdichtung auf Risse und lose Teile.
- ☐ Benzinzulauf schlecht. Verstopfte Benzinfilter, Nachrüstfilter oder Wasser können den Benzinzulauf verringern, sodass der Motor nach kurzer Zeit wegen Benzinmangels ausgeht.
- ☐ Lufteinlassquerschnitt stark verringert. Das kann durch einen verstopften Luftfiltereinsatz oder einen vergessenen Lappen geschehen. Das Gemisch überfettet, und der Motor stirbt ab.
- ☐ Tankbelüftung verstopft. Die Belüftung befindet sich oft im Tankdeckel – freiblasen. Manchmal verschließen auch Tankrucksäcke die Belüftung.

4 Schlechter Motorlauf bei Standgas

Schwacher Zündfunke oder Fehlzündungen:

- ☐ Batteriespannung zu schwach. Batterie laden bzw. ersetzen.
- ☐ Defekte Zündkerzen, siehe »kein Zündfunke«.
- ☐ Defekte Kerzenstecker oder Zündkabel.
- ☐ Falscher Wärmewert der Zündkerze. Wird eine Kerze zu heiß, kann es zu Glühzündungen kommen, was oft kapitale Motorschäden nach sich zieht. Achten Sie streng auf den vorgeschriebenen Wärmewert. Siehe auch Zündkerzen-Vergleichstabelle am Schluss des Buches.
- ☐ Falscher Zündzeitpunkt. Prüfen Sie statischen und dynamischen Zündzeitpunkt und die Verstellung bei höheren Drehzahlen.
- ☐ Defekte Zündspule(n). Ein Zündspulendefekt kann nicht nur in totalem Ausfall bestehen, sondern sich auch in Fehlzündungen bemerkbar machen.
- ☐ Defekte Zündgeberspulen. Prüfen Sie sie, wie im Buch beschrieben.
- ☐ Defekte Zündbox. Prüfen durch Messen oder Austausch.

Benzin-Luft-Gemisch falsch:

- ☐ Motor zieht Nebenluft, siehe Punkt 3.
- ☐ Leerlaufgemisch falsch eingestellt. Leerlaufgemisch- bzw. Leerlaufluftschraube justieren.
- ☐ Vergaser nicht synchronisiert. Synchronisation wie vorne im Buch beschrieben.
- ☐ Leerlaufdüse oder Leerlaufsystem des Vergasers verstopft. Freiblasen.
- ☐ Luftfiltereinsatz fehlt oder ist beschädigt. Ersetzen. Achten Sie auch auf den korrekten Sitz des Luftfilterdeckels.
- ☐ Choke defekt oder falsch justiert. Prüfen Sie auch den Choke-Zug auf Leichtgängigkeit und nötiges Spiel.
- ☐ Schwimmerstand zu hoch oder zu niedrig. Einstellen.
- ☐ Benzintank-Belüftung verstopft. Reinigen.
- ☐ Ventilspiel falsch. Ventile neu einstellen (siehe vorne im Buch).

Niedrige Kompression:

- ☐ Siehe unter Punkt 2 »fehlende Kompression«.

5 Schlechte Beschleunigung

Ursachen:

- ☐ Siehe Ursachen unter Punkt 4.
- ☐ Vergaserschieber klemmt.
- ☐ Bremsen klemmen. Prüfen Sie die Freigängigkeit der Räder. Verbogene Radachsen und verzogene Bremsscheiben können die gleiche Wirkung hervorrufen.

6 Schlechter Motorlauf/ wenig Leistung bei hoher Geschwindigkeit

Schwacher Zündfunke oder Fehlzündungen:

- ☐ Siehe unter Punkt 4.
- ☐ Bei Motorrädern mit Unterbrecherkontaktzündung kann der Unterbrecherkondensator defekt sein. Prüfen durch Austausch.
- ☐ Isolierung von Zündkerzenstecker oder Zündkabel schlecht. Poröse Stecker und Kabel können bei hoher Drehzahl Kriechströme zur Masse leiten und damit Zündunterbrechungen bzw. Fehlzündungen hervorrufen.

Benzin-Luft-Gemisch falsch:

- ☐ Alle unter Punkt 4 beschriebenen Ursachen sind möglich – außer der zweiten (Leerlaufgemisch falsch) und der vierten (Leerlaufsystem verstopft).
- ☐ Hauptdüse des Vergasers hat sich losvibriert oder fehlt ganz.
- ☐ Hauptdüse hat die falsche Größe. Vielleicht hat ein Vorbesitzer eine kleine eingebaut, um vermeintlich Benzin zu sparen. Oder die Hauptdüse ist nach dem Luftdruck im Flachland gewählt, und Sie fahren in den Bergen.
- ☐ Düsennadel und Nadeldüse sind ausgeschlagen. Ersetzen Sie sie als Satz.
- ☐ Belüftungsbohrungen des Vergasers verstopft. Reinigen.
- ☐ Benzinzulauf schlecht. Verstopfte Benzinfilter, Nachrüstfilter oder Wasser können den Benzinzulauf verringern.
- ☐ Tankbelüftung verstopft. Siehe oben.
- ☐ Gummimembran am Vergaserschieber eingerissen (nur bei Gleichdruckvergasern). Erneuern.

Niedrige Kompression:

- ☐ Siehe unter Punkt 2 »fehlende Kompression«.

7 Klopfen und Klingeln

Ursachen:

- ☐ Ölkohleablagerungen im Brennraum. Nach hoher Laufleistung oder bei defekten Kolbenringen oder Ventilschaftdichtungen kann es dazu kommen. Die Kohle beginnt zu glühen und verursacht unkontrollierte Zündungen. Klopfen, Klingeln und kapitale Motorschäden sind die Folge. Zylinderkopf demontieren und Brennraum reinigen.
- ☐ Schlechtes Benzin. Benzin mit zu niedriger Oktanzahl kann zu Klopfen und Klingeln führen. Tanken Sie Superbenzin oder – z. B. im Ausland – erhöhen Sie die Oktanzahl durch Zugabe von Benzol.
- ☐ Wärmewert der Zündkerze falsch. Wird eine Kerze zu heiß, kann es zu Glühzündungen (Klopfen und Klingeln) kommen, was oft kapitale Motorschäden nach sich zieht. Achten Sie streng auf den vorgeschriebenen Wärmewert. Siehe auch Zündkerzen-Vergleichstabelle am Schluss des Buches.
- ☐ Zu mageres Benzin-Luft-Gemisch. Fehlender Luftfilter(einsatz), Nebenluft, niedriger Schwimmerstand, falsche Nadeldüsenstellung und zu kleine Hauptdüse können das Gemisch mit gefährlichen Folgen abmagern.

8 Überhitzung

Falsche Zündeinstellung:

- ☐ Defekte Zündkerzen, siehe Punkt 2.
- ☐ Zündkerzen mit falschem Wärmewert. Wird eine Kerze zu heiß, kann auch der Motor selbst durch Glühzündungen zu heiß werden, was oft kapitale Motorschäden nach sich zieht. Achten Sie streng auf den vorgeschriebenen Wärmewert. Siehe auch Zündkerzen-Vergleichstabelle am Schluss dieses Buches.
- ☐ Falscher Zündzeitpunkt. Einstellen.

Falsches Benzin-Luft-Gemisch:

- ☐ Leerlaufgemisch- bzw. Leerlaufluftschraube verstellt. Neu justieren.
- ☐ Hauptdüse zu klein.
- ☐ Luftfilter beschädigt oder fehlt.
- ☐ Motor zieht Nebenluft. Lassen Sie den Motor im Standgas laufen und sprühen dabei Starthilfe-Spray auf die Stellen an Ansaugstutzen und Zylinderkopfdichtung, wo Sie Nebenluft vermuten. Läuft darauf der Motor mit höherer Drehzahl, so zieht er Nebenluft. Ist die Drehzahl unverändert, so sind die Stellen dicht.
- ☐ Benzinstand im Schwimmergehäuse zu niedrig. Schwimmer nachstellen.
- ☐ Benzintankbelüftung blockiert.

Mangelnde Schmierung:

- ☐ Motorölstand zu niedrig. Prüfen und nachfüllen.
- ☐ Motoröl zu alt. Sehr altes Motoröl verliert seine Schmier- und Kühlwirkung. Wechseln Sie rechtzeitig Öl und Ölfilter.
- ☐ Motoröl von schlechter Qualität oder falscher Viskosität. Wechseln gegen eines der richtigen Sorte.

Ungewöhnliche Ursachen:

- ☐ Rippen des Kühlers sind verdreckt. Sehr stark zugesetzte Kühlrippen beeinträchtigen den Wärmetausch zwischen Fahrtwind und Kühler. Das kann zu Überhitzungen führen.

9 Kupplungsprobleme

Kupplung rutscht durch:

- ☐ Kein Spiel am Kupplungshebel (bei Seilzug-Kupplungen). Einstellen.
- ☐ Kupplungszug schwergängig, weil zu stark geknickt oder Seele aufgefasert. Ersetzen.
- ☐ Ausrückmechanismus verschlissen oder defekt. Reparieren.
- ☐ Flüssigkeitsstand im Ausgleichsbehälter zu hoch (bei hydraulischer Kupplungsbetätigung). Ausgleichen.
- ☐ Reibscheiben stark verschlissen. Erneuern als Paket.
- ☐ Kupplungsfedern gebrochen oder ermüdet. Ausmessen und als Satz erneuern.
- ☐ Kupplungsmitnehmer und/oder -korb verschlissen: Reibscheiben und Lamellen haben sich in die Mitnehmernuten eingearbeitet, sodass sie nicht mehr in den Nuten gleiten können. Mit Schlüsselfeile glätten oder bei starkem Verschleiß Teile ersetzen.
- ☐ Falsches Schmiermittel (bei Nasskupplung). Auch nicht vorgesehene Zusätze wie Molybdändisulfit können die Kupplung zum Durchrutschen bringen. Schmiermittel gegen das vorgeschriebene tauschen. Unter Umständen sind die Reibscheiben der Kupplung durch falsche Zusätze unbrauchbar geworden und müssen ersetzt werden.

Kupplung trennt nicht:

- ☐ Zu viel Spiel am Kupplungshebel (bei Seilzug-Kupplungen). Einstellen.
- ☐ Ausrückmechanismus verschlissen oder defekt. Reparieren.
- ☐ Flüssigkeitsstand im Ausgleichsbehälter zu niedrig (bei hydraulischer Kupplungsbetätigung). Ausgleichen.
- ☐ Luft im Betätigungssystem (bei hydraulischer Kupplungsbetätigung). Entlüften.
- ☐ Kupplungs-Sekundärzylinder defekt (bei hydraulischer Kupplungsbetätigung). Ein beschädigter Kolben kann im Zylinder feststecken und die Kupplung nicht mehr betätigen.
- ☐ Kupplungsfedern unterschiedlich stark. Passiert bei einer oder mehreren gebrochenen Federn.
- ☐ Verbranntes Motoröl steckt zwischen Lamellen und Reibscheiben. Das kann passieren, wenn die Kupplung unter hoher Last lange geschliffen hat. Motoröl wechseln.
- ☐ Fremdkörper sitzen zwischen Reibscheiben und Lamellen. Kupplung auseinander nehmen und reinigen.
- ☐ Motoröl-Viskosität zu hoch. Öl wechseln.
- ☐ Kupplungsmitnehmer und/oder -korb verschlissen: Reibscheiben und Lamellen haben sich in die Mitnehmernuten eingearbeitet, sodass sie nicht mehr in den Nuten gleiten können. Mit Schlüsselfeile glätten oder bei starkem Verschleiß Teile ersetzen.
- ☐ Stahllamellen der Kupplung verzogen und wellig. Das kann bei zu langem Schleifenlassen geschehen.
- ☐ Lose Kupplungsmutter. Dadurch sind Mitnehmer und Kupplungskorb nicht mehr zentriert, was eine mangelhafte Trennung der Kupplung verursachen kann. Symptom: Das Kupplungsspiel am Hebel ändert sich ständig. Reparieren.

10 Schaltprobleme

Schalthebel kehrt nicht in Mittelstellung zurück:

- ☐ Gebrochene oder verschlissene Schaltfeder. Erneuern.
- ☐ Schaltwelle verbogen oder festgefressen. Verbogene Schaltwellen sind oft Folge eines Sturzes auf den Schalthebel. Leichte Beschädigungen können an der ausgebauten Schaltwelle gerichtet werden.

Getriebe lässt sich nicht oder schwer schalten:

- ☐ Kupplung trennt nicht, siehe Punkt 9.
- ☐ Schaltwelle verbogen. Siehe oben.
- ☐ Schaltmechanismus verschlissen oder defekt. Reparieren.
- ☐ Schaltgabeln verbogen oder verschlissen. Reparieren bzw. ersetzen.

Herausspringen eines Ganges:

- ☐ Schaltmechanismus verschlissen oder defekt. Reparieren.
- ☐ Schaltklauen und -fenster der Getrieberäder verschlissen. Die Klauen weisen gegen ein Herausspringen eine Hinterschneidung von etwa 5° auf. Nach langer Laufzeit oder durch Härtefehler können die Klauen verschleißen. Entsprechende Getrieberäder ersetzen.
- ☐ Getrieberäder, -gleitbuchsen und -wellen verschlissen. Erneuern.
- ☐ Schaltwelle verbogen. Siehe oben.

Überspringen eines Ganges:

- ☐ Schaltmechanismus verschlissen oder defekt. Reparieren.

11 Ungewöhnliche Motorgeräusche

Klopfen und Klingeln:

- ☐ Siehe Punkt 7.

Kolbenklappern:

- ☐ Kolbenspiel zu groß. Das kann mehrere Ursachen haben: Bei einer Reparatur wurden zu kleine Kolben eingesetzt; Verschleiß nach langer Laufzeit; Schrumpfung der Kolben durch Überhitzung. Kolbenklappern ist ein hohes Klappergeräusch, das bei leichter oder gar keiner Last auftritt, vor allem, wenn gerade Gas gegeben wird. Zylinder aufbohren und Übermaßkolben einsetzen.
- ☐ Pleuel verbogen. Mögliche Ursachen: Motor überdreht; Starten des Motors mit Flüssigkeit im Brennraum (übergelaufener Vergaser); Beschädigung der Kurbelwelle bei einer Reparatur. Bei einem verbogenen Pleuel muss die Kurbelwelle ausgebaut und das Pleuel ersetzt werden.
- ☐ Verschleiß von Kolbenbolzen, Bolzenbohrung im Kolben oder oberem Pleuelauge. Ursache: Mangelnde Schmierung oder hohe Laufleistung. Verschlissene Teile ersetzen.
- ☐ Kolbenringe verschlissen, gebrochen oder festgeklemmt. Erneuern nach gründlicher Prüfung von Kolben und Zylinderbohrung.

Ventilklappern:

- ☐ Ventilspiel zu groß. Einstellen.
- ☐ Ventilfeder ermüdet oder gebrochen. Erneuern.
- ☐ Nockenwelle oder Zylinderkopf verschlissen oder beschädigt. Die Lagerstellen der Nockenwelle sind sehr empfindlich gegen mangelnde Schmierung, die bei zu niedrigem Ölstand vorkommen kann, aber auch bei hohen Drehzahlen bei kaltem Motor.
- ☐ Schlepphebel verschlissen. Starker Verschleiß eines Hebels und schnelle Änderung des Ventilspiels weisen auf einen gebrochenen Schlepphebel bzw. auf einen Verschleiß der Oberflächenhärte hin. Meist ist auch der zugehörige Nocken verschlissen. Teile erneuern.
- ☐ Verschlissener Nockenwellenantrieb. Eine lose oder gelängte Steuerkette, verschlissene Zahnräder u. a. können sehr unangenehme Geräusche machen. Erneuern Sie die Teile, bevor größerer Motorschaden die Folge ist.

Andere Geräusche:

- ☐ Pleuelfußlager verschlissen. Ein deutliches Klopfen aus dem Kurbelgehäuse, das schnell lauter wird. Ursache: Mangelnde Schmierung oder sehr hohe Laufleistung. Bei Verdacht auf diesen Fehler sollte der Motor sofort abgeschaltet werden, um noch stärkeren Schaden zu vermeiden (z. B. Pleuel-Abriss).
- ☐ Kurbelwellen-Hauptlager defekt. Dieser Fehler macht sich durch rumpelnde Geräusche und starke Vibrationen bemerkbar. Die Lagerschalen müssen erneuert und die Kurbelwelle eventuell überdreht werden.
- ☐ Kurbelwelle stark unrund. Eine verbogene oder verschränkte Kurbelwelle kann die Folge von Überdrehzahlen oder Schäden im Zylinderkopf sein. Auch ein plötzlich blockierendes Getriebe oder Hinterrad kann Verursacher sein, ebenso wie ein Schlag auf ein Kurbelwellenende, etwa beim Umfallen der Maschine.
- ☐ Motorhalterungen lose. Alle Schrauben und Muttern festziehen.
- ☐ Zylinderkopfdichtung defekt. Das Geräusch ist ein hohes Pfeifen vom Zylinderkopf, es kann aber auch jedes andere Geräusch sein, dass man mit ausströmendem Gas in Verbindung bringt. Meist ist die Leckstelle auch von einem Ölnebel umgeben. Wenn die Dichtung nach innen defekt ist, kann ein Überdruck im Kurbelgehäuse die Folge sein, wodurch einiges Öl aus der Kurbelgehäuseentlüftung gepresst wird. Ursache einer defekten Zylinderkopfdichtung kann sein: sehr hohe Laufleistung; Überhitzung; ungleichmäßiges Anziehen der Zylinderkopfschrauben. Dichtung schnellstmöglich ersetzen.
- ☐ Undichter Auspuff.

12 Ungewöhnliche Getriebe- und Endantriebsgeräusche

Kupplungsgeräusche:

- ☐ Zuviel Spiel in einzelnen Komponenten der Kupplung. Vermessen und nötigenfalls erneuern.
- ☐ Zahnrad des Primärantriebs verschlissen oder beschädigt. Erneuern.

Getriebegeräusche:

- ☐ Lager oder Buchsen verschlissen oder beschädigt. Vermessen und erneuern.
- ☐ Getriebezahnräder verschlissen oder beschädigt. Erneuern.
- ☐ Fremdkörper im Getriebe. Das kann Dreck oder Sand sein, aber auch Metallstücke von beschädigten Motorteilen. Öl ablassen und auf Fremdkörper untersuchen, nötigenfalls Getriebe inspizieren.
- ☐ Getriebe-/Motorölstand zu niedrig. Auffüllen.
- ☐ Schaltmechanismus defekt. Reparieren.

Endantriebsgeräusche:

- ☐ Ritzel lose. Festziehen, wenn Innenverzahnung und Abtriebswellenprofil noch in Ordnung sind. Sonst ersetzen.
- ☐ Abtriebskette zu lose. Eine lose oder stark verschlissene Kette kann beim Lauf an Gehäuse und Hinterradschwinge schlagen. Kette spannen oder ersetzen.
- ☐ Ölstand im Winkeltrieb zu niedrig. Auffüllen (Kardanantrieb).
- ☐ Kegelrad/Tellerrad schlecht justiert. Prüfen und einstellen (Kardanantrieb).
- ☐ Kegelrad/Tellerrad beschädigt oder verschlissen. Stets paarweise auswechseln (Kardanantrieb)!

13 Starker Auspuffrauch

Weißer Rauch:

- ☐ Rein weißer Rauch deutet auf verdampfendes Kondenswasser hin und hört kurz nach dem Kaltstart auf.

Blauer Rauch durch verbranntes Öl:

- ☐ Kolbenringe verschlissen oder gebrochen. Besonders trifft dies auf den Ölabstreifring zu. Kolben, -ringe und Zylinder vermessen und nötigenfalls erneuern.
- ☐ Zylinder riefig oder verschlissen. Auf nächstes Übermaß aufbohren und Übermaßkolben mit neuen Ringen einsetzen.
- ☐ Ventilschaftdichtungen verschlissen, beschädigt oder verhärtet. Erkenntlich an blauem Rauch, wenn der Gasgriff nach dem Beschleunigen schnell geschlossen wird, etwa beim Gangwechsel. Ersetzen.
- ☐ Ventilführungen verschlissen. Vermessen und ersetzen.
- ☐ Ölstand im Motor zu hoch. Messen und ausgleichen.
- ☐ Zylinderkopfdichtung nach innen defekt. Ersetzen.
- ☐ Defektes Rückschlagventil in der Kurbelgehäuseentlüftung. Ventil ersetzen.

Schwarzer Rauch durch zu fettes Gemisch:

- ☐ Luftfiltereinsatz verstopft oder nass. Erneuern.
- ☐ Hauptdüse zu groß oder lose. Ersetzen bzw. festziehen.
- ☐ Choke-Mechanismus defekt: Choke lässt sich nicht ausschalten. Reparieren.
- ☐ Benzinstand im Schwimmergehäuse zu hoch. Schwimmer nachbiegen.
- ☐ Schwimmernadelventil undicht. Reinigen oder erneuern.

14 Öldrucklampe leuchtet auf

Schmierungsmangel:

- ☐ Ölmangel im Motor. Auffüllen.
- ☐ Öl-Viskosität zu niedrig. Ölwechsel.
- ☐ Ölpumpe defekt. Reparieren.
- ☐ Ölansaugleitung verstopft. Reinigen.
- ☐ Lagerstellen der Nockenwelle verschlissen. Bei zu großen Lagerspalten kann sich kein Öldruck mehr aufbauen, die Lampe leuchtet auf. Nockenwelle und/oder Zylinderkopf ersetzen bzw. reparieren.
- ☐ Kurbelwellenlager verschlissen. Siehe oben. Hier genügt es oft, neue Lagerschalen einzubauen.
- ☐ Rückschlagventil klemmt offen. Dadurch kann sich an den Lagerstellen kein genügender Öldruck aufbauen. Ventil reparieren bzw. erneuern.

Elektrischer Fehler:

- ☐ Öldruckschalter defekt. Durchmessen (siehe vorne) und nötigenfalls erneuern.
- ☐ Verkabelung defekt. Prüfen Sie den Öldruckschaltkreis auf Kurzschlüsse, aufgescheuerte oder geknickte Kabel.

A

15 Schlechte Fahreigenschaften

Schlechter Geradeauslauf:

- ☐ Lenkkopflager zu straff eingestellt. Das verursacht Pendeln bei niedrigen Geschwindigkeiten. Neu justieren.
- ☐ Lenkkopflager verschlissen oder beschädigt. Nach zu straffem Einstellen oder nach einem Unfall kann dies die Folge sein. Das ist auch der Fall, wenn Strom über die Lenkkopflager fließen muß, etwa Masseleitung der Scheinwerfer. Neue Lager sollten geschmiert werden.
- ☐ Reifenluftdruck zu niedrig. Grundsätzlich gilt: besser zu hoch als zu niedrig.
- ☐ Reifen vorne und/oder hinten verschlissen. Abgefahrene Reifen können sich in Pendeln, instabilem Geradeauslauf und Kippeln bemerkbar machen. – Hinterradschwingenlager verschlissen. Erneuern.
- ☐ Verzogene Hinterradschwinge. Dies wird normalerweise nur nach einem Unfall auftreten. Schwinge richten oder erneuern.
- ☐ Radlager verschlissen oder defekt. Erneuern.
- ☐ Falsche Reifen. Manche Reifentypen oder -kombinationen sind einfach ungeeignet für das Motorrad, auch wenn sie noch reichlich Profil haben.

Motorrad zieht nach links oder rechts:

- ☐ Hinterrad aus der Spur. Ungleichmäßiges Anziehen der Kettenspanner stellt das Hinterrad schräg. Die gleiche Wirkung kann eine verbogene Radachse haben.
- ☐ Räder fluchten nicht. Auch ein verbogener Rahmen, Telegabel oder Hinterradschwinge kann das gleiche Ergebnis haben.
- ☐ Verdrehte Gabelbrücken. Schlaglöcher oder schlechte Wegstrecken können die Gabelbrücken gegeneinander verdrehen. Klemmschrauben der Gabelbrücken, Vorderradachse und Schutzblechhalter lösen, Lenker und Vorderrad gerade stellen und alle Schrauben, von unten beginnend, wieder anziehen.

Lenker vibriert oder schlägt:

- ☐ Reifen abgefahren oder nicht ausgewuchtet.
- ☐ Reifen nicht ordentlich montiert. An den Reifenflanken sind Linien aufvulkanisiert, die bei richtiger Montage überall den gleichen Abstand zum Felgenhorn haben müssen. Wenn nicht, sitzt der Reifen nicht richtig auf der Felgenschulter. Bei Schlauchreifen kann auch der Schlauch eingeklemmt sein.
- ☐ »Bremsplatte«. Nach starken Bremsungen mit blockierendem (Hinter-)Rad kann der Reifen am Aufstandspunkt abradiert sein. Er »hoppelt« dann und gehört ausgewechselt.
- ☐ Felgen verzogen oder beschädigt. Prüfen Sie sie auf Rundlauf.
- ☐ Hinterradschwingenlager verschlissen. Erneuern.
- ☐ Radlager defekt. Erneuern.
- ☐ Lenkkopflager zu lose. Neu einstellen bzw. erneuern.
- ☐ Lose Vorderradführung. Lose Schrauben und Muttern an Gabelbrücken, Schutzblech, Gabelstabilisator und Achse können zu Vibrationen im Lenker führen.
- ☐ Motoraufhängung lose. Ziehen Sie alle Muttern und Schrauben nach.

Schlechte Wirkung der Telegabel:

- ☐ Gabelöl-Pegel falsch. Bei zu geringem Ölstand ist mangelnde Dämpfung die Folge, das Rad schlägt nach. Zu viel Öl kann die Gabel steif machen und zu den Dichtringen herausdrücken.
- ☐ Falsches Gabelöl. Im Gegensatz zum Motoröl kommt es beim Gabelöl stark auf die Viskosität an. Wechseln Sie es im Zweifel gegen eines der vorgeschriebenen Sorte.
- ☐ Dämpfermechanik verschlissen. Dies passiert nur bei sehr hoher Laufleistung oder langer Fahrt mit verschlissenen Dichtringen. Die Gabel muss überholt werden.
- ☐ Weiche oder ermüdete Gabelfedern. Die Gabel taucht beim Bremsen extrem stark ein. Gabelfedern ersetzen.
- ☐ Verbogene oder korrodierte Standrohre. Beides kann zum Festklemmen der Gabel führen. Stand- und eventuell Tauchrohre müssen erneuert werden.
- ☐ Verkantete Gabel. Werden beim Festziehen der Vorderradachse die Gabelfäuste zusammengezogen, verkantet die Gabel und kann nicht mehr einfedern. Klemmfäuste lockern und mit gezogener Bremse Gabel ein paar Mal einfedern, damit sie sich wieder ausrichtet. Danach Klemmfäuste wieder anziehen.
- ☐ Defekt im Anti-Dive-Mechanismus, wenn vorhanden.

Telegabel stuckert beim Bremsen:

- ☐ Zu viel Spiel zwischen Stand- und Tauchrohren. Gabel überholen.
- ☐ Lose Lenkkopflager. Neu einstellen.
- ☐ Verzogene Bremsscheibe(n). Erneuern.

Schlechte Wirkung der Hinterradfederung:

- ☐ Federbeindämpfer verschlissen oder undicht. Erneuern.
- ☐ Weiche oder ermüdete Feder. Das Motorrad sinkt bei Beladung zu tief ein und verliert an Bodenfreiheit. Ersetzen durch stärkere bzw. neue Feder.
- ☐ Hinterradschwingenlager festgefressen. Erneuern.
- ☐ Lager der Umlenkhebel festgefressen. Erneuern.
- ☐ Verbogene Dämpferstange des Federbeins. Erneuern.

16 Ungewöhnliche Rahmen- und Federungsgeräusche

Geräusche von vorne:

- ☐ Gabelöl zu dünn oder zu wenig. Das kann ein »spritzendes« Geräusch verursachen und ist meist mit unkorrektem Gabelverhalten verbunden.
- ☐ Gabelfeder gebrochen. Dies macht ein klickendes oder schabendes Geräusch.
- ☐ Lenkkopflagerschalen gebrochen. Klickende Geräusche.
- ☐ Gabelbrücken lose. Festziehen.
- ☐ Zu viel Spiel zwischen Stand- und Tauchrohren. Klapperndes Geräusch.

Geräusch von hinten:

- ☐ Dämpferöl des Federbeins zu wenig. Das kann ein »spritzendes« Geräusch verursachen.
- ☐ Defektes Federbein mit innerer Beschädigung.

17 Bremsprobleme

Bremsen sind schwammig oder zeigen wenig Wirkung:

- ☐ Luft im Bremssystem. Entlüften.
- ☐ Bremsbeläge abgenutzt. Prüfen Sie die Stärke anhand der Verschleißmarken, und erneuern Sie sie nötigenfalls.
- ☐ Verölte Beläge. Beläge können bereits verölen, wenn sie mit Fingern auf der Belagfläche angefasst werden. Verölte Beläge können nicht mehr entfettet werden, sind unbrauchbar und durch neue zu ersetzen.
- ☐ Verglaste Beläge. Schlechtes Belagmaterial kann bei bestimmten Reibpaarungen verglasen, d. h. es bildet sich eine glasharte Schicht darauf, die nicht mehr bremst. Notbehelf: mit grobem Schmirgel oder Feile Glasschicht entfernen. Besser: Beläge ersetzen.
- ☐ Wasser im Bremssystem. Da Bremsflüssigkeit wasseranziehend ist, enthält sie nach einigen Jahren einen relativ hohen Wasseranteil. Das kann in Extremsituationen zu Dampfblasenbildung und damit nachlassender Bremsleistung führen. Bremsflüssigkeit erneuern.
- ☐ Manschette im Hauptbremszylinder verschlissen. Symptom: Bei leichtem Zug am Hebel ist zunächst ein Druckpunkt spürbar, doch dann gibt der Hebel nach und wandert langsam Richtung Griff. Hauptbremszylinder überholen.
- ☐ Kolbendichtung im Bremssattel undicht. Ersetzen und Sattel überholen.
- ☐ Hebel bzw. Bremspedal falsch eingestellt. Neu justieren.

Bremsen schleifen:

- ☐ Bremsscheibe(n) verzogen. Erneuern.
- ☐ Korrosion in den Bremssätteln: Kolben, Bohrungen, Bremsklötze. Überholen und reinigen.
- ☐ Kolbendichtung im Bremssattel beschädigt oder zu alt. Der Kolben kann klemmen und nicht mehr in die Ausgangsposition zurückkehren. Dichtung ersetzen.
- ☐ Bremsklotz beschädigt. Bruch oder abgelöster Belag verklemmen die Bremse. Erneuern.
- ☐ Radachse verbogen. Erneuern.
- ☐ Bremspedal/Hebel klemmt. Schmieren und leichtgängig machen.
- ☐ Bremse zu straff eingestellt. Das passiert nur bei gestängebetätigter hinterer Trommelbremse. Das Pedalspiel sollte bei normal beladenem Motorrad eingestellt werden, da sich bei Beladung die Bremse zuzieht.
- ☐ Bremssattelhalter verbogen. Das kann bei einem Unfall passieren. Gussteile austauschen, Schmiedeteile lassen sich wieder richten.
- ☐ Fehler im Anti-Dive-System (wenn vorhanden). Hier kann der zweite Hauptbremszylinder defekt oder die Kolbenstange zu lang sein.

Pulsierender Bremshebel/-pedal:

- ☐ Das Motorrad ist mit einem Antiblockier-System (ABS) ausgerüstet. Pulsieren ist dann normal.
- ☐ Bremsscheibe(n) verzogen. Erneuern.
- ☐ Radachse verbogen. Erneuern.

Scheibenbremsgeräusche:

- ☐ Bremsen quietschen. Mehrere Ursachen möglich: Schwingungsquietschen kann durch Benetzen der Rückseite der Bremsklötze mit Kupferpaste beseitigt werden; Reibpaarungsquietschen, liegt an der Art des Bremsbelages, neue Bremsklötze ausprobieren; verschmutzte Beläge durch Verglasung, Dreck, Öl u. Ä.
- ☐ Bremsscheibe verzogen. Das kann rhythmische Geräusche wie Quietschen, Schaben oder Klicken verursachen. Bremsscheibe erneuern.
- ☐ Bremsklötze zu klein. Es ist sehr unwahrscheinlich, dass falsche Bremsklötze eingebaut wurden, dennoch würde dies ein Klopfen beim Beginn jedes Bremsens hervorrufen.

Schütteln beim Bremsen:

- ☐ Ausgeschlagene Telegabeln und Lenkkopflager rufen ein Schütteln beim Bremsen hervor. Ursache prüfen und beseitigen.

18 Elektrikprobleme

Batterie schwach oder leer:

- ☐ Batterie zu alt und sulfatiert. Ersetzen.
- ☐ Batterie wurde lange nicht geladen. Tiefentladung, kurzfristig kann die Batterie zwar noch einmal zum Leben erweckt werden, aber ihre Lebensdauer ist drastisch verkürzt. Daher Batterien bei langer Stillstandszeit des Motorrads regelmäßig nachladen oder, noch besser, im PKW parallel zur PKW-Batterie anschließen.
- ☐ Säurestand zu niedrig. Destilliertes Wasser nachfüllen und Batterie nachladen.
- ☐ Pole korrodiert. Leitungen abnehmen, blank schaben, mit Kupferpaste benetzen und wieder anbauen.
- ☐ Batterie ständig entladen. Entweder liegt ein Kriechstrom vor, der auch bei ausgeschalteter Zündung die Batterie entlädt, oder Regler/Lichtmaschine sind defekt. Prüfen und reparieren.
- ☐ Ständige Stadtfahrten. Bei häufigen Fahrten mit niedriger Drehzahl kann es sein, dass die Batterie nicht genügend geladen wird.
- ☐ Verkabelung defekt. Suchen Sie im Ladestromkreis systematisch nach gebrochenen oder gequetschten Kabeln.

Batterie überladen:

- ☐ Regler defekt. Eine überladene Batterie erkennt man an starkem Gasen. Regler prüfen und erneuern.

Totaler Ausfall:

- ☐ Sicherung durchgebrannt. Prüfen Sie die Hauptsicherung und die Ursache für ihr Durchbrennen.
- ☐ Batterie leer. Ursache feststellen und beseitigen.
- ☐ Massekabel der Batterie lose. Prüfen Sie die Befestigung am Batteriepol und am Motor bzw. Rahmen.
- ☐ Zündschalter defekt. Durchmessen und evtl. erneuern.
- ☐ Verkabelung gebrochen. Systematisch mit Prüflampe prüfen.

Starker Lampenverschleiß:

- ☐ Vibrationsverschleiß. Bei starken Vibrationen von Motor oder Fahrwerk leben Lampen nicht lange. Versuchen Sie, durch Aufhängung in Gummilagern die Schwingungen fernzuhalten.
- ☐ Wackelkontakt. Durch einen »Wackler« wird die Lampe ständig an- und ausgeschaltet, was ihre Lebensdauer verringert.
- ☐ Überspannung. Durch einen defekten Regler kann Überspannung entstehen, was die Lampen schnell durchbrennen lässt.
- ☐ Falsche Lampe. Eine 6-Volt-Lampe in einem 12-Volt-Bordnetz lebt nicht lange.

Ausrüstung zur Fehlersuche

Kompressionsprüfung

Niedrige Kompression hat Auspuffqualm, hohen Ölverbrauch, schlechtes Startverhalten und mangelnde Leistung zur Folge. Ein Kompressionstest liefert wichtige Informationen zum Zustand des Motors und kann, regelmäßig durchgeführt, frühzeitig Schadensgefahren anzeigen.

Ein Kompressionstester ist zum Einschrauben in das Zündkerzenloch gedacht, eventuell mit einem Adapter versehen. Einschraubtester sind denen mit Gummiadapter vorzuziehen.

Vor dem Test überprüfen Sie bitte das Ventilspiel und justieren es nötigenfalls.

1 Fahren Sie das Motorrad warm bis zur Betriebstemperatur, schalten dann den Motor aus und schrauben die Zündkerzen heraus. Verbrennen Sie sich dabei nicht!

2 Schrauben Sie Adapter und Kompressionstester in das Kerzenloch von Zylinder 1 (siehe Abbildung 1).

1

Einschrauben des Adapters in das Kerzenloch, dann Aufschrauben des Kompressionstesters.

3 Stellen Sie bei Motorrädern mit Kickstarter den Killschalter auf »OFF«, drehen den Gasgriff ganz auf und treten dann den Motor einige Male durch, bis die Anzeige des Kompressionstesters nicht weiter steigt.

4 Bei Motorrädern mit elektrischem Anlasser hängt das Vorgehen von der Art der Zündung ab. Schalten Sie den Killschalter auf »OFF« und die Zündung an. Drehen Sie den Gasgriff ganz auf und drehen den Motor per Anlasser einige Sekunden durch, bis die Anzeige des Kompressionstesters nicht weiter steigt. Arbeitet der Anlasser nicht bei ausgeschaltetem Killschalter, schalten Sie die Zündung aus und machen bei Punkt 5 weiter.

5 Stecken Sie die Zündkerzen wieder in ihre Stecker und legen sie so auf den Motorblock, dass die Metallkörper der Kerzen Kontakt mit Masse haben (eventuell mit Blumendraht befestigen; siehe Abbildung 2). Das verhindert Beschädigung des Zündsystems, wenn der Motor

2

Alle Zündkerzen müssen beim Test gegen Masse geerdet sein.

durchgedreht wird. Platzieren Sie die Kerzen nicht in der Nähe der Kerzenlöcher, damit nicht unabsichtlich austretender Benzindampf entzündet wird.

Schalten Sie Zündung und Killschalter auf »ON«, drehen den Gasgriff ganz auf und drehen den Motor per Anlasser einige Sekunden durch, bis die Anzeige des Kompressionstesters nicht weiter steigt.

6 Lesen Sie die Anzeige des Testers ab und notieren Sie. Wiederholen Sie bei Mehrzylindermotoren den Vorgang bei allen Kerzenlöchern.

7 Vergleichen Sie die Werte mit denen in den *Technischen Daten*. Liegen sie im angegebenen Bereich und sind die Werte der verschiedenen Zylinder nicht sehr unterschiedlich, so ist der Motor in gutem Zustand. Andernfalls müssen Zylinderkopf und evtl. Kolben und Zylinder überholt werden.

8 Niedrige Kompression kann die Folge von zu viel Kolbenspiel, verschlissenen Kolbenringen, defekter Zylinderkopfdichtung oder undichten Ventilen sein.

9 Um zwischen undichten Ventilen und verschlissenen Kolben zu unterscheiden, geben Sie etwas Öl in das Kerzenloch, um kurzfristig die Kolbenringe abzudichten (siehe Abbildung 3).

3

Verschlissene Kolbenringe können kurzfristig durch etwas Motoröl abgedichtet werden.

Führen Sie dann erneut den Kompressionstest durch. Erreicht er deutlich höhere Werte, so sind Kolben/Ringe/Zylinder verschlissen. Im anderen Fall prüfen Sie Ventile und Zylinderkopfdichtung.

10 Weniger häufig ist eine hohe Kompression, die die Werte in den *Technischen Daten* übersteigt. Entweder hat ein Vorbesitzer wegen Leistungssteigerung die Kompression erhöht, oder es hat sich viel Ölkohle im Brennraum abgelagert. In diesem Fall sollte der Zylinderkopf abgenommen und gereinigt werden.

Batterietest

⚠ ***Warnung: Batteriegase sind explosiv (Knallgas). Halten Sie Feuer, offene Flammen und Funken von der Batterie fern, vor allem, wenn sie geladen wird.***

Zur Prüfung brauchen Sie ein Voltmeter. Am besten ist eines mit Digitalanzeige (siehe Abbildung 4), da es auch zehntel Volt anzeigt. Halten Sie auch eine Stoppuhr bereit.

1 Die Batterie bleibt im Motorrad eingebaut. Sitzbank oder Seitendeckel abnehmen, damit Sie leicht an die Pole herankommen.

2 Messbereich am Voltmeter auf 20 Volt (Gleichspannung, DC) stellen. Prüfkabel an den Batteriepolen anklemmen. Die Anzeige wird nun je nach Ladezustand des Akkus zwischen 11 und 13,2 Volt betragen. Den abgelesenen Wert notieren.

3 Jetzt Zündung und Fernlicht anschalten (Motor bleibt aus!) und sofort das Messgerät beobachten. Die Spannung wird jetzt sinken, und es gibt drei Möglichkeiten:

- Die Voltzahl fällt um lediglich 0,3 bis 0,4 Volt ab und verändert sich dann kaum noch. Die Batterie ist intakt und geladen.

4

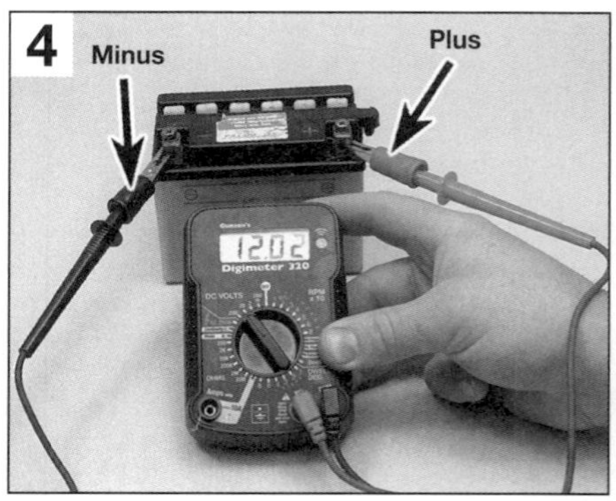

Digitalmultimeter, als Voltmeter geschaltet, beim Messen der Batteriespannung ohne Belastung.

- Die Spannung sinkt stärker als 0,4 Volt innerhalb von fünf bis zehn Sekunden (Stoppuhr!). Die Batterie ist tiefentladen, kann aber noch gerettet werden.
- Die Spannung bricht sofort nach Einschalten von Zündung und Fernlicht zusammen, sinkt also um mehr als 2 Volt. Mindestens eine Zelle der Batterie ist defekt. Erneuern.

Durchgangsprüfung

»Durchgangsprüfung« meint den Test einer elektrischen Verbindung auf ungehinderten Stromfluss. Sie kann unterbrochene Kabel, korrodierte Stecker u. Ä. aufspüren. Durchgang kann mit einem Ohmmeter, Durchgangsprüfer oder einer Prüflampe mit Batterie getestet werden (siehe Abbildungen 5, 6 und 7). Alle diese Instrumente sind mit eigener Stromquelle ausgestattet, daher erfolgt der Test bei

5

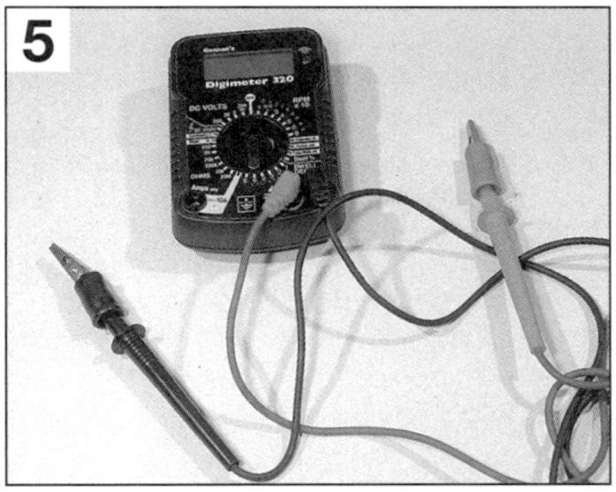

Ein Digitalmultimeter kann für alle elektrischen Tests verwendet werden.

ausgeschalteter Zündung. Klemmen Sie grundsätzlich vor jeder Durchgangsprüfung den Minuspol der Batterie ab.
Verwenden Sie ein Ohm- oder Multimeter, so schalten Sie den korrekten Widerstandsbereich ein und halten die Prüfspitzen aneinander. Die Anzeige muss Null sein. Bei getrennten Prüfspitzen muss das Gerät »unendlich« (bzw. bei manchen Geräten »1«, ohne Kommastelle) anzeigen.
Schalten Sie das Messgerät nach der Messung aus, um dessen Batterie zu schonen.

6

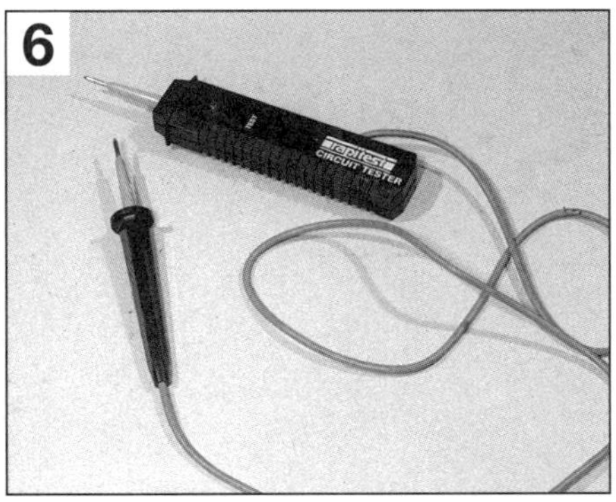

Durchgangsprüfer mit eigener Spannungsquelle

7

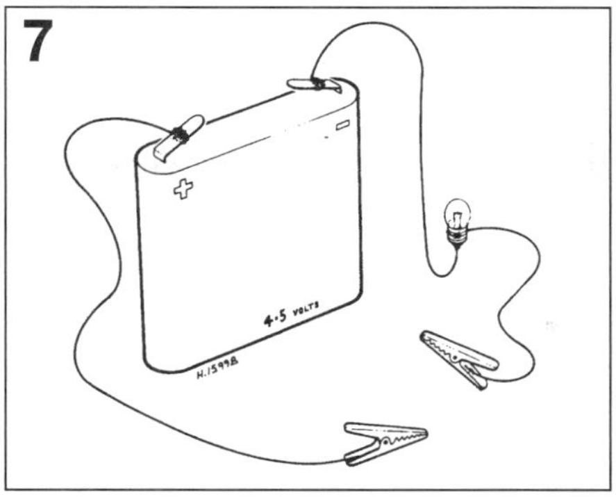

Selbstgebauter Durchgangsprüfer mit Batterie und Glühlampe in Reihenschaltung

Schalter-Test

1 Verfolgen Sie die Kabel eines Schalters zurück bis zu den ersten Steckern. Trennen Sie die Stecker, und untersuchen Sie sie auf Zustand und Sauberkeit.
2 Stellen Sie das Multimeter auf »OHMs x 10« (Widerstand in Ohm x 10) und verbinden die Prüfspitzen mit den Steckern (siehe Abbildung 8). Einfache An/Aus-Schalter besitzen nur zwei Kabel, während Schalter mit mehreren Stellungen, z. B. Zündschalter, entsprechend viele

8

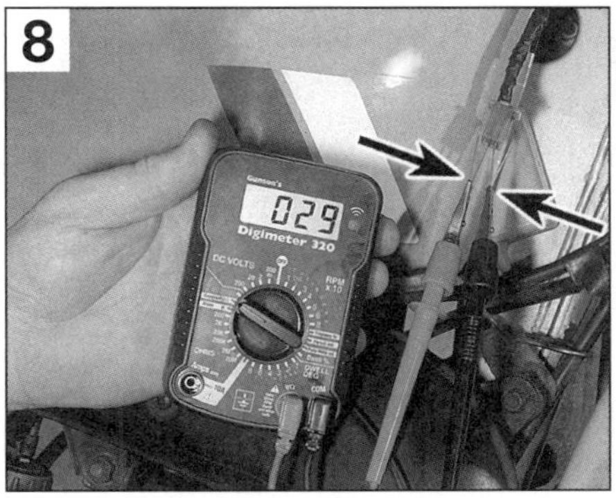

Durchgangsprüfer mit dem Ohmmeter am vorderen Bremsschalter

Kabel haben. Prüfen Sie anhand des Schaltbildes die korrekten Verbindungen zwischen den Kabeln bei verschiedenen Schalterstellungen. Durchgang (0 Ohm) sollte bei geschlossenem, kein Durchgang (unendlicher Widerstand) bei geöffnetem Schalter vorhanden sein.
3 *Hinweis:* Die Polung der Prüfspitzen spielt bei dem Test keine Rolle. Anders ist es bei der Prüfung von Dioden oder anderen Halbleitern.
4 Ein Durchgangsprüfer oder eine Batterie mit Prüflämpchen kann in gleicher Weise benutzt werden (siehe Abbildung 9). Bei Durchgang (Schalter an) muss das Lämpchen leuchten bzw. der Summer arbeiten.

9

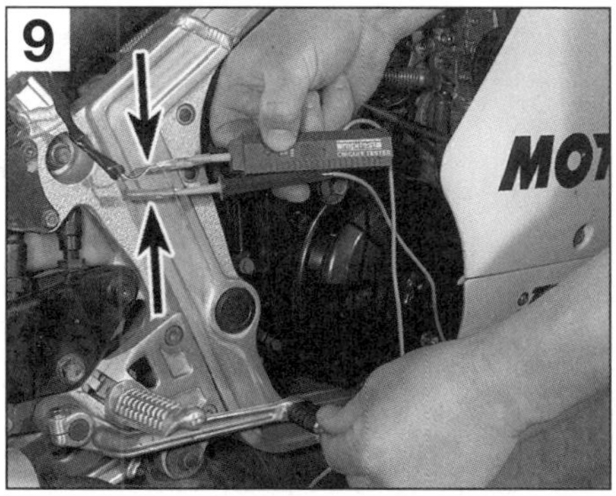

Test mit dem Durchgangsprüfer am hinteren Bremsschalter

Kabeltest

Viele elektrische Defekte werden von durchgescheuerten Kabeln oder losen Steckern verursacht. Auch korrodierte Anschlüsse oder Kabelklemmungen können Ursachen sein.

1 Ein Durchgangstest kann an einem Kabel durchgeführt werden, indem das Kabel an beiden Enden vom Bordnetz getrennt und mit den Prüfspitzen verbunden wird (siehe Abbildung 10).

10

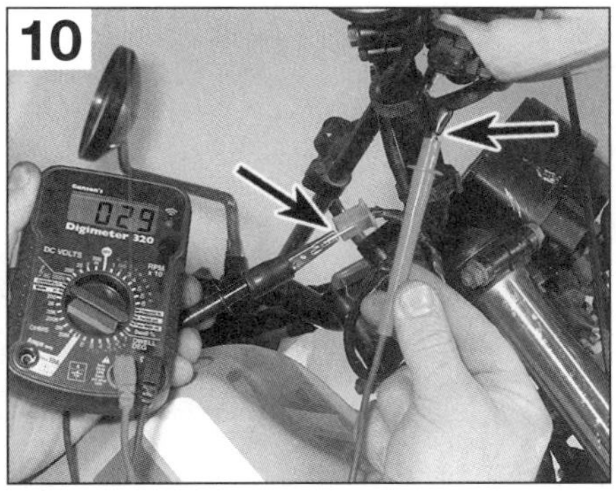

Durchgangsprüfer am vorderen Bremslichtschalter. Eine Prüfspitze durchsticht dabei den Isolationsmantel.

2 Die Prüfung erfolgt wie beim Schalter-Test (siehe oben).

Spannung messen

Oft muss festgestellt werden, ob die Bordspannung ein Bauteil überhaupt erreicht. Das kann mit einem Voltmeter erfolgen, einer Prüflampe oder einem Summer (siehe Abbildungen 11 und 12).
Ein Messgerät besitzt den Vorteil der genauen Spannungsmessung. Auch hier ist ein Digital-Voltmeter vorzuziehen, da es erstens Spannungswerte hinter dem Komma anzeigen kann und zweitens eine versehentlich falsche Polung der Prüfspitzen nicht durch Defekt des

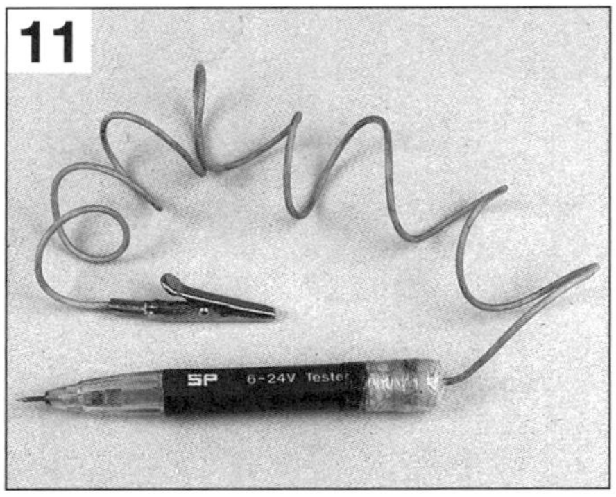

Eine einfache Prüflampe kann gut für Spannungsprüfung benutzt werden.

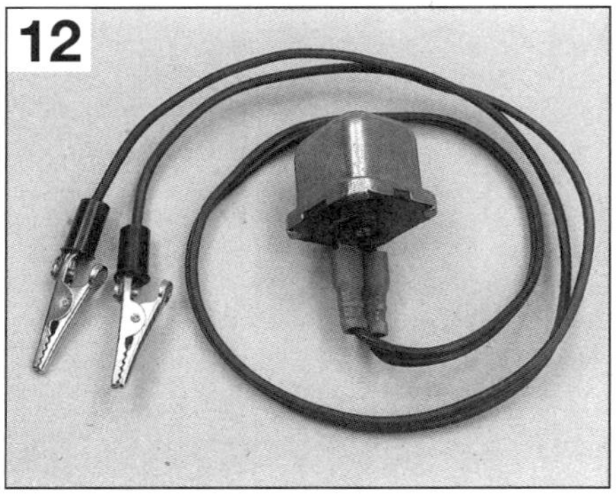

Summer statt Prüflampe

Gerätes, sondern lediglich durch ein Minus vor der Anzeige beantwortet. Bei Analog(Skala)-Geräten achten Sie dagegen peinlich auf die Polung der Prüfspitzen.
Spannung wird immer parallel zur Spannungsquelle gemessen, nie in Reihe.

1 Finden Sie zunächst den betreffenden Schaltkreis anhand des Schaltplans heraus. Sollten auch noch andere Bauteile von diesem Schaltkreis – d. h. von dieser Sicherung – betrieben werden, stellen Sie sicher, dass sie korrekt funktionieren. Trennen Sie sie nötigenfalls vom Schaltkreis, um Messergebnisse nicht zu verfälschen.

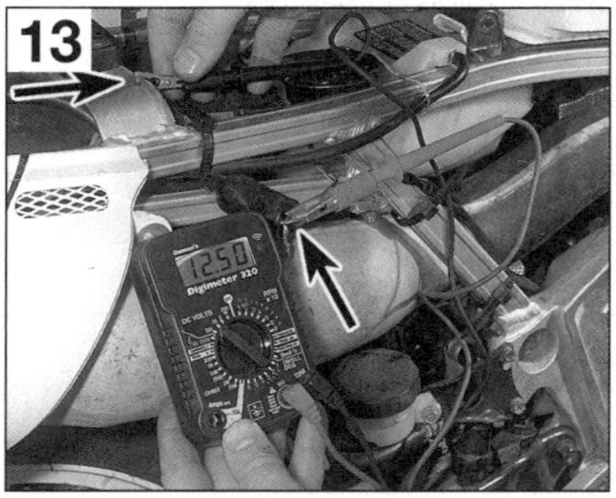

Spannungsprüfung mit dem Voltmeter an den Kabeln des Bremslichts

2 Stellen Sie das Multimeter auf Gleichspannung (DC), 20 Volt, und verbinden die schwarze negative) Prüfspitze mit Masse (Minus), etwa am Rahmen (siehe Abbildung 13). Nun können Sie mit der roten (positiven) Spitze Spannungstests durchführen, z. B. an Klemme 15 der Zündspule, an einem Stecker oder einer Lampe.
3 Verfahren Sie ähnlich, wenn Sie eine Prüflampe oder einen Summer benutzen (siehe Abbildung 14). Hier ist die Polung der Anschlüsse egal, lediglich bei einigen Summern ist sie vorgeschrieben. Beachten Sie, dass alte englische

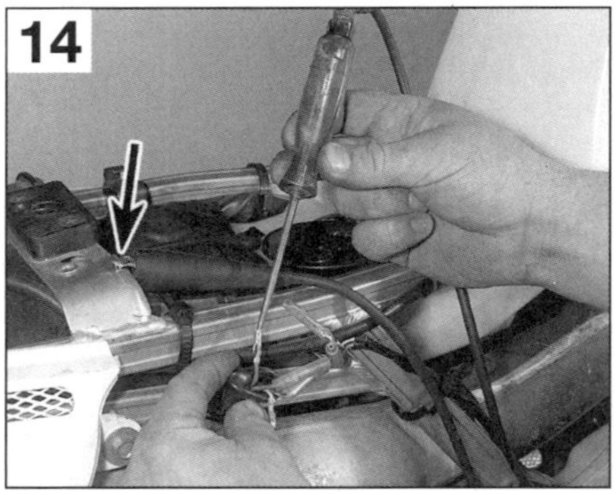

Spannungsprüfung an einem Kabel mit der Prüflampe – Lampe mit Masse verbunden

Motorräder meist nicht Minus, sondern Plus an Masse haben.
4 Können Sie keine Spannung feststellen, wo sie sein sollte, so arbeiten Sie sich systematisch den Schaltkreis zurück Richtung Sicherung. Erreichen Sie dabei einen spannungsführenden Punkt, so wissen Sie, dass zwischen diesem und dem Messpunkt davor die Unterbrechung liegen muss.

Masseverbindung prüfen

Masseanschlüsse sitzen entweder direkt am Rahmen oder Motor (z. B. Leerlaufschalter, Öldruckgeber u. a.) oder laufen über ein Massekabel, das seinerseits am Rahmen befestigt ist. Ursache schlechter Masseanschlüsse ist oft Korrosion, z. B. bei Birnen.
Bei Totalausfall der Elektrik prüfen Sie das Massekabel von der Batterie (Minuspol) zu Rahmen oder Motor. Lösen Sie nötigenfalls das Kabel, schaben Sie die Enden blank, streichen sie mit Kupferpaste ein und montieren es wieder.

1 Um den Masseanschluss eines Bauteils zu testen, benötigen Sie Messkabel mit Krokodilklemmen auf beiden Seiten (siehe Abbildung 15). Es ist gut, etwa fünf solcher Kabel in der Länge von je einem Meter in der Werkstatt zur Hand zu haben. Verbinden Sie mit diesem Kabel vorübergehend den Rahmen (Masse) des Motorrads mit dem Minusanschluss des Bauteils und prüfen seine Funktion.
2 Funktioniert das Bauteil nun, so ist sein Masseanschluss defekt. Prüfen Sie den Schaltkreis auf Unterbrechungen und korrodierte Anschlüsse.

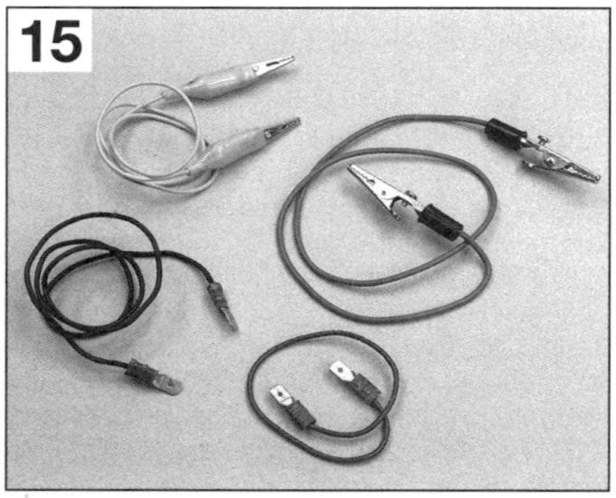

Einige Messkabel, die als Überbrückung verwendet werden können – oben zwei mit Krokodilklemmen.

Kurzschluss finden

Ein Kurzschluss besteht immer dann, wenn der Verbraucher in einem Stromkreis (Birne, Hupe o.Ä.) überbrückt wird, und der Strom, ohne dessen Widerstand zu passieren, ungehindert nach Masse fließen kann. Üblicherweise brennt dabei die Sicherung des Stromkreises durch.
Oft sind durchgescheuerte Kabel die Ursache, deren Scheuerstelle mit Masse (Rahmen, Motor o.Ä.) in Berührung kommt.

1 Bauen Sie alle Verkleidungsteile ab, die den Schaltkreis verdecken.
2 Schalten Sie alle Schalter des Schaltkreises aus, und entfernen Sie die Sicherung des Kreises. Verbinden Sie eine Prüflampe mit den beiden Anschlüssen der Sicherung. Sie darf nicht leuchten.
3 Bewegen Sie Schritt für Schritt alle Kabel des Schaltkreises, bis die Lampe aufleuchtet. So können Sie leicht die Stelle des Kurzschlusses feststellen.

Erklärung technischer Begriffe

A

ABE Allgemeine Betriebserlaubnis eines Fahrzeugs.
Asbest Natürliches Mineral in Faserform mit hoher Hitzebeständigkeit. Früher in Bremsbelägen und Dichtungen verwendet, heute wegen Krebsgefahr durch andere Materialien ersetzt.
ABS Antiblockier-System. Elektronisches oder mechanisches System, das das Blockieren von Rädern beim Bremsen verhindern soll.
Abzieher Spezialwerkzeug, das Lager oder Zahnräder von Wellen oder aus Gehäusebohrungen zieht.
Akkumulator Chemischer Stromspeicher, landläufig *Batterie* genannt.
Ampere (sprich: Ampehr) Einheit für Stromstärke. Abkürzung: A.
Amperestunden (Ah) Kapazität eines Akkumulators (Batterie).
Anlaufscheibe Unterlegscheibe zwischen zwei sich gegeneinander bewegenden Teilen auf einer Welle.
Anti-Dive Wörtlich: »Eintauch-Verhinderer«. In die Vorderradbremse integriertes System, das das Eintauchen der Telegabel beim Bremsen verhindern soll.
API American Petroleum Institute. Ein Qualitätsmaß für Viertakt-Motorenöle.
ATF Automatic Transmission Fluid. Dünnflüssiges Öl für Automatik-Getriebe, wird oft auch als Dämpferöl in Telegabeln verwendet.
Aufbohren Größerdrehen einer Bohrung, z. B. des Zylinders. Erfordert Übermaßkolben.
axial In Längsrichtung einer Achse wirkend.

B

bar Einheit für Luftdruck. Faustregel für Motorradreifen: 2,5 bar.
Batteriesäure Schwefelsäure bestimmter Dichte und Reinheit.
Benzin-Luft-Gemisch Das Gemisch aus Benzinnebel und Luft, das Vergaser oder Einspritzanlage erzeugen, und dessen Volumenverhältnis erfahrungsgemäß bei 1 : 14,7 liegen sollte, um optimal verbrennen zu können.
Blinkrelais Schalter, der unter Spannung automatisch und regelmäßig an- und ausschaltet. Mechanische und elektronische Bauformen.
Bowdenzug (Sprich: Baudenzug.) Flexibler Seilzug zur mechanischen Fernbetätigung. Beispiel: Gaszug, Kupplungszug, Chokezug. Besteht aus Hülle und Seele.
Buchse An beiden Enden offene Hülse, die im Maschinenbau meist als Lager dient.
Büchse An nur einem Ende offene Hülse, die im Maschinenbau als Verstärkung von Sacklöchern oder als Lager dient.

D

Diagonalreifen Reifen, bei dem die Karkassenfäden schräg zur Laufrichtung liegen.
Dichtring Wellendichtring für rotierende (manchmal auch lineare, siehe Telegabel) Bewegung. Auch: Simmerring (geschützte Bezeichnung der Firma Freudenberg).
Dichtung Flächendichtung zwischen Gehäusehälften, Deckeln oder anderen Maschinenbauteilen. Kann aus unterschiedlichen Materialien bestehen, je nach Einsatzzweck.
Diode Elektronisches Ventil. Lässt Strom nur in einer Richtung passieren. Halbleiterbauteil.
dohc (double overhead camshaft). Doppelte obenliegende Nockenwelle. Bauform der Ventilsteuerung.
Drehmoment Maß für die Kraft, mit der etwas (Kurbelwelle, Schraube) gedreht wird. Einheit: Newtonmeter (Nm), Kraft mal Hebelarm.

E

E-Starter Elektrischer Starter, Anlasser.
Einbereichsöl Öl mit nur einer Viskosität, z. B. SAE 50W.
Einspritzsystem Im Gegensatz zum Vergaser, der das Benzin durch Luftströmung passiv vernebeln lässt, spritzt die Einspritzung den Kraftstoff in exakter Menge in den Ansaugstutzen oder direkt in den Brennraum ein. Sehr aufwändig und teuer, aber genau und kraftstoffsparend.
Elektrodenabstand Spalt zwischen den Zündkerzenelektroden, der ab und zu nachgestellt werden muss. Meist 0,6 bis 0,8 mm breit.
Endloskette Antriebskette, deren Enden nicht zerstörungsfrei getrennt werden können.

F

Federkeil (Auch: Scheibenfeder.) Halbmondförmiger Metallkeil, der, in die Nut einer Welle gelegt, das darüber geschobene Bauteil (Zahnrad, Lichtmaschine) formschlüssig mit der Welle verbindet.
Federscheibe Gewellte Unterlegscheibe aus Federstahl, die Mutter bzw. Schraube am Losdrehen hindern soll.
Flüssige Schraubensicherung Flüssigkeit, von der ein paar Tropfen auf ein Gewinde gegeben und dann die Mutter/Schraube eingedreht wird. Die Flüssigkeit erhärtet unter Luftabschluss und sichert damit die Mutter/Schraube. Verbindung ist mit Schraubenschlüssel wieder lösbar.
Frostschutz Zusatz zum Kühlwasser, der den Gefrierpunkt senkt. Auf Alkohol- oder Glykol-Basis.
Fühlerlehre Auch: Ventillehre. Satz mit verschieden dicken Metallplättchen, die zur Bestimmung von kleinen Innenmaßen dienen.

G

Gabelbrücken Dreieckige Metallklemmen ober- und unterhalb des Lenkkopfs zur Aufnahme der Standrohre.
Gleichrichter Elektronisches Halbleiterbauteil (»Diodenplatte«) zum Umformen der von der Lichtmaschine gelieferten Wechselspannung in Gleichspannung.
Gleichstrom Stromfluss ohne Änderung der Polarität.
Gleitlager Lagerschalen aus bronzebeschichtetem Kupfer oder aus Sintermaterial. Funktioniert nur mit Öldruck: Die Welle gleitet auf einem dünnen Ölfilm in der Lagerbohrung ohne Materialberührung. Verwendung als Kurbelwellen- und Nockenwellenlager. Billig, schnell austauschbar und leise, aber empfindlich und mit hohem Reibwiderstand.

H

Halogenlampe Scheinwerferbirne besonderer Bauform, die mit Halogengas gefüllt ist, um den Niederschlag von verdampfendem Metall der Glühwendel an der Glaswand zu verhindern. Bauformen als H1-, H3- und H4-Birnen.

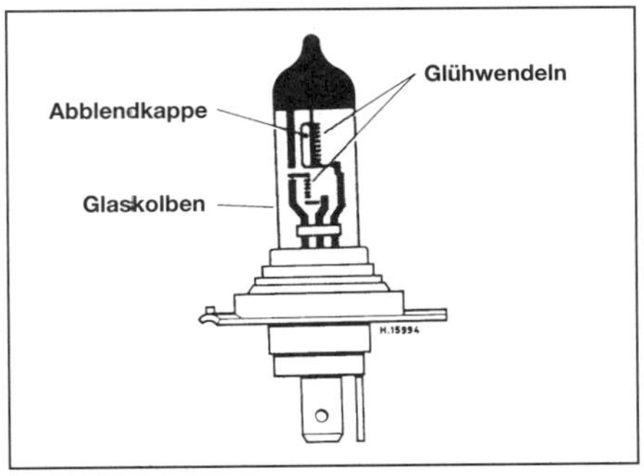

Halogen-Scheinwerferbirne

Hauptlager Lager der Kurbelwelle im Motorgehäuse.
Helicoil Spiralförmiger Gewindeeinsatz zur Reparatur ausgerissener Gewinde, wenn wenig Material vorhanden ist, sodass das Loch nur wenig ausgebohrt werden kann.

Einschrauben eines Helicoil-Gewindeeinsatzes in ein Zündkerzenloch

A

Hochspannung Spannung im Sekundärstromkreis des Zündsystems zur Produktion des Zündfunkens. Liegt zwischen 15 000 und 35 000 Volt bei sehr geringer Stromstärke. Unangenehm, aber nicht gefährlich.
Honen Überschleifen der Oberfläche eines Zylinders, wobei feine diagonale Riefen entstehen, in denen das Motoröl zur Kolbenschmierung haften kann.
Hydraulik Ein mit Flüssigkeit gefülltes System von Leitungen, um Druck zu übertragen. Üblich an (Scheiben-)Bremsen und manchen Kupplungen.
hygroskopisch Wasseranziehend. Trifft auf Bremsflüssigkeit zu.
Hypoidverzahnung Bauform eines Kegeltriebes (siehe Kegelrad), bei der Antriebs- und Abtriebsachse nicht in einer Ebene liegen, sodass die Zähne von Kegel- und Tellerrad in speziellen Kurven (Hypoidkurven) geschliffen werden müssen. Aufwendig und teuer, aber leise und belastbar. Benötigt spezielles Schmieröl (Hypoidöl).

I

IC Integratet circuit, integrierter Schaltkreis. Halbleiterbauteil.
Inbusschlüssel Schlüssel für Innensechskantschrauben.

K

Kabelbaum Durch Schutzschlauch zusammengefasste Kabel, die entlang einer Strecke im Motorrad verlegt sind, z. B. am Rahmen entlang.
Kardanwelle Welle, die mit einem Kreuz- oder Gleichlaufgelenk ihre Drehrichtung um einige Winkelgrade ändern kann. Wurde bei Motorrädern mit Wellenantrieb mit Einführung der Hinterradfederung nötig.
Katalysator Mit Edelmetall beschichtetes Bauteil im Auspuff, das auf chemisch-katalytischem Weg schädliche Abgasbestandteile (Stickoxide, Kohlenwasserstoffe u. a.) in unschädliche umwandeln soll. Wirkung und Nebenwirkungen sind umstritten.
Kegelrad Zusammen mit dem Tellerrad bildet es ein Getriebe, das Drehbewegungen um 90° umlenkt (siehe Abbildung).

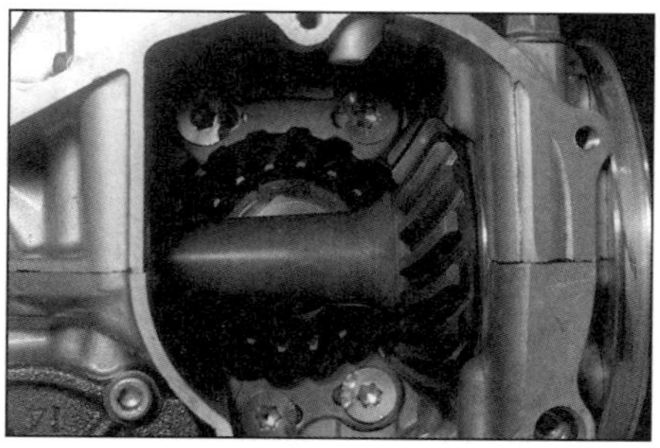

Kegel- und Tellerrad zum Umlenken einer Drehbewegung um 90°

Kegelrollenlager Lager mit Innen- und Außenring, Kegelrollen als Wälzkörper. Hohe axiale und radiale Belastbarkeit. Verwendung als Lenkkopf-, Schwingen- und Radlager. Lagerspiel muss eingestellt werden.
Kickstarter Fußbetätigter Hebel zum Durchdrehen des Motors, um ihn zu starten.
Killschalter Not-Aus-Schalter, bei den meisten Motorrädern am rechten Lenkerende. Funktioniert als Kurzschluss- oder Zündunterbrechungs-Schalter. In Deutschland nicht vorgeschrieben.
km Abkürzung für Kilometer.
km/h Abkürzung für Kilometer pro Stunde. Geschwindigkeitseinheit.
Kolbenbolzen (Hohler) Bolzen als Verbindung zwischen Kolben und Pleuelauge. Darf weder im Pleuelauge noch im Kolben Klemmsitz haben. Oberfläche poliert und gehärtet.
Kompression Verringerung des Volumens und Erhöhung des Drucks im Brennraum durch den aufwärtsgehenden Kolben. Kompression wird als Verhältniszahl genannt, z. B. 1 : 10 = zehn Volumenteile Benzin-Luft-Gemisch werden auf ein Volumenteil zusammengepresst.
Kontermutter Mutter, die fest gegen eine andere geschraubt wird, um durch die dadurch hervorgerufene Spannung im Gewinde die zweite am Losdrehen zu hindern.
Kronenmutter Mutter mit zinnenartigen Zacken an einem Ende. Zusammen mit einem Querloch im zugehörigen Gewinde kann die Mutter mit einem Splint gegen Aufdrehen gesichert werden.
Kugellager Lager mit Innen- und Außenring, Kugeln als Wälzkörper. Häufigste Ausführung: Radialrillen-Kugellager. Kann fast nur radiale Kräfte aufnehmen.

L

Lager Mechanische Verbindung zwischen zwei sich gegeneinander bewegenden Maschinenteilen.
Läppen Materialabtrag mit äußerst feinem Schmirgelleinen (Läppleinen). Kurz vor dem Polieren.
LCD Liquid crystal display. Flüssigkristall-Anzeige. Bekannt von Armbanduhren, setzt sie sich langsam auch in Kraftfahrzeug-Instrumenten durch.
LED Light emitting diode. Leuchtdiode. Wird als verschleißfreier und stromsparender Ersatz für Kontrolllämpchen verwendet.
Lenkkopfwinkel, auch Steuerkopfwinkel, Winkel zwischen der gedachten Verlängerung des Lenkkopfs (nicht der Telegabel!) und der Horizontalen.
Lichtmaschine Stromgenerator im Kraftfahrzeug. Unterschiedliche Bauarten möglich.

M

Manschette Topfförmiger Gummiring, der in Bremszylindern für Dichtigkeit beim Betätigen sorgt.
Masse Bezeichnung des Minuspols am Kraftfahrzeug, der außer bei alten englischen Fahrzeugen am Rahmen (Masse) liegt.
Mehrbereichsöl Öle mit speziellen Legierungen, die die Schmierfähigkeit bei unterschiedlichen Temperaturen gewährleisten. Diese Eigenschaft wird in Viskositätsgrenzen ausgedrückt, z. B. SAE 20W50. D. h., dass das Öl bei niedrigen Temperaturen die Viskosität von 20, bei hohen von 50 besitzt.
Mikrometerschraube Messgerät für Längen, das durch feine Einteilung bis tausendstel Millimeter anzeigt. Verwendet zum Messen von Durchmessern, z. B. Kolben, Kolbenbolzen, Ventilschäften u. a.
Multimeter Elektrisches Messinstrument, das Spannung, Widerstand, oft auch Stromstärke und Kapazität messen kann.

N

Nachlauf Strecke vom Aufstandspunkt des Vorderrads zur Kreuzung der Verlängerung des Lenkkopfs mit dem Boden. Der Nachlauf bestimmt wesentlich die Handlichkeit (geringer N.) bzw. die Spurstabilität (großer N.).
Nadellager Lager mit nadelähnlichen Wälzkörpern. Kann hohe, aber nur radiale Kräfte aufnehmen. Verwendung als Pleuellager.
Nasse Zylinderlaufbuchsen Bauform eines wassergekühlten Motors, bei dem die Zylinderlaufbuchsen nicht in den Block eingeschrumpft sind, sondern direkt vom Kühlmittel umspült werden.
Nm Newtonmeter. Maßeinheit für Drehmoment (Kraft mal Weg).
Nylstop-Mutter Mutter mit einem Nylonring in einem Ende. Der Ring wird mit auf das Gewinde geschraubt und sichert die Mutter. Solche selbstsichernden Muttern sind höchstens zweimal zu verwenden.

O

O-Ring-Kette Antriebskette, bei der die Rollen gegen die Laschen mit O-Ringen (Gummi-Dichtringen) abgedichtet sind.
ohc (overhead camshaft). Obenliegende Nockenwelle. Bauform der Ventilsteuerung.
Ohm Einheit für elektrischen Widerstand.
Ohmmeter Widerstandsmessgerät.
ohv (overhead valve). Obenliegende Ventile. Bauform der Gassteuerung beim Viertaktmotor.
Oktanzahl Maß für den Widerstand eines Kraftstoffs gegen Selbstentzündung.
OT Oberer Totpunkt. Höchster Punkt der Kolbenbahn im Zylinder.

P

Pferdestärken (PS) Veraltete Einheit für Leistung. Heute ersetzt durch Watt (W). 1 PS = 0,36 kW.

Plastigauge Dünner Plastikstreifen zum Messen von Gleitlagerspiel.
Pleuel (auch: Pleuelstange) Verbindungsstange zwischen Kolben und Kurbelwelle.
Pleuelauge Obere Bohrung im Pleuel, in der der Kolbenbolzen sitzt.
Pleuelfuß Untere Bohrung im Pleuel, in der der Hubzapfen der Kurbelwelle sitzt.
Primärantrieb Antrieb der Kurbelwelle zum Getriebe.
Primärspannung Spannung im Primärstromkreis des Zündsystems. Bei Batteriezündungen 12 Volt, bei Hochspannungskondensatorzündungen (CDI) etwa 400 Volt bei relativ hoher Stromstärke. CDI-Primärspannung daher gefährlich.
PTFE Polytetrafluorethylen. Markenname: Teflon (Firma Dupont). Extrem gleitfähiger und reaktionsarmer Kunststoff. Kann nur in sehr aufwändigen Verfahren mit Metall verbunden werden.

R

radial Senkrecht zu einer Achse wirkend.
Radialreifen Reifen, bei dem die Karkassenfäden in Laufrichtung liegen.
Radstand Abstand zwischen den Senkrechten durch die Radachsen.
Regler Mechanisches oder elektronisches Bauteil im Kraftfahrzeug, das die von der Lichtmaschine gelieferte Spannung im Netz konstant hält, die Lichtmaschine vor Überlastung schützt und den Ladezustand der Batterie regelt.
Relais (Sprich: Relee.) Elektromagnetischer, fernsteuerbarer Schalter. Wird zur Schaltung von hohen Strömen eingesetzt.
Ruckdämpfer Gummiteile in der Hinterradnabe, die den Ruck plötzlicher Lastwechsel zwischen Kettenrad und Nabe dämpfen (siehe Abbildung). Manchmal werden auch rein metallische Ruckdämpfer konstruiert, z. B. in der Kupplung oder am Getriebeausgang (Knagge).

Gummi-Ruckdämpfer in der Hinterradnabe

S

SAE Society of Automotive Engineers. Standard für Flüssigkeits-Viskosität.
Schaltgabeln Gabelförmige Metallteile, die beim Schalten die Zahnräder auf den Getriebewellen hin und her schieben.
Schaltklauen Radiale Verbindungszapfen zwischen Getriebezahnrädern. Die Zapfenflanken sind schräg gefräst (hinterschnitten), damit sich der Eingriff unter Last nicht lösen kann.
Schieblehre Messgerät für Längen, das durch feine Einteilung bis hunderstel Millimeter anzeigt.
Schraubenfeder Spiralförmig gewickelte Feder in Zylinderform. Verwendung als Gabel- und Ventilfeder.
Seegerring Radial federnder Ring, der zur Sicherung eines Bauteils in eine Nut gesetzt wird.
Shim Stahlplättchen spezifischer Stärke, das bei direkt auf die Ventile wirkender Nockenwelle (oft bei dohc-Motoren) als Scheibe dazwischengelegt wird und das Ventilspiel bestimmt.
Sicherung Feiner Draht (Schmelzsicherung) oder Automat, der bei zu hohem Strom in einem Stromkreis (z. B. durch Kurzschluss) den Stromkreis unterbricht.
Simmerring Siehe Dichtring.
Spiel Strecke, mit der sich zwei Bauteile voneinander wegbewegen können, ohne auf Widerstand zu stoßen.
Standrohr Teil der Telegabel, der verchromt und poliert ist und in das Tauchrohr eintaucht.
Steuerkette Antriebsmöglichkeit der Nockenwelle. Billig, aber relativ verschleißanfällig.
Steuerkettenspanner Mechanische Spannvorrichtung, die die Längenausdehnung der Steuerkette ausgleicht.
Stirnräder Antriebsmöglichkeit der Nockenwelle: Zahnradkaskade zwischen Kurbel- und Nockenwelle. Teuer, aber genau und verschleißarm.
sv (side valve). Seitliche Ventile. Bauform der Gassteuerung beim Viertaktmotor (sehr alt).

T

Tauchrohr Teil der Telegabel, in den das Standrohr eintaucht.
Teflon Siehe PTFE.
Telegabel Häufigste Bauart der Vorderradführung und -federung, die aus Stand- und Tauchrohren besteht.
Tellerrad Siehe Kegelrad.
Thyristor Halbleiterbauteil mit hoher elektrischer Belastbarkeit. Verwendung als elektronischer, verschleißfreier Schalter.
Torx Speziell geformtes, sechskantiges Schraubenkopfprofil.
Transistor Halbleiterbauteil, in Zündboxen, Reglern und elektronischen Blinkrelais verbaut.
TWI Treadwear Indicator. Reifenverschleißmarke.

U

U/min. Alte Abkürzung für »Umdrehungen pro Minute«, Drehzahl. Heute: 1/min oder min^{-1}
Unterdruckuhren Messinstrumente, mit denen der Unterdruck in den Ansaugstutzen zwischen Vergaser und Zylinderkopf gemessen werden kann. Erforderlich zum Synchronisieren von Vergasern bei Mehrzylindermotoren.
Unwucht Unterschiedliche Masseverteilung auf dem Umfang eines rotierenden Teils (Rad, Kurbelwelle u. a.). Kann durch Gegengewichte ausgeglichen werden.
Upside-down-Gabel »Umgedrehte« Telegabel, bei der die Standrohre unten und die Tauchrohre oben sind.
UT Unterer Totpunkt. Unterster Punkt der Kolbenbahn im Zylinder.

V

Ventillehre Siehe auch: Fühlerlehre.
Viskosität Fließfähigkeit von Schmierstoffen. Die Viskosität von SAE 5 ist sehr hoch (dünnflüssiges Öl), SAE 90 ist sehr dickflüssig.
Volt Einheit für elektrische Spannung.

W

Watt Einheit für Leistung (W).
Wechselstrom Ständig und regelmäßig die Polung ändernder Stromfluss.
Welle Runder, sich drehender Stab im Maschinenbau.
Widerstand Elektrische Größe, gemessen in Ohm.
Winkel-Anzugsmoment Drehmoment, ausgedrückt in Winkelgraden.
Winkelgradscheibe Messscheibe mit einem Winkelkreis von 360°, mit der sich, auf ein Kurbelwellenende montiert, die Kolbenstellung in Winkelgraden der Kurbelwelle angeben lässt.

Z

Zahnriemen Flacher Antriebsriemen, dessen Innenseite gezahnt ist und damit in entsprechende Zahnräder eingreifen kann. Verwendung als Nockenwellenantrieb und (seltener) als Hinterradantrieb.
Zündreihenfolge Die Reihenfolge, in der Mehrzylindermotoren ihre einzelnen Zylinder zünden. Wird ab Zylinder Nummer eins gezählt.
Zündzeitpunkt Punkt in der Kolbenbahn kurz vor Ende des Verdichtungstakts, bei dem der Zündfunke das Gemisch entzündet. Wird in »Millimeter vor OT« oder in Winkelgraden der Kurbelwelle gemessen.

Umrechnungsfaktoren

Länge (Distanz)

Inches/Zoll (in) x 25,4 =
Millimeter (mm) x 0,0294 = in
Feet/Fuß (ft) x 0,305 =
Meter (m) x 3,281 = ft
Miles/Meile (M) x 1,609 =
Kilometer (km) x 0,621 = M

Volumen (Hubraum)

Cubic Inches (cu in) x 16,387 =
Kubikzentimeter (cm^3) x 0,061 = cu in
Englische (Imperial) Pints (Imp pt) x 0,568 =
Liter (l) x 1,76 = Imp pt
Englische (Imperial) Quarts (Imp qt) x 1,137 =
Liter (l) x 0,88 = Imp qt
Englische (Imperial) Quarts (Imp qt) x 1,201 =
US-Quarts (US qt) x 0,833 = Imp qt
US-Quarts (US qt) x 0,946 =
Liter (l) x 1,057 = US qt
Englische (Imperial) Gallons (Imp gal) x 4,546 =
Liter (l) x 0,22 = Imp gal
Englische (Imperial) Gallons (Imp gal) x 1,201 =
US-Gallons (US gal) x 0,833 = Imp gal
US-Gallons (US gal) x 3,785 =
Liter (l) x 0,264 = US gal

Masse (Gewicht)

Ounces/Unzen (oz) x 28,35 =
Gramm (g) x 0,035 = oz
Pound/Pfund (lb) x 0,454 =
Kilogramm (kg) x 2,205 = lb

Kraft

Ounces-Force (ozf; oz) x 0,278 =
Newton (N) x 3,6 = ozf; oz
Pounds-Force (lbf; lb) x 4,448 =
Newton (N) x 0,225 = lbf; lb
Newtons (N) x 0,1 =
Kilopond (kgf; kg) x 9,81 = N

Druck

Pounds-Force per Square-Inch (psi; lbf/in^2; lb/in^2) x 0,070 =
Kilopond pro Quadratzentimeter (kg/cm^3) x 14,223 = psi; lbf/in^2; lb/in^2
Pounds-Force per Square-Inch (psi; lbf/in^2; lb/in^2) x 0,068 =
Atmosphärendruck (at) x 14,696 = psi; lbf/in^2; lb/in^2
Pounds-Force per Square-Inch (psi; lbf/in^2; lb/in^2) x 0,069 =
bar x 14,5 = psi; lbf/in^2; lb/in^2
Pounds-Force per Square-Inch (psi; lbf/in^2; lb/in^2) x 6,895 =
Kilopascal (kPa) x 0,145 = psi; lbf/in^2; lb/in^2
Kilopascal (kPa) x 0,01 =
Kilogramm pro Quadratzentimeter (kg/cm^2) x 98,1 = kPa

Drehmoment (Kraftmoment)

Pounds-Force Inches (lbf in; lb in) x 1,152 =
Kilopond pro Zentimeter (kg/cm) x 0,868 = lbf in; lb in
Pounds-Force Inches (lbf in; lb in) x 0,113 =
Newtonmeter (Nm) x 8,85 = lbf in; lb in
Pounds-Force Inches (lbf in; lb in) x 0,083 =
Pounds-Force Feet (bf ft; lb ft) x 12 = lbf in; lb in
Pounds-Force Feet (lbf ft; lb ft) x 0,138 =
Kilopondmeter (kg m) x 7,233 = lbf ft; lb ft
Pounds-Force Feet (lbf ft; lb ft) x 1,356 =
Newtonmeter (Nm) x 0,738 = lbf ft; lb ft
Newtonmeter (Nm) x 0,102 =
Kilopondmeter (kg m) x 9,804 = Nm

Vakuum (Unterdruck)

Inches Mercury (in. HG) x 3,377 =
Kilopascal (kPa) x 0,2961 = in. HG
Inches Mercury (in. HG) x 25,4 =
Millimeter Quecksilbersäule (mm HG) x 0,0394 = in. HG

Leistung

Brake Horsepower (bhp) x 0,7457 =
Kilowatt (kW) x 1,34 = bhp
Brake Horsepower (bhp) x 0,986 =
Pferdestärke (PS) x 1,014 = bhp
Pferdestärke (PS) x 0,7355 =
Kilowatt (kW) x 1,36 = PS

Geschwindigkeit

Miles per hour (mph) x 1,609 =
Kilometer pro Stunde (km/h) x 0,621 = mph

Kraftstoffverbrauch*

Miles per Imperial Gallon (mpg) x 0,354 =
Kilometer pro Liter (km/l) x 2,825 mpg (Imp)
Miles per US-Gallon (mpg) x 0,425 =
Kilometer pro Liter (km/l) x 2,352 = mpg (US)

* *Um von mpg auf Liter pro 100 Kilometer (l/100 km) umrechnen zu können, muss das Ergebnis aus mpg (Imp.) x l/100 km = 282 – bzw. aus mpg (US) x l/100 km = 235 betragen. Beispiel: Bei 31 mpg ergibt 282 : 31 = 9,1 l/100 km*

Temperatur

Grad Fahrenheit (°F) = (°C x 1,8) + 32;
Grad Celsius (°C) = (°F – 32) x 0,56

Zündkerzen-Vergleichstabelle

Zündkerzen-Wärmewerte

Bosch			
alt	neu	alt	neu
50	12	170	7
60	12 – 11	180	7
70	11	190	6
80	10 – 11	200	6
90	10	210	6
100	9 – 10	220	5
110	9	230	5
120	9	240	4
130	8	250	4
140	8	260	3
150	8	270	3
160	7	280	3

Zündkerzen-Vergleichstabelle

Gewinde	Bosch alt	Bosch neu	Beru alt	Beru neu	Champion	NGK
18 x 1,5	M45T1	M12B	45/18	18-128		AB-2
18x1,5	M95T1	M10A	95/18	18-10A	D16 v D16Y	A-6
18x1,5	M145T1	M8A	145/18	18-8A	D14 v D15Y	A-6
18x1,5	M175T1	M7A	175/18	18-7A	K9 v D10	A-6
18x1,5	M225T1	M5A	225/18	18-5A	UK10	A-7
18x1,5	M240T1	M4AC	240/18	18-4A2	K9 v D9	A-7
18x1,5	M260T1	M4AC	260/18	18-4A1	K7 v K8G	A7
14x1,25	W95T1	W10A	95/14	14-10A		B-4H
14x1,25	W145T1	W8A	145/14	14-8A	H88	B5HS
14x1,25	W145T2	W8C	145/14/3	14-8C	N5 v N6	B5ES
14x1,25	W145T30	W8D	175/14/3	14-8D	N5	BP5ES
14x1,25	W145T35	W8B	145/14A	14-8B	L92Y v L95Y	BP5HS
14x1,25	W175T1	W7A	175/14	14-7A	L85 v H88	B6HS
14x1,25	W175T2	W7C	175/14/3	14-7C	N88	B6ES
14x1,25	W175T30	W7D	175/14/3	14-7D	N9Y	BP6ES
14x1,25	W175T35	W7B	175/14A	14-7B	L87Y	BP6HS
14x1,25	W175T7		D175/14	14-7B	L87Y	BP6HS
14x1,25	W190M11S	W6AS	190/14Z	14Z-6A2		B6HV
14x1,25	W200T27		D200/14/3	14-5D	N6Y	BP7ES
14x1,25	W200T30	W6DC	200/14/3A	14-7D	N9Y	BP6ES
14x1,25	W200T35	W6B	200/14A	14-6B		BP6HS
14x1,25	W215T28		D215/14/3		L6Y	BP6ES
14x1,25	W225T1	W5A	225/14	14-7A	L85 v H88	B7HS
14x1,25	W225T2	W5C	225/14/3	14-7C	N4	B7ES
14x1,25	W225T30	W5D	225/14/3A	14-5D	N6Y	BP7ES
14x1,25	W225T35	W5B	225/14/A	14-5B	UL82Y	BP7HS
14x1,25	W225T7		D225/14	14-7B	L87Y	BP6HS
14x1,25	W230T30	W5D1	230/14/3A	14-5D1	N6Y	BP7ES
14x1,25	W240T1	W4A2	240/14	14-5A	L81	B7HS
14x1,25	W240T2	W4C2	240/14/3	14-4CS1	N3	B7ES
14x1,25	W240T28		D240/14/3	14-5D	N6Y	BP7ES
14x1,25	W260T1	W3AC	260/14	14-4A1	L4G	B8HS
14x1,25	W260T2	W3CC	260/14/3	14-4CS1	N3	B8ES
14x1,25	W260T28		D260/14/3	14-4CS1	N3	B8EV

A

DIE FANBIBLIOTHEK

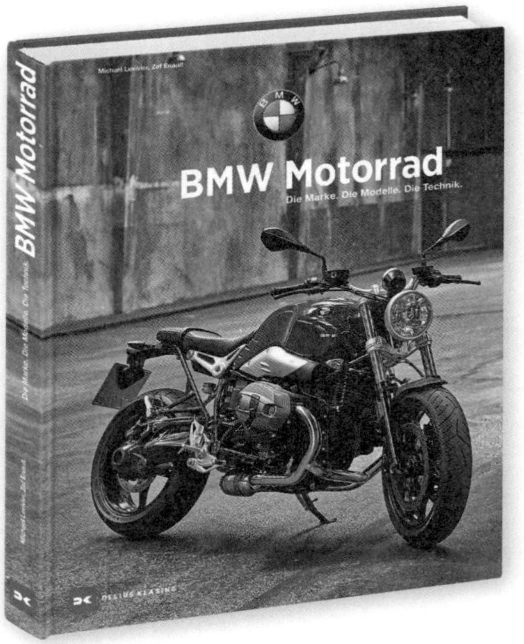

In diesem Werk, das mit offizieller Unterstützung von BMW entstand, wird die Geschichte des einzigen deutschen Großserienherstellers von Motorrädern erzählt. Jeder Motorradfan kennt die ebenso elegante wie sportliche BMW R 69 S der Sechzigerjahre, die R 90 S im zeitgeistigen Orange der Siebziger oder die R 80 G/S, die ihren sportlichen Anspruch mit einem Dakar-Sieg untermauerte. Die Motorradgrößen aus dem Hause BMW zeichnen sich seit jeher durch innovative Ideen und ansprechendes Design aus. Die Motorradjournalisten widmen sich bekannten und unbekannten Kapiteln der BMW-Historie und ehren die Modelle aus fast 100 Jahren.

BMW Motorrad
Die Marke. Die Modelle. Die Technik
ISBN 978-3-667-11966-7

Hans J. Schneider
BMW Boxer - 100 Jahre Faszination (Band 1)
1920: der erste Motor, Die Gründerjahre: von der R 32 1923 zur R 75 1941
ISBN 978-3-667-12083-0

Hans J. Schneider
BMW Boxer - 100 Jahre Faszination (Band 2)
Die Nachkriegszeit: von der R 51/2 1950 bis zur R 69 S 1969
ISBN 978-3-667-12532-3

MOTORRAD-ABENTEUER

Das Ziel der Motorradreise von Mike Dodd ist der nördlichste Punkt Europas: das Nordkap. Der britische Fotograf hat nur eine Minimalausrüstung im Rucksack, mit der fantastische Reisebilder entstehen. Dieser Bildband einer außergewöhnlichen Motorradreise zeigt 130 faszinierende Fotos von melancholischer Schönheit und ist ein beeindruckender Reisebericht mit Geschichten über Menschen am Wegesrand und über die Suche nach sich selbst.
Tausende Kilometer fährt Mike Dodd auf seinem Oldtimer-Motorrad, „Mrs B." genannt, von London über Frankreich, Belgien, Deutschland und Dänemark nach Norwegen. Seine Motorradreise durch das Fjordland und die einsamen Straßen auf dem Weg gen Norden lassen fantastische Reisebilder – nur mit Selbstauslöser und einer Digitalkamera – entstehen: von Fjorden, Fjellen und Wasserfällen, von Fischern, Bauern und leidenschaftlichen Motorradfans, die ihm immer helfen, wenn seine alte Honda kurz davor ist, aufzugeben.

Lena Siep / Mike Dodd
fjordwärts
ISBN 978-3-667-11972-8

Matthew Coombs
BMW R 1200 GS/RT/ST/S
Wartung und Reparatur
ISBN 978-3-667-10995-8

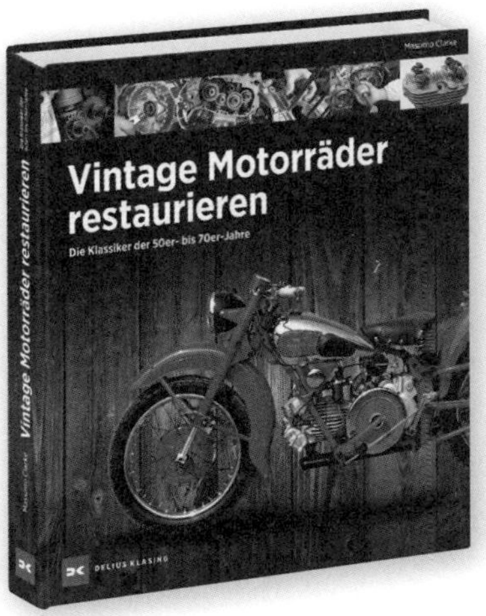

Massimo Clarke
Vintage Motorräder restaurieren
Die Klassiker der 50er- bis 70er-Jahre
ISBN 978-3-667-12663-4